U0658043

下册

《防止电力生产事故的二十五项重点要求》

辅导教材

（2023年版）

中国电机工程学会
全国电力安全专家委员会 编

中国电力出版社
CHINA ELECTRIC POWER PRESS

内 容 提 要

为进一步加强电力生产安全风险预防控制，有效防止重大电力生产事故的发生，提高电力生产工作水平，国家能源局在《防止电力生产事故的二十五项重点要求（2014年版）》的基础上，结合近年来电力企业反事故工作实际，组织修订形成了《防止电力生产事故的二十五项重点要求（2023年版）》（以下简称《二十五项重点要求》），并于2023年3月9日正式印发（国能发安全〔2023〕22号）。

《二十五项重点要求》印发实施后，广大电力企业高度重视，积极响应与落实，相继组织了教育培训。为便于全行业统一理解、学习和贯彻《二十五项重点要求》，在国家能源局电力安全监管司的指导下，中国电机工程学会、全国电力安全专家委员会组织两百余位专家编制了《〈防止电力生产事故的二十五项重点要求〉辅导教材（2023年版）》[以下简称《二十五项重点要求辅导教材（2023年版）》]。

《二十五项重点要求辅导教材（2023年版）》分为二十五章，每章又分为"总体情况说明"和"条文说明"两个部分。"总体情况说明"部分主要是介绍相关反事故措施的编制原则、重点内容以及与原反事故措施的区别。"条文说明"分为"条文""条文解释"和"案例"三方面："条文"部分列出了《二十五项重点要求》中重点要解释的条文；"条文解释"部分介绍了反事故措施相关条文提出的理由和依据，指出了相关条文在执行过程中应当注意的问题并明确了对应措施；"案例"部分主要是在收集分析近年来重大电力生产事故的基础上，选取与反事故措施相关条文对应的事故作为案例，以便对反事故措施进一步理解。

本书内容翔实、重点突出、针对性强，可供全国各火电厂、热电厂、水电厂、抽水蓄能电站、风电场、换流站、变电站和各电网企业、供电企业、农电企业，以及各设计、科研、施工单位等电力各企业的生产人员参考使用。

图书在版编目（CIP）数据

《防止电力生产事故的二十五项重点要求》辅导教材：2023年版：全2册/中国电机工程学会，全国电力安全专家委员会编. —北京：中国电力出版社，2023.11（2025.2重印）

ISBN 978-7-5198-8158-0

Ⅰ.①防… Ⅱ.①中…②全… Ⅲ.①电力工业－安全事故－事故预防－教学参考资料 Ⅳ.①TM08

中国国家版本馆CIP数据核字（2023）第182744号

出版发行：中国电力出版社
地　　址：北京市东城区北京站西街19号（邮政编码100005）
网　　址：http://www.cepp.sgcc.com.cn
责任编辑：姜　萍　董艳荣
责任校对：黄　蓓　王海南　于　维　常燕昆
装帧设计：张俊霞
责任印制：吴　迪

印　　刷：三河市万龙印装有限公司
版　　次：2023年11月第一版
印　　次：2025年2月北京第五次印刷
开　　本：710毫米×1000毫米　16开本
印　　张：55.5
字　　数：1085千字
印　　数：14001—15000册
定　　价：230.00元（全2册）

版 权 专 有　侵 权 必 究

本书如有印装质量问题，我社营销中心负责退换

《〈防止电力生产事故的二十五项重点要求〉辅导教材（2023 年版）》编委会

名誉主编 林铭山　吴云喜

主　　编 黄幼茹

副 主 编 李武峰　邓　春　黄　鹏　王金萍　张清峰

编写人员 （按姓氏笔画为序）

于竞哲　马迎新　马继先　马鸿飞　马　琳
马鑫晟　王大玮　王大强　王　彤　王　勇
王晨星　王晶晶　王智春　王聚博　王　馨
牛　铮　毛　婷　毛耀红　龙凯华　卢　毅
田　丰　田　柳　史　扬　代　东　白卫刚
白秀春　白泽光　乐　波　司派友　邢百俊
任广振　向　钊　危　伟　刘邦泉　刘光伟
刘　青　刘　苗　刘柏延　刘羿辰　刘航谦
刘瑛琳　刘博智　刘敬华　刘　辉　刘慧林
刘　磊　闫春江　江　伟　许丹莉　许　强
孙士涛　孙天城　孙云生　孙文捷　宋亚军
贡建兵　严亚勤　苏德瑞　李天智　李文杰
李世勇　李付强　李亚美　李　华　李华春
李　庆　李　丽　李　季　李金晶　李剑波
李　凌　李焕军　李群炬　李德华　李加顺
杨云龙　杨玉磊　杨加伦　杨欢欢　杨宏伟
杨彦龙　杨振勇　杨家辉　杨　琦　杨　斌

吴华成　吴宇辉　吴　勇　吴　涛　何永君
何奇善　辛光明　汪　霞　张广韬　张延童
张　旭　张应彪　张　杰　张国华　张建军
张思琪　张　勇　张恭源　张海涛　张　博
张　辉　张　毅　张晓乐　陈云高　陈羽飞
陈君平　陈茂源　陈俊峰　陈　原　陈晓峰
陈　瑞　欧阳本红　尚　勇　田　娟　罗　婧
金正文　周子龙　周华敏　周志强　周劼英
周家明　周　斌　郑一博　郑　立　郑　凯
郎斌斌　孟　超　赵大平　赵天骐　赵　伟
赵秉政　赵振宁　赵　焱　郝国文　郝　婧
郝　震　胡红艳　柏　仓　饶文彬　姜　龙
姜　芸　宦兴胜　贺康航　秦天牧　秦　明
袁建丽　夏斌强　徐党国　高　杨　高岩峰
高爱国　高智益　郭一萌　郭润生　郭　骏
郭鹏宇　米建宾　郭　鑫　唐翠霞　黄小凤
黄天啸　黄振宁　黄晓乐　黄瑞平　黄　鹤
梅　隆　曹红加　曹燕明　龚　博　常乃超
常　青　康静秋　梁　浩　喜静波　彭　业
彭在兴　彭兆伟　彭　波　彭　珑　彭　彬
葛乃成　董弘川　董江浩　董阳伟　蒋诚智
蒋　燕　程　武　程绍强　程　亮　温盛元
谢　欢　谢桂泉　雷　雨　雷傲宇　解晓东
蔡汉生　廖永力　谭　震　樊秀娟　穆　卡

秘　　书　何永君　程绍强　郑一博　王　馨

前　言

为进一步加强电力生产安全风险预防控制，有效防止重大电力生产事故的发生，提高电力生产工作水平，国家能源局在《防止电力生产事故的二十五项重点要求（2014 年版）》的基础上，结合近年来电力企业反事故工作实际，组织修订形成了《防止电力生产事故的二十五项重点要求（2023 年版）》（以下简称《二十五项重点要求》），并于 2023 年 3 月 9 日正式印发（国能发安全〔2023〕22 号）。

《二十五项重点要求》印发实施后，广大电力企业高度重视，积极响应与落实，相继组织了教育培训。为便于全行业统一理解、学习和贯彻《二十五项重点要求》，在国家能源局电力安全监管司的指导下，中国电机工程学会、全国电力安全专家委员会组织两百余位专家编制了《〈防止电力生产事故的二十五项重点要求〉辅导教材（2023 年版）》[以下简称《二十五项重点要求辅导教材（2023 年版）》]。

《二十五项重点要求辅导教材（2023 年版）》分为二十五章，每章又分为“总体情况说明”和“条文说明”两个部分。“总体情况说明”部分主要是介绍相关反事故措施的编制原则、重点内容以及与原反事故措施的区别。“条文说明”分为“条文”“条文解释”和“案例”三方面：“条文”部分列出了《二十五项重点要求》中重点要解释的条文；“条文解释”部分介绍了反事故措施相关条文提出的理由和依据，指出了相关条文在执行过程中应当注意的问题并明确了对应措施；“案例”部分主要是在收集分析近年来重大电力生产事故的基础上，选取与反事故措施相关条文对应的事故作为案例，以便对反事故措施进一步理解。

《二十五项重点要求辅导教材（2023年版）》编写工作也得到了广大电力企业及相关专家的大力支持，在此一并表示感谢。

鉴于作者水平和时间所限，书中难免有疏漏、不妥或错误之处，恳请广大读者批评指正。

编　者

2023年4月

目　录

10

防止发电机及调相机损坏事故的重点要求

总体情况说明：

发电机是火力发电厂、核电厂及水电厂（含抽蓄电站）实现机电能量转换的关键设备，而近年来，调相机在电力系统中也得到较大规模的应用，例如，为了提高高压直流输电运行的可靠性，在直流换流站配置了一批 300MVA 等级的新型设计的大容量调相机。发电机及调相机的损坏事故不仅导致企业巨大的经济损失，而且会对社会的电力、热力供应以及电网的稳定运行造成不利影响，国家电力监管部门历来都把防止大型电机类设备损坏视为重点防范的电力生产事故。本章反措内容在《防止电力生产事故的二十五项重点要求（2014 年版）》中的“防止发电机损坏事故”和国家电网有限公司《防止调相机事故措施》的基础上进行了整合，并在广泛征求全国主要发电企业和电网企业意见基础上，进行了全面的修订。为防止发电机和调相机损坏事故，应认真贯彻和严格执行以下国家、行业有关标准、规程：

《隐极同步发电机技术要求》（GB/T 7064—2017）

《隐极同步发电机定子绕组端部动态特性和振动测量方法及评定》（GB/T 20140—2016）

《发电机定子铁心磁化试验导则》（GB/T 20835—2016）

《发电机定子绕组端部电晕检测与评定导则》（DL/T 298—2009）

《汽轮发电机漏水、漏氢的检验》（DL/T 607—2017）

《氢冷发电机氢气湿度技术要求》（DL/T 651—2017）

《运行中氢冷发电机用密封油质量》（DL/T 705—2021）

《大型汽轮发电机定子绕组端部动态特性的测量及评定》（DL/T 735—2000）

《大型发电机内冷却水质及系统技术要求》（DL/T 801—2010）

《旋转电机预防性试验规程》（DL/T 1768—2017）

《发电厂封闭母线运行与维护导则》（DL/T 1769—2017）

《火力发电机组电气启动试验规程》（DL/T 2092—2020）

条文说明：

条文 10.1　防止定子绕组故障

发电机定子绕组损坏事故是造成发电机非计划停运事故的主要原因之一，尤其是定子绕组相间短路事故产生的短路电流足以烧毁线棒，修复难度大，修复成本高，必须从可能发生该类事故的根本原因上采取相应防范措施。

条文 10.1.1 防止定子绕组端部绝缘损坏

条文 10.1.1.1 200MW 及以上汽轮发电机、燃气轮发电机、100Mvar 及以上调相机，新建、投运 1 年后及每次大修时应检查定子绕组端部的紧固、磨损情况，存在松动、磨损情况应及时处理；并按照相关标准进行模态试验，试验结果应与历史数据进行比较。试验数据不合格时应综合历史数据和运行情况进行分析，制订相应的检修及运维措施。多次出现松动、磨损情况时，应重新对绕组端部进行整体绑扎；多次出现大范围松动、磨损情况时，应对绕组端部结构进行改造或加装绕组端部振动在线监测系统监视运行。

发电机在运行时，绕组上要承受100Hz（两倍工频）的交变电磁力，由此产生100Hz的绕组振动。该振动力与电流的平方成正比，故容量越大的发电机中交变电磁力越大。由于定子绕组端部类似悬臂梁结构，难于像槽中线棒那样牢固固定，因此，较易于受到电磁力的破坏。通常，设计合理、工艺可靠的端部紧固结构可以保证发电机在正常振动范围内长期安全运行。但是，设计和制造质量不良的发电机，有可能在运行一段时间后发生端部紧固结构的松动，进而使线棒绝缘磨损。若不及时处理，最终将发展成灾难性的相间短路事故。定子绕组端部松动引起的线棒绝缘磨损造成的相间短路事故，具有突发性和难于修复的特点，损失往往极为严重，所以应引起有关方面的特别重视。

【案例1】 山东某发电厂1号发电机于2007年10月20日运行中发电机定子接地保护动作，发电机跳闸。检查发现发电机存在定子下层16号槽C相引线线棒电接头烧熔及37号槽C相引线线棒空心导线断裂漏水故障，分析认为绕组端部振动过大是引起事故的主要原因。检修中更换了全部定子绕组线棒，并且加装了绕组端部振动在线监测装置。

【案例2】 广东沿海某发电厂4号发电机于2010年1月14日运行中发电机定子接地保护动作，发电机跳闸。检查发现发电机定子绕组励侧上层39号线棒的水电接头及2W2引线连接处烧熔漏水，分析认为绕组端部振动过大是引起事故的主要原因。进行局部处理以后继续运行到同年8月3日再次发生发电机定子接地保护动作跳闸，检查发现励侧11号槽上层线棒水电接头和2V2引线连接处已烧断，10号槽上层线棒励侧水电接头处被电弧烧损。上次检修处理过的故障部位存在许多绝缘磨损粉末。为此，检修中更换了全部定子绕组线棒，并且加装了绕组端部振动在线监测装置。

以上事故或故障说明，发电机定子绕组端部振动过大的缺陷可能发展为严重的突然短路接地事故，直接造成发电机的非计划停运，而设备损坏的抢修成本巨大，同时若检修消缺针对性不强或修复不彻底，也可能在修后继续运行期间再次发生同类事故。

防止在役发电机定子线棒因松动造成绝缘磨损的主要措施是，加强停机检修期间发电机定子绕组端部的松动和磨损的外观检查，以及相应的振动特性试验工作。每次大小修都应仔细检查发电机定子绕组端部的紧固情况，仔细查找有无绝缘磨损的痕迹。尤其是发现有磨损的黄粉和油泥时，应借助内窥镜等工具进行检查。若发现定子绕组端部结构有松动现象，除应重新紧固外，还应仔细进行振动模态试验，根据测试结果确定检修效果。

对试验结果的分析应注意与历史数据的比较，特别是间隔一个大修期的两次试验，模态数据的变化非常灵敏地指示端部紧固结构的变化趋势。实践表明，出厂时端部结构测试合格的发电机，运行一段时间后，发电机端部可能逐渐发生松动，发电机端部线棒的固有频率和模态也就随之改变，并有可能落入双倍频的范围，从而存在发电机端部绕阻发生共振的风险，因此定期检查端部结构和进行模态试验是必要的。

【案例3】 2000年前后，华北某发电厂一台300MW水氢氢型汽轮发电机在检修中发现定子绕组端部严重松动（4根支架螺栓脱落、12根螺栓松动、6处线棒绝缘磨损，其中一处露铜）。修复前模态试验，存在101Hz的七瓣振型（模态阻尼1.58%）和112Hz的八瓣振型（模态阻尼1.88%），端部松动与共振可能有关系。检修中修复了绝缘，重新紧固了端部，复测模态时发现在89.5～137.9Hz之间无固有频率，原有的固有频率模态阻尼从不到2%升高到4.45%，达到比较理想的端部结构状态。既证明了检修的效果，也说明发电机出厂时端部结构应该是合格的，运行几年后逐渐发生松动，端部线棒的固有频率和模态随之改变。因为有了靠近双倍频的振型，更加重了松动和磨损的程度。这一例子说明，出厂时端部结构测试合格的发电机，运行一段时间后可能会发生变化，定期检查端部结构和进行模态试验是必要的。

另外，虽然有时发现发电机的端部结构达不到要求，固有频率接近100Hz，但是端部结构一时也无法改变，进行模态试验至少可以对发电机的端部紧固情况心中有数，做到有目的地监视运行和加强检修处理。对端部振动特性存在先天缺陷的发电机，如存在100Hz左右的椭圆振形，建议加装发电机定子绕组端部振动在线监测装置，以便实现早期的故障报警。目前，许多发电厂已在多台发电机上安装了定子绕组振动在线监测装置。这些进行在线监测的发电机有的是因为确认存在端部模态试验不合格数据（接近100Hz的椭圆振形），有的是检修处理了不止一次绕组端部结构松动严重故障。

与发电机定子绕组端部振动特性相关的试验标准主要有两个：一是《大型汽轮

发电机定子绕组端部动态特性的测量及评定》（DL/T 735—2000），其主要针对发电机的安装和检修。二是《隐极同步发电机定子绕组端部动态特性和振动测量方法及评定》（GB/T 20140—2016），适用于发电机出厂、安装和检修各阶段，并根据发电机端部紧固结构形式规定了不同的避开范围，同时还在定子绕组引线固有频率限值基础上增加了原点响应比的限值，原点响应比单位为 $m/s^2/N$，其数值越大，则代表引线的松动越严重。目前 DL/T 735 正在修订当中，因该行业标准详述了检修现场的相关试验方法和试验结果的分类处理措施，具有较强的可操作性，预计修订完成后，将更好地发挥对国家标准 GB/T 20140 的延伸和补充作用。

条文 10.1.1.2　新机出厂时或现场安装绕组后应进行定子绕组端部起晕试验，并提供试验报告。定子绕组运行于空气介质的，应根据检修计划定期进行电腐蚀检查，并进行电晕试验确定起晕电压及放电点位置，根据电晕试验结果及发展趋势制订处理方案。定子绕组运行于氢气介质的，当端部检查存在明显电腐蚀特征时，应开展起晕试验，并根据试验结果指导修复工作。

大型发电机因端部绕组场强较为集中，如果定子线棒防晕层质量有问题，可能因起晕电压偏低引发定子绕组绝缘故障。空气冷却的汽轮发电机因起晕电压远低于相同电压等级的氢冷发电机（起晕电压与气体压力成正比，运行于常压空气条件下的端部绕组起晕电压仅约为运行于额定压力氢气条件下的数分之一），更易于产生端部防晕层损坏问题。在发电机制造阶段即应保证线棒防晕质量，《隐极同步发电机技术要求》（GB/T 7064—2017）规定：发电机制造过程中“定子单个线棒应在1.5倍额定线电压下不起晕；整机在1.0倍额定线电压下，定子绕组端部应无明显的晕带和连续的金黄色亮点。”为防止新机出厂存在质量问题，发电机的出厂试验要求进行防晕层质量检查，即整机电晕试验，并提供给用户相关试验报告。随发电机运行时间的延长，其防晕层有可能性能下降以至损坏失效，造成起晕电压降低，现场检修过程中应重视电腐蚀的检验和防晕层的修复工作，尤其是对于空冷机组，应定期进行电晕试验，试验应依据 DL/T 298 进行，其规定了用暗室目测法、紫外成像仪检查端部防晕层的试验方法和判据，目前该标准已完成修订，新版标准考虑了现场试验气体环境与运行中环境的差异，对试验的电压值进行了折算，对氢冷机组的电晕检查时施加的电压值有所降低，更符合实际需要。

【案例1】　我国沿海某发电厂一台600MW汽轮发电机，2005年12月底投产，仅运行1265h后，春节临时检修时发现定子绕组端部渐伸线上有两处绝缘烧损故障，绝缘表面从外向内出现炭化现象，故障最严重的部位主绝缘炭化深度已达3mm。为此被迫现场更换了两根定子线棒。故障分析表明，发电机定子绕组端部起晕电压偏低是该类故障的诱因之一，而发电机进油、氢气湿度过大等运行环境问题是促成故障的外部因素。为此引发了全国20余台同生产厂家、同型发电机的普查和现场检修、处理工作，电机标准化技术委员会还把发电机定子绕组端部防晕检查和处理措施列为标准化课题开发项目，制订了较严格的防晕层质量标准［见《隐极同步发电机技术要求》（GB/T 7064），以及检修试验标准《发电机定子绕组端部电晕检测与评定导则》（DL/T 298）］。

【案例 2】 华北地区某电厂 4 号发电机为 300MW 空冷发电机，大修中检查发现定子端部绕组存在多处明显的电晕腐蚀现象。腐蚀点绝缘漆表面呈现麻坑、发黄、发黑，主要位于渐开线相间交界处，尤其在线棒绑带以及压板位置较为集中。空冷发电机定子运行环境相对较差，空气湿度、清洁度难以控制，运行中定子端部受振动、渗漏油等因素的影响，加之发电机端部相带交界处承受较高电压等因素，导致定子端部场强集中，易发生电晕现象。电晕产生的热量、臭氧等对定子绕组防晕层表面产生破坏，使防晕效果劣化，长期运行后导致定子绕组局部表面出现麻坑和过热变色痕迹。该机组从投运后的历次检修中均出现了不同程度的电晕腐蚀，且有扩大迹象。

条文 10.1.1.3 加强大型发电机和调相机的环形引线、过渡引线、主引线、鼻部手包绝缘、引水管水接头等部位的绝缘检查。定子绕组采用水内冷的发电机、调相机交接及大修时，应对定子绕组手包绝缘进行试验，及时发现和处理缺陷，大修时应尽可能在通水或充水条件下进行。

发电机环形引线、过渡引线、鼻部手包绝缘、引水管水接头等处是机械强度和电气强度都先天性比较薄弱的部位，事故统计分析表明，其也是发电机定子绕组相间短路事故多发部位。因此，应加强对大型发电机环形引线、过渡引线、鼻部手包绝缘、引水管水接头等处绝缘的检查，发现问题及时消缺。

我国的发电机运行和检修经验表明，发电机定子绕组端部手包绝缘施加直流电压测量（俗称“表面电位测量”），可以有效地发现上述部位的绝缘缺陷情况。

【案例 1】 某电厂 1000MW 发电机，额定电压为 27kV，采用水氢氢冷却方式，2018 年 6 月投产。2019 年 2 月底 C 修后重新开机不到 24h 定子突发短路事故停机。短路点为环形引线 V1、U2 交界处，造成引线烧断、附近绝缘严重烧损、定转子严重污染，被迫定转子全部返厂。分析认为，引线处绝缘磨损可能是导致事故的主要原因。

【案例 2】 某新建 660MW 汽轮发电机，2021 年安装时定子绕组端部手包绝缘施加直流电压测量试验中发现发电机某相引线现场手包绝缘对地电位高达 10kV，原因为制造厂现场手包绝缘工艺把控不严，重绕绝缘后试验合格。

条文 10.1.1.4 抽蓄机组定子线棒端部接头应采用全封闭环氧浇注绝缘结构，对于已投运的采用其他绝缘结构的机组，应要求制造厂重新进行端部绝缘设计，及时改造。

某些抽蓄机组端部接头采用非封闭的环氧浇注绝缘，容易在外部因素作用下造成相间短路从而损坏定子绕组。

【案例】 某抽水蓄能电站定子端部同相绕组为敞开式结构，2016年因异物搭接在相邻相绕组端部，导致发电机定子相间短路接地故障。

条文 10.1.2　防止定子绕组槽部绝缘损坏

条文 10.1.2.1　新机投运满1年后及每次大修时，应对定子槽部进行检查或试验，当出现以下情况时采取更换槽楔、部分或全部重打槽楔等措施：

条文(1) 同一槽内连续多个槽楔发生松动；

条文(2) 铁心端部槽楔发生松动；

条文(3) 大面积槽楔松动（如超过25%）或较上次检查松动槽楔数量明显增加；

条文(4) 发现槽楔开裂等严重缺陷；

条文(5) 槽内半导体垫条、绝缘垫条大面积窜出。

条文 10.1.2.2　机组运行或检查中出现以下问题时，应及时查明原因，怀疑存在槽部防晕层损坏的应进行槽电位测量或槽放电探测，试验结果异常的应及时处理：

条文(1) 在线局部放电监测数据随负荷增加而急剧增加；

条文(2) 空冷机组冷却空气中出现大量臭氧；

条文(3) 运行中测温元件电位升高；

条文(4) 定子槽楔大面积松动；

条文(5) 铁心通风道内、槽楔附近可见绝缘磨损产生的粉末或黑色油泥；

条文(6) 相出线端高电位线棒上有局部放电蚀损或燃弧迹象。

定子绕组槽部绝缘较为可靠，但如果出现槽楔大范围松动，在绕组本身振动的影响下，可能会导致槽部绝缘磨损、槽放电等问题，进而增加发生定子绕组接地的风险。可以通过槽楔松紧度试验来检测是否发生槽楔松动，采用人工或者机器人小车进行敲击，相互比较。如果处于第一阶段的槽楔松动，可以通过更换松动槽楔、垫条、波纹板等来重新紧固线棒，效果良好；如果槽楔松动导致的电腐蚀处于第二阶段，已经损坏，那么单纯的紧固效果不好，放电仍会持续，需要对槽内半导体涂层进行修复。因此，槽楔存在较大范围的松动时，要进行槽电位试验来检查线棒半导体涂层是否损伤。槽放电与振动正相关性明显，运行中的机组安装有局部放电在线监测装置的，如果局部放电数值出现增大，且随负荷增加而增大的，应警惕是否出现了槽楔松动导致的槽放电。

【案例】 陕西某电厂4号发电机于2008年投运。该机组一直存在端部振动大的问题，2018年内检发现一枚端部紧固件螺栓脱落，端部绝缘存在磨损产生的黑色油泥。2019年10月大修决定将磨损的线棒进行更换，在拔出前期的20根线棒后，发现励侧各线棒出槽口处绝缘存在不同程度的磨损，部分线棒达到报废级别，于是扩大检查范围，将发电机各线棒全部拔出，发现上述部位普遍存在磨损现象。该发电机上下层线棒与铁心壁之间沿轴向位置分布有若干波纹板，同一位置波纹板有两块，分别位于上层线棒的一侧和下层线棒的对侧，出槽口处波纹板处存在大量黑色油泥。部分波纹板存在轴向移位，伸出出槽口，且伸出的距离长短不一。取出的波纹板端头处不平整，有磨损迹象，上面附着油泥，侧面突出位置存在磨损发亮。线棒侧面有波纹板接触位置磨损严重，且磨损面形状与波纹板突出面形状吻合，磨损深度严重的达5mm之多，半导体涂层完全破坏，主绝缘外露。最终，扩大检修范围，更换大量线棒。

条文 10.1.3　防止绝缘受潮

条文 10.1.3.1　氢冷发电机应配置具有强制氢气循环功能的氢气干燥器，干燥塔宜采用循环再生结构，吸湿和再生环节应能自动循环切换，保证连续对氢气进行干燥，吸附剂宜选用活性氧化铝，氢气干燥器应配备精度合格、具备防爆和防油污等基本功能的湿度检测仪表。

活性氧化铝相较于分子筛再生温度更低，再生效率高，能耗低，吸附容量大，吸附深度虽没有分子筛深，但能够满足发电机运行中氢气干燥要求，宜优先选用。

条文 10.1.3.2　氢冷发电机运行中，应严格控制机内氢气湿度。保证氢气干燥器始终处于良好工作状态，并定期进行在线监测和手工检测比对，防止单一指示误差造成误导。机组停机状态下，处于空气环境中的绕组应根据环境湿度采取驱潮措施；充氢状态下，应根据氢气湿度情况启动氢气干燥器强制除湿功能。

氢冷发电机内氢气湿度过高的主要危害为：

（1）可能造成发电机定子绕组放电，即湿度过高的环境下，发电机定子绕组线棒绝缘性能下降，易于发生表面爬电、闪络。

（2）发电机转子护环应力腐蚀。理论和实践表明，发电机内部氢气湿度过高是采用50Mn18Cr4WN材料的发电机转子护环发生应力腐蚀裂纹的主要诱因。

条文 10.1.3.3　密封油系统回油管路应保证回油畅通并加强监视，防止密封油进入发电机内部影响氢气湿度。密封油系统油净化装置和自动补油装置应随发电机组投入运行，并定期检测密封油含水量等指标，密封油质量应符合相关标准要求。

国产发电机漏油现象比较普遍，主要是氢压变动时，密封油系统的差压阀和平衡阀跟踪、调整不好。此外，根据《运行中氢冷发电机用密封油质量》（DL/T 705），应采用密封油净化措施控制油中含水量在50mg/L以下，也是避免因发电机进油使发电机内部湿度骤然升高的有效措施。

美国西屋公司的发电机密封油质量标准是“无游离水”，在密封油的工作温度范围内，DL/T 705比西屋公司的标准还要严格一些。

条文10.1.3.4　新建水内冷机组应有单独引出的汇水管接地端子，方便检修及启动前进行绝缘电阻、直流泄漏电流测量。

条文10.1.4　加强定子绝缘局部放电在线监测

条文10.1.4.1　300MW及以上发电机、100Mvar及以上调相机，宜配备定子绕组绝缘局部放电在线监测装置，并优先选用具备模式分析、噪声分离功能的监测装置。

实践证明，性能可靠的发电机绝缘局部放电在线监测装置可以发现早期绝缘故障，经过及时处理，可以有效地避免绕组相间或对地突然短路事故的发生。局部放电装置简称PDA或PDM，其技术已经非常成熟，早已形成市场化产品。在工业发达国家，无论是水轮发电机还是汽轮发电机，该装置的应用都非常普遍，并且有很好的工业应用业绩。

【案例】 世界上最大的抽水蓄能电站之一，美国弗吉尼亚电力公司的Bath-County抽水蓄能电站，1985年投运的6台389MVA发电电动机，投运几年后各台发电电动机安装的在线监测的EMI（电磁干扰）、PDA相继报警。绝缘耐电压试验和线棒绝缘解剖都证明，主绝缘已严重老化、分层以至脱壳。由于发现主绝缘过早严重老化，该电站从1991—1994年利用枯水季节逐台更换了全部定子绕组。该电站的发电-电动机因频繁启停，运行方式比较严酷，是过早产生绝缘老化的外因。内因则是线棒绝缘本身存在先天质量缺陷。此案例中，发电机局部放电在线监测仪起到早期发现绝缘故障隐患的作用，避免了运行中突发绝缘损坏事故，实现了电机绕组绝缘有针对性的状态检修。

上述案例中发电机绕组绝缘过早老化是热循环引起的。当负荷快速上升时，与电流呈平方关系的铜损使铜线温度很快升高，而绝缘温度上升要慢得多。因此铜与绝缘间产生明显温差，同时铜线与热固化绝缘的热膨胀系数不同，铜比绝缘膨胀得更快，故而在沿线棒的全长度上存在铜线与绝缘间的剪应力。当绝缘系统承受不住该剪应力时绝缘就会加重疲劳，或者与铜线脱开，或者主绝缘层间撕开。快速减负荷时产生类似的剪应力。绝缘分层的后果是在该部位可能产生局部放电，进而腐蚀主绝缘，并形成恶性循环，直至最后绝缘击穿。

局部放电在线监测仪属于解读型监测仪器，其选型和如何解读数据非常重要。一方面要考虑该仪器及生产厂商在可靠性、实用性等方面的业绩；另一方面还要强调该仪器在采集数据前后的处理功能，不只是仪器自身的分析处理功能，还应包括厂家提供的及时、可靠、持久的技术服务支持。机组的局部放电既可能来自于发电机，也可能来自外部，为此，局部放电在线监测仪一般在同一相上会布置两个有一定距离的测量传感器，通过测量到达两个传感器的局部放电信号的先后，区分局部放电来自发电机还是外部。另外，局部放电在线监测仪一般都具有模式分析功能，通过局部放电信号的相位和正负半周对称性等特征，来识别是槽内放电、导体放电、绝缘内部放电还是电晕放电。

条文 10.1.4.2　监测装置报警时，应先排除封闭母线段关联设备的干扰，并结合历史趋势、报警频次、放电特征、负荷相关性等信息进行综合分析，如存在局部放电量异常增高并持续增长的情况，应及时停机检查。

条文 10.2　防止定子铁心故障

条文 10.2.1　加强铁心制造阶段质量控制，防止由于制造缺陷引起的绝缘损伤或片间短路。铁心出厂前应进行铁心磁化试验，并出具试验报告。现场安装过程中避免铁心表面擦碰导致的叠片表层绝缘损伤。

制造阶段加强质量控制是有效避免铁心片间短路等缺陷的重要手段，铁心磁化试验是检验制造质量的重要手段，所依据的标准为《发电机定子铁心磁化试验导则》（GB/T 20835—2016）。

条文 10.2.2　运行中，加强对机座振动及异声的监测，存在异常时应对振动频谱进行分析，当存在显著增长的 100Hz 频率分量时，应分析铁心松动的可能性，并制订停机检查计划。

条文 10.2.3　检修时，应结合运行振动数据、外观检查情况，采用插刀试验或穿心螺杆预紧力复核等方法对铁心紧固情况进行判断。运行中机座存在异声的机组，应对绕组端部固定情况、定位筋与铁心接触情况、穿心螺杆紧固情况、隔振结构性能进行重点检查，存在异常时应采取措施及时处理，防止缺陷扩大。

条文 10.2.4　检修中应检查铁心是否存在局部松齿、叠片短缺、局部烧熔或过热、外表面附着黑色油污等问题，结合实际异常情况必要时进行铁心磁化试验或定子铁心故障诊断试验（ELCID），检查有无铁心过热以及铁心片间绝缘短路情况，分析缺陷原因及时进行处理。对测温元件绝缘电阻进行检查，防止因测温元件及引线绝缘损伤导致片间短路。

发电机定子铁心损坏故障，除非落入异物，通常呈渐进性的逐渐劣化趋势，但一旦发展到严重的铁心故障，将可能直接导致发电机定子绕组短路的恶性事故，发电机的修复工作将非常困难，可能还需返厂大修，即使不包括减少发电量的经济损失，直接设备修理造成的经济损失就非常重大，所以应该对于防止发生定子铁心故障的措施给予足够的重视。

防止定子铁心损坏的措施，主要是要注重定子铁心故障的早期诊断及预防，应以检查为主，辅以测试手段相结合的综合方法进行监控，及时发现铁心存在的片间短路或松动故障，及时进行消缺处理。应利用大、小修机会，仔细查找铁心内膛表面有无颜色异常、有无黑色或铁锈色异物、有无齿部松动的情况。小修时若不抽转子，可以用内窥镜绕过端部挡风环观察铁心表面。对取到的异物要进行化验，当含有大量铁元素时，就应注意可能是铁心故障的早期现象。必要时进行铁心损耗试验，或者铁心故障探测试验（ELCID），确定故障点及严重程度。对检修中发现的铁心较轻微的松弛现象，有条件时也应进行处理；若铁心已经存在严重松弛，例如局部铁心出现裂齿、断齿等现象，必须采取相应措施及时处理，并应查找形成缺陷的原因，及时纠正，避免故障的重复产生。

根据国内发电机铁心故障的抢修经验，较轻微的铁心故障不必更换铁心片，仅需做局部铁心齿的修复处理工作，损失相对很小。但故障严重的发电机，特别是已经因对地短路造成线棒和铁心的严重损坏的发电机，不得不大范围更换定子铁心片，有的因现场不具备修复条件，只好返厂大修，除工期较长外，仅运费就是一笔巨额开支。

【案例 1】 2001 年 5 月华北某电厂一台 200MW 汽轮发电机检修时发现定子铁心励侧一风区表面有黑色油泥状异物，经化验表明异物的主要成分中除含有密封油外，还含有大量金属铁元素，因此怀疑铁心存在磨损故障。发电机继续运行到 2002 年 2 月底进行大修，检查发现在一风区的黑色油泥状异物区域扩大至近 3/4 的圆周表面，在靠近 11～12 点钟的 6 个齿 1～3 段铁心段上，明显呈现铁心片松动、磨损，甚至缺齿的故障，更为严重的是，松动和脱落的铁心齿片在线棒电磁力作用下，造成了多处线棒主绝缘的磨损，其中 16 号上层线棒被磨出深 4.2mm、长 43mm 的沟槽。因该处主绝缘仅厚 5.4mm，故如果再继续运行一段时间，不可避免地要突发线棒对地短路事故。经用铁心故障探测仪检查，确认该部位有多处片间短路故障，铁损试验也说明该处存在异常温升。为彻底修复铁心，电机制造厂在现场拆除了全部线棒，更换了全部 1～4 段铁心，然后在现场进行铁心叠压和重新下线的定子装配工作，其间更换了部分有问题的线棒。由于停机检修及时，幸未酿成重大事故。

【案例 2】 2006 年 7 月广东沿海某电厂一台运行大约 2 年的 600MW 汽轮发电机，在检修中发现铁心故障。现象是励端 8～11 点位置的定子铁心边段有较多的黑色泥状油污，油污从 11 点位置处（18 与 19 槽间）开始，至 8 点钟位置结束，沿转子旋转方向形成扩散状。检查发现在励侧铁心边段（阶梯齿）靠近压指处的铁心硅钢片齿部发生严重的片间松动磨损现象，磨损的硅钢片已磨成粉状。多处磨损分别形成蜂窝状（最严重处 25mm×30mm），硅钢片磨损深 15～20mm，有数十片硅钢片发生断齿。故障原因与制造质量有关，也与发电机进油严重，运行环境不好有关。故障的处理是整个定子返回制造厂大修，更换部分定子铁心片。

条文 10.2.5　水轮发电机新机设计时，定子铁心穿心螺杆宜采用全绝缘结构，若采用分段绝缘结构，应有可靠措施防止穿心螺杆和铁心间脏物进入造成穿心螺杆

绝缘下降，穿心螺杆本体应进行绝缘处理。在A级检修或必要时，应进行穿心螺杆绝缘电阻测试，有条件的可采用穿心螺杆绝缘在线监测。

条文10.2.6 应合理选择机组接地方式并合理配置定子单相接地保护定值和出口方式，以保证机组单相接地故障电流满足制造厂要求。

汽轮发电机目前多采用高阻接地的方式，能够将定子接地故障电流限制在允许范围内，随着水轮发电机容量不断增大，其定子绕组单相对地电容量也相应增加，导致传统的高阻接地等方式无法有效限制接地故障电流，因此出现了中性点经阻抗接地等新型的接地方式。无论选择哪种接地方式，目的都是将机组的单相接地故障电流限制在制造厂设计允许的数值以下，以避免发生单相接地故障时烧毁定子铁心。

条文10.3 防止转子绕组故障

条文10.3.1 防止转子绕组匝间短路

条文10.3.1.1 加强转子制造过程的质量管控，防止因制造工艺问题导致转子绕组匝间短路。转子在运输、存放过程中应满足防尘、防冻（储存温度不应低于5℃）、防潮和防机械损伤等要求，严格防止转子内部落入异物。

条文10.3.1.2 运行中应监视密封油系统运行情况，确保密封油系统平衡阀、压差阀动作灵活、可靠，避免发电机进油造成转子运行环境劣化。

条文10.3.1.3 加强机组运行数据分析，当出现以下情况时应分析转子绕组存在匝间短路的可能性，必要时降低负荷运行：

条文(1) 转子振动增加并与励磁电流变化有明显相关性；

条文(2) 在相同工况或试验条件下，励磁电流值明显增大；

条文(3) 对于定子膛内安装有探测线圈等磁通传感器的机组，监测波形异常；

条文(4) 转子磁化造成轴电压异常升高。

当判断发电机转子绕组存在严重的匝间短路时，应尽快停机检修。

转子匝间短路故障是汽轮发电机常见故障，较轻微的故障可能仅是导致局部过热和振动增大，严重的故障可以发展为转子接地和大轴磁化，严重威胁发电机安全运行。20世纪80年代我国200MW汽轮发电机曾经频发转子绕组接地故障，大多是在机组投产运行两年以内即发生事故。主要原因是匝间绝缘制造工艺粗糙，出厂时即存在匝间短路以及绝缘电阻低等隐患。近些年制造的300MW及以上容量的发电机设计和制造质量都有明显改善，但还不能杜绝因质量问题引起的发电机故障。

因此，防止转子匝间短路故障主要措施：首先，应改善转子匝间绝缘的制造工艺，提高转子匝间绝缘的质量水平。其次，应加强转子在制造、运输、安装及检修过程中的管理，防止异物进入发电机。因为转子匝间绝缘比较薄弱，即使在制造、运输、安装及检修过程中有焊渣或金属屑等微小异物进入转子通风道内，也足以造成转子匝间短路。再次，改进密封油系统，确保密封油系统平衡阀、压差阀动作灵活、可靠，尽可能减少向发电机内进油。发电机内油污染是转子发生匝间短路的原因之一。发电机进油是国产机组的常见缺陷，主要原因是设备的制造质量不良，差压阀、平衡阀灵敏度和可靠性难以满足要求。氢气压力波动时，油压跟踪不好，不能维持氢油压差，导致氢气泄漏或向发电机内进油。故机组运行中的对策是尽量保持氢气压力的稳定，避免发电机在低氢压下运行。

近年来随着我国电网峰谷差的日益增大，机组承担着繁重的调峰任务，使我国发电机转子绕组匝间短路故障呈上升趋势。其主要原因是由于发电机频繁启停调峰，使转子绕组在热循环应力作用下产生绕组变形，由此可能引起匝间甚至套间短路故障。频繁启停的发电机更容易发生发电机内进油故障。两班制运行的发电机长期低速盘车还存在着转子匝线微小相对运动而产生的“铜粉尘”问题，也是产生转子绕组匝间短路故障的原因之一。所以，调峰运行的发电机应对调峰能力和运行条件有相应的规定，以防止转子匝间短路故障的发生。

发电机转子匝间短路的运行特征较为复杂，例如机组的轴振动特性，转子匝间短路可以引起发电机侧轴振、瓦振增大，但影响轴振、瓦振的因素很多，还需要结合振动特征、与有无励磁以及励磁大小的相关性、轴瓦间隙等情况综合判断并加以区分。因此，运行中应借助多种手段和特征量进行综合判断，包括振动与无功（励磁电流）的相关性是否明显、励磁电流历史对比情况，另外，转子匝间短路引起的轴向磁通会引起发电机轴电压升高，也可以作为转子匝间短路的辅助判断，对于安装有探测线圈在线监测装置的，应结合监测波形在不同工况下对两极各槽的磁通波形进行偏差比较，及时发现缺陷。

条文 10.3.1.4　停机检查（如发现转子磁化等）、例行试验或运行中怀疑存在匝间短路的转子，应开展重复脉冲法（RSO）试验或转子频域阻抗分析（FIA）试验进行综合诊断。有条件时，应在交接及历次检修时开展频域阻抗分析试验，留取阻抗频谱数据，对转子绝缘状态进行跟踪分析。

RSO试验和FIA试验都可以在不抽转子的情况下开展，试验便捷，工作量小。两种试验相对于交流阻抗测量等传统方法，具有灵敏度高的优势，同时还能对缺陷的位置进行定位。

FIA试验是一种转子匝间短路的频域诊断方法，采用扫频方式获得转子绕组两极对地的端口阻抗幅值频谱，得到绕组的固有“指纹”，通过特定的分析方法对阻抗幅值频谱中的故障特征进行提取，以诊断转子绕组是否存在匝间短路。由于测量的是绕组端口阻抗参量，不受外部激励、阻抗匹配等因素的影响，能够实现诊断标准的定量化，以及同一机型不同转子间的横向比较、同一转子历史数据的纵向比较。因此，通过在发电机交接、历次检修中开展FIA试验，可以跟踪转子阻抗频谱的变化情况，以便及时发现缺陷并跟踪缺陷发展情况，合理安排检修计划。

【案例】 华北地区某电厂1号发电机在2020年5月A级检修过程中发现转子励端轴颈存在磁化现象，钥匙、大头针等金属物品均会被吸附在轴颈上，怀疑转子磁化由发电机转子匝间短路造成。进行频域阻抗分析试验（FIA）、重复脉冲法（RSO）、极间压降等一系列试验，确认发电机存在转子匝间短路，随后转子返制造厂进行解体，发现存在一明显的匝间短路故障点，位于汽端6号线圈第四、第五匝（从下往上）端部周向圆弧处，且造成相邻匝间绝缘过热。

条文 10.3.1.5 转子在运行中存在异常，但静态试验数据无明显异常时，应进行动态匝间短路诊断试验。

【案例】 河南某电厂1号发电机于2019年1月27日启动并网，1月30日11时50分，机组负荷升至满负荷时10号瓦振动值由40.82μm升至100μm（超量程）、9号轴承X向轴振由48.78μm升至152μm。根据机组相关运行数据，排除了汽轮机引起振动超标的可能性。考虑振动幅值与机组无功的明显正相关性，怀疑振动由发电机转子匝间短路造成。2月21日，对该发电机在停机惰走状态下进行RSO试验。转子内环起始位置存在明显的匝间短路迹象。3月7日，再次对转子进行RSO试验，结果显示，内外环波形差值仍存在峰值，且峰值位置与停机时测定的位置相同，但峰值大小有明显降低。两次RSO试验结果相互印证，可以反映外环1或2包处存在转子匝间短路迹象，但短路点的严重程度发生了明显变化。转子两次RSO试验结果存在差异主要受转子旋转状态和转子温度的影响，静止和旋转、冷态和热态状下，转子线棒、绝缘等部分的受力、受热情况不同，膨胀位移存在差异，绝缘薄弱点的接触情况发生变化。因此，对于运行中存在异常，但静态试验数据无明显异常的特殊情况，应进行动态匝间短路诊断试验。

条文 10.3.1.6 对于确认存在匝间短路缺陷的机组，应根据匝间短路的严重情况，制订安全运行条件及检修消缺计划。当存在较严重转子绕组匝间短路时，应尽快消缺，防止转子、轴瓦等部件磁化。发电机转子、轴承、轴瓦发生磁化（参考值：轴瓦、轴颈大于10×10^{-4}T，其他部件大于50×10^{-4}T）应进行退磁处理。退磁后剩磁参考值：轴瓦、轴颈不大于2×10^{-4}T，其他部件小于10×10^{-4}T。

【案例】 1993年4月，华北电网某发电厂1号300MW水氢氢汽轮发电机在运行中发生转子绕组匝间短路接地故障。事故后拔下护环检查，发现汽侧护环下S极第7号和第8号线包端头拐角处有短路放电熔迹，附近的绝缘隔板表层炭化，护环内壁上有一块黑色金属物的滴熔区已造成护环损伤；密封环下密封瓦及转子轴颈因轴电流大面积烧伤；转子大轴磁化。事故抢修时间持续一个多月，修复了绕组端部，大轴退磁，并更换了一只护环。其事故主要原因可能是由于在制造过程中转子汽侧端部遗留有铝金属（如铝屑等），经长时间运行移至7号、8号线包间造成两线包端头拐角处匝间短路，继而烧穿绝缘护板，烧伤护环。

条文 10.3.1.7　运行超过20年的隐极式发电机或调相机，宜加装转子绕组匝间短路在线监测装置，并对在线监测数据进行定期分析。

条文 10.3.1.8　水轮发电机新机设计时，制造厂应核算转子励磁回路突然断路、定子绕组短路或缺相等事故工况下磁极线圈匝间过电压分布，磁极线圈匝间绝缘设计应能承受发生上述故障时产生的过电压冲击。

对水轮发电机而言，由于其承担电网的调峰调频等作用，在实际运行时频繁地开停机，发电机的磁极线圈匝间绝缘不仅要承受温度和离心力导致的很大面压，还需要经受特别频繁的启动和停机造成的冷热循环的考验。磁极线圈作为发电机的重要组成部分，其匝间绝缘不良会造成发电机转子磁通不对称和磁力不平衡，引起机组剧烈振动，直接影响发电机的安全稳定运行。

条文 10.3.2　防止转子绕组接地短路

条文 10.3.2.1　当转子励磁回路接地保护报警时，应先对转子外部励磁回路进行检查并尝试消缺，经分析确定为稳定性的金属接地且无法排除故障时，应立即停机处理。

条文 10.3.2.2　发电机组启动时，根据相关标准要求进行额定转速下转子绕组绝缘测量或开展转子绝缘在线监测，及时发现动态接地隐患。

应根据《火力发电机组电气启动试验规程》（DL/T 2092—2020）在机组启动阶段开展额定转速下转子绕组绝缘测量。

条文 10.3.2.3　机组停机及检修时，应采取相关措施防止转子受潮及异物进入风道。

条文 10.3.3　防止转子绕组引线故障

条文 10.3.3.1　大修时应利用内窥镜检查等方法，检查转子绕组引线及固定结构等是否存在松动、过热、开裂等迹象，并进行转子直流电阻测量和分析，当消除测试条件影响后直流电阻存在明显增大时，应进一步检查绕组引线是否存在异常。

条文 10.3.3.2　机组每次空载启动时，应记录转子励磁电流、电压及相关温度数据，并与历史数据进行比较，如出现明显异常应进行运行数据及绝缘过热监测数据的分析。运行中如存在励磁电流和无功功率异常下降，应分析转子引线过热的可能性，并采取降负荷或停机等措施，防止故障扩大。

转子引线由于焊接工艺不良等制造因素、频繁启停等特殊运行因素（尤其是燃气轮发电机），一旦出现裂纹、松动等缺陷使得接触电阻增加后，将持续恶化，由于运行中监测手段较少，容易导致局部过热烧熔、断线拉弧，最终造成转子接地、磁化，甚至严重烧毁故障，必须结合上述手段加以预防。

【案例】 山西某电厂9号600MW等级汽轮发电机某日机组接近满负荷运行中转子振动突升，保护跳机，同时转子报接地故障。故障时，转子对地绝缘监视值迅速下降，励磁电压上升，励磁电流迅速降低，但在灭磁前突然增大，励侧8号轴瓦振动随之明显上升。故障时，发电机无功从110Mvar降至−140Mvar，机端电压从19.8kV降至18.9kV。发电机低励限制动作，失磁保护一段动作切换厂用电，机组轴振保护动作出口切机，后续转子接地保护也出口。停机后抽出转子检查发现，转子励磁端烧损严重，护环存在明显的烧熔痕迹，转子引线已烧断，大量绕组顶匝线圈均存在明显的烧蚀痕迹，引线槽出槽位置烧损尤为严重，固定用的铝块烧熔。故障分析认为，转子引线焊口存在制造缺陷，随机组运行逐渐显现，导致引线接触不良，局部过热，过热又会导致此处直流电阻增大，随着机组运行，缺陷逐渐发展，铜线的烧损越发严重。当铜线烧损发展到一定程度时，转子引线处接近断线，产生剧烈的直流电弧，造成转子严重烧损，机组运行中多点接地，轴振急剧增大，机组失磁等，最终导致跳机。事故造成转子返厂，处理修复复杂，时间长，造成了严重的经济损失。

条文10.3.3.3　抽水蓄能机组新机设计时，磁极连接线应采用抗疲劳结构，若采用刚性磁极连接线，应采用整板加工的一体铜排，不应使用拼焊成型结构，连接线的受力情况要经计算分析。磁极连接线铜排直角平弯时，弯曲半径应不小于2*d*（*d*为铜排厚度），经计算应力较大部位，应优化磁极连接线结构，改善磁极连接线应力。转子励磁引线穿轴段宜采用一体化铜排连接或分段焊接连接结构，对于已投产采用穿轴螺杆的机组，存在隐患的应要求制造厂重新进行设计，并及时改造。

条文10.3.3.4　水轮发电机新机设计时，磁极连接线在磁轭与磁极上均设有固定点时，应在连接中设计补偿装置，以吸收磁极与磁轭的相对位移、振动产生的拉伸应力。

水轮发电机、抽蓄发电电动机等由于运行中转子巨大的离心力，磁极引线一旦设计不合理，容易导致磁极引线异常受力，进而引发线圈开匝、引线断裂等恶性事故。

【案例】 2017年4月，某电厂在对发电-电动机进行检查时，发现转子磁极线圈有开匝现象。磁极线圈开匝现象均出现在磁极铁心T尾和极靴处的首末匝位置。该位置也正好是转子磁极线圈用于极间连接而引出的地方，该电厂发电-电动机转子绕组采用u型极间连接片相互连接，属于刚性连接。u型极间连接片中间部位包绕绝缘后利用开有凹槽的钢支撑板限位，再用钢板盖在极间连接片上，最终用螺栓把紧，止动垫片将螺栓锁定。从线圈开匝的现象看，T尾端向内侧开裂，极靴端向外侧开裂。未断开极间连接片时最大裂缝达到7mm左右，最小不到1mm。断开极间连接片后，磁极线圈引出部位回弹，最大裂缝减小到3mm左右。由于极间连接片连接处存在一个向开裂方向的径向力，径向力导致线圈开匝。如果磁极线圈极间连接引出部位较短，刚度较大，一旦在磁极线圈引出线位置产生内应力，就可能产生线圈开匝现象。

条文10.3.3.5　水轮发电机现场安装磁极连接铜排过程中，应保持铜排在自由状态下连接固定，安装矫正时不应引起连接线受损；定期检查或检修时，应检查磁极引出线根部、磁极连接线弯曲处等应力集中部位有无裂纹情况，通流部件有无过热、螺栓松动等情况。

条文10.3.4　防止调峰机组转子绕组故障

条文10.3.4.1　对于参与调峰运行的新建发电机，应在设备订货时提出针对性要求，确保满足调峰运行需要。

条文10.3.4.2　对于通过技术改造参与调峰运行的机组，改造前应对机组改造方案进行评估，保证改造方案满足机组调峰运行要求，并制订针对调峰运行的运行措施及检修计划，防止转子绕组发生热变形、匝间短路等故障。

条文10.3.4.3　对参与调峰运行的300MW及以上容量的汽轮发电机，尤其是结构上未针对调峰进行改造的机组，机组投运1年后应进行专项检修。利用内窥镜检查转子绕组端部和极间连接线有无过热变色、变形、端部垫块松动、匝间绝缘移位等问题，必要时拔下转子护环，检查与本体嵌装部位有无裂纹和蚀坑。

条文10.3.4.4　对于频繁调峰的机组，应加装转子绕组匝间短路在线监测装置或定期开展针对性的转子运行相关数据分析工作，已安装在线监测装置的应对在线监测数据进行定期分析。

调峰机组由于励磁电流频繁大范围变化，绕组轴向伸缩幅度更大，如果端部没有适应性的伸缩结构、端部线圈套间支撑强度不足，热应力容易导致端部线圈变形，严重的会导致套间搭接，造成套间短路，从而严重影响机组运行。因此，对于调峰机组应从以上方面防止转子故障。

【案例】　华北地区某电厂4号发电机在某次停备一个月后启机。升速至3000r/min且未施加励磁电流时，机组振动正常。施加励磁电流后，振动有所增大，且空载励磁电流同比增大约15%。机组并网后，轴电压由之前的5V增加至17V。综合上述两种现象，怀疑机组存在转子匝间短路缺陷。该机组运行范围为50%～100%额定负荷，采用常规运行方式设计和制造。近年来，该机组参与快速调峰工作日益频繁，且调峰范围为40%～100%。无论是负荷变化范围，还是负荷变化速率，均已超过设计区间。该机组频繁调峰运行，引起转子线圈频繁热胀冷缩，进而造成循环蠕变，蠕变量和蠕变速率远大于基荷运行。而该转子又未对调峰工况做特殊考虑，导致转子线圈端部形变在轴向方向上受限，只能在切向或径向上

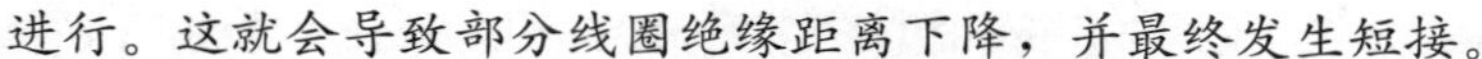

进行。这就会导致部分线圈绝缘距离下降，并最终发生短接。

条文 10.4 防止转子大轴及护环损伤

条文 10.4.1 水平放置转子在到货存储、安装及检修期间，应采取转子中部增加合适支撑或定期（不超过两周）翻转 180°等措施防止转子大轴弯曲。

条文 10.4.2 转子在运输、存放及大修期间应避免受潮和腐蚀。大修时，应对转子护环进行无损探伤和金相检查（对 Mn18Cr18 系钢制护环，从机组第三次 A 级检修起开始进行），检出有裂纹或蚀坑应根据严重程度进行局部处理或更换。测量并记录护环与铁心轴向间隙，与出厂及上次测量数据比对，以判断护环是否存在位移。

由于 Mn18Cr18 系钢制护环在材料刚度、耐腐蚀性等方面都有了较大提升，因此依据《火力发电厂金属技术监督规程》（DL/T 438—2016），从机组第三次 A 级检修时，开始进行无损检测和晶间裂纹检查。

条文 10.4.3 转子转轴非接地端轴承（座）与底板和油管间应设置绝缘结构，便于在运行中测量该轴承（座）与底板间的绝缘电阻，防止产生轴电流损坏轴瓦。运行中应定期测量轴电压，轴电压升高时，应首先检查转子大轴接地是否良好、励磁回路阻容吸收装置是否正常，必要时分析轴电压成分，确定成因后制订相应处理措施。

通常，汽轮发电机在汽侧通过接地电刷，使大轴良好接地，避免从汽轮机侧传来的，由蒸汽与汽轮机叶片摩擦产生的静电荷所引起的轴电压升高问题。这种配置下，大轴通过汽侧接地电刷，汽侧轴承油膜和励侧轴承油膜与大地相连。由于油膜、轴承绝缘的电阻相对较高，即使大轴上有轴电压，也不会产生较大的轴电流。现在机组运行中为进一步减小由静止励磁系统引入的换相尖峰脉冲所带来的轴电压升高问题，除汽侧外，在励侧大轴处也加装了接地电刷，在励磁接地电刷和大地间串联阻容滤波电路。该滤波电路对于包括 50Hz 附近的轴电压低频分量为高阻，因而轴电压的低频分量产生的环流会很小。而对于静止励磁系统感应的尖峰轴电压等高频分量为低阻，因而可以让这部分能量从励侧接地电刷处释放到大地中，减少对大轴油膜的损伤。

条文 10.4.4 水轮机组运行中，轴承轴电流保护或轴绝缘监测回路应正常投入，出现轴电流或轴绝缘报警应及时检查处理，禁止机组长时间无轴电流保护或无轴绝缘监测运行。

条文 10.5 防止内冷水系统故障

条文 10.5.1 防止水路堵塞

对水内冷的线棒引水管和弓形引线，安装和检修中应该加强水流量的检测，并有措施保证运行中水流量符合设计要求，防止出现因水流量不足以至断水所导致的引线过热烧损绝缘的事故。多年来的运行和检修实践经验证明：杂质、异物进入定子冷却水中是造成定子水内冷系统水路堵塞的主要原因之一。定子水内冷系统水路堵塞，将使被堵塞水路的水流量减少或断水，造成绕组绝缘局部过热损坏，严重者绝缘击穿造成接地事故。

【案例】 1994 年山东某发电厂发生 2 号 300MW 发电机定子绕组局部超温烧损线棒事故。1994 年 8 月 13 日 9 时 13 分，在机组试运行中发电机定子接地保护突然动作、跳闸。事故前有功负荷为 296MW，无功负荷为 160Mvar，检查发现 U 相汽侧 45 号槽上层与 8 号槽下层线棒出槽口拐弯处绝缘断裂、击穿。其事故原因是由于在出厂水压试验时，将试验用的橡皮塞遗留在 45 号槽上层线棒和 8 号槽下层线棒励端进水三通内，使两线棒水路完全堵塞。在运行中两线棒过热膨胀，致使应力集中（槽口外拐弯处），外绝缘膨胀使发电机在运行中发生定子接地故障而跳闸停机。

条文 10.5.1.1　定子绕组端部引线水路通流截面应达到设计值，引出线外部水路的安装应严格按照厂家的图纸和要求进行，保证（总）水管焊接位置有效截面积满足设计要求。

条文 10.5.1.2　水内冷转子进水支座安装时应严格按照制造厂的安装图纸和技术规范进行，保证安装精度，防止盘根等部位磨损造成转子水路堵塞。

条文 10.5.1.3　定子、转子冷却系统应采用耐蚀性能不低于 S30408 不锈钢材质的水泵、管道和阀门，防止锈蚀产物进入内冷水系统。

条文 10.5.1.4　内冷水系统中管道、阀门的橡胶密封圈应全部使用聚四氟乙烯垫圈，并应定期（不宜超过 1 个大修期）更换。检修过程中涉及水回路再密封时，应严格按照制造厂施工工艺要求开展，禁止随意更改密封措施。

条文 10.5.1.5　绕组线棒在制造、安装、检修过程中，若放置时间较长，应将线棒内的水放净并及时吹干，防止空心导线内表面产生氧化腐蚀。有条件时可进行充氮保护。

条文 10.5.1.6　定期对定子线棒进行反冲洗（线棒出水端安装节流孔板的发电机除外），反冲洗回路不锈钢滤网应达到 200 目（75μm），并定期检查和清洗滤网。机组运行期间发电机水路反冲洗门应关闭严密并上锁。反冲洗时应按照相关标准要求进行，反冲洗的流量、流速应大于正常运行中的流量、流速（或按制造厂的规定），冲洗直到排水清澈、无可见杂质，进、出水的 pH 值、电导率基本一致且达到要求时终止。

定子水内冷系统畅通无阻是保证发电机安全运行的基础。发电机在长期运行中，定子内冷水沿着一个固定方向流动，有可能在内冷水管的某些部位沉积杂质和污垢。安装定子内冷水反冲洗系统，改变水流方向，定期对定子线棒进行反冲洗，就可以将这些积存的杂质和污垢冲洗掉，确保内冷水的冷却效果。为防止杂质堵塞水路，首先应将定子水内冷系统中采用的易老化变质或破损掉渣的材料更换为性能优越的材料。例如：定子内冷水系统中管道、阀门的橡胶密封圈，采用的材料就是易老化变质的材料，应将其更换为化学性能稳定、耐老化性能优越的聚四氟乙烯垫圈。为了防止钢丝滤网锈蚀破碎残渣进入定子线棒，反冲洗系统应采用高强度、耐腐蚀的不锈钢板滤网或新型高强度复合材料滤网，网孔规格应达到每英寸 200 目，具体滤网打孔工艺不做要求。

条文 10.5.1.7　交接及大修时应进行水系统流通性检查，分支路进行流量试验或进行热水流试验。

为了确保发电机正常运行时定子线棒的冷却效果，防止个别水路发生堵塞，使绕组绝缘局部过热。大修时应对水内冷定子、转子线棒做分路流量试验，以便查出堵塞的分路进行处理。

实践表明，热水流试验对查找个别支路堵塞故障非常有效。试验方法见《汽轮发电机绕组内部水系统密封性检验方法及评定》（JB/T 6228）。

条文 10.5.1.8　内部水回路充水时应彻底排气，防止由于环形引线“气堵”导致的过热烧损。

【案例】 2010 年前后，我国曾发生多达 8 台次 600MW 级别的汽轮发电机相继在新投产不久或 168h 试运期间，由于定子引线烧断造成发电机被迫停运。这些发电机的故障现象非常相似，例如，发电机都是美国西屋技术制造，烧断的引线都是在 12 点钟左右位置的 W 相 W2 弓形引线，熔断的长度达数百毫米左右等，甚至故障后的外观也非常相似。多数发电机在引线烧断以后因保护及时动作与系统解列停机，故障没有进一步扩大。少数发电机在烧断一个引线分支以后，仍带着全部负荷加到另一个并联支路上，造成该支路的线棒严重过负荷，持续超过几分钟以后，该部分定子绕组线棒绝缘就因严重过热而损坏以至击穿。为此更换了数十根定子线棒。分析表明，位于 12 点位置的 W2 引线水流量严重不足形成气堵是事故的直接原因。

条文 10.5.1.9　水内冷机组的内冷水质应按照相关标准进行优化控制，长期不能达标的发电机应选择适用的内冷水处理方法进行设备改造。机组运行过程中，应在线连续测量内冷水的电导率和 pH 值，定期测定含铜量、溶氧量等参数。

发电机内冷水系统的水质化学监督和水质指标跟踪分析是保证发电机长期安全稳定运行的关键一环，值得注意的有以下几点。

（1）水的酸碱度、含氧量等指标对发电机的影响是缓慢渐进的，不像电导率对电气性能的影响那样立竿见影。但该类检测数据长期超标将造成非常严重的事故隐患，故不能对数据超标问题掉以轻心。

（2）随着技术的进步，水的标准在不断更新，应了解和掌握最新的标准信息，不能把已经过时的，甚至作废的标准作为水质是否合格的依据。

（3）水的同一个指标由于历史原因或侧重点不同，可能存在着几个不同的现行标准。这种情况下不能随意认为满足其中一个标准就可以了，应经过多方面比较和研究选定执行标准。通常比较合理的办法是按照标准发布的时间取用较新发布者。2022年，《大型发电机内冷却水质及系统技术要求》（DL/T 801）启动了修订工作，将根据技术的发展和进步，对冷却水水质指标及处理技术提出最新的要求。该修订版发布后，应按最新版DL/T 801执行。

关于水质控制指标溶氧量问题，目前很多发电厂并没有开展此项测量，是否需要开展该参数的测量工作，与水系统控制pH值的能力有关。研究显示水对铜导线的腐蚀速率与溶氧量密切相关，若不对溶氧量加以专门控制，普通密闭或开启式内冷水系统中的水中溶氧量通常是在200～300μg/L之间，既非富氧也非贫氧。内冷水处于7～8范围的pH值情况下对铜就存在较高的腐蚀速率。只有当水质处于贫氧（＜30μg/L）或富氧（＞1000μg/L）范围下，pH值对腐蚀速率的影响才明显降低，但对溶氧量的控制可能不容易实现，还需要增加一些辅助设备（如密闭式水箱加装充氮装置）。所以，若现有水系统很难使pH值达到8以上，只要能维持7以上，再设法控制溶氧量达标即可。若想避开对溶氧量的监测和控制问题，只能升级水控制系统使pH值的控制能力增强。从简化控制参数角度考虑，目前有技术成熟的内冷水系统控制设备，可以保证水质pH值控制范围在8～9之间，这就不用再考虑测量溶氧量。

另一个需要注意的问题是pH值与电导率存在互相制约的关系，为使pH值超过8，电导率很难低于1.0μS/cm，其较适宜的控制值是1.5μS/cm左右。《隐极同步发电机技术要求》（GB/T 7064）和《大型发电机内冷却水质及系统技术要求》（DL/T 801）规定了水质电导率上限是2.0μS/cm，同时规定了下限是0.4μS/cm，因为电导率若低于0.4μS/cm时铜的腐蚀速率呈指数快速增加。

现在仍有一些发电厂发电机内冷水水质控制范围达不到本条的要求，调查发现pH值控制在8以下的居多，同时不开展溶氧量检测工作。而实际溶氧量情况多数是既非贫氧也非富氧状态，这样的内冷水就是不达标的。如果现有水处理设备还不能进一步提高pH值，就需要或者设法使溶氧量达标，或者对内冷水水质处理系统进行设备改造。为了保证发电机长期安全稳定运行，这些改造是有必要的，而且可行的。目前根据先进技术理念和标准开发出来的新一代内冷水处理装置，已经形成了的商品化产品，能很好解决pH值控制问题。

此外，还需要注意含铜量化验取样点的位置，在发电机内冷水系统净化装置入口之前、发电机本体出水之后取样才能真实反映发电机内冷水系统水质的实际情况。

【案例 1】 1998 年某电厂发生 1 号 365.5MW 汽轮发电机定子线棒绝缘损坏重大事故。1998 年 6 月 17 日 21 时 16 分，1 号汽轮发电机定子接地保护动作，机组跳闸停机。其事故原因是由于腐蚀产物将发电机定子 2 号槽上层线棒和 53 号槽下层线棒（同一冷却水路）的端部水路的流通截面严重堵塞，致使线棒绝缘损坏，在 53 号槽下层线棒直线端部处将绝缘击穿，造成接地故障。造成水路堵塞的主要原因是由于定子水内冷系统及补水系统密封装置不完善，水质受空气中二氧化碳污染，导致 pH 值降到 6.0～6.3，使空心铜导线产生腐蚀，含铜量经常在 300～500μg/L，最高时达到 2700μg/L。由于水质长期不合格，腐蚀产物铜氧化物浓度过高，在一定条件下，便会从水中析出，沉积在线棒的通流截面上，造成定子线棒的水路堵塞。

【案例 2】 河北某厂 600MW 汽轮发电机，2004 年 9 月完成 168h 试运，11 月开始个别同层出水温度差达 13℃，临修、小修反冲洗无效，个别线棒流量差仍超过 10%。为此，2006 年 2 月大修更换了 5 根下层线棒和所有上层线棒才使问题得到解决。原因是运行水质不好和制造厂残水引起腐蚀，产生的絮状铜氧化物堵塞了个别水路。

【案例 3】 2006 年底投运的山东某发电厂一台 1000MW 汽轮发电机，2007 年 8 月对比内冷水参数历史数据，发现内冷水从 2006 年 11 月 27 日投产时的水压为 374kPa 时水流量 128t/h，到 2007 年 8 月 26 日压力为 485kPa 而水流量仅 119.2t/h，即压力增加约 30%，水流量反而降低 7%。分析认为线棒可能存在局部堵塞。随后进行的内冷水反冲洗冲出一些黑色粉末。进一步解剖检查，将部分绝缘引水管拆下，用内窥镜由定子线棒鼻端水电连接头处对空心导线进行检查。检查发现：已拆开的 4 根线棒汽侧（出水端）堵塞严重，部分空心导线接近堵死；励侧（进水端）检查未发现明显异常。线棒空心导线的堵塞物经化验是水对铜腐蚀形成的结垢物氧化亚铜。

条文 10.5.1.10　严格按规范安装温度测点，做好防止感应电影响温度测量的措施，防止温度跳变、显示误差。运行中实时监测发电机各部位温度，当发电机（绕组、铁心、冷却介质）的温度、温升、温差与正常值有较大的偏差时，应立即分析查找原因。温差控制值应按制造厂规定，制造厂未明确规定的，应按照以下限额执行：

对于水内冷定子线棒层间测温元件的温差达 8℃或定子线棒引水管同层出水温差达 8℃应报警，并及时查明原因，必要时降低负荷或停机；当定子线棒层间温差达 14℃，或定子引水管出水温差达 12℃，或任一定子槽内层间测温元件温度超过 90℃，或出水温度超过 85℃时，应立即降低负荷，在确认测温元件无误后应立即

停机，进行反冲洗及有关检查处理。经反冲洗无明显效果时，应依据相关标准综合分析内冷水系统结垢的可能性，并委托专业机构进行化学清洗。

加强对定子线棒各层间及引水管出水间的温差监视，可以及时发现内冷回路堵塞的线棒。根据温差的大小，采取降低负荷或立即停机处理等措施，以避免事故的发生。

运行人员可以通过降低发电机负荷来确认测温元件是否正常。由于发电机定子的发热量与电流的平方成正比，因此，当降低发电机负荷时，测温元件的温度应有较大幅度的变化。否则，说明测温元件有问题。

【案例】 河北某发电厂一台600MW汽轮发电机组，2004年2月新机168h试运期间，各线棒测点温差达到16℃，仍然带满负荷继续运行，造成定子接地保护动作停机。经查发电机13号槽汽端上层出水盒有3/4被餐巾纸堵塞，导致13号、14号上层线棒R处过热产生裂纹击穿。事故处理是更换了故障线棒。

条文 10.5.1.11　对于内冷水系统存在漏氢隐患的机组，应加强出水温度的监测，防止由于气堵造成线棒过热。

条文 10.5.1.12　运行中严格保持水内冷转子进水支座盘根冷却水压力低于转子内冷水进水压力，以防盘根材料破损物进入转子分水盒内。

发电机转子进水支座盘根属于易损材料，在运行中容易产生破损物。为了防止这些破损物进入转子分水盒内，堵塞转子水系统，必须严格保持发电机进水支座盘根冷却水压低于转子内冷水进水压力。

条文 10.5.2　防止内冷水系统断水

条文 10.5.2.1　内冷水系统中的主要部件，如水泵、冷却器和过滤器等应采用冗余设计，确保系统的连续运行。内冷水系统内所有部件的容量或处理能力应有相应的裕度。主水泵及备用水泵应由两段不同母线供电。

条文 10.5.2.2　加强定子内冷水泵的运行维护，备用水泵应处在热备用状态，防止切换时因备用水泵故障造成定子水回路断水，严防水箱水位偏低或水量严重波动导致断水故障。

条文 10.5.2.3　断水保护装置的信号宜采用直接测量流量的方式或采用流量孔板测量方式，信号宜选择流量测量装置的前后差压开关量，并满足“三取二”原则，三个信号应独立取样。运行中定子绕组断水最长允许时间应符合制造厂规定，开关量信号以硬接线方式送至发电机断水保护，并作用于跳闸。

条文 10.5.2.4　定子冷却水压力测量应考虑测点位差影响，且压力测点应在流量调节装置之后。管道条件允许时，定子冷却水流量装置应装设在反冲洗支管接口之后的定子内冷水管道，确保准确体现实际进入发电机的冷却水流量。

条文 10.5.3　防止定子、转子绕组漏水

条文 10.5.3.1 绝缘引水管不得交叉接触，不得附着、捆绑其他附属装置，引水管之间、引水管与端罩之间应保持足够的绝缘距离。检修中应加强绝缘引水管检查，引水管外表面应无伤痕。

绝缘引水管是发电机内冷水回路中最易漏水的薄弱环节，因此必须详细检查确保引水管无任何伤痕、引水管间无交叉和引水管间以及与端罩间有足够的绝缘距离。如果引水管交叉接触，在正常运行中就会产生相对运动互相摩擦，使管壁磨损变薄而漏水。如果引水管之间以及与端罩间距离较近，就有可能互相之间放电，烧损引水管引起漏水。

条文 10.5.3.2 做好漏水报警装置调试、维护和定期检验工作，确保装置反应灵敏、动作可靠，并定期对管路进行疏通检查，确保管路畅通。

条文 10.5.3.3 水内冷转子绕组复合引水管应采用具有钢丝编织护套的复合绝缘引水管。

由于钢丝编制护套具有较高的机械强度和一定的弹性，它能有效地保护复合绝缘引水管，因此，应将转子绕组复合引水管更换为有钢丝编制护套的复合绝缘引水管，以利于发电机的安全运行。

条文 10.5.3.4 100MW 及以上发电机、100Mvar 及以上调相机的转子出水拐角应采用高强度不锈钢材质，以防止转子绕组拐角断裂漏水。

对于悬挂式护环—中心环结构的转子，每旋转一周，护环与转轴之间的径向距离就发生一次交变循环。转子绕组拐角就要承受一次疲劳应力循环，同时转子绕组拐角还要承受转子转动时其自身和相应的绕组端部的离心力引起的拉伸应力的作用。久而久之转子拐角易产生疲劳断裂漏水。我国双水内冷机组投产初期就曾多次发生此类故障。因此，应将出水铜拐角更换为高强度耐腐蚀的不锈钢拐角，以防止转子绕组拐角断裂漏水事故。

条文 10.5.3.5 机组大修期间，应对内冷水系统密封性进行检验。当对水压试验结果不确定时，宜用气密试验查漏。

大量的实践证明，由于气密试验的灵敏度高，能够更有效地发现泄漏点，因此当对水压试验结果不确定时，宜用气密试验查漏。

条文 10.5.3.6 对于不需拔护环即可更换转子绕组导水管密封件的特殊机组，大修期应更换密封件，以确保转子冷却的可靠性。

条文 10.5.3.7 水内冷机组发出漏水报警信号，经判断确认是内部漏水时，应立即停机处理。

条文 10.5.3.8 机内氢压应高于定子内冷水压，其差压应按厂家规定执行。如厂家无规定，差压应大于 0.05MPa。

条文 10.6 防止发生局部过热

条文 10.6.1 防止铁心及绕组过热

条文10.6.1.1　新机制造时，定子铁心、定子线圈层间埋入式测温元件应采用冗余设置，保证各测点有备用替换元件。

条文10.6.1.2　定子绕组现场装配时，绕组端部所有的接头和连接应采用银铜焊接工艺，接头处的载流能力不得低于同回路的其他部位。

【案例】　华北地区某电厂发电机在某次检修中发现发电机定子直流电阻不平衡率为3.1%，超出了标准，且呈历年增加趋势。检修期间对发电机进行解体，拆除上端盖并进行大电流红外试验检查，发现部分线棒有发热现象；随后厂家人员对A相U2支路励、汽侧线棒鼻端焊接处进行包开绝缘检查，发现20号线棒有轻微开焊现象。随后对18号、19号、20号线棒进行银焊处理，最后三相直阻不平衡率为1.86%（故障相修复后直阻最低），满足规程要求。该发电机型号为QF-100-2的100MW汽轮发电机。此类机组的工艺还多采用20世纪80年代以前的旧有设计，定子绕组端部焊接采用的是对头焊的方式而非目前通常采用的搭接钎焊方式。旧有焊接工艺在接头的热稳定和动稳定方面存在不足，导致了该发电机自投运后多处接头存在焊接点的劣化趋势，从而导致了相间直流电阻的偏差。

条文10.6.1.3　水轮发电机励磁引线及磁极连接线的接头应采用镀银或搪锡工艺，制造厂应对接触面的电流密度进行计算校核，确保机组运行时接触面的温升在安全范围内。

【案例】　某发电厂3台200MW水轮发电机组，发电机型号为SF200-52/13600，转子额定电流为1743.7A，转子额定电压为385.5V，发电机绝缘等级为F级，发电机转子共计52个磁极，每个磁极线圈26匝，匝间垫间苯酚上胶玻璃胚布热压成整体，极间连接采用U形铜排，两个接头分别用2颗Ml2-8螺栓紧固连接。励磁引线采用90mm×9mm铜母线，励磁引线和磁极抽头引线的接头接触面采用搪锡工艺。2008年，1号机组大修发现4号和5号磁极间、32号和33号磁极间连接接头绝缘发黑碳化，U形连接铜排表面严重氧化且凹凸不平，过热烧损严重，其中4号磁极引线导电接触面最大的凹处直径10mm、深2mm以上，对存在过热问题的连接面进行处理，打磨接触面，涂抹导电膏。2010年，1号机组检修时发现转子磁极引线接头部分新增42号和43号磁极过热点，处理过的4号和5号磁极间、32号和33号磁极间连接接头虽未进一步烧损，打开绝缘后发现接触面涂抹的导电膏已干燥板结，接触面氧化发黑，存在明显过热现象。试验发现存在过热问题的磁极连接线接头直阻大，而且磁极连线线接头相互之间直流电阻不平衡，偏差较大，最大接近195μΩ，最小只有9μΩ，将该发电机存在过热现象的磁极引线接头接触面进行清洗打磨，重新搪锡，不再涂抹导电膏，对所有连接螺栓进行重新紧固。处理完成后，测量磁极连接线接头直阻，直流电阻在4～5.9μΩ之间，投运后运行正常，后续检修没有出现过热情况。对磁极连接线的接头接触面进行搪锡、镀银等保护措施，能有效防止磨损和氧化，改善表面状态，降低接触电阻，提高接触面的通流性能，减少损耗，保证接头的长期热稳定性。

条文 10.6.1.4 安装及大修时，应对定子铁心通风槽进行检查，防止由于油污、灰尘或异物等造成通风槽堵塞引起铁心局部过热。安装及大修时，对风冷转子进行通风试验，发现风路堵塞时及时处理；穿转子前应再次检查所有通风孔，避免因遗留异物造成堵塞。

许多电厂在运行实践中先后多次发现氢内冷转子绕组的个别端部、槽部出现通风孔堵塞现象。其主要原因有杂物进入、槽楔垫条没有开孔、槽楔下垫条在运行中发生位移等。造成的转子过热、导线变形等现象，严重地影响了转子绝缘和发电机的正常运行。因此在大修中，必须检查转子通风孔的堵塞情况，并进行必要的处理。

条文 10.6.1.5 运行中，应加强氢气冷却器、空气冷却器水流量监测，当出现水流量不足或断水情况时及时处理。氢内冷发电机定子线棒出口风温差达到 8℃或定子线棒间温差超过 8℃时，应立即停机处理。

全氢冷发电机在运行中要监控定子线棒出口风温温差，以便早期发现绝缘故障。当出口风温温差超过规定值时，说明个别线棒风路被堵塞产生局部过热，有发展成绝缘事故的危险。

【案例】 1995 年 3 月 12 日，广东某发电厂 5 号发电机（QFN-300-2 型，全氢冷）在负荷为 295MW 时，发现 5 号定子线棒出口风温为 61℃，3 号定子线棒出口风温为 51℃，定子线棒间出口风温差达 10K，超过 8K 的规定。根据 5 号发电机在不同负荷下定子线棒出口风温差变化情况，采取了降低负荷运行的措施，限制在 220MW、50Mvar 以下运行。6 月 3 日停机大修，检查发现汽端 18 号槽上层线棒对应的出口风温 5 号测温元件的矩形绝缘引风管内距槽口约 40mm 处，被揉成一个团状的薄膜纸堵塞。由于发现及时，并采取降低负荷运行的措施，才没有造成严重后果。

由此可见，要求全氢冷发电机定子线棒出口风温差达到 8K 时，应立即作出停机处理，这是十分必要的。

条文 10.6.1.6 对于运行中多次过励的机组，检修时应重点检查铁心背部是否存在过热痕迹；对于深度进相的机组，运行中加强对铁心端部的温度监测，检修时应重点对端部结构件和铜屏蔽等进行检查。

条文 10.6.1.7 加强交接及历次大修时对定子绕组直流电阻的测量及结果分析，对于直流电阻有增长趋势或超标的，应结合敲击法或大电流红外成像法等手段进行缺陷定位并及时处理。

【案例】 2003 年某电厂检修时，对发电机定子进行直流电阻测量，试验发现 B

相绕组的直流电阻发生了突然增大的情况，相间差值随绕组温度升高明显增大，相间最大差值 $\Delta R\%$=29.59%，同相历次相对变化最大差值 $\delta\%$（20℃）=27.82%。经分析认为：1号发电机定子绕组存在缺陷，并且缺陷集中反映在B相绕组上。决定对1号机定子绕组进一步做电位外移试验。试验在通水情况下进行，对励端和汽端的54个手包绝缘引线接头处进行了测量。测量结果表明励端和汽端54个手包绝缘引线接头处的对地电位最高为350V，均没超标。随之测量了机组端部引线接头和过度引线并联块处的手包绝缘对地电位，试验发现6个线接头处的手包绝缘对地电位均超标。打开手包绝缘后，发现绝缘填充物与导体间存在分离情况，绝缘物填充不实，绝缘填充物中有间隙、空洞，空隙中有油污，在B相中性点V2引线接头与过度引线块搭接面间有氧化膜，固定V2引线接头的螺帽上有明显锈迹。做水压试验进一步检查，发现B相中性点V2引线接头处会渗水（有小砂眼）。针对发现的缺陷，对V2接头处的砂眼进行了补焊，经水压试验合格。对各搭接面进行了局部处理，测量每个分支的直流电阻值，与出厂值进行比较，恢复连接头后，测量直流电阻合格。对不同情况、不同温度下的直流电阻进行了跟踪测量，重做手包绝缘。通过处理，直流电阻和电位外移试验均合格。直流电阻相间差值，在排干内冷水和进内水冷的情况下，无论绕组与环境温差大小，差值均合格。

本次发电机直流电阻超标的主要原因是定子引出线为空心导线，引出线与过渡引线块是采用螺栓连接。由于焊接头质量不良，导致B相中性点引出线V2接头处有浸水，加之结合面间有油污，在接头处的两块搭接板之间形成了氧化膜，使接头结合面间的接触电阻增大，导致B相绕组直流电阻明显增大。因为是采用提高内冷水温度来提高绕组温度，所以随着内冷水温度和绕组温度的升高。在热应力的作用下，使V2接头处两块搭接板之间的接触电阻进一步增大，最终反映出直流电阻相间差值随绕组温度升高明显增大的缺陷。

无论什么情况，试验中一旦发现直流电阻有增长趋势或三相不平衡系数超标，应尽快查明引起超标的原因，并及时进行处理。

条文10.6.2　加强绝缘过热监测装置管理

条文10.6.2.1　300MW及以上汽轮发电机、燃气轮发电机及100Mvar及以上调相机宜安装绝缘过热监测装置，监测装置应具备对0.1μm以下烟气微粒的检测能力，当绝缘存在早期过热（对于F级绝缘达到230℃）时应可靠报警。

对于绝缘过热监测装置，针对F级绝缘达到230℃时产生的绝缘有机产物应能可靠发现，此时按照绝缘耐热等级推算，绝缘寿命仍有7～10天，可以为报警处置留取时间，如果不能满足此项要求，意味着绝缘过热监测装置的灵敏度不足，绝缘过热监测也就失去了实际意义。随着新型监测技术的进步，灵敏度的提高，230℃的数值可能会进一步降低。

条文 10.6.2.2 装置发生报警时，运行人员应及时记录并上报发电机运行工况及电气和非电量运行参数，就地核对监测装置是否正常，并排除油污、气流变化等影响，不得盲目将报警信号复位或随意降低监测装置检测灵敏度。

条文 10.6.2.3 经检查确认非监测装置误报后，应立即取样进行色谱分析。对于铁心局部过热可能引发的单次短时报警，不应简单视为误报，应做好报警信息及相关运行数据的记录分析，必要时停机进行消缺处理。当出现持续、频繁报警并核对无误后，应停机处理。

发电机绝缘过热监测装置（Generator Condition Monitor，GCM）是可以发现绝缘过热早期故障隐患的专用仪器。当发电机内部发生过热时，过热位置的有机物（如环氧绝缘）会因热分解而产生大量直径为0.001～0.1μm的凝结核微粒。由于正常运行情况下冷却气体中不存在该种微粒，因此，当GCM捕捉到这种烟气微粒时就表明发电机内部的有机物材料存在过热情况。

目前，国内存在两种基于不同检测原理的绝缘过热监测装置，即离子电流检测型和光学检测型。由于检测原理的不同会对过热监测性能产生显著影响，设备选型时应特别关注。

离子电流检测型GCM内置有离子室，根据仪器型号的不同，采用钍（Thorium）Th232或者是镅（Americium）Am241作低能放射源，持续发出的α射线将采样的冷却气体电离，产生的负离子在磁场作用下被吸引到检测电极上产生相应的离子电流。当采样气体中含有绝缘过热产生的微粒时，由于微粒的吸附效果会使检测电极上收集到的离子数量减少，导致离子电流减小。离子电流的减少量与产生的微粒数成正比，以此反映绝缘过热严重程度。由于利用了微粒吸附离子后质荷比增大的效果，采用离子电流检测可以对绝缘过热产生的0.1μm以下的亚微米粒子进行检测，从而实现绝缘过热监测。

应用光学方法检测气体中含有的微粒，主要是利用粒子对入射光的散射作用，散射光的强度与粒径有关。含有微粒的采样气体从采样口吸入后，通过光敏感区时粒子受光照射，散射出与粒子大小成一定比例的光脉冲信号，经光敏器件接收并转换成相应的电脉冲信号后，通过对一个检测周期内电脉冲的计数，得知单位采样气体中的粒子个数（pcs/L），并利用算法换算为质量浓度（$\mu g/m^3$）。采用光散射原理的检测装置所能探测到的粒子大小受到所使用探测光源波长的限制。采用激光型探测器（光源波长约为0.3μm），当气体中的粒子直径小于0.3μm时，则无法有效探测到微粒的存在。因此，仅采用光散射原理的光学检测装置对绝缘过热产生的亚微米粒子不产生有效反应，导致无法实质性地监测早期过热。

对于采用光学原理的监测装置，选型时应特别注意是否具备对0.1μm以下亚微米粒子的检测能力。一般而言，采用光学检测手段实现绝缘过热监测必须借助特殊技术手段（如云雾室技术，将亚微米粒子凝结成微米级粒子）方能实现。

对于采用离子电流检测原理的GCM，由于采样气体气流量、气压以及温度的改变都会影响到所探测离子电流的数值，因此应定期检查设备运行情况，保持相关参数的稳定，并定期查看设备输出电流曲线是否正常。根据制造厂家的设定，GCM一般在电流下降幅度超过25%～50%时发出报警，由于引发GCM故障报警的故障机理不同，装置输出电流的变化规律会有所差异。当装置发出报警后，应安排进行以下工作：

（1）记录报警时刻发电机运行参数，检查测温元件的显示温度、风温及发电机本体有无异常情况。

（2）就地核对电流是否下降并检查装置运行是否正常。

（3）若装置运行正常且电流有明显下降，应查明装置管路内是否有油，气流量是否减小。

（4）若气流量正常且电流减小，则表明发电机可能存在绝缘过热隐患。此外，可以将装置输出的故障记录曲线与参考曲线进行比较，确认是否属于正确报警。

（5）判定装置正确报警后，应进行取样工作并对所取样品进行色谱分析。

需要注意的是，由定子铁心过热故障而引起的报警通常会在几个小时后自动消失，不应将这种情况视作"误报警"。这是由于定子铁心叠片出现局部短路后，片间的故障电流会使短路位置发热，当短路位置温度足够高时，该位置的绝缘发生分解从而触发GCM报警，而当受影响部位的绝缘被完全烧光后GCM又会返回到正常的读数。除此之外，过励磁也可能导致铁心轭部过热，从而在机组负荷或功率因数变化时引发装置报警。

对于铁心故障而言，发电机绝缘过热报警为早期预报，一般初次报警并不代表发电机会在短期内发生停机故障。但是随着铁心片间短路位置的增加，会引起GCM的频繁报警，并最终由于局部铁心温度过高引发停机事故。由于铁心故障从初次报警到故障明朗化，存在一定的发展过程，因此应注意对报警频次及相关运行数据的记录和分析。

当绝缘过热装置发出持续的、电流大幅下降的或者频繁的报警信号时，应引起高度重视。此时应结合发电机局部放电在线监测装置、转子接地保护、转子匝间短路在线监测装置或绕组端部振动在线监测装置的监测数据进行综合分析。

条文10.7　防止氢冷发电机漏氢

条文10.7.1　防止经冷却系统漏氢

条文10.7.1.1　水氢氢冷发电机内冷水箱应加装氢气含量检测装置，量程范围应满足0%～20%（体积浓度）测量要求，定期进行巡视检查，做好记录。氢气含量检测装置的探头应结合机组检修进行定期校验。

监视发电机定子内冷水系统的漏氢情况可以有效地发现定子绕组存在的早期绝缘故障。通常由于氢气对发电机普通引水管有微渗透作用，内冷水箱中平时是应含有微量氢的。但当内冷水箱中含氢量突然增加或绝对氢气含量过大时，其可能就意味存在着严重的事故隐患，这是由于运行中发电机氢压高于水压，当定子内冷水系统有渗漏缺陷时，定子内冷水箱中将有较大量的氢气逸出。内冷水中的氢气渗漏故障可能是由线棒绝缘磨损引起的，也有可能是水接头密封失效、焊缝开焊、绝缘引水管损伤等原因造成的，这些缺陷都属于严重故障隐患，都有可能引发相间或对地短路事故。因此，应对水箱中含氢量进行在线监测，以便及早发现和处理事故隐患。

【案例】 华北某发电厂 1 号发电机 1998 年 9 月运行中发现在水箱顶部安装的俄罗斯产漏氢监测装置报警，指示已到满量程（3.99%）。停机检查定子绕组端部绝缘发生严重松动、磨损故障，并因铜内冷水管壁磨穿、破裂，氢气大量进入水系统。由于停机及时幸未发生端部短路事故。

条文 10.7.1.2 内冷水箱漏氢监测数据应以未进行补排水、水箱液位稳定时为准。当含氢量（体积含量）超过 2%应报警，并加强对发电机的监视，超过 10%应立即停机消缺。对于闭式水箱，氢气浓度应在排气阀开启状态下，水箱上部气体达到动态稳定时测量。

条文 10.7.1.3 加装气体流量表的机组，应定期记录流量表的示数，并对单位时间内增量进行趋势分析。当单位时间内增量明显增大时，应首先排除保护气体、水温或水位变化等因素的影响，实际增量超出制造厂规定值时，应安排消缺或停机，制造厂未做规定时按照以下标准执行：漏氢量达到 $0.3m^3/d$ 时应在计划停机时安排消缺，漏氢量大于 $5m^3/d$ 时应立即停机处理。

内冷水箱漏氢监测探头位于水箱顶部，正常随着运行会有微量氢气积累，如果在完全封闭的情况下，测量的是累计值，并不代表当前浓度值，应以排气阀开启消除累积氢气的影响时测得的数据为准，同时结合数值增加速率或者排气阀动作频繁程度来判断是否存在内冷水系统漏氢。

采用排气表监测气体流量的方法监测漏氢应注意排除的气体不能保证全部是氢气，尤其是对于水箱充氮的情况，因此应结合增量进行判断。

条文 10.7.1.4 有条件时开展水内溶解氢量检测（或监测），通过与同类机组及历史数据比较或计算等效漏氢量，判断是否存在漏氢缺陷。

水中溶解氢检测技术是将氢气从水中分离后以空气作为载气进入热导检测器，利用氢气与空气的导热系数差异来检测氢气的浓度，测量结果以 $\mu g/L$ 表示。通过对发电机内冷水中溶解氢含量的在线监测或离线检测，并基于溶解氢含量与氢气泄漏量的变化关系及相应的预警指标，可以判断内冷水是否存在漏氢缺陷。

【案例】 广东某电厂2号机组2015年1月1日停机检修，检修中更换了发电机线棒。2015年2月12日修后发电机风压试验合格，2015年2月13日2号发电机氢气置换。置换过程中发现发电机内冷水溶解氢升高，随着氢置换氢气压力纯度的上升，发电机内冷水溶解氢同步上升。由于SIS系统（信息监控系统）显示发电机内冷水溶解氢数值上限50μg/L，没有显示真实值，现场在线溶解氢表显示数值为280～380μg/L，离线溶解氢表测数据在300～400μg/L。可以确定2号机组发电机更换线棒后有漏点。重新氮气置换氢气，发电机查漏。将内冷水升压至0.48MPa，最终发现励端汇水管底部排污管的波纹管垫片存在渗漏，更换了垫片。更换垫片后进行氢气置换发电机内冷水溶解氢数据正常，发电机内冷水溶解氢在10μg/L以下。

条文10.7.1.5　运行中内冷水质明显变化时（如pH值减小、电导率上升），应结合以上分析判断是否存在漏氢。

条文10.7.1.6　氢气冷却器的冷却水压异常上升时，应检查是否存在漏氢问题，并及时处理。

条文10.7.2　防止经油系统漏氢

条文10.7.2.1　严密监测氢冷发电机油系统、主油箱内的氢气体积含量，确保避开含量在4%～75%的可能爆炸范围。

条文10.7.2.2　机组安装和检修时应严格按要求调整密封瓦间隙，密封油系统平衡阀、压差阀必须保证动作灵活、可靠，运行应监视氢油压差变化。发现发电机大轴密封瓦处轴颈存在磨损沟槽，应及时处理。

【案例】 1993年9月，东北某发电厂发生5号200MW汽轮发电机组漏氢着火事故。其事故原因是，在机组大修时，错误地将密封油冷油器滤网端盖的石棉垫更换为胶皮垫，机组投入运行后，胶皮垫在压力、温度和腐蚀介质的作用下损坏，致使密封油系统发生泄漏，密封油压下降。虽然直流油泵联启，但也不能满足发电机氢压的要求，导致氢气从发电机端盖外漏，被励磁机自冷风扇吸进滑环处，引起氢气着火。

条文10.7.3　防止经密封结合面、外部管路及转子漏氢

条文10.7.3.1　发电机端盖密封面、密封瓦法兰面、机壳检修孔法兰面以及氢系统管道法兰面、水系统、监测系统的管路法兰和阀门、氢干燥器内部管路法兰和阀门等所使用的密封材料（包含橡胶垫、圈等），经检验合格后方可使用。严禁使用合成橡胶、再生橡胶制品。

【案例】 陕西某电厂5号和6号发电机从2021年5月开始，运行中漏氢量较大，补氢频次高。电厂对漏氢点进行了排查，一是利用漏氢检测仪对发电机氢气系统有关的动、静密封点、密封面、阀门、氢气管路及焊口、端盖水平结合面等关键位置进行检测，未发现明显漏氢，排除氢气外漏的情况；二是对发电机出线箱顶部的排气孔、定子冷却水箱顶部的排气孔进行漏氢检测，排除发电机出线套管漏氢及定子冷却水系统内漏氢；三是对经过对氢气冷却器的检查，未发现氢气冷却器存在明显的铜管破损、断裂、阀门关闭不严等缺陷，排除冷却器内漏氢；四是结合厂内进行的发电机密封油系统的检查和运行情况（氢油差压稳定、密封油压稳定，且差压阀和平衡阀运行正常），初步排除密封油系统运行不良导致励侧回油含氢量大。在油系统检查过程中，发现漏氢监测油系统测点报警和实际测试氢气含量高，结合密封油运行情况，怀疑密封瓦结合面结合不严，密封胶或者密封垫存在缺陷。发电机在密切监视漏氢量等运行措施下坚持运行至7月，在C修期间，拆除汽侧、励侧上端盖，对端盖胶槽重新注密封胶，机务重新安装密封瓦，对主出线箱胶槽重新注密封胶后缺陷消除。

条文10.7.3.2　发电机内外进出水管、氢气管路、排污管等的焊缝应在每次大修中进行全面检查，防止焊口运行中开裂泄漏。

条文10.7.3.3　交接和大修时应对发电机转子进行气密性试验，防止运行中经导电螺杆漏氢，宜在发电机励磁罩壳内安装危险气体监测探头，并定期校验。

【案例】　广东某电厂4号发电机为300MW水氢氢冷汽轮发电机。1994年春季因主变压器故障机组停运3个多月。停机初期发电机内氢压下降较快，查漏后发现发电机励磁端联轴器上的排气孔漏氢，手感明显，可以判断转子径向导电螺杆有泄漏。制造厂技术人员紧固两侧导电螺杆密封圈的压帽，但仍有轻微漏氢，因主变压器急需充电，故未做进一步处理。8月制造厂技术人员取出导电螺杆做密封试验，发现1号导电螺杆环氧绝缘层脱壳，气压升至539kPa时漏气。返厂重包导电杆绝缘层并加工表面，回装后按厂家说明书要求用1.37MPa的氮气做转子中心孔静态密封试验合格，发电机投运。

条文10.7.3.4　整机气密试验不合格的氢冷发电机严禁投入运行。

条文10.7.4　防止经出线箱及封闭母线漏氢

条文10.7.4.1　发电机出线箱与封闭母线连接处应装设隔氢装置，并在出线箱顶部适当位置设排气孔，排气孔上端应具有防止异物掉落的措施。

条文10.7.4.2　出线箱内应加装漏氢监测报警装置，当有漏氢指示时应及时查明原因，当氢气含量达到或超过1%时，应停机查漏消缺。

条文10.8　防止励磁系统故障引起设备损坏

条文10.8.1　防止集电环及直流母线故障

条文10.8.1.1　集电环小室内附属部件、固定螺栓应安装牢固，电缆应靠近小室边缘布置，防止部件脱落掉入集电环与电刷之间，引起集电环、电刷故障。集电环小室底部与基础台板间不应留有间隙，防止异物进入造成转子接地故障。

条文10.8.1.2　运行中应定期利用红外成像仪检查集电环及电刷本体发热情况（重点检查电刷与集电环接触面附近温度），并测量电刷载荷电流分布情况。当集电环温升过高时应检查风路是否通畅、进口滤网是否堵塞；出现电刷过热、载荷分布不均或打火现象时，应对电刷磨损情况、电刷是否抖动、弹簧压力是否正常、刷盒安装间隙和位置情况进行检查和处理，必要时应利用频闪仪检查集电环表面情况。若打火严重或形成环火，且无法消除时必须立即停机。

对于电刷和集电环的运维重点是防止电刷的打火，电刷打火严重会对集电环造成损坏，一旦形成环火，会烧伤集电环并造成机组停机，修复时间也较长。因此应注意电刷温度和载荷分布的测量，出现电刷过热、载荷分布不均或打火时，应从电刷压力、刷盒安装、电刷磨损等方面排查，采取更换电刷、调整间隙等措施进行消除，避免缺陷扩大。某些情况下，当采取以上措施仍无法消除打火等现象时，仍怀疑集电环是否存在腐蚀、损伤等情况，此时运行中可以借助频闪仪等手段进行检查。

【案例】 山西某电厂发电机运行时出现电刷打火现象，对电刷压力情况进行检查，对电刷进行更换后仍无法消除打火现象。机组停机后，利用着色探伤等手段检查集电环，发现集电环存在损伤裂纹，对集电环进行修复后，打火现象消除。

条文10.8.1.3　应明确电刷长度更换标准，并使用制造厂家指定的或经过试验验证的同一牌号电刷。电刷使用前，应研磨使其接触面弧度与集电环表面一致，防止电刷接触不良引起打火、过热等故障，并应避免短时间内同一刷架更换多个电刷。

条文10.8.1.4　加强对转子集电环、刷架系统的运行维护，及时清理积留的碳粉，防止由于碳粉堆积导致集电环对地绝缘下降。

条文10.8.1.5　检修时应根据运行情况检查集电环表面伤蚀及椭圆度，存在异常及超标情况应进行处理。停备时间较长时应对集电环采取涂抹硅脂等防锈措施，防止集电环表面锈蚀造成电刷与集电环接触不良。

某些情况下，电刷磨损严重和打火并不是因为电刷的原因造成的，此时采取10.8.1.2的措施未见效果时，应考虑集电环是否存在损伤和椭圆度不好的可能，可以采取着色探伤等手段进行检测。

条文10.8.1.6　机组检修期间应对交、直流励磁母线箱内部进行清擦，检查相关连接设备状态。机组投运前励磁绝缘应无异常变化。

条文10.8.2　防止励磁调节器故障引起发电机损坏

条文10.8.2.1　进相运行的发电机，其低励限制的定值应根据发电机进相试验实测值设定且在制造厂给定的容许值及保持发电机静稳定的范围内，并定期校验。

条文10.8.2.2　自动励磁调节器的过励限制和过励保护的定值应在制造厂给

定的容许值内，并定期校验。

条文 10.8.2.3 励磁调节器的自动通道发生故障时应及时修复并投入运行。严禁发电机在手动励磁调节（含按发电机或交流励磁机的磁场电流的闭环调节）下长期运行。在手动励磁调节运行期间，在调节发电机的有功负荷时必须先适当调节发电机的无功负荷，以防止发电机失去静态稳定性。

发电机功角与发电机有功负荷、无功负荷均相关，有功负荷增加、无功负荷减少或者进相深度增加均会导致发电机功角增大，励磁调节器自动状态下会进行自动调节，但若在手动调节状态时，应注意有功负荷和无功负荷的合理调节，并通过监视功角等手段，保留足够的静态稳定裕度。

条文 10.8.2.4 机组启动、停机和相关试验过程中，应有机组低转速时切断发电机励磁的措施。

条文 10.8.2.5 机组检修期间，应对灭磁开关进行检查，触头接触压力、触头烧伤面积和烧伤深度应符合产品要求，必要时进行更换。

条文 10.8.3 防止励磁变压器故障损坏发电机

条文 10.8.3.1 励磁变压器引线各部件装配尺寸应符合设计要求。低压绕组引出线裸露铜排（尤其是靠近铁心拉板的铜排），应喷绝缘涂料或加装绝缘带、绝缘热缩套，防止短路故障。

【案例】 内蒙古某电厂4号发电机为300MW水氢氢冷汽轮发电机，2021年10月运行中首发了“励磁主保护”动作跳闸。检查发电机-变压器组保护发现“励磁变压器差动速断保护”动作出口。就地检查发现励磁变压器低压侧每相绕组上方和下方有喷射状灼烧痕迹，低压侧绕组引出线铜排表面有局部灼伤痕迹，各相绕组下方发现较多熔渣。事故原因为低压侧引出线绝缘不良导致励磁变压器低压侧出现相间短路，引起机组停机。

条文 10.8.3.2 励磁变压器外罩应能有效防止异物落入、小动物进入、进水短路等，做好预防措施。机组检修时，应对励磁变压器铁心和线圈的固定夹件、绝缘垫块以及连接螺栓等进行检查紧固，防止铁心线圈松动、移位或零部件脱落引起短路故障。

【案例】 某热电厂1号发电机容量为210MW，自并励磁方式，励磁变压器为树脂浇注干式变压器，型号为ZSCB9-2500/15.75，联结组标号为Yd11，绝缘等级为F，防护等级为IP20，冷却方式为AN/AF，2007年8月产。

2008年1号机C级检修中，对励磁变压器进行常规预试时发现励磁变压器B相绝缘电阻值只有15MΩ，A相和C相的绝缘电阻值分别为7GΩ和100GΩ；进一步检查发现B相高压绕组环氧树脂已形成明显相对地放电通道，放电造成环氧树脂表面局部碳化和裂痕，放电通道裂痕十余条，深度为1～5mm，A相高压绕组环氧树脂表面也有轻微相对地放电痕迹。B相高压绕组下部环氧树脂有裂痕，B相高压绕组接线柱处环氧树脂因放电而造成的裂痕最严重。

通过仔细查看现场环境，发现励磁变压器本体的正上方有一基建遗留孔洞，由于主厂房顶部密封不严，当遇有暴雨时，雨水从主厂房房顶渗漏至10m平台，又通过该孔洞滴漏至励磁变压器本体，造成其高压绕组表面湿污，形成相对地放电。

条文10.9　防止出线及外部回路设备故障

条文10.9.1　防止出线故障导致发电机跳机或损坏

条文10.9.1.1　对于采用新工艺和新结构的出线套管，在采购过程中应加强对套管的选型和质量要求。制造厂在供货过程中加强对套管的质量管控并提供全套技术资料。

发电机出线套管电压等级并不高，加之大部分汽轮发电机出线端空间较为充裕，在绝缘设计上有比较大的裕度，故障概率比较低，但对于某些燃气轮发电机，出线距离相对较小，套管需要定制，此时主机厂一般委托第三方重新设计和制造生产，这些都增加了设备出现设计、制造缺陷的概率。套管绝缘运行中出现问题后，严重的会造成发电机接地跳机，产生较大影响，且排查较为困难。套管和发电机本体连接后在电厂内并不会单独进行交接和预防性试验，小修时发电机的直流耐压试验对于采用复合绝缘等结构型式套管来说并不能灵敏地发现内部故障，而交流耐压试验只在大修时进行，周期长，并不能发现初始的局部放电缺陷。因此，套管类设备一旦出厂存在轻微制造缺陷，运行中或检修中较难发现。对于新型的或经过特殊设计的设备，加强制造厂内的全过程监督显得尤为重要，电厂方面应对设备潜在风险具有更高的敏感度，对新型或专门设计定制的产品加强设计论证、出厂见证等全过程管理，切实保证产品可靠性。对于出现问题的同一批次产品，应尽快进行更换，防止类似故障再次发生。

【案例】　某燃气轮发电机为全氢冷发电机组，2015年8月投运，容量为340MW，额定电压为16kV，出线套管为电容式复合绝缘套管，内部采用7层屏蔽结构，于末屏处与法兰盘连接接地。2018年8月17日，该发电机C相定子接地保护动作停机，通过故障录波数据和保护动作情况分析，发电机接地位置非常接近C相高压出线位置。发电机与外部连接拆除后，测量C相绝缘接近零值，确认发电机侧出现接地故障。由于此类全氢冷发电机的出线套管可以拆除，因此为了进一步确认故障位置，拆除C相出线套管，分别对发电机和套管进行绝缘试验，最终确定为出线套管绝缘击穿导致定子接地。套管返回主机厂开展解体分析，认为该套管存在设计、制造薄弱点，导致复合绝缘筒最外层屏蔽运行中接地不良，导致外层屏蔽产生悬浮电位，造成绝缘筒与法兰盘接触面之间产生放电灼蚀绝缘，放电引起的绝缘灼蚀向内层屏蔽逐步发展，最终导致绝缘击穿。

条文 10.9.1.2 套管现场安装或更换前应按照规程要求单独进行相关试验检查，套管与引出线连接螺栓应按照厂家提供的力矩要求进行紧固，紧固后的接触电阻应符合要求。

条文 10.9.1.3 对于水冷套管，运行中应严密监测出线套管处的出水温度。若出线套管出水温度高于线棒的平均出水温度，或出现异常增长或波动，应及时查明原因并处理。

条文 10.9.1.4 对于氢气冷却套管，运行中应加强密封油的管理，防止密封油沉积堵塞套管风冷回路，导致套管过热。

条文 10.9.1.5 运行中应定期开展套管及其接头部位的温度检测，对于封闭在出线箱内不能直接检测的套管，可采取加装无线测温或红外测温装置等措施进行监测。

条文 10.9.1.6 检修时，应对出线套管进行检查、清洁，氢冷套管要特别注意内部风道积油的检查和清理，并按照规程要求连同定子绕组开展相关试验，必要时单独对套管进行试验检查。按照厂家说明书规定周期更换套管相关密封组件。

条文 10.9.1.7 发电机出线软连接设计时应保证其热伸缩性能、机械性能、电气性能满足负荷变化的需要并留有足够裕度。现场安装时应严格按照制造厂图纸进行，防止运行中异常受力。检修时应对软连接进行检查，出现松动、移位、断裂、过热等情况时应查明原因并处理。

对于某些大型发电机，其相出线在机内通过软连接引出至套管，其运行中会承受定子端部传递的振动力、负荷变化带来的伸缩应力，同时也承载负荷电流，由于各种因素，运行中一旦出现软连接导通不良，造成过热，极易造成发电机接地甚至相间短路，对发电机危害极大。因此，制造厂在设计时尤其是由于其他原因改变现有设计时应充分考虑以上因素，选取合理的软连接形式，进行各性能的全面校核和试验，应提供详细的安装工艺规范和安装质量控制措施。安装单位在安装时应严格按照制造厂图纸进行，保证安装精度。用户应加强发电机现场的安装质量验收和管理，尤其对于有一定特殊性和工艺要求较高的安装工作要进行全过程的见证和把控。检修中应对发电机机内出线软连接（也包括机外软连接）关键部位进行检查，若发现软连接变形、断裂或者有过热迹象，应引起重视，及时分析并采取处理措施。

【案例】 某电厂 2 号发电机为 1000MW 水氢氢冷发电机，投运不足两年，2020 年 8 月 31 日，运行中突发定子差动保护动作跳机。根据录波图分析，A 相先发生机端附近的间歇性接地故障，持续 42 个周波后发展成 A、B 相间短路故障。发电机解体后发现机内软连接出线部位短路、接地，A 相软连接已熔断，发电机端部、铁心、转子受炭粉污染严重，虽未造成发电机绝缘明显损伤、端部松动等严重问题，但给发电机清理工作带来极大困难，同时增加了机组后续运行隐患。该软连接为焊接铜片形式，事后检查其他相软连接发现有断片现象。该发电集团就该问题组织发电公司、制造厂、电科院等各单位召开了两次分析会，对发电机清理检修方案、事故原因和改进方案进行了讨论，认为故障主要原因为引线现场安装偏差过大导致异常受力，造成柔性连接局部应力增加，加之发电机固有的振动，导致柔性连接铜片断裂、过热、电弧，最终发展为相间短路。为加强软连接可靠性，避免该问题的再次出现，制造厂也进行了优化，将铜片式软连接改为铜编织带式软连接结构，并进一步完善了现场安装质量控制技术措施。

条文 10.9.2　防止出口电压互感器故障

条文 10.9.2.1　出口电压互感器选型时，应保证相关参数留有足够裕度。采购后应根据规程要求严格开展交接试验，同台套产品应保证性能一致。

条文 10.9.2.2　机组检修时，宜开展出口电压互感器一、二次绕组直流电阻及一次熔断器直流电阻测试，一、二次回路接线检查等检修项目，及时发现设备隐患并处理。应定期开展空载电流测量，试验周期不超过3年；大修时应进行交流耐压、局部放电试验，对分级绝缘式的电压互感器应进行倍频感应耐压试验。

发电机出口电压互感器由于电压等级较低，制造质量参差不齐，近年来频繁出现匝间短路、断线等问题，导致发电机运行中电压不平衡、电压失去等影响机组运行，应引起重视。一方面，应加强电压互感器的选型、指标验证、交接试验等工作，把好质量关；另一方面，应重视电压互感器的预防性检查和试验，通过空载电流测量、交流耐压试验、局部放电试验可以有效发现潜在缺陷。

【案例】 2020年，江苏某电厂4号350MW汽轮发电机组217MW负荷运行时突发发电机定子接地保护动作，机组跳闸。检查保护和故障录波，发现机端A、B相二次电压降低至54V，C相电压提高至60V，导致中性点零序电压升高达到动作定值，保护动作。经排查，发电机定子、封闭母线等绝缘正常，怀疑机端电压互感器（TV）存在异常。测量机端TV绝缘电阻正常，进一步进行空载试验，发现第三组TV A相在电压较小时电流出现突升，判定该组TV存在匝间短路。对该组TV进行更换后，机组重新启动并网，恢复正常。

条文 10.9.2.3　运行中，定期开展红外测温和外观检查，环氧浇注干式互感器外绝缘如有裂纹、沿面放电、局部变色、变形，应立即更换。

条文 10.9.3　防止离相封闭母线故障

离相封闭母线故障主要危害是导致发电机接地跳机，应按照以下重点要求并依据《发电厂封闭母线运行与维护导则》（DL/T 1769—2017）开展封闭母线的运行维护工作。

条文 10.9.3.1　机组安装、检修时，应对室外封闭母线密封情况进行重点检

查，对封闭母线内部附属设施（如伴热带、密封条、电源线、互感器二次线等）应注意检查其布置和接线是否满足规范要求、安装是否牢固。封闭母线外壳封闭前，应对内部进行全面清洁，防止封闭母线内留有异物。

条文 10.9.3.2 应按照相关标准要求，开展离相封闭母线的维护、检修及防结露装置的配置和运行管理，防止母线受潮凝露、异常放电等导致机组跳机。

条文 10.9.3.3 使用微正压装置的机组，运行中应注意微正压装置单位时间启停次数、压力保持时间，辅助判断母线密封性是否良好。封闭母线密封性下降时，应根据母线密封情况调整微正压装置的运行方式，避免微正压装置长时间充气或频繁启动造成设备损坏，并及时利用检修机会对母线进行密封性改造。

条文 10.9.3.4 采用微正压充气（或微风循环）的封闭母线最低处应设置排污装置，定期检查是否堵塞、积液，并及时排污。不采用微正压充气（或微风循环）的自然冷却封闭母线应在母线最低处通过干燥器与大气连通，并定期检查干燥剂变色情况。

【案例】 某电厂300MW等级发电机在负荷为230MW运行时发出“主变压器差动速断保护”“发电机-变压器组差动速断保护”动作停机。检查发电机-变压器组，发现发电机出口离线封闭母线有异常现象：A相封闭母线在距离主变压器低压侧1m左右的顶部有放电痕迹，C相封闭母线在主变压器垂直上方水平段拐角处顶部有放电痕迹。分析认为，6月份南方多雨，空气湿度较大，该发电机离线封闭母线微正压装置电机烧毁，导致微正压装置停运二十天，封闭母线内空气湿度很高。当微正压装置修复后再次投运时，将潮湿空气聚集至主变压器低压侧，导致A、C相封闭母线对外壳放电，造成保护动作停机。

条文 10.10 防止非正常运行造成设备损坏

条文 10.10.1 防止发生非同期并网

条文 10.10.1.1 微机自动准同期装置应安装独立的同期检定闭锁继电器，同期闭锁继电器应同时具备压差、频差、角差检查闭锁功能。对于新建或改造的同期装置，宜选择双通道相互闭锁的同期装置。

条文 10.10.1.2 新投产、大修机组及同期回路（包括交流电压回路、直流控制回路、整步表、自动准同期装置及同期把手等）发生改动或设备更换的机组，在第一次并网前应进行以下工作：

条文(1) 对装置及同期回路进行全面的校核、传动；

条文(2) 利用发电机-变压器组升压或发电机-变压器组带空载母线升压试验，校核同期电压检测二次回路的正确性，并对整步表及同期检定继电器进行实际校核，对于不具备升压条件的，可利用系统倒送电进行；

条文(3) 进行机组假同期试验，试验应包括自动准同期合闸试验、同期（继电器）闭锁等内容。

条文 10.10.1.3　自动准同期装置不正常时不应强行手动准同期并网，自动准同期合闸脉冲宜与同期闭锁继电器接点串联后出口。

条文 10.10.1.4　为防止发生非同期并网，应保证机组并网点断路器机械特性满足规程要求。

发电机非同期并网过程类似电网系统中的短路故障，其后果是非常严重的。发电机非同期并网产生的强大冲击电流，不仅危及电网的安全稳定，而且对并网发电机组、主变压器以及汽轮发电机组的整个轴系也将产生巨大的破坏作用。

【案例】 1997年，某发电厂发生1号机组发电机非同期并网事故。1997年9月15日，在1号机组的启动过程中，由于500kV出口断路器控制回路二次电缆绝缘损坏。引起电缆芯线瞬间击穿，合闸回路接通，导致了发电机非同期合闸并网。发电机非同期并网所产生的冲击电流造成1号主变压器U相（奥地利ELIN公司生产，单相容量为210MVA，1992年7月16日投入运行）严重损坏。同时，2号主变压器差动保护误动，2号机组跳闸停机，从而造成了严重的设备损坏和全厂停电的重大事故，直接经济损失达112.3万元，少发电量达307.636GWh。

为了避免发电机非同期并网事故的发生，对于新投产机组、大修机组及同期回路（包括电压交流回路、控制直流回路、整步表、自动准同期装置及同期把手等）进行过改动或设备更换的机组，在第一次并网前必须进行以下工作。

（1）对同期回路进行全面、细致的校核（尤其是同期继电器、整步表和自动准同期装置应定期校验），条件允许的可以通过在电压互感器二次侧施加试验电压（注意必须断开电压互感器）的方法进行模拟断路器的手动准同期及自动准同期合闸试验。同时检查整步表与自动准同期装置的一致性。

（2）根据机组条件，采用倒送电试验、发电机变压器组升压或带空载母线升压试验的方式校核同期电压检测二次回路的正确性，并对整步表及同期检定继电器进行实际校核。

（3）假同期试验。进行断路器的手动准同期及自动准同期合闸试验、同期（继电器）闭锁试验，检查整步表与自动同期装置的一致性。

（4）断路器操作控制二次回路电缆绝缘满足要求。

（5）核实发电机电压相序与系统相序一致。

此外，发电机在自动准同期并网时，必须先在“试验”位置检查整步表与自动准同期装置的一致性（防止自动准同期装置故障），然后“投入”自动准同期装置并网。

条文 10.10.2　防止发生非全相运行

条文 10.10.2.1　采用发电机-变压器组接线方式的新建220kV及以下电压等

级机组，并网断路器应选用机械联动的三相操作断路器。

条文 10.10.2.2　与 220kV 及以上系统连接的机组，出现断路器非全相运行时，应及时启动断路器失灵保护。

条文 10.10.2.3　发电机-变压器组各断路器检修时应检查其三相动作一致性是否合格，接触是否良好。

条文 10.10.2.4　断路器检修时校验发电机-变压器组各断路器非全相保护回路的完好性，以保证出现非全相时断路器可靠断开。

非全相运行属于严重的不对称运行，产生的不平衡电流会在发电机上产生以同步速度反方向旋转的负序磁场，由此在转子上感应生成 2 倍工频交变的电流，该电流在转子槽楔、齿部和护环等阻尼部件上引起附加发热，严重的会造成以上部位过热烧伤，对材料的机械性能造成损害，过热严重的也可能对相邻部位的转子绕组绝缘系统造成损伤。非全相大部分情况下是由于并网断路器的非全相造成的，因此，对于 220kV 及以下电压等级机组，并网断路器应选用机械联动的三相操作断路器，避免非全相的产生，而对于无法采用机械联动的三相操作断路器的机组，一方面要做好断路器的检修维护，检查其三相动作一致性是否合格、接触是否良好，校验发电机-变压器组各断路器非全相保护回路的完好性，以保证出现非全相时断路器可靠断开；另一方面，与 220kV 及以上系统连接的机组，当出现断路器非全相运行时，应及时启动断路器失灵保护，防止断路器失灵引起故障无法切除，对发电机和电网造成进一步的危害。

【案例】　陕西某电厂某 600MW 等级汽轮发电机 2021 年 A 修期间抽出转子后发现转子表面存在过热痕迹，过热部位多达十余处，主要集中在转子槽楔与本体各接缝处，过热处已变色、发黑、漆膜脱落。据了解，该发电机在最近一次 A 修运行周期内曾因并网断路器的故障经历非全相运行而停机，但由于条件所限，并没有及时抽转子进行检查。

条文 10.10.3　防止发生误上电

条文 10.10.3.1　300MW 及以上机组应配置发电机误上电保护并定期校验，机组解列后应能自动投入，并网后应能自动退出。

条文 10.10.3.2　发电机-变压器组并网断路器和隔离开关做好日常检查和维护，停机解列后应就地检查开关是否分合到位。

条文 10.10.3.3　机组停机状态下，应做好高压厂用变压器低压侧开关误合闸的防范措施，防止通过厂用分支将发电机误上电。

条文 10.10.3.4　厂站直流系统应做好防止一点和两点接地的措施，及时排除接地点，防止因控制回路原因引起机组各断路器误合闸。

条文 10.10.3.5　机组误上电保护出口，跳开并网断路器时，应同时启动断路

器失灵保护，避免断路器失灵引起机组继续上电。

由于发电机组并网开关分合不到位、误上电保护失效等原因，处于盘车状态的发电机在升压站进行特定操作时，定子误上电，发电机从电网吸收能量，异步启动，突然加速，汽轮机可能承受逆功率。

误上电会在很短时间内给机组造成损伤，主要危害有：

（1）静止或低速旋转的发电机突然加电压后，其电抗接近 x''_{d}，并在启动过程中基本上不变。计及升压变压器的电抗 x_{t} 和系统联系电抗 x_{s}，并且在 x_{s} 较小时，流过发电机定子绕组的电流可达3～4倍额定值。

（2）定子电流建立的旋转磁场，将在转子中产生差频电流（频率变化），如果不及时切除电源，流过电流的持续时间过长，则在转子上产生的热效应将超过允许值，引起转子过热而遭到损坏。

（3）转子绕组上感应的电压会威胁转子绝缘的安全。

（4）误上电相当于异步电机全压启动，引起发电机突然加速，形成巨大的启动转矩施加在大轴上，可能造成机械损伤，还可能因为润滑油压低而使轴瓦遭到损坏，如果还未进行氢气置换，可能会导致漏氢和氢爆等严重事故。

因此，一方面，应做好误上电保护的检查和校验，保护发电机；另一方面，要加强断路器的检查维护和保护配置，防止因为一次回路、二次回路等各种原因造成的断路器误合、发电机误上电，同时机组误上电保护出口，跳开并网断路器时，应同时启动断路器失灵保护，避免断路器失灵引起机组继续上电，形成后备保护。

【案例】 某电厂2台600MW发电机各通过一个完整3/2接线串并入500kV电网。2018年11月12日，1号发电机在转C修停机盘车过程中励侧突然爆炸起火，导致机组严重损坏，厂房顶部坍塌，同时造成2号机组停运，启动备用变压器跳闸。分析原因为该发电机解列停机后，三相隔离开关未分闸到位，但信号反馈显示已到位，现场隔离开关状态未经过确认。在进行500kV3/2母线合环操作时，断路器合闸时引起发电机并网隔离开关断口拉弧，造成发电机反送电，但由于相关保护处于退出状态，没能发挥作用，转速突然上升至1149r/min，转子剧烈振动，导致密封瓦磨损，氢气外泄，发生氢爆并着火。着火导致2号机组的循环水泵跳闸，备用泵联启失败，被迫打闸停机。同时启动备用变压器控制电缆烧损，启动备用变压器跳闸，导致厂用电失去，仅靠柴油发电机带保安电源运行，事故损失巨大。

条文10.10.4　防止发生次/超同步振荡

条文10.10.4.1　存在的次/超同步振荡风险的机组，应做好抑制和预防机组次/超同步振荡的措施，同时应装设次/超同步振荡监测及保护装置（参见5.1.9）。

条文10.10.4.2　应做好机组轴系扭振保护装置（或监测装置）的数据记录和机组轴系疲劳累计与状态分析，必要时进行检测评估，及时采取相应措施。

条文 10.11　防止水轮发电机启停故障

条文 10.11.1　水轮发电机解列时，发电机出口断路器应先于磁场断路器断开，防止机组解列前失磁。

条文 10.11.2　水轮发电机电气制动应在机组励磁退出且机械制动投入后退出。

条文 10.11.3　抽水蓄能机组新机设计时，发电机出口断路器应具备低频开断故障电流的能力，最小开断频率不高于 20Hz，制造厂供货时应提供相应的型式试验报告。

抽水机组新机出口普遍配置了断路器，其能快速切断所有类型的电气故障，避免扩大损失和长期停运检修，减少短路造成的发电机及主变压器损坏，可以简化电厂的运行操作，提高机组的可用率和系统的安全性和稳定性。发电机出口断路器性能可靠与否对机组启停成功率和事故处理有着极为重大的影响。断路器在开断电路时触头间会出现电弧并烧蚀触头。一般来说，直流电弧的熄灭难度高于交流电弧，低频交流电弧的熄灭难度也高于高频交流电弧。所以，交流电的频率越低，熄弧越困难。抽蓄机组启停频繁，为防范发电机出口断路器故障，应保证断路器在发电机频率在 20～45Hz 的工况下开断短路电流的能力。

条文 10.11.4　新建常规水轮发电机及抽水蓄能发电电动机出口 SF_6 断路器宜装设灭弧触头剩余电气寿命监测装置以及灭弧室外壳温度监测装置，在运电站可结合实际情况进行改造。

随着电力系统技术的发展，为保证电网安全稳定，常规水电及抽水蓄能电站在系统备用、调峰调频方面尤显重要，加上机组启停频繁，特别对担任保护及控制功能的出口断路器的可靠性提出了更高要求。近年来，SF_6 断路器因其具有优异的灭弧性能、可靠性及长期免维修的优点而被广泛应用。随着运行时间的延长，断路器开断电流失败导致灭弧室爆炸的故障时有发生，断路器灭弧室触头出现了不同程度乃至较严重的烧损，影响了断路器的灭弧性能，现场根据触头烧损情况，应对灭弧室进行检修或更换零部件。因此，如果能提前判断断路器灭弧室烧损情况，评价灭弧室状态，并根据评价结果制订检修决策，将有效减少此类故障的发生。抽水蓄能机组及常规水轮发电机出口断路器通断电流大，发电电动机出口断路器的电气寿命问题日益突显。为了避免拆解对断路器内部的绝缘和金属材料造成腐蚀，减少检修工作量，在不拆开灭弧室的情况下了解灭弧室内部状态，常通过测量其开断电流波形，按一定的方法加权累计，如利用烧蚀系数 K 评估触头系统的剩余电气寿命，还可以通过测量发电电动机出口断路器动态电阻来判断断路器的触头状态。对长期运行的断路器作出科学的剩余电气寿命的评估，为断路器使用维护者提供一种合理有效的维修理念，可以避免盲目的维修，确保维修的必要性、合理性。

条文 10.11.5　抽水蓄能机组背靠背调相启动时，应设计有防止拖动机组出口断路器开断允许频率范围外故障电流的措施。

条文 10.11.6　抽水蓄能机组发电机电压设备操动机构（含断路器、隔离开关、接地开关）应配置足够的动合和动断的辅助位置触点供外部用户的控制、信号及联动回路用，新建项目不允许通过中间继电器扩展。

条文 10.11.7　水轮发电机组电气制动设计应采取防止电气制动开关三相不一致合闸情况下投入励磁的措施。

条文 10.11.8　常规水电站及抽水蓄能机组应定期检查频繁操作的隔离开关本体操作拉杆是否松动或变形，防止隔离开关拒动。

条文 10.12　加强在线监测装置运行管理

条文 10.12.1　应根据机组冷却方式和容量等级、运行工况特点制订在线监测装置配置方案，具体装置选型时，应对设备技术可行性及适用性进行论证确认。监测装置报警信号宜接入机组分散控制系统（DCS）统一监测。

条文 10.12.2　安装过程中，与高压设备直接相连的元部件，应保证安装稳固，绝缘可靠，二次回路不应在一次回路内部走线，宜采用最短距离直接引出。

条文 10.12.3　与氢气回路相连的监测管道，应满足密封性和防爆要求。

条文 10.12.4　机组投运后应对在线监测装置进行功能核对，确保装置软硬件功能正常，运行中应对装置运行状态和监测数据进行定期检查。

条文 10.12.5　机组检修中，应对测温元件、局部放电耦合装置等直接安装在一次设备上的元件进行检查及相关试验。对于监测装置所用表计应开展定期校验。

测温元件、局放耦合装置属于监测传感装置，其本身应具备足够的可靠性，不应威胁发电机组运行安全，但近年来出现了一些自身绝缘等方面的问题，集中体现在耦合电容器绝缘失效以及二次电缆布线不合理导致发电机接地等方面。发电机局部放电耦合器目前在机组中安装的越来越多，新机交接和机组大修进行耐压试验时，不一定会连上耦合电容进行耐压，因此其缺少有效的绝缘考核，成为发电机运行的一个潜在危险点。因此，在发电机大修和小修时进行发电机直流耐压时可以带着耦合电容器一起进行，但必须对耦合电容进行清扫，防止对发电机的泄漏电流测量值造成影响，或者在直流耐压时临时断开连接，在交流耐压时恢复连同一起耐压。另外，二次线缆走线应合理，固定牢靠，防止与发电机一次设备距离过近，造成发电机接地。

【案例】　某燃气热电1号燃气轮发电机为300MW水氢氢冷发电机，2013年投运。2019年9月初，发电机临停十天左右再次启机前进行发电机绝缘电阻测试，发现A相绝缘电阻与以往相比明显降低。拆除出线箱内的A相局部放电耦合电容器后测量，A相绝缘明显上升，与其他两相基本一致，对耦合电容单独测量绝缘，绝缘仅有 5MΩ，最终确认耦合电容绝缘缺陷导致启机前绝缘明显降低。观察耦合电容表面无绝缘放电迹象，油污并不严重，应是耦合电容内部出现问题。由于厂家没有备件，电厂决定该相绕组不带耦合电容器投入运行，待下次停机时安装新的耦合电容器。此次缺陷在停机时发现并进行了处理，未造成严重后果，但是一旦机组在运行中耦合电容绝缘击穿，很容易导致机组在运行中定子接地停机。

条文 10.13 防止检修不当造成设备损坏

条文 10.13.1 防止机内遗留异物

条文 10.13.1.1 规范检修区域进出人员管理，严格执行人员进出记录和工具登记制度，作业期间设置值班岗位，非作业期间应做好场地封闭措施。进入膛内工作人员应着无金属的连体服和软底鞋。工作完毕撤出时清点物品正确，确保无遗留物品。

条文 10.13.1.2 规范现场检修、试验等环节的标准化管理，防止锯条、螺钉、螺母、工具、试验材料等异物遗留定子内部，特别应对端部线圈的夹缝、上下渐伸线之间位置作详细检查。对于进行水系统检修的，还应防止临时封堵材料、焊渣等异物进入水系统。

条文 10.13.1.3 定子、转子表面喷漆前，做好其表面油污清理工作。防止运行中漆皮脱落，造成定子、转子通风孔堵塞。

条文 10.13.1.4 穿转子前，应对膛内进行全面清理和检查。

【案例 1】 某水电站机组运行过程中，1 号发电机的导瓦温度故障报警，1 号发电机定子中冒出胶木气味，并伴有闪光和火花，同时转子滑环与电刷间也发生放电现象。对该发电机进行检查，发现定子局部有明显烧伤痕迹，下导轴承和水导轴承偏磨。解体发现定子绕组中部有 6 个线槽机械擦伤，上部有几条明显的擦痕，擦伤处中间的两个槽，槽楔烧毁，线棒外层绝缘烧伤，但无放电痕迹；定子磁极磨损部位局部已出现高温烧蓝现象；转子仅有几个高点擦伤，磨损部位无烧伤、放电痕迹，转子挡风板上的灰垢严重，其余完好。经检查发电机定子及转子的烧伤痕迹为机械擦碰所致，确认发电机发生了扫膛事故。

【案例 2】 某电厂在运行中机组跳闸，DCS 首出“发电机差动保护动作（A 柜、B 柜）”，就地检查发电机-变压器组保护 A、B 屏“发电机差动”“发电机差动速断”保护动作。DCS 操作员站发“转子一点接地”报警，就地检查发电机-变压器组保护 A 屏发转子一点接地信号。停电检查发现定子膛内 4 风区处有一颗 M16 的变形螺母，4 风区和 5 风区各发现一块形状不规则的金属物件，对发现的异物进行比对，确认为导风环的定位螺栓螺母，异物在运行中磨损端部绕组绝缘，导致绕组接地及相间短路。

条文 10.13.2 防止发生磕碰及机械损伤

条文 10.13.2.1　在定子膛内施工前，应在膛内铺设橡胶垫，防止铁心受损或异物遗留。

条文 10.13.2.2　在抽穿转子前，应做好防止转子跌坠、磕碰定子的技术措施，并严格控制作业流程。

条文 10.13.2.3　人员进入膛内作业时，禁止踩踏引水管及接头、线棒绝缘盒、连接梁等部位。

条文 10.13.2.4　检修中加强对端部紧固件检查（如压板紧固螺栓、支架固定螺栓、引线夹板螺栓、汇流管所用卡板和螺栓、定子铁心穿心螺杆等），防止相关部件运行中松动、脱落。

【案例】 某水电站装机容量大且处于“西电东送”的关键节点，全电站共安装5台600MW水轮发电机组，总装机容量为3000MW。2014年2月15日9时39分，根据电网调度要求，启动4号发电机并网；9时39分，上位机下发开机令；9时41分42秒，励磁自动投入。9时41分55秒，当发电机电压上升到80%额定电压（U_e）时，现场听到发电机内部发出一声异响，同时发电机A/B套保护差动、不完全差动、裂相横差、单元件横差保护动作，跳开发电机灭磁开关，紧急停机动作，关停发电机。

发生故障的机组额定容量为600MW，额定电压为18kV，额定功率因数为0.9，三相8分支绕组波绕，中性点通过接地变压器接地，发电机和主变压器组成单元接线。故障机组于2009年8月投入运行。截止至故障时累计运行18575.89h。保护动作前的一次设备运行状态：500kV系统各串开关均为完整串运行，系统频率为50.01Hz；500kV母线电压为538.1kV；厂用电系统运行正常，全厂自动发电控制（AGC）功能投入，运行在调频模式；全厂总有功给定值为710MW，有功实发值为712MW，无功实发值为−20.1Mvar；由于保护动作时该机组未并网（负荷为0MW），故本次保护动作未造成甩负荷。

故障发生后，发电机机坑内出现大量浓烟，现场人员佩戴安全防护工具后进入机坑内检查无明显着火部位，待浓烟排出后对发电机整体进行全面检查，发现发电机 X 方向定子下部线圈6根线棒局部烧损、断裂，相邻线棒表面有电弧灼伤痕迹，2处铁心局部烧损。随后对转子磁极间挡块、拉杆、阻尼环软连接等部位进行了排查，在发电机下风洞地面上发现1块有烧损痕迹的方形金属物体，后经确认该金属物为发电机转子下部磁极挡块。

本次故障的原因为发电机转子3号磁极下端部磁极挡块运行中脱落，脱落的挡块在机组旋转惯性力的作用下击中发电机定子线圈，造成绝缘损坏，定子线棒靠近中性点侧B相出现接地故障，随后演变为相间短路故障，导致接地点附近发电机定子线棒及铁心烧损。本次故障之后，该电站共用76d时间对有损坏的定子线棒拆除、清扫、下线安装、穿芯螺栓换绝缘套、重新进行铁损试验。对引发故障的转子磁极下端部磁极挡块重新进行了满焊，并在该处增焊了挡板，避免今后在机组运行过程中磁极挡块再次脱落造成一次设备损坏。技术管理上定期就该部位进行状态评估，在 2015 年对其余同类型机组该处进行了焊接。从此次发电机故障过程及继保录波现象进行分析，当发电机处于开机过程，转速已达到额定转速，且处于空载状态时，磁极挡块在运行中脱落击中定子绕组导致定子接地故障及相间短路故障。发电机转子磁极在设计上的隐患和安装施工时发电机内部挡块焊接工艺细节的疏忽造成此次故障，后果相当严重。

条文 10.13.2.5　转子风叶装配时应按照制造厂的力矩要求进行安装，防止运行中脱落，造成定子损伤。

11

防止发电机励磁系统事故的重点要求

总体情况说明：

本次修订主要依据《同步电机励磁系统》（所有部分）（GB/T 7409）、《同步发电机励磁系统技术条件》（DL/T 843—2021）、《大中型水轮发电机静止整流励磁系统技术条件》（DL/T 583—2018）、《核电厂汽轮发电机励磁系统技术要求》（NB/T 25100—2019）、《同步发电机励磁系统建模导则》（DL/T 1167—2019）、《数字式励磁调节器辅助控制技术要求》（DL/T 1767—2017）、《电力系统稳定器整定试验导则》（DL/T 1231—2018）、《同步发电机进相试验导则》（DL/T 1523—2016）、《电力系统网源协调技术规范》（DL/T 1870—2018）、《数字式自动电压调节器涉网性能检测导则》（DL/T 1391—2014）等国家及行业标准，以及各电网公司、电力集团、电科院等单位提出的修改意见，重新修订。

修订过程中坚持"安全第一、预防为主、综合治理"的方针，贯彻落实国家安全生产有关法律法规和标准规范的相关要求；坚持如下基本原则：一是突出以防范重、特大及频发的发电、电网、设备、人身事故为重点；二是强化设备全过程管理，从规划、设计、制造、安装、调试、运行维护、技改大修等各环节提出反事故措施和要求；三是增强反事故措施在新形势下的针对性、有效性和可执行性；四是确保反事故措施与现行法律法规及标准规范的一致性。

章节内容编排上，保持《防止电力生产事故的二十五项重点要求（2014 年版）》第 11 章各节划分不变，保留条款 11.1～11.4，分别对励磁系统的设计制造、安装改造、调整试验和运行安全 4 个方面提出规范性要求。重点以最新颁布的国家及行业标准、各个电网公司和电力集团的反事故措施文件为依据，针对收到的各单位修改意见，对《防止电力生产事故的二十五项重点要求（2014 年版）》的条文内容进行修订。同时参考近几年励磁系统在运行中出现的问题及现场试验检修人员的要求，新增部分条款。对于未提出修改意见的条款，予以保留。

本章节引用的行业标准的相关条文，在条文上对标准要求进行规范细化，明确反事故措施的技术要求。

条文说明:

条文 11.1　励磁系统设计的重点要求

随着电网规模的不断扩大、发电机组容量的增加，网源协调运行的要求随之加强，对励磁系统的要求也逐步深化。实践表明励磁系统的运行安全、调节性能和对电网稳定的影响，许多情况是在设计阶段就已经确定了，因此加强励磁系统运行环境、稳定调节能力、纠错能力、灭磁能力及与发电机保护的协调匹配等方面的设计就显得十分重要。

条文 11.1.1　励磁系统应保证良好的工作环境，环境温度、湿度不得低于相关标准规定要求。励磁调节器与励磁变压器不应置于同一个没有隔断的场地内。励磁设备（含励磁变压器和励磁小间）上方及附近不得布置水管道，如有布置则应采取防止漏水的隔离措施。整流柜冷却通风入口应设置滤网，励磁调节器及功率整流柜所在的励磁小间应具备必要的防尘降温措施。

励磁系统运行环境的优劣直接影响设备运行的安全寿命，在设计阶段就应引起充分重视，否则当设备故障或出现问题时，一方面可能会使故障范围进一步扩大，另一方面也不利于故障或损坏设备的检修。

励磁系统环境温度应按照《同步发电机励磁系统技术条件》（DL/T 843—2021）中 4.1.1、4.1.2 规定；《大中型水轮发电机静止整流励磁系统技术条件》（DL/T 583—2018）中 4.1b）、c）规定执行。

励磁系统环境湿度应按照《同步发电机励磁系统技术条件》（DL/T 843—2021）中 4.1.3 规定；《大中型水轮发电机静止整流励磁系统技术条件》（DL/T 583—2018）中 4.1d）规定执行。

本条文中关于“励磁调节器与励磁变压器不应置于同一没有隔断的场地内”要求中，同一场地一般指励磁小间（安装有励磁调节器、整流柜及灭磁开关等盘柜）。从安全运行角度考虑，应按照励磁变压器布置在发电机封闭母线下层，励磁调节器布置在励磁小间内设计。本条文明确两者之间应有隔断，将励磁小间与励磁变压器分开，主要是考虑保证电磁环境应满足励磁调节器运行要求。

针对近年多次出现励磁调节器、励磁变压器附近的水管道阀门漏水或厂房漏雨等造成励磁系统事故。对于励磁调节器、励磁变压器附近水管道的布置和防范措施提出明确要求。

【案例 1】 2021 年，河北某电厂 1 号机组采用国内某厂家的励磁设备。在夏季运行时由于厂房漏雨，雨水从励磁小间上方流入励磁调节器柜，造成转子接地保护动作跳闸。机组停机后，虽然对励磁调节器进行了干燥除湿、板卡功能检查等一系列工作。在随后的一年内，仍多次出现励磁调节器信号测量板故障、核心控制板故障，造成机组多次非停。最终，电厂不得不考虑对励磁调节器柜进行整体更换。

【案例2】 2010年，北京某电厂2号机组采用进口某厂家的励磁设备。励磁变压器设计安装在零米。在冬季厂房供暖时，汽轮机平台（13m）供暖阀门损坏漏水，励磁变压器被水淋湿，造成交流母线绝缘下降，引起相间短路放电，励磁变压器烧毁。

【案例3】 2018年，河北某电厂4号机组采用国产某厂家的励磁设备。夏季大暴雨期间，由于瞬间降雨量过大，雨水由天沟上沿和屋面彩钢板搭接处漏入汽机房励磁小间顶部。励磁小间采用玻璃结构，顶部密封不严造成雨水漏入励磁小间内，从交流进线柜顶部的通气孔进入盘柜内，溅落到同步变压器。该机组从分布式控制系统（DCS）发出励磁系统报警，仅仅只有6min就迅速发展到发电机-变压器组C柜励磁系统故障报警、非电量保护动作机组跳闸。事后检查同步变压器因绝缘下降而烧毁，造成重大的停机事故。

近年来由于励磁小间防尘降温措施不到位，出现多次励磁调节器和可控硅整流柜故障，因此针对励磁调节器及可控硅整流柜所在励磁小间的防尘降温提出明确要求。

【案例4】 2021年，北京某电厂3号机组采用国外进口的励磁设备。在运行中出现整流柜内交流母线短路，烧毁整个整流柜事故。事后检查发现，整流柜内交流母线的A、C相间有明显的烧蚀，并有明显的对柜体放电痕迹。母线短路引起的弧光造成柜内所有的可控硅元件损坏。经分析认为事故具体原因是：①国外设备在绝缘安全距离上设计裕度较小；②励磁设备运行环境的灰尘较大，整流柜内部积灰严重，长期运行后，引起交流母线的绝缘水平下降，最终引起交流母线短路，造成整流柜烧毁。

以上案例表明，在设计中就应使励磁系统有良好的工作环境是保障设备长期可靠运行的有效措施。

条文11.1.2 励磁系统中两套励磁调节器的电压回路应相互独立，使用机端不同电压互感器（TV）的二次绕组，防止其中一个故障引起发电机误强励。励磁调节器原则上应具有防止电压互感器（TV）高压侧熔丝熔断引起发电机误强励的措施。

励磁系统正常运行时，要求自动电压调节器（AVR）运行在“自动方式”，或称“（机端）电压闭环”运行方式，即AVR根据其参考电压与电压互感器二次电压的差值进行调节。若电压互感器二次出现短路等故障时，则差值为最大。若AVR未能辨别或未能切换时必然出现误强励；若另一套备用AVR通道的电压互感器回路没有与工作AVR隔离，使用同一电压互感器的二次绕组，AVR无法判断电压互感器二次回路故障，也会造成误强励。

由于励磁用的电压互感器出现损坏或一次熔断器熔断引发的励磁系统误强励跳闸事故较多。因此，本条文中增加“励磁调节器原则上应具有防止电压互感器（TV）

高压侧熔丝熔断引起发电机误强励的措施”要求。

【案例1】 2017年，国内某电厂7号机组采用国外某公司生产的励磁设备。在正常运行中，运行人员发现发电机定子电压快速上升至22kV，最终发电机过励磁保护动作，发电机解列。事后对现场发电机出口电压互感器进行检查，发现励磁用电压互感器的B相一次熔断器（额定电流为0.5A）熔断，其余各相熔断器正常。对比电压互感器二次绕组的伏安特性曲线，发现B相伏安特性曲线异常。对互感器进行3倍频感应耐压试验时，试验电流突增，电压升不上去。经过与电科院专业人士、励磁调节器厂家分析结论是：①B相互感器一次绕组存在匝间短路故障；②励磁调节器软件功能存在缺陷，在互感器熔断器熔断的情况下，未能正确判断出电压互感器断线，造成发电机机端电压持续升高，直至发电机过励磁保护动作。

【案例2】 2020年，北京某燃气电厂3号机组采用国外某公司生产的励磁设备。在正常运行中电压互感器的一次熔断器出现慢熔现象，造成二次电压出现缓慢下降，励磁调节器误认为机端电压不断下降，从而增加励磁电流，最终造成过励磁保护动作，解列停机。事后分析发现：励磁调节器通过零序电压进行电压互感器断线判断，设定值为0.19（标幺值），即当发电机出口电压不平衡度大于19%时，判断为电压互感器断线。跳机时，励磁调节器工作通道采集到A相电压为18.46kV（二次电压为53.304V），B相、C相电压为21.82kV（二次为62.998V），电压不平衡度为15.3%，励磁调节器未作出电压互感器断线判断（根据计算单相二次电压降至46.7V以下，励磁调节器才可判断出断线）。励磁调节器单纯使用零序电压，对电压互感器一次熔断器慢熔现象无法正确识别。

【案例3】 山西某电厂1号机组采用国外某公司生产的励磁设备。在运行中，由于电压互感器C相一次熔断器慢熔，造成励磁调节器三次误强励后机组跳闸：①10时19分8秒，机端C相电压测量值降至10.185kV，励磁系统开始第一次强励，励磁电流最高达到7985A，持续23.051s后电压恢复正常；②10时21分27秒，机端C相电压测量值降至10.498kV，励磁系统开始第二次强励，励磁电流最高达到6851A，持续3.133s后电压恢复正常；③10时23分16秒，机端C相电压测量值降至11.093kV，励磁系统开始第三次强励，励磁电流最高达到6495A，持续时间为22.263s，最终导致1号机组跳闸。

事后对机组三次误强励过程进行分析发现：①励磁调节器电压互感器断线判别逻辑不完善，只简单计算发电机线电压平均值与励磁变压器低压侧同步线电压平均值之间的偏差，未采用电流突变量、负序电流和三相电压相位变化等判据；②允许偏差定值厂家设定为15%，整定不合理。本次事故发电机机端电压互感器C相一次熔断器慢熔，C相二次电压最低降到46.3V，线电压平均值降低（偏差）6.6%，导致调节器未能正确检测出电压互感器断线，误发强励。

从以上事故案例可以看出，由于电压互感器本体故障和一次熔断器熔断，引起电压互感器二次电压变化情况，具有很大不确定性。

据相关研究单位分析，电压互感器一次熔断器熔断速度慢的原因是熔断器熔丝开断过载熔化电流仅略高于熔丝最小熔断电流。由于熔丝的反时限（I^2t）特性，弧前电流加热时间很长（最少也得0.3h），属于缓慢熔断现象。熔断后，熔断不彻底，熔点不能产生很大间隙。

电压互感器一次熔断器熔断后电压降落较少可能的原因：①熔点间隙小，电弧距离短，不能可靠熄弧，电弧电压决定了电压互感器二次电压降落的大小；②熄弧后，熔点表面氧化，仍呈高阻状态连接；③熄弧后，熔丝融化喷溅，增大断点间相对面积，电压互感器仍可以维持电流通过。

经与各个电科院、电厂了解，当出现电压互感器一次熔断器慢速熔断时，电压互感器二次相电压降低从1～2V至5～6V的都有。如果电压降低幅值再增大，则励磁调节器、保护装置均能准确判断。因此，对于一次熔断器熔断引起的二次电压小幅降低，建议可以从电压降落、相位偏移两方面来着手改进“电压互感器断线”逻辑。关键在于降低判断定值，同时避免误报“电压互感器断线”，进而切换运行通道。

条文11.1.3　励磁系统的灭磁能力应达到国家及行业标准要求，且灭磁装置应具备独立于调节器及功率整流装置的灭磁能力。灭磁开关的弧压应满足机组故障灭磁及误强励灭磁的要求。

励磁系统的灭磁能力是保证励磁设备和发电机组运行安全的重要性能。灭磁能力强的励磁设备，一方面可以保证发电机正常运行时的安全停机；另一方面可靠快速地灭磁，使故障时发电机转子免受过电压和过电流的损害，防止事故的扩大化。

本条文明确规定励磁系统的灭磁能力不仅要达到国家标准，还应达到行业标准的要求。国家标准只是最低标准要求，行业标准的要求规范更高，对励磁系统的运行安全更加有利。本条文明确规定励磁系统灭磁能力不仅要独立于励磁调节器，还要独立于功率整流装置。本条文明确规定灭磁开关的弧压不仅满足误强励灭磁的要求，还要满足机组故障灭磁时的要求。

【案例1】　2020年，天津某电厂2号机组采用国外生产的励磁设备。在发电机定子绕组短路故障，励磁系统强励工况下跳闸灭磁时，由于非线性灭磁电阻伏安特性偏差过大，8个碳化硅灭磁电阻中有2个过热烧毁。事后为保证非线性电阻特性的一致性，电厂不得不更换了所有8个非线性电阻。

【案例2】　2012年，北京某电厂1号机组采用国外生产的励磁设备。机组基建调试期间，调试人员发现该励磁系统灭磁回路硬件逻辑中，串联“励磁系统无故障”信号，即发电机-变压器组保护等外部跳闸信号发至励磁后，须在“励磁系统无故障”状态时才能触发跳闸逻辑，跳开灭磁开关。如果励磁系统本身出现故障，则无法通过发电机-变压器组保护等外部跳闸信号来灭磁，严重影响机组的运行安全。经与外方厂家人员反复协调，最终将该逻辑取消。该厂家也在国内后续投产的励磁调节器中将此设计取消，保证外部跳闸的独立性。

条文 11.1.4　励磁变压器不应采取高压熔断器作为保护措施。励磁变压器保护定值应与励磁系统强励能力相配合，防止强励时保护误动作。

励磁变压器应采用被实践证明可靠的保护设施，一方面要保证励磁变压器本体的安全；另一方面又不能影响励磁系统的正常功能。

根据国内现状，多数情况下励磁变压器采用过电流保护作为其主保护（也有少数采用差动保护作为主保护）。在这种情况下，过电流保护还有间接作为发电机转子过负荷保护的功能，因此一方面应确保励磁变压器本身的安全性；另一方面也不能影响励磁系统强励能力。因此，过电流持续时间的选择只要不超过发电机转子的承受能力就应认为是合理的。

本条文删除《防止电力生产事故的二十五项重点要求（2014 年版）》中“自并励系统中”文字。因为在实际应用中励磁系统中存在不是自并励系统，但采用励磁变压器供电的励磁形式。例如，核电机组采用的两机励磁系统中，主励磁机励磁系统采用机端电压经励磁变压器供电的励磁形式。

条文 11.1.5　励磁变压器的绕组温度应具有有效的监视手段，监视其温度在设备允许的范围之内，并具备将温度信号传至远方的功能。有条件的可装设铁心温度在线监视装置。

励磁系统中励磁变压器是运行中最容易发热的设备，发热的原因是其带有能产生高次谐波的整流负荷，而设备运行寿命在一般情况下与运行温度密切相关，应在设计阶段保证对未来投运的励磁变压器能有必要的温度监视手段。

励磁变压器制造时一般采用 F 级绝缘，通常情况下 F 级绝缘极限温升为 110K，即最高运行温度不超过 150℃。现在大部分的励磁变压器厂家在铭牌上增加了“温升限值”参数，一般为 80K。励磁变压器绕组温度监视的定值，应按照厂家提供的温升限值进行设置。即报警温度为 120℃为宜。如制造厂家未提供“温升限值”参数，励磁变压器在运行中的温升极限建议按照 B 级绝缘考虑，以保证励磁变压器长期运行安全。

本条文中规定“励磁变压器的绕组温度应具有有效的监视手段”，一般情况下可设置两段温度监视，一段用于报警，高于报警值 10～20℃可考虑设计为跳闸。对励磁变压器铁心温度监视未作出硬性规定，建议有条件时可以考虑装设。另外，将励磁变压器温度信号传至远方，正常运行期间可监视励磁变压器运行温度，发生故障时可调取故障前后温度变化数据，辅助事故分析判断。

【案例】 山东某电厂 8 号机组采用国产某厂家的励磁变压器。2012 年运行期间，8号机组励磁变压器电流速断保护、发电机-变压器组差动保护、主变压器差动保护动作。励磁变压器罩壳因爆炸飞出，架体严重变形，励磁变压器高压侧B、C相电流互感器本体开裂并露出一次绕组。电流互感器与封闭母线的连接线烧断。励磁变压器B相高压绕阻上部线圈变形，外绝缘开裂。B相低压绕组明显变形。事后的事故调查结论是由于系统谐波或过电压等原因导致高压绕组端部所受的电场较强，在强电场及温度等因素的共同作用下导致该部分绝缘老化，绝缘性能下降，最终导致B相高压绕组上部第一段绝缘性能劣化发生匝间及对地短路。专家组在事故分析报告中建议，将励磁变压器温度引接至分布式控制系统（DCS）画面，便于运行人员及时掌握励磁变压器运行状况；开机前手动开启励磁变压器风机，保证励磁变压器散热通风良好；完善励磁变压器就地的电视监控功能。

本次修订将“控制”改为“监视”。因为绕组温度只能监视，不具备控制功能。同时增加“励磁变压器具备将温度信号传至远方的功能”，便于运行人员远程监视。

条文11.1.6　当励磁系统中过励限制、低励限制、定子过电压或过电流限制和伏/赫限制（V/Hz限制）的控制失效后，应由相应的发电机-变压器组保护完成解列及灭磁。

励磁系统的核心自动电压调节器（AVR）中，除发电机正常运行的电压闭环控制外，还设计有其他的辅助限制环节：当发电机转子回路异常过电流时有过励限制（OEL），进相运行时有低励限制（UEL），当定子有异常过电压时有电压/频率限制（V/Hz限制）、有异常过无功电流时有过电流限制（SCL）等。这些环节功能的设计都是为保证发电机的安全及维持电网的稳定考虑的，但是发电机组的继电保护设备工作时有自身的独立性，不能因为励磁系统有相应的限制功能就忽略相关的监控职能，大型发电机组更应配置完善的保护设施。

相对《防止电力生产事故的二十五项重点要求（2014年版）》条款，本条文增加对“伏/赫兹限制（V/Hz限制）的控制失效后”的要求。励磁调节器中各个限制功能应按照《同步发电机励磁系统技术条件》（DL/T 843—2021）中5.18的规定，限制特性和整定值应与相关发电机-变压器组和励磁变压器继电保护定值相协调。运行通道出现故障时应首先切至备用通道。

在修订过程中，针对有单位提出的“应将励磁调节器内部设置限制控制失效后灭磁或通过内部控制直跳灭磁开关功能退出”的建议。经调研和各方综合讨论后认为：由于某些励磁调节器（尤其是国外设备）将限制失效后灭磁跳闸功能整合在控制逻辑中，无法简单通过功能投退方法彻底退出。只能原则性地要求励磁调节器限制失效后的跳闸定值应与发电机保护相配合，将励磁调节器中各种限制功能失效后的灭磁跳闸功能，作为发电机保护拒动时的后备。

条文11.1.7　励磁系统设备选型应考虑所在电网运行需求和稳定控制要求，

性能指标应满足相关标准的要求；励磁调节器应通过涉网性能检测试验的检验；励磁调节器控制模型应满足相关标准的要求。未进行涉网性能检测试验且频繁出现故障的励磁调节器，应考虑整体换型改造。

在设备选型阶段，励磁调节器应按照《数字式自动电压调节器涉网性能检测导则》(DL/T 1391—2014）要求，完成涉网性能测试试验；励磁调节器控制模型和参数应符合《同步电机励磁系统　第 2 部分：电力系统研究用模型》(GB/T 7409.2—2020)、《同步发电机励磁系统建模导则》(DL/T 1167—2019）的要求。不符合以上标准要求的励磁调节器，应考虑整体更换。

【案例 1】 山西某电厂采用国外某公司生产的励磁设备。在正常运行中，励磁调节器频繁发出伏/赫兹限制（V/Hz 限制）动作信号，而实际发电机电压和频率未发生变化。经与电科院专业人士和厂家沟通，并仔细分析控制逻辑图，发现 V/Hz 限制信号设计上采用的是电压给定＋调差＋电力系统稳定器（PSS）输出后的信号与频率进行比较，不是实际发电机电压与频率之比。当电网出现有功功率低频振荡时，PSS 输出信号较大，引起 V/Hz 限制出现误动，且 V/Hz 限制动作后又屏蔽了机组的电力系统稳定器（PSS）功能。由于此问题是厂家模型结构设计问题，无法现场通过参数调整来解决，严重影响了机组运行的稳定性。

【案例 2】 云南某水电厂 1 号机组采用国内某厂家的励磁设备。机组运行在进相工况下，当低励限制动作后，引发机组低频振荡。事后对励磁调节器模型结构分析发现：低励限制采用叠加方式介入电压控制主环，PSS 同样采用叠加方式介入电压控制主环。由于励磁厂家过于追求低励限制的效果，在低励限制模型中将低励限制的控制参数设置较大。这样虽然能够迅速地将进相无功拉回到限制曲线以内，但其弊端就是对 PSS 环节的输出影响较大。低励限制动作后的输出叠加到主环上，该输出过大导致叠加后的幅频相频特性发生变化，按照常规工况整定的 PSS 参数不能完全适用。最终造成 PSS 环节的输出不但不能抑制系统的低频振荡，还会削弱系统的正阻尼甚至产生负阻尼，从而加剧振荡现象的发生。由于模型结构设计问题，PSS 与低励限制两者之间在机组进相较深时存在参数不匹配的现象。现场只能通过参数调整来减少相互的影响，不能彻底解决该问题。

【案例 3】 北京某电厂 1 号机组采用国内某公司生产的励磁设备。2020 年进相运行时，励磁系统突然出现逆变灭磁，造成失磁保护动作跳闸。事后对励磁调节器控制功能和逻辑进行分析检查发现：励磁调节器中设计有并网后的可控硅触发角限制，即并网后励磁系统输出的可控硅触发角度不能大于设定的角度。当减磁指令使可控硅触发角大于或等于设定的触发角时，励磁系统闭锁调节，维持励磁系统输出不变。在后续收到自动电压控制系统（AVC）减磁令后，AVC 持续发减磁令。当持续减磁操作指令使电压给定值降低到 20％时（机端电压仍在 100％左右），控制程序出现软件运行错误，导致可控硅触发角反转至逆变角，励磁系统逆变灭磁，造成失磁保护动作跳闸。

以上几个案例中励磁调节器所用的型号，均未按照《数字式自动电压调节器涉网性能检测导则》（DL/T 1391—2014）要求，进行涉网性能检测试验，且控制模型和参数不符合《同步电机励磁系统　第2部分：电力系统研究用模型》（GB/T 7409.2—2020）、《同步发电机励磁系统建模导则》（DL/T 1167—2019）要求。由于是励磁调节器设计方面的问题，在现场无法通过调整参数来解决，严重影响了发电机和电网的运行安全。

条文 11.1.8　当接入机组故障录波器、同步相量测量装置（PMU）等监测系统的励磁电流和励磁电压信号采用变送器输出时，励磁电压输出信号应有一定负值量显示，正向输出信号最大值应不低于额定励磁电压的2倍；励磁电流输出信号最大值应不低于额定励磁电流的2倍。

当发电机出现失磁时，励磁电流会快速降低到较低值；而励磁电压将出现较大的负值。此时的励磁电流、励磁电压变化曲线直接反映了励磁系统快速减磁（灭磁）特性。当出现发电机强励工况时，励磁电流会快速上升超过额定值，励磁电压也会快速上升超过额定值。此时的励磁电压、励磁电流的快速上升特性曲线和最终达到的顶值，直接反映了励磁系统的快速增磁（强励）的特性。现有的接入机组故障录波器和PMU装置的励磁电压、励磁电流信号，一般采用变送器输出。励磁电压变送器量程一般为0至额定励磁电压附近；励磁电流变送器量程一般为0至额定励磁电流附近。超出量程的信号无法正常显示记录，造成在发电机失磁、强励时无法准确判断励磁系统动作行为是否正确。

实际选择变送器时，在量程满足条文要求的基础上，还应注意变送器输出4～20mA信号应满足0.2级输出采样精度，响应时间小于20ms，输出信号的纹波含量（峰一峰值）不超过量程的0.4%。

【案例1】　在11.1.7【案例3】中，该厂机组故障录波器中持续记录到的励磁电压负值是关键依据，证实了机组在并网状态下发生“逆变”的事实，为查找出事故原因发挥重要作用。

【案例2】　2016年，某地区330kV变电站因电缆沟道井口爆炸导致站内多台主变压器相继起火，最终导致站内6回330kV出线陆续跳闸，整个过程超过2min。受该联锁故障冲击，周边共5台发电机组相继跳机停运，其中部分机组在故障过程后期仍并网运行。周边某300MW机组的发电机-变压器组故障录波器装置记录下了上述整个联锁故障过程下该发电机励磁控制系统的调节特性，涉及强励、定子电流限制（SCL）动作、机端电压过低引起失稳失步、保护动作跳机等大量的事件记录。根据故障记录，相关研究部门通过仿真完整分析并复现了事故过程中该机组所有动作状态，其中全量程的励磁电流记录是对机组强励、二次强励等过程分析的重要依据。

因此，本条文中对采用变送器输出励磁电压、励磁电流信号的输出范围作出明确规定。建议接入机组故障录波器和PMU装置的励磁电压输出信号有一定负值输出（一般不低于正向量程的20%），正向输出不小于额定励磁电压的2倍；励磁电流输出信号最大不低于额定励磁电流的2倍，便于在机组事故后分析励磁运行状态是否正常。

条文11.2　励磁系统基建安装及设备改造的重点要求

发电厂及调相机站设备运行环境的复杂性，导致了不同地区、不同地点电磁感应的强度差别。而机组工况不同、遇到的故障或事故类型不同，也给励磁系统为保障主要设备安全稳定地运行增加了难度，因此对励磁系统基建安装过程及设备改造过程中，从设备安装地点的筹划到削弱电磁干扰的影响，再到主要运行软件的控制管理等方面都应加强关注，根据多方面的经验作出规范性要求。

条文11.2.1　励磁变压器高压侧封闭母线外壳用于各相别之间的安全接地连接应采用大截面金属板。

到目前为止有关电路方面的设计可以做到比较完善，但电场和磁场方面的差异却不易控制，因此只能根据多方面积累的经验对安装工作的规范性作出要求。

【案例1】　河北某电厂在设备安装后的发电机短路试验中，励磁变压器高压侧封闭母线附近浓烟滚滚，仔细检查后发现，是封闭母线外壳用于各相别之间的安全接地连接导线过热、绝缘外皮烧焦引起。现场各方专家分析后认为，连接导线过热是由发电机三相短路电流引起的电感强度分布不均匀所致，增加导线截面后才使得试验正常进行。

【案例2】　天津某电厂在设备安装后的发电机试验中，发现励磁变压器封闭母线的安全接地开关烧红，分析原因也是电感强度分布不均匀造成了类似电磁炉的效果。

条文11.2.2　发电机转子接地保护装置原则上应安装于励磁系统柜。接入保护柜或机组故障录波器的转子正、负极连接电缆应采用高绝缘的电缆且不能与其他信号共用电缆。所用电缆的绝缘耐压水平应满足相关标准规定要求。

发电机转子由灭磁开关下口的母排实现与励磁系统的连接，大型机组强励或逆变灭磁时电压可达1000V以上。为加强隔离保证设备安全、减少保护装置受干扰，作出以上的规定是很有必要的。

本条文的要点实际有三个方面，其一，是用于保护的设备接线距离应尽可能短，这样对于注入式原理的保护设备可以减少干扰，提高动作可靠性。其二，对于直接与发电机转子连接而未采取隔离措施的故障录波器，要求相关通道有足够的承受过电压能力。其三，与发电机转子相连的电缆应采用高压屏蔽且相对独立的电缆：一方面是安全需要，另一方面可以避免影响其他电气信号。装在发电机-变压器组保护盘柜上的电量信号一般不超过250V，而励磁电压信号经常可达上千伏，因此建议转子接地保护装置安装于励磁系统柜。

对于采用高绝缘电缆的绝缘耐压水平的要求，应按照《同步电机励磁系统　大、中型同步发电机励磁系统技术要求》（GB/T 7409.3—2007）中5.23 a）“与发电机磁场绕组直接联结或经整流器相联结的电气组件，当额定励磁电压等于或小于500V时，其出厂试验电压值为10倍额定励磁电压，最低不小于1500V。而当额定励磁电压大于500V时，其出厂试验电压为2倍额定励磁电压加4000V。”要求来选择电缆的耐压规格。

另外，要求直接连接磁场绕组正、负极的二次回路，应经独立的高绝缘电缆接至保护或机组故障录波器，防止在同一根电缆内的转子正、负极信号之间出现绝缘破坏，引发磁场绕组短路的事故。

条文11.2.3　励磁系统的二次控制电缆均应采用屏蔽电缆，电缆屏蔽层应可靠接地。

按制造厂或设计院图纸要求，励磁系统中有相当数量的二次控制电缆应采用屏蔽电缆，并按要求可靠接地。但是有些安装部门由于预算或工程进度的某些原因，未按要求施工，给以后的设备调试及运行带来安全隐患。

对于“电缆屏蔽层一端接地还是两端接地”问题，经各方讨论后认为：不同装置有不同的要求。一般情况下，去分布式控制系统（DCS）的二次控制电缆应单端接地；去保护、同期和发电机出口开关的二次控制电缆，按照继电保护的要求应两端接地。在本条文中不做明确规定，建议现场按照励磁系统所连接的外部装置对二次电缆屏蔽接地的要求执行。本条文重点要求是励磁系统的二次电缆均应采用屏蔽电缆，并可靠接地。

【案例1】　2009年，云南某电厂采用国外某公司生产的励磁设备。5号机组先后发生了多次发电机并网情况下，由于励磁系统误判发电机出口开关位置信号而造成空载励磁电流限制动作，导致机组失磁，最后解列停机的事故。事后检查发现：发电机出口开关位置信号从出口开关汇控箱到励磁调节器柜，二次电缆长度超过2km，且电缆屏蔽层在出口开关的汇控箱侧未可靠接地，运行中出口开关位置信号受到干扰，导致励磁调节器误判为机组解列，引发空载励磁电流限制动作，造成发电机失磁停机。

【案例2】　国内某变电站所配置的调相机采用国产某厂家励磁设备，2020年运行期间励磁系统整流柜短路故障，检查发现柜间脉冲信号采用电脉冲传输，传输电缆长度约为26m，且盘绕多圈，六相脉冲之间存在干扰，晶闸管接收到异常门极

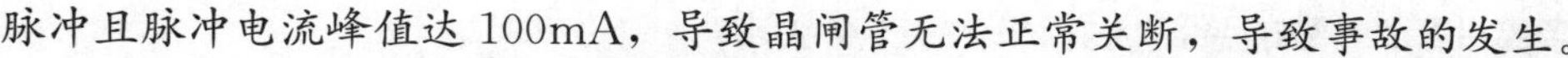

脉冲且脉冲电流峰值达100mA，导致晶闸管无法正常关断，导致事故的发生。

条文11.2.4　励磁系统设备改造后，应进行阶跃扰动性试验和各种限制环节的试验，确认励磁系统工作正常，满足相关标准的要求，并按相关部门要求完成励磁系统建模试验及电力系统稳定器（PSS）整定投入试验。控制程序更新升级前，对旧的控制程序和参数进行备份，升级后进行空载试验及新增功能或改动部分功能的测试，确认程序更新后励磁系统功能正常。做好励磁系统改造或程序更新前后的试验记录并备案。

励磁系统设备改造或控制程序更新升级后，因相关控制参数发生变化或某些控制逻辑发生变更，使得变动后的励磁系统某些特性存在不确定性。一方面可能会影响发电机的正常运行或引发异常故障；另一方面也可能会对生产调度和安全监督部门的分析结果带来影响。

改造后的励磁系统性能应整体符合《同步发电机励磁系统技术条件》（DL/T 843—2021）、《大中型水轮发电机静止整流励磁系统技术条件》（DL/T 583—2018）、《核电厂汽轮发电机励磁系统技术要求》（NB/T 25100—2019）、《数字式励磁调节器辅助控制技术要求》（DL/T 1767—2017）规定。

本条文增加了“按相关部门要求完成励磁系统建模试验及电力系统稳定器（PSS）整定投入试验”的要求。其中相关部门是指电力调度部门及电力调度部门认可的技术监督单位。

【案例1】　2019年，云南某水电厂2号机组采用国内某厂家的励磁设备。在进行程序升级改造后，由于过励限制定值整定不当，在励磁系统“过励限制”动作后，引起失磁保护动作跳闸。事后通过励磁调试软件检查相关参数时发现：原程序对“过励限制”动作后的励磁电流设置为1.01倍额定值，即机组“过励限制”动作后，励磁系统将调节励磁电流维持在1.01倍额定值附近运行。而新升级的程序中，此参数设定为“0”，导致过励限制动作后，励磁系统强行减小励磁电流至0A，最终发电机组失磁。

【案例2】　内蒙古某电厂4号机组采用国外某公司生产的励磁设备。对励磁系统进行升级改造后，由于电力系统稳定器（PSS）内部参数设置错误，在机组进相运行时引发功率振荡。事后经仔细核对PSS内部参数设置发现：PSS中摇摆电抗Xx设为0（原设备设置为0.4），导致了PSS转速测量计算存在误差，放大了真实转速的幅值，造成机组在进相工况下PSS工作出现异常。

许多情况表明，励磁系统中任何环节、任何参数的改变都可能使原来认为是安全的系统变成不确定的系统。因此加强设备更新改造的管理，使设备改造的技术方案、试验措施、新软件版本确认、旧版本存留、参数修正及功能检查等细节都落实到位，是保证设备运行安全的有效措施。

条文 11.3　励磁系统调整试验的重点要求

励磁系统调节性能的优劣及与发电机、调相机保护的匹配协调是否良好，很大程度上与设备投运现场的调整试验相关。现场技术人员除应按照规定做好相关的技术管理和试验准备工作外，重要的是掌握机组电气性能和参数、熟知机组相关保护的定值及动作特性，还应对励磁系统的基本工作原理、自动电压调节器（AVR）的组成结构、功能及软件控制逻辑等有相当程度理解，才能做到心中有数。因此，具备相应资质的部门及相关技术人员方能胜任此项工作。

条文 11.3.1　新建或改（扩）建机组及励磁系统改造后的机组，应由具备资质的电力试验单位按照相关标准，完成发电机励磁系统参数测试及建模试验。试验前应制订完善的技术方案和安全措施上报相关管理部门备案，试验后自动电压调节器（AVR）模型及最终整定参数应书面报告相关调度部门。

本条文要求新建及改扩建机组及励磁系统改造后，应按照《同步发电机励磁系统建模导则》（DL/T 1167—2019）完成励磁系统参数测试及建模试验。对于进行发电机励磁系统参数测试及建模试验的单位，参照《电力系统网源协调技术规范》（DL/T 1870—2018）中 5.5 a）的要求，应为“电力调试/试验资质的科研单位或相关调度部门认可的技术监督单位”。

【案例】 2022 年，山西某新建电厂 1 号机开展励磁系统参数测试及建模试验，现场试验中各项指标满足国家及行业标准要求。之后进行仿真比对时发现，按照现场电压控制主环（PID 参数）设置的仿真结果与现场实际差距较大。经励磁建模试验单位与设备制造厂、调试单位反复确认后，发现励磁系统内部某基准参数设置错误，造成软件计算的控制电压被错误放大，造成仿真结果与实际不符。在实际运行中还会造成低励限制、过励限制等环节动作后不能稳定运行的问题。后续电厂重新进行参数整定，并重新开展励磁建模试验，才最终保证了励磁系统参数测试及建模的准确性。

条文 11.3.2　新建或改（扩）建机组及励磁系统改造后的机组，PSS 装置的定值设定和调整应由具备电力调试/试验资质的科研单位或相关调度部门认可的技术监督单位按照相关标准进行。试验前应制订完善的技术方案和安全措施上报相关管理部门备案，试验后电力系统稳定器（PSS）的传递函数及自动电压调节器（AVR）最终整定参数应书面报告相关调度部门。

对于进行电力系统稳定器（PSS）装置的定值设定和调整试验的单位，参照《电力系统网源协调技术规范》（DL/T 1870—2018）中 5.5 a）的要求，应为“电力调试/试验资质的科研单位或相关调度部门认可的技术监督单位”，并要求 PSS 定值设定和调整试验应执行的行业标准是《电力系统稳定器整定试验导则》（DL/T 1231—2018）。

【案例1】 广东某燃气电厂1号机组为燃气轮发电机组，燃气轮机与汽轮机同轴，并带有自动同步离合器（SSS离合器）。2020年在正常停机过程中，汽轮机顺停至汽轮机调节门和主汽门全关，SSS离合器退出运行后发生了短暂的发电机低频振荡，时间持续1min 40s。有功负荷在118～191MW之间波动，波动幅度为69MW。事后通过对停机时发电机低频振荡过程分析，并经过多次实验室仿真模拟后发现：励磁调节器选用的电力系统稳定器（PSS）为PSS2B类型，在汽轮机退出运行（SSS离合器退出运行）后，轴系总转动惯量变化较大，而PSS中电功率计算补偿因子仍保持原来定值，在系统振荡时无法提供最优阻尼转矩。同时转速测量信号的摇摆电抗 Xx 采用默认参数，对复杂工况和PSS整定参数适应性偏低。在两方面问题的共同作用下，造成汽轮机打闸退出运行后，燃气轮发电机的PSS不仅无法提供最优阻尼转矩，反而引起燃气轮发电机的有功功率振荡。

【案例2】 2020年，新疆某电厂1号、2号机组发生多次功率波动，振荡频率为1.8Hz，最大单机波动幅值在25MW左右。为核实2号机组PSS功能是否有效进行的机端电压2%阶跃试验中发现：如图11-1、图11-2所示。

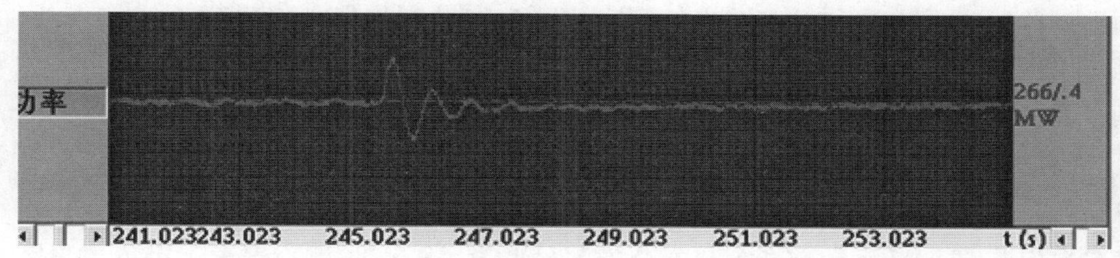

图11-1 某电厂2号机组在PSS退出时机端电压+2%阶跃

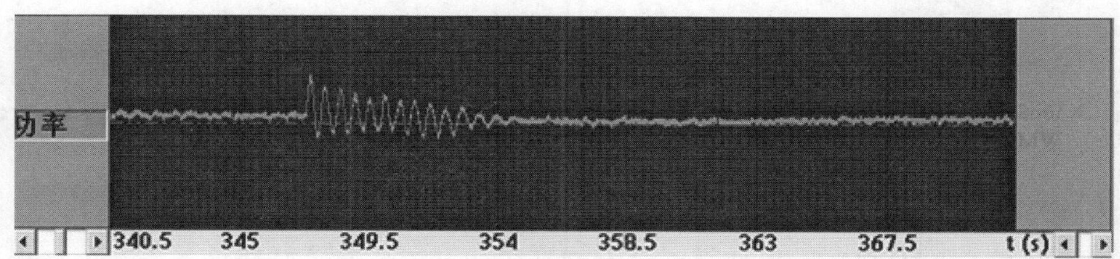

图11-2 某电厂2号机组在PSS投入时机端电压+2%阶跃

通过机端电压+2%阶跃试验可以看出，在PSS投入时机组的功率振荡次数明显大于PSS功能退出时的次数，PSS的作用是在加剧振荡。由此可以证明PSS的参数整定存在问题，PSS不能有效地抑制振荡。

以上案例表明，电力系统稳定器（PSS）对于抑制电网系统中，由于负阻尼因素带来的低频振荡具有显著功效。但是若其参数控制不当，或未计及电网及设备中其他因素的影响，也可能使这种阻尼效果减弱，甚至带来相反的结果。

条文 11.3.3　机组大修（或 A/B 级检修）后，应进行发电机空载和负载阶跃扰动性试验，检查励磁系统动态指标是否达到标准要求。试验前应编写包括试验项目、安全措施和危险点分析等内容的试验方案并经批准。

励磁系统大修（或 A/B 级检修）后，新更换的部件或新修改的功能是否能满足技术要求都具有一定程度的不确定性。励磁调节器中整定参数是否发生更改也不确定。因此，要求励磁系统进行相关阶跃扰动性试验是完全必要的。

实践与分析研究表明，发电机空载和负载阶跃扰动性试验，是检验励磁系统动态性能最有效的手段，而试验前编写包括试验项目、安全措施和危险点分析等，也是确保试验过程安全的最实用方法。

改造后的扰动性试验在 11.2.4 中已经规定。机组基建投产时的扰动性试验应由调试单位按照《同步发电机励磁系统技术条件》（DL/T 843—2021）中 5.10、5.11 和《大中型水轮发电机静止整流励磁系统技术条件》（DL/T 583—2018）中 5.1.8 执行，不再重复。本条文重点要求"机组大修（或 A/B 级检修）后，应进行发电机空载和负载阶跃扰动性试验"。同时，明确规定应进行空载和负载阶跃扰动性试验。试验方法和试验结果的判定，可参考《同步发电机励磁系统技术条件》（DL/T 843—2021）中 5.10、5.11 和《大中型水轮发电机静止整流励磁系统技术条件》（DL/T 583—2018）中 5.1.8 a）。

空载阶跃扰动性试验时，应主要关注机端电压的动态特性是否符合要求；负载阶跃扰动性试验时，应主要关注有功功率的动态特性是否符合要求。由于《大中型水轮发电机静止整流励磁系统技术条件》（DL/T 583—2018）中未规定负载阶跃扰动性试验，具体实施时可参考《同步发电机励磁系统技术条件》（DL/T 843—2021）要求执行。

条文 11.3.4　励磁系统的 V/Hz 限制环节特性应与发电机或变压器过激磁能力低者相匹配，应在发电机组对应继电保护装置跳闸动作前进行限制。V/Hz 限制环节在发电机空载和负载工况下都应正确工作。

励磁系统中的 V/Hz 限制环节是保证发电机变压器组不发生过励磁或过电压的第一道防线，对于发电机的安全及电网电压的平稳具有重要意义，应充分关注与相关保护的配合关系。

随着特高压直流工程的逐步推进。在直流输电线路出现单极闭锁、双极闭锁故障时，在直流输电线路近端的发电机组会出现较严重的过电压问题。因此，要求 V/Hz 限制在发电机负载情况下也能够发挥作用。

本条文明确规定励磁系统的 V/Hz 限制环节与发电机-变压器组保护的过励磁保护"跳闸"动作配合，不是与"报警"的保护配合。

【案例】 北京地区某电厂 1 号发电机投产初期，励磁系统的 V/Hz 限制环节的定值为发电机额定电压的 1.05 倍，而机组过励磁保护的定值为 1.06 倍。在晚间运行时由于系统无功过剩，经常导致机端电压偏高的情况，出现数次过励磁保护动作跳机的事故。事后对保护装置和励磁调节器的机端电压测量值进行校验发现：保护装置的机端电压测量值比实际值偏高，而励磁调节器的机端测量值比实际值偏低，造成 AVR 的 V/Hz 限制环节未动作而保护先动的情况。最终重新修正保护装置和励磁调节器的机端电压测量值，保证其测量值一致后才解决问题。

条文 11.3.5　励磁系统如设有定子过电压限制环节，应与发电机过电压保护定值相配合，该环节应在机组保护之前动作。

某些励磁系统的自动电压调节器（AVR）中除有 V/Hz 限制环节外还设计了定子过压限制环节，有一定限制作用，但相当数量的 AVR 将其作为保护环节使用，动作后逆变灭磁直接引起发电机跳闸。这里再次提出是要强调“励磁调节装置的内部保护应动作于切至备用。”即 AVR 的定子过电压限制（或保护）环节的定值应低于发电机保护的定值，延时时间也应适当缩短，在保护动作前切至备用。而对于软件控制逻辑不能修改，无法退出逆变灭磁功能的 AVR 装置，应仔细考察限制环节在发电机负载运行时是否有效，并考虑将过电压限制（或保护）的跳闸功能退出。

条文 11.3.6　励磁系统低励限制环节的限制值应根据进相试验结果，并考虑发电机电压影响进行整定，与发电机静态稳定极限和失磁保护相配合，在保护跳闸之前动作。当发电机进相运行受到扰动瞬间进入励磁调节器低励限制环节工作区域时，不允许发电机组进入不稳定工作状态。

励磁系统低励限制（UEL）环节是自动电压调节器（AVR）中重要的限制环节，近年来随着机组容量的增大和电网连接的加强，该环节的作用越发受到重视。与 AVR 中其他环节配合工作时，其性能的优劣直接影响发电机的安全和电网的稳定。

【案例 1】　内蒙古某电厂在励磁设备改造后，由于调试人员不了解励磁调节器内部有功、无功的基准值是发电机视在功率情况下，将低励限制限制点错误整定为有功功率 1.0p.u，无功功率−0.283p.u，造成低励限制曲线处于发电机厂提供的有功功率与无功功率关系曲线之外，严重威胁发电机的运行安全。

在进行低励限制曲线整定时，要掌握励磁调节器内部有功、无功的基准，避免出现低励定值的整定错误。现在大部分励磁调节器的低励限制功能具有机端电压修正功能。其低励限制值一般是在机端电压额定情况下进行整定的。而在实际低励限制动作时，在低励限制整定值基础上还要乘上一个机端电压修正系数。因此，在整定低励限制值时还要考虑机端电压的影响，保证机组实际进相能力满足电网的要求。

在整定低励限制定值时，对于串联结构的 AVR 装置还应考虑合理增益设置。增益过小时，UEL 环节限制发电机进相的限制能力可能不足，但过大的增益又可能引起机组运行的不稳定。

【案例2】 云南某水电厂1号机组采用国内某厂家的励磁设备。机组运行在进相工况下，当低励限制动作后，引起机组的低频振荡。事后对励磁调节器模型结构分析发现：低励限制采用叠加方式介入电压控制主环。由于励磁厂家过于追求低励限制的效果，在低励限制模型中将低励限制的控制参数设置较大。这样虽然能够迅速地将进相无功拉回到限制曲线以内，但其弊端就是对PSS环节的输出影响较大。低励限制的输出过大导致叠加后的幅频相频特性发生变化，按照常规工况整定的电力系统稳定器（PSS）参数不能完全适用，最终造成PSS环节的输出不但不能抑制系统的低频振荡，还会削弱系统的正阻尼甚至产生负阻尼，从而加剧振荡现象的发生。

因此，对于AVR中UEL环节的调整试验管理有三个要点必须引起关注：其一是在计及机端电压的影响情况下，动作定值与机组的保护设备动作定值上的合理配合；其二是充分关注UEL环节介入主环的方式及UEL增益的调整；其三是根据UEL环节和AVR的PID组成结构，认真仔细地调整其控制参数，才能保证发电机的安全和电网的稳定。

条文11.3.7 励磁系统的过励限制（即过励磁电流反时限限制和顶值电流瞬时限制）环节的特性应与发电机转子的过负荷能力相一致，并与发电机保护中转子过负荷保护定值相配合，在保护跳闸之前动作。

励磁系统过励限制（OEL）的主要作用是保证发电机转子不发生危险的过电流情况；同时还应在发电机强励时充分发挥转子的短时过负荷能力，以满足电网电压的支撑要求。

本条文将“强励电流瞬时限制”改为“顶值电流瞬时限制”，与行业内的通常叫法一致。

在安全监督检查中发现相当数量的AVR（主要为国外进口的励磁设备）中的OEL环节的限制特性不满足国家标准的要求。其近似限制特性为

$$(I-1)^2 t=C$$

式中 I——电流；

t——时间；

C——过热系数。

该特性与国家标准相比，突出的问题是AVR的限制曲线与机组保护的动作曲线相交。尤其当满足强励需求时，在1.5倍额定电流下会发生保护先于励磁动作的情况，给发电机的安全运行带来隐患。

该问题主要出现在进口某厂家设备上。几年来经过各方的不断努力，要求制造厂家对其限制特性进行整改，已基本解决。但在某些小品牌制造厂及中间代理商生

产的设备中还存在，建议在设备选型、调试试验及运行中予以关注，及时要求厂家进行整改。

电厂的安全监督检查中还发现相当数量机组的转子过负荷保护用励磁变压器过电流保护代替，有两种情况也会给机组运行带来不安全因素：其一是瞬时过电流定时限保护的定值偏高，远远大于发电机转子短时间过电流能力；其二是相当数量的励磁变压器反时限过电流保护未投入运行（出口软压板未投）。这些情况对于网源协调运行会产生非常不利的影响。

条文 11.3.8　励磁系统如设置有定子电流限制环节，则定子电流限制环节的特性应与发电机定子的过电流能力相一致，并与发电机保护中定子过负荷保护定值相配合，在保护跳闸之前动作。

励磁系统的自动电压调节器（AVR）中有些设计了发电机定子电流限制（SCL）环节，目的是限制发电机定子电流中的无功分量不超过规定值。但是由于在电网中运行的发电机故障的多样性及复杂性，对该限制环节的动作特性有较高的要求且参数不容易控制，因此规定了上述原则性要求。

针对某些励磁调节器未配置定子电流限制环节情况，本条文描述为“如设置有……”，并增加定子电流限制环节与发电机保护中定子过负荷保护配合的要求。

众所周知，发电机定子电流中的有功分量是由原动机（汽轮机或水轮机）及调速系统确定的，无功分量是由励磁系统提供的。因此，在 AVR 中设计定子电流限制（SCL）环节时，合理的控制方式是限制定子电流中的无功分量在数值上不超过规定值，在延时方面则应充分考虑定子绕组的过热承受能力。

分析发电机制造厂提供的定子电流运行 V 形曲线可知，无论发电机运行在迟相工况还是进相工况，定子电流中无功分量均大于零无功运行工况。但是在迟相工况下和进相工况下，无功电流的方向不同，因此合理的 SCL 环节应分别对应不同的无功电流方向进行限制。同时实验室研究表明，对应迟相工况下 SCL 的增益可适当选择大一些，但是对于进相运行工况下 SCL 的增益就应选择小一些，以保证该环节工作时，发电机能平稳运行。

根据近年的研究成果，在同时出现发电机定子过电流和转子过电流情况下，为保护发电机的安全，不宜对于定子过电流限制和转子过电流限制的动作先后作出规定。因此删除“不允许出现定子电流限制环节先于转子过励限制动作从而影响发电机强励能力的情况”的要求。

条文 11.3.9　励磁系统应具有无功调差功能，设置合理的无功调差系数并投入运行。接入同一母线的发电机在并列点处（补偿主变压器电抗压降后）的电压调差特性应基本一致。机端并列的发电机无功调差系数应不小于+5%。

发电机运行时，发出迟相无功的作用是给机组提供同步力矩，为充分调动同一个电厂中各台机组的有功出力，避免在受到电网扰动时出现内部无功环流的不稳定情况，应尽量使各台机组在统一的功率因数下运行。

本条文采用《同步发电机励磁系统技术条件》（DL/T 843—2021）中附录C的要求，明确规定“在接入同一母线的发电机在并列点处（补偿主变压器电抗压降后）的电压调差特性应基本一致”。对于扩大单元机组（机端并列的发电机）的无功调差系数整定，规定应根据DL/T 843—2021附录C要求，保证无功调差系数应不小于+5%。

在设置无功调差系数时还应特别注意以下问题：

（1）机组以发电机/变压器方式接入电网时，应设置为负无功调差系数，以补偿变压器的电抗压降；而通过机端并列方式接入电网的机组应设置为正无功调差系数。

（2）某些国外生产的励磁调节器在无功调差系数设置上与国内习惯相反：当设置为正值时是负无功调差系数；设置为负值时，是正无功调差系数。特别注意不要出现设置极性错误。

（3）采用机端并列方式接入电网的各台机组，在机组并网前应提前设置无功调差系数为合理的正值。如果无功调差系数为零，机端并列的各台机组是无法稳定运行的。在无功调差系数整定投入试验时尤其要注意。

【案例】 云南某水电厂两台发电机采用机端并列方式经同一台主变压器接入电网运行。在基建调试期间，一台机组正常并网运行。当第二台机组并网后，发生一台机组无功快速上升以致超过额定值，而另一台机组无功快速下降至深度进相状态。最终造成一台机组过励磁保护动作跳闸，另一台机组失磁保护动作跳闸。事后对无功调差系数检查发现：两台机组的无功调差系数均设置为零。在单台机组运行时，还能够保持稳定运行。当有多台机组以机端并列方式运行时，有的机组进入过无功状态，有的机组进入深度进相状态。各台机组均无法稳定运行。

总结经验发现，凡是认真执行了“电压调差特性基本一致”整定原则的电厂，在设备运行后都能获得运行稳定的较好效果。研究表明，并非所有的发电机组在投入无功调差环节后都能获得满意的稳定运行效果，特别对于弱联系电网系统更应谨慎。因此本条文要求“设置合理的无功调差系数”。另外，在机组进相运行时，作为补偿主变压器电抗压降的无功调差环节的作用与迟相运行时正好相反，会进一步降低机端电压，使机组稳定运行工况恶化。因此，各台机组的无功调差系数不宜设置过大。

条文 11.3.10 应按照相关标准要求，定期进行励磁系统涉网性能复核性试验，包括励磁调节器参数建模复核性试验和电力系统稳定器（PSS）性能复核性试验，复核周期应不超过5年。

按照《电力系统网源协调技术规范》（DL/T 1870—2018）中6.1.10要求，本条文明确提出“励磁系统涉网性能复核性试验”要求，明确规定复核性试验应包括励磁调节器参数建模复核性试验和电力系统稳定器（PSS）性能复核性试验，且复核周期应不超过5年。

随着电网运行方式的变化（电厂出线变化及近端特高压直流输电线路投运等），机组运行方式的变化（机组增容、供热改造、参与深度调峰等），在电厂投产几年后励磁系统的模型参数、PSS整定参数是否适应电网及机组的运行，存在很大的不确定性。因此参照《电力系统网源协调技术规范》（DL/T 1870—2018）的要求对性能复核性试验提出重点要求。

【案例1】 2021年，内蒙古某电厂采用国外某公司生产的励磁设备。电厂为适应电网要求，对2号机组进行了深度调峰改造。在深度调峰（15%额定功率）工况下，当无功功率进相至−170Mvar的过程中，机端电压、有功功率、励磁电压等电气量逐渐发生振荡，有功功率波动约5MW，励磁电压波动约25V，振荡频率为1.70Hz，退出PSS后振荡平息。通过与电厂及制造厂家确认，该励磁调节器的电力系统稳定器（PSS）内部计算转速电抗参数设置为0p.u.，而其他现场该型号默认定值一般在0.5p.u.左右，确认是在深度调峰且进相工况下该定值适应性不足，造成了PSS负阻尼作用，引发了功率振荡。最终将此电抗参数整定优化为0.55p.u.后，才最终保证了PSS在深度调峰且进相工况下阻尼特性良好，能够有效抑制功率振荡。

【案例2】 2018年，河北某电厂，在燃煤发电机组改造为供热机组过程中，将汽轮机的低压缸转子更换为光轴（拆除低压缸转子的叶片），造成机组的转动惯量发生变化。在进行PSS试验时发现，PSS对功率振荡的抑制效果明显变差。经仔细分析PSS模型参数及实验室仿真确认：加速度功率型的PSS2B类型，机组转动惯量的变化会对PSS抑制有功振荡效果产生显著影响。在机组将低压缸转子改造为光轴后，若PSS参数中的电功率计算补偿因子不做调整，PSS抑制效果会随着转动惯量的变化而迅速减弱。最后与电厂及制造厂协商后，按照《电力系统稳定器整定试验导则》（DL/T 1231—2018）中5.8.5的要求，设置了多组PSS参数来适应发电机不同的运行工况。

条文11.3.11　灭磁开关应结合机组检修，进行断口触头接触电阻、分合闸线圈直流电阻、分合闸动作电压、分合闸时间测试等试验，试验结果应符合厂家规定。

灭磁开关是否正常是励磁系统安全运行的基础条件。现有国家及行业标准未对其提出明确试验要求，也未提出具体的性能指标。根据各单位及现场检修人员的建议，列出现场检修时应进行的主要灭磁开关试验项目，试验结果以制造厂家规定为准。

本条文中灭磁开关试验中分合闸动作电压测试试验，建议按照《同步发电机励磁系统技术条件》（DL/T 843—2021）中6.8.6的要求执行。其余灭磁开关测试试验以厂家规定为准执行。

【案例1】 河北某电厂1号机组灭磁开关在基建调试期间出现有时能够正常合闸、有时无法正常合闸问题。现场检查发现：灭磁开关的合闸线圈直流电阻值与厂家提供的数据偏差较大。经制造厂人员现场确认灭磁开关的合闸线圈内部存在匝间短路故障。更换合闸线圈后方恢复正常。

【案例2】 内蒙古某电厂1号机组采用进口某型灭磁开关。在基建调试期间出现灭磁开关无法正常合闸问题。经制造厂人员现场检查发现：灭磁开关为保护合闸线圈所配置的限流电阻值过大，造成合闸线圈励磁电流过小，无法正常带动灭磁开关机械机构动作到位。经调整限流电阻到合适阻值后，灭磁开关合闸功能恢复正常。

条文11.3.12　灭磁开关应按厂家规定的运行时间或动作次数进行解体检查，检查开关动、静触头接触面是否符合要求，机械部分是否出现磨损、开裂等。发现问题及时予以更换。

针对近几年灭磁开关长期运行中出现的问题，如赛雪龙公司生产的HPB—45型、HPB—60型磁场断路器在长期运行后出现机械磨损、组件开裂等缺陷，明确提出“灭磁开关应按厂家规定的运行时间或动作次数进行解体检查”的要求。

【案例1】 河北某电厂3号机组采用进口某型灭磁开关。在投产7年后，在正常运行中突然出现灭磁开关跳闸而停机。事后检查，励磁设备及保护装置均无报警信号。事后对灭磁开关的机械结构进行解体检查发现：灭磁开关的机械保持机构在长期运行后出现磨损、松动。灭磁开关合闸后，机械保持机构只动作到正常保持位置的1/3。在长期运行中出现灭磁开关偷跳，引起失磁停机。且灭磁开关自设备投产以来，从未进行过解体检查工作，留下了严重的安全隐患。

【案例2】 山西某电厂3号机组在正常运行时，设备巡视人员发现灭磁开关附近的直流母线温度异常，最高温度达到70℃。初步判断为灭磁开关的触头接触不良。申请调度紧急停机后，对灭磁开关进行解体检查发现主触头已经严重烧蚀，动静触头之间的导电接触面只有正常接触面积的1/4不到。查阅检修记录也发现，灭磁开关在历次大修中未按照厂家规定进行解体检查。

条文11.4　励磁系统运行安全的重点要求

励磁系统的核心是励磁调节器，AVR的准确译名是“自动电压调节器”，顾名思义就是自动维持机端电压恒定，AVR在自动方式下功能齐全、运行稳定；同时励磁系统和其他设备的协调主要依靠AVR的定值配合及调整管理，故规定主要是针对 AVR 的运行监视和调整管理。除此以外对励磁系统功率部分的均流、发热监视及防尘控制也是十分重要的。

条文 11.4.1　并网机组励磁系统应在自动方式下运行。如励磁系统故障或进行试验需退出自动方式，必须及时报告调度部门。

本条文要求“如励磁系统故障或进行试验需退出自动方式，必须及时报告调度部门”是为使生产管理部门做好应急措施和技术准备，防止出现电网电压不稳定情况。

【案例】 福建某电厂 4 号机组在进行进相试验时，运行人员操作时误将励磁控制方式由自动切换至手动，试验人员发现后立即要求切换回自动控制方式后继续进行试验。当机组进相至－86MVar 时发生发电机有功、无功发生波动现象，时间持续约 2min 51s。事后对分布式控制系统（DCS）的历史记录发现：励磁控制方式由自动切换至手动后，励磁调节器的电力系统稳定器（PSS）逻辑设计为自动退出。切回自动控制方式后，励磁调节器 PSS 功能未自动投入，从而导致 PSS 功能在进相试验中始终处于退出状态。当机组进相深度接近静稳极限时，发电机组的阻尼持续变弱，从而导致有功功率发生振荡。

条文 11.4.2　励磁调节器的自动通道发生故障时应及时修复并投入运行。严禁发电机在手动励磁调节（含按发电机或交流励磁机的磁场电流或磁场电压闭环调节）下长期运行。在手动励磁调节运行期间，在调节发电机的有功负荷时必须先适当调节发电机的无功负荷，以防止发电机失去静态稳定性。

发电机除尽量避免在手动励磁调节方式运行外，还应在运行中加强自动通道故障时的及时修复管理，并在短期励磁手动运行期间加强发电机无功出力的协调，保证机组稳定运行。当励磁系统由自动方式切至手动运行时，由机端电压闭环控制变为磁场电流或磁场电压闭环控制，即只要调节器判断为正常，只会保持恒定磁场电流或磁场电压输出，无法正常维持发电机机端电压的恒定。在调节有功负荷时，如不适当调节无功负荷，很容易造成机组失去静态稳定性。

【案例】 2016 年，江西某电厂机组进入商业运行不久，运行期间由于运行人员的误操作，把励磁调节器切换到手动通道。几小时后，机组根据调令涨负荷，机组负荷尚未涨至目标值时，突然失磁保护动作跳机，甩约 85％负荷。机组在有功出力增加时，由于励磁调节器处于手动励磁调节方式，无法维持机端电压恒定，从而导致机组涨负荷过程中机端电压逐渐下降，最终发电机失磁保护动作。

某些励磁调节器的手动励磁调节方式采用的是磁场电压闭环控制方式，因此本条文增加了“磁场电压闭环调节”描述。

条文 11.4.3　进相运行的发电机励磁调节器应投入自动方式，低励限制环节必须投入。

除少数励磁调节器手动运行时有相应的无功进相限制功能，大多数 AVR 都将低励限制（UEL）环节设计为配合自动通道运行。因此，UEL 的限制功能的正常投入才可以保证不发生发电机过度进相运行情况。

关于低励限制器的故障及事故举例前面已有详细说明，本条文进一步明确了 UEL 环节与 AVR 自动通道的协调关系。在励磁系统运行管理中除应关注 UEL 环节静态时的动作定值是否满足要求外，还应注意受到动态扰动时发电机运行的稳定性。

条文 11.4.4　励磁系统各限制和保护的定值应在发电机安全运行允许范围内，并在机组 B 级及以上检修时校验。

为保证发电机运行的安全，励磁系统各限制和保护的定值应在制造厂提供的有功功率与无功功率关系曲线限定范围内。图 11-3 对发电机安全运行范围进行说明。

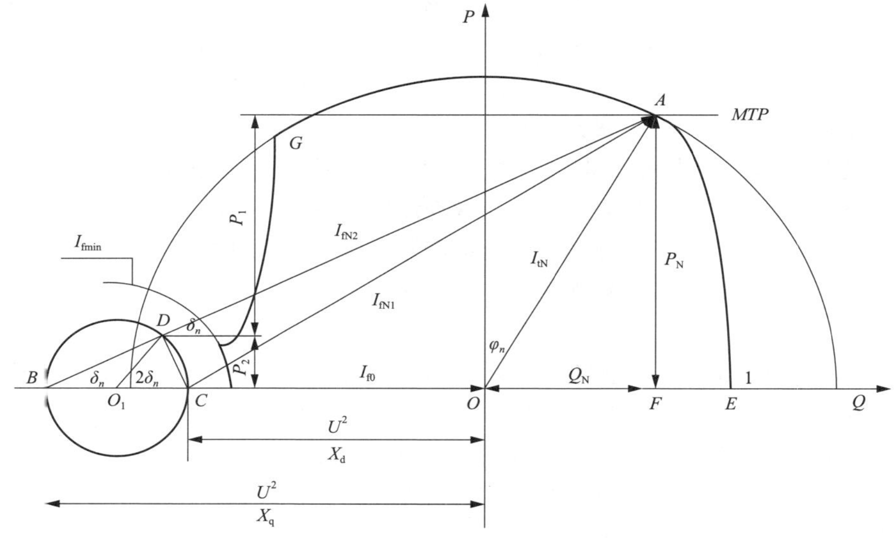

图 11-3　功率平面上，磁场电流与有功功率、无功功率、同步电抗的关系

在图 11-3 中，由粗黑实线围成的面积是同步发电机允许运行的范围。图中 A 点是额定运行点，直线段 MTP 是由原动机确定的有功最大输出限制；曲线段 AG 是由额定定子电流确定的运行范围；曲线 AE 是由同步发电机额定磁场电流确定的运行范围；由 G 点向下的曲线段是由励磁系统中低励限制确定的运行范围。

本条文的具体要求在于：

（1）励磁系统各限制和保护的定值应使发电机在图 11-3 粗黑实线围成的面积中长期可靠运行。

（2）当发电机组受到各种扰动后，经一定的动态过程延时后也应回到该安全区

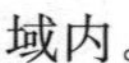

域内。

（3）由于可靠性的要求，应对励磁系统各限制和保护的定值进行定期校验并明确规定“在机组B级及以上检修时”进行。

条文 11.4.5　修改励磁系统参数必须严格履行审批手续，在书面报告技术监督单位和调度有关部门审批并进行相关试验后，方可执行，严禁随意更改励磁系统参数设置。

投入运行的励磁系统参数是经过静态定值校核并通过发电机空载及负载各种工况、各种扰动检验的可靠参数，因此不允许擅自改动。

本条文明确规定励磁系统参数修改的技术管理部门是“技术监督单位和调度有关部门”。

【案例 1】　内蒙古某电厂引入进口设备，外方调试人员在未和中方技术人员沟通，未充分了解程序监控特性的情况下，擅自改变励磁变压器变比，使得监控软件认为励磁系统故障，造成发电机跳闸事故。

【案例 2】　福建某电厂，在将某进口励磁设备改造为国产设备过程中，由于国内调试人员不了解进口设备中无功调差中正、负号的设置原理，原样照抄进口励磁设备的设置值，错误地将发电机/变压器接线方式的无功调差系数设置为正值。整定后又未进行无功调差极性检查。设备改造后的励磁系统参数未书面报告有关部门审核。最终在技术监督部门和调度部门进行励磁系统参数核查时才发现改正，造成发电机调压特性不满足电网运行的要求，严重影响了电网的运行安全。

上述案例表明，对于励磁系统的参数管理必须细化和规范，否则会出现意想不到的结果，给发电机安全稳定运行带来隐患。

条文 11.4.6　利用自动电压控制（AVC）系统对发电机调压时，受控机组励磁系统应投入自动方式。

AVR中除自动及手动运行方式外，许多制造厂还设计了其他控制方式供用户选择，如恒功率因数或恒无功功率控制方式。这些控制方式一般是叠加在AVR电压控制主环的辅助控制，由于程序处理中需要计算功率因数或无功功率，实际造成了控制滞后的局面，等效增加了信号处理时间，在某些情况下会给发电机稳定运行带来不利影响。

一般情况下，大型机组的AVR均应采用自动方式，附加的恒功率因数或恒无功功率控制方式不要求投入。

【案例 1】　山西某水电厂4台机组均采用恒无功功率调节的方式，在AVC的协调下运行。某日电厂方面按调度要求增加机组有功出力。由于AVR未采用恒电压运行方式，随有功增加，机端电压逐步降低恶化了机组运行工况，进一步降低了机组的阻尼，引发了机组对电网系统的大幅度低频振荡。

【案例2】 2006年，国内某大型水电厂500kV母线电压发生513.78～553.36kV之间的大幅振荡，有关单位介入分析原因后发现，是由于AVR采用恒无功Q控制模式且与AVC不协调所致。以后提出的处理措施为：①优化机组监控装置（AVC）无功闭环参数，使其调节速度变慢；②将所有机组AVR的恒无功模式退出运行。

近几年以来的实践和研究表明，属于系统电压控制的AVC必须与AVR协调运行，才能获得良好的效果，其中技术层面的要求主要有：

（1）AVR必须采用恒电压调节方式。

（2）电厂中运行的各发电机组应尽量保持一致的无功电压调差特性，换言之，当各机组外特性不一致时，AVC必须区别对待、细致配置运行参数。

（3）AVC下发的调压指令速率，在满足AVC调节合格率的基础上，应尽可能缓慢，避免对AVR的正常调节产生不利影响。

条文11.4.7 励磁系统设备的日常巡视，检查内容至少包括：励磁调节器各项功能指示正常；励磁变压器各部件温度应在允许范围内；整流柜的均流系数满足相关标准的规定要求，散热风机运行正常，温度无异常，通风孔滤网无堵塞；发电机或励磁机转子电刷磨损情况在允许范围内、滑环火花不影响机组正常运行等。

励磁系统设备在运行中容易发热的部件主要是提供励磁电流的功率部件及与功率部件接口位置等，而部件发热主要对运行寿命产生不利影响。通过加强对这些设备的巡视，也可为设备检修维护提供依据。

【案例】 2013年，内蒙古某电厂6号机组在运行中出现励磁系统可控硅故障击穿造成机组被迫停运事故。现场检查，共有5个可控硅元件击穿损坏。停机后打开柜前面板后发现，整流柜柜顶的滤网已基本堵死，用手电筒几乎完全不透光。损坏的可控硅位于柜子上方的两侧，而风机在柜子下方，此处的可控硅运行温度最高，现场也恰好正是此处的可控硅损坏，因此可以确定可控硅因过热导致击穿。

根据各电厂及现场运行人员提出的意见，增加日常巡视中对“励磁调节器各项功能指示正常”和“整流柜散热风机正常”的要求。

对整流柜的均流系数，由于各标准的要求有所不同。建议火电机组参照《同步发电机励磁系统技术条件》（DL/T 843—2021）中6.4.6执行；水电机组参照《大中型水轮发电机静止整流励磁系统技术条件》（DL/T 583—2018）中5.1.10执行；核电机组参照《核电厂汽轮发电机励磁系统技术要求》（NB/T 25100—2019）中6.4.7执行。

条文11.4.8 励磁系统电源模块应定期检查，且备有经检测功能完好的备件，发现异常时应及时予以更换。励磁调节器所用的电源模块原则上应在运行6年后予以更换。

励磁系统中自动电压调节器（AVR）运行安全与否，电源模块是其中一项重要因素。一般情况下除要求电源模块带负荷能力强、输出电压平稳外，还要求不发生异常。

“发生异常”有两方面含义，一方面可能来自电源输入侧的异常，另一方面可能来自电源模块本身的异常。对于来自电源模块输入的异常，如电源输入切换等，要求在设计和安装初期就应解决，并在检修时予以检查确认。而来自电源模块本身的异常可以依靠加强监视和发现问题及时更换来实现安全性管理。

电源模块定期检查主要项目如下：

（1）稳压电源模块各路电压输出应符合厂家要求，电压输出幅值应与出厂试验、交接试验记录基本相同。

（2）稳压电源输入电源切换应可靠，切换过程应不影响装置的正常工作。

（3）参照《大型发电机励磁系统现场试验导则》（DL/T 1166—2012）中5.1.3.1定期开展检查试验。

【案例1】 云南某水电厂3号机组，施工人员施工过程中误碰导致励磁调节器直流工作电源消失。电源切换装置在切换至交流电源供电时，交流电源空气开关跳闸，励磁调节器交直流两路电源消失，调节器停止工作，脉冲放大板输出脉冲丢失，机组失磁跳闸。

【案例2】 浙江某电厂采用进口的励磁设备，其功率整流柜采用5个整流柜并联运行。整流柜内装设的风机电源切换继电器在长期运行中故障损坏，造成风机电源在切换时不成功，导致整流柜所有的散热风机停运，进而导致励磁系统故障和发电机非停。

【案例3】 内蒙古某电厂采用进口励磁设备。在运行中由于整流柜风机电源切换装置的接触器卡涩，多次出现一路电源故障，风机电源无法正常切换到另一路电源，造成所有整流柜均失去风机散热，严重影响了整流柜的运行安全。

【案例4】 河北某电厂1号机组，采用国产某厂家励磁系统，投产7年后，运行期间励磁调节器多次报各种不同的故障，最终经详细检查才发现稳压电源模块输出的12V、5V电压不稳定，造成励磁装置运行异常。

本条文明确规定电源模块定期检查是日常安全运行的工作；明确规定电源模块的备件应是经过现场检测，功能良好的。

由于近几年电源模块长期运行中出现的问题较多，本条文增加“励磁调节器所用的电源模块原则上应在运行6年后予以更换”要求。理由是：励磁调节器的电源模块，在运行中如果出现问题，在线更换处理时会严重影响励磁系统及机组的运行安全，对于处理故障的检修人员也有重大的人身安全威胁。因此要求在达到一定年限后，及时更换电源模块，避免在线更换电源模块情况的出现。

条文 11.4.9　对于励磁调节器所用的电压互感器和一次熔断器应定期检查，发现异常及时予以更换。

从前面 11.1.2 的多个事故案例中可以看出，引起励磁系统事故跳闸很多是因为励磁用的电压互感器（TV）本身发生故障和一次熔断器在运行中发生熔断所导致的。因此要求在日常工作中加强对电压互感器一次熔断器和电压互感器本身的检查，保证在运行中不出现故障。同时在前面 11.1.2 中也增加了“励磁调节器原则上应具有防止电压互感器（TV）高压侧熔丝熔断引起发电机误强励的措施”要求。

【案例 1】　湖南某电厂 4 号机采用国外励磁设备。2018 年运行期间励磁系统调节器 1 通道发生故障，自动切换至 2 通道运行。电厂考虑机组运行中更换主板风险较大，拟停机再进行更换。半个月后，在运行中由于发电机出口 3TV 的 A 相一次侧熔断器熔断，导致励磁强励动作，主变压器过励磁保护动作跳闸。

【案例 2】　2020 年，北京某电厂 3 号机组采用国外某公司生产的励磁设备。在正常运行中，由于电压互感器 TV 的一次熔断器出现慢熔，导致励磁调节器误增磁，机端电压上升，最终发电机过励磁动作跳机。事故调查中发现，发电机出口 TV 一次断熔器因老化出现慢熔，是本次事故的直接原因。

条文 11.4.10　励磁系统调节器运行 12 年后，应全面检查板件、电子元器件情况，发现异常应及时更换。

由于数字式励磁调节器控制板件采用大量电子元器件，出厂的保证使用寿命一般不超过 12 年。为防止因电子元器件老化造成励磁系统故障，在达到出厂保证使用寿命后，应对励磁系统控制板件进行全面检查，必要时进行部分或整体更换。

【案例 1】　陕西某电厂采用国外某公司生产的励磁设备。在运行 15 年后，励磁系统两块并联运行的灭磁控制板，其中一块灭磁控制板出现故障，造成运行中误发灭磁信号而跳机。由于此国外公司已退出中国市场，电厂在全国范围内只找到一块新的灭磁控制板，在更换后不到一个月时间，另外一块灭磁控制板也出现同样故障，造成机组由于同样原因再次跳闸。

【案例 2】　湖南某电厂 4 号机采用国外励磁设备，于 2005 年采购，2006 年 11 月随机组投产投入运行，至 2018 年发生电压互感器（TV）慢熔导致机组跳闸时已运行 12 年，励磁系统历年运行过程中已经多次出现各种故障，反映出电子元器件已趋于老化，但每次都只是针对故障部件进行处理，没有全面评估该套设备的可靠性。事后在事故分析报告中，提出的整改措施包括加强设备评估的管理，对存在问题的设备及时开展调研工作，并制订更新改造计划，确保现场设备的健康水平等。

励磁设备随着运行时间加长，其整体工作可靠性是逐年下降的。不管日常维护和检修如何到位，到达使用寿命周期后，不可避免地会出现各种各样的故障。随着厂家设备的更新换代，厂家不再对旧型号设备在运行中出现的问题进行改进；旧型号的备品、备件逐步消耗减少；熟悉旧设备的技术服务人员也逐渐流失。因此对于运行年限较长的设备，其整体可靠性已经严重下降，单纯通过加强日常维护和更换部分组件已无法保证设备的稳定可靠运行，应对控制板件进行全面检查，必要时进行部分或整体更换。

励磁调节器板件、元器件主要检查内容如下：

（1）励磁调节器核心控制板未出现过本体的异常故障报警。

（2）开关量板（含中间继电器）能够正确动作返回，且未出现过异常报警。

（3）模拟量（含变送器输出）采样板的准确性、线性度应良好。

（4）对于同步变压器，主要检查二次输出电压应正常，绝缘良好，二次回路接线应牢靠。

（5）其他元器件设备应无明显损坏、放电等痕迹，板件针脚无损坏、氧化，元器件电气参数与出厂参数基本相符。

（6）励磁调节器主要板件、元件宜储备适量备件，以应对紧急事故处理。

条文 11.4.11　励磁系统整流器功率元件运行 15 年后，经评估存在整流异常或无法及时消除的缺陷等运行风险，应及时更换或改造。

励磁系统所用功率元件与直流输电所用功率元件，使用寿命是基本一致的。本条文参考《晶闸管换流阀检修导则》（DL/T 351—2019）规定，重点要求对运行 15 年以上的整流器功率元件特性予以关注，及时发现问题。有条件时，进行整流器功率元件的更换改造。

【案例】 北京某电厂采用国外某公司生产的励磁设备。在设备投产后，由于励磁系统运行环境差，经常出现环境温度过高、滤网积灰严重等问题。虽然检修人员加强了日常维护检修力度，但在运行 5 年后仍多次出现可控硅击穿损坏故障。最终在设备运行 15 年后，由于整流柜内部绝缘材料的绝缘水平下降，引起交流母线短路，多个可控硅击穿，烧毁整个整流柜的重大事故。

对于整流器功率元件主要检查内容包括：

（1）可控硅元件，应主要检查触发、关断功能正常。有条件时，宜测量可控硅元件的维持电流，并与出厂数据比较。

（2）整流柜的电阻/电容吸收元件，应主要检查电阻、电容值符合厂家要求，二次回路连接良好、紧固，绝缘正常。

（3）可控硅的脉冲放大板及脉冲变压器，应主要检查输出脉冲波形和幅值正常，脉冲变压器电气性能良好，绝缘良好。

（4）整流柜的散热风机，应主要检查风机机械运行正常、电源切换功能完好，有条件时记录风机累计运行时间，对达到厂家保证运行时长的风机进行更换。

12

防止大型变压器和互感器损坏事故的重点要求

总体情况说明：

本章引用、遵循的法律法规及标准规范：

《电气装置安装工程　电气设备交接试验标准》（GB 50150—2016）

《水喷雾灭火系统技术规范》（GB 50219—2014）

《电力变压器　第 3 部分：绝缘水平、绝缘试验和外绝缘空气间隙》（GB/T 1094.3—2017）

《电力变压器　第 5 部分：承受短路的能力》（GB/T 1094.5—2008）

《变压器油维护管理导则》（GB/T 14542—2017）

为了加强变压器和互感器的专业管理，完善各项反事故措施，保障电网变压器的安全可靠运行，根据相关技术标准、规范、规定，制订本反事故措施。在 2014 年版《防止电力生产事故的二十五项重点要求》的基础上，结合近年来电力行业新发展、新技术以及典型事故案例，完善各项反事故措施，强化变压器（互感器）专业管理，保障电力生产安全可靠进行。

章节内容编排上，保持《防止电力生产事故的二十五项重点要求（2014 年版）》第 12 章各节划分不变，重点要求基本包括设计、基建、运行三个不同阶段的要求。

条文说明：

条文 12.1　防止变压器出口短路事故

条文 12.1.1　240MVA 及以下容量变压器应选用通过短路承受能力试验验证的相似产品，500kV 变压器或 240MVA 以上容量变压器应优先选用通过短路承受能力试验验证的相似产品。生产厂家应提供同类产品短路承受能力试验报告或短路承受能力计算报告。在变压器设计阶段，应取得所订购变压器的短路承受能力校核报告。220kV 及以上电压等级的变压器还应取得抗震计算报告。

变压器类设备（包括电力变压器、电抗器、互感器等）是电力系统中的重要设备。为了不断提高变压器类设备的健康水平，保证设备安全经济运行，应加强变压器类设备从设备选型、招标、制造、安装、验收到运行的全过程管理。同时在生产技术部门配置变压器专责人，明确其职责，并应使其参与变压器类设备选型、招标、监造、验收等全过程管理工作中，落实好各项反事故措施，从而提高变压器类设备运行管理水平。

对变压器、并联电抗器的选型，要从实际运行出发，按照《电力变压器选用导则》（GB/T 17468—2019），选择合适的类型。如变压器是选择油浸式还是干式、气体绝缘式；是选择有载调压方式还是无励磁调压方式；是选择高阻抗还是选择常规阻抗。采购时，应选用通过国家权威部门的认定、型式试验和鉴定合格在有效期内以及有运行经验的设备，并且还要对制造厂的制造能力、设备质量、设备在电力系统的运行业绩等诸多方面进行考查，以保证质量好的产品进入系统。验收时，应严格按照国家标准、行业标准和合同中规定的技术条件对采购的设备进行验收。

长期以来，由于部分制造厂的设计和制造存在不少问题，导致部分变压器的抗短路能力严重不足，再加上电网发展较快，系统短路容量增大较多，变压器抗短路的问题更加突出。例如部分地区，很多2000年前投运的220kV变压器存在抗短路能力不足的问题。部分变压器据原制造厂验算，只能耐受40%以下规定短路电流的能力。图12-1所示为发生严重变形的变压器内线圈。在对这些抗短路能力不足的变压器进行技术改造的同时，要切实对新变压器抗短路能力进行把关。

图12-1　发生严重变形（失稳）的变压器内线圈

目前，国内已具备开展500kV变压器和240MVA以上容量变压器的短路承受能力试验的能力，很多制造企业已经通过了此试验项目的验证。因此，为了选择更好的变压器设备，提出“优先选用通过短路承受能力试验验证的相似产品”。经统计，变压器的抗短路能力不足，设计存在问题仍占有主导比例，因此，除了加强变压器制造企业的设计水平外，要求第三方对设计进行校核，以保证产品在生产制造前满足抗短路要求。

条文12.1.2　高压厂用变不宜选用有载调压方式，确需采用时，分接开关应选用单相调压开关，且应与绕组就近布置。

发电厂选用的高压厂用变压器联结组别一般为Dy型，其有载开关布置在变压器内一侧，若采用三相有载调压开关时，引线聚集，接线复杂，一旦变压器遭受短路冲击，绕组抗短路能力不足，变压器易发生相间短路故障，安全风险大。

【案例】 2021年某变压器电站高压厂用变压器采用三相有载调压方式，在运行时由于异物搭接导致低压侧对地短路，短路电流产生的电动力致使高压侧调压绕组发生相间短路。该高压厂用变压器与发电机组直接相连，高压侧短路后产生的巨大短路电流使变压器发生爆燃。

高压厂用变压器有载分接开关短路故障中损毁严重损毁照片，如图12-2所示。

图12-2 高压厂用变压器有载分接开关短路故障中损毁严重损毁照片

条文12.1.3 220kV及以下主变压器的6～35kV中（低）压侧引线、户外母线（不含架空母线）及接线端子应绝缘化；500（330）kV变压器35kV套管至母线的引线宜绝缘化；变电站出口2km内的10kV架空线路应采用绝缘导线。

增加了变压器引线、端子绝缘化要求，降低变压器出口短路风险，并充分考虑了不同地区、不同企业对引线绝缘化要求的差异。

【案例1】 某省级电网公司每年由于变电站内低压侧异物搭接导致主变压器短路跳闸故障2～4起，自2017年开展主变压器中低压侧引线、户外母线及接线端子绝缘化工作后，至今未发生类似跳闸故障。

变压器低压侧短路故障大大影响了电力系统的安全稳定运行。在变压器的损坏原因中，大部分是由于变压器35kV和10kV侧异物搭接短路引起大电流冲击造成的，而低压母线和导线绝缘化是降低变压器低压出口短路的主要预防手段之一。

【案例2】 某500kV变电站3号主变压器差动保护动作，主变压器三侧开关跳闸，故障未造成负荷损失。故障原因为主变压器低压侧套管至低压侧开关之间引线未进行绝缘化改造，由于异物搭接发生相间短路。

主变压器低压侧套管至低压侧开关之间引线未进行绝缘化如图12-3所示。

图 12-3 主变压器低压侧套管至低压侧开关之间引线未进行绝缘化

条文 12.1.4 变压器受到近区短路冲击未跳闸时，应立即进行油中溶解气体组分分析，并加强跟踪，同时注意油中溶解气体组分数据的变化趋势，若发现异常，应及时安排停电检查；若通过故障录波或监测装置判断短路电流峰值超过变压器能够承受的短路电流峰值的70%时，应尽早安排停电检查。变压器受到近区短路冲击跳闸后，应开展油中溶解气体组分分析、绕组电阻测量、绕组变形（绕组频率响应、低电压短路阻抗、电容量）及其他诊断性试验，综合判断无异常后方可投入运行。

变压器发生近区短路故障，器身内部损坏概率较高。对于变压器发生近区短路后虽然未跳闸，不能排除变压器内部已经出现异常，因此应开展油中溶解气体组分跟踪，防止内部出现绝缘损坏并进一步发展造成设备损坏事故。若短路电流超过变压器能够承受的短路电流的 70%时 [《电力变压器 第 5 部分：承受短路的能力》(GB/T 1094.5—2008）中规定，变压器短路试验次数不包括小于 70%规定电流进行的预先调整试验，可认为该情况不会使变压器损坏]，其隐患风险较高，建议需要尽早停电开展检查。近区短路是指短路点距离变压器较近，但须考虑线路阻抗因素影响的短路，宜将距离变电站的架空线路 2km、低压侧电缆 3km 内界定为近区短路，有故障录波装置的按变压器能够承受短路电流的 70%作为界定。

【案例 1】 2016 年，某 110kV 变电站 35kV 母线接地动作，线路开关速断跳闸。X 号主变压器差动保护动作，本体轻瓦斯动作，各侧开关跳闸。现场检查线路间隔开关内 A 相电缆击穿，A、B、C 三相电缆接线端子有明显放电点，故障位置在 35kV 母线侧，主变压器差动保护范围内设备未见异常。

对 X 号主变压器进行绕组变形试验，发现高压绕组、中压绕组、低压绕组已严重变形；直流电阻测试时发现，中压绕组已发生严重的匝间或层间短路故障；油色谱分析试验时，发现主变压器本体油中已经出现少量的乙炔气体，表明变压器本体内部已出现放电缺陷。

根据解体后情况综合判断，线路间隔开关内电缆击穿，导致变压器中压侧绕组出口短路。在短路电流冲击下，变压器中压绕组发生匝间或层间短路故障，最终差动保护动作跳闸。

主变压器近区短路后 A、B 相绕组移位、绕组严重变形如图 12-4 所示。

图 12-4　主变压器近区短路后 A、B 相绕组移位、绕组严重变形

【案例 2】　某 500kV 主变压器低压三相短路跳闸后，试验人员对主变压器进行了绝缘电阻、直流电阻、介损及电容量、频响法绕组变形、低电压短路阻抗和油中溶解气体试验，其中直流电阻试验结果显示中压三相不平衡率明显增大，A 相中压直流电阻较初值明显变小，可能存在匝间短路情况，现场试验人员经过综合判断后，开展了长时感应耐压带局部放电测量试验进一步诊断，结果显示存在局部放电异常信号，成功避免了变压器再次投运引起的故障。

条文 12.2　防止变压器绝缘事故

条文 12.2.1　工厂试验时应将实际供货的套管安装在变压器上进行试验；所有附件在出厂时均应按实际使用方式经过整体预装。

套管是变压器上承受高电压的组部件，有些制造厂在工厂试验时采用专用的试验套管，导致订货套管在试验中考核不到，如有问题难以发现。因此，强调将供货套管安装在变压器上进行试验，既考核了套管本身的质量，又考核了套管与变压器的安装配合（电气和机械两个方面的配合），具有重要意义。

考虑特高压工程较为特殊，套管供货周期长且工程建设周期要求高，需要根据工程实际建设情况进行要求，对于工厂试验时使用的套管不做强制规定。

【案例】　某变压器厂生产的 6 台同批次 500kV 主变压器，有 4 台出厂局部放电试验不合格。经检查分析，其中两台是由于高压套管存在质量问题导致局部放电量超标。一台是由于静电环引出线装配操作不当，造成折弯处局部凸起，形成尖角，雷电冲击试验时因局部场强集中而导致局部放电量超标。一台由于变压器静放时间不足导致局部放电试验不合格。对 4 台主变压器重新处理后试验均合格，现场运行正常。

条文 12.2.2　出厂局部放电试验测量电压为 $1.58U_r/\sqrt{3}$ 时，110（66）kV 电压等级变压器高压端的视在放电量不大于 100pC；220～500kV 电压等级变压器高、

中压端的视在放电量不大于100pC；750～1000kV电压等级变压器高压端的视在放电量不大于100pC，中压端的视在放电量不大于200pC，低压端的视在放电量不大于300pC。强迫油循环变压器出厂试验时还应在潜油泵全部开启时（除备用潜油泵）进行局部放电试验，试验电压为 $1.58U_r/\sqrt{3}$，局部放电量应小于以上的规定值。500kV及以上并联电抗器在进行出厂温升试验时，应进行局部放电监测。

局部放电虽是一种非贯穿电极的放电，但对变压器内部的油纸绝缘危害很大，因此不允许绝缘存在局部放电，也就是说，变压器应该是无局部放电的。不仅要求测试220kV及以上变压器的局部放电量，而且还要求测试110kV变压器的局部放电量。

由于变压器在制造过程中的种种不良因素，有时在接地部位（如铁心或夹件）还会存在低强度的局部放电，这些局部放电通常不会给变压器的安全运行带来直接危害，但在局部放电测试中有时难于区别。另外，在变压器局部放电的测试中，往往不能完全消除或识别来自周围环境的各种干扰。

目前，我国变压器制造厂的设计制造水平、组部件和材料的性能都有一定的提高，因此国内正规制造厂的制造工艺完全可以满足放电量不大于100pC的要求，而且严格试验标准也利于提高变压器制造质量。国内开展局部放电试验检验多年，发现质量问题的事例并不罕见。

增加了开启潜油泵时的试验电压，试验电压依照《电力变压器　第3部分：绝缘水平、绝缘试验和外绝缘空气间隙》（GB/T 1094.3—2017）规定。并联电抗器在温升试验时不仅有电压也有电流，进行局部放电监测可以发现潜在隐患。

【案例1】 某变电站主变压器，出厂试验调压绕组在感应耐压时击穿，更换绕组后局部放电试验又通不过，最后交货期延误9个月，给基建、生产带来了很大不便。

【案例2】 某地区曾向某变压器厂订购9台主变压器，其中有7台因局部放电不合格而迟迟出不了厂，给用户造成巨大的经济损失。

严格遵守变压器局部放电出厂试验要求，能够及时发现变压器在制造过程中的缺陷，虽然延误了交货期，但能在制造厂里消除事故隐患，保障设备的安全运行。因此，有必要予以强调，并提高试验标准。

条文12.2.3　生产厂家首次设计、新型号或有运行特殊要求的220kV及以上电压等级变压器在首批次生产系列中应进行例行试验、型式试验和特殊试验（承受短路能力的试验视实际情况而定）。

条文12.2.4　500kV及以上并联电抗器的中性点电抗器出厂试验应进行感应耐压试验（IVW）。

以往由于试验能力不足，感应耐压试验由雷电冲击试验代替，目前制造厂已具备相关试验能力。《电力变压器　第3部分：绝缘水平、绝缘试验和外绝缘空气间隙》（GB/T 1094.3—2017）中已删除短时感应耐压试验（ACSD），且不区分长时、短时感应电压。本试验主要考核电抗器绕组的匝间绝缘状态。

条文 12.2.5　充气运输及现场保存的变压器应监视气体压力，压力低于 0.01MPa 时要补干燥气体。现场充气保存时间不应超过 3 个月，否则应注油保存，并装上储油柜。

在气体压力表与油箱联通管阀门打开的情况下测量变压器箱体内的气体压力，当气压低于 0.01MPa 时，潮气、水分进入变压器内部的概率将增大，对变压器的绝缘可能造成不利影响，因此，应按制造厂要求或运行经验及时补气，并重视变压器运行及放置过程中的密封问题。

条文 12.2.6　强迫油循环变压器安装结束后，应按顺序开启全部油泵进行油循环，并经充分静放、排气后方可进行交接试验。

强迫油循环变压器油泵不启动条件下，冷却器中气体不易自然排出，因此要启动油泵、多次排气，并充分静放才可进行试验。并且要求按顺序开启全部油泵，以避免备用冷却器排气不到位。

【案例 1】 某 220kV 变电站新安装 2 号主变压器重瓦斯保护动作，各侧断路器跳闸。油中溶解气体乙炔为 149μL/L，总烃为 286μL/L，返厂解体检查发现 C 相高压绕组下部第 3 段附近发生匝间短路现象，投运前各项试验均合格。经调查，该变压器为抢工期，安装附件后未进行充分油循环，高压试验合格后，变压器投入运行。分析原因为变压器带电后，冷却装置启动，冷却器中残留的气体进入绕组，在下部 2～3 段（第一级油道）产生悬浮电位，造成匝间短路故障。

【案例 2】 某 220kV 变电站主变压器在停电例行试验时发现高压套管严重缺陷，随后进行了套管更换，由于现场工期紧张，在排油更换完套管后，未进行油循环和充分静放、排气，随后进行了常规试验和局部放电试验，其中局部放电量超过标准要求，图谱分析显示存在明显的气隙放电。

条文 12.2.7　110（66）kV 及以上电压等级的变压器在新安装时应进行现场局部放电试验；对 110（66）kV 电压等级变压器在新安装时应抽样进行额定电压下空载损耗试验和负载损耗试验；如有条件时，500kV 并联电抗器在新安装时可进行现场局部放电试验。现场局部放电试验验收，应在所有额定运行油泵（如有）启动下，110（66）kV 电压等级变压器高压端的局部放电量不大于 100pC；220～500kV 电压等级变压器高、中压端的局部放电量不大于 100pC；750～1000kV 电压等级变压器高压端的局部放电量不大于 100pC，中压端的局部放电量不大于 200pC，低压端的局部放电量不大于 300pC。

新安装变压器的现场局部放电试验对检验变压器经过运输和安装后的质量，有重要意义。实践表明，凡是现场局部放电试验结果合格的变压器，运行的安全可靠性也较高。500kV 并联电抗器在新安装时，如果具备现场局部放电试验的条件，可进行试验。

大型变压器的空载损耗和负载损耗是反映其用料和工艺品质的重要参数，个别厂家偷工减料，用户承担了这种变压器长期运行的能耗和寿命损失。因此对 110（66）kV 变压器，新增额定电压下的空载损耗试验和负载损耗试验要求。

【案例】 2010 年，某站 220kV 站 3 号主变压器，在新购产品交接试验时，查出存在空载损耗偏大超出规定值问题。按照协议进行相应处理之后，2011 年期间，该地区未出现空载损耗不符合协议要求的问题。

条文 12.2.8　变压器在交接或者大修后可采取单相加压方式进行局部放电测量，有条件时，可采取三相加压测量。

《电力变压器　第 3 部分：绝缘水平、绝缘试验和外绝缘空气间隙》（GB/T 1094.3—2017）中规定了变压器三相加压方式开展局部放电试验，但由于受到现场试验检修电源等条件限制，现场通常不具备开展三相加压局部放电试验的条件，因此不宜强制施行。

条文 12.2.9　110（66）kV 及以上电压等级变压器、50MW 及以上机组配置的高压厂用变压器在出厂和投产前，应用频响法和低电压短路阻抗法测试绕组变形，并留原始记录。

频响法和低电压短路阻抗法都有很多成功的经验。因此频响法和低电压短路阻抗测试都被规定为必须进行的项目，两者应同时开展，以分析得到更为准确的诊断结果。

【案例 1】 采用两种绕组变形测试方法发现典型线圈变形。

对某 110kV 双绕组变压器进行了两种变型试验测试，频响曲线可见高、低压绕阻都有明显变形，高压绕阻相关系数：R_{AB}＝1.0、R_{BC}＝0.8、R_{CA}＝0.7；低压绕阻相关系数：R_{ab}＝1.5、R_{bc}＝1.1、R_{ca}＝1.0。电抗法的测量数据结果为相间不超过 2%，最大为 1.66%，最小为 0.2%。解体检查发现 A、B 两相有局部变形，上部 5 饼线圈受力呈波浪状，线圈上部因轴向力作用致上压板断裂，压钉弯曲变形。其中 B 相铁心柱超出上铁轭近 1cm，是一例典型的线圈严重变形。

【案例 2】 某 220kV 变压器在突发短路试验前后进行了低电压短路阻抗测试和频响法绕组变形测试。从表 12-1 可以看到，高压—低压的电抗最大变化为 1.21%，高压-中压的电抗最大变化为 3.3%，均发生一定变化，但根据《电力变压器绕组变形的电抗法检测判断导则》（DL/T 1093—2018）中的规定，高压-低压电抗未超注意值，高压-中压电抗超过注意值。从表 12-2 可以看到，短路前后的频响法绕组变形结果也有一定变化，但根据《电力变压器绕组变形的频率响应分析法》（DL/T 911—2016）中的规定，并不能判断为绕组变形。然而，解体后发现，高压绕阻完好，中压绕阻发生了明显的凹陷，低压绕阻发生明显的扭曲，如图 12-5 所示。

表 12-1　　突发短路试验前后的低电压短路阻抗试验结果　　%

测试对象	高压-低压			高压-中压		
	A相	B相	C相	A相	B相	C相
突发短路前	94.33	94.11	94.25	52.18	52.18	—
突发短路后	94.59	95.25	94.94	52.06	53.90	—
低电压短路阻抗变化	0.28	1.21	0.73	−0.23	3.30	—

表 12-2　　突发短路试验前后的频响法绕阻变形试验结果

判据对比相	相间差值（短路前/短路后）	相间相关系数（短路前/短路后）		
		低频	中频	高频
OA与OB	0.48/0.65	2.40/1.92	3.56/2.50	1.22/0.30
OB与OC	0.70/0.67	2.10/2.12	3.12/3.14	0.73/0.91
OC与OA	0.49/0.91	2.55/2.31	3.12/2.37	0.53/0.36
OmAm与OmBm	0.84/1.41	2.16/1.55	2.09/1.61	0.84/0.89
OmBm与OmCm	0.63/1.60	2.13/1.73	2.30/1.66	1.06/0.35
OmCm与OmAm	0.73/2.00	3.58/2.72	2.20/1.38	1.18/0.24
ab与bc	0.48/1.77	2.51/2.14	2.50/1.38	1.98/1.64
bc与ca	0.69/1.61	3.36/2.93	2.14/1.42	1.94/1.72
ca与ab	0.64/1.44	2.67/2.15	2.22/1.56	1.74/1.60

(a) 高压绕组

(b) 中压绕组

(c) 低压绕组

图 12-5　某 220kV 变压器解体后各绕组图片

以上两个实例说明，低电压短路阻抗测试和频响法绕组变形测试均具有一定的有效性，同时也有局限性，因此两者应同时开展，综合判断。

条文 12.2.10　高压厂用变压器宜在交接和大修后开展带有局部放电测量的感应电压试验（IVPD）。

对于有载调压方式的高压厂用变压器，其内部有 3 个调压开关，且为高压线端调压，引出线较多，宜在现场对其进行绝缘和局部放电的考核试验，确保内部绝缘状态正常。试验标准参照高压厂用变压器出厂试验方案执行，通常交接试验局部放电量控制在100pC以内，大修后控制在300pC以内。

条文12.2.11　加强变压器运行巡视，应特别注意变压器冷却器潜油泵负压区出现的渗漏油，如果出现渗漏应切换停运冷却器组，进行渗漏油处理。

变压器冷却器油泵的入口属于负压区，该负压区包括油泵窥视孔、入口管路及法兰、冷却器和油箱顶部等部位。这些部位在油泵不运行时有渗漏油，在油泵运行时可能吸入空气或水分，危害变压器的绝缘。特别要注意油箱顶部的渗漏油现象，该部位处于变压器储油柜正压和油泵运行时负压的联合作用，如遇突然下雨等降温作用，容易吸入水分。

《油浸式电力变压器技术参数和要求》（GB/T 6451）、《220kV～750kV油浸式电力变压器使用技术条件》（DL/T 272）中规定新装变压器不允许出现负压，对已运行的变压器，一旦出现负压，应进行改造。负压的检查方法可参照GB/T 6451。此外，变压器冷却器油泵负压区渗漏严重时，还会吸入大量空气，导致气体继电器轻瓦斯频繁动作。

【案例1】　一台240MVA、220kV强油循环变压器油箱顶部的联管有几处渗漏油，预防性试验的绕组介质损耗因数已达2.1%。在变压器吊罩大修时经常发现油箱底部有水锈痕迹，大多是从油箱顶部漏入的。

【案例2】　一台120MVA、220kV强油循环变压器轻瓦斯频繁动作，24h排出气体超过20000mL，油和瓦斯气的色谱分析无明显异常，仅氢气的组分稍增。经反复查找发现是油泵窥视孔渗漏，对油泵密封进行处理后，变压器经排油和重新真空注油，才解决了轻瓦斯频繁动作的问题。由于处理较及时，未使大量空气进入绝缘导致局部放电持续发展，变压器未发生绝缘故障。

条文12.2.12　对运行10年以上且负载率长期运行在90%以上的变压器，应进行一次油中糠醛含量测试。不同油基、牌号、添加剂类型的油原则上不宜混合使用；如必须混合使用时，参与混合的新油（或运行中油）应符合各自的质量标准，且应预先进行相关试验。

负载率低于90%的变压器，绝缘油及绝缘材料一般不会出现严重老化现象。而对于某些变压器（如部分发电厂主变压器），由于长期（平均每年6个月及以上）运行在高负载率（负载率90%及以上）的条件下，非常有必要进行糠醛试验的检测；变压器原则上不宜过负载运行。对于进行过滤油处理的变压器，糠醛检测没有实际意义。不同油基、牌号、添加剂类型的油混合后产生反应危害较大，原则上不宜混合使用。如确需混合，参与混合的新油（或运行中油）应符合各自的质量标准。新油混合应按混合油的实测倾点决定是否适于该地区使用。混合油应按照《变压器油维护管理导则》（GB/T 14542—2017）规定预先进行相关试验。

条文 12.2.13　220kV 及以上电压等级变压器拆装套管需内部接线或进入后，应进行现场局部放电试验。

明确大修后现场局部放电试验是否开展：拆装套管或进人后，都应通过局部放电试验检验，以保证变压器中无损伤、遗留杂质或物品。如果拆装套管仅放掉部分油，也不需要在油箱里面进行接线等工作，可视情况自行规定是否开展局部放电试验。如果吊罩大修或进人后，必须开展局部放电试验。

条文 12.2.14　积极开展红外检测，新建、改（扩）建或大修后的变压器（电抗器），应在投运带负荷后不超过 1 个月（但至少在 24h 以后）进行一次精确检测。220kV 及以上电压等级的变压器（电抗器）每年在夏季前后应至少各进行一次精确检测。在高温大负荷运行期间，对 220kV 及以上电压等级变压器（电抗器）应增加红外检测次数。精确检测的测量数据和图像应制作报告存档保存。

目前，红外成像技术在电力系统中的运用已非常广泛，具有不停电、不取样、不接触、直观、准确、灵敏度高及应用范围广等优点，应在新投运后、大修后、大负荷时安排红外成像测温，运行期间每年应进行两次红外成像检测。红外成像测温不能局限于套管接头，对套管、油泵、风机、油箱、循环油的进出口温差也应纳入红外成像测温范围。红外成像测温记录要完整，包括环境温度、当时负荷、测点温度等。

红外检测可快速查出变压器各种缺陷，如直流电阻超标、套管缺油、套管介损超标、储油柜缺油或过满、油箱本体发热等，尤其是因绝缘劣化、受潮等引起的电压致热型缺陷，往往表现的温度变化仅有 1～3K，在运行中依靠其他手段难以发现，长期运行可能导致设备故障或事故，而正确地开展红外精确测温可以及时发现这种温度变化，从而采取处理措施。因此对红外检测提出了具体的要求，尤其强调红外精确检测。另外，红外检测还可以进行油位的校核和冷却器效率的检查。《带电设备红外诊断应用规范》（DL/T 664—2016）变压器油维护管理导则中给出了变压器类设备缺陷典型红外热成像图，如图 12-6～图 12-8 所示。

图 12-6　变压器漏磁环流引起箱体局部异常发热

图 12-7　变压器漏磁通引起的螺栓发热

图 12-8 500kV 主变压器本体三相温度分布不一致（B 相强油循环没打开）

条文 12.3 防止变压器保护事故

条文 12.3.1 气体继电器、油流速动继电器、压力释放阀在新安装和变压器大修时应进行校验，并检查相关的二次接线盒、端子箱防水及密封情况，防止二次回路受潮短路。

新安装的气体继电器、油流速动继电器、压力释放阀等非电量保护装置必须经运行部门校验合格后方可使用。运行中应结合检修（压力释放装置应结合大修）进行校验。为减少变压器的停电检修时间，压力释放装置、气体继电器宜备有经校验合格的备品。压力释放阀运行超过 15 年宜更换。气体继电器中的干簧管和浮球真空耐受能力低，在高真空下会损坏，因此气体继电器应在真空注油完毕后再安装，不能带着气体继电器进行真空注油，以防真空注油过程中气体继电器损坏。

在对变压器非电量保护装置进行校验过程中发现，不少产品质量存在问题，因此，必须加强对非电量保护装置的校验工作，同时要准备备品，发现不合格及时更换，以免影响停电时间。应加强相关的二次接线盒、端子箱防水及密封情况检查，防止二次回路受潮短路。

【案例】 某 500kV 变压器变电站，X 号主变压器重瓦斯保护动作，各侧断路器跳闸。现场对一次设备外观进行检查，未见异常现象。主变压器本体瓦斯继电器内无气体，压力释放阀未动作。对主变压器本体端子箱至汇控箱电缆进行检查，发现汇控箱内主变压器本体端子箱至汇控箱电缆烧损。导致跳闸的主要原因为设备基建过程中使用二次电缆质量不良，设备运行中二次电缆绝缘降低，导致主变压器本体重瓦斯回路搭接导通，重瓦斯保护动作。汇控箱内受损线缆情况如图 12-9 所示。

图 12-9　汇控箱内受损线缆情况

条文 12.4　防止分接开关事故

条文 12.4.1　油浸式真空有载分接开关轻瓦斯报警后应暂停调压操作，并对气体和绝缘油进行色谱分析，根据分析结果确定恢复调压操作或进行检修。

真空有载分接开关调压过程中如果发生轻瓦斯报警，可能为真空泡破裂等原因引起，应对气体和绝缘油进行色谱分析，避免造成事故扩大。

条文 12.4.2　无励磁分接开关在改变分接位置后，必须测量使用分接的直流电阻和变比。

长期使用的无励磁分接开关，即使运行不要求改变分接位置，也应结合变压器停电，每 1～2 年主动转动分接开关，防止运行触点接触状态的劣化。安装和检修时应检查无励磁分接开关的弹簧状况、触头表面镀层及接触情况、分接引线是否断裂及紧固件是否松动。为防止拨叉产生悬浮电位放电，应采取等电位连接措施。

检修后应测量全程的直流电阻和变比，合格后方可投运。测量直流电阻是为了检查触头接触情况，测量变比是为了防止分接切换错误。

条文 12.5　防止变压器套管事故

条文 12.5.1　如套管的伞裙间距低于规定标准，应采取加硅橡胶伞裙套等措施。在严重污秽地区运行的变压器，宜采取在瓷套涂防污闪涂料等措施。

条文 12.5.2　处于 8 度及以上地震烈度区域的 110kV 及以上变压器和 500kV 及以上高压并联电抗器高压侧套管不应选用卡装式瓷绝缘套管，宜选用通过抗震试验的无机粘接的胶装式瓷绝缘套管（耐受地震波水平峰值加速度不低于主变压器所处地震烈度区域的水平最大峰值加速度）。

对高地震烈度地区的变压器及高抗套管的选用提出建议，宜选用通过抗震试验的无机粘接的胶装式瓷绝缘套管，以提升处于高地震烈度地区的变压器及高抗套管抗震性能。

条文 12.5.3　油纸电容套管在最低环境温度下不应出现负压，制造厂应明确规定套管可取绝缘油总量。

套管制造过程中，如果常温下破真空后密封会造成低温负压现象，一旦密封失效，外部气体和水分会进入套管引起受潮，因此应在套管设计和制造的源头上杜绝负压现象。另外，运维过程中取油样过多也会造成负压。套管属于少油设备，如果取油量过多，造成套管油位过低，也无法保证安全运行。

三相套管油位升降应基本一致，若套管油位有异常变动，应结合红外测温、渗油等情况判断套管是内漏或外漏，并进行补油。对渗漏油的套管应及时进行处理。在正常运行维护时，要着重防止套管内部受潮和绝缘事故的发生。

【案例】 某 500kV 套管油位计已看不见油位，通过红外成像检查确认油位异常下降。在一段时间的跟踪检测中发现，套管油位随气温上升而下降，随气温下降而升高。该变压器储油柜的油位远低于套管的正常油位，当套管油漏入变压器本体后，套管底部的良好密封，使套管内部形成一定的真空，套管油位可稳定在高于变压器储油柜油位的位置。气温上升，套管内部气体膨胀，真空度下降，套管油位进一步下降，与储油柜油位形成一个新的平衡关系；气温下降，套管内部气体收缩，真空度上升，套管油位上升。这只套管从变压器中吊出后发现，下瓷套底部的金属法兰破裂，套管“内漏”，证实了上述油位变化的原因。

条文 12.5.4　运行中变压器套管油位视窗无法看清时，继续运行过程中应按周期结合红外成像技术掌握套管内部油位变化情况，防止套管事故发生。

条文 12.6　防止冷却系统事故

条文 12.6.1　强油循环结构的潜油泵启动应逐台启用，延时间隔应在 30s 以上，以防止气体继电器误动。

强油循环结构，尤其是片式散热器的强油循环结构的潜油泵启动应逐台启用，自动控制的延时间隔应在 30s 以上，避免多台潜油泵同时投运，油流速度和油箱压力突变，造成重瓦斯保护动作。

条文 12.6.2　对目前正在使用的单铜管水冷却变压器，应始终保持油压大于水压，并加强运行维护工作，同时应采取有效的运行监视方法，及时发现冷却系统泄漏故障。

对目前正在正常使用的单铜管水冷却的变压器，应始终要保持油压大于水压，并加强运行维护，定期检查出水有无油花（每台冷却器应装有监测出水中有无油花的放水阀门）。

条文 12.6.3　强迫油循环变压器内部故障跳闸后，潜油泵应同时退出运行。

强迫油循环变压器内部故障跳闸后，潜油泵应同时退出运行。防止潜油泵继续运行造成污染物大面积扩散，绕组被污染，影响变压器未受损绕组的再利用，且不利于内部故障分析判断。

条文 12.7　防止变压器火灾事故

条文 12.7.1　排油注氮灭火装置应满足：

条文（1）对于重锤结构，采用电磁铁驱动脱扣结构的，排油及注氮阀动作线圈功率应大于 DC 220V×1.5A；采用电磁铁直接支撑结构的，排油及注氮阀动作线圈功率应大于 DC 220V×3A；

条文（2）对于采用其他结构的注氮阀，注氮阀动作线圈功率应大于 DC 220V×1.5A；

条文（3）注氮阀与排油阀间应设有机械连锁阀门；

条文（4）动作逻辑关系应满足本体重瓦斯保护、主变压器断路器开关跳闸、油箱超压开关（火灾探测器）同时动作时才能启动排油充氮保护。

大型变压器排油注氮消防系统的启动方式：非电量保护信号重瓦斯保护、油箱超压开关（火灾探测器）与断路器跳闸信号“与”逻辑后，启动消防灭火装置动作，起到防爆、防火作用。误动率降低，动作可靠性大幅提高。

对于重锤结构，采用电磁铁驱动脱扣结构的，排油及注氮阀动作线圈功率应大于 DC 220V×1.5A；采用电磁铁直接支撑结构的，排油及注氮阀动作线圈功率应大于 DC 220V×3A。对于采用其他结构的注氮阀，注氮阀动作线圈功率应大于 DC 220V×1.5A。

条文 12.7.2　当采用水喷雾灭火系统时，应满足以下要求：

条文（1）水喷雾控制回路继电器动作功率应大于 8W。

条文（2）动作逻辑关系应满足变压器火灾探测器与变压器断路器开关跳闸同时动作。

条文 12.7.3　变压器固定灭火装置进行远方或就地手动操作时，应能够实现一键启动，不应串入气体继电器、压力释放阀及各侧断路器的触点。

串联在手动操作回路的触点，如断路器拒动、重瓦斯或压力释放阀未动作造成触点不闭合，而变压器已经着火，手动将再也无法完成启动。

条文 12.7.4　励磁变压器上方不宜布置水管道，若无法避免应采取防水隔离措施。

励磁变压器上方不宜布置水管道，若无法避免应采取防水隔离措施，防止管道破损泄漏导致变压器出现严重短路故障等问题。

条文 12.7.5　当采用泡沫灭火系统时，宜采用泵组式泡沫喷雾灭火系统，具备先期采用泡沫快速灭火、后期采用水喷雾持续降温的功能。

根据近年来变压器（换流变）火灾事故分析及国家电网有限公司大量试验论证，采用本条款用以解决变压器火灾复燃的问题。

条文 12.7.6　应结合例行试验检修，定期对灭火装置进行维护和检查，以防止误动和拒动。

【案例】 某 1000kV 变电站，X 号主变压器正常运行过程中，A 相消防控制系统未启动，水喷淋系统在未接收到启动信号的情况下喷出水雾（实际无火情），十几秒后引起主变压器差动保护跳闸。

故障分析过程中发现雨淋阀间内空气开关跳闸导致电暖器失电，室内温度骤降。雨淋阀间内雨淋阀橡胶隔膜密封件在低温结冰情况下发生不同程度形变，阀门密封失效。电暖器恢复供电后，室温逐渐升高，X 号主变压器 A 相雨淋阀管道内冰块融化，经消防管道和喷头喷出，导致 X 号主变压器 A 相中压套管在运行过程中对散热器（地电位）放电。主变压器运行中水喷淋系统启动如图 12-10 所示，雨淋阀存在结冰现象如图 12-11 所示。

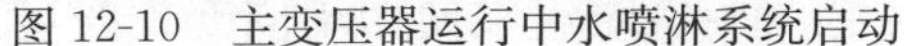

图 12-10　主变压器运行中水喷淋系统启动

图 12-11　雨淋阀存在结冰现象

条文 12.7.7　现场进行变压器干燥时，应做好防火措施，防止加热系统故障或线圈过热烧损。

条文 12.7.8　应定期对变压器固定灭火系统进行维护保养，并结合变压器停电检修工作进行灭火系统功能测试，防止误动和拒动。维护保养检测人员应具备相应等级消防设施操作员（消防设施检测维护保养职业方向）资格和高压电工从业资格。

对变压器固定灭火系统维护保养检测人员增加了高压电工资格要求，以确保电力场所作业安全。

条文 12.8　防止互感器事故

条文 12.8.1　防止各类油浸式互感器事故

条文 12.8.1.1　新采购的电容式电压互感器电磁单元油箱工艺孔应高出油箱上平面 10mm 以上，且密封可靠。

新采购的电容式电压互感器的油箱工艺孔应高出油箱上平面，避免因密封老化导致油箱内部进水。

【案例】 某电容式电压互感器电磁单元油箱上排气孔与油箱表面高度相同（如图 12-12 所示），电磁单元上部积水，密封垫老化失效（如图 12-13 所示），导致油箱进水。

图 12-12　排气孔与油箱上表面高度相同

图 12-13　密封垫老化失效

条文 12.8.1.2　所选用电流互感器的动、热稳定性能应满足安装地点系统短路容量的远期要求，一次绕组串联时也应满足安装地点系统短路容量的要求。

工程设计时应按照远期短路容量进行设备选型，避免互感器投运较短时间内出现短路容量不足的问题。电流互感器一次绕组在使用不同变比时可采用并联和串联的方式。在一次绕组使用串联方式时，动热稳定性能也应该满足短路容量的要求。

条文 12.8.1.3　电容式电压互感器的中间变压器高压侧不应装设金属氧化物避雷器（MOA）。

正确方法：采用阻尼回路在源头上防止谐振过电压的产生，而不是采用加装 MOA 的方式限制过电压。

【案例】 某 500kV 变电站，某线路 B 相电容式电压互感器，型号：TYD3500/$\sqrt{3}$，2006 年 8 月 23 日，发现电容式电压互感器的二次侧无电压信号，后经检查一次末端对地绝缘电阻为零，解体检查发现是电容式电压互感器电磁单元装设的氧化锌避雷器损坏而导致。据统计同厂家同型号设备已多次出现过失压现象。

条文 12.8.1.4　110(66)～750kV 油浸式电流互感器在出厂试验时，局部放电试验的测量时间延长到 5min。

条文 12.8.1.5　电容式电压互感器宜选用速饱和电抗器型阻尼器，并应在出厂时进行 0.8U_n、1.0U_n、1.2U_n 及 1.5U_n 的铁磁谐振试验（注：U_n 指额定一次相

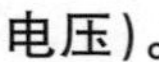

电压)。

速饱和电抗器型阻尼器性能优良，但不宜作为强制规定。电容式电压互感器宜选用速饱和电抗器型阻尼器，并应在出厂时进行 0.8Un、1.0Un、1.2Un 及 1.5Un 的铁磁谐振试验。

条文 12.8.1.6　电流互感器的一次端子所受的机械力不应超过规定的允许值。互感器的二次引线端子和末屏引出线端子应有防转动措施。

对一次端子所受的机械力提出要求，为了防止拆卸互感器一次端子时，导致引线端子损坏，造成引线连接不良，引发过热故障。为防止二次端子和末屏引出线端子因转动导致内部引线受损或断裂提出了应有防转动措施。

【案例】 某变电站母线 220kV 电流互感器进行检修后，投运时发生零序保护动作，造成严重后果。经检查发现是由于互感器检修工作时二次端子内部引线断裂引发事故。

条文 12.8.1.7　110(66)kV 及以上电压等级的油浸式电流互感器，应逐台进行交流耐受电压试验，交流耐压试验前后应进行油中溶解气体分析。

为保证交流耐压过程中电流互感器无损坏，要求试验前后进行油中溶解气体分析。

条文 12.8.1.8　对于 220kV 及以上等级的电容式电压互感器，其耦合电容器部分是分成多节的，安装时必须按照出厂时的编号以及上下顺序进行安装，严禁互换。

运输和安装互感器时，应严格按照生产厂家安装说明书上的方法进行运输和安装。尤其是电容式电压互感器，进行下节吊装时必须吊在中间变压器下部的专用吊点上，严禁吊在电容器部分的上部吊点。

对于 220kV 以上电压等级的电容式电压互感器，其耦合电容器部分是分成多节的，安装时必须按照出厂时的编号以及上下顺序进行安装，严禁互换。

对于多节的电容式电压互感器，如其中一节电容器出现问题不能使用，应整套电容式电压互感器返厂更换或修理，出厂时应进行全套出厂试验，一般不允许在现场调配单节或多节电容器。在特殊情况下必须现场更换其中的单节或多节电容器时，必须对该电容式电压互感器进行角差、比差校验。

【案例】 2005 年某 500kV 变电站某线路出口电容式电压互感器精度试验时，发现三相电容式电压互感器的精度都不合格，检查后发现由于 500kV 电容式电压互感器由三节组成，基建安装时未按照铭牌装配。

条文 12.8.1.9　220kV 及以上电压等级油浸式电流互感器运输时，应在每辆车的产品上至少安装一台冲击记录仪。设备运抵现场后应检查确认，记录数据超过 5g 应进行评估，超过 10g 应返厂检查。110kV 及以下电压等级电流互感器应直立

运输。

如果运输过程中冲撞记录仪超出5g，对互感器的损伤情况没有准确依据；经某企业大量实践验证，超过10g应返厂检查，不足10g应结合交接试验数据综合分析决定是否返厂。

条文12.8.1.10　故障抢修安装的油浸式互感器，应保证绝缘试验前静置时间，其中500(330)～750kV设备静置时间应大于36h，110(66)～220kV设备静置时间应大于24h。

条文12.8.1.11　对新投运的220kV及以上电压等级电流互感器，1～2年内应取油样进行油色谱、微水分析；对于厂家明确要求不取油样的产品，确需取样或补油时应由制造厂配合进行。

由于油净化工艺、绝缘件干燥不彻底等制造工艺造成的隐患，在电流互感器运行1～2年内发生问题的情况时有发生，因此，应在设备投运后1～2年内进行油色谱和微水的测试工作。互感器属于少油设备，倒立式电流互感器油更少，取油过多可能会影响微正压状态。因此，每次取油时应严密注意膨胀器油位，如需要补油，应由厂家补油或在厂家的指导下进行补油。

【案例】　某变电站内共有18台同类型110kV电流互感器，均为2007年12月投运，2台110kV电流互感器在2008年3月1日和2008年5月21日发生喷油故障，油色谱试验判断该电流互感器内部可能存在局部放电。对站内其他同型号电流互感器进行色谱检验，发现其中9台色谱数据有不同程度的异常。经分析原因在于制造厂变压器油净化工艺存在问题，导致油中环已烷的含量超标，烷烃在裂化、脱氢的反应下，产生氢气。随着氢气的增加在膨胀器内产生压力，除了推动膨胀器升高外，同时加速氢气向互感器本体器身内扩散，氢气在电场的作用下，在油纸间产生局部放电。

条文12.8.1.12　对硅橡胶套管和加装硅橡胶伞裙的瓷套，应经常检查硅橡胶表面有无放电或老化、龟裂现象，如果有应及时处理。

条文12.8.1.13　油浸倒立式电流互感器漏油应停止运行。

渗漏油的互感器可能会导致外界水分的进入，引发事故。应重视倒立式油浸式互感器的巡视，少油设备发生渗漏油情况应及时处理，避免发生事故。

条文12.8.1.14　如运行中互感器的膨胀器异常伸长顶起上盖，应立即退出运行。当互感器出现异常响声时应退出运行。当电压互感器二次电压异常时，应迅速查明原因并及时处理。

【案例1】　某110kV变电站某110kV线路C相电流互感器（倒立式）上盖顶起，检查发现互感器内部绝缘损坏，产生氢气，互感器内部压力增大，膨胀器异常伸长顶起上盖。

【案例2】 某220kV变电站2号主变压器高压侧C相电流互感器膨胀器异常伸长顶起（如图12-14所示）上盖，解体检查发现互感器内部电容屏间低能放电，导致绝缘油分解产生气体，内部压力增大，造成互感器膨胀器外壳上盖顶起喷油（如图12-15所示）。

图12-14 膨胀器上盖顶起图

图12-15 互感器喷油痕迹图

条文12.8.1.15 根据电网发展情况，应注意验算电流互感器动热稳定电流是否满足要求。若互感器所在变电站短路电流超过电流互感器铭牌规定的动热稳定电流值时，应及时改变变比或安排更换。

条文12.8.2 防止110(66)～500kV SF_6 绝缘电流互感器事故

条文12.8.2.1 SF_6 密度继电器与互感器设备本体之间的连接方式应满足不拆卸校验密度继电器的要求，户外安装应加装防雨罩。

密度继电器连接应满足不拆卸校验的要求，避免校验时拆卸造成密封不良、气体泄漏等问题发生，增加防雨罩防止二次接线受潮。

【案例】 某110kV变电站后台报低气压报警信号，现场检漏为密度继电器接口漏气。经核实，由于密度继电器不满足不拆卸校验的要求，拆卸校验复装后接口处缓慢漏气，运行一段时间后，发生低气压报警。

条文12.8.2.2 互感器出厂时必须逐台进行各项试验，包括局部放电试验和耐压试验。

条文12.8.2.3 制造厂应采取有效措施，防止运输过程中内部构件振动移位。用户自行运输时应按制造厂规定执行。

条文12.8.2.4 110kV及以下互感器推荐直立安放运输，220kV及以上互感器必须满足卧倒运输的要求。运输时110(66)kV产品每批次超过10台时，每车装10g振动子2个，低于10台时每车装10g振动子1个；220kV产品每台安装10g振动子1个；330kV及以上每台安装带时标的三维冲撞记录仪。到达目的地后检查振动记录装置的记录，若记录数值超过10g一次或10g振动子落下，则产品应返厂解

体检查。

本条文提出了加强电流互感器运输的过程控制和保证的措施。国内有几次电流互感器（包括油浸倒置式电流互感器）的故障与运输中受到强烈冲撞有关，这些互感器虽然又回到制造厂通过了相关试验，但仍在运行中发生爆炸事故。例如，运输中汽车翻倒或包装箱主梁断裂时，应考虑将电流互感器的主绝缘重绕，避免存在工厂常规试验中发现不了局部缺陷（如绝缘局部裂纹或二次引线管的局部移位开裂）。

【案例1】 国内有几次电流互感器的故障与运输中受到强烈冲撞有关，这些互感器虽然返厂通过了相关试验（未解体检查），但仍在运行中发生爆炸。因此若加速度指标超过10g，产品应返厂解体检查，并应通过相关试验。

【案例2】 某500kV变电站某线路保护动作，A相跳闸，重合不成功，开关三相跳闸，后试投一次不成功。现场检查发现，该条线路电流互感器A相金属支架接地部位、电流互感器底座与支架螺栓紧固处四角存在放电痕迹（图12-16所示为电流互感器图，图12-17所示为放电痕迹图）。将故障相电流互感器返厂进行试验、解体分析。解体检查发现靠近P1侧的一支绝缘支撑件存在缺陷，为运输过程中的冲击导致，造成支撑件绝缘强度下降，长期运行中存在局部放电，最终导致绝缘支撑件击穿炸裂。

图12-16　电流互感器图

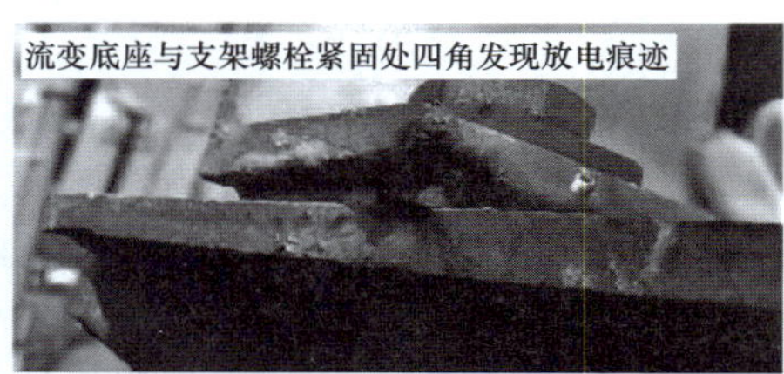

图12-17　放电痕迹图

条文12.8.2.5　气体绝缘的电流互感器安装后应进行现场老炼试验。老炼试验后进行耐压试验，试验电压为出厂试验值的80%。条件具备且必要时还宜进行局部放电试验。

在安装后进行现场老炼试验和耐压试验以进行投运前最后的把关，排除运输、安装过程中可能造成的内部部件移位、变形和进入杂质等隐患。主要原因在于现场进行互感器类的局放测量，升压设备和现场干扰问题都不易解决，强制执行确有困难。同时局部放电和介损试验与电流互感器结构有关，如非电容屏结构可不进行介损试验。

条文 12.8.2.6　互感器安装时，应将运输中膨胀器限位支架等临时保护措施拆除，并检查顶部排气塞密封情况。

现场出现过由于支架未拆除导致膨胀器无法动作，造成膨胀器破裂的故障。

条文 12.8.2.7　运行中应巡视检查气体密度表，产品年漏气率应小于 0.5%。

条文 12.8.2.8　气体绝缘互感器严重漏气导致压力低于报警值时应立即退出运行。运行中的电流互感器气体压力下降到 0.2MPa（相对压力）以下，检修后应进行老炼和交流耐压试验。

气体绝缘互感器发生严重漏气后应立即退出运行，避免发生故障。由于泄漏原因导致补气较多时，为防止设备内绝缘部件由于泄漏而受潮，投运前应对设备进行耐压试验。

条文 12.8.2.9　交接时 SF_6 气体含水量小于 250μL/L。运行中不应超过 500μL/L（换算至 20℃），若超标时应进行处理。

条文 12.8.2.10　对长期微渗的互感器应重点开展 SF_6 气体微水量的检测，必要时可缩短检测时间，以掌握 SF_6 电流互感器气体微水量变化趋势。

13

防止开关设备事故的重点要求

总体情况说明：

本章主要根据主要开关设备分三个部分，气体绝缘金属封闭开关设备（简称GIS）及六氟化硫断路器、敞开式隔离开关和接地开关、开关柜三个部分。

本章参考并引用了《防止电力生产事故的二十五项重点要求（2014 年版）》、《额定电压 72.5kV 及以上气体绝缘金属封闭开关设备》（GB/T 7674—2020）、《高压交流隔离开关和接地开关》（GB/T 1985—2014）、行业标准和各电力企业近年来已编制和实施的反事故措施的内容，并结合近年开关设备运行中一些事故状况，对原条文中已不适应当前电力系统实际情况的条款进行调整和补充。

条文说明：

条文 13.1　防止气体绝缘金属封闭开关设备（GIS，包括 HGIS）、SF_6 断路器事故

条文 13.1.1　户内布置的 GIS、六氟化硫（SF_6）开关设备室，应配置相应的 SF_6 泄漏检测报警、事故排风及氧含量检测系统。

户内布置的 GIS 设备、六氟化硫（SF_6）开关设备一旦发生内部严重事故，可能会造成设备防爆膜破裂，并引发 SF_6 气体大量外泄。并且长期运行过程中的 SF_6 气体微泄漏也会在室内沉积，极端情况下可能对进入开关室的人员造成损害。因此，对户内布置的 GIS 设备、六氟化硫（SF_6）开关设备，须配置相应的检测及事故排风系统。尤其对于地下变电站布置的 GIS 设备室。

【案例】　2008 年 4 月，北京某 220kV 地下变电站 GIS 设备发生内部故障，设备壳体上的防爆膜爆开，引发大量 SF_6 气体泄漏在开关室内。此后开启了事故排风系统，1h 后氧含量检测系统数值正常后人员方可进入开关室。

条文 13.1.2　开关设备二次回路及元器件应满足以下要求：

条文(1) 应加强开关设备二次回路专业管理，断路器分、合闸控制回路应简单可靠，防止误动、拒动。应加强时间继电器等元器件选型管理，优化断路器本体三相不一致回路设计，定期开展维护检修。

断路器控制回路中的时间继电器对断路器完成正常保护跳闸及重合闸功能极为重要。以往多用的空气阻尼气囊式时间继电器其延时误差大，无调节刻度指示，难以精确整定延时值，且运行过程中延时整定值经常跑偏，严重时造成断路器在单相跳闸。因此，空气阻尼气囊式时间继电器不适用于断路器二次回路中的时间延时。同时，断路器二次回路中的时间继电器通常安装于现场设备机构箱中，存在长期运行老化问题，常规的分、合闸操作试验并不能验证其功能是否良好，因此需要定期开展维护检修。

【案例】 2019年8月，河北某500kV变电站一台550kV断路器在线路单相瞬时故障过程中未能重合而发生了三相跳闸，而相邻的另一台断路器单相跳闸后单相重合成功。经检测发现该断路器三相不一致继电器时间定值跑偏，标准设定时延为2.5s，实测为650ms，小于单相重合闸整定时间，因此在重合闸时间未达到时触发了三相不一致动作，引起另外二相开关跳闸。分析认为该继电器运行时间超过12年，存在老化失修问题。

条文(2) 列入国家市场监督管理总局强制性产品认证目录的二次元件应取得"3C"认证，外壳绝缘材料阻燃等级应满足V-0级塑料阻燃等级要求。

【案例】 2018年8月18日，河北某500kV变电站一台550kV三相不一致保护动作跳闸。经现场检查，该断路器汇控柜内上部大量二次元件和二次电缆烧毁，已无法修复，因故障设备已无法观察到各二次元件原始位置，根据现场勘察相邻设备情况，发现其他间隔断路器汇控柜温控器存在发热烧融情况。经检修人员和厂家技术人员共同分析认为，故障原因为汇控柜温控器烧损导致相邻二次元件及二次电缆烧损融化。后经检测该温控器塑料外壳不满足V-0级阻燃等级要求，现场该批次温控器全部更换为合格型号。

条文(3) 新订货断路器机构动作次数计数器不应带有复归功能。

断路器机构的动作次数是断路器进行状态检修、进行故障统计分析的一项重要的依据。但原有的断路器机构动作计数器常有复归按钮，有制造厂人员在现场安装传动后或者设备检修后有检修人员误按复归按钮，给按操作次数统计分析断路器运行情况带来严重影响。因此，要求新订货断路器机构动作次数计数器不应带有复归功能。

条文(4) 断路器分、合闸控制回路的端子间应有端子隔开，或采取其他有效防误动措施。新安装的分相弹簧机构断路器的防跳继电器、非全相继电器不应安装在机构箱内，应装在独立的汇控箱内。

【案例】 河北某变电站装用ABB公司生产LTB245型弹簧操动机构断路器，其所配的非全相继电器安装于机构箱中，运行中发生多起分合闸动作过程中因弹簧机构的操作振动造成非全相继电器触点抖动引发三相不一致保护动作跳闸。经现场改造，增设单独基础的小汇控箱，将防跳、非全相继电器纳入汇控箱。

条文(5) 断路器出厂试验、交接试验及例行试验中，应进行三相不一致、防跳、压力闭锁等二次回路动作特性检查，并保证在模拟手合于故障条件下断路器不会发生跳跃现象。

如果断路器二次回路中的防跳继电器动作时间大于断路器分闸时间，则在手合于故障时会发生断路器跳跃现象，传动时应采用正确的方法进行传动。以往采用的传动方法为断路器在分闸位置，持续给断路器一个合闸命令，待断路器合好后再给一个分闸命令，断路器执行分闸后不再进行合闸即认为防跳功能正常，这种方法没有考虑防跳继电器也需要一定时间才能动作。如果防跳继电器动作时间较长，在断路器手合于故障时，防跳继电器线圈带电触点还未动作时断路器已经完成分闸转入准备合闸状态，防跳继电器线圈会失电，其触点得不到保持电流，防跳功能失去，在持续的合闸命令下，断路器会再次合入。

继电器类元件损坏失效导致机构不正常动作事件频繁发生，应校验中间继电器、时间继电器、电压继电器动作特性，检查动作电压、动作功率、整定时间等参数。对中间继电器，主要检查动作电压、动作功率；对时间继电器，主要检查动作时间、动作电压；对电压继电器，主要检查动作电压。直接作用于跳合闸回路的继电器，动作电压在额定直流电源电压的55%～70%，功率应不低于5W。如果断路器机构防跳继电器动作时间大于断路器辅助开关动作时间，在重合或手合于故障时，防跳功能可能来不及启动就由于断路器合后立即分闸而复归，在重合或手合信号的持续作用下，可能发生断路器跳跃现象。交接及例行试验必须检查断路器机构防跳功能正常，并测试其与辅助开关配合情况。

【案例1】 某220kV变电站220kV出线发生A相接地故障，自动重合失败后，A相断路器偷合，引起220kV正母失电。A相断路器偷合原因为断路器机构防跳继电器K12动作时间（30～40ms）大于断路器辅助开关QFA1金属短接时间（14ms）。保护重合闸于线路永久故障后，在防跳继电器触点尚未动作时，后加速就立即跳开断路器，造成防跳继电器复归，防跳功能未能正确启动。在重合闸信号的持续作用下，断路器再次合闸。合闸后，该弹簧储能液压机构断路器因储能不足，油压分闸闭锁，在储能前不能切除线路故障，失灵保护动作造成母线失压。

【案例2】 2017年12月，湖南500kV古亭变电站5041断路器在运行中三相不一致保护动作跳开5032断路器，分析原因发现K77就地分闸继电器动作特性不合格，当继电器处于动作电压临界值时动作触点呈现出不一致现象（部分触点未导通），同时在直流系统受到短时干扰时由于K77就地分闸继电器动作电压和功率偏低，继电器会异常动作，导致跳闸触点瞬时接通。

条文(6) 252kV及以上断路器应具备双跳闸线圈机构。

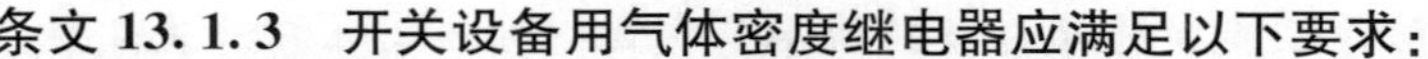

条文 13.1.3　开关设备用气体密度继电器应满足以下要求：

条文(1) 新安装的 252kV 及以上电压等级的 GIS 和 SF_6 断路器的密度继电器与开关设备本体之间的连接方式应满足不拆卸校验密度继电器的要求。

条文(2) 密度继电器应装设在与被监测气室处于同一运行环境温度的位置。对于严寒地区的设备，其密度继电器应满足环境温度在－40～－25℃时准确度不低于 2.5 级的要求。

条文(3) 新安装 252kV 及以上断路器每相应独立安装气体密度继电器且气体密度继电器应有双套压力闭锁触点。三相分箱的 GIS 母线及断路器气室，相间不应采用管路连接。

条文(4) 断路器应配防振型密度继电器。

条文(5) 密度继电器表计应朝向巡视通道，有条件时可选用数字化远传表计。

条文(6) 户外安装的密度继电器应设置防雨箱（罩），密度继电器防雨箱（罩）应能将表、控制电缆接线端子一起放入，防止指示表、控制电缆接线盒进水受潮。

对 SF_6 气体密度继电器应定期校验，以防止密度继电器动作值不准或偏离造成断路器误报警或不报警。在设备订货时，应要求密度继电器连接设计应满足不拆卸校验的要求，这样就可能避免拆卸造成的密封不严、气体泄漏等问题的发生。密度继电器或其感温部分必须与断路器本体处于相同环境中，这样才能避免密度继电器误补偿、误动作。早期部分型号的 SF_6 断路器密度继电器安装在机构箱中，机构箱中有加热器及密封保温措施，当断路器所处的温度下降时，密度继电器会因误补偿而报警或闭锁动作。曾发生过多起因密度继电器接线部位进水而引发控制直流接地、误动作的故障，因此对于密度继电器及其接线部位必须加装适当的防雨罩。

条文 13.1.4　开关设备机构箱、汇控箱内应有完善的驱潮防潮装置，防止凝露造成二次设备损坏。应加强开关设备机构箱、汇控箱的检查维护，保证箱体密封良好，防雨、防尘、通风、防潮等性能良好，并保持内部干燥清洁。

条文 13.1.5　生产厂家在防爆膜设计选型时，应保证设备最高运行压力低于防爆膜最低爆破压力，罐体和套管等部件的最小破坏压力高于防爆膜的最高爆破压力，并保留足够裕度。装配前应检查并确认防爆膜是否受外力损伤，装配时应保证防爆膜泄压方向正确、定位准确，防爆膜泄压挡板的结构和方向应避免在运行中积水、结冰、误碰。防爆膜喷口不应朝向巡视通道。

【案例】 某 500kV 变电站安装有 ABB 公司生产 550PM 型罐式断路器，该断路器额定气体压力为 0.7MPa（20℃），罐体所配装的防爆膜选用的动作参数值为 0.9MPa±0.05MPa。运行中突发防爆膜破裂，造成断路器绝缘气体大量泄漏而引发内部绝缘故障。分析认为该断路器在夏季环境温度较高且午后阳光暴晒下，罐体温度超过 50℃，罐内气体压力可达到 0.8MPa，所选用防爆膜爆破压力值偏低，裕度不足。后该批次防爆膜更换为动作参数值1.0MPa±0.05MPa的产品。

条文13.1.6　新订货的GIS及SF_6断路器年泄漏率应不高于0.5%。户外GIS法兰对接面宜采用双密封，并宜在法兰接缝、安装螺孔、跨接片接触面周边、法兰对接面注胶孔、盆式绝缘子浇注孔等部位涂防水胶。

随着我国对环境保护以及对温室气体排放的严格要求，目前标准对设备中SF_6气体泄漏也提高了要求，由原来的年泄漏率1%提高到年泄漏率0.5%。对于户外的GIS设备，其法兰密封面会因雨雪等侵蚀而造成密封损伤，因此宜在其法兰接缝等部位涂防水胶。

条文13.1.7　断路器和GIS内部的绝缘件装配前应通过工频耐压试验和局部放电试验，单个绝缘件的局部放电量不大于3pC。GIS内部的绝缘件装配前应逐支通过X射线探伤试验。

以往有部分开关设备制造厂在总装配前没有对其外购的绝缘件进行耐压和局部放电试验，直接装配后整体进行出厂试验。这样不利于发现绝缘件可能存在的缺陷，且整间隔设备的局部放电试验标准与单个绝缘件局部放电要求值不同。

条文13.1.8　户外瓷柱式断路器、罐式断路器、GIS、隔离开关绝缘子金属法兰与瓷件的胶装部位出厂时应涂有性能良好的防水密封胶。检修时应检查瓷绝缘子胶装部位防水密封胶完好性，必要时复涂防水密封胶。

条文13.1.9　GIS、罐式断路器现场安装过程中，应采取有效的防尘措施，如移动厂房、防尘帐篷等，GIS的孔、盖等打开时，应使用防尘罩进行封盖。安装现场环境太差、尘土较多或相邻部分正在进行土建施工或作业区相对湿度大于80%、阴雨天气时，不应开展GIS清理、检查、装配工作。作业人员进入罐体内安装时，应穿着专用洁净防尘服，带入罐内的工具及用品应清洁。

GIS、罐式断路器安装现场洁净度的控制是防止设备运行后绝缘故障的重要手段。GIS的孔、盖打开时应使用防尘罩，否则可能有飞虫、灰尘等进入。目前，对于特高压GIS设备现场安装，须采用移动式防尘作业车间，对于较低电压等GIS，现场也须采用防尘罩等措施。

【案例1】　某变电站500kV罐式断路器发生内部绝缘故障，设备解体时发现内部有不少飞虫尸体。经查实该断路器为夏季安装，安装人员在傍晚进行罐体内工作时，使用的照明灯光吸引周围飞虫进入罐体内部，且未清理干净导致内部放电。

【案例2】　内蒙古某单位在罐式断路器解体检修时发现内部有较多的黄沙，为安装时未采取有效防尘措施所致。

条文13.1.10　SF_6开关设备现场安装过程中，在进行抽真空处理时，应采用出口带有电磁阀的真空处理设备，且在使用前应检查电磁阀动作可靠，防止抽真空设备意外断电造成真空泵油倒灌进入设备内部。并且在真空处理结束后应检查抽真

空管的滤芯是否有油渍。为防止真空度计水银倒灌进设备中，不应使用麦氏真空计。

GIS 设备在安装过程中抽真空处理时间较长，且一般安装现场施工电源不可靠，可能随时断电。如果真空处理设备电磁阀不可靠，极有可能将真空泵油倒吸入 GIS 设备内部，真空泵油进入 GIS 设备时会呈雾状散布于 GIS 内部各零部件表面，极难处理干净，国内曾发生过几起由于真空泵油而导致的 GIS 绝缘故障。同样，在真空处理过程中禁止使用麦氏真空计防止水银进入设备内部，此类事件网内发生过多起。

【案例 1】 2010 年，某站 GIS 设备在切除线路故障过程中出线隔离开关气室内部闪络，分析认为安装过程中由于真空泵油进入设备，附着在绝缘表面，在通过较大电流时发生对地故障。某站 GIS 设备盆式绝缘子闪络如图 13-1 所示。

图 13-1 某站 GIS 设备盆式绝缘子闪络

【案例 2】 某站 GIS 设备在耐压试验过程中母线隔离开关气室内部闪络，解体发现安装过程中真空泵油进入设备，如图 13-2 所示。

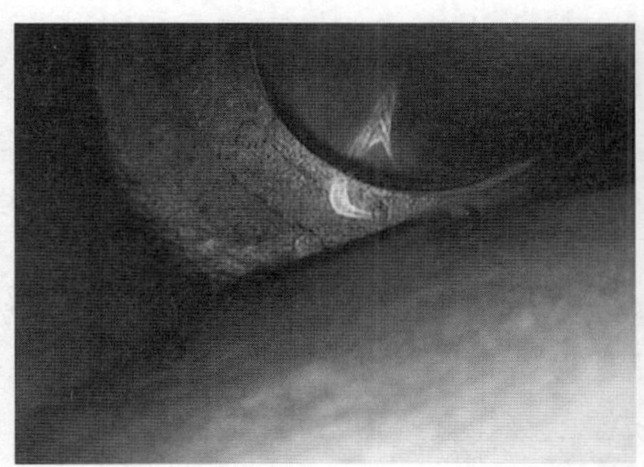

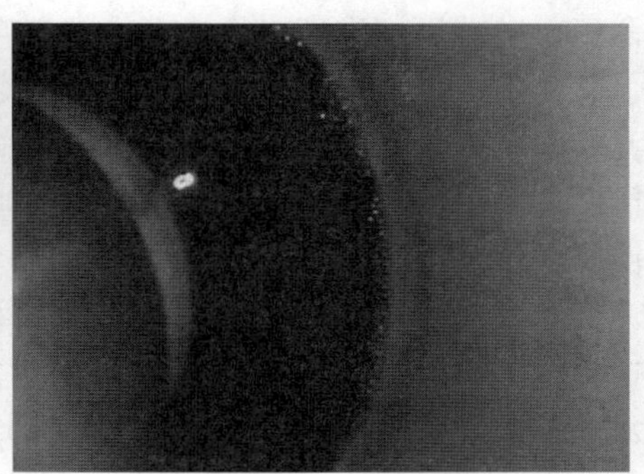

图 13-2 真空泵油进入设备

条文 13.1.11 SF_6 新气体应经抽检合格、回收后 SF_6 气体则应全部检测，并出具检测报告后方可使用。

目前，随着环境保护及减少温室气体排放的要求越来越严格。SF_6 设备大修或报废处理中必须对 SF_6 气体进行回收处理，回收处理的气体经检测合格后可以进行重复再利用。使用 SF_6 新气时应按标准要求进行按比例抽检，在使用回收气体时应每瓶都检测。

条文13.1.12　SF_6气体注入设备后应进行湿度试验，且应对设备内气体进行SF_6纯度检测，必要时进行气体成分分析。运行中，应加强SF_6气体压力、微水监督，防止开关设备因气体压力过低或微水超标导致绝缘降低。

条文13.1.13　加强开关设备外绝缘的清扫或采取相应的防污闪措施，当发电机组并网断路器断口外绝缘积雪、严重积污时不得进行启机并网操作。

【案例】　山西某发电厂在启机过程中，机组已励磁，在进行同期并网时，其发电机-变压器组500kV柱式断路器发生断口外绝缘闪络，造成断路器爆炸的严重故障，且发电机相当于单相接入系统，其受到负序电流冲击而造成损伤。事故分析认为，该断路器断口双断口水平布置，并网时其外绝缘瓷套表面有较厚的积雪，其断口在发电机-变压器组电压和系统电压的压差作用下外绝缘发生闪络击穿，由于该闪络造成的故障电流不是对地放电电流，没有快速保护去切除，数秒钟后断路器断口瓷套被外部故障电弧烧炸，引发接地及相间短路，相应的母线差动保护动作切除故障点。

条文13.1.14　新订货断路器应优先选用弹簧机构、液压机构（包括弹簧储能液压机构）。

目前，高压断路器基本上常见为三种机构形式，即弹簧机构、液压机构和气动机构，由于弹簧机构现场维护量小，液压机构运行较为平稳而优先选用，气动机构由于存在操作介质不洁造成阀体、管路等部件的生锈，气动机构压缩机止回阀使用寿命短，气动机构维护工作量大，需定时进行排水排污等问题而避免采用。

条文13.1.15　加强投切无功补偿装置用断路器的选型管理工作。新订货的投切并联电容器、交流滤波器用断路器应选用C2级断路器，且型式试验项目应包含投切电容器组试验；所用真空断路器灭弧室出厂前应整台进行老炼试验，并提供老炼试验报告。

条文13.1.16　为防止机组并网断路器单相异常导通造成机组损伤，252kV及以下机组并网的断路器（含发电机断路器）应选用三相机械联动式结构。新订货252kV母联（分段）、主变压器、高压电抗器断路器宜选用三相机械联动设备。

机组断路器异常单相导通可能会引发发电机端部绝缘损伤、发电机起火甚至机组超速等极为严重的后果。采用机械联动式断路器可以从电气回路上避免出现断路器单相动作。根据目前的设备制造水平，252kV及以下电压等级的断路器均有三相机械联动式结构，因此对于252kV及以下机组并网断路器应选用机械联动式。同时，对于不需要单相操作的母联、主变压器、高压电抗器的断路器宜选用联动式结构。

条文13.1.17　断路器液压机构应具有防止失压后慢分慢合的机械装置。液压机构验收、检修时应对机构防慢分慢合装置的可靠性进行试验。断路器液压机构突

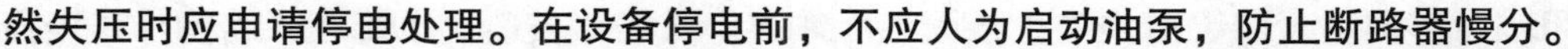

然失压时应申请停电处理。在设备停电前，不应人为启动油泵，防止断路器慢分。

液压机构失压后，如果人为启动液压泵，断路器可能会因工作缸活塞两端油压差而造成慢分，如果运行中发生慢分，必然造成灭弧室爆炸。因此，断路器液压机构失压后，应利用系统其他设备使该断路器停电再进行处理，严格禁止液压机构失压后人为启动液压泵。

条文 13.1.18　机组并网断路器宜在并网断路器与机组侧隔离开关间装设带电显示装置，在并网操作时先合入并网断路器的母线侧隔离开关，确认装设的带电显示装置显示无电时方可合入并网断路器的机组/主变压器侧隔离开关。

条文 13.1.19　GIS 用断路器、隔离开关和接地开关以及罐式 SF_6 断路器，出厂试验时应进行不少于 200 次的机械操作试验（其中断路器每 100 次操作试验的最后 20 次应为重合闸操作试验），以保证触头充分磨合。200 次操作完成后应彻底清洁壳体内部，再进行其他出厂试验。直流断路器产品出厂试验时进行 200 次单分单合试验，不进行重合闸操作。

近年发生过多起因为 GIS 中的断路器、隔离开关操作产生的触头金属碎屑引发的对地故障，GIS 出厂时对各部件进行操作磨合是减少这类故障产生的有效手段，同时 200 次磨合也能对操动机构进行充分润滑，磨合后打开检查触头情况，清扫壳体内部，避免残存的金属碎屑导致运行中的对地故障。

条文 13.1.20　加强断路器合闸电阻的检测和试验，防止断路器合闸电阻缺陷引发故障。断路器安装阶段，应确认合闸电阻装配正确完好。在断路器产品出厂试验、交接试验及例行试验中，应对断路器主触头与合闸电阻触头的时间配合关系进行测试，有条件时应测量合闸电阻的阻值。

目前，500kV 及以上电压的断路器可能配有合闸电阻，合闸电阻因为其结构复杂，故障率较高。在交接和例行试验中都应进行与主触头的配合时间测试，有条件时还应测试电阻的阻值，防止合闸电阻故障。

【案例 1】　某 500kV 柱式断路器，由于合闸电阻触头撞击变形，在断路器分闸后电阻断口未分闸到位，当断路器两侧隔离开关合闸时，合闸电阻断口被击穿，合闸电阻片长时间通流造成瓷套爆开。

【案例 2】　某 500kV 罐式断路器，在线路故障重合的过程中发生内部对罐体绝缘故障，解体分析发现该断路器合闸电阻片压紧件变形，事故原因认为合闸电阻由于压紧不足，整体阻值变大，在经过线路重合的大电流过程中发热，电阻片碎裂，落入罐底，引发内部绝缘事故。

条文 13.1.21　为防止因合闸电阻过热导致的断路器损坏，对于新订货的带合闸电阻断路器，生产厂家应在使用说明书中对合闸电阻允许运行工况进行说明，在运带合闸电阻的瓷柱式断路器在规定时间内合闸或重合闸次数达到规定值时，可采

用临时停用重合闸等措施防止合闸电阻炸裂。长线路破口改接工程，若操作过电压计算确定两侧断路器不需要配置合闸电阻，宜结合改建工程同步拆除在运断路器合闸电阻。

【案例】 2021 年 3 月 20 日，山西某电厂 500kV 线路发生故障，电厂 5082 断路器多次重合闸，在第 8 次重合闸于故障线路时，合闸电阻瓷套炸裂。解体后认定故障原因是开关多次频繁（10 次）操作，使得合闸电阻断口产生了极端苛刻的热效应，合闸电阻机械开关断口动触头杆返回的速度变慢，合-分时间不满足要求，断路器开断后电流流经合闸电阻，持续通流使得电阻片温升急剧增大，直至电阻断口完全击穿，合闸电阻炸裂。

因此，要求制造厂家对合闸电阻运行工况应进行说明，运行单位在带合闸电阻断路器在规定时间内合闸或重合闸次数达到规定值时，应采用停用重合闸的措施。(通常为 40min 内三次合闸或重合闸后，应闭锁合闸或重合闸 3h，以便电阻片散热)。

条文 13.1.22　在断路器产品出厂试验、交接试验及例行试验中，应测试断路器均压电容与断路器断口并联后的电容量及介质损耗因数。

条文 13.1.23　用于投切并联电容器的真空断路器应在交接试验和大修后对合闸弹跳时间和分闸反弹幅值进行检测。

条文 13.1.24　弹簧机构断路器应定期进行机械特性试验，防止机构特性变化等原因造成的机构拒动或异常动作。应结合例行试验加强凸轮间隙、线圈铁心间隙、弹簧预压缩量等关键尺寸测量和重要活动部件润滑，必要时开展弹簧性能评估。

【案例】 某变电站 110kV 组合电器送电前例行试验中，发现断路器合闸 C 相分闸操作后拒动，现场检查发现分闸线圈烧损。经检查故障原因是断路器因弹簧疲劳出力不足，合闸速度降低导致 C 相合闸不到位，机构合闸不到位（但信号、储能、控制回路均无异常显示），最终导致分闸脱扣装置未到位引起拒分情况。合闸后导杆未到位如图 13-3 所示，合闸后导杆到位如图 13-4 所示。

图 13-3　合闸后导杆未到位

图 13-4　合闸后导杆到位

条文 13.1.25 新订货的用于低温（年最低温度为−30℃及以下）、日温差超过 25K、重污秽 e 级或沿海 d 级地区、城市中心区、周边有重污染源（如钢厂、化工厂、水泥厂等）的 363kV 及以下 GIS，应采用户内安装方式，550kV 及以上 GIS 经充分论证后确定布置方式。

目前，大量使用的 GIS 设备在设计、试验中未充分考虑长期户外使用环境的影响，在福建、浙江等地区发生过大量的 GIS 外壳、机构箱锈蚀、脱皮的现象，因此，在上述运行条件下 GIS 设备宜采用户内安装方式。低温地区采用 GIS，面临 SF_6 液化的风险；重污染地区，容易出现壳体腐蚀、锈蚀、漏气和汇控柜、机构箱漏雨等情况，造成安全隐患，因此尽量采用户内 GIS 布置。

条文 13.1.26 GIS 应选用技术成熟、性能良好的产品类型，宜结合设计、制造、安装、验收等全过程管理开展技术监督、技术符合性评估等质量管控工作，保障设备运行的可靠性。有条件时可选用具有“一键顺控”双确认功能的设备。

条文 13.1.27 363kV 及以上 GIS 电流互感器宜采用外置结构。

GIS 内置式电流互感器结构内部结构复杂，铁心及屏蔽等狭小部位不易清理，运行中可能因微粒引发放电故障，对于高电压等级 GIS 更是如此，而外置式结构电流互感器线圈运行在空气中，GIS 的电流互感器气室内只有导电杆，结构简单可靠。但外置式电流互感器要求三相壳体独立，且外部总尺寸有一定的增大。因此，对 363kV 及以上电压等级 GIS 的电流互感器宜采用外置式结构。

条文 13.1.28 为便于试验和检修，双母线、单母线或桥形接线中，新订货 GIS 母线避雷器和电压互感器应设置独立的隔离开关。3/2 断路器接线中，新订货 GIS 母线避雷器和电压互感器不应装设隔离开关，宜设置可拆卸导体作为隔离装置。架空进线的 GIS 线路间隔的避雷器和线路电压互感器宜采用外置结构。

GIS 中的避雷器、电压互感器耐压水平与 GIS 设备不一致，一般较 GIS 中断路器、隔离开关等元件的额定耐压水平低，如果设计时没有相应的隔离开关或断口，则必须在耐压试验前将其拆卸，对原部位进行一定均压处理后方可进行 GIS 耐压，耐压通过后再进行避雷器和电压互感器安装，这样使得耐压试验周期变得很长，且现场处理的密封面，对接面变多，不利于 GIS 内部清洁度的控制。因此对于 GIS 的母线避雷器和电压互感器应设置独立的隔离开关或隔离断口。

对于架空进线的 GIS 间隔，考虑试验的方便性及设备可靠性，应将线路避雷器和电压互感器设计为外置式常规设备，不放入 GIS 设备中。

条文 13.1.29 GIS 气室应划分合理，并满足以下要求：

条文(1) 新投运的 GIS 最大气室的气体处理时间不超过 8h。252kV 及以下设备单个气室长度不超过 15m，且单个主母线气室对应间隔不超过 3 个。

条文(2) 双母线结构的 GIS，同一间隔的不同母线隔离开关应各自设置独立隔

室。252kV及以上GIS母线隔离开关不应采用与母线共隔室的设计结构。

GIS在设计阶段对于气室的划分第一应考虑功能模块上的气室分隔，在某一部分闪络故障切除后，应避免故障后劣化的气体扩散到正常带电运行的隔室，造成事故扩大。另外，对于GIS中的气室，特别是母线气室，生产厂家从成本角度考虑减少隔离绝缘盆的使用，使GIS的部分气室容积过大，对于故障后的修复、SF_6气体处理等带来很大不便，因此提出考虑检修维护的便捷性，保证最大气室气体量不超过8h（即一般一个工作日白天的有效工作时间）的气体处理设备的处理能力。

【案例】 某厂家GIS双母线设计对于任一间隔的双母线隔离开关处于同一气室中，运行中某一隔离开关闪络故障极易造成另一隔离开关也对地闪络，造成双母线同时停电。

条文 13.1.30　新订货的252kV及以上GIS宜加装内置局部放电传感器。采用带金属法兰的盆式绝缘子时，应预留窗口用于特高频局部放电检测。

条文 13.1.31　同一GIS间隔内的多台隔离开关的电动机电源，应分别设置独立的开断设备。电动操动机构内应装设一套能可靠切断电动机电源的过载保护装置。电机电源消失时，控制回路应解除自保持。

条文 13.1.32　三相机械联动GIS隔离开关，应在从动相同时安装可靠的分/合闸指示器。

机械联动GIS隔离开关机构直接连接的相为主动相，主动相的分/合位置有机构的位置指示器。另外两相是主动相通过相间连杆来动作的，为从动相，为防止相间连杆松动松脱引发从动相隔离开关处于不正常位置，应在从动相上安装可靠的分/合闸指示器，在隔离开关操作完成后应对主动相和从动相位置指示器一同观察。

条文 13.1.33　新订货的户外GIS法兰跨接片应安装在GIS外壳上的专用跨接部位，不应通过法兰螺栓直连。

根据运行长期经验，若GIS法兰跨接片通过法兰螺栓直接固定，户外环境下受跨接片频繁热胀冷缩影响，跨接片与法兰固定部位容易出现空隙，进水结冰，导致法兰腐蚀漏气，因此要求采取跨接片接于外壳、法兰上专用安装端子或法兰专用盲孔等不会导致水分进入法兰密封面的结构。户内应用的GIS可以利用金属法兰的导通而取消跨接线，但应经受温升、短时耐受电流和峰值耐受电流等型式试验验证。

条文 13.1.34　GIS穿墙壳体与墙体间应采取防护措施，穿墙部位采用非腐蚀性、非导磁性材料进行封堵，墙外侧做好防水措施。

对GIS穿墙壳体与墙体之间的防护措施提出要求，避免壳体腐蚀导致漏气。

条文 13.1.35　GIS安装过程中应对导体是否插接良好进行检查，且回路电阻测试合格，特别对可调整的伸缩节及电缆连接处的导体连接情况应进行重点检查。

GIS 安装过程中调节伸缩节可能造成内部导体接触不良，运行中伸缩节处导体发热可能造成绝缘击穿。对于母线伸缩节可以通过两个 GIS 出线间隔带母线伸缩节进行导电回路电阻试验来检查。

GIS 与电缆连接处一般采用可拆卸式导体，待 GIS 和电缆耐压试验完成后进行该导体安装，但该导体是否安装到位不能直观检查，可能发生插接不到位现象。因此，对于 GIS 与电缆连接可以将本侧接地开关合入，从电缆另一侧通过相间接触电阻试验来检查。

【案例 1】 2008 年，某变电站 GIS 发生内部绝缘事故，查明原因是 GIS 电缆出线处有一可拆卸式导体，待 GIS 和电缆耐压试验完成后进行该导体安装，但该导体是否安装到位不能直观检查，带负荷运行后导体发热造成绝缘击穿。

【案例 2】 某站因为 GIS 伸缩节处导体插接不良造成带负荷后发热导致绝缘击穿，如图 13-5 所示。

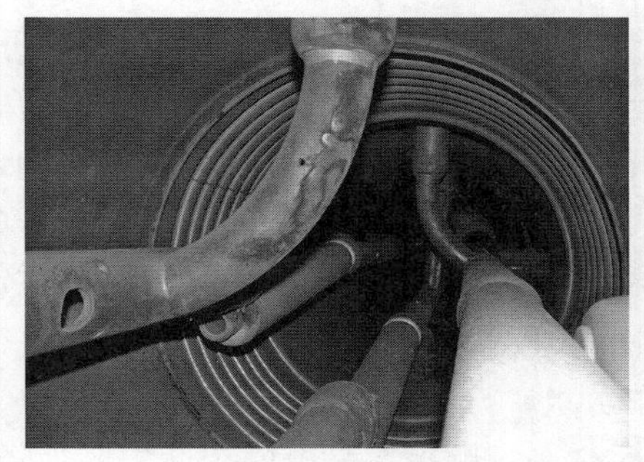

图 13-5 某站 GIS 伸缩节处导体插接不良造成的发热损坏

条文 13.1.36 在厂内具备条件情况下，GIS 出厂绝缘试验宜在装配完整的间隔上进行，550kV 及以上设备可以试验形态为单位进行绝缘试验。252kV 及以上设备还应进行正负极性各 3 次雷电冲击耐压试验。

对于 GIS 出厂绝缘试验，某些特殊的 GIS 间隔（例如长分支母线带出线套管的）在工厂内可能不能进行完整间隔出厂绝缘试验，所以规定宜在装配完整的间隔上进行。对 550kV 及以上的 GIS，因为整间隔设备占地面积大，大部分制造厂不满足整间隔进行出厂绝缘试验条件，且即使能够进行整间隔试验，也需拆解成大的功能单元进行运输，而 252kV 及以上的 GIS 设备通常可以整间隔运输，因此规定 550kV 及以上的 GIS 可以试验形态为单位进行出厂绝缘试验。

条文 13.1.37 严格按有关规定对新装 GIS、罐式断路器进行现场耐压试验，耐压过程中应进行局部放电检测，有条件时可对 GIS 设备进行现场冲击耐压试验。GIS 出厂试验、现场交接耐压试验中，如发生放电现象，不管是否为自恢复放电，均应解体或开盖检查、查找放电部位。对发现有绝缘损伤或有闪络痕迹的绝缘部件均应进行更换。

GIS 现场耐压试验可采用交流电压试验，也可以采用冲击电压进行试验，两种方法对发现 GIS 内部的不同类型缺陷灵敏度不同，但由于交流电压试验现场较容易实施，一般采用交流电压试验。在交流电压施加的同时，应该采用超声波或超高频等不同手段进行局部放电测量，局部放电测量是交流耐压试验的一个极好的补充。

条文 13.1.38　应加强运行中 GIS 和罐式断路器的带电局部放电检测工作。在大修后应进行局部放电检测，在大负荷前、经受短路电流冲击后必要时应进行局部放电检测，对于局部放电量异常的设备，应同时结合气体检测等手段进行综合分析和判断。

条文 13.2　防止敞开式隔离开关、接地开关事故

条文 13.2.1　隔离开关和接地开关应选择能够防止主回路过热、操作卡滞、金属部件腐蚀、瓷瓶断裂等典型问题的成熟产品，应具备电动操作功能，有条件时可选用具有隔离开关分合闸位置双确认的“一键顺控”功能的设备。

早期设计的隔离开关在户外运行条件下常出现主回路过热、操作卡滞、金属件腐蚀、瓷瓶断裂等几类常见问题。在针对这些问题经过完善化设计后隔离开关产品此几类问题出现概率明显降低。为进行远方遥控操作，新的隔离开关应具备电动操作功能。

“一键顺控”是电网企业主要为降低倒闸操作安全风险、减轻一线人员工作量而提出的在倒闸操作过程中由监控系统顺序发出操作控制指令，同时由监控系统自动接收每一步指令完成情况反馈的一种倒闸操作模式。“一键顺控”中重点及难点是判断隔离开关分合操作到位，现采用带分合闸位置双确认功能的隔离开关完成。

条文 13.2.2　风沙活动严重、严寒、重污秽、多风地区以及采用悬吊式管形母线的变电站，不宜选用配钳夹式触头的单臂伸缩式隔离开关。

条文 13.2.3　敞开式隔离开关与其所配装的接地开关之间应有可靠的机械联锁，机械联锁应有足够的强度。发生电动或手动误操作时，设备应可靠联锁。

足够强度的机械闭锁装置是防止误分、合接地开关最重要的技术手段，可靠的机械闭锁包括强度的要求和配合精度的要求，这两方面任一不满足，都可能造成误操作事故。

【案例】　1999年，某变电站人员在操作隔离开关分闸过程中误按压对应接地开关机构箱中的合闸接触器，而且两者之间的机械闭锁强度不足，闭锁半月板的轴销被剪断，造成带电合入接地开关。

条文 13.2.4　隔离开关应具备防止自动分闸的结构设计。安装和检修时应检查并确认隔离开关主拐臂调整应过死点；检查平衡弹簧的张力应合适。

GW6 型隔离开关为单柱双臂垂直伸缩式结构（即剪刀式），曾经发生过运行中因为蜗轮蜗杆齿轮脱开啮合，机构倒转，造成运行中带负荷分隔离开关。所以对于 GW6 型隔离开关应在检修中检查蜗轮蜗杆齿轮，并应检查机构拐臂是否过死点，以及平衡弹簧的张力，防止 GW6 隔离开关出现“自动脱落分闸”。

【案例】 2007 年 8 月，某站 2212-4 隔离开关自行断开。经检查，判定为 2212-4 隔离开关在合闸后未到“死点”，运行中由于剪刀头的重力及风的影响造成隔离开关突然自行脱落。

条文 13.2.5 敞开式隔离开关和接地开关应在生产厂家内进行整台组装和出厂试验。需拆装发运的设备应按相、按柱做好标记，其连接部位应做好特殊标记。

隔离开关和接地开关在工厂内整体组装，在各项性能指标调试合格后，应对传动、转动等部位以及瓷瓶配装做醒目标记，其主要目的是：①隔离开关到达现场后就所做标识进行组装，保证产品性能与出厂时一致；②避免在现场对传动杆等进行切割、焊接等工作，影响设备组装精度；③可大大减少现场安装、调试工作量。

条文 13.2.6 敞开式隔离开关瓷绝缘子出厂前应逐只进行无损探伤，252kV 及以上隔离开关安装后应对绝缘子逐只探伤。对运行 10 年以上的老旧敞开式隔离开关，应加强绝缘子检查。

条文 13.2.7 新安装或检修后的隔离开关应进行导电回路电阻测试。

条文 13.2.8 隔离开关运行中倒闸操作，应尽量采用电动操作，并远离隔离开关，如发现卡滞应停止操作并进行处理，不应强行操作。合闸操作时，应确保合闸到位，伸缩式隔离开关应检查驱动拐臂过“死点”。有条件时，可优先采取“一键顺控”等遥控方式完成倒闸操作。

隔离开关操作中发生卡滞时，如果进行强行操作，可能会造成绝缘子、触头等部位异常受力，可能造成绝缘子断裂、触头脱落，并可能引发严重的人身伤害及母线停电事故。因此，对于操作卡滞现象，应严格对待，发现时应停止操作进行处理。

隔离开关操作过程中可能会发生绝缘子断裂的故障，并有可能对下方操作人员造成伤害。同时隔离开关在操作中出现卡滞时，强行操作，更容易引发绝缘子断裂。因此，隔离开关应尽量使用远方电动操作。

条文 13.2.9 在运行巡视时，应注意隔离开关、母线支柱绝缘子瓷件及法兰无裂纹，夜间巡视时应注意瓷件无异常电晕现象。

条文 13.2.10 加强对隔离开关导电部分、转动部分、操动机构、瓷绝缘子法兰胶装位置及电气闭锁装置等的检查，防止机械卡滞、触头过热、绝缘子断裂等故障的发生。隔离开关各运动部位用润滑脂宜采用性能良好的航空润滑脂。

隔离开关的运动部位应定期检查与润滑，普通的润滑脂耐气候能力不足，温度适应范围窄，润滑剂冬季易凝固，夏季易变稀流出，造成润滑不良。航空润滑脂在高低温度下不会变稀流失或者变硬失去润滑功能，且具有稳定的抗剪切性能和出色的抗水和潮湿性能，适于隔离开关运动部件的润滑。

条文 13.2.11 定期用红外测温设备检查隔离开关设备的接头、导电部分，特

别是在重负荷或高温期间，加强对运行设备温升的监视，发现问题应及时采取措施。

条文 13.3　防止高压开关柜事故

条文 13.3.1　开关柜应选用具备运行连续性功能的高压开关柜（LSC2 类）、防止电气误操作（“五防”）功能完备的产品，有条件时可选用具有“一键顺控”功能的开关柜。新投开关柜应装设具有自检功能的带电显示装置，并与接地开关（柜门）实现强制闭锁，带电显示装置应装设在仪表室。

开关柜“五防”的核心是通过开关柜的机械和电气的强制性联锁功能（误分合断路器为提示性），防止运行人员误操作，避免人身及设备受到伤害。因此，高压开关柜必须采用“五防”功能完备的产品。为防止柜内带电情况下打开柜门，新投开关柜应有带电显示装置，并且带电显示装置与接地开关（柜门）实现强制闭锁，带电显示装置点亮时接地开关不能合闸，且柜门不能打开。为检查带电显示装置功能是否正常，其应带有自检按钮。

条文 13.3.2　新订货的空气绝缘开关柜的外绝缘应满足以下条件：

条文(1) 空气绝缘净距离应满足表 13-1 的要求。

表 13-1　　开关柜空气绝缘净距离要求

电压（kV）		7.2	12	24	40.5
空气绝缘净距离（mm）	相间和相对地	⩾100	⩾125	⩾180	⩾300
	带电体至门	⩾130	⩾155	⩾210	⩾330

条文(2) 最小标称统一爬电比距：$\geqslant\sqrt{3}\times$18mm/kV（对瓷质绝缘）、$\geqslant\sqrt{3}\times$20mm/kV（对有机绝缘）。

条文(3) 新安装开关柜不应使用绝缘隔板。母线加装绝缘护套和热缩绝缘材料后，空气绝缘净距离也应满足要求。

由于原有的空气绝缘开关柜的外绝缘距离在柜内凝露或者严重积污情况下，不能达到其应有的绝缘水平，因此，在试验验证的基础上，提出了对空气绝缘开关柜内空气绝缘净距离及爬电比距的要求。

目前，由于开关柜设备尺寸设计越来越小，其内部空气净距不满足标准要求，部分厂家采用了热缩套包裹导体来加强绝缘。运行经验表明，该技术不能满足安全运行要求，因此对采用热缩形式的，其设计尺寸按裸导体要求。

为了改善内部空气绝缘水平，部分开关柜厂家在柜内导体间加装 SMC 等类型绝缘隔板或绝缘护套。由于所用绝缘材料大多未进行老化和凝露试验的考核验证，一旦遇潮、凝露或积污，隔板、护套表面绝缘强度大幅度下降，导致柜内绝缘水平进一步劣化，诱发局部放电甚至沿绝缘隔板或护套形成闪络、接地或短路。另外，在空气绝缘净距离明显偏小的情况下加装绝缘隔板挤压了柜内导体间的空气间隙，使空气绝缘净距离进一步减小。由于柜内空气介电常数远小于绝缘隔板（固体绝缘材料）介电常数，而电场分布与绝缘介质的介电常数成反比，因此，绝缘隔板的加入进一步加大了空气间隙所承受的电场强度，导致空气间隙更易于放电、击穿。空气绝缘开关柜柜内绝缘隔板放电现象见图 13-6。

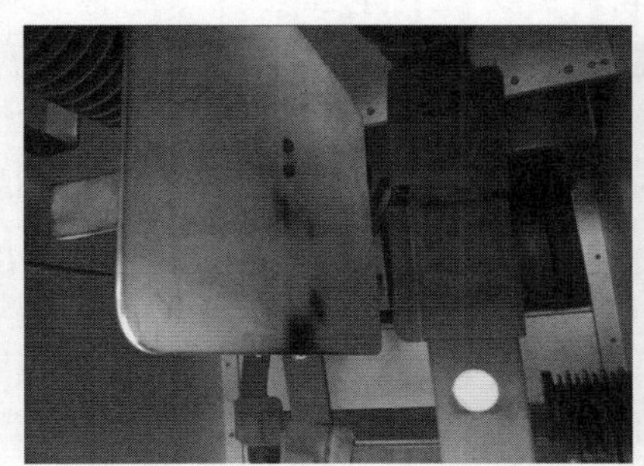

图 13-6　空气绝缘开关柜柜内绝缘隔板放电现象

条文 13.3.3　开关柜应选用经试验验证能满足在内部电弧情况下保护人员规定要求的高压开关柜（内部故障 IAC 级别），生产厂家应提供相应型式试验报告（附试验试品照片）。选用开关柜时应确认其母线室、断路器室、电缆室相互独立，且均通过相应内部燃弧试验；燃弧时间应不小于 0.5s，试验电流为额定短时耐受电流。

内部燃弧试验是考核开关柜防护能力的重要手段，对于开关柜内部可能产生电弧的隔室均应进行燃弧试验，燃弧时间根据保护系统故障切除的最大时间取 0.5s。内部燃弧的试验电流应等于开关柜内断路器的额定短路耐受电流，对于 31.5kA 以上的产品由于试验能力的影响，可暂时按 31.5kA 进行试验。

条文 13.3.4　开关柜各高压隔室均应设有泄压通道或压力释放装置。当开关柜内产生内部故障电弧时，压力释放装置应能可靠打开，压力释放方向应避开巡视通道和其他设备。

封闭式开关柜应设计、制造压力释放通道，以防止开关柜内部发生短路故障时，高温高压气体将柜门冲开，造成运行人员人身伤害事故。

【案例】　2009 年 9 月 30 日，某供电公司某 220kV 变电站一 10kV 开关柜内部三相短路，电弧产生高温高压气浪冲开柜门，造成 2 名在开关柜外进行现场检查的运行值班员被电弧灼伤。该事故造成人身伤亡事故的主要原因是该开关柜出厂时未设计制造压力释放通道，当开关柜内部发生三相短路时，高温高压气体将前柜门冲开，造成人身伤害。

条文 13.3.5　高压开关柜内避雷器、电压互感器等柜内设备应经隔离开关（或隔离手车）与母线相连，不应与母线直接连接。其前面板模拟显示图应与其内部接线一致，开关柜可触及隔室、不可触及隔室、活门和机构等关键部位在出厂时应设置明显的安全警告、警示标识。柜内隔离金属活门应可靠接地，活门机构应选用可独立锁止的结构，防止检修时人员失误打开活门。

【案例1】 2009年，江西某运行单位人员在对开关柜内电压互感器进行更换时，由于电压互感器与母线避雷器共处一个隔室，在隔离手车已退出情况下，运行人员误触母线避雷器，造成多名人员伤亡。经检查发现，其与母线直接连接，未通过隔离手车隔离，人员在拉出手车后，误认为避雷器、电压互感器等均不带电，造成误触带电部位。

【案例2】 2022年10月，山西某电厂在进行6kV开关柜小车加装在线测温改造工作中，在该间隔断路器小车已拉出柜体外的条件下，有人员进入柜体内进行检查，并误触碰活门机构，使母线侧挑帘挡板打开，人员触及带电母线触头，造成严重人身伤害。该开关柜活门有明显的安全警告标识，但没有独立的锁止机构。

条文 13.3.6　高压开关柜内的绝缘件（如绝缘子、套管、隔板和触头罩等）应采用阻燃绝缘材料。

条文 13.3.7　新安装的24kV及以上开关柜内的穿柜套管应采用双屏蔽结构，其等电位连线（均压环）应长度适中，并与母线及部件内壁可靠连接。

为了减小穿板母排附近的电场强度、防止发生局部放电现象，24kV及以上开关柜穿柜套管内部一般设计为双层金属屏蔽层的结构，双层屏蔽层电场分布相对均匀。一般情况下，外层屏蔽层通过穿板套管固体螺栓与柜壳连接并接地，高压屏蔽层通过引线或弹簧、弹簧金属片与母排连接。

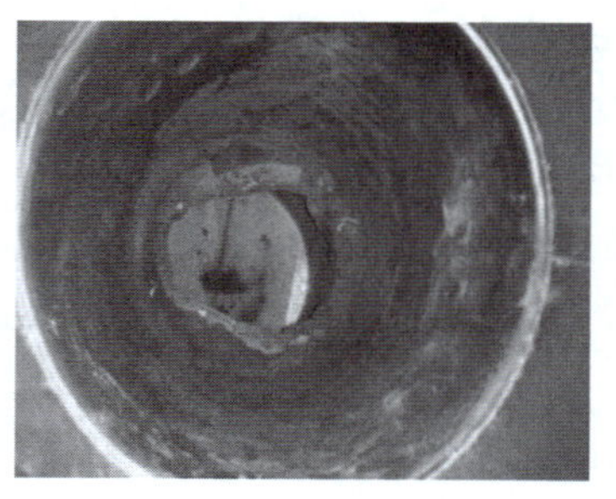

图13-7　穿柜套内部放电

高压屏蔽层与母排接触不良，如引线螺栓松动、弹簧金属片弹性降低、弹簧脱落等，也会产生尖端放电或电晕现象。长期的局部放电可导致绝缘劣化、缺陷发展直至最终击穿。穿柜套内部放电如图13-7所示。

条文 13.3.8　开关柜的观察窗应能满足安全要求、便于观察，并通过开关柜内部燃弧试验。未经型式试验考核前，不得进行柜体开孔等降低开关柜内部故障防护性能的改造。

条文 13.3.9　新建变电站的站用变压器、接地变压器不应布置在开关柜内或紧靠开关柜布置，避免其故障时影响开关柜运行。

条文 13.3.10　应在开关柜配电室配置空调、除湿机等有效的除湿防潮设备，

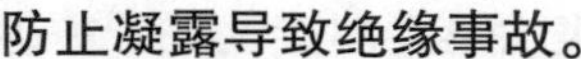

防止凝露导致绝缘事故。

条文 13.3.11　开关柜中所有绝缘件装配前均应进行局部放电检测，单个绝缘件局部放电量不大于 3pC。

条文 13.3.12　开关柜内真空断路器灭弧室出厂前应逐台进行老炼试验，并提供老炼试验报告。

条文 13.3.13　基建中高压开关柜在安装后应对其一、二次电缆进线处采取有效封堵措施。

环境潮湿是造成空气绝缘开关柜绝缘事故的首要外部因素。据专业机构研究，当环境湿度大于 85%以上时，开关柜内绝缘件的绝缘电阻将急剧下降，由千兆欧数量级下降到几十兆欧，这给用电安全带来了极大隐患。

而金属封闭开关柜内部潮气主要从柜体下部电缆沟进入，对一、二次电缆进线处进行有效严格的封堵是减少潮气进入的有效手段。

开关柜内潮湿元件表面凝露及触头触指因潮湿变色如图 13-8 所示。

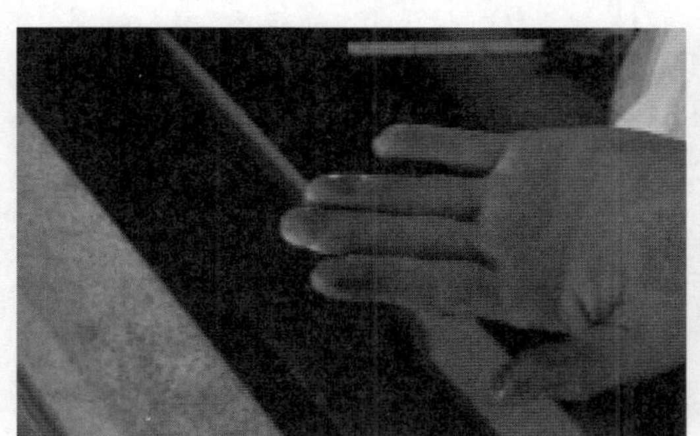

图 13-8　开关柜内潮湿元件表面凝露及触头触指因潮湿变色

条文 13.3.14　为防止开关柜火灾蔓延，在开关柜的柜间、母线室之间及与本柜其他功能隔室之间应采取有效的封堵隔离措施。

条文 13.3.15　高压开关柜应检查泄压通道或压力释放装置，确保与设计图纸保持一致。

条文 13.3.16　开关柜操作应平稳无卡滞，不应强行操作。新开关柜安装后，应检查手车触头插入深度，满足厂家技术要求。

条文 13.3.17　定期开展开关柜超声波局部放电、暂态地电压等带电检测，及早发现开关柜内绝缘缺陷，防止由开关柜内部局部放电演变成短路故障。

条文 13.3.18　应通过无线测温、红外窗口测温等方式加强总路（进线）、分段等大电流开关柜柜内温度检测。对温度异常的开关柜强化监测、分析和处理，防止导电回路过热引发的柜内短路故障。

目前，开关柜测温有多种方法，可以采取测量开关柜表面温度间接反映开关柜内发热情况，测量柜体表面温度不能真实反映内部过热情况，因此建议采用无线、光纤等技术手段，对开关柜内带电导体部位直接测温，也可在开关柜体上加装红外测量窗口，再通过红外热测温设备进行测量。

条文 13.3.19　加强带电显示闭锁装置的运行维护，保证其与柜门间强制闭锁的运行可靠性。

14

防止接地网和过电压事故的重点要求

总体情况说明：

（1）本章重点是防止接地网与过电压事故的重点要求，在《防止电力生产事故的二十五项重点要求（2014年版）》的基础上，针对近年来由于接地网运行状况不良或过电压防治措施不当，给人身及设备带来的安全隐患，结合国家、地方政府、相关部委以及国家电网有限公司、南方电网公司、发电集团等，近8年发布的法律、法规、规范、规定、标准和相关文件提出的新要求，修改、补充和完善相关条款，对原文中已不适应当前电网实际情况或已写入新规范、新标准的条款进行删除、调整。

（2）章节内容编排上，保持《防止电力生产事故的二十五项重点要求（2014年版）》第14章各节划分不变，新增14.7“防止避雷针事故”。

（3）按照编写组工作要求，在章节条文前增加了所执行的法规、规范、文件与标准的名录，对《防止电力生产事故的二十五项重点要求（2014年版）》所引用标准的版本进行更新，并新增5项标准。

将《防止电力生产事故的二十五项重点要求（2014年版）》中的《交流电气装置的接地》（DL/T 621—1997）和《交流电气装置的过电压保护和绝缘配合》（DL/T 620—1997）更新为《交流电气装置的接地设计规范》（GB/T 50065—2011）和《交流电气装置的过电压保护和绝缘配合设计规范》（GB/T 50064—2014），将《接地装置特性参数测量导则》（DL/T 475—2006）更新为《接地装置特性参数测量导则》（DL/T 475—2017）。

新增标准《1000kV架空输电线路设计规范》（GB/T 50665—2011）、《±800kV直流架空输电线路设计规范》（GB/T 50790—2013）、《110kV～750kV架空输电线路设计规范》（GB/T 50545—2010）、《架空输电线路雷电防护导则》（Q/GDW 11452—2015）、《1000kV变电站接地技术规范》（Q/GDW 278—2009）。

条文说明：

条文14.1　防止接地网事故

条文14.1.1　在新建变电站工程设计中，应掌握工程地点的地形地貌、土壤

的种类和分层状况，并提高土壤电阻率的测试深度，当采用四极法时，测试电极极间距离一般不小于拟建接地装置的最大对角线，测试条件不满足时至少应达到最大对角线的 2/3。

应采用实测土壤电阻率作为接地设计依据，土壤电阻率测量应采用四极法，如图 14-1 所示。

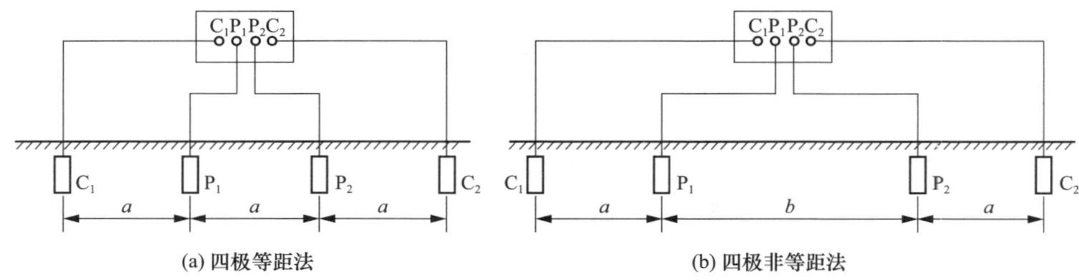

图 14-1　土壤电阻率测量方法

参照《接地装置特性参数测量导则》（DL/T 475—2017）明确土壤电阻率的测试深度，测试电极极间距离一般不小于拟建接地装置的最大对角线，测试条件不满足时至少应达到最大对角线的 2/3。

条文 14.1.2　在新建工程设计中，校验接地引下线热稳定所用电流应不小于远期可能出现的最大值，有条件地区可按照断路器额定开断电流考核；接地装置接地体的截面积不小于连接至该接地装置接地引下线截面积的 75%。并提供接地装置的热稳定容量计算报告。在扩建工程设计中，应对前期已投运的接地装置进行热稳定容量校核，不满足要求的必须进行改造。

随着网络结构不断增强，各地区原设计接地装置热容量不满足实际运行容量要求的矛盾越来越突出。接地网是隐蔽工程，扩容难度大。“远期可能出现的最大值”考虑的裕度较小，相对而言“按照断路器额定短路开断电流”校核，是现有设备所能承受的最大极限，裕度较大，可以满足电网长期发展的要求。各地区经济水平以及发展速度差异较大，故基本要求是“校验接地引下线热稳定所用电流应不小于远期可能出现的最大值”，对于经济条件较好，短路电流较大且区域电网扩容迅速的地区，则可按照断路器额定短路开断电流校核接地装置热容量。

在发生短路故障时，流过接地引下线的电流是全部的故障电流，而地网干线有分流作用，流过主接地网干线的电流是接地引下线的 50%或者更小，本条文要求接地装置接地体的截面积不小于连接至该接地装置接地引下线截面积的 75%，是考虑了一定裕度。

根据《交流电气装置的接地设计规范》（GB/T 50065—2011）附录 E 设备接地引下线截面与主网干线截面的配合原则如下：

根据热稳定条件，未考虑腐蚀时，接地线（接地引下线）的最小截面应符合式（14-1）要求，即

$$S_g \geqslant I_g / c \times \sqrt{t_e} \qquad (14\text{-}1)$$

式中 S_g——接地引下线的最小截面，mm^2；

I_g——流过接地导体（线）的最大接地故障不对称电流有效值，按工程设计水平年系统最大运行方式确定，A；

c——接地导体材料的热稳定系数，根据材料种类、性能及最大允许温度和接地故障前接地导体的初始温度确定；

t_e——接地故障的等效持续时间；s。

条文 14.1.3　在接地网设计时，应考虑分流系数的影响，计算确定流过设备外壳接地导体（线）和经接地网入地的最大接地故障不对称电流有效值。

由于架空地线及电缆外护套对测试电流会造成分流，导致实际接地阻抗测试仪所显示接地阻抗测试值比实际值偏低，而为了获得纯净接地网接地阻抗值，应进行分流向量测试。如果基建阶段，在架空地线（普通避雷线、OPGW 光纤地线）与主地网连接前进行接地阻抗测试有困难时，应采用分流向量法对系统分流系数进行测试，并对接地阻抗测试值进行校核，对不满足设计要求的接地网应及时进行降阻改造，直到接地阻抗满足设计值。

条文 14.1.4　对于 110kV（66kV）及以上新建、改建变电站，在中性或酸性土壤地区，接地装置选用热镀锌钢为宜，在强碱性土壤地区或者其站址土壤和地下水条件会引起钢质材料严重腐蚀的中性土壤地区，宜采用铜质、铜覆钢（铜层厚度不小于 0.25mm）或者其他具有防腐性能材质的接地网。对于室内变电站及地下变电站应采用紫铜材料的接地网。铜材料间或铜材料与其他金属间的连接，须采用放热焊接，不得采用电弧焊接或压接。

紫铜材料是铜含量 99.5%以上的纯铜，是比较纯净的铜材，其导电性能、耐腐蚀性能比普通铜材更为优越。户内站的接地网因无法开挖，其耐腐蚀性能比户外站要求更高。

铜覆钢的厚度依据《电力工程接地用铜覆钢技术条件》（DL/T 1312—2013）的要求进行修改，将铜层厚度由 0.8mm 改为 0.25mm，并补充 66kV 电压等级。

条文 14.1.5　施工单位应严格按照设计要求进行施工，预留设备、设施的接地引下线必须经确认合格，隐蔽工程必须经监理单位和建设单位验收合格，在此基础上方可回填土。同时，应分别对两个最近的接地引下线测量其回路电阻，测试结果是交接验收资料的必备内容，竣工时应全部交甲方备存。隐蔽工程应留存施工过程资料和验收资料。

接地装置存在的问题之一就是施工未按照设计要求进行，造成接地装置埋深不

够，接地阻抗不合格或者接地装置易发生腐蚀，因此对于接地装置的施工应加强监理，隐蔽工程应经监理单位和建设单位验收合格后方可回填，并要求留有影像资料存档，同时在交接时要求进行接地引下线之间的导通测试，保证导通良好，测试结果应作为接地网交接报告的一部分交甲方存档。

新增内容“隐蔽工程应留存施工过程资料和验收资料”，考虑隐蔽工程重要性，施工过程资料和验收资料应由监理单位和建设单位审核后及时留存归档，以便于运行检修阶段的资料查找。

条文 14.1.6　接地装置的焊接质量必须符合有关规定要求，各设备与主接地网的连接必须可靠，扩建接地网与原接地网间应为多点连接。接地线与主接地网的连接应用焊接，接地线与电气设备的连接宜用螺栓，且设置防松螺帽或防松垫片。

接地装置在安装施工时，焊接质量一定要保证完好，否则会因焊接不好造成焊接处腐蚀速度加快，甚至在故障点时成为易断点，致使事故因接地不良而扩大。各种电气设备与主接地网的连接是各种电气设备安全、稳定运行的技术保障，若连接不良，将导致设备失地运行。为保证扩建接地网与原接地网间等电位，必须多点连接。

考虑接地线与主接地网的连接时，特别应注意检查焊接部分的焊接质量并做好防腐措施，当采用搭接焊接时，其搭接长度应为扁钢宽度的2倍或圆钢直径的6倍。根据目前现状，变电站接地线与电气设备连接大多使用螺栓连接，可有效减少焊接带来的腐蚀、消防隐患，便于后期接地网检测。

条文 14.1.7　变压器中性点应有两根与接地网主网格的不同边连接的接地引下线，并且每根接地引下线均应符合热稳定校核的要求。主设备及设备架构等应有两根与主接地网不同干线连接的接地引下线，并且每根接地引下线均应符合热稳定校核的要求。接地引下线应便于定期进行检查测试。

当设备故障时，单根接地引下线严重腐蚀造成截面减小或者非可靠连接条件下，易造成设备失地运行。因此，变压器中性点应有两根与接地网主网格的不同边连接的接地引下线，且每根接地引下线均应符合热稳定的要求。主设备一般指110kV及以上的断路器、电压互感器、电流互感器、电容式电压互感器、隔离开关、避雷器等。目前国内变电站基本已经按要求进行双接地引下线配置，为更好保护主设备，应对双配置接地引下线做强制要求。

连接引线要明显、直接和可靠，且便于定期测试、检查，应符合《交流电气装置的接地设计规范》(GB/T 50065—2011）的规定。如截面（还应考虑防腐）不够应加大，并应首先加大易发生故障设备（如变压器、断路器、电压及电流互感器等）的接地引下线截面或条数。

【案例】 电网内曾发生过变压器中性点接地引下线由于热稳定容量不足导致在单相接地故障时烧断的情况，造成变压器失地运行而引起设备损坏的事故。

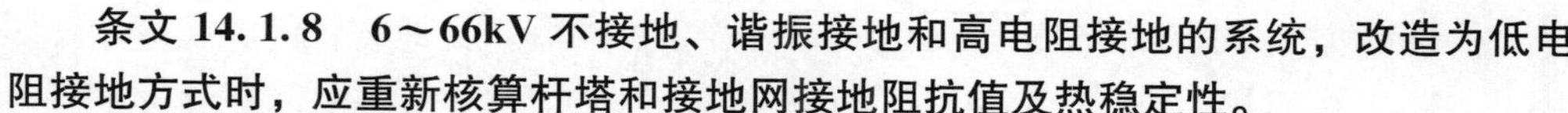

条文 14.1.8 6～66kV 不接地、谐振接地和高电阻接地的系统，改造为低电阻接地方式时，应重新核算杆塔和接地网接地阻抗值及热稳定性。

由不接地、谐振接地系统改造为小电阻接地系统后，接地电阻限制由 $R\leqslant 120/I_g$，变更为 $R\leqslant 2000/I_g$，应根据《交流电气装置的接地设计规范》（GB/T 50065—2011），重新校核接地阻抗；接地导体的截面应符合 $S\geqslant (I_g/\sqrt{t_e})$，改变接地方式后，故障电流 I_g 和持续时间 t_e 都发生变化，应重新进行热稳定校核。根据《交流电气装置的接地设计规范》（GB/T 50065—2011）提出该条款。

条文 14.1.9 新建变电站围墙范围内接地网宜一次性建成，变电站内接地装置宜采用同一材料。当采用不同材料进行混连时，地下部分应采用统一材料连接。

“新建变电站围墙范围内接地网宜一次性建成”，对于有扩建规划的变电站接地网一次建成有利于简化后期扩建工作，也避免不同材质带来的电化学腐蚀。目前变电站接地装置存在大量两种不同材质连接的现象，极易在连接处发生电化学腐蚀，运行经验表明，地网开挖检查时在不同材料连接处腐蚀往往最为严重，应在设计及施工过程中尽量避免发生，如受条件限制则应保证接地装置地下连接部分使用同一种材质的接地材料。根据《1000kV 变电站接地技术规范》（Q/GDW 278—2009）提出该条款。如受条件限制则必须对连接处进行防腐涂料包裹或采用牺牲阳极等方法控制不同材料的连接处的电化学腐蚀。

条文 14.1.10 对于高土壤电阻率地区的接地网，在接地阻抗难以满足要求时，应采取有效的均压及隔离措施，防止人身及设备事故，方可投入运行。对弱电设备应采取有效的隔离或限压措施，防止接地故障时地电位的升高造成设备损坏。

短路电流引起的地电位升高超过 2kV 时，接地网应符合以下要求：

（1）为防止转移电位引起的危害，对可能将接地网的电位升高引向厂、站外或将低电位引向厂、站内的设施，应采取隔离措施。

例如，对外的通信设备加隔离变压器；向厂、站外供电的低压线采用架空线，其电源中性点不在厂、站内接地，改在厂、站外适当的地方接地；通向厂、站外的管道采用绝缘段，铁路轨道分别在两处加绝缘鱼尾板等。

（2）考虑短路电流非周期分量的影响，当接地网电位升高时，发电厂、变电站内的 3～10kV 避雷器不应动作或动作后应承受被赋予的能量。

（3）应验算接触电位差和跨步电位差，对不满足规定要求的，应采取局部增设水平均压带或垂直接地极，以及铺设砾石地面或沥青地面等措施，防止对人身安全造成威胁。

接触电位差和跨步电位差的测量示意图如图 14-2 所示。

（4）对有可能由于雷击造成发电厂弱电设备损坏事故发生的，应对其采取隔离措施或装设专用的浪涌保护器。

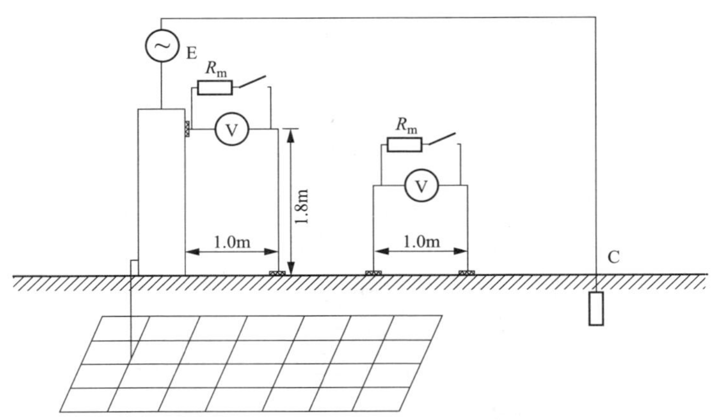

图 14-2 接触电位差和跨步电位差的测量示意图

条文 14.1.11 接地阻抗测试宜在架空地线［普通避雷线、光纤复合架空地线（OPGW）］与变电站出线构架连接之前、双端接地的电缆护套与主接地网连接之前完成，在上述连接完成之后且无法全部断开测量时，应采用分流向量法进行接地阻抗的测试，对于不满足设计要求的接地网及时进行降阻改造。

由于最大入地故障电流的计算是发电厂、变电站接地设计的基础，直接与发电厂、变电站安全性能有关，最大入地电流将产生最严重的地电位升、跨步电压和接触电压，所以对分流系数的计算准确性决定了地网能否满足投运要求，根据《交流电气装置的接地设计规范》（GB/T 50065—2011）提出该条款。

条文 14.1.12 对于已投运的接地装置，应每年根据变电站短路容量的变化，校核接地装置（包括设备接地引下线）的热稳定容量。对于变电站中的不接地、经消弧线圈接地、经高阻接地等小电流接地系统，必须按异点两相接地故障校核接地装置的热稳定容量。

对于变电站中的不接地、经消弧线圈接地、经高阻接地等小电流接地系统，由于其异相不同点接地时短路电流最严重，是决定该系统接地装置的热容量的重要指标，所以该类系统必须按异点两相接地短路来校核接地装置的热稳定容量。

条文 14.1.13 投运10年及以上的非地下变电站接地网，应定期开挖（间隔不大于5年）抽检接地网的腐蚀情况，每站抽检5～8个点。铜质材料接地网整体情况评估合格的不必定期开挖检查。

对应《防止电力生产事故的二十五项重点要求（2014年版）》，在原条款的基础上，明确开挖检查点的数量，并将开挖检查时间调整为投运10年及以上的非地下变电站。明确了铜质材料接地体地网不必定期开挖检查的前提条件。

目前来看，接地网开挖检查是检查接地装置材料腐蚀性的有效手段，通过定期开挖抽查可有效判断整个接地网的腐蚀情况，在开挖检查的5年期限之内，土壤或者地下水质可能导致接地网腐蚀严重的地区，可根据接地网接地阻抗或接触电压和跨步电压测量结果适当缩短接地网开挖时间。

对于接地装置，第一次按规程开挖以后，应坚持不超过五年开挖1次。

(1) 对于已运行10年的接地网，接地装置腐蚀情况通过周围的环境及开挖检查研究。根据电气设备的重要性和施工的安全性，通过选择5～8个点沿接地引下线进行开挖，要求不得有开断、松脱或严重腐蚀等现象，如有疑问还应扩大开挖的范围。

(2) 对于运行10年以上的接地网，以后每3～5年要继续开挖检查一次，发现接地网腐蚀较为严重时，应及时进行处理。

由于铜质材料防腐性能非常好，因此针对铜质材料接地体的接地网可以不必定期开挖检查。

【案例】 1999年7月20日，某220kV变电站发生重大设备事故，事故造成一台220kV变压器（150MVA）烧毁，10kV的B段配电设备、主控室全部二次设备等严重烧损，并扩大到电网，致使部分发电厂共计10台发电机组发生相继跳闸的系统事故。其事故起因就是8023插头柜三相短路，但是由于开关柜接地线与主接地网未连接，造成开关柜高电位，开关柜的高电位经开关柜内控制和合闸电缆直接窜入直流系统，导致直流电源消失，从而导致事故扩大。

条文14.2 防止雷电过电压事故

条文14.2.1 设计阶段应因地制宜开展防雷设计，除地闪密度小于0.78次/(km^2·年)的雷区外，220kV及以上线路一般应全线架设双地线，110kV线路应全线架设地线。地闪密度大于等于0.78次/(km^2·年)的新能源场站，35kV架空集电线路宜架设双避雷线。

近年新能源场站发展迅速，而相应运行技术标准滞后，35kV架空集电线路雷击跳闸率较高，线路走廊雷电活动密集的集电线路建议架设双避雷线。

【案例】 架空地线架设在导线上方，其作用一则体现在减少了雷电直击导线的概率，降低了线路绝缘承受的雷电过电压幅值；二则对导线有耦合作用，抬高导线电位，使得绝缘子两端的电压差降低。三则可以屏蔽感应雷对导线的作用，降低感应雷过电压。

雷击线路杆塔的分流示意图如图14-3所示。

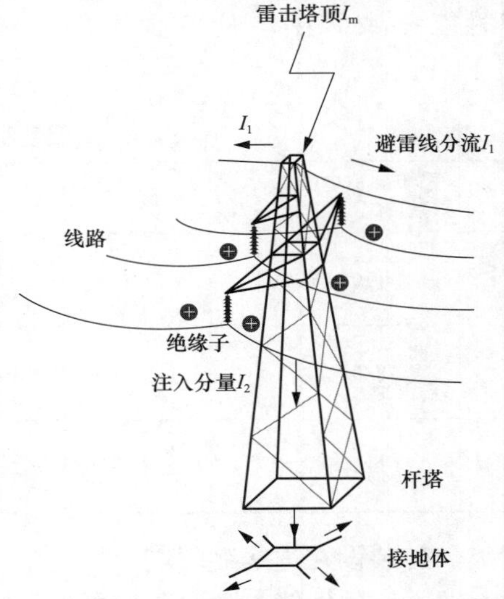

图14-3 雷击线路杆塔的分流示意图

条文 14.2.2　对符合以下条件之一的敞开式变电站应在 110～220kV 进出线间隔入口处加装金属氧化物避雷器：

条文(1) 变电站所在地区近 3 年雷电监测系统记录的平均落雷密度不小于 3.5 次/(km^2·年)；

条文(2) 变电站 110～220kV 进出线路走廊在距变电站 15km 范围内穿越雷电活动频繁［近 3 年雷电监测系统记录的平均落雷密度大于等于 2.8 次/(km^2·年)］的丘陵或山区；

条文(3) 变电站已发生过雷电波侵入造成断路器等设备损坏；

条文(4) 经常处于热备用状态的线路。

按照原有设计规范，110kV 及 220kV 变电站仅有母线避雷器，无出线避雷器。处于热备用运行的线路在遭受雷击时或变电站进出线断路器在线路遭雷击闪络跳闸后，在断路器重合前的时间内，线路再次遭受雷击时，雷电侵入波在断路器断口处发生全反射，产生的雷电过电压超过了设备的雷电耐受绝缘强度，母线避雷器对出线断路器等设备不能有效保护，造成内绝缘或外绝缘击穿，因此在 110～220kV 进出线间隔入口处加装金属氧化物避雷器。

变电站进出线间隔入口金属氧化物避雷器应根据变电站总平面布置，在满足设计安全距离的前提下，优先考虑装设在变电站内进出线间隔的线路侧或进线门型架上；变电站内不具备安装条件的，可以将避雷器装设在进线终端塔上。

（1）装设在变电站内的间隔入口避雷器。应选用无间隙金属氧化物避雷器，其性能参数和型号应与变电站母线避雷器保持一致，避雷器的保护距离见表 14-1。

表 14-1　　　　避雷器的保护距离一览表

系统标称电压(kV)	安装位置	设备雷电冲击耐受电压(kV)	最大保护距离(m)
110	站内	450	60
		550	95
220		850	80
		950	105
110	终端塔	450	55
		550	90

（2）装设在进线终端塔上的避雷器。应选用带串联间隙的金属氧化物避雷器，避雷器本体的性能参数应与变电站母线 MOA 相同（不能直接选用线路用避雷器），110、220kV 带间隙金属氧化物避雷器的雷电冲击 50%放电电压应分别不大于

250kV 和 500kV，终端塔接地装置的工频接地电阻值应小于 10Ω。避雷器的保护距离见表 14-1。

综上所述，为了预防断开断路器因雷电侵入波造成断路器损害的事故发生，最安全经济有效的办法就是在易遭受雷击的线路入口（断路器的线路侧附近）装设 MOA。

应优先安排重要变电站，重要线路出口段加装避雷器，提高线路、变电站防雷水平，防范雷击过电压对变电站设备造成损坏。

【案例】 2007 年 7 月 29 日晨，某供电公司 220kV WB 变电站某线 B 相开关遭受雷击损坏，造成 220kV 北母线的母线保护动作，开关跳闸，全站停电。现场检查，某线 B 相开关灭弧室瓷套损坏。巡线检查，发现某线 4 号塔合成绝缘子有放电痕迹，雷电定位系统显示故障时，在某线 4～5 号塔间有连续落雷。

条文 14.2.3　500kV 及以上电压等级线路，设计阶段应计算线路雷击跳闸率，若大于控制参考值［折算至地闪密度 2.78 次/(km^2 · 年)］，则应对 500kV (750kV) 及以上电压等级的超、特高压线路按段进行雷害风险评估，对高雷害风险等级（Ⅲ、Ⅳ级）的杆塔采取防雷优化措施。500kV 以下电压等级线路可参照执行。

新建输电线路应逐步采用雷害评估技术取代传统雷电日和雷击跳闸率经验计算公式，并按照线路在电网中的位置、作用和沿线雷区分布，区别重要线路和一般线路进行差异化防雷设计。

《架空输电线路雷电防护导则》（Q/GDW 11452—2015）中 7.2 明确要求，一般线路雷害高风险杆塔及重要输电线路全线应进行雷害风险评估，Q/GDW 11452—2015 中 6.1 对雷击风险水平控制参考值进行了具体要求。一般来说交流 500kV 线路的雷击跳闸率按照 0.14 次/100(km · a)、交流 1000kV 线路按照 0.1 次/100(km · a) 来控制。

【案例】 某供电公司某变电站 220kV 侧仅由同塔双回线 BT 甲乙线供电。2006 年 10 月 19 日 220kV BT 乙线因雷击跳闸，造成变电站全停。9 时 9 分，220kV BT 甲乙线双套分相差动保护动作、距离Ⅰ段保护动作，A 相开关跳闸，重合成功。9 时 11 分，220kV BT 甲乙线双套分相差动保护动作，三相开关跳闸，造成 220kV 某变电站全停，并影响三座 66kV 变电站停电。某变电站 220kV 侧仅由同塔双回线 BT 甲乙线供电，雷击后，同塔双回线同时闪络跳闸的可能性较大。同塔双回线路可进行差异化防雷配置，减少雷击后同时跳闸的概率。

条文 14.2.4　在设计阶段，500kV 交流线路处于 C2 及以上雷区的线路区段，其保护角设计值减小 5°。其他电压等级线路地线保护角参考相应设计规范执行。

500kV及以上电压等级的输电线路雷击跳闸故障中绕击故障约占比90%，在线路投运后，降低绕击跳闸的手段非常有限。因此对于新建线路，按照评估结果适当减小地线保护角是在设计阶段降低线路绕击跳闸率最直接手段，也是行之有效的根本措施。《110kV～750kV架空输电线路设计规范》（GB 50545—2010）中500kV线路保护角规定值相比，目前《架空输电线路雷电防护导则》（Q/GDW 11452—2015）和《关于印发〈架空输电线路差异化防雷工作指导意见〉的通知》（国网生〔2011〕500号）要求在强雷区的500kV线路保护角设计值均减小5°，以此降低高危区域500kV线路区段绕击跳闸率。

以下是线路地线保护角的推荐值。

（1）重要线路地线保护角。重要线路应沿全线架设双地线，地线保护角一般按表14-2选取。

表14-2　　重要线路地线保护角选取一览表

雷区分布	电压等级(kV)	杆塔型式	地线保护角(°)
A～B2	110	单回路铁塔	≤10
		同塔双（多）回铁塔	≤0
		钢管杆	≤20
	220～330	单回路铁塔	≤10
		同塔双（多）回铁塔	≤0
		钢管杆	≤15
	500～750	单回路	≤5
		同塔双（多）回	≤0
C1～D2	对应电压等级和杆塔型式可在上述基础上，进一步减小地线保护角		

对于绕击雷害风险处于Ⅳ级区域的线路，地线保护角可进一步减小。两地线间距不应超过导地线间垂直距离的5倍，如超过5倍，经论证可在两地线间架设第3根地线。

（2）一般线路地线保护角。除A级雷区外，220kV及以上线路一般应全线架设双地线。110kV线路应全线架设地线，在山区和D1、D2级雷区，宜架设双地线，双地线保护角需按表14-3配置。220kV及以上线路在金属矿区的线段、山区特殊地形线段宜减小保护角，330kV及以下单地线路的保护角宜小于25°。运行线路一般不进行地线保护角的改造。

条文14.2.5　在设计阶段，杆塔接地电阻设计值应参考相关标准执行，对220kV及以下电压等级线路，若杆塔处土壤电阻率大于1000Ω·m，且地闪密度处于C1及以上雷区，则接地电阻较设计规范宜降低5Ω。

表 14-3　　一般线路地线保护角选取

雷区分布	电压等级（kV）	杆塔型式	地线保护角（°）
A～B2	110	单回路铁塔	≤15
		同塔双（多）回铁塔	≤10
		钢管杆	≤20
	220～330	单回路铁塔	≤15
		同塔双（多）回铁塔	≤0
		钢管杆	≤15
	500～750	单回路	≤10
		同塔双（多）回	≤0
C1～D2	对应电压等级和杆塔型式可在上述基础上，进一步减小地线保护角		

对于 110、220kV 反击占比较高情况，降低接地电阻可有效减少其反击跳闸概率。与《110kV～750kV 架空输电线路设计规范》（GB 50545—2010）中杆塔接地电阻设计值相比，目前《架空输电线路雷电防护导则》（Q/GDW 11452—2015）在强雷区的杆塔接地电阻设计值减小 3～5Ω，以此降低高危区域 220kV 及以下线路反击跳闸率。但考虑降阻经济性及改造效果，特将目标限定于土壤电阻率大于 1000Ω·m 且地闪密度处于 C1 的高风险杆塔，降低幅度为 5Ω。

条文 14.2.6　架空输电线路的防雷措施应按照输电线路在电网中的重要程度、线路走廊雷电活动强度、地形地貌及线路结构的不同，进行差异化配置，重点加强重要线路以及多雷区、强雷区内杆塔和线路的防雷保护。新建和运行的重要线路，应综合采取减小地线保护角、改善接地装置、适当加强绝缘等措施降低线路雷害风险。针对雷害风险较高的杆塔和线段宜采用线路避雷器保护或预留加装避雷器的条件。

区分重要线路及一般线路的差异化防雷要求修订，线路新建阶段，雷害风险等级较高的杆塔若安装避雷器有困难，要求预留加装避雷器的条件，为后期防雷改造提供基础。带绝缘支柱的线路避雷器如图 14-4 所示，纯空气间隙线路避雷器如图 14-5 所示。

条文 14.2.7　在土壤电阻率较高地段的杆塔，可采用增加垂直接地体、加长接地带、改变接地形式、换土或采用接地模块等措施降低杆塔接地电阻值。

在土壤电阻率较高的地区，可采用增加垂直接地体、加长接地带、改变接地形式、换土或采用接地新技术（如接地模块）等措施，新建线路原则上不使用化学降阻剂。已使用降阻剂的杆塔接地，要缩短开挖检查周期。在盐碱腐蚀较严重的地段，接地装置应选用耐腐蚀性材料或者采用导电防腐漆防腐。

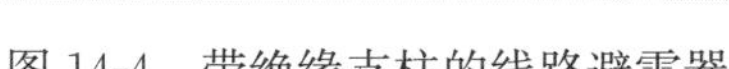

图 14-4　带绝缘支柱的线路避雷器

图 14-5　纯空气间隙线路避雷器

条文 14.2.8　线路雷击跳闸后，即使断路器重合成功仍需检查故障录波装置、查询雷电定位系统，分析断路器分断 300ms 内电流波形和周边落雷情况。如确认断路器因遭受多重雷击导致断口击穿后，应尽量避免对该断路器进行操作，尽快泄压并进行解体检查。

参考南方电网公司反事故措施。线路雷击跳闸后，即使断路器重合成功仍需检查故障录波装置、查询雷电定位系统，分析断路器分断 300ms 内电流波形和周边落雷情况。如确认断路器因遭受多重雷击导致断口击穿后，应尽量避免对该断路器进行操作，尽快泄压并进行解体检查。

条文 14.2.9　加强避雷线运行维护工作，定期打开部分线夹检查，保证避雷线与杆塔接地点可靠连接。对于具有绝缘架空地线的线路，要加强放电间隙的检查与维护，确保动作可靠。

220kV 及以上线路采用绝缘地线时地线上的感应电压可以高达几十千伏，工程实践中曾发生过地线间隙长期放电引起严重通信干扰的情况，其原因就是地线间隙调整不当或固定不可靠。线路避雷器支撑间隙尺寸及状态变化，如间隙尺寸超过限定值、受力不均匀引起金具弯曲磨损等，将影响其防护效果及线路安全运行。

条文 14.2.10　严禁利用避雷针、变电站构架和带避雷线的杆塔作为低压线、通信线、广播线、电视天线的支柱。

当低压线、通信线、广播线、电视天线等搭挂在避雷针、变电站构架和带避雷线的杆塔上时，雷击会造成低压、弱电设备损坏，甚至威胁人身安全，因此严禁搭挂。

避雷针遭受雷击或雷电侵入波沿避雷线进站，所引起局部接地网电位抬升，高电位的窜入可能造成低压、弱电设备损坏。对有可能由于雷击造成弱电设备损坏事故发生的，应对其采取隔离措施或装设专用的浪涌保护器。

发电厂、变电站的接地装置应与线路的避雷线相连，且有便于分开的连接点。

当不允许避雷线直接和发电厂、变电站配电装置构架相连时，发电厂、变电站接地网应在地下与避雷线的接地装置相连接，连接线埋在地中的长度不应小于15m。

条文14.2.11　每年雷雨季节前开展：

条文(1)　接地电阻测试，对不满足要求的杆塔及时进行降阻改造。

条文(2)　定期（不大于5年）对接地装置开挖抽查。

条文(3)　定期（不大于5年）对线路避雷器进行抽检。

每年雷雨季节前开展接地电阻测试能及时发现接地电阻超标等接地缺陷，并进行及时治理。定期对接地装置进行开挖抽查，以掌握杆塔腐蚀情况、水土流失等情况，并及时采取相应的整改措施。考虑全部进行开挖检查工作量巨大，且与接地电阻同周期开展必要性不大，可以选取同一区域或同一线路的杆塔进行抽检掌握接地网锈蚀情况；每年雷雨季节前记录避雷器计数器读数，只是记录避雷器遭受雷击的次数，并不是带电检测。另外，考虑定期对线路避雷器进行抽检，评估避雷器的运行状态。

条文14.3　防止变压器过电压事故

条文14.3.1　切合110kV及以上有效接地系统中性点不接地的空载变压器时，应先将该变压器中性点临时接地。

因断路器非同期操作、线路非全相断线等原因造成变压器中性点电位异常抬升，可能导致变压器中性点绝缘损坏，或中性点避雷器（如有）发生爆炸。

条文14.3.2　为防止在有效接地系统中不接地变压器中性点出现高幅值的雷电、工频过电压，对中性点额定雷电冲击耐受电压大于185kV的110～220kV不接地变压器，中性点过电压保护应采用无间隙避雷器保护；对于110kV变压器，当中性点额定雷电冲击耐受电压不大于185kV时，原则上应优先采用水平布置的间隙保护方式，对已采用间隙并联避雷器的组合保护方式仍可继续保留使用。对于间隙，在雷雨季节前或间隙动作后，应检查间隙的烧损情况并校核间隙距离。

在有效接地系统中当变压器中性点不接地运行时，因断路器非同期操作、线路非全相断线等原因造成中性点不接地的孤立系统，单相接地运行时产生较高工频过电压，为防止中性点绝缘损坏，变压器中性点应采用无间隙避雷器或者棒间隙进行保护。

（1）中性点额定雷电冲击耐受电压大于185kV的110～220kV不接地变压器采用无间隙避雷器保护。对中性点额定雷电冲击耐受电压大于185kV的110～220kV不接地变压器，其额定雷电冲击耐受电压一般大于或等于230kV，无间隙避雷器参数可以满足绝缘配合要求，因此推荐使用无间隙避雷器。

（2）中性点额定雷电冲击耐受电压小于或等于185kV的110～220kV不接地变压器采用水平布置的间隙保护。对中性点额定雷电冲击耐受电压不大于185kV

时110～220kV不接地变压器，由于无间隙避雷器的固有特性难以满足绝缘配合要求，因此推荐选用水平布置的间隙进行保护。在高幅值的雷电及工频过电压下均由该间隙进行保护。并对间隙的布置方式进行补充说明，要求间隙水平布置，防止间隙距离由于外力和天气原因发生改变。

综上所述，新建变电站在确认主变压器中性点额定雷电冲击耐受电压大于185kV时，建议使用该条款进行无间隙避雷器配置，已运行站维持原有间隙或者间隙并联避雷器的配置。

棒间隙距离应按照电网具体情况而定，原则上220kV选用250～300mm（当接地系数$K \geqslant 1.87$时，选用285～300mm）；110kV选用105～115mm。

棒间隙可使用直径ϕ14mm或ϕ16mm的圆钢，棒间隙应采用水平布置，端部为半球形，表面加工细致、无毛刺并镀锌，尾部应留有15～20mm螺扣，用于调节间隙距离。

在安装时，应考虑与周围物体的距离，棒间隙与周围接地物体距离应大于1m，接地棒长度应不小于0.5m，离地面距离应不小于2m。

应定期检查棒间隙的距离，尤其是在间隙动作后应检查间隙烧损情况，如不符合要求应进行调整或更换。

（3）对已采用间隙并联避雷器的组合保护方式仍可继续保留使用。

主要针对部分老旧变压器其中性点绝缘水平为35kV等级（工频耐压85kV，冲击耐受电压180kV）时，还应在并联间隙旁并联MOA，其$U_{1mA}>67$kV，1kA雷电残压不大于120kV。

对已采用间隙并联避雷器的组合保护方式的仍可继续保留使用。在雷电过电压下，避雷器优先动作；在出现威胁中性点绝缘的高幅值工频过电压下，间隙优先动作。

【案例】 2007年7月7日，某变电公司220kV BDL站因某线路被雷击引起1号、2号主变压器间隙保护动作跳闸，变电站全停。雷击同时造成XZ站2号变压器及BDL 1号、2号变压器中性点击穿，击穿电流达到变压器间隙电流保护定值。变压器间隙电流保护时间按照《继电保护和安全自动装置技术规程》（GB/T 14285—2006）中相关要求整定为0.5s。在510ms左右，XZ 2号变压器间隙电流保护动作，约543ms跳开变压器各侧断路器。511ms BDL 1号、2号变压器间隙电流保护动作，约560ms跳开变压器各侧断路器。600ms左右某线重合送出。暴露的问题是在主变压器间隙保护设置上，未能统筹考虑在特殊情况下的设定。

由于某线路部分通过山区，夏季遭受雷击的概率较高，为了避免类似的情况的再次发生，经过调研，参考某公司在变压器中性点间隙所作出的研究，暂时将变压器间隙时间改为1.5s。经过了几次雷击考验，没有出现类似问题。间隙零序电流保护宜设置适当延时，避免在间隙动作后造成误跳变压器。

条文 14.3.3 对于低压侧有空载运行或者带短母线运行可能的变压器，宜在变压器低压侧装设避雷器进行保护。对中压侧有空载运行可能的变压器，中性点有引出的可将中性点临时接地，中性点无引出的应在中压侧装设避雷器。

对于中、低压侧有空载运行或者带短母线运行可能的变压器，为防止高压侧非全相或者非同期合闸，以及高压侧有沿架空线路入侵的雷电波时，由于高中、高低压绕组之间的静电感应而在变压器的中、低压侧出现危及绕组绝缘的过电压，因此中性点有引出的可将中性点临时接地，无引出的需装设避雷器进行保护，以防止传递过电压造成变压器绝缘损坏。

条文 14.3.4 新建变压器户外 10kV 出口侧应选用提高外绝缘水平的出线避雷器，并使其达到出线侧支柱绝缘子的外绝缘水平。

变压器低压侧避雷器的外绝缘水平如不提高，受湿度、雨、污染等环境因素影响，容易导致变压器低压侧出口短路故障的频繁发生，因此建议变压器 10kV 出口侧选用提高外绝缘水平的出线避雷器。

条文 14.4 防止谐振过电压事故

条文 14.4.1 为防止 110kV 及以上电压等级断路器断口均压电容与母线电磁式电压互感器发生谐振过电压，可通过改变运行和操作方式避免形成谐振过电压条件。新建或改造敞开式变电站应选用电容式电压互感器。

避免断路器断口电容和空母线 TV（电磁式电压互感器）铁磁谐振过电压造成危害的根本措施是采用电容式电压互感器。对有发生断路器断口电容和空母线 TV 铁磁谐振过电压可能的，可采取以下措施：在出现带断口电容断路器投切空母线时，首先拉开母线 TV 隔离开关，或者运行人员密切监视空母线电压，在带断口电容断路器切空母线操作时，如果出现谐振现象，尽快拉开断路器两侧隔离开关的其中一侧隔离开关，而在投空母线时，如果在断路器两侧隔离开关合入后出现谐振现象，应尽快合入断路器。严禁在发生长时间谐振后，合入断路器，将母线 TV 重新投入运行。TV 谐振消除后（特别是长时间谐振后），应认真全面地检查 TV，防止 TV 带故障隐患投入运行。检查项目包括外观检查是否渗漏油、测试绕组直流电阻、取油做色谱试验等。

【案例】 铁磁谐振是电路由于铁心饱和而引起的一种跃变，这一跃变使得电路由原来的电感性工作状态转变为电容性工作状态，在跃变过程中电流激增，电压也随着增加，从而产生了过电压。

典型高频谐振电压、电流波形如图 14-6 所示，典型基频谐振电压、电流波形如图 14-7 所示。

条文 14.4.2 为防止中性点非直接接地系统发生由于电磁式电压互感器饱和产生的铁磁谐振过电压，可采取以下措施：

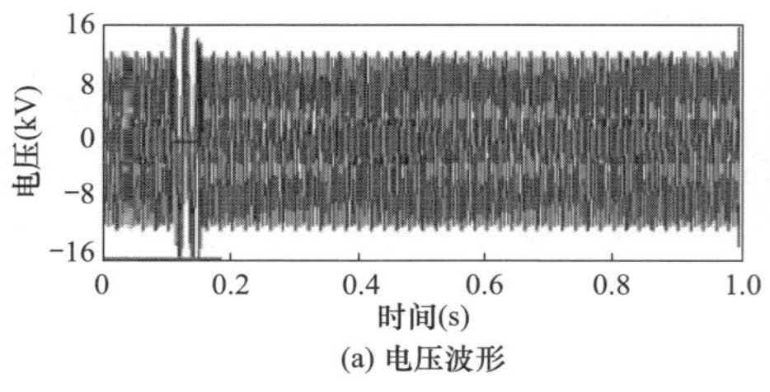

(a) 电压波形

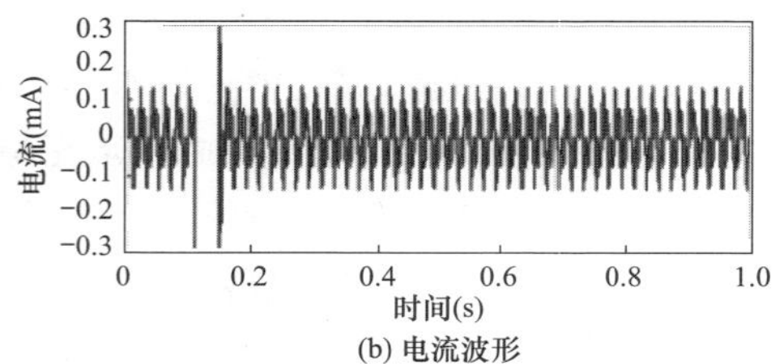

(b) 电流波形

图 14-6　典型高频谐振电压、电流波形

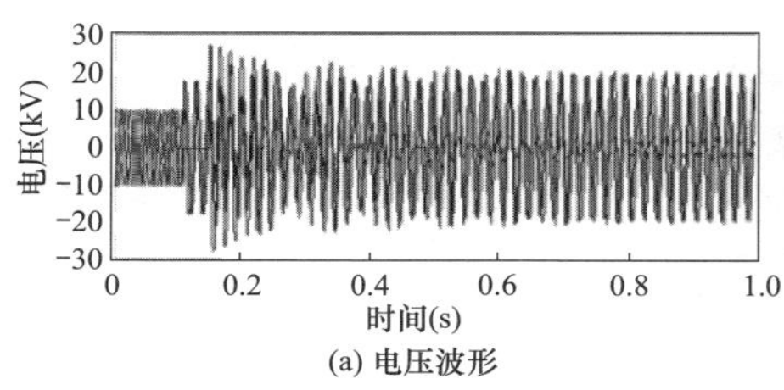

(a) 电压波形

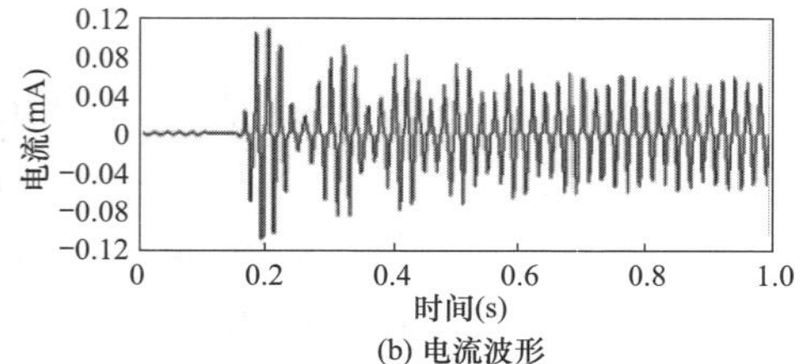

(b) 电流波形

图 14-7　典型基频谐振电压、电流波形

条文(1) 选用励磁特性饱和点较高的，在 $1.9U_n$/电压下，铁心磁通不饱和的电压互感器，且三相在 0.2、0.5、0.8、1.0、1.2 倍额定电压下的励磁电流偏差不超过 30%；

条文(2) 在电压互感器（包括系统中的用户站）一次绕组中性点对地间宜串接零序电压互感器或其他消除此类谐振的装置；

条文(3) 10kV 及以下用户电压互感器一次中性点应不直接接地。

以上措施是防止电磁式电压互感器饱和引发谐振的有效措施，目前在电力系统应用较多，在一次绕组中性点对地间串接零序电压互感器或其他消除此类谐振的装置，可以在不更换电压互感器的前提下有效地消除谐振过电压。

增加内容“三相在 0.2、0.5、0.8、1.0、1.2 倍额定电压下的励磁电流偏差不超过 30%”，三相之间励磁电流偏差过大，也易引发铁磁谐振。删除（b）中“串接线性或非线性消谐电阻、加零序电压互感器或在开口三角绕组加阻尼”内容，据现场实际情况，推荐采用零序电压互感器消除铁磁谐振的效果较好，可操作性强，且原电压互感器和零序电压互感器在故障情况下的传变特性保持不变。对于“线性或非线性消谐电阻、开口三角绕组加阻尼”等措施，抑制效果不佳，且在故障情况下对互感器的传变特性有影响，因此不在条文中列举。

条文 14.4.3　电磁式电压互感器谐振后（特别是长时间谐振后），应进行励磁特性试验并与初始值比较，在 0.2、0.5、0.8、1.0、1.2 倍额定电压下的励磁电流偏差不超过 30%。严禁在发生长时间谐振后未经检查将设备投入运行。

谐振过电压持续时间较长，电压互感器严重饱和后，励磁电流急剧增加，可能引起高压熔丝熔断、绝缘闪络，甚至引起互感器烧损。根据现场实际情况，电磁式电压互感器通常由隔离开关连接母线，禁止未经检查将设备投入运行，而无须特指是用断路器还是隔离开关将设备投入运行。

条文 14.5　防止弧光接地过电压事故

条文 14.5.1　对于中性点不接地的 6～66kV 系统，应根据电网发展每 3～5 年进行一次电容电流测试，已装设消弧线圈的变电站可参考控制器中的电容电流数值。在消弧线圈布置上，应避免由于运行方式改变出现部分系统无消弧线圈补偿的情况。对于已经安装消弧线圈、单相接地故障电容电流依然超标的应当采取消弧线圈增容或者采取分散补偿方式，消弧线圈宜采用过补偿运行方式，脱谐度不大于 15%；对于系统电容电流大于 150A 及以上的，也可以根据系统实际情况改变中性点接地方式或者采用分散补偿。

对于中性点不接地、谐振接地的 6～66kV 系统，电容电流增长速度较快，应根据电网发展每 1～3 年进行一次电容电流测试。考虑现场测试工作量，增加内容“已装设消弧线圈的变电站可参考控制器中的电容电流数值”，可动态监测电容电流数值，取其最大值进行补偿。增加内容“消弧线圈宜采用过补偿运行方式，脱谐度不大于 15%”，增加消弧线圈运行状态及脱谐度的要求，脱谐度取较低值可以可靠地灭弧，减小弧道中的残余电流，加快恢复电压的上升速度。

当 10、35kV 系统的电容电流较大，采用在变电站集中补偿的方式有困难时，宜根据就地平衡的原则，采用在变电站集中补偿和在下一级开闭站分散补偿相结合的补偿方式。

部分地区由于消弧线圈设置不合理，造成负荷站在负荷切换时消弧线圈补偿未及时切换，使得出现部分系统无补偿的现象，严重影响系统的安全稳定运行，因此在消弧线圈布置上补偿容量宜与主要负荷运行在一起，切换时宜实现一起切换到电源点。

【案例】　2008 年 6 月 23 日，某供电公司 220kV 某变电站因线路故障过电压，202-2 隔离开关放电造成 2 号变压器差动动作跳闸。因雷雨大风天气，某线 2～3 号杆塔导线对树木放电，10kV 系统受到扰动。由于系统电容电流较大，使 10kV-5 母线系统产生的接地电流不易熄灭，产生弧光接地过电压，此过电压在系统 202-2 隔离开关绝缘薄弱处发生绝缘击穿，导致三相短路故障，造成 202-2 隔离开关烧损。故障原因主要是由于雷雨天气某线对树放电，造成线路故障；10kV 系统未采取限制接地过电压的有效措施。

条文 14.5.2　对于自动调谐消弧线圈，在招标采购阶段应要求生产厂家提供系统电容电流测试及跟踪功能试验报告。自动调谐消弧线圈投入运行后，应定期（时间间隔不大于 3 年）根据实际测量的系统电容电流对其自动调谐功能的准确性

进行校核。

近几年，配电网6～35kV系统发展非常快，电缆的使用越来越多，配电网电容电流越来越大，单相短路时，电容电流难以熄灭，造成单相短路时易引发相间短路故障，因此应根据电网发展每3～5年进行一次电容电流测试。

由于消弧线圈的电感电流部分或者全部地补偿了电容电流，使故障电流减小，对熄灭故障电弧或限制重燃大为有利。消弧线圈的接入还可以大大降低故障间隙的恢复电压上升速度，从而有利于抑制间歇性电弧的产生。消弧线圈的脱谐度越小（补偿度越大），这种作用就越显著。然而太小的脱谐度将导致正常运行中较大的中性点位移，因此必须综合两方面的要求确定合适的脱谐度。

目前，我国过电压保护规程规定，中性点经消弧线圈接地系统采用过补偿方式，其脱谐度不超过10%；即使由于消弧线圈容量不够而不得不采用欠补偿方式时，脱谐度也不要超过10%；同时还要求中性点位移电压一般不超过相电压的15%。

非有效接地系统包括不接地、谐振接地、低电阻接地和高电阻接地系统。

条文14.5.3　变电站6～66kV各段母线，因地制宜可配置消弧线圈或主动干预型消弧装置。不接地和谐振接地系统发生单相接地时，应按照就近、快速隔离故障的原则尽快切除故障线路或区段。尤其对于与66kV及以上电压等级电缆同隧道、同电缆沟、同桥梁敷设的纯电缆线路，应全面采取有效防火隔离措施，并开展安全性与可靠性评估，尽量缩短切除故障线路时间，降低发生弧光接地过电压的风险。

主动干预型消弧装置，在电网有部分试点。目前运行人员口头反馈效果尚可，但未提供有效运行分析报告。因此在本条文中做弱化处理，提及即可。新增内容“应按照就近、快速隔离故障”的原则尽快切除故障线路或区段。尤其对于与66kV及以上电压等级电缆同隧道、同电缆沟、同桥梁敷设的纯电缆线路，应全面采取有效防火隔离措施，并开展安全性与可靠性评估。鉴于近几年发生多起由于非有效接地系统发生单相接地故障后运行导致发生电缆故障和火灾事故，在本条文明确电缆出线较多的系统需完善防火措施，迅速隔离故障。

条文14.6　防止无间隙金属氧化物避雷器事故

条文14.6.1　对于强风地区变电站避雷器应采取差异化设计，避雷器均压环应采取增加固定点、支撑筋数量及支撑筋宽度等加固措施。

依据新疆、蒙东等强风地区运维单位实际运行经验，提高避雷器均压环的差异化设计标准，防止均压环断裂损坏，提出该条款。

条文14.6.2　220kV及以上电压等级瓷外套避雷器安装前应检查避雷器上下法兰是否胶装正确，下法兰应设置排水孔。

依据《国家电网公司2013年某500kV避雷器事故案例》（运检一〔2013〕233号）要求，为防止避雷器上下法兰胶装错误，导致避雷器内部受潮，引起放电事故，结合实际运行经验提出本条文。

【案例】 2006年9月28日，某供电公司220kV某变电站1号主变压器220kV侧B相避雷器爆炸，造成两侧开关跳闸。暴露的问题是避雷器装配工艺不当，未能将密封盖板完全压紧，致使上节避雷器绝缘筒受潮，主变压器运行后，上节避雷器绝缘筒击穿，发生爆炸，引起主变压器差动保护动作跳闸。日常运行巡视中应加强避雷器泄漏电流监测，发现异常应立即采取相应措施。

条文 14.6.3 对金属氧化物避雷器，应坚持在运行中按规程要求进行带电试验。35～330kV电压等级金属氧化物避雷器可用带电测试替代定期停电试验。500kV及以上电压等级金属氧化物避雷器宜进行停电检测。

避雷器带电试验包括泄漏电流（全电流、阻性电流）测试及红外精确测温，带电试验可以发现避雷器运行中的受潮和电阻片的劣化情况，因此应坚持在运行中进行带电测试。带电试验应严格按周期进行，并加强试验数据的分析，对于阻性电流增长超过50％的应进行复测，对于阻性电流超过100％的应停电进行直流试验。500kV及以上电压等级金属氧化物避雷器因节数较多，带电检测精度不够，宜进行停电检测。

条文 14.6.4 避雷器运行中持续电流检测（带电），330kV及以上电压等级的避雷器应每6个月进行一次，220kV及以下的避雷器每年检测1次，检测应在雷雨季节前进行。测试数据应包括全电流及阻性电流，且不超过规程允许值。

避雷器泄漏电流在线监测应严格按照周期进行，参考电力行标《电力设备预防性试验规程》（DL/T 596）确定的试验周期。试验数据应有专人进行分析，全电流增长超过20％时应进行带电测试，测量全电流和阻性电流，并进行分析、判断，必要时进行停电直流试验。

条文 14.6.5 110kV（66kV）及以上电压等级避雷器应安装与电压等级相符的交流泄漏电流在线监测表计。对已安装在线监测表计的避雷器，有人值班的变电站每天至少巡视一次，每半月记录一次，并加强数据分析。无人值班变电站可结合设备巡视周期进行巡视并记录，强雷雨天气后应进行特巡。

原文对泄漏电流表的量程没有具体要求，现场许多避雷器泄漏电流表量程偏大，导致有异常时指示变化不明显。第二句为避雷器常规巡视周期要求，在国家电网有限公司、南方电网公司等的变电运维管理规定和细则中已有明确规定。

条文 14.6.6 对运行15年及以上的避雷器应重点跟踪泄漏电流的变化，停运后应重点检查压力释放板是否有变色、锈蚀或破损。

为防止避雷器受潮，加强对老旧避雷器的运维措施提出该条款。另外，部分压力释放板为树脂复合材料，根据生产经验，其前期失效表现为变色。因此增加变色检查要求。

条文 14.7　防止避雷针事故

条文 14.7.1　构架避雷针设计时应统筹考虑站址环境条件、配电装置构架结构形式等，采用格构式避雷针或圆管形避雷针等结构形式。

国家电网公司系统750kV两座变电站发生的两起避雷针掉落事件，根据《国家电网公司关于印发构架避雷针反事故措施及相关故障分析报告的通知》（国家电网运检〔2015〕556号）的要求，提出该条款。

条文 14.7.2　构架避雷针结构形式应与构架主体结构形式协调统一，通过优化结构形式，有效减小风阻。构架主体结构为钢管人字柱时，宜采用变截面钢管避雷针；构架主体结构采用格构柱时，宜采用变截面格构式避雷针。构架避雷针如采用管形结构，法兰连接处应采用有劲肋板法兰刚性连接。

来源同14.7.1。

条文 14.7.3　在严寒大风地区的变电站，避雷针设计应考虑风振的影响，结构型式宜选用格构式，以降低结构对风荷载的敏感度；当采用圆管形避雷针时，应严格控制避雷针针身的长细比。根据运行条件对风载进行评估后，按照设计原则选用适合强度等级的螺栓，螺栓规格不小于M20，双帽双垫，并加强螺栓采购的品控工作。结合环境条件，避雷针钢材应具有冲击韧性的合格保证。

因高强度螺栓韧性不足，已经发生多起风机叶片法兰高强度螺栓由于安装受力不均匀产生的高应力低周疲劳断裂。避雷针固定螺栓在阵风条件下面临类似的工况，不建议强制要求采用高强度螺栓，应根据设计条件对风载进行评估后，按照设计原则选用适合强度等级的螺栓，并加强螺栓采购的品控工作。

条文 14.7.4　钢管避雷针底部应设置有效排水孔，防止内部积水锈蚀或结冰。

现场检查发现多处因特高压钢管塔排水孔堵塞导致内部严重积水的隐患，结合实际运行经验和避雷针相关细则要求，提出该条款。

条文 14.7.5　在非高土壤电阻率地区，独立避雷针的接地电阻不宜超过10Ω。当有困难时，该接地装置可与主接地网连接，但避雷针与主接地网的地下连接点至35kV及以下电压等级设备与主接地网的地下连接点之间，沿接地体的长度不得小于15m。

依据《交流电气装置的过电压保护和绝缘配合设计规范》（GB/T 50064—2014）中5.4.6，当独立避雷针的接地装置与主地网连接时，明确地下连接点之间接地体的长度等技术要求。

条文 14.7.6　定期（不超过6年）或在接地网结构发生改变后，进行独立避雷针接地装置接地阻抗检测，当测试值大于10Ω时应采取降阻措施，必要时进行

开挖检查。独立避雷针接地装置与主接地网之间导通电阻应大于 500mΩ。

依据《输变电设备状态检修试验规程》(Q/GDW 1168—2013) 中 5.18.1.1 和《接地装置特性参数测量导则》(DL/T 475—2017) 中 5.5 提出本条文，明确独立避雷针接地阻抗检测周期和相关要求，当独立避雷针采用独立的接地装置时，避雷针遭受雷击后引起接地网电位抬高，为防止雷电反击主地网，应确保接地装置与主接地网之间导通电阻大于 500mΩ 的技术要求。

15

防止架空输电线路事故的重点要求

总体情况说明：

《防止电力生产事故的二十五项重点要求（2014 年版）》针对输电线路事故倒塔及断线等事故提出了“防止输电线路事故”措施，随着输电线路规模不断扩大，极端恶劣气候时有发生，输电线路外部环境日益复杂，输电线路运维出现新特征，迫切需要结合近年出现的输电线路隐患、缺陷及故障型式，对原有内容进行扩充、修编。本次修订根据事故类型，从防止倒塔（杆）事故，防止断线事故，防止绝缘子和金具断裂事故，防止风偏闪络事故，防止覆冰、舞动事故，防止鸟害闪络事故，防止外力破坏事故和防止“三跨”事故八个方面提出措施和要求，将题目修改为“防止架空输电线路事故的重点要求”。

为防止 110（66）kV 及以上输电线路事故，本章引用、遵循的法律法规和标准如下。

《中华人民共和国安全生产法》

《66kV 及以下架空电力线路设计规范》（GB 50061—2010）

《110kV～750kV 架空输电线路设计规范》（GB 50545—2010）

《1000kV 架空输电线路设计规范》（GB 50665—2011）

《±800kV 直流架空输电线路设计规范（2019 年版）》（GB 50790—2013）

《110～750kV 架空输电线路施工及验收规范》（GB 50233—2014）

《重覆冰架空输电线路设计技术规程》（DL/T 5440—2020）

《±800kV 及以下直流架空输电线路工程施工及验收规程》（DL/T 5235—2010）

《架空输电线路运行规程》（DL/T 741—2019）

《±800kV 直流架空输电线路检修规程》（DL/T 251—2012）

《架空输电线路荷载规范》（DL/T 5551—2018）

条文说明：

条文 15.1　防止倒塔（杆）事故

条文 15.1.1　规划阶段，应对特高压密集通道开展多回同跳风险评估，必要

时采取差异化设计。当特高压线路在滑坡等地质不良地区同走廊架设时，宜满足倒塔距离要求。

密集通道内特高压线路并行间距过小，一旦出现大面积山体滑坡、泥石流、重冰、强风、山火等灾害时，极有可能造成多条特高压线路同时停运，通道内线路额定输送容量大，对线路安全运行造成巨大的威胁。以某电网公司为例，符合定义要求的密集输电通道共60处，长度4391km，涉及20个省（直辖市、自治区）。其中，可能导致省级以上电网系统稳定破坏23处，可能造成省级以上电网重大事故10处、较大事故9处、一般事故21处。密集通道示意图如图15-1所示。

图15-1　密集通道示意图

条文15.1.2　线路设计时应避让可能引起杆塔倾斜和沉降的崩塌、滑坡、泥石流、岩溶塌陷、地裂缝等不良地质灾害区。

条文15.1.3　线路设计时宜避让采动影响区，无法避让时，应进行稳定性评价，合理选择架设方案及基础型式，宜采用单回路或单极架设，必要时加装在线监测装置。

条文15.1.2和15.1.3针对不良地质条件的线路提出。架空线路要完全避让不良地质区域存在较大困难，针对难以完全避开采空塌陷区的线路杆塔，采取必要的预防塌陷措施一定程度上可以减小或延缓杆塔倾斜造成的损失。某1000kV特高压交流线路采空区分体塔如图15-2所示，某±800kV特高压直流线路采空区分体塔如图15-3所示。

【案例】 山西省长治地区盛产煤炭，含煤面积约8500km^2，占总面积的60%，近年来由于煤炭被大量开采，煤矿采空区塌陷引起的地面沉降已导致某供电公司数十基输电线路杆塔倾斜。220kV漳长线14号杆，2002年时塔头垂直线路方向倾斜2.1m，顺线路方向倾斜0.6m，导线对地距离仅4.8m；110kV侯襄Ⅰ线24～25挡地面沉降，杆塔倾斜，导线对地距离仅3.0m。

图15-2　某1000kV特高压交流线路采空区分体塔

图15-3　某±800kV特高压直流线路采空区分体塔

条文15.1.4　特殊地形和极端恶劣气象环境条件下的重要输电线路宜采取差异化设计，适当提高防冰、防洪、防风等设防水平。

本条文的提出是为防止在特殊地形、极端恶劣气象环境条件下重要输电通道完全中断，造成较大损失。这种差异化设计可以体现在同一通道多回线路之间，也可体现在一回线路的不同区段之间。

【案例1】　某水电站4条500kV外送线路，东线和西线各两回线路。2011年1月5日，受全省大范围雨雪冰冻灾害天气影响，一、二线发生两处倒塔，三、四线架空地线断线，电厂2500MW负荷无法送出。灾情发生后，经紧急抢修，先行恢复三、四线，缓解供电燃眉之急。针对上述四回线路同期覆冰跳闸的实际情况，相关单位综合考虑投资、电网安全等因素，确定了差异化改造方案。

【案例2】　2012年3月，西电东送重要通道之一的某500kV紧凑型双回线位于恶劣气象环境条件下的某微地形、微气象区段，因严重覆冰雪反复跳闸，双回线被迫转入检修，送端电厂全停。在全面分析该故障的基础上，确定差异化改造方案如下：双回线中的故障区段一回采用常规的导线水平排列线路（杯形塔）；另一回线适当增加相间间隔棒数量，优化相间间隔棒的排列，如图15-4所示。

条文15.1.5　设计阶段，对于易发生水土流失、山洪冲刷等地段的杆塔，应采取加固基础，修筑挡土墙（桩）、截（排）水沟，改造上下边坡等措施，必要时改迁路径。

条文15.1.6　设计阶段，分洪区等受洪水冲刷影响的基础，应考虑洪水冲刷作用及漂浮物的撞击影响，并采取相应防护措施。

条文15.1.5和15.1.6针对可能发生水土流失、洪水冲刷，基础遭受冲刷和冲击的杆塔提出预防要求。

图 15-4　运行环境相同、配置相同的双回紧凑型线路（图右侧）

【案例】 2006 年 7 月，500kV 某直流线路 1557、1570 塔基础挡土墙、边坡垮塌，其中 1557 塔建在山体的斜坡位置，A 腿位于外侧，下边坡垮塌前距 A 腿基础较远，因此，下边坡原设计无挡土墙及护坡。该边坡垮塌后，A 腿基础距垮塌处仅约 6m，且土质为疏松、无黏性的沙质土，对 A 腿基础构成了威胁；1570 塔位于某市廖家湾乡，该塔也建在山体的斜坡位置，为高低腿结构。A、B 腿基础外侧原构筑有挡土墙，本次 A 腿外侧的挡土墙被冲垮长约 6m，且挡土墙其他部位出现贯穿性裂纹。A 腿基础距垮塌处不足 5m，对 A 腿基础构成威胁。此外，1570 塔的 D 腿上边坡部分垮塌，塌落土将 D 腿掩埋至接地引下线部位，如图 15-5 所示。设计单位提出处理方案，针对两基塔的 A 腿外侧边坡、挡土墙的垮塌处理方案均为分两段向山坡下修筑护坡，两段护坡之间构筑一道挡土墙将两段护坡连接起来。第二段护坡下侧再构筑一道挡土墙，这样整个护坡及挡土墙一直从较陡峭的斜坡上延伸至沟底较平缓处，以确保 A 腿基础的安全。对于 1570 塔的 D 腿上边坡的垮塌，要求清理堆积在 D 腿处的垮塌土体，修整垮塌山坡，并在修整后的山坡上构筑护坡，以确保 D 腿安全。

图 15-5　因水土流失被埋的塔脚

条文 15.1.7　设计阶段，高寒地区线路应采用合理的基础型式和必要的地基防护措施，避免基础冻胀导致的位移和永冻层融化导致的下沉。

条文 15.1.8　对于移动或半移动沙丘等区域的杆塔，应采取围栏种草、草方

格、碎石压沙等防风固沙措施，且设计时应考虑主导风向等影响因素。

某线路1号线123号铁塔被埋及清理情况如图15-6所示，某线路1号线123号铁塔防风固沙治理效果如图15-7所示。

图15-6　某线路1号线123号铁塔被埋及清理情况

图15-7　某线路1号线123号铁塔防风固沙治理效果

条文15.1.9　隐蔽工程应留有影像资料，并经监理单位质量验收合格后方可隐蔽；竣工验收时运行单位应检查隐蔽工程影像资料的完整性，并进行必要的抽检。

本条文针对隐蔽工程的验收提出要求，隐蔽工程是线路施工的重要环节，掩埋并组立杆塔、放线后，检查不便，即使发现问题也很难采取补救措施。因此，竣工验收时应加强隐蔽工程的检查验收，必须留有影像资料。考虑目前输变电设备建设的实际情况，由运行单位配合监理单位共同负责隐蔽工程验收工作。为提高本条文可操作性，不强调运行单位全程参与隐蔽工程验收，着重要求运行单位在竣工验收时认真检查隐蔽影像资料，施工质量存疑时可要求开挖检查或开展无损探伤等检测。

【案例】 某运行单位巡视一条架空线路时，发现拉线松弛，紧固无效后挖开拉线，发现拉线末端卷绕成圈埋在地下，拉线盘不能起到固定拉线的作用。

条文 15.1.10 铁塔现场组立前应对紧固件螺栓、螺母及铁附件进行抽样检测，经确认合格后方可使用。地脚螺栓直径级差宜在 6mm 及以上，螺杆顶面、螺母顶面或侧面加盖规格钢印标记，安装前应对螺杆、螺母型号进行匹配。架线前应对地脚螺栓紧固及螺纹打毛情况进行检查，地脚螺栓紧固不到位或螺纹未打毛时严禁架线作业和保护帽施工；但 8.8、10.9 级的高强度地脚螺栓不采用螺纹打毛措施。

条文 15.1.11 对于山区线路，设计单位应设计余土处理方案，且施工单位应严格执行余土处理方案。

对于山区线路，若无余土处理方案或未严格执行余土处理方案，在汛期受雨水冲刷，极易造成杆塔边坡崩塌等地质灾害。

【案例】 某特高压直流线路在验收阶段发现两个标段内共有 23 基杆塔余土未彻底清理，导致基础防沉层高于基础顶面。投运前已按要求将余土清理完毕。

某线路杆塔余土未彻底清理如图 15-8 所示。

图 15-8 某线路杆塔余土未彻底清理

条文 15.1.12 运维单位宜结合本单位实际，按照分级储备、集中使用的原则，确定事故抢修塔的合理数量并予以储备。

各运维单位均有倒塔、断线、掉串的应急预案，因此新条款着重强调事故抢修塔配置原则。

条文 15.1.13 恶劣天气后，应开展线路特巡。对于发生导地线覆冰或舞动的线路，应做好观测记录和影像资料的收集，并进行杆塔螺栓松动、金具磨损等专项

检查及消缺。对发生大风和强降雨的线路，应做好杆塔基础及护坡、排水沟和挡土墙等设施检查，发现异常及时处置。

条文 15.1.14　加强杆塔基础的检查和维护，对取土、挖沙、采石、堆积、掩埋、水淹等可能危及杆塔基础安全的行为，应及时制止并采取相应的防范措施。

【案例】 2021年10月18日，±800kV某线年度检修过程中，发现297号塔B腿基础有明显横向贯穿裂缝，基础主柱顶面以下1m范围内无钢筋配置，存在错位断裂重大隐患。扩大排查范围后发现297号塔A腿、295号塔BCD腿、298号A腿基础也存在二次浇筑、无配筋情况。通过采用加大塔脚板、在原基础外围配置钢筋并浇筑混凝土的治理方案，于12月25日完成3基杆塔基础缺陷治理，如图15-9所示。

(a) 缺陷

(b) 治理

图15-9　杆塔基础缺陷及治理

条文 15.1.15　应采用可靠、有效的在线监测设备加强特殊区段的运行监测。

本条文针对在线监测设备等新技术提出要求。随着电网规模的逐步扩大，对于气象条件相对恶劣的高山大岭等微地形、微气象区域以及外部环境复杂的外力破坏易发区域等，通过逐步完善的输变电设备状态监测系统，实现对线路本体或通道的状态实时监测。对于线路故障分析、线路改造及新建线路的合理设计具有重要意义。

条文 15.1.16　加强拉线塔的保护和维修。拉线下部应采取可靠的防盗、防割措施；应及时更换锈蚀严重的拉线和拉棒；对易受撞击的杆塔和拉线，应采取有效的防撞措施；对机械化耕种区的拉线塔，宜改造为自立式铁塔。

本条文针对拉线塔的保护和维修提出要求。由于农村机械化耕种作业的普及，小型剪切工具在社会上的流行，在农田、人口密集地区，拉线被盗割、被损伤故障频繁出现，而拉线塔因自身无自立条件，需要靠拉线保持平衡。一旦拉线损伤或被盗，易失稳倾倒，对于人身安全及架空线路构成较严重威胁。因此已使用的拉线塔在未更换为自立塔前，应采取可靠的防盗、防割、防撞措施；建议有条件的单位更换为自立式铁塔，避免发生倒塔故障。

条文 15.1.17 混凝土电杆基础埋置深度不应小于 0.5m，对于坡道、河边等易造成冲刷或埋深无法满足的电杆，应采取加固措施。

条文 15.1.18 利用已有杆塔立（撤）杆的线路改造及迁移项目，需对铁塔（杆）结构和基础进行鉴定和复核计算，必要时增设临时拉线等补强措施，并采取安全可靠的施工组织措施防止杆塔结构损坏。

条文 15.2 防止断线事故

条文 15.2.1 应加强施工质量管控，防止放线、紧线、压接金具、挂线及安装附件时损伤导地线。

【案例】 2020 年 5 月 17 日，500kV 某线 B 相故障跳闸，重合不成功。故障时现场雷雨大风天气，风力为 8～10 级。巡视发现 28 号-29 号塔中相 1 号子导线断裂落地，打断一条 10kV 线路中相导线，断线搭在 10kV 两边相上。该线路导线为碳纤维复合芯型线软铝绞线，型号为 4×JLRX1/F1A-710/55，分析判断该碳纤维导线在制造、运输、施工等环节造成芯棒受损，受强对流、大风等环境因素影响，芯棒无法承受导线拉力而断裂；芯棒断裂后，导线拉力转移到铝丝上，铝丝强度无法承受导线拉力，最终导致导线断线。

故障现场及断裂导线如图 15-10 所示。

(a) 故障现场

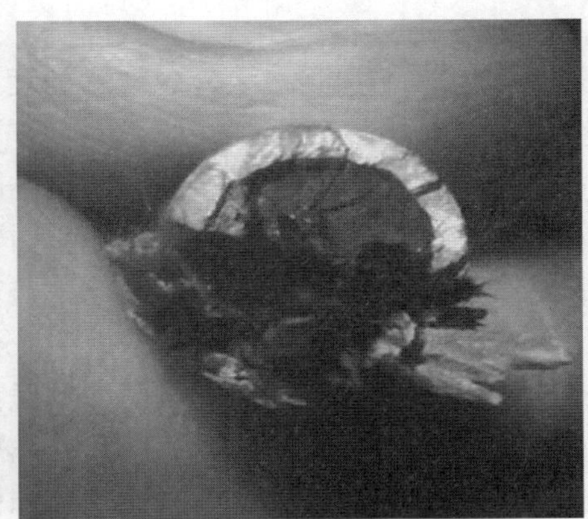

(b) 断裂导线

图 15-10 故障现场及断裂导线

条文 15.2.2 110kV 及以下线路的光纤复合架空地线（OPGW）的外层线股应选取单丝直径 2.8mm 及以上的铝包钢线；220kV 及以上线路应选取 3.0mm 及以上的铝包钢线。

本条文针对架空地线复合光缆（OPGW）的外层线股参数提出要求。近年来，雷击导致的架空地线复合光缆（OPGW）外层铝合金股熔断现象时有发生。对光缆（OPGW）及通信设施的安全运行造成影响，如某省电力公司多条500kV线路使用的（OPGW）2型光缆外层的2.5mm铝合金股因雷击导致熔断，而某省电力公司500kV线路使用的OPGW外层铝合金股外径普遍为3mm，至今未出现雷击导致的熔断现象。试验及分析表明，部分OPGW断股原因为OPGW外层铝合金股直径偏小所致。为提升光缆耐雷击水平，结合试验数据、近年来OPGW运行经验、各电压等级导地线的参数配合以及可供选择的OPGW参数，提出了光缆外股的材料和线径参数要求。

【案例】 2018年6月，雷击导致某±500kV直流线路732号小号侧90m处OPGW光缆（型号为OPGW-90）外层铝包钢线断股5股，未伤及钢芯。

OPGW光缆外层铝包钢线断股如图15-11所示。

图15-11 OPGW光缆外层铝包钢线断股

条文15.2.3 加强对大跨越线路的运行管理，按期进行导地线测振，发现动弯应变值超标时应及时分析、处理。

本条文针对大跨越线路的振动防治提出要求。一方面，大跨越线路往往运行环境相对复杂、恶劣，如易形成垂直线路走向的风，易形成导线风振；另一方面，一旦大跨越线路发生断线、倒塔等故障，恢复难度远远高于常规线路，损失更为巨大。因此，加强大跨越线路的运行管理十分必要。

条文15.2.4 对于腐蚀严重区域的线路，应根据导地线运行情况进行鉴定性试验；出现多处严重锈蚀、散股、断股、表面氧化时，宜换线。

条文15.2.5 预绞式金具的使用应加强施工质量管控，确保预绞丝与被接续线股紧密连接；跳线的接续不应采用预绞式金具。

条文15.2.6 大风频发区域，宜采用预绞丝护线条，降低导线振动疲劳受损风险。

【案例】 2020年4月，220kV某线故障停运。巡视发现117号-118号C相右上子导线断开掉落地面。故障区段位于微气象区域中大风区域，横线路持续大风天气加重了导线次档距振动的频率和强度，导致间隔棒握爪内的阻尼橡胶磨损，且线路运行达10年，握爪内阻尼橡胶有老化现象，在大风作用下导线接触部位的橡胶圈持续摩擦后松动掉落，间隔棒金属部分与导线接触，且在大风天气持续振动条件下，间隔棒将导线铝股、钢芯磨断，导致断线故障。

某220kV架空输电线路断落导线及损坏的间隔棒如图15-12所示。

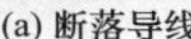
(a) 断落导线

(b) 损坏的间隔棒

图15-12 某220kV架空输电线路断落导线及损坏的间隔棒

条文15.3 防止绝缘子和金具断裂事故

条文15.3.1 设计阶段，大风频发区域的悬垂线夹和连接金具应选用耐磨型金具；重冰区应考虑脱冰跳跃对金具的影响；舞动区应考虑舞动对金具的影响。

运行经验表明，大风频发区域金具磨损是线路主要的损伤形式，建议采用耐磨型金具；设计时应考虑重冰区脱冰跳跃，舞动区线路舞动对金具的损伤。

条文15.3.2 不应反装复合绝缘子的均压环，不应将均压环安装于护套上。作业时应避免损伤复合绝缘子伞裙、护套及端部密封，不应脚踏复合绝缘子。

本条文针对复合绝缘子的安装及检修作业提出要求，以避免绝缘子硅橡胶材料损伤。复合绝缘子的伞裙护套与芯棒的连接界面相对窄小，一旦人员直接沿复合绝缘子上下，人体重量及伞裙护套重量将全部由界面承受，可能导致界面出现缺陷；复合绝缘子反装均压环时，不仅不能降低绝缘子根部的场强，甚至导致该处场强畸变、增大。可导致该部位硅橡胶较快老化，影响绝缘子长期运行效果，甚至导致脆断等事故。

图15-13 2006年某500kV线路复合绝缘子脆断断口

【案例1】 2006年，华北接连发生三起500kV线路复合绝缘子断串掉线事故。分析表明：端部密封破坏是影响复合绝缘子脆断的主要原因，如图15-13所示。

【案例2】 华东某500kV线路复合绝缘子脆断。经反复分析，是因为该批复合绝缘子的均压环反装，导致该均压环不仅不能有效降低端部硅橡胶护套处的场强，还对该处场强起畸变作用，导致该处更易出现电晕放电、护套老化、端部密封破坏，最终导致绝缘子芯棒脆断。

条文15.3.3 设计阶段，500（330）kV及以上线路的悬垂复合绝缘子串应采用双联及以上设计，且单联应满足断联工况荷载的要求。

近年来复合绝缘子防掉串事件时有发生，通过复合绝缘子串双联（含单V串）及以上设计可有效提高线路的安全稳定运行水平。

【案例】 2020年7月11日，500kV某线故障停运。巡视发现147号塔B相（中线）V形复合绝缘子串左串芯棒断裂，导线碰触塔身，造成导线、防振锤损伤，但未造成导线落地。分析故障原因为隆泉二线147号复合绝缘子酥朽断裂，如图15-14所示。

(a) 故障现场

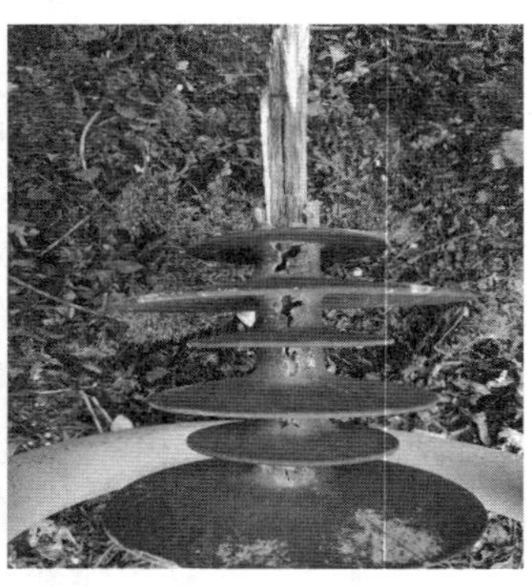

(b) 复合绝缘子

图15-14 故障现场及酥朽复合绝缘子

条文15.3.4 设计阶段，跨越110kV（66kV）及以上线路、铁路、等级公路、通航河流及居民区的线路直线塔悬垂串应采用双联设计，宜采用双挂点，且单联应满足断联工况荷载的要求。

本条文对于直线型重要交叉跨越塔的绝缘子串提出要求。现行设计规范中没有针对居民区采取防掉线措施，也没有将110kV线路和县乡公路等作为重要跨越对象。上述跨越区段同样存在断串掉线风险，且一旦发生将造成极其恶劣的影响，亟需进行双串化改造。另外，直线塔悬垂串采用双串结构增加成本有限，但能够有效地提高跨越区段的安全性，社会效益十分显著。

【案例】 2007年3月31日，某500kV线路301号左相双串绝缘子的大号侧玻璃绝缘子串球头挂环断裂，如图15-15所示，导致该串绝缘子倒挂在下挂点金具上，未造成导线落地。

图 15-15 某 500kV 架空输电线路球头挂环断裂（双串绝缘子断一串）

条文 15.3.5 基建阶段，对于耐张绝缘子串倒挂的耐张线夹，应采取填充电力脂或线夹尾部打渗水孔等防积水冻胀措施。

【案例】 500kV 某线 0332 号塔头管口朝上的垂直引流线所有压接全部鼓包，如图 15-16 所示。

图 15-16 某 500kV 架空输电线路鼓包金具

条文 15.3.6 应基于复合绝缘子的实际运行效果，合理降低伞套电蚀性和阻燃性，实现伞套硅橡胶含量的大幅度提高及复合绝缘子运行寿命的有效提升。

2016 年 8 月统计：国内电网运行 10 年以下的复合绝缘子占比 82%，15 年以上的仅占 5%，大部分运行 10～15 年即被更换；《国网设备部关于印发架空输电线路在运复合绝缘子抽检管理办法（试行）的通知》（设备输电〔2021〕21 号）要求"高湿热地区复合绝缘子服役时间原则上不低于 15 年，一般地区不低于 20 年"，远低于瓷/玻璃绝缘子的50～100年寿命，一定程度上体现了对于复合绝缘子的疑虑和无奈。考虑产品集中老化的风险和密集更换的巨额投入，大幅度提升复合绝缘子运行寿命已成为亟待解决的问题。

硅橡胶是复合绝缘子伞套中的基础材料，具有极佳的耐候性、耐寒性、低温弹性以及憎水迁移性等，在−50～90℃范围内，硅橡胶具有远超40年的寿命；选择硅橡胶作为复合绝缘子伞套基础材料的主要原因，就是期望借助硅橡胶的上述固有性能使伞套和复合绝缘子获得持久寿命，因此无论怎样调整伞套配方，均应使伞套最大限度地保留硅橡胶的上述固有性能，否则难免偏离选择硅橡胶的初衷。事实上，关于伞套的机械性能、耐电蚀性等辅助性能，只要确保具有运行所需的基本要求即可，而不必一味追高，以免辅料占比过大，导致硅橡胶含量大幅度下降，从而严重影响伞套及复合绝缘子的整体运行寿命，得不偿失。伞套运行寿命的基本原理如下：运行期间伞套中的硅橡胶会在高温、阳光辐照、表面放电等因素作用下缓慢降解、消耗，为伞套提供憎水迁移性和优良防污闪性能，同时随着硅橡胶的降解、消耗，伞套逐渐老化，宏观上表现为表面硬化。在伞套初始硅橡胶含量偏低条件下，胶含量就会在较短时间内下降至“寿命终结”的阈值，此时伞套吸水性会急剧上升、低温弹性等将急剧下降，整体性能劣化，不仅防污闪性能下降且对内部芯棒和界面的保护效果下降，酥朽/酥断概率上升，而不得不退出运行。高温加速老化后的憎水迁移性对比如图15-17所示，硅橡胶伞套材料的常温和低温机械性能测试数据见表15-1。

(a) TMA2.5/胶含量55%

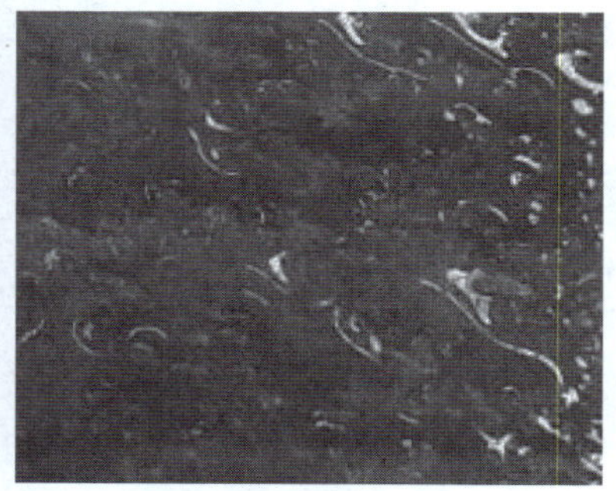

(b) TMA6.0/胶含量25%

图15-17　高温加速老化后的憎水迁移性对比

表15-1　　硅橡胶伞套材料的常温和低温机械性能测试数据

胶含量/ 电蚀损性	试验温度 （℃）	抗张强度 （MPa）	扯断伸长率 （%）	扯断伸长率的 低温变化率（%）
25%/ TMA6.0kV	20	4.86	180	−31
	−35	6.07	125	

续表

胶含量/ 电蚀损性	试验温度 (℃)	抗张强度 (MPa)	扯断伸长率 (%)	扯断伸长率的 低温变化率(%)
35%/ TMA4.5kV	20	4.68	452	−14
	−35	5.89	390	
40%/ TMA3.5kV	—	5.19	433	−11
	−35	6.75	385	
50%/ TMA2.5kV	20	4.30	713	−2.9
	−35	8.30	692	

《绝缘子用常温固化硅橡胶防污闪涂料》(DL/T 376—2019)及《架空线路绝缘子标称电压高于1000V交流系统用悬重和耐张交合绝缘定义、试验方法及接收准则》(GB/T 19519—2014)规定的硅橡胶伞套电蚀损参数 TMA4.5kV 过于严苛，是早期对于硅橡胶复合绝缘子抑制放电性能认识不足而形成的技术误区，已成为提高硅橡胶伞套基胶含量、提升复合绝缘子运行寿命的主要瓶颈，事实上在电蚀损性 TMA4.5kV 的限制下，目前复合绝缘子伞套胶含量范围仅为 30%～35%，与胶含量的“寿命”阈值相比（对于主流伞套配方，该阈值大约为 25%），有效胶含量仅为 5%～10%，因此相应的实际运行寿命严重偏短至 10～20 年就可以理解了。复合绝缘子伞套配方示意图如图 15-18 所示。

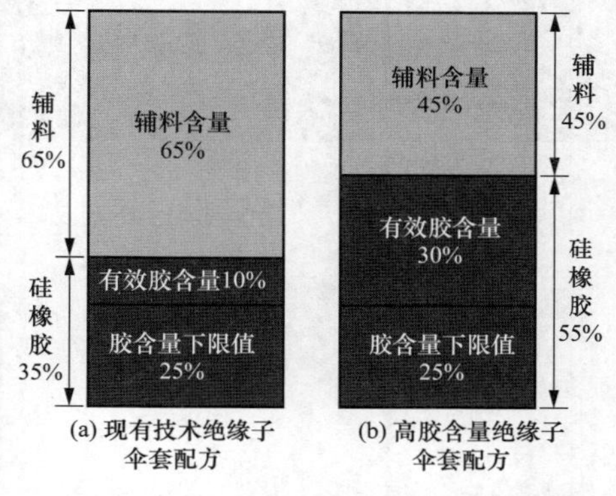

图 15-18 复合绝缘子伞套配方示意图

冀北电网公司基于工频电弧试验和实际运行效果，证实硅橡胶伞套电蚀损性达到 TMA2.5kV 即可满足运行需求，这样就可大幅度减少阻燃剂用量而可增加硅橡胶基胶含量。

高胶含量复合绝缘子相关试验如图 15-19 所示。

《聚合物绝缘子伞裙和护套用绝缘材料通用技术条件》(Q/GDW 07 001-2021-10303) 要求硅橡胶伞套电蚀损性为 TMA2.5kV、基胶含量相应可大幅度提高。依据该标准，电蚀损性由 TMA4.5kV 降至 TMA2.5kV、基胶含量提高的硅橡胶复合绝缘子已通过定型试验，且已在 110～500kV 架空线路挂网 4 年以上，满足实际运行的电蚀损及其他各项需求，运行效果优异。

高胶含量复合绝缘子试运行如图 15-20 所示。

(a) 工频电弧验证试验

(b) “固定时长实际运行”效果

(c) 多应力疲劳试验

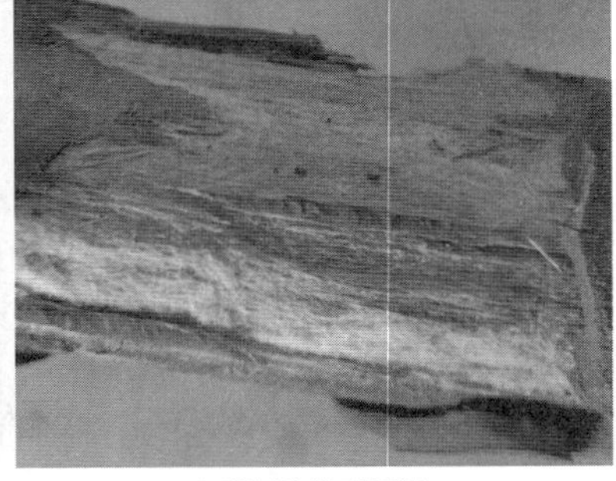

(d) 酥朽绝缘子解剖

图 15-19　高胶含量复合绝缘子相关试验

图 15-20　高胶含量复合绝缘子试运行

条文 15.3.7　新建 500kV 及以上线路的 V 串和跳串复合绝缘子宜采用环式连接金具，但应确保金具连接方向的匹配。

统计表明紧凑型 V 串复合绝缘子的酥朽/酥断概率显著高于常规串。

原因之一：过于严苛的伞套电蚀损参数严重限制了复合绝缘子伞套的胶含量，详见条文 15.3.6。

原因之二：交变弯曲载荷也是紧凑型 V 串复合绝缘子酥朽的重要成因，垂直线路的风极易在下风向绝缘子上形成弯曲载荷，不仅可使芯棒酥裂粉化，且在冬季低温条件共同作用下易导致胶含量偏低的护套劣化、开裂，丧失对芯棒的保护作用，致使紧凑型 V 串绝缘子具有更高的酥朽占比。

复合绝缘子酥断如图 15-21 所示，V 串复合绝缘子酥朽发热如图 15-22 所示。

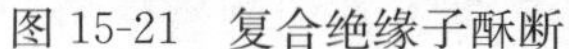

图 15-21 复合绝缘子酥断

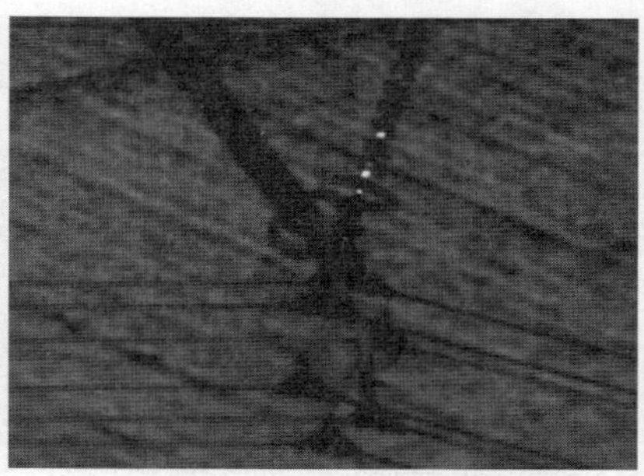

图 15-22 V 串复合绝缘子酥朽发热

据工程力学知识可知，棒状物在承受弯曲载荷时，有两种不同的状态：

一是端部采用自由度较高的铰接方式时，棒状物各部位的弯曲整体比较均匀，其中最严重的弯曲点在中部；

二是端部采用无自由度的固定方式时，棒状物各部位的弯曲极不均匀，其中最严重的弯曲点在端部。

（1）钢脚连接的复合绝缘子：钢脚虽然可在垂直绝缘子轴线的平面内实现 360°转动，但在偏离该平面的方向仅有 10°～15°的转动空间，即钢脚连接方式类似于端部固定方式，弯曲最严重的点在绝缘子的高压端。如图 15-23 所示，紧凑型线路 V 串在横向风作用下，下风向绝缘子受到导线联板的挤压，整体会形成拱形屈曲状态；但导线联板受风力作用产生横向位移的同时，也会形成一定角度的转动。转动的联板会使下风向绝缘子的邻近联板段形成与上述拱形屈曲反向的局部弯曲，即在绝缘子的整体拱形屈曲基础上又在邻近导线段形成局部的 S 形弯曲，这种局部的 S 形弯曲极易造成端部护套和芯棒的劣化和损伤；且绝缘子的电场强度最大值也在该部位，而电场也是伞套老化的一个重要因素，因此，弯曲载荷最大值和电场最大值的叠加更易导致紧凑型 V 串复合绝缘子高压侧的酥朽/酥断。

500kV 紧凑型直线塔复合绝缘子电场分布如图 15-24 所示，钢脚连接复合绝缘子的断口在高压端如图 15-25 所示。

（2）环式连接的复合绝缘子：环式连接的复合绝缘子类似于端部采用自由度较

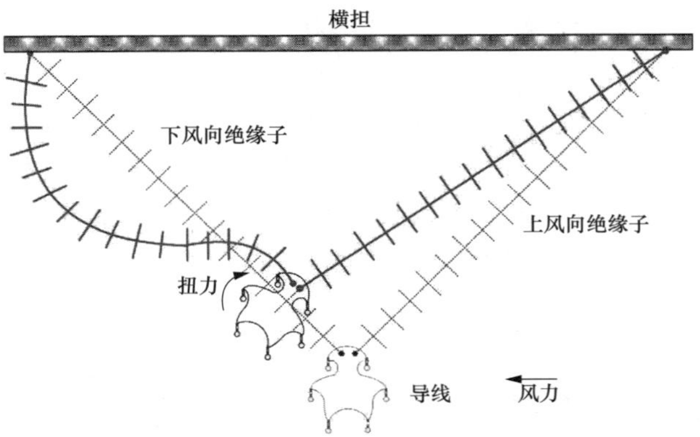

图 15-23　钢脚连接的 V 串复合绝缘子弯曲示意图

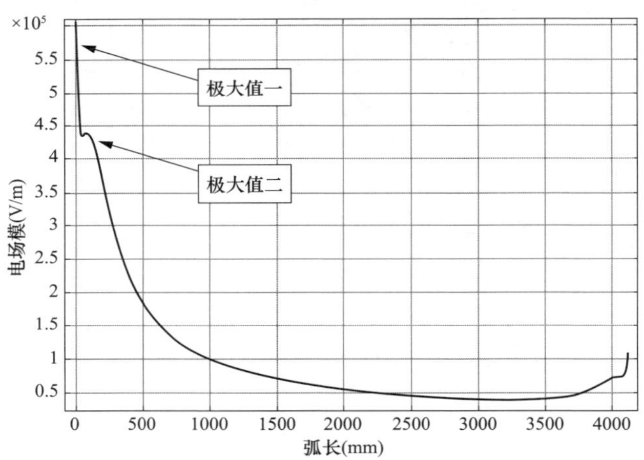

图 15-24　500kV 紧凑型直线塔复合绝缘子电场分布

图 15-25　钢脚连接复合绝缘子的断口在高压端

高的铰接方式，可避免钢脚连接复合绝缘子端部的S形弯曲，而仅形成整体的拱形屈曲，不仅绝缘子的整体弯曲程度较均匀，且电场最大部位（高压端）与弯曲最严重部位（中部）完美分开，因此在交变弯曲载荷作用下，环式连接方式复合绝缘子的芯棒和护套的损伤概率以及进一步引发纯机械断串或酥朽断串的概率可有效降低。

环式连接的V串复合绝缘子弯曲示意图如图15-26所示。

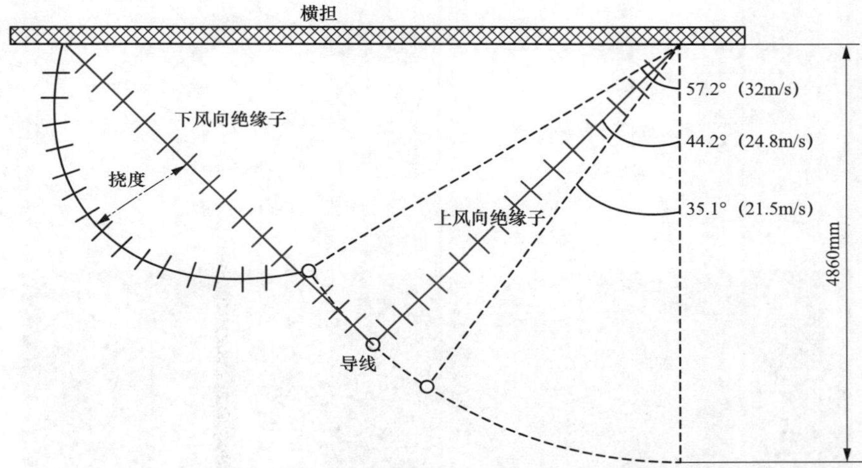

图15-26　环式连接的V串复合绝缘子弯曲示意图

近十年来，紧凑型线路V串更换复合绝缘子时，端部均采用环式连接方式，取得了良好效果和丰富运行经验，且获得了电网广泛认可，对于保障紧凑型线路的安全运行具有重要意义。

跳线复合绝缘子的局部弯曲示意图如图15-27所示，承受弯曲负荷而变形的钢脚（球头）如图15-28所示。

【案例1】　2022年7月，500kV某线53号塔下相导线V串内侧绝缘子导线端芯棒发热，最高发热温度高出正常值25.8K。经无人机及人工登杆检查，发热绝缘子外观无明显破损，综合判断为危急缺陷，有掉串风险。V串异常复合绝缘子与导线金具为球碗头连接方式，易产生压、弯效果，对绝缘子芯体材料不利。V串受反复的压、弯力作用，芯体产生缺陷；剖检发现有芯体和护套脱黏现象，水汽侵入硅橡胶与芯体界面处，电场畸变引发局部放电，最终导致芯体加速劣化。

【案例2】　2022年7月，500kV某线发生复合绝缘子酥朽断裂，B相故障跳闸，重合不成。故障复合绝缘子为球碗头连接，2006年10月挂网，采用V串设计，夹角为90°。该线路复合绝缘子运行环境较为恶劣（位于海边），空气湿度大。V串绝缘子高压端与导线金具为球碗连接方式，易出现压、弯工况，对绝缘子芯

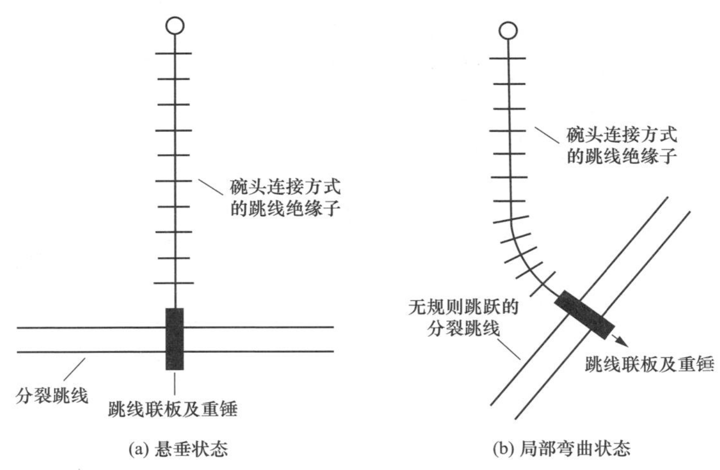

图 15-27　跳线复合绝缘子的局部弯曲示意图

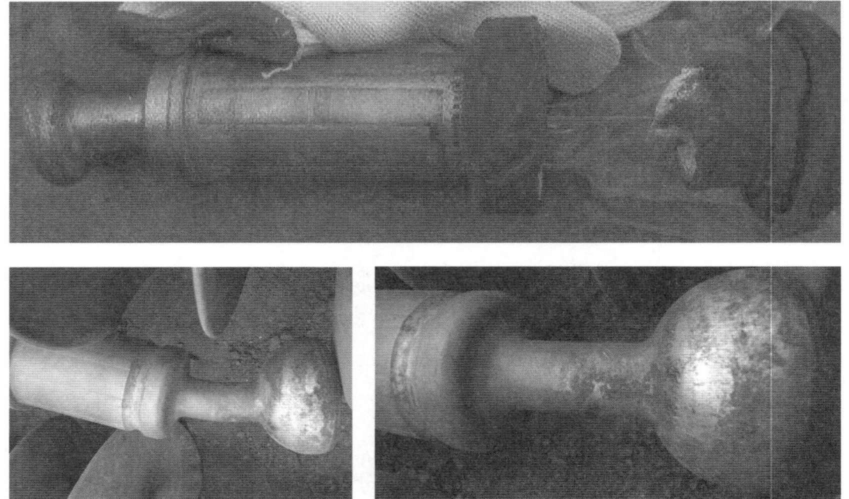

图 15-28　承受弯曲负荷而变形的钢脚（球头）

棒材料不利。受海风影响，V 串受反复的压、弯力作用，芯棒产生缺陷；潮气侵入硅橡胶及其与芯体界面处，在交流电场作用下产生极化损耗，芯棒缺陷加速扩大；缺陷增大至一定程度后，电场畸变引发局部放电，最终导致芯棒加速劣化。芯棒中的环氧树脂劣化殆尽后失效，绝缘子在导线重力、风力作用下断裂掉串。

条文 15.3.8　对于新建特高压输电工程的 420kN 及以上盘形悬式瓷绝缘子，每个制造商、每个型号的产品应随机选择一个抽检批次进行热机试验。

2020 年、2021 年某±800kV 直流线路年度检修期间对 108936 片 U550BP/

240T 瓷绝缘子进行了零值检测，分别发现 823 片、1461 片零值绝缘子，年均劣化率分别为十万分之两百七十四和十万分之六百一十四，且棕色釉绝缘子劣化情况较灰色釉（或白色釉）更为严重，约为后者的 20 倍，给电网安全稳定运行带来巨大风险。对该批瓷绝缘子进行取样检测后发现该型号运行及备品绝缘子均未能通过机电破坏负荷试验，且机电性能随时间呈明显降低趋势。进行绝缘子头部解剖后发现瓷件头部有纵向、横向裂纹。绝缘子机电性能不合格，受力后瓷件头部产生裂纹，是造成绝缘子大量零值和个别伞盘脱落的原因。综合判断该批次型号瓷绝缘子存在质量问题。因此需要加强对特高压输电线路瓷绝缘子的质量管控。同时应确保抽检的充分随机性，尤其是棕色釉瓷绝缘子与灰色釉（或白色釉）瓷绝缘子性能存在差异，同批次产品中不能以灰色釉（或白色釉）瓷绝缘子替代棕色釉瓷绝缘子的检测结果。

条文 15.3.9　高温大负荷期间应开展红外测温，重点检测接续管、耐张线夹、引流板、并沟线夹、导线修补部位、地线接地螺栓等金具的发热情况，发现缺陷应及时处理。

本条文针对线路金具应用红外测温技术的条件提出要求。在负荷较低条件下，即使接续金具存在接触不良问题，温升可能也不明显，红外设备难以检出缺陷。因此充分利用大负荷时机积极开展红外检测接续金具。

【案例】 2007 年 7 月夏季大负荷期间，运行单位对某 500kV 双回线路进行红外测温时发现一线 730 号、二线 673 号引流板发热，与正常温度相比，温差达 60℃，属危急缺陷。

条文 15.3.10　加强对导、地线悬垂线夹承重轴磨损情况的检查，导、地线振动严重区段应按 2 年周期打开检查，磨损严重的应予更换。

条文 15.3.11　应加强锁紧销运行状况的检查，锈蚀严重及失去弹性的应及时更换；应重点加强 V 串复合绝缘子锁紧销的检查，防止因锁紧销受压变形、失去锁紧效果而导致掉串事故。

本条文针对锁紧销的运行状况提出要求。锁紧销作为配套金具，尺寸小、价格低，但其对线路安全运行的作用不可忽视，应用不当可导致掉串、掉线等事故，如图 15-29、图 15-30 所示。因此要求使用前加强验收，确保材质、尺寸符合要求，运行中加强检查，确保无变形、脱出、丢失。

【案例】 2004 年 7 月，某 500kV 紧凑型线路 N761 塔 C 相导线 V 串绝缘子掉串，2005 年 10 月某 500kV 紧凑型线路 93 塔 C 相导线 V 串绝缘子掉串，2007 年 8 月某 500kV 紧凑型线路 531 塔 C 相 V 串绝缘子掉串，此外某 750kV 紧凑型线路均曾发生 V 串绝缘子掉串故障，均属于复合绝缘子和连接金具承受压缩/弯曲载荷，锁紧销受挤压变形失去限位功能，导致球头从碗头脱出并掉串。

图 15-29　某 500kV 紧凑型线路 V 串复合绝缘子球头脱出

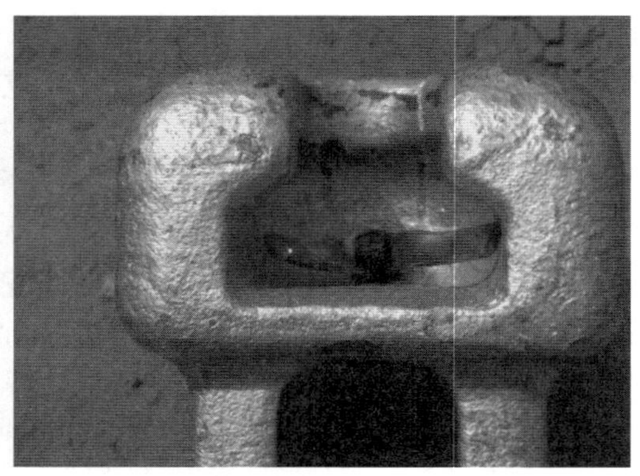

图 15-30　V 串复合绝缘子锁紧销受压变形

条文 15.3.12　加强瓷绝缘子的检测，及时更换零、低值瓷绝缘子及自爆玻璃绝缘子。加强复合绝缘子护套和端部金具连接部位的检查，应及时更换端部密封破损及护套严重损坏的复合绝缘子。

零值、低值绝缘子指内绝缘性能已劣化，处于击穿或半击穿状态的瓷绝缘子。一旦包含零值、低值绝缘子的瓷绝缘子串发生闪络，短路电流将通过零值、低值绝缘子内部，导致绝缘子头部瞬间发热、膨胀、炸裂，并可能造成掉串、掉线事故。

【案例】 2021 年 6 月，220kV 某线 A 相跳闸，重合成功。巡视发现 71 号塔 A 相双串绝缘子中一串绝缘子铁帽炸裂（9 片），绝缘子串发生断裂，另一串绝缘子部分绝缘子伞盘缺失。对 71 号塔未断串 15 片瓷绝缘子进行了绝缘电阻测试，测试结果为 15 片瓷绝缘子中 3 片绝缘子电阻正常，另外 12 片绝缘子为低零值绝缘子。本次故障原因为 71 号杆塔 A 相绝缘子串存在大量零值绝缘子，绝缘子串配置不满足绝缘要求，在运行电压下线路发生短路跳闸，引起零值绝缘子铁帽炸裂，最终造成绝缘子串断裂。由于 A 相另一串未断裂瓷绝缘子中有少量绝缘子电阻正常，仍满足绝缘要求，故重合成功。

条文 15.3.13　应按周期开展运行复合绝缘子的抽检试验，其中应包括芯棒应力腐蚀试验。

应定期对合成绝缘子进行抽检并开展相关试验，掌握运行状态；位于微地形、风口等风害严重地区线路复合绝缘子球头挂环易发生疲劳断裂，是受弯曲应力产生的疲劳裂纹长时间积累后发生的，特巡和登塔检查能及时发现疲劳裂纹，消除金具断裂隐患；2014—2016 年，国家电网有限公司发生 6 条次由于使用非耐酸芯棒导致复合绝缘子脆断故障。增加抽检芯棒耐应力腐蚀试验，完善抽检体系，确保产品质量。

条文 15.3.14 应加强特高压输电工程的盘形悬式瓷绝缘子性能跟踪，每个制造商、每个型号的产品应在投运 2～4 年期间抽取不少于 8 片绝缘子进行机电破坏负荷试验，破坏值应不小于绝缘子额定机械强度。

2020 年、2021 年某±800kV 直流线路年度检修期间对 108936 片 U550BP/240T 瓷绝缘子进行了零值检测，分别发现 823 片、1461 片零值绝缘子，年均劣化率分别为十万分之两百七十四和十万分之六百一十四。通过深入分析，水泥胶合剂、钢脚钢帽、瓷件配合不当是造成绝缘子劣化的根本原因。对低零值瓷绝缘子进行取样检测发现该型号运行及备品绝缘子均未能通过机电破坏负荷试验，且机电性能随时间呈明显降低趋势。因此，在特高压输电工程投运后，应加强瓷绝缘子的性能跟踪检测，投运 2～4 年期间应至少抽取 8 片运行绝缘子或同批次备品绝缘子做机电联合破坏试验，破坏值不应小于绝缘子额定机械强度。同时应确保抽检的充分随机性，尤其是棕色釉瓷绝缘子与灰色釉（或白色釉）瓷绝缘子性能存在差异，不能以灰色釉（或白色釉）瓷绝缘子替代棕色釉瓷绝缘子的检测结果。

条文 15.3.15 防振锤、间隔棒发生移位和脱落，架空绝缘地线绝缘子间隙发生放电，应及时处理。

应防止防振锤、间隔棒发生移位和脱落，以避免由此造成的断线故障。对于架空绝缘地线绝缘子间隙发生放电，应及时处理。同时应特别注意地线绝缘子间隙电极的松动，以避免其搭落于地线上造成断线故障。

【案例】 2022 年 3 月，220kV 某线 B 相出现断线故障跳闸，重合不成。根据现场调查发现，故障杆塔中相上子线导线小号侧线夹出口位置，因防震锤滑移导致子导线振动，长期振动造成子导线在线夹出口位置（振动波节点）疲劳断股后机械强度降低，直至导线机械强度低于其所承受的综合荷载，导致发生子导线断线。

某 220kV 架空输电线路断裂导线如图 5-31 所示。

图 15-31 某 220kV 架空输电线路断裂导线

条文15.4　防止风偏闪络事故

条文15.4.1　设计阶段应结合周边气象台站资料及风区分布图，并参考已有线路的运行经验确定架空线路设计风速；对于山谷、垭口等微地形、微气象区，应加强风偏校核，必要时采取进一步的防风偏措施。

线路周边气象站资料及风区分布图是线路防风害设计的重要参考依据。

条文15.4.2　新建330～750kV架空线路40°以上转角塔的外侧跳线应加装双串绝缘子及重锤；40°以下且15°以上的转角塔的外侧跳线应加装绝缘子及重锤；15°以下的转角塔的内外侧跳线均应加装绝缘子及重锤。

条文15.4.3　新建110～220kV架空线路20°以上转角塔的外侧跳线应加装绝缘子及重锤；20°以下的转角塔的内外侧跳线均应加装单串绝缘子及重锤。

条文15.4.2和15.4.3对转角塔的跳线绝缘子串的防风偏性能提出要求。

条文15.4.4　运行单位应加强通道周边新增构筑物、各类交叉跨越及山区线路大档距侧边坡、树木的排查，对于影响线路安全运行的隐患应及时治理。

【案例】 2021年3月，500kV某线发生连续8次跳闸故障，重合成功5次，重合不成3次。故障区段的山区广泛分布落叶松，其中故障档内通道共有落叶松约2万2千余棵，属于国有林场管理。故障时段有雨雪大风极端恶劣天气，故障档导线覆雪凇。线路覆雪凇之后，导线不仅受风截面增大，而且弧垂明显增大。现场风速在15m/s以上，在大风的作用下，导线发生超设计风偏。最终导致导线对线外位于山体边坡上的松树放电，引起线路跳闸故障。

条文15.4.5　线路风偏故障后，应注意收集故障发生时微气象、微地形信息和放电特征，开展风偏原因分析和校核，并应检查导线、金具、铁塔等受损情况，及时消缺和整改。

条文15.4.6　更换不同型式的悬垂绝缘子串后，应重新校核导线风偏角及弧垂。

本条文针对悬垂绝缘子串的风偏校核提出要求，特别是重量相对较轻的复合绝缘子应重点校核。复合绝缘子具有优良防污闪性能，但因绝缘长度、电位分布、重量、芯棒耐老化性能等问题，复合绝缘子的防雷、防风偏、防鸟害（鸟啄）等性能相对于瓷、玻璃绝缘子串有所偏低，在选用时应综合考虑。

条文15.4.7　沿海强风区的老旧线路应进行防风能力评估，并结合评估结果开展防风改造。沿海强风区的重要输电线路及微气象、微地形区域的杆塔宜配置气象在线监测装置。

【案例】 2021年5月，浙江北部和中部地区出现局地11～12级大风、强雷电、短时暴雨等强对流天气，局地下击暴流造成500kV某线跳闸，故障区段监测到风速为33.7m/s（12级），14～19号共6基杆塔受损（设计风速为27m/s）。其中16号主材变形倾倒，14号、17号、19号等3基塔身上部扭曲受损，15号、18号塔横担受损。某500kV架空输电线路风害故障现场如图15-32所示。

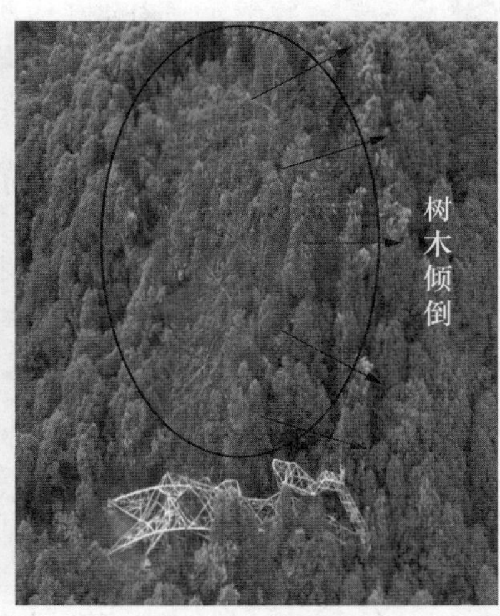

图15-32 某500kV架空输电线路风害故障现场

条文15.5 防止覆冰、舞动事故

条文15.5.1 设计阶段，线路路径选择应以冰区分布图、舞动区域分布图为重要参考，宜避开重冰区及舞动易发区；3级舞动区不应采用紧凑型线路设计，并应采取全塔双螺母防松措施。

覆冰舞动是造成紧凑型线路故障的主要因素，运行经验统计表明在紧凑型线路中因舞动造成的故障占比达到54%以上。

条文15.5.2 不能避开重冰区或舞动易发区的新建线路，宜避免大档距、大高差和杆塔两侧档距相差悬殊等设计形式。

依据运行经验，大档距、大高差和杆塔两侧档距相差悬殊等属于故障多发的情况，条款明确相关要求；相关防舞装置的应用在《架空输电线路防舞设计规范》（Q/GDW 1829—2012）已有明确规定。

条文15.5.3 对于重冰区和舞动易发区的新建线路，瓷绝缘子串或玻璃绝缘子串的联间距宜适当增加，必要时可安装联间支撑间隔棒。

条文15.5.4 设计阶段，110kV及以上线路因舞动发生过相间放电的区段，应采用线夹回转式间隔棒、相间间隔棒等防舞产品及措施；对于舞动频繁区段，宜安装舞动在线监测装置。

随着极端恶劣气候的频繁出现，线路覆冰故障和舞动故障时有发生，严重威胁电网安全。而输电走廊日益紧缺，使线路完全避开重冰区及舞动易发区极其困难，只能通过提高线路抗冰设计及采取有效的防舞措施加以解决。

【案例1】 2008年1月11日—2月6日，华中地区出现历史罕见的持续低温、雨雪、冰冻天气，特别是湖南、江西和湖北三省最为严重，为50年一遇的极端灾害天气。造成大量输电线路覆冰、舞动，最大覆冰厚度达50～80mm，远远超过杆塔和导线、地线的受力强度，造成了大量和大范围的倒塔断线，以致冰灾期间电网结构多次发生变化。据统计，华中500kV电网共有319基倒塔，104基杆塔受损，断线717处；220kV电网共有777基倒塔，209基杆塔受损，断线1246处；110kV电网共有1945基倒塔，432基杆塔受损，断线2823处；35kV电网共有1870基倒塔，受损1009基，断线3646处。针对该冰灾，相关单位迅速颁布了《重覆冰架空输电线路设计技术规程》（DL/T 5440—2009），以有效规范重冰区架空线路的设计工作。

【案例2】 某500kV紧凑型双回线自投运以来，截至2011年底，共发生7条次因导地线覆冰造成的线路跳闸：2007年2月7日，一线因导地线覆冰雪造成导线对地线放电；2007年3月4日，一、二线多处因导线覆冰雪造成线路大范围舞动，双回线停运达15h；2007年4月30日，二线因导线覆冰雪造成多处相间放电；2008年4月22日，因导线覆冰雪舞动造成一、二线多处相间放电，双回线停运达30h；2011年12月5日，大雪导致一线单相接地故障。针对故障情况，相关单位对该紧凑型双回线进行分批分期防舞改造，2008年12月、2009年10月、2011年10月，安装相间间隔棒、回转式子导线间隔棒等，有效提高了线路的防舞动性能。此外，覆冰故障和舞动故障的防治措施不尽相同，因此对于覆冰故障和舞动故障的分析判断应严谨、深入、准确，避免误判，以免后续采取的改造措施缺乏针对性。

【案例3】 2012年3月，蒙电东送重要通道某500kV紧凑型双回线位于恶劣气象环境条件下的某区段，因严重覆冰雪反复跳闸，双回线被迫转入检修，送端电厂2台机组停运。该故障区域线路2008年已进行防舞改造，因本次故障持续时间长且启动应急预案及时，首次跳闸当日9时已有抢修人员抵达现场。当日中午和下午二线两次试送跳闸时，现场均未发现导线舞动迹象。此外，运行检修人员掌握现场气象条件也不支持舞动结论，因此可确定该次故障不属于舞动故障。经深入分析，相邻档导地线不均匀覆冰雪导致相间、相地距离大幅度缩小是该次故障的主要原因。在上述分析基础上，运维单位制订了更具针对性的，且与该线路以往多次采取的防舞措施不同的改造措施。

条文15.5.5　15mm及以上冰区且同时为c级及以上污区并发生过冰闪的线路，导线悬垂串宜采用V型、八字型、大小伞插花I型绝缘子串、防覆冰复合绝缘子等。

【案例】 2015年11月，220kV某线B相故障跳闸，重合成功。巡视发现47号杆塔中相（B相）横担、绝缘子、导线位置处有放电烧伤痕迹，在绝缘子、导线表面发现仍存有覆冰及融冰冰柱。本次故障原因为47号杆塔B相绝缘子串上形成桥接伞裙的连续覆冰，覆冰因气温回升逐渐融化并形成连续水膜，缩短了该绝缘子串的干弧距离，且形成的融冰水具有较高的电导率，导致闪络，如图15-33所示。

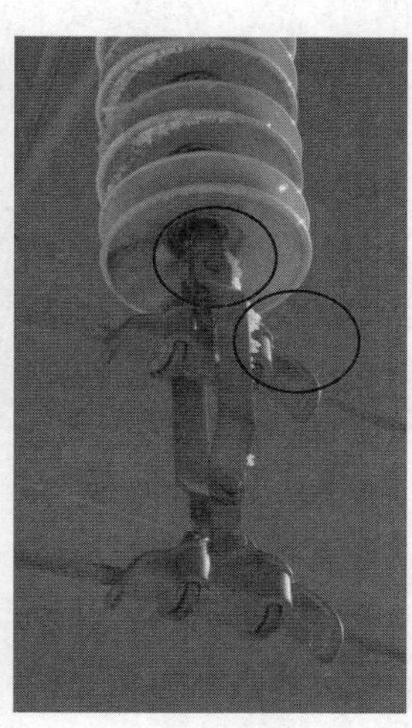

图15-33　某220kV架空输电线路冰害故障现场

条文15.5.6　重冰区的220kV及以上线路和110kV重要线路应结合实际、按轻重缓急逐步配置融冰装置，且线路两侧均应配置融冰隔离开关，固定式直流融冰装置所在变电站应配置覆盖所有需融冰110kV及以上线路的融冰母线；但穿越冰区区段较短的线路经论证后可不配置融冰装置。曾因冰灾受损且未加固、无融冰功能的输电线路，应结合实际、按轻重缓急逐步进行防冰加固改造或配置融冰装置。

条文15.5.7　加强导地线覆冰、舞动的观测，对覆冰及舞动易发区，应合理安装在线监测装置及设立观冰站（点），加强沿线气象环境资料的调研搜集，及时修订冰区分布图和舞动区域分布图。

本条文要求全面掌握沿线气象环境资料，绘制舞动区分布图及冰区分布图是合理设计架空线路，有效预防和治理线路冰害的有效措施。

条文15.5.8　对设计冰厚取值偏低，且未采取必要防冰害措施的中、重冰区线路，应采取增加直线塔、缩短耐张段长度或合理补强杆塔等措施。

【案例】 2021年2月，500kV双回线路50号塔导线折算覆冰厚度接近覆冰承载极限，且风速超过了设计允许覆冰情况下的风速，塔头主材和斜材在重覆冰和大

图 15-34　塔头超设计载荷破坏

风的综合作用下出现弯折破坏。塔头超设计载荷破坏如图 15-34 所示。

条文 15.5.9　防舞治理应综合考虑线路的微风振动性能，避免因采取防舞动措施而造成导线动弯应变超标；同时应加强防舞效果的观测和防舞装置的维护。

在导线上安装防舞装置的同时也在导线上形成应力集中点，易造成微风振动时安装点动弯应变超标，从而可能在长期运行条件下导致导线疲劳损伤、断股。因此，在满足防舞动需求条件下应将防舞装置的应用量降至最低。

条文 15.5.10　覆冰季节前应对线路做全面检查，落实除冰、融冰和防舞动措施。

条文 15.5.11　具备融冰条件的线路覆冰后，应根据覆冰厚度和天气情况，对导线及时采取融冰措施以消除或减轻导线覆冰。冰雪消融后，对已发生倾斜的杆塔应加强监测，可根据需要在直线杆塔上设立临时拉线以加强杆塔的抗纵向不平衡张力能力。

本条文强调在架空线路提高“抗冰”设计的同时，还应积极采取有效的“融冰”等措施，以降低覆冰事故率，减少损失。自 20 世纪 80 年代开始，国内电网开始积极研究应用导线融冰措施，包括早期的“高电压交流短路融冰法”，近年来采用的“低压交流短路融冰法”“移动式直流融冰法”“固定式直流融冰法”等，在 2010 年、2011 年防冻融冰期间发挥了重要作用。

条文 15.5.12　线路发生覆冰、舞动后，应结合实际安排停电检修，对线路覆冰、舞动重点区段的杆塔螺栓、线夹出口处导地线、绝缘子锁紧销及相关金具进行检查和消缺；及时校核和调整因覆冰、舞动造成的导地线滑移引起的弧垂变化缺陷。

【案例】　2022 年 2 月，巡视发现某特高压直流线路危急严重缺陷 12 处，包括地线横担弯折变形 1 处、光缆金具受损导致光缆掉落 1 处、预绞式金具缺陷 8 处、导地线受损 2 处。2 月 19 日，按照原设计条件、原金具厂家产品恢复后的 1866 号地线悬垂线夹再次出现金具受损严重缺陷。初步分析认为，线路覆冰设防水平偏低、金具选型与运行环境不适应、金具强度不足是导致陕武直流出现多处缺陷的主要原因。

地线横担弯折及预绞式耐张线夹脱落如图 15-35 所示。

图 15-35 地线横担弯折及预绞式耐张线夹脱落

条文 15.6 防止鸟害闪络事故

条文 15.6.1 对于 66～500kV 新建线路，应结合涉鸟故障风险分布图，对于鸟害多发区采取有效的防鸟措施，如安装防鸟刺、防鸟挡板、防鸟针板，增加绝缘子串结构高度等。110（66）、220、330、500kV 悬式绝缘子的鸟粪闪络基本防护范围为以绝缘子悬挂点为圆心，半径分别为 0.25、0.55、0.85、1.2m 的圆。

上述鸟害防护范围参数源于华北电科院模拟鸟粪闪络实验的结果和多年来的电网运行经验。

条文 15.6.2 鸟害多发区线路应及时安装防鸟装置，如防鸟刺、防鸟挡板、悬垂串第一片绝缘子采用大盘径绝缘子、复合绝缘子横担侧采用防鸟型均压环等。对于已安装的防鸟装置，应加强检查和维护，及时更换失效防鸟装置。

本条文针对架空线路的防鸟害装置提出要求，即鸟害多发区线路应及时安装防鸟害装置并加强检查、维护。此外，特别强调在选用防鸟害装置时，应全面调研、分析装置的材质、有效性、持久性等，确保装置的防鸟害效果。

条文 15.6.3 及时拆除绝缘子及导线上方可能危及线路运行的鸟巢，并及时清扫鸟粪污染的绝缘子。

【案例】 2022 年 6 月，220kV 某线 B 相故障跳闸，重合成功。巡视发现 14 号杆塔中线（B 相）小号侧跳线绝缘子均压环、导线表面有闪络痕迹。本次故障原因为类似喜鹊小型鸟类在 14 号杆塔中线横担绝缘子挂点附近搭建鸟巢，鸟巢大部分由铁丝组成。由于搭建的鸟巢不牢固，在大风作用下鸟巢铁丝散落掉在导线上，与塔材形成放电通道，造成线路对地放电跳闸。

条文 15.6.4 线路施工阶段，出现护套损伤的复合绝缘子，应在线路投运前

更换。

部分鸟类在复合绝缘子不带电条件下有啄硅橡胶护套伞裙的习性，而一旦啄破护套，绝缘子芯棒外露，则复合绝缘子有脆断、内绝缘击穿的隐患。因此，要求新建线路投运前及运行线路停电检修等情况下，应避免复合绝缘子长时间不带电；如果不带电时间较长，带电前应做检查，有护套严重受损的应予以更换。

条文 15.7　防止外力破坏事故

条文 15.7.1　新建线路设计时应采取必要的防盗、防撞等防外力破坏措施，验收时应检查防外力破坏措施是否落实到位。

近年来各地基建工程的增加，一定程度上导致架空线路的外力破坏事故频繁发生，已对架空线路的安全运行构成严重威胁，因此从设计阶段采取防外力破坏措施十分必要。此外，偷盗塔材是近年来常见现象，近地面的塔材是偷盗重灾区，因此近地面的塔材连接、紧固应采用防盗措施，一定程度上可减少偷盗损失。

条文 15.7.2　架空线路采用高跨设计跨越森林、防风林、固沙林、河流坝堤的防护林、高等级公路绿化带、经济园林时，应满足对主要树种自然生长高度的距离要求。

《110kV～750kV 架空输电线路设计规范》（GB 50545）规定对于防护林带、经济作物林等不应砍伐出通道，而应采用高跨设计。根据安全性、经济性等因素综合考虑，确定按森林、防风林、固沙林、河流坝堤的防护林、高等级公路绿化带、经济园林树种的自然生长高度以确定高跨杆塔的呼称高度。

条文 15.7.3　新建线路宜避开山火易发区；不能避让时，宜采用高跨设计，并适当提高安全裕度；不能采用高跨设计时，重要线路应按相关标准清理通道。

【案例】 2020 年 3 月，500kV 某三回输电线路因山火同时故障跳闸，均重合不成功。故障原因为附近农田起火，故障时段阵风风力为 10 级，线下为林区，火势蔓延极快，产生的浓烟导致三回同一区段发生线路故障跳闸。故障现场及放电通道如图 15-36 所示。

条文 15.7.4　应建立完善的通道属地化制度，积极配合当地公安机关及司法部门，严厉打击破坏、盗窃、收购线路器材的违法犯罪活动。

条文 15.7.5　加强巡视和宣传，及时制止线路附近的烧荒、烧秸秆、放风筝、爆破作业、大型机械施工、非法采沙等可能危及线路安全运行的行为，组织人员向当地群众宣传防山火和外力破坏知识，提高沿线群众防山火和外力破坏意识，严防相关事故发生。

近年来，输电线路通道环境有复杂、恶化趋势，其中有自然环境因素，也有众多人为因素。因此即使线路本体健康状况良好，也难以完全避免因外部因素导致的线路故障。线路运行维护单位应通过加强巡视和宣传，最大限度地抑制山火等外部

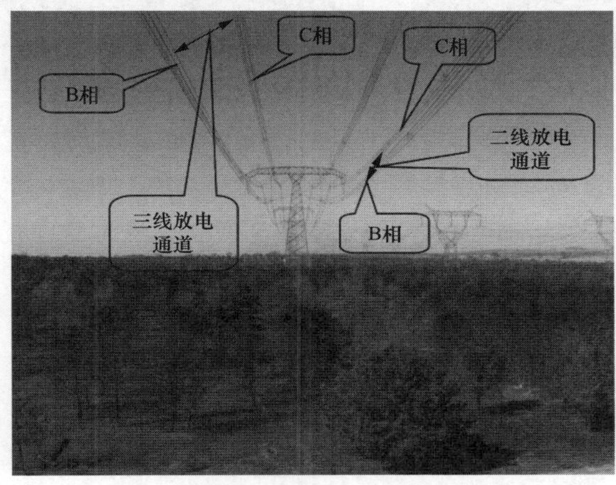

图 15-36　故障现场及放电通道

因素导致的线路故障。

【案例】 2011 年，某运行单位所维护的 500kV 线路发生 3 起山火引起的线路跳闸，故障点所在线路区段均为林木茂密的山区，林区树木不能清理、发生火灾难以控制。针对上述事故，运行维护单位建立健全防山火的应急预案，深入开展火灾隐患排查、梳理火灾隐患点，组织易燃物处理，充分发挥群众护线员力量，提高防火意识和信息上报速度，以及时准确掌握山火等级；同时确保人员、车辆、设备落实到位，明确人员出发前现场情况掌握流程、明确事中不同灾情程度的处置方法和措施，明确事后查线和处置的关键点。

条文 15.7.6　应在线路保护区或附近的公路、铁路、水利、市政施工现场等可能引起误碰线或因距离不足可能造成导线放电的区段设立限高警示牌或采取其他有效措施，防止吊车、打桩机、架桥机等大型施工机械碰线。

【案例】 2021年6月，500kV某线B相（中相）故障跳闸，重合复跳。巡视发现14号塔B相小号侧50m处子导线有放电痕迹，下方地面有明显灼烧痕迹。故障原因为线下临时开展水罐吊装作业，吊臂内旋过程中与中相导线安全距离不足放电。500kV某线吊车碰线故障现场如图15-37所示。

图15-37　500kV某线吊车碰线故障现场

条文15.7.7　及时清理线路通道特别是密集输电通道内的树障、堆积物等，严防因树木、堆积物与线路距离不足引起放电事故；及时清理或固定线路通道内彩钢瓦、大棚薄膜、遮阳网等易漂浮物。

【案例】 2020年7月，500kV某线右边相（A相）跳闸，重合不成。巡视发现73号塔右边相（A相）大号侧第4个间隔棒小号侧5m处左下、右下子导线与下方树木均有放电痕迹。本次故障区段树木在7月快速增长；同时7月中旬开始，故障地区气温逐渐提高，线路负荷逐渐增大，导线弧垂不断增大，最终导致导线与树木净空距离不足，造成线路跳闸故障。

某500kV输电线路树线故障现场如图15-38所示。

图15-38　某500kV输电线路树线故障现场

条文 15.7.8 对易遭外力碰撞的线路杆塔，应设置防撞墩（墙），并设置醒目标志。

条文 15.7.9 重要线路、存在电网事故风险的重要交叉跨越及重要同走廊线路区段中的山火高风险隐患点宜安装山火在线监测装置；重要线路的外力破坏隐患点、存在电网事故风险的重要交叉跨越宜安装具有前端识别功能的图像/视频在线监测装置。

条文 15.7.10 发生山火的线路区段应进行复合绝缘子、瓷绝缘子和玻璃绝缘子的受损和积污等检查，必要时进行更换或清扫。

条文 15.7.11 宜应用北斗卫星、视频监测、无人机等技术，全方位开展山火监测和风险预警，提升山火隐患防治的科技水平。

条文 15.7.12 开展输电人员防山火知识技能培训和应急演练，掌握森林草原火灾常识、国家相关法律法规，切实提升人员防山火技能水平，确保现场处置过程人身安全。

条文 15.8 防止“三跨”事故

条文 15.8.1 线路路径选择时，宜减少“三跨”（“三跨”是指跨越高速铁路、高速公路和重要输电通道的架空输电线路区段）数量，且不宜连续跨越；跨越重要输电通道时，不宜在一档中跨越 3 条及以上输电线路，且不宜在杆塔顶部跨越。

在线路路径选择上，采取避让等方式，避免重复跨越，最大限度减少“三跨”数量；《架空输电线路运行规程》（DL/T 741—2019）附表 A.9 中已明确不宜在杆塔顶部跨越电力线路，对“三跨”线路重点强调；为避免重要输电通道中多条重要线路同时故障，不宜在一档中跨越 3 条及以上线路。

条文 15.8.2 新建“三跨”线路与高铁交叉角不宜小于 45°，存在困难时也不应小于 30°，且不应在铁路车站出站信号机以内跨越；与高速公路交叉角一般不应小于 45°；与重要输电通道交叉角不宜小于 30°。线路改造路径受限时，可按原路径设计。

条文 15.8.3 新建“三跨”宜避免大档距和大高差的情况，跨越塔两侧档距之比不宜大于 2。

雨雪冰冻灾害中，曾发生微地形微气象区线路，由于受大高差、大档距和两侧档距比超过或接近 2∶1 等因素影响发生倒塔断线事故的案例。

【案例】 某 500kV 线路 982—986 号段相对高耸，连续上下山，其中 984—985 号档距为 356m，相对高差为 84m；985—986 号档距为 998m，相对高差为 181m，在 2008 年冰灾期间，发生了倒塔。某 500kV 线路 141 号、142 号杆塔分别在 2011 年 1 月、2012 年 1 月发生倒塔，140—141 号档距为 766m，高差为 103m；141—142 号档距为 437m，高差为 165m；142—143 号的档距为 720m，高差为 161m。

这几处倒塔断线事故地段均属于典型的微地形、微气象区，同时存在大高差、大档距和两侧档距比超过或接近2：1的情况。

条文15.8.4 新建线路“三跨”跨越点宜避开2级和3级舞动区；无法避开时，应以舞动区域分布图为依据，并结合附近舞动发生情况及舞动条件发展情况，适当提高防舞设防水平。

目前舞动区域分布图主要反映区域内输电线路舞动的平均强度，但部分“三跨”微地形、微气象特征明显，舞动强度高于平均值。鉴于“三跨”重要性要求，并结合线路附近舞动发展情况，防舞标准宜提高设防等级。

条文15.8.5 新建“三跨”应采用独立耐张段跨越；杆塔结构重要性系数应不低于1.1；除必要的防盗措施外，杆塔应采用全塔防松措施；跨越重要输电通道时，跨越线路设计标准应不低于被跨越线路。

独立耐张段一般采用“耐-直-直-耐”“耐-直-耐”“耐-直-直-直-耐”或“耐-耐”方式。2008年冰灾期间，某500kV线路200—231号耐张段（长11.453km，设计冰厚15mm）中29基直线塔全部倒塌，主要原因为串倒。因此对“三跨”提出采用独立耐张段的跨越要求，且优先采用“耐-直-直-耐”的跨越方式。

根据《110kV～750kV架空输电线路设计规范》（GB 50545—2010），重要线路杆塔结构重要性系数不低于1.1；螺栓松动脱落是导致杆塔损害的重要因素，因此需加强“三跨”杆塔的螺栓防松设计；为避免跨越线路故障引起被跨越的重要输电通道线路故障，要求跨越线路设计条件应不低于被跨越线路。

条文15.8.6 设计阶段，对于15mm及以上冰区的特高压“三跨”，导线最大设计验算覆冰厚度应比同区域常规线路增加10mm，地线设计验算覆冰厚度应增加15mm；对于覆冰区其他电压等级“三跨”，导线最大设计验算覆冰厚度应比同区域常规线路增加10mm，地线设计验算覆冰厚度应增加15mm；对历史上曾出现过超设计覆冰的地区，还应按稀有覆冰条件进行验算。

条文15.8.7 设计阶段，重覆冰区悬垂串应避免使用上扛式线夹。

条文15.8.8 设计阶段，“三跨”跨越档距大于200m时，导线弧垂应按照导线允许温度进行计算。

条文15.8.9 防舞动装置（不含线夹回转式间隔棒）安装位置应避开被跨越物。

相间间隔棒和动力减振器等防舞装置长期运行，连接金具可能发生损坏脱落或对导线造成损伤，对线路运行带来安全隐患，鉴于“三跨”的重要性要求，跨越档尽量避免安装相间间隔棒、动力减振器等可能脱离或对导地线造成损伤的装置。如需安装，安装位置可控制在接触网边缘、高速公路护栏外扩10m的范围。

条文15.8.10 设计阶段，500kV及以下“三跨”的悬垂绝缘子串应采用独立

双串，对于大高差、连续上下山的线路区段可采用单挂点双联；耐张绝缘子应采用双联及以上结构形式，且单联强度应满足正常运行状态下的荷载要求。“三跨”地线悬垂应采用独立双串设计，耐张串连接金具应提高一个强度等级，不具备独立双串改造条件时，应采取防掉串后备保护措施。

为进一步提高“三跨”线路防断线的能力，绝缘子应采用独立双挂点。独立双串为两个完全独立没有连接的串型。对于山区高差大、连续上下山等特殊线路区段，独立双串有可能造成两串受力不均匀，影响线路安全运行。因此，可根据实际情况采用双联单挂点的设计。

条文 15.8.11　设计阶段，风振严重区、舞动易发区“三跨”的导、地线用保护及连接金具，应选用耐磨型产品。

对于输电线路风振严重的区域，导地线线夹、防振锤和间隔棒容易受损，采用耐磨型连接金具能有效降低风振损坏。

条文 15.8.12　设计阶段，跨越高铁时应安装分布式故障诊断装置和视频监控装置；跨越高速公路和重要输电通道时应安装图像或视频监控装置。对于不均匀沉降、强风、易覆冰等微地形、微气象区域的线路，宜安装状态监测装置。

安装故障诊断装置和图像/视频监控装置，对于及时发现“三跨”线路的缺陷和隐患，实现及时有效的故障后响应，具有重要意义。对于跨越高铁区段，应在跨越档安装视频监控装置，且分布式故障诊断装置监测应涵盖跨越高铁区段；对于跨越高速公路和重要输电通道区段，应在跨越档安装图像或视频监控装置。

条文 15.8.13　设计和基建阶段，“三跨”导线应选择技术成熟、运行经验丰富的产品，地线宜采用铝包钢绞线，光缆宜选用全铝包钢结构的光纤复合架空地线(OPGW)。

铝包钢结构的地线或光缆导流效果好，可降低雷击造成地线断股的概率。

条文 15.8.14　对于新建特高压线路的“三跨”，跨越档内导、地线不应有接头；其他电压等级的“三跨”，耐张段内导、地线不应有接头。

为避免“三跨”线路断线影响被跨越物安全，提出特高压跨越档和其他电压等级线路跨越耐张段内导、地线不应有接头的相关要求。

条文 15.8.15　新建及改建“三跨”金具压接质量应按照施工验收规定逐一检查，且应按照“三跨”段内不低于耐张线夹总数量 10%的比例，开展 X 射线无损检测。

运行经验表明，压接是导线金具运行中的薄弱环节。X 光透视等方法对“三跨”区段金具压接进行检查已成为一种较成熟可行的手段，可确保金具压接质量，及时发现压接缺陷。

【案例 1】　2017 年 1 月 17 日，某 220kV 线路检修期间完成三跨区段（78—80

号、118—120号）共计18只耐张线夹X光无损探伤检测，分析确认该线路78号小号侧C相1号耐张线夹在钢锚与外部铝管压接位置存在一个钢锚凹槽未压接的现象。78号小号侧C相1号耐张线夹X光照片如图15-39所示。1月23日完成通过补压消除缺陷，提高了“三跨”区段稳定运行水平。78号塔小号侧C相1号耐张线夹X光照片如图15-39所示。

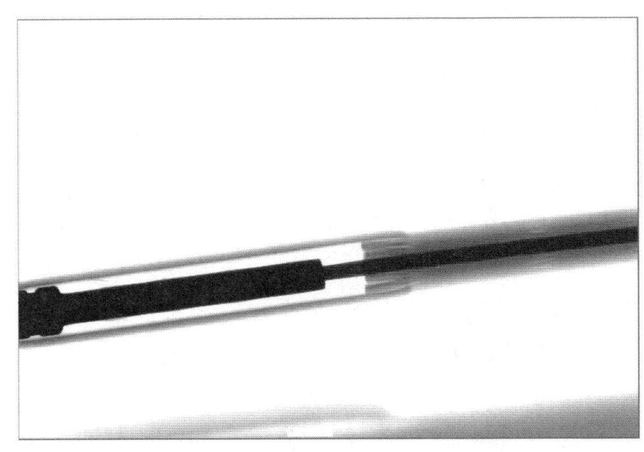

图15-39　78号塔小号侧C相1号耐张线夹X光照片

【案例2】 某110kV线路改造期间完成27—29号区段共计12只耐张线夹X光无损探伤检测工作。2017年5月17日，分析确认27号塔大号侧左相线（钢芯断裂）以及27号塔大号侧右相线（钢芯断裂）的危急缺陷，导线仅靠外层铝线和压接管连接。27号塔大号侧右相左相导线耐张线夹X光照片如图15-40所示。5月17日将有问题的耐张线夹进行了更换，解剖后证实内部钢芯已断。通过检测有效提高了输电线路和电铁线路的安全稳定运行水平。

【案例3】 某1000kV线路停电检修期间完成三跨区段（46—49号、106—109号）共计200只耐张线夹X光无损探伤检测工作。2018年1月15日，分析确认该线路109号杆塔小号侧A相7号子导线耐张线夹存在导线钢芯断裂的危急缺陷，导线仅靠外层铝线和压接管连接。109号塔小号侧A相7号子导线耐张线夹X光照片如图15-41所示。1月17日申请紧急停运并完成消缺，有效提高了特高压交流线路和G25长深高速的安全稳定运行水平。

条文15.8.16　对于跨越铁路、一级及以上公路、人口密集区域等易引发公共危害的线路杆塔，标志牌等应可靠固定。

条文15.8.17　跨越在运线路施工时，设备运维单位应参与技术方案审查，督促施工单位落实必要的防护措施，保障在运线路安全。

“三跨”区段线路距离运行设备较近，施工期间安全风险较高，可能对在运设

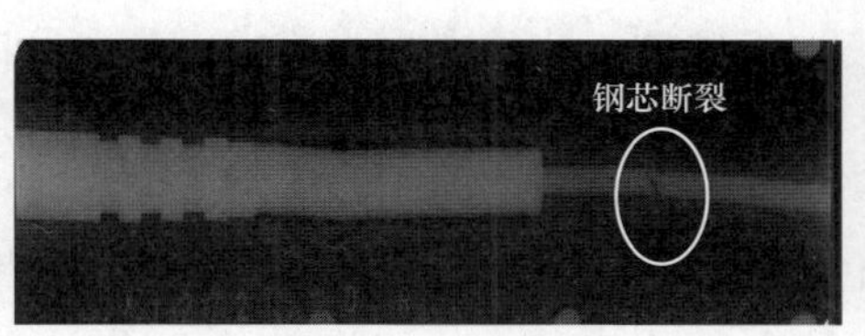

图 15-40　27 号塔大号侧右相左相导线耐张线夹 X 光照片

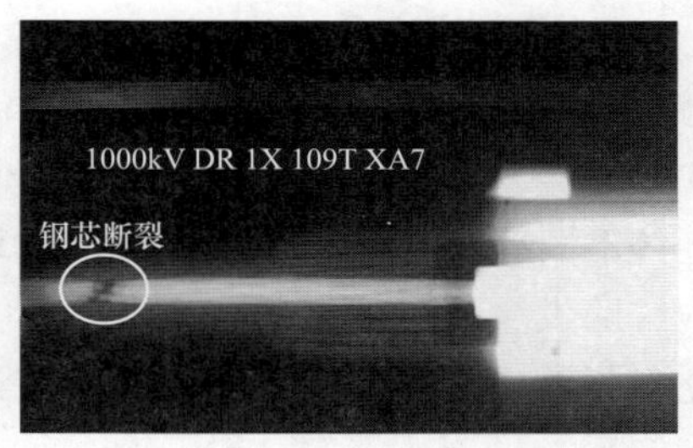

图 15-41　109 号塔小号侧 A 相 7 号子导线耐张线夹 X 光照片

备构成安全隐患。2010 年 4 月，±800kV 复奉线施工期间造成±500kV 葛南线线路跳闸。因此，设备运维单位应介入技术方案审查，严把质量验收关，保证被跨越线路的安全稳定运行。

条文 15.8.18　跨越段存在外力破坏隐患时，应采取人防、物防和技防等多种防护措施。

条文 15.8.19　在运特高压交、直流线路跨越高速公路、重要输电通道不满足独立耐张段要求的，可不改造。

±800kV 和 1000kV 特高压线路的杆塔结构重要性系数为 1.1，且投运年限较小，耐张段内直线塔数量较少，运行情况良好。综合考虑以上因素，建议特高压线路跨越高速公路非独立耐张段跨越隐患可不改造。

条文 15.8.20　在运 110～750kV 交流、±400～±660kV 直流线路跨越高速公路匝道不满足独立耐张段要求的，可不改造。

高速公路匝道区段交通工具行驶速度较慢，且塔位困难，大部分不具备立塔条件，改造为独立耐张段难度较大，但需要做好防掉串及断线措施。

条文 15.8.21　在运 330～750kV 交流、±400～±660kV 直流线路跨越高速公路、重要输电通道不满足独立耐张段要求，当存在以下四种情形时，应改造为独立耐张段：

条文(1) 轻冰区耐张段长度超过 10km、中冰区耐张段长度超过 5km、重冰区耐张段长度超过 3km；

条文(2) 耐张段内存在拉线杆（塔）；

条文(3) 跨越段位于 2 级和 3 级舞动区；

条文(4) 跨越耐张段内曾发生过脱冰跳跃、舞动、重覆冰、强风等导致的倒塔、掉串、断线、金具严重损伤的线路。

除以上情形外，跨越耐张段内不存在影响被跨越物安全的其他隐患时，可不改造。

重冰区、2级和3级舞动区内线路运行环境恶劣，该区域对于投运年份较长的“三跨”线路，倒塔断线风险较高；拉线塔拉线需要定期维护，且拉线被盗割、被损伤故障频繁出现，易发生“三跨”杆塔失稳倾倒；非独立耐张段内发生过脱冰跳跃、舞动、重覆冰、强风等导致的倒塔、掉串、断线、金具严重损伤，表明该气象区内线路发生故障的概率较高，“三跨”线路倒塔风险高；以上情况下，“三跨”非独立耐张段应开展非独改造。不存在以上情况的“三跨”，在做好防掉串、防断线等措施后，可不改造。

条文 15.8.22 跨越高速公路、重要输电通道的在运 110（66）、220kV 线路，不满足独立耐张段要求的，应进行改造。

对在运的110（66）kV、220kV跨越高速公路的非独立耐张段，考虑线路的设计条件及运行可靠性、运行风险等因素，除做好防掉串、防断线措施外，对不满足非独立耐张段“三跨”，仍需要按照相关标准、规范和制度进行改造。

条文 15.8.23 在运“三跨”线路压接点，应根据需要，结合停电检修开展耐张线夹X射线等无损探伤检测，根据检测结果及时消缺，相关检测结果（探伤报告、X光片等）及消缺情况应存档备查。

运行经验表明，压接是导线金具运行中的薄弱环节。X光透视等方法对“三跨”区段金具压接进行检查已成为一种较成熟可行的手段，可确保金具压接质量，及时发现压接缺陷。

条文 15.8.24 在运“三跨”红外测温周期应不超过3个月，当环境温度达到35℃或当输送功率超过额定功率的80%时，应开展红外测温和弧垂测量。

本条文针对“三跨”红外测温的周期及条件提出要求。为加强在运“三跨”的运维管理，及时发现金具接触不良及弧垂异常等缺陷，明确要求在运“三跨”红外测温周期应不超过3个月，且当环境温度达到35℃或输送功率超过额定功率的80%时，应开展红外测温和弧垂测量。

条文 15.8.25 报废线路的“三跨”应及时拆除，退运线路的“三跨”应纳入正常运维范围。

为避免报废、退运线路故障影响被跨越物安全，对运维单位提出明确要求，对报废“三跨”提出应“及时”拆除。

条文 15.8.26 在运线路“三跨”的常规巡视周期应不超过1个月，在恶劣天气或地质灾害发生后应进行特殊巡视。

针对“三跨”线路运维管理巡视周期提出，实际运行中应结合运行规程中特殊区段和线路状态等合理确立巡视周期，但最大巡视周期应不大于一个月。

16

防止污闪事故的重点要求

总体情况说明：

根据近年来最新颁布实施的防止输变电设备污闪相关国家、行业标准，以及近年来国内防污闪新技术的发展，针对近几年来污闪、冰闪和雪闪等出现的新问题，修改、补充和完善相关条款，对原文中已不适应当前实际情况或已写入新规范、新标准的条款进行删除、调整，从设计、基建、运行等阶段对防止输变电设备污闪事故提出重点要求。

为防止发生输变电设备污闪事故，本章引用、遵循的法律法规和标准如下。

《中华人民共和国安全生产法》

《污秽条件下使用的高压绝缘子的选择和尺寸确定　第1部分：定义、信息和一般原则》（GB/T 26218.1—2010）

《污秽条件下使用的高压绝缘子的选择和尺寸确定　第2部分：交流系统用瓷和玻璃绝缘子》（GB/T 26218.2—2010）

《污秽条件下使用的高压绝缘子的选择和尺寸确定　第3部分：交流系统用复合绝缘子》（GB/T 26218.3—2011）

《污秽条件下使用的高压绝缘子的选择和尺寸确定　第4部分：直流系统用绝缘子》（GB/T 26218.4—2019）

《电气装置安装工程　电气设备交接试验标准》（GB 50150—2016）

《劣化悬式绝缘子检测规程》（DL/T 626—2015）

条文说明：

条文 16.1　新、改（扩）建输变电设备的外绝缘配置应以最新版污区分布图为基础，综合考虑环境、气象、污秽发展和运行经验等因素确定。线路设计时，交流 c 级以下污区外绝缘按 c 级配置；c、d 级污区外绝缘按相应污级上限配置；e 级污区外绝缘按实际情况配置，并适当留有裕度。变电站设计时，c 级以下污区外绝缘按 c 级配置；c、d 级污区外绝缘根据环境情况适当提高配置；e 级污区外绝缘按实际情况配置。

结合近年开展输变电设计的实际情况，对不同污秽区的输、变电防污闪设计标准提出要求。考虑老旧线路扩建，“c级以下污区外绝缘按照c级，”可不按照c级上限。对于变电站，结合设计中的实际情况按照变电规程，区别于线路进行了单独说明。

条文16.2　设计阶段，对于饱和等值盐密大于0.35mg/cm² 的污区，应单独校核外绝缘配置。特高压交直流工程宜开展专项沿线污秽调查，以确定外绝缘配置。

考虑e级污区中，存在个别地区极重污秽情况，对等值盐密大于0.35mg/cm² 的绝缘提出绝缘配置校核的特殊要求。本条款针对高海拔地区绝缘配置需求，增加了海拔超过1000m时外绝缘配置应进行海拔修正的要求。

条文16.3　设计和基建阶段，应选用合理的绝缘子材质和伞形。中重污区变电站悬垂串宜采用复合绝缘子或外伞形绝缘子，中重污区支柱绝缘子、组合电器宜采用硅橡胶外绝缘。变电站站址应尽量避让交流e级区，如不能避让，变电站宜采用GIS、HGIS设备或全户内变电站。中重污区输电线路悬垂串及220kV及以下电压等级耐张串宜采用复合绝缘子，330kV及以上电压等级耐张串宜采用瓷或玻璃绝缘子。

本条文重点强调中重污区的外绝缘配置优先采用硅橡胶类防污闪产品。考虑近年来因绝缘子类型或伞形选择不当发生的闪络、集中自爆等情况，强调了选用合理的绝缘子材质和伞形。硅橡胶表面的憎水性及憎水迁移性可大幅度提高绝缘子的污闪放电电压，与瓷、玻璃表面相比，憎水性良好状态下可提高1倍甚至2倍（即达到原放电电压的2倍甚至3倍）。一定程度上实现防污闪配置的“一步到位”，避免随环境污染加剧而反复调爬，浪费人力物力，该措施已在国家电网有限公司系统获得实质性验证。

条文16.4　对于复合绝缘子、防污闪辅助伞裙等高温硫化硅橡胶类外绝缘，宜在现行标准基础上适当降低伞套和伞裙的电蚀损性和阻燃性，相应提高硅橡胶含量，以有效延长产品运行寿命。

《聚合物绝缘子伞裙和护套用绝缘材料通用技术条件》（DL/T 376—2019）及《架空线路绝缘子　标称电压高于1000V交流系统用悬垂和耐张复合绝缘子定义、试验方法及验收准则》（GB/T 19519—2014）规定的硅橡胶伞套电蚀损参数TMA4.5kV过于严苛，已成为提高硅橡胶伞套基胶含量、提升复合绝缘子运行寿命的主要瓶颈。冀北电网公司基于工频电弧试验和实际运行效果，证实硅橡胶伞套电蚀损性达到TMA2.5kV即可满足运行需求，这样就可大幅度减少阻燃剂用量而可增加硅橡胶基胶含量。目前国网冀北公司企业标准《聚合物绝缘子伞裙和护套用绝缘材料通用技术条件》（Q/GDW 07 001-2021-10303）已颁布实施，要求硅橡胶伞套电蚀损性为TMA2.5kV、基胶含量不小于50%。依据Q/GDW 07 001-2021-

10303，电蚀损性由TMA4.5kV降至TMA2.5kV、基胶含量由30%～35%提高至55%的优化配方硅橡胶复合绝缘子已通过定型试验，且开展了众多试验及其他研究如下：伞套配方工艺调整后，一是实施了工频大电弧试验，验证了低电蚀性的高胶伞套可承受闪络跳闸时大电弧的灼烧；二是实施了多种重污秽环境下的“定时长实际运行”，验证了低电蚀性的高胶伞套可承受寿命期内的正常运行条件（注：在非老化状态的正常寿命期内，硅橡胶伞套能够以包含四季的连续12个月为周期表现出循环往复的近似运行效果，即仅需一个周期的验证就可达到本试验的目的而无须实际运行数十年直至寿命终结）；三是实施了温度-湿度-电场-交变弯曲的多应力疲劳试验以验证低电蚀性的高胶护套在运行期间，尤其是冬季低温环境下抑制交变机械损伤、劣化、从而防止芯棒酥朽的能力；四是实施了伞套高温加速老化与低温慢速憎水迁移的组合试验，验证了低电蚀性的高胶伞套可提升伞套防污闪性能的持久性；五是收集了同为硅橡胶材质的、电蚀性也为TMA2.5级的RTV涂料、2000—2010年间广泛应用的MWB合成套产品、1997年黄梓容研发的电蚀性TMA3.5kV复合绝缘子以及常规伞套复合绝缘子的成功或失败案例，双向验证了低电蚀性高胶伞套安全运行的可行性；六是基于上述调研、试验及研究并借鉴成熟的漆膜类材料理论提出“有效胶含量”概念，设计了相应的伞套寿命评估模型（如图16-1所示），论证了高胶产品45～60年的运行寿命。目前，高胶绝缘子已在110～500kV架空线路挂网近4年。

$Y_2=(X_2-X_0)/(X_1-X_0)\times Y_1$

X: 伞套的硅橡胶含量; Y: 伞套寿命;

X_0: 胶含量下限(25%); X_1: 现有产品胶含量(30%~35%); X_2: 高胶产品胶含量(55%);

Y_1: 现有产品寿命(15~20年); Y_2: 高胶产品寿命(计算结果为45~60年)。

图16-1 伞套寿命评估模型

重点解释寿命评估模型：硅橡胶是伞套的基础材料、核心材料，复合绝缘子外绝缘所需的憎水性能及对内部芯棒的保护主要依赖硅橡胶，但运行中的高温、阳光的紫外辐照、伞套表面放电及近年来提出的水解等因素均可导致硅橡胶的消耗，当硅橡胶消耗至阈值以下，伞套性能（包括透水性、机械性能等）将急剧下降，意味着其寿命的终结——对于上述描述业内专家普遍认可，但有电气专家提出伞套胶含量由目前的30%～35%提升至55%，提升的幅度有限，对延长寿命意义不大——这是混淆了“绝对胶含量”和“有效胶含量”的概念，也是众多电气专家的误区。根据漆膜类材料理论，硅橡胶并非下降至0时伞套寿命才结束；而是当下降至基料难以均匀混合、包裹辅料时就已达到寿命终点。根据我们的实测以及众多运行经验，这个“寿命终点”的阈值约为25%。因此，虽然高胶伞套的绝对胶含量仅提升了55/35＝1.6倍，但有效胶含量则大幅度提升了（55－25)/(35－25)＝3倍，理论上伞套中硅橡胶的消耗时间可以延长到3倍，这就是3倍寿命45～60年的由来。

条文 16.5　设计阶段，易发生覆冰闪络、湿雪闪络或大雨闪络地区的外绝缘配置宜采用 V 型串、不同盘径绝缘子组合或加装辅助伞裙等。

本条文针对绝缘子覆冰（雪）闪络、大（暴）雨闪络提出要求。由于覆冰（雪）、大（暴）雨可直接桥接绝缘子伞裙，相当于绝缘子爬距大幅度缩小，易导致绝缘子闪络，与常规的大雾中的污闪具有较大差异，防治措施也不尽相同。硅橡胶材料在该条件下也难以有效发挥防污闪作用，一般是从改善绝缘子串外形及放置方式上采取措施，以阻碍冰凌桥接及改善连续水帘形成条件，从而达到防止闪络效果，如图 16-2、图 16-3 所示。

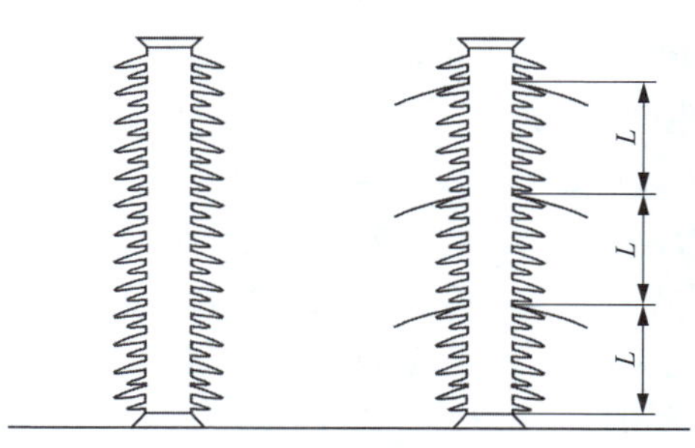

图 16-2　支柱瓷绝缘子和硅橡胶伞裙支柱绝缘子覆冰雪闪络对比试验

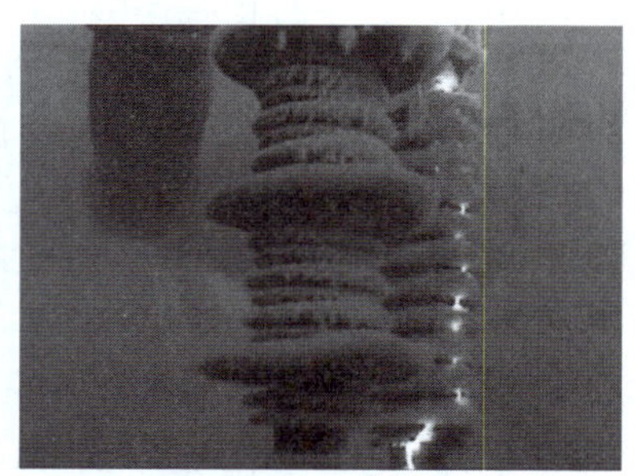

图 16-3　无伞裙支柱瓷绝缘子闪络，硅橡胶伞裙绝缘子无明显放电

【案例】 2005 年 4 月，某电厂 500kV 升压站 2 台设备套管闪络，该闪络属于严重的降水降雪型快速积污伴随快速受潮导致的污闪掉闸。长时间无降水条件下，大气中的污染物日益增多。随后的第一场降水降雪将空气中的污染物大量带落，使原本洁净的雨雪尚未落地已成为夹带大量污秽的脏雨脏雪。虽然上述绝缘子配置（三级的基本爬距喷涂防污闪涂料）能够轻松防治四级以上污区的雾中污闪，但脏雨脏雪落下时导致绝缘子表面短时间内快速积污且严重受潮。特别是在风力作用下沿绝缘子迎风侧形成桥接伞裙的连续积雪，仍可导致污闪。

输变电设备污闪须具备两大要素：污秽条件与潮湿条件。IEC 标准将污秽类型分为 A 类和 B 类。A 类一般为固态污秽，包括自然污秽（如沙漠型污秽）和人类活动导致的污秽（如工业型污秽）。该类污秽一般对应于常规的“缓慢积污”；B 类一般为高导电性的液态污秽，目前主要指海雾型等自然污秽，该类污秽一般对应于沿海区域的“快速积污”。我国电力系统广泛采用的防污闪标准均主要基于缓慢积污概念制订，相应的防污闪措施也主要针对缓慢积污型式设计。所谓“缓慢积污”指绝缘子表面污秽是经过一个相对较长的积累过程逐步形成的，如《污秽条件下使用的高压绝缘子的选择和尺寸确定　第 1 部分：定义、信息和一般原则》（GB/T

26218.1—2010）及《电力系统污区分级与外绝缘选择标准》（Q/GDW 152—2006）规定的三年积污期；而绝缘子污闪所需的潮湿条件由降水（雾、雨、露、冰、雪等）提供，通常认为降水由地面水蒸发形成，因此其污秽含量较低。总体认为：缓慢积污型污闪的污秽条件和潮湿条件是分先后具备的；针对缓慢积污闪络的最有效防治措施是采用硅橡胶类防污闪产品（包括复合绝缘子、防污闪涂料等）。由于污秽是缓慢积累所得，因此硅橡胶材料可在潮湿条件到来之前使污秽具备憎水性，即通过改变表面性能使绝缘子具备优良的抵御缓慢积污型污闪的能力。与“缓慢积污”相对应的“快速积污”通常指沿海的、自然的、海雾型污秽。但近年来内陆重污区频繁发生快速积污，特别是快速积污伴随快速受潮导致的严重污闪掉闸，这些可出现于内陆地区的、降水降雪型“快速积污”，虽然与海雾型“快速积污”具有相似特征——均为高导电性液体，但却是环境污染严重国家和地区的特有现象，一定程度上比海雾型“快速积污”更具危害性。在环境不能有效改善的较长一段时期内，该快速积污型污闪有增长趋势，应予以重视。

条文 16.6　设计和基建阶段，粉尘污染严重地区的外绝缘宜选用自洁能力强的绝缘子，如外伞形绝缘子，变电设备可采取加装辅助伞裙等措施。用于沿海、盐湖、水泥厂和冶炼厂等特殊区域的玻璃绝缘子及瓷绝缘子，应涂覆防污闪涂料。硅橡胶类外绝缘用于苯、酒精类等化工厂附近时，应提高绝缘配置水平。

依据运行经验，粉尘类污染地区宜用简单、自清洁性好的绝缘子。加装辅助伞裙是变电设备防粉尘的措施之一。考虑化工企业周边快速积污的情况影响复合绝缘子憎水性，故应适当提高绝缘配置水平。

条文 16.7　设计阶段，安装在非密封户内的设备外绝缘设计应考虑户内场湿度和实际污秽度，与户外设备外绝缘的污秽等级差异不宜大于一级。

强调户内外绝缘设计应充分考虑户内场的密封情况和地区湿度情况差异，故增加“应考虑户内场湿度和实际污秽度”，以指导户内场设计。

条文 16.8　设计和基建阶段，瓷或玻璃绝缘子安装前需涂覆防污闪涂料时，宜采用工厂复合化工艺，运输及安装时应注意避免绝缘子涂层擦伤。

采用工厂复合化绝缘子可提高绝缘子涂覆防污闪涂层的质量。但在运输，尤其是安装过程中容易碰伤外表面造成局部憎水性缺失，应注意避免。

条文 16.9　盘形悬式瓷绝缘子安装前，应在现场逐个进行零值检测。

为加强交接验收时对瓷绝缘子质量的要求，按照《电气装置安装工程　电气设备交接试验标准》（GB 50150—2016）、《劣化悬式绝缘子检测规程》（DL/T 626—2015）等标准已经规定在施工安装中，进行该项检测，但以往多由于绝缘子量大等特殊性，无法保证现场全部逐个检测。2017 年 3 月，1000kV 淮南-南京-上海特高压交流输电线路检修时发现劣化率严重超标现象。为剔除生产、运输等环节导致的缺陷绝缘子，因此强调盘形悬式瓷绝缘子安装前现场应逐个进行零值检测。

条文16.10　根据“适当均匀、总体照顾”的原则，采用“网格化”方法开展饱和污秽度测试布点，兼顾疏密程度、兼顾未来电网发展。局部重污染区、特殊污秽区、重要输电通道、微气象区、极端气象区等特殊区域应增加布点。根据标准要求开展污秽取样及测试。

作为防污闪工作基础，科学合理的污秽度布点是确保获得准确的污秽水平的重要手段。目前的布点主要按照输电线路等距、重点污染源等区域布点，造成线路密集的地方布点多，而对于线路缺少的地区无监测点。带来以下两方面问题：一是密集地方工作量大且重复；二是部分地区污区图修订，新建工程特别是特高压工程所需的数据缺乏。

条文16.11　应以现场污秽度为主要依据，结合运行经验、污湿特征，考虑连续无降水日的大幅度延长等影响因素定期开展污区分布图修订。污秽等级变化时，应及时进行外绝缘配置校核。

本条文要求防污闪工作应适当考虑气候环境的变化。

【案例】　某500kV变电站在规划设计阶段属于c级污区，建设阶段站址周边大量上马小水泥厂，导致该区域污秽等级大幅度上升至e级，原有外绝缘配置已不能满足防污闪需求，因此仅投运约一年进行了全站调爬。

条文16.12　对外绝缘不满足防污闪配置要求的输变电设备应进行治理，措施包括增加绝缘子片数、更换防污绝缘子、涂覆防污闪涂料、更换复合绝缘子、加装辅助伞裙等。

【案例】　2019年11月22—24日22时至次日6时，某省4条500kV线路先后发生10次跳闸，均重合成功。经查，故障杆塔均位于近海地区。根据污区分布图校核配置，1基杆塔外绝缘配置不满足要求。结合故障时段现场天气和现场故障跳闸情况，确认是典型的近海局部地区输电线路集中污闪事件。8月以来，异常的持续干旱气候导致绝缘子表面积污严重，污秽水平远高于往年。结合沿海地区220kV复合绝缘子表面发生放电现象，以及多起e级配置区域发生放电现象，故障时段绝缘子表面的污秽积累严重。同时，在故障时段冷暖空气交替导致夜间高湿，在高湿度及零星小雨共同作用下，最终导致污闪跳闸故障。绝缘子串放电痕迹如图16-4所示。

条文16.13　清扫作为辅助性防污闪措施，可用于暂不满足防污闪配置要求的输变电设备及污染特殊严重区域的输变电设备。

本条文针对绝缘子清扫措施提出要求。清扫曾经是输变电设备防污闪的主要措施，但设备大量增加、运行维护人员增加有限、环境污染加剧以及硅橡胶外绝缘产品的成熟应用，清扫从主要防污闪措施退居为辅助措施。对于特殊区域，如硅橡胶

图 16-4　绝缘子串放电痕迹

类防污闪产品已不能有效适应的粉尘特殊严重区域，清扫是保证安全运行的手段之一。

条文 16.14　出现快速积污、连续无降水日大幅度延长或外绝缘暂不满足防污闪配置要求，且可能发生污闪时，可采取带电清扫（含带电水冲洗）、直流线路降压运行等紧急防污闪措施。

【案例】　山西 500kV 某线 1 号塔地处工业园区东南侧，园区内存在多种污染源，且故障杆塔临近厂区道路，货运车辆通行频繁。1 号杆塔按照 d 级污区设计，采用防污型盘形悬式双伞形瓷绝缘子。2020 年 1 月 5 日，故障地区普降小雪并逐渐增大，现场风力 2 级，气温－3℃，该线路先后故障跳闸 5 次。巡视发现 1 号塔上相（B 相）耐张串均压屏蔽环及横担端第一片瓷绝缘子处发现放电痕迹。故障原因为 2019 年 10 月 21 日 1 号塔挂线结束后，故障地区无有效降水，杆塔周边污源众多。1 号塔位于工业园下风侧，大气中污染物漂浮颗粒易在绝缘子表面聚集。1 月 5 日，降雪将空气中飘浮的污染物大量带落，在绝缘子表面快速积污，导致沿绝缘子表面闪络。因此，此次故障原因为短时快速积污闪络。解决方案如下：

（1）对故障线路全线耐张塔绝缘子串进行清扫，后续对电厂污染源附近杆塔更换瓷复合绝缘子，同时对绝缘子进行插花改造。

（2）开展输电通道污源摸排，重点杆塔加装污秽在线监测装置。

（3）在恶劣天气条件下加强特殊巡视，采用红外热成像等手段判定设备外绝缘运行状态。杆塔表面积污情况及放电痕迹如图 16-5 所示。

条文 16.15　绝缘子上方金属部件严重锈蚀造成绝缘子表面污染，或绝缘子表面覆盖藻类、苔藓等可能造成闪络时，应及时进行处理。

结合绝缘子上方金具锈蚀，在雨水作用下发生沿面闪络的特殊情况，南方地区出现过因绝缘子表面出现受潮、青苔藻类生长造成绝缘不足的情况提出。

条文 16.16　在大雾、毛毛雨、覆冰（雪）等易污闪条件下，宜加强特殊巡视，且可采用红外热成像、紫外成像等辅助手段判定外绝缘运行状态。

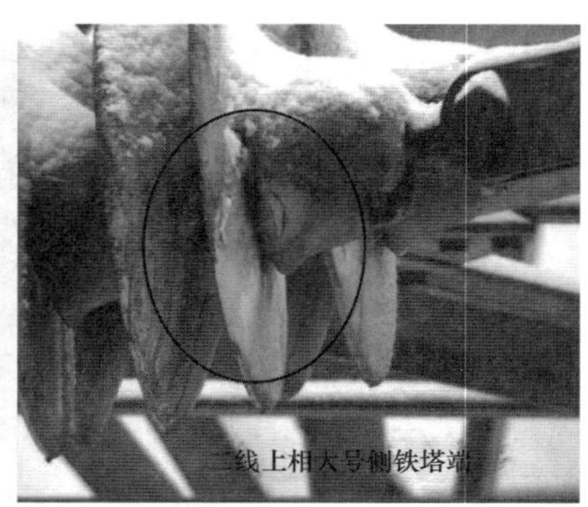

图 16-5　杆塔表面积污情况及放电痕迹

【案例】　2019年3月10日，500kV某线1号塔三相大号侧绝缘子串有放电现象。该塔位于电厂内，当日气温为3℃，雾霾较重，能见度不足50m，经测温，绝缘子及金具不发热。运维人员等待1h后，雾霾减少，放电情况减轻。该线路1号塔距电厂烟囱直线距离约为200m，烟囱灰尘落入1号塔绝缘子可能性较大。大气中污染物漂浮颗粒在绝缘子表面聚集，导致绝缘子发生污闪闪络。解决方案如下：

（1）对放电绝缘子进行持续关注，同时对临近杆塔进行持续监测。

（2）结合线路停电计划对该线路绝缘子进行清扫及防污闪涂料喷涂。

（3）根据污秽测量结果、污湿特性及运行经验，更新绘制污区分布图。

（4）在恶劣天气条件下加强特殊巡视，采用红外测温、紫外成像等手段判定设备外绝缘运行状态。杆塔环境、绝缘子串放电和红外检测情况如图16-6所示。

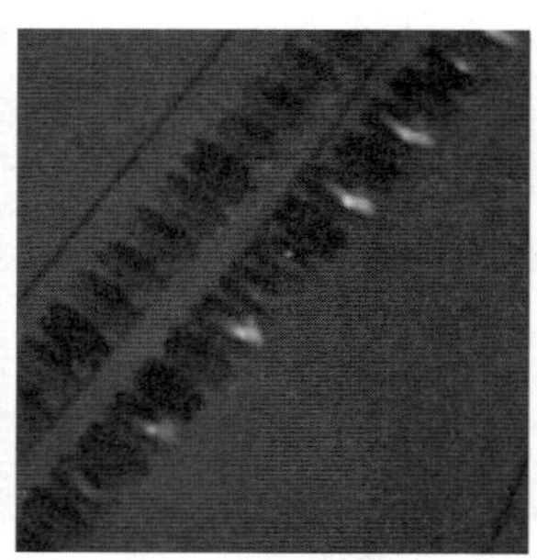

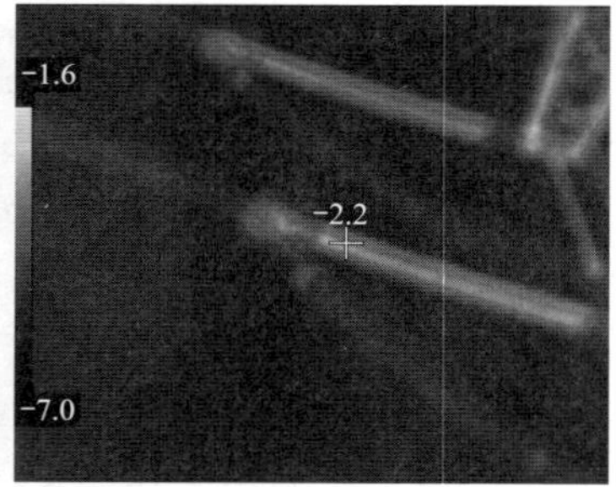

图 16-6　杆塔环境、绝缘子串放电和红外检测情况

条文 16.17　对于水泥厂、有机溶剂类化工厂等特殊污源附近的硅橡胶类外绝缘，应加强憎水性检测。

水泥厂，苯、酒精类等化工厂的污染会影响复合外绝缘憎水性，应加强该类地区复合外绝缘憎水性检测。

条文 16.18　对于现场涂覆的防污闪材料，应确保绝缘子表面清扫质量、涂层

厚度、附着力符合要求，且应避免在大雾、阴雨潮湿天气施工。

加强对绝缘子涂覆防污闪涂料的质量和管理要求。

【案例】 2021年6月，220kV某线C相故障跳闸，重合成功。故障时有降雨，降水量为50mm。巡视发现46号直线塔C相（下相）整串悬垂绝缘子均有大面积闪络放电痕迹，小号侧上子导线有轻微放电痕迹，现场故障绝缘子有明显放电声音。故障原因为46号杆塔C相绝缘子防污闪涂料自2006年10月11日首次喷涂后未进行复涂，喷涂时间较长（约15年），并处在高污染地区（e级污区），在下雨时不能及时阻断放电通路，最终造污闪闪络跳闸。放电通道及憎水性试验情况如图16-7所示。

图16-7 放电通道及憎水性试验情况

条文16.19 瓷套避雷器不宜单独加装辅助伞裙，如需加装辅助伞裙宜将辅助伞裙与防污闪涂料结合使用。

防污闪涂料、辅助伞裙的应用十分广泛，考虑避雷器内部结构，增加辅助伞裙后可能造成电场的改变，对于性能的影响需要积累经验。目前也有部分加装辅助伞裙与防污闪涂料结合使用的经验，由此提出不宜单独加装辅助伞裙，若加装辅助伞裙宜与防污闪涂料结合使用。

17

防止电力电缆损坏事故的重点要求

总体情况说明：

本章“防止电力电缆损坏事故的重点要求”部分，修订工作主要参照《国家电网公司十八项电网重大反事故措施》(2018修订版）以及南网反措中“防止电力电缆损坏事故”内容修订而来。针对2014年以来的电力电缆故障、火灾事件等问题，从设计、基建、运维三个阶段提出防止绝缘击穿、防止电缆火灾、防止外力破坏和设施被盗的反事故措施。结合国家、相关部委、行业近几年发布的法律、法规、规范、规定、标准和相关文件提出的新要求，修改、补充和完善了相关条款。本章增加的17.2单独提出输电侧防电缆火灾措施，2.2节改为仅针对发电侧防电缆火灾措施。将《防止电力生产事故的二十五项重点要求（2014年版）》中“17.3防止单芯电缆金属护层绝缘故障”中条款调整合并到17.1内。将《防止电力生产事故的二十五项重点要求（2014年版)》中“17.2防止外力破坏和设施被盗”调整为17.3。

防止电力电缆损坏事故，应严格执行下列法规、标准：

《中华人民共和国安全生产法》

《电力工程电缆设计标准》(GB 50217—2018)

《电气装置安装工程电缆线路施工及验收标准》(GB 50168—2018)

《火力发电厂与变电站设计防火标准》(GB 50229—2019)

《电气装置安装工程接地装置施工及验收规范》(GB 50169—2016)

《水电工程设计防火规范》(GB 50872—2014)

《城市电力电缆线路设计技术规定》(DL/T 5221—2016)

《电力电缆线路运行规程》(DL/T 1253—2013)

《带电设备红外诊断应用规范》(DL/T 664—2016)

条文说明：

条文17.1　防止电缆绝缘击穿事故

条文17.1.1　应根据线路输送容量、系统运行条件、电缆路径、敷设方式、环境条件等合理选择电缆和附件结构型式及相关材料。

为保证电缆运行的可靠性，电缆本体选型时，应根据《电力工程电缆设计标准》(GB 50217）的要求，依据规划线路电压等级、额定输送容量、敷设方式、环境条件等因素，选择相应的绝缘水平、导体材质和护套。在电缆接头选型时，应根据《城市电力电缆线路设计技术规定》(DL/T 5221）中对电缆接头的分类，按照用途和场合选择不同类型的接头以保证良好的电气性能、机械强度和防潮密封性能。根据电缆终端所处环境，选择相应的终端，以满足电网安全可靠运行的要求。

为了适应各种不同敷设环境要求，如直埋、排管以及隧道等，电缆的铠装层与外护套应选用相应的结构材料，如含化学腐蚀环境应采用铅套，易受水浸泡的电缆，宜采用聚乙烯外护套。在电缆选型时不仅要考虑技术指标的优越性，也需要考虑一定的经济性，考虑全寿命周期内的维护成本、安全指标以及社会效益，以达到最优化的全寿命周期效费比。鉴于东北等地区低温低负荷情况下发生电缆终端故障，故增加“环境条件和相关材料”要求，以满足长期安全运行的需要。

【案例】 2005 年，某电站 220kV 电缆进线工程启动投运过程中，发生 220kV 电缆瓷套终端故障的情况，经故障分析，发现该工程所采用的三元乙丙橡胶材料应力锥在低温低负荷条件下转变为玻璃态，导致界面压力不足，因此，在终端外屏蔽断口处的应力集中处发生击穿，如图 17-1、图 17-2 所示。

图 17-1　220kV 电缆终端爆炸情况图

图 17-2　故障电缆终端应力锥

条文 17.1.2　应避免电缆通道临近热力管线、腐蚀性、易燃易爆介质的管道，确实不能避开时，电缆通道与其他管道、道路、建筑物等之间平行和交叉时的最小净距应符合相关标准要求。

邻近热力管线散发出的热量会造成电缆通道内温度升高，影响电缆线路的载流量。如果电缆线路长期运行在高温环境中，还会加速绝缘老化，缩短电缆的使用寿命。在设计阶段，应全面勘查电缆通道周围管线情况，避免电缆通道邻近热力管线。

腐蚀性介质管道中的物质一旦泄漏到电缆通道内，会造成电缆腐蚀，即电缆外护套、铠装层、铅护套或铝护套的腐蚀。酸或碱性溶液、氯化物、有机物腐蚀物质等都会使电缆遭受腐蚀，这些物质进入电缆通道也容易引发有限空间人身事故。易燃易爆介质一旦泄漏到电缆通道内，很容易引发电缆通道火灾和爆炸事故。

【案例 1】 2011 年，某市热力管线泄漏，热水渗入电缆隧道。该隧道内有多路 10、110kV 在运电缆，当时隧道内环境温度超过 80℃，远高于电缆正常运行温度，严重影响电网安全，电力公司被迫采取排水、通风降温、调整电网运行方式等应急措施。

【案例 2】 2009 年，某公司 220kV 电缆隧道与热力管道的交叉距离不满足规程要求，导致电缆沟内温度不满足运行要求，将该交叉点井内温度与线路其他电缆井内温度进行对比，最大温差高达 21.4℃，负荷高峰时期电力公司不得不采取降温、负荷控制措施。

【案例 3】 某城市隧道发生爆炸事故，隧道内电缆全部烧毁，爆炸起火原因为临近隧道的天然气管道发生泄漏进入电缆隧道，在放电火花或外界火源的诱发下发生爆炸起火，如图 17-3 所示。

图 17-3　隧道发生爆炸事故电缆全部烧毁现场情况

条文 17.1.3　应加强电力电缆和电缆附件选型、订货、验收及投运的全过程管理。应优先选择具有良好运行业绩和成熟制造经验的制造商。

加强设备全过程管理，订货阶段应确保选择成熟产品，有助于从源头把住电缆产品的质量关。电缆及附件招投标时，必须进行严格的技术符合性审查。验收环节应严格按照验收相关要求进行把关，确保电缆线路健康投运。电力电缆主要采用固体绝缘材料，因为运行过程中通过状态检测发现缺陷比较困难、维修代价很高，所以应杜绝家族性设备缺陷问题。如果制造工艺不成熟、质量控制不完备，电缆、附件极易存在不可见缺陷，在后期运行过程中将出现批量性问题。

物资招标采购阶段对电缆及附件供货商提出明确的运行业绩要求是进一步加强电缆产品入网管理的有效手段，有助于从源头把住电缆产品的质量关，杜绝劣质和不合格电缆产品流入电网。应根据电缆行业的技术现状、市场现状和以往运行业绩，从确保电缆线路安全可靠运行的角度出发，对不同电压等级电缆产品的供货商进行比较，择优选取，尤其是新产品新技术应用时更应选择具有良好运行业绩和成熟制造经验的制造商。

【案例1】 2016年，某110kV电缆线路本体故障，经电缆解剖分析发现电缆本体外屏蔽表面上存在不规则白斑，经分析发现，该批次电缆缓冲层体积电阻率和表面电阻率不符合标准要求，导致了电缆故障的发生，如图17-4所示。

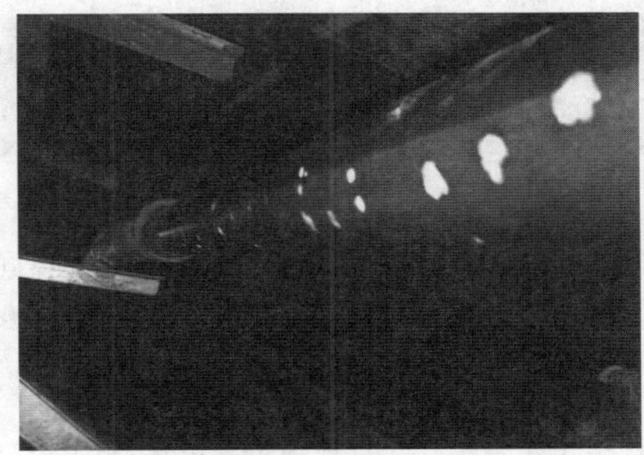

图17-4 故障电缆本体外屏蔽表面白斑缺陷情况

【案例2】 2022年，某110kV电缆工程，安装人员在制作中间接头时发现，电缆绝缘屏蔽厚度严重不均匀，最薄点厚度仅为0.28mm，不满足相关标准要求，电缆厂家通过查阅历史资料发现，某一时段的设备原因是导致该问题的直接原因，问题电缆长度约为57m，并与现场核实长度保持一致，通过更换该盘问题电缆，有效避免了不合格电缆产品进入电网，如图17-5所示。

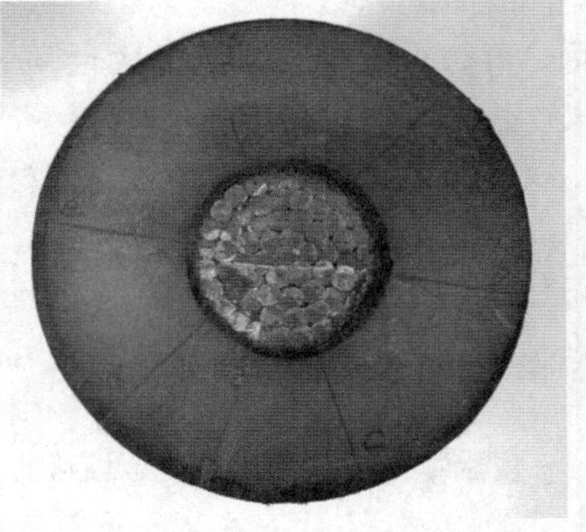

图17-5 电缆绝缘屏蔽厚度不均匀

【案例3】 2017年，某220kV电缆接头故障击穿。解剖发现接头击穿位置在预制橡胶件内电极端部环形合模缝处，该处在厂家制造过程中需要人工打磨，当打磨质量不够精细或有异物残留时，易成为运行过程的薄弱点。绕包的半导电层外表面不平整，且绕包部分外径与电缆绝缘外径有2～6mm的径差，导致预制橡胶件内电极与电缆绝缘交界面出现微小形变，加剧了合模缝区域的电场畸变。预制橡胶件内电极设计为枕型，在枕端R处电场强度最大，合模缝临近该部位。而该处因向外突出，绝缘厚度最小，是最容易发生击穿的区域。上述三方面因素叠加，该厂家该类型的电缆接头易发生绝缘击穿。综上所述，该生产厂家在制造和安装过程中存在的不足，已导致多次类似故障，如图17-6所示。

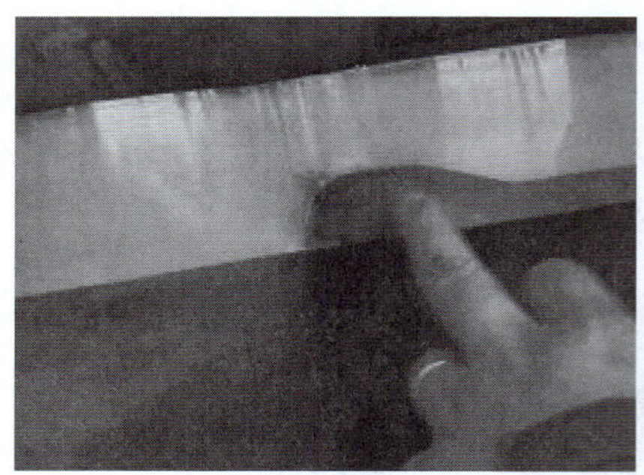

图 17-6　硅橡胶接头典型故障

条文 17.1.4　同一受电端的双回或多回电缆线路宜选用不同制造商的电缆、附件。人员密集区域或有防爆要求场所的新建电缆线路户外终端应选择复合套管终端。

电缆及其附件，每个厂家的生产工艺有所不同，110（66）kV 及以上电压等级同一受电端的双回或多回电缆线路如果选用同一制造商的产品，因具有相同的技术工艺及水平或安装共性问题，一旦出现批次性质量问题，可能导致双回或多回路同时停电事故，甚至造成整个变电站停电，使事故扩大。同受电端多回路应选用不同制造商的电缆，以便降低故障率和变电站全停的概率，同时一旦出现批次性质量问题，将大大延长事故抢修时间和供电恢复时间。选择不同制造商产品，可防止电缆、附件批次性质量问题造成的全停风险，站内变联电缆宜参照执行。

复合套管终端的外绝缘主体材料为硅橡胶和玻璃纤维增强树脂，均为非脆性材料，在运输、安装、运行过程中，不易碰损、爆炸、脆断。瓷套管终端的外绝缘为瓷套管，瓷套管是陶瓷制品，一旦发生爆炸，飞溅的陶瓷碎片会影响周围一定距离的人员及设备的安全。相较于瓷套管终端，复合套管终端在发生事故时不易产生爆炸碎片，可大大降低人员伤亡和引发二次事故的概率。

【案例 1】　某 110kV 变电站共 2 台变压器，110kV 变联电缆终端为同一厂家产品。2019 年 12 月，该站 3 号变联电缆 A 相变压器终端发生击穿故障，运维人员立即对该站 1 号变压器开展特高频、高频及超声波检测，发现 110kV 侧 B 相电缆舱有明显放电声，且有局部放电现象。经解体发现，3 号变联电缆 A 相变压器终端击穿原因为应力锥沿面放电，放电通道应力锥压环（高压放电起始点）→应力锥外表面→金属锥托（低压放电点），1 号变联电缆 B 相变压器终端局部放电原因同为应力锥沿面放电，如图 17-7 所示。

【案例 2】　2012 年，220kV 电缆瓷套管终端发生故障，瓷套管炸裂。经解剖分析，由于该终端上部顶盖密封不严，导致瓷套管内部进潮，从而引起终端内部的沿面放电，最终导致终端故障，后更换为复合套管终端，如图 17-8 所示。

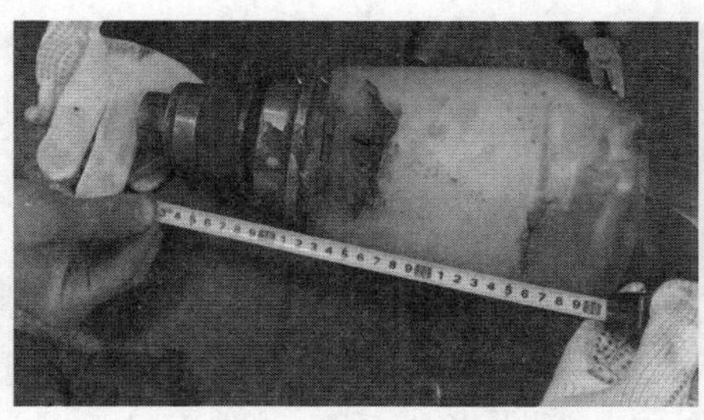
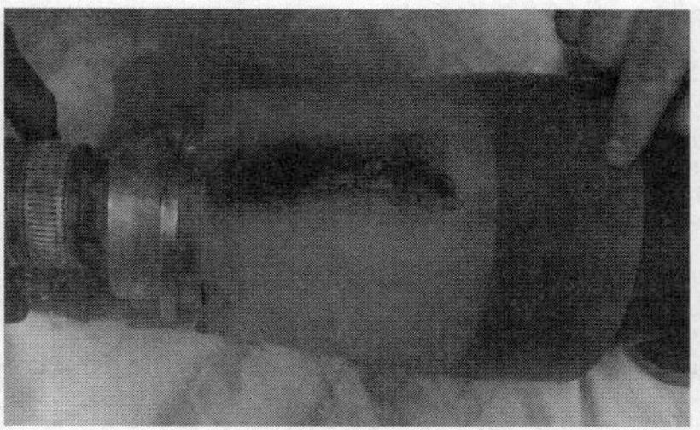

图 17-7　故障终端解体情况及局部放电终端解体情况

图 17-8　瓷套管内部进潮导致的 220kV 电缆终端故障情况

条文 17.1.5　设计阶段应充分考虑耐压试验作业空间、安全距离，在 GIS 电缆终端与线路隔离开关之间宜配置试验专用隔离开关，并根据需求配置 GIS 试验套管。110（66）kV 及以上采用电缆进出线的 GIS，宜预留电缆试验、故障测寻用的高压套管连接位置并考虑足够的作业空间。GIS 电缆终端尾管与 GIS 筒之间应设计过电压限制元件。

GIS 一般根据主接线形式分为若干个间隔，每个间隔完成一定的功能，隔离开关的主要功能是将 GIS 各元件进行隔离，形成有效可见断口，从而在被隔离并已安全接地的元件上进行检修。和 GIS 相连接的电缆线路，在进行交接试验或例行试验时，如果 GIS 终端与线路隔离开关之间不配置试验专用隔离开关，试验时的感应电压容易进入设备的其他部件中，造成其他未做电缆试验的 GIS 内部也带电，极易造成人身事故或产生误动作。因此，需在 GIS 终端与线路隔离开关之间设计试验专用隔离开关。

电缆线路的交接试验必须进行主绝缘交流耐压试验，因此在设计阶段配置相应的试验套管可方便后期开展试验。同时，增加隔离开关可将终端与其他设备进行隔离，方便耐压试验的进行，并有利于发生故障后进行检测维修。目前，两边均是 GIS 终端的电缆线路越来越多，应在 GIS 终端两侧为电缆试验创造条件。除此之

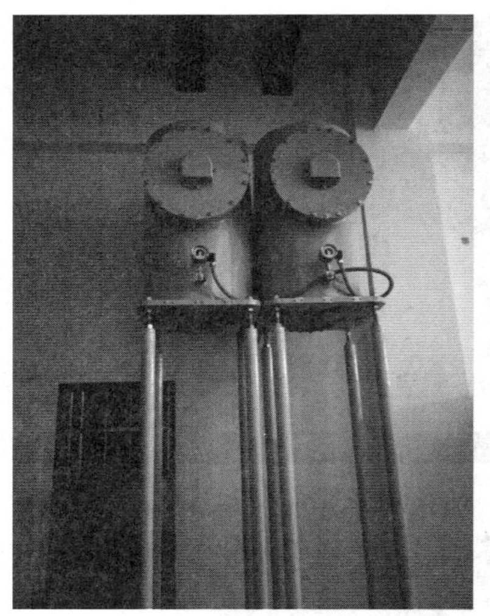

图17-9　某老变电站内因空间受限110kV GIS无法增加隔离开关情况

外，GIS设备的排列位置，电缆仓位置以及GIS室的内部布局，可能都会影响后期电缆试验的现场实施，都需要在设计阶段加以考虑。

【案例1】 某电站升压改造工程中，因老站的空间限制无法增设110kV GIS仓位室，因此无法在110kV GIS筒体位置增设隔离开关将终端与其他设备进行隔离，影响耐压试验的开展以及电缆故障后的检测维修，如图17-9所示。

【案例2】 某电站升级改造工程中，对GIS设计考虑不周，GIS电缆筒的侧面没有预留观察孔，仓体与房顶的安全距离又不满足要求，造成无法增设试验套管和隔离开关，影响耐压试验的开展以及电缆故障后的检测维修，如图17-10所示。

图17-10　某110kV GIS开关站

条文17.1.6　110（66）kV及以上电力电缆站外户外终端应有检修平台。终端塔应有围墙（围栏），并有监控等技防措施。

根据《电力电缆线路运行规程》（DL/T 1253）的要求，运维单位需要对电缆线路进行定期巡检，其中包括电缆终端表面检查、带电检测等诸多项目。安装检修平台可便于运维人员开展巡视和检测工作，也有助于提高检修、抢修的效率。变电站内存在高度较高的站内户外终端，或与变压器连接的电缆终端高度较高时，也宜设置检修平台，保证作业安全的同时也减小电缆设备倾斜、坠落等可能的意外情况对变电设备的损害。

【案例 1】 某 110kV 电缆户外终端没有检修平台，不利于电缆运维人员开展电缆线路的终端巡检、运维及故障抢修等工作的开展，如图 17-11 所示。

图 17-11 某 110kV 电缆户外终端无检修平台情况

【案例 2】 某 110kV 电缆户外终端没有检修平台，只能搭建临时检修平台，检修人员在检修过程中会借助电缆终端进行支撑，容易造成套管的损坏，也可能造成坠落等意外事故的发生，如图 17-12 所示。

图 17-12 某 110kV 电缆户外终端无检修平台情况

条文 17.1.7 10kV 及以上电力电缆应采用干法化学交联的生产工艺，110（66）kV 及以上电力电缆应采用悬链或立塔式工艺。

根据《电力工程电缆设计标准》（GB 50217）的要求，采用干式交联工艺，较水蒸气交联方式能极大地降低含水量，从而有效防止交联聚乙烯绝缘中的水树现象，提高了绝缘材料的性能。同时，110kV以上电缆采用悬链或立塔式三层共挤工艺可确保电缆结构尺寸的稳定，在很大程度上提高了交联聚乙烯电缆运行可靠性。

【案例】 某10kV电缆本体发生击穿故障，经解体分析，由于该电缆采用水蒸气交联方式，导致交联聚乙烯绝缘中含水量较高，长时间运行形成水树，降低了绝缘材料性能，最终导致击穿故障，如图17-13所示。

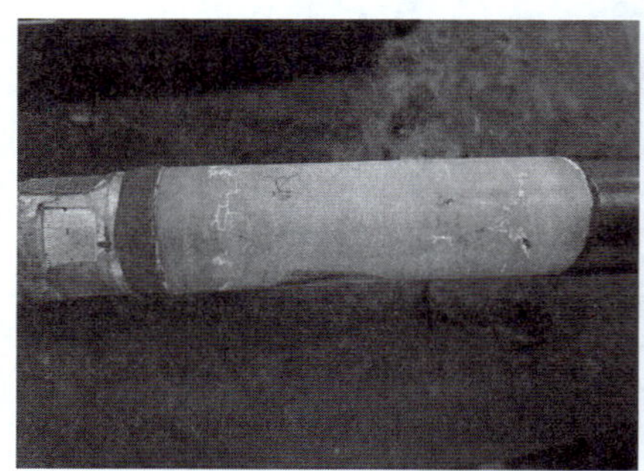
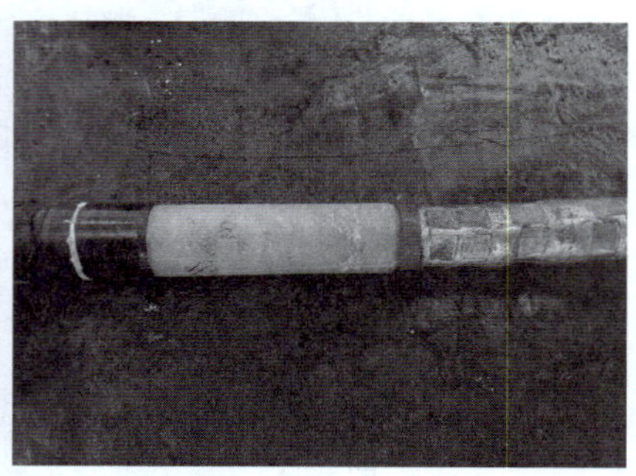

图17-13　某10kV电缆水树现象

条文17.1.8　运行在潮湿或浸水环境中的110（66）kV及以上电压等级的电缆应有纵向阻水功能，电缆附件应密封防潮；35kV及以下电压等级电缆附件的密封防潮性能应能满足长期运行需要。

潮湿或浸水环境对电力电缆的安全稳定运行影响很大。针对固体绝缘电缆，一旦水分进入电缆绝缘表面或导体表面，都会使绝缘在运行中产生水树，并逐步向绝缘内部延伸，导致绝缘加速劣化，直至击穿。运行在潮湿或浸水环境中的高压电缆应有纵向阻水功能，接头应密封防潮。由于南方地区土壤水含量较高，部分电缆接头长期运行于水下环境中。当电缆护层意外破损时，纵向阻水层可防止水分的进一步入侵；当电缆接头发生故障后，阻水层也可阻断由故障点涌入的水分，避免了水向电缆两侧蔓延后导致整根电缆报废。

35kV及以下交联聚乙烯绝缘电缆冷缩式中间接头宜采用加强型防水措施，电缆中间接头橡胶件主体两端宜做密封防水措施，依次采用填充防水密封泥或防水密封胶、绕包防水绝缘胶带、绕包半导电胶带的方式进行密封；电缆中间接头的内、外护套宜采用防水绝缘胶带1/2搭接绕包至少一个来回的方式进行防水恢复。三相中间接头整体宜采用密封灌胶、涂刷防水树脂或热缩套包覆方式进行整体增强防水。

【案例】 某10kV电缆接头故障，经解体分析发现，预制橡胶件及电缆绝缘屏蔽表面存在进水现象，长期运行过程中，水分逐步向绝缘内部延伸，导致绝缘加速老化，直至击穿。

条文17.1.9　电缆主绝缘、单芯电缆的金属屏蔽层、金属护层应有可靠的过

电压保护措施。统包型电缆的金属屏蔽层、金属护层应两端直接接地。

某 10kV 接头进水受潮导致击穿故障如图 17-14 所示。

图 17-14　某 10kV 接头进水受潮导致击穿故障

根据《城市电力电缆线路设计技术规定》（DL/T 5221）的要求，单芯电缆的金属护套一般使用在一端直接接地而在另一端经过护层电压限制器接地方式（线路不长且符合感应电压规定要求时）、中间部位单点直接接地而在两端经过电缆护层电压限制器接地方式（线路稍长、一端接地不能满足感应电压规定要求时）、交叉互联接地方式（线路较长，中间一点接地方式不能满足感应电压规定要求时）。当系统发生单相接地故障时，绝缘接头两端会出现很高的感应电压，为保护电缆外护层免遭击穿，因此需在绝缘接头部位设电缆护层电压限制器。对于统包型电缆，由于每相感应出的电压和导体上的电压相位相同，三相在同一点接触，三相感应电压的矢量和等于零，故使用统包电缆线路只需要将两端直接接地，即可保护安全运行。交叉互联接地系统如图 17-15 所示。

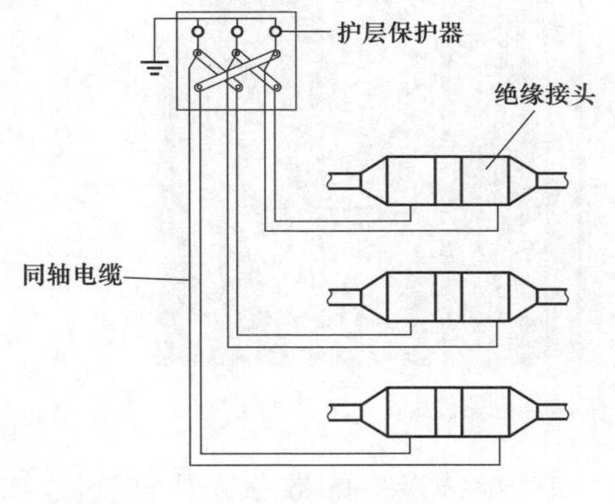

(a) 交叉互联接地示意图

(b) 交叉互联接地实物图

图 17-15　交叉互联接地系统

【案例 1】　某 110kV 电缆线路采用交叉互联两端接地方式运行，在电缆线路沿线发生多只电缆交叉互联箱被盗的情况，造成该交叉互联段电缆感应电压（电流）

升高，造成电缆中间接头热击穿，如图17-16所示。

图17-16　某110kV电缆线路交叉互联箱被盗及接头热击穿情况

【案例2】 某区域110kV电缆接地箱被偷盗，该换位段电缆的金属护套产生悬浮电位过高而击穿外护套，导致多点接地造成环流过大，电缆绝缘长期过热导致绝缘击穿，引起故障，如图17-17所示。

图17-17　某110kV电缆接地箱被盗导致本体击穿情况

条文17.1.10　合理安排电缆段长，减少电缆接头的数量，严禁在变电站电缆夹层、竖井、50m及以下桥架等缆线密集区域布置电力电缆接头。110（66）kV电缆线路在非开挖定向钻拖拉管两端工作井内不应布置电力电缆接头。

综合考虑电缆的敷设环境、电缆护层换位段限制、运维检修的便捷性等各项因素合理安排电缆段长。而电缆接头是整条电缆线路的薄弱环节，也是故障的高发点，因此减少电缆接头数量有助于提高电缆运行的可靠性。同时，为了保证电缆输电网络的可靠性，严禁在变电站电缆夹层、桥架和竖井等缆线密集区域布置电缆接头。

非开挖定向钻拖拉管敷设方式为抛物线形，在两端工作井内电缆存在弯曲应力，在易沉降地质或单侧受力时易发生沉降和偏移，拉力会引起接头受力发生铅封破裂，严重时会导致接头击穿，因此，110（66）kV 电缆非开挖定向钻拖拉管两端工作井不宜布置电力电缆接头。非开挖定向钻拖拉管敷设路径如图 17-18 所示。

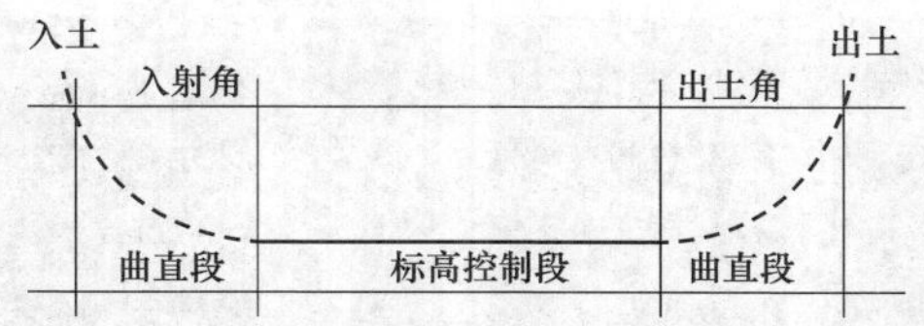

图 17-18　非开挖定向钻拖拉管敷设路径

【案例 1】 2015 年，在对某 220kV 电缆进行红外测温和金属护层接地电流检测时，发现金属护层接地电流偏大，三相比值超过 3，超过负荷电流的 20%，存在异常现象。对电缆段长进行实测发现实际段长与设计段长偏差较大，段长偏差高达 37.3%。将交叉互联接地箱更换成一侧带保护接地箱、一侧直接接地箱后，护层电流所测数值正常。

【案例 2】 某变电站的电缆夹层内存在 110kV 电缆中间接头，一旦发生故障将会影响电缆夹层内其他电缆线路安全运行，并易产生火灾，已通过技改项目将电缆接头移至站外适当位置，如图 17-19 所示。

图 17-19　某变电站电缆夹层布置接头情况

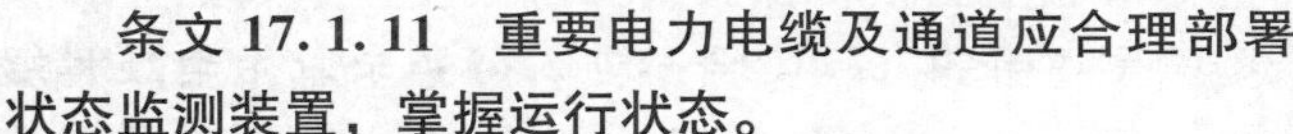

条文 17.1.11　重要电力电缆及通道应合理部署状态监测装置，掌握运行状态。

为便于运维阶段掌握电力电缆的运行状态，可在设计阶段考虑对重要电缆及通道增加必要的状态监测装置。电力电缆重要程度可根据电压等级和供电客户重要性进行判断，电缆通道重要程度可根据电缆数量及通道发生断面丧失后对电网运行或用户供电造成的影响程度进行判断，状态监测装置应按照重要程度及需求进行相应配置。高压电缆设备状态监测装置包括电缆测温、接地电流、局部放电、户外终端测温等监测装置，目的在于实时掌握重要电缆设备的运行状态，及时发现缺陷或隐患，有效避免故障的发生；高压电缆通道在线监测装置包括井盖监控、可视化监控装置、振动监测装置、沉降监测装置、自动灭火装置、火灾监测装置、智能门禁、水位监测装置、有毒有害气体监测装置、智能巡检机器人等，目的在于及时掌握电缆运行环境状况，确保重要通道状态可控在控。

【案例 1】 2017 年，某公司值班人员通过监控平台发现某条 110kV 电缆线路金属护层接地电流异常，并立即安排运维人员前往现场检查，经检查发现，某交叉互联段的两个交叉互联箱的连接片连接位置不一致，处理后接地电流恢复正常。交叉互联箱拆箱照片如图 17-20 所示。

(a) 1号交叉互联箱

(b) 2号交叉互联箱

图 17-20 交叉互联箱拆箱照片

【案例 2】 某公司在出站口隧道安装多套水位监测装置，值班人员通过监控平台多次发现水位监测装置报警，随即安排运维人员到现场检查，核实情况后及时安排相关人员进行抽水，有效避免了积水倒灌变电站的情况发生。隧道内安装水位监测装置如图 17-21 所示。

图 17-21 隧道内安装水位监测装置

条文 17.1.12 对 220kV 及以上电压等级电缆、110（66）kV 及以下电压等级重要线路的电缆，应进行工厂验收。

电缆各部分的原材料质量、生产工艺的控制等因素将直接影响电缆的质量。原材料的质量不良、工装设备缺陷、生产工艺控制不当等都会给电缆长期运行埋下致命隐患。开展驻厂监造和工厂验收，可确保电缆线路生产环节可控、在控，确保电缆合格出厂，避免电缆进入安装或运行环节后出现问题。

重要线路电缆产品质量，应从生产阶段起

严格把关。设备材料供应（制造）商应配合设备监造和设备出厂验收工作，接受监造人员和验收人员的监督，确保产品制造质量和工艺水平符合供货合同要求。对重要线路及新中标供应商采取全程监造，并由建设单位、物资公司及运维单位共同组织参加工厂验收，确保产品质量与技术协议相符。

【案例 1】 某 110kV 输变电工程在安装电缆终端的过程中，发现电缆铝护套有修补痕迹，经证实该段电缆的金属护套在出厂前因受损而修补，后要求厂方将该段电缆予以更换，如图 17-22 所示。

图 17-22　某 110kV 电缆本体出厂前金属套受损修补情况

【案例 2】 2022 年，某工程 110kV 电力电缆制造过程中，监造人员在金属套气密性试验见证中发现金属套充气压力达到 0.3MPa 左右，出现了漏气点，技术协议要求是 0.4MPa±0.05MPa，保压 2h，不符合技术协议要求。制造厂立即对漏点进行了处理补焊，重新进行气密性试验，符合技术协议要求，整改到位。某 110kV 电缆金属套制造过程中气密性试验不合格情况如图 17-23 所示。

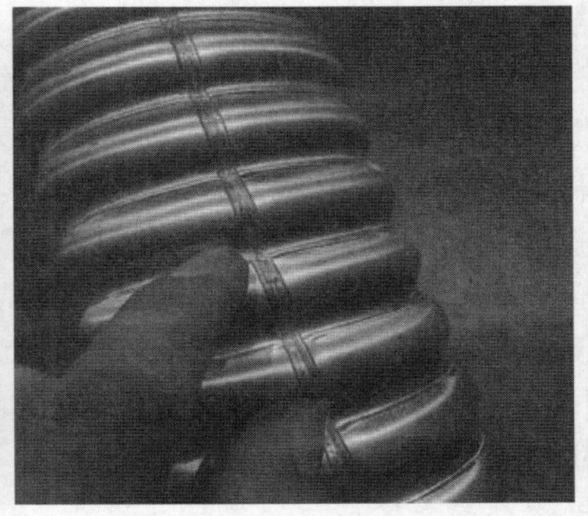

图 17-23　某 110kV 电缆金属套制造过程中气密性试验不合格情况

条文 17.1.13 应严格进行到货验收，并开展到货检测。

结合电缆及附件的生产、安装、运行和试验经验，对于电缆及附件长期运行性能密切相关的结构尺寸、电气、物理等关键性能，应进行到货验收及检测，尽可能杜绝不合格品进入安装环节、投入运行。

为确保设备材料产品质量，及检测运输过程中有无损坏，应严格进行到货验收，确保设备材料供货与运输质量，并将检测报告作为新建线路投运资料移交运维单位。

【案例1】 某220kV变电站进线工程电缆敷设过程中，发现新电缆外护套上有气泡，外观检验不合格。根据技术规范要求属于不合格产品，该段电缆重新更换，如图17-24所示。

图17-24 某220kV电缆本体外护套气泡缺陷情况

【案例2】 2016年，某公司电缆迁改工程对所订35kV电缆进行抽样检测，检测发现电缆存在偏心率超标问题，随即对该批所生产电缆进行了全部退换货处理，待检测合格后方可投入运行，致使该项工程工期延长。

【案例3】 2022年，某公司对某工程到货的110kV电缆进行强检时，发现纵向阻水层体积电阻率超标，随即对该批电缆进行了退换货处理。

条文 17.1.14 在电缆运输过程中，应防止电缆受到碰撞、挤压等导致的机械损伤，严禁平放电缆盘。电缆敷设过程中应严格控制牵引力、侧压力和弯曲半径。

为确保运输过程及敷设过程中电缆护层不受到损坏，应严格按照《电气装置安装工程电缆线路施工及验收标准》（GB 50168）运输和敷设电缆要求。电缆敷设过程中应严格控制牵引力，避免导体、护层或绝缘变形、损坏；应控制侧压力，避免电缆在通道转弯处被挤伤。电缆弯曲时，电缆外侧被拉伸，内侧被挤压，由于电缆材料和结构特性的原因，电缆承受弯曲有一定的限度，过度弯曲将造成绝缘层和护层的损伤，甚至使该段电缆完全破坏。因此，在电缆敷设过程中，应根据电缆绝缘材料和护层结构，严格控制弯曲半径。

搬运电缆盘和储放电缆，不允许电缆盘平放，避免电缆挤压变形或松开。电缆盘应有牢固的封板，在运输车上必须可靠固定，防止电缆盘移位、滚动、相互碰撞和倾倒。

【案例1】 2015年，某220kV电缆工程在敷设过程中，发现电缆外护套损伤且有修补痕迹，电缆变形，局部凹陷达3～4mm，破坏外护套与铝护套之间有积水，电缆外护套多处起皱等质量问题。经排查，为运输和保管不当造成。按规定进行了退货，如图 17-25 所示。

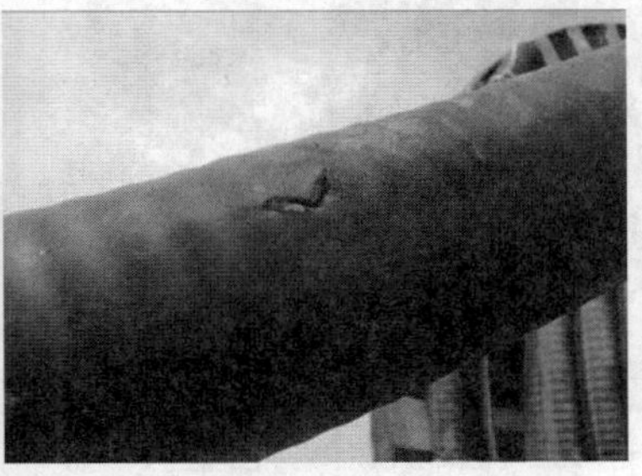

图 17-25　运输过程中外护层受外力损伤

【案例 2】 某项电缆工程敷设过程中，电缆转弯处的侧压力控制不当造成电缆护层受损，如图 17-26 所示。

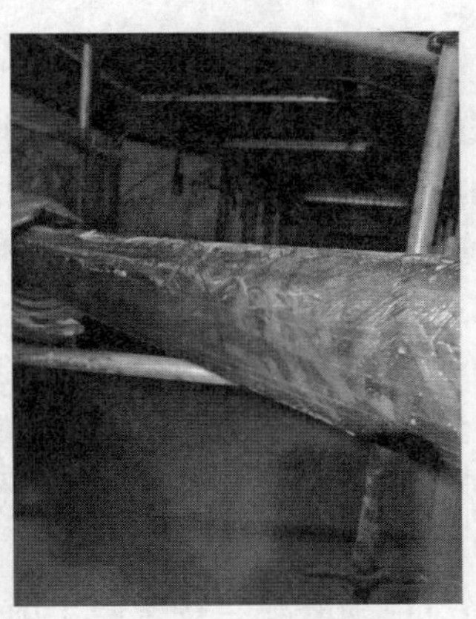

图 17-26　某电缆转弯处侧压力控制不当造成电缆护层受损

条文 17.1.15　电缆通道、夹层及管孔等应满足电缆弯曲半径的要求，110（66）kV 及以上电缆的支架应满足电缆蛇形敷设的要求，支架立柱部分不应采用角钢以避免硌伤电缆，1600mm² 截面及以上电缆的支架横撑应采用非铁磁性材料。电缆应严格按照设计要求进行敷设、固定。110（66）kV 及上电压等级电缆接头两侧端部、终端下部应采用刚性固定。电缆支架、固定金具等均应可靠接地。

由于电缆材料和结构特性的原因，电缆承受弯曲有一定的限度，过度的弯曲将造成绝缘层和护套的损伤，因此作为电缆线路敷设的通道，无论隧道、夹层以及管井等，结构本体的弯曲半径都应不小于电缆线路的最小弯曲半径，确保电缆不受损伤。电力电缆在运行状态下因负载和环境温度变化引起导体和绝缘热胀冷缩，产生机械应力，所以在隧道中敷设高压电缆时采用蛇形敷设，电缆支架横撑长度、强度及电缆布置都应满足电缆蛇形敷设要求。电缆固定的作用在于把电缆因热胀冷缩产生的蠕动量、机械应力进行分散，避免电缆、接头受到机械损伤。电缆本体（护套、铠装等）不应出现明显变形，电缆敷设和运行时的最小弯曲半径应符合相关标准要求。隧道内 110kV 及以上的电缆，应按电缆的热伸缩量作蛇形敷设。

【案例 1】 某 110kV 电缆工程过程验收中，发现电缆敷设弯曲半径不符合允许最小弯曲半径 $20D$（D 为电缆外径）的要求，如图 17-27 所示。

【案例 2】 运维人员在对某 110kV 电缆巡视过程中，发现某处电缆外护套被支架的角钢立柱硌伤，如图 17-28 所示。

图 17-27　某电缆敷设弯曲半径不符合要求情况

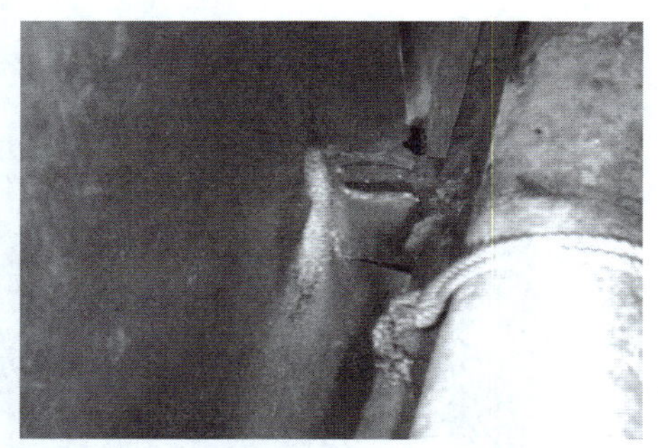
图 17-28　外护套被支架的角钢立柱硌伤

条文 17.1.16　施工期间应做好电缆和电缆附件的防潮、防尘、防外力损伤措施。在现场安装高压电缆附件之前，其组装部件应试装配。安装现场的温度、湿度和清洁度应符合安装工艺要求，严禁在雨、雾、风沙等有严重污染的环境中安装电缆附件。加强高压电缆附件安装的过程管理，严格按照说明书进行施工，对于重要工序应进行影像记录。

附件安装作为电缆施工过程中的重点环节，其安装环境应严格符合附件材料规定的要求。根据《电气装置安装工程电缆线路施工及验收标准》（GB 50168—2018）中 7.1.5“在室外制作 6kV 及以上电缆终端与接头时，其空气相对湿度宜为 70%及以下；当湿度大时，应进行空气湿度调节，降低环境湿度。110kV 及以上高压电缆终端与接头施工时，应有防尘、防潮措施，温度宜为 10～30℃。制作电力电缆终端与接头，不得直接在雾、雨或五级以上大风环境中施工。”按照规程要求严格控制附件安装环境，确保施工质量符合要求。

【案例 1】　某 110kV 电缆终端消缺过程中遇下雨天气，现场施工人员采用临时挡雨措施，以减少电缆安装中受天气因素的影响，如图 17-29 所示。

图 17-29　某 110kV 电缆终端临时挡雨措施

【案例 2】　2002 年，某 110kV 电缆在交接试验中发生户外终端击穿。经分析认定为施工期间环境控制措施不当所导致。附件组装期间气温在零下，同时有 4～5 级大风和扬尘，施工现场未采取有效防护措施，导致绝缘件被污染。

【案例 3】　2010 年 11 月 15 日，某省开展 110kV 红外测温时发现，2 号终端头 B 相发热异常，相间同部位对比温差达 4.3℃。解体检查发现终端内存在异物，为安装时环境不洁带入，如图 17-30 所示。

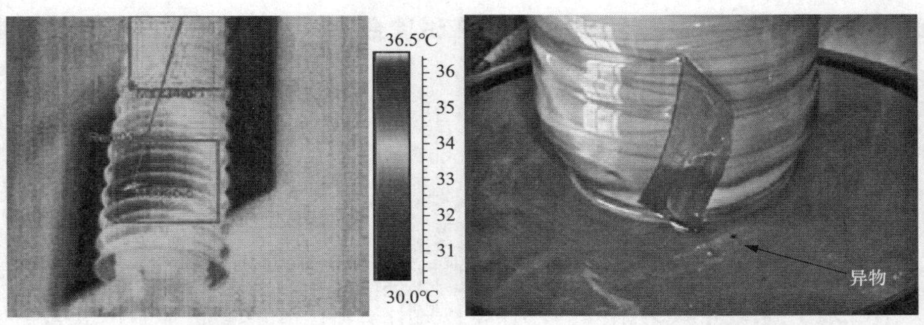

(a) 红外热成像图　　(b) 异物图

图 17-30　现场安装环境不达标导致终端内进入异物引起的发热

条文 17.1.17　应检测电缆金属护层接地电阻、接地箱（互联箱）端子接触电阻，阻值必须满足设计要求和相关技术规范要求。

当电缆发生故障时，电缆金属护套、接地系统会流经故障电流，接触电阻过大可能导致触点烧毁，甚至导致次生故障。单芯电缆正常运行过程中，金属护层接地回路中往往有感应电流，如接触电阻过高会造成发热缺陷，甚至故障。电缆金属护层接地电阻、接地箱（互联箱）端子接触电阻等共同构建成电缆接地系统，电缆接地系统应满足设计和规范要求。根据《电力电缆线路运行规程》（DL/T 1253）和《电气装置安装工程　接地装置施工及验收规范》（GB 50169）要求开展检测。

【案例 1】　某 110kV 电缆工程施工中，发现电缆沟内接地扁铁锈蚀脱落，接地不良，存在安全隐患，重新更换接地扁铁并安装接地桩，如图 17-31 所示。

【案例 2】　某 110kV 电缆线路交叉互联箱连接片连接点接触不良，导致该连接片存在发热情况，影响线路安全运行，需要重新拧紧牢固，如图 17-32 所示。

图 17-31　某 110kV 电缆沟内接地扁铁锈蚀脱落

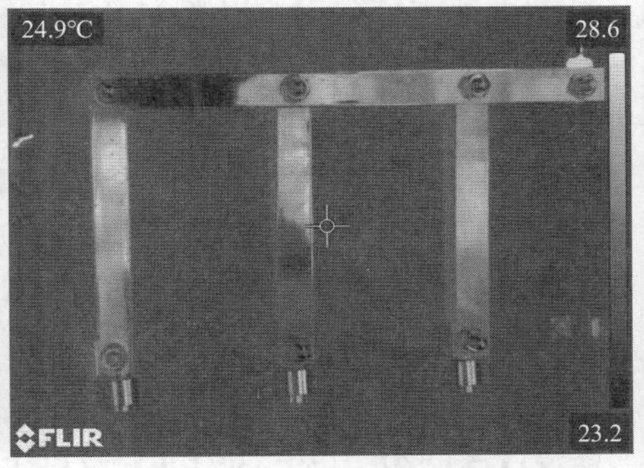

图 17-32　某 110kV 电缆线路交叉互联箱连接片连接点接触不良

条文 17.1.18　金属护层采取交叉互联方式时，应逐相进行导通测试，确保

连接方式正确。金属护层对地绝缘电阻应试验合格，过电压限制元件在安装前应检测合格。

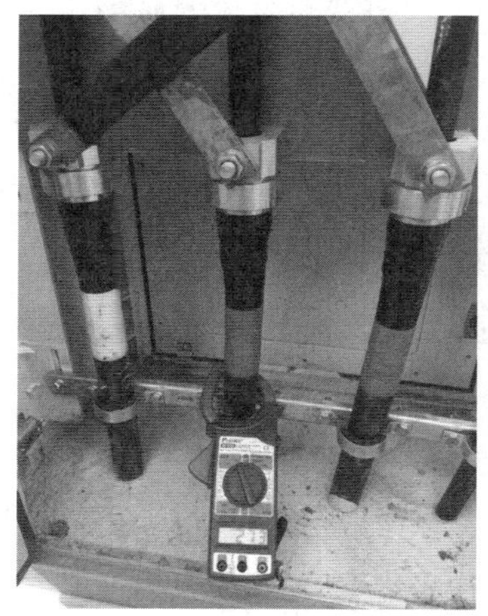

图 17-33　金属护层采取交叉互联连接方式错误情况

交叉互联系统目的在于降低电缆运行时金属护套产生的感应电压，如果交叉互联系统接线方式错误，将使系统失效。交叉互联系统逐相导通测试，主要为防止安装错误引发事故。测量线路绝缘电阻是检查电缆线路绝缘状况最简便的方法。为避免因短路故障引起的设备损坏，金属护层对地绝缘电阻应试验合格，过电压限制元件在安装前应检测合格。

【案例】 某 110kV 电缆改接工程中，在同一互联段的一只交叉互联箱内连接片接反，导致该互联段的感应电流不平衡，最大处电流要超过 200A，通过停电重新安装电缆连接片后完成此项缺陷工作，如图 17-33 所示。

条文 17.1.19　电缆支架、固定金具、排管的机械强度应符合设计和长期安全运行的要求，且无尖锐棱角。户外终端应采取措施避免杆塔沉降，电缆引上直埋部分应填砂掩埋。

电缆支架、固定金具、排管等作为电缆通道重要附属设施，在机械强度、抗腐蚀性能等方面需满足运行要求。根据《电力工程电缆设计标准》（GB 50217），电缆支架表面应光滑、无毛刺，适应使用环境的耐久稳固，满足所需的承载能力，符合工程防火要求。电缆在设计、施工阶段应充分考虑电缆支架强度、抗腐蚀性等性能，且考虑施工过程中对电缆护层的保护，支架边缘应平整、无尖锐棱角。

【案例 1】 某项电缆工程验收过程中发现局部电缆外护套表面有较深划痕，经排摸发现由于支架处有尖锐凸起，电缆敷设时没有对可能伤及到电缆的金属构件采取防范措施导致伤及到电缆的外护层，如图 17-34 所示。

【案例 2】 2020 年 10 月，某公司 110kV 电缆故障，终端钢制立柱下沉，致使立柱固定的上塔电缆铝护套相对电缆线芯向下位移，尾管封铅开裂，最终导致故障。

地质沉降导致故障如图 17-35 所示。

条文 17.1.20　110（66）kV 及以上电缆穿越桥梁等振动较为频繁的区域时，应采用可缓冲机械应力的固定装置。

110（66）kV 及以上电缆穿越桥梁等振动较为频繁的区域时，应根据《电气装置安装工程电缆线路施工及验收标准》（GB 50168）的要求，采取防止振动、伸

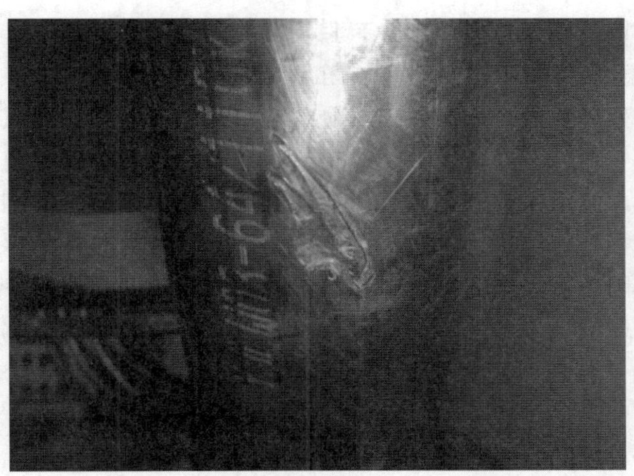

图 17-34　某 110kV 电缆本体外护套划痕缺陷情况

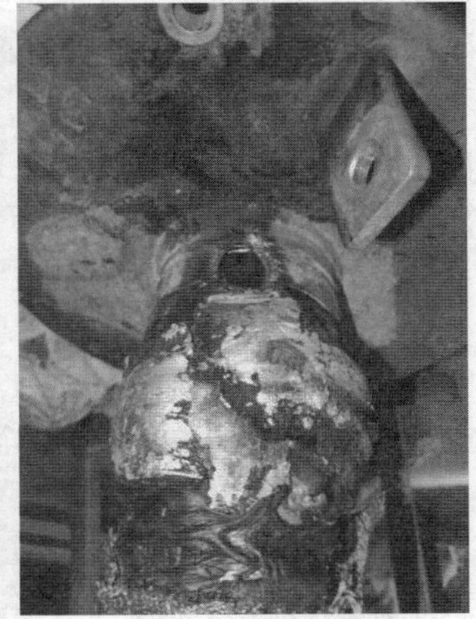

图 17-35　地质沉降导致故障

缩变形影响电缆安全运行的措施。汽车或列车在桥梁上行驶及桥梁受风压都会发生振动。在选择电缆支撑方式及间隔时，应保证其振动频率与桥梁振动的固有频率不同，以避免形成共振。同时，为减小桥梁振动给电缆运行带来的不良影响，电缆选型时可选择皱纹铝护套；施工时应采用橡皮、砂袋等弹性衬垫的防振措施。

由于受到温湿度变化和车辆通行、风、地震等动载荷的影响，桥梁会在纵向上发生一定的位移变化，而电缆也会因环境温度或负载变化造成热伸缩，因此应视工程实际情况采取必要措施减小其影响，如电缆采取蛇形敷设，在桥梁两端、伸缩缝和电缆中间接头等处采用大的蛇形敷设方式，或设置吸收伸缩的电缆伸缩装置。为避免桥梁伸缩影响，电缆接头位置宜避开桥梁伸缩缝位置。

《电力电缆线路运行规程》（DL/T 1253）要求，敷设在桥梁上的电缆如经常受到震动，应加垫弹性材料制成的衬垫（如沙枕、弹性橡胶等）。

条文 17.1.21　电缆终端尾管应采用封铅方式，可加装铜编织线连接尾管和金属护套以确保等电位。

封铅（搪铅）是电力电缆工人需要掌握的一门基本工艺。在电缆附件安装时，封铅对金属铅护套或铝护套电缆的各种终端、中间接头连接起着极重要的密封防水作用，可使电缆的金属外护层与其他电气设备连接形成良好的接地系统。电缆附件性能对附件的安全稳定运行至关重要，采用封铅方式较环氧泥等材料更为可靠，在潮湿、多震动区域尤为明显。环氧泥密封，易因现场AB胶搅拌不均，安装后多震动、多水造成密封性能下降，从而影响电缆附件稳定性，故要求户外终端采用封铅方式密封。

按照《电力工程电缆设计标准》（GB 50217）设计要求，电缆的接地通道要满足线路的全部短路容量，电缆尾管和金属护套间采用封铅的方式，可通过这样的短路电流，从而满足设计要求。封铅是电缆附件安装的关键工艺，封铅工艺好，可延长电缆的使用寿命，能保证电缆长期可靠地安全运行。反之，将导致潮气侵入、绝缘程度降低，甚至引发电缆击穿事故，造成一定的经济损失。电缆终端尾管处为电缆故障高发区，使用铜编织线连接尾管及金属护套能有效确保电缆外屏蔽、尾管、电缆金属护套等电位，提高设备电气稳定性。

【案例1】　2017年某220kV电缆进行终端密封检查的时候，发现终端尾管部位铜丝屏蔽未和金属护套进行可靠连接。通过消缺将电缆铜丝屏蔽与金属护套和终端尾管连通，形成一个整体的接地铅，如图17-36所示。

(a) 消缺前

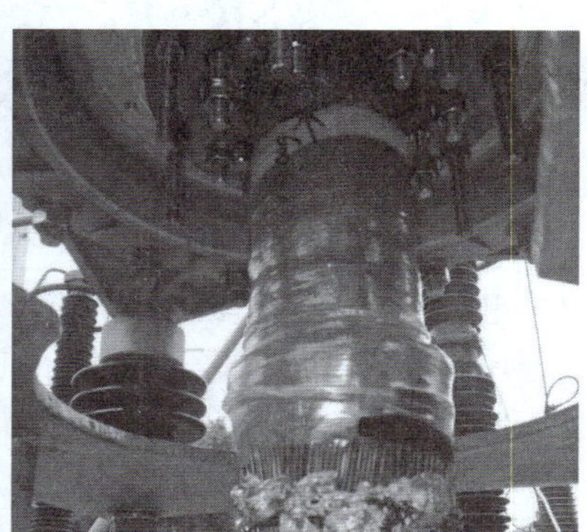
(b) 消缺后

图17-36　电缆终端尾管封铅消缺前后照片

【案例2】　在某沿海地区，发生过多起高压电缆户外终端故障，在分析过程中发现故障点位于电缆终端尾管处，结合现场故障情况及故障解剖结果，发现尾管位置环氧泥未充分固化。分析认为该终端位置环氧泥未固化，从而影响电缆终端的密封性，长期的风震及南方的多雨，导致电缆终端进潮，长期运行后，最终引起绝缘击穿，引发电缆故障，如图 17-37 所示。

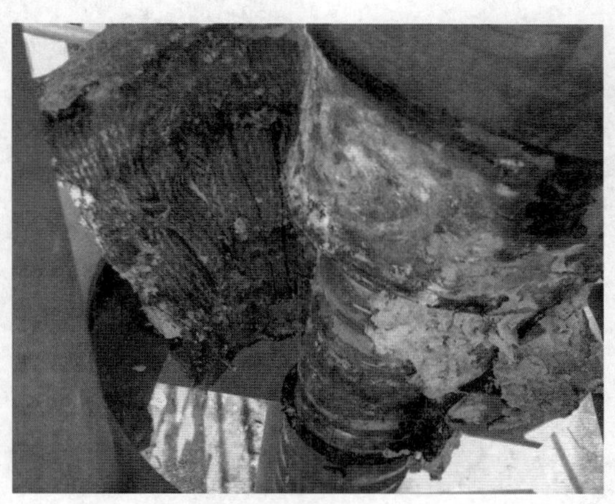

图 17-37　电缆终端尾管位置环氧泥未充分固化

【案例 3】 2017 年，某公司 110kV 电缆 B 相跳闸，线路站内保护接地箱护层保护器瞬时击穿，1 号塔 B 相干式电缆终端尾管处发现有击穿痕迹。故障主要原因是在电缆终端安装过程中，搪铅工艺不良，造成脱铅、铅封开裂，进而水分潮气进入。因此处为电缆护层直接接地点，不良的铅封造成接触电阻增大，电缆护层与接地端子等处发热。异常的发热同时也加速了铅封的氧化过程，造成缺陷的扩大，形成恶性循环，造成电缆主绝缘热老化，最终导致此次电缆绝缘击穿故障。由于故障时短路电流入地，地电位抬升，造成电缆护层电压升高，故造成站内保护接地箱内护层保护器瞬时击穿损坏，如图 17-38 所示。

【案例 4】 针对红外测温多次发现接头和终端搪铅部位发热问题，2021 年，某公司编制并下发了《高压电缆搪铅标准工艺流程及质量要求》，文中明确了搪铅工艺流程、工艺要求及管控重点，对现场施工具有一定的指导意义。

条文 17.1.22　运维部门应加强电缆线路负荷和温度的检（监）测，防止过负荷运行，多条并联的电缆应分别进行测量。巡视过程中应重点检测电缆附件、接地系统等的关键接点的温度。

为确保电缆线路运行安全稳定，运维部门应加强电缆线路负荷和温度的检（监）测，严禁电缆线路过负荷，同时电缆巡视应沿电缆逐个接头、终端建档进行并实行立体式巡视，对电缆附件、接地系统、避雷器及与电缆设备相连接的配电开关柜接线柱头、变压器等装置的关键部位进行温度测定，要求电缆终端、设备线夹、与导线连接部位不应出现温度异常现象，电缆终端套管各相相同位置部件温差

(a) 放电痕迹

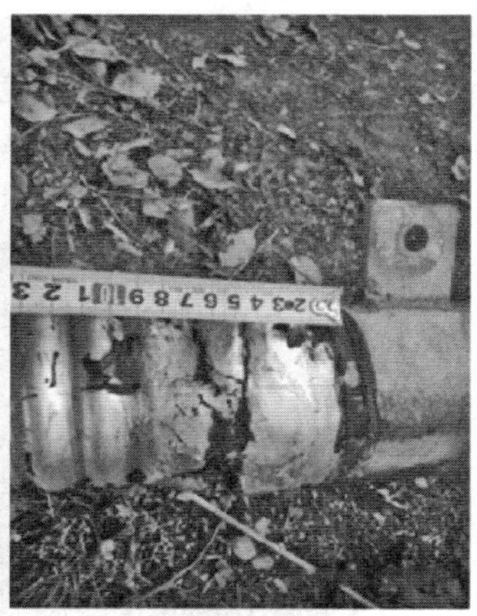
(b) 封铅断裂情况

图 17-38　电缆终端尾管放电痕迹及现场解剖发现封铅断裂情况

不宜超过 2K；设备线夹、与导线连接部位各相相同位置部件温差不宜超过 20%，以确保电缆线路安全可靠。

目前，用于电缆线路电缆测温技术主要有红外测温和分布式光纤测温。红外测温采用红外成像检测技术，可以对正在运行的设备进行非接触检测，拍摄其温度场的分布，测量可见部位的温度值，据此对各种外部及内部故障进行诊断，具有实时、遥测、直观和定量测温等优点，用来检测变电站和输电线路的带电设备非常方便、有效。红外检测工作可参考《带电设备红外诊断应用规范》（DL/T 664）要求执行。分布式光纤测温系统是一种用于实时快速多点测温和测量空间温度场分布的传感系统。它是一种分布式的、连续的、功能型光纤温度测量系统，即在系统中，光纤不仅起感光作用，而且起导光作用。利用光纤后向拉曼散射的温度效应，可以对光纤所在的温度场进行实时测量。利用光时域反射技术（OTDR）可以对测量点进行精确定位。

【案例 1】　2017 年，测温发现某 220kV 电缆 B 相终端顶部出线梗桩头处发热，发热温度为 32.3℃，相比正常相温升为 5.8℃，为电流型发热缺陷，后停电进行紧固处理，如图 17-39 所示。

【案例 2】　2017 年，某公司红外测温时发现，某 110kV 电缆线路 2 号中间接头 C 相温度与其他两相相同部位温度差别较大，温差最大点位于中间接头铜壳与铝护套连接处附近。中间接头尾管与铝护套连接处温度为 46.8℃，明显高于其他两相温度。现场消缺时发现，中间接头铜壳与铝护套封铅处出现虚焊，致使接头温度升高，如图 17-40 所示。

【案例 3】　2021 年，运维人员对某 110kV 电缆线路巡视检测过程中，发现该线路本体温度异常，发热点温度为 26.3℃，临近位置温度为 24.2℃，局部温差为

图 17-39　某 220kV 电缆 B 相终端顶部出线梗桩头处发热情况

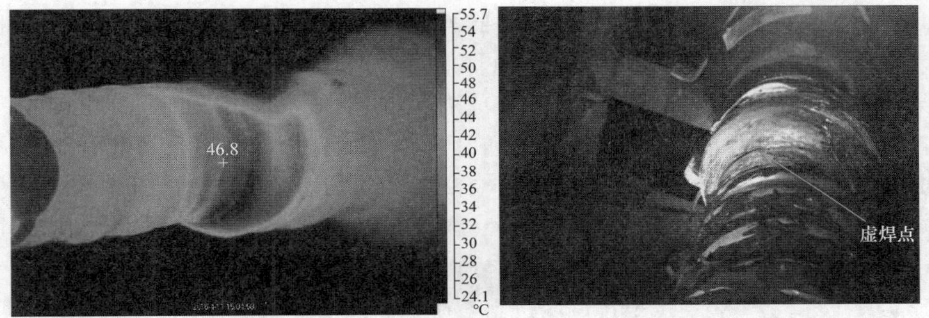

图 17-40　某 110kV 电缆接头发热情况

2.1℃，后经停电检查发现，电缆铝护套内侧存在明显的烧蚀放电情况，相应位置电缆外半导电屏蔽层存在明显放电痕迹，半导电缓冲层上存在少量的白色阻水剂粉末析出，如图 17-41 所示。

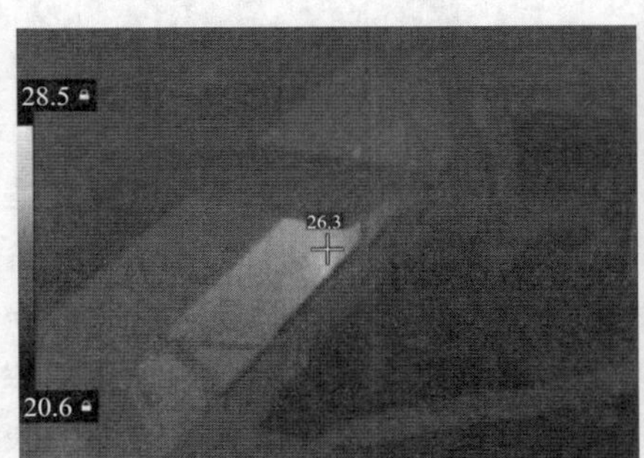

图 17-41　红外测温发现缓冲层烧蚀缺陷

条文 17.1.23　严禁金属护层不接地运行。应严格按照试验规程对电缆金属护层的接地系统开展运行状态检测、试验。

接地系统是电缆系统中较为薄弱和缺陷易发环节，经验表明，一般在电缆线路的交叉互联系统出现缺陷时，金属护套接地电流将发生明显变化，在日常运行工作中应给予重点关注。目前，电缆金属护套接地系统常采用的试验方法主要有在线监测接地电流、红外测温以及停电开展外护套直流耐压、测试护层保护器绝缘电阻等。通过检测金属护层接地电流，可以发现接地电流不平衡现象，进而判断接地系统缺陷。常用的检测方式是使用钳形电流表直接测量外护层接地线电流值。根据电缆负载情况，以及历次检测数据、相间数据的对比判断外护层绝缘情况。目前，部分公司也采用了在线监测的手段，可以实时掌握接地电流数据。

在电缆接地系统失效的情况下，金属护套将会产生较高的感应电压，在感应电压作用下金属护套可能对临近金属放电，最终引起电缆主绝缘发生击穿。接地线连接点温度异常也往往说明线路接地系统存在问题，需要及时解决。

通过严格按照试验规程对电缆金属护层的接地系统开展运行状态检测、试验，确保设备安全运行。

【案例】 某 110kV 电缆线路在巡检过程中发现电缆感应电流值超标，经停电检修发现属于同轴电缆相位穿反，红外检测存在发热情况，在重新纠正相位后感应电流恢复正常，某 110kV 电缆线路红外检测情况如图 17-42 所示。

图 17-42　某 110kV 电缆线路红外检测情况

条文 17.1.24　运维部门应每年开展电缆线路状态评价，对异常状态和严重状态的电缆线路应及时检修。对重要电缆及通道应开展带电检测或在线监测，掌握运行状态。

为提升电缆设备运行管理水平，运维部门应认真开展电缆线路状态评价，设备状态评价通过停电试验、带电检测、在线监测等技术手段，收集设备状态信息，应用状态检修辅助决策系统，开展设备状态评价，对异常状态和严重状态的电缆线路应及时检修。

【案例】 2018 年，某 110kV 电缆线路户外终端进行带电局部放电检测，B 相发现明显局部放电信号，对出现异常局部放电信号的电缆终端停电解体检查，发现 B 相电缆终端应力锥表面存在明显黑色放电痕迹。其他两相电缆终端应力锥、绝缘表面未见明显异常放电痕迹，如图 17-43 所示。

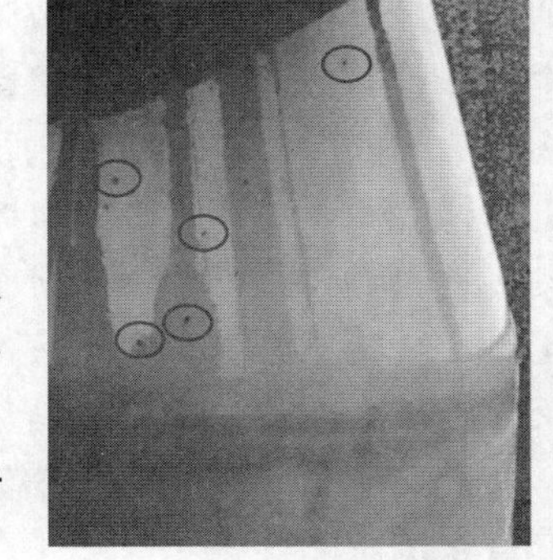

图 17-43 某 110kV 电缆线路 B 相电缆终端应力锥表面放电痕迹

条文 17.1.25 应监视重载和重要电缆线路因运行温度变化而产生的伸缩位移，出现异常应及时处理。

电缆线路在运行过程中，因导体温度随负荷电流的变化而产生温度应力，为确保电缆本体及附件受力稳定，根据《电力工程电缆设计标准》（GB 50217—2018）中 6.1.5 的要求，在 35kV 以上高压电缆的终端、接头与电缆连接部位宜设置伸缩节。伸缩节应大于电缆允许弯曲半径，并应满足金属套的应变不超出允许值。未设置伸缩节的接头两侧应采取刚性固定或在适当长度内电缆实施蛇形敷设。通过各类措施补偿在各种运行环境温度下因热胀冷缩引起的长度变化。

【案例 1】 某项电缆工程过程验收时，某 110kV 电缆部分未按照要求采用蛇形敷设，需要重新整改，如图 17-44 所示。

【案例 2】 2022 年，运维人员对某 110kV 电缆线路进行巡视过程中，发现某处电缆已移动至支架末端翘脚位置，运维人员随即对该处隐患进行了处理，该伸缩位移是因运行温度变化产生的，如图 17-45 所示。

图 17-44 某项电缆工程电缆敷设形式

图 17-45 因运行温度变化产生的伸缩位移现象

条文 17.1.26 电缆线路发生运行故障后，应检查接地系统是否受损，发现问题应及时修复。

电缆线路发生故障后，瞬时短路电流往往较大，短路电流通过接地系统进入大地，瞬时产生的能量易对故障点附近接地系统产生影响或破坏，同时接地系统破坏也可能是导致电缆发生故障的主要原因，未对全线路接地系统进行普查，易造成二次事故。同时，应对沿线的护层保护器进行检查，必要时进行相关试验。

【案例】 某高压电缆线路发生故障后，虽然经故障测寻发现了击穿点并对故障接头进行更换抢修，但未对全线路接地系统进行普查，导致在抢修送电后，线路发生二次故障。经查，发现该线路临近接头接地箱内连接片被盗导致故障，由于第一次故障后未实施全面检查，引发了二次事故，如图17-46所示。

条文17.1.27　人员密集区域或有防爆要求场所的存量瓷套终端应更换为复合套管终端。

电缆附件发生故障，故障电流通常较大，瞬时高温易造成附件爆炸，相较于瓷套管，复合套管的防爆性能优越，在人员密集区域或有防爆要求场所，能有效降低故障对附近设备及人员的影响，降低故障造成二次灾害的概率。部分建设投运年限较长的变电站通常处于人员密集的繁华地带，对于站内存在距离围墙较近的电缆户外终端更应注意该条款的落实。

【案例1】 2017年，某110kV户外电缆终端头发生故障后，瞬时产生热量将造成瓷套爆炸，碎片大范围散落，冲击力巨大，可造成附近电力设备一定程度损伤，并存在发生行人伤亡、二次灾害的可能性，如图17-47所示。

图17-46　某高压电缆线路接头接地箱内连接片被盗情况

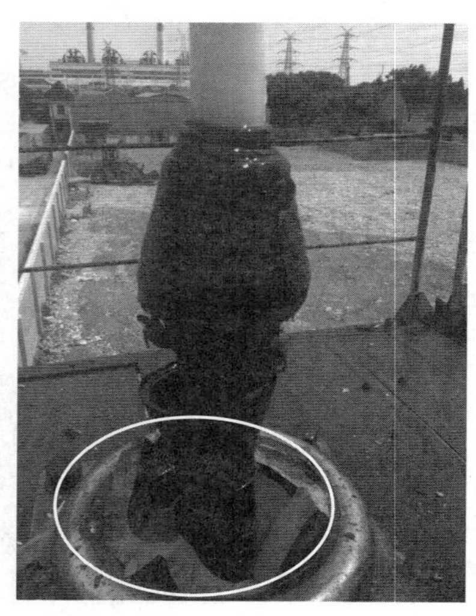

图17-47　某110kV电缆户外终端发生故障情况

【案例2】 2011年，某电厂220kV瓷套管户外终端发生故障后，瞬时产生热量，造成瓷套管爆炸，碎片大范围散落，冲击力巨大，造成附近GIS和变压器等电力设备不同程度的损伤。电缆终端周边有人行道和停车场，存在发生行人伤亡、二次灾害的可能性，如图17-48所示。

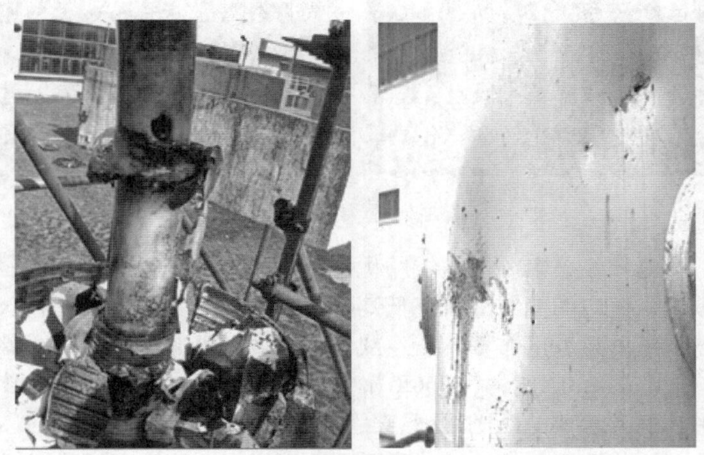

图17-48 某220kV瓷套管户外终端发生故障情况

条文17.2 防止电缆火灾事故

条文17.2.1 新、扩建工程中的电缆设计应有防火设计要求。电缆通道的防火设施必须与主体工程同时设计、同时施工、同时验收。电缆通道应有防火、排水、通风的措施。

电缆防火工作必须抓好设计、制造、安装、运行、维护、检修各个环节的全过程管理，要严格施工工艺、合理选择防火材料以及落实各项防火措施。要求新建、扩建电力工程的电缆选择与敷设以及防火措施应按有关规范和规程进行设计，并加强施工质量监督及竣工验收，确保各项电缆防火措施落实到位，并与主体工程同时投产。

【案例】 2012年3月，某电缆隧道内4回220kV电缆线路投运，防火设施安装滞后，未能同步完成验收。同年8月，其中1回线路中间接头故障起火，由于防火槽盒未安装到位，火势蔓延，引起隧道内其他3回线路故障跳闸，导致1座220kV变电站全停，如图17-49所示。

条文17.2.2 同一电源的110（66）kV及以上电压等级电缆线路宜选用不同通道，同通道敷设时应两侧布置。同一通道内不同电压等级的电缆，应按照电压等级的高低从下向上排列，分层敷设在电缆支架上。110（66）kV及以上电压等级电缆进、出线口，应与10kV电缆进、出线口分开设置。新建重要枢纽变电站动力电缆和控制电缆应分通道敷设。

图 17-49　某隧道火灾案例

针对同一变电站各路电源电缆线路优先采用不同通道敷设，对路径受限区域可采用同通道敷设，但应两侧布置，降低同跳故障引起全站失电的电网风险。考虑防火因素，将高低压电缆分层布置，意在减小低压电缆故障时对高压电缆的影响；考虑外力破坏因素，将电压等级较低的电缆敷设于通道上层支架，降低电缆通道遭受外力破坏时，其影响高压电缆的概率。

《电力工程电缆设计标准》（GB 50217—2018）中 5.1.3 规定：同一通道内电缆数量较多时，若在同一侧的多层支架上敷设，应符合下列规定：1 宜按电压等级由高至低的电力电缆、强电至弱电的控制和信号电缆、通信电缆“由上而下”的顺序排列；当水平通道中含有 35kV 以上高压电缆，或为满足引入柜盘的电缆符合允许弯曲半径要求时，宜按“由下而上”的顺序排列；在同一工程中或电缆通道延伸于不同工程的情况，均应按相同的上下排列顺序配置。《城市电力电缆线路设计技术规定》（DL/T 5221—2016）中 4.5.7 规定：隧道内电缆排列应按照电压等级“从高到低”“强电至弱电的控制和信号电缆、通信电缆”的顺序“自下而上”排列。不同电压等级的电缆不宜敷设于同一层支架上。当隧道内电缆发生火灾时，避免低压电缆影响高压电缆，以免扩大事故范围。一般情况下，高电压等级电缆的弯曲半径大于低电压等级电缆的弯曲半径，将高电压等级电缆敷设于下层，利于电缆的弯曲引上。由于高电压等级电缆的电磁场强度比低电压等级电缆高，将高电压等级电缆敷设于隧道下层，以改善电缆与运行检修环境。

【案例】 2013 年 12 月，某市地铁建设过程中，大型挖机野蛮施工，造成 2 回 110kV 电缆线路故障跳闸，该 2 回线路为同一变电站同通道同侧布置的电源线路，本次故障导致 1 座 110kV 变电站全停，如图 17-50 所示。

条文 17.2.3　新建 110（66）kV 及以上电压等级电缆线路在隧道、电缆沟、变电站内、桥梁内应选用阻燃电缆，其成束阻燃性能应不低于 C 级。与电力电缆同通道敷设的低压电缆、控制电缆、通信光缆等选用不低于 C 级阻燃等级并采取穿入阻燃管或其他防火隔离措施。

图 17-50 野蛮施工造成 2 回 110kV 电缆线路故障现场情况

针对采用隧道、沟道、桥梁敷设方式的非阻燃电缆起火后，易造成火势蔓延，导致故障范围扩大，为提高高压电缆耐火能力，隧道、沟道、桥梁内电缆应选用阻燃电缆，其成束阻燃性能应不低于 C 级，并开展阻燃电缆阻燃性能到货抽检试验。低压电缆和通信光缆故障率高、防火能力差，同通道敷设时若无隔离措施易引起高压电缆故障，与电力电缆同通道敷设的低压电缆、通信光缆等应穿入阻燃管，或采取其他防火隔离措施。

【案例】 2006 年，某市火灾导致某隧道内 6 回高压电缆烧毁，导致隧道火灾蔓延的原因是高压电缆选用 PE 护套，由于没有阻燃性能，导致火灾蔓延，损失扩大。

条文 17.2.4 中性点非有效接地方式且允许带故障运行的新建电力电缆线路不宜与 110kV 及以上电压等级电缆线路共用隧道、电缆沟、综合管廊电力舱。

中性点非有效接地系统通常指中性点不接地、中性点经消弧线圈接地和中性点经高阻接地等，该类系统中的电缆在单相接地故障后继续运行的过程中，电弧可能危害临近电缆，造成事故的进一步扩大。故该类电力电缆不应进入隧道、密集敷设的沟道、综合管廊电力舱等通道，以免造成更大面积的事故损失。

【案例 1】 某公司 110kV 电缆沟道起火，先后引发 4 条 110kV 线路及 12 条 10kV 出线停运，造成 4 座 110kV 变电站失电。故障原因为某 10kV 电缆因施工外破受损发生单相接地烧弧，引燃电缆沟内光缆并蔓延烧损整个电缆沟断面，如图 17-51 所示。

【案例 2】 2006 年，某公司 1 回消弧线圈接地系统中的 35kV 电缆发生单相接地故障，在坚持运行过程中，电弧烧伤临近的多路 10、110kV 电缆和通信光缆，导致 1 座高层建筑停电、1 座 110kV 变电站丧失 1 路电源，如图 17-52 所示。

条文 17.2.5 在安全性要求较高的电缆密集区域，应设置火灾自动报警系统和自动灭火装置。变电站夹层应安装温度、烟气监视报警器，重要的电缆隧道应安装温度在线监测装置，并应定期传动、检测，确保动作可靠、信号准确。

图 17-51　火灾烧损 110kV 电缆

图 17-52　某 35kV 电缆发生单相接地故障现场情况

运行人员无法实时掌握变电站夹层、电缆隧道内运行情况，为了预防电缆火灾事故，可在重要电缆隧道、变电站夹层加装温度探测、温度在线监测和烟气监视报警系统。温度在线监测系统可实时探测隧道和夹层环境温度，发现异常立刻报警，烟气监视报警系统可即时发现火情，避免事故扩大。针对监测系统，要确保数据准确，须及早发现在线监测装置缺陷，以免由于系统误报、不报等问题给生产运行工作带来压力。

【案例】 某公司隧道内安装温湿度、气体检测等在线监测装置，如图 17-53 所示。

条文 17.2.6　存在延燃风险的隧道、电缆沟、竖井、桥架等应合理设置防火门、防火墙等阻火分隔封堵措施。

为防止延燃风险的发生，应根据《电力工程电缆设计标准》（GB 50217）要求，在公用电缆沟、隧道及架空桥架主通道的分支处，多段配电装置对应的电缆沟、隧道分段处，长距离电缆沟、隧道及架空桥架相隔约 100m 处，隧道通风区段处，厂、站外相隔约 200m 处，以及电缆沟、隧道及架空桥架至控制室或配电装置

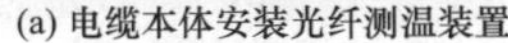
(a) 电缆本体安装光纤测温装置

(b) 隧道内安装温湿度、气体监测装置

图 17-53　隧道内安装在线监测装置

的入口、厂区围墙处，应设置适当的防火分隔。在电缆竖井中，宜按每隔 7m 或建（构）筑物楼层设置防火封堵。《城市电力电缆线路设计技术规定》（DL/T 5221）中规定，在电缆竖井穿越楼板处、竖井和隧道或电缆沟（桥架）接口处，应采用防火包等材料封堵。阻火分隔包括设置防火门、防火墙、防火隔板与封闭式防火槽盒。防火门、防火墙用于电缆隧道、电缆沟、电缆桥架以及通道分支处及出入口。防火隔板用于电缆竖井和电缆层中电缆分隔。封闭式防火槽盒的接缝处和两端，应用阻火包带或防火堵料密封。

防火封堵、防火墙和阻火段等防火封堵组件的耐火极限不应低于贯穿部位构件（如建筑物墙、楼板等）的耐火极限，且不应低于 1h，其燃烧性能、理化性能和耐火性能应符合《防火封堵材料》（GB 23864）的规定，测试工况应与实际使用工况一致。

【案例 1】　2018 年，某公司电缆隧道发生火灾，导致同一断面内多回 110kV 电缆、十余回 10kV 电缆发生延燃，最终导致隧道断面丧失，经故障分析，事故起因为隧道内一处光纤着火，而电缆本身的阻燃性能不合格，隧道内也无相应的防火隔离措施。

【案例 2】　2020 年，某公司电缆隧道内 220kV 中间接头故障导致局部火情，因该电缆采用阻燃电缆未发生延燃，同时因防火隔板和防火槽盒的阻隔作用，未引燃断面内其他电缆、光缆和低压电缆。某 220kV 接头引发局部火情和防火隔板燃烧试验情况如图 17-54 所示。

条文 17.2.7　非直埋电缆接头的最外层应包覆阻燃材料。充油电缆应全线采用防火槽盒封闭或埋沙。密集区域的电缆接头应选用防火槽盒、防火隔板、防火毯、防爆壳等防火防爆隔离措施。

电缆接头是电缆线路防火薄弱环节，必须严格控制制作材料和防火措施。非直

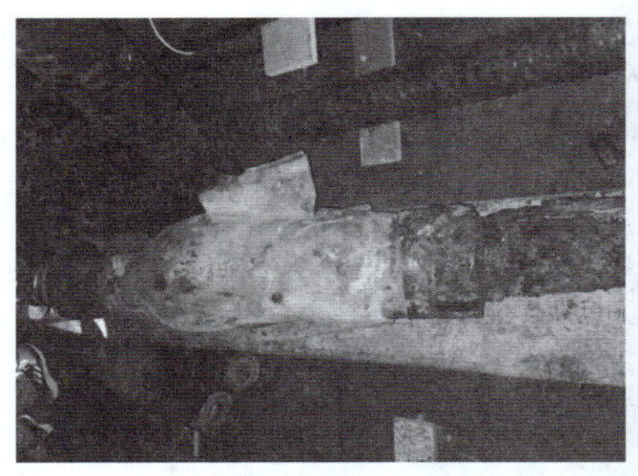

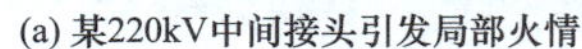
(a) 某220kV中间接头引发局部火情

(b) 防火隔板燃烧试验情况

图 17-54　某 220kV 接头引发局部火情和防火隔板燃烧试验情况

埋电缆接头的外护层及接地线应包覆阻燃材料，充油电缆接头及敷设密集的中压电缆的接头应用耐火防爆槽盒封闭。对于电缆敷设密集区域，故障电缆接头会对临近电缆产生影响，导致事故扩大，需采用多种防火防爆措施对电缆接头进行隔离。

【案例】 2014 年，某 110kV 电缆接头井内，1 回电缆线路 A 相接头爆炸，该回电缆线路未安装防火防爆隔离措施，引起 B 相电缆主绝缘受损，导致故障扩大，如图 17-55 所示。

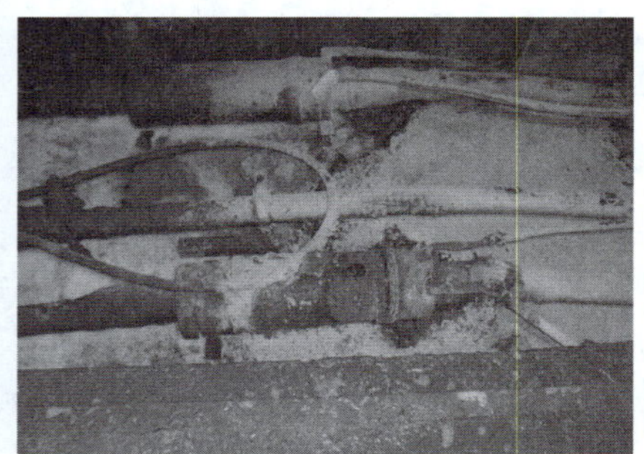

图 17-55　某 110kV 电缆 A 相中间接头爆炸情况

条文 17.2.8　扩建工程敷设电缆时，应与运维单位密切配合，在电缆通道内敷设电缆需经运维部门许可。施工过程中产生的电缆孔洞应加装防火封堵，受损的防火设施应及时恢复，并由运维部门验收。

针对采用封、堵、隔的办法进行电缆防火，目的是要保证单根电缆着火时不延燃或少延燃，避免事故损失扩大。需封堵的部位必须采用合格的不燃或阻燃材料封堵。由于施工或材料老化造成原有防火墙或封堵失效时，应及时修复，并须通过运行部门验收。另外，电缆着火时会产生大量有毒烟气，特别是普通塑料电缆着火后产生氯化氢气体，气体会通过缝隙、孔洞弥漫到电气装置室内，在电气设备上形成了一层稀盐酸的导电膜，从而严重降低了设备、元件和接线回路的绝缘，造成了对电气设备的二次危害。

【案例1】 2011年，某公司管辖的110kV线路故障后引起火灾，由于该工井内管孔未进行防火封堵，火势蔓延至管孔内20多m，导致事故扩大，抢修工期延长至5d。

【案例2】 电缆穿墙及穿楼板孔洞应采用可靠的防火封堵，如图17-56所示。

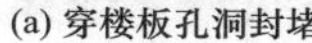
(a) 穿楼板孔洞封堵

(b) 穿墙孔洞封堵

图17-56 孔洞防火封堵

条文17.2.9 隧道、竖井、变电站电缆层应采取防火墙、防火隔板及封堵等防火措施。防火墙、阻火隔板和阻火封堵应满足耐火极限不低于1h的耐火完整性、隔热性要求。

电缆的防火隔离措施能有效避免事故扩大。电缆进出电缆通道处、电缆隧道内、竖井中、变电站电缆夹层、桥架应设置防火分隔，且使用的阻火材料耐火极限不低于1h的耐火完整性、隔热性要求，确保防火分隔效果。不同场合防火封堵方法：

(1) 电缆穿墙孔洞。一般电缆贯穿墙孔洞处，均实施防火封堵；使用耐火、防火电缆的其他重要回路，如消防、报警、应急照明、计算机监控等也应实施防火封堵。具体做法是将需实施防火封堵的部位清理干净，整理电缆，清除表面油污、灰尘；将有机堵料揉匀后，用合适的工具将其铺于需封堵的缝隙中。封堵较大的孔洞时，应与无机防火堵料配合使用，电缆两侧各1m处涂刷防火涂料。

(2) 电缆穿楼层孔洞。穿越楼层的电缆孔洞若较小，可直接用有机堵料封堵，如果穿孔面积较大时应作配筋处理或采用与分隔体相同耐火极限的防火板在底部衬托，其结构强度不得低于分隔体。由下而上实施防火封堵的方法是将电缆四周用有机堵料包裹电缆，四周用防火包填实严密，底部用防火隔板托住防火包，并用膨胀螺栓固定；若是小孔洞，则直接用有机堵料嵌于需封堵的缝隙中，电缆两侧各1m处涂刷防火涂料。

(3) 电缆竖井。一般竖井若电缆排列整齐，可采用防火隔板，有机、无机防火堵料，防火包进行封堵，电缆穿越部位应保证封堵厚度和强度。

（4）电缆贯穿孔。电缆贯穿孔的防火封堵应严格按相关要求，用灰砂或混凝土填充穿孔，其余部分孔隙应用软性受热膨胀型的防火堵料严密封堵。

（5）电缆桥架。电缆桥架（线槽）的贯穿孔口应采用无机堵料防火灰泥，或阻火包、防火板或有机堵料如防火发泡砖并辅以有机堵料如防火密封胶或防火泥等封堵。当贯穿钢筋混凝土墙体或轻质防火分隔墙体时，应注意采用不同的堵料材料。具体实施时应拆除桥架盖板，将防火堵料填塞至电缆，并不得有任何缝隙。软性防火堵料两面应分别用大于其面积的防火板翻盖，防火板与分隔体之间应用高强度螺钉紧固连接。用阻火包进行封堵时，施工前应整理电缆，检查阻火包有无破损，施工时，在电缆周围宜裹一层有机防火堵料。

【案例】 2011 年，某电厂竖井中电缆发生短路，电弧引燃电缆。由于部分电缆桥架及竖井隔断、穿墙孔洞封堵施工封堵不良且未按设计要求施工，未能有效阻断火势蔓延，造成事故扩大，导致一台机组停运和数百万元的经济损失。

条文 17.2.10 电缆密集区域的在役接头应加装防火槽盒或采取其他防火隔离措施。输配电电缆同通道敷设应采取可靠的防火隔离措施。变电站夹层内在役接头应逐步移出，电力电缆切改或故障抢修时，应将接头布置在站外的电缆通道内。

由于电缆通道空间有限，电缆内部可燃物复杂（绝缘材料复杂）、电缆密集、通风差，电缆失火后高温浓烟易积聚又会释放出大量的有害气体，给灭火工作带来了很大的难度，从而造成大面积的电缆受损。电缆接头故障是电缆线路故障的重要原因，对电缆密集区域的中间接头应采取防火隔离等控制措施。配电电缆故障率高、防火能力差，同通道敷设的输配电电缆应采取可靠的防火隔离措施。变电站电缆夹层为电缆集中进出区域，在役接头应结合切改或抢修逐步移出，新建线路不应在夹层中设置中间接头。

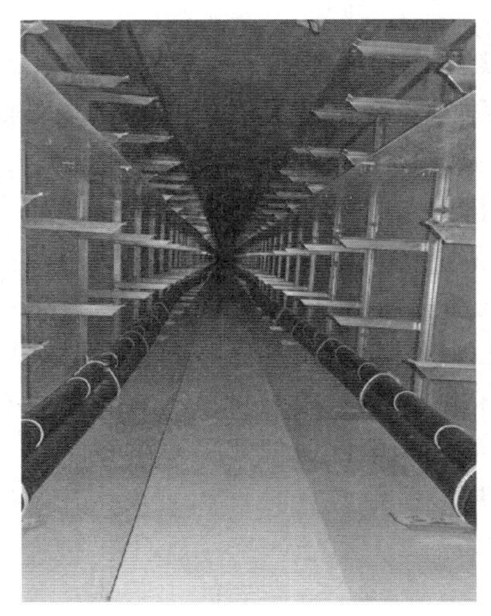

图 17-57　主配网电缆间加装防火隔板

【案例 1】 2018 年 12 月，某公司新投运的电缆线路装有良好的电缆接头防火防爆措施。由于通道狭窄，为了防止爆炸和火灾，电缆线路全线进行了防火处理和接头防火防爆处理。

【案例 2】 某公司要求输配电电缆同通道敷设时，主配网电缆间应全线加装防火隔板，如图 17-57 所示。

条文 17.2.11 运维部门应保持电缆通道、夹层整洁、畅通，消除各类火灾隐患，通道沿线及其内部、隧道通风口（亭）外部不得积存易燃、易爆物。

电缆通道、电缆夹层整洁畅通可便于开展运维检修工作，同时不留火灾隐患，避免易燃易爆物引发火灾，造成事故。

【案例】 2016 年，某公司管辖的电缆通道附近大量杂物堆积，拾荒者烧荒过程中，火势沿盖板缝隙蔓延至工井内，造成 2 回 110kV 电缆线路故障跳闸，如图 17-58 所示。

图 17-58 拾荒者烧荒造成 2 回 110kV 电缆线路故障现场情况

条文 17.2.12 电缆通道临近易燃或腐蚀性介质的存储容器、输送管道时，应加强监视，防止其渗漏进入电缆通道，进而损害电缆或导致火灾。

若电力电缆过于靠近高温热体又缺乏有效隔热措施，将加速电缆绝缘的老化，容易发生电缆绝缘击穿，造成电缆短路着火。高温管道泄漏、油系统着火及油泄漏到高温管路起火等也将会引起附近电缆着火。因此，要求架空电缆与热体管路要保持一定距离，不得在密集敷设电缆的电缆夹层和电缆沟内布置热力管道、油气管以及其他可能引起着火的管道和设备。邻近易燃、易爆或腐蚀性介质存储容器、输送管道的电缆通道，存在渗漏进入电缆通道引起电缆故障的隐患，有必要对重点区域采取监测、防范措施。

【案例】 某城市隧道发生爆炸事故，隧道内电缆全部烧毁，爆炸起火原因为临近隧道的天然气管道发生泄漏进入电缆隧道，在放电火花或外界火源的诱发下发生爆炸起火，如图 17-59 所示。

条文 17.2.13 在电缆通道、夹层内动火作业应办理动火工作票，并采取可靠的防火措施。在电缆通道、夹层内使用的临时电源应满足绝缘、防火、防潮要求。工作人员撤离时应立即断开电源。

电缆通道、夹层均属于密闭空间，为确保密闭空间作业人身和设备安全，在进行动火作业前应办理动火工作票，并采取可靠的防火措施，避免措施不当引发火灾事故。应加强在电缆通道、夹层内使用的临时电源的管理，配置满足绝缘、防火、防潮要求的设备，并配备漏电保安器。工作人员撤离时应立即断开电源，避免临时电源引发火灾事故。

图 17-59　隧道发生爆炸事故电缆全部烧毁现场情况

【案例】 2000年，某市一电力隧道内施工用低压电缆的相线与在运110kV电缆外皮短路，长时间打火，将110kV电缆A相外护层及铝护套烧穿。经查根本原因是施工人员未采用带统包绝缘的低压电缆，而且未安装熔丝和漏电保安器。

条文 17.2.14　严格按照运行规程规定对电缆夹层、通道进行定期巡检，并检测电缆和附件关键部位运行温度。

电缆的防火工作，在设计、安装过程中落实好各项措施的同时，应加强电缆的生产管理，建立健全电缆运维等各项规章制度，要定期对电缆和接头进行巡检和红外测温，发现问题及时处理。

【案例1】 2000年，某公司电缆运行人员发现一220kV交联电缆A相终端套管局部发热，经停电解体检查，发现应力锥存在放电痕迹，后更换终端，如图17-60所示。

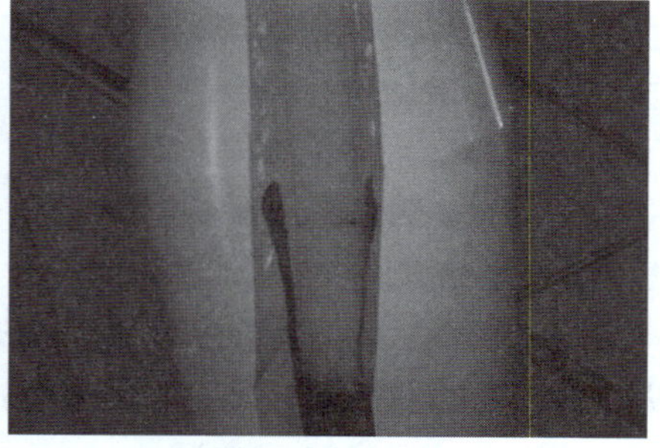

图 17-60　某220kV交联电缆A相终端套管局部发热情况

【案例2】 2006年，某公司运行人员检测某线路C相终端出线端子，经红外测温发现温度异常，停电后对松动触点进行紧固，避免了一起故障，如图17-61所示。

条文 17.2.15　与110（66）kV及以上电压等级电缆线路共用隧道、电缆沟、综合管廊电力舱的存量的中性点非有效接地方式的电力电缆线路，应开展中性点接

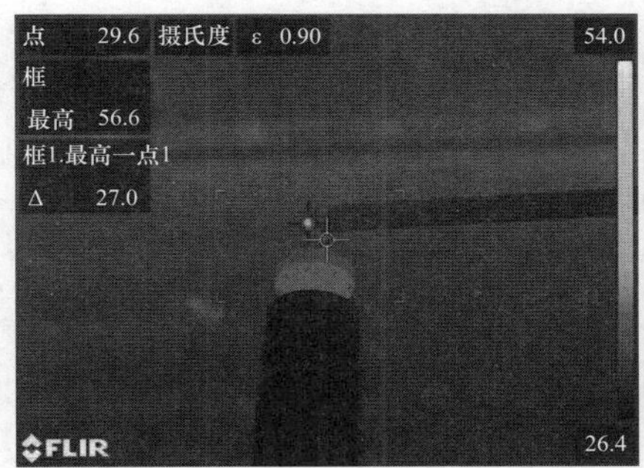

图 17-61 某线路 C 相终端出线端子红外测温情况

地方式改造或逐步疏导至其他通道，或做好防火隔离措施并在发生接地故障时立即拉开故障线路。

为新增条款，强调了中性点非有效接地方式的电力电缆线路管控措施。同一变电站的各路电源电缆线路，宜选用不同的通道路径，若同通道敷设时应两侧布置。中性点非有效接地方式且允许带故障运行的电力电缆线路不应进入隧道、密集敷设的沟道、综合管廊电力舱。

【案例】 2016 年，某公司高压电缆 A 相电缆 2 号接头绝缘不良，接地弧光（采用消弧线圈接地，单相接地允许运行 2h）引起其他回路 B、A 相相继接地短路起火，造成相间故障跳闸。接地弧光先后导致同隧道 3 回相邻高压电缆起火跳闸，如图 17-62 所示。

图 17-62 电缆接地弧光故障

条文 17.2.16 3～66kV 中性点不接地系统发生单相接地故障时，一次设备应能快速响应，防止电缆着火、事故扩大。变电站 3～66kV 各段母线，因地制宜配

置主动干预型消弧装置。

中性点非有效接地系统通常指中性点不接地、中性点经消弧线圈接地和中性点经高阻接地等，该类系统中的电缆在单相接地故障后继续运行的过程中，电弧可能危害临近电缆，造成事故的进一步扩大。故该类电力电缆不应进入隧道、密集敷设的沟道、综合管廊电力舱等通道，以免造成更大面积的事故损失。

【案例】 某公司对进入高压电缆隧道内的中性点非有效接地方式配网电缆提出了具体的防火要求：一是中间接头应包覆防火毯；二是进出变电站及各类孔洞时，应进行有效的防火封堵；三是中性点非有效接地方式电力电缆与 110kV 及以上电缆间全线加装防火隔板；四是通信光缆和控缆等放入防火槽盒；五是电缆外护套应采用 C 级阻燃材料。

全线加装防火隔板、槽盒、中间接头包覆防火毯如图 17-63 所示。

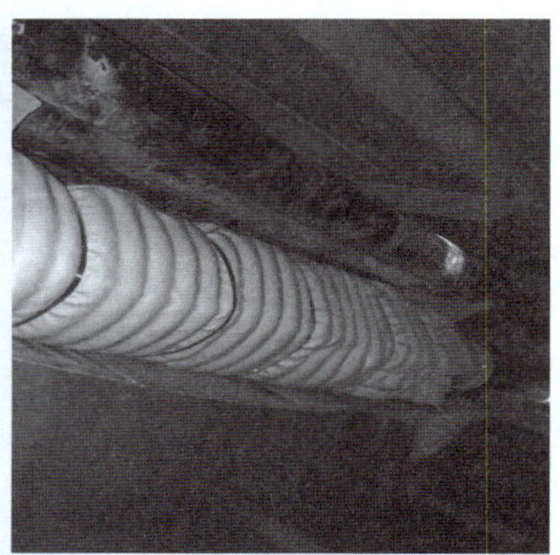

图 17-63　全线加装防火隔板、槽盒、中间接头包覆防火毯

条文 17.3　防止外力破坏和设施被盗

条文 17.3.1　同一受电端的双路或多路电缆宜选用不同通道，同通道敷设时应两侧布置。

降低一次外力造成多路电缆受损的概率，降低中断供电的可能性。

【案例】 某变电站三路 110kV 外电源同沟敷设，2002 年夏，附近一建筑施工单位打侧向锚定孔时，钻头一次破坏两路电缆，造成部分用户停电。

条文 17.3.2　电缆线路路径、附属设备及设施（地上接地箱、出入口、通风亭等）的设置应通过规划部门审批。应避免电缆通道临近热力管线、易燃易爆管线（输油、燃气）和腐蚀性介质的管道。综合管廊中 110（66）kV 及以上电缆线路应采用独立舱体建设。电力舱不宜与天然气管道舱、热力管道舱紧邻布置。

电缆线路路径、附属设备及设施（互联箱、出入口、通风亭、余缆井等）的设置应通过规划部门审批。通道路径选择宜避开地质不稳定区域、油气管道及火灾爆炸危险区。电缆路径应合法，满足安全运行要求。

根据《城市综合管廊电力舱规划建设指导意见》（国家电网发展〔2014〕1459号）“第九条：为保障电网安全可靠运行，避免城市综合管廊内管线间相互影响，电力舱应采用独立舱体建设。热力、燃气、输油、雨污水管道不得与电力电缆同舱敷设；电力舱不宜与热力舱、燃气舱、输油管道紧邻布置，当受条件所限需要紧邻布置时，应采取有效的隔热、降温、防爆及可靠接地等措施。”

【案例1】 2009年，某35kV单芯电缆累计发生电缆本体击穿8次。解剖结果发现电缆外半导电屏蔽层受损伤，电缆的屏蔽铜线嵌入外半导电屏蔽内。原因为电缆通道内存在热力管道，热力管道的绝热效果不理想，防空洞内部分地段温度在50℃以上，造成了电缆的加速老化击穿，如图17-64所示。

图17-64　电缆外半导电屏蔽层受损伤情况

【案例2】 2014年，巡视某220kV线路时发现电缆路径上地表温度异常，最高温度达98℃。经查看，是相邻的热力管道破裂发生泄漏引起电缆周围土壤温度升高，立即联系发电厂对热力管道停止供热。经核实为发电厂热力管道破裂并发生泄漏，如图17-65所示。

条文17.3.3　电缆终端站、隧道出入口、重要区域的工井井盖应设置视频监控、门禁、井盖监控等安防措施。

为避免通道资源被随意占用、电力电缆发生偷盗或人为破坏，应做好出入设备区的技术防范措施，确保电力电缆安全稳定运行。电缆终端站应采用视频监控装置进行远程实时全天候巡检，隧道出入口和重要区域工井井盖应采用门禁、井盖监控等在线监控装置实现出入设备区的有效管控，同时还可以起到非法进入报警功能，从而杜绝违章施工现象以及设备破坏事件的发生。

【案例】 某公司2007年前电力隧道内曾发生多起盗窃案件，2008—2011年在隧道出入口、井盖上大规模安装门禁和井盖监控等安防措施后，盗窃事件得到遏

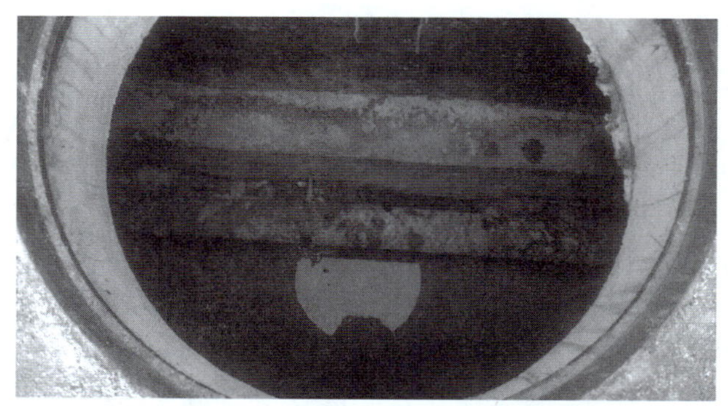

图 17-65　临近热力管道破裂烫伤电缆

制，同时作业人员的进出也实现了可控在控，如图 17-66 所示。

(a) 隧道出入口

(b) 井盖

图 17-66　隧道出入口、井盖上安装门禁和井盖监控

条文 17.3.4　建立与规划部门和其他管线单位的联动和信息沟通共享机制。

根据《电力电缆线路运行规程》（DL/T 1253）要求，运行单位应加强与政府规划、市政等有关部门的沟通，及时收集地区的规划建设、施工等信息，及时掌握电缆线路所处周围环境动态情况。各地区电力电缆产权单位可与规划部门和其他管线单位建立联系，形成各地区挖掘工程地下管线防护信息的共享与应用机制，打通各地区挖掘工程沟通渠道，从而确保管线安全运行，减少破坏性事故的发生。

【案例】 2016 年，某市发布了挖掘工程地下管线安全防护信息沟通系统，要求各管线单位在计划开工 30 日前在该系统发布工程建设信息，其他管线单位须在挖掘工程信息发布 5 个工作日内，在信息沟通系统发布与挖掘工程对应的电力管线防护配合信息，通过线上发布，建立起良好的沟通共享机制，有效保证了各管线的安全运行。

条文 17.3.5　电缆通道及直埋电缆线路工程、水底电缆敷设应严格按照相关

标准和设计要求施工，并同步进行竣工测绘，非开挖工艺的电缆通道应进行三维测绘。应在投运前向运维部门提交竣工资料和图纸。

电缆线路是隐蔽工程，竣工资料及图纸是电缆设备最为重要的基础信息来源，对电缆运行及检修工作起指导性的作用。此外，由于电缆通道和直埋线路施工的实际路径与设计图纸可能有偏差或变更，为准确地反映通道和直埋电缆的实际敷设路径，便于电缆及通道的运维、检修，必须绘制竣工图纸。

完整的设计资料包括初步设计、施工图及设计变更文件、设计审查文件等。

（1）电缆及通道竣工图纸应提供电子版，三维坐标测量成果。

（2）电缆及通道竣工图纸和路径图，比例尺一般为1∶500，地下管线密集地段为1∶100，管线稀少地段，为1∶1000。在房屋内及变电站附近的路径用1∶50的比例尺绘制。平行敷设的电缆，应标明各条线路相对位置，并标明地下管线剖面图。电缆如采用特殊设计，应有相应的图纸和说明。

（3）非开挖定向钻拖拉管竣工图应提供三维坐标测量图，包括两端工作井的绝对标高、断面图、定向孔数量、平面位置、走向、埋深、高程、规格、材质和管束范围等信息。

【案例】 2009年，某110kV电缆事故抢修，因图纸有误，按照所示位置和深度一直找不到顶管位置，无法确认电力设施受外力破坏的损伤程度，最后只能采取其他的检修方案，近一个月才修复完毕，如图17-67所示。

图17-67　某110kV电缆事故抢修现场情况

条文17.3.6　直埋电缆沿线、水底电缆应装设永久标识或路径感应标识。电缆接头处、转弯处、进入建筑物处应设置明显方向桩或标桩。

直埋电缆及水底电缆易发生外力破坏事故，设置永久标识，可起到警示和告知的作用，减少外力事故的发生，同时便于运行人员开展巡视工作。《电力电缆线路运行规程》（DL/T 1253—2013）中5.6.1.5规定：直埋电缆在直线段每隔30～50m处、电缆接头处、转弯处、进入建筑物等处，应设置明显的路径标志或标桩。《电气装置安装工程　电缆线路施工及验收标准》（GB 50168—2018）中6.6.13规定：水下电缆两侧应按航标规范设置警告标志。

【案例1】 2015年，某市主干河道河面上有轮船搭载着大型挖掘机进行河道清理。河道两侧有明显的电力保护标志，且施工方作业之前未曾与供电公司做过沟通就盲目作业。经勘测，河底下方有通过顶管敷设的

110kV 电缆线路，幸亏电缆运检室相关巡线人员及时制止施工，否则极有可能造成外破事故发生，如图 17-68 所示。

图 17-68 水上作业现场

【案例 2】 某电缆排管通道位置由于没有按照规定装设电缆标示牌，野蛮施工导致 110kV 电缆线路受到外力损坏，如图 17-69 所示。

图 17-69 挖机施工造成 110kV 电缆线路受到外力损坏情况

条文 17.3.7 电缆终端场站、隧道出入口、重要区域的工井井盖应有安防措施，并宜加装在线监控装置。户外金属电缆支架、电缆固定金具等应使用防盗螺栓。

电缆终端站、隧道出入口、重要区域的工井井盖应设置视频监控、门禁、井盖监控等安防措施。电缆设备的盗割不但会对供电企业造成经济损失，严重时还会导致人员伤亡，因此电缆线路的终端及沿线的重要区域均应采取有效的安防措施。变电站（尤其是无人值守变电站）、户外终端、接地线位置及通道内存在未投运或废弃电缆设备的区域宜加装在线监控装置。户外金属电缆支架、电缆固定金具等应使用防盗螺栓，从而保护电缆支架不被破坏，增加电缆盗割难度。

【案例】 某公司 2006 年电力隧道内盗窃案件多达 10 余起，2007—2009 年完善安防措施后，盗窃事件得到遏制，同时作业人员的出入也实现了可控在控，如图 17-70 所示。

条文 17.3.8 电缆路径上应设立明显的警示标志，对可能发生外力破坏的区段应加强监视，并采取可靠的防护措施。

电缆路径上应设立明显的警示标志，对可能发生外力破坏的区域应加强监视，并采取可靠的防护措施。对于施工区域的电缆线路，应设置警告标识牌，标明保护范围。

电缆线路作为隐蔽设备，易被外力破坏，设置警示标志可以在一定程度上避免外力破坏。运行单位应及时了解和掌握电缆线路通道周边的施工情况，查看电缆线路路面上是否有人施工，有无挖掘痕迹，全面掌控路面施工状态；对于在电缆线路保护范围内的危险施工行为，运行人员应立即进行制止。

【案例 1】 2005 年，某施工单位进行写字楼施工时，在现场没有进行管线调查和挖探，直接在某 35kV 电缆线路路径上向地下打钢板支撑，其中一根钢板直接打在电缆本体上，电缆绝缘被破坏而发生击穿，如图 17-71 所示。

图 17-70 电力隧道内完善安防措施情况

图 17-71 某 35kV 电缆线路路径上向地下打钢板支撑情况

【案例 2】 2005 年，某变电站西出线电力隧道工程项目部进场开始施工，在变电站墙外西南角打降水井，在打第二口降水井至 1.5m 深时发现降水井内有气泡冒出，后立即停止施工。开挖事故点发现，此处地下直埋敷设的 35kV 某电缆线路被降水打眼机器破坏，有两相被破坏。

条文 17.3.9 工井正下方的电缆，宜采取防止坠落物体打击的保护措施。

工井作为人员进出电缆通道的途径，也有可能成为重物等危险物进入隧道的途径，对井口下电缆应加装刚性保护，一旦有重物跌落井口内，不会对电缆造成损伤。

【案例】 2002年，某110kV电缆安装工作已完成，但在井下尚未安装电缆保护凳。在人员撤离过程中，一根钢钎从井口坠落，扎伤电缆。施工方被迫延误送电，局部更换电缆、制作接头。

条文 17.3.10 应监视电缆通道结构、周围土层和临近建筑物等的稳定性，发现异常应及时采取防护措施。

通道运维单位应监视电缆通道结构、周围土层和临近建筑物等的稳定性，发现异常应及时采取防护措施。电缆通道是电缆敷设的重要路径，一旦通道发生事故，通道内的电缆均会遭受不同程度的损伤，电缆及通道抢修工作将十分困难，同时将会对周边区域供电带来严重影响。电缆通道周围土层、临近建筑的稳定性都会对电缆通道的结构带来影响，通过对其进行监视，可以提前发现电缆通道潜在的隐患，通过提早采取必要措施，避免严重事故的发生。

【案例1】 某公司220kV电缆通道发生结构沉降和侧移现象，长度约60m。现场位移最严重部位沉降量约为50cm，侧移约25cm。由于结构发生位移导致电缆产生严重应力，部分地段由于结构侧移电缆与结构挤压产生变形。沉降产生原因：

(1) 在隧道西侧有约8m深的路面覆土，西高东低，产生巨大土压力，在土压力的作用下，隧道发生沉降、位移。

(2) 匝道周边的路面覆土无排水措施，雨水只能通过土层下渗，在雨量大时，下渗的雨水将隧道基础周边的沙土冲走，导致隧道底部、周边被掏空形成孔洞，从而导致隧道沉降。

(3) 路面匝道施工时，地基采取打桩处理，由于桩位距离电缆隧道较近，对隧道外壁产生挤压，导致隧道产生位移、沉降。

电缆与结构挤压情况及伸缩缝处移位情况如图17-72所示。

【案例2】 2008年，某公司电缆运行人员巡视发现，某地铁盾构施工路段突然发生十几米的道路下陷，导致该路段敷设的3路110kV电缆线路基础下陷，6根110kV电缆承受上方土方压力，该公司立即组织进行抢修，如图17-73所示。

条文 17.3.11 敷设于公用通道中的电缆应制订专项管理措施。通道内所有电力电缆及光缆应明确设备归属及运维职责。对盗窃易发地区的电缆设施应加强巡视，接地箱（互联箱）、工井盖等应采取相应的技防措施。

电缆运维单位应建立岗位责任制，明确分工，做到每回电缆及通道有专人负责。敷设于公用通道中的电缆应制订专项管理措施。

随着城市化建设的不断发展，公用通道逐步被应用于城市地下管线的综合走廊。公用通道中，往往同时运行着电力、热力、上下水等市政管线，必须避免在其

(a) 挤压情况

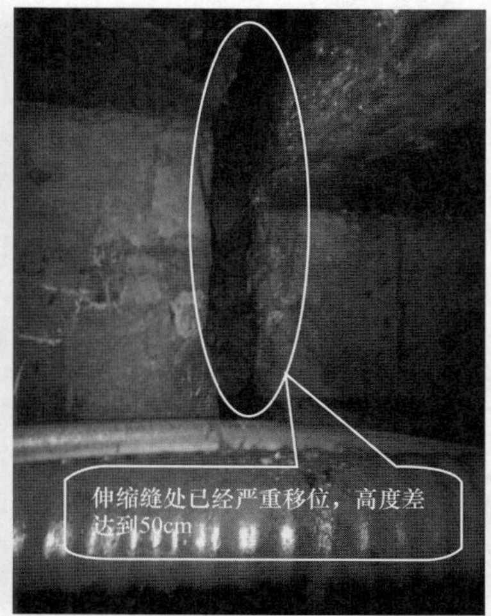

(b) 移位情况

图 17-72　电缆与结构挤压情况及伸缩缝处移位情况

图 17-73　某地铁盾构施工导致 3 路 110kV 电缆线路基础下陷情况

他管线正常状态和发生渗漏等异常时危及电缆安全运行，同时还需防止由于电缆正常运行和故障时的电磁场、热效应、电动力等危及其他管线，进而造成次生事故。因此，敷设于公用通道中的电缆，应有专项管理措施。

【案例】 某公司公用通道内某 220kV 电缆，某交叉互联箱长期接错运行，通道内发热严重，由于设备与通道的职责划分不明，导致线路巡视不到位，长期无人管理，最终导致线路护层击穿。

条文 17.3.12　应及时清理退运的报废缆线，对盗窃易发地区的电缆设施应加强巡视。

对盗窃易发地区的电缆及附属设施应采取防盗措施，加强巡视。对通道内退运报废电缆应及时清理，偷盗频发地区的接地箱（互联箱）、工井盖应采取相应的技防措施，以防接地线、回流线被盗。

电缆通道内的退运、报废缆线经常是盗窃目标，同时在盗窃过程中窃贼可能破坏在运电缆或支架、地线等辅助设置。因此，必须及时清理退运、报废线缆。

【案例1】 2013年，某市不法分子进入110kV高压电缆隧道，对两条110kV高压电缆回流线、接地线进行盗割，造成隧道内两条110kV高压电缆同时着火，两座变电站全停，近半个市区停电，引起当地政府、社会民众密切，社会影响极其严重。接地线被盗割照片如图17-74所示。

图17-74　接地线被盗割照片

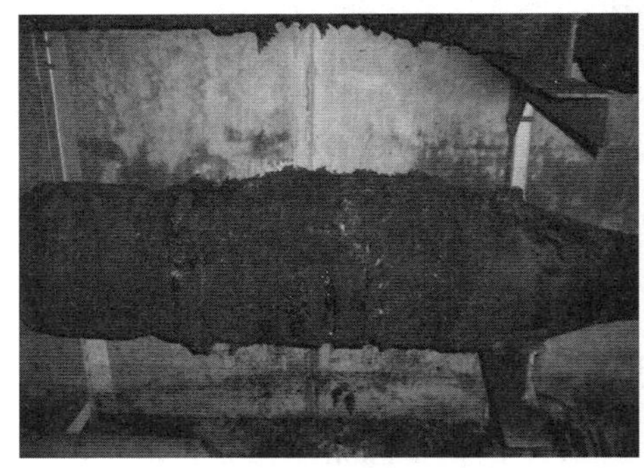

图17-75　某电力隧道退运220kV充油电缆同轴电缆被盗情况

【案例2】 2001年，某市电力隧道内一路数千米长退运220kV充油电缆同轴电缆被盗，通道内堆积大量电缆油，造成严重火灾隐患，如图17-75所示。

条文17.3.13　临近大型施工现场的电缆通道宜采用视频监控、光纤振动等技防措施，减少外力破坏发生。因施工原因裸露的电缆线路应采取保护措施，并加强特巡或在施工期间安排人员看护。

为有效减少外力破坏事件的发生，临近大型施工现场宜采用视频监控装置对高压电缆线路通道进行远程实时全天候巡检，重点巡视通道设备状况、施工情况和周边环境等。同时，临近大型施工现场的电缆通道处宜安装光纤振动监测装置，通过振动传感器探测临近工地振动信号，当隧道受扰动较大报警时，立即通知运维人员到现场核实处理。根据《电力电缆线路运行规程》（DL/T 1253）要求，因施工必须挖掘而暴露的电缆应加装保护罩，需要悬吊时，悬吊间距应不大于1.5m，同时应缩短巡视周期，必要时安装临时视频监控装置进行实时监控或安排人员看护。

【案例】 2020年，某市地铁施工地点距离电缆隧道水平距离较近，电力电缆

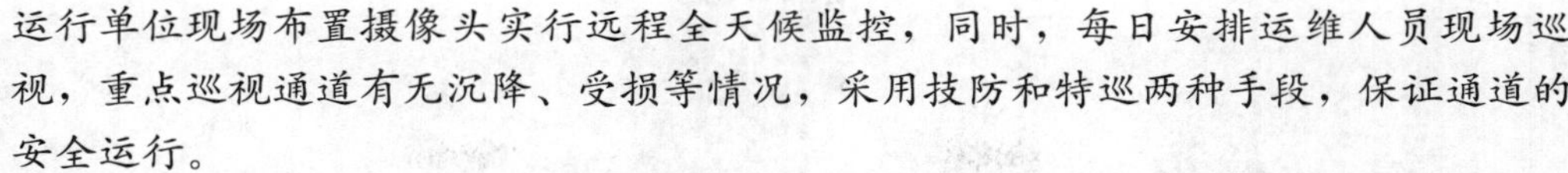

运行单位现场布置摄像头实行远程全天候监控，同时，每日安排运维人员现场巡视，重点巡视通道有无沉降、受损等情况，采用技防和特巡两种手段，保证通道的安全运行。

条文 17.3.14 对于电缆通道与燃气、污水、热力等其他管线临近、交叉敷设不满足国标净距要求的情况，应与政府部门主动协商，划清责任界限，商定整改方案，消除安全隐患。

燃气、污水等介质管道中的物质一旦泄漏到电缆通道内，会造成电缆通道内有毒有害气体浓度增加，容易导致人员窒息，甚至有爆炸风险，污水中的腐蚀性物质会造成电缆腐蚀，即电缆外护套、铠装层、铅护套或铝护套的腐蚀，酸或碱性溶液、氯化物、有机物腐蚀物质等都会使电缆遭受腐蚀。临近热力管线散发出的热量会造成电缆通道内温度升高，影响电缆线路的载流量。如果电缆线路长期运行在高温环境中，还会加速绝缘老化，缩短电缆的使用寿命。根据《电力电缆线路运行规程》（DL/T 1253）要求，电缆沟与煤气（或天然气）管道临近平行时，应做好防止煤气（或天然气）泄漏进入沟道的措施。因此在设计阶段，应全面调查电缆通道周围管线情况，避免电缆通道邻近燃气、污水、热力管线等。

但当电缆通道与燃气、污水、热力等其他管线临近、交叉敷设不满足国家标准净距要求的情况时，应主动与政府相关部门、相关管线单位进行协商，建立沟通机制，划清责任界限，商定整改方案，消除安全隐患。同时，电缆运行单位应进行全面隐患排查，加装温度监测、有毒有害气体等在线监测装置，确保设备安全运行。

【案例】 1995 年，某市一段地下电缆沟发生爆炸，导致 2.2km 路段的人行道和部分路面不同程度的破坏，水、电、气、交通全部中断，爆炸事故造成多人伤亡，直接经济损失数百万元。经故障分析发现，与电缆沟临近的煤气管道年久失修，灰口铸铁材质，管道因材质缺陷，管基岩石接触管道，管道受静载、动载和温度变化，发生了脆性断裂，气体通过间隙流入电缆沟。泄漏的煤气遇明火发生爆燃，进而引发电缆沟内混合气体的连续爆炸。

18

防止继电保护及安全自动装置事故的重点要求

总体情况说明：

为防止继电保护及安全自动装置事故，应严格执行下列规定、标准：

《继电保护和安全自动装置基本试验方法》（GB/T 7261—2016）

《继电保护和安全自动装置技术规程》（GB/T 14285—2006）

《互感器　第 2 部分：电流互感器的补充技术要求》（GB/T 20840.2—2014）

《220kV～750kV 电网继电保护和安全自动装置配置技术规范》（GB/T 34122—2017）

《电力监控系统网络安全防护导则》（GB/T 36572—2018）

《电力系统安全稳定导则》（GB 38755—2019）

《光纤通道传输保护信息通用技术条件》（DL/T 364—2019）

《220kV～750kV 电网继电保护装置运行整定规程》（DL/T 559—2018）

《3kV～110kV 电网继电保护装置运行整定规程》（DL/T 584—2017）

《继电保护和安全自动装置运行管理规程》（DL/T 587—2016）

《大型发电机变压器继电保护整定计算导则》（DL/T 684—2012）

《电流互感器和电压互感器选择及计算规程》（DL/T 866—2015）

《继电保护和电网安全自动装置检验规程》（DL/T 995—2016）

《电力监控系统安全防护规定》［国家发展和改革委员会令第 14 号（2014 年）］

本章内容将《防止电力生产事故的二十五项重点要求（2014 年版）》中的“18 防止继电保护事故”根据总体目录进行修订为“18 防止继电保护及安全自动装置事故的重点要求”。

本次修订对原文中的部分段落进行了修改及调整，在以往规程、规定、反事故措施和相关技术标准的基础上，更新了相关规程、规定的最新版本，并结合反馈意见，以及近年来继电保护发展的变化进行了部分增删和结构调整。

编写结构方面包括继电保护的规划设计、保护配置、调试及检验、运行管理 4 个阶段及定值管理、二次回路、智能变电站 3 个方面重要内容，共 7 个部分。

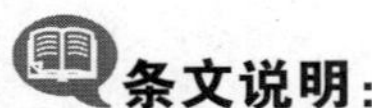**条文说明：**

条文 18.1　规划设计阶段的重点要求

条文 18.1.1　涉及电网安全、稳定运行的发、输、变、配及重要用电设备的继电保护装置应纳入电网统一规划、设计、运行、管理和技术监督。在一次系统规划建设中，应充分考虑继电保护的适应性，避免出现特殊接线方式造成继电保护配置及整定难度的增加。

条文 18.1.2　继电保护及安全自动装置的设计、配置和选型，必须满足有关规程规定的要求，并经相关继电保护管理部门同意。继电保护及安全自动装置选型应采用技术成熟、性能可靠、质量优良、经有资质的专业检测机构检测合格的产品。

继电保护是电网的重要组成部分，18.1.1 和 18.1.2 两条文强调了电力系统一、二次设备的相关性，要求将涉及电网安全稳定运行的发、输、变、配及重要用电设备的继电保护装置纳入电网统一规划、设计、运行、管理；要求在规划阶段就做好一、二次设备选型的协调，充分考虑继电保护的适应性，避免出现特殊接线方式造成继电保护配置和整定计算困难，保证继电保护设备能够正确地发挥作用；明确了专业主管部门在设备选型工作中的责任和义务，强调继电保护装置的选型必须按照相关规定进行，选用技术成熟、性能可靠、质量优良且按规定经过专业检测合格的产品。专业检测的目的是为促进继电保护厂家提高产品质量，防止不合格产品进入电网对安全稳定运行造成威胁。

18.1.1 由《防止电力生产事故的二十五项重点要求（2014 年版）》中 18.1 及 18.2 合并，将原规定“涉及电网安全、稳定运行的发、输、配及重要用电设备的继电保护装置”，修订为“涉及电网安全、稳定运行的发、输、变、配及重要用电设备的继电保护装置”，增加了“变”电。本条文为继电保护规划设计的纲领性要求。

18.1.2 由《防止电力生产事故的二十五项重点要求（2014 年版）》中 18.3 修改，将原条文“继电保护配置和选型，必须满足有关规程规定的要求”修订为“继电保护及安全自动装置设计、配置和选型，必须满足有关规程规定的要求”；保护选型在原条文基础上增加了“经有资质的专业检测机构检测合格”的要求。

条文 18.1.3　稳控系统应在合理的电网结构和电源结构基础上规划、设计和运行，控制策略和措施应安全可靠、简单实用。对无法采取稳定控制措施保持系统稳定的情况，应通过完善网架方案、优化运行方式、完善第三道防线方案等综合措施，共同降低并控制系统运行风险。

18.1.3 为新增条款，明确了安全稳定控制系统规划设计的纲领性原则。合理的电网结构是保证电力系统安全稳定运行的重要基础，不合理的电网结构会使得稳控系统逻辑复杂、切机策略难以优化。对于难以满足电力系统大扰动下安全稳定运行的情况，应制订和完善失步解列、频率及电压紧急控制措施，当电网遇到多重严重事故而稳定破坏时，防止事故扩大，防止大面积停电。

条文 18.1.4　继电保护及安全自动装置应符合网络安全防护规定，满足《电力监控系统安全防护规定》[国家发展改革委令第 14 号（2014 年）] 及《电力监控系统网络安全防护导则》(GB/T 36572) 要求。

18.1.4 为新增条款，为了加强电力监控系统的信息安全管理，防范黑客及恶意代码等对电力监控系统的攻击及侵害，保障电力系统的安全稳定运行，18.1.4 明确了继电保护及安全自动装置应遵循的网络安全防护规范。电力监控系统安全防护工作应当落实国家信息安全等级保护制度，按照国家信息安全等级保护的有关要求，坚持“安全分区、网络专用、横向隔离、纵向认证”的原则，保障电力监控系统的安全。

条文 18.1.5　220kV 及以上电压等级线路、变压器、母线、高压电抗器、串联电容器补偿装置等交流输变电设备的保护及电网安全稳定控制装置应按双重化配置。

要求 220kV 及以上电压等级的输变电设备必须按双重化原则配置保护；同时要求在按双重化原则配置保护时，相关断路器的选型也应和保护双重化的要求相契合（如必须具备能够受控于两组控制电源的双套跳闸线圈等）。对于断路器保护，装置异常退出时对电网运行的影响可以承受，所以未要求按双重化配置。

在编制《防止电力生产事故的二十五项重点要求（2014 年版）》时，出于节约投资的考虑，没有将 220kV 终端负荷变电站母差保护列为必须按双重化要求配置保护的范围之内。近年来，随着电网建设规模的增大以及清洁能源的大量接入，一些过去的终端负荷站被升级改造。在已投入运行的变电站升级过程中，母差保护的双重化改造（单套母差的双重化改造；或两套母差回路未分开，因不符合双重化要求而进行改造）难度较大。如在变电站投产前就按照双重化原则施行，则可大大降低改造施工中的安全风险。为此，本次修编将《防止电力生产事故的二十五项重点要求（2014 年版）》中 18.4.2“除终端负荷变电站外，220kV 及以上电压等级变电站的母线保护应按双重化配置”的要求做了修改。

需要说明的是，继电保护“双重化”和“双套配置”的要求是不同的。继电保护双重化原则的基本要求是不仅要有两套保护装置，而且要求两套保护及其二次回路相互独立，任一装置或任一回路出现异常，应仅影响双重化配置保护中的一套，而另一套仍应能正确工作。对于电压等级不高、保护装置异常退出运行影响较大的设备，可以按双套保护装置进行配置。双套配置时只要求配备两套保护装置，而 TA、TV 等二次回路可以共用，当一套保护装置因异常退出或检修时，仍能保证被保护设备的正常运行。

条文 18.1.6　依照双重化原则配置的两套保护装置，每套保护均应含有完整的主、后备保护功能，能反映被保护设备的各种故障及异常状态，并能作用于跳闸

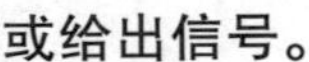

或给出信号。

18.1.6 在《防止电力生产事故的二十五项重点要求（2014 年版）》中 18.4.1 基础上删除原条文中“宜采用主、后一体的保护装置”的要求。

条文 18.1.7　220kV 及以上电压等级输电线路（含电铁牵引站及引入线路）两端均应配置双重化线路纵联保护，两套保护的通道应相互独立，优先采用纵联电流差动保护，双侧均应具备远方跳闸功能；具备条件的 110（66）kV 输电线路（含电铁牵引站及引入线路）宜配置纵联电流差动保护。

通道是线路纵联保护的重要组成部分，对于按双重化原则配置的线路纵联保护，必然要求通道也须符合双重化的原则，尽量减少通道之间的相关性和相互影响。尤其注意两套通道设备的电源应取自不同直流电源母线。

（1）同一通道在本站所用通道设备（包括光端机及对应的光电转换设备），其电源必须取自同一组直流电源母线。

（2）当通信电源取自站用直流电源时，应尽量保证保护装置与通信设备电源取自同一组站用直流母线。

另外，对于采用双通道的线路纵联保护，应保证同一套保护装置的两个通道相互之间不受影响，不同通道的传输延时差异不会导致保护的误动。

条文 18.1.8　继电保护及安全自动装置的通信通道应采用安全可靠的传输方式，线路纵联保护应优先采用光纤通道。220kV 及以上电压等级线路纵联保护的通道（含光纤、微波、载波等通道及加工设备和供电电源等）、远方跳闸及就地判别装置（或功能）应遵循相互独立的原则按双重化配置。穿越覆冰区的 220kV 及以上电压等级输电线路，应至少配置一条不受冰灾影响的应急通道。

18.1.8 由《防止电力生产事故的二十五项重点要求（2014 年版）》中 18.4.3、18.6.10 修改而来，将原规定“18.6.10 线路纵联保护应优先采用光纤通道”修订为“继电保护及安全自动装置的通信通道应采用安全可靠的传输方式，线路纵联保护应优先采用光纤通道”。

将原规定“220kV 及以上电压等级线路纵联保护的通道（含光纤、微波、载波等通道及加工设备和供电电源等）、远方跳闸及就地判别装置应遵循相互独立的原则按双重化配置。”考虑远方跳闸及就地判别可能作为功能集成至其他保护装置，将其修订为“220kV 及以上电压等级线路纵联保护的通道（含光纤、微波、载波等通道及加工设备和供电电源等）、远方跳闸及就地判别装置（或功能）应遵循相互独立的原则按双重化配置。”

为确保重覆冰地区线路保护的可靠性，增加了“穿越覆冰区的 220kV 及以上电压等级输电线路，应至少配置一条不受冰灾影响的应急通道”的要求，不受冰灾影响的应急通道可以是通过第三路由的通信通道，或采用地埋光缆、专用电力网等方案。

条文 18.1.9　100MW及以上容量及接入220kV及以上电压等级的发电机、启动备用变压器应按双重化原则配置微机保护（非电量保护除外）；重要发电厂的启动备用变压器保护宜采用双重化配置。

18.1.9由《防止电力生产事故的二十五项重点要求（2014年版）》中18.4.4修订而来，将原规定“100MW及以上容量发电机-变压器组应按双重化原则配置微机保护（非电量保护除外）；大型发电机组和重要发电厂的启动变保护宜采用双重化配置。”修订为“100MW及以上容量及接入220kV及以上电压等级的发电机、启动备用变压器应按双重化原则配置微机保护（非电量保护除外）；重要发电厂的启动备用变压器保护宜采用双重化配置”。增加了对“接入220kV及以上电压等级”但容量未达到100MW的机组的保护双重化要求；原条款中的“大型发电机组”无明确定义、实施环节不易落实，“重要发电厂”由调度机构确定，可以涵盖大型发电机组。

条文 18.1.10　对220kV及以上电压等级电网、110（66）kV变压器的保护和测控功能应相互独立，在单一功能损坏或异常情况下，保护和测控功能应互相不受影响。

18.1.10为新增条款。任何电力设备（电力线路、母线、变压器等）都不允许无保护运行。在电网的实际运行中，当保护设备因装置本身或二次回路异常退出运行，致使被保护设备处于无保护运行状态时，为防止该设备发生故障时没有保护，造成事故影响范围扩大，甚至系统稳定破坏，通常均由调度下令尽快将相关断路器断开退出运行。

随着调控一体的全面推进，目前国内500kV及以下的变电站多数实现了无人值班，断路器的操作采用远方操控方式。但是，近年来出现的一些高集成度、多功能的设备未充分考虑运行的实际需求，一旦保护功能异常，将同时影响到断路器遥控功能，只能由变电运维人员去现场操作。在某些地区，此类异常处理将拖延数小时甚至更长时间，给电网安全运行带来较大危害。为防范此类风险，要求在保护和测控装置集成化、小型化的同时，应保证重要设备的功能独立性不受影响，原有性能不降低。

条文 18.1.11　继电保护及安全稳定控制装置组屏设计应充分考虑运行和检修时的安全性，应采取合理布置端子排、预留足够检修空间、规范现场安全措施等防止继电保护“三误”（误碰、误整定、误接线）事故的措施。当双重化配置的两套保护装置不能实施确保运行和检修安全的技术措施时，应安装在各自屏柜内。

18.1.11由《防止电力生产事故的二十五项重点要求（2014年版）》中18.4.9修订而来，原条文18.4.9要求：“采用双重化配置的两套保护装置宜安装在各自保

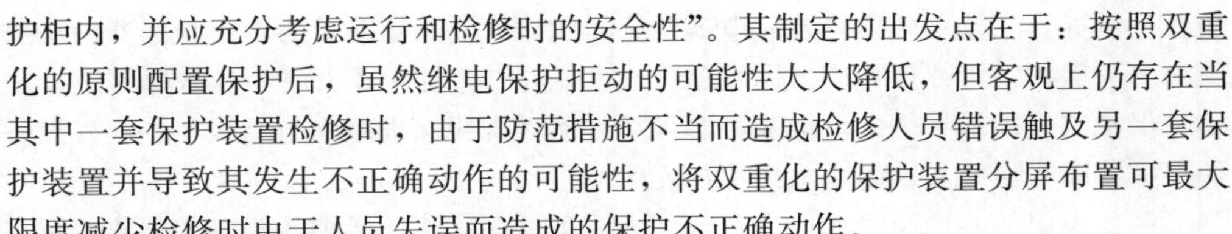

护柜内，并应充分考虑运行和检修时的安全性”。其制定的出发点在于：按照双重化的原则配置保护后，虽然继电保护拒动的可能性大大降低，但客观上仍存在当其中一套保护装置检修时，由于防范措施不当而造成检修人员错误触及另一套保护装置并导致其发生不正确动作的可能性，将双重化的保护装置分屏布置可最大限度减少检修时由于人员失误而造成的保护不正确动作。

近年来，随着技术的发展，特别是智能化保护的大量推广使用，屏间及屏内连线大大减少，从保护组屏的经济性出发，已不宜过分强调要求双重化配置的两套保护必须分别组屏。但是，保护组屏设计时必须将安全性的要求放在首位，确保在运行和检修时能够采取有效的防“三误”措施。因此，本次修编明确：如果将两套保护装置安装在同一屏内不能实施确保运行和检修安全的技术措施时，则应坚持将双重化的保护装置分屏布置的原则。

条文 18.1.12　为保证继电保护相关辅助设备（如交换机、光电转换器、通信接口装置等）的供电可靠性，宜采用直流电源供电。因硬件条件限制只能交流供电的，电源应取自站用不间断电源。

8.1.12 为新增条款。现代的继电保护，除保护装置本身外，大多还应用了一些附属设备，从而构成一个整体，完成保护功能。如线路纵联保护的光电转换装置、智能变电站的交换机等，这些设备工作正常与否，将直接影响部分保护装置的功能，为此，首先必须保证其供电可靠性。考虑最严重的情况，为保证在站内发生故障时保护装置动作的正确性，要求这些辅助设备应使用站用直流系统供电；对于只能使用交流电源的设备，为保障站用交流失去时仍能给其提供稳定、不间断的电力供应，则应使用站用不间断电源为其供电。

条文 18.1.13　在新建、扩建和技改工程中，应根据相关规定和电网发展带来的系统短路容量增加等情况进行电流互感器的选型工作，并充分考虑保护配置及整定的要求。

条文 18.1.14　差动保护用电流互感器的相关特性宜一致；母线差动保护各支路电流互感器变比差不宜大于 4 倍。

条文 18.1.15　母线差动、变压器差动和发电机-变压器组差动保护各支路的电流互感器应优先选用准确限值系数和额定拐点电压较高的电流互感器。

条文 18.1.13～18.1.15 均是对接入保护装置的电流互感器提出的要求。电流互感器的选型与安装位置会直接影响到继电保护的功能及保护范围，因此应予以全面、充分的考虑：

（1）电流互感器的选择应根据相关规程要求进行计算，绕组数量应考虑“双重化”配置要求。

（2）应根据被保护设备的特点以及保护范围选择保护形式和电流互感器的安装

位置。例如，当选用两侧均装有电流互感器的罐式断路器时，为防止断路器内部故障时失去保护，母线保护应选用线路（或变压器）侧的电流互感器，线路（或变压器）保护应选用母线侧的电流互感器，从而使得母线保护范围与母线上各电气设备的保护范围互有交叉，防止出现保护死区。

（3）为保证差动保护动作的正确性，应尽量保证差动保护各侧电流互感器暂态特性、相应饱和电压的一致性，以提高保护动作的灵敏性，避免保护的不正确动作，特别是避免穿越性故障时保护的误动。

（4）所有保护装置对外部输入信号适应范围都有一定的要求，合理地选择电流互感器容量、变比和特性，有助于充分发挥保护功能，利于整定配合，提高继电保护选择性、灵敏性、可靠性和速动性。

18.1.13 在《防止电力生产事故的二十五项重点要求（2014年版）》中18.6.3基础上修改，明确了电流互感器选型的依据，删除了原规定：“应根据系统短路容量合理选择电流互感器的容量、变比和特性，满足保护装置整定配合和可靠性的要求。新建和扩建工程宜选用具有多次级的电流互感器，优先选用贯穿（倒置）式电流互感器。”修订为“在新建、扩建和技改工程中，应根据相关规定和电网发展带来的系统短路容量增加等情况进行电流互感器的选型工作，并充分考虑保护配置及整定的要求。”原规定中“宜选用具有多次级的电流互感器”主要是考虑为了满足双重化保护等配置要求，需要具备多次级绕组的电流互感器，鉴于前文已提到要满足双重化等配置要求，删除“宜选用具有多次级的电流互感器”。电流互感器容量影响其带负载能力和抗饱和特性，变比影响保护灵敏度，特性影响保护可靠性，要根据系统短路容量合理地选择。贯穿（倒置）式电流互感器只针对110kV及以上设备选用，贯穿（倒置）式电流互感器不应作为强制要求选择。

条文18.1.14由《防止电力生产事故的二十五项重点要求（2014年版）》中18.6.4修改而来，增加了“母线差动保护各支路电流互感器变比差不宜大于4倍”的要求。为保证差动保护动作的正确性，应尽量保证差动保护各侧电流互感器暂态特性、相应饱和电压的一致性，以提高保护动作的灵敏性，防止保护的不正确动作，特别是防止穿越性故障时保护的误动。对于微机型母线保护，一般都是通过保护内部软件对不同TA变比进行调整。但是，如果不同支路的TA变比差异过大，将会使母差保护的性能变差。

18.1.15 为新增条款。为了防止电流互感器不能正确传变故障期间大电流从而造成差动保护误动作而增加此条款。准确限值系数为电流互感器负荷误差不超过规定值时的一次电流倍数，额定拐点电压高是电流互感器励磁曲线饱和带点高，可提高抗区外短路的能力。

【案例1】 主变压器各侧TA特性不一致导致区外故障保护误动作。

某电厂一条送出线路发生永久性单相接地故障，保护动作跳闸后重合于故障，再次跳闸。与此同时，该电厂1号、2号机组的发电机-变压器组保护屏的主变压器差动保护动作。通过对主变压器各侧电流分析后可知，在连续两次区外故障冲击后，由于剩磁的存在，主变压器高压侧和低压侧TA传变特性严重不一致，产生了较大的主变压器差动电流，且三相差流中的谐波含量很低，导致双套主变压器比率差动保护均动作于跳闸。

【案例2】 线路单侧TA饱和造成区外故障保护误动。

甲电厂通过甲乙一、二线与乙变电站连接。甲乙一线发生单相接地故障，重合不成功跳三相，同时甲乙二线差动保护动作跳开两侧A相断路器，线路重合成功。通过故障录波分析发现，甲乙二线甲电厂侧电流波形发生明显畸变，呈现TA饱和特征，而乙变电站侧电流正确传变。现场核查发现，甲乙二线两侧TA特性不一致，甲电厂侧TA拐点电压明显低于乙变电站侧。当甲乙一线线路重合于故障后，甲乙二线单侧TA饱和，线路保护差动电流满足动作门槛，导致保护动作跳闸。

条文18.1.16　应充分考虑合理的电流互感器配置和二次绕组分配，消除主保护死区。

条文18.1.16.1　当220kV及以上电压等级变电站、升压站新建、改建或扩建采用3/2、4/3、角形、桥形接线等多断路器接线形式时，应在断路器两侧均配置电流互感器。

条文18.1.16.2　对经计算影响电网安全稳定运行重要变电站的220kV及以上电压等级双母线双分断接线方式的母联、分段断路器，应在断路器两侧配置电流互感器。

条文18.1.16.3　独立式电流互感器应按照电流互感器故障时跳闸范围最小的原则合理选择等电位点。

条文18.1.16.4　针对短期不能按18.1.16.1及18.1.16.2要求进行改造的老旧厂站或其他确实无法快速切除故障的保护动作死区，在满足系统稳定要求的前提下，应采取启动失灵和远方跳闸等后备措施加以解决；经系统方式计算可能对系统稳定造成较严重的威胁时，应进行改造。

TA二次绕组的分配决定了保护装置能否对TA内部发生的短路故障具有保护范围。因此，选择TA二次绕组，应考虑保护范围的交叉，避免在互感器内部发生故障时出现“死区”。变电站设计中，存在断路器两侧TA由于保护用二次绕组分配、布置不当导致保护范围形成死区。例如：母线侧TA有3个保护用二次绕组，线路侧TA只有1个保护用二次绕组，则对于双重化配置的线路保护、母线保护来说，一套母线保护用线路侧TA，另一套母线保护用母线侧TA。当使用线路侧TA的母线保护因检修等原因退出运行时，将造成母线侧TA与断路器之间死区故障无法快速切除，只能由失灵保护动作切除故障。

除需根据TA内部二次绕组的排列位置进行合理分配外，TA的配置、安装位置也直接关系到保护装置的保护范围。例如：仅在断路器的某一侧设置TA，将不可避免地出现断路器和TA间的故障死区，而死区故障一般将使保护最终消除故障的时间延长，造成系统稳定问题。对于布置在直流输电换流站附近的变电站，故障状态持续时间长将可能导致多回直流系统同时发生换相失败的风险，甚至可能会因电网稳定破坏而造成垮网事故。

又如，对于双母线接线形式变电站的母差保护，若仅在母联或分段断路器单侧布置TA，将无法正确区分死区故障，延长故障消除时间。对于独立式电流互感器，其一端与一次导体之间有小瓷瓶绝缘，另一端与一次导体相连构成等电位点，如图18-1所示。一般认为电流互感器本体故障时的故障电流流过该等电位点。若该等电位点在线路侧，会判定为线路故障，若该等电位点在母线侧，会判定为母线故障，对于双母线的主接线形式母线故障影响范围更大。

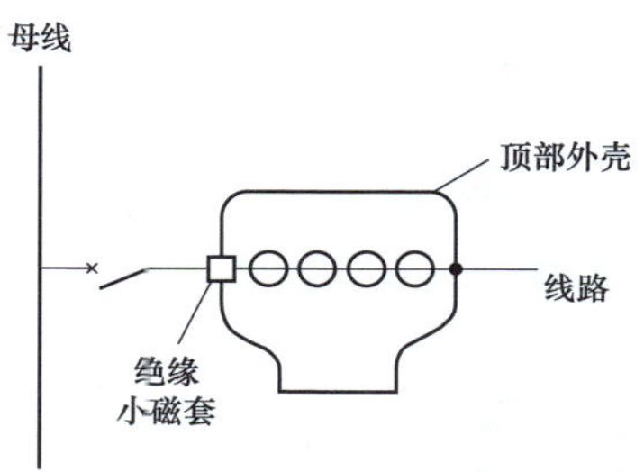

图18-1　独立式电流互感器等电位点示意图

为防止此类严重事故的发生，增加了经计算影响电网安全稳定运行重要变电站的220kV及以上电压等级双母线接线方式的母联、分段开关，在开关两侧配置TA的要求。对于已建成的，没有采用罐式断路器的AIS变电站，“死区”已经是一种客观存在，考虑实施改造的必要性和操作层面的可行性，提出了不同的要求。对于通过稳定计算验证，“死区”故障会导致直流双极闭锁、系统稳定破坏的，抓紧实施改造；而对于由于故障延时切除造成危害较轻的，可沿用过去采用的启动失灵和远方跳闸等后备措施加以解决。

条文18.1.17　110（66）kV及以上电压等级发电厂升压站、变电站应配置故障录波器；100MW及以上容量发电机-变压器组应配置专用故障录波器。发电厂、变电站内的故障录波器应对站用直流系统的各母线段（控制、保护）对地电压进行录波。

18.1.17由《防止电力生产事故的二十五项重点要求（2014年版）》中18.6.11及18.6.21修改、合并，将原规定：“220kV及以上电气模拟量必须接入故障录波器，发电厂发电机变压器不仅录取各侧的电压、电流，还应录取公共绕组电流、中性点零序电流和中性点零序电压。所有保护出口信息、通道收发信情况及开关分合位情况等变位信息应全部接入故障录波器。”修订为：“110（66）kV及以上电压等级发电厂升压站、变电站应配置故障录波器；100MW及以上容量发电机-变压器组应配置专用故障录波器。发电厂、变电站内的故障录波器应能对站用直流系统的各母线段（控制、保护）对地电压进行录波。”故障录波远传至调控中心已经成为调度运行人员快速分析和处置故障的最重要技术手段，是尽快恢复电网设备，提高电网可靠性的有效措施。110（66）kV 变电站目前均为无人值班站，配置故障录器，将故障录波远传至调控中心，对调控人员快速恢复设备，提升供电可靠性更为必要，要求 110（66）kV 变电站配置故障录波器。

当前变电站内模拟量、数字量接入录波器情况较好，不再单独进行规定，删除“220kV 及以上电气模拟量必须接入故障录波器，发电厂发电机-变压器不仅录取各侧的电压、电流，还应录取公共绕组电流、中性点零序电流和中性点零序电压。所有保护出口信息、通道收发信情况及开关分合位情况等变位信息应全部接入故障录波器”。故障录波器可靠记录直流电源对地电压以便于对故障及继电保护动作原因的分析，增加“发电厂、变电站内的故障录波器应能对站用直流系统的各母线段（控制、保护）对地电压进行录波”。

微机型保护装置在全面替代其他类型的保护装置之后，继电保护的“四性”得到了显著的改善。但与此同时，由于直流系统异常而导致的、由保护“误动”引起的或不是由保护“误动”引起的断路器误跳误合事件时有发生，而此类事件不一定会与系统故障有关联，因此事件发生时刻的交流电压或电流波形可能无法对事件分析提供足够的帮助；而直流系统异常监测的专业规程《直流电源系统绝缘监测装置技术条件》（DL/T 1392—2014）未要求直流系统在发生异常时瞬时发出告警信号。因此，利用录波器对直流系统进行录波将有助于此类事件的分析。

条文 18.1.18　除母线保护、变压器保护、发电机-变压器组保护外，不同间隔设备的主保护功能不应集成。

18.1.18 为出于保护可靠性考虑增加的条款，防止由于一套保护故障造成多间隔失去主保护。电力设备的主保护通常是指能够在被保护设备发生故障时，快速将其从运行系统中切除的保护设备，主保护在保证系统安全方面具有非常重要的作用。保持不同电力设备主保护功能的独立性，避免相互影响和相互干扰，是保证保护装置可靠性的有效措施之一。

条文 18.1.19　应充分考虑安装环境对保护装置性能及寿命的影响，对于布置在室外的保护装置，其附属设备（如智能控制柜及温控设备）的性能指标应满足保护运行要求且便于维护。

本条文为新增条款。随着电网建设与发展，保护装置的布置方式发生了一些变化，有些保护装置被布置在室外。当今的保护装置大多是由微电子元件构成的微机型保护装置，对温度、湿度等外部环境的适应性有一定的限制。为此，对于布置在户外或运行环境较差的保护装置，在设计与其配套的温控设备、户外柜时，应充分考虑实际安装位置周边环境及保护内部元器件承受力对装置性能及寿命的影响，考虑运行维护的方便性，智能柜应配置容量足够的制冷、除湿或加热等附属设备。

条文 18.1.20　继电保护及相关设备的端子排，应按照功能进行分区、分段布置，正、负电源之间，跳（合）闸引出线之间以及跳（合）闸引出线与正电源之间、交流电流与交流电压回路之间等应至少采用一个空端子隔开或增加绝缘隔片。交流回路与直流回路的接线端子不宜布置在同一段端子排。新建、扩建、改建工程中，端子箱、汇控柜等户外设备应采用额定电压1000V的端子。

18.1.20由2014年版18.6.2修改而来，原规定为“继电保护及相关设备的端子排，宜按照功能进行分区、分段布置，正、负电源之间、跳（合）闸引出线之间以及跳（合）闸引出线与正电源之间、交流电源与直流回路之间等应至少采用一个空端子隔开。”将端子排分区、分段布置要求由“宜”修订为“应”；端子之间的隔离措施除了采用空端子隔离还可以采用增加绝缘隔板等其他有效隔离方式；为了防止交直流混电，增加交流回路与直流回路分段布置的要求；增加了对户外端子的绝缘要求。

为提高保护装置的动作速度，在现代保护装置中，大多数采用了动作速度较快的出口继电器。当站用直流系统中窜入交流信号时，将可能会影响保护装置的动作行为，特别是对于直接采用站用直流作为动作电源，经电缆直接驱动的出口继电器，更容易误动作。近年来由于交流窜入直流回路而造成误动的事故屡见不鲜。

条文 18.1.21　500kV及以上电压等级变压器低压侧并联电抗器和电容器、站用变压器的保护配置与设计，应与一次系统相适应，防止电抗器、电容器或站用变压器故障造成主变压器跳闸。

18.1.21由《防止电力生产事故的二十五项重点要求（2014年版）》中18.6.9修改而来，将原规定：“防止电抗器和电容器故障造成主变压器的跳闸”，修订为：“防止电抗器、电容器或站用变压器故障造成主变压器跳闸”，此处增加了“站用变压器”并与前序描述“500kV及以上电压等级变压器低压侧并联电抗器和电容器、站用变压器的保护配置与设计”相呼应。

变电站内用于无功补偿的电容器、电抗器以及站用变压器等设备应通过各自的断路器接至主变压器低压侧母线，并配备相应的保护，保护定值与主变压器的低压侧保护相配合，防止低压侧设备故障时由于主变压器保护越级而扩大事故停电范围。

在某些变电站的设计中，站用变压器通过一次熔断器直接接至主变压器低压侧母线，站用变压器低压侧直接通过电缆接至站用电小室母线。此种设计存在以下问题：①主变压器低压侧保护与站用变压器高压侧的熔断器配合较为困难，站用变压器发生故障时，主变压器保护可能会越级动作，扩大停电范围；②站用变压器低压侧电缆单相故障时，没有任何保护装置可以反应，只有发展至相间故障时，才有可能由熔断器切除站用变压器。

条文 18.1.22　双回线路采用同型号纵联保护或线路纵联保护采用双重化配置时，在回路设计和调试过程中应采取有效措施防止保护通道交叉使用。分相电流差动保护应采用同一路由收发、往返延时一致的通道。

利用光纤通道作为纵联保护的通道，不仅可以提高通道抗电磁干扰的能力，大大降低一次设备故障对保护通道的影响。同时，由于数字通信传输容量大的特点，可以使得保护性能获得较大提升。

线路纵差保护通过比较同一时刻线路两侧电流差异来判断被保护线路是否发生故障。如果收、发信息采用往返延时不一致或来回路由不相同，现有的通道延时计算方法很难保证两侧差动电流采样值的同步性。

线路的纵联保护是由线路两侧的保护装置和通道构成一个整体，如不同纵联保护交叉使用通道，将会造成保护装置不正确动作。

【案例 1】　路由不一致导致保护不正确动作。

某 330kV 线路区外故障时，双重化配置的两套保护中一套电流差动保护动作，3332、3330 断路器 B 相跳闸，重合成功。经查，该套保护装置通道收、发路由不同，通道往返延时长期不一致，但差动电流未达到告警状态。当电网发生区外故障时，保护装置计算的差动电流较大，导致误动。

【案例 2】　光纤通道交叉导致保护不正确动作。

甲电厂 220kV 升压站与 220kV 乙变电站通过甲乙一线、甲乙二线并列运行。两条线路保护均双重化配置，A 套保护采用了专用光纤通道电流差动保护，B 套保护采用了复用 2M 通道的纵联电流差动保护。某日，甲乙一线发生断相、接地复合故障，甲乙一、二线同时动作跳闸，之后在试送过程中，两条线路再次跳闸。经检查发现，乙站侧配线架处甲乙一线与甲乙二线 B 套线路保护用 2M 口接线交叉，因早期线路保护无通道识别码，造成正常运行时无法发现通道交叉。

条文 18.1.23　对闭锁式纵联保护，“其他保护停信”回路应直接接入保护装置，而不应接入收发信机。

18.1.23 为《防止电力生产事故的二十五项重点要求（2014 年版）》中 18.6.12，未作修改。

对于采用外附式 TA 的双母线接线的变电站，当故障发生在 TA 与断路器之间时，故障属于母差保护的动作范围。但是，如果只是发生故障的变电站母差保护动作，故障将依然存在，所以此处的故障常常被称为“死区”故障，“死区”故障需要跳开对侧的断路器才能消除。闭锁式的线路纵联保护，在发生“死区”故障时，通常采用故障侧的线路保护“停信”方式来促使线路对端的保护跳闸。为此，在线路保护与收发信机均设有“其他保护停信”的开入端。

一般在保护装置上的“其他保护停信”开入信号会经过抗干扰处理后，通过保护内部的停信回路向收发信机发出停信命令。而收发信机则直接利用“其他保护停信”开入信号停信。在运行中曾多次发生由于未对干扰信号进行有效处理，收发信机误停信造成线路保护误动的事故。

条文 18.1.24　发电厂升压站断路器控制回路及保护装置电源，应取自升压站配置的独立的直流系统。

18.1.24 由《防止电力生产事故的二十五项重点要求（2014 年版）》中 18.6.14 修改而来，原规定为“发电厂升压站监控系统的电源、断路器控制回路及保护装置电源，应取自升压站配置的独立蓄电池组”。变电站监控系统很多设备采用交流供电，原描述欠严谨，进行修订。升压站内应设置独立蓄电池组，且不能与厂内机组、外围附属设备共用，防止由于其他系统设备直流隐患（如交、直流混线，直流接地等），造成全站停电事故。

条文 18.1.25　发电厂的辅机设备及其电源在外部系统发生故障时，应具有一定的抵御事故能力，以保证发电机在外部系统故障情况下的持续运行。

发电厂辅机设备运行的稳定性、可靠性直接影响发电机组的安全稳定运行。一旦这些关键辅机设备由于变频器原因而非正常停机，会造成发电机组负荷大幅下降，甚至造成锅炉灭火、停机等事故。对于外部系统发生故障时，要求发电厂关键辅机设备对外部故障引起的电压、电流异常具备一定的承受能力，并保证发电机组持续运行。

条文 18.1.26　稳控装置动作切除负荷或机组后，应采取有效措施防止重合闸、备自投或被切除机组所带负荷转由同一厂站的其他机组承担等导致的控制措施失效。

18.1.26 为新增条款，增加了对稳控装置与重合闸、备自投等设备的配合策略。稳控装置动作切除负荷或机组后，若投入重合闸、备自投或被切除机组所带负荷转由同一厂站的其他机组承担，将导致稳控系统控制措施失效、系统失稳。

条文 18.2　继电保护配置的重点要求

条文 18.2.1　继电保护的设计、配置和选型应以继电保护可靠性、选择性、灵敏性、速动性为基本原则，任何技术创新不得以牺牲继电保护的快速性和可靠性为代价。

本条文为新增条款，重申“四性”为继电保护的基本原则，明确“不得以牺牲继电保护的快速性和可靠性为代价”的原则底线。

近些年，在科学技术不断发展和创新大潮的推动下，继电保护专业在理论基础和结构形式方面都有很多创新性发展，各种先进技术得到了广泛的应用。

但是，应该认识到，这些年的“创新”并不都是完美无瑕的，在片面追求创新数量的动机驱使下，有些创新技术的研究并不充分，甚至有些新保护装置的关键技术指标比原有保护设备还差。例如：智能变电站因采用了合并单元和智能终端，故障切除时间较常规站慢，继电保护速动性指标降低。

本条文意在提醒，创新不是唯一目标，不能单纯、盲目地追求创新，更不能因为追求创新而牺牲继电保护的“四性”要求。创新发展必须要深刻理解以往几十年的经验教训，在此基础上利用技术创新、技术进步对现有保护设备改进完善，提升技术性能。

条文 18.2.2　按双重化配置的两套保护中，当一套保护退出时不应影响另一套保护运行。双重化配置的继电保护应满足以下基本要求：

条文 18.2.2.1　两套保护装置的交流电流、电压应分别取自互感器互相独立的绕组。对原设计中电压互感器仅有一组二次绕组，且已经投运的变电站，应积极安排电压互感器的更新改造工作，改造完成前，应在开关场的电压互感器端子箱处，利用具有短路跳闸功能的两组分相空气开关将按双重化配置的两套保护装置交流电压回路分开。

强调“交流电流、电压应分别取自互感器互相独立的绕组”。针对部分老旧变电站，由于电压互感器仅具备一个保护级绕组，存在两套保护共用一个电压互感器绕组的情况，为尽量提高电压回路的冗余，防止由于电压互感器二次回路的短路导致同时失去两套保护，补充提出“对原设计中电压互感器仅有一组二次绕组，且已经投运的变电站，应积极安排电压互感器的更新改造工作，改造完成前，作为过渡方案，应在开关场的电压互感器端子箱处，利用具有短路跳闸功能的两组分相空气开关，将按双重化配置的两套保护装置交流电压回路分开”。

条文 18.2.2.2　两套保护装置的直流电源应取自不同蓄电池组连接的直流母线段。每套保护装置及与其相关设备（电子式互感器、合并单元、智能终端、采集执行单元、通信及网络设备、操作箱、跳闸线圈等）的直流电源均应取自于同一蓄电池组连接的直流母线段，避免因一组站用直流电源异常对两套保护功能同时产生影响而导致的保护拒动。

将原规定：“两套保护装置的直流电源应取自不同蓄电池组供电的直流母线段。”

修订为：“两套保护装置的直流电源应取自不同蓄电池组连接的直流母线段。每套保护装置及与其相关设备（电子式互感器、合并单元、智能终端、采集执行单元、通信及网络设备、操作箱、跳闸线圈等）的直流电源均应取自于同一蓄电池组连接的直流母线段，避免因一组站用直流电源异常对两套保护功能同时产生影响而导致的保护拒动。”

增加了双重化配置的保护附属设备的直流电压相互独立的要求，避免因一组站用直流电源异常对两套保护功能同时产生影响而导致的保护拒动。若两套保护装置与电子式互感器、合并单元、智能终端、网络设备、操作箱、跳闸线圈等相关设备的直流电源不是一一对应的关系，当站内一套蓄电池直流电源异常，则两套保护均不能正常工作，违背两套保护完全独立的原则。

条文 18.2.2.3　按双重化配置的两套保护装置的跳闸回路应与断路器的两个跳闸线圈、压力闭锁继电器分别一一对应。

增加了220kV及以上电压等级断路器的压力闭锁继电器应双重化配置，防止其中一组操作电源失去时，另一套保护和操作箱或智能终端无法跳闸出口。对已投入运行，只有单套压力闭锁继电器的断路器，应结合设备运行评估情况，逐步进行技术改造。

条文 18.2.2.4　双重化配置的两套保护装置之间不应有电气联系。两套保护装置与其他保护、设备配合的回路及通道应遵循相互独立的原则，应保证每一套保护装置与其他相关装置（如通道、失灵保护）联络关系的正确性，防止因交叉停用导致保护功能缺失。

增加了防止保护附属设备及回路对应关系错误造成交叉停用的要求。若两套保护装置与其他装置（通道、失灵保护）的联络关系不正确，在直流电源故障或保护交叉停用时，可能导致保护功能缺失。如：保护装置1与失灵保护2对应，则在站内一套直流失去时，失灵保护1失电，保护装置1失电无法启动失灵保护2，失灵保护功能缺失。

条文 18.2.2.5　为防止装置家族性缺陷可能导致的双重化配置的两套继电保护装置同时拒动的问题，新建、改建、扩建工程双重化配置的线路、变压器、发电机-变压器组、调相机-变压器组、母线、高压电抗器保护装置宜采用不同生产厂家的产品。

本条文由《防止电力生产事故的二十五项重点要求（2014年版）》中18.4.1～18.4.9修改而成，本节明确规定了继电保护双重化配置的基本原则。

重要设备按双重化原则配置保护是现阶段提高继电保护可靠性的关键措施之一。所谓双重化配置不仅仅是应用两套独立的保护装置，而且要求两套保护装置的电源回路、交流信号输入回路、输出回路，直至驱动断路器跳闸，两套继电保护系统完全独立，互不影响，其中任意一套保护系统出现异常，也能保证快速切除故障，并能完成系统所需要的后备保护功能。

实施继电保护双重化配置的目的：一是在一次设备出现故障时，防止因继电保护拒动给设备带来进一步的损坏；二是在保护装置出现故障、异常或检修时避免因一次设备缺少保护，而导致不必要的停运。前者是提高保护的完备性，有效防止设备损害；后者主要是保证设备运行的连续性，提高经济效益。以单一主设备作为双重化保护的基本配置单元，既能保证保护设备的可依赖性，同时一旦其中一套保护装置发生误动作，其所带来后果影响范围最小。

考虑绕组布置及死区问题应在规划阶段体现，所以将原条文中针对互感器绕组布置及组屏的相关要求移至了本章的规划设计阶段。

对于线路、变压器、母线、高压电抗器等主设备的双套保护，若采用同一生产厂家的产品，一旦该产品出现家族性缺陷，就存在主设备保护拒动的重大风险，因此要求采取有效措施防止双重化保护同时拒动，其中包括采用不同生产厂家的产品。对存量发电厂升压变压器保护不强制要求使用同一生产厂家的产品，针对新建［改（扩）建］工程，发电机-变压器组保护宜采用不同生产厂家的产品。

条文 18.2.3　220kV 及以上电压等级的线路保护应满足以下要求：

条文 18.2.3.1　每套保护均应能对全线路内发生的各种类型故障快速动作切除。对于要求实现单相重合闸的线路，在线路发生单相经高阻接地故障时，应能正确选相跳闸。

众所周知，线路保护快速切除故障有利于系统稳定运行，与此同时，为保证供电可靠性，对于 220kV 及以上线路通常要求在发生单相故障时能够实现单相重合闸，而实现单相重合的关键因素之一是能够正确地选相。为此，要求在线路发生单相经高阻接地故障时，保护装置不仅能够跳闸，而且能够正确选相跳闸。

条文 18.2.3.2　对于远距离、重负荷线路及负荷转移等情况，继电保护装置应采取有效措施，防止相间、接地距离保护在系统发生较大的潮流转移时误动作。

远距离、重负荷线路，以及同一断面其他线路跳闸后会承受较大转移负荷的线路，其距离保护的后备段如果不采取措施，可能会发生误动作，国外数次电网大停电事故多次经历了因此带来的系统稳定破坏。

条文 18.2.3.3　应采取措施，防止由于零序功率方向元件的电压死区导致零序功率方向纵联保护拒动，零序动作电压不应低于最大可能的零序不平衡电压。

零序功率方向元件一般都有一定的零序电压门槛，对于一侧零序阻抗较小的长线路，在发生经高阻接地故障时，可能会由于该侧零序电压较低而形成一定范围的死区，从而造成纵联零序方向保护拒动。

为实现全线速动，当采用纵联零序方向保护时，应采取有效措施消除该死区，但由于正常运行时存在不平衡电压，不能采取过分降低零序电压门槛的方法，否则可能会造成保护误动。

条文 18.2.4　220kV 及以上电压等级变压器、电抗器单套配置的非电量保护以及单套配置的断路器失灵保护应同时作用于断路器的两个跳闸线圈。未采用就地跳闸方式的非电量保护应设置独立的电源回路（包括直流空气小开关及其直流电源

监视回路）和出口跳闸回路，且应与电气量保护完全分开。当变压器、电抗器的非电量保护采用就地跳闸方式时，应向监控系统发送动作信号。

将电压等级明确为 220kV 及以上。220kV 及以上电压等级变压器非电量保护、电抗器非电量保护才对应断路器双跳闸线圈。未采用就地跳闸方式的非电量保护设置独立电源回路的要求还适用于电抗器保护，将“变压器非电量”去掉限定语“变压器”。

条文 18.2.5　非电量保护及动作后不能随故障消失而立即返回的保护（只能靠手动复位或延时返回）不应启动失灵保护。发电机电气量保护应启动失灵保护。

新增“发电机电气量保护应启动失灵保护”，明确发电机的电气量保护应启动失灵，防止因断路器失灵造成机组故障无法及时切除。

条文 18.2.6　发电机-变压器组的阻抗保护须经电流元件（如电流突变量、负序电流等）启动，正常运行期间在发生电压二次回路失压、断线以及切换过程中交流或直流失压等异常情况时，阻抗保护应具有防止误动措施。

阻抗保护作为发电机—变压器组的后备保护，具有保护范围广、动作时间相对较长及动作切除设备多的特点，如果误动或拒动，都会造成多回路停电或停电事故扩大化。因此，阻抗保护须经电流突变、负序电流等启动，保证其在发生区内故障时可靠动作；另外，为防止电压互感器二次回路断线及直流消失造成的阻抗保护误动作，应设置交流电压断线闭锁功能及直流电源消失闭锁装置动作出口的措施。

条文 18.2.7　200MW 及以上容量发电机定子接地保护宜将基波零序过电压保护与三次谐波电压保护的出口分开，基波零序过电压保护投跳闸。

因绝缘损坏而造成定子绕组发生单相接地是发电机较为常见的故障之一。发电机通常采用基波零序保护作为发电机定子接地故障的主保护，但该保护的范围为由机端至中性点的 95%左右。虽然，由于发电机中性点附近电压较低，发生绝缘损坏的故障概率可能较低，但在定子水内冷机组中，由于漏水等原因造成中性点附近定子接地的可能依然存在，如果未被及时发现，再发生第二点接地时，将造成发电机的严重损坏。为此，发电机通常采用由基波零序保护和三次谐波电压保护共同构成 100%定子接地保护。

发电机的三次谐波与机组及外部设备等多因素有关，特别是在投产初期，很难将其整定值设置正确。考虑中性点附近发生接地故障时，接地电流较小，零序电压较低，为防止三次谐波电压保护误动切机，建议将发电机定子接地保护的基波零序保护与三次谐波电压保护的出口分开，基波零序保护投跳闸，三次谐波电压保护投信号。

【案例】 某电厂 2 号发电机两套保护均发出“100%定子接地保护启动”，信号不保持，时有时无。退出保护后检查，发电机中性点 TV 根部二次线垫圈松动，导

致测量的三次谐波电压在2.6～3.8V之间变化。更换垫圈后故障消除。若此时此保护投跳闸很可能会引起误动。

条文18.2.8　采用零序电压原理的发电机匝间保护应设有负序方向闭锁元件。

对未引出双星形中性点的发电机，在发电机出口装设一组专用全绝缘电压互感器，其一次绕组中性点直接与发电机中性点相连接而不接地，用零序电压原理构成发电机匝间保护。当发电机内部发生匝间短路或对中性点不对称的各种相间短路时，产生对中性点的零序电压，使匝间保护动作。当发电机外部短路故障时，中性点的零序电压中三次谐波电压随短路电流增大，有可能造成匝间保护误动作。因此，根据短路故障时产生的负序功率方向，作为发电机匝间保护的闭锁条件，防止其在区外故障时发生误动作。

条文18.2.9　并网电厂均应制订完备的发电机带励磁失步振荡故障的应急措施，300MW及以上容量的发电机应配置失步保护，在进行发电机失步保护整定计算和校验工作时应能正确区分失步振荡中心所处的位置，在机组进入失步工况时根据不同工况选择不同延时的解列方式，并保证断路器断开时的电流不超过断路器失步允许开断电流。

电力系统运行中，不可避免地会发生一些扰动，较大的扰动还有可能引发系统振荡；有些振荡能够自行恢复至稳态，有些振荡则须靠继电保护、安全自动装置，甚至人工进行干预方可消除。

系统发生振荡，如果处理不当，或处理不及时，则有可能导致事故扩大，严重时，可能造成系统瓦解。系统振荡后的处理方法与引发振荡的起因、振荡中心的位置等因素有关。不同情况的系统振荡，处理方法不尽相同；当系统发生振荡时，必须统筹考虑才能确保整个电力系统的安全稳定运行。

系统发生振荡，尤其是振荡中心位于发电机端或升压变范围内时，会造成机端电压周期性摆动，若不及时处理，则可能使机组或辅机系统严重受损；振荡若造成机组与系统之间的功角大于90°，将会导致机组失步。装设失步保护是机组和电力系统安全的重要保障，机组失步保护的动作行为应满足本条文机网协调部分的相关要求。

机组一般具有一定的耐受振荡能力，当振荡中心在发电机-变压器组外部时，电厂要做好预案，积极配合调度统一指挥，消除振荡。

机组失步保护动作时，应考虑出口断路器的失步断弧能力；当同一母线多台机组对系统振荡时，机组宜顺序切除。

条文18.2.10　发电机的失磁保护应使用能正确区分短路故障和失磁故障的、具备复合判据的方案。应仔细检查和校核发电机失磁保护的整定范围与励磁系统低励限制的配合关系，防止发电机进相运行时发生误动作。

发电机失磁后无论对系统还是对机组自身都有可能造成一定的危害，还可能导致机组失步。因此，发电机组应装设失磁保护。失磁保护的动作行为应符合本条文机网协调部分的相关规定。

值得注意的是：当机组与系统联系较紧密时，单台发电机组失磁很少可能造成高压母线电压严重下降。为保证失磁保护能够正确动作，失磁保护中的三相电压低判据应取机端电压。

【案例】 某电厂2号机组发生失磁事故，升压站500kV母线电压约降为480kV（$>0.9U_n$）。由于发电机失磁保护采用母线电压闭锁，其定值为$0.9U_n$，延时2s，导致失磁保护拒动。失磁情况下发电机异步运行，从系统吸收大量无功功率，发出有功功率，引起当地负荷中心500kV枢纽站电压降低至473kV。

条文18.2.11 300MW及以上容量发电机应配置启、停机保护，应考虑防止并网断路器承受过电压造成的断口闪络问题；对并入220kV及以上电压等级系统的发电机-变压器组，高压侧断路器应配置断路器断口闪络保护。

在未与系统并列运行期间，某些情况下，处于非额定转速的发电机被施加了励磁电流，机组的电气频率与额定值存在较大偏差。部分继电保护因受频率影响较大，在机组启、停机过程转速较低时发生定子接地短路或相间短路故障，不能正确动作或灵敏度降低，导致故障扩大。因此需装设对频率变化敏感性较差的继电器构成的启、停机保护。专用的启、停机保护应作用于停机，在机组并网运行期间宜退出。

机组出口断路器未合，机组已施加励磁等待同期并网期间，施加在断路器断口两端的电压，会随着待并发电机与系统之间电压角差变化而不断变化，最大值为两电压之和。可能会造成断路器断口闪络事故，不仅造成断路器损坏，处理不及时还可能引起电网事故，因此需装设断路器断口闪络保护。断路器断口闪络保护应作用于停机，并做启动失灵保护。

条文18.2.12 全电缆线路禁止采用重合闸，对于含电缆的混合线路应根据电缆线路距离出口的位置、电缆线路的比例等实际情况采取停用重合闸等措施，防止变压器及电网连续遭受短路冲击。

电缆故障一般是永久性的，因此，要求全电缆线路不应采用重合闸。否则，在自动重合闸时，第一次短路电流的热效应将造成2～3s后二次短路时变压器绕组强度下降，对变压器危害尤其严重。

【案例】 某110kV变电站，313线路A、B相间短路，持续633ms后313断路器跳开，故障切除。3s后313重合闸动作，持续约647ms，313速断动作，变压器内部故障持续约133ms，差动保护动作，跳开三侧断路器。313线路A、B相存在相间故障，短路电流约为5.5kA。23时50分，现场检查313设备间隔、差动、瓦斯保护范围内一、二次设备，发现1号主变压器气体继电器动作。结合现场检查情况以及相关试验结果，综合分析认为，此台变压器产于1998年，抗短路设计裕量较小。故障的起因是出线电缆中间接头处发生放电，并且由于线路采用自投重合闸，加重了短路冲击，导致中压、低压绕组严重变形，变压器绕组内部发生放电。

条文 18.2.13　220kV 及以上电压等级变压器、发电机-变压器组的断路器失灵保护应满足以下要求：

条文 18.2.13.1　当接线形式为线路—变压器或线路—发电机-变压器组时，线路和主设备的电气量保护均应启动断路器失灵保护。当本侧断路器无法切除故障时，应采取启动远方跳闸等后备措施加以解决。

新增条款，明确了220kV及以上电压等级变压器、发电机-变压器组的断路器失灵保护的动作出口对象及要求，当本断路器无法隔离故障时，应采取启动远方跳闸等后备措施确保隔离故障。

条文 18.2.13.2　变压器的电气量保护应启动断路器失灵保护，断路器失灵保护动作除应跳开失灵断路器相邻的全部断路器外，还应跳开本变压器连接其他电源侧的断路器。

系统中的联络变压器，一般在变压器两侧或更多侧接有电源，发生内部故障时变压器保护将跳开各侧断路器；当变压器发生外部故障时，如主变压器高压侧母线故障，高压侧断路器拒动，只有将变压器连接其他电源侧的断路器均跳开才能保证运行中的电力系统与故障的有效隔离。

条文 18.2.13.3　发电机机端断路器失灵保护判据中不应使用机端断路器辅助触点作为判据。

新增条款，断路器辅助触点存在不能准确反馈断路器状态的风险，使用辅助触点判据反而将降低发电机机端失灵保护的可靠性。本次修编增加了发电机机端断路器失灵保护中不应使用辅助触点作为判据的要求。

条文 18.2.14　防跳继电器动作时间应与断路器动作时间配合，断路器三相位置不一致保护的动作时间应与相关保护、重合闸时间相配合。

新增条款，增加了对防跳继电器及三相不一致动作时间及配合关系的要求，防止动作时间失配造成的事故。

断路器防跳继电器的作用是，在断路器同时接收到跳闸和合闸命令时，有效防止断路器反复"合""跳"，断开合闸回路，将断路器可靠地置于跳闸位置，防跳继电器的触点一般都串接在断路器的控制回路中，若防跳继电器的动作时间与断路器的动作时间不配合，轻则影响断路器的动作时间，重则将会导致断路器拒合或拒分。

断路器处于非全相状态时，系统会出现零序和负序分量，并根据系统的结构分配至运行中的相关设备，如果断路器三相不一致保护动作时间过长，零序、负序分量数值及持续时间超过零序保护的定值，零序或负序保护将会动作；配置单相重合闸的线路，在保护动作跳闸，至重合闸发出命令合闸期间，故障线路的断路器处于非全相状态，如果断路器三相不一致保护动作时间过短，将可能导致无法完成重合闸功能，扩大事故影响。

【案例1】 防跳继电器动作速度过慢导致防跳功能失效。

2012年，某变电站220kV线路投运送电，合闸时发生GIS内部闪络故障，由于防跳功能失效，开关发生“跳跃”现象，GIS设备严重损坏。

经检查发现，开关防跳功能由本体实现，防跳继电器动作速度过慢，防跳继电器串接在合闸控制回路中，当断路器合闸完成后跳闸回路立即导通，断路器又立即分闸，而断路器分闸时间比防跳继电器的动作时间要快，导致防跳继电器一直无法动作自保持，防跳回路失效。

【案例2】 三相不一致保护先于重合闸动作导致断路器三跳未重合。

某电厂500kV出线，投“单重”方式，线路发生C相单相瞬时接地故障，双套线路保护正确动作，系统侧断路器单跳重合成功，电厂侧断路器三相跳闸未重合。经检查发现，电厂侧断路器在重合闸延时等待过程中，断路器本体三相不一致保护动作，导致断路器三相跳闸未重合。

近年来，由于断路器本体三相不一致时间及中间继电器故障，引发的类似跳闸事件较多，应引起足够重视。

条文18.2.15　断路器失灵保护中用于判断断路器主触头状态的电流判别元件应保证其动作和返回的快速性，动作和返回时间均不宜大于20ms，其返回系数也不应低于0.9。

新增条款，增加了对断路器主触头状态的电流判别元件动作和返回时间及返回系数的要求。

在电力系统中，一方面因失灵保护动作后影响范围较大，应极力避免其误动作；另一方面，由于电力电子元件在电力系统的应用，要求故障能够尽快切除。

而断路器失灵保护动作的关键在于快速准确地判别断路器主触头的状态，由于断路器的辅助触点与主触头状态不能做到完全同步，所以判断主触头状态通常是利用流过断路器的电流。

为防止失灵保护误动或拒动，本次修编特别明确了在失灵保护中用于判别断路器主触头状态的电流元件应能快速动作、快速返回。

条文18.2.16　为提高切除变压器低压侧母线故障的可靠性，宜在变压器的低压侧设置取自不同电流回路的两套电流保护功能。当短路电流大于变压器热稳定电流时，变压器保护切除故障的时间不宜大于2s。

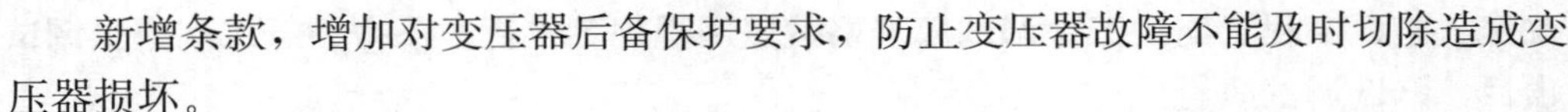

新增条款，增加对变压器后备保护要求，防止变压器故障不能及时切除造成变压器损坏。

变压器规程要求变压器承受短路能力为2s，因此保护动作时间不宜超过2s。

为提高变压器后备保护动作的可靠性，一是要求在变压器低压侧设置两套电流保护；二是要求两套电流保护的电流回路不能串联，要取自不同的二次绕组。为延长变压器的使用寿命，应尽量缩短变压器后备保护的整定时间，缩短低压侧故障的切除时间。

条文 18.2.17 变压器过励磁保护的启动、反时限和定时限元件应根据变压器的过励磁特性曲线分别进行整定，其返回系数不应低于0.96。

新增条款，系统电压升高或频率下降，会使变压器出现过励磁现象，而过励磁的程度和时间的积累，将促使变压器绝缘加速老化，影响变压器寿命。

变压器的过励磁能力是指变压器耐受系统过电压或系统低频的能力，不同变压器的过励磁能力有所不同，每台变压器出厂文件都包含有描述该变压器过励磁能力的特性曲线。

变压器的过励磁保护主要由启动元件、伏/赫兹判别元件和时间元件构成，其中时间元件包含反时限和定时限两部分。

过励磁保护的整定应根据被保护变压器的过励磁曲线进行，使保护的动作特性曲线与变压器自身的过励磁能力相适应。

条文 18.2.18 110（66）kV及以上电压等级的母联、分段断路器宜按断路器配置具备瞬时和延时跳闸功能的过电流保护装置或功能。

新增条款，在母联、母线分段断路器上配置的过电流保护主要有两个作用：

（1）快速动作的瞬时保护作为利用母联（或分段断路器）给空母线充电时的充电保护。

（2）带延时功能的后备保护在利用母联串代方式给新设备充电时，作为新投设备的后备保护。

应注意，在新设备投运工作结束时，应尽快将母联或分段断路器的过电流保护退出，以避免改变运行方式或发生区外故障时误跳母联或分段断路器。

条文 18.2.19 有保护远方修改定值等远方控制业务需求的场站，应有措施保证保护定值修改的安全性。

新增条款，适应保护数字化转型、远程运维业务需求，有保护远方修改定值等远方控制业务需求的场站，可配置变电站继电保护综合记录与智能运维装置，或采取其他有效的措施，保障远方控制业务的安全性。

条文 18.3 调试及检验的重点要求

条文 18.3.1 应从保证设计、调试和验收质量的要求出发，合理确定新建、

改建、扩建工程工期。工程调试应严格按照规程规定执行，不得为赶工期减少调试项目，降低调试质量。

高标准的基建、调试质量是安全运行的重要保障。无论是新建、扩建工程还是技改工程，均应严格执行相关规程规定，合理安排工期和流程，严禁以赶工期为目的而降低基建施工和调试质量标准。

【案例1】 赶工期试验缺项漏项导致保护不正确动作。

某750kV变电站在对750kV甲线路恢复送电操作时，发生断路器B相故障，甲线路第二套保护正确动作选B相，第一套保护选BC相故障三跳，断路器三相跳闸；同时本站至一座新投产电厂（机组未运行，仅站用变压器运行）乙线路的第一套保护动作，断路器三相跳闸。检查发现两回线路均为新投产线路，二次回路存在多处施工问题：一是甲线路第一套保护C相电流回路存在接地点，且在线路保护后面串接的行波测距屏处电流N回路开路；二是乙线路第一套保护电流回路与甲线路相同，其串接的行波测距屏处也存在N回路开路问题，在发生甲线路故障时（区外故障），乙线路电流波形发生畸变，产生差流，造成了保护误动。上述两回线路均刚刚投运，事故暴露出基建安装调试、验收环节存在重大安全隐患。一是施工单位接线错误，造成N回路开路；二是赶工期，擅自减少调试项目，未进行绝缘检查、通流等调试项目，未能发现回路问题。

【案例2】 隐蔽工程安装不良导致保护不正确动作。

某220kV甲乙线路C相故障，断路器C相跳闸，重合不成功；同时500kV甲变电站2号主变压器保护A差动保护动作，各侧断路器跳闸。查阅动作报告发现2号主变压器保护A中压侧电流数值异常（0.28A），与2号主变压器保护B和故障录波中压侧电流1.6A明显不同。检查发现2号主变压器保护A中压侧C相电流回路电缆芯绝缘为0MΩ，中压侧断路器端子箱C相电流回路电缆芯有明显损伤，损伤处贴近屏蔽层。在220kV甲乙线路C相故障时，中压侧断路器端子箱C相电缆芯绝缘破坏处产生分流，从而导致2号主变压器差动保护动作跳闸。图18-2所示为2号主变压器保护A中压侧断路器端子箱现场照片。

图18-2 2号主变压器保护A中压侧断路器端子箱现场照片

本次事故涉及的设备投产仅7个月，事故暴露出安装调试质量不良的问题。施工单位以赶工期为目的降低基建施工和调试质量，造成隐蔽工程施工质量低劣。

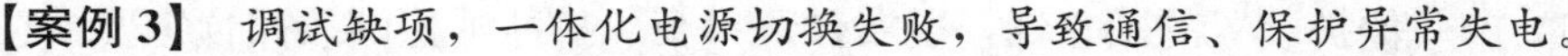

【案例3】 调试缺项，一体化电源切换失败，导致通信、保护异常失电。

某风电场新投运220kV汇集站出线发生跳闸后，站内220kV、35kV、380V交流失电，一体化电源切换失败，导致站内继电保护、自动装置、调度“双平面”以及UPS所带负荷异常失电。经查，发现一体化电源备用交流电源未接，直流电源开关未合入，致使一体化电源切换后备用电源无法使用，全站二次设备异常失电。该案例暴露调试期间试验项目不全、遗留重大安全隐患，说明合理安排调试计划，严抓调试工程质量尤为重要。

条文18.3.2 新建、改建、扩建工程的相关设备投入运行后，施工（或调试）单位应及时提供完整的一、二次设备安装资料及调试报告，并应保证图纸与实际投入运行设备相符。

为保证投产后的安全运行，需要提供的资料较多，主要分为两类：第一类是继电保护整定计算所必需的资料，包括图纸、与投产设备版本一致的保护说明书、相关设备的参数等；第二类是确保继电保护正确动作的依据，包括继电保护及其二次回路调试报告、相关设备的性能参数及测试报告等。

【案例】 励磁变压器TA实际变比与图纸及定值不符造成保护跳闸。

某电厂660MW机组首次并网后，当机组负荷升至500MW时，励磁变压器过电流保护动作，机组停机。检查发现技术协议和设计图纸中励磁变压器高压侧TA变比均为600/1，而励磁变压器高压侧实际安装的TA变比是300/1，由于励磁变压器过电流保护定值是按600/1整定计算，当机组负荷升至500MW时，励磁变压器运行电流达到保护定值，造成保护误动作。该案例暴露在新建机组投运前，未核对实际安装TA变比与保护定值计算使用TA变比的一致性。应加强对主设备及厂用系统的继电保护整定计算与管理工作。

条文18.3.3 保护验收应进行所有保护整组检查，模拟故障检查保护与硬（软）压板的唯一对应关系，避免有寄生回路存在。

验收工作是新建、扩建、技改工程投运前的最后一道关口，必须予以高度重视，工程建设单位应严肃对待、认真组织验收工作，确保不让任何一个隐患流入运行之中，验收工作应以保证验收质量为前提，合理安排验收工期。

整组试验是继电保护系统在完成新建、扩建、技改工程或在保护装置、二次回路上进行工作之后的重要把关项目，通过整组试验可对保护系统的相关性、完整性及正确性进行最终的全面检验。在进行整组试验时应着重注意以下方面：

（1）各保护压板（包括软压板及远方投退功能）的正确性，在相关压板退出后，不应存在不经控制的迂回回路。

（2）保护功能整体逻辑的正确性，包括与相关保护、安全自动装置、通道以及对侧保护装置的配合关系。

（3）单一保护装置的独立性，既要保证单套保护装置能够按照预定要求独立完成其功能，也要保证两套或以上保护装置同时动作时，相互之间不受影响。

（4）保护装置动作信号、异常告警的完整性和准确性，对于由远方进行监视或控制的保护装置，还应检查、核对其远方信息的完整、准确与及时性，确保集控站值班员、调度人员能够对其健康状况、动作行为实施有效监控。

【案例 1】 跳闸回路错误造成的线路单相故障断路器三跳。

某站一条 330kV 线路（单重方式）发生 A 相接地故障，线路三相跳闸。检查保护装置及其二次回路发现，断路器机构箱中端子排外侧电缆接线错误，A 相跳闸回路的主跳（37A）、副跳（37A′）与 C 相跳闸回路的主跳（37C）、副跳（37C′）相互接错，在线路发生 A 相接地故障时，两套保护动作发出 A 相跳令，断路器 C 相跳开，线路 A 相故障电流仍然存在，线路保护判断为单跳失败补发三跳命令，切除故障。

事故暴露出在基建调试和验收过程中存在漏项问题，未按照检验规程要求分相传动断路器。

【案例 2】 寄生回路导致运行断路器跳闸。

某 500kV 电厂停 5022 断路器时，5021 断路器误跳闸。后经检查发现存在寄生回路，当 5022 断路器断开操作电源时，5021 断路器电源经 5022 断路器三跳回路回到 5021 断路器的三跳输入回路，从而导致 5021 断路器误动跳闸。二次寄生回路示意图见图 15-4。

事故暴露出基建调试整组试验缺项问题，二次回路检验不完整。

图 18-3 中，11TJR、12TJR、13TJR 为操作箱三跳继电器；11JJ、12JJ 为第一路直流操作电源监视继电器；11YJJ、12YJJ 为压力低禁止跳闸闭锁继电器；21YJJ、

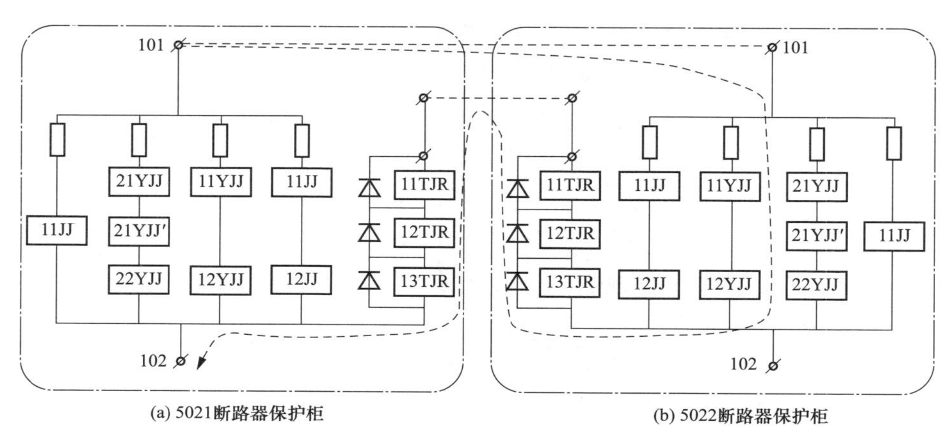

图 18-3　二次寄生回路示意图

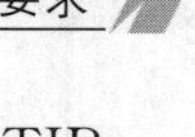

21YJJ′、22YJJ 为压力低禁止跳闸闭锁继电器；5021 断路器与 5022 断路器的 TJR 驱动电流回流之间存在寄生回路，导致 5022 断路器 11TJR、12TJR、13TJR 动作的同时，5021 断路器的 11TJR、12TJR、13TJR 动作。

条文 18.3.4　保护装置整组传动验收时，应检验同一间隔内所有保护之间的相互配合关系；线路纵联保护还应与对侧线路保护进行一一对应的联动试验；新投保护装置应考虑被保护设备的各套保护装置同时、不同时动作，采取有效方法对两套保护装置、控制电源及相关回路进行验证。

【案例】　整组试验漏项导致某燃气电厂连续发生两次涉网继电保护不正确动作

某燃气电厂 220kV 两回线均配置两套纵联电流差动保护。第一次，该燃气电厂 220kV 甲线路发生 A 相接地故障，线路两侧两套纵联电流差动保护正确动作，同时线路乙两侧一套纵联电流差动保护误动作，跳 B 相，重合成功；第二次，6kV 厂用Ⅱ段发生接地故障，2 号变压器中性点间隙零序保护误动作。

现场检查、分析发现，第一次故障，线路乙燃气电厂侧一套纵联电流差动保护屏 B 相电流端子虚接，导致该套纵联电流差动保护不正确动作；第二次故障，由于 2 号主变压器间隙保护 TA 回路与 2 号厂用变压器低压侧零序保护 TA 回路位置接反，导致 2 号变压器中性点间隙零序保护误动作。

事故暴露出基建工程施工调试不良，设备验收、整组试验漏项，未能发现接线错误。

条文 18.3.5　所有继电保护及安全自动装置投入运行前，除应在能够保证互感器与测量仪表精度的负荷电流条件下，测定相回路和差回路外，还必须测量各中性线的不平衡电流、电压，以保证保护装置和二次回路接线的正确性。

【案例 1】　基建施工不良导致的保护不正确动作。

2014 年 5 月 20 日 4 点 8 分，在区外 110kV 系统故障时，220kV N 变电站 220kV 母差保护动作。母差保护录波发现母差保护某一间隔未正确反映该支路的实际电流值，进一步检查发现母差保护屏上该间隔 TA 端子排各相之间遗留有短接连片（该间隔于 2014 年 3 月 28 日投运），导致母差保护装置差流达到定值，母差保护动作。

事故暴露出基建工程施工中疏忽大意，安装调试工作不细致，未能通过回路检查发现该处隐患；验收把关不严，未能发现新投运间隔 TA 端子连片未取的问题；送电极性校验项目不全，未在装置内部核实各支路电流，对于母差差流数值分析判定不够，没有及时发现问题。

【案例 2】　启动失灵回路错误造成线路单相故障断路器三跳。

某变电站 330kV 系统为 3/2 接线。某日，站内一条 330kV 线路发生 C 相接地故障，该线路中断路器单跳单重，边断路器三跳。检查边断路器失灵启动回路接线发现，第一套线路保护至边断路器保护的“启动B相失灵及重合闸”与“启动C相失灵及重合闸”回路相互接错。线路单相故障时边断路器保护同时收到B相和C相启动失灵保护开入信息，且C相故障电流大于失灵定值，满足断路器保护失灵瞬跳三相条件，发三跳命令。失灵保护瞬跳三相动作逻辑如图18-4所示。

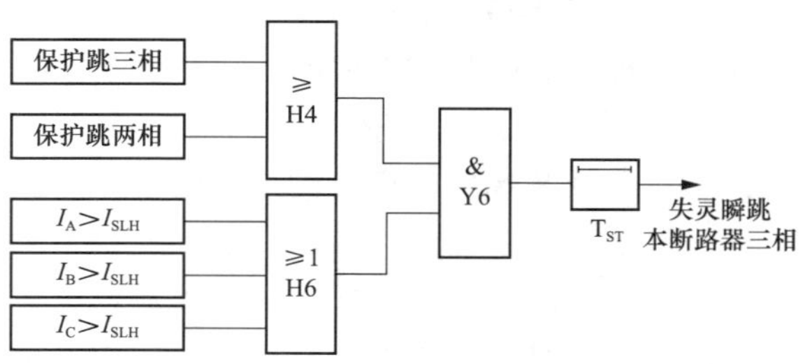

图18-4 失灵保护瞬跳三相逻辑图

事故暴露出基建调试整组试验存在漏项，整组试验未按照检验规程要求，检查各保护装置在故障及重合闸过程中的动作行为。

条文 18.3.6 验收方应根据有关规程、规定及反事故措施要求制订详细的验收标准。新设备投产前应认真编写保护启动方案，做好事故预想，确保新投设备发生故障能可靠被切除。

新设备投产前虽然做过包括耐压试验在内的一系列检测，但仍有可能在投产过程中发生故障。新安装的保护装置在一次设备带电前通常未做过相量检查，不能完全保证其交流输入回路的完好正确。

因此，为保证新设备在投产过程中发生故障能够可靠将其切除，在投产前应做好事故预想，合理安排启动时的运行方式，一旦新投产设备的保护拒动，则应通过与新投产设备串联或相邻设备的保护将故障与运行系统隔离，以保证运行系统的安全。

条文 18.3.7 应保证继电保护装置、安全自动装置、故障录波器、保护故障信息管理系统等二次设备与一次设备同期投入。

为避免电力设备无保护运行，完善电网三道防线，避免影响电网安全稳定运行的事故发生，以及发生故障后具有足够开展故障分析的数据和信息，要求保证二次设备按要求同期投入。

条文 18.3.8 继电保护及安全自动装置应按照《继电保护和电网安全自动装置检验规程》(DL/T 995）等标准要求开展检修及出口传动检验，确保传动开关的正确性与断路器跳合闸回路的可靠性，确保功能完整可用。

本条文为新增条文，强调保护及安全自动装置的出口传动应严格按照技术规范、规程执行，确保事故发生后能够准确切除故障、机组或负荷，避免因检验不正

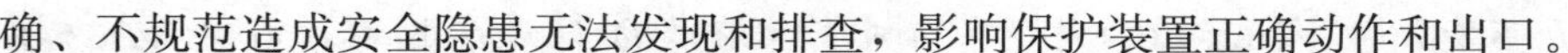

确、不规范造成安全隐患无法发现和排查，影响保护装置正确动作和出口。

条文 18.3.9　稳控系统应按照“入网必检、逢修必验”原则加强稳控系统厂内测试、工程验证和现场调试，严格落实软件改动后全面测试原则。

本条文为新增条文，安全稳定系统每个工程都有各自的控制策略，需要针对装置功能、控制策略、系统接入等在不同阶段分别开展调试验证；软件或策略修改后，应对相关功能进行全面测试，避免因测试存在死角造成错误逻辑或风险隐患无法及时发现和消除。

条文 18.4　运行管理阶段的重点要求

条文 18.4.1　加强继电保护及安全自动装置软件版本的管控，新投、修改、升级前，应对其书面说明材料及检测报告进行确认，并对原运行软件进行备份。发电厂、电铁牵引站等与电网相联的并网线路两侧纵联保护装置型号、软件版本应相适应。未经调度部门认可的软件版本和智能站配置文件不得投入运行。现场二次回路变更应经相关保护管理部门同意并及时修订相关的图纸资料。

本条文在《防止电力生产事故的二十五项重点要求（2014 年版）》中 18.10.8 条文的基础上，增加了发电厂、电铁牵引站等与电网相联的并网线路两侧保护适用性的要求，优化了语言描述。

对于继电保护及安全自动装置而言，软件是保证其正确动作的核心之一，同型号的保护装置，因配置要求或地域习惯的不同，软件版本不尽相同，保护的动作行为也可能存在一定的差异。针对运行中保护装置软件版本的管控制订了相应的管理规定，要求所有进入电网内运行的保护装置软件版本，必须符合软件版本管理规定的要求，对保护装置软件的运行情况、升级改造实施了全过程的管控。为了保证线路互通的原则，国家电网有限公司明确要求同一线路两侧纵联保护装置软件版本应保证其对应关系，两侧均为常规变电站时，两侧保护装置软件版本应保持一致；一侧为智能变电站，另一侧为常规变电站时，两侧保护装置型号与软件版本应满足对应关系要求；同样在本条文中也规定发电厂、电铁牵引站等与电网相联的并网线路两侧纵联保护装置型号、软件版本应相适应，满足线路两侧互通要求。

【案例】　线路两侧保护装置不同步改造及投运造成通道异常。

（1）某 220kV 变电站某条线路两侧保护装置改造期间，该线路保护装置通道异常。检查发现该线路保护 CSC-103BN 保护装置有“光纤通道通信中断”报文和信号，且不能复归。究其原因是两侧保护装置不同步改造和投运，旧装置版本为 V1.00、754161AF，与对侧新装置版本不一致；经过消缺处理，将该保护装置升级为新版本 V1.01、672CAFEF，两侧版本一致，通道恢复正常，故障消除。

（2）某 220kV 变电站某条线路两侧保护装置改造期间，该线路保护装置通道异常。检查发现该线路保护 PCS-931N2Z 保护装置有“光纤通道通信中断”报文和信号，且不能复归。究其原因是两侧保护装置不同步改造和投运，旧装置版本为V2.0、E896D341，与对侧新装置版本不一致；经过消缺处理，将该保护装置升级为新版本V2.10、B366A7F8，两侧版本一致，通道恢复正常，故障消除。

条文 18.4.2　加强继电保护装置运行维护工作。装置检验应保质保量，严禁超期和漏项，应特别加强对基建投产设备及新安装装置投产验收检验和首年全检工作，消除设备运行隐患。

本条文在《防止电力生产事故的二十五项重点要求（2014年版）》中18.10.9的基础上，删除了“一年内”的描述，并增加了“投产验收检验”。

目前，部分单位的基建验收管理粗放，未严格执行验收管理制度，存在着不同程度“重建设、轻验收”问题，验收时间不足、验收质量得不到保证，导致基建、调试阶段的问题遗留到生产运行环节成为安全隐患。因此必须严把投产验收关，加强工程质量监督，落实交接验收要求，实现“零缺陷”投产，避免投产即整改、反复整改等问题，从源头上根治隐患；新设备投产后的一段时间内，是设备故障的高发期，在运行首年内进行一次全部检验，有助于发现解决验收遗留问题，对保证全寿命周期的健康运行十分有益，因此加强对基建投产设备及新安装装置投产验收检验；同时考虑较多变电站因无法安排停电计划造成一年内的首检延期，故删除了“一年内”的描述。

【案例】 检验漏项导致断路器误跳闸。

某330kV变电站2013年投运，2017年7月，3号主变压器保护完成定期检验，仍未能发现自投运时就存在的主变压器保护装置跳闸矩阵设置错误及跳高压侧断路器配线接至跳中压侧母联端子处的重大隐患。此后，3号主变压器发生内部故障，差动保护动作，中压侧母联断路器误跳闸。事故暴露出新安装检验漏项、验收和定期检验未严格执行作业指导书等问题。

条文 18.4.3　配置足够的保护备品、备件，缩短继电保护缺陷处理时间。

本条文在《防止电力生产事故的二十五项重点要求（2014年版）》中18.10.10的基础上，删除了“微机保护装置的开关电源模件宜在运行6年后予以更换”的规定。

目前，各生产厂家保护装置电源插件运行寿命差距较大，质量较好生产厂家可以满足12年不换，建议根据状态检修原则，针对实际运行情况自行判断。为保证电网的安全稳定运行，任何电力设备（线路、母线、变压器等）都不允许在无继电保护的状态下运行。但是，运行中的继电保护装置难免发生元器件损坏的情况，运行单位应根据所维护保护装置的类型、数量以及损坏的频度，配置一定数量的备品、备件，使得保护装置尽快修复并恢复正常运行状态。

条文 18.4.4　加强继电保护试验仪器、仪表的管理工作，每1～2年应对继电

保护试验装置进行一次全面检测，防止因试验仪器、仪表存在问题而造成继电保护误整定、误试验。

本条文在《防止电力生产事故的二十五项重点要求（2014年版）》中118.10.11的基础上，删除“确保试验装置的准确度及各项功能满足继电保护试验的要求”，精简了语言描述。

继电保护调整试验的数据、试验结果的正确性不能单纯依赖保护装置自身，需要有试验装置来进行检验验证。继电保护试验装置的精度关系到继电保护的调试和检修质量，直接影响保护的精度或动作行为，所以必须加强对继电保护试验仪器、仪表的管理，认真进行仪器、仪表的定期检验工作，保证试验装置满足相关特性、精度要求。尤其要注重继电保护试验装置的检验与防病毒工作，防止因试验设备性能、特性不良而引起保护装置的误整定、误试验。继电保护试验装置的检验周期宜为1～2年。

【案例】 调试仪器精度不准造成参数设置错误。

某日，某500kV智能变电站多套保护同时报TA断线告警，检查发现合并单元输出的电流采样值存在4°左右的角差，原因是由于调试仪器精度校验不准确，导致合并单元配置中PHASE参数设置错误。事故暴露出试验仪器检验、合并单元延时参数测试和验收质量等问题。

条文18.4.5 继电保护专业和通信专业应密切配合，加强对纵联保护通道设备的检查，重点检查是否设定了不必要的收、发信环节的延时或展宽时间。注意校核继电保护通信设备（光纤、微波、载波）传输信号的可靠性和冗余度及通道传输时间，防止因通信问题而引起保护不正确动作。

对于线路纵联保护而言，通道是其重要的组成部分之一，通信设备的异常同样会导致保护装置的不正确动作，因此必须对通信设备的健康水平予以高度重视。

对于采用复用通道的允许式保护装置，通道传输时间将直接影响保护装置的动作时间；如果通信设备在传输信号时设置了过长的展宽时间，则可能在区外故障功率方向转移的过程中，导致允许式保护装置误动作。为此，应尽量减少不必要的延时或展宽时间，防止造成保护装置的不正确动作。

条文18.4.6 利用载波作为纵联保护通道时，应建立阻波器、结合滤波器等高频通道加工设备的定期检修制度。对已退役的高频阻波器、结合滤波器和分频滤过器等设备，应及时采取安全隔离措施。

本条文为新增条款，增加了对载波设备及通道的要求。

阻波器、结合滤波器等高频通道加工设备是载波通道的重要设备之一，当纵联保护利用载波通道作为传输信号的通道时，阻波器、结合滤波器及分频滤过器的健康状况将直接影响保护装置的动作行为。由于专业分工界面的原因，阻波器、结合滤波器的运行维护工作容易被忽略，给安全运行带来隐患。为此，应建立、完善定期检修制度，落实责任制，消除设备检修、专业管理的死区。高频阻波器、结合滤波器等均属一次带电运行设备，退役后如不及时拆除或隔离，将会增加一次设备故障的风险。此外，阻波器的额定电流还有可能成为制约线路输送电流水平的因素。因此，对已退役的高频阻波器、结合滤波器和分频滤过器等设备，应及时采取安全隔离措施。

【案例】 高频通道加工设备检修不到位造成误动。

某 220kV 变电站，在 220kV 相邻线路上发生 C 相接地故障时，本线路高频闭锁零序保护误动作跳闸。检查发现对侧高频阻波器特性变差，该线路高频收发信机在进行正常的高频通道试验检查时，接收电平仅为 9dB。在相邻线路对侧发生单相接地时，高频通道衰耗增大，收发信机收信输出 SX 发生间断，致使高频闭锁零序保护误动作。

条文 18.4.7 配置母差保护的变电站，在母差保护停用期间应采取相应措施，严格限制母线侧隔离开关的倒闸操作，以保证系统安全。

本条文在《防止电力生产事故的二十五项重点要求（2014 年版）》中 18.10.13 的基础上，将原要求由“未配置双套母差保护的变电站”扩展至“配置母差保护的变电站”。

变电站母线发生故障必须快速切除，变电站母线发生故障必须快速切除，否则将对系统产生较大的影响。如果无母差保护运行，一旦发生故障将势必需要接在母线上各有源元件的后备保护动作方能切除故障，故障切除时间较长，甚至可能导致系统稳定破坏，因此在母差保护停用期间，则应严格限制母线侧隔离开关的倒闸操作，减少母线故障发生的概率。

条文 18.4.8 针对电网运行工况，加强备用电源自动投入装置的管理，定期进行传动试验，保证事故状态下投入成功率。

备用电源自动投入装置是保证供电可靠性的重要设备之一，应采用与继电保护装置同等的管理机制，加强运行维护与管理工作，确保在一旦需要时，能够可靠地发挥其作用。

条文 18.4.9 在电压切换和电压闭锁回路，断路器失灵保护，母线差动保护，远跳、远切、联切回路、“和电流”等接线方式有关的二次回路上工作时，以及 3/2 断路器接线单断路器检修而相邻断路器仍需运行时，应做好安全隔离措施。

本条文《防止电力生产事故的二十五项重点要求（2014 年版）》中 18.10.15 的基础上，在 18.4.9［《防止电力生产事故的二十五项重点要求（2014 年版）》中 18.10.15］，将原规定：“……以及 3/2 断路器接线等主设备检修而相邻断路器仍需运行时，应特别认真做好安全隔离措施”。修订为：“……以及 3/2 断路器接线单断路器检修而相邻断路器仍需运行时，应做好安全隔离措施。”

近年来电力系统发生多起由于二次回路上检修工作操作不当引起的变电站事故或故障扩大事件，为避免发生类似事故，现场运行专用规程对变电站二次设备操作应制订正确操作要求和防止电气误操作措施等安全隔离措施。继电保护和安全自动装置的安全隔离措施一般可以采用投入检修压板、退出装置软压板、出口硬压板及断开装置间的连接光纤等方式，实现检修装置与运行装置的安全隔离。

【案例 1】 继电保护、安全自动装置等二次设备操作未做好安全隔离措施。

2014 年 10 月 19 日，某 330kV2/3 接线方式变电站某线-变串主变压器停电检修，线路运行。该线路 11 号塔发生异物短路，该线-变串因 3320 断路器合并单元“装置检修”压板投入，线路双套保护闭锁，引起事故扩大并造成该变电站全停。事故扩大原因为变电站 3320 合并单元“装置检修”压板投入，并未将该线路两套保护装置中“开关 SV 接收”软压板退出，造成运行的线路两套装置保护闭锁，引起故障扩大。

【案例 2】 电流互感器直阻测试误将直流电流通入运行中的母差保护造成误动。

2017 年 7 月 12 日，某电厂 500kV 1M 号、2M 号正常运行，1 号机正常运行，有功功率为 403MW，2 号机检修（5031、5032 间隔），其他开关正常运行。现场开展升压站 5031 开关电流互感器直阻测试工作。9 点 44 分，运行人员发现 5031 开关保护装置启动报警，升压站 1 号母线差保护动作，500kV 升压站 5011、5021 开关跳闸。故障发生后，现场检查发现 500kV 1 号母线第一套母差保护动作跳闸，第二套母差保护未动作，调取录波器发现无故障电流。经调查确认 500kV 1 号母线差保护 1 误动原因为该电厂在进行升压站 5031 开关电流互感器直阻测试时，未做必要的安全隔离措施，误将直流电流直接通入运行中 500kV 1 号母线差保护，造成 1 号母线差保护动作，母线跳闸。

条文 18.4.10 新投运或电流、电压回路发生变更的 220kV 及以上保护设备，在第一次经历区外故障后，应通过保护装置和故障录波器相关录波数据校核保护交流采样值、功率方向以及差动保护差流值的正确性。

本条文在《防止电力生产事故的二十五项重点要求（2014 年版）》中 18.10.16 的基础上，删除“宜通过打印保护装置和故障录波器相关录波数据”中的打印要求，删除了对收发信开关量的校验。

利用第一次经历区外故障期间的系统工作电压及区外故障电流进行检验是对新投运或电流、电压回路发生变更的 220kV 及以上保护设备的电流、电压二次回路接线是否正确的一次实战性检验，着重关注保护交流采样值、功率方向以及差动保护差流值的正确性校验。

条文 18.4.11 建立和完善二次设备在线监视与分析系统，确保继电保护信息、故障录波等可靠上送。在线监视与分析系统应严格按照国家有关网络安全规定，做好安全防护。

本条文在《防止电力生产事故的二十五项重点要求（2014 年版）》中 18.9.7 的基础上，将原规定：“新建、扩、改建工程中应同步建设或完善继电保护故障信息管理系统，并严格执行国家有关网络安全的相关规定。”修订为“建立和完善二次设备在线监视与分析系统，确保继电保护信息、故障录波等可靠上送。在线监视与分析系统应严格按照国家有关网络安全规定，做好安全防护。”

在电网发生故障时，及时掌握故障信息是事故快速判断、正确处理和恢复运行的前提。故障录波报告与继电保护动作信息能够为调控运行、检修和继电保护等专业人员提供事故分析处理和继电保护装置动作分析的依据。二次设备在线监视与分析系统的建立，有助于调度端尽可能多地快速掌握故障信息，缩短事故处理时间。站内继电保护信息应可靠上送调度端，有条件时应在设备、通道等方面采用冗余配置。为保证电力系统的信息安全，在二次设备在线监视与分析系统的建设与维护中应严格遵守国家、公司等有关规定，做好网络安全的防护工作。

条文 18.4.12 对于运行工况不良以及运行超过 12 年的 110kV 及以上保护装置，经评估存在保护拒动、误动或无法及时消缺等运行风险，应立项改造。

本条文为新增条款，增加了对老旧保护设备风险预控的要求。

根据电气设备的故障数据研究表明，包括继电保护在内的电气设备故障率随时间变化呈“浴盆曲线”规律，设备由于老化疲劳等原因导致故障率随时间增长而急剧上升。经过实际运行数据分析可知，运行超过 12 年的保护装置，特别是运行 16 年及以上，保护设备缺陷率发生率近几年持续保持高位，因而应加强对运行超过 12 年的 110kV 及以上保护设备的运行维护及管理，结合老旧设备的实际运行情况，应加快其改造工作进度。

【案例 1】 采用单 CPU 架构的老旧设备由于电子元器件老化引发误动。

2019 年 3 月 10 日，某 500kV 线路跳闸，一侧某电厂 PST-1280 高抗保护 2 动作，PST-1280 高抗保护 1 未动作，对侧变电站过电压及远跳保护动作，其余保护未动作。线路两侧故障录波显示 PST-1280 高抗保护 2 动作前线路及电抗器电流、电压正常，现场检查该线路及电抗器一次设备正常，一次系统未发生故障。PST-1280 高抗保护 2 自跳闸之后循环出现后备保护启动、零序分量保护出口、零序过电流保护出口跳闸失败返回等动作现象，无法复归。根据上述情况判别该线路 PST-1280 高抗保护 2 属于误动。事故前该装置运行时间已超过 12 年，计划随着电厂扩建工程完成更换；同时 PST-1280 属于厂家 20 世纪 90 年代开发的过渡型号，目前在全国范围内仅在该电厂内尚余 4 套装置在运，该装置采用单 CPU 架构，程

序内未针对有效值计算异常采取防范措施，不能防止单一元件损坏可能引起不正确动作。因此该装置运行时间长，本次误动大概率与电子元器件老化相关，存在严重安全隐患。

【案例2】 老旧设备运维不当造成保护动作时间严重偏离整定值甚至拒动。

2019年4月5日，某电厂某220kV隔离开关A相支持瓷瓶断裂，220kVⅢ母线发生A相接地故障跳闸，电弧引燃升压站设备区内的草坪和灌木，引起500kVⅠ母线、500kV第一串5011/5012开关间隔、500kV某线路间隔先后发生A相接地故障跳闸。故障发生后500kVⅠ母线两套母差保护正确动作、500kV线路两套线路保护正确动作，但5011/5012开关间隔内的短引线保护在故障发生110ms后切除故障（保护定值为0s），500kV该线路5013开关重合闸在故障后1596ms动作出口（定值为900ms），再次发生接地故障，该5013开关重合闸未动作，后依靠5013开关非全相保护动作跳开B、C相。检查发现该电厂5011/5012开关间隔短引线保护为电磁型保护，500kV线路5013开关重合闸装置为西门子公司集成电路型保护，均为1993年投运；相关保护装置运行时间已超过26年，设备状态极差，经测试保护动作时间严重偏离整定值，且存在很大离散性。经过各方共同分析验证，确认误动原因为该电厂对重合闸及短引线保护检修维护不利，未及时更换老旧设备，并未按检验周期开展检验工作，未及时发现和处理保护存在的缺陷，造成保护动作时间严重偏离整定值甚至拒动，严重威胁电网运行安全。

条文18.4.13　电网调整运行方式时，应充分考虑其对安全稳定控制系统的影响，保证安全稳定控制系统控制功能正常运行。

本条文为新增条款，稳定控制系统策略与运行方式是相关的，强调了运行方式调整后稳定控制系统的适用性。

稳定控制系统是基于对电网的稳定分析而配置的，它只针对预想的运行方式、预定的故障类型，如果出现预想以外的电网运行方式，应充分考虑其对稳定控制系统的影响，保证稳定控制系统控制功能正常运行。

条文18.4.14　电厂应开展初步设计、施工图设计、施工调试、验收并网、生产运行、退役报废、技术改造等阶段的继电保护及安全自动装置全过程技术监督。电厂技术监督工作应落实调度机构的涉网安全要求，涉网安全检查发现的问题同时作为电厂技术监督问题纳入闭环整改流程。

本条文为新增条款，规定了电厂应开展全过程技术监督的相关要求。

在发、输、配电工程初设审查、设备选型、设计、安装、调试、运行维护等阶段，均必须实施继电保护技术监督。应按照依法监督、分级管理、专业归口的原则实行技术监督、报告责任制和目标考核制度。同时，电厂技术监督应落实相关调度机构的涉网安全要求，积极配合反事故措施排查等涉网安全检查专项工作，并且将反事故措施落实问题整改闭环，及时消除电网运行隐患。

条文 18.4.15　严格执行工作票制度和二次工作安全措施票制度，规范现场安全措施，防止继电保护“三误”事故。相关专业工作涉及继电保护及安全自动装置相关二次回路时，应遵守继电保护专业技术要求及管理规定，避免导致保护不正确动作。

条文 18.5　定值管理的重点要求

条文 18.5.1　依据电网结构和继电保护配置情况，按相关规定进行继电保护的整定计算。当灵敏性与选择性难以兼顾时，应首先考虑以保灵敏度为主，防止保护拒动，可提前设置失配点，并备案报主管领导批准，做好失配风险的管控。

继电保护的配置和整定计算都应充分考虑系统可能出现的不利情况，尽量避免在复杂、多重故障的情况下继电保护不正确动作，同时还应考虑系统运行方式变化对继电保护带来的不利影响。

当电网结构或运行方式发生较大变化时，应对现运行保护装置的定值进行核查计算，不满足要求的保护定值应限期进行调整。当遇到电网结构变化复杂、整定计算不能满足系统运行要求的情况下，应按整定规程进行取舍，侧重防止保护拒动，备案注明并报主管领导批准。

安排运行方式时，应分析系统运行方式变化对继电保护带来的不利影响，尽量避免继电保护定值所不适应的临时性变化。

条文 18.5.2　发电企业应按相关规定进行继电保护整定计算，并认真校核与电网侧保护的配合关系。加强对主设备及厂用系统的继电保护整定计算与管理工作，安排专人每年对所辖设备的整定值进行全面复算和校核，当厂用系统结构或参数发生变化时应对所辖设备的整定值进行全面复算和校核，当系统阻抗变化较大时应对系统阻抗相关的保护进行校核，注意防止因厂用系统保护不正确动作，扩大事故范围。

继电保护的定值计算是一个系统工程，电力系统中各运行设备的保护定值必须实现协调配合，才能完成保证电网安全稳定运行的任务；发电厂是电力系统的重要组成部分，发电厂电气设备的继电保护定值也必须与电网其他设备的保护定值相配合。

发电厂电气设备的继电保护定值计算工作，大多由电厂继电保护专业管理部门负责，调度部门应根据系统变化情况，定期向所辖调度范围内的电厂下达接口定值及系统等值参数。发电厂应及时根据最新的接口定值及系统等值参数进行继电保护装置定值的校核、调整，以保证发电厂各运行设备保护定值对系统的适应性及与系统保护配合关系的正确性。

厂用电系统是发电厂的重要组成部分，应切实做好厂用系统电气设备的继电保

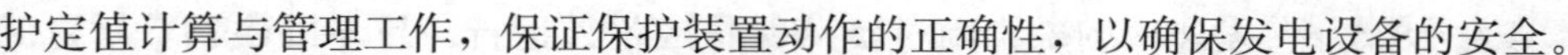

护定值计算与管理工作，保证保护装置动作的正确性，以确保发电设备的安全。

当电网结构或运行方式发生较大变化时，继电保护整定计算人员应对现运行保护装置的定值进行核查计算，不满足要求的保护定值应限期进行调整。安排运行方式时，应分析系统运行方式变化对继电保护带来的不利影响，尽量避免继电保护定值所不适应的临时性变化。

条文 18.5.3　大型发电机高频、低频保护整定计算时，应分别根据发电机在并网前、后的不同运行工况和制造厂提供的发电机性能、特性曲线，并结合电网要求进行整定计算。

发电机组低频保护应与电网低频减载装置配合，低频保护定值应低于低频减载装置最后一轮定值。

发电机组高频保护应与电网高频切机装置配合，遵循高频切机先于高频保护动作的原则。

为避免全厂停电事故，同一电厂高频保护应采用时间元件与频率元件的组合，分轮次动作。

条文 18.5.4　发电机-变压器组过励磁保护的启动元件、反时限和定时限应能分别整定，其返回系数不宜低于 0.96。整定计算应全面考虑主变压器及高压厂用变压器的过励磁能力，并与励磁调节器 V/Hz 限制特性相配合，按励磁调节器 V/Hz 限制首先动作，再由过励磁保护动作的原则进行整定和校核。

系统电压升高或频率下降，会使变压器出现过励磁现象，而过励磁的程度和时间的积累，将促使变压器绝缘加速老化，影响变压器寿命。变压器的过励磁能力是指变压器耐受系统过电压或系统低频的能力，不同变压器的过励磁能力有所不同，每台变压器出厂文件都包含有描述该变压器过励磁能力的特性曲线。

变压器的过励磁保护主要由启动元件、V/Hz 判别元件和时间元件构成，其中时间元件包含反时限和定时限两部分。过励磁保护的整定应根据被保护变压器的过励磁曲线进行，使保护的动作特性曲线与变压器自身的过励磁能力相适应。

条文 18.5.5　发电机负序电流保护应根据制造厂提供的负序电流暂态限值（A 值）进行整定，并留有一定裕度。应校核发电机保护启动失灵保护的零序或负序电流判别元件满足灵敏度要求。

发电机负序电流产生的负序磁场对转子感应的倍频电流会使转子表面温度升高，影响转子使用寿命。应根据发电机制造厂提供的转子表层允许负序过负荷能力曲线对负序电流保护进行整定，并留有一定裕度，避免造成发电机长期承受负序电流而引起的转子过热甚至损坏。

发电机保护启动失灵保护的零序及负序电流判别元件一般按照躲过发电机正常运行时最大不平衡电流整定，其值应低于发电机负序电流保护启动值。

条文 18.5.6　发电机励磁绕组过负荷保护应投入运行，且与励磁调节器过励磁限制（OEL）相配合。

过励磁限制及保护与发电机转子绕组过负荷保护配合的原则是过励磁限制先于过励磁保护、过励磁保护先于转子绕组过负荷保护动作。

条文 18.5.7　变压器中、低压侧为110kV及以下电压等级且并列运行的，其中、低压侧后备保护宜第一时限跳开母联或分段断路器，缩小故障范围。

本条文为新增条款，本条文规定适用于电压等级为220kV及以上、安装两台及以上主变压器的变电站。在主变压器的中压（低压）并列的运行方式下，如果某台主变压器中压（低压）母线所带设备发生短路故障，并列运行的主变压器均向故障点提供短路电流，若故障持续，可能会导致并列运行的变压器后备保护均动作，变压器中压（低压）侧所带负荷全部损失。为缩小事故影响范围，提出了保护动作后先跳母联或分段的要求。

条文 18.6　二次回路的重点要求

条文 18.6.1　装设静态型、微机型继电保护装置机箱应构成良好电磁屏蔽体，并有可靠的接地措施。

本条文在《防止电力生产事故的二十五项重点要求（2014年版）》中18.7.1基础上修改，将“按《计算机场地通用规范》（GB/T 2887—2011）和《计算机场地安全要求》（GB 9361—2011）规定”修订为“装设静态型、微机型继电保护装置机箱应构成良好电磁屏蔽体，并有可靠的接地措施”。

实践证明：全封闭的金属机箱是电子设备抵御空间电磁干扰的有效措施，除此之外，金属机箱还必须可靠接地。20世纪90年代，我国某保护收发信机生产厂，由于改变生产工艺，致使其产品机箱未能构成全封闭的电磁屏蔽体，从而造成大量投入运行的设备由于抗干扰能力严重不足而发生误动。

条文 18.6.2　重视继电保护二次回路的接地问题，并定期检查这些接地点的可靠性和有效性。继电保护二次回路接地应满足以下要求：

条文 18.6.2.1　电流互感器或电压互感器的二次回路只能有一个接地点。当两个及以上电流（电压）互感器二次回路间有直接电气联系时，其二次回路接地点设置应符合以下要求：

条文（1）便于运行中的检修维护。

条文（2）互感器或保护设备的故障、异常、停运、检修、更换等均不得造成运行中的互感器二次回路失去接地。

条文 18.6.2.2　未在开关场接地的电压互感器二次回路，宜在电压互感器端子箱处将每组二次回路中性点分别经放电间隙或氧化锌阀片接地，其击穿电压峰值应大于 $30I_{max}$V（I_{max} 为电网接地故障时通过变电站的可能最大接地电流有效值，

单位为 kA)。应定期检查、更换放电间隙或氧化锌阀片，防止造成电压二次回路出现多点接地。为保证接地可靠，各电压互感器的中性线不得接有可能断开的开关或熔断器等。

条文 18.6.2.3　独立的、与其他互感器二次回路没有电气联系的电流互感器二次回路在开关场一点接地时，应考虑将开关场不同点地电位引至同一保护柜时对二次回路绝缘的影响。

条文 18.6.2.4　严禁在保护装置电流回路中并联接入过电压保护器，防止过电压保护器不可靠动作引起差动保护误动作。

本条文主要由《防止电力生产事故的二十五项重点要求（2014 年版）》中 18.7.2、18.7.3 修改而来，并增加了新内容。

所有互感器的电气二次回路都必须且只能有一点接地是历次反事故措施的明确规定，互感器二次回路的接地是安全接地，防止由于互感器及二次电缆对地电容的影响而造成二次系统与“地”之间产生较高的电压。但是，如果电压互感器二次回路出现两个及以上的接地点，则将在一次系统发生接地故障时，由于参考点电位的影响，造成保护装置感受到的二次电压与实际故障相电压不对应；如果电流互感器二次回路出现两个及以上的接地点，则将在一次系统发生接地故障时，由于存在分流回路，使通入保护装置的零序电流出现较大偏差。因此，为防止保护装置在系统发生接地故障时的不正确动作，无论是电压互感器还是电流互感器其二次回路均不能出现两个及以上的接地点。

一般当同一组互感器（含同一安装位置、相同类型、相同变比的三相互感器）二次回路与其他互感器二次回路之间没有直接电气联系时，接地点既可设在开关场就地，也可设在保护设备安装处；当互感器二次回路与其他电压互感器二次回路存在电气联系时，必须保证仅有一个公共接地点。选择接地点时应注意：当该回路中任一互感器或该互感器对应的断路器检修，且其余的互感器仍在运行时，必须既保证运行的互感器不能失去接地点，也不能因有检修而在仍运行的互感器二次回路中出现两个或以上的接地点。除此之外，接地点的位置应便于识别，便于在检修中进行回路绝缘检查工作。

当接地点设在控制室时，在开关场将二次绕组中性点经放电间隙或氧化锌阀片接地，目的在于防止控制室内的接地点不可靠而造成电压互感器二次回路过电压。电压互感器的二次中性线回路在正常运行时仅有较小不平衡电压，不便监视其完好性，故应尽量减少可能断开的中间环节。

当变电站内或变电站附近发生接地故障时，变电站开关场内不同位置的两点之间必将存在电位差。据国外资料，站内两点之间可能出现的最大地电位差大约为 $30I_{\max}$ V。当互感器二次选择在开关场就地接地，且将两个及以上的互感器二次回路引到同一面保护屏时，应对由此而可能引起的二次电缆及保护端子排的绝缘耐压问题采取相应的措施。

【案例1】 电压互感器二次回路两点接地引起的高频零序保护误动。

某日17时50分31秒，220kV甲乙线26号塔遭雷击形成B相接地故障，线路两侧保护均快速动作跳开B相断路器，重合成功。在220kV甲乙线故障时，220kV丙丁线两侧第一套纵差保护启动、第二套高频零序保护动作，跳开B相断路器，重合成功。

经查，220kV丙丁线丙厂（3/2接线）侧于近期对断路器保护进行改造时，误接线形成了电压互感器二次回路两点接地，违反了电压互感器二次回路一点接地要求，致使保护测量到的零序电压在正常$3U_0$的基础上叠加了附加$3\Delta U$，导致甲乙线故障时丙丁线丙厂侧保护装置测量的零序功率方向发生反转，落在保护动作区域，引起丙丁线高频零序保护的不正确动作。

【案例2】 电压回路中性线断开造成主变压器过励磁保护误动。

某变电站330kV系统为3/2接线，2台主变压器。某日，在更换2号主变压器高压侧3312断路器辅助保护柜时，2号主变压器过励磁保护动作跳闸。

经查，现场进行2号主变压器高压侧3312断路器辅助保护柜更换时，误将2号主变压器保护A柜高压侧N600与电压互感器二次中性点断开。由于B相电压互感器二次负载较大，造成电压互感器二次三相电压中性点偏移，保护测量到的高压侧B相二次电压降低，A相和C相电压升高，引起主变压器过励磁保护动作。

【案例3】 电流互感器两点接地造成保护装置采样失准。

某电厂在整套启动发电机-变压器组短路试验时，发电机-变压器组保护B屏主变压器差动保护跳闸，调取保护装置故障录波发现发电机-变压器组保护B屏主变压器高压侧电流A相偏小于其他两相。经查发现主变压器高压侧TA A相二次电缆受损发生绝缘故障，导致该TA两点接地，二次电流分流，致使主变压器差动保护动作。

条文18.6.3　二次回路电缆敷设应符合以下要求：

条文18.6.3.1　合理规划二次电缆的路径，尽可能离开高压母线、避雷器和避雷针的接地点，并联电容器、电容式电压互感器、结合电容及电容式套管等设备；避免和减少迂回以缩短二次电缆的长度；拆除与运行设备无关的电缆。

条文18.6.3.2　交流电流和交流电压回路、不同交流电压回路、交流和直流回路、强电和弱电回路、来自电压互感器二次的4根引入线和电压互感器开口三角绕组的两根引入线均应使用各自独立的电缆。

条文18.6.3.3　保护装置的跳闸回路和启动失灵回路均应使用各自独立的电缆。

本条文主要由《防止电力生产事故的二十五项重点要求（2014 年版）》中 18.7.2、18.7.4、8.7.5 修改而来，并增加了新内容。

在正常运行的情况下，距带电导线越远，三相平衡电流所产生的合成磁场越小，从而二次电缆感受到电磁干扰越小；当线路遭受雷击时，雷电流将通过避雷器、避雷针向大地释放，距避雷器、避雷针的接地点越远，雷电流的影响越小；变电站站内并联电容器、电容式电压互感器等设备，在系统发生接地故障的瞬间，设备的接地引下线将流过较大的电流，适度增加与此类设备接地引下线的间距，减少二次电缆与接地引下线平行段的长度，可降低接地引下线电流对二次电缆的干扰程度。

当二次导线中流过电流时，会对处于同一电缆中的其他芯线产生电磁干扰，严重时可能造成保护获取的信号失真或导致不正确动作。解决方法通常有：①将构成回路的电缆芯线置于同一电缆之中，利用电流“来”“回”导线所产生的大小相同、方向相反磁场抵消对外界的干扰；②尽量将不同类型、不同电压的信号置于不同的二次电缆之中。

一般情况下，保护装置的出口跳闸回路在保护动作时会流过数安培及以上的电流，应注意有效防止保护跳闸信号对失灵保护的干扰，除了将失灵保护动作延时设在失灵保护中外，还应注意保护跳闸回路和失灵启动回路分置在不同二次电缆中，既防止电磁干扰，也可防止电缆芯线之间绝缘损坏时对失灵保护的影响。

条文 18.6.4　严格执行有关规程、规定及反事故措施，防止二次寄生回路的形成。

寄生回路是指那些不是按照原保护动作逻辑所设定的，却能够完成信息传输的回路。因此，当保护存在寄生回路时，保护的动作行为可能会超出事先的预设；或尽管按照规定做了安全措施，但依然存在保护误动的可能。为防止继电保护误动事故，消除寄生回路历来都是二次系统的重要反事故措施之一，无论是工程设计、产品制造、基建调试还是运行维护都必须从严、从细、从实地采取措施，认真消除二次寄生回路。

【案例】　保护出口跳闸压板寄生回路造成主变压器跳闸。

某 330kV 变电站退出 1 号主变压器第一套保护定检时，退出了相关保护跳闸出口压板，定检过程中误跳 1 号主变压器 110kV 侧断路器。

经查，1 号主变压器第一套保护屏有一根配线将跳 110kV 断路器的出口压板短接，形成了寄生回路（寄生回路示意图如图 18-5 所示），导致该出口压板失去隔离功能。

条文 18.6.5　在运行和检修中应加强对直流系统的管理，防止直流系统故障，特别要防止交流串入直流回路，造成电网事故。

图 18-5　寄生回路示意图

为提高保护装置的动作速度，在现代保护装置中，大多数采用了触点间距小、动作速度较快的出口继电器，当站用直流系统发生接地故障或串入交流信号时，将可能会影响保护装置的动作行为，特别是对于直接采用站用直流作为动作电源、经长电缆直接驱动的出口继电器，更容易误动作。由于近年来电网中多次发生交流串入直流回路而造成设备跳闸事故，所以必须要对此加以重视。

【案例 1】　交流串入直流回路造成的多台断路器跳闸。

某 330kV 变电站进行 1 号主变压器更换后的二次设备安装、接线及调试工作，当投入 1 号主变压器“闭锁调压”“启动通风”有关回路的端子连片时，站内 4 台运行断路器跳闸。

经查，工作人员未按设计图纸要求拆除“闭锁调压”控制端子多余的连线，防止寄生回路生成。当将交流电源投入，恢复 1 号主变压器“闭锁调压”端子连片时（“闭锁调压功能退出”压板未投），交流串入直流回路。由于 330kV 断路器三相跳闸回路电缆相对较长、对地分布电容较大，在串入的交流电源干扰下，线路 3331、3330 断路器和 2 号主变压器 3322、3320 断路器同时发生跳闸。

【案例 2】　交流串入直流回路造成厂用母线跳闸。

山西某电厂 2 号机组进行锅炉吹管工作，启动备用变压器带 2 号机厂用电运行；调试单位进行 2 号主变压器冷却器调试期间，启动冷却风机后 2 号机组 6kV A/B 段备用进线开关同时跳闸，造成吹管工作中断。

经查，施工单位在主变压器通风箱内勾短接线时误将机组直流正极与风机交流控制相线连在一起（直流电源与交流控制在端子排上紧挨在一起，未加有效隔离和明显标识），造成交流串入机组直流，引起备用进线电源跳闸。

条文 18.6.6　主设备非电量保护应防水、防震、防油渗漏、密封性好。气体继电器至保护柜的电缆应尽量减少中间转接环节。

本条文为《防止电力生产事故的二十五项重点要求（2014 年版）》中 18.7.10，无修改。

主设备非电量保护主要是指瓦斯、冷却器全停等直接作用于跳闸的保护，通常安装在被保护设备上，环境条件较差，如不注意加强密封防漏及防水、防振、防油渗漏措施，可能会导致保护误动跳闸。减少电缆转接的中间环节，可减少由于端子箱进水、端子排污秽、接地或误碰等原因造成保护误动作。

【案例】　某厂启动备用变压器重瓦斯保护误动作。

2012年某日雷雨天气，某电厂启动备用变压器在无故障情况下重瓦斯保护动作、启动备用变压器跳闸。经查，其原因是夏季大雨期间雨水进入启动备用变压器本体端子箱，将重瓦斯跳闸相关回路短路，造成重瓦斯动作，启动备用变压器跳闸。

事故暴露出厂内未严格执行“气体继电器至保护柜的电缆应尽量减少中间转接环节”的要求。瓦斯、冷却器全停等直接作用于跳闸的保护，应尽量减少中间转接（例如在本体端子箱转接）环节，防止保护误动作。

条文 18.6.7 新建、改建、扩建工程引入两组及以上电流互感器构成“和电流”的继电保护及安全自动装置，各组电流互感器应分别引入保护装置，禁止通过装置外部回路形成“和电流”。

本条文为新增条款。

长期以来，为了兼顾双母线和3/2两种接线形式，以往大多数厂家在线路保护中只设计了一组交流电流输入端，对于用于3/2接线形式变电站的线路保护，采取了将需要引入保护装置的两组TA回路，先在装置外部构成“合电流”后，再引入保护装置的接线。而以此种接线方式构成的保护装置，不仅会给保护的TA断线判别带来困难，而且存在保护不正确动作风险，尤其是差动保护误动事件多有发生。

【案例】 故障线路重合闸时非故障线路保护误动。

某变电站220kV系统为3/2接线，第二串2222/2223甲乙二线发生B相永久性接地故障，甲乙二线两侧主保护正确动作选跳B相。0.5s后，2222断路器B相重合于故障跳三相，同时第二串2221/2222甲丙一线第一套纵联差动保护误动。

经检查，甲丙一线在对侧断开热备用，其线路保护采集2221、2222的电流互感器合电流，其电流互感器受高剩磁影响出现较大传变误差，甲丙一线线路保护测量出差电流，又因线路处于断环热备状态，其“合电流”无法有效制动，导致差动保护误动。

若甲丙一线线路保护采用2221、2222分电流接入方式，可借助线路区外故障时线路两侧多个电流互感器的分电流来优化差动保护制动判据，产生较大的制动电流，有效避免差动保护误动。

条文 18.6.8 对经长电缆跳闸的回路，应采取防止长电缆分布电容影响和防止出口继电器误动的措施。

本条文为《防止电力生产事故的二十五项重点要求（2014年版）》中18.7.8第一句，未修改。

当二次电缆较长时，电缆对地或同一电缆芯线之间将存在较大的分布电容。对于动作较灵敏（动作功率小、动作速度快）的继电器，在绕组所连接的芯线通过芯线之间的感应达到一定的对地电位，或者直流系统发生接地，导致继电器线圈另一端对地电位发生变化时，将可能导致继电器误动作。一般可采用将压板设置在继电器线圈近端或选用动作功率较大的继电器予以避免。

条文 18.6.9　继电保护及安全自动装置和保护屏柜应具有抗电磁干扰能力，保护装置由屏外引入的开入回路应采用 220V/110V 直流电源。光耦开入的动作电压应控制在额定直流电源电压的 55%～70%范围以内。

本条文为新增条款。

一般而言，电缆越长，空间电磁干扰信号越容易侵入；开入信号的电压水平越高，抗干扰能力越强。因此，遵守保护装置 24V 开入电源不出保护屏的原则，可有效地提高保护装置抗干扰能力。

光耦元件从隔离保护装置与外部回路电气联系的角度出发，可以起到一定的抗干扰作用，但应注意，用于开入信号引入的光耦元件，其动作电压应控制在合理的水平，过低的动作电压对外部干扰不能起到应有的抑制作用，过高的动作电压则可能降低灵敏度。

要求开入回路光耦动作的电压高于额定直流电源电压的 55%，可以有效防止站内直流电源系统接地时造成光耦元件误动作；同时，为保证站用直流电压下降到 80%时，保护装置仍能正确动作，开入回路光耦的动作电压不应高于额定直流电源电压的 70%。

条文 18.6.10　继电保护及安全自动装置应选用抗干扰能力符合有关规程规定的产品，针对来自系统操作、故障、直流接地等的异常情况，应采取有效防误动措施。断路器失灵启动母线保护等重要回路应采用装设大功率重动继电器或者采取软件防误等措施。外部开入直接跳闸、不经闭锁直接跳闸（如变压器和电抗器的非电量保护、不经就地判别的远方跳闸等）的重要回路，应在启动开入端采用动作电压在额定直流电源电压的 55%～70%范围以内的中间继电器，并要求其动作功率不低于 5W。

本条文为新增条款，强调启动失灵等重要跳闸回路装设重动继电器的要求。外部开入直接启动，不经闭锁便可直接跳闸（如变压器和电抗器的非电量保护、不经就地判别的远方跳闸等），或虽经有限闭锁条件限制，但一旦跳闸影响较大（如失灵启动等）的重要回路，应在启动开入端采用动作电压在额定直流电源电压的 55%～70%范围以内的中间继电器，并要求其动作功率不低于 5W。

远方跳闸、失灵启动、变压器非电量等保护通常经较长电缆接入，在直流系统发生接地、交流混入直流以及存在较强空间电磁场的情况下引入干扰信号，采用动作电压在一定范围之内、动作功率较大的重动继电器转接，可有效提高抗干扰能力。

条文 18.6.11　采用油压、气压作为操动机构的断路器，当压力闭锁回路改动后，应试验整组传动分、合、分—合—分正常；断路器弹簧机构未储能触点不得闭

锁跳闸回路。

本条文为新增条款，断路器闭锁回路改动后应进行传动试验，强调了未储能信号不得闭锁跳闸回路，否则将导致断路器弹簧机构储能仅是储能不足，但可以跳闸的情况下无法完成跳闸。

条文 18.6.12　备自投装置启动后跟跳主供电源开关时，禁止通过手跳回路启动跳闸，以防止因同时启动“手跳闭锁备自投”逻辑而误闭锁备自投。

本条文为新增条款，增加了运行中禁止通过手跳操作闭锁备自投的要求。生产中，曾发生因手跳回路启动跳闸并同时启动“手跳闭锁备自投”导致误闭锁备自投的情况。

条文 18.6.13　保护屏柜上交流电压回路的空气开关应与电压回路总路开关在跳闸时限上有明确的配合关系。

本条文为新增条款。保护屏柜上交流电压回路空气断路器与交流电压回路的总开关是串联关系，当某保护屏内电压回路发生短路时，该保护屏柜上交流电压回路的空气断路器应先于电压回路总开关动作，以减少对其他保护装置的影响。

条文 18.6.14　应采取有效措施减少短路电流、电磁场等对继电保护装置、二次电缆的干扰，具体要求如下：

本条款由《防止电力生产事故的二十五项重点要求（2014 年版）》中 18.8 修改而来，在《防止电力生产事故的二十五项重点要求（2014 年版）》基础上梳理、完善了保护室施放的等电位地网的规定。保护室等电位地网和沿电缆沟敷设的 $100mm^2$ 铜导线是作用完全不同的措施，分别进行了规定，使表述更完整、清晰、准确，消除歧义，利于执行。细化等电位地网的连接要求，明确现场执行中面临的疑惑。

与传统的电磁型继电器相比，静态型保护装置虽然有功能强、调试简单、动作速度快等特点，但作为电子设备，相对抗干扰能力差则是一个不争的事实。为保证静态型保护的可靠性，使其能够在发电厂、变电站等存在强电磁骚扰的环境下，能够做到既不误动也不拒动，而且能够满足继电保护的速动性要求，必须采取有效措施提高其抗干扰能力。

提高抗干扰能力，通常采用以下三种措施：

（1）降低干扰源的电压水平及能量，从而降低干扰所造成的影响。

（2）抵御干扰信号的侵入（减少侵入途径或降低侵入能量）。

（3）提高设备本身的抗干扰能力。

本条文所提出的要求主要是用于降低干扰电压的影响和抵御干扰信号的侵入。

本条文所提出的各项要求，主要是从降低信号参考点电位差、减少由二次电缆侵入的空间电磁场干扰等方面应采取的反事故措施。

条文 18.6.14.1　在保护室屏柜下层的电缆室（或电缆沟道）内，沿屏柜布置的方向逐排敷设截面积不小于 $100mm^2$ 的铜排（缆），将铜排（缆）的首端、末端分别连接，形成保护室内的等电位地网。该等电位地网应与变电站主地网一点相连，连接点设置在保护室的电缆沟道入口处。为保证连接可靠，等电位地网与主地网的连接应使用 4 根及以上，每根截面积不小于 $50mm^2$ 的铜排（缆）。

条文 18.6.14.2　分散布置保护小室（含集装箱式保护小室）的变电站，每个小室均应设置与主地网一点相连的等电位地网，小室之间若存在相互连接的二次电缆，则小室的等电位地网之间应使用截面积不小于 $100mm^2$ 的铜排（缆）可靠连接，连接点应设在小室等电位地网与变电站主接地网连接处。保护小室等电位地网与控制室、通信室等的地网之间也应按上述要求进行连接。

变电站的一次设备区均敷设有地网，一般称之为主地网。主地网埋在变电站地面之下，我国变电站主地网以采用热镀锌扁钢为主，在会引起钢质材料严重腐蚀的地区采用铜质、铜覆钢等材质的接地网。

变电站控制室或保护室的建筑物钢架结构与变电站主地网多点相连，早期变电站以保护室钢架结构作为继电保护装置接地点。静态型保护出现初期，保护装置之间、保护与通信、远动以及其他二次设备之间的信息传送大多还沿用了电信号的方式。在利用电信号作为信息方式时，信号接收灵敏度与发送、接收侧两侧“参考点”之间的电位差有强相关关系。

为消除保护装置之间以及保护装置与其他二次设备之间电信号“参考点”电位不等所导致的干扰，参照国外在抗干扰方面的经验，1994 年 4 月，原电力部发布的《继电保护及安全自动装置反事故措施要点》提出了在变电站敷设等电位地网的要求：“装设静态保护的保护屏间应用专用接地铜排直接联通，各行专用接地铜排首末端同时连接，然后在该接地网的一点经铜排与控制室接地网联通。专用接地铜排的截面不得小于 $100mm^2$。”该“等电位地网”一般沿保护屏排列方向布置，首尾两侧同时连接，以至地网任何点开断，都仍能保证互通互联；“等电位地网”仅有一点与主地网相联，从而保证即或是主地网的电位发生变化，所有置于其上的全部静态型保护装置、二次设备的参考电位依然相等。

为防止因“等电位地网”与主地网连接线开断造成“失地”，要求“等电位地网”与主地网之间应采用 4 根 $50mm^2$ 以上的铜质连接线相连。同一变电站有多个保护小室时，每个小室都应各自敷设等电位地网。不同小室之间的等电位地网需要连接时，连接点都必须设在各小室等电位地网与主地网的连接处，以保证各小室等电位地网的“等电位”性不受影响。

随着光通信技术的普及应用，如今国产的保护装置，特别是智能站的保护装置，大多采用光纤进行信号交互，对等电位地网的依赖大大减轻。但是，一些附属设备，如交换机、通信设备等非电力系统专用设备仍然对“地电位”的稳定有一定的要求，因而变电站内的二次等电位地网仍有存在的必要。

条文 18.6.14.3　微机保护和控制装置的屏柜下部应设有截面积不小于 $100mm^2$ 的铜排（不要求与保护屏绝缘），屏柜内所有装置、电缆屏蔽层、屏柜门体的接地端应用截面积不小于 $4mm^2$ 的多股铜线与其相连，铜排应用截面不小于 $50mm^2$ 的铜缆接至保护室内的等电位接地网。

保护屏内设置接地铜排的初衷主要是为了解决电缆屏蔽线无法可靠接地的问题，因此各项反事故措施中未提及该铜排是否需要与屏体绝缘。由于各运行单位对此理解上存在差异，保护制造厂家便在屏内设置了两根铜排，一根用小磁柱与屏体绝缘，另一根不绝缘，由此给用户带来更大的困惑。

鉴于目前绝大多数保护装置都利用光纤作为信号交互的介质，并且在保护装置内部采取相应抗干扰措施后，保护装置抗干扰性能对等电位地网的依赖已经大大减轻。用于屏蔽或滤除干扰的“等电位地”（二次装置外壳、电缆屏蔽层接地）与用于防止人身触电的“安全地”（互感器二次接地）都接入等电位地网后，要求铜排与保护屏绝缘既难以实施也无必要。为便于现场实施，本次修订时特意在继续要求微机保护和控制装置的屏柜下部应设有截面积不小于 $100mm^2$ 的铜排时，对其加以“不要求与保护屏绝缘”的标注。

条文 18.6.14.4　直流电源系统绝缘监测装置的平衡桥和检测桥的接地端以及微机型继电保护装置柜屏内的交流供电电源（照明、打印机和调制解调器）的中性线（零线）不应接入保护专用的等电位接地网。

继电保护的等电位地网用于保证相关保护装置的参考电位处于相同的等电位面，是保护装置抗干扰的重要措施之一，等电位地网与变电站主地网之间通过 4 根 $50mm^2$ 的铜导线在同一点相连。而直流电源系统绝缘监测装置为检测直流系统对地绝缘是否良好，其平衡桥和检测桥的接地端应和变电站的主地网直接连接。如平衡桥和检测桥的接地端与等电位地网直接相连，一旦直流系统发生接地，接地点与绝缘监测装置的接地端之间将会有电流流过，必然会破坏等电位地网的“等电位”。

当保护柜屏内安装有需要交流供电的设备（如照明、打印机和调制解调器）时，按照施工要求，该交流供电电源的中性线（零线）应与相线（火线）同缆引入。但是在实际工程中曾发现有些施工人员未将交流电源的“火线”与“零线”用同一根电缆拉至用电设备的安装处，而是仅将“火线”（单相或三相）送到用电设备的安装处，并将用电设备的零线接入端直接连接在柜（箱）体内的 $100mm^2$ 接地铜排上。当交流电源接通时，工频电流过等电位地网，对保护装置形成干扰。

条文 18.6.14.5　微机型继电保护装置之间、保护装置至开关场就地端子箱之间以及保护屏至监控设备之间所有二次回路的电缆均应使用屏蔽电缆，电缆的屏蔽

层两端接地，严禁使用电缆内的备用芯线替代屏蔽层接地。控制和保护设备的直流电源电缆宜采用屏蔽电缆。

条文 18.6.14.6　为防止地网中的大电流流经电缆屏蔽层，应在开关场二次电缆沟道内沿二次电缆敷设截面积不小于 100mm² 的专用铜排（缆）；专用铜排（缆）的一端在开关场的每个就地端子箱处与主地网相连，另一端在保护室的电缆沟道入口处与主地网相连。

条文 18.6.14.7　接有二次电缆的开关场就地端子箱内（包括汇控柜、智能控制柜）应设有铜排（不要求与端子箱外壳绝缘），二次电缆屏蔽层、保护装置及辅助装置接地端子、屏柜本体通过铜排接地。铜排截面积应不小于 100mm²，一般设置在端子箱下部，通过截面积不小于 100mm² 的铜缆与电缆沟内不小于 100mm² 的专用铜排（缆）及变电站主地网相连。

进入电子化时代后，导致继电保护不正确动作的干扰问题引起了专业人员的高度重视。众所周知，变电站是一个空间电磁干扰很强的场所，特别是在系统发生短路故障时更为明显。试验和研究表明，大部分干扰信号是通过二次回路侵入保护装置的，而在干扰源中，空间磁场干扰占相当大的份额。目前所采取抗干扰的方法大致可以分为三大类：降低干扰源的强度；抑制干扰信号的侵入；提高保护装置自身抵御干扰的能力。在二次回路上所采取的抗干扰措施，基本上属于第二类。

为抑制空间电磁干扰通过耦合到二次电缆的方式侵入保护装置，与继电保护相关的二次电缆应采用屏蔽电缆。屏蔽电缆屏蔽层的接地方式对抗干扰的效果非常重要，二次电缆的屏蔽层原则上应在电缆两端接地。

为防止故障电流流过电缆屏蔽层，从而导致二次电缆被烧毁，在 2005 年版《十八项反措》继电保护专业重点实施要求中提出了“沿电缆沟敷设的 100mm² 铜导线”的要求，其目的在将 100mm² 铜导线与二次电缆屏蔽层在两端并联，利用其对在屏蔽层中流过的电流进行分流，从而达到防止二次电缆烧毁的作用。因此，100mm² 铜导线不仅要在保护安装处接地，而且也必须在二次电缆屏蔽层需要接地的位置都接地，利用“并联”，实现“分流”。

安装在开关场就地的端子箱，箱体外壳必须接地。为防止端子箱附近发生接地故障时造成箱内二次设备的损坏，端子箱内二次设备的接地点应通过端子箱内的接地铜排连接到沿电缆沟敷设的 100mm² 铜导线上，并且要求该 100mm² 铜导线在端子箱处与变电站的主地网可靠相连。与保护屏相同，为解决电缆屏蔽层可靠接地的问题，要求在变电站就地端子箱内设置接地铜排，而且不要求该接地铜排与柜体绝缘。

条文 18.6.14.8　由一次设备（如变压器、断路器、隔离开关和电流、电压互感器等）直接引出的二次电缆的屏蔽层应使用截面不小于 4mm² 多股铜质软导线仅在就地端子箱处一点接地，在一次设备的接线盒（箱）处不接地，二次电缆经金属

管从一次设备的接线盒（箱）引至电缆沟，并将金属管的上端与一次设备的底座或金属外壳良好焊接，金属管另一端应在距一次设备3～5m之外与主接地网焊接。

为提高二次电缆的抗干扰能力，要求二次电缆选用屏蔽电缆，同时要求屏蔽层在两端接地。但在一些特殊场合则可能出现问题，如：从电流互感器和电压互感器接线盒引到互感器端子箱的二次电缆、从隔离开关控制箱引到端子箱的二次电缆以及从变压器本体引到变压器端子箱的二次电缆等，如果将电缆的屏蔽层在两端接地，则屏蔽层将与该一次设备接地引下线相平行且并联，一旦该一次设备发生接地故障，将会有较大的短路电流流过电缆屏蔽层，从而导致电缆被烧毁。为避免此类情况的发生，要求由一次设备引出的二次电缆，仅在端子箱处接地，与一次设备平行部分的干扰防护，用两端可靠接地的金属管进行替代。

条文 18.6.14.9　由纵联保护用高频结合滤波器至电缆主沟施放一根截面不小于50mm² 的分支铜导线，该铜导线在电缆沟的一侧焊至沿电缆沟敷设的截面积不小于100mm² 专用铜排（缆）上；另一侧在距耦合电容器接地点3～5m处与变电站主地网连通，接地后将延伸至保护用结合滤波器处。

条文 18.6.14.10　结合滤波器中与高频电缆相连的变送器的一、二次绕组间应无直接连线，一次绕组接地端与结合滤波器外壳及主地网直接相连；二次绕组与高频电缆屏蔽层在变送器端子处相连后用不小于10mm² 的绝缘导线引出结合滤波器，再与上述与主沟截面积不小于100mm² 的专用铜排（缆）焊接的50mm² 分支铜导线相连；变送器二次绕组、高频电缆屏蔽层以及50mm² 分支铜导线在结合滤波器处不接地。

条文 18.6.14.11　当使用复用载波作为纵联保护通道时，结合滤波器至通信室的高频电缆敷设应按18.6.14.9和18.6.14.10的要求执行。

20世纪90年代，我国220kV线路的纵联保护以使用保护专用收发信机的闭锁式保护为主。当时线路保护时常会伴发相邻设备的接地故障而发生误动作。经多次现场试验发现：由于结合滤波器侧的高频电缆直接接到结合滤波器一次侧的接地线上，当相邻设备发生接地故障时，结合滤波器一次侧接地线所流过的电流会窜入高频电缆，并在芯线和屏蔽线中形成环流，当工频环流流过收发信机的线路滤波器或结合滤波器中的变送器时，很小的工频分量就会造成线路滤波器、变送器饱和，不能正确传送保护的高频信号，而导致保护误动。为解决上述问题，国调中心组织专家研究，提出了沿高频电缆施放不小于100mm² 专用铜排（缆），专用铜排两端接地、而且在开关场侧要求将结合滤波器一、二次接地线断开，二次侧接地点设在距结合滤波器3～5m处接地的反事故措施方案，并下发了《关于印发继电保护高频通道工作改进措施的通知》（调调〔1998〕112号），组织全网实施。本条文即源于此文件，考虑原引用文件时间已较长，为便于执行，删除原条文，将原引用通知文本摘录引入。

条文 18.6.14.12　保护室与通信室之间信号优先采用光缆传输。若传输模拟量电信号，应采用双绞双屏蔽电缆，其中内屏蔽在信号接收侧单端接地，外屏蔽在电缆两端接地。

线路的纵联保护、远方跳闸保护、电网安全自动装置等都需要通过电力通信设备向线路对侧或异地传输信息，因此不可避免地要妥善处理保护装置至通信设备之间信号传输过程中的抗干扰问题。众所周知，在强磁场环境下传输信息，相对于其他通信方式，光纤通信是抗干扰能力最强的一种传输方式，因此，在保护室与通信室之间通信首选必然是光纤通信。

当只能选择电信号作为传输方式，且传输音频类信号或数字信号时，为尽量提高电缆的抗干扰能力，应选择双绞双屏蔽的信号电缆，内屏蔽（对绞线的屏蔽）应选择在信号的接收端接地，外屏蔽（电缆的屏蔽）在电缆两端均接地。

条文 18.6.14.13　应沿线路纵联保护光电转换设备至光通信设备光电转换接口装置之间的 2M 同轴电缆敷设截面积不小于 $100mm^2$ 铜电缆。该铜电缆两端分别接至光电转换接口柜和光通信设备（数字配线架）的接地铜排。该接地铜排应与 2M 同轴电缆的屏蔽层可靠相连。为保证光电转换设备和光通信设备（数字配线架）的接地电位的一致性，光电转换接口柜和光通信设备的接地铜排应同点与主地网相连。重点检查 2M 同轴电缆接地是否良好，防止电网故障时由于屏蔽层接触不良影响保护通信信号。

为提高保护的性能，目前大多数线路纵差保护通道采用了 2M 的传输速率，配置了光纤接口。由于大多数光纤通信设备不具备 2M 光纤接口，只装设了 2M 电接口，因此采用复用光纤通道的线路纵联保护装置目前大都在保护装置与通信设备之间配置了光电转换柜，保护装置与光电转换柜之间采用光纤连接；光电转换柜与光纤通信设备之间则采用同轴电缆传送 2M 数字信号。2M 数字信号的幅值较低，因为采用“非平衡”方式传输，必须保证光电转换柜与光通信设备的通道信号参考电位在运行中保持一致。为此应将光电转换柜的“地”与光通信设备的“地”使用 $100mm^2$ 铜排可靠连接，而且只能在同一点与变电站主地网相连。

【案例】 光电转换装置与通信设备未同一点接地引发线路差动保护拒动。

某 500kV 线路发生 B 相永久性短路故障，线路两侧第一套保护装置在故障发生时差动保护未动作，线路重合于故障时第一套保护装置差动保护与后加速保护均正常动作。

经查，本次故障是由于线路电厂侧第一套保护复用通道所配套光电转换装置与 SDH 通信设备位于不同的通信室内，且未经同一点接地，线路发生短路故障时在同轴电缆两端形成电势差，影响 2M 数据传输质量，产生误码造成保护通道异常、

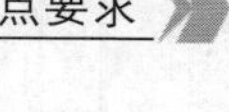

差动保护闭锁。应将光电转换装置转移至SDH通信设备所在通信室，并严格执行本条款，保证光电转换设备和光通信设备接地电位的一致性。

条文18.6.15　控制系统与继电保护的直流电源配置应满足以下要求：

条文18.6.15.1　对于按近后备原则双重化配置的保护装置，每套保护装置应由不同的电源供电，并分别设有专用的直流空气开关。

条文18.6.15.2　母线保护、变压器差动保护、发电机差动保护、各种双断路器接线方式的线路保护等保护装置与每一断路器的控制回路应分别由专用的直流空气开关供电。

条文18.6.15.3　有两组跳闸线圈的断路器，其每一跳闸回路应分别由专用的直流空气开关供电，且跳闸回路控制电源应与对应保护装置电源取自同一直流母线段。

条文18.6.15.4　禁止继电保护及安全自动装置的蓄电池的两段直流电源以自动切换的方式对同一设备进行供电。

条文18.6.15.5　直流空气开关的额定工作电流应按最大动态负荷电流（即保护三相同时动作、跳闸和收发信机在满功率发信的状态下）的2.0倍选用。

本条文以新增内容为主，从提高保护动作可靠性的角度对直流电源相关回路提出了要求。

按双重化原则配置保护的变电站，为防止直流电源故障导致两套保护功能全部失去，应配置两组相互独立的直流电源系统，两套直流电源系统之间设置联络开关，正常运行时两套直流电源系统分列运行；当一组直流电源因故退出时，合上该联络开关，短时间用一组直流电源带全站负荷运行，因此每一组直流电源的容量配置应按能带全站负荷考虑。

按双重化原则配置的两套保护应分别由上述两组直流系统提供电源，两套保护所作用的同一断路器的两套跳闸回路，其控制电源也必须与相关的保护装置对应取自两套直流电源，绝不允许交叉，以防止失去一组直流电源时保护或断路器拒动，为减少保护装置与控制回路之间的相互影响，保护装置、控制回路都应通过各自的专用直流断路器接到各自的母线。对于母差保护、失灵保护、变压器保护以及其他控制多个断路器的保护，也应按照上面的原则，各断路器控制电源应分别通过各自专用的直流断路器，接到与相关保护一致的直流系统上。

失灵保护是装设在变电站的一种近后备保护，当保护装置动作，而断路器拒动时，失灵保护通过断开与拒动断路器有直接电气联系的断路器而隔离故障。当仅配置了一套失灵保护时，失灵保护动作于断路器的两个跳闸线圈，目的在于当站内失去一组直流电源时，应仍能够将故障点与运行系统隔离。部分保护装置在无故障正常运行时消耗的功率与系统发生故障时消耗的功率有所不同，因此，对于为保护装置及相关设备（包括控制回路）供电的直流空气开关，其过电流跳闸动作值须可靠大于保护动作跳闸时总动作功率所对应的电流值。同时，应保证直流总输出回路熔断器（或空气开关）与各直流支路熔断器（或空气开关）之间的选择性配合关系，避免由于熔断器（或空气开关）越级而造成大量保护装置和断路器失去电源。

【案例】 直流空气开关的额定工作电流不满足要求造成空气开关误跳闸。

天津某电厂升压站基建调试期间，在进行5021断路器首次保护三跳传动时，断路器保护屏后控制电源空气开关跳闸。

经查，断路器每相跳闸电流大约为2.2A，三相同时跳闸时至少为7A，而厂家配置的控制电源直流空气开关遮断电流为4A，不能满足实际要求，联系厂家更换直流空气开关后问题解决。

条文 18.6.16　对发电机-变压器组分相操动机构的断路器，除就地配置非全相保护外，宜在发电机-变压器组保护内配置具有反映发电机-变压器组运行状态的电气量闭锁的非全相保护启动失灵的逻辑及回路。

明确了发电机-变压器组保护非全相保护启动失灵的逻辑及回路。

条文 18.7　智能变电站继电保护的重点要求

条文 18.7.1　有扩建需要的智能变电站，在初期设计、建设中，交换机、网络报文分析仪、故障录波器、母线保护、公用测控装置、电压合并单元等公用设备需要为扩建设备预留相关接口及通道，避免扩建时公用设备改造增加运行设备风险。

对于远期有扩建需要的智能变电站，为尽量避免扩建工程时改造已运行公用设备对运行系统的威胁，在初期设计、施工、验收工作中，需要考虑交换机、网络报文分析仪、故障录波器、母线保护、公用测控装置、电压合并单元等公用设备预留通道及相应接口。

条文 18.7.2　保护装置不应依赖外部对时系统实现其保护功能，避免对时系统或网络故障导致同时失去多套保护。

一般而言，传输数字信息的网络通信系统大多对时钟系统有较大程度的依赖。而在电力系统发生故障时，极有可能伴随有站内辅助设备（包括时钟系统）的异常，继电保护如果以发生异常的外部因素作为保护动作的依赖条件，则可能会导致保护装置的不正确动作。

例如，在智能变电站中，接入多台合并单元的保护装置，其采样同步功能若依赖于外部对时系统实现，一旦合并单元发生同步异常，则有可能引起保护装置的不正确动作。因此，保护装置应尽量减少对不必要的外部因素的依赖，不允许依赖于外部时钟实现保护功能。

条文 18.7.3　220kV及以上电压等级的继电保护及与之相关的设备、网络等

应按照双重化原则进行配置，任一套装置故障不应影响双重化配置的两个网络。应采取有效措施防止因网络风暴而同时影响双重化配置的两个网络。

为保证电网的安全稳定运行，保证继电保护装置动作的快速性和可靠性，220kV及以上电压等级的设备应按双重化的原则配置保护。智能变电站的二次系统结构虽然与传统变电站有所不同，双重化的原则仍须坚持，与保护相关的设备、网络也应按双重化的原则进行配置。为防止网络风暴等原因造成智能变电站网络设备同时瘫痪进而导致同时失去两套保护，应避免一套保护跨双网运行。

条文18.7.4　交换机VLAN划分应遵循“简单适用，统一兼顾”的原则，既要满足新建站设备运行要求，防止由于交换机配置失误引起保护装置拒动，又要兼顾远景扩建需求，防止新设备接入时多台交换机修改配置所导致的大规模设备陪停。

虚拟局域网（VLAN）技术是一种从逻辑上将局域网内的设备划分成不同的网段，从而实现虚拟工作组数据交换的技术。合理的VLAN设置方案可实现减少碰撞和广播风暴、增强网络安全性的目的，是变电站智能设备安全、可靠运行的前提。智能变电站的VLAN划分，既要满足现阶段的运行要求，也要考虑今后扩建、技改时的便利性，尽量防止扩建时修改运行的公用交换机VLAN配置，导致大规模设备陪停。

条文18.7.5　为保证智能变电站二次设备可靠运行、运维高效，合并单元、智能终端、采集执行单元、交换机应采用经有资质的专业检测机构检测合格的产品，装置应满足相关技术标准的互操作要求。

为促进保护厂家提高产品质量，防止不合格产品进入电网对安全稳定运行造成威胁，加强二次设备的质量监督工作，对各类新设备开展专业检测，督促厂家将设备缺陷解决在投入运行之前。合并单元、智能终端与保护同一厂家极大降低了设备不统一导致的运维困难，因为智能设备联系紧密，某一设备异常，通常需要多厂家配合，现场运维效率低，增加了停电时间。因此，智能变电站的合并单元、智能终端应尽量选用与对应保护装置同厂家的产品。

条文18.7.6　加强合并单元、采集执行单元额定延时参数的测试和验收，防止参数错误导致的保护不正确动作。

合并单元额定延时参数的准确性直接影响保护装置采样同步功能，进而影响保护装置的动作性能，因此应加强合并单元额定延时参数的测试和验收，防止参数错误导致的保护不正确动作。

【案例】　合并单元内部参数设置错误导致保护区外故障时误动。

某厂家未经公司专业检测的合并单元在某500kV智能变电站投入运行，该型号合并单元因内部软件参数设置错误导致其输出的部分通道电流较其他正常通道滞后一个周波（20ms）。在一次区外故障时，变电站内使用该合并单元问题通道数据的500kV 2号主变压器差动保护、220kV母线差动保护和部分220kV线路保护误动。

此次事故暴露的问题：①现场使用了未经公司专业检测合格的产品；②现场测试和验收中未仔细对合并单元额定延时参数进行测试。

条文18.7.7　运维单位应完善智能变电站现场运行规程，细化智能设备各类报文、信号、硬连接片、软连接片的使用说明和异常处置方法，应规范连接片操作顺序，现场操作时应严格按照顺序进行操作，并在操作前后检查保护的告警信号，防止误操作事故。

与传统保护装置相比，智能变电站保护装置之间的关联关系较传统保护装置更复杂，压板、报文、信号的数量及含义与以往有较大变化。随着“无人值班”模式在电网中的实现，为保证智能变电站的安全运行，相应的运行习惯必须随之改变。

为保证运维人员适应智能变电站的运行要求，确保不发生人为事故，要求运维单位在智能变电站投运前，除认真做好验收工作外，还应组织相关专业人员认真编写变电站的运行规程。现场运行规程除应注明报文、信号含义外，尤其应注明各类软、硬压板的投入、退出方法，明确异常处置方法等。

运维人员应严格按照现场运行规程进行各种操作，操作过程中一旦出现异常告警指示应立即终止操作并查明原因，防止发生误操作事故。

【案例1】　压板投退不正确导致变电站全停。

某330kV智能变电站330kV母线接入了2条线路及3台主变压器。现场进行2号主变压器及其三侧断路器检修时，投入了2号主变压器所在串的中断路器3320合并单元的“装置检修”硬压板，但未退出同串运行的L1线路保护“3320断路器SV接收软压板”，造成本侧L1线路保护闭锁及对侧L1线路差动保护闭锁。现场工作期间L1线路发生故障，本侧线路保护拒动，故障由线路L1对侧线路后备保护、L2对侧后备保护及1号和3号主变压器高压侧后备保护动作切除，造成该变电站全停。

事故暴露了智能变电站现场运行规程不完善、现场人员未正确掌握智能变电站压板的投退方法、未正确理解并处理线路保护装置告警信息等问题。

【案例2】　压板操作顺序不正确导致保护误动。

某220kV智能变电站因检修工作退出220kVⅠ-Ⅱ段母线A套母差保护，工作结束后恢复投入220kVⅠ-Ⅱ段母线A套母差保护时，在保护功能软压版投入的情况下，先退出母差保护的“投检修”压板，再依次投入各间隔“GOOSE发送软压板”和“间隔投入软压板”，母差保护每投入一个间隔接收软压板后就会将该间隔电流计入差流计算，在投入“间隔投入软压板”的过程中保护差流达到动作门槛，此时还未投入“母线电压投入软压板”，母线电压闭锁条件开放，220kVⅠ-Ⅱ段母线A套母差保护动作跳开220kVⅠ-Ⅱ段母线。事故暴露出现场作业人员未正确掌握智能变电站压板的投退方法。

条文18.7.8　应加强变电站配置描述文件（SCD）等配置文件在设计、基建、改造、验收、运行、检修等阶段的全过程管控，验收时要确保SCD等文件的正确性及其与设备配置文件的一致性，防止因SCD等文件错误而导致保护失效或误动。

智能变电站的SCD文件是具有唯一性的全站系统配置文件，SCD文件描述了智能变电站的一次系统结构，所有IED的实例配置信息，通信访问点的位置、地址以及IED之间的互联关系等，是全站统一的数据源。SCD文件的正确性及其与设备配置文件的一致性对变电站乃至整个电网的安全运行至关重要。因此，从设计阶段开始，在基建、验收、运行、改造以及检修等全过程都必须对SCD文件实施严格管控。

19

防止电力自动化系统、电力监控系统网络安全、电力通信网及信息系统事故的重点要求

总体情况说明：

为防止电力自动化系统、电力监控系统网络安全、电力通信网及信息系统事故，应严格执行下列法律法规和标准：

《中华人民共和国安全生产法》

《中华人民共和国网络安全法》

《中华人民共和国数据安全法》

《中华人民共和国密码法》

《中华人民共和国突发事件应对法》

《关键信息基础设施安全保护条例》

《安全生产事故报告和调查处理条例》

《电力安全事故应急处置和调查处理条例》

《电力监控系统安全防护规定》

《电力监控系统安全防护总体方案》

《电力行业信息安全等级保护管理办法》

《继电保护和安全自动装置技术规程》(GB/T 14285—2006)

《电力工程直流电源设备通用技术条件及安全要求》(GB/T 19826—2014)

《信息安全技术　网络安全等级保护基本要求》(GB/T 22239—2019)

《电力监控系统网络安全防护导则》(GB/T 36572—2018)

《通信电源设备安装工程验收规范》(GB 51199—2016)

《电力调度自动化运行管理规程》(DL/T 516—2017)

《电力通信运行管理规程》(DL/T 544—2012)

《电力系统通信站过电压防护规程》(DL/T 548—2012)

《光纤复合架空地线（OPGW）防雷接地技术导则》(DL/T 1378—2014)

《智能变电站监控系统技术规范》(DL/T 1403—2015)

《电力系统调度自动化设计规程》(DL/T 5003—2017)

《电力光纤通信工程验收规范》(DL/T 5344—2018)

《光纤通道传输保护信息通用技术条件》（DL/T 364—2019）

《通信用高频开关电源系统》（YD/T 1058—2015）

结合国家、行业近些年发布的法律、法规、规范、标准和相关文件提出的新要求，修改、补充和完善相关条款，从设计、建设、运行等阶段提出防止电力自动化系统、电力监控系统网络安全、电力通信网及信息系统事故的重点要求。

防止电力自动化系统事故部分新修订内容中明确了调度自动化系统不间断电源（UPS）等设备冗余配置，增加了时间同步监测、向量测量装置（PMU）次/超同步监测和高精度连续录波等要求，同时对厂站软件升级提出了新要求。

防止电力监控系统网络安全事故部分为新增内容。根据国家安全和社会经济的发展需求，以防止网络安全事件发生、保障电力安全稳定运行为目标，以国家、行业相关法律法规为依据，以网络安全隐患为导向，制订覆盖二次系统全生命周期的网络安全反事故措施。

防止电力通信网事故部分新修订内容针对目前生产运行中的事故风险提出了明确的防范措施，对需要相关专业配合来保障通信系统安全的工作提出了明确要求。针对历年通信网事故，结合当前电网发展趋势，以及电力通信网运行中出现的新问题，从规划设计、基建施工和运行等环节提出防止电力通信网事故的措施。

条文说明：

条文 19.1　防止电力自动化系统事故

电力调度自动化技术发展越来越快，电力系统的安全稳定经济运行对电力调度自动化系统的依赖程度越来越深，电力调度自动化系统的可靠性对安全生产的直接和间接影响越来越大。根据近年来发生的电力调度自动化系统相关事故，本节内容突出二次安全防护的重要性，突出调度自动化闭环控制功能的重要性，突出电源系统、时钟系统的重要性，突出基础数据（运行数据和电网模型）的重要性，突出电力系统动态过程监测分析的重要性，突出新能源监测分析的重要性。

条文 19.1.1　调度自动化主站系统和 110kV 及以上电压等级的厂站的主要设备（数据采集与交换服务器、监视控制服务器、历史数据库服务器、分析决策服务器、磁盘阵列、远动装置、电能量终端等）应采用冗余配置，互为热备，服务器的存储容量和中央处理器负载应满足相关规定要求。备用调度控制系统及其通信通道应独立配置，宜实现全业务备用。

为避免系统单点故障而影响系统可靠性，调度自动化系统的主要设备在技术设计上，必须采取冗余技术配置来提高运行可靠性；为了保证系统的处理能力，服务器的存储容量必须空余一定比例，中央处理器（CPU）负载必须低于一定指标，在不同条件下的具体指标遵从相关规定。《电力系统调度自动化设计规程》

（DL/T 5003—2017）中明确规定：调度端调度自动化系统硬件配置应遵循冗余化配置原则，整个系统宜采用双重化网络结构，承担主要功能的服务器宜采用双机或多机集群方式互为热备用，主要功能的服务器每套宜配置2个及以上中央处理单元。计算机中央处理单元平均负荷率在电力系统正常情况下，任意30min内，应小于20%。在电力系统事故状态下，10s内应小于50%。在确定计算机内、外存容量时，应考虑在满足设计水平年要求的基础上留有一定的备用容量，以利于系统的扩充。对厂站端设备，单机容量300MW及以上的发电厂和枢纽变电站可采用主要模块冗余配置的远动系统。

条文19.1.2　主网500kV（330kV）及以上厂站、220kV枢纽变电站、大电源、电网薄弱点、通过35kV及以上电压等级线路并网且装机容量40MW及以上的风电场、光伏电站均应部署相量测量装置（PMU）。其测量信息应能满足调度机构需求，并提供给厂站进行就地分析。相量测量装置与主站之间应采用调度数据网络进行信息交互。新能源发电汇集站、直流换流站及近区厂站的相量测量装置应具备连续录波和次/超同步振荡监测功能。

本条文强调电力系统动态过程监测分析对电力系统安全的重要性，突出对新能源监测分析的要求。相量测量装置应具备同时向多个主站实时传送动态数据的能力；装置应能接受多个主站的召唤命令，实时传送部分或全部测量通道的动态数据。同时，厂站本地也应部署有动态监测分析终端，具备一定的就地监测分析功能。根据《电力系统同步相量测量装置通用技术条件》（DL/T 280—2012）的要求，相量测量子站和主站之间的通信方式应采用网络方式。为提高可靠性，广域相量测量系统主站应具备同时从调度数据网一平面和二平面接收数据的能力。与传统的数据采集与监视控制（SCADA）数据相比，同步相量测量数据（PMU数据）具有时间同步精度高、时间分辨率高的双重优点，能反映系统低频振荡等常规SCADA数据不能反映的问题。基于PMU数据，调度中心可以在同一参考时间框架下捕捉到电力系统全网的实时动态信息。新能源发电的随机性和快速波动性也需要利用PMU来实现监测分析。随着智能电网调度技术支持系统的建设，PMU量测信息已成为综合智能告警、在线稳定分析和日常动态监测分析的重要数据来源。相量测量装置的测量信息应具备一发多收功能（信息同时发送给多个主站）。相量测量子站和主站之间的通信方式要统一考虑，尽量保证前期和后期工程的一致性。近年来，新能源电站引起的次同步振荡时有发生，次同步振荡将会引起风机脱网、设备损坏、邻近火电机组的轴系扭振问题，对电力系统的安全稳定运行带来挑战，为进一步分析振荡发生原因、传播途径，同步相量测量装置应具备连续录波功能和同步振荡监测功能，为电力系统的运行控制提供预警。

条文19.1.3　调度自动化主站系统应采用专用的、冗余配置的不间断电源

(UPS) 供电，不应与信息系统、通信系统合用电源，不间断电源涉及的各级低压开关过电流保护定值整定应合理。采用模块化的 UPS，应避免并联等效电阻过低，引起直流绝缘监测装置监测误告警。UPS 单机负载率应不高于 40%。外供交流电消失后 UPS 电池满载供电时间应不小于 2h。交流供电电源应采用两路来自不同电源点供电。发电厂、变电站远动装置、计算机监控系统及其测控单元、变送器等自动化设备应采用冗余配置的不间断电源或站内直流电源供电。具备双电源模块的装置或计算机，两个电源模块应由不同电源供电。相关设备应加装防雷（强）电击装置，相关机柜及柜间电缆屏蔽层应可靠接地。

调度自动化主站各系统的可靠运行特性要求电源供电的质量和可靠性，所以必须配备专用的不间断电源装置。不间断电源应采用冗余配置，为了避免单个交流供电电源因检修或其他因素失电后导致风险，要求采用两路来自不同电源点供电，某些关键单位还应配备柴油发电机组等应急电源。子站系统的供电电源包括 UPS、直流电源或一体化电源，子站系统的供电电源也应冗余配置，保证数据采集和监控的不间断。具备双电源模块的装置或计算机，两个电源模块应由不同电源供电。冗余配置的单电源设备，应由不同电源供电。为保证子站设备及其供电电源的安全、可靠运行，对相关设备应装备防雷（强）电击装置。为降低电场和磁场的干扰，二次控制系统中广泛使用屏蔽电缆。屏蔽层也会耦合电磁噪声，所以需要屏蔽层接地。根据《电力工程电缆设计标准》（GB 50217—2018），控制电缆金属屏蔽的接地方式，应符合下列规定：

（1）计算机监控系统的模拟信号回路控制电缆屏蔽层，不得构成两点或多点接地，宜用集中式一点接地。

（2）除（1）项等需要一点接地情况外的控制电缆屏蔽层，当电磁感应的干扰较大时，宜采用两点接地；静电感应的干扰较大，可用一点接地。双重屏蔽或复合式总屏蔽，宜对内、外屏蔽分用一点、两点接地。

（3）两点接地的选择，还宜考虑在暂态电流作用下屏蔽层不致被烧熔。

【案例】

1. 事故经过

某电力公司调度大楼 UPS 系统由两台 300kVA 美国 GE 公司全冗余并机组成，为自动化机房、调度台、部分信息系统和通信机房部分 PC 服务器提供工作电源。正常单台 UPS 负载为额定容量的 32%，两台合计负荷达到 200kVA 左右。某日，2 号 UPS 因风扇故障停运，负载全部自动切至 1 号 UPS。7 天后安排消缺，完成 2 号 UPS 风扇更换工作。经检测正常后，1 号、2 号 UPS 并机运行，1h 后确认无异常告警，开始 2 号 UPS 全负荷加载能力测试，测试中发生 2 号 UPS 逆变器模块击穿短路，大楼配电房 UPS 供电主开关过电流越级跳闸，1 号、2 号 UPS 旁路电源切换失败，造成UPS所带负载失电。

2. 事故原因

(1) 2号UPS主机逆变器模块老化导致耐负荷冲击能力下降，全载能力测试过程中瞬间冲击负荷击穿逆变模块晶闸管B、C相，造成单相短路，是故障发生的直接原因。

(2) UPS供电主开关和分路开关保护定值整定不匹配。短路瞬间对市电交流部分产生冲击，导致配电房UPS供电主开关越级跳闸，是故障发生的主要原因。

注：UPS供电主开关额定电流为1600A，过电流保护整定值为800A，0.5s；UPS分路开关额定电流为1000A，过电流保护整定值为1000A，1s。

条文19.1.4　厂站内的远动装置、相量测量装置、电能量终端、时间同步装置、计算机监控系统及其测控单元、变送器及安全防护设备等自动化设备（子站）必须是通过具有国家级检测资质的质检机构检验合格的产品。

《电力调度自动化运行管理规程》(DL/T 516—2017）中明确规定：远程终端单元主机、配电网自动化系统远方终端、电能量远方终端、各类电工测量变送器、交流采样测控装置、PMU、关口电能表、安全防护装置等设备，应取得国家有资质的电力设备检测部门颁发的质量检测合格证后方可使用。电力系统时间同步的准确性是保障电力系统运行控制和故障分析的重要基础条件，在DL/T 516—2017中列举的设备之外，本条文明确要求时间同步装置也必须通过具有国家级检测资质的质检机构检验合格。

条文19.1.5　调度范围内的发电厂、110kV及以上电压等级的变电站应采用开放、分层、分布式计算机双网络结构，自动化设备电源模块通信模块应冗余配置，优先采用专用装置，无旋转部件，采用经国家指定部门认证的安全加固的操作系统；至调度主站（含主调和备调）应具有两路不同路由的网络通道（主/备双通道）。

发电厂、变电站自动化系统在功能逻辑上宜由站控层、间隔层组成，对于智能变电站，还应有过程层。两层（三层）之间用分层、分布、开放式网络系统实现连接。全站网络在逻辑功能上可由站控层网络和过程层网络组成。为适应调度自动化子站相对恶劣的运行环境，确保数据可靠传输，自动化设备通信模块应冗余配置，优先采用专用装置，无旋转部件（如风扇、旋转硬盘等），采用专用操作系统。自动化设备至调度主站（含主调和备调）应具有独立的两路不同路由的通信通道和两路不同路由调度数据网通道。

条文19.1.6　发电厂、变电站基（改、扩）建工程中调度自动化设备的设计、选型应符合调度自动化专业有关规程规定，并须经相关调度自动化管理部门同意。现场设备的信息采集、接口和传输规约必须满足调度自动化主站系统的要求。改

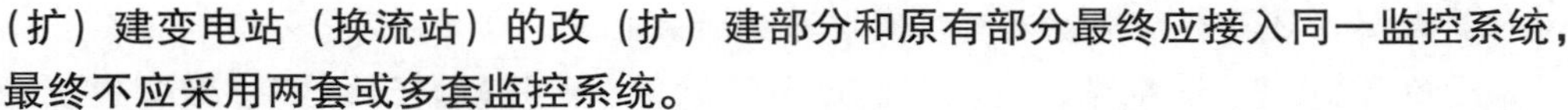

(扩）建变电站（换流站）的改（扩）建部分和原有部分最终应接入同一监控系统，最终不应采用两套或多套监控系统。

调度自动化主站、子站、通道等二次设备承担着电网运行的数据采集、传输、监测分析与控制等功能。为确保调度运行人员对一次设备的启动过程及正常运行情况进行可靠监测，必须在基建、改（扩）建工程启动前对自动化系统（设备）进行提前调试，并和主站进行联调，出具符合要求的调试和验收报告，提交符合规范的资料文档，确保与一次设备同步投入运行。

条文 19.1.7　在基建调试和启动阶段，生产单位技术监督部门应在启动前检查现场调度自动化设备安装验收情况，调度自动化设备有关的运行规程、操作手册、系统配置图纸等应完整、正确，并与现场实际接线相符，调度自动化系统主站、子站、调度数据网等必须提前进行调试，确保与一次设备同步投入运行，投产资料文档应同步提交。

《电力调度自动化运行管理规程》（DL/T 516—2017）规定调度自动化子站设备应与一次系统同时设计、同时建设、同时验收、同时投入使用。《电网运行准则》（DL/T 1040—2007）对厂站并网程序规定：在首次并网日 7 日前，拟并网方与相关调控机构共同完成调度自动化系统的联调。经调控机构组织认定，拟并网方不满足并网技术条件时，拒绝其并网运行。

条文 19.1.8　厂站数据通信网关机、相量测量装置、时间同步装置、调度数据网及安全防护设备等屏柜宜集中布置，双套配置的设备宜分屏放置且两个屏应采用独立电源供电。二次线缆的施工工艺、标识应符合相关标准、规范要求。

设备布置、供电及线缆施工要求，厂站数据通信网关机、相量测量装置、时间同步装置、调度数据网及安全防护设备等自动化子站设备，要求运行稳定可靠、数据精准及时、传输快捷高效、防护严密牢固。因此，为便于高效安全维护，将这些设备屏柜集中布置，根据相关标准规范进行二次线缆的施工，做到工艺美观优质，标识清晰规范。同时，为提升可靠性而双套配置的设备应采用两路独立电源供电。两路独立电源是指来自不同电源点的供电电源，例如两台不间断电源分别供电、两条不同母线的站内直流电源分别供电等。

【案例】　不间断电源故障导致全站通信中断。

某变电站全站通信突然中断，3h 后，自动化人员到达现场后才恢复。经过检查，发现现场一台不间断电源故障，另一台正常运行，但两套调度数据网安装在一个屏中，并采用一套不间断电源供电，当此电源故障时，两套数据网全部失电，导致与主站信息通信全部中断。经过处理，不间断电源故障解除后恢复正常供电，并将两套数据网设备分别通过两路不间断电源供电。

事故暴露问题：调度数据网设备等核心设备关系到变电站信息的上传，不仅需要冗余配置，还要分屏通过两路不同电源分别供电。

条文 19.1.9　变电站、发电厂监控系统软件、应用软件升级和参数变更应经过测试并向对应调度中心提交合格测试报告后方可投入运行。

条文 19.1.10　主站系统应建立基础数据一体化维护使用机制和考核机制，利用状态估计、综合智能告警、远程浏览、母线功率不平衡统计等手段，加强对基础数据质量的监视与管理，不断提高基础数据（尤其是电网模型参数和运行数据）的完整性、准确性、一致性和及时性。

自动化基础数据的运行维护质量（尤其是220kV以上变电站、开关站、直流换流站、发电厂等基础数据的质量）直接关系到运行监测和各项高级应用功能的可靠性和可信性。应从以下几个方面提高基础数据质量：一是提高量测覆盖率，提高基础数据完整性，满足全网可观测的要求并具备一定的冗余度。二是通过各种技术手段开展厂站量测数据检测与校核，全面提高基础数据准确性。三是协同调度自动化及其他各专业推进电网模型和设备参数的统一管理、分级维护工作，促进各级调度中心基础数据的“源端维护、全网共享”，提高基础数据一致性。四是进一步提高基础数据及时性，为分析预警功能提供及时的基础数据；加强模型参数管理，及时准确地维护基础模型和设备参数。五是进一步加强IEC 61970《能量管理系统应用程序接口（EMS-API）》（DL/T 890）、IEC 61850《变电站通信网络与系统》（DL/T 860）、IEC 61968《电力企业应用集成配电管理的系统接口》（DL/T 1080）等系列标准的推广应用，推进调度自动化、变电站自动化、配网自动化的数据模型和程序接口的标准化，实现基础数据和基本功能的标准化交互与共享。

条文 19.1.11　发电厂自动发电控制和自动电压控制子站应具有可靠的技术措施，对接收到的所属调度自动化主站下发的自动发电控制指令和自动电压控制指令进行安全校核，对本地自动发电控制和自动电压控制系统的输出指令进行校验，拒绝执行明显影响电厂或电网安全的指令。除紧急情况外，未经调度许可不得擅自修改自动发电控制和自动电压控制系统的控制策略和相关参数。厂站自动发电控制和自动电压控制系统的控制策略更改后，需要对安全控制逻辑、闭锁策略、监控系统安全防护等方面进行全面测试验证，确保自动发电控制和自动电压控制系统在启动过程、系统维护、版本升级、切换、异常工况等过程中不发出或执行控制指令。

调度自动化主站对发电厂下发的自动发电控制（AGC）指令和自动电压控制（AVC）指令是根据电网运行情况对机组有功出力和无功出力（或母线电压等）进行调整的遥调指令。正常情况下，AGC和AVC调整指令均在规定范围内。并网发电厂机组监控系统或DCS应及时、可靠地执行所属电力调度机构自动化主站下发AGC和AVC指令，同时应具有可靠的技术措施，对接收的AGC、AVC指令和本地输出指令进行安全校核，拒绝执行超出机组或电厂规定范围等异常指令，避

免因各种异常引起的错误指令而影响到电厂和电网的安全运行。《电力调度自动化运行管理规程》（DL/T 516—2017）规定：凡参与电网 AGC 调整的机组（发电厂），在新机组投产前和机组大修后，必须经过对其有调度管辖权的调度机构组织进行的系统联合测试。测试前发电厂应向调度机构提出进行系统联合测试的申请，并提供机组（发电厂）有关现场试验报告；系统联合测试合格后，由调度机构以书面形式通知发电厂。凡参加 AGC 运行的单位必须保证其设备的正常投入。除紧急情况外，未经调度许可不得将投入 AGC 运行的机组（发电厂）擅自退出运行或修改参数。

【案例 1】　2013 年 3 月 21 日，某水电厂 AGC 发出错误控制指令，导致全厂有功出力从 2072MW 大幅降至 259MW，系统频率降至 49.941Hz。事故发生 4min 后，全厂出力开始逐渐恢复；9min 后，恢复至正常水平。经相关调控机构、水电厂和 AGC 生产厂等单位现场联合分析，认定此次电厂运行异常主要由电厂 AGC 软件缺陷造成。电厂在进行 AGC 本地维护时，因实时库数据异常、防误逻辑不完善等原因导致 AGC 出口发出错误的控制命令，最终引发全厂出力大幅下降和跨区电网功率转移。已知的软件缺陷包括实时库过渡状态数据异常、数据访问接口未处理错误返回值、控制功能启用时直接使用历史设定值、控制值未与当前出力校验等。

【案例 2】　2013 年 6 月 20 日，某火力发电厂 AGC 发出错误控制指令导致 3 号机组跳闸。该厂于 2012 年 7 月开始启动 3 号机组进行 AGC 控制功能优化调整工作，2013 年 6 月底完成软件优化。本次事故前，3 号机组有功功率为 600MW，AGC 投运优化模式，机组运行正常。此时，因 AGC 指令比实际负荷小但汽轮机调节门不动，运行人员手动退出 AGC 优化模式，退出 AGC 优化模式 2s 后总阀位指令开始下降，调节门开始关小，退出 AGC 优化模式 4s 后总阀位指令降至 3%，退出 AGC 优化模式 5s 后高压调节门全关，中压调节门关至 10%，汽轮机有功功率由 600MW 降至 22MW，运行人员手动停机。经分析，此次事故主要原因：

（1）电厂擅自修改本地 AGC 控制系统的策略和参数。

（2）控制策略不合理，且两种控制模式配合不当，控制模式切换时未对两种控制模式的控制值进行校验。

（3）控制值未与当前出力进行校验。

条文 19.1.12　调度自动化系统运行维护管理部门应结合本网实际，建立健全各项管理办法和规章制度，应包括但不限于制订和完善调度自动化系统运行管理规程、调度自动化系统运行管理考核办法、机房安全管理制度、系统运行值班与交接班制度、系统运行维护制度、运行与维护岗位职责和工作标准等。

条文 19.1.13　应制订和落实调度自动化系统应急预案和故障恢复措施，系统和运行数据应定期备份。

应急预案用于调度自动化系统发生各种灾难情况下的处理流程；故障恢复措施是指导调度自动化系统，在发生可恢复故障情况下的系统恢复办法；应急预案和故障恢复措施应定期演练，对演练中发现的应急处理流程、软硬件缺陷、备品备件管理等方面的问题要及时予以完善。系统和数据事先按规定定期备份，提供在发生信息被破坏（如硬盘故障、数据丢失等）情况下的恢复信息源。

条文 19.1.14　按照有关规定的要求，结合一次设备检修或故障处理，定期对调度范围内厂站远动信息（含相量测量装置信息）进行测试。遥信传动试验应具有传动试验记录，遥测精度应满足相关规定要求。

《电力调度自动化运行管理规程》（DL/T 516—2017）中规定：与一次设备相关的子站设备（如变送器、测控单元、电气遥控和 AGC 遥调回路、相量测量装置、电能量远方终端等）的检验时间应尽可能结合一次设备的检修进行，并配合发电机组、变压器、输电线路、断路器、隔离开关的检修，检查相应的测量回路和测量准确度、信号电缆及接线端子，并做遥信和遥控的联动试验。遥测的总准确度应不低于1.0级，即从变送器入口（采用交流采样方式的应从交流采样测控单元的入口）至调度显示终端的总误差以引用误差表示的值不大于＋1.0%，且不小于－1.0%。随着相量测量装置（PMU）布点的增多，以及基于 PMU 动态数据的监测分析控制功能不断实用，对 PMU 的精度要求也越来越受到重视。PMU 的精度要求及检测方法参见《电力系统同步相量测量装置通用技术条件》（DL/T 280—2012）以及《电力系统同步相量测量装置检测规范》（GB/T 26862—2011）。

条文 19.1.15　调度端及厂站端应配备全站统一的卫星时钟设备和网络授时设备，对站内各种系统和设备的时钟进行统一校正。主时钟应采用双机双时钟源（北斗和 GPS）冗余配置。时间同步装置应能可靠应对时钟异常跳变及电磁干扰等情况，避免时钟源切换策略不合理等导致输出时间的连续性和准确性受到影响。被授时系统（设备）对接收到的对时信息应做校验。

电力系统时间同步的准确性是保障电力系统运行控制和故障分析的重要基础条件，其核心功能是为暂态、动态、稳态数据采集和电网故障分析提供时间同步服务。调控机构、变电站、发电厂涉网设备均应配置统一的时间同步装置，主时钟应采用双机冗余配置。电力系统时间同步应以天基授时为主，地基授时为辅，逐步形成天地互备的时钟同步体系；天基授时应采用以北斗卫星对时为主、全球定位系统（GPS）对时为辅的单向授时方式；地基授时应采用以本地时钟授时为主、通信系统同步网资源为辅的对时方式。时间同步装置应具有合理的时钟源切换策略，在进行时间源选择和切换时，应采用多源判决机制，结合本装置时间、北斗、GPS 和地面时间源进行综合判断，确保时间同步装置输出时间的连续性和准确性。时间同步装置应满足厂站电磁防护和环境要求，确保在电磁干扰及现场物理环境下，保持

时间信号输出的正确性和稳定性。

条文 19.2　防止电力监控系统网络安全事故

电力监控系统（二次系统）指各类自动化系统、继电保护和安全装置、电力通信系统等；适应于电力系统中各类发电厂、变电站及各级调度控制中心的各种生产控制系统，重点保护实时闭环控制的功能安全和网络安全。应不断完善网络安全防护体系。电力监控系统网络安全防护体系呈四维时空立体结构，其中，X 轴为安全防护技术（T）、Y 轴为应急备用措施（E）、Z 轴为安全管理（M），T 轴为不断发展的时间坐标（t），称为 TEMt 防护体系。安全防护技术（T）维度主要包括基础设施安全、体系结构安全、系统本体安全、安全可信免疫等。应急备用措施（E）维度主要包括冗余备用、应急响应、多道防线等。安全管理（M）维度主要包括全体人员安全管理、全部设备安全管理、全生命周期安全管理、全部融入安全生产管理体系。时间坐标（t）维度主要表示该体系将随时间而不断发展完善。

条文 19.2.1　电力监控系统（或电力二次系统，包括继电保护和安自装置、各类自动化系统、电力通信系统等）安全防护满足《中华人民共和国网络安全法》《电力监控系统安全防护规定》[国家发展改革委令第 14 号（2014 年）]、《电力监控系统网络安全防护导则》(GB/T 36572）等有关要求，建立健全网络安全防护体系（包括安全防护技术、应急备用措施、全面安全管理、不断发展完善），坚持“安全分区、网络专用、横向隔离、纵向认证”结构安全基本原则，落实网络安全防护措施与电力监控系统同步规划、同步建设、同步使用要求，确保电力监控系统安全防护体系完整、可靠，具有数据网络安全防护实施方案和网络安全隔离措施，分区合理、隔离措施完备、可靠，提高电力监控系统安全防护水平。禁止通过外部公共信息网直接对场站内设备进行远程控制和维护。

条文 19.2.2　电力监控系统安全防护策略从边界防护逐步过渡到全过程安全防护，禁止选用经国家相关管理部门检测存在信息安全漏洞的设备，信息系统安全保护等级为安全四级的主要设备应满足电磁屏蔽的要求，全面形成具有纵深防御的安全防护体系。

在以边界防护为主的栅格状电力二次系统安全防护体系基础上，采用国产化设备、国产安全操作系统、国产数据库和自主开发的应用软件，深化应用安全防护，建成电力二次系统纵深安全防御体系，落实等级保护要求。四级系统应对关键区域实施电磁屏蔽；四级系统要采用两道门禁。

【案例】　2009 年 3 月 11 日 10 时 20 分，某厂 3 号机组 MMI 人机接口站（除了大屏，包括工程师站和操作员站）突然全部死机，数据无法刷新，无法进行操作，仅能通过大屏进行监控。对操作员站关机后重新启动，前几分钟基本正常，但之后数据又无法刷新，CPU 负荷率达到 100%，scvhost. exe 进程占用大量资源。

用 Windows 清理助手扫描发现 IRIWWL. DLL 文件含未知木马程序风险并隔离，重启后操作员站正常，并安装了 symantec 防火墙。更新了 symantec 病毒库后进行扫描查毒，发现了 w32. downadup 病毒（感染文件较多），依次对各操作站分别进行了杀毒操作。杀毒完成后，重启主机并恢复网络，不久后 symantec 防火墙又发现新的感染文件。为此进行试验，选择 1 台操作站重新杀毒后重新启动，较长时间单独运行正常；后连接 A/B 网，不久即发现病毒。因而可以认为该 w32. downadup 蠕虫病毒在网络中迅速传播。

在联系了 DCS 技术服务人员至现场后，相关人员一同对 3 号机组 DCS 故障的原因进行了分析，认为：

（1）此次 3 号机组 DCS 发生的网络通信故障，主要是由于上位机中存在蠕虫病毒，在网络通信过程中，蠕虫病毒大量发数据包，致使 C 网网络通信量巨大，而使 DCS 数据通信交换堵塞。

（2）3 号机组 DCS 的上位机中，仅安装了 Windows 操作系统的初始版，未安装任何系统补丁（Server Pack），Windows 操作系统存在安全漏洞，一旦病毒侵入，Windows 操作系统不能有效进行防止，影响上位机的正常工作。大屏所连接的操作站正是由于之前更换主机时安装了带 SP4 补丁的新操作系统，因而在此次故障中仍正常运行。目前 3 号机组的上位机均安装了 Windows 操作系统补丁（Server Pack4），对于病毒的控制（输入与输出）作用较强，起到了系统安全的保障作用。同时安装了新的上位机以便其他上位机故障时备用。

（3）进一步分析其病毒可能的来源有两路，一路是 DCS 工程师站的 USB 外接储存设备，由于外接储存设备可能存在病毒而感染上位机；另一路是 DCS 与 SIS 系统在通信建立的初期，在双方进行数据交换过程中，病毒可以由 SIS 系统向 DCS 侵入。

条文 19.2.3　生产控制大区内部的系统配置应符合规定要求，硬件应满足要求；生产控制大区一和二区之间应实现逻辑隔离，访问控制规则（ACL）应按最小化原则进行配置；连接生产控制大区和管理信息大区间应安装单向横向隔离装置；发电厂至上一级调度机构电力调度数据网之间应安装纵向加密认证装置，以上两装置应经过国家权威机构的测试和安全认证。

“安全分区、网络专用、横向隔离、纵向认证”是电力二次系统安全防护的基本原则。

（1）安全分区。电力生产企业、电网企业、供电企业内部基于计算机和网络技术的业务系统，原则上划分为生产控制大区和管理信息大区，生产控制大区可以分为控制区（又称安全区Ⅰ）和非控制区（又称安全区Ⅱ）。

（2）网络专用。电力调度数据网应在专用通道上使用独立的网络设备组网，在

物理层面上实现与电力企业其他数据网及外部公共信息网的安全隔离。

(3) 横向隔离。在生产控制大区与管理信息大区之间必须设置经国家指定部门检测认证的电力专用横向单向安全隔离装置。

(4) 纵向认证。在生产控制大区与广域网的纵向边界处，应设置经过国家指定部门检测认证的电力专用纵向加密认证装置，或者加密认证网关及相应设施。

条文 19.2.4 调度主站、变电站、统调发电厂生产控制大区的业务系统与终端的纵向通信应优先采用 OPGW 光纤通信的电力调度数据网等专用数据网络，并采取有效的防护措施；使用无线通信网或非电力调度数据网进行通信的，应设立安全接入区，并采用安全隔离、访问控制、安全认证及数据加密等安全措施。配电网自动化、用电负荷控制、风电场和光伏电站内部控制等业务可以采用无线通信方式，但必须采用网络安全防护措施，防止系统末梢的无线通信直接联入电力控制专用网络。

本条文为新增条款。根据《电力监控系统安全防护规定》[国家发展和改革委员会令第 14 号 (2014 年)] 第八条、第九条提出该条款。

条文 19.2.5 调度主站具有远方控制功能（如系统保护、精准切负荷等）的业务应采用人员、设备和程序的身份认证，具备数据加密等安全技术措施。

本条款为新增条款。根据国家能源局发布的《电力监控系统安全防护总体方案》(国能安全〔2015〕36 号) 中 2.1.5、2.4.6，提出该条款。

各级调度机构对变电现场设备实现了全面集中监控，设备的远方操作也得到了全面实施，使操作变得高效、快速，节省了大量的人力、物力，但是在实现便利的同时，也带来了一些新的挑战。由于网络的广泛性和开放性，所有能直接或间接连接调度控制系统的人员或程序都可以对设备进行远方控制操作，因此必须对操作人员的身份进行安全认证，有效识别操作者的身份，阻止没有权限的人员或者黑客、病毒程序对设备进行误操作或恶意操作，仅仅允许具有操作资格的人员进行设备的远方遥控操作，确保设备远方遥控操作的安全。

电网调度控制系统用户权限管理功能应支持实名配置的调度数字证书管理，采用双因子身份鉴别机制进行访问控制。数字证书应由电力专用调度证书服务系统签发；身份鉴别应使用基于密码、智能卡或指纹型智能卡等方式的双因子鉴别技术，并提供相应智能卡管理工具，支持口令修改、指纹登记等功能。对于调度员和监控员的远方操作（如遥控、遥调、AGC 设点、AVC 投切），应采用调度数字证书及安全标签技术进行安全加固。具有远方控制功能的业务必须采用人员、设备和程序的身份认证，并具备数据加密等安全技术措施，不具备条件的单位要进行整改。

【案例】 黑客利用病毒入侵工控系统而获取一次设备控制权。

2010 年 9 月，A 国利用震网病毒，一种主要利用 Windows 系统漏洞攻击西门子公司控制系统的数据采集与监视控制系统（SCADA系统）的恶性蠕虫计算机病毒，侵入I国离心浓缩厂的工业控制系统，并获得其离心机转速调整控制权，通过超额调整离心机最高转速的方式，成功破坏I国离心浓缩厂1/5的离心机。

事故暴露问题：该起网络安全事件中，I国离心浓缩厂工业控制系统未使用人员、设备和程序的身份认证，导致一次设备控制权被黑客获取，继而发生一次设备事故。

条文19.2.6　地级及以上调度机构应建设网络安全管理平台或网络安全态势感知系统，调管厂站侧应部署网络安全监测装置或网络安全态势感知采集装置，实现对调度控制系统、变电站监控系统、发电厂涉网监控系统网络安全事件的监视、告警、分析和审计功能。应建立配电自动化系统、负荷控制系统等其他电力监控系统及其终端的网络安全事件的监测和管理技术手段，并将重要告警信息及时传送至调度机构网络安全管理平台或网络安全态势感知系统。

本条文为新增条款。根据国家能源局发布的《电力监控系统安全防护总体方案》（国能安全〔2015〕36号）中3.13、《中华人民共和国网络安全法》第二十一条，提出该条款。

建设网络安全管理平台，部署网络安全监测装置对电力监控系统网络安全进行全覆盖，实现网络安全事件的集中收集，统一管理。通过全方位的数据采集，及时发现系统存在的异常和漏洞，有利于故障的及时处理，保护关键业务，为安全检查、安全评估提供方便的工具和手段。因此需要在地级及以上调控机构建立网络安全管理平台。同时，调度机构作为电力监控系统网络安全的归口管理部门，需要统一收集调度自动化系统、配电自动化系统、负荷控制系统等告警信息，因此负荷控制系统等其他电力监控系统以及相对应的终端设备也需要建立网络安全事件的监测与管理并将重要信息上送至调度机构网络安全管理平台。

根据国家能源局发布的《国家能源局关于印发电力监控系统安全防护总体方案等安全防护方案和评估规范的通知》（国能安全〔2015〕36号）中《电力监控系统安全防护总体方案》3.13、《国家电网有限公司电力二次系统安全防护管理规定》第二十二条、《中华人民共和国网络安全法》第二十一条，提出该条款。

设计阶段网络安全管理平台应包括安全核查、安全监视、安全告警、安全分析、安全审计等功能，能够对电力监控系统的安全风险和安全事件进行实时的监视和在线的管控。在设计阶段，应将变电站、并网电厂网络安全监测装置部署及厂站监测对象接入纳入设计方案，不能遗漏。

【案例1】　某电厂设计方案缺失网络安全监测装置。

在对某电厂初步设计评审时，发现该厂初步设计方案中缺少网络安全监测装置，未考虑部署网络安全监测装置。后通知相应电厂修改设计方案以满足安全防护要求。

事故暴露问题：该电厂对于网络安全防护认识不到位，设计阶段未考虑网络安全监测装置部署，不满足对该厂网络安全事件的监视、告警、分析和审计功能的需求。

【案例 2】 某电厂设计方案中未考虑监测对象接入网络安全监测装置。

初设评审时发现某电厂设计方案中有网络安全监测装置，但未考虑将厂站内监测对象接入网络安全监测装置，在拓扑图中未予体现。后通知相应电厂修改设计方案以满足安全防护要求。

事故暴露问题：此电厂不了解电力监控系统网络安全防护要求，未根据网络安全防护需求进行初步设计，设计方案中未体现将厂站监测对象接入网络安全监测装置，不能实现对电力监控系统的安全风险和安全事件进行实时的监视和在线的管控。

条文 19.2.7　火力发电厂分散控制系统与管理信息大区之间必须设置经国家指定部门检测认证的电力专用横向单向安全隔离装置。分散控制系统与生产控制大区其他业务之间至少应采用具有访问控制功能的设备、防火墙或者相当功能的设施，实现逻辑隔离。分散控制系统禁止采用安全风险高的通用网络服务功能。分散控制系统的重要业务系统内部通信应采用加密认证机制。

本条文为新增条款。根据国家能源局发布的《电力监控系统安全防护总体方案》（国能安全〔2015〕36 号）配套《发电厂监控系统安全防护方案》，提出该条款。

火力发电厂分散控制系统是火力发电厂最重要的系统之一，分散控制系统与管理信息大区之间设置经国家指定部门检测认证的电力专用横向单向安全隔离装置，确保与火力发电厂管理信息大区强物理隔离。分散控制系统与生产控制大区其他业务之间通过部署硬件防火墙实现逻辑隔离。当前火力发电厂分散控制系统与生产控制大区内部厂级信息监控系统通过部署电力专用横向单向安全隔离装置也实现强物理隔离。分散控制系统与涉调度数据网的自动发电控制系统、自动电压控制系统通过硬接线方式实现关键指令单向通信。分散控制系统禁止采用安全风险高的 telnet、ftp 等通用网络服务功能。

条文 19.2.8　调度主站、变电站、发电厂电力监控系统工程建设和管理单位（部门）应严格按照安全防护要求，保障横向隔离、纵向认证、调度数字证书、网络安全监测等安全防护技术措施与电力监控系统同步建设，根据要求配置安全防护策略，验收合格方可开展业务调试。

本条文为新增条款。根据国家能源局发布的《电力监控系统安全防护总体方案》（国能安全〔2015〕36 号）中 2.2、2.3、2.4、2.5，提出该条款。

为保障电力监控系统在建设和运行阶段都安全可控，其安全防护技术措施应与电力监控系统同步建设，且应在安全防护策略配置正确、完备的情况下开展业务调试。

配置网络安全防护装置前，其配置方案需要经过相应调度机构审核，确保配置正确、防护到位。待网络安全防护设备配置完毕后再行向相应调度机构申请业务调试。禁止使用网线绕过网络安全防护设备开展业务调试。

条文 19.2.9　变电站、发电厂电力监控系统安全防护实施方案应经过相应调度机构的审核，方案实施完成后应通过相应调度机构参与的验收。

本条文为新增条款，根据《电力监控系统安全防护规定》［国家发展和改革委员会令第14号（2014年）］中第十五条内容，提出该条款。

电力调度机构、发电厂、变电站等运行单位的电力监控系统安全防护方案必须经本企业的上级专业管理部门和信息安全管理部门以及相应电力调度机构审核，方案实施完成后应当由上述机构验收。

条文 19.2.10　调度主站、变电站、发电厂电力监控系统工程建设和管理单位（部门）应按照最小化原则，采取白名单方式对安全防护设备的策略进行合理配置。电力监控系统各类主机、网络设备、安防设备、操作系统、应用系统、数据库等应采用强口令，并删除缺省账户。应按照要求对电力监控系统主机及网络设备进行安全加固，关闭空闲的硬件端口，关闭生产控制大区禁用的通用网络服务。

本条文为新增条款，根据《国家能源局关于印发电力监控系统安全防护总体方案等安全防护方案和评估规范的通知》（国能安全〔2015〕36号）中《电力监控系统安全防护总体方案》2.2内容，提出该条款。

最小化原则是信息安全三项基本原则之一，指受保护的敏感信息只能在一定范围内被共享，履行工作职责和职能的安全主体，在法律和相关安全策略允许的前提下，为满足工作需要，仅被授予其访问信息的适当权限。

定期对电力监控系统主机及网络设备进行安全加固，解决系统存在的安全问题，使其安全性达到系统安全级别要求。可采取安装补丁、添加本机安全策略、安装和更新安全软件等方式进行。网络设备的安全配置包括关闭或限定网络服务、避免使用默认路由、关闭边界OSPF路由功能、采用安全增强的网管协议、设置受信任的网络地址范围、记录设备日志、设置高强度密码、开启访问控制列表、封闭空闲的网络端口等。

条文 19.2.11　调度主站、变电站、发电厂电力监控系统在设备选型及配置时，应使用国家指定部门检测认证的安全加固的操作系统和数据库，禁止选用经国家相关管理部门检测认定并通报存在漏洞和风险的系统和设备。生产控制大区中除安全接入区外，应禁止选用具有无线通信功能的设备。调度主站、变电站、发电厂生产控制大区各业务系统的调试工作，须采用经安全加固的便携式计算机及移动介质，严格按照调度分配的安全策略和网络资源实施；禁止违规连接互联网或跨安全

大区直连。应加强现场作业人员的作业管控，禁止将未经病毒查杀的移动介质接入生产系统。

本条文为新增条款，根据《国家能源局关于印发电力监控系统安全防护总体方案等安全防护方案和评估规范的通知》（国能安全〔2015〕36号）中《电力监控系统安全防护总体方案》3.4、4.4、4.5和《中华人民共和国网络安全法》第二十三条内容，提出该条款。

国家指定部门（电力行业认可）检测认证的安全加固的操作系统和数据库，符合《计算机信息系统　安全保护等级划分准则》(GB 17859)、《信息技术　安全技术　信息技术安全评估准则》(所有部分)（GB/T 18336)、Posix（可移植操作系统接口）等国家和国际标准，具备高安全性。无线通信网络处于非可控状态，用户可以在未经授权的情况下使用，具有容易遭到监听攻击，遭到其他无线干扰等安全问题。因此，电力监控系统应禁止使用未经检测合格、不符合安全强度的设备，以强化系统本体安全性。

为了避免业务调试过程中所使用的便携式计算机被恶意用户利用或被非授权用户误用，应对操作系统采取加固措施，达到国家相应等级保护要求。限制终端登录的网络地址范围和接入方式，设置登录终端的操作超时锁定。使用移动介质时，还应采取加密技术及访问控制等安全方式对传输数据进行有效保护。

为防止黑客及恶意代码等利用互联网攻击生产控制大区，禁止便携式计算机以各种方式与互联网连接，保障电力监控系统安全防护体系的末梢安全。禁止移动介质在生产控制大区及外网上交叉使用。禁止便携式计算机跨接生产控制大区和管理信息大区。

条文 19.2.12　调度主站、变电站、发电厂电力监控系统在上线投运之前、升级改造之后应进行安全评估，不符合安全防护规定或存在严重漏洞的禁止投入运行。对于等级保护三级及以上系统和电力行业关键信息基础设施，系统上线前应聘请具备测评资质的机构开展等级保护测评，测评通过后方可允许并网。对于等级保护三级及以上系统和电力行业关键信息基础设施，应同步开展商用密码应用安全性评估工作。

本条文为新增条款，根据《国家能源局关于印发电力监控系统安全防护总体方案等安全防护方案和评估规范的通知》（国能安全〔2015〕36号）中《电力监控系统安全防护总体方案》4.3、5.3和《中华人民共和国网络安全法》第三十八条内容，提出该条款。

为加强电力监控系统的安全保护，首先需要了解系统自身的脆弱性和所面临风险，对电力监控系统开展检测评估时获取此类信息的重要途径，将为科学、合理地制订相应的安全保护策略、配置安全保护措施提供依据。

对于重要电力监控系统和关键设备，要求其运行单位委托具有测评资质的网络安全服务机构按照相关规范和标准对系统和设备的脆弱性、风险威胁程度等情况进行检测和评估。

条文 19.2.13　严格控制生产控制大区局域网络的延伸，严格控制异地使用键盘、显示器、鼠标（KVM）功能，确需使用的应制订详细的网络安全防护方案并经主管部门审核。

本条文为新增条款，根据《国家能源局关于印发电力监控系统安全防护总体方案等安全防护方案和评估规范的通知》（国能安全〔2015〕36号）中《电力监控系统安全防护总体方案》4.4内容，提出该条款。

针对调控机构机房服务器和工作站等主机设备集中监控维护存在的问题及调度用工作站信号延伸的实际需求，键盘、显示器、鼠标（KVM）功能被广泛使用。在设计电力监控系统KVM组网方案时，要严格按照安全防护要求，避免不同安全区的交叉连接，同时保证数据传输安全，严格控制KVM用户数量和权限。对于确需使用的网络延伸，要制订网络安全防护方案，并经本级主管部门审核。

条文 19.2.14　调度主站、发电厂电力监控系统应在投入运行后30日内办理等级保护备案手续。已投入运行的电力监控系统，应按照相关要求定期开展等级保护测评及安全防护评估工作。针对测评、评估发现的问题，应及时完成整改。

本条文为新增条款，根据《电力行业网络安全等级保护管理办法》内容，提出该条款。

新建或重大改造后的电力监控系统在投入运行后30日内，由其运营、使用单位到所在地公安机关办理备案手续。

已投入运行的电力监控系统，由其运营、使用单位选择符合规定条件的测评机构，依据国家有关标准和规范要求，定期对电力监控系统开展等级测评。电力监控系统等级测评工作宜与电力监控系统安全防护评估工作同步进行。对测评、评估发现的问题，能立即整改的要立即整改，不能立即整改的，要在今后的技改等项目中落实资金整改。

条文 19.2.15　调度主站、变电站、发电厂记录电力监控系统网络运行状态、网络安全事件的日志应保存不少于六个月。应对用户登录本地操作系统、访问系统资源等操作进行身份认证，根据身份与权限进行访问控制，并且对操作行为进行安全审计。应建立责权匹配的用户权限划分机制，落实用户实名制和身份认证措施。严格限制生产控制大区拨号访问和远程运维。

本条文为新增条款，根据《中华人民共和国网络安全法》第二十一条、《国家能源局关于印发电力监控系统安全防护总体方案等安全防护方案和评估规范的通知》（国能安全〔2015〕36号）中《电力监控系统安全防护总体方案》3.8、3.9内容，提出该条款。

为了便于监控和事后调查，需对电力监控系统网络的运行状况、网络流量、管理记录等进行监测和记录，审计记录保存期限在半年以上。

为了防止未授权的用户越权访问系统，根据身份与权限进行访问控制，对实现认证成功的用户允许访问受控资源，并且对操作行为等重要安全事件进行日志记录以便审计。

为了防止系统被非法入侵，系统应具有专用的身份鉴别模块，对登录系统的用户身份的合法性进行核实。在赋予用户权限时，应根据承担的角色不同授予用户所需的最小权限，能有效避免用户拥有不必要的操作权限，系统的使用人员、维护人员和审计人员应具有不同的账户权限，不允许出现混用、跨用的情况。以拨号或远程运维等方式接入网络的，应采用强认证方式，并对用户访问权限和用户数量进行严格限制。

条文 19.2.16　调度主站、发电厂应将病毒库、木马库以及入侵检测系统（IDS）规则库更新至六个月内最新版本，在生产控制大区，病毒库、木马库经事先测试对业务系统无影响后进行。

本条文为新增条款，根据《国家能源局关于印发电力监控系统安全防护总体方案等安全防护方案和评估规范的通知》（国能安全〔2015〕36 号）中《电力监控系统安全防护总体方案》2.1.5 内容，提出该条款。

病毒、木马以及攻击手段具有特征变化快的特点，因此对于恶意代码和攻击检测重要的特征库或规则库更新非常重要。病毒库、木马库以及入侵检测系统（IDS）规则库应离线进行更新，禁止自动远程更新、手动远程更新。

条文 19.2.17　调度主站、变电站、发电厂应重点加强内部人员的保密教育、录用离岗等的管理，并定期组织安全防护专业人员技术培训。应对厂家现场服务人员进行网络安全教育，签订安全承诺书，严格控制其工作范围和操作权限。

本条文为新增条款，根据《国家能源局关于印发电力监控系统安全防护总体方案等安全防护方案和评估规范的通知》（国能安全〔2015〕36 号）中《电力监控系统安全防护总体方案》4.6 内容，提出该条款。

应重点加强内部人员的保密教育、录用离岗等的管理。包括对录用人员身份背景、专业资格和资质进行严格审查，关键岗位录用人员、接触内部敏感信息的第三方人员应当签署保密协议或安全承诺书；应当严格关键岗位人员离岗管理，取回各种身份证件、钥匙、徽章等以及机构提供的软硬件设备，承诺调离后保密义务后方可离开。

应当采取多种方式，定期对从业人员进行网络安全教育、技术培训和技能考核，提高从业人员的网络安全意识和网络安全技术技能。

条文 19.2.18　调度主站应加强并网发电企业涉网安全防护的技术监督。禁止

各类发电厂生产控制大区任何形式的非法外联，禁止主机设备跨安全区直连，严禁设备厂商或其他服务企业远程进行电力监控系统的控制、调节和运维操作，完善并网发电企业涉网网络安全分区分域体系架构，增强新能源等并网发电企业涉网部分物理安全防护和网络准入，严禁远程集控采用非安全通信方式，严禁将与调度机构通信的远动装置用于给非调度机构的其他单位转发数据。

本条文为新增条款，根据《国家能源局关于印发电力监控系统安全防护总体方案等安全防护方案和评估规范的通知》（国能安全〔2015〕36号）中《发电厂监控系统安全防护方案》，提出该条款。

为了加强发电企业电力监控系统安全防护，抵御黑客及恶意代码等对发电厂监控系统发起的恶意破坏和攻击，以及其他非法操作，防止并网发电企业电力监控系统瘫痪和失控，按照国家有关法律、法规要求，加强并网发电企业涉网安全防护的技术监督。严禁生产控制大区以任何形式连接互联网，安全区之间应当采用具有访问控制功能的网络设备、安全可靠的硬件防火墙或者相当功能的设备，实现逻辑隔离、访问控制等功能，禁止主机设备跨安全区连接。发电企业内同属于安全区Ⅰ的各机组监控系统之间、机组监控系统与控制系统之间、同一机组的不同功能的监控系统之间，尤其是机组监控系统与输变电部分控制系统之间，可以采取一定强度的逻辑访问控制措施，如防火墙、VLAN等。发电企业内同属于安全区Ⅱ的各系统之间、各不同位置的网络之间，可以采取一定强度的逻辑访问控制措施，如防火墙、VLAN等。严禁设备厂商或其他服务企业远程连接发电企业生产控制大区的业务系统及设备。

条文 19.2.19　电力监控系统的运维单位（部门）应制订和落实电力监控系统应急预案和故障恢复措施，并定期演练。应定期对关键业务的数据与系统进行备份，建立历史归档数据的异地存放制度。

本条文为新增条款，根据《电力监控系统安全防护规定》［国家发展和改革委员会令第14号（2014年）］中第十七条，《国家能源局关于印发电力监控系统安全防护总体方案等安全防护方案和评估规范的通知》（国能安全〔2015〕36号）中《电力监控系统安全防护总体方案》3.2、4.7内容，提出该条款。

建立健全电力监控安全的联合防护和应急机制。电力调度机构负责统一指挥调控范围内的电力监控系统安全应急处理。各电力企业的电力监控系统必须制订应急处理预案和故障恢复措施并经过预演或模拟验证，提高应急工作人员的能力，检验应急预案和故障恢复措施的有效性。

应当对重要系统和数据库进行容灾备份，以保证电力监控系统因网络攻击、自然灾害、故障等原因受到影响或者停止运行时，确保备份系统或备份配置能够恢复主系统运行，保证其业务正常运行和业务数据不会丢失。

条文 19.2.20 当电力监控系统遭受网络攻击，发生危害网络安全的事件时，运维单位（部门）应按照应急预案，立即采取处置措施，并向上级调度机构以及主管部门报告。对电力监控系统安全事件紧急及重要告警应立即处置，对发现的漏洞和风险应限期整改。

本条文为新增条款，根据《电力监控系统安全防护规定》［国家发展和改革委员会令第 14 号（2014 年）］中第十七条，《国家能源局关于印发电力监控系统安全防护总体方案等安全防护方案和评估规范的通知》（国能安全〔2015〕36 号）中《电力监控系统安全防护总体方案》4.7 内容，提出该条款。

出现紧急安全事件，尤其是遭受黑客或恶意代码的攻击时，应按照应急预案采取紧急防护措施，防止事件扩大，并向上级调控机构以及主管部门报告。同时注意保护现场，以便进行调查取证和分析。

出现紧急及重要告警应立即处置，对发现的漏洞和风险应快速修补，以降低电力监控系统被恶意攻击的风险。

条文 19.2.21 调度主站、变电站、发电厂应配置运维网关（堡垒机）、专用安全 U 盘、专用运维终端等运维装备，在监控后台等重要主机具备 U 盘监视功能，拆除或禁用不必要的光驱、USB 接口、串行口等，严格管控移动介质接入生产控制大区。

本条文为新增条款，根据《信息安全技术　网络安全等级保护基本要求》（GB/T 22239—2019），增加运维管控的要求，提出该条款。

对系统管理员进行身份鉴别，只允许其通过特定的命令或操作界面进行系统管理操作，并对这些操作进行审计。通过系统管理员对系统的资源和运行进行配置、控制和管理，包括用户身份、资源配置、系统加载和启动、系统运行的异常处理、数据和设备的备份与恢复等。应关闭或拆除控制设备的软盘驱动、光盘驱动、USB 接口、串行口或多余网口等，确需保留的应通过相关的技术措施实施严格的监控管理。

条文 19.2.22 调度主站应逐步采用基于可信计算的安全免疫防护技术，形成对病毒木马等恶意代码的自动免疫。重要电力监控系统和设备应逐步推广应用以密码硬件为核心的可信计算技术，用于实现计算环境和网络环境安全免疫，免疫未知恶意代码，防范有组织的、高级别的恶意攻击。严禁重要电力控制系统现场修改程序代码，程序代码修改后必须经过专业检测和真型动态模拟测试，且通过安全可信封装保护和安全可信度量，并在备用设备上实测无误后，方可投入在线运行。

本条文为新增条款，根据《信息安全技术　网络安全等级保护基本要求》（GB/T 22239—2019），增加安全免疫的要求，提出该条款。

基于可信根对通信设备的系统引导程序、系统程序、重要配置参数和通信应用程序等进行可信验证，并在应用程序的所有执行环节进行动态可信验证，在检测到其可信性受到破坏后进行报警，并将验证结果形成审计记录送至安全管理中心，并进行动态关联感知。

条文 19.2.23　应将网络安全管理融入电力安全生产管理体系，对全体人员（包括内部人员和外部调试或测试人员）、全部设备（包括安全设备和生产设备等）、全生命周期进行全方位的安全管理。电力监控系统的设计研发、安装调试、运行维护和退役销毁的全生命周期，采集、传输和控制等各环节均应严格考虑安全防护技术。

本条文为新增条款，根据《信息安全技术　网络安全等级保护基本要求》（GB/T 22239—2019），增加全生命周期安全管理的要求，提出该条款。

应在外包开发合同中规定针对开发单位、供应商的约束条款，包括设备及系统在全生命周期内有关保密、禁止关键技术扩散和设备行业专用等方面的内容。

条文 19.2.24　电力监控系统可采用控制专用云技术，但必须与社会公有云及企业管理云实施安全隔离；可采用控制专用物联网技术，但必须与社会公有物联网及企业管理物联网实施安全隔离。

本条文为新增条款，根据《信息安全技术　网络安全等级保护基本要求》（GB/T 22239—2019），增加专用云的要求，提出该条款。

应在工业控制系统与企业其他系统之间应划分为两个区域，区域间应采用符合国家或行业规定的专用产品实现单向安全隔离。涉及实时控制和数据传输的工业控制系统，应使用独立的网络设备组网，在物理层面上实现与其他数据网及外部公共信息网的安全隔离。

条文 19.3　防止电力通信网事故

随着电网的快速发展，电力通信网已经成为电网安全运行的重要组成部分，线路继电保护和安全自动装置、调度自动化等信息依赖电力通信网进行信息交互，电网实时调度和电力企业数字化更离不开电力通信网的支撑，因而电力通信网事故可能导致电网事故。

条文 19.3.1～19.3.16 强调了在通信网规划设计阶段应注意的问题。

条文 19.3.1　电力通信网的网络规划、设计和改造计划应与电力发展相适应，并保持适度超前，统筹业务布局和运行方式优化，充分满足各类业务应用需求，避免生产控制类业务过度集中承载，强化通信网薄弱环节的改造力度，力求网络结构合理、运行灵活、坚强可靠和协调发展。

电力通信网的前期规划、设计应适度超前，充分考虑技术体制、网架结构、安全冗余、网络带宽、设备容量、业务需求等因素，强化差异性设计，满足电网安全生产和企业经营管理不断增长的需求。生产控制类业务主要包括继电保护、安全稳定控制等业务。

条文 19.3.2 通信设备选型应与现有网络使用的设备类型一致，保持网络完整性。承载 110kV 及以上电压等级输电线路生产控制类业务的光传输设备应支持双电源供电，核心板卡应满足冗余配置要求。220kV 及以上新建输变电工程应同步设计、建设线路本体光缆。

接入现有电力通信网的设备，其选型应与现有网络使用的设备类型一致，并纳入在运设备网管统一监视和管理，保持网络的完整性，为电网的安全运行做好支撑和服务。随着电网安全运行标准的提高和光传输设备成本的降低，通过光传输设备核心板卡冗余配置，可有效降低生产控制类业务通道因硬件故障中断概率。220kV 及以上新建输变电工程同步设计、建设线路本体光缆，既是对通信主网架结构的强化，也是对电网安全运行的保障。

条文 19.3.3 电力新建、改（扩）建等工程需对原有通信系统的网络结构、安装位置、设备配置、技术参数进行改变时，工程建设单位应委托设计单位对通信系统进行设计，深度应达到初步设计要求，经相关电力通信管理部门同意后，按照电力新建、改（扩）建工程建设程序开展相关工作。现场设备的接口和协议应满足通信系统的要求。必要时应根据实际情况制订通信系统过渡方案。

因电网基建或技改等原因导致通信系统发生改变、影响现网运行方式时，应具备相应的通信系统设计，必要时设计单位应制订通信系统过渡方案，充分考虑过渡期间通信专业的检修安排、资源调配需求以及现有通信系统接口、协议，满足运行的要求。

条文 19.3.4 电力调度机构、集控中心（站）、220kV 及以上电压等级厂站和通信枢纽站应具备两条及以上完全独立的光缆敷设沟道（竖井）。同一方向的多条光缆或同一传输系统不同方向的多条光缆应避免同路由敷设进入通信机房和主控室。

近年光缆敷设沟道遭外破、火灾导致的光缆故障层出不穷，通信站全部光缆一旦被敷设在同一沟道内或在沟道内某处汇集，存在该站对外传送电网运行信息的通信通道全部同时中断的风险，此处对应具备两条及以上完全独立的光缆敷设沟道（竖井）的站点范围进行了明确；同时增加光缆敷设路由要求，避免同一方向多条光缆同时中断造成该方向光路全停，或某光传输设备多个方向光缆同时中断造成该设备光路全停，导致业务中断。

【案例 1】 2018 年 1 月，某 220kV 变电站站内管道施工，将同沟敷设的 3 条引入光缆挖断，造成该站 220kV 线路继电保护通道全部同时中断，保护退出运行。变电站光缆敷设沟道数量不符合 19.3.4。该站仅有一条可敷设光缆的沟道，导致同沟道敷设的该站全部 3 条 220kV 线路光缆同时中断。

【案例2】 2015年7月，某电厂主厂房外施工用配电箱电缆起火，将同沟敷设的两条光缆引燃烧断，造成两条500kV线路因继电保护通道中断而停运，电厂系统通信业务全部中断。电厂内光缆敷设路由不符合19.3.4。该电厂虽满足“双沟道”要求，但由于所有光缆均敷设在同一沟道内，即该厂站各光传输设备的不同方向光缆均同路由敷设进入通信机房，电缆沟起火导致该站通信业务全部中断。

条文19.3.5 省级及以上电力调度机构应具备三条及以上全程不同路由的出局光缆接入骨干通信网。省级及以上电力备用调度机构、地（市）级调度机构应具备两条及以上全程不同路由的出局光缆接入骨干通信网。

根据通信站重要程度，明确了不同级别调度大楼应具备的全程不同路由的出局光缆的数量，本条文中路由“全程”指出局光路所在光缆从通信站出局到接入骨干通信网设备所在站点的整个物理架设路由，其中站内物理沟道及光缆敷设参照19.3.4。

条文19.3.6 通信光缆或电缆应避免与一次动力电缆同沟（架）布放，并完善防火阻燃和阻火分隔等各项安全措施，绑扎醒目的识别标志；如不具备条件，应采取电缆沟（竖井）内部分隔离等措施进行有效隔离。新建通信站应在设计时与全站电缆沟（架）统一规划，满足以上要求。

新建通信站前期规划时应考虑光缆的合理布放，避免因为电缆火灾影响通信系统运行。调度大楼应具备独立的强弱电竖井；变电站内在不具备电缆沟（竖井）的情况下，应采取分层分侧布放、穿套阻燃子管或槽盒等强弱电隔离措施。

【案例】 2017年4月，某35kV线路电力电缆受外力破坏，接地短路产生电弧，造成检修井内电缆着火，并引燃同沟道的该线ADSS光缆，导致光缆中断。光缆敷设设计不符合19.3.6。该光缆应采用管道阻燃光缆，且不得与动力电缆同沟道混合布放；在不具备独立敷设沟道的情况下，应与动力电缆采取有效的阻火分隔。

条文19.3.7 电力调度机构与直调发电厂及重要变电站调度自动化实时业务信息的传输应具有两路不同路由的通信通道（主/备双通道）。调度厂站应具有两种及以上通信方式的调度电话，满足“双设备、双路由、双电源”的要求，且至少保证有一路单机电话。省调及以上调度及许可厂站应至少具备一种光纤通信手段。

为保障电网调度自动化实时业务的安全运行，要求具备不同路由的主/备双通道，双通道可以是“专线+网络”模式，也可以是调度数据网双平面模式，确保不因通信网发生$N-1$故障造成两路调度自动化信息同时失效。调度指令上传下达依赖于调度电话，应满足调度厂站电话的“$N-1$”要求，全部调度电话业务不得同时承载于同一设备、同一路由、同一供电设备，这里的设备包括但不局限于光传输、载波、数据网、接入设备等；为避免调度台故障，要求至少具备一路单机电话。由于光纤通信方式可靠性高于微波和载波通信，要求省调及以上调度及许可厂站应至少具备一种光纤通信手段。

条文 19.3.8 同一条 220kV 及以上电压等级线路的两套继电保护通道、同一系统的有主/备关系的两套安全自动装置通道应至少采用两条完全独立的路由；均采用复用通道的，应由两套独立的通信传输设备分别提供，且传输设备均应由两套电源供电，满足“双设备、双路由、双电源”的要求。

《光纤通道传输保护信息通用技术条件》（DL/T 364—2019）明确规定：220kV 及以上电压等级线路应满足“同线路两套保护的通道应保持独立性，包括电源、设备和路由的独立”。根据此标准，220kV 及以上线路两套保护明确要求必须满足“三双”要求，不具备条件的单位要进行整改。

同一条线路的两套继电保护通道、同一系统的有主/备关系的两套安全稳定控制通道无论采用专用光纤和复用通道哪种类型，应具备两条完全独立的路由。均采用复用通道的，所涉及的通信设备（包括通信高频开关电源和通信用直流变换电源）应遵循相互独立的原则。

【案例 1】 2017 年 4 月，某电厂至 220kV 变电站 A 的 ADSS 光缆因电腐蚀中断，电厂至变电站 A 两套继电保护通道同时中断。该线路两套继电保护通道分别采用专用光纤和复用保护，专用光纤通道由该线路本体光缆承载；复用保护 2M 电路路由为电厂-变电站 B-变电站 A，其中变电站 B-变电站 A 间光路经由电厂-变电站 A 光缆。该线路继电保护通道方式设计不符合 19.3.8。该线路两套保护通道经由同一光缆，即在光路层面存在同路由问题，一旦该光缆中断，同一条线路的两套继电保护通道同时中断。

【案例 2】 2017 年 8 月，某 500kV 变电站 1 号通信电源负载熔断器故障导致其输出中断，部分传输设备掉电，所承载保护通道中断。经查，该站部分传输设备两路输入电源取自不同的直流分配屏，但两面直流分配屏上级输入均来自 1 号通信电源，电源故障后设备失电。传输设备供电方式安排不符合 19.3.8。该传输设备两路直流输入由同一套电源供电，未遵循“双电源”原则。

条文 19.3.9 双重化配置的继电保护、安全自动控制光电转换接口装置的直流电源应取自不同的电源。单电源供电的继电保护接口装置和为其提供通道的单电源供电通信设备，如外置光放大器、脉冲编码调制设备（PCM）、载波设备等，应由同一套电源供电。

结合近几年运行情况，为避免因单套电源故障或检修造成双重化配置的继电保护通道同时中断，提出本要求。

【案例】 2015 年 1 月，某 220kV 变电站 1 号通信电源故障失电，某 220kV 线路两套保护通道同时中断。经故障抢修后电源恢复供电，保护通道恢复正常。该站通信电源供电方式安排不符合 19.3.9。由于该 220kV 线路保护Ⅱ的保护接口装置与承载其通道的 PCM 设备分别由 2 号和 1 号通信电源供电，同时该 220kV 线路保护Ⅰ的保护接口装置也由1号通信电源供电，且均为单电源供电设备，1号通信电源失电导致该线路2套保护通道同时中断。

条文19.3.10　在配置双套通信直流供电系统（含通信高频开关电源和通信用直流变换电源系统）的厂站，具备双电源接入功能的通信设备应由两套电源独立供电。禁止两套电源负载侧形成并联。

结合近几年运行情况，对通信设备直流输入的接线设计提出要求。负载侧形成并联，是指两套电源直流同时接入负载时，由于人为并接或在设备及电源分配单元（PDU）内部无隔离措施并接，导致两套电源在负载侧形成输出回路短接，如图19-1所示。

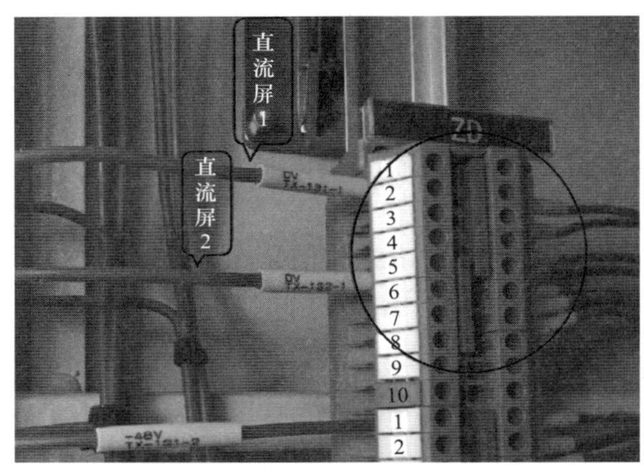

图19-1　保护接口装置在端子排上的电源并接

【案例】 2015年某单位在春检中发现，某500kV变电站某线路继电保护接口装置为单电源设备，二次专业为提高其供电可靠性，从两套通信电源分别接入一路直流电源，通过端子排并接后给保护接口装置供电，该公司立即协调检修公司进行整改。该站电源供电设计不符合19.3.10。两套通信电源在保护接口装置侧形成电气连接，一旦一套通信电源发生电气故障，可能引发另一套通信电源故障，导致事故扩大，进而引发全站通信失电。

条文19.3.11　电力调度机构、330kV及以上电压等级变电站、通信枢纽站应配备两套独立的通信高频开关电源。每套通信高频开关电源应有两路分别取自不同母线的交流输入，并具备相互独立的自动切换功能。通信高频开关电源每个整流模块交流输入侧应加装独立的断路器。

在电力通信网架构日益完善的情况下，通信高频开关电源已经成为影响通信网安全运行的关键因素之一。为提高重要通信站电源的安全运行水平，明确了应配置两套独立的通信高频开关电源的站点范围，同时强调了对电源交流输入的要求。此处母线是指该站点站用变压器交流母线，并且要求交流低压屏（盘）开关不得并

接，两套通信高频开关电源不得共用一套交流自动切换装置，如图 19-2 所示。

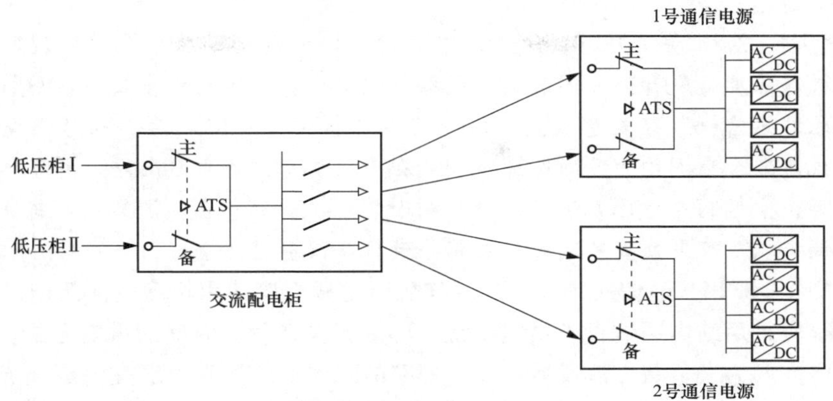

图 19-2 两套通信高频开关电源共用一套交流自动切换装置示意图

【案例】 2020 年 10 月，某 500kV 变电站通信电源故障，造成通信设备失电，导致 7 条 500kV 线路、6 条 220kV 线路单套继电保护通道中断。该站电源系统设计不符合 19.3.11，两套通信高频开关电源接入同一交流自动切换装置，当该装置故障时，两套通信高频开关电源同时交流失电。

条文 19.3.12 每套通信直流供电系统的整流或变换模块配置总数量不应少于 3 块。通信站蓄电池组供电后备时间不少于 4h，地处偏远的无人值班通信站应大于抢修人员携带必要工器具抵达通信站的时间且不小于 8h。

结合近几年运行情况，电源整流模块故障率相对较高，为降低因模块故障导致的电源设备全停风险，通信高频开关电源和通信用直流变换电源模块配置数量应不少于 3 块。结合电源故障处置实际，综合考虑备品备件准备、路程、抢修等时间因素，参照《通信电源技术　验收及运行维护规程》（Q/GDW 11442—2020），明确通信站蓄电池组供电后备时间。

条文 19.3.13 电力调度机构、330kV 及以上电压等级变电站、通信枢纽站的通信机房，应配备不少于两套具备独立控制和来电自启功能的专用机房空调，在空调“*N*－1”情况下机房温度、湿度应满足设备运行要求，且空调电源不应取自同一路交流母线。空调送风口不应处于机柜正上方。

为避免因空调全停导致机房温度失控，影响设备运行，对重要通信站提出空调配置要求，即机房任意一台空调停运后，空调系统仍应满足机房运行温湿度要求；两套具备独立控制的专用机房空调，指具备两套该机房专用的独立空调，共用大楼中央空调或采用“一拖二”空调（双室内机、单室外机）均不满足此条款要求；空调电源不应取自同一路交流母线，即多台机房空调应由配电室的不同交流母线分担供电，避免线路检修导致的空调全停；明确送风口安装位置要求，避免出现因滴水导致设备短路。

【案例】 2014 年 7 月，某单位通信运行部门通过动环监控系统发现，某中心站传输机房温度急剧升高，同时引发设备过热告警。经现场检查发现，该机房 3 台空调均已过热宕机，经紧急散热、清洗空调外机、重启空调后，机房温度逐步恢复。该机房 3 台空调均为 5 匹普通空调，在当年机房设备负载陡增、夏季气温过高的情况下，空调制冷量已无法满足机房制冷需求，一旦一台空调宕机，将联锁导致所有空调宕机，如果处置不及时，必将导致机房设备过热全停。

条文 19.3.14 通信高频开关电源与机房空调不应共用机房交流配电屏。电源监控系统应采用站内通信直流供电系统、UPS 等具备后备时间的供电方式。

机房空调为大负载交流设备，发生短路故障时可能导致上级交流配电屏输入断路器跳开，如果通信高频开关电源与机房空调的交流输入取自同一交流配电屏的同一路交流母线，将导致通信高频开关电源交流输入失电。电源监控系统是供电系统可靠运行的重要保障，应从具备后备时间的电源设备取电。

【案例】 2017 年 11 月，某单位空调故障，造成多套通信传输系统光路中断。经查，某 500kV 变电站机房空调发生短路故障，越级导致 400V 配电室第一路交流输入开关跳开，空调所接通信交流配电屏交流自动切换装置自动切换至第二路输入，由于短路故障仍然存在，400V 配电室第二路交流输入开关同样跳开，造成通信电源交流配电屏两路交流均失电。该站机房空调取电方式设计不符合 19.3.14，空调与通信电源不应共用机房交流配电屏，当空调发生电源短路故障时，存在影响通信电源交流输入安全运行的风险。

条文 19.3.15 通信机房、通信设备（含电源设备）的防雷和过电压防护能力应满足电力系统通信站防雷和过电压防护相关标准、规定的要求。

做好电力通信网防雷设计，防止运行中因遭雷击造成设备损坏，确保防雷和过电压能力满足规程要求。

条文 19.3.16 跨越高速铁路、高速公路和重要输电通道（“三跨”）的架空输电线路区段光缆不应使用全介质自承式光缆（ADSS），宜选用全铝包钢结构的光纤复合架空地线（OPGW）。

ADSS 光缆受电腐蚀、外力破坏等因素影响故障率明显高于 OPGW 光缆，光缆中断坠落严重威胁所跨越高速铁路、高速公路和重要输电通道，对“三跨”线路的光缆配置提出要求。对于 OPGW 光缆的选用使用了“宜选用”的表述，主要考虑各地现状不同，存在采用地埋光缆或架空复合相线光缆的可能性。在 ADSS 光缆运行过程中，应加强对新建高铁、高速公路、重要输电线路引发新增 ADSS“三跨”问题的管控。

条文19.3.17～19.3.27强调了在通信网建设施工、调试等阶段应注意的问题。在通信网建设过程中若遗留安全隐患，后续运行中将很难暴露和整改，成为电力通信网运行中潜在的安全风险。

条文19.3.17 电力一次系统配套通信项目应随电力一次系统建设同步设计、同步实施、同步投运，以满足电力发展需要。

并入电网运行的发电、输电、变电等一次系统建设，不论其产权归属或管理方式，其调度通信等配套通信项目，应当与电网一次系统项目同步设计、同步实施、同步投运。如果通信系统建设进度滞后于一次系统，必将影响电网一次系统的调试、投产。

条文19.3.18 通信设备应在安装、调试、入网试验等各个阶段严格执行电力系统通信运行管理和工程建设、验收等方面的标准、规定。

条文19.3.19 应从保证工程质量和通信设备安全稳定运行的要求出发，合理安排新建、改建和技改工程的工期，严格把好质量关，满足提前调试的条件，不得因赶工期减少调试项目，降低调试质量。

随电力配套的通信项目，应随电力一次系统建设同步设计、同步实施、同步投运，合理安排工期，不得为赶工期减少调试项目，降低调试质量，否则可能遗漏隐藏的系统缺陷，造成系统“带病”投产，影响通信网安全运行。

【案例1】 2021年9月，某单位通信运维人员在日常巡检中发现某项目新投运的一批通信电源存在频繁告警的情况。经查，该项目建设阶段设置的通信电源交流控制板软件版本与实际设备不匹配导致频繁告警。对交流控制板版本升级后，告警消除。该单位在建设阶段未按照19.3.19的要求严把质量关，为赶工期遗漏通信电源交流控制板的软件版本调测工作，造成运行阶段告警频发，海量告警增加了无法及时发现重要告警的风险。

【案例2】 2021年5月，某单位在某传输网项目基建阶段，调测前对某品牌光传输设备质量进行检查时，发现该光传输设备配套加装的机柜电源分配单元（PDU）存在设计缺陷，两路外部直流电源接入同一个三接口外部电源引入模块，造成电源输入单点隐患。该PDU内部采用插卡设计，若因进线端子焊接工艺不良或者遭受外力，存在模块脱落导致设备停运风险，为此，该单位及时调整工期，更换该批次PDU，消除了风险。该单位按照19.3.19的要求，严格控制传输设备质量，消除设备停运风险，确保了通信网的安全运行。

【案例3】 2016年12月，某220kV线路光缆实施π接工作，π接工作完成时，6芯备用光缆衰耗过大而无法正常使用，受限于基建工程工期安排，未进行光缆消缺，线路光缆带缺陷投运。2017年3月，该线路光缆部分纤芯中断，该光缆无备用纤芯，故障发生时无法在第一时间通过调整纤芯方式抢通，导致业务长时间中断。光缆重新敷设熔接后，受影响业务恢复正常。该基建工程工作不满足19.3.19的要求，新建π接段光缆投运前期已存在质量问题，应合理安排工期，完成消缺工作后再投运，确保通信系统安全稳定运行。

条文19.3.20　用于传输继电保护和安全自动装置业务的通信通道投运前应进行测试验收，其传输时延、误码率、倒换时间等技术指标应满足《继电保护和安全自动装置技术规程》(GB/T 14285）和《光纤通道传输保护信息通用技术条件》(DL/T 364）的要求。传输线路电流差动保护的通信通道应满足收、发路径和时延相同的要求。

基建施工过程中，通信通道的传输时延、误码率、倒换时间等关键指标，应严格执行《继电保护和安全自动装置技术规程》(GB/T 14285）和《光纤通道传输保护信息通用技术条件》(DL/T 364）的要求，确保通信运行方式科学、合理，满足电力通信网安全稳定要求。

【案例】 2018年11月，某单位通信运行部门在对新投运的保护控制业务通道进行系统联调期间，发现同路径业务通道均存在不同程度时延过大问题，对该业务通道的稳定运行造成影响。现场排查接线、设备和光缆各环节后，发现上述通道经过的若干传输设备取自多个时钟源，传输过程中时钟同步逐渐累积，导致延时增加。在重新设计并优化传输系统的同步方式后，延时问题得到解决。该单位认真落实19.3.20的要求，严格按照相关规范开展传输继电保护业务的通信通道投运前的测试验收，确保了保护控制业务的平稳运行。

条文19.3.21　通信高频开关电源系统投运前应进行双交流输入切换试验、电源系统告警信号的校核验证。通信蓄电池组投运前应进行全核对性放电试验。通信设备投运前应进行双电源倒换测试。

随着通信站数量及其设备负载的快速增长，电力通信系统电源故障多发，通信电源系统投运前的测试验收是电源系统可靠性的必要保障。根据现场常见的通信电源故障，一是要对通信电源系统双路交流输入、通信设备双路直流输入开展倒换测试，确保“双电源”发挥主/备作用；二是要对电源系统告警信号进行本地校核和动环监控平台校核，确保告警信号实时有效；三是要对蓄电池组进行全核对性放电试验，确保蓄电池组能发挥后备作用。

条文19.3.22　安装调试人员应严格按照通信业务运行方式单的内容进行设备配置和接线。通信调度应在业务开通前与现场工作人员核对通信业务运行方式单的相关内容，确保业务图实相符。

现场工作人员如未按照通信业务方式单进行设备配置和接线，将造成现场图实不符，容易导致通信运行人员在运行操作中误动在运设备、通道，严重时可能造成电网生产业务非计划中断，因此，通信运行人员应核对通信业务方式单执行情况，严格按通信运行方式进行配线，确保图实相符。

【案例1】 2017年11月，某单位通信运行部门在执行一项通信方式单保护业务通道调整工作中，意外中断其他保护业务通道。经排查，在站点建设阶段，保护设备调试人员在未按照方式单校核的情况下，进行接线并调试业务，造成方式单涉及保护业务通道与中断的保护业务通道交叉接线，且现场验收时未发现该问题，导致保护业务通道非计划中断，如图19-3所示。该单位建设阶段的接线调试工作不满足19.3.22的要求，在业务开通前未仔细核验，以确保满足图实相符的要求，造成了保护业务通道非计划中断。

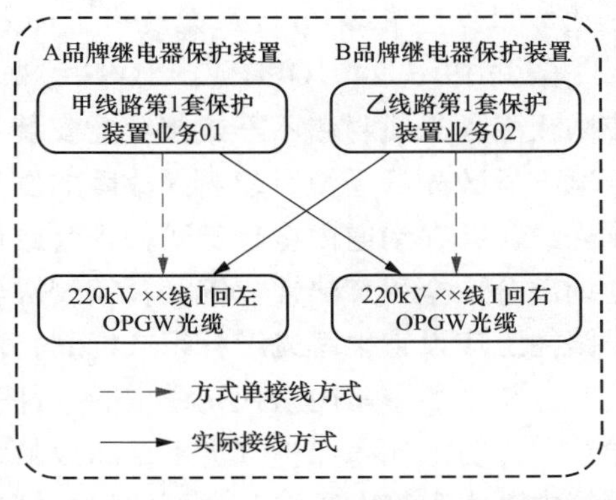

图19-3 现场接线调试未按照方式单要求作业

【案例2】 2017年12月，某220kV线路光缆检修时，同塔双回的两条线路4套继电保护同时发生站间通信中断，恢复原方式后，业务恢复正常。经查，该220kV线路建设投运时，两条线路的4套专用光纤保护通道由同塔双回的两条光缆承载，但实际光纤接线方式与通信业务方式单相反；本次线路检修时，两条线路按检修许可分别退出检修光缆所承载的一套保护通道；另一套保护通道因误接线在检修光缆上，在光缆开断时非计划中断，最终导致同塔双回的两条线路4条继电保护通道同时中断。该单位的配套通信工程调试验收工作不满足19.3.22的要求，未按方式单配置业务导致继电保护通道非计划中断。

条文19.3.23 严格按照OPGW及其他光缆施工工艺要求进行施工。OPGW光缆应在进站门型架顶端、最下端固定点（余缆前）和光缆末端分别通过匹配的专用接地线可靠接地，其余部分应与构架绝缘。采用分段绝缘方式架设的输电线路OPGW光缆，绝缘段接续塔引下的OPGW光缆与构架之间的最小绝缘距离应满足安全运行要求，接地点应与构架可靠连接。

OPGW引下光缆和余缆架应与构架绝缘。分段绝缘方式架设的输电线路OPGW光缆感应电流线损远小于逐塔接地方式，但其感应电压很高，绝缘距离不足的情况下容易造成光缆与架构间放电，导致光缆损伤。

【案例1】 2017年4月，某变电站220kV线路OPGW光缆引下部分与龙门架金属构件出现间隙放电，灼伤光缆造成部分断芯，导致4条220kV线路保护通道中断。经查，该站内门型架处未执行“三点接地”光缆施工工艺要求，导致光缆被感应电流灼伤，影响继电保护等电网生产类业务通道。该单位站内OPGW光缆引下部分接地不满足19.3.23的要求，站内OPGW光缆引下部分未可靠接地导致光缆非计划中断。

【案例2】 2017年5月，某1000kV线路88号铁塔OPGW光缆引下部分对铁塔塔材放电，导致光缆灼伤，纤芯全部中断。经查，该线路88号铁塔OPGW采用分段绝缘方式架设，光缆引下部分与铁塔塔材绝缘距离不足，导致光缆与塔材间放电灼伤。该线路责任单位未严格按照19.3.23要求，实施线路OPGW光缆引下部分施工工作，线路OPGW光缆引下部分与塔材绝缘距离不足，导致光缆中断。

条文19.3.24　OPGW、ADSS等光缆在进站门型架处应悬挂醒目光缆标识牌。应防止引入光缆封堵不严或接续盒安装不正确，造成光缆保护管内或接续盒内进水结冰，导致光纤受力引起断纤故障的发生。引入光缆应采用阻燃、防水功能的非金属光缆，并在沟道内全程穿防护子管或使用防火槽盒。引入光缆从门型架至电缆沟地埋部分应全程穿热镀锌钢管，钢管应全程密闭并与站内接地网可靠连接，钢管埋设路径上应设置地埋光缆标识或标牌，钢管地面部分应与构架固定。

近年来冬季站内引入光缆中断事件多发，多为光缆保护管内进水结冰挤压光缆导致。为防范光缆保护管进水结冰故障，应确保光缆保护管及接续盒安装规范，加强管内进水和管内积水两方面的保护措施，即做好引入光缆上端封堵、钢管接缝焊接以及钢管最低处排水等。

【案例】 2019年1月，某单位光传输系统两变电站之间的主用光路中断。经查，故障原因为某中继站内引下线距通信机房0.37km处因套管进水结冰导致挤压受损。次日，该单位运维人员重新熔接光缆后，系统恢复正常；其间，备用光路正常，业务不受影响。该单位线路建设施工未严格按照19.3.24的要求对引下线光缆保护管进行严格封堵，造成套管进水结冰，导致光纤受力，引发断纤故障。

条文19.3.25　直埋光缆（通信电缆）在地面应设置清晰醒目的标识。承载继电保护、安全自动装置业务的专用通信线缆、配线端口等应采用醒目颜色的标识。

近年来多次发生直埋光缆（电缆）外力破坏事件，设置标识桩、标识牌等清晰醒目标识是防止光缆外力破坏的有效措施；为避免电网生产控制类业务通道配线因标识不醒目而被误动，影响电网安全运行，提出醒目颜色标识的要求。

【案例】 2022年1月，某单位在春检春查期间，发现某变电站承载继电保护、安全稳定控制业务的专用通信线缆与承载办公业务的线缆标识一致，未采用醒目颜色标识。针对该问题，开展全省范围内核查工作，统一进行整改。该单位用于承载继电保护、安全自动装置业务的线缆标识不满足19.3.25的要求，存在被误动的风险，影响电网安全运行。

条文19.3.26　通信设备应采用独立的断路器或直流熔断器供电，禁止并接使用。各级断路器或熔断器保护范围应逐级配合，下级不应大于其对应的上级断路器或熔断器的额定容量，避免出现越级跳闸，导致故障范围扩大。

根据近年来通信电源建设的实际情况，通信设备断路器或直流熔断器并接使用的方式会导致通信设备失去断路器或直流熔断器的保护作用，应禁止直接并接的接线方式。各级断路器或熔断器保护范围应逐级配合，确保下级不应大于其对应的上级断路器或熔断器的额定容量，避免出现越级跳闸，导致故障范围扩大。

条文 19.3.27　通信机房应满足密闭防尘和温度、湿度要求，不宜安装窗户，若有窗户应具备遮阳功能，防止阳光直射机柜和设备。

根据机房环境相关要求及运行实际，通信机房环境是影响通信设备稳定运行及通信设备使用寿命的一个重要因素，设备积尘、温度过高容易引发设备老化、故障。在建设阶段应注意通信机房的门窗设计，降低机房的太阳辐射热负荷，减少门窗缝隙引入的空气尘埃，减少外部环境对机房运行的影响。

条文 19.3.28～19.3.45 强调了在通信网运行阶段应注意的问题。在运行中应对调度监控、检修运维、方式安排、网络安全、应急管理等关键环节加强管控，防范由于执行不严或沟通不畅导致安全事件的发生。

条文 19.3.28　各级通信调度负责监视及控制所辖范围内通信网的运行情况，指挥、协调通信网故障处理。通信调度员应具有较强的判断、分析、沟通、协调和管理能力，熟悉所辖通信网络状况和业务运行方式，上岗前应进行培训和考核。

通信调度员应具备高度的责任心、全面的专业知识、良好的沟通协调和指挥管理能力。在上岗前应接受专业培训，考核通过后方能上岗。

条文 19.3.29　通信站内主要设备及机房动力环境的告警信号应上传至 24h 有人值班的场所。通信电源系统及为通信设备供电的其他电源系统的状态及告警信息应纳入实时监控，满足通信运行要求。

通信机房动力环境系统和主要设备告警信息应上传至 24h 有人值班的场所（不局限于通信调度，也可为电网调度、相关运行值班场所等），这对于及时发现通信网缺陷并安排处置，缩短电网生产业务停运时间非常关键。故障告警上传后未能及时发现，则可能造成故障处置延误、故障扩大，甚至通信设备停运、电网生产业务中断。

【案例】 2015 年 7 月，某 220kV 变电站交流配电柜故障，两路交流输入中断。因该站动环监控设备故障长期未维修，导致通信调度未能及时发现。在一套通信蓄电池组电量耗尽后，部分单路供电的保护接口装置失电停运，造成 4 条 500kV 线路、1 条 220kV 线路单保护运行，威胁电网的运行安全。该案例中，变电站通信电源监控不符合 19.3.29 中对动环监视的实时性要求。通信电源监控已接入至 24h 有人值班的场所，但对监控设备运维不当，未实现实时监控，存在运行风险。

条文 19.3.30　通信蓄电池组核对性放电试验周期不得超过两年，运行年限超过 4 年的蓄电池组，应每年进行一次全核对性放电试验。蓄电池单体浮充电压应严格按照电源运行规程设定，避免造成蓄电池欠充或过充。

依据《通信电源设备安装工程验收规范》(GB 51199—2016)、《电力工程直流电源设备通用技术条件及安全要求》(GB/T 19826—2014) 及电网通信运行可靠性要求，参考《通信电源技术、验收及运行维护规程》(Q/GDW 11442—2020)，通信运行单位应每年将所辖范围内运行年限超过4年的蓄电池组进行一次核对性放电试验，确保运行安全。在25℃环境温度下，蓄电池单体浮充电压应根据各品牌厂家推荐值设置，不应机械化统一设置某固定值。

【案例】 2017年6月，某220kV变电站的站用变压器因线路故障全停，同时站内两组通信蓄电池组容量实际已经严重不足，最终造成该站通信设备失电。经查，该站两组通信蓄电池组均为2002年8月投运，按照规定应在2006年8月后，每年对蓄电池组开展充放电试验。故障发生前，该站最近一次蓄电池组充放电试验是在2015年10月，2016年未开展蓄电池组充放电试验。该案例中，对蓄电池组的运维检测不符合19.3.30中对运行时间4年以上的蓄电池组应每年开展全核对性充放电试验的要求，未能及时发现两组通信蓄电池容量严重不足并及时更换，导致该站通信设备停电。

条文19.3.31　通信直流供电系统新增负载时，应及时核算电源及蓄电池组容量，如不满足安全运行要求，应对电源实施改造或调整负载。每年春、秋检期间应对电源系统进行负荷校验、主备切换试验、告警信息验证。

依据《电力工程直流电源设备通用技术条件及安全要求》(GB/T 19826—2014)、《通信用高频开关电源系统》(YD/T 1058—2015) 及电网通信运行可靠性要求，电源运维工作应定期开展负荷校验、切换试验。

在实际运行中，通信站负载随设备及其配置板卡的投退运动态变化，需及时核算电源及蓄电池组容量，以保证电源及蓄电池容量符合相关标准规范。除高频开关电源外，通信用直流变换电源系统的转换部分、通信用UPS、蓄电池组容量也应及时进行校验。

【案例】 2015年11月，某750kV变电站新增通信设备时，因新设备启动阶段大电流超出高频开关电源容限，触发电源保护机制，两套通信高频开关电源相继自动切断负载，最终造成该站所有主要通信设备失电停机。该案例中，通信运行单位在投运新设备时不符合19.3.31中应在新增负载前校验荷载的要求，对设备启动阶段大电流没有定量测算，导致设备停电业务中断。

条文19.3.32　连接两套通信直流供电系统的直流母联断路器应采用手动切换方式。通信直流供电系统正常运行时，禁止闭合直流母联断路器。

通信直流供电系统的直流母联开关一般用于电源检修或故障抢修。若在供电系统正常运行时闭合母联开关，一旦一套电源发生故障，可能造成故障范围扩大，导致另外一套电源相继故障停机。在正常运行方式下，严禁闭合母联开关。

【案例】 某500kV变电站通信直流供电系统采用直流母联并联的日常运行方式。2012年5月，该站因通信直流供电系统一整流模块的直流输出插头短路，最终导致该站所有直流供电中断。该案例中，两套通信直流供电系统接线方式不符合19.3.32中对正常情况下直流供电系统应相互独立的要求，降低了供电可靠性。

条文19.3.33　通信检修工作应严格遵守电力通信检修管理规定相关要求，对通信检修票的业务影响范围、采取的措施等内容应严格审查核对，对影响一次电力生产业务的检修工作应按一次电力检修管理办法办理相关手续。严格按照通信检修票工作内容开展工作，严禁超范围、超时间检修。

通信检修涉及通信设备、光缆、电源等多种检修对象。其中，通信设备和光缆不仅承载其所在通信站的业务通道，还承载其他站点的穿通业务通道，包括继电保护、安全稳定控制、调度自动化等电网业务通道；通信电源同时给通信设备和保护接口装置供电。因此通信检修前应核实检修影响的全部业务通道或设备；对影响一次电网生产业务的检修工作应按电网一次检修管理办法办理相关手续。

通信检修不能临时变更检修范围；因故不能按时完成的检修，应提前办理延期。

【案例】 2020年11月，某电厂开展一次线路施工期间，在未经通信管理单位和运行单位同意情况下，擅自在组立铁塔时将通信光缆放下，造成光缆弯曲损伤，光路中断。该案例中，该项检修的组织管理不符合19.3.33中严禁超范围检修的规定。检修方未遵守工程协调会通信专业要求；施工现场监管不到位；施工人员擅自对光缆进行移位，其间未与通信运行单位沟通，未对移位后的光缆落实保护措施，最终造成通信光缆非计划中断。

条文19.3.34　通信运行部门应与电力一次线路建设、运维及市政施工部门建立沟通协调机制，避免因电力建设、检修或市政施工对光缆运行造成影响。对可能影响电力通信光缆正常运行的城市施工，电力通信运行部门应提前告知建设单位电力通信光缆的保护要求，现场确认防止光缆中断的措施落实情况，并告知光缆受损或中断后采取的措施。项目建设单位应配合做好电力通信光缆的保护和应急处置。

伴随城市化建设推进，市政建设施工导致光缆外破是电力通信光缆运行中的突出问题。据统计，某电力企业骨干通信网，在2018年1月—2020年12月期间，因市政施工导致光缆非计划中断85次，占城区内光缆非计划中断的66.93%，若除去极端灾害、超高车辆挂断、火灾等不可控因素，市政建设导致的光缆非计划中断占比达82.52%。通信运行部门应主动与电网相关部门及市政部门沟通协调，固化流程机制，降低此类事件发生频次。

【案例】 2017年7月，某项市政道路施工作业，将电力排管损坏，导致电力通信光缆断裂，造成该光缆承载的业务中断。该案例中，相关通信运行单位和施工单位联络不畅，不符合19.3.34中对建立有效沟通机制的要求。通信运行单位未及时告知施工方对电力通信光缆的保障要求，未落实现场安全和监护措施，导致地铁修建、道路施工挖断光缆，影响通信安全运行。

条文19.3.35　通信运行部门应与一次线路建设、运行维护部门建立工作联系制度。因一次线路施工或检修对通信光缆造成影响时，一次线路建设、运行维护部门应提前通知通信运行部门，并按照电力通信检修管理规定办理相关手续，如影响上级通信电路，应报上级通信调度审批后，方可批准办理开工手续。防止人为原因造成通信光缆非计划中断。

电网检修影响通信专业主要包括三种情况：一是线路施工影响线路光缆或站内土建施工影响站内导引光缆；二是站内站用变压器检修影响通信直流供电系统；三是站内站用变压器检修影响通信机房空调。对影响通信设施运行或对通信设施运行造成风险的电网检修，应提出工作时限和安全措施要求。

【案例】　2016年6月，某电厂在厂区内开展检修工作布放综合线缆，施工过程中因用力拉扯通信光缆，使光缆弯折度过大，造成通信光缆纤芯中断。该案例中，检修实施不符合19.3.35中对涉及通信设施的检修应提报通信检修的要求。在未申报通信检修的情况下，擅自移动通信光缆，工作期间也未做通信安全监督防护，最终发生光缆非计划中断。

条文19.3.36　检修施工单位需要同时办理电力和通信检修申请时，应在得到电力调度和通信调度"双许可"后，方可开展检修工作。

同时办理电网和通信检修申请的工作应满足"双许可"要求，避免因单一许可导致业务非计划中断。

【案例】　2017年，某110kV线路检修，已提报通信检修计划中断其承载的中心站出局光缆。线路检修前，该中心站另一路出局光缆突发故障；现场施工人员在仅得到电网调度许可的情况下，中断该线路光缆，导致该中心站两条出局光缆同时中断，该中心站部分通信业务非计划中断。该案例中，检修人员在开工许可环节不符合19.3.36的要求。检修人员在未得到通信调度许可情况下，擅自开展光缆检修工作，导致业务中断。

条文19.3.37　线路运行维护部门应结合线路巡检每半年对OPGW光缆进行专项检查，并将检查结果报通信运行部门。通信运行部门应每半年对ADSS和普通光缆进行专项检查，重点检查站内及线路光缆的外观、接续盒固定线夹、接续盒密封垫等，并对光缆备用纤芯的衰耗特性进行测试对比。

线路专业每半年对OPGW光缆进行检查，将发现的光缆断股、接续盒松动、引下光缆搭接塔材等隐患通报通信专业，有利于通信专业提前掌握光缆风险并采取防范措施。

通信专业通过对光缆备用纤芯的历次衰耗测试数据进行纵向对比，一旦出现多芯衰耗同时增大的情况，应及时进行风险评估、消缺。

【案例】 2017年12月，在对某220kV线路进行周期巡检时发现该线路ADSS光缆电腐蚀严重，光缆外皮抽跑、弧垂增大。该光缆承载6条220kV线路保护、2条稳定控制通道，通信运行单位及时组织了抢修，消除了光缆缺陷。该案例中，通信运行单位的光缆巡视符合19.3.37相关规定，认真组织开展巡检，及时消除ADSS光缆电腐蚀中断坠落的风险。

条文19.3.38　每年雷雨季节前应对接地系统进行检查和维护。检查连接处是否紧固、接触是否良好、接地引下线有无锈蚀、接地体附近地面有无异常，必要时应开挖地面，抽查地下隐蔽部分锈蚀情况。独立通信站、综合大楼接地网的接地电阻应每年进行一次测量，变电站通信接地网应纳入变电站接地网测量内容和周期。微波塔上除架设本站必需的通信装置外，不得架设或搭挂可构成雷击威胁的其他装置。

接地系统的检查和维护属于通信基础性运维工作。环境地形和土质等因素对接地好坏影响较大，大型楼宇的通信机房接地环节多，这些都可能影响接地系统运维检测的实际成效。同时在处置通信设备故障时往往忽视接地系统的影响。通信运行单位在运维及检测中应认真执行相关规定和要求。

条文19.3.39　加强通信设备、网管系统运行管理，落实数据备份、病毒防范和网络安全防护要求。通信网管应定期开展网络安全等级保护定级备案和测评工作，及时整改测评中发现的安全隐患。

应定期开展系统的网络安全等级保护定级备案和测评，及时整改安全隐患。等保测评包括物理环境、网络传输、区域边界、计算环境、管理中心、管理制度、管理人员等方面。

条文19.3.40　应定期开展机房和设备除尘工作。每季度应对通信设备的滤网、防尘罩等进行清洗，做好设备防尘、防虫工作。

由于设备积尘、滤网阻塞原因造成设备过热宕机等故障多发，应定期开展机房、通信设备、空调的除尘工作，熟练掌握各类设备滤网位置及拆除方法。

【案例】 2017年11月，某500kV变电站传输设备积尘过多导致风扇模块故障，更换故障风扇模块并对设备除尘后，传输设备恢复正常运行。该案例中，变电站通信机房和设备除尘工作不符合19.3.40中应定期有效开展设备除尘的要求。该变电站地处环境气候干燥、风沙大，站内传输设备风扇内部积灰严重，加速元器件老化，导致风扇故障，造成光传输设备运行异常。

条文19.3.41　通信设备检修或故障处理中，应严格按照通信设备和仪表使用手册进行操作，避免误操作或对通信设备及人员造成损伤。在采用光时域反射仪测试光纤时，应断开对端通信设备；在插拔拉曼放大器尾纤时，应先关闭泵浦激光器。

使用光时域反射仪进行光纤测试时，应避免激光对人眼造成伤害或因功率过高损坏对端设备端口。拉曼放大器输出激光安全等级为CLASS4，在泵浦激光器未关闭情况下插拔拉曼放大器尾纤时，容易因功率过高造成光纤受损。

【案例】 2015年11月，某工作人员在检修调试光传输网络设备期间，插拔拉曼放大器尾纤时未关闭泵浦激光器，高功率激光导致光纤端面受损，引入较大插损，影响业务开通。该案例中，检修人员操作仪器仪表的行为不符合19.3.41的要求，未能遵守说明书正确安全地使用拉曼放大器，调试不规范，造成尾纤损伤。

条文19.3.42　调度交换机运行数据应每月进行备份，当系统数据变动时，应及时备份。调度录音系统应每周进行检查，确保运行可靠、录音效果良好、录音数据准确无误、存储容量充足。调度录音系统服务器应保持时间同步。

调度录音是电网事故调查的重要依据。每周应对调度录音系统进行检查，及时发现因存储容量不足、设备故障造成的录音数据丢失等问题；调度录音系统服务器应保持时间同步，避免因调度录音时间不准影响事故调查分析。

条文19.3.43　因通信设备故障、施工改造或电路优化工作等原因，需要对原有通信业务运行方式进行调整时，如在48h之内不能恢复原运行方式，应编制和下达新的通信业务运行方式单。

依据《电力通信运行管理规程》（DL/T 544—2012）提出对通信方式的要求。

【案例1】 2019年5月，某单位开展某220kV线路光缆检修工作，在开工前发现有同一条输电线路的两套线路保护共缆的问题，最终该项检修工作改期开展。经查，原因为早前因市政施工申报的临时通信检修调整了线路保护通道路由，检修结束后未及时恢复原运行方式，也未编制下达新的方式单，造成运行资料和实际不符，最终影响计划检修。该案例中，通信运行单位在临时检修前，为提高业务可靠性，调整迂回了通道路由，但在检修结束后既未及时恢复原路由也未下达新的方式单，最终影响了计划检修工作，如图19-4所示。

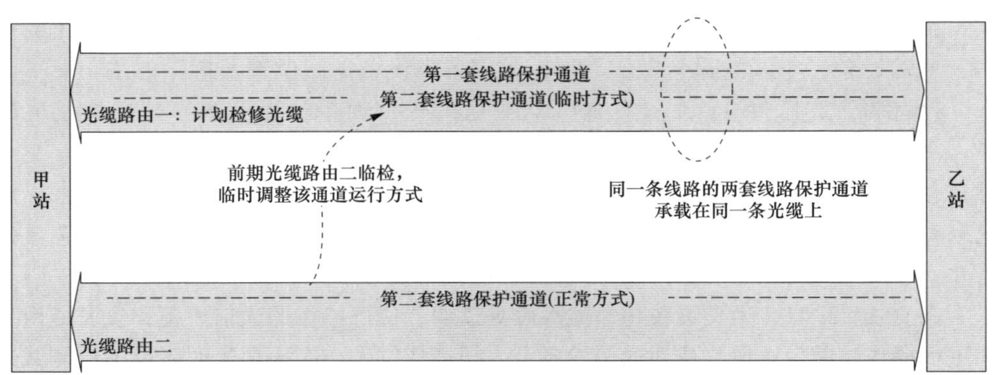

图19-4　检修结束后业务通道未及时恢复

【案例 2】 2017 年 5 月，某 220kV 输电 A 线 OPGW 光缆检修导致 220kV 输电 B 线的第一套线路保护通道发生非计划中断。该案例中，相关负责的通信运行单位方式管理不符合 19.3.43 中应及时编制下达新方式单的要求。经查，在 2016 年 7 月，B 线光缆曾发生故障，为抢通业务，相关运维人员临时将运行在 B 线光缆上的光路调整至 A 线光缆运行，其中包括 B 线的线路保护通道。但当时未及时下达通信业务方式单，最终造成后续的检修漏报影响范围，检修当天发生线路保护通道非计划中断，如图 19-5 所示。

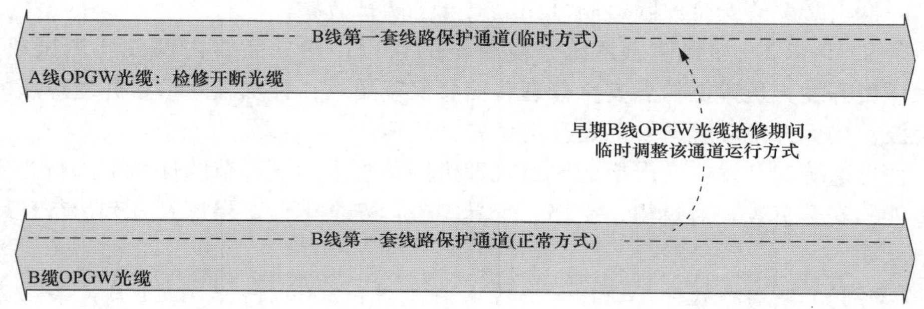

图 19-5　业务通道未及时更新下达方式单

条文 19.3.44　落实通信专业在电网大面积停电及突发事件发生时的组织机构和技术保障措施；完善各类通信设备和系统的现场处置方案和应急预案，定期开展反事故演习，检验应急预案的有效性，提高通信网预防和应对突发事件的能力。

应急预案体系由总体应急预案、专项应急预案和现场处置方案构成。总体应急预案是应急预案体系的总纲，是各单位组织应对各类突发事件的总体制度安排；专项应急预案是针对具体的突发事件、危险源和应急保障制订的方案；现场处置方案是针对特定的场所、设备设施、岗位，针对典型的突发事件，制订的处置措施和主要流程。不断完善应急预案并开展反事故演习，才能有效提高通信人员应急处置的技能水平，提高通信网抵御突发事件的能力。

条文 19.3.45　架设有通信光缆的一次线路计划退运前，应通知相关通信运行管理部门，并根据业务需要制订改造调整方案，确保通信系统可靠运行。

电力线路调整不应降低通信网可靠性的要求，提出对一次线路退运时的相关要求。架设有通信光缆的一次线路退运，应同步考虑通信网络改造方案，短期内无法改造的应继续按照专业分工做好光缆运维。

条文 19.4　防止信息系统事故

本条文相较《防止电力生产事故的二十五项重点要求（2014 年版）》没有变化，调整了条文顺序，主要内容结合电网企业与发电企业的特点，对信息系统的建设与运行管理提出了安全要求，对信息系统的基础设备及网络资源管理也提出了相应的要求。

条文 19.4.1　信息系统的需求阶段应充分考虑信息安全，进行风险分析，开展等级保护定级工作；设计阶段应明确系统自身安全功能设计以及安全防护部署设计，形成专项信息安全防护设计。

信息系统的“安全开发生命周期”提出了一种从安全角度指导软件开发过程的管理模式。在需求分析阶段，需确定系统的安全标准和相关要求，通过威胁建模，分析软件或系统的安全威胁；在设计阶段，需分析攻击面，设计相应的功能和策略，降低不必要的安全风险，制订相应的安全防护方案。

条文 19.4.2　加强信息系统开发阶段的管理，建立完善内部安全测试机制，确保项目开发人员遵循信息安全管理和信息保密要求，并加强对项目开发环境的安全管控，确保开发环境与实际运行环境安全隔离。

信息系统的开发应在严格的质量管理机制和多重测试环节的保障下进行，实施全过程的安全审查，对过程、文档、工具等进行安全审计，保证开发和运行环境的安全可靠。

【案例】 某财务软件厂商回传财务数据事件：2009 年 12 月 14 日，某电力公司接到中国信息安全测评中心信息安全漏洞通报，称某财务软件公司在财务管理系统交付使用后，仍掌握多家电力公司数据库的访问权限，可通过互联网远程回传电力行业财务数据，该公司文件服务器上保存了大量电力行业的财务数据，含有公司 21 家单位以及 10 个项目的业务数据，数据总量超过 1.5TB，并涉及公司大部分区域与网省单位。该软件公司违反了在与研发单位签订的保密协议中“严禁在对互联网提供服务的网络和系统中存储公司业务系统运行数据”等相关要求，已责令整改。

条文 19.4.3　建立并完善信息系统安全管理机构，强化管理确保各项安全措施落实到位。

电力企业是关系国民经济命脉和国家能源安全的国有重点骨干企业，因此必须建立并完善信息系统安全管理机构，组织有效、措施得力，才能保障各项安全措施得到贯彻落实。

条文 19.4.4　定期开展风险评估，并通过质量控制及应急措施消除或降低评估工作中可能存在的风险。

信息系统的风险评估工作不可能开展一次，就能保证一直有效，由于信息技术的飞速发展，信息安全问题的不断暴露，必须通过定期开展风险评估工作，并采取措施才能尽可能地降低风险。

【案例】 2013 年 10 月 29 日 8 时 1 分，某电力公司发生营销系统数据库服务器双机设备故障，部分营销服务中断 32h 31min。经查，事故的原因是光纤通道卡故障触发的主机操作系统磁盘写入异常导致。在事故处理过程发现，数据库单点隐患是导致本次事件的重要原因，且系统从未进行过系统的风险评估和突发事件时的应急演练，导致故障分析、决策和解决方案制订耗时较长，对营销业务造成了一定的负面影响。事后，该省公司在全省范围内开展了针对营销系统的风险隐患排查和应急预案的制订与演练。

19.4.5　在技术上合理配置和设置物理环境、网络、主机系统、应用系统、数据等方面的设备及安全措施；在管理上不断完善规章制度，持续改善安全保障机制。

为保障信息系统的安全，除了应在技术层面部署和正确配置相应的硬件及软件，还应加强相应的管理措施。在技术层面，应针对信息系统的规模和业务特征，为其合理配备和设置软硬件，并通过实施匹配的安全解决方案（既包括部署安全设备，也包括实施软件安全解决方案）完成系统保护；除了技术上的安全措施，还应设置与之匹配的安全管理机制，如完善的设备登记制度、合理的系统安全扫描周期等，从而可以更好发挥安全技术解决方案的效用，进一步提高网络信息系统的安全水平。

条文 19.4.5.1　信息网络设备及其系统设备可靠，符合相关要求；总体安全策略、设备安全策略、网络安全策略、应用系统安全策略、部门安全策略等应正确，符合规定。

保护网络信息系统，应对信息网络设备及其系统设备进行评估，以保障其建设和配置符合相关要求。对完整的信息系统，应对其各个组成部分的实际安全状况和安全风险进行评估，并根据评估结果，分别设置合理的总体安全策略、设备安全策略、网络安全策略、应用系统安全策略和相关管理层面安全策略等。制订这些策略时，除了结合信息系统本身的安全防护需求，还应考虑相关标准、规定的要求。

条文 19.4.5.2　构建网络基础设备和软件系统安全可信，没有预留后门或逻辑炸弹。接入网络用户及网络上传输、处理、存储的数据可信，杜绝非授权访问或恶意篡改。

应对网络基础设施和配套软件系统实施全生命周期的安全管控，为包括规划设计、制造开发、部署安装、上线运行、下线销毁等在内的全部环节实施相应的安全管理和风险控制手段，以防止安全漏洞隐患的出现，实现网络架构和数据的可信。可信网络中的行为和行为结果可预知并可控制，且网络内的系统符合相应安全策略的要求。在进行安全可信管理时，应从有效管理和整合现有安全资源，构筑可信网络安全便捷和实现网络内部信息保护等几个视角来考虑网络的整体防御能力。

条文 19.4.5.3　路由器、交换机、服务器、邮件系统、目录系统、数据库、域名系统、安全设备、密码设备、密钥参数、交换机端口、IP 地址、用户账号、服务端口等网络资源统一管理。

网络资源的统一管理是保障网络环境和业务系统运行稳定的重要基础，管理权限的混乱将带来严重的安全隐患，一旦高级管理员权限泄漏将造成难以估量的后果。同时，在发生紧急事件时，对网络资源的分散管理会大幅降低响应速度和处理效率。

条文 19.4.6　信息系统上线前测试阶段，应严格进行安全功能测试、代码安全检测等内容；并按照合同约定及时进行软件著作权资料的移交。

信息系统在正式投入运行前须经过严格的安全性测试，测试内容一般包括功能安全性测试、代码安全性测试、配置安全性测试、底层架构安全性测试等。由于信息系统开发人员的信息安全意识水平高低不同，导致一些利己行为在信息系统建设阶段出现，如为了便于修改代码在信息系统上安装后门程序、非法数据库接口、增加管理员用户等，这些行为成为信息系统运行的重大安全隐患。信息系统上线前测试就是为了杜绝类似的隐患，保证信息系统安全可靠地运行，所进行的必要步骤。此外，信息系统开发过程中所形成的诸如软件著作权资料，应按合同规定，归甲方所有，在信息系统正式上线后，交由甲方管理。

条文 19.4.7　通过灾备系统的实施做好信息系统及数据的备份，以应对自然灾难可能会对信息系统造成毁灭性的破坏。网络节点具有备份恢复能力，并能够有效防范病毒和黑客的攻击所引起的网络拥塞、系统崩溃和数据丢失。

使用灾备系统定期完成数据备份对信息系统的安全具有重要意义。灾备通常需要包含数据备份、系统备份、恢复预案、资源需求、灾备中心管理、业务影响分析、业务恢复预案等，可以通过 RTO（恢复时间目标）和 RPO（恢复点目标）两个关键指标来评估灾备方案。合理的灾备方案可以使信息系统在遭受到毁灭性破坏后，其数据和系统配置可以在短时期内重建并恢复至可运行水平，将业务中断时间控制在可接受范围内。通过对关键网络节点实施备份，可以使网络在遭受到恶意攻击并发生破坏后恢复至可用水平。

条文 19.4.8　信息系统投入运行前，应对访问策略和操作权限进行全面清理，复查账号权限，核实安全设备开放的端口和策略，确保信息系统投运后的信息安全；信息系统投入运行须同步纳入监控。

信息系统在投运前，应按照要求对信息系统分区分域的要求和主机安全防护措施的要求，建立访问控制策略，管理员权限的账号进行复查，清理无用账号和权限配置不合理账号。信息系统在正式投运后须纳入信息运行维护监控。

条文 19.4.9　在信息系统运行维护、数据交互和调试期间，认真履行相关流程和审批制度，执行工作票和操作票制度，不得擅自进行在线调试和修改，相关维护操作在测试环境通过后再部署到正式环境。

工作票和操作票制度是电力行业的一项重要工作保障制度，是防止系统检修过程中发生事故的必要组织措施和技术措施。业务部门在执行对业务应用系统或软件进行修改、调整、更新、升级等维护操作时，要严格落实执行、履行规定的审批流程，执行工作票制度。

条文 19.4.10　配备信息安全管理人员，并开展有效的管理、考核、审查与培训。

只有通过信息安全管理人员的有效工作，才能保障各项信息安全工作得到顺利开展，要保障工作开展的效果，必须加强信息安全管理人员的能力建设，保障信息安全工作开展的效果。

条文 19.4.11　加强网络与信息系统安全审计工作，安全审计系统要定期生成审计报表，审计记录应受到保护，并进行备份，避免删除、修改或破坏。

近些年来，电网企业加快了覆盖全集团的集成化信息系统建设，对这些系统的高可靠性要求重新定义了针对信息系统的审计内容，即收集并评估一个信息系统是否有效做到保护资产、维护数据完整、完成组织目标，同时实现最经济的资源使用等。对信息系统的安全审计可以实现对内部环境的有效控制，发现未经授权的数据修改和潜在的出现欺诈和错误的风险点，降低系统故障和宕机的可能性，显著提升系统综合安全水平。

【案例】 2010 年 2 月 9 日，中国信息安全测评中心通报可以通过互联网访问某市电力公司外网邮件系统，可获取该市举世瞩目重要活动园区电力供应敏感信息，涉及该园区供电方案、保障方案、场馆变电站建筑结构图、电气主接线图等敏感信息。经查，某市公司外网邮箱系统并未进行有效的安全审计，存在 IBMDOMINO 服务安全漏洞，通过该漏洞可获取邮件系统中的通讯录信息。同时通过暴力破解个别人员邮件账户弱口令，可获取该项活动期间相关敏感资料。事后，该市电力公司要求加强邮件系统收发日志审计和敏感内容拦截功能，同时提高信息安全专业人员技能水平，提升对外网站安全监测与防护，加强邮件内容审计与监督能力，确保此类事故不再发生。

20

防止串联电容器补偿装置和并联电容器装置事故的重点要求

总体情况说明：

本章重点为防止串联电容器补偿装置和并联电容器装置发生重大事故。本次修订主要依据《电力系统用串联电容器　第1部分：总则》（GB/T 6115.1—2008）、《电力系统用串联电容器　第2部分：串联电容器组用保护设备》（GB/T 6115.2—2017）、《电力系统用串联电容器　第3部分：内部熔丝》（GB/T 6115.3—2002）、《电力系统用串联电容器　第4部分：晶闸管控制的串联电容器》（GB/T 6115.4—2014）、《并联电容器装置设计规范》（GB 50227—2017）、《高压并联电容器装置的通用技术要求》（GB/T 30841—2014）、《标称电压1000V以上交流电力系统用并联电容器　第1部分：总则》（GB/T 11024.1—2019）、《标称电压1000V以上交流电力系统用并联电容器　第2部分：老化试验》（GB/T 11024.2—2019）、《标称电压1000V以上交流电力系统用并联电容器　第3部分：并联电容器和并联电容器组的保护》（GB/T 11024.3—2019）、《标称电压1000V以上交流电力系统用并联电容器　第4部分：内部熔丝》（GB/T 11024.4—2019）、《高压并联电容器用串联电抗器》（JB/T 5346—2014），在《防止电力生产事故的二十五项重点要求（2014年版）》的基础上，针对该专业近年来暴露出的新问题，从设计、基建、运行等阶段提出防止由于设备状况不良或操作方式不当，给人身及设备带来的安全隐患，结合国家、地方政府、相关部委以及国家电网有限公司近6年发布的法律、法规、规范、规定、标准和相关文件提出的新要求，修改、补充和完善相关条款，对原文中已不适应当前电网实际情况或已写入新规范、新标准的条款进行删除、调整。

条文说明：

为防止串联电容器补偿装置、并联电容器装置事故，应严格执行下列标准：

并提出以下重点要求：

条文 20.1　防止串联电容器补偿装置事故

条文 20.1.1　应考虑串联电容器补偿装置（以下简称串补装置）接入后对差

动保护、距离保护、重合闸等继电保护功能的影响。并应避免出现系统感性电抗小于串补容性电抗等继电保护无法适应的串补接入方式。

本条文明确了串补装置设计阶段应针对控制保护设备应用开展的必要研究工作。

当输电线路上的串补装置正常投入时，线路阻抗会减小；当串补装置退出后，线路阻抗会变大；当串补装置的金属氧化物限压器（MOV）、火花间隙、旁路断路器在动作过程中时，线路阻抗的变化为非线性状态。当双回线路带串补装置运行后，线路互感的影响增加了线路保护判断的复杂性。因此，线路发生故障时，故障电流与故障电压的幅值以及两者之间的相位关系非常复杂，甚至会出现电流和电压反向的情况，方向过电流保护和距离保护容易出现误判断。就是适应性很好的纵联电流差动保护，受到串补安装位置的影响，仍要考虑与串补控制及保护之间的配合关系。

输电线路或串补装置发生单相故障时，旁路断路器会单相旁路串补电容器，从而导致线路相间阻抗不平衡。带串补运行的线路不平衡度较不带串补的线路严重。因此需要研究并考验出现这种情况时，线路保护（尤其是零序电流保护）是否可以准确判断故障状态。

条文 20.1.2　当电源送出系统装设串补装置时，应进行串补装置接入对发电机组次同步振荡的影响分析，当存在次同步振荡风险时，应确定抑制次同步振荡的措施。

大容量电源点远距离外送时，应用串补装置可以提高输电能力，但串补电气系统中若存在一个或多个自然频率等于汽轮发电机的一个或多个轴系机械自然频率的同步补充频率，将会引发严重的次同步振荡问题。同时除汽轮机组外，风电机组与串补装置间也可能存在次同步振荡问题，引起变压器低频振动。因此对于电源送出系统，需进行次同步振荡的影响分析，并在存在风险时确定抑制措施。

【案例】　华北地区汽轮机组及风电汇集站次同步振荡问题。有些电厂送出工程装设串补装置，均存在次同步振荡风险。如某电厂500kV送出工程装设的串补装置存在严重的次同步振荡风险，导致线路装设的八套串补无法同时投运，严重影响负荷送出。某风电汇集站装设串补装置，2010年开始发生低负荷下风电机组与串补装置的次同步振荡，造成500kV主变压器产生较严重振动噪声。

条文 20.1.3　应通过对电力系统区内外故障、暂态过载、短时过载和持续运行等顺序事件进行校核，以验证串补装置的耐受能力。

本条文明确了串补装置设计阶段应针对电网运行开展的必要研究工作。

通过校核串补装置对区内、区外故障的耐受能力，验证电容器过电压保护性手段（如MOV）能有效限制过电压水平、吸收短路电流能量而不致自身损坏，确定串补控制及保护的动作有效性（即区内故障动作，区外故障不动作）。

通过校核串补电容器组的过载能力，验证电容器的容量、耐压水平、耐爆能力等是否能满足暂态过载、短时过载和持续运行等不同工况下的运行要求，验证输电线路带串补运行后是否满足相应稳定极限的要求。

条文 20.1.4　电容器组

条文 20.1.4.1　串联电容器应采用双套管结构。

如果采用单套管结构的串补电容器单元，其外壳作为电容器的一极，接外壳的引线与电容器单元靠底部的一端相连，套管的引线与电容器单元靠顶部的一端相连。由于受结构工艺所限，这两根引线通常会交叉。尽管电容器壳体内部经抽真空及注油浸渍，且两根引线外都加套绝缘套管，但这个交叉点仍是电容器单元的绝缘薄弱点。尤其在电容器单元承受系统故障电流时，引线交叉点瞬间局部场强过高，电压的陡度很大，易引起绝缘击穿，从而导致电容器单元两极间短路。

对单套管电容器单元进行绝缘检查时，只能做极间耐压试验，出厂试验值是工频电压耐受 2.15U_n、10s（如串补电容器采用 10kV 电压等级的单套管电容器，则其极间耐压值约为 21.5kV）。而双套管电容器单元的出厂极对壳工频电压耐受值按照《高压并联电容器使用技术条件》（DL/T 840—2016）中表 4 的规定，10kV 电压等级电容器的极壳耐压（出厂耐受，中性点不接地）为 42kV、1min。由此可见，双套管电容器单元的耐压能力明显强于单套管电容器单元。

条文 20.1.4.2　串联电容器绝缘介质的平均电场强度不应高于 57kV/mm。

通过综合考虑近年来电容器运行情况以及串补装置的制造成本等因素，确定电容器绝缘介质的平均电场强度不应高于 57kV/mm，不高于 57kV/mm 场强的电容器单元平均故障率较低。电容器单元场强高的好处是电容器单元的质量减轻，制造成本降低，串补平台载荷减轻，有利于对抗地震和大风等自然灾害；但电容器单元场强高会造成单元内部绝缘减弱，威胁串补装置的正常运行。例如，当电容器单元场强大于 59.5kV/mm 时，部分制造厂就无法承诺完成单元耐受 U_{lim}（即过电压保护装置动作前瞬间和动作期间出现在电容器单元端子之间的极限电压）下 10s 的出厂试验，这种结果很容易在串补装置通过系统故障电流且火花间隙没有动作之前，电容器单元由于承受不了 U_{lim} 电压而损坏或内部元件受伤。尤其当火花间隙由于某些原因拒动时，容易造成电容器单元爆炸起火的严重故障。另外，电容器单元场强过高，很容易产生局部放电，加速电容器单元的老化。在《防止电力生产事故的二十五项重点要求（2014 年版）》基础上，将原规定："串联电容器绝缘介质的平均电场强度不宜高于 57kV/mm。"修订为"串联电容器绝缘介质的平均电场强度不应高于 57kV/mm"，强制限制平均场强，保证电容器运行可靠性。

条文 20.1.4.3　单只电容器的耐爆容量应不小于 18kJ，电容器的并联数量应考虑电容器的耐爆能力。

本条文规定的串联电容器的耐爆容量，比并联无功补偿用电容器的耐爆容量大于15kJ的要求要严，主要考虑当串联电容器单元在出现内部故障时，不但要承受与其并联的电容器单元对其放电能量的冲击，而且还要承受系统电流，甚至系统故障电流的冲击。此处提出的串联电容器的耐爆容量数值，仅是对串补所用电容器耐爆容量的最低要求，在实际工程应用中需要结合串联电容器组的设计结构对该条要求作出进一步的计算评估。

电容器单元故障后所吸收的能量主要由两部分组成：一部分是从发生故障开始到故障切除由电源提供的能量；另一部分是电容器组向故障电容器单元所释放的能量。从以往故障时序分析，故障电容器单元需首先承受来自并联电容器单元所释放的能量。

以3个电容器单元并联为例计算耐爆能力，计算电压$U=6.16\text{kV}$，单台电容器单元电容量$C=65\mu\text{F}$，极限电压$U_{\text{lim}}=2.3U$，外部回路效率系数$\eta_1=0.7$，其他串联段释放能量效率系数$\eta_2=0.64$，则：

（1）单只电容能量$E=\frac{1}{2}CU_{\text{lim}}^2=\frac{1}{2}\times 65\times(2.3\times 6.16)^2=6.52(\text{kJ})$。

（2）并联段释放能量$W_{\text{P}}=3\times\frac{1}{2}CU_{\text{lim}}^2\eta_1=3\times\frac{1}{2}\times 65\times(2.3\times 6.16)^2\times 0.7=13.69(\text{kJ})$。

（3）其他串联段释放能量$W_{\text{S}}=\eta_2\times\frac{1}{2}CU_{\text{lim}}^2\eta_1=0.64\times\frac{1}{2}\times 65\times(2.3\times 6.16)^2\times 0.7=2.92(\text{kJ})$。

（4）总的由电容器组所吸收的能量$W_{\text{T}}=W_{\text{P}}+W_{\text{S}}=13.69+2.92=16.61(\text{kJ})$。

从计算结果可见，多只电容器单元并联对电容器单元的耐爆能力会有很高的要求。

条文 20.1.4.4　电容器之间的连接线应采用软连接。

电容器采用软连接线，可有效降低电容器流过较大电流时连接线产生的电动力对电容器壳体造成的破坏。绝缘护套和铜线的要求是为防止鸟害和接头过热。

条文 20.1.4.5　电容器组初始不平衡电流应不大于电容器组不平衡电流告警值的30%。

不平衡电流的小电流试验与出厂配平均无法完全保证电容器组的初始不平衡值满足30%告警值的要求。因此本条文仅提出初始配平要求，当在调试阶段发现不平衡电流超标时，应根据电容器量重新配平。

条文 20.1.4.6　运行中应重点关注电容器组不平衡电流值，当确认该值发生越限告警时，应在一周内安排串补装置检修。

运行中电容器组不平衡电流值发生越限告警，通常是发生了电容器熔断器熔断或电容器故障等情况，从以往出现的运行故障分析，单只电容器的损坏，容易引起其他正常运行的电容器出现过电压情况，会加速电容器的老化或故障速度，因此需要运行及检修人员，对电容器组不平衡电流值发生越限告警情况予以高度重视，不平衡电流发生越限告警，应确定为设备存在严重缺陷，应按严重缺陷消缺周期安排串补装置检修。

条文 20.1.5　金属氧化物限压器（MOV）

条文 20.1.5.1　MOV 的能耗计算应考虑系统发生区内和区外故障（包括单相接地故障、两相短路故障、两相接地故障和三相接地故障）以及故障后线路摇摆电流流过金属氧化物限压器过程中积累的能量，还应计及线路保护的动作时间与重合闸时间对金属氧化物限压器能量积累的影响。

MOV 是串补电容器组最重要的过电压保护性手段，串补装置配置的 MOV 限压值、总容量及数量应结合实际工程要求由厂家提供详细的 MOV 能耗计算报告。不仅要考虑区内和区外各种故障（包括单相接地故障、两相短路故障、两相接地故障和三相接地故障）情况下 MOV 的能量积累需满足运行要求，还要考虑 MOV 与触发间隙、旁路断路器、线路保护、线路重合闸之间的配合。

条文 20.1.5.2　新建串补装置的 MOV 热备用容量裕度应大于 10%且不少于 3 单元/平台。

由于整组 MOV 配平要求很高，当 MOV 单元损坏导致冗余不足时，需要更换整个平台的 MOV，而不能单支更换，会导致串补装置长时间强迫停运，严重影响系统功率输送及其安全稳定性。而当 MOV 冗余为零时备用整相 MOV 又可能出现备用组长时间不投入的情况，造成资源浪费。因此需要在设计阶段增加 MOV 的热备用容量。

条文 20.1.5.3　新建串补装置的 MOV 应采用复合外套。

2019 年国家电网某 500kV 串补装置曾连续发生两起 MOV 瓷外套爆炸故障。经研究发现，当前的国家标准对 MOV 防爆性能的型式试验考核方法中仅考虑了故障时线路短路电流对 MOV 的影响，未考虑 MOV 内部短路时电容器高频放电电流对瓷外套耐爆能力的影响。因此在暂无相关型式试验方法考核 MOV 瓷外套耐爆能力时，建议均采用复合外套，防止瓷外套粉碎性爆炸带来的设备和人身伤害。

【案例】 2019 年，国家电网某 500kV 线路开关跳闸，两套主保护动作，重合闸未动作，串补装置旁路。串补 MOV 保护单元 A 相 MOV 过电流保护动作，B 相 MOV 过电流保护动作，ABC 线路联动串补保护动作。经查故障时该 500kV 线路有落雷。现场检查串补平台 A 相电容器组有漏油现象，A、B 相各一支 MOV 瓷套爆裂，地面有瓷瓶碎片。

经分析，由于该两支故障MOV个别氧化锌阀片性能劣化，存在薄弱点。在线路发生相间故障时，MOV薄弱点阀片发生击穿，致使串补电容器向故障MOV直接放电，产生高频电流，进而导致该两支MOV发生爆裂，如图20-1～图20-5所示。

图20-1 A相MOV损坏情况

图20-2 A相电容器套管损坏情况

图20-3 B相MOV损坏情况

图20-4 解体后MOV内部损坏情况

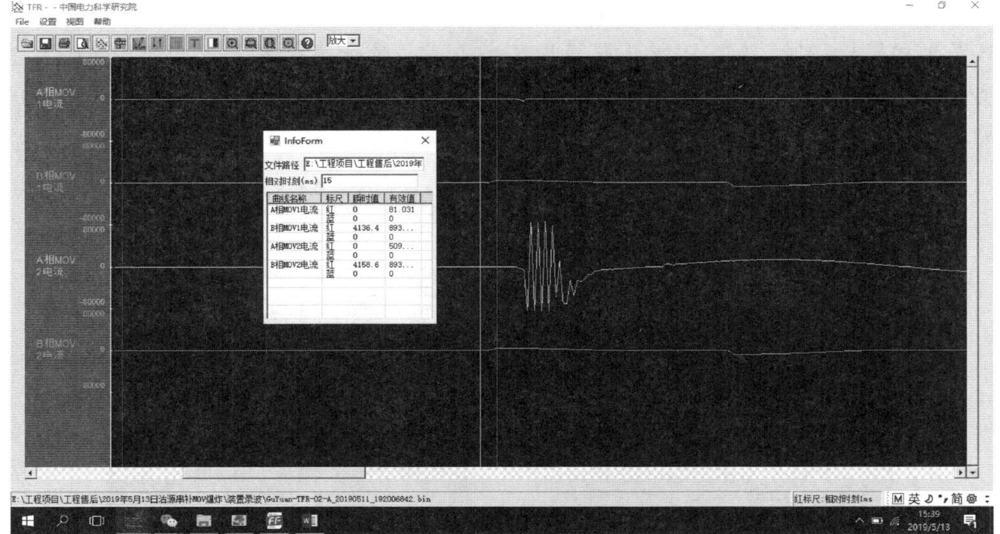

图 20-5　电容器放电电流波形

条文 20.1.6　阻尼装置

条文 20.1.6.1　线路短路故障导致串补跳闸后，应检查故障相电容器高频放电电流频率和衰减速度，若放电电流频率超出设计值，应考虑阻尼装置损坏，尽快安排串补装置检修。

目前，串补装置无阻尼装置故障保护功能，一是串补装置阻尼回路在不动作时不承受电压，难以判定其运行状态。二是串补旁路时，即使阻尼装置故障，控保系统也不具备判断阻尼装置故障的能力。串补旁路时电容器组将通过阻尼回路放电，如阻尼装置内部击穿，电容器组将直接放电，产生高频大幅值放电电流，造成故障扩大。因此在串补装置旁路后应查看故障录波，检查故障相电容器高频放电电流频率和衰减速度，若放电电流频率超出设计值，尽快安排串补装置检修，避免串补装置带故障运行。

【案例】 2019年，某500kV串补装置消缺过程中发现GAP触发箱部分零部件炸裂、断裂。经分析，串补装置发生区内A、B两相短路故障，A相GAP电流发生明显高频放电（约2000Hz），该故障原因为火花间隙动作后，先发生由于阻尼内部击穿导致的电容器组直接短路放电，进而导致触发箱与平台间的电压成倍增加，击穿避雷器。同时由于电容器直接放电电流过大，产生较大电动力，导致支柱绝缘子断裂，如图20-6、图20-7所示。

条文 20.1.7　火花间隙

条文 20.1.7.1　火花间隙的强迫触发电压应不高于1.8p.u.，无强迫触发命令

图 20-6 A 相串补装置平台 GAP 触发箱用避雷器损坏、炸裂情况

图 20-7 A 相串补装置平台 GAP 触发箱底部支柱绝缘子断裂情况

时拉合串补装置相关隔离开关不应出现间隙误触发。

火花间隙是保障串补装置自身安全的最主要技术手段，在满足强迫触发条件下或自触发条件下火花间隙能可靠、快速导通，从而有效避免串补电容器组和 MOV 产生过电压情况。而在不满足强迫触发条件或自触发条件时，火花间隙因受扰触发导通，将导致串补装置无故障退出。因此要求串补装置厂在火花间隙设计阶段就要考虑串补平台杂散电容对火花间隙分布电压的影响，保证在设备出厂前进行必要的型式试验，在类似拉合串补相关隔离开关的试验条件下不应出现间隙误触发的情况。

火花间隙的强迫触发电压不高于 1.8p.u.：①考虑确保区内故障时能成功触发火花间隙；②避免强迫触发电压过高导致的火花间隙动作减缓，给电容器组带来更大的故障电流冲击。但如果强迫触发电压过低（如低于 0.3p.u.），火花间隙的自放电电压也将大幅降低，增加了区外故障火花间隙误击穿的可能性，也不利于火花间隙在流过故障电流后迅速去游离、恢复介质强度。

压力释放单元节解体照片如图 20-8 所示，串补旁路 GAP 及电容器放电电流波形如图 20-9 所示。

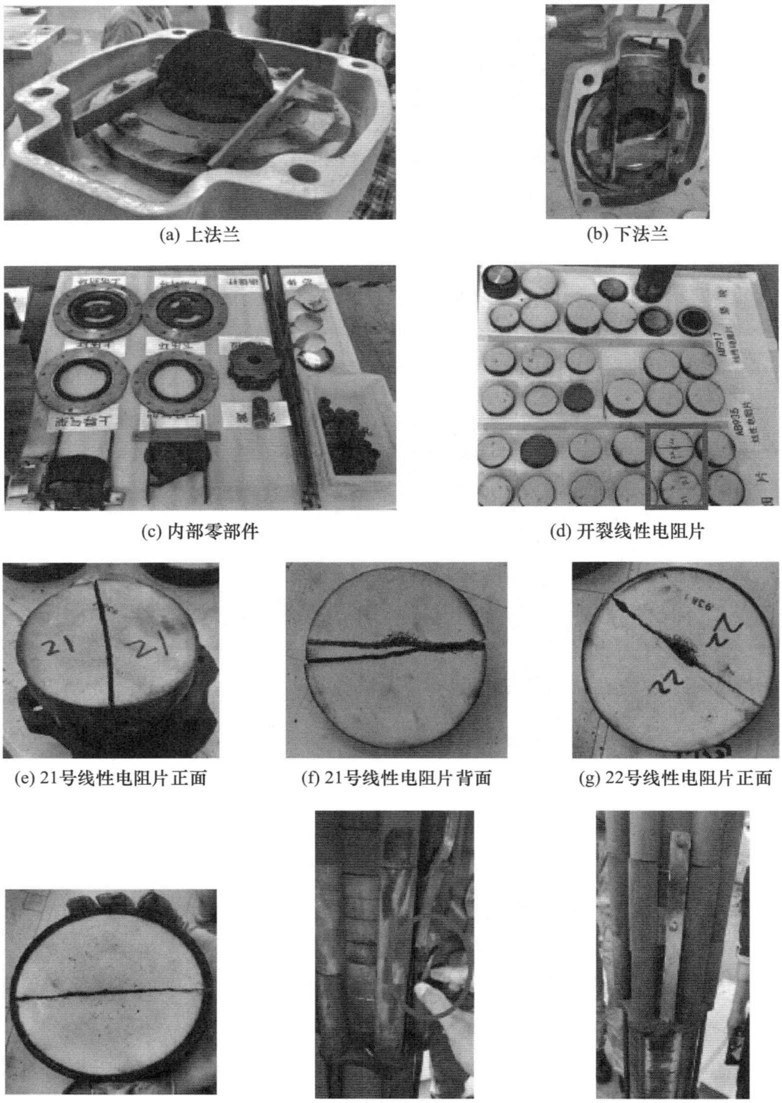

(a) 上法兰

(b) 下法兰

(c) 内部零部件

(d) 开裂线性电阻片

(e) 21号线性电阻片正面

(f) 21号线性电阻片背面

(g) 22号线性电阻片正面

(h) 22号线性电阻片背面

(i) 高压侧并联短接片

(j) 低压侧并联短接片

图 20-8　压力释放单元节解体照片

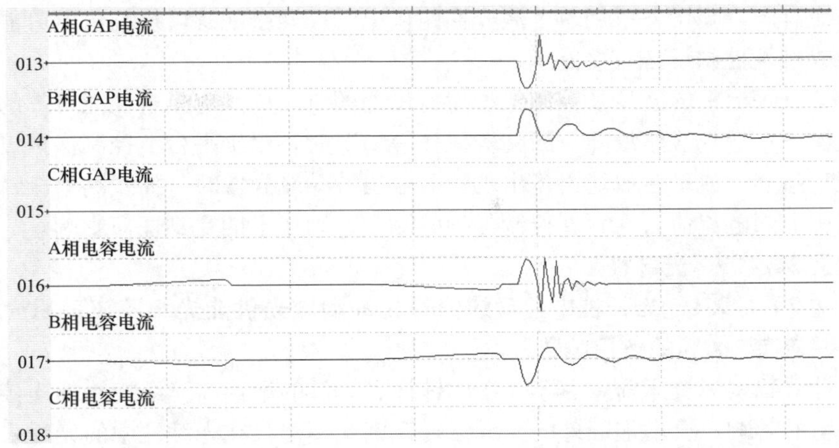

图 20-9　串补旁路 GAP 及电容器放电电流波形

条文 20.1.7.2　火花间隙动作次数超过厂家规定值时进行检查。若动作次数长期未超过厂家规定值，运行单位应根据线路及串补运行情况定期进行检查。检查项目应包括间隙距离检查、表面清洁及触发回路功能试验。

火花间隙在多次动作后，将出现灼痕和损伤，应依据厂家提供的规定动作次数，并综合判断间隙电流的大小，对间隙触头进行必要的处理或更换。

火花间隙可能长时间不动作，由于火花间隙是敞开式的，容易积灰，造成误动作。因此需要按规定周期进行检查清灰。

条文 20.1.7.3　应检查串补装置保护触发火花间隙功能，验证间隙能可靠击穿。

通过串补保护强制触发火花间隙是保护串补电容器等平台上设备避免或减少故障冲击影响的重要手段。因此要求进行从串补保护至间隙可靠击穿的完整触发回路的检测。

条文 20.1.8　电流互感器和平台取能设备

条文 20.1.8.1　串补装置平台上控制保护设备电源应能在激光电源供电、平台取能设备供电之间平滑切换。对于单一激光回路供能设备，激光供能回路应冗余配置，其中一回供能回路出现问题应不影响设备正常运行。线路故障时，串补装置平台上的控制保护设备的供电应不受影响。

串补装置通常要求串补有较大负荷电流流过时（如不低于线路额定电流的5%），采用平台取能设备单独供电；而在串补轻载或处于检修状态时，采用激光电源单独供电；在处于边界工况时，激光电源和平台取能设备可以同时混合供电。运行要求这几种供电方式必须能进行平滑切换，且不能存在任何供电死区，以确保串补平台上测量及控制保护设备均能正常工作。由于激光元器件可靠性受环境影响大，寿命有限，当设备采用单一激光回路供电时，冗余配置可提高供电可靠性，避免测量或触发控制设备直接停运。

为串补平台上的测量及控制保护设备供电的电源单元应具有性能可靠的稳压模块，以保证在遇到线路故障、断路器操作等情况时，用于平台上控制保护设备供电的电流互感器，或平台取能设备出现短时输出波动或异常时（如线路单相瞬时跳开时，该相上的电流值为0A），控制保护的测量、动作不能受到任何影响。

条文 20.1.9　光纤柱

条文 20.1.9.1　光纤柱中包含的信号光纤和激光供能光纤不应采用光纤转接设备，并应有100%的备用芯数量。

串补装置实际投运前，由于光缆的铺设、光纤的熔接、光纤接头的连接会受到施工环境的影响，会增加额外的光纤衰耗，因此不建议在光纤柱中的光纤采用光纤转接设备，以免影响控制保护中数据传输的稳定性；光纤配置于光纤柱内，不便更换，一旦数量不足需要串补停运，因此要求具有100%的备用芯数量。

条文 20.1.9.2　串补装置平台到控制保护室的光纤损耗不应超过3dB。

串补装置实际投运前，应对平台上下光纤收发设备的发送和接收电平进行实际测量，光纤柱内光缆长度与允许最大损耗的关系应满足规定要求。

条文 20.1.10　串补平台抗干扰措施

条文 20.1.10.1　串补装置平台上测量及控制箱的箱体应采用密闭良好的金属壳体，箱门四边金属应与箱体可靠接触，避免外部电磁干扰辐射进入箱体内。

串补装置平台上具有恶劣的电磁环境，测量及控制保护设备均为弱电板卡，集中放置在测量及控制箱中。如箱门以及箱体不能密闭，外部电磁干扰将会辐射进入箱内，容易引起测量及控制板卡的逻辑异常或元器件损坏。

条文 20.1.10.2　串补装置平台上各种电缆应采取有效的一、二次设备间的隔离和防护措施，如电磁式电流互感器电缆应外穿与串补装置平台及所连接设备外壳可靠连接的金属屏蔽管；电缆头制作工艺应符合要求；应尽量减少电缆长度；串补装置平台上采用的电缆绝缘强度应高于控制室内控制保护设备采用的电缆强度；接入串补装置平台上测量及控制箱的电缆应增加防扰措施。

本条文明确要求串补装置平台上各种电缆应采取有效的一、二次设备间的隔离和防护措施，并列举了几个重要的措施。

如要求“电磁式TA电缆外穿与串补装置平台及所连接设备外壳可靠连接的金属屏蔽管”，这是由于电磁式TA电缆通常是平行于串补装置平台安装布置，如电缆不采取有效的全屏蔽措施，串补装置平台带电后电缆会因分布电容影响以及两端“接地”（即接平台）不良等原因极易受扰，在以往的运行中多次出现因串补装置平台附近拉合隔离开关而引起串补装置保护测量异常，造成串补误动作。

此外，在设计串补装置平台上各TA的安放位置时应尽量将其靠近测量及控制箱，这是因为电磁式TA的电缆越长，其分布电容带来的不良影响就越大。因此，在串补装置平台上采用电子式TA或纯光TA，以光纤代替电缆传输电流数据，将会明显改善串补测量的抗干扰能力。

条文20.1.11　控制保护系统

条文20.1.11.1　控制保护系统应采取必要的电磁干扰防护措施，串补装置平台上的控制保护设备所采用的电磁干扰防护能力应高于控制室内的控制保护设备。控制及保护设备应就地与等电位接地网可靠连接。

由于串补装置平台距离断路器、隔离开关、接地开关、母线、输电线很近，一次设备操作或故障时引起的电磁干扰更容易窜入平台上的二次设备中；平台上一、二次设备受到分布电容影响更为明显；由于操作顺序不同也会导致平台电位的异常波动。尽管目前尚未对串补装置平台上的电磁环境影响作出精确定量分析，但从大量工程实践现象可以确定的是串补装置平台上的电磁环境较控制室恶劣许多。作为防范措施，应要求串补装置平台上控制保护设备的电磁干扰防护能力高于控制室内的控制保护设备。

条文20.1.11.2　在线路保护跳闸经长电缆联跳旁路断路器的回路中，应在串补装置控制保护开入量前一级采取防止直流接地或交、直流混线时引起串补控制保护开入量误动作的措施。

因在线路保护跳闸经长电缆联跳旁路断路器的回路中，无电气量判据，故需要采取防止直流接地或交直流混线时引起串补控制保护开入量误动作的措施，通常采用加装大功率中间继电器的办法。对大功率中间继电器的要求是：110V或220V直流启动，启动功率大于5W，动作电压应在额定直流电源电压55%～70%范围内，额定直流电源电压下动作时间为10～35ms，应具有抗220V工频干扰电压的能力。

条文20.1.11.3　在串补装置遇到区内外故障或拉合串补相关隔离开关时，串补装置控制保护不应出现误动作或误发告警的情况。

在串补装置基建调试及验收阶段，应对串补装置平台上及串补控制小室内的各种串补控制保护设备进行必要的抗干扰验证检查，避免在区内外故障或拉合隔离开关等工况时，串补装置保护出现误动作或误发告警的情况。

条文20.1.11.4　串补装置的保护应完全双重化配置。

重要设备按双重化原则配置保护是现阶段提高继电保护可靠性的关键措施之一。所谓双重化配置不仅仅是应用两套独立的保护装置，而且要求两套保护装置的电源回路、交流信号输入回路、输出回路，直至驱动断路器跳闸，两套继电保护系统完全独立，互不影响，其中任意一套保护系统出现异常，也能保证快速切除故障，并能完成系统所需要的后备保护功能。

条文 20.1.12　串补运行方式操作

条文 20.1.12.1　串补装置停电检修时运行人员应将二次操作电源断开，将相关联跳线路保护的连接片断开。

本条文规定是强调一、二次专业人员在检修时务必进行必要的沟通与配合。断开二次操作电源，目的是要防止二次人员传动串补保护时不会引起一次设备误动伤人；断开相关联跳本侧和对侧线路保护的连接片，目的是要防止二次人员传动串补保护时不会引起相关线路保护误动。

条文 20.2　防止高压并联电容器装置事故

条文 20.2.1　高压并联电容器

条文 20.2.1.1　加强高压并联电容器工作场强控制，在压紧系数为 1（即 $K=1$）条件下，全膜电容器绝缘介质的平均场强不得大于 57kV/mm。

本条文规定是根据电网企业集中规模采购招标的有关要求制定的。根据近年来电网企业运行电容器的故障率统计，电容器采用 57kV/mm 的场强是一临界点，高于此值的电容器故障率相对较高，低于此值的电容器故障率相对较低。此外，电容器采用 57kV/mm 的场强，也是产品生产工艺复杂度与产品造价之间权衡的结果。

条文 20.2.1.2　电容器组每相每一并联段并联总容量不大于 3900kvar（包括 3900kvar）；单台电容器耐爆容量不低于 15kJ。

本条文规定是《并联电容器装置设计规范》（GB 50227—2017）中 4.1.2 第 3 项的规定，要求互相关联。

假设单台电容器容量为 417kvar，内部由 3 串元件构成，9 台并联，总容量为 3753kvar。当单台电容器承受 $1.3U_n$ 短时稳态允许过电压而造成内部有一串联段短路时，另外 8 台电容器所存能量对故障电容器放电，故障电容器的注入能量 E 可由下式近似得到，即

$$E=\frac{1}{2}U^2C=\frac{Qk^2}{2\omega}=\frac{(3753-417)\times 1.3^2}{2\times 314}=8.977(\text{kJ})$$

式中：过电压倍 $k=1.3$；$\omega=314$。

因此，电容器组每一并联段总容量不超过 3900kvar 时，单台电容器发生故障时，其爆破能量不会超过 15kJ。

条文 20.2.1.3　电容器单元选型时应采用内熔丝结构，电容器组禁止采用外熔断器和内熔丝保护混用。

电容器外熔断器性能、质量差别较大，暴露在户外及空气中的外熔断器易发生老化、锈蚀失效等问题。近年来各主要厂家内熔丝设计、质量水平已普遍提高，因此推荐使用内熔丝结构的电容器。运行中电容器外熔断器、内熔丝同时使用导致保护失效，应绝对避免同时采用。

【案例】 某 500kV 变电站装设 35kV 框架式电容器共 6 组，单台电容器有内熔

丝，无内电阻，同时安装了外熔断器。该批电容器组投运2年，共发生了10余次故障，其中2次引起电容器群爆。分析原因为外熔断器因为质量问题引起熔断，由于外熔断器灭弧性能差，形成的电弧过电压使对应单台电容器的内熔丝熔断；此外由于不平衡保护整定值过大，保护未及时动作，最终引起外熔断器电弧多次重燃，导致电容器单元群爆。

条文 20.2.1.4　高压直流输电系统用交流并联电容器及交流滤波电容器在设计环节应有防鸟害措施。

高压直流输电系统用并联电容器及交流滤波电容器的电容器塔易受鸟害，导致不平衡保护动作跳闸。根据国调统计，2016年全网所有换流站因鸟害导致跳闸次数达50次。应在设计及物资招标环节考虑防鸟害措施。

条文 20.2.1.5　电容器端子间或端子与汇流母线间的连接应采用带绝缘护套的软铜线。

根据近六年的典型故障案例，电容器组通常由于设计紧凑，绝缘距离裕度很小，极易因鸟类等异物窜入导致相间短路，对连接线进行绝缘化处理，采用绝缘护套，是为了防止电容器对地及极间短路。电容器的连接应使用软铜线，不要使用硬铜棒连接，是为了防止电容器发生短路故障时电动力过大造成套管受力损伤。

条文 20.2.1.6　新安装电容器的汇流母线宜采用铜排。

通过对框架式并联电容器设备调研发现，电容器接头发热问题为主要缺陷问题，在各类缺陷问题中占比为22.86%，位居第1，其中因铜铝过渡片装反导致的发热占发热问题数量的47.62%。电容器套管接头、连接线及线夹均为铜质材料，汇流母线如采用铝排时需安装铜铝过渡片，在安装施工过程中，由于铜铝过渡片标识模糊或人为疏忽，常造成铜铝过渡片安装错误导致带电运行后接头发热。铜排具有良好的载流和导热性能，较铝汇流排，采用全铜汇流排总成本将增加3%～5%，彻底解决铜铝过渡问题，大幅降低电容器运行中出现的发热问题数量。

【案例】 220kV某新建变电站装设10kV框架式并联电容器共4组。投运后即有大量引流线与汇流铝排连接处发热，导致融化、断裂。发热原因为铜铝过渡片不合格，无法贴紧汇流铝排，部分过渡片还存在裂纹。

条文 20.2.1.7　同一型号产品必须提供满足国标覆盖要求的老化试验报告。对每一批次产品，制造厂需提供能覆盖此批次产品的老化性试验报告。

本条文规定主要是考虑电容器产品长期运行的稳定性而针对电容器单元的制造工艺提出的型式试验要求，应按照《标称电压1000V以上交流电力系统用并联电容器　第2部分：老化试验》（GB/T 11024.2）中有关规定开展过电压周期试验和老化试验。过电压周期试验是为了验证在从额定最低温度到室温的范围内，反复的过电压周期不致使介质击穿。老化试验是为了验证在提高的温度下，由增加电场强度所造成的加速老化不会引起介质过早击穿。

条文 20.2.1.8　加强电容器设备的交接验收工作。

条文 20.2.1.8.1　电容器例行停电试验时要求定期进行电容器组单台电容器电容量的测量，应使用不拆连接线的测量方法。对于内熔丝电容器，当电容量减少超过铭牌标注电容量的3%时，应退出运行，避免电容器带故障运行而发展成扩大性故障。对于无内熔丝的电容器，一旦发现电容量增大超过一个串段击穿所引起的电容量增大，应立即退出运行，避免电容器带故障运行而发展成扩大性故障。

采用内熔丝的电容器，当实际运行中减容超过3%时，由于内部熔丝熔断，剩下完好的与其并联的电容元件会因容抗升高而承受过电压运行，很容易发生损坏。从2008年以来，通过在交接验收试验时要求采用脉冲电流法抽测电容器局部放电，在现场预试中将减容超过3%的电容器退出运行这两项有效措施，至今尚未发生大量电容器损坏的现象。

条文 20.2.1.9　采用自动电压控制（AVC）等自动投切系统控制的多组电容器投切策略应保持各组投切次数均衡，避免反复投切同一组，而其他组长时间闲置。近1个年度内投切次数达到1000次时，自动投切系统应闭锁投切。对投切次数达到1000次的电容器组连同其断路器均应及时进行例行检查及试验，确认设备状态完好后应及时解锁。

本条文主要为避免AVC系统控制策略不合理，导致同母线下某组电容器组用断路器投切动作过于频繁，引发机械或电气故障。根据《高压并联电容器装置的通用技术要求》（GB/T 30841—2014）有关条款，考虑通常操作过电压条件，电容器每年可切合1000次；如用于切合电容器组更为频繁的场合，过电压的幅值和持续时间以及暂态过电流均应限制到较低水平，其限值应协商确定并在合同中写明。投切达到次数检查无异常及时解锁是为避免补偿容量不足，及时提供补偿容量。电容器组停运半年以上，重新投运前，应进行检修。

条文 20.2.2　外熔断器

条文 20.2.2.1　安装五年以上的外熔断器应及时更换。

根据实际运行观测，由于受风雨、污秽、发热等影响，电容器组用外熔断器安装五年以上已大批失效，有的即使外观良好，但已失效，且外熔断器熔丝特性五年是个明显的拐点，运行五年以上的外熔断器性能会显著下降。为避免电容器批量损坏，外熔断器安装五年以上应及时进行更换。

条文 20.2.3　串联电抗器

条文 20.2.3.1　电抗器的电抗率应根据并联电容器装置接入电网处的背景谐波含量的测量值选择，必须避免同谐波发生谐振或谐波过度放大，运行中谐波电流

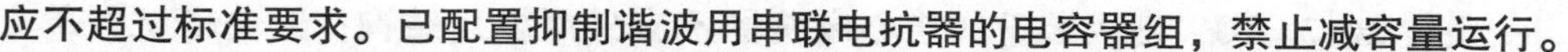

应不超过标准要求。已配置抑制谐波用串联电抗器的电容器组，禁止减容量运行。

本条规定主要是避免带有串联电抗器的电容器组产生谐波谐振或谐波过度放大。

【案例】 某110kV变电站10kV电容器组，串联5%电抗，10kV母线没有安装配12%串联电抗的电容器组，运行中出现串联电抗器（干式铁心）过热烧损故障。经48h连续监测，由于负荷存在谐波源，投入5%串联电抗的电容器组，在某一时段，存在对三次谐波电压严重放大的情况，造成串抗烧损。

条文 20.2.3.2　35kV及以下户内串联电抗器应选用干式铁心或油浸式电抗器。户外串联电抗器优先选用干式空心电抗器，当户外现场安装环境受限而无法采用干式空心电抗器时，应选用油浸式电抗器。

干式空心电抗器的漏磁很大，如果安装在户内，导致周边屋顶发热问题较多，还会对同一建筑物内的通信、继电保护设备产生很大的电磁干扰，因此室内不应选用干式空心电抗器；干式铁心电抗器由于受目前设计、制造工艺限制，选型无法满足户内大容量、高电压（66kV及以上）电容器组配置要求时，可选用油浸式电抗器。

【案例1】 某变电站内二楼装有一组空心串联电抗器，运行期间，安装在三楼的通信设备无法正常运行，监视器图像扭曲、模糊无法正常使用。

【案例2】 某220kV变电站一楼装有10kV空心串联电抗器共四组，二楼的继电保护设备常出现误动作。

【案例3】 如图20-10所示，某220kV变电站35kV干式空心并联电抗器在室内安装，投运后发现电抗器上部屋顶温度达130多摄氏度，原因为空心电抗器磁场导致屋顶钢筋网产生环流，造成严重发热。

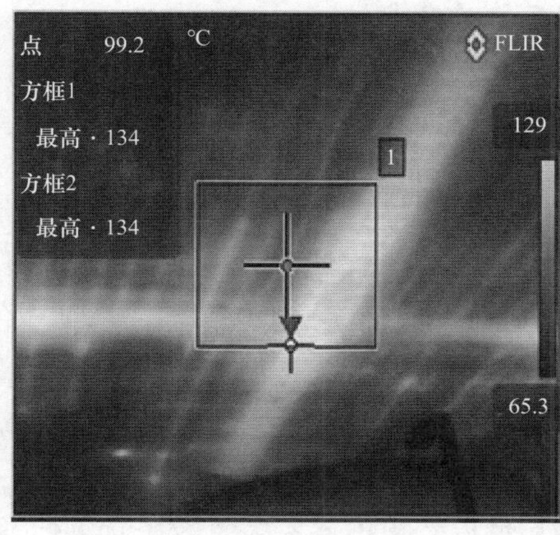

图20-10　漏磁引起电抗器室屋顶发热

条文20.2.3.3　新安装干式空心电抗器不应采用叠装结构，避免电抗器单相事故发展为相间事故。

调研统计表明，干式空心电抗器发生匝间绝缘损坏，多数均发生起火燃烧。干式空心电抗器三相叠装虽可减少安装场地，但是各相距离较小，在电抗器一相发生故障而发热、冒烟时，由于气流作用，容易引发相间短路。此外，如小动物或较大的鸟类窜入电抗器内，也会造成相间短路故障，严重时会引起主变压器跳闸。运行实践中发现三相叠装结构较非叠装结构安全性差，新安装干式空心电抗器不应采用叠装结构。由于并联电容器组通常安装在主变压器的低压侧，与变电站的主电压等级无关，因此，这项规定适用于任何电压等级的变电站。

【案例1】　某变电站10kV电容器组串联电抗器采用叠装结构，在运行过程中C相发生故障着火，火势蔓延，B相电抗器被一并烧损。

【案例2】　某220kV变电站干式空心串联电抗器采用叠装结构，中层B相电抗器因故障着火冒烟，导致上层A相、中层B相电抗器相间短路，两相电抗器均烧损。

【案例3】　多个220kV变电站10kV电容器组，小动物窜入干式空心串联电抗器相间间隔内，引起相间短路故障。

条文20.2.3.4　并联电容器用干式串联电抗器应安装电容器组首端，在系统短路电流大的安装点应校核其动、热稳定性。

本条文是为避免当电容器组（尤其是采用上下叠装结构的三相电容器）出现相间短路故障时，电抗器承受短路电流产生热或机械损伤而损坏，避免过大的短路电流对主变压器造成冲击。

条文20.2.3.5　330kV及以上变电站用干式空心电抗器设备交接时，具备条件时宜进行匝间耐压试验，试验电压取出厂值的80%。

干式空心电抗器匝间绝缘损坏较为频发，且多数导致电抗器起火烧损。干式空心电抗器现场交接时开展脉冲振荡波匝间耐压试验，可有效发现绕组匝间绝缘缺陷，是对常规交接试验项目的一个重要补充。

【案例】　某500kV变电站在进行35kV干式空心电抗器交接试验时，发现A相匝间耐压试验波形异常，高、低电压下波形衰减不同步，确定设备匝间绝缘不合格。

新电抗器匝间绝缘试验波形异常如图20-11所示。

条文20.2.3.6　在使用环境温度低于−40℃时，户外安装的串联电抗器应采用油浸铁心电抗器。

根据国内专题研究、国家电网有限公司低温环境电容器装置设备选型研究及设备事故故障情况，干式空心电抗器存在在−40℃以下运行时，发生包封开裂，导致设备事故的情况，危害电网安全稳定性。因此增加此条款，此条款具有很好的普适性。

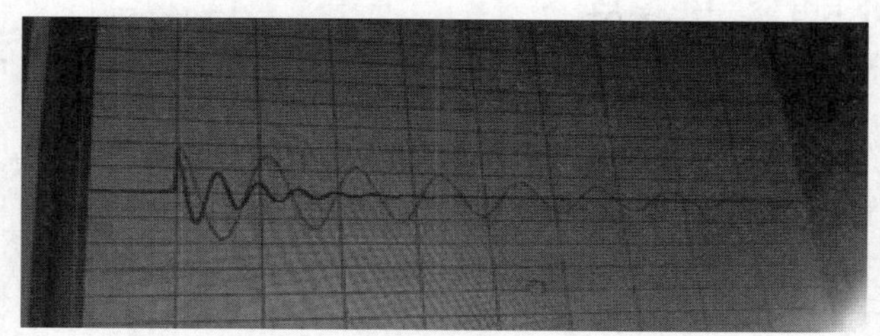

图 20-11　新电抗器匝间绝缘试验波形异常

条文 20.2.4　放电线圈

条文 20.2.4.1　放电线圈首末端必须与电容器首末端相连接。

本条文规定是为了避免放电线圈回路把串联电抗器也包含进去的错误接线方式。

条文 20.2.4.2　新安装放电线圈应采用全密封结构。对已运行的非全密封放电线圈应加强绝缘监督，发现受潮现象应及时更换。

本条文规定是为了逐步淘汰非全密封式放电线圈。

条文 20.2.5　避雷器

条文 20.2.5.1　电容器组过电压保护用金属氧化物避雷器接线方式应采用星形接线，中性点直接接地方式。

除了本条文中要求采用的接线方式外，以往还常采用“3＋1”的接线方式，即其中三只避雷器首端分别接电容器各相首端，尾端接在一起后，再通过另一只避雷器接地的方式。由于“3＋1”的接线方式对通流容量要求较大，实际避雷器生产工艺难以满足要求。

条文 20.2.5.2　电容器组过电压保护用金属氧化物避雷器应安装在紧靠电容器组高压侧入口处位置。

只有按照本条文规定要求安装金属氧化物避雷器，才能保证电容器组在有效的过电压保护范围之内。如果将金属氧化物避雷器接在电源到电容器组进线侧，串联电抗器布置在首端，则加在电抗和容抗上的电动势方向相反，电容器的电压比电源电压高，当出现过电压工况时，避雷器将难以起到限压保护作用。

条文 20.2.5.3　选用电容器组用金属氧化物避雷器时，应充分考虑其通流容量。避雷器的 2ms 方波通流能力应满足标准中通流容量的要求。

电容器组用金属氧化物避雷器，主要是防止操作过电压对电容器的危害。操作过电压保护用避雷器的主要参数是方波通流容量，主要是指 2ms 方波的冲击电流容量。《高压并联电容器装置的通用技术要求》（GB/T 30841—2014）中5.3.3.7对10kV至110kV并联电容器组用避雷器通流容量进行了规定，可作为参考依据。

条文20.2.6　电容器组保护

条文20.2.6.1　采用电容器成套装置，应要求厂家提供保护计算方法和保护整定值。

因为电容器组的主保护定值受电容器的内部结构、设计场强、膜的几何尺寸、元件串并数量等诸多因素相互影响，制造厂对电容器装置的设计参数掌握更准确，其计算提供的定值也较为合理。

21

防止直流换流站设备损坏和单双极强迫停运事故的重点要求

总体情况说明：

本章在《防止电力生产事故的二十五项重点要求（2014年版）》的基础上，参考了国家电网有限公司2021年《防止直流换流站事故措施及释义》相关内容。直流输电系统输送容量大，停运后对两侧电网影响很大，因此在本条文中除了防止直流设备损坏外，还要防止单双极强迫停运，在编制修订“防止直流输电系统设备损坏和单双极强迫停运事故的重点要求”反事故措施过程中，根据国家、地方政府、相关部委近6年发布的法律、法规、规范、规定、标准和相关文件提出的新要求，结合近年来有关直流输电系统事故情况，提出了相关重点反事故措施要求。

换流站对站用电的要求很高，若全站失去站用电时间超过10s，就会引起双极闭锁，损失数千兆瓦的功率。因此本条文增加了“防止失去站用电事故”一节。

防止换流变压器（油浸式平波电抗器）事故在参考防止变压器事故措施执行的同时也结合换流变压器（油浸式平波电抗器）事故特点提出了针对性反事故措施。

由于直流断路器与单相交流断路器类似，本条文中“防止直流断路器故障”可参考“防止开关设备事故”内容，未单独对直流断路器提出反事故措施。

防止直流穿墙套管事故、绝缘子放电事故在本反措中统称为“防止外绝缘事故”，结合直流系统外绝缘特点提出了针对性反事故措施。

条文说明：

条文21.1　防止换流阀损坏事故

条文21.1.1　加强换流阀及阀控系统设计、制造、安装、投运的全过程管理，明确专责人员及其职责。

为确保工程的安全、质量以及投运后换流阀的安全可靠运行，有必要在换流阀的设计、制造、安装、试验、现场调试到投运等方面实施全过程管理。目前国内主要换流阀厂家已掌握了换流阀的设计、制造、安装、调试等方面的技术，但对阀控系统的设计制造技术的掌握程度还有待深入，特别是不同厂家的换流阀与不同厂家的控制保护系统配合时，阀控系统接口问题较多。因此明确了“加强换流阀及阀控系统设计、制造、安装到投运的全过程管理”的重点要求。

【案例1】 2009年某直流换流站在系统调试期间，50Hz保护动作，闭锁直流。检查发现其阀控系统监视信号设计不完善，存在频繁丢失触发脉冲的现象。

【案例2】 2010年某特高压直流工程系统调试和试运行期间，不定期发生直流电流忽然跌落到零然后迅速恢复的情况。分析检查发现其阀控系统某参数设置不当，导致偶尔丢失触发脉冲。

条文21.1.2 对于换流阀及阀控系统，应进行赴厂监造和验收。监造验收工作结束后，赴厂人员应提交监造报告，并作为设备原始资料分别交建设和运行单位存档。

换流阀是直流输电系统中的主要设备，因此要加强对换流阀的全过程监督管理。在监造验收工作结束后，赴厂人员应提交监造报告，所有在监理过程中出现的异常情况，以及整改的措施和结果均应作为监造验收报告附件列出，并作为设备原始资料存档。应向制造厂收集有关换流阀设备的资料包括：

（1）换流阀的重要原材料的物理、化学特性和型号及必要出厂检验报告。

（2）换流阀的重要零部件和附件的验收试验报告及全部出厂试验报告。

（3）换流阀的出厂试验报告。

（4）换流阀的型式试验报告。

（5）换流阀的产品改进和完善的技术报告。

（6）制造厂与分包商的技术协议和分包合同副本。

（7）换流阀设备的组装图、引线布置图、装配图及其他技术文件。

（8）换流阀设备的生产进度表。

（9）换流阀设备制造过程中出现的质量问题的备忘录。

监造报告作为重要的设备原始资料，也应交运行单位存档，以方便设备全寿命管理和故障分析处理。

【案例】 2011年某运行单位在对所辖各换流站进行的阀塔防火隐患排查过程中，发现多个厂家未提供换流阀型式试验报告和阀元件阻燃特性报告。

条文21.1.3 新建直流工程每个单阀中应具有一定数量的冗余晶闸管。各单阀中的冗余晶闸管数应不小于12个月运行周期内损坏的晶闸管数期望值的2.5倍，且不应少于3级晶闸管。

晶闸管阀通过一定数量晶闸管级的串联达到规定的电压承受能力。为了提高换流阀的可靠性，新建的直流工程单阀必须配置一定数量的冗余晶闸管，作为两次计划检修之间损坏元件的备用。

【案例】 某换流站一个单阀由6个阀段组成，含33个晶闸管。其晶闸管冗余保护配置了2套保护，一套的判据为“单阀超过2个晶闸管故障则闭锁”，另一套的判据为“单个阀段超过 1 个晶闸管故障则闭锁”，2 套保护配置自相矛盾。现场取消了阀段无冗余晶闸管判据。

条文 21.1.4 换流阀应采用阻燃材料，并消除火灾在换流阀内蔓延的可能性。阀厅应安装响应时间快、灵敏度高的火情早期检测报警装置。阀厅火灾报警系统宜投跳闸，确保阀厅出现火情时能够及时停运直流，并自动停运阀厅空调通风系统。

换流阀由大量合成材料和非导电体组成，长期运行于高电压和大电流下，任何元部件的故障或电气连接不良，都可能导致局部过热，绝缘损坏，从而产生电弧并引起失火。因此换流阀的设计和制造中应采用阻燃材料，并消除火灾在换流阀内蔓延的可能性。阀厅应安装响应时间快、灵敏度高的火情早期检测报警装置，一旦发生个别元器件起火，报警装置能及时告警，提醒运行人员尽快处理，避免火势蔓延。同时，阀厅火灾报警系统投跳闸，能确保阀厅出现火情时能够及时停运直流，并自动停运阀厅空调通风系统，防止火势蔓延。

【案例】 2011 年某换流站在调试期间发生部分阀塔烧损事件，事件原因为：①阻尼电容元件内部材料阻燃性能不满足要求；②未采取隔离措施阻止火势横向纵向蔓延；③阀厅烟雾报警系统反应不灵敏，C 相阀塔有明火后约 3min 后早期火灾报警器才报警。

条文 21.1.5 换流阀安装期间，阀塔内部各水管接头应用力矩扳手紧固，并做好标记。换流阀及阀冷系统安装完毕后应进行冷却水管道压力试验。

换流阀漏水是引起换流阀故障停运的主要因素之一，标准化水管安装工艺要求，可以减少类似问题的发生。

【案例 1】 2003 年某换流站极 IIC 相左半层的第 7 层的电抗器的冷却水管接头处漏水，申请将极Ⅱ手动停运。

【案例 2】 2006 年某站极 IIC 相阀塔大量漏水，C 相配电柜内“漏水告警/跳闸灯亮”，极Ⅱ紧急停运。

【案例 3】 2007 年某站 220kV 侧 LTT 阀冷却系统水管接口脱落漏水，导致膨胀罐液位低保护动作跳闸、直流系统闭锁。

【案例 4】 2008 年某站 LTT 阀电抗器冷却水管脱落导致极闭锁。水管接头安装工艺存在问题，造成水管卡环连接部位在长期运行中热胀冷缩及振动时存在脱落隐患。

【案例 5】 2010 年某站极Ⅱ低端阀组 Y/YA 相接头大量漏水，导致部分光纤、平滑调频板卡及卡槽严重烧毁，直流系统闭锁。

条文 21.1.6 换流阀冷控制保护系统至少应双重化配置。阀冷控制系统应具备手动切换和系统故障情况下自动切换功能，防止单一元件故障不经系统切换直接跳闸出口。作用于跳闸的传感器应按照三套独立冗余配置，保护按照“三取二”原

则出口，当一套传感器故障时，采用“二取一”或“二取二”逻辑出口；当两套传感器故障时，采用“一取一”逻辑出口。当阀冷保护检测到严重泄漏、主水流量过低或者进阀水温过高时，应自动停运直流系统，以防止换流阀损坏。

换流阀冷却系统控制保护故障是引起换流阀故障停运的另一主要因素。冗余配置、完善的自检、正确配置阀冷系统保护、保护防误动措施是提高换流阀冷却系统控制保护可靠性的有效措施。作用于跳闸的传感器应按照三套独立冗余配置，并按照保护“三取二”原则出口确保误动情况发生。同时，当阀冷保护检测到严重泄漏、主水流量过低或者进阀水温过高时，应自动停运直流系统以防止换流阀损坏。

【案例1】 2005年某站冷却水电导率高造成闭锁。换流阀内冷系统是一个封闭系统，在正常维护下电导率不会急剧变化。为避免电导率传感器故障引起电导率保护误动，经专家评审后现场取消了电导率跳闸功能，电导率异常仅投报警。

【案例2】 2005年某站主泵切换过程中两台主泵均过载跳闸，造成单元停运。故障原因为增加的过滤网使主泵启动电流变大。事后取消了过滤网并重新整定主泵过流保护定值。

【案例3】 2007年两台主泵先后故障，引起单极闭锁。故障原因为1台主泵变频器故障，另一台主泵过热保护误动。

【案例4】 2009年某站阀冷系统泄漏保护误动，故障原因为泄漏保护过于灵敏。之后优化了泄漏保护算法并重新整定了定值。

【案例5】 2009年某站极2MCC切换开关故障，造成极Ⅱ外冷全停，内冷进水温度升高，保护动作闭锁极Ⅱ。经分析故障原因为切换开关故障，备自投配合时间不当。

【案例6】 2010年某站主泵切换期间进线断路器相继跳闸，其原因为主泵变频启动后转工频运行，主泵电流达到额定电流的14倍，对于采用变频器启动的主泵，禁止启动后退出变频器转工频运行。

【案例7】 2011年某站冷却塔M12风机安全开关接线盒进水，5QF26空气断路器跳开，两套控制系统24V信号电源丢失，造成极Ⅰ冷却塔喷淋泵全停，进阀温度高保护动作，闭锁极Ⅰ。

【案例8】 2011年某站水冷B系统输入板卡故障，处理期间主泵切换不成功，流量保护动作，闭锁该阀组。故障原因为阀冷控保系统板卡工作电源和主泵信号电源共用，流量保护定值偏低。

【案例9】 2017年某站极Ⅱ出阀温度变送器TT04故障，出阀温度按不利值选择，误将故障变送器的值作为保护输入信号，导致功率回降。

条文21.1.7　换流阀内冷系统主泵切换延时引起流量变化时，仍应满足换流阀对水冷系统最小流量的要求。换流阀内冷系统投运前的调试期间应开展主泵切换试验。

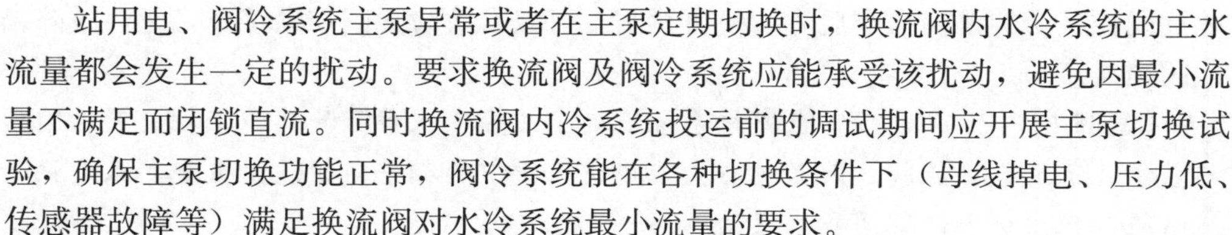

站用电、阀冷系统主泵异常或者在主泵定期切换时，换流阀内水冷系统的主水流量都会发生一定的扰动。要求换流阀及阀冷系统应能承受该扰动，避免因最小流量不满足而闭锁直流。同时换流阀内冷系统投运前的调试期间应开展主泵切换试验，确保主泵切换功能正常，阀冷系统能在各种切换条件下（母线掉电、压力低、传感器故障等）满足换流阀对水冷系统最小流量的要求。

【案例】 2011 年某换流站厂家提供的阀冷系统流量保护定值如下：

额定流量：72L/s；慢速跳闸：70L/s，延时 11s；快速跳闸：35L/s，延时 0.5s。即流量达到额定流量的 97%时延时 11s 跳闸，达到额定流量的 49%时立即跳闸。而实测主泵切换过程中最低流量为 30L/s，流量保护在主泵切换期间会闭锁相应阀组。

条文 21.1.8　设计阀外风冷系统时，应充分考虑环境温度、安装位置等因素的影响，具备足够的冷却裕度。应考虑现场热岛效应，设计最高温度应在气象统计最高温度的基础上增加 3～5℃。

位于北方干旱地区的换流站一般通过外风冷系统对内冷水进行冷却。外风冷系统通过空气冷却，其冷却效率受环境影响较大。在迎峰度夏期间，输电容量大换流阀产热大，环境温度高，风冷系统散热慢，容易出现外风冷系统容量不足的问题。在设计时应考虑现场热岛效应，设计最高温度应在气象统计最高温度的基础上增加 3～5℃。

【案例 1】 2009 年 8 月某换流站外风冷设备区域环境温度超过 40℃（外风冷系统设计最高环境温度为 39.8℃），外冷系统全部投入运行，冷却水进阀温度仍超过 40℃，其中单元 1 进阀温度逼近跳闸值 50℃，现场不得不采用水喷淋的辅助降温措施。

【案例 2】 2011 年 8 月某换流站外风冷系统满负荷运行，冷却水进阀温度频繁报警，实测进阀温度逼近进阀温度保护跳闸值。

条文 21.1.9　冷却系统管道不允许在换流站阀冷系统安装施工现场切割焊接。现场安装前及水冷分系统试验后，应充分清洗直至换流阀冷却水满足水质要求。

阀内冷水系统各类管道应在厂内预制、现场组装，管道之间应采用法兰连接，不允许现场切割焊接。

条文 21.1.10　阀控系统应实现完全冗余配置，除光发射板、光接收板和背板外，其他板卡应能够在换流阀不停运的情况下进行故障处理。阀控系统应全程参与直流控制保护系统联调试验。当直流控制系统接收到阀控系统的跳闸命令后，应先进行系统切换。

阀控系统的可靠性和可维护性对换流阀的状态监测和运行维护至关重要。阀控系统全程参与直流控制保护系统联调有助于提前发现并解决阀控系统的问题。极控收到阀控系统的跳闸命令后先切换再跳闸，可以有效防止阀控系统单一元件故障错误闭锁换流阀。

【案例1】 2009某厂家在阀控系统配置了“热字保护”使其在换相失败、阀短路等情况下闭锁换流阀。该保护与直流系统保护中的相关保护设置重复，且无抗干扰措施，在系统调试期间多次误动。

【案例2】 2011年某厂家生产的换流阀阀控系统在三个直流工程中，均发生了漏报误报事件的现象，不能准确反映晶闸管、光纤和阀控系统的故障信息，严重影响换流阀的运行维护。后发现其事件报文存在断帧丢帧的情况。

【案例3】 2011年某站阀控系统自检正常，但阀控B系统在无任何故障报文的情况下，其跳闸继电器励磁，发出了跳闸令。后改为阀控系统的跳闸指令先送极控主机，由极控主机根据极控阀控可用情况，进行切换或执行跳闸。

【案例4】 2019年某站极Ⅱ各发生一次保护PPRA、B系统检测到连续换相失败保护动作，极Ⅱ闭锁。经检查分析，确认故障原因为阀控VBED3阀第1块LE板接口芯片异常导致阀误触发，从而引起换相失败。VBE的LE板无冗余的处理器，不能实现对来自A、B系统MC板触发脉冲进行独立处理，且不具备对故障检测的能力。

条文21.1.11　换流阀外水冷系统缓冲水池应配置两套水位监测装置，并设置高低水位报警。喷淋泵首次启动应检测缓冲水池水位，水位低时禁止启动。喷淋泵运行时，出现缓冲水池水位低报警时禁止停运喷淋泵。

换流阀外冷平衡水池为外水冷喷淋泵提供水源。若外冷水水池水位过低，则阀外冷水系统即使正常工作也不能起到冷却换流阀的作用。同时喷淋泵首次启动时应检测缓冲水池水位，水位低时禁止启动。喷淋泵运行时，出现缓冲水池水位低报警时禁止停运喷淋泵。

【案例1】 2009年某换流站检修期间，平衡水池被排干，水位监视未报警，直流系统启动后由进阀温度高保护闭锁直流。

【案例2】 2018年某站极Ⅱ低端换流阀外水冷系统水处理回路进水阀门K11在补水完毕后未正常关闭，水冷PLC控制器停运原水系统和软化单元，平衡水池不能正常补水。当出现平衡水池液位低时，阀冷控制系统停运喷淋泵，内冷水温持续升高，达到跳闸定值，发出跳闸信号，极Ⅱ低端换流器闭锁。

条文21.1.12　换流阀外风冷系统风扇电动机、换流阀外水冷系统风扇电动机及其接线盒应采取防潮防锈措施。

阀外冷系统尤其是外风冷系统，风扇电动机长期在户外运行，运行环境较为严酷，所以本条文对阀外冷系统电动机防潮防锈方面提出了要求。

【案例】 2007年某站发现所有18台外风冷电动机存在轴封老化开裂、轴承锈蚀、电动机绝缘下降等现象，造成电动机频繁故障。后加装了防雨伞裙，更换了电动机轴封，并将轴承检查、电动机加油等列入外风冷系统常规检修项目。

条文 21.1.13　在寒冷地区，阀外冷系统冷却器应装设于防冻棚内，配置足够裕度的暖风机，且具备低温自动启动、手动启动功能，避免低温天气下阀冷系统设备结冰或冻裂。

本条文将“高寒地区”改为“寒冷地区”，高寒地区指的是高海拔寒冷地区，低海拔寒冷地区有同样的要求。同时，阀外冷系统保温、加热措施用通过防冻棚、具备低温自动启动、手动启动功能暖风机等来实现。

条文 21.1.14　阀厅设计应根据当地历史气候记录，适当提高阀厅屋顶的设计与施工标准，防止大风掀翻屋顶，保证阀厅的防雨、防尘性能。

目前国内使用的换流阀均为户内阀，其对阀厅的清洁程度、温湿度等都有一定要求。若阀厅建筑存在问题，则会对换流阀的绝缘或者冷却造成不利影响。

【案例 1】　2011 年某站调试期间，发现其阀厅压型钢板内密封薄膜未搭接，自攻螺钉数量及等级不足，阀厅密封不良、阀厅空调出口风压低，造成阀厅积灰较多，严重影响阀厅安全运行。

【案例 2】　2008 年 6 月 6 日某站主楼顶部波纹板被大风吹起，控制设备室、通信设备室屋顶漏水，极Ⅱ阀厅有轻微渗漏点。

条文 21.1.15　阀厅屋顶及室内巡视通道设计应考虑可靠的安全措施，避免人员跌落。

条文 21.1.16　运行期间应记录和分析阀控系统的报警信息，掌握晶闸管、光纤、板卡的运行状况。当单阀内晶闸管故障数达到跳闸值−1 时，应申请停运直流系统并进行全面检查，更换故障元件，查明故障原因后方可再投入运行，避免发生击穿或误闭锁。

跳闸值为单阀晶闸管故障数达到该值时阀控系统请求跳闸。

条文 21.1.17　运行期间应定期对换流阀设备进行红外测温，必要时进行紫外检测，出现过热、弧光等问题时应密切跟踪，必要时申请停运直流系统处理。若发现火情，应立即停运直流系统，采取灭火措施，避免事故扩大。

条文 21.1.18　检修期间应对内冷水系统水管进行检查，发现水管接头松动、磨损、渗漏等异常要及时分析处理。

检修期间应对所有拆装过的设备及水管接头逐项记录，恢复后作业人员和监督人员共同进行验收并双签字，防止送电后因恢复不到位导致漏水或放电等异常事件发生。

【案例 1】　2008 年 2 月 8 日，灵宝站 LTT 阀电抗器冷却水管脱落导致极闭锁。水管接头安装工艺存在问题，造成水管卡环连接部位在长期运行中热胀冷缩及振动时存在脱落隐患。

【案例2】 2019年检修期间，德阳站进行过阀塔均压电极拆装除垢，检修投运后阀厅紫外放电测试发现有放电点，检查发现均压电极等电位存在虚接和脱落情况。

条文21.1.19　晶闸管换流阀运行15年后，每3年应随机抽取部分晶闸管进行全面检测和状态评估。

老旧换流阀的晶闸管等主要元件可能会出现一定程度的老化，其性能会有所下降。对于这样的换流阀，有必要定期进行抽检和状态评估，及时采取措施，避免晶闸管大量损坏。

【案例】 2008年某投运20年的换流站在长时间停运后重新解锁时，桥差保护动作闭锁直流，检查发现C相阀塔120只晶闸管均被击穿。

条文21.1.20　新建换流站附近应有可靠水源，其水量和水质应满足换流站消防事故情况下救援、应急抢修需要。

新建换流站附近应有可靠水源，提高换流站消防事故下的应急处理能力。

条文21.2　防止换流变压器（油浸式平波电抗器）事故

防止换流变压器（油浸式平波电抗器）事故参考“防止大型变压器损坏和互感器事故”措施执行，还应注意以下方面。

条文21.2.1　换流变压器及油浸式平波电抗器阀侧套管不宜采用充油套管。换流变压器及油浸式平波电抗器穿墙套管的封堵应使用非导磁材料。换流变压器及油浸式平波电抗器阀侧套管类新产品应充分论证，并严格通过试验考核后再在直流工程中使用。

换流变压器阀侧套管和油浸式平波电抗器直流套管曾在多个工程中出现故障。为保证直流套管的质量，应加强监造和试验，建议换流变压器及平波电抗器阀侧套管类新产品应充分试验后再在直流工程中使用。

【案例1】 2007年4月29日，某站022B换流变压器C相套管故障，接地过电流保护闭锁直流。检查发现于套管应力锥端部、末屏屏蔽铜线、套管与法兰交接部位三处放电，套管下部电容锥插入屏蔽筒处破裂，且屏蔽筒内有放电痕迹。

【案例2】 2009年12月1日，某站在试运行期间，平波电抗器套管爆炸。故障原因为产品设计及材料使用不当。

【案例3】 2010年4月23日某站10台换流变压器阀侧套管均有漏油鼓包现象，分析确认漏油原因为将军帽与支撑铝管上部法兰间密封结构存在设计缺陷，鼓包原因为环氧树脂与硅橡胶之间黏接不良。经试验发现局部放电等多项数据不合格，后整批次更换。

【案例4】 2010年12月—2011年6月期间，多站平波电抗器极母线侧套管距顶部1/3处发生间歇性放电，停运后检查在绝缘子柱面和伞裙间发现多处放电点。经返厂解剖发现同批次的套管存在严重的设计隐患，对该批次的套管进行了更换。

条文 21.2.2 换流变压器及油浸式平波电抗器应配置带胶囊的储油柜，储油柜容积应不小于本体油量的 8%～10%，胶囊宜采用丁腈橡胶材质。

换流变压器及油浸式平波电抗器储油柜（油枕）内应配置起油气隔离作用的合成橡胶气囊，同时胶囊的材质已选用丁腈橡胶材质。

【案例】 2011 年 5 月 2 日某站极Ⅱ高端 Y/YC 相换流变压器轻瓦斯报警，10min 后重瓦斯动作，闭锁该阀组。检查发现该变压器因储油柜气囊破裂储油柜漏油导致重瓦斯动作。

条文 21.2.3 换流变压器保护应采用三重化或双重化配置。采用三重化配置的按“三取二”逻辑出口，采用双重化配置的每套保护装置中应采用“启动＋动作”逻辑。新建和改建工程换流变压器非电量保护跳闸触点应满足非电量保护三重化配置的要求，按照“三取二”原则出口。

为防止换流变压器非电气保护误动，要求作用于跳闸的换流变压器非电量保护继电器应配置 3 个跳闸触点，按三取二逻辑出口。要注意换流变压器非电量保护继电器的选型，换流变压器分接开关应采用流速继电器或压力继电器，不应配置浮球式的油流继电器。要给继电器加装防雨罩，避免触点受潮造成继电器误动。

【案例 1】 某站换流变压器阀侧套管电流互感器有 4 个绕组，但仅有一个为 TPY 级，两套直流保护使用的是两个 0.5FS5 型绕组。2008 年 8 月 13 日该站发生交流侧出线单相故障时，FS 型绕组传变特性变差，测量电流严重畸变，引起桥差保护误动，闭锁极Ⅰ。2006 年 6 月 21 日同样原因曾造成双极闭锁。

【案例 2】 2004 年 5 月 25 日某站极Ⅱ Y/YC 相换流变压器有载分接开关压力继电器误动，导致极闭锁。检查发现该继电器接线盒内存在大量水珠，误动由继电器触点受潮引起。

【案例 3】 2009 年 2 月 21 日某站单元 2 换流变压器 C 相有载分接开关重瓦斯保护动作，单元 2 闭锁。其原因为有载分接开关选型不当，使用了双浮球带挡板的气体继电器。

【案例 4】 2010 年 12 月 9 日某站极Ⅰ Y/DA 相换流变压器有载分接开关油流继电器误动导致极Ⅰ闭锁。检查发现该油流继电器干簧触点与吸合磁铁的安全距离偏小，其传动螺丝上有磨损缺口，振动加大导致触点误动。

【案例 5】 2011 年 3 月 13 日某站极Ⅰ换流变压器 C 相重瓦斯误动闭锁极Ⅰ。检查发现气体继电器浮球存在微小缝隙，变压器油逐渐渗入浮球内，浮球下沉造成气体继电器触点接通。3 月 20 日因同样原因气体保护再次误动。

条文 21.2.4 换流变压器回路电流互感器、电压互感器二次绕组应满足保护冗余配置的要求。

条文 21.2.5 换流变压器、油浸式平波电抗器户外布置时，气体继电器、油

流速动继电器、压力释放阀等非电量保护装置及表计应加装防雨罩并采取措施，防止带电运行过程中防雨罩损伤电缆；非电量保护装置接线盒的引出电缆应以垂直U形方式接入继电器接线盒，避免高挂低用；电缆护套应具有防进水、防积水保护措施，防止雨水顺电缆倒灌。换流变压器分接开关不应配置浮球式的油流继电器。

【案例1】 2003年7月1日，某换流变压器分接开关压力继电器跳闸导致极闭锁。继电器因未加装防雨罩，跳闸触点绝缘下降，导致分接开关压力继电器保护误动。

【案例2】 2003年7月10日，某站换流变压器、平波电抗器因瓦斯继电器未加装防雨罩，接线端子盒内进水引起瓦斯保护动作先后闭锁双极。

【案例3】 2004年7月17日，某站换流变压器瓦斯继电器触点绝缘能力降低导致极闭锁。该继电器A未加装防雨罩，系统跳闸触点之间绝缘稍有降低，另一跳闸触点正常，仅单个触点绝缘能力降低后保护动作。

条文21.2.6　采用SF_6气体绝缘的换流变压器及油浸式平波电抗器套管、穿墙套管、直流分压器等应配置SF_6压力或密度继电器，并分级设置报警和跳闸。作用于跳闸的非电量保护继电器应设置3副独立的跳闸触点，以便在非电量元件采用“三取二”原则出口，3个开入回路要独立，不允许多副跳闸触点并联上送，“三取二”出口判断逻辑装置及其电源应冗余配置。

换流变压器及平波电抗器套管、穿墙套管、直流分压器等应配置六氟化硫气体密度监视装置，实时监视六氟化硫气体密度，及时发现气体泄漏，避免设备损坏。同时作用于跳闸的非电量保护继电器应设置三副独立的跳闸触点，以便在非电量元件采用“三取二”原则出口。

【案例1】 2004年7月17日，某站因极Ⅱ Y/YB相换流变压器分接头1.5瓦斯继电器只设置了两副独立的跳闸触点，采用“二取一”出口方式，A系统触点受潮绝缘能力降低导致极Ⅱ强迫停运。若将非电量跳闸触点从“二取一”改为“三取二”方式，则既降低了误动概率，又降低拒动风险。

【案例2】 2008年5月27日某站极Ⅰ Y/YC相换流变压器套管六氟化硫气体压力监测装置误动闭锁极Ⅰ。现场检查套管实际压力正常，该六氟化硫气体压力监测装置采用交流220V供电，在交流系统出现瞬时扰动时工作异常，跳闸触点闭合。

【案例3】 2011年5月7日某站极Ⅰ高端Y/DB相阀侧套管六氟化硫气体压力低报警，及时发现套管漏气问题。因该套管位于阀厅内，无法进行在线补气，申请停运后处理。

条文21.2.7　换流变压器、油浸式平波电抗器故障跳闸后，应自动切除潜油泵。

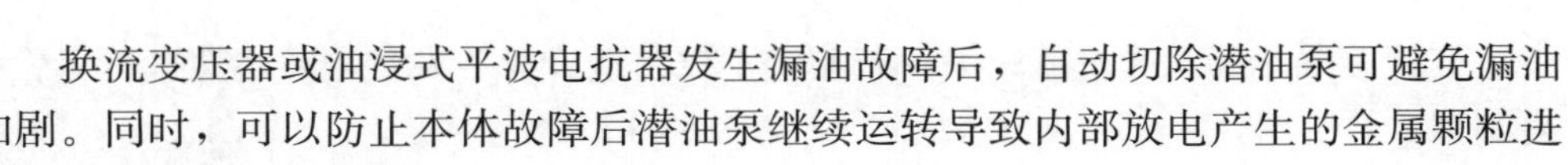

换流变压器或油浸式平波电抗器发生漏油故障后，自动切除潜油泵可避免漏油加剧。同时，可以防止本体故障后潜油泵继续运转导致内部放电产生的金属颗粒进入线圈，增加检修难度。

条文 21.2.8　换流变压器、油浸式平波电抗器就地控制柜、冷却器控制柜和有载分接开关机构箱应满足电子元器件长期工作环境条件要求且便于维护，控制柜内直流工作电源与直流信号电源应独立。

换流变压器和平波电抗器就地控制柜位于户外高温灰尘环境中，不利于柜内板卡及元件的可靠运行，设计时应注意采取必要的措施，改善柜内温湿度。

【案例】　某工程的换流变压器和平波电抗器就地控制柜 ETCS，ERCS 板卡故障率较高，加盖保温小室并安装空调后，故障明显减少。

条文 21.2.9　换流变压器铁心及夹件引出线采用不同标识，并引出至运行中便于测量的位置。

条文 21.2.10　换流变压器及油浸式平波电抗器应配置成熟、可靠的在线监测装置，并将在线监测信息送至后台集中分析。

为了满足状态检修的要求，换流变压器和平波电抗器应配置成熟可靠的在线监测装置，并将在线监测信息送至后台集中分析，以实时掌握设备状态，在实时连续检测过程中若观察到并非瞬间发生的故障先兆，则可及时处理，从而减少设备损坏。

【案例】　2010 年 6 月 6 日，某换流站 010B 换流变压器 B 相本体气体在线监测装置报气体含量超高告警。后经确认发现对应换流变压器网侧线圈外表面有大面积发黑现象。该案例证明在线监测装置能及时监测出故障征兆，有效地保障了换流站核心设备运行的稳定性。

条文 21.2.11　运行期间，换流变压器及油浸式平波电抗器的重瓦斯保护以及换流变压器有载分接开关油流保护应投跳闸。

条文 21.2.12　换流变压器、油浸式平波电抗器应配置油中溶解气体在线监测装置。油中溶解气体在线监测装置采购时应满足入网检测要求；对基建和改造安装的油中溶解气体在线监测装置，到货后应做好安装、验收、运行维护、检验等工作。

油中溶解气体在线监测装置是换流变压器等大型充油设备实现故障早期预警的有效手段，长期运行后因色谱柱性能下降、检测器基线漂移等原因导致测量准确度降级、稳定性降低。新建及在运工程应按照相关要求开展油中溶解气体在线监测装置安装、验收、运维、检验等工作。

条文 21.2.13　定期对换流变压器及油浸式平波电抗器进行红外测温，套管本体和端子导体的温度（精确测温）不应有跃变；相邻相间套管本体和端子的导体温度（精确测温）不应有明显差异。

套管接线端子承受电流较大，若接触不良易造成异常发热，需定期进行套管红外测温。

【案例】 2019年某直流工程降压运行，某站红外测温发现，极Ⅰ高端400kV穿墙套管直流场接头最高温度83℃（负荷电流为5000A）。

条文21.2.14　换流变压器分接开关挡位不一致时，首先通过远方手动操作等方式将异常相换流变压器分接开关挡位调至与正常相挡位相同。异常相分接开关无法调节且与正常相挡位差达到2挡及以上，可调整正常相分接开关挡位与异常相挡位相差1挡，故障处理过程中应避免保护动作，必要时申请换流变压器停运。

当换流变压器有载调压开关位置不一致时，如果继续大幅调整输送功率，可能引起换流变压器零序保护动作，闭锁直流，所以应暂停功率调整，并检查有载调压开关拒动原因，采取相应措施进行处理。

【案例1】 2010年9月23日某站极IY/DB相换流变压器分接开关调整到29挡，其他相换流变压器分接头位置在26挡，造成三相不一致，变压器零序保护动作闭锁极Ⅰ。

【案例2】 2011年4月14日某站020B换流变压器分接开关调整过程中，故障录波频繁启动，录波显示角侧零序电流较大。检查发现020B换流变压器B相分接开关传动轴固定螺钉、螺杆脱落。

条文21.2.15　换流变压器和油浸式平波电抗器投运前应检查套管末屏端子接地良好。若需更换末屏分压器，应确认分压器电容与套管主电容满足匹配关系。

换流变压器和平波电抗器套管末屏接地方式设计应保证接地牢靠，防止在电荷积累后放电击穿损坏。

【案例】 2007年某站换流变压器套管放电击穿，直流系统闭锁。因阀侧套管采用的末屏接地方式不牢固导致长期运行时接触不良，油中杂质飘浮于套管端部，悬浮体引起电荷在此处积聚，发生内部放电。

条文21.2.16　平波电抗器气体继电器与储油柜相连的波纹联管应为刚性连接，降低气体继电器振动加速度，避免共振。

油浸式平波电抗器的瓦斯继电器与储油柜相连的波纹联管应选用刚性连接的结构以降低继电器振动的加速度避免共振。

【案例】 2013年某直流故障事件主要原因是平波电抗器气体继电器连接部位悬臂梁结构放大振动，在特殊情况下发生共振，导致气体继电器误动。故将平波电抗器气体继电器与储油柜相连的波纹联管改为刚性连接，降低气体继电器振动加速度，避免共振。

条文21.3　防止失去站用电事故

条文21.3.1　换流站的站用电源设计应配置三路独立、可靠电源，其中至少

有一回应从站内交流系统引接。若三路电源中有两路取自站外，则两路站外电源应取自不同电源点，且为专线供电，不得采用T接、迂回供电和同杆架设方式。

换流阀内冷却系统的主泵，外冷系统的电动机和风扇都通过站用电供电。若多路站用电源均故障，阀冷系统停运，则换流阀将在数秒内闭锁。因此换流站一般均应配置3路独立、可靠的电源，其中一路电源应取自站内变压器或直降变压器，一路取自站外电源，另一路根据实际情况确定。

【案例】 某站原有四回10kV站用电进线，但是无一回取自站内，且该四回10kV进线对应的两座110kV变电站全部取至同一220kV变电站。2005年4月9日，该220kV变电站全站失电，引起两座110kV变电站全站失电，导致该站四路10kV站用电全停。该站双极直流系统因内水冷主水流量保护动作跳闸，双极强迫停运。

条文21.3.2 站用电系统10kV母线和400V母线均应配置备用电源自动投切功能，并与阀外冷却系统电源切换装置的动作时间逐级配合，确保不因站用电源切换导致单、双极闭锁。

部分换流站备自投功能是在站用电控制系统中实现的，没有单独配置备用电源自动投切装置。合理配置换流站10kV及400V备用电源自动投切装置，可以在失去一路或者两路站用电电源的情况下，由剩余的站用电源为双极换流阀冷却系统供电，从而提高换流站的可靠性。

【案例】 2009年8月16日，某站35kV站用电进线遭受雷击，10kV开关H103低压报警，1.05s后H103低压报警复归，但极Ⅱ阀外冷系统喷淋泵和冷却塔风扇故障未复归，8min后极Ⅱ由内冷水进阀温度高保护闭锁。检查发现该站换流阀外冷系统电源切换装置切换延时为1s，与10kV和400V备自投装置的动作时间配合不当，越级动作且切换不成功，从而使极Ⅱ换流阀失去冷却，最终导致跳闸。

条文21.3.3 换流阀内冷却系统两台主泵应冗余配置、主泵电源应相互独立并取自不同的400V母线段。换流阀外冷却系统由两路400V电源经电源切换装置分塔分段供电。换流变压器冷却系统由两路400V电源经电源切换装置供电。

条文21.3.4 站用电系统及阀冷却系统应在系统调试前完成各级站用电源切换、定值检定、内冷却水主泵切换试验。

系统调试前或阀冷系统设计变更后，应完成站用电切换试验，通过模拟站用电进线故障，检验各级备自投是否正确动作，阀冷系统主泵是否工作正常，阀冷系统流量温度是否满足要求。

条文21.3.5 直流换流站直流电源应采用3台充电、浮充电装置，两组蓄电池组、3条直流配电母线（直流a、b和c母线）的供电方式。a、b两条直流母线

为电源双重化配置的设备提供工作电源，c母线为电源非双重化的设备提供工作电源。双重化配置的二次设备的信号电源应相互独立，分别取自直流母线a段或者b段。

条文21.3.6　当失去一路站用电源时应尽快恢复其供电。当仅剩一路电源时，换流站应立即向调度机构汇报。

条文21.4　防止外绝缘事故

条文21.4.1　在设计阶段，应充分考虑当地污秽等级，结合直流设备易积污的特点，参考当地长期运行经验及环境污染发展情况，并进行专题研究来设计直流场设备外绝缘强度。

直流设备外绝缘配置应充分考虑直流设备污秽吸附效应，选择直流设备外绝缘配置时应高于当地污秽等级的要求，因此在《防止电力生产事故的二十五项重点要求（2014年版）》基础上增加了“参考当地长期运行经验及环境污染发展情况，并进行专题研究来设计直流场设备外绝缘强度”的要求。

条文21.4.2　对于新电压等级的直流工程，应通过绝缘配合计算合理选择避雷器参数。

新建工程应开展污秽专项调查，依据最新版污区分布图进行外绝缘配置，应充分考虑当地污秽等级、污秽类型、环境污染发展情况，坚持“绝缘到位、留有裕度”的原则，确保设备不发生污闪事故。

条文21.4.3　密切跟踪换流站周围污染源及污秽度的变化情况，加强环境气象监测，应定期开展污秽度及污闪风险评估，据此及时采取相应措施使设备爬电比距与所处地区的污秽等级相适应。

考虑直流设备的污秽吸附效应以及实际污闪事故案例，在《防止电力生产事故的二十五项重点要求（2014年版）》基础上增加了“应定期开展污秽度及污闪风险评估”的要求。

【案例】　2015年1月25日，某站极Ⅰ直流保护发极母线差动保护动作闭锁。在小雨加雪环境下，由于风向因素，高端直流穿墙套管顶部形成0.8m左右干区，造成局部电压畸变，在套管温升（约5℃）作用下，湿雪逐步融化，在伞裙间形成融雪桥接，导致套管外绝缘闪络。经外观检查及对试验数据分析，认为穿墙套管内外绝缘暂时满足运行要求，可以继续投入运行，在未提出抗污秽治理方案之前，加大清洗频率有助于恢复套管的憎水性。

条文21.4.4　每年应对已喷涂防污闪涂料的直流场设备绝缘子进行憎水性检查，及时对破损或失效的涂层进行重新喷涂。若绝缘子的憎水性下降到3级，应考虑重新喷涂。

为使描述更加准确，将《防止电力生产事故的二十五项重点要求（2014年版）》

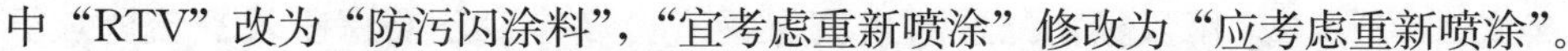

中“RTV”改为“防污闪涂料”，“宜考虑重新喷涂”修改为“应考虑重新喷涂”。

条文 21.4.5　定期对直流场设备进行红外测温，建立红外图谱档案，进行纵、横向温差比较，便于及时发现隐患并处理。

运维单位应对站内主回路设备、接头等通流回路定期进行红外测温，发现过热及时处理。

【案例】 2019 年 8 月 5 日，某站极Ⅰ低端 400kV 直流穿墙套管户内侧接头发热，停电检查发现套管端子与法兰接触面紧固螺栓松动（6 颗螺栓，5 颗松动），导致直阻较大（23.5μΩ，标准为 10μΩ），现场拆除套管端子，将接触面进行打磨处理并复装，处理后复测接触面回路电阻合格（1μΩ）。检查套管户外侧接头发现同样存在螺栓松动现象。

条文 21.4.6　恶劣天气下加强设备的巡视，检查跟踪设备放电情况。发现设备出现异常放电后，及时汇报，必要时申请降压运行或停电处理。若发现交流滤波器开关有放电现象，应申请调度暂停功率调整，减少交流滤波器开关分合操作。

【案例】 2010 年 1 月 19 日，某站 5621A 相、5633C 相、5642B 相交流滤波器开关分别在浓雾条件下进行分闸操作时，发生均压电容外绝缘闪络，保护动作跳开 62 号母线、63 号母线和 64 号母线。

条文 21.5　防止直流控制保护设备事故

条文 21.5.1　直流控制系统应采用完全冗余的双重化配置。每套控制系统应有独立的硬件设备，包括主机、板卡、电源、输入输出回路和控制软件，每极各层控制设备间、极间不应有公用的输入/输出（I/O）设备。在两套控制系统均可用的情况下，一套控制系统任一环节故障时，应不影响另一套系统的运行，也不应导致直流闭锁。

本条文细化补充了直流控制系统独立的硬件设备的要求，在《防止电力生产事故的二十五项重点要求（2014 年版）》基础上增加了“在两套控制系统均可用的情况下，一套控制系统任一环节故障时，应不影响另一套系统的运行，也不应导致直流闭锁。”的要求。

条文 21.5.2　直流保护应采用分区设置，各区域交界面应相互重叠，防止出现保护死区。每一区域均应配置主、后备保护。

直流系统保护（含双极/极/换流器保护、换流变压器保护、交直流滤波器保护）采用三重化或双重化配置。每套保护均应独立、完整，各套保护出口前不应有任何电气联系，当一套保护退出时不应影响其他各套保护运行。

采用双重化配置的直流保护，每套保护应采用“启动＋动作”逻辑，启动和动作的元件应完全独立，不得有公共部分互相影响。电子式电流互感器的远端模块、纯光纤式电流互感器测量光纤及电磁式电流互感器二次绕组至保护装置的回路应独立。

条文 21.5.3　采用双重化配置的直流保护（含换流变压器保护及交流滤波器保护），每套保护应采用“启动＋动作”逻辑，“启动和动作”元件及回路应完全独立。采用三重化配置的直流保护（含换流变压器保护），每套保护测量回路应独立，应按“三取二”逻辑出口，任一“三取二”模块故障也不应导致保护误动和拒动。电子式电流互感器的远端模块至保护装置的回路应独立，纯光纤式电流互感器测量光纤及电磁式电流互感器二次绕组至保护装置的回路应独立。

为了保证直流保护装置任何单一元件故障不会引起保护的不正确动作，保护装置故障退出及检修时不影响直流系统的正常运行，直流保护一般采用完全双重化或者三重化的结构。双重化配置的保护，或者“启动＋动作”的策略，或者采用系统切换来避免保护装置本身故障引起的误动。三重化配置的保护，采用“三取二”逻辑出口来避免保护装置本身故障引起的误动。在《防止电力生产事故的二十五项重点要求（2014年版）》基础上明确了保护测量回路独立性的具体要求。

【案例1】 2005年5月7日某站极Ⅰ换流变压器保护B测量板卡故障，保护B绕组差动保护动作，闭锁极Ⅰ。该站换流变压器保护按双重化配置，但保护装置既未采用“启动＋动作”逻辑，也不通过保护切换避免误动，存在保护装置单一元件故障引起直流系统停运的风险。

【案例2】 2009年10月24日某站极Ⅱ阀冷控制系统CCPA的PS868测量板卡故障，自检逻辑同时发出跳闸指令和系统切换指令。但由于阀冷控制保护系统的切换需要约20ms的延时，跳闸指令的执行时间远小于系统切换时间，因此首先执行了跳闸指令，闭锁极2。事后修改了阀冷控制系统自检逻辑，当检测到测量板卡故障时，首先发出系统切换指令，延时100ms再发出跳闸指令。

条文 21.5.4　直流控制保护系统应具备完善、全面的自检功能，自检到主机、板卡、总线、测量等故障时应根据故障级别进行报警、系统切换、退出运行、停运直流系统等操作，且给出准确的故障信息。直流保护系统检测到测量异常时应可靠退出相关保护功能，测量恢复正常后应确保保护出口复归再投入相关保护功能，防止保护不正确动作。

自诊断或者自检功能是提高控制保护装置可靠性的有效措施之一。直流控制保护装置应在运行期间，持续检测装置各部位的状态，发现装置故障部位，根据故障严重程度和可能的后果，及时发出报警，并自动采取系统切换、闭锁部分功能、退出运行、闭锁直流等操作。在《防止电力生产事故的二十五项重点要求（2014年版）》基础上增加了测量异常时防止保护误动的逻辑。

【案例】 2008年7月9日某换流站极Ⅰ控制保护主机P1PCPB1的PCI板卡故障，换流变压器大差保护动作，闭锁极Ⅰ。分析后认为本次保护误动由DSP3、DSP4之间的LinkPort故障引起，为此增加了对DSP之间通信通道LinkPort的自检，检测到 LinkPort 通信故障时，闭锁相关保护，并将该主机退出运行。

条文 21.5.5 直流控制保护系统的参数应由成套设计单位通过系统仿真计算、设备能力校核给出设计值，经过二次设备联调试验验证。当电网结构发生变化时，成套设计单位应对控制保护系统参数的适应性进行校核。

直流保护的定值建议值应由控制保护厂家通过仿真计算给出，并经出厂试验校核。在《防止电力生产事故的二十五项重点要求（2014 年版）》基础上明确了控制保护参数校核的责任单位，并将描述修改为“当电网结构发生变化时，成套设计单位应对控制保护系统参数的适应性进行校核”，明确了成套设计单位对控制保护系统参数的适应性进行校核的条件；增加成套设计单位“通过系统仿真计算、设备能力校核给出设计值”，明确参数应满足设备能力要求。

条文 21.5.6 直流光电流互感器二次回路应简洁、可靠，光电流互感器输出的数字量信号宜直接输入直流控制保护系统，避免经多级数模、模数转化后接入。

直流电流的测量一般采用光电流互感器或者零磁通电流互感器。从历年的运行情况看，零磁通电流互感器比较可靠，光电流互感器故障率较高。直流光电流互感器二次回路的可靠性，包括远端模块、光纤、合并单元或者光接口板的可靠性，对直流保护的可靠性影响很大。因此设计期间应遵循光电流互感器通道冗余配置、光电流互感器通道自检异常闭锁相应保护等原则。目前还存在光电流互感器输出在合并单元由数字信号转换为模拟信号，再由控制保护系统再次进行模数转换的情况，这也大大降低了直流电流测量回路的可靠性。

【案例】 2008 年 11 月 26 日某换流站单元二阀短路保护动作闭锁了单元 2。本次保护误动是由光电流互感器通道关闭引起的。该站原设计方案中，直流电流光电流互感器配置两路测量通道，而保护按三重化配置，所以一路测量通道故障就会引起两路保护装置动作，进而闭锁换流单元。本次跳闸进一步证明了该站光电流互感器三重化改造的必要性和迫切性。

条文 21.5.7 直流控制保护装置安装应在控制室、继电器室等建筑物土建施工完成并且联合验收合格后进行，不得与土建施工同时进行。在设备室达到要求前，不应开展控制保护设备的安装、接线和调试；在设备室内开展可能影响洁净度的工作时，须采用完好塑料罩等做好设备的密封防护措施。当施工造成设备内部受到污秽、粉尘污染时，应返厂清洗并经测试正常后方可使用；如污染导致设备运行异常，应整体更换设备。

在《防止电力生产事故的二十五项重点要求（2014 年版）》基础上增加对室内保护设备安装调试等工作开展的要求，增加施工造成设备内部受到污秽、粉尘污染时的处理要求。

条文 21.5.8 换流站所有跳闸出口触点均应采用动合触点。

所有可能引起直流系统闭锁的跳闸触点，应尽可能使用动合触点，其电源应使用站直流电源，防止动断触点在电源故障或者继电器故障时发出跳闸指令。

【案例】 2008年5月27日某站极Ⅰ换流变压器Y/YC相套管SF_6压力变送器误动导致极Ⅰ闭锁。该压力变送器220V交流电源取自站用电400V交流母线A相，当时该站为雷雨天气，站用电进线电压有较大波动，而该SF_6压力检测装置在电源低于108V不稳定时会工作异常，监测面板无显示，报警和跳闸触点均闭合。

条文21.5.9　换流站户外端子箱、接线盒、插头等防护等级（IP）最低应达到IP55。

结合实际换流变电站的防水防尘要求，在《防止电力生产事故的二十五项重点要求（2014年版）》中将“ip54等级”要求增加为“IP55等级”，IP55防尘防水等级是指能防止有害粉尘堆积，液体由任何方向泼到外壳没有伤害影响，“ip54”改为“IP55”，增加了插头防护等级的要求。IP55中的第一个数字“5”表示防尘等级系数，意思是设备不可能完全阻止灰尘进入，但灰尘进入的数量不会对设备造成伤害；IP55中的第二个数字“5”表示防水等级系数，意思是从每个方向对准柜体的射水都不应引起损害。光TA、光纤传输直流分压器的户外采集单元接线盒根据实际情况可要求满足更高的防护等级，例如IP67。

条文21.5.10　现场注意控制直流控制保护系统运行环境，监视主机板卡的运行温度、清洁度，运行条件较差的控制保护设备可加装小室、空调或空气净化器。

新建直流工程在设计阶段须明确控制保护设备室的洁净度要求，在运维检修阶段要重点关注运行温度和清洁度，如阀控柜应具备良好的通风、散热功能，防止阀控系统长期运行产生的热量无法有效散出而导致板卡故障。运行条件较差的控制保护设备可加装小室、空调或空气净化器。

条文21.5.11　加强换流站直流控制保护系统软件、硬件管理，直流控制保护系统的软件、硬件及定值的修改须履行软件、硬件修改审批手续，经主管部门的同意后方可执行。

条文21.5.12　一极运行一极检修（调试）时，检修（调试）极中性隔离开关应处于分闸状态，禁止在该检修极中性隔离开关和双极公共区域设备上开展工作。

为进一步防止非运行状态下的误操作事故，在《防止电力生产事故的二十五项重点要求（2014年版）》基础上增加调试状态，并将禁止开展工作的范围进行了明确和补充。

条文21.5.13　直流控制保护系统故障处理完毕后，应检查并确认无报警、无保护出口后才可切换到运行状态。

直流控制保护系统采用冗余配置，单系统故障时不影响直流系统的运行，但是单系统运行时若剩余系统再发生故障则会引起直流闭锁，所以直流控制保护系统处理前应做好隔离，避免影响健康系统的运行。处理后应做好系统状态和出口信号检查，避免系统在不正常状态或者有跳闸信号的情况下投入运行。

【案例】 2006 年 6 月 27 日某站处理主机故障后，由于现场 I/O 设备电源丢失，在将极Ⅱ PPRA 由“测试”状态转到“运行”状态时，由于直流滤波器状态信号没有输入到 P2PCPA，P2PCPA 判断直流滤波器条件不满足，发出了快速停运命令。

条文 21.5.14　开展直流控制保护系统主机板卡故障率统计分析，对突出的问题要及时联系厂家分析处理。

22

防止发电厂、变电站全停及重要电力用户停电事故的重点要求

总体情况说明：

发电厂、变电站和发电厂升压站全停及重要电力用户停电事故将会造成较大的经济损失，甚至可能造成严重不良的社会影响和政治影响，在《电力安全事故应急处置和调查处理条例》中，发电厂、变电站全停事故是重点防范的电力安全事故。本章在《防止电力生产事故的二十五项重点要求（2014 年版）》“防止发电厂、变电站和发电厂升压站全停及重要电力用户停电事故”的基础上，增加了“反恐怖防范和防止网络攻击导致停电事故”的要求，编写结构分为防止发电厂全停事故、防止变电站和发电厂升压站全停事故、防止重要电力用户停电事故、反恐怖防范和防止网络攻击导致停电事故的重点要求四个部分。

“防止发电厂全停事故”部分：本次修改主要针对近年出现的机组非停、全厂停电、燃气电厂爆炸事故情况补充了 5 条防范措施，进一步完善了防止全厂停电事故的 13 条反措内容。

“防止变电站和发电厂升压站全停事故”部分：本次修订在《防止电力生产事故的二十五项重点要求（2014 年版）》的基础上，吸取近年来发生的一些全站停电事故教训，从“完善变电站一、二次设备”“防止污闪造成的变电站和发电厂升压站全停”“直流电源系统配置”“站用电系统配置”“变电站、升压站的运行、检修管理”五个方面提出了 54 条反措。

“防止重要电力用户停电事故”部分：重要电力用户是指在国家或者一个地区（城市）的社会、政治、经济生活中占有重要地位，对其中断供电将可能造成人身伤亡、环境污染、政治影响、经济损失、社会公共秩序混乱的用电单位，或对供电可靠性有特殊要求的用电场所。根据现实情况变化，对防止重要电力用户停电事故的有关要求进行修订调整。

“反恐怖防范和防止网络攻击导致停电事故”部分：按照治安反恐防范和电力网络安全的有关工作要求，新增了防范重要电力用户和电力企业治安反恐和网络攻击导致停电事故的措施。

本次修订主要依据《中华人民共和国安全生产法》《中华人民共和国网络安全

法》《电力安全事故应急处置和调查处理条例》《防止电气误操作装置管理规定》（能源安保〔1990〕1110号）、《重大活动电力安全保障工作规定》（国能发安全〔2020〕18号）、《电气装置安装工程　电气设备交接试验标准》（GB 50150—2016）、《电气装置安装工程　电缆线路施工及验收标准》（GB 50168—2018）、《电气装置安装工程　蓄电池施工及验收规范》（GB 50172—2012）、《大中型火力发电厂设计规范》（GB 50660—2011）、《变电站监控系统防止电气误操作技术规范》（DL/T 1404—2015）、《高压交流隔离开关和接地开关》（DL/T 486—2021）、《电力变压器运行规程》（DL/T 572—2021）、《电力变压器检修规程》（DL/T 573—2021）、《继电保护和安全自动装置运行管理规程》（DL/T 587—2016）、《电力设备预防性试验规程》（DL/T 596—2021）、《继电保护和电网安全自动装置检验规程》（DL/T 995—2016）等国家及行业文件和标准，随着新技术、新形势、新要求的发展和应用，以及近年来发生的电力生产安全事故暴露出的问题，从设备制造、设计、基建、运行和维护等环节补充提出了新的相应措施。

条文说明：

条文 22.1　防止发电厂全停事故

条文 22.1.1　厂用电系统运行方式和设备管理。

条文 22.1.1.1　根据电厂运行实际情况，制订合理的全厂公用系统运行方式，防止部分公用系统故障导致全厂停电。重要公用系统在非标准运行方式时，应制订监控措施，保障运行正常。

电厂公用系统出现故障，往往会导致两台以上机组停运，因此，需要制订合理的全厂公用系统运行方式以保证公用系统设备的可靠性。

【案例】 某电厂装机8×300MW，2005年4月7日，因DCS公用控制系统故障，3号、4号机组运行中3台循环泵同时跳闸，导致两台机组同时低真空停运，并造成两台机组凝汽器循环水出水管道法兰垫子因发生水锤效应而多处损坏的严重事故。

条文 22.1.1.2　重视机组厂用电切换装置的合理配置及日常维护，确保系统电压、频率出现较大波动时，具有可靠的保厂用电源技术措施。

厂用电母线（特别是带重要辅机的）应装有备用电源自动投入装置，并保证有足够的自投容量；且应坚持定期试验，确保需要时能自动投入，设备改造后如启动容量增大的母线，应进行自启动电压和有关保护定值的验算。新投产的设备，厂用备用电源自动投入装置不完善的，不能投入运行。

【案例】 2014年5月，500kV某开关站1号站用变压器检修，2号站用变压器电源高压侧线路故障，且0号站用变压器故障后未能及时修复，造成500kV开关站交流电源$N-2$情况下，全站交流失去电源7h。

条文 22.1.1.3　带直配电负荷电厂的机组应设置低频率、低电压解列装置，确保机组在发生系统故障时，解列部分机组后能单独带厂用电和直配负荷运行。

厂用电系统与系统电网解列时，厂用电系统将出现较大的有功功率缺额和无功功率缺额。如不采取措施减少有功功率缺额，保持有功功率平衡，将会造成频率和电压严重下降，导致汽轮机等机械设备损坏。因此，制订相应的保厂用电方案，并按运行方式要求变更低频解列的装置、低压解列点，保证在事故情况下，能解列部分机组单带厂用电和直配线负荷。事故时如解列装置拒动，应以手动代替，断开解列点断路器，保住厂用电。低频减载装置应按规定投入，确保在事故情况下能够切除部分直配线路，以保厂用电能够正常运行。

条文 22.1.2　自动准同期装置和厂用电切换装置应单独配置。

自动准同期装置和厂用电切换装置应单独配置是为了保证该装置的可靠性。发电机非同期合闸或合闸角较大时会引发发电机组轴系系统出现扭振问题，甚至引起转子轴系的严重损坏。目前有的发电厂自动准同期装置和厂用电切换装置的功能在 DCS 中实现。有关资料表明，DCS 存在约 0.5s 延时，会出现自动准同期装置指示与实际角度差存在较大误差。因此，如使用 DCS 的集成功能，应做好调试和试验工作，保证自动准同期和厂用电切换功能的可靠性。

【案例 1】 2012 年，某变电站施工单位进行备用变压器滤油工作时，滤油现场用电设备或电缆存有原因不明的单相接地故障，其临时施工检修电源箱内的断路器未跳闸，站内交直流配电室的 400V 分支断路器未跳闸，导致站用变压器次级开关越级跳闸。由于该变电站站用变压器备自投装置不具备 400V 母线故障闭锁备自投功能，导致两台分段开关由于备自投装置动作相继合上，三台站用变压器次级开关又由于低压侧故障依次跳开，最终导致全站交流失电。

【案例 2】 2015 年 8 月，某 66kV 变电站 66kV 甲线线路落雷，甲线开关跳闸。异常发生时，该站全部负载由 10kV 1 号接地变压器供电，2 号外供站用变压器次总开关处于热备用状态，由于站内未配置所用电备自投装置，故障导致该变电站全站交流失电。

条文 22.1.3　在汽轮机油系统间加装能隔离开断的设施并设置备用冷油器，定期化验油质，防止因冷油器漏水导致油质老化，造成轴瓦过热熔化被迫停机。

冷油器是电厂中的一种辅机设备，电厂中的许多转动设备，为了保证润滑可靠性，大多使用了冷油器，像汽轮机的主冷油器、给水泵和风机冷油器、磨煤机冷油器等。冷油器发生泄漏后会导致油质劣化，影响润滑效果，因此要加强对油质的定期化验，以防止油质劣化导致的轴瓦过热熔化被迫停机。

【案例】 某电厂 2 号机组汽轮机为哈尔滨汽轮机厂生产的 300MW 汽轮发电机

组，锅炉为循环流化床锅炉。2010 年 7 月 26 日，该机组运行过程中因冷油器漏水导致油质劣化，同时存在漏油情况，导致机组断油烧瓦。

条文 22.1.4 重要辅机（如送引风、给水泵、循环水泵等）电动机事故控制按钮应加装保护罩，防止误碰造成停机事故。

【案例】 广西某发电厂（2 台 36 万 kW 燃煤机组）因江边水泵房设备的控制和通信完全中断，造成两台机组停运，全厂对外停电。事故的直接原因是循环冷却水泵站 48V 直流系统整流充电器的投退控制开关，没有防止误动作的保护罩，被通风系统维护人员误碰断开，使蓄电池长时间放电造成循环冷却水泵站直流系统低电压故障。而直流系统设计存在缺陷、安全防护不足，故障信号没有传送到机组控制室报警，贻误了处理时机，造成事故的发生。

条文 22.1.5 加强蓄电池和直流系统（含逆变电源）及柴油发电机组的运行维护，确保主机交、直流润滑油泵和主要辅机油泵供电可靠。直流润滑油泵的直流电源系统应有足够的容量，其各级空气断路器应合理配置，并有级差配合，防止故障时熔断器熔断或空气断路器越级跳闸使直流润滑油泵失去电源。

发电厂均有为避免全厂停电事故造成机组失控、设备损坏而设置的向事故负荷供电的事故保安电源，事故保安电源分直流和交流两种，直流事故保安电源采用蓄电池，向控制、信号和自动装置等控制负荷及直流油泵、交流不停电电源等动力负荷和事故照明负荷供电。交流事故保安电源通常选用能快速启动的柴油发电机组，供给在全厂停电时保证安全停机时的盘车、顶轴油泵等交流事故保安负荷，因此应加强其维护工作，保证其在事故时可靠供电。直流润滑油泵的直流电源系统应有足够的容量，其各级空气断路器应合理配置，并有级差配合，防止故障时熔断器熔断或空气断路器越级跳闸使直流润滑油泵失去电源，主要是防止主机断油导致事故。

【案例】 2017 年 6 月 4 日，河北某电厂因电网线路故障，送出通道中断，导致 1 号、2 号机组跳机，柴油发电机、蓄电池两路备用电源同时失效，导致一期全厂失电，1 号机组发生因保安电源故障而断油烧瓦。

条文 22.1.6 积极开展汽轮发电机组小岛试验工作，以保证机组与电网解列后的厂用电源。

当电网事故造成网内大面积停电时，往往导致相关电厂所有机组同时发生甩负荷事故。此时，如果部分机组具有小岛运行能力，就可以避免全厂停电的严重后果。火电机组小岛运行是指火电机组在电网事故的情况下，机组与电网解列（出线开关跳闸）自带厂用电运行，以便在电网恢复正常后，根据电网调度要求立即并网运行。这对于电厂在电网事故后期尽快恢复向电网供电极为有利，因此对在役机组开展甩负荷后的小岛运行试验研究，具有重要的现实意义。

由于小岛运行是机组在异常工况下的一种特殊运行方式，因此，要求机组主、辅机协调配合及控制策略能应对机组特殊工况下的动态特性，具备较为完善的热工、继电保护与自动调节功能，包括电气保护功能、高低压旁路控制系统、汽轮机DEH调节控制功能、自动调节系统及锅炉低负荷工况下的稳定燃烧。

【案例】 某热电厂发电机组的断路器因控制回路故障，误跳闸，导致该机从系统110kV母线脱离，带35kV段母线部分负荷脱网运行。事故前，电网频率为50Hz，5号机有功为57.07MW，35kV某段上负荷为45MW左右，通过7号主变压器向110kV母线送电12MW左右。断路器跳闸后，该机负荷大幅摆动前后20余次，负荷由57MW跌至21.74MW，转速由2999r/min降至2400r/min。事故发生后，电厂提出稳定机组孤网运行的需求。

条文22.1.7 应合理制订机组检修计划，做好保单机运行安全措施，防止单机运行时机组非停。用于发电机机组控制用的功率采样装置宜采用微机式发电机智能变送装置。

单机运行工况下，当单机故障时极易出现机组全停甚至全厂失电情况，给全厂机组恢复运行带来极大的困难和影响，故要制订运行管理方面的措施及其他特别措施加强机组单机运行管理，需要统筹好机组检修计划。

【案例】 2021年，安徽某电厂1号机组单机正常运行，机组负荷为620MW，2号机组大修，220kV双母线并列正常方式运行。运行过程中1号主变压器差动保护动作，1号机组跳闸后，主变压器套管发生的火灾波及部分电缆桥架导致电缆烧损，造成全厂失电事故。

条文22.1.8 加强海洋环境及海洋生物监测、预警，制订应急预案和采取措施避免灾害发生时对机组冷源系统的危害，造成停机事故。

近年来滨海频发的海洋生物入侵事件，严重影响了滨海电厂冷源系统的正常运转，尤其是球形棕囊藻，能够形成肉眼可见的巨型胶质囊体，除了对渔业及海洋环境造成极大危害以外，还会堵塞滨海电厂冷源系统的滤网，严重影响电厂正常运行，导致机组降低功率、跳机甚至紧急停机（堆），造成巨大的经济损失及安全隐患，是滨海电厂的首要致灾生物，对此需要加强海洋环境及海洋生物的监测预警、特征分析，开展冷源系统防控海生物检查，并制订风险预警机制及防护措施。

【案例】 2020年3月24日，某核电厂4号机组处于满功率运行。18时18分，由于海生物（毛虾群）进入海水循环水过滤系统，旋转滤网压差高导致2号海水循环水泵跳闸，工作人员按预案将机组降功率至600MW。18时30分，海水循环水过滤系统旋转滤网压差高导致1号海水循环水泵跳闸。两台海水循环水泵跳闸触发凝汽器故障信号，导致汽轮发电机组跳闸，触发反应堆紧急保护停堆，工作人员执行事故程序稳定机组。21时20分，机组状态满足运行技术规范要求，退出事故程序。机组稳定在热停堆状态。3月25日13时14分，在对海生物（毛虾群）进行

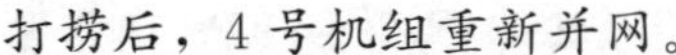

打捞后，4号机组重新并网。

2020年3月25日，某核电厂1号、2号、3号、5号、6号机组处于满功率运行，4号机组处于80%功率运行。由于海生物（毛虾群）突然再次爆发，各台机组海水循环水过滤系统旋转滤网压差持续升高导致海水循环水泵相继跳闸，因为两台海水循环水泵跳闸触发凝汽器故障信号，汽轮发电机组跳闸，触发反应堆紧急保护停堆，3号、4号、6号、2号机组分别于16时9分、16时19分、16时19分以及16时35分自动停堆；1号、5号机组快速降功率到停堆状态。

条文22.1.9　电厂监控系统、调度自动化系统等重要设备应选择不间断电源供电，现地控制单元（Local Control Unit）电源应采用冗余配置，其中至少一路为直流电源。

目的是按照双重化、冗余化原则配置，提高电源可靠性。电厂监控系统、调度自动化系统、现地控制单元等重要设备的供电应配备专用的不间断电源系统（UPS）供电，UPS输入电源至少需设置两路电源，其中现地控制单元的UPS输入电源至少有一路应采用电厂直流系统供电，以确保电站监控各级设备、调度自动化系统的安全、可靠运行。

【案例】　2018年3月，某电厂运维人员对UPS系统工作原理不熟悉，运行中1号UPS主机带负荷，2号UPS主机输出作为1号UPS主机的旁路输入电源。运维人员在2号UPS已经故障的情况下关闭1号UPS主机输出，造成1号UPS负载失电。最终导致两台并网机组跳闸事件。

条文22.1.10　厂用高压变压器高压侧断路器的控制及保护电源应分母线设置，禁止接入同一母线，防止该段直流母线故障造成断路器同时跳闸。

厂用高压变压器两套保护装置及与其相关设备（操作箱、跳闸线圈）的直流电源均应取自不同蓄电池组连接的直流母线段，避免因一组直流电源异常（直流回路多点接地、交流高电压窜入直流系统）同时对两套保护功能、操作回路以及重动继电器产生影响而导致保护误动或拒动。对于多台厂用高压变压器应将各自的高压侧断路器的控制及保护电源接入不同直流母线段，防止因直流母线故障，导致所有高压厂用变压器跳闸失去厂用电。

【案例】　2015年6月，某火力发电厂的变电站因一次控制电缆头线芯受损，由于雨天直流电源母线正极接地，电源与跳闸回路线芯导通，其厂用高压变压器高压侧断路器的控制及保护电源与一次控制电缆接入同一段直流母线，造成厂用高压变压器断路器A相跳闸导致全厂失电。

条文22.1.11　燃气关断（Emergency Shut Down Valve，ESD）阀电源回路应可靠。ESD阀采用双电源切换开关供电的，其二路电源应独立，应能保证切换过程中，电磁阀不误动；应结合检修开展ESD阀双电源切换试验并进行录波；对达

不到ESD阀供电要求的双电源切换装置应及时进行改造。ESD阀采用UPS自带蓄电池供电的，应定期开展自带蓄电池核对性放电试验。宜配置冗余的电磁阀控制ESD阀，避免单电磁阀误动作引发ESD阀动作。

燃气关断阀（ESD）在燃气电厂发生天然气泄漏、着火等事故事件时，可迅速截断天然气，避免发生爆炸事故，起到的作用重要和关键，其可靠性极为重要。如果ESD系统发生故障，会引起生产装置部分失效甚至停产的风险，做好ESD系统的管理和维护，可以有效地保障安全生产。

【案例】 2020年3月16日，某燃气轮机电厂的天然气调压站ESD电气故障导致阀门关断，供气压力低导致燃气轮机跳闸。

条文22.2 防止变电站和发电厂升压站全停事故

条文22.2.1 新建220kV及以上电压等级枢纽变电站的架空电源进线不应全部架设在同一杆塔上，220kV及以上电压等级电缆电源进线不应敷设在同一排管或电缆沟内（进站隧道除外），以防止故障导致变电站全停。已建成在运的应逐步改造达到此要求。

同杆并架线路或电缆电源进线不应敷设在同一排管，存在双回同时断电的可能，对电力系统稳定运行影响较大，特别是双电源线路不应采用同杆架设，否则存在$N-2$的风险。在实际线路设计中要尽量避免同杆架设，降低两条线路同时故障停运的可能，因此不论是双电源、多电源和双回路供电，不应采用同杆并架的要求都适用。

【案例1】 某变电站采用220kV同塔双回路进线架设方式，由于雷击造成两条线路同时跳闸，严重影响了系统的稳定及居民的用电安全。

【案例2】 2016年8月18日，辽宁某供电公司66kV海水右线中间接头绝缘不良故障，接地弧光引起同沟敷设的4条66kV电缆烧损短路跳闸，造成7座66kV变电站停电，损失负荷9.2万kW，停电2.9万户。

条文22.2.2 新建220kV及以上电压等级双母分段接线方式的气体绝缘金属封闭开关设备（GIS），当本期进出线元件数达到4回及以上时，投产时应将母联及分段间隔相关一、二次设备全部投运。

投产时将母联及分段间隔相关一、二次设备全部投运，可以起到灵活切换运行方式或调整负荷的作用，便于快速恢复用电，防止发生停电事故。

条文22.2.3 设备改（扩）建时，一次设备安装调试全部结束并通过验收后，方可与运行设备连接。

本条文为设备安装验收、调试运行的基本要求，未通过验收前，各类遗留的风险隐患暂不可控，防止对正常稳定运行的带电设备造成影响进而导致事故扩大，同时缩短调试试运等非正常运行的时间减少对系统的影响。

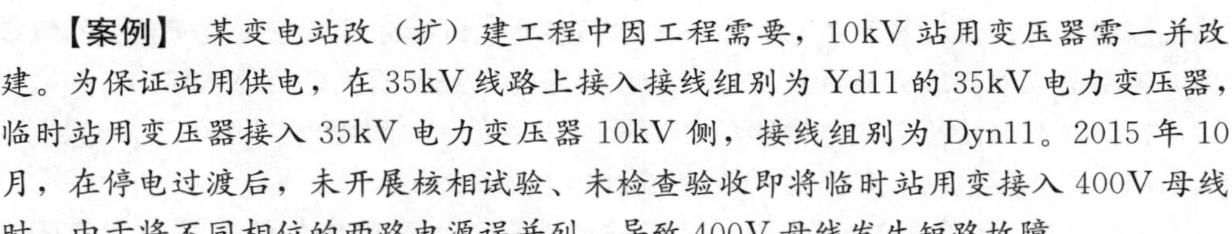
【案例】 某变电站改（扩）建工程中因工程需要，10kV 站用变压器需一并改建。为保证站用供电，在 35kV 线路上接入接线组别为 Yd11 的 35kV 电力变压器，临时站用变压器接入 35kV 电力变压器 10kV 侧，接线组别为 Dyn11。2015 年 10 月，在停电过渡后，未开展核相试验、未检查验收即将临时站用变接入 400V 母线时，由于将不同相位的两路电源误并列，导致 400V 母线发生短路故障。

条文 22.2.4　完善变电站一、二次设备

分析近年来变电站全停事故，造成的原因有多方面，既有外界原因（如自然灾害），也有设备原因及安全管理因素。造成变电站全停的原因主要是系统一次设备原因、继电保护原因、直流系统原因、误操作原因等。为防止发生变电站特别是枢纽变电站全停的风险，应加强变电站一、二次设备（包括直流系统）建设和加强一、二次设备（包括直流系统）日常运行维护管理。

条文 22.2.4.1　省级主电网枢纽变电站在非过渡阶段应有不同电源点的三条及以上输电通道，在站内部分母线或一条输电通道检修情况下，发生 *N*－1 故障时不应出现变电站全停的情况；特别重要的枢纽变电站在非过渡阶段应有不同电源点的三条以上输电通道，在站内部分母线或一条输电通道检修情况下，发生 *N*－2 故障时不应出现变电站全停的情况。

加强电网建设，优化电网结构是防止发生变电站特别是枢纽变电站全停的重要条件。近年来，受灾害性天气影响（强台风、强雷电、强降雨、大雾、暴风雪、低温冰灾等），往往会造成一个变电站的两条及以上线路同时跳闸。由于一些区域电网、省级电网主网架不合理，抵御突发事件和灾害天气的能力不强，从而造成变电站全停事故。另外，在站内部分母线或一条输电线路检修情况下，一旦发生线路事故则更容易造成全站停电事故。

【案例】 2007 年 3 月 4—5 日，东北某省大部分地区出现 1951 年以来最严重的特大暴风雪，共造成该省电网 2 条 500kV 线路跳闸 8 条次，35 条 220kV 线路跳闸 92 条次，造成 14 座 220kV 变电站全停。

条文 22.2.4.2　枢纽变电站（升压站）应采用双母分段接线或 3/2 接线方式，根据电网结构的变化，应满足变电站设备的短路容量约束。当设备额定短路电流不满足要求时，应及时采取设备改造、限流或调整运行方式等措施。

枢纽变电站主接线应满足可靠、安全、操作方便和灵活、维护方便等要求。从国内变电站设计、运行情况看，枢纽变电站采用双母线分段接线或 3/2 接线方式，是目前超高压配电装置可靠性较高的接线方式，可以保证运行和检修方式的灵活性，确保母线或任一出线检修时，均不出现变电站全停的情况。

条文 22.2.4.3　双母线、单母线或桥形接线中，GIS 母线避雷器和电压互感器应设置独立的隔离开关。3/2 断路器接线中，GIS 母线避雷器和电压互感器不应

装设隔离开关，宜设置可拆卸导体作为隔离装置。可拆卸导体应设置于独立的气室内。架空进线的GIS线路间隔的避雷器和线路电压互感器宜采用外置结构。

在设计制造阶段对变电站的母线侧隔离开关配置、间隔出线规模等提出要求，从结构上保障变电站（升压站）整体安全和电力系统安全。

条文22.2.4.4　330kV及以上变电站和地下220kV变电站的备用站用变压器电源不能由该站作为单一电源的区域供电。

“备用站用变压器电源不能由该站作为单一电源的区域供电”的要求，是为了保证站用电源的可靠性，防止在变电站全停事故情况下，不失去备用站用电源，从而为迅速处理事故，缩短恢复时间提供必要的保障。

【案例】　美国圣迭戈地区与主网联系的只有唯一输电线路，并行的新线路要到2012年才能投运，不满足$N-1$安全标准。事故前天气炎热、负荷较重。2011年，亚利桑那电力公司下属的一名员工在尤马市南部北吉拉变电站更换站内监控设备的故障电容器时操作失误，导致变电站监控系统发生故障，变电站员工在进行恢复操作时发生了意外短路，造成尤马郡5.6万用户停电。由于变电站保护装置未动作，停电事故未能限制在当地，北吉拉变电站负责向加州送电的500kV线路跳闸并退出运行，导致美国的加州圣迭戈市、亚利桑纳州尤马市和墨西哥的提华纳市等地均受大停电严重影响，其中圣迭戈市超过100万用户完全停电，提华纳市46万市民失去电力供应，尤马市及其周边约5.6万人失去电力，整个停电时间持续12h。

条文22.2.4.5　严格按照有关标准进行断路器、隔离开关、母线等设备选型，加强对变电站断路器开断容量的校核、隔离开关与母线额定短时耐受电流及额定峰值耐受电流校核。对短路容量增大后造成断路器开断容量不满足要求的断路器要及时进行改造，在改造以前应加强对设备的运行监视和试验。

由于电网结构的不断变化，变电站短路容量不断增加，因此，对变电设备（如断路器、隔离开关、电流互感器、变压器、母线等）要根据系统的变化进行额定开断容量及动、热稳定的核算，对不能满足要求的应采取相应措施。

近年来，由于断路器开断容量不足造成的变电站全停电事故尚无案例，但是断路器机构故障造成变电站全停事故在全国很多地区都发生过。因此，要求电力企业应严格按照有关的标准进行开关设备的选型。对于不符合标准的开关设备应进行改选，还要加强其的监视和试验工作。

【案例】　2005年10月24日19时37分，某电网变电站A至变电站B联络线AB Ⅰ回线路8号铁塔A相绝缘子对杆塔闪络放电，AB Ⅰ回线路变电站A侧041断路器保护动作跳闸，AB Ⅰ回线路变电站B侧045断路器因机构卡涩引起跳闸线圈烧坏，断路器拒动，未能将故障快速切除，故障进一步由单相接地发展为三相短路。作为相邻线路的AB Ⅱ回线路，两回线路故障电流在此故障情况下达不到后备

保护定值，保护无法动作，长时间不能切除故障，部分厂站主变压器过电流保护动作跳闸，发电机组相继高频切机，直至电网瓦解。该事故起因是由于线路故障，但局部电网瓦解是由于开关拒动故障造成。

条文 22.2.4.6　为提高继电保护的可靠性，传输两套独立的继电保护通道相对应的电力通信设备应为两套完整独立的、两种不同路由的通信系统，其告警信息应接入相关监控系统。

随着电网建设的不断发展，我国各大电网的结构得到进一步的加强，因此电网稳定问题已上升为主要矛盾。一旦继电保护在系统发生事故时不能可靠动作，则将会直接威胁电网的安全稳定运行，甚至会给电网带来灾难性的后果。为此，必须提高重要线路和设备的继电保护装置可靠性，而装设双套主保护是提高继电保护装置可靠性的较好办法。为防止由于共用部分异常而造成双套主保护拒动的"瓶颈效应"，双套主保护的交流输入、直流电源以及跳闸回路应尽可能相互独立，以提高冗余度。虽然双套主保护采用相同厂家的同一产品可使备品备件相对简化，但在现阶段，特别是大量采用静态型保护之后，采用不同原理和不同厂家的产品可形成互补，以防止由于保护装置（特别是装置内部回路）设计考虑不周而造成保护的拒动现象。对于重要线路及设备，应采取必要的后备保护方案，以防止由于主保护拒动或误动而导致系统稳定破坏事故。

【案例】 2006 年 4 月 9 日 18 时 55 分，某地区 220kV 红托线发生 B 相接地故障，线路两侧保护正确动作切除故障并重合成功。故障时，托克逊变 220kV 母差保护（WMZ-41A）由于 A 相采样通道故障导致母差保护误判为母线故障，保护误动导致跳开母 2250 开关、1 号主变压器、托楼线。

条文 22.2.4.7　在确定各类保护装置电流互感器二次绕组分配时，应考虑消除保护死区。分配接入保护的互感器二次绕组时，还应特别注意避免运行中一套保护退出时可能出现的电流互感器内部故障死区问题。

具有方向性的继电保护装置的保护范围与电流互感器的安装位置有着密不可分的关系，因此在选取电流互感器的安装位置时必须认真进行分析。继电保护所用的电流互感器宜将被保护设备的断路器包括在保护范围之内。

当两个以上被保护设备共用一组断路器时，如断路器两侧均有可能设置电流互感器，则较为理想。如母差保护使用断路器线路侧的电流互感器；线路保护使用断路器母线侧的电流互感器，两套保护的保护范围互有交叉，断路器本身及两组电流互感器之间发生故障时，母差保护与线路保护均可动作，即对两套保护而言，均无所谓"死区"问题。

当两个以上被保护设备共用一组断路器且只能设置一组电流互感器时，则应按被保护设备的重要程度确定电流互感器的位置。如当母差保护与线路保护共用一组电流互感器时，考虑母线较线路更为重要，宜将电流互感器设置在断路器的线路侧，此时对母差保护而言，无论是母线本身故障，还是断路器故障，均不存在死区。但如果故障发生在电流互感器与断路器之间，尽管母差保护动作后将断路器跳开，但此时的故障对于线路保护来说是属于保护范围之外，因此快速保护装置本身不动作，但对侧断路器如不跳开，系统将仍然带故障点运行。因此对于此类故障应该利用母差保护停信或远方跳闸的方式迅速将对侧断路器跳开，从而尽快切除故障。

条文 22.2.4.8　继电保护及安全自动装置应选用抗干扰能力符合有关规程规定的产品，在保护装置内，直跳回路开入量应设置必要的延时防抖回路，防止由于开入量的短暂干扰造成保护装置误动出口。

静态型特别是微机型的继电保护、安全自动装置在电力系统中得到了广泛的应用，其快速性、灵活性以及调试整定便利等优点，深受现场运行人员的好评。但部分产品由于设计者对现场运行恶劣环境条件认识不足，装置的抗干扰能力较弱，在区外故障或变电站内倒闸操作时，出现装置异常甚至误动，对系统的安全稳定运行造成较大的威胁。因此，投入运行的继电保护及安全自动装置必须符合有关规程对抗干扰的规定要求，同时还应要求任何人员不得在保护控制室内使用移动电话、步话机，以保证电网的安全稳定运行。

【案例】 2008年1月13日，某变电站因站内AB双回线双开断进某500kV变电站工程需要更换该2条线路保护。工作结束后，调度下令停用220kV母差保护，用CD一线2217对线路充电。18时4分，合上2217断路器时，失灵保护误动造成220kV Ⅰ、Ⅱ母线，1号、2号主变压器全停事故，损失负荷为170MW。经过事故分析，该变电站220kV失灵保护是2001年11月投运的一套集成电路型保护装置，该装置存在分立电子元器件特性差异大、抗干扰能力差、受外界因素影响较大、不具备故障记忆功能等缺陷。

条文 22.2.4.9　对双母线接线方式下间隔内一组母线侧隔离开关检修时，应将另一组母线侧隔离开关的电动机电源及控制电源断开。

条文 22.2.4.10　双母线接线方式下，一组母线电压互感器退出运行时，应加强运行电压互感器的巡视和红外测温，避免故障导致母线全停。

【案例】 某35kV变电站控制室发出音响告警信号，随着后台机出现接地信号，10kV母线L3相电压突然降为零，L1、L2相电压升高，达到10.2kV，并且三相电压值出现大范围的波动。事故造成该变电站10kV南母电压互感器柜内W相电压互感器烧毁，U、V相电压互感器外壳裂纹。经查由于接地故障导致相电压的急剧变化，致使开关柜电压互感器产生铁磁谐振，W相电压互感器过热导致外壳炸裂，U、V相电压互感器出现裂纹。同时谐振电流造成一次侧W相熔断器熔断。由于该变电站为中性点不接地系统，正常运行时电压互感器只承受相电压，在系统单相接地时，三相电压极度不平衡，非故障相需要承受线电压的冲击，容易发生铁磁谐振。

条文 22.2.4.11 定期对变电站（升压站）内及周边漂浮物、塑料大棚、彩钢板建筑、风筝及高大树木等进行清理，大风前后应进行专项检查，防止异物漂浮，造成设备短路。

条文 22.2.4.9～22.2.4.11，是防止变电站全停的运行措施，将另一组母线侧隔离开关的电机电源及控制电源断开是为了有效防止误操作事故；加强运行电压互感器的巡视和红外测温是电压互感器运行的规程要求；此外近年经常有变电站（升压站）内及周边漂浮物、塑料大棚、彩钢板建筑、风筝及高大树木导致的线路停电事故，增加此项以防止变电站部分停电或全停事故。上述项目也作为线路巡检的必要内容。

【案例】 2014 年 12 月 23 日，福建某送变电运检公司人员巡视 500kV 东大Ⅱ路线路，发现 208 号至 209 号杆段的线路边坡有超高树木，在未使用绝缘工具将树木（树枝）拉向与线路相反方向的情况下，直接进行砍剪，树木倒落过程中与东大Ⅱ路 C 相安全距离不足放电，导致 1 人触电死亡。

条文 22.2.5 防止污闪造成的变电站和发电厂升压站全停。

条文 22.2.5.1 对于伞形合理、爬距不低于三级污区要求的瓷绝缘子，可根据当地运行经验，采取绝缘子表面涂覆防污闪涂料的补充措施。其中防污闪涂料的综合性能应不低于线路复合绝缘子所用高温硫化硅橡胶的性能要求。

在采用不低于三级污区要求的瓷绝缘子配置时，采取绝缘子表面涂覆防污闪涂料的措施，可以提高升压站在恶劣气候条件下的防污闪性能，防污闪涂料性能应符合《绝缘子用常温固化硅橡胶防污闪涂料》（DL/T 627）要求。

条文 22.2.5.2 硅橡胶复合绝缘子（含复合套管、复合支柱绝缘子等）的硅橡胶材料综合性能应不低于线路复合绝缘子所用高温硫化硅橡胶的性能要求；树脂浸渍的玻璃纤维芯棒或玻璃纤维筒应参考线路复合绝缘子芯棒材料的水扩散试验进行检验。

条文 22.2.5.3 对于易发生粘雪、覆冰的区域，支柱绝缘子及套管在采用大小相间的防污伞形结构基础上，每隔一段距离应采用一个超大直径伞裙（可采用硅橡胶增爬裙），以防止绝缘子上出现连续粘雪、覆冰。110、220、500kV 绝缘子串宜分别安装 3、6 片及 9～12 片超大直径伞裙。支柱绝缘子所用伞裙伸出长度为 8～10cm；套管等其他直径较粗的绝缘子所用伞裙伸出长度为 12～15cm。

根据有关研究结果采用支柱绝缘子及套管上加装硅橡胶增爬裙，可以有效防止粘雪、覆冰所发生的闪络。但是应注意站用绝缘子单独使用大盘径硅橡胶伞裙，虽然可有效防范快速积污闪络，但是防止缓慢积污闪络的效果低于防污闪涂料，且在绝缘子表面受潮条件下，电场严重畸变、电压集中于几个硅橡胶伞裙上，对避雷器、CVT等设备的运行不利。因此，同时使用大盘径硅橡胶伞裙和防污闪涂料可以起到取长补短的效果，即大盘径伞裙和防污闪涂料在使用上不应相互对立，而是相辅相成的关系。中重污区的站用绝缘子应将大盘径硅橡胶伞裙和防污闪涂料组合使用，以达到最佳防污闪效果。

【案例】 某电厂粘雪闪络事故。2005年4月8日上午，当地地区形成雨夹雪天气，伴有东南风，升压站设备绝缘子上的积雪量逐渐增加，并在迎风侧逐渐形成连通状态。因4月昼间气温在0℃以上，堆积在绝缘子上的积雪很快出现融化现象，形成湿度较大的粘雪。13时57分32秒及14时17分45秒，该厂500kV升压站先后发生两次闪络跳闸。事故后，经对升压站设备检查，发现500kV母线分段5044-41隔离开关A相TA侧动触头的支撑绝缘子、转动绝缘子及其法兰、均压环以及500kVⅡ母的某出线5051-2隔离开关B相静触头侧的引线支柱绝缘子及其法兰、均压环有明显放电痕迹，分别是两次闪络的故障点。

条文22.2.5.4　变电站、升压站带电水冲洗工作必须保证水质要求，并严格按照《电力设备带电水冲洗导则》(GB/T 13395）规范操作，母线冲洗时要投入可靠的母差保护。

带电水冲洗的目的是防止污闪事故、减少停电时间的一项措施，但如果使用不当，反而会发生闪络事故。通过对带电水冲洗时发生的闪络事故分析，发生闪络的主要原因如下：

（1）水质不合格。

（2）冲洗操作方法不对。

（3）带电水冲洗避雷器。

（4）带电水冲洗伞间距比较小的设备。

（5）带电水冲洗大直径的设备。

因此，为了防止带电水冲洗事故的发生，变电站带电水冲洗使用的水电阻率应大于5000Ω·cm，并且严格按照《电力设备带电水冲洗导则》（GB/T 13395）的规定进行操作，避免由于操作不当造成闪络事故。

条文22.2.6　直流电源系统配置。

条文22.2.6.1　升压站电压等级在220kV及以上时，发电机组用直流电源系统与升压站用直流电源系统必须相互独立。

机组（包括外围设备）用直流系统应与升压站直流系统相互独立，不能有任何的电气连接。这项规定是为了机组直流系统如果出故障时，把故障范围减少到最小，不影响电网的稳定性，保证电网安全可靠运行。

【案例】 2004年，河北某电厂在做直流油泵启动试验时，误跳220kV升压站母联断路器。后查明由于该厂3台机组和升压站直流系统是一个系统，馈出线采用环路接线，非常紊乱。在启动直流油泵时，同时在220kV升压站母联断路器跳闸线圈中记录到跳闸电流。

保证机组（包括外围设备）用直流系统应与升压站直流系统相互独立，非常有必要。

条文22.2.6.2　220kV及以上电压等级的新建变电站通信电源应双重化配置，满足“双设备、双路由、双电源”的要求。

“双设备、双路由、双电源”的要求是双重化配置的基本原则，通信电源是电力通信系统必不可少的重要组成部分，人们通常把电源比喻为通信系统的“心脏”，其设计目标和核心是安全、可靠、高效、不间断地向通信设备提供能源，满足并保证整个通信网的正常运行。如果通信电源系统发生故障，通信系统将全部中断。通信设备对电源系统技术要求是防雷措施完善，设备允许的交流输入电压波动范围大，多重备用系统以防止电源系统发生电源完全中断。

近年来，电力通信电源设备故障造成的通信系统事故时有发生，严重影响到电力生产安全。影响系统可靠供电的因素众多，诸如小动物危害、雷电破坏等外部因素，也有机房温度、空气湿度、布线连接、设备运行状况等内部因素，为增加电力通信电源供电的可靠性，采取双路电源直流供电方式供电成为一种行之有效的方式。

条文22.2.6.3　变电站、发电厂升压站直流系统配置应充分考虑设备检修时的冗余，330kV及以上电压等级变电站、发电厂升压站及重要的220kV变电站、发电厂升压站应采用三台充电、浮充电装置，两组蓄电池组的供电方式。每组蓄电池和充电机应分别接于一段直流母线上，第三台充电装置（备用充电装置）可在两段母线之间切换，任一工作充电装置退出运行时，手动投入第三台充电装置。变电站、发电厂升压站直流电源供电质量应满足微机保护运行要求。

由于高电压等级变电站在电网的重要性，因此应考虑设备检修时的冗余性。如果采用“2+2”的模式配置充电机，当一台设备退出运行时，一般都采用一台充电、浮充电装置和一组蓄电池组带两段直流母线运行。因为现在重要设备的继电保护装置，都采用双重化方式，如果1+1的直流母线运行方式，双重化保护的电源只是单一的，其可靠性大大降低。

另外，虽然现在高频开关电源都是$N+1$运行方式，但充电、浮充电装置的监控器却只有一套，监控器故障时，充电、浮充电装置的许多功能都不能实现了。据统计，近年来，每年的直流设备故障中，监控器的故障占50%以上。

条文22.2.6.4　火力发电厂动力、UPS及应急电源用直流系统，按主控单元，应采用三台充电、浮充电装置，两组蓄电池组的供电方式。每组蓄电池和充电机应

分别接于一段直流母线上，第三台充电装置（备用充电装置）可在两段母线之间切换，任一工作充电装置退出运行时，手动投入第三台充电装置。其标称电压应采用220V，直流电源的供电质量应满足动力、UPS及应急电源的运行要求。

条文22.2.6.5　火力发电厂控制、保护用直流电源系统，按单台发电机组，应采用两台充电、浮充电装置，两组蓄电池组的供电方式。每组蓄电池和充电机应分别接于一段直流母线上。每一段母线各带一台发电机组的控制、保护用负荷。直流电源的供电质量应满足控制、保护负荷的运行要求。

机组直流系统3+2配置方式，并且直流母线分段运行，是避免机组失去直流电源非常必要的措施。3+2方式也保证了当任一台充电装置因检修或故障退出运行时，保证每段直流母线还有一台充电装置运行。机组直流系统3+2配置，也保证了充电装置和蓄电池组退出维护和检修的需求。

【案例】　某电力公司调度大楼UPS系统由两台300kVA美国GE公司全冗余并机组成，为自动化机房、调度台、部分信息系统和通信机房部分PC服务器提供工作电源。正常单台UPS负载为额定容量的32%，两台合计负荷达到200kVA左右。某日，2号UPS因风扇故障停运，负载全部自动切至1号UPS。7天后安排消缺，完成2号UPS风扇更换工作。经检测正常后，1号、2号UPS并机运行，1h后确认无异常告警，开始2号UPS全负荷加载能力测试，测试中发生2号UPS逆变器模块击穿短路，大楼配电房UPS供电主开关过电流越级跳闸，1号、2号UPS旁路电源切换失败，造成UPS所带负载失电。

条文22.2.6.6　采用两组蓄电池供电的直流电源系统，每组蓄电池组的容量，应能满足同时带两段直流母线负荷的运行要求，且满足在正常运行中两段母线切换时不中断供电的要求。在切换过程中，两组蓄电池应满足标称电压相同，电压差小于规定值，且直流电源系统处于正常运行状态，允许短时并联运行。禁止在两个系统都存在接地故障情况下进行切换。

本条文要求是指每组蓄电池容量要按事故状态下，能保证两段直流母线的供电容量，以保证事故状态直流系统的供电要求。

【案例】　某变电站在更换镉镍蓄电池组的电解液时，由于蓄电池组退出运行，保护装置失去独立的工作电源，致使主变压器烧毁，高压室损毁。

条文22.2.6.7　直流电源系统馈出网络应采用集中辐射或分层辐射供电方式，严禁采用环状供电方式。断路器储能电源、隔离开关电动机电源、35(10)kV开关柜内顶部可采用每段母线辐射供电方式。

在直流电源传输方式中，进行馈出接线方式采用辐射供电，以此来提高电力输出，以带动整体所需电力供应保障，不会出现无故断电情况，辐射供电有效解决了匮电和供电不足问题。柜顶母线供电方式也有效保障了每个单独机构直流供电的可

靠性和安全性。

【案例】 2021年某日15时49分，祁韶直流极Ⅰ直流线路故障，电压突变量保护、行波保护动作，极Ⅰ原压重启两次，但均因直流线路低电压保护动作而失败，极Ⅰ闭锁。随后，极Ⅰ高端阀组自动重启，重启后直流低电压保护动作，极Ⅰ高端阀组闭锁。闭锁后，祁连站极Ⅰ出现600A环流，韶山站极Ⅰ出现960A环流。为消除极Ⅰ环流，17时1分，韶山站按指令将祁韶直流极Ⅱ正常闭锁，将极Ⅰ转极隔离；18时23分，重新解锁极Ⅱ。经查其中原因之一为在极Ⅰ高端阀组闭锁、旁通开关合上后，极Ⅰ仍处于极连接状态。极Ⅱ电流经大地回线和极Ⅰ极线分流，祁韶直流极Ⅰ出现环流。

条文22.2.6.8　新建或改造变电站直流电源系统对负载供电，应采用分层辐射供电方式，按电压等级设置分电屏，不应采用直流小母线供电方式。

直流系统的馈出接线方式应采用辐射供电方式，而不采用非辐射供电方式（例如，环路供电），是为了保证直流系统两段母线相互独立运行，避免互相干扰，以保障上、下级开关的级差配合，提高了直流系统供电可靠性。例如，采用环路供电时，当一段母线或馈出接地时，两段母线绝缘监测装置都会出现接地信号，使查找接地点很困难。另外，采用环路供电也会引起操作某直流设备时，引起其他设备误动。

案例同上。

条文22.2.6.9　发电机组直流电源系统对负载供电，应按所供电设备所在段设置分电屏，不应采用直流小母线供电方式。

对于具体的负荷供电方式，例如继电保护室内负荷，应按一次设备的电压等级配置分电屏，如500kV/220kV等级，或330kV/110kV等级，分别高/低电压，馈出屏接各自分电屏，再接负荷屏。保护屏机顶小母线的供电方式应淘汰。这样接线的优点，如果负荷外电源开关下口出现故障，仅跳负荷断路器，或者最多跳分屏对这一路输出的断路器，避免了直流小母线负荷断路器下口故障。由于小母线总进线断路器，很难实现与下级负荷断路器的级差配合而误动，造成停电范围扩大。另外，由于直流小母线往往在保护柜顶布置，接线复杂，连接点多，其裸露部分易造成误碰或接地故障。

35kV、10kV开关柜现有采用直流小母线方式供电，应改造为分电屏供电方式。以避免由于当负荷开关下口故障，造成小母线总进线开关无法应对级差配合而误动，扩大停电范围。环状供电方式，对稳定运行危害很大，尤其是当两段母线都出现接地时，很容易由于接地环流的影响，造成重要用电设备开关误动。

【案例】 某220kV变电站的220kV母线联络断路器，由于直流母线接地环流影响，造成该断路器多次误动。直流小母线进线断路器，很难实现与下级负荷断路器的级差配合而误动，造成停电范围扩大。

条文22.2.6.10　直流母线采用单母线供电时，应采用不同位置的直流开关，分别带控制用负荷和保护用负荷。

本条文主要根据继电保护有关“控保分开”对直流电源的要求，即要求继电保护装置的控制负荷和保护负荷的电源要分别独立进线。

【案例】　某300MW发电机-变压器组主保护A、B、C三套，设计时以小母线供电方式。A保护装置供电直流电源断路器下口出现短路故障，造成直流小母线进线断路器误动，使这三套保护装置全部失电。

条文22.2.6.11　新建或改造后的直流电源系统应具有直流电源系统母线及馈线接地、蓄电池接地、瞬时接地、交流窜入和直流互窜等绝缘故障的测量、记录、选线、报警及录波功能，不应采用交流注入法测量直流电源系统绝缘状态，新建或改造后的直流电源系统应具有蓄电池内阻监测功能，不满足要求的应逐步进行改造。

在电力系统中，直流电源的可靠运行对发电厂的安全稳定起着十分重要的作用，近些年在发电厂和变电站发生的直流系统事故表明，直流系统故障查找极为困难，为便于快速查找发现故障，避免事故扩大，需要加强直流系统的监测和保护，在两段直流母线对地应各安装一台电压记录（录波）装置，当出现交流窜直流现象时，能够及时录波、报警、选线、报警等，为现场分析故障提供第一手可靠的分析依据。

【案例】　某日，某110kV变电站直流电源巡检人员听见烟感装置动作报警，监控中心直流屏后台显示直流屏告警，主控室有异常爆裂声，发现主控室内有大量烟雾，此时蓄电池整组烧毁，蓄电池柜、直流屏充电柜及馈线柜严重烧损，部分保护、测控屏受高温熏烤，全站直流电源消失。经查分析，其中一个主要原因为该站未安装蓄电池和充电装置在线监测或状态监测设备，同时没有按照规程要求定期对蓄电池组进行必要的核对性容量测试和内阻测试，运行和检修人员没有对数据进行系统分析，未能及早发现问题并更换带病运行的蓄电池组。

条文22.2.6.12　直流电源系统除蓄电池组出口保护电器外，应使用直流专用断路器。蓄电池组出口回路保护用电器宜采用熔断器，也可采用具有选择性保护的直流断路器。

条文22.2.6.13　直流高频模块和通信电源模块应加装独立进线断路器。

条文22.2.6.14　加强直流断路器上、下级之间的级差配合的运行维护管理。新建或改造的发电机组、变电站、升压站的直流电源系统，设计资料中应提供全站直流电源系统上下级差配置图和各级断路器（熔断器）级差配合参数。投运前，应进行直流断路器的级差配合试验。

直流专用断路器在断开回路时，其灭弧室能产生与电流方向垂直的横向磁场

（容量较小的直流断路器可外加一辅助永久磁铁，产生一横向磁场），将直流电弧拉断。普通交流断路器应用在直流回路中，存在很大的危险性，普通交流断路器在断开回路中，不能遮断直流电流，包括正常负荷电流和故障电流。这主要是由于普通交流断路器，其灭弧机理是靠交流电流自然过零而灭弧的，而直流电流没有自然过零过程，因此，普通交流断路器不能熄灭直流电流电弧。当普通交流断路器遮断不了直流负荷电流时，容易使断路器烧损；当遮断不了故障电流时，会使电缆和蓄电池组着火，引起火灾。加强直流断路器上、下级的级差配合管理，目的是保证当一路直流馈出线出现故障时，不会造成越级跳闸情况。

变电站直流系统馈出屏、分电屏、负荷所用直流断路器的特性、质量一定要满足《电气附件　家用及类似场所用过电流保护断路器　第2部分：用于交流和直流的断路器》（GB/T 10963.2）的相关要求。继电保护装置电源开关柜上、现场机构箱内的直流储能电动机，直流加热器等设备用断路器，建议采用B型开关；分电屏对负荷回路的断路器，建议采用C型开关。两个断路器额定电流有4级左右的级差，根据实测的统计试验数据结果，就能保证可靠的级差配合。

【案例1】 2013年2月，某500kV变电站500kVⅡ段线复役操作过程中，5011汇控柜内加热器内部故障，与该加热器空气开关相连的三级空气开关均同时跳闸，导致整串交流环路电源失去。检查发现三级空气开关选型时虽脱扣电流已经考虑级差，但C型曲线和K型曲线在8倍以上大电流时存在重叠区，支路大电流故障时导致越级跳闸。

【案例2】 2012年1月，运维人员在110kV李家变电站进行站用变压器切换试验后，发现站用直流系统告警，充电模块报警灯闪烁，模块直流电流输出为零，交流输入为223.05V，监测装置上显示充电模块交流输入异常。经检查，在进行交流站用倒负荷时，1号充电机1、2路交流自动切换，振动引起中间继电器接线松动，导致交流输入异常，复紧接线后异常情况消除。

条文22.2.6.15　直流电源系统的电缆应采用阻燃电缆，两组蓄电池的电缆应分别铺设在各自独立的通道内，避免与交流电缆并排铺设，在穿越电缆竖井时，两组蓄电池电缆应分别加穿金属套管。对不满足要求的应采取防火隔离措施。

由于交流电缆过热着火后，引起并行直流馈线电缆着火，可能会造成全站直流电源消失情况，从而导致全站停电事故。本条文主要是针对直流电缆防火而提出的电缆选型、电缆铺设方面具体要求，竖井中直流电缆穿金属管也是避免火灾的必要措施。

【案例】 2003年4月16日，某电厂500kV升压站一段0.4kV交流电缆阴燃。由于直流系统馈出的两根主电缆在电缆沟里与阴燃电缆混装，没有隔离措施，电缆沟出口紧连一电缆竖井，竖井中直流电缆没有用穿金属管隔离，造成电缆全部烧损，事故扩大。使全站失去直流电源，500kV两条输电线路失去继电保护，4台发电机被迫退出运行。

条文22.2.6.16　一组蓄电池配一套充电装置或两组蓄电池配两套充电装置的直流电源系统，每套充电装置应采用两路交流电源输入，且具备自动投切功能。

本条文规定主要是现在微机型继电保护装置对直流电源稳定的基本要求，满足充电的可靠性需要，有效保障蓄电池电源的可靠性。

条文22.2.6.17　新安装的阀控密封蓄电池组，应进行全核对性放电试验。以后每隔2年进行一次核对性放电试验。运行满4年以后的蓄电池组，每年做一次核对性放电试验。对容量不合格的蓄电池组应立即更换。

定期进行阀控密封蓄电池组核对性放电试验的目的，是及时发现蓄电池组容量不足的问题，以便及时对相关设备进行维护改造，确保变电站蓄电池组容量满足事故处理要求。

【案例1】　某35kV变电站事故处理过程中，发现该站阀控密封铅酸蓄电池组端电压下降较快，约10h后就降至160V，严重影响事故处理。经核查该站蓄电池自2009年10月安装至今，未进行过维护检测且查看其电压记录数据不全面，而该站蓄电池组自2009年装设后未能按要求进行核对性放电试验，也就无法及时发现电池容量不足这一缺陷。

【案例2】　2004年5月，河北唐山某电厂有一组机组用蓄电池组，做核对性放电试验，有些电池按10h放电率放电，5min后电池端电压就降到最低允许放电电压以下了。经对多个蓄电池打开安全阀检查，其内部电解液已干涸。这组蓄电池运行还不到5年，期间没有进行任何大容量放电使用，且浮充状态良好，后经调查发现，其运行环境恶劣，长期超过35℃，而没有有效的通风降温措施。这是造成蓄电池组运行寿命过早终结的主要原因。此案例说明做核对性放电试验的必要性，同时也说明应严格保证蓄电池组运行环境符合要求。

条文22.2.6.18　浮充电运行的蓄电池组，除制造厂有特殊规定外，应采用恒压方式进行浮充电。浮充电时，严格控制单体电池的浮充电压上、下限，每个月至少一次对蓄电池组所有的单体浮充端电压进行测量记录，防止蓄电池因充电电压过高或过低而损坏。

条文22.2.6.18是针对近几年，蓄电池组的运行寿命缩短所采取的运行维护措施，以保障蓄电池组满容量可靠运行。现代阀控密封铅酸蓄电池对浮充电压的稳定度也有严格要求，浮充电压长期不稳定，会使蓄电池欠充或过充电。而稳流精度的好坏，直接影响阀控密封铅酸蓄电池充电质量。

【案例】　某35kV变电站事故处理过程中，发现该站阀控密封铅酸蓄电池组端电压下降较快，约10h后就降至160V，严重影响事故处理。经核查该站蓄电池自

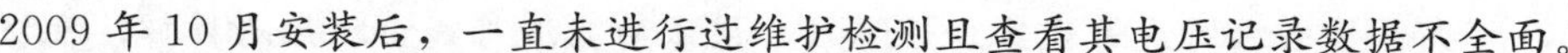

2009年10月安装后，一直未进行过维护检测且查看其电压记录数据不全面。

条文22.2.6.19 严防交流窜入直流故障。变电站内端子箱、机构箱、智能控制柜、汇控柜等屏柜内的交、直流接线，不应接在同一段端子排上。严禁从控制箱、端子箱内引接检修电源。控制箱、端子箱内要装设加热驱潮装置并保证运行状态良好，防止受潮、凝露引发直流接地、交流窜入直流等故障。试验电源屏交流电源与直流电源应分层布置。

本条文要求是为了防止现场端子箱、机构箱受潮、凝露、进水等导致端子排绝缘降低，端子间短路情况，从而导致操动机构误动作情况和交流窜入直流故障的发生。

【案例】 2011年8月19日，某供电局一座330kV变电站因雨水进入断路器操动机构箱，引起220V交流电源窜入直流系统，致使主变压器断路器操作屏中非电量出口中间继电器触点受电动力影响持续抖动，引起断路器跳闸，造成330kV××变电站2台主变压器及110kV母线失压，15座110kV变电站全停，减供负荷14.7万kW，停电用户数44008户。

条文22.2.6.20 及时消除直流电源系统接地缺陷，当同一段直流母线出现两点同时接地时，应立即采取措施消除，避免同一直流母线两点接地造成继电保护、开关误动或拒动故障。当出现直流电源系统一点接地时，应及时消除。

发电厂和变电站的直流系统是控制、保护和信号的工作电源，直流系统的安全、稳定运行对防止发电厂和变电站全停起着至关重要的作用。直流系统作为不接地系统，如果一点及以上接地，可能引起保护及自动装置误动、拒动，引发发电厂和变电站停电事故。因此，当发生直流一点及以上接地时，应在保证直流系统正常供电情况下及时、准确排除故障。

【案例】 某220kV重要负荷站，220kV母线带180MVA和120MVA主变压器各1台。2010年11月某日，220kV进线断路器非全相跳闸，继电保护没有任何动作信号记录，后非全相保护动作，跳开断路器。经查，一继电保护柜中一根直流电缆出现两点接地。造成环流流过中间继电器线圈，造成保护误动。当时N母线负荷为100MW。这次两点接地现象早已存在，没有引起重视。

条文22.2.6.21 充电、浮充电装置在检修结束恢复运行时，应先合交流侧开关，再带直流负荷。

充电、浮充电装置在恢复运行时，如果先合直流侧断路器，再合交流断路器，很容易引起充电、浮充电装置启动电流过大，而引起交流进线断路器跳闸。这时，容易引起操作人员误判充电、浮充自装罾故障，延误送电。

【案例】 某500kV枢纽变电站在充电、浮充电装置检修结束恢复运行时，带直流负荷启动充电、浮充电装置时，交、直流侧断路器由于启动电流过大，引起同时跳开。有关人员当时对这个现象处理不当，误认为直流母线出现短路故障，就拉开蓄电池组熔断器，造成一段直流母线完全失去直流电源故障。

条文22.2.7　站用电系统配置。

条文22.2.7.1　设计资料中应提供全站交流电源系统上下级差配置图和各级断路器（熔断器）级差配合参数、直流断路器灵敏度和选择性计算校核资料，选择性不满足要求的，主馈线屏、分电屏应选用三段式直流断路器。新建变电站交流电源系统在投运前，应完成断路器上下级级差配合试验，核对熔断器级差参数，合格后方可投运。

条文22.2.7.2　新建或改造的站用电系统，高压侧有继电保护装置的，应加强对站用变压器高压侧保护装置定值整定，避免站用变压器高压侧保护装置定值与站用电屏断路器自身保护定值不匹配，导致越级跳闸事件。

条文22.2.7.3　加强站用电高压侧保护装置、站用电屏总路和馈线断路器保护功能校验，并在设计资料中提供灵敏度校验计算报告，确保短路、过载、接地故障时，各级断路器能正确动作，防止站用电故障越级动作，确保站用电系统的稳定运行。

条文22.2.7.1～22.2.7.3，交流站用电系统是变电站的重要组成部分，该系统运行的可靠性直接影响变电站整体的安全运行。因此应加强站用电系统配置及运行管理，确保站用电系统上下级开关保护配合合理，防止由于配合不当引起交流站用电全失事故。同时便于核对核验，快速查找分析原因予以恢复。

【案例1】　2005年3月6日，220kV某变电站生活负荷发生接地故障，交流馈线开关、交流进线开关未跳闸，站变零序过流保护越级动作跳闸1号站用变压器，380V备自投动作切换，因为故障仍然存在，造成2号站用变压器零序过电流保护越级动作跳闸。全站交流失电后，影响了主变压器风冷电机，主变压器被迫停运，造成大面积停电。

【案例2】　2011年7月，某220kV变电站发生了馈线支路BN短路，馈线开关与站用交流进线开关未跳闸，380V备自投零序过电流保护因为整定值与站用变压器零序过电流保护不配合，接地保护未动作。站变零序过电流保护越级动作跳闸后，380V备自投切换扩大了事故范围，使全站站用交流失电。

条文22.2.7.4　变电站采用交流供电的通信设备、自动化设备、防误主机、火灾报警主机、固定灭火控制主机交流电源应取自站用交流不间断电源系统。

上述系统作为24h不间断工作设备，必须有效保障供电电源的可靠性，在变电站消防设计规范中，也明确要求变电站采用交流供电的通信设备、自动化设备、防误主机等交流电源应取自站用交流不间断电源系统。

条文22.2.7.5　110（66）kV及以上电压等级变电站应至少配置两路站用电

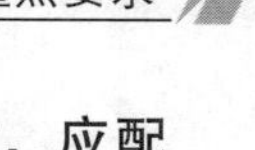

源。装有两台及以上主变压器的330kV及以上变电站和地下220kV变电站，应配置三路站用电源。站用电源应独立可靠，不应取自本站作为唯一供电电源的变电站。

条文22.2.7.5采纳了电网系统的反事故措施内容，充实完善站用电系统配置要求；330kV及以上变电站，作为重要或枢纽变电站，补充了330kV及以上变电站和地下220kV变电站应配置三路站用电源的工作要求，提高站用电的可靠性，防止变电站遭遇极端情况发生全站停电事故。自动切换装置保障站用电的工作连续性，确保持续稳定保障站用电供电。

【案例1】 某110kV变电站安装有1台主变压器，2台站用变压器，均接于该变电站10kV系统。2014年6月，该变电站其中一条10kV线路发生短路故障，线路保护动作，但由于该线路断路器分闸线圈烧毁，断路器分闸不成功，造成事故扩大，该变电站1号主变压器低压后备保护动作跳开主变压器次总开关。由于该变电站两台站用变电源均来源于10kV Ⅰ段母线。造成该站两台站用变压器同时失压，站内低压交流电源失去。

【案例2】 2014年1月，由于输变电线路出现结冰故障，引起某500kV变电站内4台主变压器先后跳闸，导致1号站用变压器和2号站用变压器失电，且由于0号站用变压器电源取自本站下级220kV变电站也同时失电，导致全站交流电源全停。

【案例3】 2015年8月，某66kV变电站66kV甲线线路落雷，甲线开关跳闸。异常发生时，该站全部负载由10kV 1号接地变压器供电，2号外供站用变压器次总开关处于热备用状态。站内未配置站用电备自投装置，故障导致该变电站全站交流失电。

条文22.2.7.6 当任意一台站用变压器退出时，备用站用变压器应能自动切换至失电的工作母线段，继续供电。

条文22.2.7.7 站用交流母线分段的，每套站用交流不间断电源装置的交流主输入、交流旁路输入电源应取自不同段的站用交流母线。两套配置的站用交流不间断电源装置交流主输入应取自不同段的站用交流母线，直流输入应取自不同段的直流电源母线。

条文22.2.7.8 双机单母线分段接线方式的站用交流不间断电源装置，分段断路器应具有防止两段母线带电时闭合分段断路器的防误操作措施。手动维修旁路断路器应具有防误操作的闭锁措施。

【案例】 2016年6月18日，陕西某35kV韦里Ⅲ线电缆中间头爆裂，沟道内存在可燃气体引发闪爆。同时330kV南郊变电站（110kV韦曲变电站）站用交直流电源同时失去，全站保护及操作电源失效，保护无法动作，造成故障越级，扩大停电范围，延时切除故障引起主变压器烧损，造成1座330kV变电站及8座110kV变电站失压，共计损失负荷24.3万kW。

条文22.2.7.9　站用交流电源系统的母线安装在一个柜架单元内，主母线与其他元件之间的导体布置应采取避免相间或相对地短路的措施，配电屏间禁止使用裸导体进行连接，母线应有绝缘护套。

条文22.2.7.10　两套分列运行的站用交流电源系统，电源环路中应设置明显断开点，禁止合环运行。

条文22.2.7.11　正常运行中，禁止两台不具备并联运行功能的站用交流不间断电源装置并列运行。

条文22.2.7.6～22.2.7.10，采纳了电网系统的反事故措施内容，主要目的是防止站用交流不间断电源装置事故，在设计阶段按照风险分散原则，完善站用交流电源的配置方案、重点措施和运行要求，提高站用交流不间断电源装置可靠性。

【案例】 2015年4月，35kV盐青线因故障跳闸，35kV青山变电站全站停电，站用交流电源系统失压，通信装置随即失电，站内综自工况退出。由于青山变电站路途遥远，运维人员赶赴现场完成事故处理，距离事故发生已经过去6h，造成事故处理严重延时。经查2014年青山变电站交流不间断电源装置未安装，站内自动化系统电源取自站用交流电源系统，全站停电时自动化系统同时退出。

条文22.2.8　变电站、升压站的运行、检修管理。

条文22.2.8.1　加强防误闭锁装置的运行和维护管理，确保防误闭锁装置正常运行。闭锁装置的解锁钥匙必须按照有关规定严格管理。

防误闭锁装置是防止误操作事故发生的最后一道防线，因此，做好防误闭锁装置日常维护，才能保证防误闭锁装置始终处于良好运行状态。一旦发生误操作时，起到防误闭锁作用。

【案例】 2007年4月4日，某超高压公司330kVA变电站在进行站用变压器开关操作过程中，由于接地开关对小车开关的机械闭锁装置弹簧定位销扣入深度不够，机械闭锁装置失效，隔离开关指示灯显示错误，操作人员又未认真核对隔离开关的实际分合位置，发生带接地开关合断路器的恶性误操作事故。

条文22.2.8.2　对于双母线接线方式的变电站、升压站，在一条母线停电检修及恢复送电过程中，必须做好各项安全措施。对检修或事故跳闸停电的母线进行试送电时，具备空余线路且线路后备保护满足充电需求时应首先考虑用外来电源送电。

双母线接线方式的变电站，在一条母线停电检修时，一旦发生另一条母线故障会造成较大范围的停电事故，因此，对此类接线方式的变电站，在一条母线停电检修时做好事故预想十分重要，并应尽量减少倒闸操作。

【案例】 2007年7月11日，某供电公司330kV变电站，因隔离开关线夹断裂闪络，造成6座110kV变电站失压。事故前，该站330kV Ⅰ、Ⅱ段母线运行，1号、2号主变压器运行，110kV乙母线运行，110kV甲母线停电更换母联隔离开关。7月11日15时47分，该站某110kV出线隔离开关A相乙母线侧线夹断裂，A相引线对隔离开关头拉弧，电弧引起A、B相短路，110kV母差保护动作，110kV乙母线失压，造成该母线所带6座110kV变电站失压，损失负荷73MW。

条文22.2.8.3　隔离开关、硬母线支柱绝缘子，应选用高强度支柱绝缘子，定期对枢纽变电站、升压站支柱绝缘子，特别是母线支柱绝缘子、隔离开关支柱绝缘子进行检查，防止绝缘子断裂引起母线事故。

运行中的绝缘子是电网中的大部件，其质量直接关系到电网的安全运行。长时间运行的绝缘子经历了风吹日晒、雨雪侵蚀和应力集中产生的裂缝和其他缺陷，会引发绝缘子绝缘功能失效，导致绝缘子发生脆性或者击穿事故，造成严重的经济损失。对绝缘子进行探伤检测，可以发现支柱绝缘子的内外缺陷、复合绝缘子的粘接质量缺陷，提前预防和避免绝缘子事故发生。特别是瓷支柱绝缘子是发电厂和变电站的重要设备，在运行中遭受着电、热、机械应力以及恶劣气候的影响。近年来，每年都会发生由于母线支柱绝缘子或母线侧隔离开关支柱绝缘子断裂而导致的发电厂、变电站停电事故，甚至造成人员伤亡事故。

造成支柱绝缘子断裂的主要原因如下：

(1) 绝缘子质量有问题。经检测有的绝缘子达不到所要求的强度，有的绝缘子上下法兰或法兰与瓷件不同心，有的法兰与瓷件间的连接不牢固。

(2) 安装、检修、运行质量有问题。特别是隔离开关支柱绝缘子，在动、静触头调整不当时，操作时可能会使支柱绝缘子受力增大而造成断裂。

(3) 一年中温差变化较大，容易造成法兰与瓷件间的连接产生缝隙，进水导致强度下降，水泥膨胀应力释放，瓷绝缘子法兰处开裂，进而发生断裂事故。

因此，要求对母线支柱绝缘子或母线侧隔离开关支柱绝缘子进行定期检查，特别是对法兰与瓷件间密封情况进行检查，母线支柱绝缘子、隔离开关支柱绝缘子宜更换为高强度绝缘子。

【案例1】　2007年12月27日，某电业局220kV变电站在进行220kV 2331线路充电操作时，由于设备老化，隔离开关A相靠母线侧支持绝缘子断裂，造成该站220kV系统及馈供的220kV变电站失压，损失负荷约100MW。

【案例2】　某电厂按计划进行老厂220kV 4、5号母线联络断路器的检修工作。同日8时3分，220kV该厂2号线2213—5隔离开关负荷侧C相支柱绝缘子突然折断（当时2213—5隔离开关处于分闸位置），C相接地短路，后又发展为A、B相接地短路，220kV母差保护动作。220kV母线所带1～4号机和4条220kV线路断路器跳闸，3条220kV线路断路器没动，经3.38s，对侧保护动作切除线路。该电厂220kV故障引起系统振荡，新厂5号、6号机跳闸，至此该电厂6台机组全部停运。

条文22.2.8.4　根据电网容量和网架结构变化定期校验变电站短路容量，当设备额定短路电流不满足要求时，应及时采取设备改造、限流或调整运行方式等措施。

条文22.2.8.5　无专用开关的线路高压电抗器，电抗器运行时应投入线路远跳保护，远跳保护退出时电抗器应停运。

条文22.2.8.6　加强对变电站一次设备的检查，加强对套管及其引线接头、隔离开关触头、引线接头的温度监测。

条文22.2.8.4～22.2.8.6采纳了电网反措的管理内容，当设备额定短路电流不满足要求时，应及时采取设备改造、限流或调整运行方式等措施；对无专用开关的线路高压电抗器运行时应投入线路远跳保护和远跳保护退出时电抗器应停运作出了明确规定。

条文22.2.8.7　定期对隔离开关、母线支柱绝缘子进行超声波探伤，及时发现缺陷并处理，避免发生支柱绝缘子断裂。母线至TV、避雷器引下线金具要定期检查是否有裂纹。

【案例】 2008年3月20日，某电力公司220kV变电站按年度运行方式安排进行倒闸操作，当拉开4号主变压器220kV侧Ⅰ母线隔离开关时，隔离开关11204—1A相母线侧支柱绝缘子从根部断裂坠地。220kV母差及母差失灵保护动作，跳开220kV母线所有断路器，造成该变电站全停，损失负荷8MW，引起三座电气化铁道牵引变电站供电中断21min。事故原因及暴露问题是支柱绝缘子抗弯强度不够，导致正常操作时发生支柱绝缘子断裂事故，从而造成变电站全停，而由于三座电气化铁道牵引变电站不满足双电源供电的要求，造成重要用户停电。

条文22.3　防止重要电力用户停电事故

条文22.3.1　重要电力用户入网管理

条文22.3.1.1　供电企业应制订重要电力用户入网管理制度，制度应包括对重要电力用户在规划设计、接线方式、电源配置、短路容量、电流开断能力、设备运行环境条件、安全性等各方面的要求。

目的是严把重要电力用户入网关，防止在规划设计、接线方式、短路容量、电流开断能力、设备运行环境条件、安全性等方面、设备验收标准及要求不满足重要电力用户安全用电的要求，造成停电事故的发生。特别对于供电距离小于1.5km的客户也应纳入重要电力用户入网管理。供电企业应编制重要电力用户入网管理制度，按照反事故措施条目要求确定制度中应包含内容并予以认真执行。

条文22.3.1.2　供电企业对属于非线性、不对称负荷性质的重要电力用户应

进行电能质量测试评估，根据评估结果，指导督促重要电力用户制订相应电能质量治理方案并进行评审，保证其负荷产生的谐波成分及负序分量不对电网造成污染，不对供电企业及其自身供用电设备造成影响。

主要目的是加强非线性、不对称负荷性质的重要电力用户入网管理，以减少或避免此类客户入网以后产生的谐波成分影响电网的安全运行。

重要电力用户如冶金、煤炭、化工、电气化铁路等企业，由于企业属于非线性、不对称负荷，其在用电过程中将产生谐波成分注入电网，造成电网供电质量下降，供电设备安全运行可靠性下降、运行寿命缩短。严重时可以造成保护装置误动作，造成电网事故，导致重要电力用户停电事故。为此应重点做好非线性、不对称负荷性质的重要电力用户入网电能质量评估管理。按照评估结果，贯彻国家“谁污染、谁治理”的原则，督促重要电力用户采取相关治理措施，确保其入网后不产生超出国家标准的谐波成分注入电网。

【案例1】 某地电气化铁路通车后，曾发生过由于牵引变电站注入系统大量的谐波和负序电流，引起供电系统电能质量指标严重恶化，多次造成发电机的负序电流保护误动、主变压器的过电流保护装置误动、线路的距离保护振荡闭锁装置误动、高频保护收发信机误动、母线差动保护误动和故障录波器误动的事故。

【案例2】 国内某大型钢铁企业发生过因电弧炉产生谐波的影响，造成谐波电流对数字型差动保护产生干扰，使差动保护动作跳闸的事故。

条文22.3.1.3 供电企业在与重要电力用户签订供用电协议时，应按照国家法律法规、政策及电力行业标准，明确重要电力用户供电电源、自备应急电源及非电保安措施配置要求，明确供电电源及用电负荷电能质量标准，明确双方在电气设备安全运行管理中的权利义务及发生用电事故时的法律责任，明确重要电力用户按照电力行业技术监督标准，开展技术监督工作。供电企业应指导督促重要电力用户制订停电事故应急预案。

强调重要电力用户应认真开展对自身设备技术监督，避免出现由于技术监督工作不到位造成设备事故的发生。

要求供电企业在与重要电力用户签订供用电协议时，重要电力用户应开展技术监督工作。因为国内已发生过由于重要电力用户技术监督工作开展不力，客户的用电设备事故造成供电企业输变电设备事故，影响了供电企业供电可靠性。

重要电力用户技术监督工作开展应重点做好电能质量监督（电压质量指标包括允许偏差、允许波动和闪变、三相电压允许不平衡度和正弦波形畸变率）、绝缘监督（电气设备的绝缘强度、过电压保护及接地系统）、电测监督（电压、电流、功率、相位及其测量装置）、继电保护监督（电力系统继电保护和安全自动装置及其投入率、动作正确率）。供电企业应督促指导对重要电力用户技术监督开展情况监督、检查工作。

条文 22.3.2　合理配置供电电源点

供电企业要根据重要电力用户重要性等级，结合电网实际，合理配置重要电力用户供电电源点，避免由于供电电源点配置不合理、可靠性低等原因造成重要电力用户停电事故。

条文 22.3.2.1　特级重要电力用户应采用多电源供电，多电源是指为同一用户负荷供电的两回以上供电线路，至少有两回供电线路分别来自不同变电站。

条文 22.3.2.2　一级重要电力用户至少应采用双电源供电，双电源是指为同一用户负荷供电的两回供电线路，两回供电线路可以分别来自两个不同的变电站（开闭所），或来自不同电源进线的同一变电站（开闭所）内两段母线。

条文 22.3.2.3　二级重要电力用户至少应采用双回路供电，双回路是指为同一用户负荷供电的两回供电线路，两回供电线路可以来自同一变电站的同一母线段。

条文 22.3.2.4　临时性重要电力用户按照供电负荷的重要性，在条件允许情况下，可以通过临时敷设线路或移动发电设备等方式满足双回路或两路以上电源供电条件。

条文 22.3.2.1～22.3.2.4 提出特级、一级、二级、临时性重要电力客户电源点配置原则，重要电力客户应尽量避免采用单电源供电方式。

以下是根据不同供电电源配置的实际情况和可靠性的高低列出了重要电力用户供电方式的典型模式：

按照供电电源回路数分为Ⅰ、Ⅱ、Ⅲ三类供电方式，分别代表三电源、双电源、双回路供电。

（1）三电源供电，方式Ⅰ。

1）三路电源来自三个变电站，全专线进线。

2）三路电源来自两个变电站，两路专线进线，一路环网/手拉手公网供电进线。

3）三路电源来自两个变电站，两路专线进线，一路辐射公网供电进线。

（2）双电源供电，方式Ⅱ。

1）双电源（不同方向变电站）专线供电。

2）双电源（不同方向变电站）一路专线、一路环网/手拉手公网供电。

3）双电源（不同方向变电站）一路专线、一路辐射公网供电。

4）双电源（不同方向变电站）两路环网/手拉手公网供电进线。

5）双电源（不同方向变电站）两路辐射公网供电进线。

6）双电源（同一变电站不同母线）一路专线、一路辐射公网供电。

7）双电源（同一变电站不同母线）两路辐射公网供电。

（3）双回路供电，方式Ⅲ。

1）双回路专线供电。

2）双回路一路专线、一路环网/手拉手公网进线供电。

3）双回路一路专线、一路辐射公网进线供电。

4）双回路两路辐射公网进线供电。

条文 22.3.2.5　重要电力用户供电电源的切换时间和切换方式要满足国家相关标准中规定的允许中断供电时间的要求。

重要电力客户供电电源的切换时间和切换方式，要满足重要电力用户允许中断供电时间的要求。如供电电源的切换时间和切换方式不能满足重要电力用户允许中断供电时间要求，势必会造成重要电力用户停电事故并造成重大损失。供电企业要全面了解掌握重要电力用户的允许中断供电时间，对于不能满足重要电力用户允许中断供电时间要求的供电电源，要及时进行技术改造，使其切换时间及切换方式满足重要电力用户的允许中断供电时间的要求。

条文 22.3.2.6　对电能质量有特殊需求的重要电力用户，供电企业应指导重要电力用户自行加装电能质量治理装置。

《供电监管办法规定》中对于加强供电监管，规范供电行为，保证供电质量提出了明确的要求，供电企业应当加强供电设施建设，具有能够满足其供电区域内用电需求的供电能力，保障供电设施的正常运行。对超出质量之外的部分，可由供电企业指导重要电力用户自行加装电能质量治理装置。

条文 22.3.3　重要电力用户供电的输变电设备运行维护

条文 22.3.3.1　供电企业应根据国家相关标准、电力行业标准，针对重要电力用户供电的输变电设备制订相应的运行规范、检修规范、反事故措施。

条文 22.3.3.2　根据对重要电力用户供电的输变电设备实际运行情况，缩短设备巡视周期、设备检修周期。

供电企业根据对重要电力用户供电的输变电设备制订专门的运行检修规范、反事故措施。要全面了解、掌握设备运行状况，防止由于运行维护不到位出现供电设备事故造成重要电力用户停电事故。防止由于反事故措施制订落实不到位，造成重要电力用户停电事故扩大。

为进一步提高为重要电力用户供电的输变电设备运行可靠性，要加强对重要电力用户供电的输变电设备的设备巡视、状态检修工作。设备巡视周期、设备状态检修周期可视情况缩短。

【案例】　某供电公司 330kV 变电站 330kV 断路器 TA 一次绝缘击穿，造成 330kV 铝厂变电站全停，损失负荷 459MW。事故分析结果是故障 TA 设备工艺、绝缘强度等方面存在质量问题。为此供电公司对此类设备采取了加强设备巡视、加强设备油气监督、缩短试验周期、采用红外热成像技术加强绝缘监视及运行监控，以避免类似事故的再次发生。

条文 22.3.3.3　汛期来临前应检查重要电力用户配电设备设施的周边环境、排水设施状况，保证在恶劣天气情况下顺利排水。

条文 22.3.3.4　对于重要电力用户地下或低洼地区的配电设备设施，供电企业应指导督促其具有可靠的防范水淹及倒灌措施。

吸取河南郑州“7·20”特大暴雨灾害经验教训与应急工作启示，特别是对于地铁等重要基础设施，必须要保证能够及时有效排水，防止停电带来的衍生事故。从近年气候变化来看，极端恶劣天气常态化，“千年不遇”的灾害几乎“年年遇”，现有电力基础设施多是按照平常年份、常规灾害标准设计建设，抵御严重自然灾害能力明显不足，如遇超设计标准灾害天气，电力设备设施运行安全风险和受损停运概率大幅增加，亟待结合近年来应对冰灾、台风、地震等自然灾害的经验教训提高电力基础设防标准，强化技术手段应用，加强发电、重要用户防灾减灾能力建设，切实提高电力设施预防和抵御灾害的能力。

当前，电力主网已相对坚强，配电网历史欠账仍然较多，城市配电网互供能力不足，居民小区单电源供电比例高，而且重要用户自备应急电源配置及管理水平较低，对保障民生用电带来很大挑战，必须将配网建设、管理放在电力保供的高度去系统谋划。

【案例】 2011年3月11日，日本遭遇里氏9级大地震。强震引发海啸，大约1h后海啸到达。福岛核电厂的工作人员意识到应急柴油发电机存在致命问题。1号、2号、3号机组的应急柴油发电机竟然布置在厂房的地下室内，也就是地面以下，在10m深的海水中，处于地下室内的应急柴油发电机很快被摧毁。

条文 22.3.4　重要电力用户自备应急电源管理

重要电力用户自备应急电源应在供电企业登记备案，供电企业应对重要电力用户配置的自备应急电源进行定期检查，重点检查重要电力用户自备应急电源配置使用应符合以下要求：

条文 22.3.4.1　重要电力用户自备应急电源配置容量标准应达到保安负荷的120%。

供电企业加强对重要电力用户应急电源检查指导，督促重要电力用户合理配置自备应急电源，提高重要电力用户供电可靠性和自救能力。

原则上重要电力客户均应自行配置应急电源，并且电源容量至少应满足全部保安负荷正常供电的要求。但为满足保安负荷供电容量具备一定的冗余度，要求自备应急电源容量应达到其保安负荷120%，对于有条件的重要电力用户还可设置专用应急母线。

条文 22.3.4.2 重要电力用户自备应急电源启动时间应满足安全要求。

重要电力用户自备应急电源主要为满足客户保安负荷的安全要求，对于不同的客户类型，不同的保安负荷允许停电时间各不相同。自备应急电源启动时间如不能满足保安负荷允许停电时间要求，会造成客户保安负荷设备无法正常工作，给事故应急处理带来危害。供电企业检查客户配置自备应急电源时，要充分了解自备应急电源规格、型号、技术参数，确保客户所配备自备应急电源启动时间能够完全满足客户保安负荷的安全要求。

条文 22.3.4.3 重要电力用户自备应急电源与电网电源之间应装设可靠的电气或机械锁装置，防止倒送电。

条文 22.3.4.4 重要电力用户自备应急电源设备要符合国家有关安全、消防、节能、环保等技术规范和标准要求。

条文 22.3.4.5 重要电力用户新装自备应急电源投入切换装置技术方案要符合国家有关标准和所接入电力系统安全要求。

条文 22.3.4.6 重要电力用户应按照国家和电力行业有关规程、规范和标准的要求，对自备应急电源定期进行安全检查、预防性试验、启机试验和切换装置的切换试验。

条文 22.3.4.7 重要电力用户不应自行变更自备应急电源的接线方式。

条文 22.3.4.8 重要电力用户不应自行拆除自备应急电源的闭锁装置或者使其失效。

条文 22.3.4.9 供电企业应给予指导，确保重要电力用户的自备应急电源处于良好的运行状态，发生故障后应尽快修复，并应具备外部应急电源接入条件，配置外部应急电源接入装置，便于外部电源接入，确保应急情况下保障重要负荷不失电。

条文 22.3.4.10 重要电力用户严禁擅自将自备应急电源转供其他用户。

条文 22.3.4.3～22.3.4.10 针对重要电力用户自备应急电源运行维护提出了明确要求。供电企业对重要电力用户自备应急电源运行情况进行检查时应重点检查重要电力用户是否存在以下问题：自行变更自备应急电源接线方式、自行拆除自备应急电源的闭锁装置或者使其失效、自备应急电源发生故障后长期不能修复并影响正常运行、擅自将自备应急电源引入、转供其他用户、其他可能发生自备应急电源向电网倒送电的。对于有自备电厂的重要电力用户在其未与供电企业签订并网调度协议的自备发电机组，严禁并入公共电网运行。已签订并网调度协议的应严格执行电力企业的调度安排和安全管理规定。

供电企业应给予指导，确保重要电力用户的自备应急电源应处于良好的运行状态，发生故障后应尽快修复，并应具备外部应急电源接入条件，配置外部应急电源接入装置，便于外部电源接入，确保应急情况下保障重要负荷不失电。

【案例】 2013年6月5日，上海某公司500kV三静线（三林变至静安变）C相电缆故障，导致500kV静安变电站500kV 1号主变压器和220kV 4号主变压器失电，所供110kV大田、延平、普陀三座变电站全停，地铁静安寺站动力电源短时失去，故障损失负荷8万kW，停电1.3万用户。暴露出一是重要用户管理不到位，针对电网检修方式可能对地铁供电造成影响，虽发出预警通知，但未跟踪督促落实，地铁方面未做好地铁牵引系统等重要内部负荷转移工作，导致地铁静安站在上级电源故障后停电。二是检修方式安排不合理，市调和地调两级调度部门统一协调不够，此次事件同时安排静安站220kV 5号主变压器和华地1224线（地铁静安寺站电源线路）计划检修，电网停电风险叠加，重要用户出现$N-2$方式，供电可靠性降低。

条文22.3.5 督促重要电力用户整改安全隐患

条文22.3.5.1 供电企业生产部门、调度部门应建立重要电力用户电网侧安全隐患排查机制，定期（至少半年一次）对重要电力用户供电情况进行排查，对发现的电网责任安全隐患进行整改。

条文22.3.5.2 供电企业应督促重要电力用户编制反事故预案，定期开展反事故演习，每3年至少开展1次电网和重要用户端的联合演练，并组织演练评估。

条文22.3.5.3 发现属于用户责任的用电安全隐患，供电企业用电检查人员应以书面形式告知用户，积极督促用户整改，定期将重要用电安全隐患向政府主管部门沟通汇报，争取政府支持，进行监督管理，建立政府主导、用户落实整改、供电企业提供技术指导的长效工作机制。

对属于客户责任的安全隐患，供电企业用电检查人员应以书面形式告知客户，督促客户整改。同时向政府主管部门沟通汇报，争取政府支持，做到“通知、报告、服务、督导”四到位，实现客户责任隐患治理“服务、通知、报告、督导”到位率100%，建立政府主导、客户落实整改、供电企业提供技术服务的长效工作机制。供电企业同时要加强对重要电力用户设备安全运行隐患排查工作及督促重要电力用户整改其存在的安全运行隐患。

条文22.4 反恐怖防范和防止网络攻击导致停电事故

条文22.4.1 电力企业和重要电力用户应贯彻落实电力系统治安反恐防范的重点目标和重点部位、重点目标等级和防范级别、总体防范要求、常态三级防范要求、常态二级防范要求、常态一级防范要求、非常态防范要求和安全防范系统技术要求。

公安部《电力系统治安反恐防范要求》（GA 1800—2021）（所有部分）于2021年8月1日起实施，结合行业特点和实际需求，对电网企业、火力发电企业、水力发电企业、风力发电企业、太阳能发电企业、核能发电企业 6 个企业领域的治安反恐防范工作进行了规范，规定了重点目标、重点部位、目标等级和防范级别、总体防范要求，明确了常态和非常态条件下人力防范、实体防范、技术防范以及安全防范系统的技术要求，为电力企业的安全防范建设提供关键性、基础性技术支撑，对其提升治安反恐防范能力、实现行业安全发展、保障国家能源安全和社会稳定具有重大现实意义。

条文 22.4.2　电力企业应落实《电力行业网络安全管理办法》《电力监控系统安全防护规定》《电力行业网络安全等级保护管理办法》等网络安全工作要求，防止网络攻击事件导致的发电厂、变电站全停和重要电力用户停电事故。

随着电力行业数字化、网络化、智能化程度越来越高，网络攻击对电力行业的安全运营造成了巨大威胁，除普通电厂外，核电厂也是网络攻击的重要目标，核电厂一旦被攻击，可能会造成更加严重的灾难性后果。为此，加强变电站综合自动化监控系统安全防护，抵御黑客及恶意代码等对监控系统发起的恶意破坏和攻击，以及其他非法操作，防止电力监控系统瘫痪和失控，进而导致变电站一次系统事故和其他事故，必须加强电力网络安全防护工作。

【案例 1】　2015 年 12 月 3 日和 2016 年 12 月 18 日，乌克兰电网系统遭受了两起由黑客入侵而引发的严重停电事故，其中前一起被认为是世界上首起公开的针对电网基础设施的网络信息攻击事件。

【案例 2】　2020 年 5 月 5 日，委内瑞拉国家电网干线遭到攻击，造成全国大面积停电。国家电网的 765 干线遭到攻击，导致除首都加拉加斯外，全国 11 个州府均发生停电。

23

防止水轮发电机组（含抽水蓄能机组）事故的重点要求

总体情况说明：

本章主要从“防止机组飞逸”“防止水轮机损坏”“防止水轮发电机重大事故”“防止抽水蓄能机组相关事故”四个方面提出了反事故措施，保障水轮发电机组（含抽水蓄能机组）的安全可靠运行。

前三节是关于水轮发电机组事故防范要求，因水轮发电机技术成熟，反事故措施内容较全面，所以在修订过程中，主要吸取近年来发生的事故（事件）案例教训，总结电力安全生产工作经验，依据行业最新标准，对部分条款进行修订完善。第四节是抽水蓄能机组相关事故防范要求，因抽水蓄能发展迅猛，技术标准要求变化较大，所以在修订过程中，从设计、基建、运行维护等方面入手，对原稿进行了较大改动，包括新增“防止机组飞逸”“防止水淹厂房”“防止输水系统金属部件脱落”“防止特殊工况或极限工况运行设备损坏”等内容。

本章修订过程中依据的主要标准、规范性文件有：

（一）部门规章及规范性文件

《关于吸取俄罗斯萨扬水电站事故教训进一步加强水电站安全监督管理的意见》（电监安全〔2010〕2号）

（二）国家标准

《水轮机调速系统技术条件》（GB/T 9652.1—2019）

《大中型水轮机进水阀门基本技术条件》（GB/T 14478—2012）

《水轮机基本技术条件》（GB/T 15468—2020）

《混流式水泵水轮机基本技术条件》（GB/T 22581—2008）

（三）电力及相关行业标准

《抽水蓄能可逆式水泵水轮机运行规程》（DL/T 293—2011）

《水轮机电液调节系统及装置技术规程》（DL/T 563—2016）

《电力设备预防性试验规程》（DL/T 596—2021）

《水电厂自动化元件（装置）及其系统运行维护与检修试验规程》（DL/T 619—2012）

《水电厂金属技术监督规程》(DL/T 1318—2014)

《可逆式水泵水轮机调节系统技术条件》(DL/T 1549—2016)

《水轮发电机励磁系统配置导则》(DL/T 1970—2019)

《压力变送器检定规程》(JJG 882—2019)

《压力钢管安全检测技术规程》(NB/T 10349—2019)

《水力发电厂自动化设计技术规范》(NB/T 35004—2013)

《水电机组机械液压过速保护装置基本技术条件》(NB/T 35088—2016)

《水电站地下厂房设计规范》(NB/T 35090—2016)

条文说明:

条文 23.1　防止机组飞逸

条文 23.1.1　调速器设置交、直流两套电源装置，互为备用，故障时自动转换并发出故障信号。

设置两套可自动切换的电源装置，提高设备运行可靠性。

条文 23.1.2　调速器控制器应冗余配置，重要控制信号应至少设置 2 路，重要控制信号丢失后系统控制性能应满足相关标准要求。

根据《水轮机调速系统技术条件》(GB/T 9652.1—2019) 中 4.3.14，“大型或中型调速器稳定发电运行时，当测频/测速单元输入信号、水头信号、功率信号或接力器反馈信号等重要信号消失时，应能使机组保持当前所带的负荷，水轮机主接力器的行程变化不得超过其全行程的±1%，同时要求不影响机组的正常停机和事故停机。”目前国内主流调速器设备已能达到冗余配置控制器的装备水平，同时冗余配置控制信号接点有利于提高设备运行稳定性。

条文 23.1.3　机组调速系统安装、更新改造及大修后应进行水轮机调节系统静态模拟试验、动态特性试验和导叶关闭规律等试验，各项指标合格方可投入运行。

一、调速器应进行的试验

(1) 调速器静特性转速死区的测定与核查。试验目的为测量调速器的静态特性关系曲线，求取调速器的转速死区。

(2) 电源、中央处理器 (CPU)、导叶控制状态切换试验与核查。试验目的为检验与核查微机调速器在电源、CPU、导叶控制状态切换及故障下的稳定性能。

(3) 转速信号消失及越限试验与核查。在测频信号消失时，校验调速器的设计思路与实际控制动作情况。

(4) 反馈断线试验与核查。当导叶接力器反馈信号断线时，检查调速器的相应控制与动作情况。

（5）接力器关闭与开启时间测定试验。

（6）操作回路检查及模拟动作试验与核查。当调速器恢复在等待开机状态下，模拟机组转速上升与下降、开关分合、负荷增减等，记录观察导叶的动作情况，以检查调速器各操作回路信号及动作情况是否符合设计要求。

（7）低油压下的调速器动作试验。为检查调速器液压随动系统在低油压下的工作情况，在调速器处于“自动”工况运行时，手动降低工作油压至事故低油压值，观察压力信号继电器是否动作发出关机信号，并检查调速器的动作情况。

（8）电气装置抗干扰试验。调速器在等待开机状态下，输入干扰信号，观察调速器有无被干扰的动作情况，以检验微机调速器的抗干扰能力。

（9）油压控制装置试验核查。测定调速器的总耗油量、漏油量，进行油压装置密封性试验及其油压、油位信号整定值的校验，核查和进行油泵、安全阀的试验。

（10）手自动开停机及紧急停机试验。调速器在等待开机状态下，进行相应手、自动开、停机，以及紧急停机等操作，观察记录调速器的动作控制情况，以检查调速器手自动开停机调节过程的正确性，及紧急停机保护动作的可靠性。

（11）空载试验。选定空载运行参数及测量空载时手自动运行下的转速摆动值，并观察测量机组在投运水头下的空载运行稳定性。

（12）变负荷试验。测量机组增、减负荷的过渡过程，观察负载调节参数的整定合理性，同时检查机组的负载运行稳定性。

（13）甩负荷试验。检验调速器的速动性及其动态品质，测定出接力器不动时间、调节时间等，并对可能存在的异常程序、参数进行修改与修订。

二、调速器的常见故障

（1）调速器速动性差。转速摆度值超标，调节时间过长，不动时间太长。

（2）调速器稳定性差。比例-积分-微分控制器（PID）参数整定不合理导致转速最大超调量过大，波动次数及关闭时间超标。

（3）故障调速器静、动特性指标。调节参数最佳组合不理想，死区偏大，缓冲强度不均，转速上升率、压力上升率和尾水管最大真空度之一超标。

（4）调速系统运行故障。电液转换器发卡，运行负荷下滑，接力器摆动，协联关系故障，不稳定，导叶分段关闭的节流和拐点定位不准，低油压运行等。

条文 23.1.4　新机组、改造后机组投运前或机组大修后应通过甩负荷和过速试验，验证水压上升率和转速上升率符合设计要求，过速整定值校验合格。

水轮机调保计算是研究机组突然甩负荷或超负荷时调节系统过渡过程特征，计算机组的转速变化和蜗壳压力变化以及尾水管最大真空度，选定合理的导叶关闭时间及规律，推荐合理的飞轮力矩（GD^2）值，解决压力输水系统水流惯性力矩、机组惯性力矩和调节系统稳定三者之间的矛盾，使机组既经济合理，又安全可靠。

水轮机在单独或任何组合的启动、运行、停机或甩负荷工况下，蜗壳末端最大水压（包括压力上升值在内）、转速上升和尾水管真空符合设计要求。

条文 23.1.5　新投产机组或机组大修后，应结合机组甩负荷试验时转速升高值，核对水轮机导叶关闭规律是否符合设计要求，并通过合理设置关闭时间或采用分段关闭，确保水压上升值不超过规定值。

导叶分段关闭：为了降低过渡过程中的压力上升的幅度，防止事故抬机，将导叶直线关闭过程分成速率不同的几段。分段关闭时间不正确会严重影响机组的安全稳定运行。

【案例】 某水电厂5号机组在2003年安装调试期间进行过速试验时发生剧烈振动，水轮机活动导叶拉断销4次被拉断，导致紧急关闭进水口快速门。经过3个月的试验、分析，其主要原因是机组过速停机时，当导叶关闭至5%左右开度、机组转速约为100%额定转速时，通过导流部件的水流由顺流变成射流的瞬间，流道内产生较强的水力脉动，其频率与水轮机部分机械部件的频率接近20Hz，从而引起某种程度的共振。为了解决振动问题，对导叶分段关闭规律也进行了调整。

条文 23.1.6　对调速系统油质进行定期化验和颗粒度超标检查，加强对调速器滤油器的维护保养工作，寒冷地区电站应做好调速系统及集油槽透平油的保温措施，防止油温低、黏度增大，导致调速器动作不灵活，在油质指标不合格的情况下，严禁机组启动。

调速系统油质颗粒度超标、黏度增大会导致调速系统性能下降，甚至调速系统事故。

【案例1】 2010年，某水电厂1号机进行了调速器空载扰动试验，手动开1号机，并将转速控制在200r/min后，调速器控制方式切至自动，试验人员在发48～52Hz扰动试验开始的命令后，机组转速急速上升，紧急停机电磁阀动作停机。原因之一就是油质差导致调速器引导阀发卡。

【案例2】 某水电厂调速系统压油泵烧毁原因之一是冬季油温低，油质黏稠，卸载电磁阀活塞动作不灵活。

条文 23.1.7　工作闸门（主阀）应具备动水关闭功能，导水机构拒动时能够动水关闭。具备自动关闭条件的工作闸门（主阀），应保证在最大流量下动水关闭时，关闭时间不超过机组在最大飞逸转速下允许持续运行的时间。

在水轮机前面装设蝴蝶阀、球阀或快速闸门是防飞逸的有效措施。中、低水头电站一般装设平板快速闸门或蝴蝶阀；高水头电站一般装球阀。当机组过速达到额定转速的140%或各厂设计值时，关闭蝴蝶阀（球阀）或快速闸门，截断水流，使机组停机，以缩短水轮机在过速或飞逸转速下运行的时间，起到对水轮机的保护作用。

条文 23.1.8　进口工作门（事故门）应定期进行落门试验。水轮发电机组设计有快速门的，应在中控室能进行人工紧急关闭，并定期进行落门试验。设计有联动功能的，应在落门试验时同步验证联动性能。

进行闸门现地、远方和事故落门，以手动或自动方式进行工作闸门静水启动试验，调整和记录闸门启闭时间和压力表读数。进口工作门（事故门）能否在紧急情况下实现动水关闭，是水轮发电机组或水泵能否正常可靠运行的关键。

条文 23.1.9　设置完善的剪断销剪断（破断连杆、导叶摩擦装置）、调速系统低油压、低油位、电气和机械过速等保护装置。过速保护装置应定期检验，并正常投入。对机械过速、事故停机时剪断销剪断（破断连杆破断）等保护在机组检修时应进行传动试验。

（1）剪断销剪断。导叶之间夹杂异物卡阻时，剪断销剪断，其他导叶正常动作，避免事故扩大。

（2）液压调速器系统低油压或低油位。由于机组压油系统油泵故障或管路漏油，甚至跑油导致机组压油系统油压或油位急剧下降，一旦此时发生机组事故，调速器因油压或油位不足而不能及时快速关闭水轮机导叶，就会引起机组过速甚至发生飞逸，使机组遭受重大破坏。

（3）机组过速。运行中的水轮发电机突然甩掉所带负荷，由于调速器关闭导叶时间和机组转动惯性的作用，将会引起机组转速升高。

过速保护误动引起机组非计划停运，对电网稳定运行造成影响，同时给电厂带来不必要的经济损失；拒动会引起设备损坏甚至更为严重的后果，所以要求投入率和动作正确率均为100%。

【案例】　某水电站4号水轮发电机组的调速器压油装置，在1999年5月25日和6月17日接连2次发生低油压，致使4号机组发生甩掉220MW负荷的跳闸事故。4号机组由于投运时使用国产油难以达到进口调速器对油质量的要求，致使调速器机械部件加快磨损，导致漏油量增大，压油装置油泵每间隔7min启动1次，油泵启动过于频繁。再加上装于压油罐上的压力控制器的控制电压为直流48V，电压相对较高，每次断开瞬间的拉弧较大，造成压力控制器的接点烧磨严重。异常情况下压力控制器的接点就有可能被粘住或动作后闭合接触不良等现象出现，这就造成了2次发生低油压跳闸的停机事故。

条文 23.1.10　机组过速保护的转速信号装置采用冗余配置，其输入信号取自不同的信号源，转速信号器的选用应符合规程要求。

机组转速信号装置一般采用齿盘和残压两种信号，互相冗余以防止出现发电机测频丢失等情况。对电气型转速信号器要求具有可调整的5种及以上的定值；对机械型转速信号装置，应满足机组过速保护的要求。

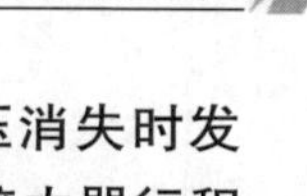

条文 23.1.11 大中型水电站在水轮发电机组的保护和控制回路电压消失时发出报警信号，对于有人值班的电站，当工作电源完全消失时，并网机组接力器行程应保持当前位置不变，或采取关机保护原则；对于无人值班电站，当工作电源完全消失时，调节系统可采取关机保护的原则。

在机组控制和保护电源因故障而消失时，一般有两种处理方式：

(1) 由自动装置发出报警信号，通知值班人员前去处理。

(2) 由自动装置发出停机命令，使机组回到安全状态——静止。

采用第一种处理方式的前提条件是值班人员能够快速干预，采用第二种处理方式能够更可靠地保证机组的安全，原因为失去操作电源是一种虽不经常发生但后果严重的故障。

《水轮机调速系统技术条件》(GB/T 9652.1—2019) 中 4.3.14 以及《水轮机电液调节系统及装置技术规程》(DL/T 563—2016) 中 5.1.18 “对于有人值班的电站，当工作电源完全消失，或机频信号、接力器反馈信号等重要信号消失时，在并网发电状态，接力器行程应保持当前位置不变，在离网状态，应实行关机保护；当电源或信号恢复时，接力器位移波动不得超过 2%。对于无人值班电站，调节装置可采取关机保护的原则”，也有明确规定。

条文 23.1.12 机组 A 级检修时做好过速限制器的分解检查，保证机组过速时可靠动作，防止机组飞逸。

过速限制器上装有电磁配压阀、油阀、事故配压阀。事故配压阀是一种二位六通型换向阀，用于水电站水轮发电机组的过速保护系统中，当机组转速过高，调速器关闭导水机构操作失灵时，事故配压阀接受过速保护信号动作，其阀芯在差压作用下换向，紧急关闭导水机构，防止机组过速。

在实际检修工作中，不仅要检查各阀的动作情况，还应检查各阀在各种工况(包括事故低油压等极端情况) 的联动情况。

【案例】 某水电厂过速限制器中的差动阀因油压下降误动，导致事故配压阀动作，机组在开机过程中导叶紧急关闭。

条文 23.1.13 电气和机械过速保护装置、自动化元件应定期进行检修、试验，以确保机组过速时可靠动作。

机械过速开关及电气转速信号装置在转速上升或下降时，应在规定的转速发出信号。

(1) 对机械过速开关，同一触点的动作误差小于或等于 3%。

(2) 对电气转速信号装置，同一触点的动作误差小于或等于 1% (零转速触点除外)。

(3) 同一触点的返回系数 F：对于转速上升时发信号的触点，F 大于或等于 0.9；对于转速下降时发信号的触点，F 小于或等于 1.1 (零转速触点除外)。

（4）电气转速信号装置至少应有4对0～2倍额定转速可调的动合触点，及一对零转速触点。

（5）电气转速信号装置应同时采用残压和齿盘两种测频方式冗余输入。采用单一测频信号输入的机组，应优先采用齿盘测频信号。对于采用残压测频方式的电气转速信号装置应适应0.2V残压值。

（6）对于残压测频的转速信号装置应适应残压值小于0.2V。

条文23.2　防止水轮机损坏

条文23.2.1　防止水轮机过流及重要紧固部件损坏的重点要求

条文23.2.1.1　水电站规划设计中应重视水轮发电机组的运行稳定性，合理选择机组参数，使机组具有较宽的稳定运行范围。水电站运行单位应全面掌握各台水轮发电机组的运行特性，划分机组运行区域，并将测试结果作为机组运行控制和自动发电控制（AGC）等系统运行参数设定的依据，电力调度机构应加强与水电站的沟通联系，了解和掌握所调度范围水轮发电机组随水头、出力变化的运行特性，优化机组的安全调度。

（1）电气原因造成的机组不稳定：①气隙不均匀；②分槽数产生的次谐波；③定子铁心冲片松动及定子铁心瓢曲；④不对称三相负荷运行；⑤发电机出口短路。

（2）机械原因造成的机组不稳定：①轴线不正；②转动部分重量不平衡；③机组支撑结构或轴系刚度不足；④导轴承缺陷或间隙调整不当；⑤推力轴承制造、调整不良。

（3）造成的机组不稳定水力原因：①叶道涡；②卡门涡；③尾水管涡带；④小开度压力脉动；⑤高负荷压力脉动；⑥导叶和叶片间的干涉；⑦超负荷运行区的水力不稳定；⑧过渡过程中的不稳定现象。

（4）机组的稳定运行范围：《水轮机基本技术条件》（GB/T 15468—2020），对不同型式的水轮机规定了保证稳定运行的负荷范围。

（5）运行单位改善机组稳定性运行的部分途径：

1）机组运行初期进行现场测试。以动应力测试、噪声测试及其频谱分析为核心的现场测试，是小浪底和大朝山水电站解决转轮裂纹事故的重要手段。三峡机组运行初期，选择代表性的水头进行转轮等重要部件动应力、水轮机压力脉动、主要部件振动、摆度和机组噪声的全面测试，保证了机组的安全运行。

在稳定性方面，水轮机的模型与真机做不到完全相似，同一水电站不同机组的布置也有差别，各机组的稳定性表现必然会有不同。建议大型机组投运初期即选择有资质的测试单位进行转轮、顶盖、下机架动应力、水轮机压力脉动、主要部件的振动、摆度和机组噪声的全面测试。既可保证机组初期运行安全，又能为以后划分运行区、扩大稳定运行范围提供依据。

2）向尾水管涡带区补气。

3）避开振动区运行。根据有关资料，世界各国都根据水轮机特性和电网状况，对大型混流式水轮机规定了一定的运行范围和运行时间。

条文 23.2.1.2　水轮发电机组设计制造时应重视机组重要连接紧固部件的安全性，并说明重要连接紧固部件的安装、使用、维护要求。水电站运行单位应经常对水轮发电机组重要设备部件（如水轮机顶盖紧固螺栓等）进行检查维护，结合设备消缺和检修对易产生疲劳损伤的重要设备部件进行无损探伤，对已存在损伤的设备部件要加强技术监督，对已老化和不能满足安全生产要求的设备部件要及时进行更新。

随着近年技术的进步，水轮发电机组重要部件的材质、运行工况也更加复杂，使得机组重要部件的失效风险和因失效造成的损失也越来越大。

【案例】 2009年8月17日，某水电站（装机10×64万kW）发生特别重大安全事故，造成75人死亡，13人受伤，2号、7号、9号发电机组几近报废，厂房结构严重破坏。事故发生的原因和暴露的问题是多方面的：机组运行中水轮机轴承振动幅值严重超标而未按规定“卸荷并停机”；在制造厂商文件和电站运行文件中，均无保证检查紧固件状况的标准和紧固件的使用期限；在机房受淹、保护和控制回路电压消失时，导水机构不能自动关闭；中控室没有关闭进水口快速事故闸门的控制开关等。但2号机组49颗顶盖紧固螺栓失效却是酿成这一悲剧的直接原因：49个螺栓断口逐个检验后发现，有41个螺栓螺纹断裂的疲劳断口面积平均达64.9%。断口面积占螺栓面积70%以上的螺栓有14个，甚至有8个螺栓断口断裂面积超过90%。

因此，电站运行管理就显得十分重要了，除了加强特种设备及金属监督管理外，其他监督管理、运行方式的管理与调整等都关系到部件的安全运行。油、水品质的好坏直接关系到油、水介质流通系统内部件的结垢、腐蚀等问题；运行方式及运行管理关系到重要部件的实际运行工况的好坏；巡检则关系到缺陷的及时发现和事故的提前预警。

状态检修和诊断检修以及加强巡回检查是及时发现运行中新产生的缺陷的必要手段，也是评估主要部件状态的有效手段，对发现的问题及时更换、维修，同时应做好对问题的分析及预防措施的制订，对不必处理或不具备处理手段的重要部件提出监督运行措施和反事故预案。

条文 23.2.1.3　水轮机导水机构必须设有防止导叶损坏的安全装置，包括装设剪断销（破断连杆、导叶摩擦装置等）、导叶限位、导叶轴向调整和止推等装置。

设置必要的安全装置，防止导叶在机组运行或者事故情况下损坏。

条文 23.2.1.4　水电站应安装水轮发电机组状态在线监测系统，对机组的运

行状态进行监测、记录和分析。对于机组振动、摆度突然增大超过标准的异常情况，应立即停机检查，查明原因和处理合格后，方可按规定程序恢复机组运行。水轮机在各种工况下运行时，应保证顶盖振动和机组轴线各处摆度不大于规定的允许值。机组异常振动和摆度超过允许值应启动报警和事故停机回路。

为保证电厂的高效和安全运行，电厂主要应从两个方面对水轮机系统相关物理量和参数展开状态监测。

（1）水轮机稳定性方面：包括主轴摆度、机组结构振动、水压力脉动的状态监测。

（2）水轮机状态方面：包括水轮机能量效率、水轮机空化与泥沙磨损状态、水轮机主要部件的应力与裂纹的状态监测。

水轮机状态监测：能量效率监测已有研究，主要对机组过流量工作水头、有功功率、接力器行程、无功功率、蜗壳进出口断面压力等参数进行采集测量。除流量外，其他参数在大中型水电厂已实现了自动监测采集，数据具有较高的精确度。主要传感器有功率变送器、差压传感器、转速传感器等。国内水电厂的效率监测已初步实现，但需要在实用性和精确性上做进一步的开发和完善。近年来，超声波测流技术在水轮机流量的监测方面已有应用，但在测量精度和稳定性方面有待提高，应加强流量在线监测方法和技术的研究。目前水轮机空化、泥沙磨损、水轮机主要部件的应力与裂纹监测技术尚属空白，有待进一步研究。由于受到监测手段和监测方法的限制，国内外对水轮机、顶盖等关键部件疲劳裂纹的监测，还停留在根据机组异常振动停机观察的随机察看阶段，还没有相对比较完善的监测技术。

条文 23.2.1.5　水轮机桨叶接力器与操动机构连接螺栓应符合设计要求，经无损检测合格，螺栓预紧力矩符合设计要求，止动装置安装牢固或点焊牢固。

桨叶接力器与操动机构连接螺栓失效脱落将严重损害水轮机。

【案例】 2005年，某水电厂1号发电机组在开机过程中，发现在导叶打开到30%开度的时候，桨叶没有转到相应设定的0°。发电机并网发电运行后，桨叶一直不能正确与导叶协联运行，机组没能像正常的水头流量一样发电。转轮活塞上用来连接桨叶的连轴和连杆上的多个孔加工不均布（与厂家设计图纸不符），多个零件组装存在积累误差，导致连杆与连杆销在运动中有蹩劲现象，使不应转动的连杆销转动了，从而切断了螺钉，继而限位板脱落，最后切断了止动销。

条文 23.2.1.6　水轮机的轮毂与主轴连接螺栓和销钉符合设计标准，经无损检测合格，螺栓对称紧固，预紧力矩符合设计要求，止动装置安装或点焊牢固。

轮毂是转轮的枢纽，也是与叶片、主轴的主要连接件，所有从叶片传来的力，都要通过轮毂传递到传动系统，再传到驱动的对象。轮毂除有以上作用外，同时也起到控制叶片桨距（使叶片作俯仰转动）的作用，而这些均是通过螺栓连接来实现

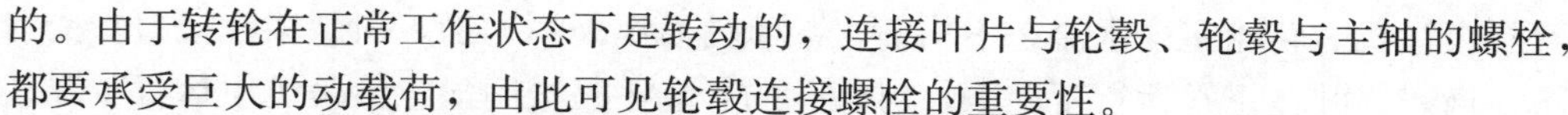

的。由于转轮在正常工作状态下是转动的，连接叶片与轮毂、轮毂与主轴的螺栓，都要承受巨大的动载荷，由此可见轮毂连接螺栓的重要性。

条文 23.2.1.7　轴流转桨式水轮机桨叶接力器铜套、桨叶轴颈铜套、连杆铜套应符合设计标准，铜套完好、无明显磨损，铜套润滑油沟油槽完好，铜套与轴颈配合间隙符合设计要求。

桨叶接力器铜套、桨叶轴颈铜套、连杆铜套磨损可产生以下危害：①效率明显降低；②精度丧失；③出现异常的声音和振动；④密封失效；⑤漏油。

【案例】 某水电厂 2007 年 1 号机组在运行时，出现调速器回油箱油位异常下降现象，发现轮毂排油时含有大量金属粉末，解开泄水锥后发现：轮毂内壁附有一层铜末；5 片桨叶径向间隙均大于设计值，其中 3 号桨叶径向间隙达到 1.38mm，超过设计值 5 倍；桨叶和轮毂间 D 形密封条存在 1～2mm 磨损。进一步检查确认，桨叶根部 360mm 和 500mm 轴枢处限位铜套已严重磨损，铜套和轴枢存在较大轴向和径向窜动量，桨叶操作时挤压 D 形密封条，造成压力油泄漏。

条文 23.2.1.8　水轮机桨叶接力器、桨叶轴颈密封件应完好、无渗漏，符合设计要求，并保证耐压试验、渗漏试验及桨叶动作试验合格。

桨叶接力器、桨叶轴颈密封渗漏不仅会影响转轮、调速器等设备正常运行，还会造成污染。

【案例】 某水电站运行中发现当尾水位低时不能可靠地防止轮毂腔中的油泄到尾水中；当尾水位比受油器位置高工况下，该密封又不能止住河水往轮毂腔中灌。这样，使转轮腔中变成透平油、河水和泥沙的混合物，更为严重的是因水和泥沙通过轴的空腔侵入到集油槽，随之进入调速器液压系统。

条文 23.2.1.9　水轮机伸缩节所用螺栓符合设计要求，经无损检测合格，密封件完好无渗漏，螺栓紧固无松动，预留间隙均匀并符合设计值。

水轮机伸缩节的作用是为混凝土基础及转轮室提供一个受热膨胀、受冷收缩空间，同时还能在安装过程中调整安装误差。为确保伸缩缝密封，在伸缩缝外的轴向和竖直径向各设有一道橡胶条密封，轴向密封由外部压环进行压缩。

【案例】 某些水电站的机组安装后运行时，它们的伸缩节不同程度地存在漏水现象。检查发现，由于机组运转时水流或机组转动产生的较大振动，直接或间接地传递给转轮室，转轮室下游端将振动传递给伸缩节，使压环的位置发生改变，导致密封失效。有的振动会使压环螺栓剪断，压环局部松退，橡胶条被水压力压出。

条文 23.2.1.10　灯泡贯流式、轴流转桨式水轮机转轮室与桨叶端部间隙符合设计要求，桨叶轴向窜动量符合设计要求。混流式机组应检查上冠和下环之间的间隙符合设计要求。

灯泡贯流式、轴流转桨式水轮机转轮室与桨叶端部间隙不符合设计要求，将导致机组运行时转轮室内水流态不均衡，桨叶受力出现不均衡，引起桨叶接力器受力不平衡。桨叶在正常运行工况下，对桨叶的影响不是很明显，但是机组运行工况改变时或尾水水流流态不均衡时，存在紊乱与撞击，引起各部桨叶受力不均。

【案例】 某水电厂10号机1号桨叶与转轮室间隙偏小，1号桨叶在运行中转臂变形，其限位块变形严重。

条文23.2.1.11 水轮机水下部分检修应检查转轮体与泄水锥的连接牢固、可靠。

泄水锥的作用是引导经叶片流道出来的水流迅速而又顺利地向下宣泄，防止水流相互撞击，以减少水力损失，提高水轮机的效率。

【案例】 某水电站4号机泄水锥脱落，导致下导、水导摆度及顶盖、上下机架振动增大，机组停机。

条文23.2.1.12 水轮机过流部件应定期检修，重点检查过流部件裂纹、磨损和空蚀，防止裂纹、磨损和大面积空蚀等造成过流部件损坏。水轮机过流部件补焊处理后应进行修型，保证型线符合设计要求，转轮大面积补焊或更换新转轮应做静平衡试验。

过流部件损坏的原因主要有以下2个方面。

（1）机组长期在不良工况区运行。理论与实践证明机组在非最优工况下运行时，水轮机会产生严重的空蚀，水压脉动严重并伴有较强的振动和噪声，尾水管压力脉动引起振动。当压力脉动的频率接近水流弹性体的自然频率时，即产生共振，从而引起转轮大幅度振动，剧烈的振动引起引水板板材疲劳破坏。当机组在低负荷工况下运行时，转轮出口的水流有一定的圆周速度分量，水流不对称，使尾水管中形成螺旋状空腔涡带，产生周期性的低频压力脉动。受尾水管低频压力脉动的影响，蜗壳压力、转轮引水板上侧压力也发生周期性脉动，压力脉动加速了引水板的损坏。同时低负荷工况下，尾水管内的空腔涡带直径较粗，运行中在尾水管造成很大的旋转摆动水柱，造成压力脉动，产生水力振动。使管壁发生空蚀侵蚀，空蚀造成了里衬材料的破坏，破坏加剧了里衬的撕裂、掉块，最后引起里衬混凝土淘蚀，出现空腔。

（2）设计、制造缺陷。水轮发电机组过流部件运行稳定性的因素很多，包括水轮机的参数选择、各通流部件的匹配关系、转轮出口涡带、叶片正背面脱流、叶道涡、特殊压力脉动、空化、自激、振动、机械缺陷等，而这些影响因素在具体的各个电站引起的后果也不尽相同。

【案例1】 某水电站的5号机在高水头区运行时，在较宽的负荷范围内，尾水管的压力脉动均比较大，负荷小于50MW时尾水管压力脉动双幅值最大为13.22m；2号机在负荷小于55MW时尾水管压力脉动双幅值最大达6.06m，对水轮机部件有较大影响。

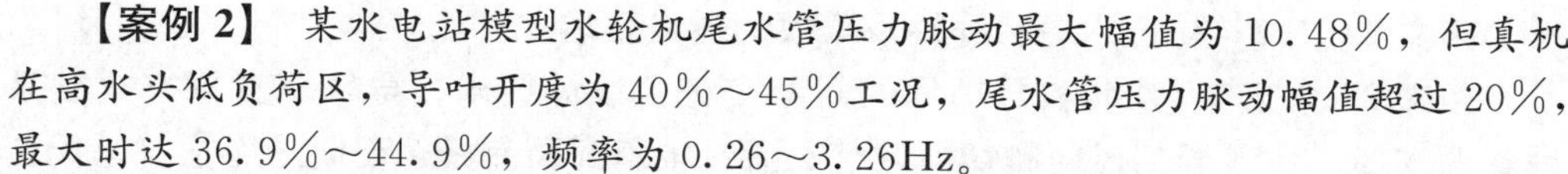

【案例 2】 某水电站模型水轮机尾水管压力脉动最大幅值为10.48%，但真机在高水头低负荷区，导叶开度为40%～45%工况，尾水管压力脉动幅值超过20%，最大时达36.9%～44.9%，频率为0.26～3.26Hz。

【案例 3】 某水电站12台机组由于经常处于低负荷工况运行，在尾水管产生低频空腔涡带，在长期的空腔涡带的作用下，有6台机组发生尾水管里衬脱落的事故。

【案例 4】 某水电站2号机2005年大修时发现水轮机过流部件的磨损较大，过流部件（导叶与抗磨板）的磨损普遍严重；过流部件中导叶及抗磨板的磨损程度重于转轮，而抗磨板的破坏程度又大于导叶。

条文 23.2.1.13　水轮机所用紧固件、连接件、结构件应结合机组检修检查，针对关键部位的紧固件、连接件和结构件，应执行所在行业相关规定；水轮机轮毂与主轴等重要受力、振动较大的部位螺栓应在每次大修拆卸后更换，如需继续使用，应开展全面无损检测，经有资质单位确认后方可继续使用，如经过高温加热拆卸的，应全部更换。

水轮机所用紧固件、连接件、结构重要金属部件一旦出现问题，它所造成的后果是很严重的，不仅可能造成严重的经济损失，更可能会造成严重的人员伤亡，俄罗斯的萨杨水电站事故就是一个很明显的例子，所以需加强水轮机结构部件的日常检查和无损探伤。

条文 23.2.1.14　水轮机转轮室及人孔门的螺栓、焊缝经无损检测合格，M32以上螺栓应出具检测报告；螺栓紧固、无松动，密封完好、无渗漏。

水轮机转轮室及人孔门的螺栓、焊缝失效可能造成水淹厂房等重大事故。

【案例】 某混流式水轮发电机组，用于人孔门的紧固螺栓发生断裂失效。由于发现及时才避免了水淹厂房事故。

条文 23.2.1.15　水轮机真空破坏阀、补气阀应动作可靠，检修期间应对其进行检查、维护和测试。

安装高程低于下游正常尾水位的真空破坏阀、补气阀及其管路漏水将是机组大轴返水、水淹厂房、转子接地的重要危险源之一。

【案例 1】 某水电厂2007年例行检查11号机组转子绝缘不合格。在检查大轴内部电气回路过程中，未发现其他异常，但发现11号机组大轴与补气管之间有积水，深度近1m。积水产生的水雾使转子励磁引线部分受潮，导致转子绝缘不合格。经过抽水检查，发现水轮机大轴中心补气管与锥形平台的密封损坏漏水，导致大轴内产生积水。

【案例 2】 某水电厂2008年1号、2号机组补气阀相继失效，甩水严重，漏水经滑环流入上导、转子、水车室，机组停机抢修。

条文 23.2.2　防止水轮机导轴承事故的重点要求

条文 23.2.2.1　水轮机导轴承的间隙应符合设计要求，导轴承支撑方式宜采用球面支撑，保证导瓦径向和切向调整灵活，轴承瓦面完好、无明显磨损（巴氏合金瓦与基材无分层褶皱），轴承瓦与主轴接触面积符合设计标准。

水轮机导瓦间隙调整不当或运行中变化可能导致机组振动增大，瓦温升高，甚至烧瓦。

【案例】 2011年，某水电厂6号机组开机并网，运行38min后，发现水导轴承1号和15号瓦（两瓦空间布置位置基本成180°）瓦温均为51℃，与前一天机组稳定运行时水导轴承瓦温（1号瓦温为44℃，15号瓦温为49℃）相比突然上升较大，且还有缓慢上升趋势。上导轴承瓦、下导轴承瓦的温度曲线，没有发现异常。停机检查发现1号瓦调整螺杆与楔子板已经松脱，轴瓦与轴领的间隙为0。检查其余轴瓦的楔子板调整螺杆，未见松动。对1号水导轴承抽瓦检查后，发现瓦面中部已经有轻微的磨损现象，15号瓦面检查无异常。由于1号瓦间隙的减小，造成轴瓦总间隙变小，从而造成对侧的15号瓦温也升高。

条文 23.2.2.2　水轮机导轴承紧固螺栓应符合设计要求，经无损检测合格，对称紧固，止动装置安装牢固或焊死。

水轮机导轴承紧固螺栓失效可能导致导轴承整体失效，增大机组振动摆度，破坏其他部件。

【案例】 某水电厂1号、2号机在运行时水导轴承摆度极不稳定并超标，经停机检查，测量轴瓦与大轴各方向的间隙，发现大修后调整的配合间隙不规律变动，原因为部分水导轴承体与轴承架间的连接螺栓松动。

条文 23.2.2.3　新机制造时，制造厂应对机组各种运行条件下和典型转速点导轴承油膜厚度、压力、轴承受力、强度等进行分析计算，并提交正式计算报告。

条文 23.2.2.4　水轮机导轴承瓦出厂前应进行全面的性能试验和无损检测。对于巴氏合金瓦，应对原材料开展硬度、金相组织抽样检测，并提交正式检测报告。

为防止水轮发电机轴承事故，从制造方面入手，明确相应要求，源头控制。

条文 23.2.2.5　油润滑的水导轴承应定期检查油位、油色，油位应具备远方自动监测功能，定期对运行中的油进行油质化验。

（1）油中微水：运行中200MW及以上小于或等于100mg/L，200MW及以下小于或等于200mg/L。

（2）酸值（mg/g，以KOH计）：未添加防锈剂的油小于或等于0.2，添加防锈剂的油小于或等于0.3。

（3）闪点：与新油原始测值相比不低于15℃。

(4) 外观：透明、无杂质或悬浮物。

(5) 运动黏度：与新油原始测值偏离小于或等于20%。

条文 23.2.2.6 水润滑的水导轴承应保证水质清洁、水流畅通和水压正常，压力变送器和示流器等装置工作正常。

水润滑橡胶轴瓦对润滑水质要求高，要求水中含有悬浮物不超过0.1g/L，即使清水电站，在洪水期也会混有一定的泥沙。尤其橡胶弹性大，与泥沙悬浮物有一定的亲和作用，致使轴瓦与轴颈磨损。橡胶导热性差，热量只能传给大轴，并由冷却润滑水带走；另外，橡胶瓦耐温低，为防止橡胶软化，设计要求温度低于100℃，实际上50℃橡胶已经开始软化，所以它对冷却润滑水要求特别高，断润滑水即使立即停机，水导轴瓦也会烧损。如果断冷却润滑水时间稍长，会引起轴颈的严重磨损或裂纹。国内多个电厂曾多次发生水导橡胶瓦烧损事件。

水润滑弹性金属塑料瓦耐磨性能好，具有一定的自润滑性能，比橡胶轴瓦耐磨、耐高温。

条文 23.2.2.7 水轮机导轴承测温元件和表计应保证显示正常，信号整定值正确。对设置有外循环油系统的机组，其控制系统应正常工作。

水轮机导轴承测温元件常见问题有测值跳变、测温数据不准以及无数据显示等，从而致使机组运行过程中无法准确监测机组各部轴瓦温度，严重威胁机组安全稳定运。导致水轮机导轴承测温元件异常的主要原因有：①RTD测温元件不易维护；②运行环境恶劣；③普通测温电阻引出线电缆易折断或外皮开裂；④测温电阻安装不规范；⑤普通测温电阻尾部结构问题。

【案例】 某水电厂6台机组在运行过程中先后多次出现导轴承测温电阻跳变，甚至有机组8块导轴承瓦只剩下3块能正常显示瓦温，严重威胁机组稳定运行。

条文 23.2.2.8 水轮机顶盖排水系统完好，防止顶盖水位升高导致水导轴承油槽进水。

在水电厂的设备布置上，顶盖相对机组的其他部件较低，为了及时排出大轴工作密封的排水和其他部位的漏水，避免水淹水导，必须设置顶盖排水系统。表面看来，顶盖排水系统原理简单、功能单一，但是由于得不到设计、制造、施工、运行等各有关方面足够的重视，顶盖排水系统故障造成水淹水导被迫停机的事件，在全国范围内时有发生，小小故障往往造成不应有的巨额损失。

【案例】 某水电厂顶盖排水孔被杂物、滤水器排出的泥浆、机组轴承油雾产生的油污以及其他部件的磨损产生物堵塞未及时清理，同时又未安装临时水泵排水造成水淹水导和水车室。

条文 23.2.2.9 水轮机出现异常运行工况可能损伤轴承时，应全面检查确认轴瓦完好后，方可重新启动。

及时排查可能的问题，防止事故扩大。

条文 23.2.3　防止液压装置破裂、失压的重点要求

条文 23.2.3.1　压力油罐油气比符合规程要求，对投入运行的自动补气阀定期检查试验，保证自动补气工作正常。

压油罐补气系统故障会引起压油罐油压、油位异常。对于这种故障应通过故障信号的报警和加强巡视等手段，及时发现，及时解决。

【案例】 某水电厂调速器压油罐自动补气完成后，补气阀自动关闭不严，引起压油罐持续补气现象，造成压油罐油压过高。

条文 23.2.3.2　压力油罐及其附件应定期检验检测合格，焊缝检测合格。压力容器安全阀、压力开关和变送器定期校验，动作定值符合设计要求。

《固定式压力容器安全技术监察规程》（TSG 21—2016）对压力容器及其附件检验做了明确规定。

（1）使用单位应当在压力容器定期检验有效期届满的 1 个月以前，向特种设备检验机构提出定期检验申请，并且做好定期检验相关的准备工作。

（2）金属压力容器一般于投用后 3 年内进行首次定期检验。以后的检验周期由检验机构根据压力容器的安全状况等级，按照以下要求确定：安全状况等级为 1、2 级的，一般每 6 年检验一次；安全状况等级为 3 级的，一般每 3～6 年检验一次；安全状况等级为 4 级的，监控使用，其检验周期由检验机构确定，累计监控使用时间不得超过 3 年，在监控使用期间，使用单位应当采取有效的监控措施；安全状况等级为 5 级的，应当对缺陷进行处理，否则不得继续使用。压力容器安全状况等级的评定按《压力容器定期检验规则》（TSG R7001—2013）进行，符合规定条件的，可适当缩短或者延长检验周期。

条文 23.2.3.3　机组检修后对油泵启停定值、安全阀组定值进行校对并试验。油泵运转应平稳，其输油量不小于设计值。

调速系统压油泵是水轮发电机组最重要的辅助设备之一，压油泵故障将严重影响电厂安全运行。

条文 23.2.3.4　液压系统管路应经耐压试验合格，重要连接螺栓经无损检测合格，M32 以上螺栓应出具检测报告，密封件完好、无渗漏。

以下为《压力管道安全技术监察规程——工业管道》（TSG D0001—2009）要求。

液压试验应符合以下要求：

（1）一般使用洁净水，当对奥氏体不锈钢管道或者对连有奥氏体不锈钢管道或者设备的管道进行液压试验时，水中氯离子含量不得超过 0.005%。如果对管道或者工艺有不良影响，可以使用其他合适的无毒液体。当采用可燃介质进行试验时，其闪点不得低于 50℃。

(2) 试验时的液体温度不得低于5℃，并且高于相应金属材料的脆性转变温度。

(3) 承受内压的管道除本叙述下面所列（5）要求外，系统中任何一处的液压试验压力均不低于1.5倍设计压力。当管道的设计温度高于试验温度时，试验压力不得低于式（23-1）的计算值，当试验压力 p_T 在试验温度下产生超过管道材料屈服强度的应力时，应将试验压力 p_T 降至不超过屈服强度时的最大压力，即

$$p_T = 1.5p\frac{S_1}{S_2} \tag{23-1}$$

式中 p_T——试验压力，MPa；

p——设计压力，MPa；

S_1——试验温度下管子的许用应力，MPa；

S_2——设计温度下管子的许用应力，MPa。

当 S_2 大于6.5时，取6.5。

(4) 承受外压的管道，其试验压力应为设计内、外压差的1.5倍，并且不得低于0.2MPa。

(5) 当管道与容器作为一个系统统一进行液压试验，管道试验压力小于或等于容器的试验压力时，应按照管道的试验压力进行试验。当管道试验压力大于容器的试验压力，并且无法将管道与容器隔开，同时容器的试验压力大于或等于按本条文（3）计算的管道试验压力的77%时，经过设计单位同意，可以按容器的试验压力进行试验。

(6) 夹套管内管的试验压力按照内部或者外部设计压力的高者确定，夹套管外管的试验压力按本条文（3）确定。

(7) 试验缓慢升压，待达到试验压力后，稳压10min，再将试验压力降至设计压力，保压30min，以压力不降、无渗漏为合格。

(8) 试验时必须排净管道内的气体，试验过程中发现泄漏时不得带压处理，试验结束排液时需要防止形成负压。

条文23.2.4 防止机组引水管路系统事故的重点要求

条文23.2.4.1 结合引水系统管路定检、设备检修检查，分析引水系统管路管壁锈蚀、磨损情况，如有异常则及时采取措施处理，做好引水系统管路外表除锈防腐工作。

引水系统常见腐蚀：

(1) 磨损腐蚀。磨损腐蚀是指压力钢管金属表面同时受到流体造成的腐蚀和磨损双重破坏。

(2) 气泡腐蚀。气泡腐蚀是一种特殊形态的磨损腐蚀，又称空蚀或者汽蚀，它主要发生在有压力变化环境，且有高速流体运转的设备。

（3）缝隙腐蚀。

条文23.2.4.2　定期检查伸缩节漏水、伸缩节螺栓紧固情况，如有异常及时处理。

伸缩节是水电站引水压力钢管的重要安全装置，其主要用途使厂坝之间压力钢管管段能自由伸缩，以适应钢管在使用条件下可能出现的轴向伸缩、弯曲和错动，减少或消除压力钢管由于上述变位而引起的应力，满足电站发生异常事故时，水锤压力瞬间波动引起的压力钢管变形，使钢管安全可靠运行。伸缩节漏水将严重影响电厂安全运行。

【案例】　2000年，某水电厂5号、6号机组伸缩节漏水量突然增大，停机检查发现伸缩节止水压环变形呈波浪状，部分M16螺栓已经脱落，漏水量有进一步扩大趋势。为了不影响机组运行，电站采用了临时措施，用千斤顶将压环与密封盘根一起沿压力钢管一周压紧后，在止水压环后面焊接多个三角铁止推块，防止压环进一步退出导致变形。

条文23.2.4.3　及时监测拦污栅前后压差情况，出现异常及时处理。结合机组检修定期检查拦污栅的完好性情况，防止进水口拦污栅损坏。

拦污栅是设在水电厂引水道口与尾水口，用来拦阻水流所挟带固体杂物的设施，使杂物不易进入水道内，以确保闸门、水轮机等不受损害。拦污栅前后水位差过大的危害：一是水位差过大会导致拦污栅变形、破损，严重时导致拦污栅脱离栅槽，进入蜗壳和转轮室，对过水流道造成严重的破坏，迫使机组非计划停机检修；二是影响机组出力，拦污栅水位差大，致使机组运行的有效水头降低。

【案例】　2008年7月下旬，由于澜沧江上游连续降雨，来水量增大，各种漂浮物非常多，而某水电厂1号机进水口处于水库弯道处，漂浮物聚集较严重，又离溢流表孔较远不易排渣，再加上1号机进水口底板高程较高，漂浮物容易吸附在拦污栅上，导致拦污栅前后水位差较大。1号机在带250MW负荷的情况下，拦污栅前后水位差最高已达5.4m，严重威胁机组的安全稳定运行，为确保安全，对1号机不得不限带负荷运行，最低已达到限制在100MW的出力情况下。

条文23.2.4.4　当引水管破裂时，事故门应能可靠关闭，并具备远方操作功能，在检修时进行关闭试验。

1950年，日本的大井川电站，由于蝶阀突然关闭，所产生的水锤使压力钢管破裂，造成水轮机损坏，厂房受淹，3人死亡。美国奥奈达水电站压力钢管破裂，也是由突然关闭阀门使压力升高引起的，死亡5人。为了确保水电站的安全运行，在设计现代化和运行过程中，应注意以下问题。

（1）切断水流的速度和在水流系统中所产生的最大压力升高；

（2）在水流系统中几何形状不规则的元件，例如在压力钢管叉管中使应力集中加剧；

(3) 焊接或铆接的质量不好。

条文 23.2.4.5 一管（洞）多机的主进水阀设备检修吊出时，同流道相邻机组宜陪停，不宜采用加装堵头等临时措施。若加装堵头，应对堵头的结构和刚强度进行专门设计，并由第三方复核，确保在调保计算最不利工况不致发生堵头撕裂、焊缝断裂等；严控制造工艺，材质成分、力学性能等应检测合格，所有焊缝应经射线检测等无损检测合格；堵头出厂前应压力试验合格；严格按照审核合格的施工方案进行堵头安装，并做好堵头运行过程中的状态监视。

一管（洞）多机的主进水阀设备检修吊出时，同流道相邻机组最好陪停，将引水隧洞（管）排水，防止堵头失效造成水淹厂房。有特殊原因采用加装堵头等临时措施的，应从设计、制造、安装等方面全过程把控风险。

【案例】 某水电站为长引水式电站，大坝与厂房分隔较远，采用“一洞三机”形式，一条 17.7km 的长引水隧洞进入厂房前“一分为三”，分为三条压力管路各接 1 台机组。引水隧洞进水口处布置 1 套闸门，每条压力管路进水口处布置 1 个球阀。正常情况下，引水隧洞进水口闸门保持开启，压力管路球阀保持开启；单台机组检修（球阀以下），关闭该台机组进水口球阀即可，其余两台机组可保持正常运行。2022 年 1 月 12 日，该水电站 3 号机组检修过程中（此时 3 号机组进水球阀检修吊出并用堵头封堵，2 号机组运行发电），因引水管堵头阀门爆裂，造成水淹厂房，导致 9 人遇难。事故过程中，由于 3 号机组尾水闸门损坏，难以关闭止水，即使排空水库、关闭引水隧洞闸门，下游河水仍通过 3 号机组尾水闸门倒灌（下游河面比厂房高 8m），开展施救，通过在尾水入河处搭建临时围堰止水。事故直接原因为 3 号机组球阀堵头阀门突然爆裂。

条文 23.3 防止水轮发电机重大事故

条文 23.3.1 防止定子绕组端部松动引起相间短路的重点要求（参见 10.1.1.1）

发电机正常运行时，转子带励磁电流高速旋转，因此在发电机上形成 2 种频率的振动效应，一种为转频效应，振动源在大轴，相应振动最大处是轴承和座，振动频率与转速相关；另一种是由转子磁场在定子铁心和定子绕组线棒上引起的倍频（100Hz）振动，振动力与电流的平方成正比。故容量大的发电机此种振动问题更为突出，设计合理并且制造工艺良好的发电机，应能使振动幅值限制在规定范围内，长期连续运行而不会影响发电机的寿命。大量的事故统计分析表明，发电机定子绕组端部是发电机安全运行的薄弱部位。端部类似悬臂梁结构，难以像槽中线棒那样牢固固定，较易于受到电磁力的破坏。当发电机存在设计和制造质量隐患时，有可能在线路突然短路故障电流的冲击下或长期处于调峰运行时热应力循环作用下，逐渐发生端部紧固结构的松动，从而使绕组端部结构件振动出现异常，进而使线棒绝缘磨损，若不及时处理，最终将发展成灾难性的相间或对地短路事故。因为定子绕组端部的短路事故具有突发性和难以简单修复的特点，损失往往极为巨大，因此必须采取有效措施加以防止。

【案例】 某电厂一台俄罗斯生产发电机停机检查，发现定子励侧端部大量绑块已松动、脱落、磨小，2个下层线棒多处主绝缘磨损露铜，其中一根线棒磨损最严重处空心铜导线已磨出裂纹。进一步检查所有线棒，共发现有12处支架松动，2块绑块松动，8根线棒绝缘磨损。由于故障发现及时，幸未发生相间短路事故。因线棒绝缘故障比较严重，该发电机在现场更换了全部定子线棒，重做了定子绕组端部的紧固系统，为此共停机118天，其经济损失非常大。事故分析表明，事故直接原因是端部线棒绑扎工艺不良，绑线细，绑块棱角锋利，在绑块松动时易割断绑线造成绑块脱落，脱落的绑块因振动磨损绝缘。

条文 23.3.1.1　定子绕组在槽内应紧固，槽电位测试应符合要求。

高压发电机定子绕组槽电位稳定性是人们所关心的问题。槽电位过高会使槽部产生电晕，严重时会产生“电腐蚀”，危及发电机安全运行。随着发电机单机容量的增大，发电机额定电压的提高，槽电位稳定性问题显得更加重要。影响槽电位的因素很多，主要有发电机的额定电压、定子线棒槽部主绝缘厚度、定子线棒槽部截面周长、主绝缘的介电系数、定子线棒槽部防晕的表面电阻系数、定子线棒嵌线后与铁心槽壁接触点的长度等。对于某一特定的发电机，电压、绝缘结构等均已确定，实际上定子绕组表面槽电位取决于定子线棒表面电阻系数的稳定，以及线棒与槽部的接触状态。也可以说取决于定子线棒防晕和槽部固定的有效性和可靠性。

条文 23.3.1.2　定期检查定子绕组端部有无下沉、松动或磨损现象。

发电机在运行时产生电磁振动是不可避免的，而且随机组的容量增大而增大。采用传统的垫条式固定结构，固定的有效性和可靠性是不够的。定子线棒在槽内与垫条的接触是硬性接触，处于局部面接触或点线接触状态。虽然在嵌线时力求打紧槽楔，但由于是局部接触，这种“紧”只能是相对的。在电机运行时，硬性接触点处有可能产生摩擦，使之磨合服帖，受力点重新分布，促使楔下压力降低，槽楔变松。这就有可能使线棒磨损，首先破坏防晕层，使线棒表面电位增高，严重时会产生“电腐蚀”。

【案例】 贵州某电厂水轮发电机组定子端部绑块松动导致绝缘盒被击穿。

条文 23.3.2　防止定子绕组绝缘损坏的重点要求

条文 23.3.2.1　加强大型发电机环形接线、过渡引线绝缘检查，并定期按照相关标准要求进行试验。

《电力设备预防性试验规程》（DL/T 596—2021）对发电机相关试验做了明确规定。

条文 23.3.2.2　定期检查发电机定子铁心螺杆紧力，发现铁心螺杆紧力不符合出厂设计值应及时处理。定期检查发电机硅钢片叠压整齐、无过热痕迹，发现有硅钢片滑出应及时处理。(参见 10.2)

条文 23.3.2.3　定期对抽水蓄能发电/电动机线棒端部与端箍相对位移与磨损进行检查，发现端箍与支架连接螺栓松动应及时处理。

抽水蓄能机组的特点是开停机和工况转换十分频繁，日平均多达 4～5 次，双向交替旋转。在泵工况变频启动过程中不存在同步拖动过程，相对于常规水电机组而言，抽水蓄能机组定子线棒端部受力情况更为复杂，频繁地改变方向、负荷大小和频繁地受到冲击，若机组正常运行时线棒端部和端箍、支架、定子铁心间的整体性不好，粘接不强、刚度不足，线棒端部与端箍在振动过程中就容易发生相对位移和磨损。

【案例】　某抽水蓄能电站对机组进行常规性检查时发现部分定子线棒下端部底层线棒，与端箍连接绑线结合处附有少量呈淡黄色油泥状或粉状物体，附着物呈油泥状部位通常也附有少量油迹，而附着物呈粉状部位则较为干燥。经统计和比对，缺陷主要集中于底层线棒下端箍，即与定子铁心下齿压板距离最远的一道绑线处，在发现有附着物的绑线部位通常也存在缝隙，全面清除其表面附着物后，部分线棒与绑线接合处可以用 0.02mm 塞尺局部塞入，最严重部位是 2 号机组第 169 槽线棒下端箍部位绑线已经完全松开，其中部填充环氧涤纶已开始磨损线棒主绝缘，这说明机组在正常运行过程中绑线与线棒出现了磨损，填充环氧涤纶与绑线失去黏合并出现了自由振动。

条文 23.3.2.4　卧式机组应做好发电机风洞内及引线端部油、水引排工作，定期检查发电机风洞内应无油气，机仓底部无积油、水。

条文 23.3.3　防止转子绕组匝间短路的重点要求

加强运行中发电机的振动与无功出力变化情况监视。如果振动伴随无功变化，则可能是发电机转子有严重的匝间短路。此时，首先控制转子电流，若振动突然增大，应立即停运发电机。

水轮发电机的转子经常处于运动状态，励磁绕组长期受电、热的作用，由于绝缘容易破损等原因发生匝间短路故障。匝间短路故障会造成励磁电流显著增加、无功输出明显降低、发电机转子电磁力不平衡，使机组振动幅值增大。轻微的匝间短路不会影响机组的正常运行，但是短路点处的局部过热还可能使故障演化为转子绕组对地绝缘损坏，发展为一点甚至两点接地故障，将会导致转子铁心损坏、转子大轴磁化，甚至烧毁轴颈和轴瓦的后果，严重危及机组安全运行。

条文 23.3.4　防止发电机局部过热损坏的重点要求

条文 23.3.4.1　制造、运输、安装及检修过程中，应防止焊渣或金属屑等微

小异物掉入定子铁心通风槽内。

条文 23.3.4.2　新投产机组或机组检修，都应检查定子铁心压紧以及齿压指有无压偏情况，特别是两端齿部，如发现有松弛现象，应进行处理后方可投入运行。对铁心绝缘有怀疑时，应进行铁损试验。

当定子铁心两端施加的预紧力减弱、消失或冷却通风条件降低，上、下两端冲片鸽尾槽的应力将明显增大，冲片鸽尾槽处因应力集中而出现碎裂，在电磁拉力作用下发生冲片外移事故。

铁损试验：发电机定子铁心堆积叠装、紧压完毕，具备铁损试验条件后，在定子铁心上均匀缠绕专用的励磁线圈，通入工频交变电流，使定子铁心及定子机座产生涡流而将其温度升高。然后利用在测量线圈中接入的功率表测量定子铁心损耗，并用热成像仪、预埋的温度计和预埋的热电偶配合定子铁损试验，同步测量发电机定子铁心中各个部位温度及温升。把测量结果与规定标准进行比较，来判断定子铁心齿最高温升、定子铁心齿最大温差、定子铁心单位损耗是否超标，定子铁心是否存在局部过热问题，进一步判断发电机定子铁心的堆积叠装质量是否符合工艺规范、质量标准。

【案例】 某水电厂6号机在停机过程中发现“定子接地保护动作”“6号机中性点电压跃上上限”等信号，经检查31号槽下层线棒绝缘层下端部有一10mm×7mm的割破口，31号槽至43号槽由下至上的第2片冲片外移，并割破线棒绝缘层。

条文 23.3.4.3　发电机出口、中性点引线连接部分应可靠，机组运行中应定期对励磁变压器至静止励磁装置的分相电缆、静止励磁装置至转子滑环电缆、转子滑环进行红外成像测温检查。

水轮发电机温度主要通过预埋在发电机内部及其冷却系统的测温元件进行监视和测量。由于测温元件不能预埋在带电部位（特别是带有高电压部位），因此不能对带电部位进行测温。以前判断带电部位温度是否过高的方法是在相应的部位（特别是电气接头）粘贴示温蜡片，根据示温蜡片是否熔化来判断该部位温度是否过高。红外测温能够在远距离不接触设备的情况下精确测量设备表面的温度，非常适合测量水轮发电机带电部位的温度。

一、水轮发电机产生过热的主要原因

（1）电气接头接触不良，接触电阻偏大，致使产生热量过大。

（2）通过电流过大，致使产生热量过大。

（3）产生相对运动的部件摩擦力增大使产生的热量增大。

（4）铁心由于超强的交变电磁场作用或绝缘不好产生过大的涡流。

（5）设备冷却效果不好，热量不能及时散发，产生累积。

二、水轮发电机可能产生过热的主要部位及其原因

(1) 发电机出口引线和中性点引线电气接头。连接螺栓松动、接头表面氧化等原因引起的接头接触电阻过大。

(2) 定子线棒之间的接头 (并头套、跨接线接头等)、转子磁极之间的接头。接头焊接不良等原因引起接触电阻过大。

(3) 定子铁心端部。电磁场较大产生涡流较大，铁心绝缘不良 (短路) 引起涡流过大。

(4) 滑环和电刷。滑环表面不光滑、恒力弹簧压力过大等原因引起摩擦损耗过大；滑环与电刷之间接触不良引起电刷电损耗过大。

(5) 发电机励磁柜的大功率可控硅、接触器等大功率元件。电气接头接触电阻过大，通风散热不良。

【案例】 某水电站 5 号机进行红外测温时发现滑环温度异常。当时环境温度为 22.1℃，测得滑环最高温度为 119.1℃，温升高达 97℃，超过最高允许温升。经停机检查，发现大部分恒力弹簧因老化而压力不足，引起滑环与电刷接触不良，致使滑环温度过高，更换恒力弹簧后进行红外测温，滑环温度恢复正常。

条文 23.3.4.4　定期检查电制动隔离开关动静触头接触情况，发现压紧弹簧松脱或单个触指与其他触指不平行等问题应及时处理。

由于弹簧压力减小等原因，使隔离开关动、静触头接触电阻增大，发热增加。而发热增加，使触头氧化，接触电阻增大，形成恶性循环。最严重情况，使触头熔化脱落，引起弧光短路，造成设备跳闸，甚至可能扩大事故。因此，发现隔离开关触头接触不良必须迅速地针对不同情况、不同部位，采取有效措施，尽快消除事故隐患。

条文 23.3.5　防止发电机机械损伤的重点要求

条文 23.3.5.1　发电机主、辅设备保护装置应定期检验，并正常投入。机组重要运行监视表计和装置失效或动作不正确时，严禁机组启动。机组运行中失去监控时，应停机检查处理。

条文 23.3.5.2　应尽量避免机组在振动负荷区或空蚀区运行。

机组若在振动区长时间运行，将会导致如下危害：

(1) 引起零部件或焊缝的疲劳形成并扩大裂缝甚至断裂。

(2) 使机组各连接部件松动，使各转动部件与静止部件之间产生摩擦，甚至扫膛而损坏。如大轴剧烈摆动可使大轴与轴瓦摩擦加剧温度升高，导致轴瓦烧毁；发电机转子振动过大将增加滑环与电刷磨损程度，致使电刷产生火花并不断增大甚至发生发电机着火事故。

(3) 尾水管中形成的涡流脉动压力可使尾水管壁产生裂缝，严重时可使整体尾水设施遭到破坏。

（4）当其频率与发电机或电力系统的自振频率接近时，将发生共振，引起机组出力大幅度波动，可能会造成机组从电力系统中解列，甚至使厂房及水工建筑物遭到不同程度的损坏。

【案例】 某抽水蓄能电站2号机组带200MW负荷发电运行，当负荷快速增加到300MW后不久，发生机组强烈振动、抬机，且维持运行约10min后才自动落下，造成水轮机转轮和顶盖止漏环严重损坏、发电机推力轴承盖板加强筋焊缝开裂、推力头表面出现划痕。

条文 23.3.5.3　在发电机风洞内作业，应设专人把守发电机进人门，作业人员应穿无金属的工作服、工作鞋，进入发电机内部前应全部取出禁止带入的物件，带入物品应清点记录，工作时，不得踩踏线棒绝缘盒及连接梁等绝缘部件，也不得将其作为安全带或绳索悬挂受力点，工作产生的杂物应及时清理干净，工作完毕撤出时清点物品正确，确保无遗留物品。重点要防止螺钉、螺母、工具、铁屑等金属杂物遗留在定子内部，特别应对端部线圈的夹缝、上下渐伸线之间位置作详细检查。

发电机定子、转子上遗留或进入异物，可能发生扫膛事故。

【案例】 某水电站机组运行过程中，1号发电机的导瓦温度故障报警，1号发电机定子中冒出胶木气味，并伴有闪光和火花，同时转子滑环与电刷间也发生放电现象。对该发电机进行检查，发现定子局部有明显烧伤痕迹，下导轴承和水导轴承偏磨。解体发现定子绕组中部有6个线槽机械擦伤，上部有几条明显的擦痕，擦伤处中间的两个槽，槽楔烧毁，线棒外层绝缘烧伤，但无放电痕迹；定子磁极磨损部位局部已出现高温烧蓝现象；转子仅有几个高点擦伤，磨损部位无烧伤、放电痕迹，转子挡风板上的灰垢严重，其余完好。经检查发电机定子及转子的烧伤痕迹为机械擦碰所致，确认发电机发生了扫膛事故。

条文 23.3.5.4　大修时应对端部紧固件（如压板紧固的螺栓和螺母、支架固定螺母和螺栓、引线夹板螺栓、汇流管所用卡板和螺栓等）紧固情况以及定子铁心边缘硅钢片有无断裂等进行检查。

条文 23.3.6　防止发电机轴承损坏的重点要求

条文 23.3.6.1　导轴承支撑方式宜采用球面支撑，保证导瓦径向和切向调整灵活。

条文 23.3.6.2　新机制造时，制造厂应对机组各种运行条件下和典型转速点推力轴承及导轴承油膜厚度、压力、轴承受力、强度等进行分析计算，并提交正式计算报告。同时，应设计有防止油雾溢出油箱污染发电机定子、转子部件的措施。

条文 23.3.6.3　机组推力轴瓦和导轴承瓦出厂前应进行全面的性能试验和无

损检测。对于巴氏合金瓦，应对原材料开展硬度、金相组织抽样检测，并提交正式检测报告。

条文 23.3.6.4 轴承油系统采用强迫外循环的冷却系统应配置两个相互独立的电源，并采用自动切换装置。

条文 23.3.6.5 润滑油油位应具备远方自动监测功能，并定时检查。定期对润滑油进行化验，油质劣化应尽快处理。

条文 23.3.6.6 带有高压油顶起装置的推力轴承应保证在高压油顶起装置失灵的情况下，推力轴承不投入高压油顶起装置时安全停机无损伤。应定期对高压油顶起装置进行检查试验，确保其处于正常工作状态。

条文 23.3.6.7 高压注油系统出口压力监视应设压力变送器和压力开关，分别用于监控系统远方监视和现地逻辑控制。

条文 23.3.6.8 新机制造时，制造厂应提供机组各工况条件下的高压注油系统运行压力计算保证值，并据此进行压力报警值整定。

条文 23.3.6.9 安装过程中，高压注油泵出口安全阀整定值应不小于设备厂家计算的在推力轴承瓦面高压油室所形成的使推力轴承镜板与推力瓦完全脱开的瞬时冲击压力。

条文 23.3.6.10 冷却水温、油温、瓦温监测和保护装置应准确、可靠，并加强运行监控。

机组测温系统包括机组轴承、发电机定子、空气冷却器、油槽、水冷却器、油冷却器等温度测量点。每个测量点均设置上限温度并能越限报警。

【案例】 某水电厂由于测温电阻安装不牢固、测温电阻的电缆不耐油、测温电阻电缆转接不良等问题，频繁出现机组瓦温测量系统误报导致停机的情况发生。

条文 23.3.6.11 机组出现异常运行工况可能损伤轴承时，应全面检查确认轴瓦完好后，方可重新启动。

【案例】 某水电厂 9 号水轮发电机组运行中顶盖水平振动明显增加，由 18μm 增加到 800μm，同时，水导轴承摆度也有明显的增加，且该振动运行方式一直保持 1h，导致水导轴承油位计管路断裂以及水导轴承体连接螺栓松动，水导轴承油槽迅速漏油，从而致使水导轴承瓦无冷却润滑而烧损。

条文 23.3.6.12 定期对轴承瓦进行检查，确认无脱壳、裂纹等缺陷，轴瓦接触面、轴领、镜板表面粗糙度应符合设计要求。对于巴氏合金轴承瓦，应定期检查合金与瓦坯的接触情况，必要时进行无损探伤检测。

【案例】 某水电厂水轮发电机在运行中突然推力瓦温急剧上升，发生了烧瓦现象，机组立即停机，检查发现镜板与推力瓦均不同程度地出现了刮痕。现场在拆除推力瓦后，用平尺初步检测镜面发现水平倾斜 0.20mm，推力头与镜面结合面用塞尺检测间隙为0.05～0.16mm。根据检测的结果说明镜板与推力头之间螺栓在机组长期运行过程中局部出现了松动，导致两者组合面之间出现了缝隙，在机组运行时，镜板与推力瓦在局部接触出现了干摩擦，导致了烧瓦现象的发生。

条文23.3.6.13　装设有轴电流（轴绝缘）保护装置的机组，轴电流（轴绝缘）保护回路应正常投入，出现轴电流（轴绝缘）报警应及时检查处理，禁止机组无轴电流（轴绝缘）保护运行。

水轮发电机运行时，由于定子、转子之间气隙磁阻不相等，以及定子铁心分片和磁极配置不对称等原因，引起磁通不平衡。该不平衡磁通与轴切割产生的电动势（轴电压），其值沿发动机转子至转轮方向逐渐减小。当大轴上的电动势累积到一定程度后，轴电压就会击穿轴承油膜，使大轴与轴承和轴座之间构成回路，轴电流就可能达到很大数值，将导致油质劣化、轴承振动增大、轴瓦烧毁等事故。当轴电流密度超过0.2A/cm^{2}时，发电机组轴颈和轴瓦就可能损坏，为此必须装设轴电流保护。

【案例】 某水电站2号机组并网运行，负荷为35MW。监控系统画面上连续出现"2号机轴电流告警""2号机轴电流跳闸""2号机自动停机"等信号，同时2号机保护屏上显示轴电流保护动作跳闸信号，2号机组跳闸停机。次日，2号机组在并网运行时又因同样现象出现跳闸停机。从机组跳闸和检修处理的情况来看主要是由于集电环外罩内的轴电流互感器表面碳粉较多，在运行过程中造成主轴和金属外壳经碳粉接地，引起轴电流保护动作。

条文23.3.7　防止水轮发电机部件松动的重点要求

条文23.3.7.1　水轮发电机风洞内应避免使用在电磁场下易发热材料或能被电磁吸附的金属连接材料，否则应采取可靠的防护措施，且强度应满足使用要求。

条文23.3.7.2　旋转部件连接件应做好防止松脱措施，并定期进行检查。磁极引线、磁极间连接、阻尼环和绝缘板等易受离心和疲劳影响部件应加强检查。发电机转子风扇应安装牢固，叶片无裂纹、变形，引风板安装应牢固，并与定子线棒保持足够间距。

发电机风扇是风路中的重要部件之一，其安装、强度及疲劳寿命十分重要。因风扇安装与强度问题引起的事故时有发生。

【案例1】 某水电厂1号机正常开机时，由于调速器控制不灵，机组发生过速（最大转速为144%额定转速），机组过速保护动作，紧急停机。在停机过程中，突然听到从机组内传出碰撞声，同时伴有焦味。待机组全停后进入机组内检查发现：转子24个下风扇全部折断，14个磁极有碰撞的痕迹，定子线圈下端部多处被刮伤。据统计，线圈铜芯部分刮断124条，绝缘损坏102条，发电机下灭火环管及其固定支架断裂。同时进一步检查发现1号、2号机组转子部分上风扇及2号机组转子24个下风扇折弯处全部都有裂纹现象。事故发生后，对风扇座的弯折工艺进行分析，发现此凹槽的表面粗糙度不够。因为理论上的应力集中系数与凹槽的粗糙度有一定的关联，如果粗糙度不够，就会对凹槽的应力分布发生变化，从而使实际应力远大于理论计算应力。另外，由于凹槽尖角的存在，在风扇座弯折成形过程中，沟槽底部的尖角处容易产生局部的内应力导致微观的损伤或微小裂纹。机组运行时，在风扇自重及离心力的作用下，加上运行时的振动，使凹槽尖角处的微观损伤或裂纹不断地延伸、扩大，最终使风扇发生断裂。

【案例2】 某水电厂坝后扩容的水轮发电机组在试运行期间，曾发现发电机的上部立式小挡风板普遍出现裂缝，并有少量连接螺栓被剪断，断落的螺栓在机组运转时损坏了定子线圈的主绝缘，立式小挡风板的损坏起因于安装位置不当，立式小挡风板在强劲的通风途径上，易产生强烈的振动，加之结构本身薄弱，造成了结构性损坏。

条文23.3.7.3 定子（含机座)、转子各部件、定子线棒槽楔等应定期检查。水轮发电机机架固定螺栓、定子基础螺栓、定子穿芯螺栓和拉紧螺栓应紧固良好，机架和定子支撑、转动轴系等承载部件的承载结构、焊缝、基础、配重块等应无松动、裂纹、变形等现象。

发电机定子、上下机架、转动轴系刚度不足或松动也是机组振动的重要原因之一，将会诱发机组事故。

【案例1】 某电站2号发电机在机组大修时检查发现：

(1) 下压指焊接处焊点开焊237处，达总数的1/3多，严重处的开焊裂缝达2mm。

(2) 铁心有松动现象。

(3) 定子铁心波浪度明显增大。

(4) 有一处压指严重偏斜，威胁线棒主绝缘安全。

原因为：定子铁心定位筋采用固定式双鸽尾结构，定位筋与托块间的间隙不足，长期受到机械力和材料热胀冷缩的作用，使得下压指在铁心收缩时严重受拉，导致下压指焊点开焊、铁心变形。由于铁心变形形成的磁振动增大了机组的振动，机组长期在这种状态下运行将导致铁心片松动，片间绝缘损坏，最终形成电腐蚀、压指脱焊及铁心出现波浪情况。

【案例2】 某电站2012年2月18日2号机组运行时，发电机定子铁心局部振动过大，造成部分槽楔松动脱落，线圈端部间隔块松动，线棒端部端箍固定欠缺，加剧部分线棒与间隔块以及端箍接触部位绝缘磨损露铜，线棒绝缘丧失，发电机定子线圈相间短路，导致发电机损坏。

条文23.3.7.4 定期检查水轮发电机机械制动系统，制动闸、制动环应平整、

无裂纹，固定螺栓无松动，制动瓦磨损后应及时更换，制动闸及其供气、油系统应无发卡、串腔、漏气和漏油等影响制动性能的缺陷。制动回路转速整定值应定期进行校验，严禁高转速下投入机械制动；监控程序宜设置有高转速下闭锁投机械制动功能。

水轮发电机机械制动系统误动会导致机组长时间低速运行，破坏轴瓦油膜，加速轴瓦磨损甚至烧毁；制动系统误动会导致制动系统甚至机组的严重损坏。

【案例】 某水电厂2002年3号机组并网运行时，出现风闸误动现象，由于机组控制程序中已考虑“机组转速大于17%额定转速若风闸在投时则撤风闸”的防范措施，3号机组控制程序在监测到有“风闸投入”信号后，马上自动撤下了风闸，从而避免了一起严重事故。此次风闸误动原因就是监控加开出通道故障所致。此类问题的出现，根本原因就是现地回路未考虑开出通道及继电器误开出时的情况，没有硬件防误输出闭锁措施。这一方面须在风闸控制回路上完善，另一方面监控系统硬件开出板块也应设防误措施。

条文23.3.7.5　发电机所用紧固件、连接件、结构件应结合机组检修检查，针对关键部位的紧固件、连接件、结构件，应执行所在行业相关规定；发电机转子与大轴、发电机轴与水轮机轴等重要受力、振动较大的部位螺栓应在每次大修拆卸后更换，如需继续使用，应开展全面无损检测，经有资质单位确认后方可继续使用，如经过高温加热拆卸的，应全部更换。

发电机所用紧固件、连接件、结构重要金属部件一旦出现问题，它所造成的后果是很严重的，不仅可能造成严重的经济损失，更可能会造成严重的人员伤亡。

条文23.3.8　防止发电机转子绕组接地故障的重点要求（参见10.3.2.1、10.3.2.3）

条文23.3.9　防止发电机非同期并网的重点要求（参见10.10.1）

条文23.3.10　防止励磁系统故障引起发电机损坏的重点要求

条文23.3.10.1　励磁调节器的运行通道发生故障时应能自动切换通道并投入运行。严禁发电机在手动励磁调节下长期运行。在手动励磁调节运行期间，调节发电机的有功负荷时应先适当调节发电机的无功负荷，以防止发电机失去静态稳定性。

两套励磁调节器之间相互切换的目的：当某一套自动励磁调节器发生故障的情况下，另一套自动励磁调节器能自动切换并正常工作，以保证励磁系统不因自动励磁调节器的故障而导致发电机不能正常工作。因此，励磁调节器能否准确给出故障信号并正确动作就成为切换的两个必要条件。目前，国内外有多种型号的自动励磁调节器，主要分为两通道及三通道自动励磁调节器。

手动励磁调节可能存在的危害：

（1）不能及时保证发电机端电压恒定不变。

（2）不能稳定分配并列发电机组间的无功功率。

（3）不能提高发电机并列运行的稳定性。

（4）不能防止发电机组甩负荷时机端过电压。

（5）不能抑制发电机的自励磁现象。

（6）不能加速电力系统短路故障后的电压恢复过程，不能改善厂用电动机自启动条件。

（7）不能改善大型设备的启动条件。

（8）不能改善发电机并列运行时其他并列运行的发电机失磁时转入异步运行的条件。

条文 23.3.10.2　在电源电压偏差为＋10%～－15%、频率偏差为＋4%～－6%时，励磁控制系统及其继电器、开关等操作系统均能正常工作。

条文 23.3.10.3　励磁系统中两套励磁调节器的电压回路应相互独立，使用机端不同电压互感器的二次绕组，防止其中一个短路引起发电机误强励。

除该款外，还必须考虑双电压互感器断线时有闭锁的方法，防止误强励。

条文 23.3.10.4　励磁系统中两套励磁调节器的电流回路宜分别取自电流互感器不同的二次绕组。

依据《水轮发电机励磁系统配置导则》（DL/T 1970—2019）中 4.5.2“宜取自各自独立的 2 组电流互感器（CT），双通道共用同一组 CT 时二次绕组宜相互独立”要求，增加相关规定。

条文 23.3.10.5　严格执行调度机构有关发电机低励限制和电力系统静态稳定器（PSS）的定值要求。

励磁控制系统是发电机的重要组成部分，其主要功能有维持机端或者其他控制点电压在给定水平、控制并联运行机组无功功率分配、提高系统的功角稳定性和电压稳定性、保护机组自身的安全等。励磁控制系统对于机组和电网的安全稳定影响重大。现代大型机组的励磁控制系统的性能比以往有了很大的改进，并且具备了多项辅助的功能，其中一种重要的功能是低励限制，用于防止励磁水平过低威胁机组自身和系统的安全。以往在工程实际中曾多次出现因低励限制功能设置不当导致机组运行异常，甚至跳机的严重后果。

设置低励限制线的一般原则可概括为在有功出力全范围合理定义、满足定子端部热稳定限制要求、满足静态稳定限制要求、根据机端电压变化进行调整、与失磁保护协调配合。

电力系统稳定器（PSS）是保证和提高系统动态稳定水平最基本的措施，从保证系统始终具有足够的动态稳定性的需求出发，要求低励限制器动作时不应严重影响PSS正常的作用。对于叠加接入方式的低励限制器，由于低励限制器输出信号是叠加在含有PSS输出信号的励磁调节器正常调压信号之上的，因此不会切断PSS作用通道。将PSS输出信号接入到门电路之前的低励限制器设计不尽合理，因为低励限制器动作后会切断PSS信号通道，直至低励限制器控制作用退出，在此期间机组相当于没有投入PSS，会降低与该机相关机电振荡模式的阻尼，存在引发低频振荡的风险。因此，应采用将PSS输出信号接入到门电路之后的方法予以改进。

【案例】 某电站安装的两台机组，在运行中曾因低励限制原因出现机组的有功功率、无功功率、电压等电气量持续振荡。

条文 23.3.10.6　自动励磁调节器的过励限制和过励保护的定值应在制造厂给定的容许值内，并定期校验。

励磁系统过励限制和保护定值是一个关系到机组安全和电力系统稳定的重要问题。美国1996年和2003年2次大停电，在电网瓦解的最后时刻都有过励保护动作。说明在避免电网瓦解过程中需要大量无功支持，正确的励磁系统过励限制和过励保护可以在保证发电机组安全可靠运行的条件下，最大限度地发挥发电机的作用，从而提高电网的稳定裕度。

励磁系统过励限制包含顶值电流瞬时限制和过励反时限限制两种功能。静止励磁系统和有刷交流励磁机励磁系统采用发电机磁场电流作为过励限制的控制量，无刷交流励磁机励磁系统采用励磁机励磁电流作为过励限制的控制量。过励反时限特性函数类型与发电机磁场过电流特性函数类型一致。因励磁机饱和难以与发电机磁场过电流特性匹配时，宜采用非函数形式的多点表述反时限特性。

《同步电机励磁系统　第1部分：定义》（GB/T 7409.1—2008）中的过励保护包含调节器的顶值电流保护和过励反时限保护两种。励磁调节器内的过励保护主要完成通道切换，保持闭环控制运行。完善的监测可以提前发现和处理过励问题，过励保护实际起后备保护作用。

条文 23.3.10.7　在机组启动、停机和其他试验过程中，应有机组低转速时切断发电机励磁的措施。

带励磁机组转速下降时：

（1）要引起发电机励磁系统（包括转子绕组）过电流。

（2）引起主变压器励磁电流猛增。

（3）电流互感器产生饱和，使二次回路出现负序。

【案例】 1988年，某水电厂2号机停机操作中，机组出口开关解列机组带电压单机空转时，由于出现误操作将水轮机导叶由空载开度关闭到零，引起机组转速下降。随之，机组电磁声异常增大，无功功率表由0上升到250Mvar，发电机转子电流表由空载时的 0.87kA 上升到满刻度，励磁电压上升到 750V（额定时仅为 475V)，发电机定子电压由 15.4kV 下降到 11.2kV。保护装置发出了“转子过负荷”和“负序过负荷”信号，手动按下事故按钮停机灭磁。

条文 23.4　防止抽水蓄能机组相关事故

条文 23.4.1　防止机组飞逸的重点要求

条文 23.4.1.1　新机组、改造机组投运前，机组 A 修或进行其他影响调速系统调节性能的工作后，应通过单机甩负荷和过速试验。甩负荷试验应在额定负荷的 25%、50%、75%和 100%下进行，验证水压上升率和转速上升率符合设计要求。

本条文根据实际情况，规定了必须进行甩负荷试验和过速试验的条件，其中“改造机组”应理解为机组整体改造、水轮机改造或发电机改造，其他局部改造工作是否需要进行甩负荷试验和过速试验，可根据条文“进行其他影响调速系统调节性能的工作”，由各集团公司或电站自行甄别或规定。

条文 23.4.1.2　对于一管（洞）多机的新建电站，应结合电站电气主接线、现场实际运行条件，在单机甩负荷之后，择机开展同一引水水道多机组同时发电甩负荷试验，甩负荷试验应在额定负荷的 100%下进行。试验后应进行过渡过程复核计算，验证水压上升率和转速上升率符合设计要求。

抽水蓄能电站通常采取一条引水道布置多台机组的结构形式，存在线路跳闸多台机组同时甩负荷的可能。同一流道同时甩负荷时蜗壳、压力钢管、尾水管水压上升率（下降值)、调压井水位波动和机组转速上升率等技术参数比单台机组甩负荷时高，因此，投产前应先进行单台机组甩负荷试验，然后择机进行多台机组同时甩负荷试验。进行多台机组同时甩负荷试验时，若调速器系统故障或其他原因导致机组导叶不能正常关闭，存在机组过速、水道系统局部过压造成管路破损而水淹厂房等重大风险。因此，在低负荷试验完成后应复核设计，以确保高负荷试验的安全。

本条文中“结合电站电气主接线、现场实际情况”解释：

设计为一管（洞）多机的电站，应根据主接线设计等实际情况，鉴别正常运行中最可能出现的一管（洞）多机的运行方式，如单一线路开关跳闸、单台主变压器跳闸等。例如一管（洞）4 台机的电站，单台主变压器跳闸时，最多导致 2 台机组同时甩负荷，则只需进行 2 台机组同时甩负荷试验。

条文 23.4.1.3　新机组或改造机组投运前应进行水泵工况断电试验，验证压力钢管和尾水管水压变化满足设计要求。

水泵工况为抽水蓄能机组特有工况，水泵工况断电时压力钢管内和尾水管内压力变化剧烈，需通过试验校核进水阀、导叶关闭规律与关键部位压力上升率满足设计要求，保证设备运行安全。

条文 23.4.2　防止主轴密封、迷宫环损坏的重点要求

条文23.4.2.1　主轴密封、迷宫环技术供水管路应设计压力、流量监测装置，流量监测装置应设越下限报警信号。

条文23.4.2.2　主轴密封、迷宫环应设置温度传感器，其中主轴密封温度测点不少于3个。各温度测点应设两级越上限信号，其中一级越限作用于报警、二级越限作用于报警和水力机械事故停机。

水泵水轮机的主轴密封是转动部件与固定部件之间的封水装置，其作用是在机组发电、抽水和停机工况时，阻止尾水经主轴与顶盖构成的间隙上溢，以防水导轴承和顶盖被淹；在调相工况时，阻止转轮室的压缩空气经主轴与内顶盖构成的间隙冒出，降低补气量，减小机组吸收功率。主轴密封、迷宫环工作温度高，主要发生在抽水调相启动和运行阶段。在其他工况稳定运行时，也发生过因主轴密封温度高而报警，表现为主轴密封温度高突然急剧上升20多摄氏度，拆卸检查发现密封环有明显的烧损现象。

【案例1】　某抽水蓄能电站当负荷自200MW增至280MW后约7min，主轴密封温度自16℃突然升高至33.6℃而报警，运行人员打开主轴密封操作腔排气，主轴密封温度恢复至16℃左右。其后，在抽水工况正常运行125min后，主轴密封温度在不到1min时间内突然自17℃升高至36.5℃而报警，打开操作腔排气阀一定开度后，温度仍能恢复到17℃左右。在拆卸主轴密封装置检查时发现：纤维增强树脂复合材料密封环表面已烧焦，移动环已将密封环磨出深槽。移动环导向键和键槽之间因发生较重的磨损而卡涩，内外环端盖结合面密封不严致使尾水或调相压水用气泄漏。

【案例2】　某抽水蓄能电站按计划进行5号水泵水轮机大修工作，将转轮吊出后检查转轮及下止漏环等过流部件时，发现下止漏环已被严重烧损。造成机组下止漏环烧损的原因是：机组在调相工况下长时间运行时因水环释放管路故障导致转轮室温度过高，下固定止漏环受热向机组中心方向膨胀，导致止漏环间隙过小，进而烧损止漏环。故障发生时从尾水管管壁外表面测得转轮室温度在130℃，实际温度应该更高。经计算，在不考虑转轮受热膨胀的假设下，当转轮室温度达到200℃时，下固定止漏环的膨胀量将达到3.1mm，与转轮体的下止漏环相擦碰而烧损。

条文23.4.3　防止抽水蓄能电站上下库水位越限运行的重点要求

条文23.4.3.1　上/下水库应分别设置两套不同原理的水库水位测量装置。

条文23.4.3.2　上/下水库水位各测点应根据水工设施要求分别设置两级越上限和两级越下限信号，其中一级越限作用于报警、二级越限作用于报警及自动停机。

抽水蓄能电站在抽水和发电工况情况下，上、下水库水位存在超警戒水位运行风险，需设置上、下库水位保护，保证上、下水库水位在合理运行范围内。为避免

单一元器件或单一原理的水位测量装置运行不可靠导致误跳机风险，需设置两套不同原理的水库水位测量装置，并合理设置报警及自动停机逻辑。其中一级越限信号宜设计为任意一路信号动作均报警，二级越限信号宜设计为两路信号同时动作后实现自动停机，应合理设置停机顺序和时间间隔，避免同一输水管道的机组同时发电或抽水停机。

条文 23.4.3.3　每年应对水库水位各测点与水位标尺等进行对比校核。

【案例】　某抽水蓄能电站上库越限自动停机水位为距离坝顶 60.96cm。但某次抽水工况运行时，上库水位达到越限自动停机水位后系统未自动停机，上库水位过高导致漫坝，并冲毁坝体。经查，库水位传感器读数偏小，低于真实水位值 91.44～128cm；且大坝预留安全超高不足，设计为 60.96cm，沉降后实际仅 30cm。

条文 23.4.4　防止静止变频器相关设备损坏的重点要求

条文 23.4.4.1　静止变频器输入变压器严禁无保护运行。

条文 23.4.4.2　静止变频器输入变压器及限流电抗器应选用短路试验合格的产品。

大型抽水蓄能电站主变压器低压侧分支母线额定短路电流通常在 150～180kA 之间，静止变频器输入侧的限流电抗器承担限制系统短路电流的重要作用，为保护相关设备，对静止变频器输入侧的限流电抗器抗短路能力提出明确的试验要求。

【案例】　2020 年 11 月，某抽水蓄能电站 4 号主变压器空载运行时，因低压侧开关柜母排相间短路，限流电抗器爆炸并引发主变压器低压侧三相短路事故。通过事故调查发现，该起故障起始于厂用变压器开关柜内，但因开关进线侧限流电抗器未能承受住短路电流冲击导致故障快速扩大。后续排查中发现不少电站采购或在用的静止变频器限流电抗器缺少短路试验报告或抗短路能力校核报告，存在故障时不能承受短路电流冲击的可能。

条文 23.4.4.3　静止变频器输入及输出变压器为油浸式应定期进行油色谱分析。

变压器油的色谱分析法，是对运行中的变压器油取样，分析油中所溶解气的成分和数量，来判断变压器内部是否存在潜伏性故障以及属于何种故障，并判定这些故障是否会危及变压器的安全运行。

条文 23.4.5　防止主进水阀损坏的重点要求

条文 23.4.5.1　主进水阀枢轴轴瓦设计应采用铜基镶嵌自润滑、双金属自润滑或其他在同等运行条件下能够长期可靠运行的整体式轴瓦。枢轴轴瓦与阀体之间应设有可靠固定方式，确保不发生相对位移。

【案例】　2011 年，某抽水蓄能电站 2 号机球阀左侧枢轴轴承端盖与本体之间突然出现大量渗漏水，拆解后检查发现球阀枢轴轴瓦与球阀本体发生位移，磨损了枢轴压盖密封导致大量漏水。故障原因为设计时未对球阀枢轴轴瓦和阀体之间的摩擦力矩及枢轴和轴瓦之间的摩擦力矩进行校核，且未在枢轴轴瓦与阀体之间设置可靠的固定方式，在实际运行中枢轴轴瓦和阀体之间的摩擦力矩小于枢轴转动时和轴瓦的摩擦力矩，导致枢轴轴瓦与阀体出现相对位移。

条文 23.4.5.2　主进水阀紧急停机阀为失电动作的机组，控制电源应冗余配置，并与其他回路隔离。

条文 23.4.5.3　球阀活门和工作密封动作顺序应具有闭锁功能，宜采用液压回路和控制逻辑双重闭锁。

【案例】 2022年6月，某抽水蓄能电站4号机组球阀完成检修后进行调试时，手动开启进水阀过程中工作密封和检修密封突然投入，引起密封环损伤。主要原因为试验过程中，未开展行程换向阀与液压闭锁回路液动阀的闭锁试验，导致液控阀控制油路反向未被及时发现，造成闭锁失效。

条文 23.4.5.4　主进水阀与尾闸应具有主进水阀全关后尾闸方可关闭、尾闸全开后主进水阀方可开启的闭锁功能。

尾闸设计压力低于主进水阀设计压力，若尾闸在全关位置，此时主进水阀开启，尾闸将承受机组上库进水口至尾水的水压，该水压远超其设计值而损坏尾闸；若主进水阀开启状态下关闭尾闸，尾闸将因承受过高的压力而损坏。因此主进水阀与尾闸应有主进水阀全关后尾闸方可关闭，尾闸全开后主进水阀方可开启的闭锁关系。

条文 23.4.5.5　球阀工作密封投退腔压力、差压、工作密封位置、压力钢管压力及球阀本体位移监测等信号应接入监控系统。

条文 23.4.5.6　压力钢管、球阀及其附属管路、阀门、接头等设备设计选型时，强度应满足机组发生水力自激振动情况下的安全裕度。压力钢管、球阀的压力监测管路、隔离阀门应使用不锈钢材质，隔离阀门应采用球阀或针阀。

本条文为防止采用球阀作为主进水阀的抽水蓄能机组输水系统发生水力自激振动的措施之一，在发生输水系统水力自激振动时，压力钢管内的最大压力可能达到其正常工作压力的2倍，因此压力钢管、球阀及其附属管路、阀门、接头等设备应具有足够的安全裕度，否则在发生水力自激振动时若其中某个设备爆裂将可能导致水淹厂房。若管路、阀门采用非不锈钢材质，在长时间的运行后将产生锈蚀，影响阀门的密封性能。此外，在这些场合使用的阀门，将承受较高的压差，为避免因压差过高导致阀门难以操作，要求使用球阀或针阀等受压差影响很小的阀门。

条文 23.4.5.7　球阀设计上应有保证工作密封投退腔串压情况下投入腔压力始终大于退出腔压力的措施。

条文 23.4.5.8　新建电站在调试期间或全部机组投运后一年内，同一制造厂

生产的主进水阀应至少选取1台进行动水关闭试验，以全面验证主进水阀及其附属设备性能。

条文23.4.5.9 主进水阀接力器连接管路设计为软管的，当软管达到设计使用寿命时，应进行更换。更换的软管应有制造厂明确的使用寿命及更换条件。

高压软管多为橡胶材质，受空气、光线、油脂、温度等影响会逐步老化，力学性能逐步下降，存在爆管漏油引起主进水阀误动拒动风险。不定期检查和及时更换可有效防范此类风险。

条文23.4.5.10 应定期校验、调整主进水阀平压信号装置，确保平压信号有效时两侧压差符合设计值。

依据《大中型水轮机进水阀门基本技术条件》(GB/T 14478—2012)，主进水阀开启时两侧压力差不大于30%最大静水压，两侧压差超标准时强制开启可能损坏阀体，因此应定期校验、调整主进水阀平压信号装置，确保平压信号有效、两侧压差测量准确且符合设计值。

【案例】 2013年12月，某抽水蓄能电站2号机组发电启动过程中，“2号机蝶阀压力平衡达到”信号在收到后又异常消失，导致蝶阀开启流程时间过长，机组机械跳闸，自动转停机流程。蝶阀平压信号来自压力钢管与蜗壳压差开关，该压差开关设计动作值为0.15MPa，现场实测动作值为0.144MPa，调整设定值后蝶阀开启正常。

条文23.4.5.11 配置有球阀的电站应在监控系统中设置水力自激振动报警判据。

因为水力系统本身不稳定，任何引入该系统的压力或流量的微小扰动导致随时间变化而不断增强的振动，即水力自激振动。主要现象为球阀上游侧压力钢管水压值周期性波动、最大水压可达静态水压的两倍、球阀有异常声音、球阀本体及管路有明显晃动。

典型配置方法：配有球阀的电站可将球阀上游侧压力钢管压力信号、球阀本体位移信号、球阀工作密封投退腔回路压力信号引入监控系统实时监测，并集中在一个监控画面，设置水力自激振动报警，例如，当监控系统监测到压力钢管压力脉动报警在20s内出现3次及以上时则判断为水力自激振动，送出报警信号。

【案例】 2019年3月，某抽水蓄能电站2号机组定期检查，2号机组由发电工况转为停机工况，在1号机组球阀全关后3min，1号压力钢管(1/2号机组侧上游侧共用的引水钢管)压力急剧上升，并发出“1号机组水力自激振报警、2号机组水力自激振报警”。现场检查发现1号、2号球阀上游侧压力表计剧烈摆动，2号机球阀工作密封处存在异响，并有较大的漏水声。因监控系统设计了水力自激振动报警判据，运行人员及时处置，避免引发水淹厂房事故。

条文 23.4.6　防止水淹厂房的重点要求

条文 23.4.6.1　在招标设计、输水道充水或首台机组启动前，设计单位应提交防水淹厂房专题报告，结合电站设备实际，针对不同管路破裂引起的水淹厂房可能性，复核电站排水能力及相关设备的可靠性。

条文 23.4.6.2　电站中控室应配置紧急停机和紧急关闭上、下游水道事故闸门的可靠装置，紧急停机和紧急关闭事故闸门回路设计应采用独立于电站监控系统的硬布线（包括独立光缆），电源应独立提供。

条文 23.4.6.3　主进水阀、调速器的控制回路应由交、直流双回路供电或两路完全独立的直流供电，在控制回路电压消失的情况下具备“失电关闭”功能，即失电时自动关闭主进水阀及导叶。

条文 23.4.6.4　动力电源操作的事故闸门，应配置独立的应急电源，确保在地下厂房交流电源全部丢失时闸门能正常下落。

抽水蓄能电站上、下库闸门电源一般取自电站地下厂房引出的厂用电，水淹厂房情况下地下厂房厂用电消失，将导致需动力电源操作的事故闸门无法下落，故强调配置一套独立的应急电源，明确要求地下厂房交流电源全部丢失时闸门能正常下落。学习使用本条文时应同时注意，为防止失电时间过长，应急电源应具备中控室远方或自动启动投切的功能。

【案例】 某抽水蓄能电站2016年9月发生水淹厂房事故，电站厂用电全部丢失，上、下库事故闸门失去动力电源无法及时下落。

条文 23.4.6.5　与水库、压力钢管、蜗壳、尾水管等直接相连的管路、法兰及第一道阀门应采用不锈钢材质。

条文 23.4.6.6　地下或坝后式厂房各层逃生通道显著位置应装设逃生路线指示图，逃生路线指示图应采用荧光材料制作，逃生通道应安装防护等级不低于IP67的应急照明。

IP67的应急照明应包括灯具、电池、开关、接线箱、电缆、接头等整套部件，电站宜采用新型的照明灯具，提升防水的防护等级。应急照明应设计为交流充电装置丢失时自启动照明，并且在水中能独立支撑一定时间的照明。

条文 23.4.6.7　应急照明电源应分级和分高程设计和布置，并逐级逐层设置断路器，以保证下层和下级电源遇水短路跳闸而不影响上层和上级电源供电。

条文 23.4.6.8　应至少配置两套不同原理的厂房集水井水位监测装置及水位过高报警装置。

条文 23.4.6.9　对可能遭遇区间暴雨、尾水位超高倒灌等影响的孔洞、管沟、通道、预留缺口等应设置拍门或挡板。

条文 23.4.6.10　除另有规定外，当螺栓要求有预应力时，预紧力应不小于正

常工况和过渡工况下连接对象的最大工作荷载折算到螺栓轴向荷载的2.0倍，螺栓的工作综合应力在正常工况和过渡工况下不大于螺栓材料屈服强度的2/3，在特殊工况下不大于螺栓材料屈服强度的4/5。螺栓预紧过程中最大综合应力不得超过材料屈服强度的7/8。

条文23.4.6.11　各水电厂应结合自身实际建立重要部位螺栓台账，重要部位螺栓应做好原始位置状态标记并制订防止松动措施。

重要部位螺栓应由各集团公司或电站结合实际情况细化规定，建议包括（但不限于）以下设备：

（1）转轮与主轴连接螺栓。

（2）主进水阀与上、下游管段连接螺栓。

（3）水轮机轴与发电机轴连接螺栓。

（4）顶盖与座环把合螺栓。

（5）顶盖分瓣组合螺栓。

（6）主进水阀基础螺栓。

（7）分瓣球阀连接螺栓。

（8）蜗壳进人门螺栓。

（9）尾水管进人门螺栓。

（10）压力容器人孔门螺栓。

（11）主轴中心孔封堵板螺栓等。

要加大新技术研究应用，有条件时，重要部位螺栓处加装紧固程度在线监测设备。

【案例1】　2016年9月，某抽水蓄能电站1号机甩负荷过程中，顶盖与座环把合螺栓断裂，顶盖在水压力作用下被抬起，发生水淹厂房事件。螺栓断裂的主要原因为设计安全裕度不足（安全系数小于1.0），预紧力设置偏小，螺栓松动产生疲劳裂纹，并在裂纹处形成应力集中，单个螺栓等效截面应力增大，在机组甩负荷时无法承受顶盖处的巨大水压力而先后发生断裂。

【案例2】　2009年8月17日，某水电站发生水轮机顶盖螺栓疲劳破坏而引发的特大事故，事故造成75人死亡，13人受伤，电站10台机组全部损坏。事故的直接原因为顶盖与座环把合螺栓未加装防松措施，2号机顶盖螺栓在振动中松脱，最终导致全部破断。

条文23.4.6.12　重要部位螺栓无损检测时宜同时进行超声波与磁粉检测；新购置螺栓应提供螺栓材质、无损检测、硬度、力学性能等出厂试验报告。

常用无损检测方式有射线、超声波、磁粉和渗透检测，其中射线检测主要检查焊缝缺陷，超声波检测主要适用于内部缺陷检测，磁粉检测适用于近表面缺陷的检测，渗透检测适用于表面开口缺陷。螺栓做全面无损检测主要是针对制造、运行过程中的疲劳裂纹和由于受剪切等力可能形成的表面和近表面缺陷。螺栓检测通常选用超声波、磁粉、渗透。对于直径大于M32的进行超声波检测、磁粉检测，必要时也可进行渗透检测；对于直径小于M32的，应做磁粉和渗透检测。力学性能试验一般做拉伸试验，属破坏性试验，主要是验证螺纹加工前锻造和热处理性能。

条文23.4.6.13　压力钢管明管段应按照设计要求单独进行压力试验，主进水阀阀体及前后的延伸段、伸缩节及其相连的所有阀门应进行压力试验。

条文23.4.6.14　应按照相关标准要求进行压力钢管及明管段管壁焊缝、壁厚、应力、腐蚀检测。对与压力钢管直接连接的阀门和管路焊缝按照相关标准要求进行无损检测。

条文23.4.6.15　一管（洞）多机的抽水蓄能机组，主进水阀设备检修吊出时，禁止使用进水阀堵头作为临时措施，同一流道相邻机组应陪停，应排空引水管道，并做好防止上水库进水闸门误开启的措施。

抽水蓄能机组通常为地下厂房布置，具有高水头（通常为300～700m，远高于常规水电机组）、启停频繁、工况复杂多变等特点，如发生主要截流部件（如进水阀等）破裂时，引水管道内的高压水流将快速淹没地下厂房，引发重大人身和设备事故。基于上述特点综合考虑，明确规定一管（洞）多机的抽水蓄能机组，禁止使用进水阀堵头作为检修临时措施。

【案例】　某水电站采取一管三机引水管道布置形式。2022年1月，因3号机组球阀密封环损坏漏水需返厂维修，为不影响1号、2号机组正常发电，采取在3号机组引水压力钢管处安装闷头（由闷头体和带颈法兰组成），通过螺栓与引水压力钢管法兰连接固定实现临时堵水，后因闷头体未按承压设备制造、检验出现严重质量缺陷，在压力钢管内水压的作用下爆裂失效，造成水淹厂房，致9人死亡，直接经济损失约4435万元。

条文23.4.7　防止输水系统金属部件脱落的重点要求

条文23.4.7.1　水道系统内格栅应采用不锈钢材质，格栅应固定牢固。

条文23.4.7.2　闸门井通气孔孔盖应采用格栅式设计，宜采用整体结构并固定牢固。

条文23.4.7.3　在闸门井或其通气孔内设计爬梯的，爬梯应采用不锈钢材质；未设计爬梯的，应在闸门井口或通气孔口设置软梯和防坠器的挂点。

【案例1】　某抽水蓄能电站为消减过渡过程下水锤压力对机组及输水系统的影响，在尾水隧洞岔管处设置尾水调压井，结构形式为阻抗式调压井，调压井除有衬砌结构混凝土以外，在小井段和大井段顶部布置有不锈钢栏杆。2015年，该电站1号机组在进行甩负荷、抽水调相等试验过程中，水车室发出异常声响，机组被迫停机。经查明由于1号机甩负荷时尾水调压井上方有大气流进入，将尾水调压井施工临时围栏吸入尾水隧洞，在机组抽水运行时围栏与转轮发生撞击发出异响，导致机组导叶、转轮不同程度受损。

【案例2】 2015年1月，某抽水蓄能电站2号机组水泵工况稳定运行时，出现水导轴承摆度及瓦温高报警，现场排除振摆装置、温度测量元件、导瓦冷却水、润滑油系统异常影响，后经检查发现尾水盘型阀进水口拦污格栅部分脱落，脱落的拦污格栅在机组抽水时被吸附到转轮下端部，导致水力不平衡，造成主轴摆度增大、瓦温升高和转轮损伤。

条文23.4.8 防止特殊工况或极限工况运行设备损坏的重点要求

条文23.4.8.1 监控系统应设计有防止同一流道内不同机组同时抽水和发电的闭锁功能。

条文23.4.8.2 机组在电气制动工况运行时禁止强励功能投入。

条文23.4.8.3 应尽量避免抽蓄机组超设计电量或设计利用小时数运行。因负荷调整需求等原因必须运行时，应尽可能保障关键疲劳设备、易损设备定期检修或临时检查需求，防止机组过疲劳受损。

抽水蓄能机组为特殊的水轮发电机组，国内、国际上主要制造厂研究成果显示，抽水蓄能机组每次启/停造成的机组机械振动与磨损，大约产生相当于负载运行10h的疲劳累积效应。机组频繁启停和应急服务电网的同时，也必然加剧设备老化和磨损，各级单位应充分理解抽水蓄能机组的特殊情况，尽可能保障定期检查或临时检修的需求。

条文23.4.8.4 机组不应在高振动区和低负荷不稳定区内长期投自动功率控制运行。

条文23.4.8.5 高寒地区电站应尽可能调整运行检修策略，最大限度防止水库冰冻。

24

防止垮坝、水淹厂房及厂房坍塌事故的重点要求

总体情况说明：

本章反事故措施在《防止电力生产事故的二十五项重点要求（2014 年版）》第 24 章原“防止垮坝、水淹厂房事故”内容的基础上，对原条文中已不适应当前水电站大坝、厂房实际情况或已写入新规范、新标准的条款进行删除、调整。对大坝、厂房事故的分析表明，大多数事故除和运行管理中的差错等因素有关外，设计失误、施工留下的隐患也是诱发事故发生的内在因素，应强化设计、施工、运行全过程的风险意识和安全管理。对运行中的大坝、厂房也要站在工程的全过程考虑，特别是改建、扩建等工程的设计、施工对运行厂站安全至关重要。因此，为防止垮坝、水淹厂房及厂房坍塌重大事故的发生，本章反事故措施在原内容的基础上进一步强化大坝、厂房全生命周期安全管理，从规划、设计、施工、运行维护、除险加固等各环节提出反事故措施和要求。

条文说明：

条文 24.1　加强大坝、厂房设计

条文 24.1.1　设计应充分考虑不利的工程地质、气象条件和地震、洪水、地质灾害等自然灾害的影响，尽量避开不利地段，禁止在危险地段新建、扩建和改建工程。设计应开展大坝、厂房周边安全风险评估，优先设计管控风险的工程措施。

在设计阶段，坝址确定、总体布置、坝型选择、洪水演算等重大问题的决策若有失误，将会给建成以后的大坝带来难以更改的先天不足，甚至铸成重大事故。大坝、厂房周边发生的大规模滑坡、泥石流等自然灾害，会危及大坝及厂房安全，应在设计阶段予以充分考虑。

【案例 1】　意大利瓦依昂拱坝在工程前期地质勘探不充分，对库区不良地质特征判断失误，未查明地层深部存在明显的软弱面，由于地层结构为石灰岩和黏土层相互层叠，石灰岩层间的黏土层在遇水浸泡时易形成泥浆，使岩层间摩擦力降低，存在滑坡风险。最终该大坝在建成后第四年，其左岸库首山体发生巨型滑坡，滑坡掀起高达 250m 的涌浪，造成下游多个村镇重大人员伤亡和经济损失。

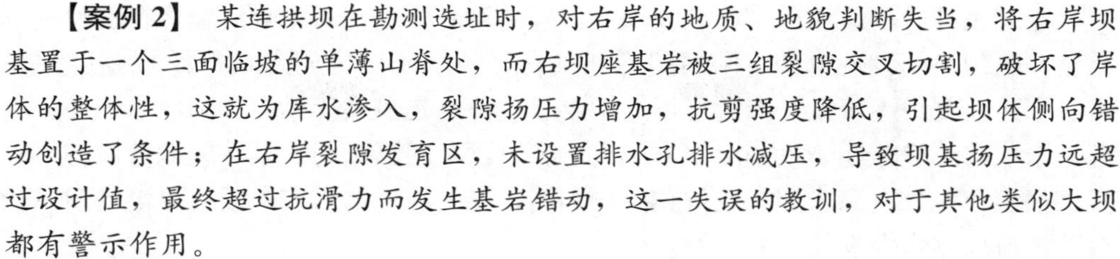

【案例 2】 某连拱坝在勘测选址时，对右岸的地质、地貌判断失当，将右岸坝基置于一个三面临坡的单薄山脊处，而右坝座基岩被三组裂隙交叉切割，破坏了岸体的整体性，这就为库水渗入，裂隙扬压力增加，抗剪强度降低，引起坝体侧向错动创造了条件；在右岸裂隙发育区，未设置排水孔排水减压，导致坝基扬压力远超过设计值，最终超过抗滑力而发生基岩错动，这一失误的教训，对于其他类似大坝都有警示作用。

【案例 3】 某水电工程的总体布置，对泄洪水雾飘移危害认识不足，厂房和开关站置于水雾密集区，又无有效防范措施，这是造成水淹厂房事故的重要原因。

【案例 4】 某水电站发电厂房布置在一条冲沟内，厂区位于主河槽一侧，除需满足大坝宣泄 200 年一遇洪水时的防洪要求外，冲沟一侧还需满足宣泄 200 年一遇冲沟洪水的防洪要求。由于设计时没有考虑冲沟洪水威胁，厂区排水能力显著不足。2006 年 7 月冲沟发生 50 年一遇降雨，冲沟内洪水淹没了厂房，造成较大经济损失。

条文 24.1.2　大坝、厂房的安全监测设计应与主体工程同步设计、同步施工、同步投入运行，监测项目和布置在符合水工建筑物监测设计规范基础上，应满足运行、维护及检修要求。对坝高 100m 以上的大坝或库容 1 亿 m^3 以上的大坝，应当同步设计大坝安全在线监控系统。

大坝监测设施是保证大坝安全运行的耳目，大坝安全在线监控是及时掌握大坝运行安全状况的重要手段，其作用十分重要，大坝监测是水工建筑物设计的一项标准设计，但很多设计观测项目不全，厂房的观测项目更是不够规范，个别甚至没有布设监测设施。部分观测项目布局、选型不合理，运行过程中不便于维护和检修，缩短了使用寿命，有的甚至不可用。大部分内部观测布置设计看似合理，实际施工保护困难，造成施工期就已经失效，达不到观测的目的。据统计约有 80%的大坝，存在监测项目不全，监测设施陈旧，监测结果精度低、可靠性差等问题。

按照《水电站大坝运行安全监督管理规定》要求，加快推进坝高 100m 以上、库容 1 亿 m^3 以上大坝和病险坝的运行和管理单位，建设大坝安全在线监控系统。国家能源局编制的《电力安全生产“十四五”行动计划》将推进大坝安全在线监控系统建设确定为“十四五”期间大坝安全管理重点推进方向，力争到 2025 年实现全覆盖。为此，很有必要将大坝安全在线监控系统建设推进工作关口前移到设计阶段同步开展。

条文 24.1.3　大坝、厂房的设防标准应满足规范要求。大坝应有安全、可靠的泄洪等设施，闸门启闭设备电源、闸门门后通气孔、防水淹厂房应急电源及视频监控设备、水位监测设施等的设置和可靠性应满足要求。应配置独立可靠的大坝泄洪闸门启闭应急电源或应急启闭装置。

规划设计阶段应该严密论证大坝、厂房的设防标准，对影响后期运行的泄洪等设施，闸门启闭设备电源、闸门门后通气孔、防水淹厂房应急电源及视频监控设备、水位监测设施等设计应满足可靠性要求。特别是泄洪等设施，闸门启闭设备电源、水位监测设施在防洪调度中作用突出。泄洪期间因闸门、电源问题造成的事故案例很多，应急电源未配备或位置布设不当，导致厂用电因灾中断后泄洪闸门不能全开，造成洪水漫坝的事故时有发生。

【案例1】 某大坝1969年汛期提升闸门的关键时刻，闸门开启2/3时电源中断，因无备用电源，闸门不能全开，影响了泄洪能力，是造成洪水漫坝事故的原因之一。

【案例2】 某水电站备用柴油发电机电源与发电机组设置在同一位置、同一高程，由于位置较低，该电站在2016年汛期启闭机工作电源及备用柴油发电机电源均因洪水受淹中断，闸门部分开启后，无法继续抬升，最终发生洪水漫坝事故。

条文24.1.4　厂房应设计可靠的正常及应急排水系统。

条文24.1.5　地面主厂房的安全出口不应少于2个，且应有1个直通室外。地下厂房至少应有2个通至地面的安全出口。

条文24.1.6　设计应根据已运行电站出现的问题，统筹考虑水电站大坝和厂房等工程问题的解决方案。设计单位应从保护设施、设备运行安全及维护方便等方面征求运行单位意见。

厂房设计一般只有厂房运行过程中的正常排水系统，已建电厂很少设有应急排水系统。发电厂房运行过程中出现水淹厂房的案例很多，原因较多，如山洪尾水抬高、管道断裂等。厂房设计时应考虑厂房运行过程中出现的特殊工况。下面工程案例，反映出设计不当给工程带来的安全隐患。

【案例1】 某水库2010年泄洪时由于下游河道堵塞，尾水壅高，下游洪水通过厂房门倒灌；2011年局部地区暴雨造成厂房外地面积水过高，雨水沿厂房排水管倒灌，母线室进水，两起事件因发现及抢险及时才避免了水淹厂房的事故发生。

【案例2】 2016年6月，某水电站机组故障停机检修，其间所在流域普降大到暴雨，河水骤然暴涨。由于尾水管排气孔设计高程低于本次下游洪水位，且该孔位置处于人员无法到达且混凝土覆盖的尾水平台中心，洪水从排气孔沿着该管道流入尾水管，进入厂房集水井，集水井3台抽水泵抽水量远小于倒灌水量，导致厂房发电机层以下设备全部被淹。

条文24.2　落实大坝、厂房施工期防洪度汛措施

条文24.2.1　施工期项目建设单位应成立包含业主（建设）、勘察、设计、施工和监理等参建单位的防洪度汛组织机构，明确各单位职责。

电力企业建设工程的防汛管理要严格按经审批的施工期度汛方案的要求进行，

施工过程应有完善的防汛组织机构，业主（建设）、勘察、设计、施工和监理等参建单位的防汛责任明确，分工协作，配合有力。各单位各级防汛工作岗位责任制明确。

条文 24.2.2　设计单位应于每年汛前提出工程度汛标准、工程形象面貌及度汛要求。

条文 24.2.3　大坝、厂房改（扩）建过程中应满足各施工阶段的防洪标准。

施工建设过程中业主单位应按相应的防洪标准设防。施工过程中施工单位往往为节省资金或缩短工期，实施的防洪措施达不到设防标准要求而导致事故。严重的给后期运行造成先天缺陷，特别是大型水电项目施工单位众多，单项工程交叉作业，防汛工作尤为复杂。尤其在大坝、厂房改（扩）建过程中对原有工程的防汛安全带来威胁。

【案例】　某水电枢纽工程上游一期围堰为不过水土石围堰，设计标准流量为 744m^3/s，在该围堰挡水期间，遭遇 1071m^3/s 洪峰流量，围堰出现翻坝垮塌。本次洪水超过围堰设计防洪标准是导致围堰急速溃决的直接原因，同时，相关单位未制订防汛预案、安全措施落实不到位、现场风险管控措施不力、防汛安全责任制不落实也是事故的重要原因。

条文 24.2.4　压力管道、蜗壳、尾水管道等过水系统充水或首台机组启动前，设计单位应提交防水淹厂房专题报告。结合电站设备实际，针对厂内和厂内外连接管路破裂以及伸缩节、进人门等严重渗漏引起的水淹厂房可能性，复核电站排水能力及相关设备的可靠性。

条文 24.2.5　施工期项目建设单位应组织编制满足工程度汛及施工要求的防洪度汛方案，报相关部门审查后严格执行。

施工是实现设计蓝图的重要阶段，从基础开挖、坝体浇筑、设备安装到竣工清理的一道道工序中，某一道工序出现失误，都可能留下事故隐患，更多的是在施工过程中，施工措施不当或缺失，施工标准降低等，这些都给运行期带来安全隐患或对设备安全构成威胁，甚至酿成事故。

【案例】　某电厂二期扩建中，老厂房安装间拆除，原上游排水沟和扩建的基坑相通，施工过程中围堰渗漏，造成水淹基坑。由于缺乏临时挡水措施，基坑渗水倒灌厂房，险些造成水淹厂房的事故。

条文 24.2.6　项目建设单位、施工单位应制订完善的工程防洪应急预案，按要求组织评审、审批、培训和演练，按规定报地方政府有关部门备案。

已建厂、站的加固、扩建和改造工程的防汛安全，直接影响到厂、站运行期的安全。工程单位往往重视建筑、安装，轻视防汛工作，对于突发洪水缺乏应急手段，因此，项目建设单位、施工单位应按防汛管理要求开展应急预案的制订完善、评审、审批、培训、演练和报备等工作。

条文 24.2.7　施工单位应单独编制监测设施施工方案，由项目建设单位组织设计、监理，运行单位审查后实施。

观测设施在施工过程中，施工单位往往只重视安装进度，轻视安装质量，忽视安装结果，因此，造成观测设施单项观测数据缺失，运行寿命短暂，观测设施没有保护，特别是内部观测设施，很多由于施工保护不够，造成观测设施失效，无法恢复。

条文 24.2.8　项目建设单位应于汛前组织开展防汛检查，并对汛期可能存在的安全风险进行辨识、分析和评估，制订管控措施，汛前落实到位。

条文 24.2.9　施工单位应于汛前按设计要求和现场施工情况制订防汛措施，报监理单位审批后成立防汛抢险队伍，配置必要的防汛物资，做好防洪抢险准备工作。

条文 24.2.10　施工期应加强洪水、地震、地质灾害等自然灾害的监测预报和会商研判，密切跟踪区域内雨情和水情动态，及时发布预报预警信息。

条文 24.2.11　施工期应做好汛期防灾避险工作，预报有强降雨前应及时对截排水系统等进行全面检查，加强施工区域的隐患排查治理和突发事件应急处置。

【案例】　某电站施工区域出现局地强降雨，9h累计降雨量达75mm，最大1h降雨量达26.9mm，该施工区域一条冲沟内发生了大规模泥石流，泥石流摧毁并掩埋了冲沟沟道出口右侧施工人员租用的一栋三层民房，造成重大人员伤亡。

条文 24.3　加强大坝、厂房日常运行管理

条文 24.3.1　应办理大坝安全注册登记，针对注册检查提出的大坝安全监管意见制订整改落实计划，并按期完成整改。

1991年3月，国务院颁布《水库大坝安全管理条例》（国务院令第77号），其第三条规定，“各级水利、能源、建设、交通、农业等有关部门是其所管辖大坝的主管部门”，第二十三条规定，“大坝主管部门对其所管辖的大坝应当按期注册登记，建立技术档案”。该条例首次明确了我国大坝安全管理实行注册登记制度。

水电站大坝安全注册是一项极为重要的监管措施，2014年水电站大坝安全注册登记被国务院审改办列为行政审批事项。2015年4月，国家发展和改革委员会颁布的《水电站大坝运行安全监督管理规定》（国家发展和改革委员会令第23号）明确规定，以发电为主、总装机容量5万kW及以上的大、中型水电站大坝应按法规的要求在国家能源局注册。电力企业应当在规定期限内申请办理大坝安全注册登记，在规定期限内不申请办理安全注册登记的大坝，不得投入运行，其发电机组不得并网发电。2015年5月，国家能源局颁布了《水电站大坝安全注册登记监督管理办法》，明确了国家能源局负责大坝安全注册登记的综合监督管理；派出机构负

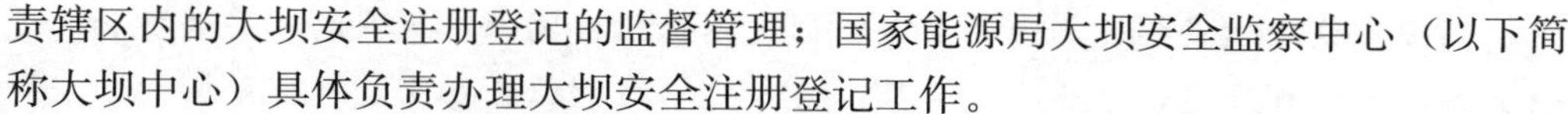

责辖区内的大坝安全注册登记的监督管理；国家能源局大坝安全监察中心（以下简称大坝中心）具体负责办理大坝安全注册登记工作。

电力行业自1996年开始实行水电站大坝安全注册登记制度以来，有效促进了水电站大坝安全管理的责任制落实、规章制度建设、运行管理人员素质提高和运行维护工作的制度化和规范化，为保障水电站大坝的运行安全发挥了重要作用。但目前仍存在少数水电站大坝监管责任不清、部分电力企业未按国家与行业的要求开展相关工作等问题，主要表现为：

（1）部分已具备注册条件大坝或注册登记证有效期已届满大坝，电力企业迟迟未能按法规的要求申请办理注册登记。

（2）存在游离在监管之外的水电站大坝依然正常并网发电的情况，监管力度需进一步加强。

（3）有个别电力企业，在大坝蓄水投运之后虽办理了大坝备案，但后续工作一直未按国家或行业的要求开展，其中最突出的现象就是不开展工程竣工安全鉴定，或竣工安全鉴定工作迟迟不收尾。

（4）对于大坝安全监管意见，部分电力企业未及时落实或落实不到位。

上述问题说明个别电力企业对大坝安全注册管理工作仍不够重视。注册检查提出的大坝安全监管意见及时落实整改，是注册登记工作的初衷。电力企业应针对大坝安全监管意见提出整改计划，明确整改措施、完成时限和责任人，并举一反三，持续改进。国家能源局派出机构和大坝中心对大坝安全监管意见闭环实施监督管理，对于不按整改计划落实的电力企业，采用通报、约谈等手段督促监管意见落实。

【案例1】 某水电站于2018年6月下闸蓄水，2019年6月2台机组投产发电，2021年9月完成工程竣工安全鉴定。该工程2018年蓄水投产后，未按照《水电站大坝运行安全监督管理规定》（国家发展和改革委员会令第23号）第29条要求，在机组转商运营前，将工程蓄水安全鉴定报告和蓄水验收鉴定书以及有关安全管理情况等报大坝中心备案。同时，该工程完成竣工安全鉴定后，未按照《水电站大坝安全注册登记监督管理办法》（国能安全〔2015〕146号）第11条要求，在完成工程竣工安全鉴定三个月内，向大坝中心书面提出注册登记申请。2022年大坝安全监管机构对该大坝进行了现场调查，由于电力企业未及时申请注册登记及其他违法事项，于2022年7月对大坝运行单位开出行政处罚决定书，责令大坝运行单位对违法行为限期整改，并处以罚款。2022年10月，该大坝完成大坝安全注册，注册等级为乙级。

【案例2】 某电力企业所管辖的水电站大坝，由于电力企业的管理不够到位，在建立健全大坝安全管理体系、人员配备和培训及日常工作开展方面存在一些问题，首次注册等级被评定为乙级。该电力企业充分认识到自身管理方面存在的不足，高度重视提出的问题，大力整改，通过不断学习国家及行业的相关法规和其他企业的先进管理理念，重视自身管理人员技能培训和业务水平，积极落实大坝安全注册检查意见中提出的整改意见。经过两年的整改与学习，该电力企业的管理水平有了显著提高，在第二次注册时注册等级被评定为甲级。该案例仅仅是一个典型的代表，随着注册工作的深入开展，各电力企业依法依规开展大坝安全管理工作的意识越来越强，绝大部分能积极主动地落实大坝中心提出的整改意见，不断提高自身的大坝安全管理水平。

条文24.3.2　建立健全大坝运行安全组织体系和应急工作机制，加强大坝运行全过程管理。汛期应建立主要负责人为第一责任人的防汛组织机构，以及与地方政府和上下游单位的联动机制，成立防汛抢险队伍，明确防汛目标和防汛重点，强化落实防汛岗位责任制。

电力企业是大坝运行安全的责任主体，对大坝运行安全承担主体责任，需要在大坝运行全过程中，按照法规要求履行义务和承担责任，并对未履行主体责任导致的后果负责。电力企业的主要负责人是本单位大坝安全的第一责任人，对落实本单位大坝安全组织责任体系全面负责；电力企业应设置大坝安全管理相关部门和岗位，并明确其管理职责，相关部门和岗位都是大坝安全管理的参与者，均不同程度直接或间接影响大坝安全运行，大坝安全人人都是主角，没有旁观者。电力企业是大坝突发事件应急管理的责任主体，应当按照法律法规的规定、与地方政府有关部门划定的管理界面，建立应急工作机制，并加强大坝运行突发事件应急管理。

电力企业做好防汛工作必须认真贯彻执行《中华人民共和国防汛条例》等相关法规、制度，同时这些法规、制度也是编制本措施的依据。《中华人民共和国防汛条例》第八条明确规定，“石油、电力、邮电、铁路、公路、航运、工矿以及商业、物资等有防汛任务的部门和单位，汛期应当设立防汛机构，在有管辖权的人民政府防汛指挥部统一领导下，负责做好本行业和本单位的防汛工作”。防汛工作要实行“安全第一，常备不懈，以防为主，全力抢险”的方针，建立组织机构，确立防汛责任，明确防汛目标和重点，在组织、责任、目标上确保大坝、厂房的安全。电力企业汛期应组织成立本单位的防汛抢险队伍，作为紧急抢险的骨干力量。水电站洪水调度与上下游密切相关，电力企业应当同地方政府和上下游梯级水库及有关企业建立防汛联动机制，积极推动雨水工情和调度运行信息实时共享。

条文24.3.3　制订并不断修订完善能够指导实际工作的防汛、检查、监测、运行维护等制度规程，并严格执行；制订和完善大坝运行安全应急预案和防水淹厂房应急预案，确保预案的科学性、针对性和可操作性。

建章立制是科学有效开展水电站大坝和厂房安全运行的基础工作之一，工作的标准化和制度化规范了各水电站大坝安全和防汛管理的工作内容和要求，解决了管理工作做什么，怎么做的问题。为加强规范水电站大坝和厂房安全管理，近年来，国家能源局陆续发布了《水电站大坝安全现场检查技术规程》（DL/T 2204—2020）、《水电站大坝安全管理实绩评价规程》（DL/T 2079—2020）、《水电站防水淹厂房安全检查技术规程》（DL/T 2447—2021）等行业规程，对水电站大坝和厂房运行管理提出了相关技术要求。

由于水电站工程规模、结构型式、运行环境条件、电站设备、承担的防汛任务等各不相同，其防止事故发生的重点部位也不尽相同，因此各单位在防范措施的细节上都各有侧重。为能进一步规范水电站大坝和厂房运行管理工作，特在本条文中强调电力企业必须结合内部管理要求及工程实际，制订水工建筑物检查、监测、运行维护、补强加固，机电金属结构的检查、运行操作、维护、检修，水电站防汛度汛（防汛检查、报汛、防汛岗位责任制，防汛总结制等）、应急管理、水库调度、安全作业，以及企业档案管理、绩效管理等方面的制度或规程，通过制度规程指导日常运行管理工作。同时，运行管理保障体系的人、财、物会动态变化，要求保障体系与时俱进，及时修订和完善制度规程十分必要。

电力企业应结合工程实际，对运行突发事件（暴雨、台风、洪水、地震、工程险情等）进行风险分析和评估，对突发事件分级分类，充分考虑内部应急工作机制和外部应急资源，制订科学、有针对性和可操作性的应急预案。水电站特别要制订完善水电站大坝运行安全应急预案和防水淹厂房应急预案，并加强应急预案演练，对应急预案演练效果进行评价，提出改进意见。对于运行中突发事件，电力企业应结合应急处置实际，总结应对的经验和教训，同时进一步完善应急预案。

【案例 1】 2020 年 5 月，某水电站开启泄洪冲沙洞闸门时，因异常水文气象条件致使隧洞内淤泥产生大量甲烷和二氧化碳为主的混合气体，在冲沙作业过程中受峡谷风作用逆向涌进闸门操作室，引发含甲烷气体爆燃事故，造成人员伤亡。该电力企业对有限空间安全作业风险辨识评估不到位，未认识到泄洪冲沙作业时可能存在易燃易爆气体及其爆炸风险，本次事故对有限空间作业安全敲响了警钟。事后监管部门要求切实强化水电站有限空间作业的安全监管，要制订完善有限空间安全作业规程，提升有限空间作业安全意识，确保实际作业执行与制度规程一致。

【案例 2】 2019 年 3 月，美国内布拉斯加州的斯宾塞大坝上游河流积雪融化和冰层破裂，产生了快速的洪水和冰凌，流冰涌至斯宾塞大坝上游，部分叠梁闸门由于冰冻无法打开，同时碎冰堵塞了弧形闸门，持续的入库碎冰和洪水漫过大坝，最终导致大坝溃决，溃坝洪水摧毁了大坝下游的建筑及高速公路等基础设施，并造成一人溺亡。斯宾塞大坝历史上曾发生过冰凌灾害，但管理单位由于未认识到冰冻及冰凌灾害这一运行风险而没有采取预先防范措施，也未制订相关应急预案或应急处置方案，导致事故发生时束手无策。

【案例3】 2010年6月，某水电站上游一只空载民用捞沙船因固定缆绳断裂，漂流至坝前撞击大坝溢流坝段，卡在溢流坝段前沿，对大坝泄洪安全造成一定影响。由于该水电站所在库区河段挖沙船较多，电力企业事后专门制订了针对船只等大体积漂浮物撞击大坝的应急处置方案。

条文 24.3.4 做好大坝安全检查（日常巡查、专项检查、年度详查、定期检查和特种检查）、监测、维护工作，对检查发现的问题及时整改；对异常监测数据应及时分析、上报和采取措施；当发生地震、洪水、库水位骤升骤降、库水位低于死水位或者其他影响大坝安全的异常情况时，应加强巡视检查，增加监测频次，并进行分析；确保大坝处于良好状态。

大坝安全检查是发现工程问题隐患的重要手段，电力企业应开展大坝安全日常巡查、专项检查、年度详查，及时掌握水工建筑物运行情况，发现异常现象或工程隐患，并尽早维护处理。大坝安全检查具体要求应遵循《水电站大坝安全现场检查技术规程》（DL/T 2204—2020）。大坝中心应当定期检查大坝安全状况，评定大坝安全等级。大坝遭受超标准洪水或者破坏性地震等自然灾害以及其他严重事件后，大坝中心应当对大坝进行特种检查，重新评定大坝安全等级。

大坝安全定期检查是对运行水电站大坝及其附属设备定期进行的全面检查和评价，发现和诊断大坝存在的缺陷和隐患，提出补强加固或改善措施，推动补强加固工作，提高大坝本质安全。我国自1987年开始的水电站大坝安全定期检查，目前已完成四轮定检，第五轮定检正在进行中。从首轮定检到第四轮定检，共完成701座次的大坝定期检查，共评定病险坝19座，正常坝682座，其中，首轮定检险坝2座、病坝7座，第二轮定检病坝8座，第三轮定检病坝2座，第四轮病坝零座。从首轮到第四轮定检大坝数量由96座增加到303座，但险坝由首轮的2座，减少到第二轮的零座；病坝由首轮的7座、第二轮的8座、第三轮的2座，减少到第四轮的零座，实现了零病坝、零险坝目标。四轮定检共诊断出各类缺陷和隐患数千条，有效地推动了大坝除险加固工作，提高了大坝的本质安全。通过几轮定期检查，摸清了电力行业大坝的安全状况，查明了一些工程缺陷、隐患和重大疑难问题，查出了病、险坝19座，提出了“必须处理和建议处理的问题”超过3000条，促进了大坝除险加固和隐患治理工作，提高了大坝的安全度，有力保障了水电站大坝没有发生垮坝等重大事故。

安全监测是水工建筑物安全管理的耳目，是掌握工程运行状态的重要手段，通过对监测资料的分析，掌握其变化规律，可指导水工建筑物运行，进而提高水工建筑物的运行管理水平。对于运行中出现的监测数据异常，应结合工程结构和检查情况，及时开展监测数据综合分析，评判大坝运行性态。

地震、洪水、库水位骤升骤降、库水位低于死水位等属于水工建筑物不利运行

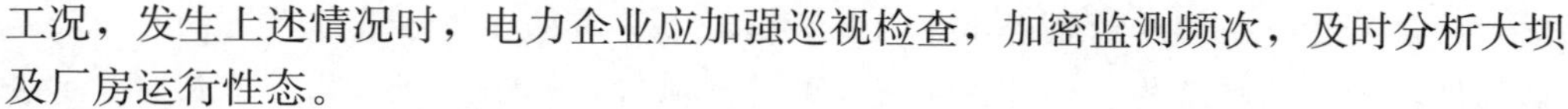

工况，发生上述情况时，电力企业应加强巡视检查，加密监测频次，及时分析大坝及厂房运行性态。

【案例1】 某水电站拦河坝为碾压混凝土重力坝，2001年1月完成大坝安全首次定期检查，由于该大坝部分碾压混凝土质量较差，坝体渗漏和析钙严重，坝体扬压力偏高等问题，影响到大坝的安全运行，由大坝中心审定为病坝。电力企业于2002年10月—2003年7月对大坝进行补强加固处理，2004年12月由原国家电力监管委员会批复同意大坝为正常坝。

【案例2】 某水库拦河坝为面板砂砾石坝，由于管理人员业务水平的限制，没有考虑工程地质、坝型和坝料特点进行孔隙水压力或测压管水位的观测。周边缝、面板之间垂直缝的位移的普通机械式测缝装置由于不适于水下观测而报废。此外，在坝面上的沉陷、位移标点设置不符合规范要求，有的设在地面灯柱上。该大坝溃坝后的原因分析表明，大坝没有完善的观测设施、缺乏有效的安全监测是溃坝教训之一。该坝如果观测项目齐全，定期进行观测，及时分析资料，则可以及早了解坝体浸润线情况，控制蓄水水位抬高，降低溃坝风险。

【案例3】 某水电站混凝土面板堆石坝，监测数据显示大坝渗漏量自2011年起急剧增加，最高达1250L/s，大坝存在重大安全隐患。经国家能源局、派出机构和大坝中心的督促和指导，最终该大坝放空水库进行除险加固。治理后，大坝渗漏量明显下降，治理效果显著，避免了溃坝等重大安全事故。

【案例4】 2022年9月，四川甘孜州泸定县发生6.8级地震，距震中100km分布较多水电站工程，均有不同程度的震感。地震发生后，电力企业及时开展震后现场检查及加密观测工作，为技术人员准确评判地震对大坝安全的影响提供了第一手材料。

条文24.3.5　做好发电、输水建筑物及附属设施的安全检查、监测、维护工作，定期开展厂房和输水建筑物结构安全评估。

开展发电、输水建筑物及附属设施的安全检查、监测、维护工作，是确保发电及输水系统安全运行的重要手段，也是电站设施发挥功能效益的根本保证。电力企业应建立发电、输水建筑物安全检查、监测制度，认真开展检查、监测工作，尽早发现缺陷、隐患，及时做好维护和加固，确保建筑物和设施安全稳定。

目前，国内对厂房和输水建筑物结构安全评估尚无行业强制规定，但随着厂房和输水建筑物运行时间增长，必然会出现结构老化和运行缺陷，适时开展结构安全评估和除险加固是必要的，电力企业应将其纳入技术监督工作范围，定期开展厂房和输水建筑物结构安全评估。

【案例1】 2009年8月，俄罗斯萨扬-舒申斯克水电站发生的水淹厂房事故，导致数台水轮发电机组报废，厂房坍塌，变压器爆炸和环境污染，75名现场人员死亡。水电站厂房挡水结构和承压设备设施较多，有的与库水连通，有的与下游尾水相接，一旦挡水结构、设备设施发生故障或破坏，如果发现、处置不及时，都会引发水淹厂房事故。

【案例2】 1998年7月，某水电站发生洪水，其1号铁塔下面有一地质探洞的封堵段被洪水冲掉，同时有一条与地质勘探洞相通的宽40cm的软弱带被冲开，洪水通过地质探洞和原施工支洞进入厂房，涌至排水泵房，导致5台排水泵被淹，继而厂房发电机层以下被水淹没。

条文24.3.6 近厂坝区域发现有滑坡体及泥石流沟的，应每隔3～5年论证导致漫坝或水淹厂房事故发生的可能性。对工程管理范围内可能危及大坝、厂房安全的地质灾害风险区域设置监测设施，并纳入巡查和监测范围，及时分析监测成果，必要时开展灾害评估和工程处置。

近厂坝区域地质灾害是危及大坝和厂房安全的重大风险，泥石流、滑坡等地质灾害造成的漫坝或水淹厂房事故案例很多。为确保大坝和厂房安全，电力企业应定期开展近厂坝区域地质灾害风险论证，将工程管理范围内可能危及大坝、厂房安全的地质灾害风险区域纳入管控范围，在高风险区域设置监测设施，常态化开展巡查和监测，雨季和汛期应加密检查频次，及时发现异常情况，必要时开展灾害评估和工程处置。

【案例1】 1997年8月，某地区因局部暴雨形成山洪泥石流。洪水裹着大量泥石压垮某电厂门厅，冲进厂房，所有机组被淹，对外交通全部中断，造成重大损失。

【案例2】 2019年8月，某水电站闸坝下游右岸200m处发生大规模泥石流，泥石流冲积物在闸坝下游形成壅塞体，堵塞河道，一度将闸坝淹没，造成闸坝枢纽多孔泄洪闸门损毁，部分水工建筑物损坏。

【案例3】 2012年6月，某水电站因局部大暴雨，导致厂房右侧山体及沿线山体发生泥石流灾害，泥石流夹杂大量块石、杂草，沿电站进厂公路涌入厂房，造成水淹厂房事件。

【案例4】 2013年7月，某水电站因流域强降雨发生泥石流，导致电站下游河床抬升，洪水漫过厂区防浪墙，沿进厂公路和厂区围墙涌入厂区，厂区水深近0.8m，水位与河道水位齐平，导致电站厂房四周被洪水包围，发电机层及以下全部进水。

条文24.3.7 对影响大坝、灰坝、厂房安全的缺陷、隐患及水毁工程，应实施永久性的工程措施，优先安排资金，抓紧进行处理。对已确认的病坝、险坝，应在规定期限内完成补强加固处理，并制订险情预计和应急预案。病坝、险坝除险加固方案要专项设计、专项审查、专项施工和专项验收，隐患未消除前，应根

据实际病险情况，充分论证运行安全性，必要时采取降低水库运行水位等措施确保安全。

坝体、厂房的安全与否，直接关系到下游人民生命财产的安全。通过安全检查，对查出的缺陷、隐患及遭受洪水破坏的水毁工程，应研究确定永久性工程措施，优先安排资金，抓紧实施，尽早消除缺陷、隐患，恢复设施功能。依据《水电站大坝运行安全监督管理规定》（国家发展和改革委员会令第 23 号），电力企业应当限期完成对病坝、险坝的处理。病坝、险坝以及正常坝的重大缺陷和隐患的处理应专项设计、专项审查、专项施工和专项验收。除险加固方案必须由具有相应资质的设计单位设计，并经专项审查批准后，方可组织施工。施工中要严格遵守工序验收制度，严格把好施工质量关。特别是对于定期检查中被确认的病坝、险坝，必须立即采取补强加固措施，并制订险情预计和应急预案，必要时采取非工程措施，确保安全。病坝消缺前或者消缺过程中，如情况恶化或者发生重大险情，应当降低水库运行水位，极端情况下可以放空水库。

【案例 1】 某水电站大坝施工质量差，运行年代长，遭受冻融破坏严重，混凝土老化脆弱，需要及时维护和补强加固。电力企业曾多次申报加固项目，但因加固方案久议不决、资金来源渠道不畅等原因，未能及时处理，再次泄水时导致溢流面混凝土大面积冲刷破坏，损坏严重。

【案例 2】 2008 年，某大坝被评为“病坝”后采取的安全措施之一就是降低汛限水位运行。该水库原汛限水位为 260.50m，汛期降低到 257.90m 运行。水库在降低汛限水位后成功调节了 2010 年超百年一遇的洪水，最高洪水位为 264.94m。

【案例 3】 某水电站大坝 1985 年被地震严重损坏后，为了能在短时段内恢复发电，只对大坝做了修复，受损闸体未做根本处理，给 1998 年大洪水泄洪时留下重大安全隐患，是造成后来溃坝的主要原因之一。

【案例 4】 某水电站大坝因防洪能力不足，大坝安全定期检查被审定为病坝。电力企业委托设计院开展大坝防浪墙及坝顶加高工程设计工作，并积极配合设计方案的审查，在方案通过审查后便立即组织施工。大坝防浪墙及坝顶加高工程竣工后，经大坝中心重新评定，成功摘除“病坝”帽子，审定为正常坝。

条文 24.3.8 应认真开展汛前、汛中和汛后检查工作，明确防汛重点部位、薄弱环节，有针对性地开展应急预案演练，并将检查报告及演练情况及时上报主管单位。

电力企业每年汛前都要对本单位开展系统的防汛检查，检查防汛组织是否建立，防汛责任是否落实，防汛规章制度是否健全和完善，防汛度汛方案、预案及措施是否明确，对防汛重点部位、薄弱环节，是否制订科学、具体、切合实际的防汛预案，有针对性地开展演练，对汛前检查及演练情况应及时上报主管单位。通过汛前安全检查，能够掌握防汛重点，对查出的薄弱环节可及时采取补救加固措施。同时，坚持汛中检查和汛后检查，随时掌握防汛工作的主动权。

防汛演练是检验预案和锻炼队伍非常好的方式，通过开展防汛应急演练，一是可以验证应急预案的实用性和可操作性，及时发现预案的缺陷不足，进而完善预案；二是可以检验相关人员对预案的熟悉程度，各级人员是否明确自己的职责和应急行动流程，以及抢险队伍的反应力、组织力、执行力和应急处置能力；三是通过演练普及应急知识，提高对事故、灾害的警惕性，增强风险防范意识；四是检验防汛设备、物资的完备程度，运行状态是否正常，发现不足时予以调整补充。有针对性地开展应急预案演练是提高应急事件处置能力的有效方法，电力企业应认真组织开展，并将演练情况及时上报主管单位。

条文 24.3.9　应按照有关规定，对大坝、发电输水系统、厂房建筑物、泄洪设备、排水设施、消防设施及其供电电源等进行认真检查。泄洪设备应急电源汛前应进行带负荷可靠性验证试验。闸门操作控制系统（含远程）应结合检修进行检查和可靠性验证试验。既要检查厂房外部、上下游防洪墙的防汛措施，也要检查厂房内部及厂房内外连接管路、闸（阀）门、堵头的防水淹厂房措施，厂房内部重点应对供排水系统、消防水系统、廊道、尾水进人孔、水轮机顶盖、堵头（含检修期间的临时封堵装置）等部位进行检查和监视。定期验证防水淹厂房停机保护措施及运行监控系统的可靠性。

实践证明，泄洪设备、泄洪设备电源、厂房内外连接管道等设备故障是造成垮坝、漫坝、水淹厂房等水电厂重大事故的主要原因之一。本条文强调了检查的重点部位，但汛前安全检查绝不仅限于上述部位。

水电站挡水结构和承压设备设施非常多，有的与上游库水连通，有的与下游尾水相接，一旦挡水结构、设备设施发生故障或损坏，发现不及时，或者处置不当，极易引发事故。发电企业应根据自身工程的特点，确保应查尽查，不落死角，不留隐患。防水淹厂房停机保护措施可在险情出现时防止事故扩大，降低损失，为确保其功能，应定期验证防水淹厂房停机保护措施的可靠性。

汛前要对各类闸门及启闭设备进行全面检修、维护，特别是泄洪闸门的启闭机应配备可靠的应急电源。应急电源的有效性是其功能发挥的关键，汛前应进行泄洪设备应急电源的带负荷可靠性验证试验，确保关键时刻能发挥作用。有些中小型水电站，由于地理环境等原因造成泄洪设备工作电源、应急电源抗风险能力不足。电力企业应结合实际情况，必要时配备泄洪闸门无电应急启闭装置，提高泄洪设备在电源供应中断、电气控制系统故障、电动机故障、液压泵站故障、启闭机涉水等工况下的泄洪闸门的应急启闭能力。

【案例1】　某大坝因为无可靠电源和闸门操作不规范，先后两次造成洪水漫过

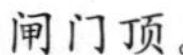

闸门顶。

【案例 2】 2014 年 7 月，某水电站上游连续降特大暴雨，坝前最高水位超过校核洪水位约 0.2m，下游最高尾水位超过厂房防洪墙约 0.5m，尾水通过电缆孔洞、墙体裂缝等通道大量涌入厂房，造成水淹厂房。

【案例 3】 2016 年 9 月，某抽水蓄能电站 1 号机组电气故障停机，机组甩负荷过程中，因水轮机顶盖把合螺栓断裂，顶盖抬起，压力水通过顶盖涌出，水淹厂房，全厂停电。

【案例 4】 2019 年 8 月，受强降雨影响，汶川地区发生山洪泥石流灾害。当地某水电站泄洪闸工作电源、备用电源因灾中断，泄洪闸无法开启，水库水位快速上涨，闸门前泥沙淤积高度距坝顶仅 2m，洪水超出坝顶约 4m，造成漫坝事故。

条文 24.3.10 汛前应做好防止水淹厂房、廊道、泵房、变电站、进厂铁（公）路以及其他生产、生活设施的可靠防范措施，特别确保地处河流附近低洼地区、水库下游地区、河谷地区排水畅通，防止河水倒灌和暴雨造成水淹。

近年受全球气候变化和人类活动影响，我国气候形势越发复杂多变，水旱灾害的突发性、异常性、不确定性更为突出，局部突发强降雨、强台风等极端事件明显增多，防汛压力突显。汛前检查和防汛措施的落实就显得尤为重要，汛前发电企业应认真细致地开展汛前检查，排查防汛隐患并整改到位。对厂房、泵房、变电站、进厂铁路、公路及其他生产、生活设施以及一切可能进水沟道采取可靠的封堵或强排措施，认真做好供排水设备的检修维护工作，汛前完成厂坝区所有排水系统的清理疏通，汛期加强巡回检查，防止出现排水不畅导致内涝。

加强地处河流附近低洼地区、水库下游地区、河谷地区的防汛排查、除险加固，落实特殊地理环境的工程疏浚排洪措施，关注天气变化，严密防范。

【案例 1】 2000 年 10 月，某抽水蓄能电站因 5 号机组消水环管上的手动操作阀由于质量问题发生损坏，运行人员未能及时关闭机组供水，现有排水泵排水容量不够，直至第二天在增加排水泵后，才阻止了厂房内的水位上升，最终水淹到发电机层，发电机仅露出机头，其他设备均被淹。

【案例 2】 2000 年 8 月 5 日，某水电站 50MW 小机组供水管道上的自动阀门不满足质量要求，由于水击现象引起破裂，导致发生水淹厂房事故。

【案例 3】 2012 年 6 月，某水电站因局部大暴雨，导致厂房右侧山体及沿线山体发生泥石流灾害，泥石流夹杂大量块石、杂草，堵塞进厂公路排水设施，沿电站进厂公路涌入厂房附近，堵塞电站排水通道，造成水淹厂房事件。

条文 24.3.11 汛前备足必要的防洪抢险器材、物资，并对其定期进行检查、检验和试验，确保物资的良好状态。确保有足够的防汛资金保障，并建立防汛物资保管、更新、使用等专项管理制度。

汛前应对防汛物资进行全面核查，摸清防汛物资器材的储备情况，及时备足必要的防洪抢险器材、物资，并进行检查、检验和试验，确保器材、物资状态良好。汛中应对防汛物资进行定期的检查，设备还应进行定期的维护保养和试验，确保随时可用。

资金是防汛工作的保障，必须设立专项的防汛资金，做到专款专用，专物专用。防汛抢险器材、物资应建立管理制度，登记造册、专人管理，并进行定期检查、检验和试验。各单位应积极推进防汛物资定额管理，按照分级储备、分级管理和分级负责的原则，定期对防汛物资进行全面检查、清点，对汛期所耗用和过期变质失效的物料、器材要及时办理核销手续，并增储补足，确保防汛工作的顺利进行。

【案例1】 河南“75·8”大洪水，洪水发生前当地正在积极抗旱，3号台风在地区上空形成低气压后，气象部门并未对这种形势变化及时预报。当时水库管理单位缺乏防汛和应急准备，板桥水库当年防汛经费仅4000元，汛前未配置充足的防汛物资，同时水库枢纽区没有备用电源和在恶劣气候下能使用的可靠通信设备。以致洪水造成板桥、石漫滩两座水库的发电厂被迫停电后，坝上失去照明，水库上下一片漆黑，立即丧失抢救能力。

【案例2】 2022年9月，四川甘孜泸定县发生6.8级地震，某水电站首部枢纽距离震中约9km，受地震影响，山体滑坡导致进场交通中断，2名运行人员被困首部枢纽。由于物资被埋，且无卫星电话等应急通信设施，导致被困人员缺乏生存所需物资，且无法与外界联系，生命安全一度受到威胁。

条文24.3.12　在重视防御江河洪水灾害的同时，应落实防御和应对上游水库垮坝、下游尾水顶托及局部暴雨造成的厂坝区山洪、支沟洪水、厂区内部涝水的各项应急措施。对于滨海地区可能受到海水潮汐作用影响的厂房，应制订防极端高潮位和海啸的应急措施。

上游水库垮坝、下游尾水顶托及局部暴雨是大坝和厂房安全的重大风险源，大坝管理单位必须制订切实可行的防控措施和应急预案，落实防御和应对上游水库垮坝、下游尾水顶托及局部暴雨造成的厂坝区山洪、支沟洪水、厂区内部涝水的各项日常管理措施和应急措施。同时对可能危及大坝、厂房安全的地质灾害风险区域采取管控措施，开展巡查和监测，确保第一时间发现问题及时处置。

近年来全球气候变化显著增强，极端暴雨、局部强降雨、强台风、滨海地区海啸、极端高潮位等极端事件明显增多。针对这种变化趋势，电力企业应及时开展相关研究和评估，加强排水设备设施的管理和升级改造，积极防御极端灾害事件，降低损失，必要时可提高设防标准，确保设施、设备安全。对于滨海地区可能受到海水潮汐作用影响的厂房，应制订防极端高潮位和海啸的应急措施。

【案例1】 2010年，某流域发生洪水，由于下游河道堵塞，泄洪期间尾水顶托，造成某电厂厂房水泵室尾水倒灌，险些造成水淹厂房的事故。

【案例 2】 2021 年 7 月，受极端强降雨影响，某小型水库发生溃坝险情，下游坝坡大范围冲刷垮塌，由于及时采取应急处置措施，最终未发生决口溃坝事故。

条文 24.3.13 完善水雨情自动测报系统，广泛收集气象、水文信息，充分利用共享的水情信息，加强水情测报和洪水预报，确保洪水预报精度。加强对水雨情自动测报系统的维护，每年汛前开展专项检查，确保设备、系统正常运行和水情数据准确可靠。

水雨情信息是防洪度汛的耳目，水情测报和洪水预报是防洪调度决策的依据，所以必须保证水情测报系统的完好可靠。水电站管理单位应重视水雨情自动测报系统的建设，保证监测设施、设备的投入，建立并不断完善水情自动测报系统，加强系统维护，确保及时获取准确的水情数据。大中型水库应结合已建水文气象测站，合理布设雨水情监测站点，实现雨量、入库流量、出库流量、库水位等实时测报。汛期应与地方气象、水文部门建立可靠的信息沟通渠道，广泛收集气象、水文信息，充分利用共享的水情信息，加强水情测报和洪水预报，确保洪水预报精度。水电厂、抽水蓄能电站、开关站等要根据实际，开展防洪、防止恶劣天气的信息采集和预报工作，提高防洪工作的预见性以及电力设施防御和抵抗洪涝灾害能力。

【案例 1】 2010 年，某水电站发生洪水，由于水位计故障，对于水情信息不掌握，险些造成漫坝事故。

【案例 2】 2005 年 12 月 14 日，美国汤姆索克抽水蓄能该电站在抽水工况运行时，由于上水库两套自动控制水位计失灵，未能及时关停抽水机组，以致在大坝沉降量最大的四个部分库水溢出坝顶，最后造成大坝局部溃决。溃坝后短短 25min 时间内，约 530 万 m^3 库水泄入下游河道，溃坝洪峰流量为 7730m^3/s，事故造成 9 人受伤，损毁了一个公园，造成的财产损失达 10 亿美元。

条文 24.3.14 应严格执行批准的汛期调度运用计划，不得擅自在汛限水位以上蓄水运行。汛限水位以上防洪库容调度运用，应按照水行政主管部门或流域管理机构（防汛指挥部门）下达的防洪调度指令执行。

相对于设计和施工阶段，运行阶段是电力企业受益阶段，但在发挥工程效益的过程中，一定要贯彻“安全第一”的方针，汛期严格按照批准的调洪方案调洪实施水库调度，否则，不仅不能获得经济效益，反而可能会造成重大灾害，或者使大坝遭受严重损坏。

依据水利部 2021 年 2 月 7 日发布施行的《汛限水位监督管理规定（试行）》的相关条款，特别强调水库运行管理单位应严格执行批准的汛期调度运用计划，刚性严格执行防洪库容的调度指令，不得擅自在汛限水位以上蓄水运行。其目的是避免水库运行管理单位盲目追求经济效益，忽视水库超蓄风险的现象，规范水库运行管理单位的行为。

【案例 1】 1969 年，某水库大坝发生漫坝事故，其重要原因就是因为管理单位盲目追求灌溉效益，不了解洪水出现的随机特性，汛期不适当地抬高运行水位，减少了防洪库容。

【案例 2】 2009 年 3 月，某水电站因追求发电效益超标准蓄水，遇持续降雨库水位上涨，外送 110kV 输电路遭受雷击损坏，导致机组停止发电，闸门无法正常开启，溢流坝 10 孔弧形闸门顶部过水，一度危及下游 2 县 7 镇 5 万余人民群众生命财产安全，造成 3 万多下游群众连夜紧急转移的险情。

【案例 3】 2016 年 6 月，某水电站超汛限水位 2m 运行，在接到地方防汛主管部门降低汛限水位的通知后没有服从调度命令，当洪水将要漫坝，准备提闸泄洪时，因为以前闸门维护时刷润滑油的一个刷子掉在闸门缝隙里卡住，一孔泄洪闸门没有顺利开启，最终造成洪水漫坝事故洪水漫过堤坝，造成下游电站厂房、设备、进厂公路、民房等冲毁。事故发生后，电站站长被追究刑事责任。

条文 24.3.15　强化水电厂水库运行管理，应根据批准的调洪方案和有防洪调度权限的水行政主管部门和流域管理机构的指令进行调洪，严格按照规程操作闸门。如遇特大洪水或其他严重威胁大坝安全的事件，在无法接到调度指令时，应按照批准的应急调度方案，采取措施确保大坝安全，同时采取一切可能的途径通知地方政府及相关单位。当水库发生特大洪水后，应对水库的防洪能力进行复核。多泥沙水库，应严格执行拉沙调度方案，防止淤堵泄洪设施和侵占调洪库容。

汛中，应强化水电厂运行管理，严格根据批准的调洪方案和调度指令进行调洪，并按规程规定的程序操作闸门。特别是坝后式厂房中溢洪道与发电厂房相连者，必须严格按设计单位提供的闸门操作顺序和闸门开度关系进行，否则有可能造成因不同闸门之间水流的相互撞击而产生水流偏移进入发电（变电）区域。

考虑在发生危急情况且无法获得调度指令时，正常调洪方案是无法实施的，为及时有序应对失联状态下的危急情况，提出了“按照批准的应急调度方案”采取措施确保大坝安全的处置规定。水库运行管理单位应制订应急调度方案，并报有防洪调度权限的水行政主管部门和流域管理机构批准。遇危及大坝安全的紧急情况且无法获得调度指令时，应按照批准的应急调度方案，自行采取应急调度措施，确保大坝安全，同时采取一切可能的途径尽快通知地方政府及相关单位。

对水电站大坝安全来说，除了合理的调度运用外，还要定期检查评价设计洪水可靠性，特别是遭遇特大洪水后，可能导致水库特征水位的变化。因此，运行期发生特大洪水或者水库调洪原则改变时，要进行洪水及调洪复核计算，对水库的防洪能力进行评估。

多泥沙水库，应结合河流水情、沙情信息，开展泥沙特性分析和移动规律研究，编制水库拉沙调度方案并不断完善，严格执行，防止淤堵泄洪设施和侵占调洪库容。

【案例1】 1979年，某水库发生洪水漫顶垮坝事故，事故原因之一就是没有按照调洪方案执行水库调度。少数地方领导不尊重科学，不按客观规律办事，片面强调多蓄水多发电。省、地防汛部门发现后，曾用电话、电报通知，要求立即泄放超蓄的水量。7月20日地区水电局派工作组到水库检查，当晚向县主要负责领导汇报，指出大汛期间超汛限蓄水非常危险，要求尽快将库水位降到汛限水位以下。当时县里主要领导口头同意3天后放水，实际并未执行。从7月20—25日反而又多蓄水390万m^3，使超蓄水量高达460万m^3，侵占防洪库容59%，以致洪水到来时调蓄能力减少，造成漫顶垮坝。

【案例2】 1995年，某流域洪水调度过程中，因上游水库没有完全执行调度命令，造成下游库不明来水4亿m^3，给调度决策带来影响。

【案例3】 某流域2010年前连续多年枯水，地方水库为追求灌溉效益，汛前水库超蓄。2010年7月底，流域发生洪水，造成51座中小型水库出现水毁，另有1座小型水库垮坝，最大溃坝流量约为5800m^3/s，溃坝冲毁了下游的5个村子，造成巨大的人员伤亡和财产损失，最终汇入某水电站库区。

【案例4】 2007年6月，某水电站泄洪期间按照指令调整闸门开度时，为排泄库区漂浮物，将紧邻左岸厂房坝段的1号闸门关闭，调控3号闸门开度至全开状态，导致下泄水流越过左岸厂房坝段与溢流坝段的导墙飘入坝后主变压器平台，平台积水漫入安装场并溢向发电机层和上游副厂房廊道。所幸工作人员及时发现并紧急处置，才未造成重大设备损失。

【案例5】 2016年7月，某抽水蓄能电站附近发生特大暴雨，大坝安全定期检查时增加了针对发生特大暴雨开展洪水复核，上水库校核标准洪量增大近1倍，导致上水库校核洪水位抬高，进而对大坝防洪安全性造成一定影响。抽水蓄能上水库一般位于山顶小流域上，集水面积小，小流域缺乏水文资料，部分直接采用查图法计算设计暴雨和设计洪水，发生特大暴雨时应开展洪水和洪水位复核，评估大坝防洪安全性。

条文24.3.16 加强维护检修改造过程的防汛和安全管理，辨识危险源、评估安全风险并采取切实可靠的管控措施。检修期间各类临时挡水、封堵设施应按规定组织专项论证、专项设计、专项审查、专项施工、专项验收。

维护检修改造期间，由于设备设施停运，极易产生麻痹思想，是事故发生的高风险时期，诸如施工管理不到位，安全措施不当，工艺工序不合理，承压设备损坏，隔离措施失效等各种原因诱发的重大事故很多。电力企业必须高度重视维护检修改造期的安全管理，开展危险源辨识，评估安全风险，切实落实风险管控措施，避免事故发生。同时，电力企业还应重视检修期间各类临时挡水、封堵设施的安全管理，临时挡水、封堵设施的设计制造及安装质量要符合规范要求，能确保其挡水安全可靠。

【案例1】 2011年11月，某水电站在检修1号机主阀接力器时，采取的安全措施不当，未采取外部加焊固定等防止主阀开启的可靠措施，在敲打接力器销钉时，造成接力器锁锭无法保持平衡，主阀活门开始松动并出现间隙，压力水喷涌而出，主阀大量漏水，水淹厂房至水轮机层，导致运行中的2号、3号机组停运。

【案例2】 2015年11月，某水电站1号机组检修工作已接近收尾，顶盖进人孔门、蜗壳进人孔门尚未关闭。由于流域来水增加较快，下游水位超过尾水闸门设计水头，导致1号机组2号尾水闸门及门槽超极限强度而崩溃，下游洪水经1号机组尾水管、蜗壳进人孔、顶盖进人孔涌入，造成水淹厂房。

【案例3】 2017年7月，某水电站处于检修状态的2号机组进水球阀泄漏，大量漏水喷射而出，淹没至发电机层，导致运行中的1号、3号机组被迫停机，220kV送出线路停运。

【案例4】 2022年1月，某水电站3号机组引水钢管闷头失效，造成水淹厂房，致9人死亡。事故直接原因为闷头体未按照承压设备制造、检验，出现严重质量缺陷，在引水钢管内水压的作用下爆裂失效，大量水流高速涌入厂房，导致人员溺水死亡，设备及厂房严重受损。

条文24.3.17　汛期应加强防汛值班，值班人员应具有相应的业务知识和技能，并落实汛期24h值班和领导带班制度。

水雨情系统是防汛工作的基础，只有及时掌握水雨情，才能判断洪水，预测洪水，为防洪决策提供及时、可靠的支持。防汛值班是实现上述工作的条件和保障，必须高度重视，落实值班制度，严格值班纪律，强化值班人员的业务知识和技能培训，提高值班人员的业务处置能力，保证值班质量。汛期24h值班和领导带班制度是落实防汛责任的制度保证，必须严格落实汛期领导干部到岗带班和重要管理岗位的值守，压实重点人员防汛管理责任。天有不测风云，灾害也往往是在人们松懈时发生，由此引发的事故案例表明，防汛值班工作不能轻视。

【案例1】 1973年6月，某水库大汛期间只有1名管理值班人员，因外出参加会议，洪水来临前坝区无人值守，垮坝前因无人应急处置，最终发生漫坝失事。

【案例2】 巴西大肯哈坝，工程的主要功能是发电，因对水库防洪度汛安全认识不足，水库长期保持高水位运行。1997年1月，大坝所处流域连续降雨3周，19日中午值班闸门操作人员离开电厂去进午餐，不料洪水猛涨淹没了归路，导致操作人员无法回厂，由于泄洪闸门不能及时开启，以致库水漫过坝顶，水库失事。

条文24.3.18　及时掌握和上报有关防汛信息。防汛抗洪中发现异常现象和不

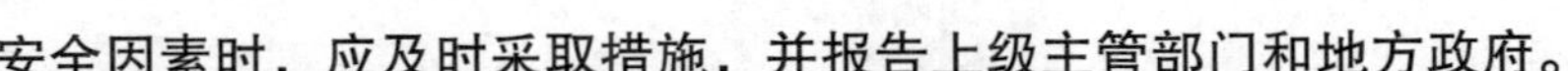

安全因素时，应及时采取措施，并报告上级主管部门和地方政府。

及时、准确的防汛信息是做好防汛工作的基础，是防汛决策的依据，必须建立可靠的信息传递渠道，加强沟通协作和信息共享，及时上传下达，确保各级防汛主体都能够及时掌握相关的防汛信息。

防汛抗洪中发现异常现象和不安全因素时，应高度重视，及时分析成因，评估风险程度，及时采取措施，并报告上级主管部门和地方政府。

【案例】 2021年9月，某水电站对上游泄洪信息未及时处理导致泄洪准备工作不足，由于入库洪水较大，导致水库水位迅速上涨，开闸泄洪时仅打开了一扇弧门，在相继开启第二扇至第五扇（共5扇）弧门时，闸门门顶过水，油缸启动压力超过设计值，启门失败。由于泄流能力不足，致使库水位持续上涨，最高库水位超过校核洪水位0.41m，距离坝顶高程仅0.56m，险造成漫坝险情。事件发生后，电力企业及时上报水利主管部门，经过地方防汛办协调上游水库错峰运行和现场应急抢险，随着上游来流减小，水库水位回落至闸顶高程以下，随即开启剩余4孔泄洪弧门，恢复正常泄洪运行方式。

条文 24.3.19　汛期后应及时对存在的隐患和问题进行整改，并及时进行防汛总结，应及时将防汛总结上报主管单位。

通过年度防洪总结和汛后建筑物隐患整改，可以持续改进防汛工作。汛期结束后，电力企业应对水工建筑物及其附属设备进行全面细致的检查，查清缺陷、隐患，及时总结当年度汛的经验和不足，并对下一年防洪度汛工作提出改进计划。同时，通过防汛总结，查找制度缺陷和管理漏洞，并及时查遗补漏，为下一年的防汛工作打下坚实的基础。

对于年度度汛及汛后检查发现的水工建筑物及其附属设备缺陷、隐患和薄弱环节，要认真进行梳理，分析原因，研究对策措施，制订除险加固、水毁修复的计划和方案，落实资金，确保在下一年汛前完成各项除险加固及技改工作，保证来年安全度汛。

【案例】 2021年8月底，某水电站泄洪过程中，溢洪道泄槽末段及鼻坎段底板被冲毁，影响泄洪安全。事件发生后，电力企业立即开展了临时应急加固处理，但9月6日泄洪时泄槽底板再次发生了破坏，导致底板冲刷坑范围向上游进一步扩大。9月15日再次对溢洪道冲毁部位进行了临时回填处理，使得9月19—20日溢洪道泄洪时泄槽底板未发生进一步破坏。考虑溢洪道存在重大缺陷隐患，进一步发展可能威胁大坝安全，电力企业于当年立即组织专项设计、专项施工，并于2022年汛前完成了溢洪道除险加固处理，确保了2022年安全度汛。

25

防止重大环境污染事故的重点要求

总体情况说明：

本章阐述了防止发生重大环境污染事故的重点要求。

本章是在《防止电力生产事故的二十五项重点要求（2014 年版）》的基础上，针对近年电力生产中暴露出的新问题，吸取了近年来发生的环保事故教训，参考并引用了新颁布国家、行业标准，补充完善了一些新的措施。

修订过程中，坚持“安全第一、预防为主、综合治理”的方针，着力将有关法律法规和标准规范的相关要求落地，着力将事故教训转化为预防措施，增强了反事故措施的针对性和有效性，确保了反事故措施执行的刚性。

本次修订主要依据《中华人民共和国环境保护法》《中华人民共和国水污染防治法》《中华人民共和国大气污染防治法》《中华人民共和国固体废物污染环境防治法》《中华人民共和国环境噪声污染防治法》《中华人民共和国环境影响评价法》等法律法规，以及《排污许可管理条例》《突发环境事件应急管理办法》《燃煤发电厂贮灰场安全评估导则》（国能安全〔2016〕234 号）和《污水综合排放标准》（GB 8978—1996）、《火电厂大气污染物排放标准》（GB 13223—2011）、《锅炉大气污染物排放标准》（GB 13271—2014）、《大气污染物综合排放标准》（GB 16297—1996）、《一般工业固体废物贮存和填埋污染控制标准》（GB 18599—2020）、《危险废物贮存污染控制标准》（GB 18597—2001）、《排污单位自行监测技术指南　总则》（HJ819—2017）、《排污单位自行监测技术指南　火力发电及锅炉》（HJ 820—2017）、《火电厂石灰石/石灰-石膏湿法烟气脱硫系统运行导则》（DL/T 1149—2019）、《袋式除尘工程通用技术规范》（HJ 2020—2012）、《火电厂除尘工程技术规范》（HJ 2039—2014）、《固定污染源烟气（SO_2、NO_x、颗粒物）排放连续监测技术规范》（HJ 75—2017）、《固定污染源烟气（SO_2、NO_x、颗粒物）排放连续监测系统技术要求及检测方法》（HJ 76—2017）、《石灰石/石灰-石膏湿法烟气脱硫工程通用技术规范》（HJ 179—2018）、《湿式电除尘技术规范》（DL/T 1589—2016）等国家行业标准和规范性文件。

此外，本修订说明在对本章条文说明的基础上，还收录了部分公开发布的相关典型案例。

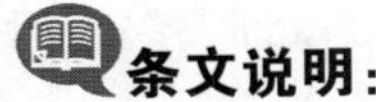**条文说明：**

条文 25.1　严格执行环境影响评价制度与环保“三同时”原则

环境影响评价制度是指为了预防规划和建设项目实施造成环境污染和生态破坏等不良环境影响，对可能产生的环境影响进行分析、预测和评估，提出预防或减轻不良环境影响的对策和措施，进行跟踪监测的方法与制度。

“三同时”是指建设项目中防治污染的设施，应当与主体工程同时设计、同时施工、同时投产使用。“三同时”适用于新、改、扩建项目，技术改造项目，可能对环境造成污染和破坏的工程项目。

条文 25.1.1　环保设施应当与主体工程同时设计、同时施工、同时投入使用，应符合经批准的环境影响评价文件的要求。应加强对环保设施运维管理，确保环保设施正常运行，环保指标应达到设计标准和国家及地方排放标准的要求。

《中华人民共和国环境保护法》第四十一条明确规定：“建设项目中防治污染的设施，应当与主体工程同时设计、同时施工、同时投产使用。防治污染的设施应当符合经批准的环境影响评价文件的要求，不得擅自拆除或者闲置。”

【案例】 2008 年 4 月，陕西省环保局在对陕西某发电厂进行全面检查时发现，该电厂违反国家建设项目环境保护“三同时”的有关规定，脱硫设施未与主体工程同步投入运行；未经环保部门同意擅自开工试生产；在线监测设施运行极不稳定，数据波动较大；因煤炭资源紧缺，采购原料煤的质量无法保证，燃煤含硫量超过了环评要求；企业环保管理不到位，存在环保设施运行纪录不完整、固体废物堆放不规范等违法现象。

条文 25.1.2　电厂宜采用干除灰输送系统、干排渣系统。如采用水力除灰电厂应实现灰水回收循环使用，灰水设施和除灰系统投运前必须做水压试验。

为保证灰水设施和除灰系统的安全运行，灰水设施和除灰系统投运前必须做水压试验。

条文 25.1.3　电厂应按地方、国家烟气污染物排放标准规定的各污染物排放限值，采用相应的烟气除尘设施、脱硫设施与脱硝设施，投运的环保设施及系统应运行正常，脱除效率应达到设计要求，各污染物排放浓度达到国家及地方标准规定的要求。

条文 25.1.4　电厂锅炉实际燃用煤质的灰分、硫分、低位发热量等不宜超出设计煤质及校核煤质。

因煤质是影响烟气污染物排放重要因素之一，为保证机组安全、稳定运行，保证烟气污染物排放达标，入炉煤质关键指标不能超出设计煤质及校核煤质范围，否则需要采取相应措施。

条文 25.1.5　灰场大坝应充分考虑大坝的强度和安全性，大坝工程设计应最

大限度地合理利用水资源并建设灰水回用系统，贮灰场应采取无渗漏设计，防止污染地下水。

灰场大坝的强度直接关系到灰场及坝下村庄的安全，所以大坝工程设计应最大限度地合理利用水资源并建设灰水回用系统。为防止污染地下水，应对灰场进行无渗漏设计，对渗漏系数不达标的灰场，建设时应铺设土工膜。

【案例】 朔州市某电厂贮灰场扬尘污染、渗水等环境污染问题突出，多次受到群众投诉以及朔州市环保局行政处罚。2015年2月对贮灰场冲灰水通过铺设的水泥管沿贮灰场东南方向排放问题，责令改正并处以罚款，2015年6月对贮灰场存在的粉煤灰扬尘污染及渗水问题，责令改正并处以罚款，2015年12月对贮灰场冲灰水外排问题，责令改正并处以罚款。

条文25.2　加强贮灰场运行维护管理

条文25.2.1　建立贮灰场（灰坝坝体）安全管理制度，明确管理职责。应设专人定期对灰坝、灰管、灰场和排水、渗水设施进行巡检。应坚持巡检制度并认真做好巡检记录，发现缺陷和隐患及早解决。汛期应加强贮灰场管理，增加巡检频率。

条文25.2.2　应对贮灰场定期组织开展安全评估工作，原则上每三年进行一次。

依据国能安全〔2016〕234号通知发布的《燃煤发电厂贮灰场安全评估导则》，应对贮灰场定期组织开展安全评估工作。

条文25.2.3　加强灰水系统运行参数和污染物排放情况及地下水、土壤等周边环境的影响监测分析，发现问题及时采取措施。

依据《排污单位自行监测技术指南　总则》（HJ 819—2017）《排污单位自行监测技术指南　火力发电及锅炉》（HJ 820—2017）对贮灰场地下水、土壤等周边环境的监测明确要求。

条文25.2.4　定期对灰管进行检查，重点包括灰管（含弯头）的磨损和接头、各支撑装置（含支点及管桥）的状况等，防止发生管道断裂事故。灰管道泄漏时应及时停运，以防蔓延形成污染事故。

条文25.2.5　对分区使用或正在取灰外运的贮灰场，必须制订落实严格的防止扬尘污染的管理制度，配备必要的防尘设施，避免扬尘对周围环境造成污染。

【案例】 2018年，呼和浩特市检察院在履行职责中发现，某电厂的贮灰场自2010年投入使用以来，一直以露天形式作业，仅有部分灰体用薄薄的抑尘网遮盖。因未做好防尘抑尘工作，大量粉煤灰在风力作用下，污染着周边空气。呼和浩特市检察院委托第三方司法鉴定机构对贮灰场造成的环境损害进行鉴定。鉴定显示，该贮灰场不仅造成大面积扬尘污染，还会随着雨水渗入地下，造成土壤污染和地下水污染。

条文 25.2.6 贮灰场应根据实际情况进行覆土、种植或表面固化处理等措施，防止发生扬尘污染。当贮灰场服务期满或不再承担新的储存、填埋任务时，应启动封场作业，并采取相应的污染防治措施，防止造成环境污染和生态破坏。

条文 25.3 加强废水处理，防止超标排放

条文 25.3.1 电厂内部应做到废水集中处理，提高水的重复利用率，减少废水和污染物排放量。禁止无排污许可证或者违反排污许可证的规定排放废水、污水。禁止利用渗井、渗坑、暗管、雨水管、裂隙、溶洞等排放废水、污水。

《中华人民共和国水污染防治法》第二十二条、第三十九条，明确规定“禁止利用渗井、渗坑、暗管、雨水管、裂隙、溶洞等排放废水、污水”。依据《排污许可管理条例》第二条要求，明确“禁止无排污许可证或者违反排污许可证的规定排放废水、污水”。

工业废水通常有两种处理方式：一种是集中处理，另一种是分类处理。集中处理是指将各种来源的废水集中收集，然后进行处理。这种方式的特点是处理工艺和处理后的水质相同。分类处理是指将水质类型相似的废水收集在一起进行处理。不同类型的废水采用不同的工艺处理，处理后的水质可以按照不同的标准控制。

条文 25.3.2 应对废（污）水处理设施制订严格的运行维护和检修制度，加强对污水处理设备的维护、管理，确保废（污）水处理运转正常。

条文 25.3.3 做好电厂废（污）水处理设施运行记录，并定期监督废水处理设施的投运率、处理效率和废水排放达标率。

做好对废水处理设施的投运率、处理效率和废水排放达标率的监督，方可保证废水达标排放。

条文 25.3.4 锅炉进行化学清洗时，必须制订废液处理方案，并经审批后执行，属于危险废物的应按危险废物有关要求进行处置。

《国家危险废物名录（2021 年版）》中明确“使用酸进行清洗产生的废酸液”属于危险废物，应当按照危险废物的处置程序开展相应工作，同时考虑《国家危险废物名录》会更新变化，对部分危险废物进行豁免，因此表述为“属于危险废物的应按危险废物有关要求进行处置。”

条文 25.4 加强除尘、除灰、除渣设施运行维护管理

条文 25.4.1 加强除尘设施的运行、维护及管理，除尘器的运行参数控制在最佳状态。及时处理设备运行中存在的故障和问题，保证除尘器的除尘效率和投运率。烟尘排放浓度应符合国家、地方的排放标准要求，不能达到要求的应进行除尘器提效改造。

烟尘排放浓度不能达到国家、地方的排放标准规定浓度限制的应进行除尘器提效等改造。

条文 25.4.2　新建、改造和大修后的除尘设施应进行性能试验，性能指标未达标不得验收。

条文 25.4.3　电除尘器（包括旋转电极）的除尘效率、电场投运率、烟尘排放浓度应满足设计的要求，同时烟尘排放浓度达到国家、地方的排放标准规定要求。

条文 25.4.4　袋式除尘器、电袋复合式除尘器的除尘效率、滤袋破损率、阻力、滤袋寿命等应满足设计的要求，同时烟尘排放浓度达到国家、地方的排放标准规定要求。运行期间出现滤袋破损应及时处理。

条文 25.4.5　防止电厂干除灰输送系统、干排渣系统及水力输送系统的输送管道泄漏，应制订紧急事故措施及预案。

条文 25.4.6　锅炉启动时油枪点火、燃油、煤油混烧、等离子投入等工况下，电除尘器应在闪络电压以下运行，袋式除尘器或电袋复合式除尘器的滤袋应提前进行预喷涂处理。

目的是避免燃油直接粘在滤袋上，造成滤袋板结，导致系统阻力增大，影响运行。

条文 25.4.7　袋式除尘器或电袋复合式除尘器的旁路烟道及阀门应零泄漏。

虽然《袋式除尘工程通用技术规范》（HJ 2020—2012）中6.1.3明确“袋式除尘器不得设置旁路”，考虑一些运行时间较长的电厂，只是对旁路烟道进行了封堵，仍然存在旁路烟道，对于此类电厂的旁路烟道及阀门应零泄漏，减少漏灰导致系统阻力加大的因素，也杜绝漏灰对作业环境的影响。

条文 25.4.8　应对除尘设施本体和烟道的腐蚀和磨损情况进行定期检查，防止发生大面积腐蚀漏风和设备塌陷。

条文 25.4.9　加强袋式除尘器、电袋复合式除尘器入口烟温监测，出现超温现象应及时采取措施，防止滤袋因长期超温运行造成滤袋烧毁。

主要是纺织材料的布袋，如果除尘器长期处理的烟气温度超过布袋的工作条件，容易使除尘布袋硬化收缩，或融化烧坏。严格对温度进行相应的控制，可以有效避免除尘布袋的烧袋现象。

条文 25.4.10　加强湿式电除尘器入口烟温、氧量及电场电流电压、闪络频次等参数的监视，出现异常情况及时采取应急措施，防止因烟气过热、放电过热、短路等引起湿式电除尘器火灾事故。

湿式电除尘器与脱硫装置配套使用，布置在湿法脱硫设施尾部，其主要目的是脱除脱硫后烟气中的烟尘，确保烟尘排放达标。主要是依靠高压静电场的作用，将各种微细颗粒物收集至集尘极，然后依靠冲洗的方式收集，达到除尘的目的。近年来发生多起湿式静电除尘器燃烧事故，造成巨大的经济损失和不良社会影响。针对该问题，对于相关运行参数的控制提出重点要求。

【案例】 2018年9月，浙江某发电有限公司2号机湿式电除尘器发生着火事故，造成设备损坏（无人员伤亡）。从脱硫和除尘器系统各处的烟温变化情况分析，初步判断事故直接原因为除尘器电场闪络击穿引燃阳极导电玻璃钢模块。除尘器电场内部无法实施有效监控，除尘器电场内部着火后也没有直接有效的灭火手段，外部消防水冲在设备外部，导致火势无法快速控制。

条文 25.4.11 应加强除尘器灰斗料位监视，当灰位超过高位报警值时，应立即采取降低灰位的措施，避免长期高料位运行。应制订预防灰斗满灰和卸灰不畅的处理措施，出现异常情况及时处理。

灰斗长时间高料位运行、满灰以及卸灰不畅容易导致设备损坏，甚至坍塌，影响环保设施的运行效果，导致污染物超标排放。本条文主要针对灰斗运维提出重点要求。

【案例】 2021年7月，新疆某热电公司2号机组电除尘系统发生坍塌事故，造成3个灰斗高空坠落，致4名作业人员当场被烫伤。

2号电除尘坍塌原因为现有主体结构处于危险状态（局部危房），其结构本身无法满足设备超负荷且未能形成完整的受力传力体系，同时在除尘设备使用中，当出现受力结构超承载力时（或受到地震等外力作业等），使本处于危险状态的2号除尘室出现失稳等状况，加快了灰斗坠落发生，导致钢结构厂房局部倒塌。事故调查组通过调取除尘器灰斗料位在线监测系统监测数据，2号电除尘布袋1区自6月18日起高料位运行在770以上（1级报警500，2级报警5001），7月11日已积累到900以上。

条文 25.4.12 对于经过电改布袋的除尘器，要委托有相应资质能力的专业机构开展钢结构强度校核，并确保在极端运行工况下仍具有足够安全裕度。

各燃煤发电企业要根据机组投产年限、超低排放改造、负荷率、电煤灰分、除尘设备工况等变化情况，依据《工业建筑可靠性鉴定标准》（GB 50144）、《火电厂除尘工程技术规范》（HJ 2039）、《袋式除尘工程通用技术规范》（HJ 2020）等国家和行业标准，及时组织开展除尘器设计复核及稳定性、强度校核。尤其是对于经过电改布袋的除尘器，要委托有相应资质能力的专业机构开展钢结构强度校核，并确保在极端运行工况下仍具有足够安全裕度。安全裕度不够的，应立即采取针对性的安全、技术和管理措施确保安全，并迅速安排技改项目进行结构补强。

【案例1】 2022年2月，上海某发电有限责任公司2号炉布袋除尘器钢结构支撑件因老化、强度降低，支撑件连接部位断裂，发生坍塌，造成6人死亡。该电厂虽开展了布袋除尘器的安全检查，但仅限于除尘器设备本体，未对连续使用26年的钢结构支撑件的强度、承载能力进行检测和鉴定。

【案例2】 2022年9月，株洲某电厂4号机组A除尘器突然发生垮塌，进出口烟道折断，大量热灰喷出，共造成1人死亡、2人重度烫伤、1人轻伤。事故原因为除尘器实施布袋改造过程中，未按照国家强制性标准和技术协议对原电除尘器进行质量检测鉴定和结构强度复核，未能发现并消除原有的设计承载力不足和制造安装质量缺陷，且改变内部结构及受力分布，形成偏心荷载，提高报警灰位高度，取消原有的强制性灰位限高安全防护，致使改造后的布袋除尘器结构安全风险在使用过程中持续扩大，引发钢支架连接部件断裂，进而造成结构失稳，导致除尘器整体垮塌。

条文25.5　加强脱硫设施运行维护管理

条文25.5.1　应制订完善的脱硫设施运行、维护及管理制度，并严格贯彻执行。

条文25.5.2　锅炉运行时脱硫系统必须同时投入，SO_2 排放浓度应达到国家及地方的排放标准。

条文25.5.3　新建、改造和大修后的脱硫系统应进行性能试验，指标未达到标准的不得验收。

条文25.5.4　脱硫系统运行时必须投入废水处理系统，处理后的废水应满足国家及行业标准。

根据《污水综合排放标准》（GB 8978—1996）“第一类污染物：不分行业和污水排放方式，也不分受纳水体的功能类别，一律在车间或车间处理设施排放口采样，其最高允许排放浓度必须达到本标准要求（采矿行业的尾矿坝出水口不得视为车间排放口）。”

第一类污染物是指能在环境或动植物体内蓄积，对人体健康产生长远不良影响的有害物质，包括总汞、烷基汞、总镉、总铬、六价铬、总砷、总铅、总镍、苯并（a）芘、总铍、总银、总α放射性、总β放射性等。《中华人民共和国水污染防治法》规定，含有毒有害水污染物的工业废水应当分类收集和处理，不得稀释排放。

脱硫废水，特别是石灰石-石膏湿法中的脱硫废水含有大量固体悬浮物、过饱和亚硫酸盐、硫酸盐、氯化物以及微量重金属，其中很多物质为国家环保标准中要求严格控制的第一类污染物。因此必须对脱硫废水进行处理，处理后的废水指标应满足国家或地方排放标准的要求。

条文25.5.5　应对脱硫系统吸收塔、换热器、烟道等设备的腐蚀、结晶和堵塞情况进行定期检查，防止发生大面积腐蚀和堵塞。

条文25.5.6　应加强对脱硫系统的巡回检查，及时发现并消除系统的跑、冒、滴、漏。

条文25.5.7　应加强对除雾器组件、喷淋层的冲洗及检查，防止发生除雾器及喷淋层的堵塞、脱落、变形。

除雾器堵塞、结垢等问题会使得烟气流通面积减少，烟气流速增加，降低除雾器去除效率，同时也会使得除雾器阻力增加，进而增加引风机的压力，严重时甚至会引起引风机失速，影响机组的安全稳定运行。

条文 25.5.8　脱硫系统的副产品应按照要求进行堆放、储存、运输和利用，避免二次污染。

依据《中华人民共和国固体废物污染环境防治法》《中华人民共和国大气污染防治法》《一般工业固体废物贮存和填埋污染控制标准》（GB 18599—2020）等法律法规和标准，在脱硫系统的副产品堆放、贮存、运输和利用环节提出了明确要求。

条文 25.5.9　脱硫系统的上游设备除尘器应保证其出口烟尘浓度满足脱硫系统运行要求，避免吸收塔浆液中毒。

脱硫系统的上游设备除尘器应保证其出口烟尘浓度满足设计要求，以保证吸收塔浆液的品质，进而保证脱硫效率符合环保及设计要求。

条文 25.6　加强脱硝设施运行维护管理

条文 25.6.1　制订完善的脱硝设施运行、维护及管理制度，并严格贯彻执行。

条文 25.6.2　脱硝系统的脱硝效率、投运率应达到设计要求，同时 NO_x 排放浓度满足国家及地方的排放标准，不能达到标准要求应加装或更换催化剂。

条文 25.6.3　新建、改造和大修后的脱硝系统应进行性能试验，指标未达到标准的不得验收。

条文 25.6.4　应定期对脱硝催化剂进行性能检测，开展催化剂寿命评估，及时对失效催化剂进行更换或再生。

脱硝催化剂是脱硝系统核心部分之一，对于保障脱硝效率有着很重要的作用。随着运行时间的增长，磨损、积灰、重金属吸附等均会降低催化剂的活性和脱硝效率，缩短了催化剂的使用寿命。加强催化剂管理，定期进行催化剂性能检测，开展催化剂寿命评估是保障脱硝系统安全稳定运行，避免 NO_x 超标排放的重要工作。

条文 25.6.5　应控制脱硝反应器出口氨逃逸率，防止对后续设备造成腐蚀、堵塞以及板结。

氨排放过量将导致烟气中生成大量的硫酸氢氨，对空气预热器造成堵塞、导致引风机动叶积灰漂移等问题，影响后续设备的安全稳定运行。

条文 25.6.6　设有液氨储存设备、采用燃油热解炉的脱硝系统，应制订事故应急预案，每年至少组织一次环境污染的事故预想、防火、防爆处理演习。

液氨在火力发电厂脱硝系统中应用较为广泛。液氨具有危险特性，在液氨接卸工作、脱硝氨站的运行和检修等过程中需落实相应的安全管理措施，氨站漏氨的应急预案与处置措施以及其他安全规定应全面、严谨，以供氨站运行管理人员借鉴并应定期进行演练。

【案例】 2013年8月，上海某实业有限公司生产厂房内液氨管路系统管帽腐蚀后断裂脱落，发生液氨泄漏事故。造成15人死亡、5人重伤、20人轻伤。

条文25.7 加强烟气在线连续监测装置运行维护管理

按照《固定污染源烟气（SO_2、NO_x、颗粒物）排放连续监测技术规范》(HJ 75)、《固定污染源烟气（SO_2、NO_x、颗粒物）排放连续监测系统技术要求及检测方法》(HJ 76) 相关内容执行。

该系统对固定污染源颗粒物浓度和气态污染物浓度及污染物排放总量进行连续自动监测，并将监测数据和信息传送到环保主管部门。

使用CEMS设备的单位和部门应对CEMS设备使用说明书、HJ 75、HJ 76标准编制仪表运行管理规范，以此确定系统运行维护人员的工作职责。

上册

《防止电力生产事故的二十五项重点要求》

辅导教材

（2023年版）

中国电机工程学会
全国电力安全专家委员会 编

中国电力出版社
CHINA ELECTRIC POWER PRESS

内 容 提 要

为进一步加强电力生产安全风险预防控制，有效防止重大电力生产事故的发生，提高电力生产工作水平，国家能源局在《防止电力生产事故的二十五项重点要求（2014年版）》的基础上，结合近年来电力企业反事故工作实际，组织修订形成了《防止电力生产事故的二十五项重点要求（2023年版）》（以下简称《二十五项重点要求》），并于2023年3月9日正式印发（国能发安全〔2023〕22号）。

《二十五项重点要求》印发实施后，广大电力企业高度重视，积极响应与落实，相继组织了教育培训。为便于全行业统一理解、学习和贯彻《二十五项重点要求》，在国家能源局电力安全监管司的指导下，中国电机工程学会、全国电力安全专家委员会组织两百余位专家编制了《〈防止电力生产事故的二十五项重点要求〉辅导教材（2023年版）》[以下简称《二十五项重点要求辅导教材（2023年版）》]。

《二十五项重点要求辅导教材（2023年版）》分为二十五章，每章又分为“总体情况说明”和“条文说明”两个部分。“总体情况说明”部分主要是介绍相关反事故措施的编制原则、重点内容以及与原反事故措施的区别。“条文说明”分为“条文”“条文解释”和“案例”三方面：“条文”部分列出了《二十五项重点要求》中重点要解释的条文；“条文解释”部分介绍了反事故措施相关条文提出的理由和依据，指出了相关条文在执行过程中应当注意的问题并明确了对应措施；“案例”部分主要是在收集分析近年来重大电力生产事故的基础上，选取与反事故措施相关条文对应的事故作为案例，以便对反事故措施进一步理解。

本书内容翔实、重点突出、针对性强，可供全国各火电厂、热电厂、水电厂、抽水蓄能电站、风电场、换流站、变电站和各电网企业、供电企业、农电企业，以及各设计、科研、施工单位等电力各企业的生产人员参考使用。

图书在版编目（CIP）数据

《防止电力生产事故的二十五项重点要求》辅导教材：2023年版：全2册/中国电机工程学会，全国电力安全专家委员会编. —北京：中国电力出版社，2023.11（2025.2重印）

ISBN 978-7-5198-8158-0

Ⅰ.①防… Ⅱ.①中…②全… Ⅲ.①电力工业—安全事故—事故预防—教学参考资料 Ⅳ.①TM08

中国国家版本馆CIP数据核字（2023）第182744号

出版发行：中国电力出版社
地　　址：北京市东城区北京站西街19号（邮政编码100005）
网　　址：http://www.cepp.sgcc.com.cn
责任编辑：姜　萍　董艳荣
责任校对：黄　蓓　王海南　于　维　常燕昆
装帧设计：张俊霞
责任印制：吴　迪

印　　刷：三河市万龙印装有限公司
版　　次：2023年11月第一版
印　　次：2025年2月北京第五次印刷
开　　本：710毫米×1000毫米　16开本
印　　张：55.5
字　　数：1085千字
印　　数：14001—15000册
定　　价：230.00元（全2册）

版权专有　侵权必究

本书如有印装质量问题，我社营销中心负责退换

《〈防止电力生产事故的二十五项重点要求〉辅导教材（2023年版）》编委会

名誉主编 林铭山 吴云喜

主　　编 黄幼茹

副 主 编 李武峰 邓　春 黄　鹏 王金萍 张清峰

编写人员 （按姓氏笔画为序）

于竞哲 马迎新 马继先 马鸿飞 马　琳
马鑫晟 王大玮 王大强 王　彤 王　勇
王晨星 王晶晶 王智春 王聚博 王　馨
牛　铮 毛　婷 毛耀红 龙凯华 卢　毅
田　丰 田　柳 史　扬 代　东 白卫刚
白秀春 白泽光 乐　波 司派友 邢百俊
任广振 向　钊 危　伟 刘邦泉 刘光伟
刘　青 刘　苗 刘柏延 刘羿辰 刘航谦
刘瑛琳 刘博智 刘敬华 刘　辉 刘慧林
刘　磊 闫春江 江　伟 许丹莉 许　强
孙士涛 孙天城 孙云生 孙文捷 宋亚军
贡建兵 严亚勤 苏德瑞 李天智 李文杰
李世勇 李付强 李亚美 李　华 李华春
李　庆 李　丽 李　季 李金晶 李剑波
李　凌 李焕军 李群炬 李德华 李加顺
杨云龙 杨玉磊 杨加伦 杨欢欢 杨宏伟
杨彦龙 杨振勇 杨家辉 杨　琦 杨　斌

吴华成　吴宇辉　吴　勇　吴　涛　何永君
何奇善　辛光明　汪　霞　张广韬　张延童
张　旭　张应彪　张　杰　张国华　张建军
张思琪　张　勇　张恭源　张海涛　张　博
张　辉　张　毅　张晓乐　陈云高　陈羽飞
陈君平　陈茂源　陈俊峰　陈　原　陈晓峰
陈　瑞　欧阳本红　尚　勇　田　娟　罗　婧
金正文　周子龙　周华敏　周志强　周劼英
周家明　周　斌　郑一博　郑　立　郑　凯
郎斌斌　孟　超　赵大平　赵天骐　赵　伟
赵秉政　赵振宁　赵　焱　郝国文　郝　婧
郝　震　胡红艳　柏　仓　饶文彬　姜　龙
姜　芸　宦兴胜　贺康航　秦天牧　秦　明
袁建丽　夏斌强　徐党国　高　杨　高岩峰
高爱国　高智益　郭一萌　郭润生　郭　骏
郭鹏宇　米建宾　郭　鑫　唐翠霞　黄小凤
黄天啸　黄振宁　黄晓乐　黄瑞平　黄　鹤
梅　隆　曹红加　曹燕明　龚　博　常乃超
常　青　康静秋　梁　浩　喜静波　彭　业
彭在兴　彭兆伟　彭　波　彭　珑　彭　彬
葛乃成　董弘川　董江浩　董阳伟　蒋诚智
蒋　燕　程　武　程绍强　程　亮　温盛元
谢　欢　谢桂泉　雷　雨　雷傲宇　解晓东
蔡汉生　廖永力　谭　震　樊秀娟　穆　卡

秘　　书　何永君　程绍强　郑一博　王　馨

前　言

为进一步加强电力生产安全风险预防控制，有效防止重大电力生产事故的发生，提高电力生产工作水平，国家能源局在《防止电力生产事故的二十五项重点要求（2014 年版）》的基础上，结合近年来电力企业反事故工作实际，组织修订形成了《防止电力生产事故的二十五项重点要求（2023 年版）》（以下简称《二十五项重点要求》），并于 2023 年 3 月 9 日正式印发（国能发安全〔2023〕22 号）。

《二十五项重点要求》印发实施后，广大电力企业高度重视，积极响应与落实，相继组织了教育培训。为便于全行业统一理解、学习和贯彻《二十五项重点要求》，在国家能源局电力安全监管司的指导下，中国电机工程学会、全国电力安全专家委员会组织两百余位专家编制了《〈防止电力生产事故的二十五项重点要求〉辅导教材（2023 年版）》[以下简称《二十五项重点要求辅导教材（2023 年版）》]。

《二十五项重点要求辅导教材（2023 年版）》分为二十五章，每章又分为“总体情况说明”和“条文说明”两个部分。“总体情况说明”部分主要是介绍相关反事故措施的编制原则、重点内容以及与原反事故措施的区别。“条文说明”分为“条文”“条文解释”和“案例”三方面：“条文”部分列出了《二十五项重点要求》中重点要解释的条文；“条文解释”部分介绍了反事故措施相关条文提出的理由和依据，指出了相关条文在执行过程中应当注意的问题并明确了对应措施；“案例”部分主要是在收集分析近年来重大电力生产事故的基础上，选取与反事故措施相关条文对应的事故作为案例，以便对反事故措施进一步理解。

《二十五项重点要求辅导教材（2023年版）》编写工作也得到了广大电力企业及相关专家的大力支持，在此一并表示感谢。

鉴于作者水平和时间所限，书中难免有疏漏、不妥或错误之处，恳请广大读者批评指正。

编　者

2023年4月

目　录

1

防止人身伤亡事故的重点要求

总体情况说明：

本章阐述了防止人身伤亡事故的重点要求。随着“人民至上、生命至上”理念不断深入人心，防止人身伤亡事故的发生仍将是电力工业发展的基础保障。

本次修订，对章节和结构进行了调整。修订后的条文，针对电力工业发展的新趋势、新特点和暴露出的新问题，结合国家、地方政府、相关部委近年来发布的法律、法规和行业协会发布的标准、规范，参照各电力企业发布规程、规定等相关文件要求，在《防止电力生产事故的二十五项重点要求（2014 年版）》的基础上，吸取了近年电力生产人身伤亡事故教训，总结近年来电力安全生产工作经验，补充细化了防范措施，力争措施主体突出，便于刚性执行。总节数由 2014 版 10 节变为 12 节。

修订原则，一是突出以防范人身伤亡事故为重点，吸取事故教训，补充完善防范措施；二是针对可能导致人身伤亡事故条款，为防止执行环节可能会出现偏差，本次将原条款进行分类细化；三是针对电力行业涉及的新产业、新技术、新工艺带来的风险因素，对相应条款进行了补充完善；四是突出关键措施，防止措施面面俱到，确保措施通俗易懂而又具有权威性。

修订依据，《中华人民共和国安全生产法》《中华人民共和国特种设备安全法》《中华人民共和国道路交通安全法》《特种设备安全监察条例》《电力建设工程施工安全监督管理办法》《特种作业人员安全技术培训考核管理规定》《特种设备作业人员监督管理办法》《工贸企业有限空间作业安全管理与监督暂行规定》《市场监管总局办公厅关于开展电站锅炉范围内管道隐患专项排查整治的通知》（市监特函〔2018〕515 号）、《工业企业厂内铁路、道路运输安全规程》（GB 4387—2008）、《移动式升降工作平台　设计计算、安全要求和测试方法》（GB/T 25849—2010）、《电业安全工作规程　第 1 部分：热力和机械》（GB 26164.1—2010）、《电力安全工作规程　电力线路部分》（GB 26859—2011）、《电力安全工作规程　发电厂和变电站电气部分》（GB 26860—2011）、《电力安全工作规程　高压试验室部分》（GB 26861—2011）、《高处作业分级》（GB/T 3608—2008）、《梯子　第 1 部分：术语、型式和功能尺寸》（GB/T 17889.1—2021）、《梯子　第 2 部分：要求、试验和标志》（GB/T 17889.2—2021）、《高处作业吊篮》（GB/T 19155—2017）、《移动式升

降工作平台　安全规则、检查、维护和操作》（GB/T 27548—2011）、《移动式升降工作平台　操作人员培训》（GB/T 27549—2011）、《安全标志及其使用导则》（GB 2894—2008）、《海上风力发电工程施工规范》（GB/T 50571—2010）、《电力建设安全工作规程　第1部分：火力发电》（DL 5009.1—2014）、《电力建设安全工作规程　第2部分：电力线路》（DL 5009.2—2013）、《电力建设安全工作规程　第3部分：变电站》（DL 5009.3—2013）、《风力发电场安全规程》（DL/T 796—2012）、《建筑施工高处作业安全技术规范》（JGJ 80—2016）、《建筑拆除工程安全技术规范》（JGJ 147—2016）、《海上风电场工程施工安全技术规范》（NB/T 10393—2020）等国家及行业文件和标准。

条文说明：

条文1.1　防止高处坠落事故

高处坠落事故是指在高处作业（凡在坠落高度基准面2m及以上，有可能坠落的高处进行的作业）中发生坠落造成的伤害事故。高处作业主要包括临边、洞口、攀登、悬空、交叉等基本类型。

一、高处坠落的主要原因

（1）作业人员缺乏高处作业的安全知识。

（2）作业人员患有恐高、高血压、心脏病、癫痫病、精神病等不适宜高处作业的病症。

（3）高空作业未系好安全带或安全带低挂高用。

（4）脚手架、吊篮、平台等安全设施不符合要求。

（5）室外高处作业还受风、雨、雪、冰等气象条件的影响。

二、高处坠落常发生的场景

（1）工作面边沿无围护设施或围护设施低于80cm时的高处作业。例如楼板边、楼梯段边、层面边及各类坑、沟、槽等边沿的高处作业。

（2）施工现场及通道旁深度在2m及以上的桩孔、沟槽与管道孔洞等边沿作业。例如施工预留的上料口、通道口、施工口等。

（3）借助登高工具或登高设施进行的高处作业。例如登梯子、脚手架等进行的作业。

（4）周边无任何防护设施，不能满足防护要求，在临空状态下进行的高处作业。例如，在吊篮内进行的高处作业。

条文1.1.1　高处作业人员必须经职业健康体检合格（检查周期为1年），凡患有不宜从事高处作业病症的人员，不得参加高处作业。

依据《职业健康监护技术规范》（GBZ 188—2014）中9.2及《电力行业职业

健康监护技术规范》（DL/T 325—2010）中8.2规定，将高处作业人员体检周期每两年至少一次，改为职业健康检查周期1年。

作人员是现场安全最关键的因素，高处作业需要作业人员的体力、精力和注意力符合作业要求，才能保证高处作业过程中安全。《电力行业职业健康监护技术规范》（DL/T 325—2010）中8.2规定了高处作业人员的职业健康检查要求。《职业健康监护技术规范》（GBZ 188—2014）中9.2规定了高处作业的职业健康监护要求，明确高处作业属于危险性作业，在岗期间应定期进行健康检查，随时发现可能发生的职业禁忌症，保证作业安全。

职业禁忌症包括未控制的高血压、恐高症、癫痫、晕厥、眩晕症、美尼尔氏病、器质性心脏病及严重的心律失常、四肢关节运动功能障碍等疾病；同时也明确了具体的检查项目和检查方法，主要检查项目是血常规、尿常规、丙氨酸氨基转移酶、心电图等。

条文1.1.2 高处作业人员，必须经过专业技能培训，并取得合格证书后方可上岗。

依据原国家安监总局《特种作业人员安全技术培训考核管理规定》相关内容补充，重点强调高处作业人员应经培训，具备相应的专业技能。

《中华人民共和国安全生产法》第三十条　生产经营单位的特种作业人员必须按照国家有关规定经专门的安全作业培训，取得相应资格，方可上岗作业。

《特种作业人员安全技术培训考核管理规定》规定了10大类特种作业人员。明确高处作业安全技能培训内容应包括高处作业基本知识、高处作业的基本安全要求、高处作业安全防护装置和用具的标准要求及正确使用方法、高处作业主要风险分析及防范措施等。

【案例】 2018年5月2日，兰州某热电公司外包施工单位作业人员在进行引风机屋面防水卷材吊运过程中，一名作业人员未经安全技能培训（未取得高处作业证书），没有掌握起吊相关的安全知识，作业前未检查吊装设备使用寿命和状态，在吊装过程中，起吊设备失稳倒塌，作业人员随吊装机械从高处坠落，送医抢救无效死亡。

条文1.1.3 高处作业应穿工作服、防滑鞋，正确佩戴使用个人安全防护用具，并设专人监护。

高处作业人员配备的安全帽、安全带、安全绳、攀登自锁器、防坠器等应检验合格并符合要求；使用前应检查确认。安全带、安全绳必须系在牢固物件上，防止脱落。安全带应采取高挂低用的方式，安全带的使用长度应事前调整合适，必要时加缓冲器，避免在高空坠落防护范围内造成二次冲击或应力伤害。作业人员应随时检查安全带、安全绳是否拴牢，在转移作业位置时不得失去安全保护。

高处作业所用的工具和材料应放在工具袋内或用绳索拴在牢固的构件上，较大的工具应系保险绳。上下传递物件应使用绳索，不得抛掷。

细化高处作业使用安全防护用具的具体要求，强调安全帽、安全带、安全绳、攀登自锁器、防坠器等应检验合格并符合要求；明确使用前、使用中的安全防护重点。

高处作业环境中，作业人员应根据《个体防护装备配备规范　第1部分：总则》（GB 39800.1），配备相应的个人防护用品。

高处作业选用的安全带应符合《坠落防护装备安全使用规范》（GB 23468—2009），选用相应的围杆作业、区域限制、坠落悬挂安全带；安全带按《坠落防护　安全带》（GB 6095—2021）要求配备相应长度的安全绳和缓冲器。

安全带在使用前应进行检查，并应定期进行静荷重试验，试验后检查是否有变形、破裂等情况，并做好试验记录。不合格的安全带应作报废处理，不准再次使用。

安全带使用前的外观检查主要包括组件完整、无短缺、无伤残破损；绳索、编带无脆裂、断股或扭结；金属配件无裂纹、焊接无缺陷、无严重锈蚀；挂钩的钩舌咬口平整不错位，保险装置完整、可靠；铆钉无明显偏位，表面平整等。

用作固定安全带的绳索使用前的外观检查主要包括末端不应有散丝；绳体在构件上或使用过程中不应打结；所有零件顺滑，无尖角或锋利边缘等。

安全带应高挂低用，且充分考虑安全空间，即位于作业面下方，不存在对坠落者造成碰撞伤害物体的立体空间［《坠落防护　安全带》（GB 6095—2021）中3.14安全空间］；坠落锁止范围［《坠落防护　安全带》（GB 6095—2021）中3.15锁止距离］内不应出现碰撞造成的二次伤害。

安全带使用过程中应随时检查安全带系挂情况，检查挂点的牢固性、系挂各节点挂好扣牢，区域限制、坠落悬挂安全带系带连接点应位于使用者前胸或后背。

为了防止人员高处移动时不失去保护，可选用具备转移位置功能的安全带，且在移动过程中交替使用。

高处作业中上下抛掷或传递物件时，容易造成人员失稳而发生高处坠落事故。同时，所用工具和材料放在工具袋内或用绳索拴在牢固的构件上，较大工具系保险绳，防止落物伤人。

【案例1】 2012年4月2日，某公司分包单位进行脱硝改造施工过程中，进行5号炉一次风联络风道F～G轴之间（水平布置）切割工作，工作地点标高28.5m；何××身佩安全带但挂钩没有挂在固定构件上。切割过程中，风道切割处突然断裂，向下倾斜约35°，何××从站立的风道割口处下坠，安全带因没有挂在固定构件上也随之下落（安全带失去保护作用），何××随即坠落到下方12m平台地板上。

【案例2】 2015年8月13日，负责上海某高校能源中心项目（分布式燃气轮机）土建工作的1名施工人员，接到指令检修位于主厂房运转层半空中的数处管道支架埋件，随即携带人字梯、施工工具等前往处置。在作业前，该施工人员未正确使用安全带、防坠器等安全防护用具，在攀爬检查第三处管道支架埋件时不慎失足，从人字梯上坠落，坠落至主厂房运转层地面上，事故造成1人死亡。

【案例3】 2020年11月10日，某水电建筑安装工程公司开展4～21号塔导线展放工作，进行主牵引绳拖带各相牵引绳，并将各相牵引绳分别移到各相挂线点滑车中（分绳）。三名作业人员全部上塔系好安全带进行作业，阿西木××完成C相分绳作业后，准备转移至正在进行B相分绳的魏××下方，接应由阿其日×传递的A相牵引尾绳，在阿西木××横向转移至下层横担上（A相附近）准备系安全带时，突然失稳摔下铁塔。

条文1.1.4 遇有阵风风力6级及以上以及暴雨、雷电、冰雹、大雾、沙尘暴等恶劣天气，应停止露天高处作业；冰雪、霜冻、雨雾天气未采取防滑、防寒、防冻措施，禁止进行高处作业。在夜间或光线不足的地方作业，应设充足的照明。

特殊情况下，确需在恶劣天气进行抢修时，应制定完善的安全措施，经本单位批准，并在安全措施执行到位后方可进行高处作业。

明确特殊气象条件高处作业的安全要求，冰雪、霜冻、雨雾天气未采取防滑、防寒、防冻措施，禁止进行高处作业；明确在夜间或光线不足的地方进行高处作业，应设充足的照明；明确特殊情况下，确需在恶劣天气进行抢修时，应制定完善的安全措施并经本单位批准，在安全措施执行到位后方可进行高处作业。

条文1.1.5 高处作业应设有防止作业人员失误、失踏或坐靠坠落的牢固作业立足面、防护栏、防护网、停歇区等。立足面应有足够面积，脚手板应满铺并有效固定。

受现场作业环境影响，如管道焊接、保温拆装、阀门操作等作业，需要高处作业，如果作业人员在无法立足情况下实施作业（面积狭小光滑物体上部），极易发生高处坠落。作业现场主要采取设置作业平台、搭设脚手架等方式，承受作业人员及随身携带的工具材料等重量。

【案例】 2013年6月27日，某发电有限公司1号锅炉进行小修作业，在1号锅炉B分离器入口平台上搭设脚手架，B分离器入口平台空间狭小，平台未设置临边防护措施，作业人员凌××未系挂安全带。在传递4m长的钢管时，由于需要将钢管调顺，凌××在后退过程中踏空坠落（坠落高度10m）。

条文1.1.6 施工或生产作业区的通道及各种孔、洞、井、沟、坑口、平台等临边部位应设置可靠的安全防护设施、悬挂安全标志牌。

基坑（槽）临边应装设合格牢固的防护栏杆，防护栏杆上除安全标志牌外不得拴挂任何物件。上下基坑必须设置专用斜道、梯道、扶梯、入坑踏步等攀登设施，

作业人员严禁沿坑壁、支撑或乘坐运土工具上下。

生产场所和厂区道路上的井、坑、孔、洞或沟道，应覆以与地面齐平的坚固盖板，盖板上的把手不得高于盖板平面。在较大的孔、洞盖板上还应加装横梁以增加盖板的承受力。主要通道上的盖板应满足强度要求，并设置安全警示标识。

所有升降口、吊装孔、孔洞、楼梯、平台及通道等有坠落危险处，应设置固定式工业防护栏杆、踢脚板等设施。防护栏杆高度不低于1.05m，横杆间距不大于380mm，立柱间距不大于1m，踢脚板高度不低于100mm。安装在离基准面高度等于或大于20m高的平台、通道及作业场所的防护栏杆，高度不应低于1.2m。禁止倚靠栏杆、跨越防护栏杆或临时遮拦。

基坑开挖后，基坑周边地质结构发生变化，边坡容易发生塌方，设置牢固的防护栏杆，可防止人员或车辆从基坑临边行走、行驶时跌入基坑。基坑中设置出入基坑的通道供作业人员出入，能够防止出入时坠落。上下基坑设置专用通道，也是防止人员上下基坑或踩踏边坡时发生坍塌，造成人身坠落。

【案例】 2018年9月11日10时42分，某发电有限公司在2号机11m层进行2B凝结水泵电动机回装工作。现场作业起重人员打开2B凝结水泵侧临时吊物孔中间两块格栅盖板，没有设置硬质围栏，没有设置警示牌，没有将该区域作为危险点进行连续监控。1名员工经过11m层平台（未走安全通道），行走中拨打着手机，误入该工作区域，直接从打开的临时吊物孔格栅孔洞处坠落。

条文1.1.7　作业现场常设洞口应设盖板并盖实、表面刷黄黑相间的安全警示线或装设栏杆护板；临时洞口或洞口盖板掀开后，应装设刚性防护栏杆，装设挡脚板，悬挂安全标志牌，夜间无照明或照明不足时应设红灯警示。

生产现场孔、洞的盖板是防坠落措施，盖板上的警示线重在提醒作业人员注意。夜间无照明或照明不足时，无法清楚看到相应的标识设置，挂设红灯可起到警示作用。在洞口装设护板主要是防止洞口附近的工具材料从洞口滚落。将作业面常设的盖板掀开时，装设刚性防护栏杆，并在栏杆下部设置挡脚板，以防止作业人员意外坠落。

【案例1】 2013年9月3日，河南某电厂在进行4号机组脱硝系统改造工程施工过程中，由于施工需要，拆除了通道上的网格板，作业人员认为此处工作已收尾，当天就能恢复，就未设置隔离围栏和安全警示标志。由于该区域照明不亮，发电部脱硝主管在查看现场时没有发现该区域通道上的网格板已被拆除，不慎从拆除的格栅处坠落到地面。

【案例2】 2014年6月6日，宁夏某电厂在进行2号炉脱硝系统改造施工过程中，作业人员张××在进行炉南侧33m平台改造作业时，为了抄近道，未按照规定行走安全通道，在挂有“禁止翻越”字样的位置翻越隔离围栏，隔离区域内的一部分网格板已被拆除，且附近照明不好，张××在翻越围栏后，没有看清脚下的网格板已被拆除，从揭开的网格孔处掉落至标高18m燃油管道上，抢救无效死亡。

【案例3】 2014年7月20日，内蒙古某发电公司电气分公司发生人身伤亡事故，造成1人死亡。该电气分公司电机班施工人员在4号机组回装A凝结水泵机封作业中，由于13m平台吊装口处未使用盖板进行遮盖，并且该名施工人员也未注意此处没有遮盖盖板，致使该名施工人员从13m平台吊装口坠落至—4m凝结水泵泵坑处，该员工经医院抢救无效死亡。

【案例4】 2016年10月23日，内蒙古某发电公司雇佣某电力建设安装公司对其锅炉原煤斗进行卫生清扫工作。安装公司指派其保洁项目部的作业人员对原煤斗进行清扫工作，作业人员在发电公司1号锅炉原煤斗32m层清扫地面卫生时，踩到地面孔洞上的盖板，随同地面孔洞盖板坠落至18m给煤机层，造成1人死亡。

条文1.1.8　登高用的支撑架、脚手架、作业平台应使用合格材质搭设。高处作业层应装有防护栏杆并搭设牢固，经验收合格后方可使用，使用中严禁超载。

作业层脚手板必须铺满、铺稳、铺实、铺平，脚手板和脚手架应连接牢固。禁止使用单板或大于150mm的探头板。作业层脚手板下必须采用足够强度的安全平网兜底，以下每隔不大于10m必须采用安全平网封闭。

脚手架内立杆与建筑物距离大于150mm时，必须采取封闭防护措施。

特殊形式的脚手架，如悬吊式脚手架、水电站的进水口处脚手架、调压井处脚手架等，应专门设计并经批准。

明确作业层脚手板要求；强调脚手架内立杆与建筑物距离大于150mm时，必须采取封闭防护措施；特殊形式的脚手架，应专门设计，并经批准。

搭设登高用的支撑架、脚手架、作业平台的材质合格，是保证安全的基本条件。作业面搭设方法和联结方式，应符合作业要求，牢固可靠，并经验收合格后使用。

脚手架的作业面应满铺脚手板作为立足面。脚手架上铺脚手板时，应满铺并防止出现孔洞，脚手板在脚手架上不应出现长于150mm的探头板，脚手板应在下部设置足够强度的安全平网作为后备安全防护措施。

脚手架验收基本要求：脚手架选用的材料符合有关规范、规程、规定；脚手架具有稳定的结构和足够的承载力（如脚手架整体牢固，无晃动、无变形；脚手架组件无松动、缺损）；脚手架的搭设符合有关规范、规程、规定（JGJ 130《建筑施工扣件式钢管脚手架安全技术规范》等）；脚手架工作面的脚手板齐全、栏杆完好；三级以上高处作业的脚手架应安装避雷设施；应搭设施工人员上下的专用扶梯、斜道等；脚手架要与邻近的架空线保持安全距离，地面四周应设围栏和警示标志。临近坎、坑的脚手架应有防止坎、坑边缘崩塌的防护措施。

电力生产和施工中使用的悬挂式脚手架、水电站进水口处脚手架及井内等特殊用途脚手架，应按使用场所和功能进行专项设计，制订专项方案并经批准后使用。

【案例1】 2014年11月10日，安徽省某公司施工人员进行卸煤棚顶棚浇筑混凝土作业。在作业过程中，扣件式钢管脚手架支持不符合规范要求（水平向未设置剪刀撑，纵、横向剪刀撑设置不足，扫地杆设置高度偏高，立杆对接头未按规定错开且均在一个平面内，底部伸出钢管长度超过300mm时未采取可靠措施固定，钢管壁厚不足，扣件重量偏轻），导致发生支撑脚手架坍塌事故。坍塌建筑高度约为10m左右，造成7人死亡。

【案例2】 2016年10月2日，四川某电厂外包施工单位作业人员在对61号锅炉空气预热器入口膨胀节进行更换检修工作中，施工人员在没有电厂监护人员在的情况下，擅自攀爬没有挂牌验收合格的脚手架进行工作，且在作业过程中未严格系好安全带和防坠器，由于脚手架搭设未经验收、搭设钢管存在缺陷而发生断裂，导致其从高处坠落，经送医抢救无效死亡。

条文1.1.9　作业现场使用移动高处作业平台四周应设置保护栏杆、护脚板或其他保护设施，作业平台表面应防滑、支撑稳定，不得超载。

移动式升降工作平台应经验收合格后方可投入使用。操作人员必须经专业培训合格，操作时遵守安全操作规程和制造商的操作使用说明。工作平台升降作业时，必须设置醒目的作业警戒控制区，悬挂安全标志牌和风险告知牌，无关人员严禁入内。

依据《建筑施工高处作业安全技术规范》（JGJ 80—2016）、《移动式升降工作平台　设计计算、安全要求和测试方法》（GB/T 25849—2010）等，提出移动式高处作业平台安全要求。

移动式高处作业平台四周设置保护栏杆，是为了保证作业人员的人身安全；作业平台下部设置护脚挡，主要是防止作业过程中必要的工具和材料意外坠落。

移动升降式工作平台应能够在作业需要的位置可靠锁止，以保证作业平台的可靠性；使用前应掌握正确的操作方式。

【案例】 2010年9月23日，某公司带班班长带领30名工人，在地面没有平整的情况下，使用自行安装的轮式移动脚手架（长4m、宽4m、高10m），开始在施工现场进行钢结构屋顶吊底板作业。同年10月16日13时，该公司吊底板组长带领7名工人进行2号车间北侧屋顶吊板工作。其中3人负责移动式脚手架上的屋顶底板安装工作，另外4人在地面负责推动脚手架。施工至16时左右，脚手架上工人在由南向北铺设完屋顶第12块彩钢板（彩钢板规格为7.7m×0.9m）后，需要推动脚手架，装下一块板。地面工人将脚手架向南推动2m时，因地面不平整，脚手架移动中轧到了地面上的浅坑，造成整体受力不均，西南侧车轮与架子连接处的钢轴发生断裂，造成脚手架整体向南侧倾倒。脚手架上的工人王云随脚手架一同摔向地面，另外2名工人因及时抓住上方檩条，没有随脚手架立即倒下，但因体力不支，最后从高约11.8m的钢梁上坠落受伤。

条文1.1.10 高处作业应使用有防滑保护装置（如防滑套、挂钩等）的合格的梯子，梯阶的距离不应大于30cm，并在距梯顶1m处设限高标志。使用单梯工作时，梯腿和水平面之间的夹角为65°～75°之间，梯子应有人扶持，以防失稳坠落。梯上有人时，禁止移动梯子。

梯子是作业现场中经常使用的登高工具，作业人员站立梯顶处，易造成重心后倾失去平衡而坠落。因此，在距单梯顶部1m处设限高标志。

依靠式单梯的架设角度是梯子能否可靠使用的关键条件之一，依据《梯子 第1部分：术语、型式和功能尺寸》（GB/T 17889.1—2021），单梯的架设角度为65°～75°。角度过大或过小，将导致梯子倒滑。梯子与地面的夹角太大，重心后倾，稳定性相对就差，人员作业时容易因失去平衡而造成高处坠落事故。梯子与地面的斜角度太小，梯脚与地面的摩擦力将减小，人员作业时梯脚与地面产生滑动，梯顶沿支撑面下滑进而造成人身伤害事故。

在梯子本身满足合格要求之外，使用过程中，梯子应有人扶牢，以防失稳坠落。梯上有人时，禁止移动梯子。梯子的支柱应能承受作业人员及所携带的工具、材料的总重量。梯子应放于稳固、平坦及干爽的表面。不可将梯子放于箱子、砖头或其他不稳定物体上以求增加工作高度。

【案例】 2015年11月14日上午，某供电局客户中心营业管理所按工作计划，分配陈××（工作负责人）、徐××、杨××3人前往××市古城路267号安装新表，3人到达工作现场后，徐××在墙壁上固定表板，陈××分配杨××准备登杆接线，约9时10分，陈××自己将铝合金梯子靠在屋檐雨披上，并向上攀登，当陈××登至约2m高度时，梯子忽然滑落，陈××随梯子后仰坠地，因安全帽系不牢靠，造成安全帽飞出，陈××后脑壳碰地并有少量出血，送医抢救无效死亡。

条文1.1.11 作业现场使用的吊篮应检验合格，悬挂机构的结构件应有足够的强度、刚度、配重以及可固定措施。操作人员应经专门培训。

禁止货运吊篮、索道载人。

吊篮的每个吊点处除工作钢丝绳外还应独立设置安全钢丝绳，安全钢丝绳必须装有安全锁或相同作用的独立防坠落装置。

由于吊篮不属于特种设备，是根据现场作业环境而设置的，使用前必须对悬挂机构、吊索、安全钢丝绳及相关的动力和安全机构进行全面检查，经检查合格后才能使用。为了便于现场安全检查管理，验收合格的吊篮应悬挂合格证。

作业现场使用的吊篮是悬空作业操作平台，悬挂结构件是吊篮的关键支撑件，应符合《高处作业吊篮》（GB/T 19155—2017）的规定；明确禁止货运吊篮、索道载人；参照《高处作业吊篮》（GB/T 19155—2017），强调吊篮的安全钢丝绳应独立设置，每次使用前应检查其与悬吊钢丝绳互不关联、固定可靠。

【案例1】 2011年6月7日，甘肃省某发电厂进行煤场挡风抑尘墙钢结构吊装工作，现场开具了工作票并进行了安全交底工作。随后，工作人员开始组装自制吊篮。组装完成后，工作组成员张×、王××立即爬上吊篮开始工作。2.5h以后，悬吊吊篮的南侧钢丝绳拉断、北侧钢丝绳也随即拉断，吊篮从约16m高空坠落到地面，现场人员立即将伤者送往医院，经救治无效死亡。

【案例2】 2014年6月23日，某工业防腐公司现场负责人闫××为赶7号炉A级检修炉膛内脚手架拆除工程，将拆下来的钢架板和钢管通过炉内升降平台向下运输。在施工过程中，作业人员为施工移动方便多数未固定安全带。将升降平台上堆放的已拆下来的299块钢架板和41根钢管运往二楼平台时，升降平台西北角垮塌。当时升降平台上载有4人，苗××和张××在升降平台的南边安全通道上，张××和邢××在平台的西北边。垮塌发生瞬间，张××和邢××随塌落的钢架板和钢管等自32m高的升降平台坠落至炉底13.5m高的脚手架平台上，而苗××和张××因正确使用安全带且升降平台垮塌时抓住临近的钢丝绳而未随之坠落。

【案例3】 2016年7月26日，某建筑安装有限公司的模板班组班长王××带领汤××等6人乘坐电梯到达打基沟大桥墩柱上方箱梁里开展挂篮模板系统的安装工作。为便于第二天混凝土浇筑，在未通知某电站项目部现场负责人和现场监理人员的情况下，王××等7人提前擅自用手拉葫芦，将挂篮主桥架拉出，这时挂篮底篮已与箱梁脱离，再用液压千斤顶牵引后，整体挂篮前移至主桥架末端。18时50分许，班长王××派汤××到挂篮主桥架末端进行定位和锚固作业。19时00分许，由于挂篮转角偏位造成挂篮主桥架严重受扭变形，最终扭歪成直角，整体挂篮从箱梁上脱落至地面，人员随挂篮坠落，造成1人死亡。

条文1.1.12　线路施工作业，登杆塔前应对塔架、根部、基础、拉线、桩锚、地脚螺母（螺栓）等进行全面检查。合格后，方可登杆塔作业。

登杆前的全面检查，主要防止倒杆和登杆后失稳造成倒杆坠落。电力杆塔杆根和基础对杆塔稳定起到决定作用，登杆前对杆根和基础全面检查是对杆塔稳定性的再次确认。带拉线的电杆的稳定性除了杆根和基础外，拉线也起到很重要的作用，登杆前需要对拉线锚桩和拉线进行检查，以保证其方向正确、连接可靠。铁塔是由钢材和地脚螺母（螺栓）等连接形成，结构不全将影响杆塔受力。地脚螺栓与地脚螺母不匹配，会造成铁塔倾覆。

【案例1】 2017年5月7日，某送变电公司承建的500kV Ⅱ回输电工程181号铁塔（转角塔）组立完成后，未经过铁塔验收，没有对181号铁塔地脚螺栓存在的重大安全隐患整改到位，擅自将施工方案中要求打沿导线反方向的三根拉线，改变成两根外八方向的拉线，拉线对地夹角过大，在条件不具备的情况下便开始紧线；分包队伍在未将181号铁塔地脚螺栓全部拧紧、151号铁塔未打临锚的情况下，就安排施工人员对181～151号铁塔进行紧线，铁塔在水平方向，受边相4根子导线和中相两根子导线的张力和反向塔根弹力和拉线拉力的作用下，北侧拉线因受力超过16t（最大拉力为15.1t）而断裂，导致181号铁塔失去平衡而向180号铁塔方向倾倒，造成塔上作业的5名员工随塔跌落，其中4人死亡。

【案例2】 2017年5月14日，某电力公司110kV输电工程施工过程中，施工人员在组立铁塔时错误地使用了与地脚螺栓不匹配的螺母，导致铁塔与地脚螺栓紧固力不足。在紧线过程中，铁塔受朝向内角的水平力作用产生上拔时，铁塔基础无法提供足够的约束，造成铁塔倾覆，4人死亡。

条文1.1.13　在轻质型材等强度不足的高处作业面（如石棉瓦、铁皮板、采光浪板、装饰板、屋面光伏板等）上作业，必须搭设带安全护栏的临时通道，悬挂安全标志牌，在梁下张设安全平网或搭设安全防护设施。

严禁无有效防护措施在轻质型材上行走、作业。

本条是吸取多起在轻质型材等强度不足高处作业面上作业时发生的高处坠落事故教训而提出的。

本条细化了作业人员在强度不足作业面作业时的具体措施，着重强调了在强度不足的作业面应搭设带安全护栏的临时通道，在临时通道下方设置安全网或其他安全防护措施。

【案例1】 2017年3月20日，山东某发电公司作业人员庞××在处理6号炉省煤器输灰缺陷期间，未系安全带和采取其他防护措施就擅自翻越护栏，攀爬到防雨棚彩钢瓦顶（由于防雨棚非承重且年久失修），导致其从20m坠落到12m平台。经抢救无效死亡。

【案例2】 2017年9月25日，某水电公司光伏电站安装项目部周××、毛××两人在一工贸公司厂房屋顶调试光伏发电板清洗装置，在2号、3号、4号调试结束准备到5号厂房屋顶调试时，其中一名作业人员周××沿着4号、5号厂房之间的雨棚中间行走中（雨棚最高位置距离地面约为9.2m）发生坠落，当场死亡。

【案例3】 2020年5月10日，湖南某发电公司检修外包单位1名作业人员，清点施工用橡胶皮缺少，想去往5号炉炉顶处取多余的橡皮垫（此时5号机组正处于运行状态）。在前往5号机组炉顶时，擅自越过临时围栏（脚手架搭设且有警示标志）后进入炉顶大包上部。在行进中大包顶部发生陷落（炉顶大罩顶部的保温层底板结构是独立非承重结构），该名作业人员坠入炉顶大包内死亡。

条文1.1.14　绑扎钢筋和安装钢筋骨架需要悬空作业时，必须搭设脚手架和上下通道，严禁攀爬钢筋骨架；绑扎圈梁、挑梁、挑檐、外墙、边柱和悬空梁等构

件的钢筋时，必须设置合格作业平台；绑扎立柱和墙体钢筋时，严禁站在钢筋骨架上或攀登骨架作业。

严禁未设置作业平台，进行高处绑扎柱钢筋作业、预应力张拉作业和开展临边高度2m及以上混凝土结构构件浇筑作业。

模板安装和拆卸时，作业人员必须有可靠的立足点和防护措施。上下模板支撑架必须设置专用攀登通道，不得在连接件和支撑件上攀登，不得在上下同一垂直面上装拆模板。

钢结构安装或装配式混凝土结构安装作业层未设置手扶水平安全绳、未搭设水平通道、两侧未设置防护栏杆，禁止作业。

严禁在未固定、无有效防护措施的物件以及安装中的管道上作业或通行。

立柱、圈梁、挑梁、挑檐、外墙、边柱和悬空梁等钢筋绑扎施工时，由于钢筋结构尚未固定，设置合格的作业平台，是很有效的安全防护措施。攀登模板时，为防止模板坍塌，应设置专用攀登通道，不得在连接件和支撑件上攀登。在安装钢结构和装配式混凝土结构时设置的水平扶绳、水平通道和防护栏杆，是在组装的结构件未稳固之前需采取的安全措施。未固定或无有效防护措施的物件及安装中的管道均不牢固，无稳定的立足面，作业或同行存在人身安全风险。

【案例1】 2008年5月19日，河南省某电厂在进行吸收塔内部防腐检查过程中，脚手架平台一架板支撑横杆突然断裂，致使平台上的4人高处坠落，造成1人死亡。

【案例2】 2013年8月14日，江苏某电厂作业人员接到指令，对热网循环水管道支架进行维护。作业人员携带工具，经梯子攀登到热网循环水管道上部。因没有采取安全带（防坠器）保护措施，在检查支吊架的过程中从管道上坠落（坠落的地点距地面高差达3.5m）

【案例3】 2015年8月18日，内蒙古自治区某电厂在进行2号炉脱硝区域检修工作时，1名热控检修工李×在炉南侧33m平台处检修供氨母管仪表设备时，由于供氨母管左侧空间狭小，不方便进行检修操作，在未系安全带及任何个人防护措施的情况下，翻越安全护栏到供氨母管另一侧进行作业，失手从33m高空坠落，摔到12.5m的汽轮机平台地面上。

【案例4】 2018年8月24日，某建筑公司钢筋班5人到某电站泄洪建筑物工程2号溢洪道8号掺气槽进行钢筋绑扎作业。9时许，其中刘××擅自离开当班作业面翻越的2道隔离栅栏时（隔离栅栏未按国家标准规范搭建，且未设置禁入、禁越的警示标牌），掉入2号掺气洞内。

条文1.1.15　在煤（粉、灰）仓或斗内作业时，作业人员必须佩戴防坠器和全身式安全带，安全带上应挂有安全绳，安全绳另一端必须握在仓或斗外的监护人

手中，且牢固地连接到外部固定物体上。

新增煤（粉、灰）仓或斗作业安全防护措施及方法。煤（粉、灰）仓中作业，属于有限空间作业，同时仓内作业没有安全带固定点，将安全绳留在监护人处并连接牢固，能有效帮助被困人员脱险。

【案例1】 2015年11月16日，某发电厂4号炉4号原煤仓结拱严重，设备部安排清拱。锅炉队工作监护人武××，工作负责人朱××组织工作班成员张××（死者）等4人开始清拱作业。张××等4人佩戴普通安全带，从人孔门通过内部爬梯进入原煤仓，将安全绳拴在爬梯上，将安全带捆绑在安全绳上，安全绳预留部分较长。仓内4名作业人员，其中1人负责仓内监护，张××等3人负责清拱。工作负责人朱××和工作监护人武××分别在原煤仓两侧人孔门处监护。8时左右，煤仓侧壁上部存煤突然坍塌，张××被掩埋。

【案例2】 2020年2月25日，某公司公用工程部热电厂2号130t/h锅炉原煤仓出现蓬煤，公用工程部部长朱××和输煤工段长唐××仅佩戴安全绳，未佩戴防坠器进入原煤仓内进行处理（违反关于煤仓清理作业执行双重保护之规定），处理过程中朱××脚下煤堆发生坍塌，唐××和原煤仓外监护人员戴××拉拽保护绳未能成功，朱××被埋在煤堆中。

条文1.1.16　从事风电机组塔筒清洗、叶片维修等高处作业，必须在风机停机状态并将叶轮锁定、做好防止吊篮摆动等措施后进行，作业人员必须使用独立安全绳、防坠器，安全绳应避免接触边缘锋利的构件，严禁对安全绳接长使用。工作地点20m直径范围内禁止人员停留和通行。

针对风电生产作业的现场实际增加。风电机组塔筒和叶片上的作业是悬空作业，作业人员悬吊作业的绳索和防坠器使用的绳索应分别设置。

风电机组高处悬空作业时，作业人员的悬吊作业绳和安全保护绳应有防刺割损伤措施。

因为风电机组高度较高，而且风力比较大，所以坠落防护半径相对大一点，20m直径范围内禁止人员停留和通行。

【案例】 2015年4月29日12时40分，某风电场五名人员完成机舱内检修工作后，其中刘××离开机舱下塔时，未将安全带上的O形环扣入助爬器环形钢索上的挂接环内，而是误将助爬器环形钢索套入O形环内（环形钢索只起到导向作用而无任何防坠作用），导致刘××坠落。

条文1.1.17　拆除工程必须事先制定安全防护措施和作业程序，并对作业人员进行安全技术交底；作业人员必须在安全措施落实到位后，按照拆除程序进行作业，不得颠倒、漏项。

拆除方案和正确的拆除程序是保证拆除工程作业安全的基础，特别是结合现场实际制订的安全措施，应履行交底手续，在安全措施落实到位后，严格按照拆除作业程序执行。

条文 1.2　防止触电事故

触电事故是指人体接触带电体或带电体与人体间发生放电而引起的人体病理、生理效应所造成的人身伤害事故。触电有单相触电、两相触电、跨步电压触电、接触电压触电和雷击触电五种常见形式。

条文 1.2.1　凡从事电气操作、电气检修和维护的人员（统称电气作业人员）必须经专业技术培训、触电急救培训并考试合格方可上岗。带电作业人员应经专门安全作业培训，考试合格并经单位批准。

【案例】 2017年5月27日，某工程公司承揽某热电厂2号机组6kV配电室作业过程口，安排未经专业培训的人员（没有电工证）从事电气配电拆接线工作。该作业人员私自穿越工作区域安全警示隔离带，进入运行母线区域，打开运行母线电压互感器配电间隔后下柜门，在使用扳手拆除运行中的电压互感器引线时触电死亡。

条文 1.2.2　电气作业人员应正确佩戴合格的个人防护用品，使用合格的电力安全工器具。绝缘鞋（靴）、绝缘手套等必须符合国家或行业相关标准。作业时，应穿工作服，戴安全帽，穿绝缘鞋（靴），根据作业需要佩戴绝缘手套。

电气作业人员的个人防护用品，是作业人员最基本的防护保障，是其他防护措施失效时对作业人员的最后一道防护。电气作业人员作业前应配备合格的个人安全防护用品。

合格安全的工器具是现场作业安全的必备条件，电力安全工器具应符合国家、行业和各单位的相关要求。

【案例1】 2015年3月17日，山西省某发电公司进行更换从变电站到老厂区物管中心损坏的380V电缆工作。上午完成了旧电缆切割及新电缆敷设工作，电缆接头未安装。下午有4名工作人员分两组进入电缆沟进行电缆接头安装工作，因旧电缆护套及绝缘层部分绝缘损坏，作业人员在未穿绝缘鞋、未带线手套情况下误碰电缆漏电部分，造成一名工作人员触电死亡。

【案例2】 2016年8月13日，黑龙江某热电公司在进行2号机组2号给水泵最小流量阀电动执行机构接线作业过程中，热控检修人员曾××在未告知值长及相关人员的情况下，私自到2号机给水泵再循环调节门处进行工作，曾××工作服潮湿也未穿绝缘鞋，没有进行验电确认情况下进行接线，触电死亡。

条文 1.2.3　使用绝缘安全工器具——绝缘操作杆、验电器、携带型短路接地线等必须经过定期试验合格，使用前必须检查安全工器具结构完整、性能良好，在检验有效期内。

使用的手持电动工器具和电气机具应定期检验合格，使用前应进行检查，并按

工器具类型在使用中佩戴绝缘手套、配备漏电保护器或隔离电源。

电力安全工器具分个体防护装备、绝缘安全工器具、登高工器具和警示标识四类，其中绝缘安全工器具包括基本绝缘和辅助绝缘两类。绝缘工器具由于现场使用中磨损、污秽、阳光及空气中潮湿等原因，可能导致材料及元器件老化，性能下降，通过规定的预防性试验，检验绝缘工器具的性能符合使用要求，合格才能在现场进行使用。使用前应进行外观检查。手持电动工器具和机具均应满足相应的绝缘要求，通过试验来确认其绝缘性能。手持电动工器具应依据《手持式电气工具的管理、使用、检查和维修安全技术规程》（GB/T 3787—2017）的规定，使用绝缘手套，配备漏电保护器或隔离电源。

手持电动工器具如有绝缘损坏、电源线护套破裂、保护线脱落、插头插座裂开或有损于安全的机械损伤等故障时，应立即进行修理，在未修复前，不得继续使用。否则极易造成漏电、短路和机械伤害，进而造成人身伤害。

【案例】 2014 年 2 月 21 日，某电厂运行人员在进行 7 号机组电动给水泵电动机绝缘测试时，作业人员在未佩戴绝缘手套、未验电情况下进入断路器室进行电动机绝缘测量操作，直接打开断路器室绝缘挡板，把测试表笔接近母线侧带电部分，发生触电事故。事故发生时一人手持测试表笔，另一人手持绝缘电阻表，经抢救无效 2 人死亡。

条文 1.2.4 电气设备的金属外壳应有良好的接地装置，使用中不得将接地装置拆除或对其进行任何工作。

电气设备金属外壳有效接地，能够泄放因电气设备绝缘损坏或感应电等原因导致外壳带有的电荷，防止作业人员意外接触时发生触电伤害。设备金属外壳的接地装置与设备金属外壳相连，使用中的电气设备接地线可能带电，断开时在断开点存在电压差从而可能对作业人员造成伤害，因此，电气设备使用时，其外壳的接地装置不能拆除或开展工作。

条文 1.2.5 检修动力电源箱的支路开关都应加装剩余电流动作保护器（漏电保护器）并应定期检查和试验。连接电动机械及电动工具的电气回路应单独装设开关或插座，并装设剩余电流动作保护器，做到“一机一闸一保护”。

对氢站、氨站、油区、危险化学品间、酸性蓄电池室（不含阀控式密封铅酸蓄电池室）等特殊场所，应选用防爆型检修电源箱，并使用防爆插头。

剩余电流动作保护器能够在其连接的回路中发生人身触电、设备漏电或接地故障时，可靠动作切断电源防止人员触电。通过定期试验确认其可靠动作，使用前应在通电情况下试验。

“一机一闸一保护”是为了让电气设备发生故障的能够快速、准确地切除故障设备，而且在设备故障无法可靠自动切除时能够通过闸刀拉开。

氢站、氨站、油区、危险化学品间、酸性蓄电池室（不含阀控式密封铅酸蓄电池室）等特殊场所容易集聚可燃气体，采用防爆型设备能够避免产生电气火花，引起火灾。

条文 1.2.6 在高压线路、设备及相关区域工作，根据不同的作业方式、地点，人体与带电体的安全距离应满足《电力安全工作规程　电力线路部分》（GB 26859）和《电力安全工作规程　发电厂和变电站电气部分》（GB 26860）相关要求。低压电气带电工作时，人体不得直接接触裸露的带电部位并保持对地绝缘。作业中应采取防相间短路和单相接地措施。

依据《电力安全工作规程　电力线路部分》（GB 26859），在电力线路部分，安全距离主要分为在高压带电线路杆塔上工作与带电导线的安全距离和邻近或交叉其他高压电力线工作的安全距离。此外，依据有关技术导则，带电作业还有带电作业时人体与带电体的安全距离等。

对于35kV及以下的高压设备，采取绝缘隔离措施后，安全距离有所不同。因此，在高压线路、设备及相关区域工作，应根据不同的作业方式、地点，严格执行GB 26859相应的安全距离数值。

在运用中的高压线路、设备及相关场所工作时，应采取保证安全的组织措施和技术措施，与带电部位应保持GB 26859所要求的安全距离。否则，应采取停电方式进行。高压设备应有防止误入带电间隔的措施。

低压设备带电部位工作，应使用戴绝缘柄的工具，在接触带电设备时，应通过与带电部位绝缘隔离或与地电位绝缘隔离，以防形成电流通道导致触电事故，防止相间触电或短路。高压设备不停电时的安全距离见表1-1，在高压带电线路杆塔上

表 1-1　高压设备不停电时的安全距离

电压等级（kV）	安全距离（m）	电压等级（kV）	安全距离（m）
10及以下①	0.70（0.35）②	±50及以下	1.50
20、35	1.00（0.6）②	±400	5.90③
66、110	1.50	±500	6.00
220	3.00	±660	8.40
330	4.00	±800	9.30
500	5.00	±1100	16.20
750	7.20③		
1000	8.70		

注　本表摘自《电力安全工作规程　发电厂和变电站电气部分》（GB 26860）。

① 表中未列电压等级按高一档电压等级的安全距离执行，13.8kV执行10kV的安全距离，后表同。

② 括号内数值仅用于作业人员与带电设备之间采取了绝缘遮蔽或安全遮栏措施的情况。

③ 750kV数据是按海拔2000m校正的；±400kV数据是按海拔3000m校正的，海拔4000m时安全距离为6.00m。其他等级数据按海拔1000m校正。

工作与带电导线的安全距离见表1-2，邻近或交叉其他高压电力线工作的安全距离见表1-3。

表1-2　　在高压带电线路杆塔上工作与带电导线的安全距离

电压等级（kV）	安全距离（m）	电压等级（kV）	安全距离（m）
交流			
10及以下①	0.7（0.35）②	330	4.0
20、35	1.0（0.6）②	500	5.0
66、110	1.5	750	8.0③
220	3.0	1000	9.5
直流			
±50	1.5	±660	9.0
±400	7.2③	±800	10.1
±500	6.8	±1100	17.00

注　本表摘自《电力安全工作规程　电力线路部分》(GB 26859)。
① 表中未列电压应选用高一电压等级的安全距离，13.8kV执行10kV的安全距离，后表同。
② 括号内数值仅用于作业人员与带电设备之间采取了绝缘遮蔽或安全遮栏措施的情况。
③ 750kV数据按海拔2000m校正；±400kV数据按海拔5300m校正。其他电压等级数据按海拔1000m校正。

表1-3　　邻近或交叉其他高压电力线工作的安全距离

电压等级（kV）	安全距离（m）	电压等级（kV）	安全距离（m）
交流线路			
10及以下	1.0	330	5.0
20、35	2.5	500	6.0
66、110	3.0	750	9.0
220	4.0	1000	10.5
直流线路			
±50	3.0	±660	10.0
±400①	8.2	±800	11.1
±500	7.8	±1100	18.0

注　本表摘自《电力安全工作规程　电力线路部分》(GB 26859)。
① ±400kV数据按海拔3000～5300m数据校正后，为全线统一使用的数值。750kV数据按海拔2000m校正；其他电压等级数据按海拔1000m校正。

【案例1】 2001年5月9日，湖北省某电力安装公司变电队的工作人员胡××等5人，到月园开闭所的南侧终端杆上安装并固定10kV电缆终端头。当电缆头起吊上升至电缆支架处时被挂住，杆上作业人员胡××站在铁杆北侧的爬梯上，腰系安全带，试图推开电缆头，由于用力不当，为平衡身体，双手无选择抓支撑物，不慎触及绝缘被吊绳破坏的低压带电导线上，触电抢救无效死亡。

【案例2】 2014年10月17日，某供电公司修查看10kV Ⅰ段母线避雷器过程中，由于通过开关柜柜门上的红外测温孔看不清柜内情况，作业人员赵××打开了后柜门。在10kV Ⅰ段母线避雷器引流铜排带电、未验电接地的情况下，赵××将头探入打开的避雷器柜内查看，因头部与带电的避雷器引流铜排安全距离不足（小于0.35m），发生触电。

【案例3】 2018年10月31日，重庆某电力工程公司进行35kV更换雷击绝缘子作业，2名作业人员工作结束后，从33m的高空准备下塔时，未使用安全带和保护绳，作业人员刘××不慎触碰到铁塔东侧正常输电的线缆，发生触电并燃烧几十秒后坠落到地面，当场死亡。另外1名下塔的作业人员张××发现后，因惊吓过度不知所措，不慎从高空坠落，造成2人死亡。

条文1.2.7 高压线路、设备停电检修时，应采取停电、验电、接地、悬挂标示牌和装设遮栏（围栏）等措施，作业人员应在接地装置的保护范围内作业。禁止作业人员擅自移动或拆除接地线、遮栏（围栏）、标示牌。

低压线路、设备停电、验电后，无法实施接地措施时，可采取加锁、挂牌或绝缘遮蔽等措施，必要时派人看守。

带电作业主要采取等电位、中间电位、地电位三种方式。等电位作业时，作业人员须穿屏蔽服，与带电部位保持电位相同；中间电位和地电位作业时，作业人员需借用绝缘工器具对带电部位进行操作。

条文1.2.8 高压电气设备带电部位对地距离不满足设计标准时周边必须装设防护围栏，门应加锁，并挂好安全警示牌。围栏与带电部位最小间距应满足《电力安全工作规程　发电厂和变电站电气部分》（GB 26860）要求。

高压电气设备带电部位围栏与带电部位最小间距应满足安全距离要求。高压电气设备的带电部位对地距离不满足安全距离时，通过设备四周加装高度不低于1.7m安全围栏，并在出入围栏的门上上锁、挂警示牌，防止误入。

条文1.2.9 雷雨天气，需要巡视室外高压设备时，应穿绝缘靴，并不准靠近避雷器和避雷针。

雨天操作室外高压设备时，应使用有防雨罩的绝缘棒，穿绝缘靴、戴绝缘手套。雷电时禁止就地倒闸操作和登塔作业。发生雷雨天气后一小时内禁止靠近风电机组。

雷雨天气，需要巡视室外高压设备时，应穿绝缘靴，并不准靠近避雷器和避雷针。雷电流通过电气设备的接地网泄放过程中，在接地网上形成电压差，穿绝缘靴能够防止跨步电压。有防雨罩的绝缘棒可以阻断雨水在绝缘棒表面形成不均匀水膜，防止泄漏电流或闪络；穿绝缘靴、戴绝缘手套是防止绝缘棒表面泄漏电流对操作人员造成伤害的辅助措施。

雷雨、大风天气或线路事故巡线，在线路遭受直击雷或感应雷、故障接地时，均会在线路下方及杆塔周围地面产生跨步电压，也应要求巡视人员穿绝缘靴或绝缘鞋。

风电机组在风电场中是最高的，雷雨天气落雷的概率比较高，雷电流在土壤泄放需要时间，依据《风力发电场安全规程》（DL/T 796—2012），规定雷雨天气后一定时间内禁止靠近是防止跨步电压伤害的措施。

【案例】 2013 年 6 月 22 日，雷暴天气造成某 10kV 线路单相接地故障，某工程公司员工巡线结束返回时，电杆附近发生雷击，导线断线后落在未穿绝缘靴（鞋）巡视人员附近，导致两人触电死亡。

条文 1.2.10　当高压设备发生接地故障时，室内不得进入故障点 4m 以内，室外不得进入故障点 8m 以内。进入上述范围的人员必须穿绝缘靴，接触设备的外壳和构架应戴绝缘手套。

当发觉有跨步电压时，应立即将双脚并在一起或用一条腿跳着离开接地故障点。

高压设备发生故障时，无论绝缘是否损坏，都应考虑设备绝缘有损坏的可能性，室内保持 4m 以上，室外保持 8m 以上，进入上述范围内人员穿绝缘靴主要是防止跨步电压触电，戴绝缘手套是防止接触电压。采取双脚小步挪动离开故障点的方式，是防止产生跨步电压触电的有效措施。

当导线断落地面，落地点的电位就是导线的电位。电流从落地点流入大地，电流向四周扩散时，形成不同的电位梯度，在距落地点 8m 以内会造成跨步电压触电伤害。因此，巡线人员发现导线断落地面或悬挂空中时，应始终在现场守候，防止行人靠近导线落地点 8m 以内；并迅速报告值班调控人员和上级，等候处理。若接到群众报告时，应立即派人到现场进行看守，并设置围栏。

【案例】 2014 年 9 月 17 日，受台风影响，某供电站对 10kV 线路进行检修，抢修人员胡××戴安全帽、穿绝缘靴、佩戴绝缘手套，使用绝缘操作杆对 12 号杆分段开关进行合闸操作，开关合上后，开关负荷侧 B 相引线在支柱绝缘子处发生电弧火花燃烧，电流通过潮湿电杆传入大地，在电杆周围产生电场分布，胡××受惊吓意外跌倒，身体大面积接触地面，因跨步电压造成触电死亡。

条文 1.2.11　高压试验时，必须装设围栏，悬挂安全标示牌，并设专人看护，严禁其他人员进入试验场地或接触被试验设备。试验设备两端不在同一地点时，另一端也应采取防范措施，并指派专人看守。试验时，操作人员应站在绝缘物上。禁止越过遮栏（围栏）。

高压试验在被试设备和加压设备四周设置的围栏，是在工作围栏内为了防止工作人员接近或接触试验设备发生触电风险的措施。被试设备两端不在同一地点，另一端采取防范措施是防止被试设备电压升高造成其他人触电。

条文 1.2.12　因临近带电设备或工作地段有临近、平行、交叉跨越及同杆塔架设带电线路，导致检修设备（线路）可能产生感应电压时，应加装工作接地线或使用个人保安线。

架空绝缘导线不得视为绝缘设备，在停电检修作业中，开断或接入绝缘导线前，应做好防感应电的安全措施。

停电线路作业，在有平行邻近、交叉跨越带电线路或同杆架设的带电线路时，作业人员加装接地线或使用个人保安线，主要是防感应电触电，通过接地线或个人保安线泄放感应电压。110kV（66kV）及以上电压等级线路由于线间距离相对较大，作业中难以同时接触相邻相，个人保安线可使用单相式。35kV及以下线路由于相间距离比较小，作业过程中容易接近或碰触两相或者三相导线，个人保安线一般使用三相式。

架空绝缘导线与电缆相比，无屏蔽层，无外护套，平时不做试验；长期露天运行或过负荷等原因造成绝缘损坏，绝缘水平无法保障且存在表面感应电。所以，作业人员不准直接接触或接近。停电作业时应与裸导线停电作业的安全要求相同。为满足运行、检修人员验电、接地的需要，架空绝缘导线至少应在各分支线接入点、分段断路器（开关）两侧设置验电、接地装置，柱上断路器（开关）两侧的验电、接地装置可采取在相邻杆设置的方式，耐张杆处的验电接地环应在两侧相邻杆设置。与其他电力线路平行、邻近和交叉跨越时，导线中容易产生感应电，绝缘导线的验电、接地装置安装有一定的间隔，依靠两侧的接地装置上装设的接地线还不能泄放全部的感应电。因此，绝缘导线在开断或接入部位应采取防止感应电措施。

【案例】　2016年4月1日，某供电公司220kV变电站在进行110kV兴东二线113—2隔离开关检修工作时，一名员工误拆113—2隔离开关线路侧接线板，失去接地线保护，发生感应电触电事故。

条文 1.2.13　电缆及电容器检修前应逐相充分放电，并可靠接地；试验后的电缆及电容器应充分放电。

电缆和电容器从系统中退出后，其中的剩余电荷与电缆或电容器的电容量相关，电缆电压越高长度越长、电容器容量越大剩余电荷量越大，接地前充分放电是防止直接接地时放电电弧伤人的措施。与整组电容器脱离的电容器应逐个充分放电，防止电容器剩余电荷伤人。

【案例】　2019年4月6日，某单位承建的土建及金属结构安装工程，施工人员在进行施工箱式变压器异常排查时，未严格落实停电、验电、接地等保证安全的技术措施，发生电缆剩余电荷触电人员死亡事故。

条文 1.2.14　在地下敷设电缆附近开挖土方时，严禁使用机械开挖。

使用机械开挖土方时，由于施工机械挖掘力相对比较大，开挖深度难以精确控制，电缆绝缘层无承受机械挖掘力，故禁止机械开挖。

条文 1.2.15 严禁用湿手去触摸电源开关以及其他电气设备。

【案例】 1988 年 7 月 31 日，某校办工厂，某作业人员在有积水的管沟内进行对接管道作业。在右手拉电焊机回路线往钢管上搭接时，裸露的线头触到戴手套的左手掌上，发生触电（脚上穿的塑料底布鞋、手上戴的帆布手套均已湿透）。

条文 1.2.16 在变电站户外和高压室内搬动梯子、管子等长物，应放倒后搬运，并与带电部分保持足够的安全距离。在变电站、配电站带电区域内或临近带电线路处，禁止使用金属梯子。

在带电设备区域区放倒搬运梯子、管子等非绝缘长物，是防止其在搬运过程中由于稳定性、控制性较差极易误碰带电设备或不能和带电部分保持足够的安全距离，进而造成人身伤害、设备损坏。

在变、配电站的带电区域或临近带电线路附近禁止使用金属梯子，是防止金属梯子在使用过程中，与带电部分的安全距离不够而产生感应电、放电或直接触及带电部分，伤及人身。

【案例】 2001 年 7 月 12 日，湖北省某供电公司王××等 3 名检修工前往一房产公司还建房进行施放接户线工作。王××在接线过程中，使用了用户提供的铝合金梯子，作业未使用绝缘工具和佩戴绝缘手套，误触带电部位，导致发生触电事故。

条文 1.2.17 在带电设备周围或上方进行安装或测量时，严禁使用钢卷尺或带有金属丝的测绳、皮尺，上下传递物件必须使用干燥的绝缘绳索。

钢卷尺等非绝缘测量工具在带电设备附近进行测量过程中，易与带电部位安全距离不够而发生触电事故。在带电设备上方进行安装，需要传递物件时，使用干燥的绝缘绳索，主要是防止短接带电设备，或安全距离不足而导致事故。

【案例】 2021 年 6 月 17 日，某供电公司 110kV 变电站配电装置改造施工期间，工作负责人孙×和变电运维正值沈×前往Ⅱ凤省 2 开关间隔，违规使用钢卷尺进行测量工作（非工作票所列作业内容），在钢卷尺靠近带电的母线引下线过程中发生放电，导致孙×触电死亡，沈×被严重烧伤。

条文 1.2.18 有限空间移动照明应使用 36V 以下的电压，金属容器内、潮湿环境下应使用 12V 的安全电压。

使用超过安全电压的手持电动工具，应按规定配置剩余电流动作保护装置（漏电保护器）。

有限空间、金属容器内、潮湿环境中作业时触电风险比较大，采取不同环境使用相应的安全电压限值、手持电动工具配置漏电保护等措施，减小人身触电风险。

【案例】 1995 年 8 月 3 日，天津市某电厂在进行 4 号除尘器下部积灰清理时，由于除尘器内部没有照明装置，作业人员王××为了解决照明问题，私自接 220V

电源照明（按照规定电除尘器内照明应使用12V或者24V电源进行照明），王××在清灰过程中发现灯摆放偏斜，起身去移动灯泡时，用未戴绝缘手套的右手触摸到了灯罩的金属部分，导致触电死亡。

条文1.2.19　严禁无票操作、擅自修改操作票、擅自解除高压电气设备的防误操作闭锁装置，严禁带接地线（接地开关）合断路器（隔离开关），严禁带电挂（合）接地线（接地开关）和带负荷拉（合）隔离开关，严禁误入带电间隔。

按电气设备操作规则填写的操作票是防止操作过程中漏步、跳步的措施，执行时应逐项打钩。防误操作闭锁装置是按照设备的操作规则设置电气、机械等闭锁，防止恶性误操作和误入带电间隔的可靠措施。

条文1.2.20　3～66kV中性点不接地系统发生单相接地故障时，一次设备应能快速切除故障，从而降低人身触电风险。变电站3～66kV各段母线，因地制宜配置主动干预型消弧装置。

现行电力系统中，为满足供电可靠性，中性点不接地配电网允许单相接地故障发生后短时运行，这一定程度上给人身安全带来风险。根据各地区电网实际情况，因地制宜采用主动干预型消弧装置。新建配电站，在典设中优先选用主动干预型消弧装置；改（扩）建的在运配电站，应根据实际情况，如单相瞬时故障频发的地区，应尽快安排配置主动干预型消弧装置；特大城市配电系统网架坚强的区域，如上海、北京等中心供电区域，也可以采用小电阻系统。

条文1.3　防止物体打击事故

物体打击事故是指物体在重力或其他外力的作用下产生运动，打击人体而造成的人身伤亡事故。主要包括物体从高处掉落伤人，堆放、摆放物体滚落滑落伤人，工器具锤击物体飞出伤人，玻璃、陶瓷等易碎制品碎裂伤人，违规投掷、传递物体伤人。不包括因机械设备、车辆、起重机械、坍塌等引发的物体打击。

作业点下部设置物理隔离措施和坠落点严禁人员进入的措施，是防止物体从高处掉落，直接砸伤或被弹射击中伤人的有效措施。另外，对堆放、摆放的物体采取加固措施，可防止物体滚落、滑落伤人。按要求正确穿戴劳动防护用品和加强对工具的检查，可防止工具飞出、玻璃陶瓷等易碎制品碎裂伤人。加强安全教育培训和安全监督检查，严禁违规投掷传递物体，也是防止物体打击事故发生的有效手段。

条文1.3.1　进入生产现场人员必须掌握相关安全防护知识，正确佩戴合格的安全帽。工作场所井、坑、孔、洞或沟道、缝隙等，应覆以与地面齐平的坚固盖板，作业平台临边必须装设踢脚板。建（构）筑物或设备设施上搁置物、悬挂物必须采取防止脱落、掉落措施。

安全帽是对使用者头部受坠落物或小型飞溅物体等其他特定因素引起的伤害起防护作用的帽子。使用安全帽时后箍应调整到松紧合适的位置，帽带应适度紧系于下颚，防止脱落，并依据《头部防护 安全帽》(GB 2811—2019) 选用。

防止人为失误造成物体掉落，应尽可能从完善现场作业环境的角度，消除高处落物风险。生产现场井、坑、孔、洞、沟道、缝隙等应盖好坚固盖板，平台临边应装设踢脚板，踢脚板高度不低于 100mm。

建（构）筑物或设备设施上尽量不放置搁置物、悬挂物，必须放置时应绑扎牢固，必要时进行焊接，物体坠落半径应设置固定围栏，防止因大风或设备振动造成物体掉落伤人。

【案例】 2011 年 10 月 5 日，某实业公司喷燃器施工时用来挂钢丝绳、撬动喷燃器，所使用的一根钢管工具从 1 号炉墙与作业平台膨胀间隙处（锅炉冷态时 480mm 宽）掉落，钢管在下落过程中碰到锅炉构架，使其向东偏移约 4.5m，掉落的钢管击中正在渣斗下方通道行走的李××，安全帽佩戴不规范，帽衬脱落，李××头部受到打击，致其经抢救无效死亡。

条文 1.3.2 高处临边原则上不得堆、放物件，必须堆放时应采取防止物件掉落措施。在格栅式平台上堆、放小型物件时，应铺设木板或胶皮等，采取确保物件不掉落的措施。

高处场所的废弃物应及时清理，清理前应做好防止物件掉落的措施。

立体堆放的材料和物品应整齐稳固，应符合下重上轻、下大上小、规则平整的要求。立体堆放的材料和物品要限制堆放高度，垛底与剁高之比为 1∶2 的前提下，垛高不得超过 2m，钢筋堆放高度不应大于 1.2m。滑动物件要有支架或使用三角垫块楔牢，圆筒物件滚动面不得面向安全通道等。

条文 1.3.3 高处作业时，必须做好防止物件掉落的防护措施，严禁两名及以上作业人员同时攀爬直梯；使用工具袋时，应拴紧系牢；上下传递物件时，应用绳子系牢物件后再传递，严禁上下抛掷物品。

上、下层垂直交叉同时作业时，中间必须搭设严密牢固的防护隔板、罩栅或其他隔离设施。无专项施工方案和现场安全措施未落实，禁止立体交叉作业。

高处作业地点的下方应用围栏设置隔离区，人员进、出通道口和通行道路上部应设置安全防护棚；无法设置隔离区的应设警戒区，应设专人监护，人员不得在工作地点下面通行和逗留。

两人同时攀爬直梯，已构成实际上的交叉作业，因是短时临时行为，采取措施受限，所以禁止该行为。工具包可存储各类工具，使用工具包传递工具效率更高、更安全，不管是工具包还是各类设施零配件上下运输时都应固定牢固，防止物件运输过程中掉落伤人。

交叉作业时，下层作业位置应处于上层作业物件掉落坠落半径之外。在坠落半径内时，必须设置安全防护棚或其他隔离措施，属于危险性较大的分部分项工程，需要制定专项施工方案，包括工程概况、编制依据、施工计划、施工工艺、安全保证措施等。

高处作业往往不易被下部无关人员发现，作业点下方采取什么措施主要取决于作业点下方的作业环境和人员暴露率。暴露率高，下方应进行硬隔离（如在人员进出通道口或在通行道路上部设置安全防护棚，防护棚一般采用型钢和钢板搭设或采用双层木质板搭设，覆盖范围应大于上方可能坠落物的影响范围）；暴露率低，下方应用围栏设置隔离区（如绿化带、非通行道路等）；受下方作业环境影响无法设置隔离区时，可用警戒绳设置警戒区，设专人监护。

【案例】 2014年10月2日，河南省某电厂进行5号机组超低排放烟囱防腐改造施工，升降卷扬机的过程中卷扬机滑轮固定支撑装置掉落，砸到下面正在施工的5名作业人员，由于滑轮固定支撑装置巨大的重力冲击，其中，3名作业人员安全帽被砸坏，造成头部受伤，无生命危险；2名作业人员未戴安全帽，头部受伤严重，经抢救无效死亡。

条文1.3.4 从事手工加工的作业人员，必须掌握工器具的正确使用方法及安全防护知识，作业前应检查工器具安装牢固。

从事人工搬运的作业人员，必须掌握撬杠、滚杠、跳板等工具的正确使用方法及安全防护知识，必须戴好安全帽、防护手套，穿好防砸鞋，必要时戴好披肩、垫肩、护目镜。

从事手工加工的作业人员，必须掌握凿、刻、旋、削和打眼等作业安全技能，以及石头、金属等材料特性。应注意以下几点：

（1）锤子木柄要选用无裂纹的硬木材料，锤子、凿子不得沾有油脂，否则易从手中滑脱。

（2）使用手锤应注意附近人员的安全。

（3）使用凿子时，禁止对面站人，如两人对面工作，应在前方放置屏障或挡板。

（4）在金属屑快要凿脱落时，要轻轻用力以防铁屑崩飞伤人。

从事人工搬运的作业人员，在放置滚杠时，必须将端头放整齐，两端伸出拖排外面约30mm；摆置和调整滚杠时，将4个指头放在滚杠筒内，以免压伤手指；搬运过程中滚杠不正时，只能用大锤锤打纠正；当设备需要拐弯前进时，滚杠必须放成扇形。

【案例】 2018年4月8日，福建省某发电有限公司5号在建发电机组常规岛汽轮机凝汽器疏水扩容器A模块就位调整过程中，某建设工程公司项目部凝汽器班工人操作千斤顶用于设备就位调整，在工人操作过程中，千斤顶掉落，千斤顶支撑的设备由于惯性作用发生晃动，致使1名作业人员头部被撞伤，经抢救无效死亡。

条文 1.3.5 进入锅炉炉膛、尾部烟道、脱硫吸收塔、电除尘等设备内部进行工作前，应先清除上方可能掉落的焦、渣，并做好防止工作时上方落物的安全措施。

燃煤锅炉除尘、除渣系统，随着烟气一起运动的熔融或半熔融灰渣颗粒，容易黏附在受烟气冲刷的受热面或受阻面上，生成黏壁胶状物，属于不牢固物体，在受外力或自身重力作用下，随时有坍塌、掉落风险。

进入锅炉燃烧室前，检修工作负责人必须先检查燃烧室和第一段烟道内的灰和焦渣是否清理干净，在确认燃烧室符合安全工作条件后，方可允许工作人员进入作业。

存在焦、渣掉落风险时，人员应先从焦、渣上部进入，通过敲打、水冲洗等方式从上至下逐层除焦、渣，下部禁止有人。除焦口除焦时，不准用身体顶着工具，工作人员应在除焦口的侧面，斜着使用工具。

炉内升降平台安装前应进行清渣，使用时严禁上下交叉作业。锅炉炉膛内的作业，渣斗上方应设双层隔板，隔板应严密，不漏物件。

【案例】 2017 年 1 月 10 日，某发电有限公司因 2 号锅炉捞渣机密封输送槽处链条断裂，需要维修并对炉渣进行清理，需要在炉膛内搭设安全防护棚。11 日，11 时 10 分左右，按照分工，魏××从捞渣机入口进入 2 号锅炉炉膛内负责接收搭设防护棚材料。11 时 30 分左右，当魏××在炉膛内运送搭设防护棚材料时，作业点上方炉壁上的挂焦突然坍塌，大量焦块焦粉坠落在作业区域，将魏××掩埋，造成其窒息死亡。

条文 1.3.6 风电机组叶片有结冰现象且有掉落危险时，禁止人员靠近。登风电机组前，应确定无高处落物风险。禁止两人同时攀爬。随手携带工具人员应后上塔、先下塔。

高原、寒冷地区、岭地和山顶风电资源丰富，但这些地方的高海拔、高湿度和低温很容易导致叶片结冰，风电机组因为覆冰抛落，会对附近人员造成物体打击伤害。

我国风电机组多由圆筒状塔架支撑，叶片、轮毂、齿轮箱、发电机等设备多在几十米甚至上百米的高处，需要乘坐电梯（免爬器）或攀爬直梯进行检修、运维、巡检等工作。攀爬风电机组时，严禁两名及以上作业人员在同一段塔架内同时攀爬，攀爬人员通过塔架平台盖板后，应立即随手关闭盖板。质量较轻、体积较小可随身携带的工器具应放入专用工具袋中，并做好防止坠落的措施，随身携带工器具的人员应后上先下。

条文 1.4 防止机械伤害事故

机械伤害事故是指机械设备运动（静止）部件、工具、加工件直接与人体接触引起的夹击、碰撞、剪切、卷入、绞、碾、割、刺等伤害事故，不包括车辆、起重机械引起的机械伤害事故。

条文 1.4.1　机械（设备）的操作人员必须经过专业技能培训，并掌握现场操作规程和安全防护知识。

操作人员着装不应有可能被转动机械绞住的部分，必须穿好工作服，衣服、袖口应扣好、扎紧，不得戴围巾、领带，长发必须盘在帽内。

使用机床时，必须戴防护眼镜，不得戴手套。不得在运转设备的旋转和移动部分旁边换衣服。

各类机械加工设备的操作程序和方法各不相同，操作人员必须掌握其操作规程和相关的安全防护知识。机床启动前应检查设备各操作手柄，并确认其在空挡位置。机未运转时，严禁将头、手伸入其回转行程内。不得跨越运转中的机床传递工件。清除钻孔内金属碎屑时，必须先停止钻头的转动。装卸工件、夹具时必须停车并切断电源，停稳后才能进行。金属切削机床的防护栏、防护罩齐全有效。

许多机械设备的旋转或移动部位暴露在外，如果操作人员不按照规定着装，作业中存在着衣服、袖口、围巾、领带、长发等被绞住的危险，造成人身伤害。铣床、镗床、钻床、车床等机床上，传动部件和夹刀具或工件的装置多为旋转、移动部位，且暴露在外，可将操作人员手、腿、头、衣物等绞入，特别是戴手套极易被转动部件带入，造成人身伤害。

【案例1】　某公司机加车间三级车工张××，在车床上加工零部件，用185r/min的车速校好零件后没有停车，右手从转动零部件上方跨过拿在车床外轨道上的千分表。衣服下面两个衣扣未扣，衣襟散开，被零部件突出支臂钩住。衣服和右部同时被绞入零部件和轨道之间，头部受伤严重，抢救无效死亡。

【案例2】　1988年11月15日，某电厂甲侧给煤机运行，给煤机行车转动装置未加防护罩。输煤工张××随给煤机向西行走，由于距给煤机太近，所穿棉大衣没有纽扣，被传动轴绞住，致使头部、右胸、右肩胛、肩关节受伤，右腋下血管全部撕裂，右肘关节开放性骨折，经抢救无效死亡。

条文 1.4.2　机械设备各转动、传动部位（如传送带、齿轮机、联轴器、飞轮等）必须装设防护装置。

机械设备必须装设紧急制动装置，“一机一闸一保护”。周边必须划警戒线，照明必须充足。

工作场所应设人行通道，设备移动或转动时与构筑物或固定物体之间安全距离不符合要求的区域，应用固定式安全网封闭隔离，限制人员通行。

在机械设备各转动、传动部位（如传送带、齿轮机、联轴器、飞轮等）上装设防护装置，是防止人员在运行的机械设备上或附近区域工作时，误碰转动、传动部位被绞入的有效措施。

该条“一机一闸一保护”主要指一台机械设备应装设一个隔离开关和一套独立的保护跳闸装置。如果多台机械设备共用一个隔离开关，其总开关额定容量较大，当某一机械设备异常运行或可能发生人身伤亡事故时，不能保证总开关自动跳闸。如果多台机械设备共用一套保护，其保护定值难以满足所有机械设备，不能实现选择性跳闸及安全可靠性要求。在机械设备附近应装设紧急制动装置，可紧急处置机械设备造成的人身伤害和异常运行状态。

生产现场大型装卸机械，移动范围广，由于设计安装或物资摆放位置不合理等原因，造成机械设备移动或转动时突出部位与构筑物或固定物体之间安全距离不符合要求，此时人员恰巧通过时，易发生人身伤亡事故，这些场所必须用固定式安全网进行封闭。

【案例1】　1986年7月24日，某单位违章使用螺旋卸煤机悬挂导链的方法搬运钢质平台，螺旋卸煤机行走过程中平台支柱刮住卸煤沟侧墙的水泥立柱（牛腿），在未停车的情况下，螺旋卸煤机司机曹××从卸煤机铁门处探出身子查看情况，曹××头部被水泥立柱（牛腿）挤撞，送医院抢救无效死亡。

【案例2】　2004年3月13日，某单位刘××负责翻车机摘风管工作，12时10分，启动翻车机，刘××被挤在重车调车机与翻车机平台之间（翻车前水平状态，此时最大间距为380mm；运行时最小间距为120mm，事发时的间距为150mm），经抢救无效死亡。

【案例3】　2016年5月29日，一名采样工作人员罗××在入厂煤采样机运行过程中，擅自进入采样装置露天平台进入采样机行程范围，站在平台最外侧（采样机原始位置附近）紧贴栏杆探身指挥，阻止运煤车辆进入采样区，被挤入移动的采样机与采样平台栏杆之间，导致挤压死亡。

条文1.4.3　在停运检修的机械设备上工作，应切断电源、风源、水源、汽（气）源、油源等，必须采取强制制动措施，防止设备突然转动。

机械设备一般为电、风、水、汽（气）、油驱动，人员在机械设备上工作前，应通过切断机械设备上的电源、风源、水源、汽（气）源、油源等，消除驱动能源，停止机械设备转动和移动。另外，为防止人员误操作，造成机械设备转动或运动，可采取上锁、插销等强制制动措施。

【案例1】　1989年2月12日，某厂燃料分厂5号、6号输煤皮带滚筒粘煤，输煤工郭××和其代理班长在既未开工作票，又未做安全措施的情况下停机清煤。正当郭××在6号皮带清理滚筒上的煤时，该代理班长用步话机与集控室值班员联络启动5号皮带，由于命令传受过程的错误，突然启动了6号皮带，将郭××右腿挤断，致使郭××流血过多抢救无效死亡。

【案例2】　2014年4月28日，某公司在进行皮带尾部滚筒包胶工作时，在工作票尚在办理过程中，安全措施尚未实施，工作尚未许可的情况下，外包施工薛××去4C号皮带拉紧间做准备工作，当薛××准备将倒链挂钩挂在拉紧装置滚筒轴上时，4C号皮带突然启动，倒链挂钩被滚筒甩起，击中薛××头部，致使1人死亡。

条文1.4.4　严禁清扫、擦拭和润滑运行设备中的旋转和移动部分，严禁将头、手、脚伸入部件活动区内。

使用鸡毛掸子、毛刷、棉布、铁锹、扫帚等工具清扫、擦拭运行中的设备，极易因身体某个部位或所使用工具的某个部位接触转动、移动设备，被带入造成人身伤害。

【案例】 2019年1月13日，新疆某煤电开发有限公司清理输煤系统1号皮带机漏煤，外包人员刘××在煤仓输煤皮带头部位置清理地面洒煤过程中，违章翻越皮带机护栏，进入1号皮带头部下部清煤，被皮带甩至回程支撑滚筒前方地面上，头部受伤，造成1人死亡。

条文1.4.5　输煤皮带的转动部分及拉紧重锤必须装设遮栏，加油装置应接在遮栏外面。输煤皮带两侧人行通道必须装设固定防护栏杆和标识明显的紧急停止拉线开关。

输煤皮带各滚筒、托辊、拉紧装置等都是高速旋转机械，皮带在运行过程中会导致剪切、卷入伤害。生产现场采取的措施一般是将滚筒、重锤用固定式安全网进行全封闭，输煤皮带两侧用固定防护栏杆进行封闭。按照条文1.4.4要求，为防止加油时造成机械伤害事故，加油装置应接在遮拦外面。

由于输煤系统距离较长，为确保所有位置能紧急停止皮带运行，通常采取设置紧急停止拉线开关的措施。当发现撒落煤，皮带划破、开胶、断裂等异常情况，人员伤害情况时，可通过迅速拉拉线开关方式停止皮带运行。需要注意，拉线开关属于应急措施，不能作为输煤皮带停运进行检修维护作业的安全措施，一般在头尾部各设一个，中部沿线每隔15～20m设一个。另外，还要定期进行试验，保证拉线的张紧度符合要求。

【案例】 1990年7月28日，某发电公司2号堆取料机停运，清理堆取料机改向滚筒粘煤。于××在改向滚筒背侧9.6m处脚踏事故拉线进行监护，信××站在8号乙皮带上清煤。约3min，8段乙皮带突然启动，于××用脚踹几次事故拉线没有停止，改用手拽事故拉线停止。于××到改向滚筒处发现信××已倒在地上，将信××送往医院，抢救无效死亡。

条文1.4.6　在输煤皮带运行、备用过程中，严禁清理皮带和设备中杂物。在防止输煤皮带启动安全措施实施前，输煤皮带上严禁站人，严禁跨越和爬过输煤皮带，严禁在输煤皮带上传递各种用具。

输煤皮带距离长，作业面点多面广。皮带在停止状态时，作业人员误以为作业环境安全，清理皮带和设备中杂物。此时，若运行人员验证不到位，未发现人员清理作业，启动皮带往往会造成人身伤亡事故。在输煤皮带及其附属设备上进行清理工作，必须停止皮带运行，切断皮带机电源（开关在检修位置或试验位置），并在电源开关把手上悬挂“禁止合闸，有人工作”安全警示标示牌后，方可进行作业。

输煤皮带依靠高速旋转皮带电动机驱动，皮带在运行过程中边缘有切割危险，各托辊转动过程中存在机械伤害危险，人员身体各部位或工器具如接触运行中的皮带往往会造成卷入或划伤等。如人员在皮带上部作业，当皮带突然运行时，作业人员无法保持自身平衡，无法借力逃生，经常被带到皮带滚筒位置造成人身伤亡。因此皮带运行时，严禁直接用手撒松香或涂油膏，严禁向皮带上撮落地煤，严禁人工取煤样，严禁用木棍、铁棍等工具以及通过向皮带滚筒上撒煤的方法校正皮带。严禁在皮带上行走、站立或跨越，跨越皮带必须走通行桥，严禁隔皮带传递各种工具。

【案例】 2019 年 4 月 19 日，辽宁省某热电公司对皮带机上积煤、粘煤进行清理工作，2 名工作人员赵××、刘××，擅自开展工作。在热电公司 3 号输煤乙皮带上进行清煤作业时，皮带突然启动，两人随皮带向前运行与皮带改向滚筒相撞并跌落至地面，跌落高度为 2m，造成 1 人死亡、1 人重伤。

条文 1.4.7　给料（煤）机在运行中发生卡、堵时，应停止设备运行，做好设备防转动措施后方可清理塞物，严禁用手直接清理塞物。

钢球磨煤机运行中，严禁在传动装置和滚筒下部清除煤粉、钢球、杂物等。

给煤机内部空间狭小，用手直接清理运行中的给煤机的塞物，极易被内部皮带伤害。进行人工清理堵煤、塞物时，必须切断皮带机、给煤机电源（开关在检修位置或试验位置），并在电源开关把手上悬挂“禁止合闸，有人工作”安全警示标示牌后，方可进行作业。严禁对运行中的给煤机及其附属设备进行维修工作，严禁用木棍、铁棍等工具对给煤机行走轮、行走轨迹进行校正。

钢球磨煤机筒体高速旋转，一般底部到地面安全距离不满足要求，人员在运行中的磨煤机筒体下部清除煤粉、钢球、杂物，易发生机械伤害事故。

条文 1.4.8　在空气预热器内进行检修工作前，内外部人员信息必须保持通畅并做好相应的安全措施；回转式空气预热器盘车时，内部人员应撤离至安全位置；盘车用的工具应封闭存放，由专人保管。

回转式空气预热器由转子、外壳、传动装置和密封装置四部分组成。内部空间狭小，照明不足，且视线受阻，空气预热器某些工作，如密封间隙调整工作需进行转子盘动配合，因外部盘车人员与内部作业人员通信不畅，对空气预热器内部人员位置、行为等不清楚，盘车过程极易发生机械伤害事故。

【案例1】 2016年12月19日，某发电厂2号机组空气预热器开展调整密封作业，A侧空气预热器热端密封间隙调整工作需进行转子盘动配合，利用对讲机通知盘车操作人员许××启动气动马达盘动空气预热器转子。此时，熊××为将空气预热器转子上挂着的一个行灯取下，不慎连手带上半身被挤在扇形板和转子空隙中，经抢救无效死亡。

【案例2】 2018年12月13日，黑龙江某发电公司6号炉超低排放改造配套实施空气预热器改造本体项目已完工，准备进行验收。侯××在空气预热器烟气侧热端扇形板处检查，发现一根照明电源线卡在热端扇形板与径向密封片之间，需要盘车才能将其拿出。侯××擅自进行手动盘车，将空气预热器内牟××头部夹在径向密封片与冲洗水管路之间，经抢救无效死亡。

【案例3】 2020年2月23日，广东某发电公司进行2号机组B侧空气预热器冷端密封间隙调整作业，7名作业人员在调整间隙作业过程中需进行手动盘车，谢××在空气预热器盘车过程中突然站起，将头部卡在密封与标尺之间，造成头部挤压，经送医院，抢救无效死亡。

条文1.5　防止灼烫伤害事故

灼烫伤害是指火焰烧伤、高温物体烫伤、化学灼伤（酸、碱、盐、有机物引起的体内外灼伤）、物理灼伤（光、放射性物质引起的体内外灼伤），不包括电灼伤和火灾引起的烧伤。

条文1.5.1　电工、电（气）焊人员均属于特种作业人员，必须经专业技能培训，取得特种作业操作证。电工作业、焊接与热切割作业、除灰（焦）人员、热力作业人员必须经专业技术培训，符合上岗要求。

电（气）焊作业面应铺设防火隔离毯并做好防焊渣、焊花飞溅的措施，作业区下方设置警戒线并设专人看护，作业现场照明充足。

特种作业操作证是指工作人员从事特种作业的上岗许可证，由国家应急管理部监制。有效期为6年，每3年复审一次。工种类别包含电工作业、焊接与热切割作业等。

电焊时，电弧温度高达3000～4000℃，溅落在地面上的“焊渣灰烬”温度也高达500℃，灼热刺眼的电弧光，含有对眼睛伤害极大的紫外线，可导致电光性眼炎。热切割一般为可燃气体与氧气混合燃烧，利用切割氧流把熔化状态的金属氧化物吹掉，从而实现切割。高温焊渣、焊接（切割）部位均会对作业人员及临近人员造成灼烫伤害。因此，操作人员作业必须具备应有的操作技能。

防火隔离毯也叫灭火毯，一般是由玻璃纤维和其他材料经过特殊处理而成的织物，与接火盘配合使用，可防止焊渣、焊花从高处掉落、飞溅伤人。

条文1.5.2　作业人员应避免靠近或长时间地停留在可能受到灼烫危及人身安

全的地方。

进行接触高温物体的工作，必须穿好防烫伤的隔热劳动防护用品。电（气）焊作业人员必须穿好焊工工作服、焊工防护鞋，戴好工作帽、焊工手套，其中电焊须戴好焊工面罩，气焊须戴好防护眼镜。化学作业人员［配置化学溶液，装卸酸（碱）等］必须穿好耐酸（碱）服，戴好橡胶耐酸（碱）手套和防护眼镜（面罩）。

当高温、高压危险因素无法消除时，应减少人员暴露于危险环境中的频繁程度，人员避免靠近或长时间停留在可能受到灼烫危及人身安全的地方。如检修或消缺作业，需要长时间在高温、高压设备附近，设备系统无法采取消压、降温等措施时，操作人员必须穿好防烫伤的隔热劳动防护用品。

电焊过程中作业人员应戴防尘（电焊尘）口罩，阻燃焊工服，戴工作帽、电焊手套、防护面罩或防护眼镜，上衣不应扎在裤子里，领口、袖口应密合，口袋应有遮盖，脚面应有鞋罩。

使用和装卸化学药品时，工作人员应穿专用工作服，戴防护眼镜、口罩、耐酸碱手套，穿耐酸碱橡胶靴。露天装卸药品时，应站在上风位置，以防吸入飞扬的药品粉末。搬运和使用浓酸或强碱性药品的工作人员，应根据工作需要戴口罩、橡胶手套及防护眼镜，穿橡胶围裙及长筒胶靴，裤脚须放在靴外。进入含酸性气体或含其他挥发性气体浓度较高的场所进行紧急抢修时，应穿戴酸碱防护服，佩戴套头式防毒面具，当酸浓度较高时，应穿专用防护服。

【案例1】 2001年9月2日，河北省某电厂1号机一段抽汽管道弯头存在制造质量不良缺陷，机组运行中该管道弯头发生爆破，爆破位置在汽机房5.5m高处，从汽缸侧数第6个弯头，在位于机房西侧固定端高4.5m，距一段抽汽管道爆破点约16m的工具间内，有3名滤油工被喷出的高温蒸汽烫伤，立即送医院抢救。1人因伤势太重死亡，2人重伤。

【案例2】 2011年9月21日，江西某公司自备电厂进行3号循环流化床锅炉分离器疏通作业，3名外包施工人员在没有电厂监护人到现场情况下，擅自进入现场作业，开工前未做好详细的工艺措施、风险辨识，以及未配备相应的安全防护用品，在浇筑过程中，由于浇筑料脱落，高温积灰上扬，造成3名施工人员烫伤，经送医院，抢救无效死亡。

【案例3】 2020年1月18日，宁夏某电厂泵房的11号供水泵运行中，B原水管线电动调节阀出现故障，原水管线融冰装置启动运行（融冰装置为高温蒸汽与低温原水在管道内部直接混合加热）。8名外包人员在消缺过程中，融冰装置焊口崩开，内部汽水混合物大量喷出，造成不同程度烫伤。

条文1.5.3 在维护和检修热力系统的阀门、管件、设备时，必须采取防止汽水串通的可靠隔离措施。

严禁在热力系统消压、放水前作业，严禁近距离检查带压状态设备、管道的泄漏，严禁用敲打法检查管道的泄漏，严禁带压堵漏。

该条款“热力系统”主要指火力发电锅炉、汽轮机等高温高压汽水系统，主要是防止烫伤风险重点要求，不包括油、氢、氨系统。在热力系统上作业前应充分评估安全风险，按照最极端工况不会造成人身伤害和设备损害采取相应的安全措施。

原则上严禁近距离检查带压设备和管道的泄漏状态，确保在泄漏状态不发生人身伤害。执行该条款还要根据现场实际情况综合考虑应急逃生路线，根据具体泄漏情况、设备运行情况、温度值和压力值，评估风险，判断泄漏点可能突然扩大的可能性，确定安全距离和防护措施。

如果被隔离的热力系统管道没有泄压排水阀，需要扩大隔离范围来消压放水，不准直接通过松盘根和法兰的方法泄压疏水。带压紧固法兰和阀门盘根处理轻微泄漏等工作，需要充分考虑内部汽水温度和压力，以及是否会导致密封垫或盘根损坏而扩大泄漏面等，造成人员伤害。对于使用新开发的检修工艺如在线开孔、引流等工作，必须经过充分的评估，确认实施过程不会对人员造成伤害。

2018年7月3日，国家市场监管总局发布《市场监管总局办公厅关于开展电站锅炉范围内管道隐患专项排查整治的通知》（市监特函〔2018〕515号）文件，要求进一步加强电站锅炉范围内管道安全监察工作。在文件通知第二项“电站锅炉范围内管道基本要求”的第五条“使用管理及定期检验”中明文规定，“使用单位应当严格落实巡回检查制度，电站锅炉范围管道在锅炉调试、运行过程中一旦发生泄漏、爆破等情况，应当立即停炉，不允许进行带压堵漏或采取其他临时措施”。

【案例1】 2006年8月16日，内蒙古某电厂运营维护部门进行1号机组2号高压加热器检修工作，3名检修人员在拆除2号高压加热器水侧人孔门过程中，由于开启的放空气门与放水门实际上均是部分开启状态，造成高压加热器内部热水将人孔门志崩出，将正在工作的王××、杨××和地面监护的工作负责人冯××全部严重烫伤。

【案例2】 2007年2月27日，某热电公司6m平台4.0MPa抽汽电动一次门门盖法兰泄漏，2名外包作业人员曹××和林××进行带压堵漏工作，作业人员用手枪风钻钻孔，钻孔至螺栓承载部位，因所钻的孔太大减弱了螺栓的承载能力，螺栓断裂，导致其他螺栓在短时间内依次开裂，门盖飞出，蒸汽大量泄漏，曹××烫伤，经抢救无效死亡。

【案例3】 2009年6月24日，山西某热电厂对12号锅炉过热器管道疏水管进行带压封堵工作，电厂委托某外委单位进行该项工作。3名作业人员在带压封堵过程中，违章焊接作业，使泄漏源快速扩展，材料脆性断裂，被喷出的高温、高压蒸气灼烫，造成3人死亡。

【案例4】 2016年2月25日，吉林某电厂进行1号锅炉C磨煤机内部检查时，热控检修工李某严重违规操作，在不具备设备试运条件的情况下，未核对设备名称标识，擅自开启C磨煤机入口热一次风气动插板门气源电磁阀和挂有“禁止操作有人工作”警示牌的气源手动阀门，致使原关闭的C磨煤机入口热一次风气动插板门打开，使温度为309℃、压力为6kPa的热风喷入C磨煤机入口热一次风道内，导致3人死亡。

条文1.5.4 除焦作业人员必须穿好防烫伤的隔热工作服、工作鞋，戴好防烫伤手套、防护面罩和必需的安全工具，站在除焦口的侧面。

除焦时，原则应停炉进行。确需不停炉除焦（渣）时，应设置警戒区域，挂上安全警示牌，设专人监护，非除焦人员禁止进入除焦作业区；必须做好确保锅炉稳定燃烧的措施，当燃烧不稳定或有炉烟向外喷出时，禁止打焦。

循环流化床锅炉除焦，必须停炉处理，指定专门的现场指挥人员，开工前必须制订好除焦方案，并进行安全和技术交底。

煤粉炉一般为负压燃烧，当燃烧不稳定或高处掉焦时，随时会有炉烟从除焦口向外喷出，因此除焦工作原则上应停炉进行。

不停炉除焦（渣）属于高风险作业，现场应设有监督管理人员，监督除焦作业人员严格执行各项规程和措施，阻止非除焦人员进入警戒区，同时做好自我防护。穿戴隔热服是防止除焦过程人员烫伤的有效措施，阻止除焦口炉烟热量以热辐射形式传递给作业人员，对皮肤造成损伤或进入体内。

不停炉除焦（渣），由于炉烟向外喷出的不确定性，除焦人员应站在除焦口的侧面；应设置警戒区进行管控，并挂上安全警示牌，限制非除焦人员进入。运行人员应保持燃烧稳定并适当提高燃烧室负压，在锅炉运行监视调整工作位置可设置明显的“正在除焦”标志，提醒当值人员正在除焦。

循环流化床锅炉燃烧模式与煤粉炉不同，往往因为底部布风板流化不畅、风帽堵塞、一次风量低、床温过高等原因在床上形成结焦，无法在运行中进行清除，必须停炉降温后进入炉膛内部进行处理。

条文1.5.5 捞渣机周边应装设固定防护栏杆，设置“当心烫伤”警示牌，禁止人员在运行中的捞渣机周围长时间停留。

不停炉在捞渣机区域进行检修作业时，作业人员必须穿好防烫伤的隔热工作服、戴头盔等，应采取降低机组负荷、关闭锅炉冷灰斗关断门并设置支撑等防止大焦块掉落、渣飞溅伤人措施。

循环流化床锅炉的外置床事故排渣口周围必须设置固定围栏。循环流化床排渣门须使用先进、可远操作的电动锤型阀，取消简易的插板门。

锅炉燃烧随时可能发生焦渣塌落，捞渣机在炉膛底部，大块焦渣掉落冷灰斗时，会产生大量热汽、热水、热渣。因此要求捞渣机周边应装设固定防护栏杆，设置“当心烫伤”警示牌，禁止人员靠近，且不得在运行中的捞渣机周围长时间停留。

循环流化床锅炉正压燃烧，打开排渣门时会有灰渣涌出。主床排渣时，必须保证冷渣器在投运状态，渣温能够降到允许的温度。外置床易结焦，事故排渣口周围必须设置固定的围栏，禁止人员靠近；事故排渣时，现场必须有人监督，放出的渣料应冷却至常温后方可清理。

简易的插板门密封效果差、抗冲击能力弱、容易卡涩，且需要就地操作，人员打开插板门灰渣涌出躲闪困难，易发生灼烫伤害。因此，要求循环流化床排渣门须使用先进、可远操作的电动锤型阀。

【案例1】 2003年9月6日，某电厂作业人员在更换捞渣机销子工作时，未关闭炉底液压关断门。作业人员作业前未穿防烫伤工作服，戴头盔，在检修工作即将结束关闭捞渣机人孔门时，锅炉底部积灰突然大量下落，造成现场4名作业人员被烫伤。

【案例2】 2013年8月14日，河南某能源公司外包施工单位作业人员在处理3号锅炉捞渣机停运故障时，没有做好相应的防砸、防烫措施，施工过程中3号炉掉渣落到施工人员身上，烫伤4人，1人死亡。

条文1.5.6 制粉系统防爆门应装有阻火装置，不应正对人行道。对给粉机、给煤机、磨煤机入口管道、制粉系统设备内部进行清理煤（粉）前，应确保煤粉无自燃，入口门（挡板）关闭。

在制粉系统中，凡是有煤粉沉积的地方，就易发生煤粉遇空气自燃。煤粉沉积后开始氧化，放出热量促使温度升高，经一定时间后温度能达到自燃温度并发生自燃，随时可能出现爆炸事故。因此，制粉系统防爆门应装有阻火装置，不应正对人行道，防止防爆门动作时烧伤通行人员。

给粉机、给煤机、磨煤机入口管道、制粉系统设备内部存在煤粉自燃现象，主要表现：检查孔处发现有火星和异味；自燃处的管壁温度异常升高；制粉系统负压不稳定，不严密处向外冒粉、冒烟，防爆门鼓起或爆破并发出响声；煤粉温度异常升高等。不关闭入口门（挡板），打开人孔门，会导致煤和煤粉从人孔门突然大量涌出，当气粉混合物遇自燃煤粉就能引起爆炸事故。

【案例】 2009年1月13日，某发电有限公司李××在清理煤粉分离器积煤过程中，未验证内部是否存在自燃现象，打开煤粉分离器人孔门放粉，内部大量积煤积粉突然坍塌涌出，迅速涌出已自燃的煤粉进而又引发爆燃，造成现场工作的1名检修人员烧伤死亡。

条文1.5.7 锅炉运行时，因工作需要打开的门孔应及时关闭。人员不得在锅

炉人孔门、炉膛连接的膨胀节处长时间逗留。

观察炉膛燃烧情况时，必须站在看火孔的侧面；同时佩戴防护眼镜或用有色玻璃遮盖眼睛。

锅炉升火期间或燃烧不稳定时，炉膛压力不稳定，变化较大，可能出现较大正压。看火孔、检查孔及喷燃器检查孔等处门未关，会喷出火焰。如果有人站在看火孔、检查孔正对面，会被喷出的火焰烧伤。另外，炉膛连接的膨胀节处，金属结构相对脆弱，容易密封不良，喷出高温烟火，烧伤附近人员。

【案例】 1998 年 8 月 20 日，佳木斯某热电厂 6 号炉水冷壁发生爆漏，泄出的汽水连同热灰从除焦口喷向零米空间，造成途经的冯××被高温灰、水烫伤，经送医院抢救无效死亡。

条文 1.6 防止起重伤害事故

起重伤害是指在起重作业中，发生重物（包括吊具、吊物或吊臂等）坠落、挤压或碰撞等造成的人身伤害。

条文 1.6.1 属于特种设备的起重机械必须按照国家相关规定周期进行检验，并在特种设备安全监督管理部门登记备案，应定期检查并做好记录。

依据《特种设备安全监察条例》规定，属于特种设备的起重机械主要有额定起重量等于 0.5t 的升降机；额定起重量等于 1t，提升高度等于 2m 的起重机；额定起重量等于 0.5t，提升高度大于 2m 的升降机。

起重机械属于具有较大危险性的特种设备，其设计、制造、安装、运行、维护及检修等都必须严格按照特种设备有关规范和标准进行。为保证起重机械作业的安全性，必须按照国家规定的检验周期进行检验，并定期做好检查维护保养工作。每次作业开始前，应对卷扬机、钢丝绳、安全绳和滑车等进行检查，避免因起吊部件缺陷导致吊装坠落事故。卷扬机应设专人操作，操作人员不能从事其他工作或中途换人。

【案例】 某年 7 月 6 日晚，某电厂进行磨煤机检修，起重工姚××操作过轨吊吊装磨辊，当磨辊升至磨煤机壳体上沿约 175mm 时，姚××按“停”按钮，但“停”按钮失灵，磨辊继续上升，在上升过程中，起吊用的卸扣被卡在磨煤机壳体上，造成过轨吊和磨辊掉落，将磨煤机平台（高度 4.3m）及护栏砸坏，平台上作业的 2 名人员跌落摔伤。

条文 1.6.2 起重吊具（钢丝绳、钢丝绳卡、吊带、吊钩、卸扣等）由使用单位每月检查 1 次、每年自检 1 次；手拉葫芦（倒链）、电葫芦、卷扬机由使用单位每年自检 1 次。

吊装作业时，经常会出现因起重吊具（钢丝绳、钢丝绳卡、吊带、吊钩、卸扣等）、手拉葫芦（倒链）、电葫芦、卷扬机等缺陷造成的吊装事件，为防止此类事件发生，强调使用单位要重视对起重吊具、手拉葫芦（倒链）、电葫芦、卷扬机等安全自检管理工作，制订相应的安全管理制度，建立健全起重机械（设备）及管理台账。

绳索及绳扣、吊环、卡环、吊带等是起吊重物的受力部件，如果存在缺陷其强度会大大降低，严重时会导致起重事故，因此，在每次吊装前，必须对起重吊具进行仔细检查，确认所选用的吊具与吊物匹配，承载能力满足要求，吊物捆绑牢固、可靠，确认符合要求后方可作业。

使用单位应当对所辖的起重机械、起重吊具定期进行自检，发现问题及时处理，对不能使用的应当依法履行报废手续，向原登记部门办理使用登记证书的注销手续，并建立健全起重机械（设备）管理台账。

【案例1】 某年10月2日，某电厂在进行5号机组超低排放烟囱防腐改造施工过程中，作业人员未对卷扬机系统进行检查。卷扬机在升降过程中，其滑轮固定支撑装置掉落，砸到了下面正在施工的5名作业人员，由于滑轮固定支撑装置巨大的重力冲击，其中3名作业人员安全帽被砸坏，造成头部受伤；另2名作业人员未戴安全帽，头部受伤严重，经抢救无效死亡。

【案例2】 某年12月7日上午，某电厂在设备改造中，一名非起重人员使用未经检验的电动葫芦，且上升限位已被拆除，当吊物（重761kg）提升到顶时，钢丝绳过卷扬被拉断，吊物坠落。因起重作业点位于人行通道上，未设警戒区域及警告标志，也未设专人看护，吊物将途经一名人员头部砸中，经抢救无效死亡。

条文1.6.3　从事起吊作业及其安装维修的人员必须取得相应证书，并经县级以上医疗机构体检合格方可上岗。持证人员应按照证书上的作业类别和准操项目，操作相应的起重机械。

起重作业是一项群体、多层、立体等的作业形式，具有专业技能性强、危险性大、易造成人身伤害等特点，为防止作业人员体质不适、专业技能不足等造成的人身伤害事故，国家对起重作业人员的身体情况和专业技能进行监管，保证起重作业人员的身体健康和技能素质，提高起重作业的安全性。

由于起重机械种类较多，其操作方法和程序各不相同，为防止发生误操作事故，强调“持证人员严禁操作与准操机型不相符的起重机械”。

特种设备作业人员证应当每4年复审一次。持证人员应当在复审期满3个月前向发证部门提出复审申请，复审合格的，由发证部门在证书正本上签章。

起重作业人员的体验指标要求：双目视力（含矫正视力）不低于0.7、无色盲，无听觉障碍、癫痫病、高血压、心脏病、眩晕、突发性昏厥、吸毒史等疾病及生理缺陷。

【案例】 某年8月1日下午，某电厂一名非起重作业人员视力不好，用链条葫芦吊装一管道（ϕ377mm×10mm，长5m）。将链条葫芦挂在槽钢（14号槽钢，长1.3m）上，没有看清槽钢是点焊连接的，当吊物离地面高约1.5m左右时，挂葫芦的槽钢突然被拉脱掉落，击中另一名作业人员的腰部骨折。

条文1.6.4 起重作业人员必须穿工作服和安全鞋（靴），佩戴安全帽；起重指挥人员必须佩戴明显标志，配备必要的通信设备，不得兼做司索（挂钩）及其他工作，严禁多人指挥；起重司机必须听从指挥人员的指挥，指挥信号不明时严禁操作；吊装中任何人发出紧急停车信号时，司机必须立即停车。

起重指挥人员是起重作业的组织者、协调者和指挥者，必须佩戴明显标志与其他作业人员区分，起重司机可从直观上看到的起重指挥人员的指挥命令，保证操作指令信号的唯一性。如果起重指挥人员不佩戴明显标志，且多人指挥，起重司机就不知道该听谁的指挥命令，将无所适从，势必会造成混乱而引发事故，因此规定此条文。

在吊装作业过程中，以防起重指挥人员没有看到危险性而造成的事故，增加了“吊装中任何人发出紧急停车信号时，司机必须立即停车”内容，这样可以发挥所有作业人员对吊装现场的相互监督作用。

【案例1】 某年11月21日凌晨，某电厂吊装空气预热器三角板时，司××开卷扬机，王××、吴××2人吊装指挥。当三角板快吊装到位时，有障碍物影响了就位。王××发启升指令，卷扬机动了一下，三角板仍被挡住，王××用手扳动三角板，此时，吴××又发启升指令，三角板摆动，王××手被挤伤。

【案例2】 某年9月2日，某电厂用吊车吊运钢材作业，由于事先没有确定起重指挥人员，也没有起重指挥人员标志，重物被悬吊在空中，有1人正在地面上摆放钢材的垫木时，其中另1人发出下降的错误信号，起重司机误认为下面已经放好垫木，于是操作下落吊物，造成1名工作人员手臂被压断。

条文1.6.5 大型起重作业、易燃易爆物品吊装及危险化学品的吊装作业必须制订“三措两案”（即组织措施、技术措施、安全措施，施工方案、应急预案），经本单位审批执行，并设置专业人员监护。吊装易燃易爆物（如氧气瓶、煤气罐等）、危险化学品时，由专业人员负责吊物的安全性，指挥人员负责吊装的安全性。

大型起重作业、易燃易爆物品吊装作业、危险化学品的吊装作业均属于危险性大、专业性强、易造成重大事故的作业，为防止此类事故的发生，提升安全监管级别，制订“三措两案”，经专业人员和相关领导审批把关，在作业过程中严格落实，才能保证作业的安全性。

由于起重作业人员不清楚易燃易爆物（如氧气瓶、煤气罐等）、危险化学品的特性及注意事项，不能有效地控制作业过程中的安全风险，所以，强调由专业人员负责吊物的安全性，指挥人员负责吊装的安全性，明确了各自的安全责任。

【案例1】 某年1月21日，某承包公司承揽某电厂汽轮机本体大修工作，在对中压缸的上缸进行起吊作业时，未制订“三措两案”，经测量发现，汽缸四角吊起高度偏差较大，工作人员王××发现外缸与隔板套导向槽未脱离，便伸手去检查，此时起重指挥员李××要求落钩重新调整，致使王××手臂被汽缸压住，造成骨折。

【案例2】 某年8月2日，某电厂3号发电机组大修，因6.4m平台上切割作业需要氧气瓶和乙炔气瓶，工作负责人带领2名焊工将2个氧气瓶和2个乙炔气瓶捆绑在一起，使用电葫芦进行吊装。当从地面吊装到5m左右时，因气瓶捆绑不牢突然滑脱，4个气瓶全部掉落到水泥地面上，产生火花，气瓶坠落撞击损坏，瓶内气体泄漏，气瓶爆炸，2人炸伤、1人躲闪时摔倒，头部受皮外伤。

条文1.6.6 起吊现场必须保证光线和视线良好、照明充足，设置警戒区域并设专人监护，非工作人员严禁入内。

起重作业属于危险性大、易造成人身伤害的特殊作业，为保证起重作业区域内的安全性，作业前应先设置警戒区域、悬挂安全警示告知牌，提醒非工作人员该作业区域内存在危险、严禁入内，并设置专人监护。

为保证起重作业有一个良好的工作环境，本条文强调了对作业场所的光线和视线、照明充足提出了安全要求。

【案例1】 某年5月21日，某电厂在1号机组1号湿式电除尘项目施工中，需用定滑轮将电焊条从地面吊至平台上，其下方周边没有设置警戒区域，也没有设置监护人。在吊装中，因捆绑电焊条不牢，电焊条在空中脱落，砸中一名过路行人的头上（未戴安全帽），伤情严重，失血过多，经抢救无效死亡。

【案例2】 某年6月17日上午，某电厂用电动葫芦吊装送风机电动机作业时，作业场所的周边环境较暗、照明不足，在吊装作业时，2名作业人员只注意看吊件，看不清电动葫芦上升限位开关已损坏，吊装中钢丝绳发生过卷扬断裂，吊钩和电动机掉下，吊钩甩出，砸中了另1名作业人员的脚部，造成重伤。

条文1.6.7 吊装散件物时应用料斗或箱子，装料高度严禁超过上口边，散粒状的物料必须低于料斗上口边线100mm；吊装大的或不规则的物件时，应在物件上系上控制其姿态和方向的拉绳。

散件物装入料斗或箱子过满或过高时，吊装过程中，可能会因料斗或箱子在空中摆动或碰撞使散料物滑落，将会伤及吊物下面的人员，因此规定此条文。

吊装大的或不规则的物件时，由于吊物的体积和质量较大，吊装中不易控制吊物摆动或转动，为防止因吊物摆动或转动而造成的人身伤害或设备损坏，在吊物捆绑的合适位置增加一个或多个拉绳，用来控制吊物姿态和方向，以确保吊装作业的安全性。

【案例 1】 某年 7 月 8 日，某电厂 3 号机组大修，对汽轮机组进行了揭缸解体，将其地脚螺栓拆下后均乱堆在 12.6m 平台位置上，按大修指挥部文明生产要求，将拆下来的地脚螺栓重新移位摆放到指定位置。作业人员将地脚螺栓堆满在一个木箱里面，用行车进行木箱吊运，因木箱里堆放的螺栓过多，当吊运到空中时木箱摆动，有一个螺栓从箱上滑落，砸中下面 1 名过路人的头部，造成重伤。

【案例 2】 某年 6 月 28 日，某电厂进行凝结水泵电动机修复后回装作业时，没有系控制拉绳，当电动机被吊装到空中时，因操作移动速度过快，电动机在空中摆动较大，无法控制，电动机将凝结水泵的防护栏杆碰坏，在防护栏杆处有一作业人员随栏杆一同掉落到凝结水泵池内，造成摔伤。

条文 1.6.8 起重吊物前，必须清楚吊物重量并捆绑牢固，严禁起吊不明物和埋在地下的物件。当吊物无固定吊点时必须按规定选择吊点，使吊物在吊运中保持平衡和吊点不发生移动。带棱角或缺口的吊物无防割措施严禁起吊。

吊物重量与吊点承载能力是一对相互制约的要素，如果吊物重量大于吊点承载能力，必将因吊点承载能力不足造成吊物坠落事故，特别是对于吊物重量不清或埋在地下的物件，因对需要起吊能力的底数不清易造成吊装事故，所以规定此条文。

当吊物无固定吊点时，应按照以下原则选择吊点：

(1) 保证被吊物不变形、不损坏，起吊后不转动、不倾斜、不翻倒。

(2) 根据被吊物的结构、形状、体积、重量、重心等特点以及吊装要求来选择吊点位置。

(3) 根据被吊物运动至最终状态时重心的位置来确定。

(4) 保证吊索受力均匀，各承载吊索间的夹角一般不应大于 60°，其合力的作用点必须与被吊物体的重心在同一条垂线上，保证吊运过程中吊钩与吊物的重心在同一条垂线上。

(5) “吊点”多少应根据被吊物的强度、刚度、稳定性及吊索允许拉力来确定。不论采用几点吊装，都始终要使吊钩或吊索连接交点的垂线通过被吊物的重心。

由于带棱角或缺口的吊物易割伤捆绑的绳索，使绳索的拉力降低或不足，吊物会将绳索割断坠落，为防止此类事故的发生，所以规定此条文。

【案例】 某年 3 月 9 日，某电厂进行火车煤采样机改造工程，在整体吊装机械采样头和采样料斗过程中，作业人员未核实吊物重量就进行了捆绑，因吊物过载(重量约为 1.5t)、超过吊点承载能力（载重 1t)，且吊点位置选择不当，当吊物被吊装到空中时，吊物整体失去平衡，吊物脱落，砸中 1 名施工作业人员，造成死亡。

条文 1.6.9 吊装前，必须检查起重机械的安全装置可靠、起重工具检验合格并在有效期内，吊具、钢丝绳等完好、无损，确认吊点承载能力、吊物重量、捆绑

正确牢固、吊装区域内无人、吊运路线无障碍物、与电气设备距离符合安全要求。

吊装作业是一项危险性大、专业性强、易造成人身伤害的作业，它涉及起重机械、起重工具、吊具、钢丝绳、吊点、吊物重量和捆绑、吊装区域等安全性，如果有一个装置或一个工作环节失控，将会造成事故，因此，本条文明确了吊装操作的安全条件，必须满足检查各装置、工作环节完好无损，确认各装置、工作环节符合安全要求后，方可吊装操作。

【案例1】 某年5月25日，某电厂在2号机组电除尘项目施工作业，在吊装电除尘阴极框架前，没有检查确认吊点的承载能力，也没有考虑预留作业人员躲闪的安全距离，当阴极框架上部端起吊至11m左右（下部端未离地）时，阴极框架上部端吊点突然脱开，阴极框架倾倒，由于框架体积庞大且重量大，框架砸中了起重作业人员吴××，伤情严重，经抢救无效死亡。

【案例2】 某年4月1日，某电厂新建2号机组开关室项目，外委施工单位在对干式变压器移位吊装前，未确认干式变压器的重量，从库房里随意拿取一根钢丝绳（钢丝绳已有断股现象），并用过轨吊慢慢将干式变压器吊起，干式变压器升起离开地面的瞬间，钢丝绳由于超载使用造成断裂，干式变压器突然倾倒，一名检修人员因躲闪不及被砸中左脚部，造成左脚粉碎性骨折。

条文1.6.10 起吊前必须鸣铃（或口哨）示警，吊物接近人时应给断续铃声（或口哨）示警。当起吊物离地20～30cm时必须停吊检查，确认安全性；吊装中的吊物不得长期悬在空中；吊物暂时悬在空中时，司机不得离开驾驶室或做其他工作；吊装中突遇停电，应先将控制器恢复到零位，切断电源，然后采用防止吊物坠落的可靠措施将吊物缓慢放下。

起吊前、吊装接近人时鸣铃示警是用来提醒吊物下的周边人们注意安全，以防吊物伤人。

起吊时，为保证吊装作业的安全可靠性，在吊物离地20～30cm时必须再次检查确认吊点、悬吊物捆绑及受力等动态情况，试吊检查可以及时发现问题和安全隐患，做到心中有数，只有确认安全可靠后方准继续起吊。

吊物暂时悬在空中时，如果司机离开驾驶室期间内发生任何事件时，将无法进行管控操作，特别是起重机械的制动装置突然失灵，吊物会掉落砸伤下面的人员。

吊装中如遇突然停电，虽然吊物会被起重机械自动制动，但如果吊物长时间在空中停留，可能会因起重机械的制动装置突然失灵造成坠落事故，因此需采取其他应急措施将吊物缓慢放下，消除现场风险。

【案例1】 某年9月10日，某电厂的物质材料仓库吊装槽钢卸车作业，1名作业人员随意从仓库里拿取一根有断股的钢丝绳，捆绑槽钢后没有再对钢丝绳进行检查，没有在钢丝绳与槽钢之间垫上防割物，也没有进行试吊检查，当吊物吊装到空中时，钢丝绳突然被槽钢割断，槽钢掉落，砸中下面的另 1 名作业人员，经送医院抢救无效死亡。

【案例 2】 某年 7 月 20 日，某热电厂检修人员在拆除 6 号汽轮机基础台板吊装作业时，用行车将台板吊在空中，行车在行走途中突然停电，台板被悬在空中，此时，行车司机没有将控制器恢复到零位，马上离开驾驶室向下面的检修人员报告停电情况，在报告过程中，行车又突然来电，行车吊着台板继续向前行走，司机发现后立即向驾驶室跑去，由于行车无人驾驶，台板与下面的设备相撞，台板坠落，砸中了下面的 1 名检修人员脚部，造成粉碎性骨折。

条文 1.6.11 吊装作业，严禁利用管道、设备、防护栏杆、脚手架以及不坚固的建（构）筑物作为起吊物的吊点，严禁超载或歪斜拽吊，严禁在吊物上站人或放有活动物件，严禁起重人员停留在吊物下作业，严禁吊物从人的头上越过或停留，严禁人员从吊物下方行走或停留。

管道、设备、防护栏杆、脚手架以及不坚固的建（构）筑物上的承载能力不足，不能支撑吊物的重量，会被吊物拉脱坠落。

吊物垂直捆绑吊装时的受力最小，如果歪斜拽吊会增加吊装的受力，会因吊点承载不足造成吊物坠落事件。

吊装中，吊物在空中可能会发生摆动现象，如果吊物上站人或放有活动物件，易造成人员坠落或活动物件滑落事件。

吊装作业时，有可能会由于滑轮、钢丝绳、起重机导杆及压力油管道等发生故障，或者由于捆绑不牢造成吊物坠落和吊臂倾覆，如果有人员在下方停留或通过，会造成落物伤人事故。

【案例 1】 某年 6 月 6 日下午，某电厂 3 名检修人员用铁质油管道悬吊阀门作业，阀门本身重约 6kg，当用手拉葫芦吊装阀门至 2.0m 左右时，油管道托架突然被拉断，油管道托架与阀门一起掉落，砸伤 1 名检修人员。

【案例 2】 某年 6 月 10 日，某电厂吊装水泵的联轴器回装作业，周边没有设置警戒区域，没有设置专人监护，当用电葫芦将联轴器吊在空中时，因捆绑不牢，联轴器突然脱钩坠落，砸中了下面途经的一名过路人，经送医院抢救无效死亡。

条文 1.6.12 利用两台或多台起重机械吊装同一重物时，绑扎时应根据各台起重机械的允许起重量按比例分配负荷，保持吊装同步，每台起重机械的起重量不得超过其额定起吊重量的 80%。

利用 2 台或 2 台以上的起重机械联合吊装作业是特殊的作业形式，这种作业的主要风险是每台起重机械所承受的吊物重量，如果吊物重量分配不合理，某一起重机械承受的吊物重量大于起重量，就会因超载造成事故。为防止此类事故的发生，所以规定此条文。下面以 2 台起重机联合作业为例进行分析：

2 台起重机联合作业，通常使用 4 根吊索进行抬吊，图 1-1 中吊钩 A、B 和物体的重心 Q 应在同一垂直平面内。

在 2 台起重机起升速度相等的情况下，如果 2 吊点与重心的距离相等时，2 台起重机承受的负荷相等，如图 1-2 所示；如果 2 吊点与重心距离不相等时，2 台起重机所承受的负荷则不相等，吊点离重心距离近的起重机承受的负荷就大，离重心较远的起重机承受的负荷就较小。

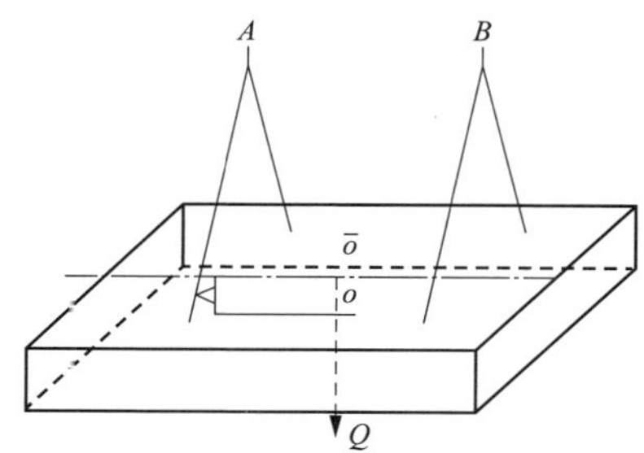

图 1-1　两台起重机联合作业示意图

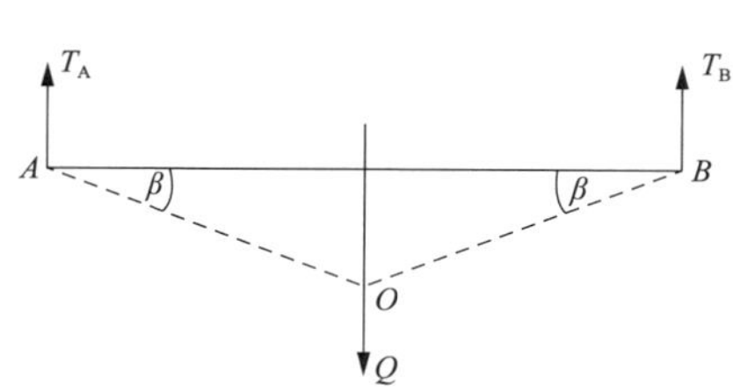

图 1-2　起吊前两吊点的位置示意图

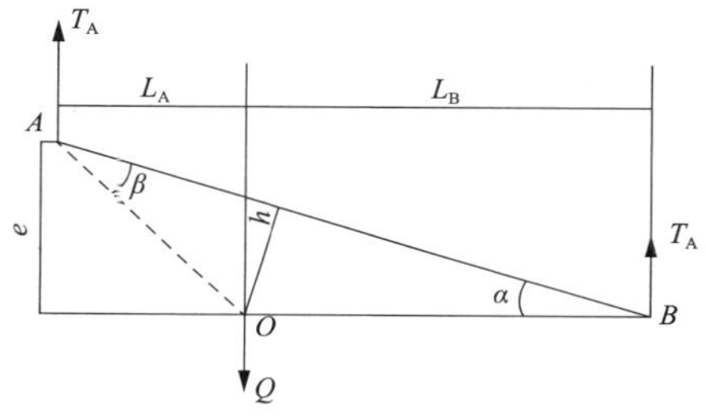

图 1-3　物体旋转后两吊点的位置示意图

在 2 台起重机的联合作业中，由于起重机的性能、驾驶员的操作与指挥人员的指挥等因素的影响，被吊物体不可能理想地平移上升，而要产生一些小角度的旋转，也就是吊点 A、B 两点产生高度差，如图 1-3 所示。

如果起重机 A 点吊钩上升得快，物体将发生倾斜，此时物体的重心向 A 点移近，起重机 A 点承受的负荷就增加，起重机 B 点承受的负荷就减少。

可见，两台或多台起重机联合作业，由于被吊物体重心位置的偏差，各台起重机的升降速度快慢不一致，幅度、臂杆回转和起重机所处位置的不同，以及各吊钩与各对应吊点的垂直度等，均会影响各台起重机的承载变化，操作过程中，最关键的就是要控制在任何状态下，都不得超过各台起重机在这种工况下的最大允许负荷，以保证起重机的作业安全性。

当两台起重机械联合吊装重物时，如需单台起重机械超过额定起吊重量 80% 的特殊作业，应在该起重机械的各项安全性能指标试验合格前提下，制订专项起吊方案和安全技术措施，经相关专业技术人员论证，企业主管领导批准，并由技术负责人现场旁站监督、指导吊装作业段。

【案例】 某年 6 月 9 日，某电厂使用两台起重量为 10t 的电动单梁起重机进行钢质煤斗翻身作业，在煤斗翻身过程中，东侧起吊煤斗的钢丝绳索具发生断裂，煤斗东侧在重力的作用下迅速向下坠落，当煤斗东侧落地时，由于惯性冲击力的作用，造成西侧起重机承受很大的冲击力，冲击力通过西侧起重机传递到大车承轨梁上，使得北侧大车承轨梁向北失稳，造成西侧起吊煤斗进行翻身作业的起重机坠落，坠落后翻转砸到站在煤斗西南侧的一名作业人员，当场死亡。

条文 1.6.13　翻转吊物时，起重人员必须站在吊物翻转方向反侧来翻转吊物；放置吊物必须平稳牢固，并做好防倾倒、滑动和滚动措施；抽出吊物绑绳时，不得斜拉、强拉或旋转吊物等。

翻转吊物前，应先观察场地足够宽大，划定放置吊物区域；翻转吊物时，为避免吊物倾倒被砸伤、吊物移动或旋转被挤压、或钢丝绳崩伤等人身伤害，作业人员应站在吊物翻转方向的反侧位置，可以免遭伤害。吊物就位后，为防止强行抽吊物绑绳时绳索反弹造成的人身伤害，因此规定此条文。

【案例 1】　某年 8 月 9 日，某电厂 2 名作业人员用 2 台手拉葫芦回装阀门作业，由于地面上阀门的方向不合适，需要先将阀门翻转一下再进行回装，2 人用钢丝绳将阀门进行了捆绑并挂好了 2 台手拉葫芦，王××站在阀门的翻转方向侧作业，在翻转阀门作业中，另一名作业人员突然拉倒链，阀门突然翻转，将王××右脚指压断。

【案例 2】　某年 7 月 19 日，某电厂更换一台高压电动机作业，3 名作业人员用钢丝绳将电动机捆绑好后，用电葫芦进行吊装作业，将电动机吊装就位后松开了钢丝绳，曹××在抽出钢丝绳时，因钢丝绳被卡住抽不出来，曹××叫李××与他一起抽钢丝绳，2 人在斜拉钢丝绳时，钢丝绳被抽出，由于用力过大钢丝绳反弹，打在曹××左腿部骨折。

条文 1.6.14　在电气设备附近或高压线下起吊物体，必须履行审批手续，起重机械必须使用截面面积不小于 16mm^2 的软铜线可靠接地，且与电气设备或高压线保持安全距离，制订好防范措施，并设电气监护人监护。

将《防止电力生产事故的二十五项重点要求（2014 年版）》“在带电的电气设备或高压线下起吊物体”内容中“带电的”表述删除，主要考虑无论电气设备或高压线是否带电均应按照“带电”来对待，以防突然来电的可能性。

电气设备或高压线在带电状态时，如果起重机械与其保持的安全距离不足就会造成对地放电、触电事故。由于非电气人员往往对电气安全知识了解不够，不掌握与带电体保持多少安全距离及注意事项，也不会判断电气设备是否带电，所以规定设电气监护人进行监护。

为防止起重机械作业时误触碰电气设备或高压线造成的人身伤害，要求用不小于 16mm^2 的软铜线对起重机械可靠接地，并注意与其保持安全距离，如表 1-4 所示。

表 1-4　起重设备（包括起吊物）与线路（在最大偏斜时）的最小间隔距离

供电线路电压（kV）	1以下	1～20	35～110	154	220	330	500	750
与供电线路在最大偏斜时的最小间隔距离（m）	1.5	2	4	5	6	7	8	11

【案例】 某年7月21日，某电厂一工地施工项目部在110kV高压线附近进行吊卸钢管作业，现场没有设电气监护人，汽车起重机没有安装接地线，在吊装作业中，汽车起重机司机操作失误，在转动汽车吊臂时，误碰到了左上方110kV高压线，起重机司机触电死亡。

条文1.6.15　大雪、大雨、雷电、大雾、风力6级及以上等恶劣天气严禁户外起重作业。

考虑与《电业安全工作规程　第1部分：热力和机械》（GB 26164.1—2010）第16.1.11条款“遇有6级以上的大风时，禁止露天进行起重工作”内容的一致性，便于执行，将《防止电力生产事故的二十五项重点要求（2014年版）》“风力5级以上”修订为“风力6级及以上”。

大雪、冰冻天气，易发生积雪、结冰，造成作业人员滑倒摔伤和冻伤事件。

大雨、雷电会产生雷电流，如果起重机械本体没有做好接地防护措施，就有可能会将雷电流引入起重机械，造成触电事件。

大雾天气会影响起重指挥人员与起重司机的视线，有可能会因误判起重作业中的安全距离而造成事故。

大风会使空中的吊物摆动，风力越大摆动幅度越大，当风力大于起重机所能承受外力时，风力会将起重机移位，甚至导致起重机倾覆事故。

往往大雨会伴随着大风，如果露天起重机械在泥土地上，雨水因浸泡起重机械的支腿，支腿处的土地会下沉或塌陷，起重机械倾斜，在强大风力的作用下，会造成起重机械倾翻事故。

【案例1】 某年7月9日，某电厂装修主厂房外墙作业，用汽车起重机吊装化妆板作业中，当化妆板吊到15m左右时，突然刮起了大风，化妆板在空中摆动，司机急忙准备放下化妆板到地面时，风力突然增大，化妆板摆动较大，被刮到主厂房墙壁上拍打数次，将刚安装好的其他化妆板打坏坠落，砸在1名作业人员身上，造成重伤。

【案例2】 某年4月2日，某发电有限公司，由××建筑安装有限公司负责施工的“上大压小”扩建工程，进行8号机组湿式静电除尘器拼装、吊装施工作业时，突然遇风外力作用（气象局资料，4月2日下午，白象镇及周边天气情况：多云到阴，气温为17～22.5℃，大风为5级），6轴侧板向内侧倾翻倒向5轴框架，依次造成其他侧板、框架逐个侧翻倒塌，缆风绳大部分拉断，致使1轴侧板向外侧悬空坠落至尾部烟道上方，绝缘子室直接坠落到地面，侧板及绝缘子室上面的5名施工作业人员随之坠落，造成3人重伤，2人死亡事故。

条文1.7　防止坍塌伤害事故

坍塌事故是指物体在外力或重力作用下，超过自身的强度极限或因结构稳定性破坏而造成的人身伤害，不适用于车辆、起重机械、爆破引起的坍塌。坍塌事故主要分为土石方（基坑）坍塌、模板坍塌、脚手架坍塌、拆除工程的坍塌、建筑物及构筑物的坍塌五种类型。前四种类型一般发生在施工作业中，而后一种一般发生在使用过程中。

条文1.7.1　堆放物料前必须检查确认堆放物处的地面平整、平台牢固且承载能力满足要求；堆放物料时应自下而上逐层进行，取物料时与此相反。严禁超高堆放物料，严禁中间抽取物料，严禁倚靠堆置物，严禁在堆置物旁逗留、工作或休息。

堆放物是指堆放在土地上或者其他地方的物品。堆放物具有临时性，必须是未固定在其他物体上，而且不属于其他物体的一部分。例如，物品、材料、原料等。

堆放物倒塌是指堆放物整体发生垮塌；堆放物滚落是指部分堆放物从内向外发生翻滚，往往是顶端的物品发生翻滚；堆放物滑落是指部分堆放物从高处向下跌落，往往是堆放于外侧的物品发生滑落。例如，码放的木板垛在大风天气整体倒塌，堆放的原木顶端发生滚落，仓库堆放的袋装小粒物料包发生滑落等。

立体堆放的材料和物品应整齐稳固，应符合下重上轻、下大上小、规则平整的要求。堆放高度应符合《建筑施工易发事故防治安全标准》（JGJ/T 429）要求，模板、钢管、木方、砌块等堆放高度不应大于2m，钢筋堆放高度不应大于1.2m。滑动物件要有支架或使用三角垫块楔牢，圆筒物件滚动面不得面向安全通道。

【案例1】　某年2月15日下午，某电厂用汽车起重机卸灰渣管。因汽车起重机作业半径所限，工作人员将卸下的灰渣管摆放在路旁斜坡上，为防止灰渣管滚动，用砖头顶住地面上的管子。当卸下最后一批灰渣管时，管堆坍塌，将一工作人员两脚砸伤。

【案例2】　某年9月11日上午，某电厂2名工作人员接卸汽车上的钢管作业，因车厢上未设置防止钢管滚落的措施，在卸车过程中，钢管发生滚落，砸在装卸工王××的后背上，造成背部骨折。

条文1.7.2　开挖土石方（基坑）前，必须勘察确认施工场地的地质、水文和地下管网布置等情况，基坑四周和坑底四周应设置排水措施，对大型基坑、井坑等必须有经专家审定的施工方案。严禁掏根开挖和反坡开挖，严禁在石土滑落方向撬挖，严禁上下层同时开挖，严禁在基坑或边坡下休息。开挖过程中，若发现有可能

坍塌或滑动裂缝时，作业人员必须立即撤离危险区域，待险情处理或采取可靠的防护措施后再恢复作业。

土石方（基坑）工程施工前，施工单位应向建设单位索取气象、水文资料，地下设备（如电缆、天然气等）图纸等工程地质勘察资料等，并由建设单位交代施工区域内的地下管网分布情况、安全风险及防护措施。

土石方（基坑）工程施工中的安全风险难以预测，除涉及地下管网设施被破坏外，还存在着土石方塌方风险，如果施工人员埋在土方下面不易被施救，往往会造成窒息死亡事故，因此，本条文强调必须编制土石方（基坑）工程施工方案，方案中必须编制有具体内容的安全技术措施，经专家审核论证，上报审批。

土石方（基坑）工程安全技术措施，对现场内的地下、地上各种管道、电缆及建（构）筑物等应采取安全保护措施，大型机械挖土、推土、夯实必须按操作规章作业，基坑、边坡支撑牢固可靠，应符合安全施工要求。若发现有可能塌方或滑落土石方的危险时，立即采取有效安全措施，以防施工人员造成伤害。

【案例】 某年11月25日下午，某电厂厂区内的地下暖气主管道泄漏，某施工单位负责处理管道泄漏缺陷时，没有编制施工方案，利用一辆小型挖掘机进行开挖基坑作业，开挖基坑大约长3m×宽3m×深2m露出了暖气主管道，没有对基坑采取支护措施，也没有对施工人员进行现场安全技术交底，2名施工人员下到基坑内用铁锹掏挖主管道周边的土石方，在掏根开挖过程中，基坑东侧边坡土层突然坍塌，2人被埋，窒息死亡。

条文1.7.3　人工开挖基坑要有支护方案，基坑深度不足2m时，原则上不再进行支护但要放坡；基坑深度超过2m、小于5m应按表1-5规定对基坑放坡；基坑深度超过5m且不具备放坡条件时，要进行专项支护设计。严禁开挖已支护基坑的下层土石方，严禁在支护结构上放置或悬挂重物。

表1-5　　各类土质的坡度

土质类别	砂土、砾土、淤泥	砂质黏土	黏土、黄土	硬黏土
坡度（深：宽）	1：0.75	1：0.5	1：0.3	1：0.15

放坡是指在施工中，为了增加土方稳定性，防止土方出现塌陷事故，确保施工安全，将基坑边壁修成一定倾斜坡度的作业。放坡作业是防范坍塌事故比较理想的、最实用的作业保护手段，放坡作业时应根据不同的挖填高度、土质及工程特点等现场实际因素进行综合考量。

基坑支护是为了保护地下主体结构施工及基坑周边环境的安全，对基坑侧壁及周边环境采用的临时性支挡、加固、保护与地下水控制的措施。

基坑施工前必须进行地质勘探和了解地下管线情况，根据土质情况和基坑深度编制专项施工方案，经技术负责人审批后方可实施。施工方案主要内容：放坡要求或支护结构设计、机械类型选择、开挖顺序和分层开挖深度、坡道位置、坑边荷载、车辆进出道路、降水排水措施及监测要求等。

【案例】 某年8月20日晚，某电厂3名施工人员处理地下灰渣管道泄漏缺陷，在开挖管道周边土石方时，未及时放坡，也无支护，当开挖至2m左右时，沟道侧壁突然坍塌，1名施工人员躲闪不及被土埋住、窒息死亡，另2人在躲闪中摔倒受伤。

条文1.7.4 煤场汽车接卸煤指挥人员必须远离煤车指挥，严禁站在汽车上煤堆行驶方向指挥。用推煤机压实整形煤堆时，应注意煤堆坡度和煤堆坍塌的风险，应注意与煤堆边缘保持一定安全距离。

火力发电厂煤场来煤通常有三个渠道：一是火车来煤，由卸车机（或翻车机）将煤卸下运至原煤场；二是船来煤，由卸船机将原煤卸下运至原煤场；三是汽车来煤，用汽车将原煤运至原煤场卸下。

为了加强对原煤场接卸煤的安全管理工作，防止汽车司机随意在煤场卸煤，通常电厂专门设置一名汽车接卸煤的指挥人员，保证汽车来煤的接卸工作。为保证汽车接卸煤指挥人员的作业安全，对其提出了安全操作要求。

煤场贮存着大量原煤，由于原煤具有自然和滑落特性，如果不对煤场原煤进行管理，原煤就会发生自然现象，甚至引起大火，同时还会发生坍塌事件。为防止此类事故的发生，通常采用推煤机将原煤压实整形，一方面压实原煤可防止着火，另一方面对煤堆整形可防止煤堆坍塌。为保证推煤机司机在压实整形煤堆时的作业安全，对其提出了安全操作要求。

【案例1】 某年1月23日晚，某电厂一名新上岗人员李××无证驾驶推煤机进行煤垛整形作业。当行驶至煤垛顶部时，煤垛坍塌，推煤机及司机从10m高的煤堆上翻落，被坍塌的煤掩埋，司机窒息死亡。

【案例2】 某年8月15日，某电厂运输原煤的承包单位货车司机张××驾驶煤车进入原煤场，电厂负责汽车接卸煤的指挥人员王××站在汽车上煤堆行驶方向指挥时，由于煤堆坡度陡，汽车爬坡困难，当司机加大油门爬坡时，汽车突然向前行走，接卸煤指挥人员王××来不及躲闪，被撞到压在车下，经抢救无效死亡。

条文1.7.5 加强对存在可能垮塌风险的场所（如尾部烟道、料仓、粉仓、灰斗等）的定期巡检和管理工作，保证料位计指示正确，严禁长期高料位运行。若发现有漏灰、灰斗脱落等异常情况时应及时采取防护措施后进行处理，周围应悬挂警示牌，严禁人员在附近逗留和通过。

料仓、粉仓、灰斗等大多是钢结构材质制作的，长期用于存放灰、物料等会使钢结构腐蚀、强度衰减、承载能力下降，易发生漏灰、灰斗脱落等异常情况，如果仓（斗）下卸料机下灰不畅，仓（斗）长期在高料位运行，会造成仓（斗）掉落、壳体吸瘪，甚至整体垮塌事故。

为防止此类事故的发生，应加强对料仓、粉仓、灰斗等设备及输灰管道进行外观检查，避免长期高料位运行，发现异常情况应及时汇报，要组织召开专题分析会，制订可靠的安全措施（如停机、或降低料位后消缺处理等），特别是对于存在可能垮塌风险的场所（如尾部烟道、料仓、粉仓、灰斗等），要立即组织加装硬隔离措施，悬挂警示牌，禁止人员逗留和通过。

【案例】 某年9月22日，某电厂3号、4号机组连续运行，除尘器灰斗及烟道积灰严重，4号炉除尘器第1、2、3列灰斗保温层漏灰，相关人员到现场查看后，派3名保洁人员清理现场零米积灰，同时有5名维护人员正在4号炉除尘器2号仓室3号、4号灰斗下核实漏灰的缺陷中，突然，4号炉除尘器1、2通道及出口烟道发生垮塌，造成3人烫伤、4人伤亡，1人脱险。

条文1.7.6　搭设脚手架必须使用合格的管件、脚手板、扣件等材料，搭设好后必须验收合格、悬挂验收合格牌；每次使用前必须检查确认架体连接稳固、安全可靠、承载能力；使用时，严禁擅自改变架体结构，严禁超载使用，严禁在脚手架上起重作业，严禁将任何管道、起重装置等与架体结构连接；拆除脚手架时，必须由上而下逐层拆除，连墙件必须随脚手架逐层拆除，严禁数层同时拆除，严禁将整个脚手架推倒拆除。

搭设脚手架前，应先确定搭设施工方案，内容包括基础处理、搭设要求、杆件间距及连墙杆设置位置、连接方法，并绘制搭设施工详图。脚手架搭设好后必须验收合格，方可使用；使用中如需要改变架体原结构、加高或加宽、改为他用等，必须经技术部门验证审批。

【案例1】 某年5月21日，某电厂为了检修作业，在脱硫塔内部搭设脚手架，脚手架搭设好后未经验收，4名工作人员未系安全带，站在脚手架上作业过程中，因脚手架一个架板支撑横杆断裂，架子突然倒塌，人员坠落（落差7.5m），1人死亡，3人受伤。

【案例2】 某年10月15日，某电厂维修3号70MW热水炉炉墙工程中，用脚手架搭设的维修平台未经验收，作业人员将500多千克的砌筑浇筑材料运至维修平台上时，维修平台因超载突然坍塌，瞬间站在维修平台上的4名作业人员和砖料一同坠落到炉底，造成1人死亡，3人重伤。

【案例3】 某年11月10日，某电厂进行卸煤棚西侧端部顶棚浇筑混凝土作业。3名施工人员在脚手架上作业中，因扣件式钢管脚手架使用的钢管壁厚不足，扣件重量偏轻，紧固力不足，导致发生支撑脚手架坍塌事故，坍塌建筑高度约10m，造成1人死亡，2人重伤。

条文 1.7.7 模板工程施工，严禁擅自改变施工方案或凭经验施工，搭设模板必须选用合格的搭设材料，浇筑混凝土必须办理混凝土浇筑许可手续，浇筑时必须按照“先浇筑柱、再浇筑梁和板”工序进行；拆除模板必须办理申请拆模手续，且确认混凝土达到拆模强度后方可拆除，拆除模板时必须按照“先拆侧模、后拆底模，先拆非承重部分、后拆承重部分”的原则进行，严禁随意拆模。

模板及其支架应根据工程结构形式、荷载大小、地基土类别、施工设备和材料供应等条件进行设计施工，必须具有足够的承载能力、刚度和稳定性，能可靠地承受浇筑混凝土的重量、侧压力以及施工荷载。在浇筑混凝土前，必须对模板工程进行整体验收合格后，方可浇筑。

为防止模板体系整体失稳坍塌事故，模板工程必须有经审批合格的模板施工方案，严格按照施工方案组织施工，严格控制施工材料、构配件的准入，严格执行本条文。

【案例】 某年5月13日，某电厂新建厂房工程，在模板施工中，擅自改变施工方案和工序，实施柱子和梁、板同时浇筑，使在8～10轴区域的6根柱子起不到应有的刚性支撑作用，导致模板坍塌事故，造成3人死亡、1人重伤。

条文 1.7.8 搭设临时建筑必须制订施工方案，选择安全地段和合格建材，必须验收合格后方可使用。严禁使用钢管、毛竹、三合板、石棉瓦等搭设，严禁使用夹芯板作为活动房的竖向承重构件，严禁在易发生泥石流、季节旋风、山洪、微地形大风处搭设，严禁在临时建筑墙外周边开挖土石方。

临时建筑是指施工现场使用的暂设性的办公用房、生活用房、围挡等，以及装配式活动房、砌体建筑、建筑设备。

临时建筑的设计应依据《施工现场临时建筑物技术规范》(JGJ/T 188) 规定，层数不宜超过两层，设计使用年限应为5年。临时建筑所用的原材料、构配件和设备等应符合国家标准，不得使用已被国家淘汰的产品；搭建或拆除临时建筑应编制施工方案，经专业人员审批后实施；搭建好临时建筑必须对主要承重构件进行质量检测，合格后方可使用。

微地形区是指大地形区域中的一个局部狭小的范围。是依照天然地貌或人为造出的象微小的丘陵似的地形，一般高度不大，仿自然界的起伏变化地势。如高山分水岭微地形、地形抬升微地形、峡谷风道（风口）微地形等。

【案例 1】 某年10月18日，某电厂新建二期工程3号机组脱硫系统，承包单位在厂区内的一块空土地处使用夹芯板、彩钢板搭设一个活动板房（夹芯板做承重构件、彩钢板做房顶）。从10月15—18日连续下了3天小雨，地基松软下沉，活动板房的房顶漏雨水，李××上房顶用塑料布铺盖漏雨水处，但由于铺盖面积较大，需王××一起铺顶，当王××踩上房顶刚往前行走时，房顶突然坍塌，2人从房顶上摔下，造成不同程度的摔伤。

【案例2】 某年8月，某水电站的施工单位在山根附近搭设了一排临时工棚（共18间），用来休息睡觉、生火做饭、存放工器具等，已使用了23天。因8月23—26日下起了连阴雨，26日4时40分左右突然山洪暴发，泥石流将临时工棚冲塌，造成9人死亡。

条文1.7.9 拆除工程应制订施工方案，并遵守“先上后下、先屋面后主体、先水电后建筑、先梁板后墙柱、先内墙后外墙”原则；拆除前必须现场研究拟拆除物整体结构、确定拆除顺序，按照拆除顺序施工，对局部拆除影响结构安全的必须先加固后拆除。严禁随意拆除或立体交叉拆除作业。

拆除工程施工方案主要依据被拆除建筑物的施工平面图、施工现场勘察得来的资料和信息、拆除工程有关的施工验收规范、安全技术规范以及本单位的技术装备条件进行编制。

拆除工程必须熟悉被拆建筑物图纸，弄清建筑物的结构情况、建筑情况、水电及设备管道情况，做好安全防护系统的搭建，封闭施工现场，搭设有效围挡，设置警戒区域和警示标志。

为防止拆除工程坍塌造成的人身伤害，施工人员应站在稳定的结构或脚手架上进行作业，楼板上严禁人员聚集，严格遵守拆除原则，严格按照拆除工程施工方案、拆除顺序进行施工。

【案例1】 某年6月19日，某电厂工程队的2名施工人员在拆除2.5m高的临时围挡墙体工程中，盲目蛮干，随意拆除作业，当拆除至西侧墙体时，施工人员为了图省事，用大锤、钢钎对墙体下1m处先凿洞、再掏空，当墙体快被砸透时，墙体突然垮塌，砸中2名施工人员，造成1人死亡、1人受伤。

【案例2】 某年11月2日，某电厂一个工程队利用挖掘机拆楼施工中，没有制订施工方案和拆除顺序，包工头为了赶工期，让挖掘机司机采取先挖一楼承重墙，然后在楼上拴钢丝绳，再用挖掘机拉倒的方法进行作业，司机在挖掘承重墙过程中，整栋楼房全部坍塌，将司机活埋死亡。

条文1.8 防止中毒窒息事故

中毒窒息事故分为中毒事故和窒息事故。中毒是指某种物质进入人体内，发生化学作用或物理化学作用，致使机体组织或其正常生理功能遭受损害而引起病理变化。如一氧化碳中毒、硫化氢中毒等事故。不适用于病理变化导致的中毒事故，也不适用于慢性中毒的职业病导致的死亡事故。窒息是指人体的呼吸过程由于某种原因受阻或异常，导致的全身各器官组织缺氧，引起组织细胞代谢障碍、功能紊乱和形态结构损伤的病理状态。窒息分为缺氧性窒息和中毒性窒息。由人体吸入的氧气不足或缺氧引起的窒息称为缺氧性窒息，如在废弃的坑道、竖井、地下管道等不通风的地方工作，因为氧气缺乏，发生晕倒，甚至死亡的事故；由中毒引起的窒息称为中毒性窒息。不适用于病理变化导致的窒息事故。

条文 1.8.1 进入有限空间必须佩戴合格的防护用品和应急装备；进入可能会持续释放有毒有害气体或作业可能产生有毒有害气体的场所，必须佩戴长管呼吸器或正压空气呼吸器；进入有害气体的场所必须佩戴防毒面罩；进入酸气较大的场所必须佩戴套头式防毒面具；进入液氨泄漏的场所必须穿好重型防化服，并佩戴正压式空气呼吸器。

有限空间是指封闭或者部分封闭，与外界相对隔离，出入口较为狭窄，自然通风不良，易发生中毒、窒息、淹溺、灼烫伤、触电、坍塌、火灾、爆炸等事故的空间。有限空间属于狭小空间，具有通风不畅、积聚有害气体不易被散发等特点。生产场所有限空间主要有容器类，如热交换器、水（油）箱、汽包、离子交换器等；管道类，如循环水管、热网管、源水管、封闭母线、落煤管，烟风道等；建（构）筑物类，如集水（油）池、阀门井、沟道、电缆隧道，烟囱、化粪池等；仓（罐）类，如筒仓、原煤仓、灰斗、脱水仓、储油（气）罐等。

为保证在有限空间内作业的安全性，防止中毒和窒息事故的发生，必须佩戴合格的防护用品和应急装备。有限空间常见的防护用品主要有安全帽、全身式安全带、安全绳、防毒面罩、套头式防毒面具、正压式空气呼吸器、高压送风式长管呼吸器、重型防化服等，可根据有限空间作业场所的有害因素不同佩戴相应的防护用品。

有限空间常见的应急装备主要有便携式气体检测报警仪、大功率机械通风设备、照明工具、通信设备、三脚救援架等。

【案例】 某年8月5日，某电厂对煤仓进行清仓作业，佟××佩戴防毒面具在煤仓内用铁锹清理煤仓，班长姜××在煤仓外平台上用手电给佟××照明。在清仓作业中，佟××感觉身体不适便和班长姜××说“班长我不行了”，随后就昏倒。班长姜××立即佩戴上防毒面具下仓施救，一会儿也昏倒在仓内。后经消防人员全力施救，将2人从仓内全部救出，送往医院，经抢救无效死亡。事后经专家确认，2人佩戴的防毒面具是防硫化氢过滤器件，起不到防一氧化碳中毒的作用。

条文 1.8.2 有限空间作业必须遵守“先通风、再检测、后作业”原则，对隧洞作业或者有害因素可能发生变化的作业，还必须做到“持续通风、持续检测”原则。必须执行有限空间作业审批许可制度、有限空间出入登记制度，必须设专人监护。

有限空间按照危险程度划分为一级和二级，特殊和高危的有限空间属于一级。

企业可根据本单位实际情况编制一级、二级有限空间分类明细，采取分级管控。有限空间作业，严格按照管控范围落实审批许可、监护检查等安全责任，特别是对于隧洞或存在有害气体极易积聚、危害性极大时，必须严格执行“持续通风、持续检测”，并做好个体防护，提高监护等级。

【案例】 某年5月30日，某电厂有2名员工清理废水池作业，抽水泵抽水20min后，抽水泵进水口被塑料膜堵住，污水无法抽出。其中1人在未采取任何防护措施的情况下，下池清理塑料膜，在爬上废水池的过程中因吸入池底污水产生的硫化氢而中毒晕倒，摔入池内。池上另1人立即下池施救，随即也中毒晕倒。经消防人员救援，2人被救出死亡。

条文1.8.3 有限空间作业必须对其危险有害因素进行辨识，进入前30min内必须检测有害气体浓度不得超过表1-6限值，氧气浓度在19.5%～21.0%范围内，并保持良好通风；作业中至少每2h检测一次有害气体含量，对可能释放有害物质的有限空间应连续监测；作业中断时间超过30min必须重新检测。

表1-6　　有限空间作业常见有毒气体浓度判定限值

气体名称	评判值	
	mg/m^3	ppm(20℃)
硫化氢	10	7
氯化氢	7.5	4.9
氰化氢	1	0.8
磷化氢	0.3	0.2
溴化氢	10	2.9
氯	1	0.3
甲醛	0.5	0.4
一氧化碳	30	25
一氧化氮	10	8
二氧化碳	18000	9834
二氧化氮	10	5.2
二氧化硫	10	3.7
二硫化碳	10	3.1
苯	10	3
甲苯	100	26
二甲苯	100	22
氨	30	42
乙酸	20	8
丙酮	450	186

注　表中数据均为该气体容许浓度的上限值。

有限空间属于狭小空间，具有通风不畅、积聚有害气体不易被散发等特点，由于有限空间存在缓慢的气体流通（包括但不限于有毒有害物质残余挥发），或者隔离失败（阀门内漏等）等情况，要求进入有限空间前30min内、作业中至少每隔2h、作业中断时间超过30min必须对有害气体进行检测，作为能否进入有限空间内的判据条件，为便于大家执行，明确了常见有毒气体浓度判定限值表，考虑与《电业安全工作规程　第1部分：热力与机械》（GB 26164.1—2010）中11.3“氧气浓度应保持在19.5%～21%内”的一致性，氧气浓度取19.5%～21.0%范围内。

【案例】 某年12月31日19时，某电厂外围单位负责人李××带领5名作业人员进行排放脱硫液作业。李××为工作负责人，在塔外监护，作业前没有进行风险辨识和安全交底，也没有对塔内的有害气体进行检测，在排放作业中液封突然失效，将脱硫液憋压在循环槽上部空间而进入塔内。5名作业人员分别进入了上、下段塔内处理脱硫液作业，其中4人因吸入一氧化碳晕倒在塔内，1人感觉身体不适及时出塔，并报告工作负责人李××，李××立即喊人施救。现场组织救援，在上段塔成功救出1人，但在下段塔使用安全绳多次施救未果，后经消防人员救出受困的3人，但均已死亡。

条文1.8.4　有限空间仅有1个进出口时，必须将通风设备出风口置于作业区域底部进行送风；有限空间有2个或2个以上进出口（通风口）时，必须在临近作业人员处进行送风，远离作业人员处进行排风，且出风口应远离进风口，防止有害气体循环进入有限空间。

当有限空间仅有1个进出口时，采取底部送风、上部排风方式（这样可在空间内形成一个横向的U形风道，将积聚在上部的有害气体置换出去的行径距离最短，通风效果最佳）；当有限空间有2个或2个以上进出口（通风口）时，可采取“一个口送风，另一个或几个口出风”直吹方式。

为防止风路循环短路将排出的有害气体倒送回去，注意出风口应远离送风口。

【案例】 某电厂600MW机组汽包检修作业，在汽包一侧人孔门处安装了一台通风机，由于内部焊接作业产生了大量烟气，郝××在工作中出现头晕现象，但因缺乏替换人员，他在汽包内部稍事休息后继续坚持焊接工作，一会他晕倒在汽包内。当汽包外的监护人赵××向内喊话时未听到回音，赶紧入内查看，发现郝××已倒地昏迷，赵××立即叫人进行施救，经医院抢救郝××脱离了生命危险。

条文1.8.5　对容器内的有害气体进行置换时，吹扫必须彻底、不留残留气体，吹扫气体排放必须符合安全要求，易燃易爆气体必须使用符合要求的惰性气体置换，容器与其他管道的连接处应加装可靠隔离封堵措施。

存有有害气体的容器检修前，必须先将与容器连接的所有阀门关严，为防止阀门关不严从系统内漏入有害气体，可采取加装金属堵板（盲板）形式，再对有害气体进行置换和吹扫。

考虑易燃易爆气体的危险性，采用惰性气体对其进行置换，因为惰性气体在常温常压下是无色无味的单原子气体，很难进行化学反应，稳定性很强，可保证置换容器内易燃易爆气体的作业安全。

【案例】 某年8月14日，某电厂对氢气储气罐进行检修，关闭了氢罐的进气阀门（但阀门内漏），将氢罐内的氢气排空后，未进行吹扫、气体置换和取样分析，1名施工人员进入氢罐内用电动抛光机进行打磨作业过程中，由于氢罐内的残留氢气和泄漏氢气在不断积聚，当达到氢气爆炸极限时，遇打磨出的火花，氢气突然发生爆炸，施工人员的面部和双手被炸伤。

条文1.8.6　在有限空间内从事衬胶、涂漆、刷环氧树脂等具有挥发性溶剂作业时，必须进行强力通风，采取防止爆燃措施。严禁使用纯氧通风。

衬胶、涂漆、刷环氧树脂等均具有挥发性、有毒性、窒息性等特点，常用的涂料有乙二醇及酯类溶剂的涂料、带氨基漆的涂料、防腐蚀（加重金属物质）的涂料、带溶剂甲苯的涂料等。

乙二醇及酯类溶剂的涂料会让人体血液、淋巴受损，有直接杀伤作用；带氨基漆的涂料会熏得人头晕、眼睁不开；防腐蚀涂料通常加入重金属物质，能长期毒害人体；带溶剂甲苯的涂料不会让人短期发觉的，而是慢慢积累毒素。

由于有限空间狭小、通风不畅，从事具有挥发性的溶剂作业时，挥发出来的有毒有害气体在不断积聚，作业人员在不停地吸入人体内，当吸入到一定程度时就会感觉身体不适，出现头晕、头痛、恶心、眼睁不开等症状，造成中毒，严重时会导致中毒窒息死亡，所以规定此条文。

人体内的各组织器官均不能承受过多的氧，这是因为氧本身不靠酶催化就能与不饱和脂肪酸反应，并能破坏贮存这些酸的磷脂，而磷脂又是构成细胞生物膜的主要成分，从而最终造成细胞死亡。此外，氧对细胞有破坏还在于它可产生自由基，诱发癌症。所以规定严禁使用纯氧通风。

【案例】 某年9月2日，某电厂4名工人进入一个钢板制作的夹层内进行粉刷油漆作业，油漆及油漆添加剂挥发出大量有毒气体，加上夹层密闭通风不良，导致4名工人吸入中毒被困于夹层内，事故致使1人因中毒太深死亡。

条文1.8.7　进入容器、罐、井、仓或池内的作业人员除必须遵守1.1.15、1.8.2、1.8.3、1.8.5等要求外，还必须确保作业人员与外部监护人联络畅通，联络不畅时严禁作业。严禁在容器、罐、井、仓或池内使用软梯。

条文1.1.15规定："在煤（粉、灰）仓或斗内作业时，作业人员必须佩戴防坠器和全身式安全带，安全带上应挂有安全绳，安全绳另一端必须握在仓或斗外的监护人手中，且牢固地连接到外部固定物体上"。

条文1.8.2规定："有限空间作业必须遵守'先通风、再检测、后作业'原则，对隧洞作业或者有害因素可能发生变化的作业，还必须做到'持续通风、持续检测’原则。必须执行有限空间作业审批许可制度、有限空间出入登记制度，必须设专人监护”。

条文1.8.3规定：“有限空间作业必须对其危险有害因素进行辨识，进入前30min内必须检测有害气体浓度不得超过表1-2限值，氧气浓度在19.5%～21.0%范围内，并保持良好通风；作业中至少每2h检测一次有害气体含量，对可能释放有害物质的有限空间应连续监测；作业中断时间超过30min必须重新检测”。

条文1.8.5规定：“对容器内的有害气体置换时，吹扫必须彻底，不留残留气体，吹扫气体排放必须符合安全要求；易燃易爆气体必须使用符合要求的惰性气体置换；容器与其他管道的连接处应加装可靠隔离封堵措施”。

在容器、罐、井、仓或池内作业的共同特点是空间封闭狭小、换气不畅、有毒有害气体不易排出、内外人员联络不畅、中毒窒息事件概率大、施救难度大等，因此要求作业人员除必须遵守上述条文规定外，还特强调内外人员的联络畅通，使监护人随时掌握有限空间内部的作业情况，一旦发生意外，可及时进行施救或向外面人员报告情况，请求外面人员帮助施救。

由于使用软梯上下时晃动较大，影响逃生速度，延误逃生时间，增大中毒窒息的概率，所以规定严禁在容器、罐、井、仓或池内使用软梯。

【案例】 某年2月25日，某热电厂2号130t/h锅炉原煤仓出现蓬煤，输煤工段长唐××带领2名作业人员一同到达原煤仓，其中一人朱××佩戴普通式安全带（非全身式安全带）和安全绳，未佩戴防坠器进入煤仓内作业，唐××与另外一人在仓外监护。作业中，朱××脚下煤堆突然发生坍塌，唐××和仓外监护人戴××拉拽保护绳未能成功，朱××被埋在煤堆中。随后，在煤仓出料口救出朱××，经抢救无效死亡。

条文1.8.8 在有限空间内作业感觉身体不适时，应立即撤离现场；如发生中毒窒息事件时，现场监护人应在有限空间外施救，并立即报告。施救人员必须正确选用并佩戴好合格的防毒用品、呼吸器具，携带救援器材后，方可进入施救。严禁盲目进入施救。

有限空间狭小、通风不畅、积聚的有害气体不易被散出，当作业人员感觉身体不适（如头痛、头晕等）时，首先应该意识到是吸入有害气体所致，此时应立即停止作业，撤离现场进行换气。

如果发生中毒和窒息事故，现场监护人不要盲目进入施救，防止事故扩大化，此时，应第一时间内在外面进行施救，并报告他人请求救援力量。

【案例】 某年2月15日，某电厂7名工人对污水池进行清理作业。当晚23时许，3名作业人员没有佩戴防毒用品进入污水池，作业中吸入硫化氢后中毒晕倒，池外人员见状立刻呼喊救人。先后有6人也没有佩戴防毒用品就下池盲目施救，其中5人中毒晕倒在池中，1人感觉不对自行爬出。

条文1.8.9 有限空间内作业结束后，必须清点人员和工具，确认有限空间内无人后，方可关闭人孔门或盖板，并解除采取的隔离封闭措施。

有限空间内作业结束后，一方面如果里面有人滞留在内，会因长时间被困缺氧而造成中毒窒息，如果设备突然运行会将人致死；另一方面如果工具遗留在内，设备运行中会因工具撞击或卡涩损坏设备。

【案例】 某年7月25日，某电厂化学车间主任李××单独一人进入清扫后的烟道内检查腐蚀情况，检修工作负责人在关闭烟道人孔门前，没有再次确认烟道内的情况就关闭了人孔门。李××检查完回到人孔门处发现已被关闭，立即奋力敲击人孔门，幸好当时附近有人听到声音，立即找人打开了人孔门将李××救出，才未造成严重后果。

条文1.8.10 两台锅炉共用一个烟囱，当一台锅炉运行另一台锅炉检修需进入脱硫吸收塔、净烟道时，净烟气挡板必须关闭严密并切断电源，防止烟气倒入检修系统。

脱硫吸收塔、净烟道内残留着二氧化硫、一氧化碳等有毒有害气体，会对人体呼吸系统造成损伤甚至人员窒息死亡。在人员进入前需要保证通风良好，并测量二氧化硫、一氧化碳等有害气体含量是否超标，氧气含量是否符合安全要求。

两台锅炉共用一个烟囱，当一台锅炉运行、另一台锅炉检修时，如果净烟气挡板不关或关不严，运行锅炉的烟气就会倒入检修锅炉系统内，此时检修锅炉的脱硫吸收塔、净烟道内的作业人员就会吸入大量烟气造成中毒窒息，为防止此类事故的发生，规定此条文。

【案例】 某年4月8日，某电厂1号、2号锅炉共用一个烟囱，2号锅炉运行、1号锅炉检修。检修人员办理了工作票，运行人员将1号锅炉净烟气电动挡板关闭，悬挂警示牌，但未切断挡板电源。3名检修人员在脱硫吸收塔、净烟道内作业时，因运行人员误操作突然将净烟气电动挡板打开，烟气倒入净烟道内，3名检修人员急忙往外跑，但因烟气太大，将3人全部被烟呛死。

条文1.8.11 危险化学品专用仓库必须装设机械通风装置、冲洗水源及排水设施，必须设专人管理，应进行出入库登记。从事危险化学品的人员必须熟悉所用药品的毒性、腐蚀、爆炸、燃烧等特性，掌握操作要点及安全注意事项，掌握现场急救方法和程序。

危险化学品仓库是用来专门储存危险化学品的，由于危险化学品的种类较多，具有毒性、腐蚀、燃烧、爆炸等特性，如果储存管理不当，就会发生化学品泄漏、丢失、化学品之间相互反应，造成中毒、火灾爆炸等事故，所以必须设专人管理、出入库登记管理。

许多危险化学品具有挥发性和毒性，往往挥发出来的大多是有毒有害气体，为防止有毒有害气体在仓库内大量积聚，加装机械通风装置就可以改善库内的空气流通，保证空气质量，保证工作人员身体健康。

储存危险化学品时，有些化学品的容器或包装损坏、液体流出、污染地面环境，就需要用水冲洗地面，清理被污染的地面；或者从事化学品工作人员因操作不当、液体溅到脸部或手上时，也需要用水来冲洗，保证在第一时间内救治，减轻伤害程度。因此，仓库内必须装设冲洗水源及排水设施。

危险化学品工作是一项专业性强、危险性大、伤害性大的作业，为防止发生人身伤害事件，需要对工作人员进行严格监管，要求必须掌握所涉及的化学药品特性、器具使用方法、作业风险、操作规程及注意事项等安全技能知识和现场急救方法，严格按照现场操作规程精细操作，才能杜绝误操作事故的发生。

【案例 1】 某年 3 月 25 日，某电厂危险化学品库房没有专人管理，危化品在库房内随意堆放，将过硫酸铵、硫化钠等危险化学品混放在一起，引起化学反应而发生火灾爆炸。

【案例 2】 某年 2 月 25 日，某电厂化学品库的屋顶密封不好，仓库内无人管理，遇连日下雨，雨水漏入仓库内，仓库地面潮湿，致使存放在地面上的漂白粉等化学品遇水发生化学反应，导致仓库发生火灾。

【案例 3】 某年 11 月 25 日，某电厂化学实验班的李××在进行化学实验时，不知道氨水在高温下变为氨水和水蒸气会产生较大的压力，也未佩戴防护眼镜。李××往玻璃封管内加入氨水 20mL、硫酸亚铁 1g、原料 4g，加热温度至 160℃，她在观察温度时，玻璃封管突然发生爆炸，整个反应体系被完全炸碎，李××也被炸伤。

条文 1.8.12　化学实验室必须装设通风、自来水、消防设施，应在明显处放置急救药箱、酸（碱）伤害急救中和用药、毛巾、肥皂等。从事化验人员必须穿专用工作服并做好安全防护。

化学实验室是进行化学药品操作的地方，由于大多化学药品具有挥发性、刺激性，会产生有毒有害气体，污染实验室内的空气环境，加装通风装置可以及时改善空气质量，保证工作人员身体健康。另外，如果工作人员操作不当，化学药品可能会伤及工作人员。为保证受伤害人员在第一时间内得到救治，就需要在化学实验室内配备必要的急救药品，以减少伤害程度。

从事化验人员，经常会接触各种化学药品，药品沾染到衣服上可能会危害身体健康，也会带到其他场所，对这些场所带来污染，因此要求化验人员应穿专用工作服。特别是在接触酸、碱等腐蚀性化学药品时，因为普通的专用工作服不耐酸、碱腐蚀，为保证操作人员安全，应更换为防耐酸、碱腐蚀的工作服；在接触、使用浓硫酸、王水、氢氟酸、氢氧化钠等强酸、碱过程中，为保护腹部、腿部及双脚免受伤害，还应穿橡胶围裙和橡胶靴。

【案例1】 某年3月7日，某电厂一辆硫酸车到达酸罐处，卸车工人张××用手机刚打完电话后，未佩戴防酸手套，急忙就去操作硫酸罐的盖子，在操作盖子时，硫酸溅到了卸车工人张××的手上，当场用大量的水冲洗，然后被送到医院，手被酸烧伤。

【案例2】 某年7月28日，某电厂水处理车间操作人员李××手拿一瓶硫酸液容器行走中，未按规定穿着防酸、碱工作服，当她快行走到化学实验楼时，突然摔倒，酸液容器被摔碎，酸液溅到身上后，普通工作服不能有效起到保护作用，导致全身不同程度地被酸液灼伤。

条文1.8.13 盛装化学药品和溶剂的容器必须标识正确，严禁容器上无标签。剧毒危化品必须储藏在隔离房间或保险柜内，保险柜应装设双锁，并双人、双账管理，装设电子监控设备，并挂“当心中毒”警示牌。

为防止工作人员误饮用药品（溶剂）中毒或配制药品时误操作事件的发生，补充了“盛装化学药品和溶剂的容器必须标识正确，严禁容器上无标签”内容。

盛装化学药品和溶剂的容器粘有清晰标签可防止工作人员误饮用药品（溶剂）中毒或配制药品时误操作事件，也可便于药品失效监管处置管理工作；分类存放可有效地防止化学药品之间相互反应或产生有毒有害气体等造成的中毒、火灾、爆炸事件，也可便于药品的存取使用管理工作。

特别是对有毒性、易燃、致癌或有爆炸性的药品，具有较大的危险性，如果随意摆放在药品架上，一旦被盗，可能会发生恶性投毒、纵火、爆炸等事件，造成社会危害。因此，必须进行严格监管，将这类药品放在保险柜内，实行双人、双锁、双账管理，相互监督，并加装电子监控和报警设备，提高监管等级及安全性。

【案例】 某年5月5日，某电厂化验室的化验员李××收到一瓶用矿泉水瓶装的甲醇样品，没有做任何标记，送样品人只是口头交代，也没有立即送到分析室，而是放在办公室的窗台上。一会儿，化验员陈××进入办公室后，看到窗台上有一瓶矿泉水，感觉口渴，误将样品当作水喝了一口并咽下，发现不对劲赶紧告诉李××，李××立即找人将陈××送往医院进行洗胃处置，险些丧命。

条文1.8.14 进入尿素溶解罐前，必须将罐内浆液全部清空，充分通风，并检测罐内氨气残存量的气体浓度值不得大于30mg/m³，方准作业。

尿素常温下呈无色或白色针状或棒状结晶体，无臭无味，溶于水，在一定条件下能水解生成氨和二氧化碳。氨气常温下为有刺激性恶臭的气体，对黏膜和皮肤有碱性刺激及腐蚀作用，可造成组织溶解性坏死，高浓度时可以引起反射性呼吸停止和心脏停搏，为保证从事尿素工作人员身体健康，故规定此条文。

【案例】 某年7月8日，某电厂在清理尿素溶解罐时，未充分通风，未对氨气浓度值进行检测，检修工人林××也未佩戴防毒面具，在进入溶解罐内作业时，吸入了大量的残留氨气，中毒死亡。

条文 1.8.15 配制有毒性、致癌或有挥发性等药品时，室内必须在通风柜橱内进行，室外必须站在上风口进行。露天装卸化学药品（溶液）时，人必须站在上风口作业。

配制有毒性、致癌或有挥发性等药品时，如果在通风柜橱内操作，就可以将挥发出来的有毒有害气体及时排出室外，保证工作人员的安全；如果室内没有通风柜橱，则须装设强力的通风设备。

如果在室外作业，工作人员站在上风口，可有效地防止飞扬的药品粉末或气体吸入呼吸道，保证工作人员的身体安全。

在配制化学药品（溶剂）时，禁止用口尝的方法鉴别性质不明的药品（溶剂），禁止正对瓶口用鼻嗅的方法鉴别性质不明的药品（溶剂），以防瓶口处药品（溶剂）浓度过大，有毒有害气体通过口腔或呼吸道侵入人体，造成化学药品（溶剂）中毒。

【案例】 某年3月26日，某电厂因工作需要立即对盐酸样品的指标进行检测，操作人员张××进入化学实验室内进行作业，在通风柜橱内实验时，发现通风风机不转，因着急赶检测结果，在通风风机不转的情况下就进行实验，在实验过程中，由于盐酸酸雾较大，不能及时排出室外，张××吸入酸雾中毒晕倒，经送医院抢救，险些丧命。

条文 1.8.16 化学室内作业时，应每隔 1～2h 到室外换气。若感到头痛、恶心、胸闷、心悸等不适症状，立即停止作业，并到室外换气。

化学实验经常会遇到刺激性气体、窒息性气体、有机化合物、高分子化合物等有毒有害物质，实验中会遇到物质的分解、化合反应等性质操作，还有的可能遇到燃烧、爆炸、中毒、灼伤等操作，由于实验有可能会经过口腔、呼吸道和皮肤进入体内，对人体产生危害，甚至危及生命。为保护操作人员的作业安全，要求操作人员除严格执行现场操作规程外，还必须注意定时到室外进行换气，特别是感觉身体不适时，应立即撤离现场，防止中毒程度加剧。

【案例】 某年6月3日，某电厂化学车间2名检修人员在拆卸加氯机的设备作业时，检修人员王××吸入了加氯机中的残留氯气，感觉头痛，但自己没有意识到是吸入氯气所致，仍在继续作业，工作一段时间后，王××因中毒程度加剧晕倒，监护人李××立即喊人将王××送往医院抢救，险些丧命。

条文 1.8.17 化学实验时，严禁一边作业一边饮食（水）；工作中断或结束后，工作人员必须及时换衣洗手。化学实验用过的有毒有害废弃物严禁随意抛弃，必须集中保管，妥善处理。

操作人员由于接触化学药品（溶剂），其手和衣服可能会沾上实验药品（溶剂），如果不进行及时换衣洗手就吃东西或喝水，就可能会将手上或衣服上沾的化学药品（溶剂）带入人体，造成中毒事件。

化学实验用过的抹布、棉纱、纸巾等，以及清除的垃圾、报废的容器、器械等废弃物，如果将其随意抛弃在同一个容器内，废弃物上沾有化学残留物可能会产生化学反应，造成中毒、火灾、爆炸等事件。

注意，在处理废液剂时，禁止将酸性液体和碱性液体、氧化性液体和还原性液体、有机溶液和无机溶液混装。

【案例】 某年4月24日，某电厂化学实验室里的一名操作人员对废液性质不了解，把双氧水以及一些碱性溶液、有机溶液、无机溶液等废液混合放在一个玻璃容器里，并拧紧了盖子，25日15时20分，玻璃容器里的废液起了化学反应，玻璃容器突然发生爆炸，旁边另一人的面部被炸伤。

条文1.9 防止电力生产交通事故

电力生产交通是指从事电力生产活动中使用机动车辆发生的伤害事故，即车辆伤害是事故的致因。“车辆”是指以动力装置驱动或者牵引，上道路行驶的供人员乘用或者用于运送物品以及进行工程专项作业的机动车。

条文1.9.1 建立和完善电力生产交通安全管理制度和相应的实施细则，健全交通安全保证和监督体系，明确责任。严禁无证驾驶、酒后驾驶、超速超载、人货混装等违法违章驾驶行为。

各企业健全交通安全保证和监督体系，主要领导切实履行本单位交通安全第一责任人职责，对本单位交通安全管理与监督负全面责任。

各企业根据上级有关规定制定适合本单位车辆的交通安全管理工作规定，完善实施细则（含场内车辆和驾驶员），做到不失控、不漏管、不留死角，监督、检查、考核到位，并定期（或必要时）进行补充修订。

《中华人民共和国道路交通安全法》明令禁止“酒后驾车、无证驾车、疲劳驾驶、超速行驶、超载行驶”等行为，每一位驾驶员都必须遵守，自觉杜绝违法违章驾驶（操作）行为。

【案例】 某年1月23日，某电厂在厂内用汽车运送锅炉预热器元件，车厢内搭载一名焊工和一个乙炔箱，乙炔箱未固定且超出车厢的高度，焊工坐在乙炔罐上。汽车拐弯时，车速快、惯性大，焊工和乙炔罐被甩出车外，乙炔罐砸在焊工身上，抢救无效死亡。

条文1.9.2 加强对电力生产所用车辆维修管理，确保车辆的技术状况符合国家规定，安全装置完善、可靠。定期对车辆进行检修维护，在行驶前、行驶中、行驶后对安全装置进行检查，发现危及交通安全问题，应及时处理，严禁带病行驶。

企业应逐台建立车辆安全技术档案，档案内容包括车维修、维护和检查记录、安全事故记录等；特种车辆安全技术档案，包括但不限于：特种车辆设计文件、产品质量合格证明、安装及使用维护保养说明、检验证明、定期检（校）验和定期自行检查记录、日常使用状况记录、特种车辆及其附属仪器仪表维护保养记录、运行故障和事故记录。

企业应与出租车辆单位或委保单位签订合法、有效、责任明确的租赁合同或委保合同，明确双方安全责任，并检查租赁车辆安全性能是否符合要求，是否存在漏保或不保行为。

条文 1.9.3　大件运输、大件转场、运输危化品或易燃易爆物品应严格遵守有关法规，制订运输方案和专门的安全技术措施，指定有经验的专人负责，事前应对参加工作的全体人员进行全面安全技术交底。危险货物运输驾驶员、装卸员、押运员应取得相应的从业资格证。

依据《道路运输从业人员管理规定》（交通部 2022 年 38 号令）第十一条、十二条，要求运输危险化学品的驾驶员、押运员、装卸员应经考试合格，取得相应的从业资格证件，应接受相关法规、安全知识、专业技术、职业卫生防护和应急救援知识的培训，了解危险货物性质、危害特征、包装容器的使用特性和发生意外时的应急措施。

载运小量危险货物豁免可参照《危险货物道路运输安全管理办法》[交通运输部令第 29 号（2019 年）] 第二十一条："运输车辆载运例外数量危险货物包件数不超过 1000 个或者有限数量危险货物总质量（含包装）不超过 8000kg 的，可以按照普通货物运输。"以及《危险货物道路运输规则　第 1 部分：通则》（JT/T 617.1）载运小量危险货物时运输条件的豁免的相关条款。

条文 1.9.4　在临边、狭窄场地、临近带电体及线路等危险区域（路段）使用车辆作业时，应划定明确的作业范围，设置明显的警示标志，并设专人监护。

在运变电站内使用汽车起重机、斗臂车、泵车等大型机械施工的作业，应在工作许可后，在专人监护下进入工作场地。在带电设备区域内使用汽车起重机、斗臂车、泵车等大型机械施工，车身应使用不小于 16mm² 的软铜线可靠接地，设置围栏和适当的警示标志牌，并设专人监护。起重设备（包括起吊物）与线路（在最大偏斜时）的最小间隔距离见表 1-7。

表 1-7　起重设备（包括起吊物）与线路（在最大偏斜时）的最小间隔距离

供电线路电压	1kV 以下	1～20kV	35～110kV	154kV	220kV	330kV	500kV	750kV
与供电线路在最大偏斜时的最小间隔距离（m）	1.5	2	4	5	6	7	8	11

【案例1】 某年5月10日7时15分，在安徽某县某村加油站往北约100m处发生一起触电事件。经查明，一家吊装起重有限公司吊车司机在吊装电缆盘过程中，因起重臂触碰到架空高压线，导致半挂车司机触电身亡。

【案例2】 某年4月2日，某发电有限责任公司3号机组直流油泵控制柜改造项目，在3号机组零米复水器东侧用叉车搬运电缆箱过程中，司机驾驶叉车倒车时，将叉车倒至标有阻塞线的吊装口盖板上，瞬间压翻吊装口盖板，叉车及司机从零米吊装口坠落到-4.5m处，造成1人死亡。

条文1.9.5 严禁未提前确认路基、边坡满足安全作业要求盲目作业，悬崖陡坡、路边临空边缘必须设安全警示标志、安全墩、挡墙等防护设施，并确保夜间有充足照明。

路基不稳固、边坡不稳定、悬崖陡坡、路边临空边缘未设安全警示标志、安全墩、挡墙等防护设施，夜间照明不充足导致撞车、翻车等交通风险增大。因此，依据《电力安全工程规程　第1部分：热力和机械》（GB 26164.1—2010）中16.6.3，要求在线路工程未开工前，应指定专人对运输道路进行检查，确定运输路线。对易发生事故的坡路、弯路、泥泞冰雪之处，应详细告知运输人员，必要时应事先予以补修和树立标识牌。

厂内道路应依据《工业企业厂内铁路、道路运输安全规程》（GB 4387—2008）中5.1.1、5.1.3，保持路面平整、路基稳固、边坡整齐、排水良好，应有完好的照明设施，并根据交通量设置交通标志，其设置位置、形式、尺寸、图案和颜色等必须符合《道路交通标志和标线》（GB 5768）的规定。

【案例】 某年3月25日，某电厂工作人员金××驾驶工程车穿越厂区时，途经电厂二期铁路西侧一处急转弯，该地点转弯较急，坡度较陡，下坡路线长，加上路旁树叶遮挡司机视线，开车视线不够清晰，且未设立安全提醒标识牌。该名工作人员在驾车路过该区域时，车速较快，人员注意力不够集中，并且路况不好，在急转弯处发生翻车，造成1人死亡。

条文1.9.6 严禁在铁道上或机车底下休息，不准在车辆下面或两节车的中间穿过。在铁道附近进行工作可能影响调车作业或行车安全时，工作负责人应事先与调车人员联系，做好安全措施，必要时应设专人监护。煤车摘钩、挂钩或启动前，必须由调车人员查明车底下或各节车辆的中间确已无人，才可发令操作。

煤车在停止状态时，从车辆下方或两节车中间穿过或进行作业，车辆启动往往会造成人身伤亡事故。依据《电力安全工程规程　第1部分：热力和机械》（GB 26164.1—2010）中5.2.5、5.2.6、5.2.9，明确防范要求，一是严禁在铁道上或车底下休息，不准在车辆下面或两节车的中间穿过；二是在铁道附近进行工作可能影响调车作业或行车安全时，工作负责人应事先与调车人员联系，做好安全措施，

帮助搬运橡胶垫。船长方××在处理完船舶停靠工作后来到甲板，见到王××斌正在向船上抛橡胶垫，于是与其配合传递橡胶垫。13时左右，王××斌在传递第二包橡胶垫时，不慎从船舶和泊位间的空隙落入黄浦江中，溺水身亡。

条文1.10.3 船上装卸大件物体或大型施工设备应有专门的装卸方案，严禁船舶超载。海上风电建设项目大件运输应制订海上运输方案和应急预案。

为防范船上装卸大件物体或大型施工设备时发生倾翻，依据《电业安全工作规程 第1部分：热力和机械》（GB 26164.1—2010）中16.6.4，使用船舶运输应根据船只载重容量及平衡程度装载，不准超载。运输重大设备时，应事先制订安全措施。

海上风电建设项目大件运输依据《海上风力发电工程施工规范》（GB/T 50571—2010）中4.1.2、4.1.4，制订合理的施工运输方案。设备运输过程前，应拟定应对突发恶劣天气状况及其他紧急情况的应急预案，海上运输前还应选定运输过程中及海上驻留时躲避恶劣天气状况的规避路线和避风港口。

【案例】 某年5月30日，某建筑基础工程有限公司在水库光伏发电项目水泥桩基础施工中，现场运桩船只超长运输管桩，并在撬动管桩时，管桩失控发生滚动，导致船体失衡侧翻沉没，站在船中的王××被滚动过来的管桩夹住，随船没入水中，溺水死亡。

条文1.10.4 进入水轮机（水泵）等内部工作时，必须严密关闭进水闸门（或进水阀），并切断其动力电源和控制电源，做好隔离水源措施，排除内部积水。工作结束撤出时必须清点人数。

为防范水轮机（水泵）等内部突然来水导致作业人员发生淹溺事故，依据《电业安全工作规程 第1部分：热力和机械》（GB 26164.1—2010）中10.7.1，一是要严密关闭进水闸门（或进水阀），确保阀门能起到关断作用，防止阀门关不严或内漏而进水，做好堵漏工作；二是要切断机组与系统的电气连接，取下其动力电源和控制电源保险，操作把手在断开位置并悬挂“有人工作 禁止合闸”警示牌，防止人员误操作；三是要做好隔离水源措施，切断本体的技术供水主、备用水源，与水轮机相连接的水管道接口处要用堵板封堵或断开，防止外部水源进入水轮机；四是要开启钢管排水阀和尾水管排水阀，排除积水。

在封闭压力管道、蜗壳、尾水管人孔门前，工作负责人应检查里面确无人员、物件后立即封闭封人孔门，应两人以上检查，先封压力管道人孔门，后封蜗壳、尾水管人孔门。封闭人孔门前，工作负责人在检查清点过程中，人孔门应有专人值班且进行登记，禁止其他人员入内。

【案例】 某年4月25日，约9时10分，水轮机班杨××等3人，在某厂7号机组蜗壳内进行导叶堵漏工作。9时25分，班长通知大家帮助拉尾水管的爬梯，杨××等3人相继出了蜗壳，而杨××不知什么时候又返回蜗壳内。约9时30分，水工分场人员在未办理工作票，又未确认7号机组工作闸门在全关闭状态（实际7号机组工作闸门在全开状态），提起7号机检修闸门充水阀充水，水直接充入7号机组蜗壳内，杨××被淹溺窒息，经采取措施救出蜗壳，医务人员现场急救无效而死亡。

条文1.10.5　集水井、集水廊道洞口、生产区域水池等有淹溺危险的场所应设置坚固的盖板或护网并盖实，防止人员掉落溺水。集水井、集水廊道内的工作，必须有专人监护，作业人员必须系好安全带和安全绳，安全绳由监护人掌握，遇有水位上涨时，井内作业人员必须立即撤离。

有淹溺危险的井、坑、孔、洞等必须覆盖与地面平齐的坚固盖板，尤其要防止盖板出现跷脚翻转、脱落。

集水井、集水廊道空间相对密闭，且存在淹溺风险，必须有专人监护，安全绳由监护人掌握，遇有水位上涨时，井内作业人员必须立即撤离。

【案例1】 某年4月29日，某发电有限公司巡检员张××在进入机组集水槽室巡检过程中，踩踏到不牢固的泵坑盖板上，不慎翻落到废水池内，溺水死亡。

【案例2】 某年4月16日，某热电厂汽轮机专业工作人员在加固排水泵对轮防护罩时，站在循环水流道盖板上操作，踩翻孔洞盖板坠入11号水塔排水沟，造成1人淹溺死亡。现场检查违规设置的盖板边长小于坠落孔边长，背面加装的定位扁铁边长尺寸小于坠落孔边长，且盖板与定位扁铁均有腐蚀现象，存在安全隐患。

条文1.10.6　临水、水上作业应对作业人员进行安全救生培训，必须制订详细的预控措施并进行现场交底，必须有两人以上方可进行。

临水、水上作业及乘坐交通工作船时，人员必须穿好救生衣（或绑安全绳、安全带）、穿防滑鞋，作业人员在出海前或在船期间不得饮酒，禁止游泳、捞物。

临水作业现场应设置有效的安全防护措施、安全警示牌，夜间作业配备足够的照明设施，五级及以上大风、大雨、雷电、浓雾天气禁止临水和水上作业。

作业人员在临水区域进行作业时，应了解施工作业场所和工作岗位存在的危险和有害因素及相应的防范措施和事故应急措施。作业应有专人监护，提前做好信息沟通工作，避免不良环境导致的强迫体位和误动作造成落水风险。

临水、水上作业，人员易从水上作业平台周边或设施中跌落溺水，多发为单人事故，因此要求设置平台护栏、警示牌、足够的照明，保证作业环境安全性；要求人员使用救生衣、防滑鞋等劳动防护用品，保证个体防护安全性，减小事故发生的可能性和危害性。

【案例1】 某年8月24日，某送变电工程公司劳务分包单位某电力建设总公司（民营企业）在位于水电站坝内地段进行220kV线路施工时，发生快艇翻船事故，造成5人死亡。

【案例2】 某年5月29日，某水利水电工程局在进行下游基坑抽排水准备工作时，

抽水工李××、陶××、肖××、张××4人在浮箱上一同给抽水机上黄油、换盘根，完成工作后依次从浮箱上经临时跳板回到下游围堰防渗墙上。肖××、张××、李××顺利上岸后，听见后方水面传来“咚”的一声水响，陶××不慎落入水中，由于未穿戴救生衣，造成1人死亡。

条文1.10.7　围堰施工过程中必须监测水位变化，围堰内外的水头差必须在设计范围内，筑岛围堰必须高出施工期间可能出现的最高水位0.7m以上。

围堰为临时挡水建筑物，出现问题后果严重，会对施工人员、下游造成严重灾害，依据《建筑施工易发事故防治安全标准》（JGJ/T 429—2018）中10.1.4，围堰施工过程及围堰内作业过程中，应监控水位水情变化，根据施工区实测水位和水情预报、海事预报等信息做好相应水情变化应对工作。筑岛围堰应高出施工期间可能出现的最高水位0.7m以上。

条文1.10.8　基坑、顶管工作井周边必须有良好的排水系统和设施，设置防护盖板或围栏，夜间必须设置警示灯。

基坑、顶管工作井作业，主要风险是排水不畅导致积水或者地面水流入导致坑内水位变高，因此要保证排水设备有效，避免坑内出现大面积、长时间积水，并在上面设置防护盖板或围栏，夜间应设红灯警示，防止人员掉入发生淹溺。

依据《建筑施工易发事故防治安全标准》（JGJ/T 429—2018）中10.1.1，基坑和顶管工程施工时，应采取防淹溺措施，并应符合下列规定：

（1）基坑、顶管工作井周边应有良好的排水系统和设施，避免坑内出现大面积、长时间积水。

（2）采用井点降水时，降水井口应设置防护盖板或围栏，并应设置明显的警示标志、完工后应及时回填降水井。

（3）对场地内开挖的槽、坑、沟及未竣工建筑内修建的蓄水池、化粪池等坑洞，当积水深度超过0.5m时，应采取有效的防护措施，夜间应设红灯警示。

条文1.10.9　严禁穿越深浅不明的水域。对于抗洪抢险作业、台风暴雨持续期间，故障巡视应至少两人一组进行，巡视期间保持通信畅通。

野外作业，遇有河流，在未弄清河水深浅时，不得涉水过河。需要涉渡时，应以竹竿试探前进，严禁泅渡过河。涉水作业时，应配置与携带必要的救生用具，作业人员必须穿好救生衣，听从统一指挥。

抗洪抢险期间，加强与地方应急管理、自然资源、气象、水利等部门沟通联系，安排专人密切关注地方政府及公司预警信息，监视雨情、水情和汛情发展变化，开展临灾监测预报和预警信息发布。

因台风暴雨或汛期水库泄洪下游水位升高，可能导致道路淹没或形成临时水洼区，故障巡视应至少两人一组进行，巡视期间保持通信畅通，严禁冒险涉水通过严重积水路段及河流。

【案例】 某年5月25日下午2时左右，某公司施工队长谢××安排李××、张××、柳××、谢××、何××5人去虎坑水库架设养鸡场供电线路。施工人员张××安全意识淡薄，在不了解虎坑水库水位深浅且未采取个人安全防护措施的情况下，冒险下水进行拉线作业，导致体力不支溺水死亡。

条文1.10.10 当大坝溢流或泄洪量达到规定值时，禁止在上、下游大坝近区进行任何水上作业。

水电站应在水库、尾水渠、河道等大坝保护范围区域周边醒目的位置设置“禁止游泳”“禁止进入”“水深危险，防止溺亡”等永久性防溺水安全警示告示牌。禁止无关人员、船只进入保护范围。

水库泄流期间，严禁在泄流影响区域作业。非泄流期间，在泄流可能影响区域作业，应事先制订及时恢复泄流的方案。

水库、大坝泄洪，应按照相关防汛应急预案规定，按照“由小到大，逐渐缓慢加大到批准的泄洪流量”原则泄洪，并提前发布泄洪预警，播放泄洪警报，通知下游群众做好防范应对，确保下泄河道确无人员工作后泄洪。

【案例】 某年4月2日，强降雨导致某县河流水位上涨，某电站泄洪，下游铁路和电站施工工地工人未及时撤离，造成1名工人失踪，25名工人被困河中心。

条文1.10.11 潜水作业应由取得相关资质的人员担任，作业前，必须对装具、设备和系统进行现场检查和测试，并遵守潜水作业相关安全要求。禁止夜间水下作业，如遇特殊情况需在夜间作业时，应经本单位批准，并做好相关措施。

潜水作业应由经过考试合格并执有潜水专业资格证的专业潜水人员担任。潜水作业前应对潜水衣具、气源、加压系统、通信设备、水下作业工具、减压设备、修理工具进行认真检查。潜水员主气源和应急气源必须为两个独立的气源。深水作业应有医生到场监护，并准备实施医疗保障预案。

潜水员在水下工作时，必须遵守下列规定：

（1）必须按照工作前制订的安全技术措施和潜水方案进行，工作开始前应及时向岸上指挥人员汇报潜水方向，岸上指挥人员应根据气泡对潜水员的路线进行调整。

（2）下水前，应先用物体试验吸力和水流大小，无暗流吸力方可下水，防止潜水员被吸。

（3）应将信号绳和气管在臂上缠绕一圈。

（4）应随时清理信号绳和气管，以免工作位置转移时缠绕。

（5）禁止将信号绳改为他用，打信号应清楚，接到转移方向指示时，应先面对信号绳和气管，再按指示方向前进。

（6）水下行走应侧身移动，不应在重吊物件、其他悬吊障碍物和船只下面穿过，不应随意触动无关物体或水生物。

(7) 应避免踏动淤泥，在淤泥上工作时，应调整空气，使潜水衣有一定浮力，当陷入淤泥中时，应缓慢小心地调整空气，改变潜水衣的浮力，从淤泥中拔出来时，应注意防止放漂。

(8) 使用调整阀时应谨慎小心，不准打开过大，防止放漂，在任何情况下，下肢不准高于头部。

(9) 带有多根绳子进行工作时，应预先做好记号，工作时未查明是哪根绳子前，不准冒险割断。进行复杂的水下作业时，必须利用“进行绳”来引导方向。

因为夜间潜水作业，危险系数大，所以禁止夜间水下作业。特殊情况需要夜间作业时，应遵守下列规定：除潜水作业船、潜水平台应有照明外，还应设置照明度高的灯具，照射在潜水点的水面上；自作业开始至结束，水面人员应在聚光灯下观察潜水员排出气泡；应保证在电气照明故障时有常明设备。遇电气照明故障时，应立即命令潜水员按减压规定上升出水；下潜作业人员必须携带水下照明设备。

【案例 1】 某年 6 月 22 日上午 9 时，某县水力发电公司按原定的维修计划对 3 号机组水轮机进行闸门维修，联系潜水人员吴××检查前闸清理异物。吴××安全意识淡薄，对作业场所存在的危险因素疏忽，对水下可能存在的危险程度认识不到位，下潜作业时潜到非工作区域内，氧气管被安全绳缠绕致无法供氧，吴××为逃生自己割断安全绳，由于慌乱未能成功进行自救，导致溺水身亡。

【案例 2】 某年 12 月 3 日 11 时许，某核电项目部所从事的泵房前池淤积情况探测作业现场，潜水员王××安全意识淡薄，未遵守工前会安全交底要求，冒险作业。在潜水作业前未按工前会安全要求对水流情况进行判定，在未确保水流风险可控的情况下，擅自离开吊笼，冒险作业，不慎被暗流冲走淹溺死亡。

【案例 3】 某年 6 月 4 日 11 时许，某发电公司检修潜水作业人员李××下到 10m 深水底检查循环水排水口闸板门，被水下闸门孔洞暗流吸住，在自救过程中，由于闸门孔洞吸力较大，左手潜水服被划破，水进入潜水服导致空气压缩机输气失效，导致其淹溺死亡。

条文 1.11　防止烟气脱硫设备及其系统中人身伤亡事故

烟气脱硫设备及其防腐材质大多是易燃物料，如果作业中防控不当，极易发生火灾事故，由于其桶状的结构和烟囱效应，应急处置和逃生难度会增大，导致人身伤亡事故。另外，设备检修时的高处作业较多，存在着高处坠落的风险。

脱硫塔内的除雾器布置于脱硫塔上端位置，材质一般以聚丙烯（PP）或加强聚丙烯为主，易燃。脱硫塔内的喷淋管布置于脱硫塔中上部，材质一般以易燃的聚丙烯（PP）或加强聚丙烯为主；不承重，作为作业平台支撑容易发生人员坠落事故。脱硫塔塔壁防腐层材质以玻璃鳞片（热固性树脂中填充鳞片状玻璃）为主，一般以玻璃鳞片胶泥刷涂或抹涂，可燃，未固化充分时易燃。净烟道防腐层一般是玻璃鳞片涂刷工艺，充分固化后可燃，未固化充分时易燃。少部分烟囱采用玻璃钢、耐酸胶泥防腐，可燃。

条文 1.11.1　新建、改建和扩建电厂的吸收塔及内部支撑架、烟道、浆液箱罐、烟气挡板、浆液管道、烟囱做防腐处理时，应选择耐腐蚀、耐磨损的材料，对浆液泵及搅拌器、浆液管道（管件）、旋流器、膨胀节要做防磨处理，并加强日常检查维护，防止由于设备腐蚀、卡涩带来的安全隐患。

煤燃烧会产生大量的二氧化硫，脱硫系统的主要作用是去除烟气中的二氧化硫，保证环保参数达标排放。烟气在吸收塔内自下而上的过程中，因温度下降烟气中的酸性物质会形成强酸性溶液，附着在收塔及内部支撑架、烟道、浆液箱罐、烟气挡板、浆液管道、烟囱上，造成塔内部件腐蚀。塔内附属构件也会因受到高速流动的强腐蚀性气流的冲刷而腐蚀。设备腐蚀、磨损必然导致设备的机械性能下降，可能造成泄漏、坍塌、转机损坏，严重时有导致人身伤害的风险。所以吸收塔及内部构件要做防腐防磨处理。

条文 1.11.2　防止脱硫塔进口烟气温度过高损坏防腐层。及时修复损坏的防腐层和更换损坏的衬胶管。

正常运行情况下，脱硫入口烟气温度小于150℃。当入口烟气温度过高时会造成吸收塔内脆性材料使用寿命降低，造成防腐材料脱落，设备管道衬胶层损坏。若脱硫塔内防腐材料脱落，脱硫塔体会受到酸性浆液的腐蚀，严重时会造成脱硫塔大面积泄漏。

条文 1.11.3　加强石灰石粉输送系统防尘措施，防止粉尘飞扬对作业人员造成职业健康伤害。在脱硫石膏装载作业时，必须在确认运输车厢（罐）内无人后才能进行装载作业。

石灰石粉是石灰岩经磨细加工制成的粉体，人员在职业活动中长期吸入，从而引起以肺组织弥漫性纤维化为主的全身性疾病。防止粉尘飞扬造成职业伤害措施主要包括：

（1）隔室监控、远方操纵。

（2）密闭尘源、风力运输、负压吸尘等减少粉尘外逸。

（3）湿式作业，喷雾洒水，降低环境粉尘浓度。

（4）从事粉尘作业的人员按规定佩戴符合技术要求的防尘口罩、防尘面具、防尘头盔、防护服等防护用品，是防止粉尘进入人体的最后一道防线。

脱硫石膏装载作业多为装载机或输送机直接向运输车厢（罐）内倾倒或输送，运输车厢（罐）较高，遮挡装载人员视线，若不在装卸前确认运输车厢（罐）内是否有人，极易造成人员掩埋、窒息；同时，由于工作环境噪声大，若出现意外事件，装载机噪声会掩盖人员呼救声，极易造成人身伤害事故。

条文 1.11.4 加强浆液池等盛装液体的沟池的安全防护，有淹溺危险的场所必须设置盖板，并做到盖板严密，以防作业人员落入沟池。

工作人员在巡检或者维修时，不可避免途经地坑，加设围栏可防止工作人员落入沟池，地坑设有地坑泵和搅拌器，且浆液池内浑浊、浓度大，如果工作人员不慎跌入，工作人员难以逃脱，将会造成人身伤亡。

条文 1.11.5 进入脱硫塔前，必须打开人孔门进行通风，在有毒气体浓度降低到允许值以下才能进入。进入脱硫塔检修，应做好防止作业人员坠落、防落物伤人安全措施，脱硫塔外必须设专人监护。

脱硫塔内聚集二氧化硫、二氧化碳等有毒有害气体，且与外界相对隔离，作业人员直接进入内部工作宜造成中毒、窒息等人身伤害事故。由于人孔出入口狭窄，自然通风效果差，进入脱硫塔前，必须打开人孔门进行强制通风，在测量有毒气体浓度降低到允许值以下，氧浓度在19.5%～20.9%范围才能进入工作。

另外，吸收塔内部工作涉及高处作业、防腐作业、脚手架作业等，由于吸收塔内部环境复杂，危险有害因素多，应尽量避免垂直交叉作业。检修作业时，应按要求搭设脚手架，设置安全网，各作业层之间用钢板做好隔离措施（禁止将喷淋管作为支撑），人员正确使用安全带。脱硫塔外设专人监护，监督作业人员正确执行安全规程措施，防止人员进入危险区域，并协助实施紧急救护等。

条文 1.11.6 加强保安电源的维护，发生全厂停电或者脱硫系统突然停电时，保安电源能确保及时启动并向脱硫系统供电。

保安电源系统能确保机组在厂用电失去时安全停机和快速恢复供电，对脱硫系统的安全运行具有至关重要作用。日常应加强维护检查各路电源开关正常，联锁动作正常，保证出现全厂停电时，能够及时提供应急电源，保证消防喷淋、烟道降温等重要设备可靠投用，防止因烟温过高而造成吸收塔、烟道防腐层超温燃烧，致使事故扩大。

条文 1.12 防止液氨储罐泄漏、中毒、爆炸伤人事故

液氨是无色的液体，具有腐蚀性，且容易挥发。与空气混合能形成爆炸性混合物，若遇明火能引起燃烧爆炸。氨属于有毒气体，无色有刺激性恶臭，易溶于水。

液氨或高浓度氨可致眼部、皮肤灼伤。急性轻度中毒者出现流泪、咽痛、声音嘶哑、咳嗽；中度中毒者除上述症状加剧外，还会出现呼吸困难；严重中毒者可发生中毒性肺水肿或有呼吸窘迫综合征，剧烈咳嗽、呼吸窘迫、昏迷、休克等症状。

条文 1.12.1 液氨储罐区应由具有综合甲级资质或者化工、石化专业甲级设计资质的化工、石化设计单位设计。储罐、管道、阀门、法兰等必须定期检验、检测、试压，确保质量性能符合要求。

氨区设备系统管道上的压力表应每半年校验一次，安全阀应每年至少校验一次。氨区管道应具有良好的防雷、防静电接地装置，应定期进行检查和检测。氨管道焊缝必须进行100%射线检验。氨区管道的阀门、法兰垫片应选用聚四氟乙烯（PTFE）、尼龙（PA）或金属石墨材质的垫片。禁止使用橡皮垫、塑料垫、铜质垫。

【案例1】 1988年3月4日，河南周口地区某县化肥厂液氨储罐在运行中突然爆炸，罐内大量液氨喷出，使17人中毒，其中1人死亡。发生爆炸的液氨储罐是1983年从鄢陵县化肥厂买来的设备，没有图纸和相关的技术资料。设备运回本厂后未经全面检验，仅作了2.45MPa的水压试验，也未留下试压记录即投入使用。事故后的现场勘查发现，该液氨储罐存在严重质量缺陷。

【案例2】 2015年11月28日，邯郸市某化工有限公司2号液氨储罐备用液氨接口固定盲板所用不锈钢六角螺栓不符合设计要求，且其中2条螺栓陈旧性断裂，发生液氨泄漏事故，造成3人死亡、8人受伤，直接经济损失约390万元。

条文1.12.2 液氨区域必须设置安全警示标志，现场必须放置防毒面具、防护服、药品等防护用具。

液氨区域必须标识清晰的安全逃生方向和路线，必须设置及时掌握风向变化的方向标，必须放置符合规定要求的消防灭火器材，必须设置洗眼器、淋洗器和喷淋系统，必须按要求设置避雷装置和静电释放装置，输送易燃物质的管道、法兰等应有防静电接地措施。

氨区控制室和配电间出入口不得朝向装置间。氨区所有电气设备、远传仪表、执行机构、热控盘柜等均选用相应等级的防爆设备，防爆结构选用隔爆型（Ex-d），防爆等级不低于ⅡAT1。

氨区应设置不低于2.2m高的不燃烧体实体围墙，并设置“禁止烟火”“当心中毒”“当心腐蚀”等明显的安全及职业病危害警示标志牌。当利用厂区围墙作为储氨区的围墙时，该段厂区围墙应采用不低于2.5m高的不燃烧体实体围墙。

脱硝喷氨管道应具有良好的防雷、防静电接地装置，应定期进行检查和检测。脱硝喷氨管道严禁作为导体和接地线使用。脱硝喷氨管道的法兰应设金属导线跨接。

储罐以及氨管道必须可靠接地，供氨管道应每隔80～100m设置明显接地装置。

氨区应备有洗眼器、快速冲洗装置，其防护半径不宜大于15m，并同时配备急救药品、正压式空气呼吸器和劳动防护用品等，以及适合的消防器材和泄漏应急处理设施。高处应设置逃生风向标，引导人员向上风侧逃生。

【案例】 2013年6月3日，吉林省长春市某禽业有限公司主厂房一车间女更衣室西面和毗连的车间配电室的上部电气线路短路，引燃周围可燃物。火势蔓延到氨设备和氨管道区域，燃烧产生的高温导致氨设备和氨管道发生物理爆炸，大量氨气泄漏，主厂房发生特别重大火灾爆炸，共造成121人死亡、76人受伤，17234m^{2}主厂房及主厂房内生产设备被损毁，直接经济损失1.82亿元。

条文1.12.3 进入液氨储存区，严禁吸烟，严禁携带火种，严禁携带和使用无线通信设备，严禁人员未释放静电进入。

因为静电可以成为引起爆炸和火灾的点火源，所以氨区入口处应设置静电释放装置（静电释放装置地面以上部分高度宜为1.0m，底座应与氨区接地网干线可靠连接）。进入氨区前应先以手触摸静电释放装置，充分消除人体静电。

进入氨区应将打火机等火种、手机等非防爆电子器材存放在氨区门外指定地点。

条文1.12.4 应加强液氨区域管理，建立液氨管理制度，加强相关人员的业务知识培训，液氨作业人员必须经过专门培训，熟悉系统，熟悉液氨物理、化学特性和危险性，经考试合格，持证上岗。

严格工艺措施，加强巡回检查，防止液氨系统跑、冒、滴、漏，尤其应防止因外部环境腐蚀发生泄漏。

应制订液氨储罐意外受热或罐体温度过高致使压力显著升高、液氨泄漏等应急预案，并定期组织演练。

液氨属于危险化学品，按照《危险化学品重大危险源辨识》（GB 18218—2018）辨识确定等级。全体操作人员必须熟悉岗位操作规程，理解掌握液氨使用规定，经考试合格后方可上岗。对有资格要求的岗位，应当依法取得相应资格，氨系统操作人员应取得应急管理部门颁发的危险化学品安全作业（合成氨工艺作业）资格证。

严格工艺措施，加强巡回检查。液氨储罐安全自动装置应投入运行，定期检查设备、工器具和系统运行状况，测定空气中氨气含量（氨气含量符合本辅导教材1.8.14要求）；加强对储罐温度、压力、液位等重要参数的监控，严禁超温、超压、超液位运行；应每月检查试验两次氨气监测报警系统是否正常；每月检查试验两次消防喷淋系统、降温水喷淋系统，喷淋水压力要保证能正常喷淋，并做好检查记录。液氨储罐应符合《压力容器》（GB 150—2011）等特种设备相关规定，与储罐相连的管道、法兰、阀门、仪表等做好相应的防腐蚀措施。

液氨储罐应设置超温报警联锁喷淋降温系统，温度达到上限40℃时，应自动打开液氨储罐的降温喷淋系统，对液氨储罐进行喷淋降温。液氨系统突然发生爆炸或大量氨气泄漏时，有关人员应立即报告，并启动应急预案。抢修人员必须戴好正压式空气呼吸器，判别事故部位，切断液氨、气氨来源，确认水喷淋系统投入，喷水吸收泄漏的氨气。人员现场紧急救护应遵守下列一般要求：皮肤接触液氨时，应立即脱去受污染的衣服，用大量清水或2%硼酸液彻底冲洗，必要时立即就医。发生眼睛接触液氨时，应立即用大量流动清水或生理盐水彻底冲洗眼睛至少15min，并立即就医。吸入氨气时应迅速脱离现场至空气新鲜处，保持呼吸道通畅；如呼吸困难，应采取输氧措施；如呼吸停止，应立即进行人工呼吸并就医。

【案例】 2013年11月28日21时，山东省某食品有限公司在热氨冲霜过程中，由于操作工人液氨抽空时间不够，在蒸发器和回气集管中滞留部分液氨，从而引发液击，致使存在严重焊接缺陷的焊缝产生低温脆性断裂，回气集管封头脱落，造成氨泄漏，共造成7人死亡，1人危重，3人较重，2人轻伤。

条文 1.12.5　进入液氨储存区域的人员必须正确穿戴劳动防护用品，严禁穿易产生静电的服装（严禁穿带钉皮鞋、穿易起静电化纤类服装等）。作业人员实施操作时，应按规定佩戴个人防护品。

静电是一种处于静止状态的电荷，通过摩擦或由于电荷相互吸引引起电荷的重新分布而形成的。化学纤维面料衣物是利用高分子化合物为原料制作而成的纤维纺织品，容易产生静电。进入氨区，禁止穿着可能产生静电的衣服或带钉子的鞋。在实施操作时应按照规定佩戴安全防护用品（如护目镜、防护手套、防毒面具、防护服等），应定期维护并处于完好状态。空气中氨浓度超标，必须佩戴正压式空气呼吸器方可进入。

卸氨操作，就地操作紧急切断阀、气液相阀门时，应佩戴护目镜、防护手套、防毒面具、防护服等。

条文 1.12.6　氨区应设置事故报警系统，氨气泄漏检测装置应覆盖氨区，具有检测数据远传、就地报警功能，并自动联锁启动水喷淋系统。

液氨泄漏时，应立即采取处理措施，在保证安全的情况下，尽可能切断泄漏源；应急处理人员必须戴正压式空气呼吸器，穿专用防护服；泄漏区周围立即设置隔离带，并监测空气中氨气的浓度，撤离隔离带内所有人员。

液氨泄漏时，应首先判断泄漏位置，是否能够通过远方操作关闭阀门隔离泄漏点。如需要就地操作，确认水喷淋系统投入后，操作人员应戴好正压式空气呼吸和专用防护服进行操作。如液氨储罐或罐体侧法兰出现泄漏，应采取水喷淋消纳和倒灌措施。

液氨是无色的液体，气化形成氨气，属于有毒有害、易燃易爆气体，且容易挥发，并随风飘动。发生泄漏时，应立即根据泄漏量、风向、风速设置隔离带，并监测空气中氨气的浓度（氨气含量不得超过30mg/m^3），人员应用浸湿衣物捂住口鼻向上风向撤离，专业技能人员穿戴好正压式呼吸器后检查隔离带内所有人员已撤出。

【案例】 2021年7月28日，云南某制氨有限公司尿素分厂C套尿素装置发生液氨泄漏，泄漏发生后立即启动应急预案，组织对C套尿素装置进行紧急停车处理，现场维护人员紧急撤离。撤离过程中，发生2名工作人员氨气中毒事故。1人经送医院抢救无效后死亡，1人轻微中毒到医院接受治疗，无生命危险。

条文1.12.7 严格控制液氨储罐充装量，不应超过储罐总容积的85%。严禁过量充装，防止因超压而发生罐体开裂或阀门顶脱、液氨泄漏伤人。

液氨一般储存于耐压钢瓶或钢槽中，过量充装，容器内压增大，会因超压产生阀门顶脱或罐体开裂的危险，液氨泄漏会造成人员中毒或爆炸事故。

依据国家能源局关于印发《燃煤发电厂液氨罐区安全管理规定》（国能安全〔2014〕328号）第二十八条要求："运行中储罐存储量不得超过储罐有效容量的85%"。

条文1.12.8 应在液氨储罐四周安装自动水喷淋装置，当罐体温度过高时该装置自动启动。氨储存箱、氨计量箱的排气，应设置氨气吸收装置。

高热会让液氨储罐内压增大，温度为－30℃时液氨饱和蒸汽压力约为0.12MPa，温度30℃时液氨饱和蒸汽压力约为1.167MPa。大部分液氨储罐按照50℃作为设计温度，液氨在50℃时的饱和蒸汽压力约为2.04MPa，设计压力一般取2.16MPa。因此，一般液氨储罐温度达到上限40℃时，自动打开液氨储罐的降温喷淋系统，对液氨储罐进行喷淋降温。

氨气属于有毒有害、易燃易爆气体，从保护环境和防止安全生产事故的角度禁止直接排空，应设置氨气吸收装置。

条文1.12.9 在液氨储存区检修时应做好防护措施，严格执行动火审批制度，并加强监护。氨罐检修时，必须采取防止形成爆炸性混合气体的措施后方可开工。严禁在充装液氨的罐体上实施动火作业。

液氨储存区一般属于重大危险源，半径30m范围内严禁明火和散发火花。确因工作需要动用明火或进行可能散发火花的作业，应办理"一级动火工作票"。在检测可燃气体浓度符合规定后方可动火。严禁在运行中的氨管道、容器外壁进行焊接、气割等作业。

在氨区或氨气系统设备上进行动火作业时，应制订专项方案（含组织、安全、技术、应急措施等），经企业主管生产的领导（总工程师）批准，逐条落实后方可工作。工作人员进入储氨罐内进行检修工作或在氨气管道上进行动火作业前，应进行隔离、冲洗、置换、通风、检测等环节。进行置换工作时，连接管道、阀门应有效隔离，加装堵板；冲洗产生的废水应收集在脱硝系统专用废水池内；氮气置换氨气时，取样点氨气含量应不大于30mg/m^3；空气置换氮气时，取样点含氧量应达到19.5%～21%。系统恢复，氮气置换空气时，取样点含氧量小于2%。

【案例】 2016年11月8日9时40分，淄博某热力有限公司在技改工程管道施工时，违章在氨水储罐顶部进行动火作业施工，引发氨气爆炸，造成5人死亡，6人受伤，直接经济损失约1000万元。

条文 1.12.10　液氨槽车卸料时应严格遵守操作规程，卸料过程应有专人监护。完善储运等生产设施的安全阀、压力表、放空管、氮气吹扫置换口等安全装置，并做好日常维护；严禁使用软管卸氨，应采用金属万向管道充装系统卸氨。

卸氨操作必须执行操作票制度、操作监护制度。卸料时，押运员、罐区卸车人员不得擅自离开操作岗位，驾驶员必须离开驾驶室。打开液氨槽车上液相球阀时应缓慢，检查槽车内液氨向液氨罐卸料时无任何泄漏现象。液氨卸料速度不应过快，流速不大于1.0m/s，且应有静电导除设施。

2020年10月23日，应急管理部办公厅关于印发《淘汰落后危险化学品安全生产工艺技术设备目录（第一批）》（应急厅〔2020〕38号）中明确，液氨管道用软管是淘汰落后的工艺技术、缺乏检测要求，安全可靠性低，被禁止使用。目前，主要使用金属制压力管道或万向充装系统代替。

【案例1】　2002年7月8日，一辆液氨罐车在莘县某化肥有限责任公司液氨库区灌装场地进行液氨灌装，凌晨2点左右灌装基本结束时，液氨连接导管突然破裂，大量液氨泄漏。主要原因是液氨连接导管破裂和罐车的紧急切断装置失灵导致的。

【案例2】　2009年8月5日，内蒙古赤峰市某制药厂内，一辆外埠液氨槽罐车在卸车过程中卸车金属软管突然破裂，导致液氨发生泄漏，造成246人受伤，其中21人中毒。

条文 1.12.11　加强进入液氨储存区车辆管理，严禁未装阻火器机动车辆进入，运送物料的机动车辆必须正确行驶。

阻火器的作用是阻止机动车辆排气管火焰蹿出，防止与易燃易爆氨气接触发生爆炸事故。运送液氨的槽车到达现场后，必须服从接车人员的指挥，按照规定路线行驶，停靠在固定的位置。

条文 1.12.12　加强厂外运输液氨车辆管理，不得随意找社会车辆进行液氨运输。电厂应与具有危险货物运输资质的单位签订专项液氨运输协议。

液氨属于国家颁布的《危险化学品目录》中的危险化学品，运输危险货物的企业应持有危险货物运输许可证件。应符合《道路危险货物运输管理规定》，驾驶人员、装卸管理人员和押运人员上岗时应当随身携带从业资格证。驾驶人员或者押运人员应当按照《危险货物道路运输规则》（JT/T 617）的要求，随车携带《道路运输危险货物安全卡》。

【案例】　某年6月22日，某厂汽车槽车运输液氨途中，突然爆炸，罐体断裂，大量液氨外泄，10人死亡，47人中毒。该厂使用的液氨贮罐质量低劣，焊接质量差，压力容器没有进行检查、检测，没有记录台账，液氨超装。夏季中午气温高，容器内压力上升，发生爆炸。

2

防止火灾事故的重点要求

总体情况说明：

本章阐述了防止火灾事故的重点要求。在《防止电力生产事故的二十五项重点要求（2014 年版）》的基础上，针对电力系统火灾的特点和暴露出的新问题，结合国家、地方政府、相关部委近几年发布的法律、法规、规范、规定、标准和相关文件提出的新要求，借鉴相关电力企业的规章，吸取近年电力生产火灾事故教训，特别是结合 2014 年以来的电缆火灾事故、氢气系统爆炸事故、输煤皮带着火事故、脱硫系统着火事故、天然气系统着火爆炸事故及风力发电机组着火事故等案例中暴露出的新问题，修改、补充和完善相关条款，力争措施主体突出，便于刚性执行。

本次修订主要依据《中华人民共和国安全生产法》《中华人民共和国消防法》《特种设备安全监察条例》《电业安全工作规程　第 1 部分：热力和机械》（GB 20164.1—2010）、《建筑设计防火规范》（2018 年版）（GB 50016—2014）、《建筑灭火器配置设计规范》（GB 50140—2005）、《火力发电厂与变电站设计防火规范》（GB 50229—2019）、《爆炸和火灾危险环境电力装置设计规范》（GB 50058—2014）、《氢气使用安全技术规程》（GB 50058—2014）、《电化学储能电站设计规范》（GB 51048—2014）、《电力设备典型消防规程》（DL 5027—2015）、《城镇燃气设施运行、维护和抢修安全技术规程》（CJJ 51—2016）等国家及行业文件和标准。

条文说明：

条文 2.1　加强防火组织与消防设施管理

条文 2.1.1　各单位应落实全员消防安全责任制，建立消防安全保障和监督体系，制订消防安全制度、消防安全操作规程，制订灭火和应急疏散预案。建立火灾风险分级管控及火灾隐患排查治理双重预防机制。保障疏散通道、安全出口、消防车通道畅通。配备消防专责人员，并建立有效的消防组织网络和训练有素的志愿消防队伍。定期进行全员消防安全培训、组织有针对性的消防演练和火灾疏散演习。

本条文依据《中华人民共和国消防法》第十六条（机关、团体、企业、事业等单位应履行下列消防安全职责）而制定，重点强调了防火管理五个方面要求：消防安全责任制；消防两个体系；消防规章制度；消防应急和日常双重预防；消防队伍。

条文 2.1.2　配备符合要求的消防设施、消防器材及正压式消防空气呼吸器，灭火剂的选用应根据灭火的有效性，设备、人身和环境的影响等因素确定。禁止使用过期和性能不达标消防器材。灭火器最低配置基准、灭火器的设置、灭火器类型、规格和灭火级别应符合《建筑灭火器配置设计规范》（GB 50140）要求。泡沫灭火器的标志牌应标明“不适用于电气火灾”字样。

灭火剂种类有水、泡沫灭火剂、干粉灭火剂、二氧化碳。

一、水

水是自然界中分布最广、最廉价的灭火剂。由于水具有较高的比热［4.186J/(g·℃)］和潜化热（2260J/g），因此在灭火中其冷却作用十分明显，其灭火机理主要依靠冷却和窒息作用进行灭火。水的主要缺点是产生水渍损失和造成污染、不能用于带电设备火灾的扑救。

二、泡沫灭火剂

泡沫灭火剂是通过与水混溶、采用机械或化学反应的方法产生泡沫的灭火剂。一般由化学物质、水解蛋白或由表面活性剂和其他添加剂的水溶液组成。泡沫灭火剂的灭火机理主要是冷却、窒息作用，即在着火的燃烧物表面上形成一个连续的泡沫层，通过泡沫本身和所析出的混合液对燃烧物表面进行冷却，以及通过泡沫层的覆盖作用使燃烧物与氧隔绝而灭火。中运泡沫灭火剂的主要缺点是水渍损失和污染、不能用于带电火灾的扑救。主要的泡沫灭火剂有蛋白泡沫灭火剂、氟蛋白泡沫灭火剂、轻水泡沫灭火剂、抗溶性泡沫灭火剂和高倍数泡沫灭火剂。

按发泡倍数泡沫灭火剂分为三种：发泡倍数在20倍以下的称为低倍数泡沫；在21～200倍之间的称为中倍数泡沫；在201～1000倍之间的称为高倍数泡沫。

三、干粉灭火剂

干粉灭火剂是一种易于流动的微细固体粉末，由具有灭火效能的无机盐和少量的添加剂经干燥、粉碎、混合而成微细固体粉末组成。主要是化学抑制和窒息作用灭火。除扑救金属火灾的专用干粉灭火剂外，常用干粉灭火剂一般分为BC干粉灭火剂和ABC干粉灭火剂两大类，如碳酸氢钠干粉、改性钠盐干粉、磷酸二氢铵干粉、磷酸氢二铵干粉等。干粉灭火剂主要通过在加压气体的作用下喷出的粉雾与火焰接触、混合时发生的物理、化学作用灭火。一是靠干粉中的无机盐的挥发性分解物与燃烧过程中燃烧物质所产生的自由基发生化学抑制和负化学催化作用，使燃烧的链式反应中断而灭火；二是靠干粉的粉末落到可燃物表面上，发生化学反应，并在高温作用下形成一层覆盖层，从而隔绝氧窒息灭火。干粉灭火剂的主要缺点是对于精密仪器火灾易造成污染。

四、二氧化碳

二氧化碳是一种气体灭火剂，在自然界中存在也较为广泛，价格低、获取容易。现在国内二氧化碳灭火剂是在灭火器和灭火系统中使用量都较大的气体灭火剂。其灭火主要依靠窒息作用和部分冷却作用。灭火时，二氧化碳气体可以排除空气而包围在燃烧物体的表面或分布于较密闭的空间中，降低可燃物周围或防护空间内的氧浓度，产生窒息作用而灭火。同时二氧化碳从存储容器中喷出时，会迅速气化成气体，从周围吸收热量起到冷却的作用。主要缺点是灭火需要浓度高，会使人员受到窒息毒害。

条文 2.1.3　单机容量 125MW 机组及以上的燃煤电厂消防给水应采用独立的消防给水系统，以确保消防水量、水压不受其他系统影响；消防设施的备用电源应由保安电源供给，未设置保安电源的应按Ⅰ类负荷供电（25MW 及以下的发电厂，消防水泵应按不低于Ⅱ类负荷供电）。消防水系统应定期检查、维护。正常工作状态下，应将自动喷水灭火系统、火灾自动报警系统、防烟排烟系统和联动控制的防火卷帘分隔设施设置在自动控制状态。

电力生产企业要根据生产规模，尽可能建立独立的消防水系统。新建、扩建工程的消防水系统应按独立的消防水系统进行设计；现有系统的消防水若与其他用水合用时，应保证各消防栓处（包括最高处的消防栓）的用水压力和用水量。

消防水泵房应设两个独立电源；如不可能时，应考虑在泵房内装设备用动力设备，确保生产系统发生火灾时，消防泵电源不受影响，保证正常供水。

对于变压器、主油箱的水喷雾灭火装置、燃油区的泡沫灭火设施以及其他设备系统的灭火设施应定期检查、试验，使之处于完好状态，随时可用。

新增火灾自动报警系统，根据《火力发电厂与变电站设计防火规范》（GB 50229—2019），提出消防供电有关要求。对独立和合用消防给水系统做了要求。

【案例 1】　1991 年 10 月，某热电厂发生电缆着火事故。由于垂直布置在 1 号锅炉房零米东侧墙的 6 层电缆托架最下面两层的低压动力电缆发生短路、着火引起，又因 6 层电缆托架之间没有特殊的防火措施，导致了布置其上层的高压电缆放炮和着火，然后又波及上层热控电缆，并经热控电缆竖井烧进电缆夹层，造成了事故的扩大。

事故烧坏控制电缆 1271 根，高压、低压动力电缆 50 根，总长 20km，直接经济损失 11 万元，并造成正在运行的 2 台 200MW 机组停运，其中 1 号机停运 37 天 10h 才恢复发电。

事故除了暴露出在电缆防火方面存在的问题外，还暴露出在消防方面存在的一些问题，一是生活、消防共用高位水箱由于未经全面调试，使电厂失去了紧急备用的消防水，而原设计的系统没有保证消防水不作他用的技术措施，因此即使投入使用，紧急情况也无法保证必要的消防用水。二是消防水泵房电源均来自本厂工作和备用电源，一旦发生全厂停电，消防水泵即不能开启，对火灾扑救不利。当时该热电厂安装3台200MW机组，由于事故当天机组的运行方式为1、3号机组运行，2号机组检修，电缆火灾实际上已造成了全厂停电。

【案例2】 1989年1月6日，某热电厂发生输煤栈桥火灾事故。由于管理上的原因，消防水系统管路冬季经常被冻坏、漏水，因此，48m（事故地点）标高消防水管被关闭。火警初期，因丧失消防能力，导致火势扩大。

条文2.1.4　设置固定式气体灭火系统的发电厂、变电站等场所、长距离电缆隧道、长距离地下燃料皮带通廊、地下变电站至少配置2套正压式消防空气呼吸器，长距离电缆隧道、长距离地下燃料皮带通廊、地下变电站至少配置4只防毒面具。并应进行使用培训，确保其掌握正确使用方法，以防止人员在灭火中因使用不当而中毒或窒息。正压式空气呼吸器和消防员灭火防护服应每月检查一次。

本条文主要是依据《电力设备典型消防规程》（DL 5027—2015）中14.4正压式消防空气呼吸器要求，在特殊区域需要消防器材提出了具体要求，即对配置正压式空气呼吸器地点进行了明确，防止因理解不一，配置不合理情况。对于配置数量和检查周期进行了明确，便于执行。

条文2.1.5　现场工作人员应掌握《电力设备典型消防规程》（DL 5027）动火级别、禁止动火条件。在一、二级动火区施工，检修现场动火作业时，要做好一般动火安全措施、组织措施、技术措施，严格执行动火工作票制度。变压器、脱硫塔现场检修工作期间应有专人防火值班，不得出现现场无人情况。

本条是吸取事故教训，对变压器、脱硫塔现场提出了专人防火值班要求，完善了一二级动火作业内容及相关要求。

《电力设备典型消防规程》（DL 5027—2015）中5.1动火级别规定：

5.1.1 根据火灾危险性、发生火灾损失、影响等因数将动火级别分为一级动火、二级动火级别。

5.1.2 火灾危险性很大，发生火灾造成后果很严重的部位、场所或设备应为一级动火区。

5.1.3 一级动火区以外的防火重点部位、场所或设备及禁火区域应为二级动火区。

《电力设备典型消防规程》（DL 5027—2015）中5.2禁止动火条件规定：

5.2.1 油船、油车停靠区域。

5.2.2 压力容器或管道未泄压前。

5.2.3 存放易燃易爆物品的容器未清理干净，或未进行有效置换前。

5.2.4 作业现场附近堆有易燃易爆物品，未作彻底清理或者未采取有效安全措施前。

5.2.5 风力达五级以上的露天动火作业。

5.2.6 附近有与明火作业相抵触的工种在作业。

5.2.7 遇有火险异常情况未查明原因和消除前。

5.2.8 带电设备未停电前。

5.2.9 按国家和政府部门有关规定必须禁止动用明火的。

《中华人民共和国消防法》第二十一条规定：禁止在具有火灾、爆炸危险的场所吸烟、使用明火。因施工等特殊情况需要使用明火作业的，应当按照规定事先办理审批手续，采取相应的消防安全措施；作业人员应当遵守消防安全规定。

进行电焊、气焊等具有火灾危险作业的人员和自动消防系统的操作人员，必须持证上岗，并遵守消防安全操作规程。

【案例】 2007 年 6 月，施工人员在山东某电厂二期脱硫工程烟囱防腐内筒 110m 平台进行施焊操作，加固内筒止晃装置。

15 时 35 分，监护人员发现烟囱玻璃钢内筒 95m 左右处的外壁岩棉及化学黏合剂起火，因距离着火点较远，随身携带的灭火器无法将火扑灭（其他施工人员不会使用灭火器），立即通知烟囱内作业人员撤离并报警。由于火势加大，在 175m 平台进行施工作业的 6 名人员，只有 2 人安全撤离到地面，1 人失踪，3 人被困烟囱顶部（利用安全带和钢丝绳捆绑在烟囱顶部避雷针上，将身体吊在烟囱外部）。由于着火距离地面较高，消防人员难以采取有效的灭火措施，只能够从烟囱底部进行喷水。17 时许，1 名被困烟囱顶部的施工人员，因安全带被烧断，从 180m 高空坠落地面当场死亡。18 时 30 分，烟囱内部明火熄灭。经多方救援，直到 6 月 26 日 19 时 50 分，另外 2 名受困人员被成功解救到地面。

原因分析：由于承建单位的施工人员在没有办理动火工作票、没有执行在施焊作业点下部安置石棉布和接焊渣用水桶等防火安全措施的情况下，违章在 110m 平台进行加固内筒止晃装置的施焊作业，导致焊渣溅落到 95m 玻璃钢内筒外壁保温层，引燃保温和黏结材料，引发大火。

条文 2.1.6 电力调度大楼、地下变电站、无人值守变电站应安装火灾自动报警或自动灭火设施，无人值守变电站其火灾报警系统应和视频监控系统联动，以便及时发现火警。

本条文依据《火力发电厂与变电所设计防火规范》（GB 50229—2019）中 11.5.20 规定而制订。对重点部位提出重点要求，该规定明确规定下列场所和设备应采用火灾自动报警系统。

（1）主控通信室、配电装置室、可燃介质电容器室、继电器室。

（2）地下变电站、无人值班的变电站，其主控通信室、配电装置室、可燃介质电容器室、继电器室应设置火灾自动报警系统，无人值班变电站应将火警信号传至上级有关单位。

（3）采用固定灭火系统的油浸变压器。

（4）地下变电站的油浸变压器。

（5）220kV及以上变电站的电缆夹层及电缆竖井。

（6）地下变电站、户内无人值班的变电站的电缆夹层及电缆竖井。

条文2.1.7　建（构）筑物的安全疏散安全出口、室外疏散楼梯、疏散通道、疏散门不得堆积和占用，应保持畅通，疏散设施各项防火参数符合要求。疏散门不许封堵、上锁。主厂房疏散楼梯间内部不应穿越可燃气体管道，蒸汽管道，甲、乙、丙类液体的管道和电缆或电缆槽盒。

【案例】 1994年吉林某电厂锅炉油系统火灾、2015年某电厂锅炉油系统火灾、2021年山西某电厂板房火灾，都是因为疏散通道问题，发生火灾后发生人身伤亡事件。2016年吉林宝源丰火灾等事故都是疏散通道堵塞造成巨大损失。因此，要特别重视检查安全疏散安全出口门等部位，要保持畅通。《中华人民共和国消防法》对保障疏散通道、安全出口、消防车通道畅通也重点提出了要求。

条文2.1.8　风电、光伏新能源场站要与当地森林防火指挥中心建立应急协调机制，根据气候特征，结合森林、草场季节、环境等因素以及山火、林火、草火特点，适时开展风电、光伏新能源场站及输配电线路火灾隐患排查，并落实防范措施，最大限度地减少山火、雷击事故造成的损失。

条文2.1.9　大型发电、变配电等特殊建设工程应履行消防设计审查、消防验收制度，其他建设工程应履行备案抽查制度；依法应当进行消防验收的建设工程，未经消防验收或者消防验收不合格的，禁止投入使用；其他建设工程经依法抽查不合格的，应当停止使用。

依据《中华人民共和国建筑法》《中华人民共和国消防法》《建设工程质量管理条例》《建设工程消防设计审查验收管理暂行规定》等法律、法规及工程建设消防技术标准，提出要求。

条文2.1.10　定期进行消防设施维护保养检测；消防设施维护保养检测、消防安全评估等消防技术服务机构及人员应符合从业条件和资格，并对服务质量负责。

消防技术服务机构及人员从业条件和资格应符合《社会消防技术服务管理规定》相关要求，消防设施维护保养检测机构的资质分为一级、二级和三级，消防安全评估机构的资质分为一级和二级。消防技术服务机构资质由省级公安机关消防机构审批；其中，对拟批准消防安全评估机构一级资质的，由公安部消防局书面复核。

消防技术服务机构及其从业人员应当依照法律法规、技术标准和执业准则，开展下列社会消防技术服务活动，并对服务质量负责：

三级资质的消防设施维护保养检测机构可以从事生产企业授权的灭火器检查、维修、更换灭火药剂及回收等活动；一级资质、二级资质的消防设施维护保养检测机构可以从事建筑消防设施检测、维修、保养活动。

消防安全评估机构可以从事区域消防安全评估、社会单位消防安全评估、大型活动消防安全评估、特殊消防设计方案安全评估等活动，以及消防法律法规、消防技术标准、火灾隐患整改等方面的咨询活动。

条文 2.1.11 推广应用电力设备消防新产品、新技术应按有关规定通过型式检验、技术鉴定、专家评审、验收，并提供相应报告或记录。

依据《中华人民共和国消防法》和《建设工程消防设计审查验收管理暂行规定》制定。

条文 2.1.12 进入氢站、油库、氨区和天然气站前进行静电释放，严禁携带手机、火种，严禁穿带钉子的鞋和易产生静电的衣服，运行和维护应使用铜质的专用工具。

为了防止氢站、油库、氨区和天然气站火花产生，按国家能源局关于印发《燃煤发电厂液氨罐区安全管理规定》的通知（国能安全〔2014〕328 号）第 24、25 条规定，对人员和工具提出要求。

2.2 防止发电厂电缆着火事故

条文 2.2.1 新建、扩建工程中的电缆选择与敷设应按有关规定进行设计。电缆通道的防火设施必须与主体工程同时设计、同时施工、同时验收。

电线电缆敷设安装的设计和施工应按《电力工程电缆设计标准》（GB 50217—2018）等有关规定进行，并采用必要的电缆附件（终端和接头）。

根据《中华人民共和国安全生产法》规定，单位新建、改建和扩建工程项目时，必须严格落实“三同时”管理，即建设项目中的安全设施设备必须与主体工程同时设计、同时施工、同时投入生产和使用，以确保相关生产经营场所安全设施设备的合理配置和及时到位。

电缆防火工作，必须抓好设计、制造、安装、运行、维护、检修各个环节的全过程管理，电缆防火设计是灵魂，严格施工工艺、合理选择防火材料以及落实各项防火措施是关键。

随着三维数字化技术和虚拟仿真技术的日趋成熟，三维电缆敷设以及三维可视化技术已经可以有效解决电缆交叉碰撞、长度难以精确统计、施工电缆敷设费时费力等问题，使得应用这些三维数字化软件进行三维电缆敷设成为趋势。

【案例】 某变电站在敷设站内电缆时，提出采用三维精细化设计技术进行变电站电缆敷设以及电缆载体的计算和应用研究方案；整合汇总了变电站中最常用的电缆埋管、电缆沟和电缆支架的敷设方式，通过结合三维模型构建和配置标准化计算应用模块，设计出了各个配电区、不同设备类型的埋管敷设以及电缆沟内支架敷设的标准化应用方案，也为后续孪生建模的数字模型构建提供了技术支撑。应用三维技术对变电站电缆敷设及电缆载体进行相关计算研究，是电缆敷设三维标准化应用的基础，可为后续数字化电缆三维敷设能力进一步提升起到促进作用，也是对变电站电缆敷设中电缆载体相关计算的一个补充，填补了埋管和电缆沟标准化敷设应用的空白，为设计、施工、运行全过程的智能化、精细化管理，提高变电工程施工的效率和质量提供帮助。

条文 2.2.2　在密集敷设电缆的主控制室下电缆夹层和电缆沟内，不得布置热力管道、油气管以及其他可能引起着火的管道和设备。

《电力工程电缆设计标准》（GB 50217—2018）中 5.1.1 规定，电缆的路径选择应避免电缆遭受机械外力、过热、腐蚀等危害。

若电力电缆过于靠近高温热体又缺乏有效隔热措施，将加速电缆绝缘的老化，容易发生电缆绝缘击穿，造成电缆短路着火。

高温管道泄漏、油系统着火及油泄漏到高温管路起火等也将会引起附近电缆着火。因此，要求架空电缆与热体管路要保持一定距离，不得在密集敷设电缆的电缆夹层和电缆沟内布置热力管道、油气管以及其他可能引起着火的管道和设备。

条文 2.2.3　对于新建、扩建的火力发电厂主厂房、升压站、输煤、燃油、制氢、氨区及其他易燃易爆场所，应选用阻燃电缆。

阻燃电缆是指在规定试验条件下，试样被燃烧，在撤去试验火源后，火焰的蔓延仅在限定范围内，残焰或残灼在限定时间内能自行熄灭的电缆。其特点是在火灾情况下有可能被烧坏而不能运行，但可阻止火势的蔓延。通俗地讲，电线万一失火，能够把燃烧限制在局部范围内，不产生蔓延，保住其他的各种设备，避免造成更大的损失。

条文 2.2.4　采用排管、电缆沟、隧道、桥梁及桥架敷设的阻燃电缆，其成束阻燃性能应不低于 C 级。与电力电缆同通道敷设的控制电缆、非阻燃通信光缆等应分层敷设并采取防火隔离措施。110（66）kV 及以上电压等级电缆在隧道、电缆沟、变电站内、桥梁内应选用阻燃电缆，其成束阻燃性能应不低于 C 级。

阻燃电缆具有防止电缆着火和蔓延的特点，使用阻燃电缆是防止电缆着火和蔓延的一种重要措施之一。火力发电厂主厂房和输煤、燃油及其他易燃易爆场所，可根据重要程度采用 A、B、C 三类阻燃电缆。

《电力工程电缆设计标准》（GB 50217—2018）中 7.0.5 规定，火力发电厂主厂房、输煤系统、燃油系统及其他易燃易爆场所，宜选择阻燃电缆。7.0.6 规定，电缆多根密集配置时的阻燃性，应符合《电缆在火焰条件下的燃烧试验　第 3 部分：成束电线或电缆的燃烧试验方法》（GB/T 18380.3—2001）的有关规定，并应根据电缆配置情况、所需防止灾难性事故和经济合理的原则，选择适合的阻燃性等级和类别。在同一通道中，不宜把非阻燃电缆与阻燃电缆并列配置。

条文 2.2.5　严格按正确的设计图册施工，做到布线整齐，同一通道内电缆数量较多时，若在同一侧的多层支架上敷设，应按电压等级由高至低的电力电缆、强电至弱电的控制和信号电缆、通信电缆“由上而下”的顺序排列；当水平通道中含有 35kV 以上高压电缆，或为满足引入柜盘的电缆符合允许弯曲半径要求时，应按“由下而上”的顺序排列。同一重要回路的工作与备用电缆应配置在不同层或不同侧的支架上，并应实行防火分隔。电缆在任何敷设方式及其全部路径条件的上下左右改变部位，均应满足电缆允许弯曲半径要求，并应符合电缆绝缘及其构造特性的要求，避免任意交叉并留出足够的人行通道。

《电力工程电缆设计标准》（GB 50217—2018）中 5.1.3 规定，同一通道内电缆数量较多时，若在同一侧的多层支架上敷设，宜按电压等级由高至低的电力电缆、强电至弱电的控制和信号电缆、通信电缆“由上而下”的顺序排列；当水平通道中含有 35kV 以上高压电缆或为满足引入柜盘的电缆符合允许弯曲半径要求时，宜按“由下而上”的顺序排列；在同一工程中或电缆通道延伸于不同工程的情况，均应按相同的上下排列顺序配置。同一重要回路的工作与备用电缆应配置在不同层或不同侧的支架上，并应实行防火分隔。

《电力工程电缆设计标准》（GB 50217—2018）中 5.1.2 规定，电缆在任何敷设方式及其全部路径条件的上下左右改变部位，均应满足电缆允许弯曲半径要求，并应符合电缆绝缘及其构造特性的要求。

【案例 1】　某发电厂室外电缆沟发生电缆着火，将电缆沟内部分电缆烧损，造成 220kV 失灵保护电缆芯线短路，保护出口动作将 220kV 甲、乙母线上的全部元件及运行中的 3 台机组全部跳闸，致使发电厂与系统解列，220kV 系统失去外来电源，最终导致全厂停电事故。电缆着火原因是电缆沟内一条 220V 动力直流电缆存在着机械损伤或质量缺陷，运行中发生绝缘击穿，短路拉弧并引燃周围电缆。事故暴露出电缆防火方面存在的问题以及所导致的严重后果：一是电缆布置混乱，没有分层布置，且没有采取分段阻燃或涂刷防火涂料，导致电缆着火事故的扩大，烧损控制电缆，保护动作使全厂停电。

【案例 2】　2021 年 7 月，某电厂集控室听见 1 号主变压器处传来巨响，1 号机组跳闸，1 号主变压器差动保护动作，厂用电切换正常。就地检查确认 1 号主变压器区域着火；20 时 2 分，2 号机组主变压器差动保护动作，2 号机组跳闸。经查，1 号主变压器内部发生短路接地，主变压器受冲击后喷油着火；事故扩大原因为 1 号启动备用变压器、1 号主变压器、2 号主变压器至 GIS 室各屏柜信号、保护、通信等电（光）缆全部敷设在 1 号主变压器上方同一个电缆通道桥架上。1 号主变压器着火后，将1号主变压器、2号主变压器和1号启动备用变压器一、二次电缆全部烧毁，造成两台机组跳闸，全厂失电。

条文2.2.6　发电厂控制室、开关室、计算机室等通往电缆夹层、隧道、穿越楼板、墙壁、柜、盘等处的所有电缆孔洞和盘面之间的缝隙（含电缆穿墙套管与电缆之间缝隙）必须采用合格的不燃或阻燃材料封堵。防火封堵组件的耐火极限不应低于被贯穿物的耐火极限，且不低于1.00h。

《建筑防火封堵应用技术标准》（GB/T 51410—2020）中3.0.1规定，防火封堵组件的防火、防烟和隔热性能不应低于封堵部位建筑构件或结构的防火、防烟和隔热性能要求，在正常使用和火灾条件下，应能防止发生脱落、移位、变形和开裂。

《火力发电厂与变电站设计防火规范》（GB 50229—2019）中11.4.2规定，电缆从室外进入室内的入口处、电缆竖井的出入口处，建（构）筑物中电缆引至电气柜、盘或控制屏、台的开孔部位，电缆贯穿隔墙、楼板的空洞应采用电缆防火封堵材料进行封堵，其防火封堵组件的耐火极限不应低于被贯穿物的耐火极限，且不低于1.00h。

条文2.2.7　非直埋电缆接头的外护层及接地线应包覆阻燃材料，充油电缆接头及敷设密集的10～35kV电缆的接头应用耐火防爆槽盒封闭。密集区域（4回及以上）的110（66）kV及以上电压等级电缆接头应选用防火槽盒、防火隔板、防火毯、防爆壳等防火防爆隔离措施。

电缆接头的防火防爆措施选择性较多，不宜限定使用槽盒。《国家电网有限公司十八项电网重大反事故措施》中13.2.1.5规定，非直埋电缆接头的外护层及接地线应包覆阻燃材料，充油电缆接头及敷设密集的10～35kV电缆的接头应用耐火防爆槽盒封闭。密集区域（4回及以上）的110（66）kV及以上电压等级电缆接头应选用防火槽盒、防火隔板、防火毯、防爆壳等防火防爆隔离措施。

条文2.2.8　新建或改建、扩建工程，发电厂的发电机、主变压器、备用变压器、消防水泵、消防系统回路、应急电源、断路器及重要公用设备的保护、控制等回路，应使用耐火电缆。水电厂（含抽水蓄能电厂）消防电梯、消防系统回路、应急电源、断路器、灭磁开关等直流操作电源回路，以及发电机组紧急停机、进水口快速闸门或阀门紧急闭门的直流电源等重要回路，计算机监控、双重化继电保护的电源回路，应使用耐火电缆。

《电力设备典型消防规程》（DL 5027—2015）中10.5.13规定，对于重要回路（如直流油泵、消防水泵、蓄电池直流电源线路等），应采用满足现行国家标准《电线电缆燃烧试验方法　第6部分：电线电缆耐火特性试验方法》（GB 12666.6）中A类耐火强度试验的耐火型电缆。

《火灾自动报警系统设计规程》(GB 50116—2013) 中 11.2.2 规定，火灾自动报警系统的供电线路、消防联动控制线路等采用耐火电缆。

《电力工程电缆设计标准》(GB 50217—2018) 中 7.0.7 规定，在外部火势作用一定时间内需维持通电的下列场所或回路，明敷的电缆应实施防火分隔或采用耐火电缆。

(1) 消防、报警、应急照明、断路器操作直流电源和发电机组紧急停机的保安电源等重要回路。

(2) 计算机监控、双重化继电保护、保安电源或应急电源回路合用同一电缆通道又未相互隔离时的其中一个回路。

(3) 火力发电厂水泵房、化学水处理、输煤系统、油泵房等电源的双回供电回路合用同一电缆通道又未相互隔离时的其中个回路。

(4) 油罐区、钢铁厂中可能有熔化金属溅落等易燃场所。

(5) 其他重要公共建筑设施等需有耐火要求的回路。

近年来多次发生因发电厂电气设备故障着火蔓延，故障机组或其他正常运行机组保护和控制电缆被烧断，保护无法正确动作，事故范围和后果扩大的恶性案例。为吸取相关教训，避免故障的再次发生，规定火力发电厂和水力发电厂的发电机、主变压器、备用变压器、断路器等电气主设备的控制、保护回路应采用耐火电缆。

条文 2.2.9 电缆竖井和电缆沟应分段做防火隔离，对敷设在隧道和主控室或厂房内构架上的电缆要采取分段阻燃措施。

《电力工程电缆设计标准》(GB 50217—2018) 第 7 章对电缆防火与阻止延燃进行了详细的说明。

发电厂、变电站敷设有大量动力电缆和控制电缆，这些电缆分布在电缆隧道、排架、竖井、控制室夹层，分别连接着各个电气设备，并连接到控制室。而电缆着火后具有沿电缆继续延烧的特点，如果不采取可靠的阻燃防火措施，电缆着火后就会延烧到主隧道、竖井、夹层以及控制室，扩大火灾的范围和火灾损失。因此，落实电缆防火的各项措施是预防电缆火灾事故和防止电缆火灾事故扩大的重要手段。

落实好电缆防火措施重点在于：

一是对于高温热体附近敷设的电缆(如汽轮机高中压缸附近、点火油枪下部附近的电缆等)、制粉系统防爆门附近的电缆，应采取隔热槽盒和密封电缆沟盖板等措施，防止高温烘烤或油系统泄漏起火引起电缆着火。

二是电缆竖井、电缆沟要采取分区、分段隔离封堵措施，对敷设在隧道和厂房内构架上的电缆要采取分段阻燃措施，防止电缆延烧扩大火灾范围。

三是电缆孔洞缝隙应封堵严密，确保电缆着火后不延烧到控制室、计算机室、开关室等处，并减少电缆火灾的二次危害。

【案例】 2021 年 4 月，某光储充一体化项目南楼西电池间南侧电池柜起火冒烟，在灭火处理过程中，北楼储能室发生爆炸，东西两侧墙体被炸毁并向外飞出，事故造成 1 人遇难、2 名消防员牺牲、1 名消防员受伤。经现场检查，南北楼之间的室外地下电缆沟沟底有少量存水，沟内有烟熏痕迹，底部沉积油状残留物；电缆沟内部分电缆表面有过火痕迹；电缆沟北端与北楼电缆管沟之间封堵不严、有缝隙，南端与南楼电缆夹层之间未见封堵。经分析，判断南楼起火直接原因是西电池间内的磷酸铁锂电池发生内短路故障，引发电池热失控起火；北楼爆炸直接原因为南楼电池间内的单体磷酸铁锂电池发生内短路故障，引发电池及电池模组热失控扩散起火，事故产生的易燃易爆组分通过电缆沟进入北楼储能室并扩散，与空气混合形成爆炸性气体，遇电气火花发生爆炸。

条文 2.2.10 尽量减少电缆中间接头的数量。如需要，应按工艺要求制作安装电缆头，经质量验收合格后，再用防火或防爆措施将其封闭。变电站夹层内 3kV 以上在运中间接头应逐步移出，电力电缆切改或故障抢修时，应将 3kV 以上中间接头布置在站外的电缆通道内。

从以往的火灾案例来看，引起电缆火灾的主要原因是电缆中间头制作质量不良、压接头不紧等导致接触电阻过大，产生大量的热量引起的。据统计，因电缆头故障而导致的电缆火灾、爆炸事故占电缆事故总量的 70%左右。

动力电缆中间接头若制作工艺不良，长时间运行后容易产生开裂，接头受进气氧化和受潮，绝缘水平下降，进而发生电缆中间接头接地短路和爆破，损伤和引燃周围其他电缆，造成电缆着火事故。

因此，在电缆敷设时应尽量减少电缆中间接头的数量，并应严格按照电缆接头的工艺要求制作中间接头。为了防止电缆中间接头爆破时损伤和引燃周围其他电缆，并造成电缆着火事故，应将中间接头用高强度的防爆耐火槽盒进行封闭。

【案例 1】 某电厂室外电缆沟中一台循环水泵电缆中间接头发生爆破，损伤和引燃周围其他循环水泵的动力和控制电缆，造成了正在运行的 5 台循环水泵中的 4 台跳闸，致使 2 台汽轮发电机组由于真空低而被迫停机。

【案例 2】 2016 年 6 月，因 35kV 电缆中间接头故障且电缆沟道内存在可燃气体，引发燃爆，造成西安某变电站 2 台 110kV 主变压器和 1 台 330kV 主变压器相继爆炸起火，6 回出线相继跳闸。

条文 2.2.11 在电缆通道、夹层内动火作业应办理动火工作票，并采取可靠的防火措施。在电缆通道、夹层内使用的临时电源应满足绝缘、防火、防潮要求。工作人员撤离时应立即断开电源。

在电缆通道、夹层的附近，必须进行明火作业时，一定要严格执行动火工作票制度，并做好有效的防火措施，准备充足的灭火设备后方可开工，以防止电力电缆

遇明火着火。使用临时电源时要防止临时电源因绝缘不合格或防火、防潮没达要求等原因而引起短路冒火花，产生明火。工作人员撤离时应立即断开电源，防止持续潮湿或小动物引起线路短路产生火花，引起火灾。

条文 2.2.12　火力发电厂主厂房到网络控制楼或主控制楼的每条电缆隧道或沟道所容纳的电缆回路，宜不超过1台机组的电缆。

【案例】　某电厂（6台200MW发电机）1～3号机组在同一220kV母线并网运行。2019年2月，2号机组电缆沟内发生电缆着火事故，2号机组跳闸，10min后1号、3号机组同时跳闸。实地探查发现，1号、2号机组母线保护屏控制电缆共同途经2号机组主厂房至网控楼电缆沟敷设，2号机组电缆沟着火时将途经2号机组电缆沟的1号机组控制电缆烧损，在同一母线运行的3号机组发电机-变压器组“失灵保护”动作，导致2号、1号、3号机组相继跳闸。

条文 2.2.13　建立健全电缆维护、检查及防火、报警等各项规章制度。严格按照规程规定对电缆夹层、通道进行定期巡检，并检测电缆和附件关键部位运行温度，多条并联的电缆应分别进行测量。

条文 2.2.14　电缆通道、夹层应保持清洁，禁止堆放杂物，照明应充足，并有防火、防水、通风的措施。电缆通道沿线及其内部、隧道通风口（亭）外部不得积存易燃、易爆物。火力发电厂锅炉、燃煤储运车间内架空电缆上及附近电气设备控制箱内的积灰应定期清扫。

电缆防火工作，不但要在设计、安装过程中落实好各项措施，还要加强电缆的生产管理，建立健全电缆维护、检查、防火、报警等各项规章制度。重点工作包括：一要加强电缆异动管理，电缆负荷增加一定要进行校核，防止因电缆长期过负荷，而导致寿命缩短和事故率上升；二要按期对电缆进行测试，发现问题及时处理，对于电缆沟内非生产单位的电缆也应纳入生产管理，并按规程进行预防性试验；三要保持电缆沟、隧道内干燥、清洁，避免电缆泡在水中，致使绝缘强度下降；四要加强电缆的清扫，尤其是在锅炉房、燃煤储运车间等场所的架空电缆更要定期进行清扫，防止积粉自燃而引燃电缆；五要加强电缆运行管理和监视，控制电缆载流不要超额定数值运行，尤其是夏季特别要注意散热条件差的部位电缆的发热情况。

【案例1】　某发电厂某年发生电缆起火导致全厂停电事故，事故原因是该厂电缆自投产以来，始终处在无人维护、检查和试验状态，使缺陷逐渐发展到绝缘被击穿，短路电弧将周围电缆引燃造成的。在发生电缆着火导致全厂停电后，该发电厂加装了电缆中间接头温度在线监测和感烟报警系统，结果在运行中发现了2次中间接头温度超温报警，经检查发现电缆中间接头处绝缘已开始劣化，因此对电缆中间接头进行重新制作，避免了因电缆接头爆破事故的再次发生。

【案例2】 2018年11月，新疆某发电厂电缆竖井内电缆起火，造成1号、2号机组锅炉MFT保护相继动作，联跳汽轮机、发电机。厂用6kV工作段快切至高压备用变压器供电成功，后因控制电缆烧损，高压备用变压器开关跳闸出口触点接通，高压备用变压器开关跳闸。由于柴油发电机控制及通信电缆烧损，柴油发电机未自动联启，就地启动柴油发电机，因柴油发电机出口开关跳闸继电器烧损，合闸失败，导致厂用电（交流）失去。经查，由于地震因素造成电缆竖井在5m处的水平分支桥架穿墙处的三层电缆桥架受损脱裂严重，挤压在一起，动力电缆发热，或地震因素使电缆竖井中有接头对接的动力电缆拉伸导致接头接触不良发热，0～5m的竖井电缆密集度高，空间狭小，热量不能及时散发，动力电缆与控制电缆混排，引起电缆竖井内控制电缆着火或者煤粉燃烧。电缆竖井未封堵，形成烟囱效应，将整个电缆竖井烧损。

条文2.2.15 靠近高温管道、阀门等热体的电缆应有隔热措施，靠近充油设备的电缆沟，应设有防火延燃措施，盖板应封堵。

条文2.2.16 发电厂主厂房内架空电缆与热体管路平行时应保持足够的距离，控制电缆不小于0.5m，动力电缆不小于1m。控制电缆、动力电缆与热力管道交叉时，两者距离分别不应小于0.25m及0.5m。当不能满足要求时，应采取有效的防火隔热措施。

条文2.2.17 电缆通道临近易燃或腐蚀性介质的存储容器、输送管道时，应加强监视或采取安全隔离措施，防止易燃或腐蚀性介质渗漏进入电缆通道，损害电缆或导致火灾。

《电力设备典型消防规程》（DL 5027—2015）中10.5.3规定，靠近充油设备的电缆沟，应设有防火延燃措施，盖板应封堵。

《火力发电厂与变电站设计防火规范》（GB 50229—2019）中6.8.13规定，发电厂主厂房内架空电缆与热体管路平行时应保持足够的距离，控制电缆不小于0.5m，动力电缆不小于1m。控制电缆、动力电缆与热力管道交叉时，两者距离分别不应小于0.25m及0.5m。当不能满足要求时，应采取有效的防火隔热措施。

若电力电缆过于靠近高温热体又缺乏有效隔热措施，将加速电缆绝缘的老化，容易发生电缆绝缘击穿，造成电缆短路着火。高温管道泄漏、油系统着火及油泄漏到高温管路起火等也将会引起附近电缆着火。因此，要求架空电缆与热体管路要保持一定距离，不得在密集敷设电缆的电缆夹层和电缆沟内布置热力管道、油气管以及其他可能引起着火的管道和设备。

【案例】 某电厂高位油箱发生喷油起火，火焰随油流入电缆隧道，引燃电缆，而电缆火势迅速延燃扩大，直到把2台100MW机组的电缆夹层、热控室、继保室、集控室等全部烧毁。

条文 2.2.18 3～66kV 中性点不接地系统发生单相接地故障时，一次设备应能快速响应，防止电缆着火、事故扩大。变电站 3～66kV 各段母线，因地制宜配置主动干预型消弧装置。

《交流电气装置的过电压保护和绝缘配合设计规范》（GB/T 50064—2014）中 3.1.3 规定，35kV、66kV 系统和不直接连接发电机的架空线路 1～20kV 系统，当单相接地故障电容电流不大于 10A 时，采用中性点不接地方式；当大于 10A 时又需要接地故障条件下运行时，应采用中性点谐振接地方式。不直接连接发电机，由电缆构成的 6～20kV 系统，当单相接地故障的电容电流不大于 10A 时，可采用中性点不接地方式；当大于 10A 时又需要接地故障条件下运行时，应采用中性点谐振接地方式。主动干预型消弧装置安装在变电站母线上，当线路发生单相接地故障时通过装置分相开关主动将故障相接地，把线路上的故障电流转移至装置侧，能够快速有效地熄灭故障点电弧。

条文 2.2.19 重要的电缆通道如控制电缆安装密集的电缆夹层、电缆竖井、电缆桥架、电缆沟区域内应安装火灾探测报警装置，并定期检测。新建场站和重要负荷的交流电源回路，在发生绝缘损坏时，接地故障产生的接地电弧，可能引起火灾危险时宜设置剩余电流监测电器。

《火力发电厂与变电站设计防火规范》（GB 50229—2019）、《电力工程电缆设计标准》（GB 50217—2018）要求在控制电缆安装密集区域敷设感温光缆、感温电缆等缆式感温报警系统。

近年电力行业发生较多 380V 动力电缆起火导致控制电缆烧毁造成的事故事件，电气火灾多由动力电缆高阻接地导致，其故障电流小、不易发现、持续燃弧产生高温。剩余电流监测装置已在民用及工业供配电系统电气火灾监测中广泛应用。《低压配电设计规范》（GB 50054—2011）中 6.4.1 规定，配电线路绝缘损坏时，可能出现接地故障，接地故障产生的接地电弧，可能引起火灾危险时宜设置剩余电流监测电器。

采用剩余电流监测低压动力电缆高阻接地故障已在南方电网公司和国家电网有限公司部分变电站开展试点应用，作为推广性技术，可以在新建场站和重要负荷选配。

条文 2.3 防止汽机油系统着火事故

条文 2.3.1 油系统应尽量避免使用法兰连接，禁止使用铸铁阀门。

对于采用法兰和锁母连接的油系统，锁母接头须具有防松装置，采用软金属垫圈，如紫铜垫等。对小直径压力油管、表管要采取防振、防磨措施，加大薄弱部位（与箱体连接部位）的强度（如局部改用厚壁管），以防止振动疲劳或磨损断裂引起高压油喷出着火。

【案例1】 2010年2月，某电厂1号汽轮机磁力断路油门管道与母管连接处螺母断开后，泄漏的润滑油遇下方高温管道引起火灾，电厂立即紧急停车迅速救火，值班人员用灭火器已经压不住火势，并且火迅速向油箱蔓延，遂报警后由消防队将火灾扑灭，致使汽轮机机头部分外壳过火严重，主厂房及内部设施受损。

【案例2】 1981年5月，某电厂3号汽轮机机头前箱下部一根32mm的压力油管，在密封接头处爆破，泄漏的压力油经过电缆孔洞喷到二级旁路汽门上着火，此火又把二级旁路汽门周围的电缆引燃，因此火势迅速扩大，现场灭火器材无法扑灭，以致酿成一场损失严重的火灾事故。

条文2.3.2 油系统法兰禁止使用塑料垫、橡皮垫（含耐油橡皮垫）和石棉纸垫，应按磷酸酯抗燃油及矿物油对密封材料的相容性要求进行选择。

《电力设备典型消防规程》（DL 5027—2015）中6.5.3规定：汽轮机油系统管道的法兰垫，禁止使用橡胶垫、塑料垫或其他不耐油、不耐高温的垫料。

油系统法兰禁止使用塑料垫、橡皮垫（含耐油橡皮垫）和石棉纸垫，以防止老化滋垫，或附近着火时塑料垫、橡皮垫迅速熔化失效，大量漏油。油系统法兰的垫料，要求采用厚度小于1.5mm的隔电纸、青壳纸或其他耐油、耐热垫料，以减少结合面缝隙。

汽轮机油系统应按《电厂用磷酸酯抗燃油运行维护导则》（DL/T 571—2014）附录中磷酸酯抗燃油及矿物油对密封材料的相容性表进行选择。

【案例】 1993年9月，某发电厂发生5号200MW汽轮机组漏氢着火事故。事故原因为机组大修时，错误地将密封油冷油器滤网端盖的石棉垫更换为胶皮垫，机组投入运行后，胶皮垫在压力、温度和腐蚀介质的作用下损坏，致使密封油系统发生泄漏，密封油压下降，虽然直流油泵联启也不能满足发电机氢压的要求，导致氢气从发电机端盖外漏，被励磁机自冷风扇吸进滑环处，引起氢气着火。

条文2.3.3 油管道法兰、阀门及可能漏油部位附近不准有明火，必须明火作业时要采取有效措施，附近的热力管道或其他热体的保温应紧固完整，并包好铁皮。

在油系统管道、法兰、阀门和可能漏油部位的附近，必须进行明火作业时，一定要严格执行动火工作票制度，并做好有效的防火措施，准备充足的灭火设备后方可开工，以防止泄漏的油遇明火着火，或漏出的油蒸发的蒸气与空气混合后遇明火发生燃烧、爆炸。

【案例】 2013年11月，山东某中石化输油管道与排水暗渠交汇处管道腐蚀变薄破裂，原油泄漏流入排水暗渠，挥发的油气与暗渠当中的空气混合形成易燃易爆的气体，在相对封闭的空间内集聚，现场处置人员使用不防爆的液压破碎锤，在暗渠盖板上进行钻孔粉碎，产生撞击火花，引爆暗渠的油气，燃爆事故造成62人遇

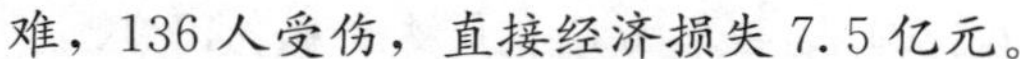

难，136 人受伤，直接经济损失 7.5 亿元。

条文 2.3.4 禁止在有介质的油管道上进行切割、焊接工作。在无介质的油管上进行切割、焊接时，必须事先将管子冲洗、吹扫干净，办理一级动火工作票，并对可燃气体检测合格后，方可进行动火作业。

禁止在油管道上进行焊接工作是指禁止在运行或停备状态的油管道上进行焊接工作。若必须在油管道上进行焊接工作，焊接作业前，必须将需要焊接作业的油管道与运行或停备状态的油系统断开（如拆下焊接油管道或加堵板），然后对该段油管道进行冲洗，确保其内部无油、无油气，以防止焊接作业时油气爆燃。

【案例】 2001 年 3 月，某发电公司进行新油量计的安装工作时，因重油管道中油气爆燃起火，造成 5 人死亡的重大人身死亡事故。事故发生的主要原因是油管道还在冲洗的情况下，工作负责人在办理工作票许可手续的同时派工人气割法兰螺栓。

条文 2.3.5 油管道法兰、阀门及轴承、调速系统等应保持严密不漏油，如有漏油应及时消除，严禁漏油渗透至下部蒸汽管、阀保温层。对油管道上的焊口、弯头及接头部位，结合机组检修进行无损检测抽检，发现问题进行更换处理并扩大抽检范围。

汽轮机油系统由于受设备制造质量、安装工艺和运行维护等因素的影响，可能发生泄漏的点比较多。因此，要求在汽轮机油系统检修时，必须保证检修质量，法兰、阀门和接头的结合面必须认真刮研，做到结合面接触良好，确保不漏、不渗。在轴承箱外油挡检修时，应注意检查其下部回油孔，以防止因回油孔堵塞而造成运行中漏油。主机各瓦及密封瓦如果漏油，则应加装回收油的装置，并保证回油管畅通。运行人员应认真巡视、检查设备，对于容易引起火灾的各危险点要重点巡视和检查，如发现问题应及时汇报并联系检修人员进行处理。

油系统除法兰、阀门及轴承、调速系统接头处漏油外，大量的典型漏油事件是油管道焊口焊缝裂纹或断裂，弯头部位壁厚变薄穿孔等原因，补充金属检查内容，可以及时发现油管道泄漏隐患。

条文 2.3.6 油管道法兰、阀门的周围及下方，如敷设有热力管道或其他热体，这些热体保温必须齐全，保温外面应包铁皮等金属外保护层。

本条文主要是防止外部热源对油管道法兰、阀门传热，防止燃油一旦泄漏引发燃油着火。

【案例】 2015 年 1 月，某热电厂因燃油管路的阀门泄漏，导致火灾发生，2 人死亡。3 号锅炉供油泵启动后，管道充压时供油一次阀的盘根和阀体结合处燃油泄漏，燃油滴落到下部 3 号锅炉检修孔附近后，被检修孔处的高温引燃，产生明火，火势迅速蔓延；发现火势后盲目采取错误方法灭火，因空间狭小，柴油火灾浓烟较大发生爆燃后逃生后退路线遇阻，导致未能及时逃离现场，人员被浓烟包围窒息。

条文 2.3.7　检修时如发现保温材料内有渗油时，应查明原因，消除漏油点，并更换保温材料。

要求在油管道阀门、法兰及可能漏油部位的周围及下方的热力管道或其他热体必须做到保温层坚固完整，外包铁皮或铝皮，保温层表面温度不应超过50℃，以防止因油系统漏出的油滴溅在其上面而着火。

【案例】 1989年11月，某电厂发生7号机组调速汽门起火造成机组停运事故。事故原因是由于调速汽门回油碟没有防护罩，飞扬的树绒、昆虫和粉尘飞落到油碟内，造成油碟回油堵塞，使油碟回油溢出到热力管道的保温层上而引起着火，而又由于保温层内部已有渗油着火，无法扑灭，最后被迫打闸停机。

条文 2.3.8　事故排油阀应设两个串联钢质截止阀，其操作手轮应设在距油箱5m以外的地方，便于操作和撤离，有两个以上通道且能保证漏油着火时人员可以到达，操作手轮不允许加锁或摘除手轮，应挂有明显的“禁止操作”标志牌。

条文 2.3.9　油管道要保证机组在各种运行工况下自由膨胀，应定期检查和维修油管道支吊架。定期检查油管道有无碰摩，发生碰摩应及时设法消除；油管道穿过楼板、孔洞等构筑物时，留在孔洞内管道不得有法兰、焊口，且应设有橡胶套管等防碰摩措施。

【案例】 1993年6月，广州某啤酒集团公司热电厂1号机（抽汽冷凝式机组）带一定负荷后，在投抽汽时，由于操作不当，引起油系统摆动，负荷摆动，调速汽门摆动，油管道有冲击，一次油油管道法兰接头垫片泄漏，大量一次油喷出，溅到热力管道上，产生明火燃烧，立刻打闸停机。事故原因：一是一次油管道连接对口法兰8个螺栓孔，只上了4个螺栓，油管道对口法兰紧力不够，引起法兰接头垫片泄漏；二是油管道法兰接头垫片是橡胶垫片，由于主机透平油对橡胶垫片腐蚀迅速融化及老化作用使垫片失效。

条文 2.3.10　机组油系统的设备及管道损坏发生漏油，除轻微渗油可以及时处理外，凡不能与系统隔绝处理且无法现场消除漏油的，或热力管道保温已渗入油且无法妥善处置的，应立即停机处理。

【案例】 1990年6月，某第二发电厂发生1号200MW机组轴瓦甩油起火，造成机组停运事故。由于机组运行中密封油箱排油电磁阀在开位突然故障、调整失灵，密封油箱油位急剧下降，而运行人员又未及时发现，导致密封油箱油位过低，氢气沿排油管进入回油管产生气塞，从而造成机组轴承回油不畅，使6～9号轴承突然甩油着火，机组被迫停运。

条文 2.4　防止燃油罐区及锅炉油系统着火事故

条文 2.4.1　油系统应使用铜制工具或专用防爆工具操作，禁止在油管道上进

行焊接、捻缝工作。

使用铜制工具的目的在于防止操作中产生静电火花。燃油罐区和燃油管道的密闭空间有混燃油气聚集的风险，混燃油气遇到火花（静电火花）、电弧或危险高温就会被点燃，甚至会形成燃烧或爆炸。“铜制工具”其实是防爆工具的一种俗称，它专业的名称应该是铝铜合金和铍铜合金。防爆工具作为手工具，它需要同时兼备防爆和工具性能两个方面。铜制工具可以有效地防止工作时产生火花，适用于所有的易燃易爆场所。

条文 2.4.2　储油罐或油箱的加热温度必须根据燃油种类严格控制在允许的范围内，加热燃油的蒸汽温度，应低于油品的自燃点。

卸油加温时，原油应不超过 45℃，重油应不超过 80℃。

油泵房室内漏出的油蒸发的蒸气与空气混合达到一定的浓度时就会着火，甚至爆炸，因此，当装卸和使用燃油时，需要用蒸气对燃油进行加温，但对燃油的加热温度一定要严格控制。一方面油温越高越易蒸发出油气，另一方面燃油温度达到自燃点后没有点火源也会自燃。因此，要求严格储油罐或油箱的加热温度，加热燃油的蒸气温度应低于油品的自燃点。卸油加温时，原油应不超过 45℃，重油应不超过 80℃。

条文 2.4.3　油区、输卸油管道应有可靠的防静电安全接地装置，油区应设置可靠的防雷接地装置，并定期测试接地电阻值。

【案例】 1989 年 8 月，中国石油总公司某油库发生特大火灾爆炸事故，大火燃烧了 104h 才完全扑灭，烧掉原油 36000t，烧毁油罐 5 座，死亡 19 人（其中包括 10 余名消防队员），直接经济损失 3540 万元。经事故调查确认此次特大火灾爆炸事故的直接原因是非金属油罐（半地下混凝土油罐）本身存在缺陷，遭受对地雷击，产生的感应火花引燃罐内的油气所致。

条文 2.4.4　油区、油库必须有严格的消防管理制度。在相关设施、设备上，设置明显的消防安全警示标志。在油区内进行明火作业时，必须办理一级动火工作票，并应有可靠的安全措施。

在防止在油区内产生火源方面，一是对燃油罐区划定明确的禁火区，设置禁火标志，严禁明火。二是要采取防止产生火花或电火花的措施，如禁止穿带铁钉的鞋进入油区，在油区作业要使用防爆工具等，禁火区内使用电气设备要采用防爆电气设备。三是按《电力设备典型消防规程》（DL 5027—2015）中 5.1 动火级别和 5.3 动火安全组织措施条款进行修编。

油区动火作业时，要注意以下几点：

（1）要办理一级动火工作票。

（2）动火作业时，要严格遵守《电力设备典型消防规程》（DL 5017）的有关规定，油库值班员应核对工作票、安全措施的落实、防火措施的落实情况；油区动火时，消防人员和安监人员必须始终在现场监护，现场必须配备必要、足够、合格的消防设施。

（3）动火检修时，动火监护人应联系油库值班员每两小时对现场进行可燃气体浓度测量。

【案例】 2001年3月，某发电厂在油码头进行油量计的安装工作中，在重油管道正在吹扫的情况下，作业人员违章采用气割工具切割重油管道法兰螺栓，造成管道内油气爆燃，发生了5人死亡的重大事故，这是一起严重的违章操作造成的重大事故。

条文 2.4.5　油区内易着火的临时建筑要拆除，禁止存放易燃物品和堆放杂物，无杂草。

按《电力设备典型消防规程》（DL 5027—2015）中8.3.5对油区环境有关要求进行修编。

条文 2.4.6　燃油罐区及锅炉油系统的防火还应遵守 2.3.4、2.3.6、2.3.7 的规定。

条文 2.4.7　燃油系统的软管和垫片，应定期检查、更换。

主要是防止由于软管和垫片老化造成燃油泄漏。

【案例】 某热电厂因燃油管路的阀门泄漏，导致火灾，因盲目施救导致发生2死、1伤：2015年1月，某厂3号锅炉西侧日用储油箱下层平台附近有明火，值班员急忙跑回主控室，向值长汇报。值长带领主值班员李××、副值班员王××赶到现场，看到西侧炉壁在着火，就开启消防栓进行灭火。正在0m处打扫卫生的实习学员文××、肖××、徐××三人发现火情后也赶到着火部位附近帮助灭火。此时火势渐大，烟雾弥漫视线不清，无法扑灭。在19时30分，现场火情扑灭，在8m平台西北角发现值长遗体，实习学员文××经诊断送医院前已经死亡，实习学员肖××经诊断为小腿骨折。事故原因：一是供油泵启动后，管道充压时供油一次阀的盘根和阀体结合处燃油泄漏，燃油滴落到下部3号锅炉检修孔附近后，被检修孔处的高温引燃，产生明火，火势迅速蔓延；二是值长和实习学员在发现火势后盲目投入灭火，因空间狭小，柴油火灾浓烟较大发生爆燃后逃生后退路线遇阻，导致未能及时逃离现场；三是采取错误方法灭火，导致火势蔓延。该次火灾为泄漏的柴油及油箱内的柴油燃烧，现场第一时间采用消火栓的水枪喷水灭火，导致现场火势迅速扩大，人员被浓烟包围窒息。

条文 2.4.8　油库、油罐降温装置要进行定期维护和试运，保持完整备用。

【案例】 1991年8月，某电厂发生6号炉燃油系统火灾事故。该电厂6号炉在投油助燃时，由于连接10号喷燃器油枪的胶皮管老化、漏油后起火，将9号、

11号、12号喷燃器的供油及拌气管烧断，导致大量轻柴油（78℃闪点）从4根喷燃器供油管中喷出，将两面热工控制柜烧毁、部分电缆烧断以及其他一些附属设备烧损。由于原电缆通往电缆夹层的孔洞已封堵，火灾发现及时，扑灭得快，才没有使火势蔓延。

条文 2.5 防止制粉系统爆炸事故

条文 2.5.1 不得用压力水管直接浇着火的煤粉，以防煤粉飞扬引起爆炸，不准在运行中的制粉设备上进行焊接工作。

煤粉在密封的制粉设备中输送，特点是颗粒小、干燥、易燃，具有一定的流动性，由于在运行中泄漏以及在检修时散落，在制粉设备附近及空间一般都有一些煤粉积存。焊接、切割、磨削等作业产生的火花能点燃10m甚至更远的易燃材料，如在制粉设备上进行焊接作业，极易引起周围煤粉和制粉系统的着火、爆炸事故。

用压力水管直接浇着火的煤粉会使煤粉飞扬，空气中煤粉浓度达到《爆炸危险环境电力装置设计规范》（GB 50058—2014）中附录E规定的数值时，遇明火极易发生爆炸事故。粉尘浓度较大、积粉较多的场所发生着火，应采用雾状水灭火。严禁使用消防水、工业水、冲洗水或灭火器直接对准着火点喷射灭火。可燃性粉尘特性举例见表2-1。

表 2-1 可燃性粉尘特性举例

粉尘种类	粉尘名称	高温表面堆积粉尘层（5mm）的引燃温度（℃）	粉尘云的引燃温度（℃）	爆炸下限浓度（g/m^3）	粉尘平均粒径（μm）	危险性质
燃料	泥煤粉（堆积）	260	450	—	60～90	导
	褐煤粉（生褐煤）	260	450	49～68	2～3	非
	褐煤粉	230	185	—	3～7	导
	有烟煤粉	235	595	41～57	5～11	导
	瓦斯煤粉	225	580	35～48	5～10	导
	焦炭用煤粉	280	610	33～45	5～10	导
	贫煤粉	285	680	34～45	5～7	导
	无烟煤粉	＞430	＞600	—	100～130	导
	木炭粉（硬质）	340	595	39～52	1～2	导
	泥煤焦炭粉	360	615	40～54	1～2	导
	褐煤焦炭粉	235	—	—	4～5	导
	煤焦炭粉	430	＞750	37～50	4～5	导

注 1. 危险性质栏中，“导”表示导电性粉尘，“非”表示非导电性粉尘。
2. 本表摘自GB 50058—2014中附录E燃料部分。

条文 2.5.2　及时消除漏粉点，清除漏出的煤粉。清理煤粉时，应杜绝明火。

加强煤粉管道巡查，发现漏粉情况，立即联系运行人员停止磨煤机运行，同时办理检修手续，迅速组织检修人员抢修消缺。粉管补焊要采用挖补工艺，避免采用贴补焊接方式。若无法及时停止磨煤机运行，应采取临时封堵措施消除或减少漏粉。消缺完毕，要立即打扫、清理散落在设备和保温上的煤粉，防止积粉自燃。及时消除漏粉点，清除漏出的煤粉是防止制粉系统发生火灾的重要措施。

【案例 1】 2012 年，某厂 3 号炉 3 号角一次风管发生着火事件。事件的主要原因是一次风管长时间运行导致风管磨穿，加之燃烧器平台采用钢板搭建，没有采用格栅板，使得漏粉积存在燃烧器周围，导致自燃。

【案例 2】 2018 年，某电厂电缆竖井内电缆起火，造成机组跳闸。事件主要原因是电缆竖井防火措施不到位（动力与控制电缆混排、竖井未封堵；动力电缆存在对接且接头不牢固等），同时电缆竖井内积粉清理不及时，存在煤粉积存情况。

条文 2.5.3　严格控制磨煤机出口温度和煤粉仓温度，其温度不得超过煤种要求的规定。磨制混合品种燃料时，出口温度应按其中最易爆的煤种确定。

运行中应严格控制磨煤机出口温度和煤粉仓温度不超过《火力发电厂与变电站设计防火规范》（GB 50229—2019）中表 6.2.8 规定的数值（见表 2-2），即严格控制磨煤机出口温度，$V_{ad}<15\%$的情况下，运行时磨煤机出口温度应控制在 80～90℃，最高不得超过 100℃。$V_{ad}>15\%$时，制粉系统启、停操作必须按高挥发分煤执行，运行时控制磨煤机出口温度在 60～70℃，最高不得超过 75℃；$V_{ad}>20\%$时，运行时控制磨煤机出口温度最高不得超过 70℃。给煤机出现断煤现象时，要及时倒换风源，将磨煤机出口温度控制在规定范围内。

表 2-2　　磨煤机出口的气粉混合物温度（℃）

<table>
<tr><th rowspan="2">类别</th><th colspan="2">空气干燥</th><th colspan="2">烟气空气混合干燥</th></tr>
<tr><th>煤种</th><th>温度</th><th>煤种</th><th>温度</th></tr>
<tr><td rowspan="3">风扇磨煤机直吹式系统
（分离器后）</td><td>贫煤</td><td>150</td><td colspan="2" rowspan="3">180</td></tr>
<tr><td>烟煤</td><td>130</td></tr>
<tr><td>褐煤、页岩</td><td>100</td></tr>
<tr><td rowspan="3">钢球磨煤机储仓式系统
（磨煤机后）</td><td>无烟煤</td><td>不受限制</td><td>褐煤</td><td>90</td></tr>
<tr><td>贫煤</td><td>130</td><td rowspan="2">烟煤</td><td rowspan="2">120</td></tr>
<tr><td>烟煤、褐煤</td><td>70</td></tr>
<tr><td rowspan="3">双进双出钢球磨煤机直吹式系统
（分离器后）</td><td>烟煤</td><td>70～75</td><td colspan="2" rowspan="3"></td></tr>
<tr><td>褐煤</td><td>70</td></tr>
<tr><td>$V_{daf}\leqslant 15\%$的煤</td><td>100</td></tr>
<tr><td>中速磨煤机直吹式系统
（分离器后）</td><td colspan="4">当 $V_{daf}<40\%$时，$t_{M2}=[(82-V_{daf})5/3\pm5]$；
当 $V_{daf}\geqslant 40\%$时，$t_{M2}<70$</td></tr>
</table>

续表

类别	空气干燥		烟气空气混合干燥	
	煤种	温度	煤种	温度
RP、HP中速磨煤机直吹式系统（分离器后）	高热值烟煤<82，低热值烟煤<77，次烟煤、褐煤<66			

注 本表摘自GB 50229—2019中表6.2.8。

磨制混合品种燃料时，温度上限应按照最易爆的煤种确定。采用热风送粉时，对干燥无灰基挥发分15%及以上的烟煤及贫煤，热风温度的确定应使燃烧器前的气粉混合物的温度不超过160℃；对无烟煤和干燥无灰基挥发分15%以下的烟煤及贫煤，其热风温度可不受限制。

对挥发分高和自燃倾向性高的烟煤和褐煤，采用中速磨煤机或双进双出钢球磨煤机直吹式制粉系统时，宜设置一氧化碳监测装置和磨煤机（分离器）后介质温度变化梯度测量装置。如果一氧化碳值和温度变化梯度同时超过规定值时，说明有爆炸的危险，此时要切断制粉系统，并投入灭火或惰化系统。

仓储式锅炉制粉系统，在停炉检修前，煤粉仓内煤粉必须用尽。直吹式锅炉制粉系统，在停炉或磨煤机切换备用时，应先将该系统煤粉烧尽或清除干净。不得将清仓的煤粉排入未运行（包括热备用）的锅炉内。

煤粉仓应装有温度测点，测点的数量和安装位置应能反映煤粉仓煤粉温度的真实情况。大型机组煤粉仓宜在不同高度上分别布置测点。为能及时发现煤粉仓温度升高，可考虑加装温度报警装置。

【案例1】 2010年7月，某电厂发生一起4号炉C2、B4、A4燃烧器烧损事件。事件的主要原因是擅自变更上煤方式后未及时告知集控值班负责人，再加上配煤掺烧存在严重不均匀现象，造成运行人员执行燃用高挥发煤的反事故措施力度不够，最终造成部分一次风管烧损。

【案例2】 2011年8月，某电厂发生3号炉D制粉系统爆炸事件。事件的主要原因是值班人员对制粉系统运行参数监视与运行调整操作不及时、不到位，在3号炉D给煤机断煤、原煤仓出现空仓情况下，未立即严格执行防止制粉系统自燃和爆炸的运行反事故措施，及时调整磨煤机冷、热风门，因磨煤机热风温度偏高导致制粉系统发生火灾爆炸。

【案例3】 2014年2月，某电厂1号炉乙侧煤粉仓发生爆燃事故，造成1人严重烧伤，抢救无效死亡。事故的主要原因是锅炉大比例掺烧褐煤，停炉过程中虽将煤粉仓粉位降至“零”位以下，但由于粉仓构造原因，煤粉仓内部仍有部分煤粉存留，且没有对煤粉仓实施人工清粉或者采取向煤粉仓注入惰性气体等措施。在接下来的锅炉启动过程中以及机组并列后带初负荷期间，由于磨煤机给煤量较低，造成煤粉粒度较低，同时，由于在锅炉启动过程中对磨煤机采取的是热风干燥，使得煤粉中氧含量偏高，且高于19%。电厂每个煤粉仓内有3个温度监视测点，由于测点较少且受布置位置限制，存在监视盲区，造成运行人员未能及时发现险情，进而作出相应及时准确的调整措施。

条文2.5.4　防爆门动作时喷出的气流，不应危及附近的电缆、油气管道和有人通行的部位。

制粉系统防爆门动作时会有大量燃烧的煤粉从防爆门喷出，遇到可燃物会引起燃烧。防爆门朝向人行道、油气管道、操作台或电缆层等设备，一旦防爆门动作，就有可能引发人身烧伤和设备事故，因此应采取有效的隔离措施，例如加遮栏铁板、电缆层加装防火墙等。防爆门动作后应立即检查及清除周围的火苗和积粉。

防爆门引出管爆炸喷出物的周围不应有可燃材料；防爆门上方应注意避开电缆；煤粉仓防爆门的引出管应引至室外；位于制粉系统、炉膛及烟道处防爆门排出口之上的锅炉及制粉系统检修平台应采用花纹钢板制作；为防止防爆门爆破时排出物伤人或损坏设备，设计时还要保证足够的安全距离。

条文2.5.5　制粉系统的设备保温材料、管道保温材料及在煤仓间穿过的汽、水、油管道保温材料均应采用不燃烧材料。

为防止制粉系统积粉着火引燃保温材料，造成火势大范围蔓延，制粉系统设备、管道的保温材料，以及在煤仓间内穿过容易积粉的汽、水、油管道的保温材料均应采用不燃烧材料。保温材料的技术要求应符合《火力发电厂绝热材料》（DL/T 776）的相关要求。

条文2.5.6　制粉系统动火作业，应测定粉尘浓度合格，并执行动火工作制度。

制粉系统动火作业，应先清理积粉并采取可靠的隔离措施。当空气中煤粉浓度达到《爆炸危险环境电力装置设计规范》（GB 50058—2014）中附录E规定的数值时，遇明火极易发生爆炸事故，因此动火作业前要先测定作业区域煤粉浓度合格，并办理动火工作票，履行审批手续，执行工作许可、监护、间断和终结等措施，这是保证动火安全的重要组织措施，避免由于动火作业引发火灾事故，公安消防部门也有相关的要求。

条文2.6　防止氢气系统爆炸事故

氢气是一种无色、无味、渗透性强、扩散快的易燃易爆气体（爆炸极限为4.0%～75%），发电机采用氢气作为冷却介质。本节针对氢气的易燃易爆的特点，防止氢气系统爆炸事故，从置换注意事项、管道冻结处理、氢气纯度、动火管理等方面进行了规定。着重强调氢站按严重危害场所进行管理。

条文2.6.1　当发电机为氢气冷却运行时，置换空气的管路必须隔绝，并加严密的堵板。制氢和供氢的管道、阀门或其他设备发生冻结时，应用蒸汽或热水解冻，禁止用火烤。

为防止因阀门不严密发生漏氢气或漏空气而引起爆炸，当发电机为氢气冷却运行时，置换空气的管路必须隔断，并加严密的堵板，阀门应加锁。

氢气冷却系统投入前，应先用惰性气体置换空气，再用氢气置换惰性气体。氢气冷却系统停运后，应先排空发电机内氢气，然后用惰性气体置换氢气，再用空气置换惰性气体。防止空气与氢气形成爆炸性混合物。

制氢和供氢的管道、阀门或其他设备发生冻结时，为防止氢气泄漏遇明火引起燃烧爆炸，禁止使用明火烘烤，也不能使用锤子等工具敲击，防止敲击产生的火星引起燃爆。

【案例 1】 上海某厂氢气管道积水，在气水分离器处向房间内直接排水，操作人员违章离开现场，致使氢气排入房间内，当操作人员开灯时发生爆炸，塌房 2 间、烧伤 2 人；另一工厂，在排放氢气管道积水时，用胶管接至室外，因胶管脱落，氢气泄漏到房间内，形成了爆炸混合气，在操作人员下班关灯时，发生爆炸，炸坏房屋，造成 2 人轻伤。

【案例 2】 1984 年 6 月，某热电厂发生氢气爆炸事故，造成 2 人死亡、1 人受伤。1984 年 6 月 25 日，某厂 5 号机组因主油泵推力瓦磨损被迫停机检修。因需要明火作业，发电机排氢。6 月 27 日，在检修人员对 5 号发电机内部接线套管是否流胶进行检查，并清擦发电机内部渗油时，感觉在发电机内发闷，因未找到轴流风机通风，改用家用台式电风扇通风。6 月 28 日，当检修人员将电风扇放入发电机人孔门内并开停几次寻找合适位置时，发生氢气爆炸。事故原因是由于在发电机检修时，制氢站到发电机内部的氢管道未采取彻底的隔离措施，而该管道两道阀门又不严密，使发电机内氢气达到爆炸浓度，而检修工作中使用的家用电风扇按键在启停，特别是换挡时产生电火花，造成发电机内氢气爆炸。

条文 2.6.2 氢冷系统中氢气纯度须不低于 96%，含氧量不应大于 1.2%；制氢设备中，气体含氢量不应低于 99.5%，含氧量不应超过 0.5%。如不能达到标准，应立即进行处理，直到合格为止。

依据《火力发电厂氢气系统安全运行技术导则》（DL/T 1928—2018）、《氢冷发电机供氢系统防爆安全验收导则》（NB/T 25073—2017）、《汽轮发电机运行导则》（DL/T 1164—2012）、《电业安全工作规程　第 1 部分：热力和机械》（GB 26164.1—2010）相关规定，为防止由于在线监测装置存在问题使监测数据失准，应定期对氢冷系统中的氢气取样化验，对比校正。

在氢冷系统和制氢设备运行时，应在线监测发电机氢冷系统和制氢设备中的氢气纯度和含氧量，氢纯度和含氧量必须符合以下标准：氢冷系统中氢气纯度须不低于 96%，含氧量不应超过 1.2%；制氢设备中，气体含氢量不应低于 99.5%，含氧量不应超过 0.5%。如不能达到上述标准，应立即处理，直到合格为止。

条文 2.6.3 在氢站或氢气系统附近进行明火作业或做能产生火花的工作时，应测定工作区域内氢气含量合格，执行动火工作制度，并应办理一级动火工作票。作业时必须使用不产生火花的工具。

撞击、摩擦、不同电位放电（雷电、感应电）、明火、热气流（高温烟气）等都可点燃氢气空气混合物，因此，在氢站或氢气系统附近作业时必须使用铜质或铍铜合金等不产生火花的工器具，作业前，作业人员应释放静电并穿防静电服。

氢站或氢气系统设备要进行明火作业，或进行可能产生火花的作业时，应尽可能将需要修理的部件移到厂房外安全地点进行。如必须在现场动火作业，应办理一级动火工作票，动火前应使用两台以上测爆仪进行现场监测，保证系统内部和动火区域的氢气体积分数最高含量不超过0.4%，并经批准后方可作业。

【案例1】 2009年，山西某电厂停机检修发电机定子接地故障过程中，发电机膛内发生残余氢气爆炸，造成4名工作人员死亡，1人重伤。

【案例2】 苏南某电厂由于氢冷器的加水管与凝汽器出水管接在一起，氢气漏到凝汽器出水管，因检修人员用明火进行凝汽器铜管找漏引起爆炸，作业人员从脚手架上坠落死亡。

【案例3】 2013年，河南某电厂2号机组检修过程中，施工人员在未履行工作票手续的情况下，擅自拆除发电机人孔盖板，人孔盖板在发电机内部气体压力作用下冲开，击中施工人员，造成1人死亡。

【案例4】 2014年，山东某电厂5号机组检修作业中，作业人员更换发电机温度测点接线板时，受发电机内残留空气冲击，造成1人死亡。

条文 2.6.4 氢站应按严重危险级的场所管理，应设推车式灭火器。

《建筑灭火器配置设计规范》（GB 50140—2005）对于使用灭火器的场所火灾危险等级划分为三级，分别为严重危险级、中危险级、轻危险级。根据GB 50140—2005中附录C工业建筑灭火器配置场所的危险等级举例，氢站的火灾危险等级为严重危险级。

根据《火力发电厂与变电站设计防火规范》（GB 50229—2019）中表7.11.1建（构）筑物及设备火灾类别及危险等级，氢站的火灾类别为C类，火灾危险等级为严重危险级，严重危险级的场所应设推车式灭火器。

根据《建筑灭火器配置设计规范》（GB 50140—2005）中表6.2.2 B、C类火灾场所灭火器的最低配置基准，氢站单具灭火器最小配置灭火级别应不低于89B。

条文 2.6.5 密封油系统平衡阀、压差阀、安全阀及浮球阀必须保证动作灵活、可靠，密封瓦间隙必须调整合格。

条文 2.6.6 空、氢侧各种备用密封油泵应定期进行联动试验。

氢气跑出机壳的途径之一是轴封与密封瓦之间的间隙，因此氢气冷却发电机轴封必须严密，密封瓦一定不能断油。一般氢气冷却发电机，原规定低氢压力为0.003～0.005MPa，高氢压力为0.03～0.05MPa。为提高出力，现在许多发电机提高氢压运行，一般提高至0.08～0.2MPa，而密封油压都要高于相应的氢压（一般为0.05MPa）。运行中应注意油压不应过低或过高，过低时轴径周围的油层会产生断续现象，氢气会穿过中断处进入疏油管道，并在管内形成有爆炸危险的混合气体。

氢气冷却发电机密封油系统的压差阀、平衡阀、安全阀及浮球阀必须保证动作正确、灵活、可靠，以确保密封油压大于氢压，氢—油压差保持在规定的范围内。运行人员应严格监视密封油箱油位，防止由于油位过低导致密封油压下降而造成漏氢。

密封油泵应运行可靠，备用泵必须处于良好备用状态。主、备用密封油泵应轮换运行，并定期进行联动试验，以确保运行泵出现故障时备用泵能够顺利联启。主油箱上的排烟风机应保持经常运行，以防止主油箱内积存氢气发生爆炸。

【案例1】 1993年11月，某电厂发生6号机组氢气爆炸着火事故。6号机组运行时由于发电机氢气中含氧量大，需对空排污，而运行人员违章操作打开对室内排污门，且排污门开的较大，导致排污时大量氢气充满直流密封油泵开关箱和发电机、汽轮机盘车下部。又因氢气密封油压低，备用交流密封油泵没有联动成功，而联动直流密封油泵，在联动直流密封油泵时励磁开关打火，引起开关箱内氢气爆炸，进而引燃积存在附近的氢气，造成机组被迫停运。

【案例2】 2010年以来，某电厂8号发电机运行过程中氢压下降较快，补氢频繁。但发电机仍能运行，一直未引起重视（主要是未及时添加润滑油），也未及时停机检查或采取相应的有效措施。2010年9月4日，对该发电机检查发现轴承的轴颈处和轴瓦多处损伤，需冷补焊接修复。

【案例3】 2001年2月，江苏盐城市某化肥厂合成车间管道突然破裂，随即氢气大量泄漏。厂领导立即命令操作工关闭主阀、副阀，全厂紧急停车。大约5min后，正当有关人员紧张讨论如何处理事故时，合成车间突然发生爆炸，在面积千余平方米的爆炸中心区，合成车间近10m高的厂房被炸成一片废墟，当场死亡3人，2人因伤势过重抢救无效死亡，26人受伤。

条文2.6.7 室内氢气排放管的出口应高出屋顶2m以上。室外设备的氢气排放管应高于附近有人员作业的最高设备2m以上。氢气排放管应设置静电接地，并在避雷保护范围之内。氢管道应有防静电的接地措施，管道法兰、阀门等连接处，应采用金属线跨接。

禁止将氢气排放在建筑物内部是防止形成爆炸性气体混合物的重要措施之一。同时为防止氢气爆炸，氢气排放管应远离明火作业点并高出附近地面、设备以及距屋顶有一定的距离。室内氢气排放管出口应高出屋顶2m以上；在墙外的氢气排放管应超出地面4m以上，且应避开高压电气设备，周围设置遮栏及标示牌；室外设备的氢气排放管应高于附近有人员操作的最高设备2m以上。

氢气系统的厂房和贮氢罐等应有可靠的防雷设施。氢站的防雷分类不应低于第二类防雷建筑。其防雷设施应能防直击雷、防雷电感应和防雷电波侵入。防直击雷的防雷接闪器，应使被保护的氢站建筑物、构筑物、通风风帽、氢气排放管等突出屋面的物体均处于保护范围内。避雷针与自然通风口的水平距离不应少于1.5m，与强迫通风口的距离不应少于3m，与氢气排放管口的距离不应少于5m。避雷针的保护范围应高出氢气排放管口1m以上。

根据《爆炸危险环境电力装置设计规范》（GB 50058—2014）以及《氢气站设计规范》（GB 50177—2005）中1.0.3规定，氢气站、供氢站内有爆炸危险房间和氢气罐的爆炸危险等级为1区。为防止雷电感应、漏电流和静电积聚，有爆炸危险房间内的较大型金属物（如设备、管道、构架等）应有良好的接地措施。除必须用法兰与设备和其他部件相连接外，氢气管道管段应采用焊接连接。在正常环境无锈的情况下，管道接头、阀门、法兰盘等接触电阻一般均在0.03Ω以下。但若管道接头生锈，会使接触电阻增大。根据试验，螺栓连接的法兰盘之间如生锈腐蚀，在雷电流幅值相当低（10.7kA）的情况下，法兰盘间也能产生火花。氢站如不注意经常检查并测试管道接头等的过渡电阻，一旦接头处生锈，则十分危险。因此，规定氢站所有管道，包括暖气管及水管法兰盘、阀门接头等均应采用金属线跨接。每年进行一次防雷装置检测，确保接地电阻满足要求。

条文2.6.8　首次使用和检修、改造后的氢气系统应进行耐压、清洗（吹扫）和气密性试验，符合要求后方可投入使用。

为保证氢气系统清洁、无杂物，严密性和耐压强度符合要求，首次使用和检修、改造后的氢气系统应进行耐压、气密性试验，并使用氮气或压缩空气进行吹扫。经严密性试验后的管路，不得再进行切割或松动法兰螺栓等，否则应重新进行严密性试验。

条文2.7　防止输煤皮带着火事故

条文2.7.1　输煤皮带停止上煤期间，也应坚持巡视检查，发现积煤、积粉应及时清理。

【案例1】 2012年7月，华东某电厂运行人员发现输煤火灾报警系统指示报警，经查，为3号皮带机廊道区域停用的3B皮带机右侧边缘处起火，巡视人员即对冒烟处进行冲水，并报煤控监视人员，通知厂消防队至现场进行灭火，后发现廊道火势较大，报119请求支援。在灭火过程中，3号皮带24m长的钢结构廊道坠落。

【案例2】 2012年8月，某电厂值班人员发现燃料集控室程控系统计算机发出皮带“重跑偏信号”报警。经查，为停运备用的皮带拉紧装置前方3m左右处起火，形成长约2m、宽约0.4m的弧形火苗带。现场人员立即进行灭火，发现皮带尾部消防栓无水压，火势未得到明显控制。

【案例3】 2019年7月，河北某热电输煤系统皮带发生着火事件。本次事件造成2号、3号皮带损坏。班长发现T2转运站内冒烟，发现2号皮带至3号皮带落煤筒内往外冒烟并有火星，立即使用手提式干粉灭火器向落煤筒内喷射灭火，喷射6具干粉灭火器后发现无效，2号皮带着火，立即改用消防栓使用消防水枪灭火。输煤检修人员到达3号皮带时，发现3号皮带火势已从3号皮带尾部向机头方向蔓延至皮带中部。因机头方向温度较高，且烟较大，3号皮带烧损。

条文2.7.2 煤垛发生自燃现象时应及时扑灭，不得将带有火种的煤送入输煤皮带。

煤炭长期堆积会发生自燃，自燃的煤被送到输煤系统，会造成燃烧和爆炸事故。为了防止煤炭自燃，尽量减少煤与空气接触面积，并降低反应温度，这是煤堆场防灭火技术中最基本也是最重要的原则。目前通常采用的灭火方法主要有注水降温法、强行采出法、土岩堆堵法和隔离法等。

【案例】 1995年11月，某发电总厂发生5段输煤皮带着火事故。该厂燃用褐煤，挥发分较高，煤垛的煤发生自燃，致使在上煤过程中，煤中夹有火炭及火星，将积粉引燃，导致5段输煤皮带着火。值班人员又离岗吃饭，没有及时发现着火，使火势蔓延扩大。

条文2.7.3 燃用易自燃煤种的电厂必须采用阻燃输煤皮带。

阻燃输送带的带芯以整体纤维、多层帆布、100%聚酰胺纤维（尼龙）、弹簧钢丝等为带芯骨架，上下各覆以覆盖层或在覆盖层外贴上附加层，带两侧包以边胶，经塑化、硫化或其他阻燃处理制成阻燃输送带。阻燃输送带除应具备较优良的全厚度拉伸强度、全厚度拉断伸长率、黏合强度、覆盖层物理性能及指标外，还应具备优良的耐燃烧性能、导静电性能和抗滚筒摩擦性能。阻燃皮带的使用价值是使用阻燃皮带后，即使皮带起火，也能对火势进行有效控制，降低重大事故的发生。

条文2.7.4 应经常清扫输煤系统主辅助设备，重点是电源箱柜、电缆排架、电缆槽盒、电缆竖井、除尘器管路、落煤管、导煤槽内等各处的积粉。

输煤系统在运转过程中，运转速度很高，在皮带抖动中有煤粉扬起；煤料在皮带转换过程中落差较大，引起煤粉飞扬；原煤在经过碎煤机破碎时，密封不严，煤粉飞扬加剧。扬起、散落的煤粉，将会在空中荡扬之后，落在皮带间地面上、设备外壳上、皮带上、皮带支架上、电动机上、电缆上、门窗上等。这些煤粉如不及时清理，挥发分较高的原煤积存一段时间后容易产生自燃。实际工作中，电缆槽盒、电缆竖井、除尘器管路、导煤槽内死角处容易形成积粉，比较容易被忽略，应定期坚持清扫，消除火灾隐患。增加电源箱柜、落煤管作为清扫积粉重点。

【案例】 2012年2月，徐州某发电公司2×1000MW机组C9A/B上煤皮带发生火灾。根据现场勘察和输煤栈桥内监控录像取证，C9A皮带导料槽内部除尘器吸粉管内积粉自燃，自燃煤粉落到C9A皮带上，引起皮带着火，输煤运行当班人员未及时发现初期火情火险；4时31分17秒，特殊消防报警，输煤栈桥消防水幕喷淋系统和预作用水喷淋系统未联动投入。C9A皮带烧断后滑落至栈桥下部拉紧装置处堆积燃烧，引燃相邻的C9B皮带着火。

2.8 防止脱硫、湿式电除尘器系统着火事故

条文2.8.1 脱硫、湿式电除尘器系统防腐材料应当天配制，即配即用，非工作期间分类存放在专用仓库内。严禁在吸收塔、烟道、湿式除尘器内及其他防腐区域堆积防腐材料。专用仓库应单独隔离并距离其他建（构）筑物不小于25m。严禁在防腐材料仓库周围10m范围内焊接、切割或进行其他热处理作业。装过挥发性油剂及其他易燃物质的容器，应及时清理处置，粘有油漆的棉纱、破布及油纸等易燃废物，应及时回收处理。

本次修订依据《电力建设安全工作规程　第1部分：火力发电》(DL 5009.1—2014）中4.13.1（不得在储存或加工易燃、易爆物品的场所周围10m范围内进行焊接、切割与热处理作业，必须作业时应采取可靠的安全技术措施。）补充规定了防腐材料专用仓库的相关要求；依据《电力建设安全工作规程　第1部分：火力发电》(DL 5009.1—2014）中4.14.3［防火应符合下列规定：装过挥发性油剂及其他易燃物质的容器，应及时退库，并保存在距建（构）筑物不小于25m的单独隔离场所。］补充了“当天末班未用完的材料入库存放”以及挥发性油剂容器和易燃废物及时清理处置等相关要求。

吸收塔、湿式电除尘器和防腐烟道的防腐材料主要是玻璃鳞片树脂涂料、丁基橡胶等，防腐施工所用的材料还包括稀释剂、催化剂、促进剂中含有甲苯、苯乙烯、丙酮、二甲苯、溶剂汽油等。

在一个相对有限的空间内涂鳞和衬胶作业过程中，会产生大量易燃可挥发气体，遇明火极易发生燃烧，甚至发生爆炸；吸收塔内PP材质除雾器、冲洗水管道、喷淋FRP管道等塔内设备设施都是可燃物，如果在防腐施工过程中同时交叉进行吸收塔外设备或相邻烟道焊接、打磨等产生火花的作业，极易引燃塔内可燃物质。吸收塔及烟道一旦起火，小火极易扩大和漫延，引发难于扑救火灾事故。

【案例1】 2006年3月，某发电厂吸收塔顶部水平烟道清扫人员现场违章抽烟且随手丢弃未熄灭的烟头，引燃杂物，造成除雾器起火事故。

【案例2】 2014年11月，某发电厂吸收塔外部进行除雾器冲洗水管道阀门的

焊接安装，为采取有效阻火措施，造成塔内除雾器烧损事故。

【案例 3】 2022 年 1 月，某发电厂脱硫吸收塔施工人员焊接作业不慎，引燃除雾器层防腐材料蔓延成灾，火灾过火面积约 $400m^2$，喷淋管、除雾器防腐材料全部烧毁。

条文 2.8.2 在涉及衬胶、环氧树脂、玻璃鳞片、喷涂聚脲、FRP 玻璃钢的设备内部或外壁进行焊接、切割、打磨等可能产生明火的作业或其他加热作业，必须严格执行动火工作票制度。吸收塔、湿式电除尘器及相关烟道内动火作业只能单点作业，焊接、切割作业应采取间歇性工作方式。

本条文在《防止电力生产事故的二十五项重点要求（2014 年版）》基础上，设备范围增加“湿式电除尘器”。增加动火作业区域必须采取可靠的物理隔离措施的要求。

本次修订依据《电力设备典型消防规程》（DL 5027—2015）中 7.3.5，在涉及衬胶、环氧树脂、玻璃鳞片、喷涂聚脲、FRP 玻璃钢的设备内部、外壁作业，不仅是动火要办理动火工作票，进行打磨等能产生明火的作业或其他加热等作业，也应严格执行动火工作票。

本次修订依据《电力设备典型消防规程》（DL 5027—2015）中 7.3.6 要求，补充了“动火作业只能单点作业，禁止多个动火点同时开工”“焊割作业应采取间歇性工作方式，防止持续高温传热损坏或引燃周边防腐材料。”以及“每天班末作业结束后，必须清理场地”等相关要求。

【案例 1】 2010 年 10 月，某发电厂 3 号脱硫吸收塔在除雾器改造工作收尾阶段，改造施工人员不办理动火工作票，擅自违章动火，致使掉落的未被水冷却的高温焊渣引燃下方脚手架上防腐作业遗留易燃物，造成吸收塔内起火事故，损失严重。

【案例 2】 2013 年 5 月，某发电厂外包作业人员在拆除脱硫净烟道膨胀节最后 4 个螺栓时，因机械切割困难，在未通知电厂检修部相关人员的情况下，带着气割工具及两个灭火器、两桶水来到现场，擅自采用气焊切割螺栓，引燃膨胀节非金属材料，将两桶水泼在动火点及膨胀节间隙无法扑灭明火，最终引燃了吸收塔内壁的防腐层和塔内除雾器起火。

【案例 3】 2016 年 11 月，某发电厂湿式电除尘器改造过程中发生火灾，火灾原因：湿式电除尘器本体内部阳极模块下部法兰密封材料（乙烯基树脂、凝固剂和玻璃丝布等）固化时间不足，没有完全凝固，焊接人员无视阳极模块密封材料区域周边严禁动火的规定，在湿式电除尘器本体顶部进行焊接施工，焊渣溅落至密封材料区域引起火灾。

【案例 4】 2018 年 2 月，某发电厂检修人员进行脱硫吸收塔一级除雾器上压力变送器取样管改装，在未办理动火工作票、无人监护的情况下，焊工采用电焊切割、角磨机打磨修口等方式进行压力变送器取样管改装工作，熔融焊渣掉至除雾器层，引起除雾器着火，造成吸收塔标高8m以上塔筒外壁大面积过火，塔筒防腐层、塔内喷淋系统、除雾器等塔内部件全部烧毁。

条文2.8.3　涉及脱硫塔、湿式电除尘器以及相关烟道内部防腐、非金属部件安装区域，必须制订施工区域出入门禁制度，所有人员凭证出入并登记，交出火种，关闭随身携带的无线通信设备，禁止穿钉有铁掌的鞋和容易产生静电火花的化纤服装。

本条文基本保留《防止电力生产事故的二十五项重点要求（2014年版）》2.8.3条文内容，结合后期部分企业脱硫系统配套加装了湿式电除尘器设备，本次修订增加了湿式电除尘器相关规定。

本次修订依据《电力设备典型消防规程》（DL 5027—2015）中7.3.7增加“关闭无线电通信设备”的要求。

条文2.8.4　脱硫、湿式电除尘器系统及附属烟道内防腐、安装或检修必须选用防爆型电气设备和电动工具，并安装漏电保护器，电源线必须使用软橡胶电缆，且不允许有接头。塔、罐及烟道行灯电压不得超过12V，不得使用自耦变压器。严禁将行灯的隔离变压器带进金属容器、金属管道或密闭容器内使用。灯具与内部防腐涂层及除雾器、湿式除尘器阳极模块的距离应大于1.0m。

本次修订依据《电力建设安全工作规程　第1部分：火力发电》（DL 5009.1—2014）中4.3.5“潮湿场所、金属容器及管道内的行灯电压不得超过12V。行灯应有保护罩，其电源线应使用橡胶软电缆。行灯照明电源必须使用双绕组安全隔离变压器，其一、二次侧都应有过载保护。行灯变压器应有防水措施，其金属外壳及二次绕组的一端均应接地或接零。不得使用自耦变压器。严禁将行灯照明的隔离变压器带进金属容器、金属管道或密闭容器内使用。”进一步补充在脱硫、湿式电除尘器系统及附属烟道内使用行灯相关规定。

本次修订依据《电力设备典型消防规程》（DL 5027—2015）中7.3.2“防腐施工和检修用的临时动力和照明电源应符合下列要求：检修人员使用电压不超过12V防爆灯，灯具距离内部防腐涂层及除雾器1m以上。”

补充增加了湿式电除尘器内临时用电相关规定。

条文2.8.5　脱硫、湿式电除尘器系统及内部防腐及非金属部件安装作业期间，应至少设置2台防爆型排风机进行强制通风，并配备足够的消防灭火设施，周围10m范围及其上下空间内严禁动火。禁止在与防腐、非金属部件安装作业面相通的其他设备、烟道、管道内部和外壁进行焊接、切割、打磨等可能产生明火的作业。防腐施工面积在10m^{2}以上时，防腐现场应接引消防水带，并保证消防水随时

可用。非金属部件胶合黏结采用加热保温方法促进固化时，严禁使用明火。禁止在塔、箱、罐及烟道等有限空间内进行防腐涂料稀释或搅拌作业。进行吸收塔、湿式电除尘器和烟道内部防腐、安装施工时，应至少保留2个有限空间出入孔，并保持逃生通道畅通。

本次修订依据《电力设备典型消防规程》（DL 5027—2015）中7.3.7“施工区域10m范围及其上下空间内严禁出现明火或火花。防腐作业及保养期间，禁止在其相通的吸收塔、烟道、管道，以及开启的人孔、通风孔附近进行动火作业。同时应做好防止火种从这些部位进入防腐施工区域的隔离措施。”7.3.1“带可燃衬胶内衬的设备内应搭建金属脚手架。检修、防腐施工作业时，现场应配备足够的灭火器，消防水带敷设到动火作业区，确保消防水随时可用”。

本次修订依据《电力建设安全工作规程　第1部分：火力发电》（DL 5009.1—2014）中4.14“防腐、防火与防爆，玻璃钢管件胶合黏结采用加热保温方法促进固化时，严禁使用明火。”补充安装期间防火要求。

【案例】 2008年11月，某发电厂脱硫技术改造工程在高处进行电缆桥架安装和进行防腐修补工作违章交叉作业，动火产生的高温焊渣通过下面打开的人孔门落入吸收塔内部，引发火灾。

条文2.8.6　阳极采用非金属材质的湿式电除尘器本体四周应配备消防设施，灭火范围应能够覆盖最顶层平台设备。阳极上方须设置全覆盖事故喷淋系统。电场启动前和停运后必须进行冲洗，未经冲洗不得启动。严禁湿式电除尘器未通烟气空载运行，锅炉MFT动作应立即联锁停运湿式电除尘器并启动冲洗系统。空载升压试验须履行规定的许可手续，相关管理和专业人员须到场监督指导，消防人员做好现场监护和消防应急准备。空载升压必须在风机运行的条件下进行，空载升压前、后必须对电场进行冲洗，空载升压二次电压最大值不得超过设计值。

近年，由于火力发电厂烟气超低排放改造需要，部分电厂在吸收塔出口烟道新增了湿式电除尘器。通过分析湿式电除尘器运行中频发火灾事故的主要起火原因，补充规定湿式电除尘器运行防火要求。涉及湿式电除尘器主要分两类：一类湿式电除尘器建设期、检修期间发生的火灾原因与脱硫系统相似；另一类是湿式电除尘器投运过程中起火，在湿式电除尘器内部未喷淋，在干燥环境进行空载升压，极线通电时发生电场闪络击穿，引燃阳极导电玻璃钢模块、玻璃鳞片壳体等可燃材质造成火灾；或运行期间发生设备异常，超温引发玻璃钢着火的事故。防止湿式电除尘器运行期间起火，需从控制逻辑、运行参数、防火设施与设备配置优化等方面制订反事故措施。

【案例1】 2018年4月，某发电厂处于停运状态的湿式电除尘器进行空载升压试验时电场工况异常导致火情，造成湿式电除尘器的阳极管组、阴极丝和吊装框架、整流变压器、部分控制电缆烧损。

【案例2】 2018年9月，某发电厂湿式电除尘器运行中电场闪络击穿引燃阳极导电玻璃钢模块发生火灾事故。

条文2.8.7 应编制并落实脱硫系统、湿式电除尘器系统施工临时设施的消防设计，满足施工现场防火、灭火及人员安全疏散的要求，并对各级施工人员进行安全交底。应制订脱硫系统、湿式电除尘器系统施工专项应急预案和现场处置方案，建立应急救援队伍，配备应急救援物资，开展应急演练，并对演练效果进行评估。

本条文依据以下国家和行业规范进行补充修订：

依据《建筑防腐蚀工程施工规范》（GB 50212—2014）中“施工单位施工组织设计、施工方案应包括安全技术措施及应急预案”。

依据《电力建设安全工作规程 第1部分：火力发电》（DL 5009.1—2014）中4.1.13“应急预案与响应应符合下列规定：针对施工过程中存在的危险源，制定专项应急预案。识别施工现场易发生事故的部位、环节，制订现场处置方案”；4.14.1“通用规定施工现场的疏散通道、安全出口、消防通道应保持畅通。临时设施应有消防设计，应满足现场防火、灭火及人员安全疏散的要求，并符合国家现行消防技术规范和当地消防部门的规定”；4.1.13“建设、施工单位应建立项目应急组织机构和应急救援队伍，明确责任，按规定配备合格的应急救援设备、设施、工具、器材。建设单位每年应至少组织一次应急预案演练，施工单位每半年应组织一次现场处置方案演练，并对演练效果进行评估。”

条文2.9 防止氨系统着火爆炸事故

条文2.9.1 健全和完善氨系统运行与维护规程以及相关的制度、措施。

企业要执行国家、行业有关的法律、法规、规章、标准，并结合本企业实际情况制订设备和系统的运行和维护规程，要严格按照规程、制度去操作和检修维护，并不断去健全和完善。

条文2.9.2 氨区及输氨管道法兰、阀门连接处应装设金属跨接线。与储罐相连的管道、阀门、法兰、仪表等材料选择符合要求，并具有防腐蚀措施。

按照国家能源局关于印发《燃煤发电厂液氨罐区安全管理规定》的通知（国能安全〔2014〕328号）的内容，防止氨管道产生静电以及等电位接地，装设金属跨接线。而且对管道、阀门、法兰、仪表提出如表2-3所示选择要求。

表2-3　选择要求

序号	名称	最低设计温度	
		＞－20℃	≤－20℃
1	管道	20号钢或不锈钢	不锈钢
2	法兰	20号钢或不锈钢，带颈对焊突面法兰	不锈钢，带颈对焊突面法兰

续表

序号	名称	最低设计温度	
		＞－20℃	≤－20℃
3	氨用阀门	不锈钢	
4	密封垫片	不锈钢缠绕石墨或聚四氟乙烯垫片	
5	螺栓螺母	35CrMo 或不锈钢	
6	仪表	氨专用仪表	

【案例】 2007 年 5 月，安徽阜阳市某公司液氨球罐区，向 2 号液氨球罐输送液氨的进口管道中安全阀装置的下部截止阀发生破裂，管道内液氨向外泄漏，造成人员中毒事故。

条文 2.9.3　氨区所有电气设备、远传仪表、执行机构、热控盘柜应使用防爆型电气设备，且通风、照明良好。

氨区内电气设备因处于氨泄漏区域，因此对氨区电气设备、远传仪表、执行机构、热控盘柜等均应选用相应等级的防爆设备，防爆的等级按照《爆炸危险环境电力装置设计规范》（GB 50058）执行。

【案例】 2013 年 6 月，吉林某公司主厂房发生特别重大火灾爆炸事故，共造成 121 人死亡、76 人受伤，17234m^2 主厂房及主厂房内生产设备被损毁，直接经济损失 1.82 亿元。事故直接原因：该公司主厂房配电室的上部电气线路短路，引燃周围可燃物。当火势蔓延到氨设备和氨管道区域，燃烧产生的高温导致氨设备和氨管道发生物理爆炸，大量氨气泄漏，介入了燃烧。

条文 2.9.4　液氨设备、系统的布置应便于操作、通风和事故处理，同时必须留有足够宽度的操作空间和安全疏散通道。

氨区内各建（构）筑物与相邻工厂或设施的防火间距，以及氨区与明火、燃爆区域的安全距离应满足《石油化工企业设计防火标准（2018 年版）》（GB 50160—2008）的相关要求，同时满足各项工艺要求。

条文 2.9.5　在正常运行中会产生火花的氨压缩机启动控制设备、氨泵及空气冷却器（冷风机）等动力装置的启动控制设备不应布置在氨压缩机房中。温度遥测、记录仪表等不应布置在氨压缩机房内。

针对氨区易产生火花设备的启动控制装置的位置作出的要求，目的就是避免火花引起的着火爆炸，监测记录装置避免由于事故而失去作用。

条文 2.9.6　在氨区或氨系统附近进行明火作业时，必须严格执行动火工作票制度，氨区内动火必须办理一级动火工作票，氨区内严禁明火采暖。氨系统动火作业前、后应置换排放合格；动火结束后，及时清理火种。

对动火的管理要求，应按规定办理一级动火工作票；动火前测量可燃气体浓度在合格范围内，动火的监护人员必须按规定到位。氨区内严禁明火查漏和采暖。严禁在运行中的氨管道、容器外壁进行焊接、气割等作业。

【案例】 某建安公司在某石化公司化肥厂氨水罐拆除动火过程中，发生一起爆炸伤亡事故。造成 4 人死亡，2 人中毒。建安公司进行两台 630m^3 氨水罐拆除工作。在氨水罐 B 正在进行工艺处理过程中，施工人员超越指定的动火范围，用电焊焊接 B 罐体吊耳加强板，氨水蒸发，焊接部位内壁温度达到氨的自燃点，引爆了罐内氨气。动火制度执行不严，对氨水罐拆除、安装过程中的施工监督、检查不到位。

条文 2.9.7　氨储罐区及使用场所，应按规定配备消防灭火和稀释吸收的喷淋系统以及足够的消防器材、氨漏泄检测器和视频监控系统，并按时检查和试验。

液氨储罐区、蒸发区及卸料区应分别设置氨泄漏检测仪，氨区泄漏装置具有远传和就地报警功能并定期检验。区域均有消防喷淋系统和消防器材，喷淋系统应满足稀释用水量和喷淋强度的要求，喷淋管环形布置，按规定定期进行动作联锁试验。氨罐区外围设置不少于 2 支不同方向的消防水炮，消防水炮可上下左右调节功能，位置和数量能够覆盖可能的泄漏点。氨区应设置覆盖生产区的视频监控系统，视频监控系统应传输到生产集控室。

条文 2.9.8　氨储罐的新建、改建和扩建工程项目应进行安全性评价，其防火、防爆设施应与主体工程同时设计、同时施工、同时验收投产。

电力企业氨储罐属于重大危险源，对该系统的安全性给予正确的评价，并相应地提出消除不安全因素和危险的具体对策措施。通过全面系统，有目的、有计划地实施这些措施，达到安全管理标准化、规范化，以提高安全生产水平，超前控制事故的发生。其防火防爆主要设备系统与主体工程实行“三同时”原则。

条文 2.9.9　氨区按规定设置避雷保护装置，储罐和氨管道可靠接地，并采取防止静电感应的措施。

按照国家能源局关于印发《燃煤发电厂液氨罐区安全管理规定》的通知（国能安全〔2014〕328 号）的相关内容，氨区必须做好避雷、防静电感应、接地的措施，避免雷击着火爆炸的事故。

条文 2.9.10　氨区储罐应设置防晒和温度升高的降温喷淋措施，具有自动启动功能并定期试验。

液氨罐的气液平衡压力随温度的升高而升高，根据《固定式压力容器安全技术监察规程》（TSG 21—2016）的规定，设计温度与设计压力是设计液氨储罐的载荷条件，液氨储罐的设计温度为 50℃，液氨是经过加压或降温转化而成的液化气体，其 50℃时饱和蒸汽压力为 2.16MPa，因而其设计压力为 2.16MPa。材料的选用与之相适应。为了保证安全性，避免温度升高超压爆裂的危险，要设置防晒和喷淋降温措施，温度升高后自动启动喷淋系统，日常维护要定期试验。

条文 2.9.11　卸氨区应装设万向充装系统用于接卸液氨，禁止使用软管接卸。万向充装系统应使用干式快装接头，周围设置防撞设施。

由于液氨的危险特性，氨接卸过程中出现事故的危险性较大，为避免车辆碰撞、软管泄漏爆炸，按照能源局氨区管理规定的要求，必须使用干式快装接头的万向充装系统，接卸臂边设置防撞墩，接卸臂有接地措施。液氨装卸要有流速限制在1m/s以内，防止流速快产生静电摩擦起火。

【案例】　2005年8月，位于河南省周口市区某公司厂区内，一辆罐车在充装液氨时，因罐车软管破裂造成液氨泄漏，并因静电火花起火。事故共造成3人死亡，9人中毒。

条文 2.10　防止天然气系统着火爆炸事故

条文 2.10.1　燃气轮机（房）或联合循环发电机组（房）、余热锅炉（房）与办公、生活建筑（耐火等级一、二级）之间的防火间距应大于10m，与办公、生活建筑（耐火等级三级）之间的防火间距应大于12m，天然气调压站与办公、生活建筑之间的防火间距应大于25m。

住建部曾在2015年对《石油天然气工程设计防火规范》（GB 50183—2004）进行修编并发布，2016年6月24日发布通知暂缓执行，继续执行2004年版；2004年版标准部分内容与燃气电厂发展贴合不够紧密，建议引用近几年实行的《火力发电厂与变电站设计防火标准》（GB 50229—2019）、《建筑设计防火规范》（GB 50016—2014）等相关内容，与行业结合更加紧密，更加符合实际情况。

条文 2.10.2　天然气系统的新建、改建和扩建工程项目应进行安全评价，其防火、防爆设施应与主体工程同时设计、同时施工、同时验收投产。

根据《中华人民共和国安全生产法》第二十四条，生产经营单位新建、改建、扩建工程项目（以下统称建设项目）的安全设施，必须与主体工程同时设计、同时施工、同时投入生产和使用。安全设施投资应当纳入建设项目概算。

根据《中华人民共和国安全生产法》第二十五条，矿山建设项目和用于生产、储存危险物品的建设项目，应当分别按照国家有关规定进行安全条件论证和安全评价。

天然气是易燃易爆气体，属于危险化学品，天然气系统建设工程安全评价及安全设施的建设必须符合《中华人民共和国安全生产法》的相关要求。

条文 2.10.3　天然气系统区域应建立严格的防火防爆制度，生产区与办公区应有明显的分界标志，并设有“严禁烟火”等醒目的防火标志。

条文 2.10.4　室内天然气调压站、燃气轮机与联合循环发电机组厂房应设可燃气体漏泄探测装置，其报警信号应引至集中火灾报警控制器。

依据《火力发电厂与变电站设计防火规范》（GB 50229—2019）中10.5的规

定；依据《建筑设计防火规范（2018年版）》（GB 50016—2014）中第8条的规定；原条文引用标准《石油天然气工程可燃气体检测报警系统安全技术规范》（SY 6503—2008）已废止，引用《火力发电厂与变电站设计防火标准》（GB 50229—2019）、《建筑设计防火规范》（GB 50016—2014）等相关内容，与行业结合更加紧密，更加符合实际情况。

条文2.10.5　应定期对天然气系统进行火灾、爆炸风险评估，对可能出现的危险及影响应制订和落实风险削减措施，并应有完善的防火、防爆应急救援预案。

作为危险化学品储存和使用单位，应根据《危险化学品重大危险源监督管理暂行规定》要求，在重大危险源所在场所设置明显的安全警示标志，安装使用检测报警仪器，并具有完善的防火、防爆应急救援预案体系。

条文2.10.6　天然气系统的压力容器使用管理应按《特种设备安全监察条例》的规定执行。

条文2.10.7　天然气系统中设置的安全阀，应做到启闭灵敏，每年至少委托有资格的检验机构检验、校验一次。压力表等其他安全附件应按其规定的检验周期定期进行校验。

发电厂天然气系统储罐、管道、反应装置等符合国家对特种设备界定范围，天然气系统压力容器、压力管道及其安全附件等应按《特种设备安全监察条例》的规定进行管理。

《特种设备安全监察条例》第二十七条，特种设备使用单位应当对在用特种设备进行经常性日常维护保养，并定期自行检查。特种设备使用单位对在用特种设备应当至少每月进行一次自行检查，并做记录。特种设备使用单位在对在用特种设备进行自行检查和日常维护保养时发现异常情况的，应当及时处理。特种设备使用单位应当对在用特种设备的安全附件、安全保护装置、测量调控装置及有关附属仪器仪表进行定期校验、检修，并做记录。

第二十八条，特种设备使用单位应当按照安全技术规范的定期检验要求，在安全检验合格有效期届满前1个月向特种设备检验检测机构提出定期检验要求。检验检测机构接到定期检验要求后，应当按照安全技术规范的要求及时进行安全性能检验和能效测试。未经定期检验或者检验不合格的特种设备，不得继续使用。

条文2.10.8　在天然气管道中心线两侧各5m地域范围内，禁止种植乔木、灌木、藤类、芦苇、竹子或者其他根系达管道埋设部位可能损坏管道防腐层的深根植物；禁止取土、采石、用火、堆放重物、排放腐蚀性物质、使用机械工具进行挖掘施工；禁止挖塘、修渠、修晒场、修建水产养殖场、建温室、建家畜棚圈、建房以及修建其他建筑物、构筑物。

《石油天然气管道保护法》第三十条，在管道线路中心线两侧各5m地域范围内，禁止下列危害管道安全的行为：

种植乔木、灌木、藤类、芦苇、竹子或者其他根系深达管道埋设部位可能损坏管道防腐层的深根植物；

取土、采石、用火、堆放重物、排放腐蚀性物质、使用机械工具进行挖掘施工；

挖塘、修渠、修晒场、修建水产养殖场、建温室、建家畜棚圈、建房以及修建其他建筑物、构筑物。

为防止各类行为对管道的危害，以及降低发生管道事故对沿线地区公共安全造成的影响。

条文 2.10.9　天然气爆炸危险区域内的设施应采用防爆电器，其选型、安装和电气线路的布置应按《爆炸危险环境电力装置设计规范》(GB 50058) 执行。

根据《爆炸危险环境电力装置设计规范》(GB 50058)，爆炸性气体环境电气设备的选择应符合下列规定：

(1) 根据爆炸危险区域的分区、电气设备的种类和防爆结构的要求，应选择相应的电气设备。

(2) 选用的防爆电气设备的级别和组别，不应低于该爆炸性气体环境内爆炸性气体混合物的级别和组别。当存在有两种以上易燃物质形成的爆炸性气体混合物时，应按危险程序较高的级别和组别选用防爆电气设备。

(3) 爆炸危险区域内的电气设备，应符合周围环境内化学的、机械的、热的、霉菌以及风沙等不同环境条件对电气设备的要求。电气设备结构应满足电气设备在规定的运行条件下不降低防爆性能的要求。

条文 2.10.10　天然气区域应有防止静电荷产生和集聚的措施，并设有可靠的防静电接地装置。

静电荷集聚会形成很高的电位，当带电体与不带电或静电电位很低时的物体相互接近时，如电位差达到300V以上，就会发生放电现象，并产生火花。而天然气是易燃易爆气体，如果所在场所存在天然气与空气形成的爆炸性混合物，即可由静电火花引起火灾爆炸。

防止静电的基本措施有减少摩擦起电、接地泄漏、降低电阻率、增加空气湿度、空气电离法等，设备接地是导除静电最重要的措施。

根据《天然气联合循环电厂设计防火规范》(DB 33/1033—2006)，对爆炸、火灾危险场所内可能产生静电危险的设备和管道，均应采取防静电措施。地上或管沟内敷设的天然气管道及油管路，在下列部位应设防静电接地装置：

(1) 进出装置或设施处。

(2) 爆炸危险场所的边界。

（3）管道泵及其过滤器、缓冲器等。

（4）管道分支处以及直线段每隔200～300m处。

每组专设的防静电接地装置的接地电阻不宜超过30Ω。

条文2.10.11　天然气区域的设施应有可靠的防雷装置，防雷（静电）接地，接地电阻不应大于10Ω；防雷（静电）检测每年应进行两次（其中在雷雨季节前监测一次）。

条文2.10.12　连接管道的法兰连接处，应设金属跨接线（绝缘管道除外），当法兰用5根以上的螺栓连接时，法兰可不用金属线跨接，但必须构成电气通路。

根据《天然气联合循环电厂设计防火规范》（DB 33/1033—2006），联合循环电厂的防雷接地设计应满足《火力发电厂与变电站设计防火规范》（GB 50229—2006）及《交流电气装置的过电压保护和绝缘配合》（DL/T 620—1997）等的有关规定。

天然气调压站的防直击雷保护，应采用独立避雷针保护方式（钢制天然气放空竖管除外）。

天然气管道及油管路的阀门、法兰以及不能保持良好电气接触的弯头等管道连接处应采用金属导体跨接牢固。架空敷设及在管沟内敷设的天然气管道及油管路每隔20～25m应设防感应接地，每处接地电阻不超过10Ω。易燃油储罐的呼吸阀、易燃油和天然气储罐的热工测量装置应进行重复接地，即与储罐的接地体用金属线相连。

条文2.10.13　在天然气易燃易爆区域内进行作业时，应使用防爆工具，并穿戴防静电服和不带铁掌的工鞋。禁止使用手机等非防爆通信工具。

条文2.10.14　机动车辆进入天然气系统区域，排气管应带阻火器。

条文2.10.15　天然气区域内不应使用汽油、轻质油、苯类溶剂等擦地面、设备和衣物。

根据《电力设备典型消防规程》（DL 5027），油区必须制订油区出入制度，入口处应设门卫，进入油区应进行登记，并交出火种，不准穿钉有铁掌的鞋和容易产生静电火花的化纤服装进入油区。

禁止电瓶车进入油区，机动车进入油区时应加装防火罩。燃油设备检修时，应尽量使用有色金属制成的工具。如使用铁制工具时，应采取防止产生火花的措施，例如涂黄油、加铜垫等。

燃油系统设备需动火时，按动火工作票管理制度办理手续。氢气设备生产系统各部位，必须使用铜质或铍铜合金工具。

比照氢区、油区作业规定，天然气易燃易爆区域内进行作业，也应遵守以上条款规定。

条文 2.10.16 天然气区域需要进行动火、动土、进入有限空间等特殊作业时，应按照作业许可的规定，办理作业许可。

为保证人员在生产活动中的人身安全与防止误操作事故的发生，电力生产的各项运行操作、检修、维护、试验等工作都必须办理操作票或工作票、危险点控制措施票。

凡在防火重点部位或场所以及禁止明火区如需动火工作时，必须执行动火工作票制度。

在厂区或装置区有天然气存在的区域进行动火作业时，特别是在对介质为天然气或其凝液的设备、管线进行焊割施工时，当置换不彻底或有关阀门未关死、周围存在有泄漏的天然气，以及其他区域的天然气窜入焊割施工的动火区等，极易引发火灾爆炸。

动土工作票适用于发电厂生产区域及生产相关区域内动土作业，目的防止动土后造成地下电缆、光缆、管道以及其他设施遭到损坏，影响安全生产。

条文 2.10.17 天然气区域应做到无油污、无杂草、无易燃易爆物，生产设施做到不漏油、不漏气、不漏电、不漏火。

根据《电力设备典型消防规程》(DL 5027)，油区内应保持清洁，无杂草，无油污，不得储存其他易燃物品和堆放杂物，不得搭建临时建筑。天然气区域也可比照油区规定执行，并且生产设施不漏油、不漏气、不漏电、不漏火。

条文 2.10.18 应配置专职的消防队（站）人员、车辆和装备，并符合国家和行业的标准要求，或与距离较近的国家综合性消防救援队形成联动机制，制订灭火救援预案，定期联合演练。

条文 2.10.19 发生火灾、爆炸后，火场指挥部应立即采取安全警戒措施，并根据现场是否有继续扩大蔓延的态势以及产生次生灾害的情况，果断下达撤退命令，在确保人员、设备、物资安全的前提下，采取相应的措施。

依据《中华人民共和国安全生产法》第三条、第五十五条的规定；燃气机组危险源主要为可燃气体，事故是否有继续扩大蔓延的态势以及产生何种次生危害事先难以判断。情况发展未明时，应坚持人民至上、生命至上的原则，果断撤离人员，积极采取设备停运、隔离措施。

条文 2.10.20 燃气轮机天然气系统厂房如汽机房、燃机房、集中控制室、启动锅炉房、天然气增压站等，建筑物耐火等级应达到二级，外墙保温材料及屋面板应采用不燃性材料，屋面防水层应采用不燃、难燃材质。

依据《建筑设计防火规范（2018 年版）》(GB 50016—2014）中 3.2 的规定和《火力发电厂与变电站设计防火规范》(GB 50229—2019）中 10.1 的规定。高层厂房，甲、乙类厂房的耐火等级不应低于二级耐火等级；厂房的屋面板应采用不燃材料，屋面防水层宜采用不燃、难燃材质。

条文 2.10.21　燃气轮机天然气系统停气进行动火作业前，应按规定对作业管段或设备进行系统隔离及置换。置换应采用间接置换法。

依据《城镇燃气设施运行、维护和抢修安全技术规程》（CJJ 51—2016）中 6.2 的规定；依据《电力设备典型消防规程》（DL 5027—2015）中 5.4 及 7.1.16 的规定。

条文 2.10.22　燃气轮机天然气系统各过滤器及与过滤器相连的取样管、放空管、排污管等管道在进行动火作业前，必须确认动火管段与过滤器之间有可靠物理隔离或封堵；过滤器设备本体进行动火作业前，必须将滤芯拆除并清理干净罐体内部；排污管进行动火作业前管道内部必须清理干净。现场工作应使用铜质工具。

依据《电力设备典型消防规程》（DL 5027—2015）中 5.4.2/5.4.3 的规定。

【案例 1】　燃气调压站控制室发生气体爆炸。某燃气电厂共有两台蒸汽联合循环发电机组，容量为 2×350MW。事故前两台机组各运行参数正常，辅机设备运行正常，AGC 投入。由于运行人员在进行天然气与氮气置换后未关阀门，操作人员即离开现场，造成天然气泄漏，调压站控制室内天然气大量聚集，给事故的发生留下隐患。卫生清扫人员进入调压站，作业过程中产生火花，引起天然气爆炸。造成卫生清扫人员 2 人死亡，1 人受伤。

【案例 2】　2006 年 1 月，某油气田分公司输气管理处的输气管的管材螺旋焊缝存在缺陷，在一定内压作用下，管道出现裂纹，720mm 输气管线泄漏的天然气携带硫化亚铁粉末从裂缝中喷射出来遇空气氧化自燃，引发泄漏天然气管外爆炸（第一爆炸）。因第一次爆炸后的猛烈燃烧，使管内天然气产生相对负压，造成部分高热空气迅速回流管内与天然气混合，引发第二次爆炸。当班工人立即向输气处调度室报告了事故情况，同时向当地镇政府和派出所报告；12 时 20 分左右，该站至另站段方向距工艺装置区约 63m 处，又发生了与第二次爆炸机理相同的第三次爆炸。当第一次爆炸发生后，值班宿舍内的员工和家属，在逃生过程中恰遇第三爆炸点爆炸，导致多人伤亡。

此次事故共造成 10 人死亡、3 人重伤，损坏房屋 21 户计 3040m^2，输气管道爆炸段长 69.05m，直接经济损失 995 万元。

条文 2.11　防止风力发电机组着火事故

条文 2.11.1　建立健全预防风力发电机组（简称风电机组）火灾的管理制度，严格风电机组内动火作业管理，定期巡视检查风电机组防火控制措施。

根据《电力设备典型消防规程》（DL 5027—2015）中 9.1 新能源发电场消防规定，禁止带火种进入风电机组，在入口处应悬挂“严禁烟火”的警告标示牌；机舱内应避免动火作业，确实需要动作作业，必须执行动火工作制度。

【案例】　2009 年 7 月，内蒙古锡林浩特某风电场一台 1.5MW 风电机组发生火灾。原因怀疑为维修过程中，在机舱烧电焊，引发机舱内的油脂起火。

条文 2.11.2 风电机组机舱、塔筒内母排、并网接触器、励磁接触器、变频器、变压器等一次设备动力电缆必须选用阻燃电缆，机舱至塔基电缆应采取分段阻燃措施。靠近加热器等热源的电缆应有隔热措施，靠近带油设备的电缆槽盒密封。机舱通往塔筒穿越平台、柜、盘等处电缆孔洞和盘面缝隙应采用有效的封堵措施且涂刷电缆防火涂料。

风电机组内敷设有大量动力电缆和控制电缆，这些电缆分布在电缆排架、竖井、夹层，分别连接着各个电气设备，而电缆着火后具有沿电缆继续燃烧的特点。如果不采取可靠的阻燃防火措施，电缆着火后就会延烧到主竖井、夹层以及机舱和轮毂，乃至整个风电机组，扩大火灾的范围和火灾损失。因此，落实风电机组电缆防火的各项措施是防止电缆火灾事故扩大的重要手段。

落实好电缆防火措施重点在于：一是对于高温热体附近敷设的电缆，应采取隔热槽盒和密封电缆盖板等措施，防止高温烘烤或油系统泄漏起火引起电缆着火；二是电缆竖井、电缆沟要采取分区、分段隔离封堵措施，防止电缆延烧扩大火灾范围；三是电缆孔洞缝隙应封堵严密，确保电缆着火后不延烧到其他等处，并减少电缆火灾的二次危害。

根据《风力发电机组防火技术规程》（CECS 391—2014）规定：风电机组各防护单元的下列部位应设置防火封堵材料：各类电气柜的进线口；电缆穿线孔洞（含塔架内各层平台穿线孔）；两个相邻单元之间的连接孔洞；中控室控制柜和变配电电缆沟等；防火封堵设置，应按电缆贯穿孔洞状况和条件，采用相适合的防火封堵材料或防火封堵组件。对小孔洞封堵时，宜采用柔性有机材料；对大孔洞封堵时，宜采用柔性有机堵料和阻火包等相结合；防火封堵材料的使用，对电缆不得有腐蚀和损害。用于电力电缆时，宜使用对载流量影响较小的防火封堵材料。

【案例】 2018年2月，某风电场C041号风电机组机舱着火事故。事件：C041号风电机组报故障后，检修人员赶往现场，中控室观察到风电机组附近有火光，20时1分，升压站运行人员将C041号风电机组所在的L03风电机组线路停电；20时10分，机舱着火无法靠近，机舱外壁已经烧毁，三支叶片均不同程度过火；22时11分，消防人员采取灭火措施，机舱明火消失。原因：在顺桨过程中推力轴承与三脚架固定螺栓突然断裂，致使桨叶处于自由状态，不能及时顺桨至给定角度，导致发电机转速上升，19时48分17—32秒，风速继续增加，桨叶不能及时顺桨，高转速持续刹车导致刹车片与刹车盘剧烈摩擦，产生的高温熔融物引燃刹车盘底部的电缆，导致机舱着火。

条文 2.11.3 严格监控设备轴承、发电机、齿轮箱及机舱内环境温度变化，发现异常及时处理。发电机轴承温度报警值不超过85℃，停机温度不超过95℃。

定期清理主轴下部接油盒内废油。严禁用火把或喷灯拆卸或安装轴承。

风电机组发电机定转子出口电缆在相间或单项对地绝缘能力降低或短路的情况下放电引燃电缆。此外，部分风电机组设计的机舱内加热器距离发电机出口电缆较近，机舱加热器保护失灵等使得加热器持续工作易引燃电缆。部分风电机组由于设计或出厂质量等原因，接线盒端子排间隙较小，方形螺栓垫片易发生尖端放电。发电机轴承自动注油系统故障（如发电机加脂机损坏或油路堵塞），润滑油脂劣化、轴承摩擦大的情况下，导致轴承过热，引燃附近易燃物，如油污、遗落布条等。另外，发电机轴承冷却风扇不工作也会导致轴承温度过高。

【案例1】 2018年8月，某风电场环境平均温度为34℃，全场平均风速为17m/s，全场负荷为72MW，当值值班人员发现B8-311风电机组“齿轮油压力低故障”报警停机，负荷降为零，并随即对B8-311风电机组监控后台进行报警确认。4时22分，B8-311风电机组报环境温度PT100故障、机舱温度PT100故障、叶轮过速开关等故障，监控后台未弹窗及语音告警，值班人员于7时46分查看B8-311风电机组故障堆栈时，发现上述故障报文。7时50分，向检修班长通知风电机组故障情况。10时20分，检修人员到现场发现B8-311风电机组舱罩已烧毁，立即断开B8-311箱式变压器低压侧断路器，并汇报场站负责人。10时55分，场站负责人等到达B8-311风电机组处查看，确认机舱烧毁、叶片根部及上节塔筒烧伤。原因：风电机组主轴轴承在运行过程中失效，在机组的惯性和外部风速的持续作用下风电机组继续运行，轴承内、外圈与滚子、保持架剧烈摩擦产生的高温导致润滑油脂被点燃，火势蔓延至齿轮箱、发电机等部位，导致齿轮箱、发电机等受损。由于750kW该机型风力发电机组设计、生产年限较早（首批机组于2003年9月运行），主轴系统没有温度、振动等有效的监测措施；且此类型主轴系统为免维护产品，现场定检、巡检等检查只能对其加注润滑油，无法打开前、后端盖查看主轴承内部运行、磨损等状况，在主轴承失效后风电机组继续转动，导致事件进一步扩大。

【案例2】 某新能源风电场1.5MW风力发电机组66号风电机组自燃事故。事件：风电机组在停机过程中，发电机后部严重振动，联轴器经受很大的冲击，导致玻钢间打滑、撕裂，撕裂瞬间，风电机组报振动开关动作，风电机组紧急收桨、停机。风电机组因火灾烧毁整个机舱，机舱内所有部件全部报废；烧毁部分轮毂罩壳，一只叶片烧断，轮毂内所有部件因高温烧炙报废。原因：发电机后轴承突然严重损坏、挡圈与小端盖摩擦、产生持续高温，导致轴承内油脂快速熔化、流出，然后燃烧，在机舱尾部引发火灾，大火烧毁整个机舱所有设备及外壳。

条文2.11.4　母排、并网接触器、励磁接触器、变频器、变压器等一次设备动力电缆，定期用红外测温或使用测温贴对电缆温度进行监视，电缆损坏时及时更换阻燃电缆。机组塔筒内电缆穿越的孔洞应用耐火极限不低于1h的不燃材料进行

封堵。

【案例】 2017 年 4 月，某风电场一台 Vestas 850kW 机组发生机舱着火事故。事件：2017 年 4 月 22 日，该风电场一台 Vestas 850kW 机组发生机舱着火事故，接到报警电话后，消防分队派一辆消防车于 16 点 40 分赶到 12 号风电机组事故现场，由于机舱高度超出消防车扬程，消防队无法对火灾进行扑救，为了避免事故扩大，风电场会向消防队一同派人警戒，将周围道路封闭，风电机组周围 250 米范围内禁止人员靠近，12 号风电机组机舱明火于 18 时 40 分熄火。原因：在启动过程中，变频器预充电回路中 K536A 和 K536B 接触器触点未闭合，导致 K537 接触器触点未分开，经确定是变频器预充电电阻 R560 长时间通过大电流发热引燃附近电缆，后火势蔓延烧毁部分机舱。

条文 2.11.5 风电机组机舱、塔筒内的电气设备及防雷设施的预防性试验合格，并每季度检查机组防雷接地回路的电涌保护器、接地引下线、旋转导电单元等部件是否工作可靠，连接正常。每年应测量一次防雷系统接地电阻，单机工频接地电阻应不大于 4Ω。每年检测接闪器至塔筒底部接地扁钢引雷通道电气连接性能，每一连接点的过渡电阻应不大于 0.24Ω。

风电机组必须配备全面的防雷和防雷涌设备，并需要根据风电机组具体型号进行调整。防雷和防雷涌系统必须像其他风电整机零部件一样，按照现有技术进行规划、制造和运行。防雷和防雷涌装置必须覆盖机舱、叶片，特别是电气装置，包括电缆线路等与运行和安全相关的设备。同时根据《电力设备典型消防规程》（DL 5027—2015）中 9.1 新能源发电场消防规定：风电机组必须配备全面的防雷设备，在每年雷雨季节来临前对风电机组的防雷接地系统进行检测。

【案例 1】 2022 年 5 月，海南某风电场发生一起因箱式变压器高压侧避雷器性能劣化，在风电机组送电恢复运行过程中避雷器击穿造成风电机组变压器着火，导致变压器及部分电气设备烧毁的火灾事件。事件暴露出相关企业在安全风险辨识、隐患排查治理、日常运维管理等方面存在一定的不足。

【案例 2】 2017 年，在一个夏日的强雷雨天气里，欧洲某风电场一 2MW 机组的一支叶片遭遇雷击起火。事故原因调查表明，火灾是由于叶片防雷系统的螺栓连接错误安装导致的。该螺栓连接和一处金属部件（拦阻索）在雷击过程中发生拉弧，引燃了润滑油，从而导致了火灾的发生。

【案例 3】 2004 年 6 月，位于德国某地区的风电场，一道闪电击中了一台风电机组的转子，引起了火灾。值得注意的是，这台遭受雷击起火的风电机组安装有“经检测认证”的雷电防护系统。事实证明，系统无法完全避免雷击对风电机组造成的伤害。风电机组叶片是玻璃钢材料制成的，外面的涂层是（燃烧后有毒的）环氧树脂。这种材料的特点是不易燃烧，但是一旦燃烧起来，后果很可怕。

条文 2.11.6　风电机组机舱的齿轮油及液压油系统应严密、无渗漏，应采用不易燃烧或燃点（闪点）高于风电机组运行最高温度的油品。法兰不得使用铸铁材料，不得使用塑料垫、橡胶垫（含耐油橡胶垫）和石棉纸、钢纸垫，刹车系统必须采取对火花或高温碎屑封闭隔离的措施。

风电机组液态油的压力及温度必须严格监视与控制，一旦油管道发生泄漏，若喷到高温、热体上即会引起着火，并且火势发展很快。因此，重点在于防止油管道泄漏，其主要措施如下：

一是尽量减少使用法兰、锁母接头连接，推荐采用焊接连接，以减少火灾隐患。

二是油系统法兰禁止使用塑料垫、橡皮垫（含耐油橡皮垫）和石棉纸垫，以防止老化，或是着火时塑料垫、橡皮垫迅速熔化失效，大量漏油。

三是对小直径压力油管、表管要采取防振、防磨措施，加大薄弱部位（与箱体连接部位）的强度（如局部改用厚壁管），以防止振动疲劳或磨损断裂引起高压油喷出着火。

四是油系统管道截门、接头和法兰等附件承压等级应参照耐压试验压力选用，油系统禁止使用铸铁阀门，以防止阀门爆裂漏油着火。

【案例】 2010年4月，辉腾锡勒某风电场的一台Suzlon的S64/1250kW风电机组发生火灾事故。原因：据苏司兰公司介绍，火灾是由于液力联轴器故障发生溢油，并引发着火，不过该次事故并未造成设备全损。

条文 2.11.7　机组内严禁存放易燃物品，机舱内保温材料必须用阻燃材料。并应配置自动消防系统，至少包含探测器、火灾报警装置、灭火装置、控制器、通信设备等，应具有智能防护、自动控制功能，并且可与风电机组主控系统协调联动；检修期间机舱内应配置不低于2个呼吸器用于紧急逃生；机组机舱、塔内底部及机舱下第一个平台应摆设合格消防器材；在检修作业和动火作业时，应在作业平台配备合格消防器材后方可进行作业。

检修期间机舱内应配置不低于2个呼吸器用于紧急逃生；机组机舱、塔内底部及机舱下第一个平台应摆设合格消防器材；在检修作业和动火作业时，应在作业平台配备合格消防器材后方可进行作业。

目前，大部分老机型风电机组没有设置火灾探测报警系统，并且风电机组消防设施配置了手持式灭火器。由于机舱较高，人员在塔架垂直方向上下同行比较困难，这种消防措施基本上不起作用。风电机组大多安装在偏远地区，一旦发生火情，不能及时发现和灭火，易酿成风电机组火灾。因此，在风电机组易发生火情的部位，配置自动灭火系统，可在发生火情时启动，第一时间抑制火情。可将风电机组火灾自动探测报警系统报警信号与风电机组主控系统连接，经风电机组监控网络将火警信号传输至风电场升压站中心监控系统，以便运行值班人员及时发现火情，

防止火情蔓延。

根据《风电场设计防火规范》（NB 31089—2016）中 3.0.2 火灾探测及灭火系统的配置应符合以下规定：风电机组的机舱及机舱平台底板下部、塔架及竖向电缆桥架、塔架底部设备层、各类电气柜应设置自动探测报警系统；火灾自动探测报警系统报警信号宜与风电场机组中心控制系统相连，传输至风电场升压站监控系统；风电机组的机舱及机舱平台底板下部、轮毂、塔架底部设备层、各类电气柜应配置自动灭火装置；自动灭火装置应带有报警及联动触点，并传输报警信号至监控系统；风电机组机舱和底部塔架应各配置不少于 2 具手提式灭火器。

条文 2.11.8　风电机组机舱末端有紧急逃生孔及逃生绳悬挂点，配备紧急逃生装置，且定期检验合格，保证人员逃逸或施救安全。塔筒的醒目部位必须悬挂安全警示牌。

根据《电力设备典型消防规程》（DL 5027—2015）中 9.1 风力发电场消防规定：机组机舱内应配置高空自救逃生装置。根据《风力发电机组　运行及维护要求》（GB/T 25385—2019）中 4.2 安全要求：应正确选择和使用个人防护设备，并按要求定期对个人防护装备进行检测；人员在使用爬梯时，应系安全带、穿防护鞋、戴防滑手套、使用防坠落保护装置。

条文 2.11.9　风电机组塔筒内的动火作业必须开具动火作业票，作业前消除动火区域内可燃物。氧气瓶、乙炔气瓶应摆放、固定在塔筒外，气瓶间距不得小于 5m，不得暴晒。电焊机电源应取自塔筒外，不得将电焊机放在塔筒内，严禁在机舱内油管道上进行焊接作业，作业场所保持良好通风和照明。动火结束后清理火种。

动火作业应严格执行“四不动火”原则，即“动火作业许可证”未经批准不动火，动火作业的安全措施没有落实不动火，动火部位、时间与“动火作业许可证”不符不动火，监护人不在现场不动火。严禁与安全工作方案和“动火作业许可证”不符的动火。风电机组并网运行过程中严禁动火。出现异常情况或监护人提出停止动火时，动火人要立即停止动火。动火时应至少指派俩人作业，一人动火，一人监护。

办理“动火作业许可证”前，必须办理“作业许可证”。申请动火作业前，作业单位应针对动火作业内容、作业环境、作业人员资质等方面进行评估，根据风险评估的结果制订相应控制措施。

条文 2.11.10　进入风电机组机舱、塔筒内，严禁带火种、严禁吸烟，不得存放易燃品。清洗、擦拭设备时，必须使用非易燃清洗剂。严禁使用汽油、酒精等易燃物。

根据《电力设备典型消防规程》（DL 5027—2015）中 9.1 新能源发电场消防

规定：禁止带火种进入风电机组，在入口处应悬挂“严禁烟火”的警告标识牌；机组内部应保持整洁，无杂物。机舱内部泄漏的齿轮油、液压油等必须及时清理。

条文2.11.11　布置在风电机组内（含塔架与机舱）的变压器应采用干式变压器，应布置于独立的隔离室内并配置自动灭火装置，设置耐火隔板，耐火隔板的耐火极限不小于1h。塔架外独立布置的机组变压器与塔架之间的距离不应小于10m，当小于10m时应选用干式变压器或在变压器与塔架之间增设防火墙，并且变压器与塔架之间最小间距不得低于5m；对于贴挂在塔架外壁的机组变压器，应选用干式变压器并配置自动灭火装置。

本条款参考《风电场设计防火规范》（NB 31089—2016）中1.0.2，适用于新（改）建和扩建的陆上风电场。根据《风电场设计防火规范》（NB 31089—2016）中3.0.3机组变压器的配置规定：布置在塔架内的机组变压器宜采用干式变压器，应布置于独立的隔离室内，设置耐火隔板，并应配置自动灭火装置。耐火隔板的耐火极限不小于1h。布置在机舱内的机组变压器宜采用干式变压器，设置耐火隔板，并应配置自动灭火装置，耐火隔板的耐火极限不小于1h。风电机组与机组变压器单元之间及风电机组内的电缆应采用阻燃电缆，电缆穿越的孔洞应采用耐火极限不低于1h的不燃材料进行封堵。

海上风电属于新业态。海上风电机组布置在风电机组内（含塔架与机舱）的变压器采用干式变压器或油浸式变压器，油浸式变压器采用K级绝缘液体《绝缘液体的分类》（GB/T 27750—2011）及以上标准油或脂。

本条款参考《风电场设计防火规范》（NB 31089—2016）中3.0.3，以及行业经验等进行修编。塔架外独立布置的机组变压器与塔架之间的距离不应小于10m，当小于10m时宜选用干式变压器，如选用油浸式变压器，需在变压器与塔架之间增设防火墙，并且变压器与塔架之间最小间距不得低于5m；对于贴挂在塔架外壁的机组变压器，应选用干式变压器并配置自动灭火装置。对于不满足上述要求的存量机组，无法满足5m要求的，应在做好安全风险辨识、评估的基础上，适时进行改造；改造完成前，应制订并落实安全风险管控措施。

条文2.11.12　风电机组的机舱及机舱平台底板下部、轮毂、塔架底部设备层、各类电气柜应配置自动灭火装置；风电机组机舱大空间灭火介质应选用新型气溶胶或超细干粉，电气控制柜、变流器柜等局部小空间应采用新型气溶胶，新型气溶胶喷口温度均不应大于200℃，且配置的灭火介质需经消防产品质量监督检测中心测试及认证。

风电机组各机型的内部结构、设备数量和布置方式不同，容易发生火灾的部位也不同。双馈式机组机舱中设备较多，布置密集，火灾隐患多，容易着火的部位比较多，轮毂、齿轮箱、发电机、制动系统、主控柜、变桨电机和偏航电机及其控制柜等，都有发生火灾的先例，因此双馈式机组机舱宜采用全淹没灭火方式。直驱及双馈机组塔底设备较多，均宜采用全淹没灭火方式；各类电气控制柜都是相对密闭的，也宜采用全淹没灭火方式加以保护。

根据《风电场设计防火规范》（NB 31089—2016）中3.0.2火灾探测及灭火系统的配置规定：风电机组的机械及机舱平台底板下部、塔架及竖向电缆桥架、塔架底部设备层、各类电气柜应设置火灾自动探测报警系统；火灾自动探测报警系统报警信号宜与风电机组中心控制系统相连，传输至风电场升压站监控系统；风电机组的机舱及机舱平台底板下部、轮毂、塔架底部设备层、各类电气柜应配置自动灭火装置。自动灭火装置应带有报警及联动触点，并传输报警信号至监控系统；火灾探测报警器和灭火装置应考虑机组特点以及内部环境因素，如温度、湿度、振动、灰尘等，灭火剂应根据易燃物的类型选择。

条款中新型气溶胶喷口温度主要参照《气体灭火设计规范》（GB 50370—2005）中的3.5.5“……在其他防护区，喷放时间不应大于120s，喷口温度不应大于180℃。”，以及《风力发电机组消防系统技术规程》（CECS 391—2014）条文说明中的7.3.2“热气溶胶灭火装置的喷口前端温度较高，可达到180℃～200℃。”

条文2.11.13　定期对控制柜内元器件及接线情况进行检查，保证元件工作可靠，电缆连接无松动、过热和老化现象。定期检查、清扫发电机集电环碳粉，及时更换磨损超标超限的电刷，防止污闪及环火。定期检查并统计机组并网断路器动作次数，动作次数或使用年限达到设计寿命的应进行更换。

风电机组控制柜和变频柜等盘柜内各电源、控制回路接线端子松动造成接触不良或短路，将会同时引发火花。电弧放电温度将会达到2000～3000℃，极其容易引发火灾。

【案例】 2019年6月，内蒙古某风电场26号风电机组在正常停机过程中，定子接触器忽然发生电弧现象，此时转子网侧接触器断开，IGBT模块和电容发生爆炸。随后火势蔓延至机舱，机舱和叶片均烧损严重。原因：由于风电机组正常停机过程中，定子接触器在执行断开指令时A、B相发生电弧现象，定子接触器跳闸失败后，塔基断路器设计保护定值问题使断路器未能及时断开。此时转子网侧接触器已断开，发电机处于缺相电动运行状态，发电机转子侧产生的高电势超过变频器IGBT和电容耐受电压，导致IGBT模块及电容发生爆炸，引发火灾。

条文2.11.14　风电机组高速轴刹车系统应采用钢质材料的防护罩，其厚度应不小于2mm。定期对刹车时间、刹车间隙、刹车油泵的自动启动进行测试，不满足要求的禁止机组投运。定期检查刹车盘和制动钳的间隙，刹车盘厚度磨损量超过3mm时必须更换，及时清理刹车盘油污。定期检查制动钳的释放灵活性，不满足要求时应及时更换。

根据《风力发电机组制动系统　第1部分：技术条件》（JB/T 10426.1—2004）：钳盘式机械制动装置的制动钳数量一般不应少于2个，以确保制动的安全可靠；机械制动装置应允许将制动力矩调整至0.7～1倍的额定范围内使用；机械制动装置的响应时间应不大于0.2s；对液压驱动的机械装置，在50%的弹簧工作力和额定液压压力条件下，按驱动装置的额定操作频率操作，应能灵活地闭合；在额定制动力矩时的弹簧力和85%的额定液压力下操作，制动装置应能灵活地释放；在额定工作力和制动衬垫温度在250℃以内的条件下，制动装置的制动力矩应满足风电机组所需最小动态制动力矩的要求；摩擦衬垫的许用磨损量应予以规定，超过规定值时应及时更换；制动钳和制动盘的固定应采用高强度螺栓，固定力矩应符合设计要求；在制动状态下，摩擦副工作表面的贴合面积应不小于有效面积的80%；在非制动状态下，摩擦副的调整间隙在任何方向上均应在0.1～0.2mm之间。

【案例1】 2020年10月，内蒙古某风电场17号风电机组机舱着火，17号风电机组机舱严重烧损、叶片根部过火，其中一支叶片比较严重、顶端塔筒轻微过火，未有人员伤亡。原因：10月24日16时30分，风电场现场工作人员远程进行PLC重启，安全链动作，制动器抱闸，16时32分30秒—16时39分59秒、19时23分58秒—19时51分46秒期间风速变大，风电机组启动运行。由于制动器动作后液压缸活塞未正常回位，导致制动器主动侧刹车片与刹车盘侧磨共35min，高温产生火花和熔融物，引燃制动器下部易燃物（推测为下部的灭火毯上面有油污），引起着火。着火后因烧损制动器附近齿轮箱轴承温度、刹车盘磨损等信号线缆而发生短路或接地，触发故障及报警信号，机组停机。后火势逐渐漫延，最终烧毁机舱。

【案例2】 2017年9月，某风电场62号风电机组报出齿轮油压力低故障停机，机组停机后在2时42分1秒报叶轮过速开关、齿轮油压力低、DP总线等故障，塔底与机舱通信中断，机舱数据中断；在2时47分，运行值班人员对机组进行一次远程复位，机组故障没有消除；8时53分，检修维护人员到达机位，发现机组机舱烧毁。原因：引起此次机组着火的原因是高速刹车系统刹车片不能正常归位导致刹车片与刹车盘存在摩擦产生高温，且设备本身无报警、无温度检测，导致机组起火。

条文2.12　防止电化学储能电站火灾事故

本节规定了防止发电侧和电网侧电化学储能电站火灾事故的各项措施。本节的规定仅适用于发电侧和电网侧的电化学储能电站的防火工作。

条文2.12.1　发电侧和电网侧电化学储能电站（以下简称“储能电站”）站址不应贴邻或设置在生产、储存、经营易燃易爆危险品的场所，不应设置在具有粉尘、腐蚀性气体的场所，不应设置在重要架空电力线路保护区内；当设置在发电厂、变电站内时，电池设备室与其他电力设施的安全距离应符合《电化学储能电站

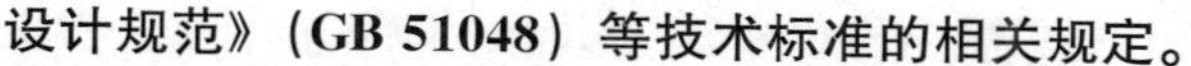

设计规范》(GB 51048)等技术标准的相关规定。

电化学储能电站防火工作的首要任务是确保人身安全、减少财产损失，站址选择与平面布置是防火设计的第一要素。因此，依据《电化学储能电站设计规范》(GB 51048—2014)等技术标准及国内外储能电站火灾事故教训，提出站址不得贴邻或设置在生产、储存、经营易燃易爆危险品的场所。为杜绝储能电站火灾对输电、发电、变电等重要电力设施的影响，提出储能电站站址不应设置在重要架空电力线路保护区内，架空电力线路保护区定义见《电力设施保护条例》相关要求；当电化学储能电站设置在发电厂、变电站内时，电池设备室与其他电力设施的安全距离应符合《电化学储能电站设计规范》(GB 51048—2014)等技术标准的相关规定。

条文 2.12.2　中大型储能电站应选用技术成熟、安全性能高的电池，审慎选用梯次利用动力电池。当选用梯次利用动力电池时，应遵循全生命周期理念，进行一致性筛选并结合溯源数据进行安全评估，符合《电力储能用锂离子电池》(GB/T 36276)等技术标准中关于安全性能的要求；运行中，应实时监测电池性能参数，及时进行一致性管控。

中大型电化学储能电站单体电池数量级大，即便是单体电池故障率极低，但整站故障率将相对较大，因此，提出中大型储能电站电池选型应选用技术成熟、安全性能高的电池。韩国三元锂电池储能电站火灾事故高发，日本钠硫电池火灾事故难扑灭，为深刻吸取事故教训，在当前技术条件下，推荐选用磷酸铁锂电池、液流电池、铅酸（铅炭）电池等安全性能高的电池。

对于中大型储能电站的定义，执行《电化学储能电站设计规范》(GB 51048—2014)的相关规定。

由于梯次利用动力电池来源、历史运行工况、老化程度不一，电池一致性较差，难以有效管控，因此要求中大型电化学储能电站审慎选用梯次利用动力电池。当选用梯次利用动力电池时，应根据能源局关于印发《新型储能项目管理规范（暂行）》的通知（国能发科技规〔2021〕47 号）第十五条的要求，遵循全生命周期理念，进行一致性筛选并结合溯源数据进行安全评估，并取得相应能力的机构出具的安全评估报告。安全评估时，电池安全性能应符合《电力储能用锂离子电池》(GB/T 36276)、《电力储能用铅炭电池》(GB/T 36280)等技术标准的要求。在梯次利用动力电池运行过程中，应实时监测电池性能参数，及时进行一致性管控，确保储能系统安全运行。

条文 2.12.3　储能电站锂离子电池设备间不得设置在人员密集场所。锂离子电池设备间的布置应符合《电化学储能电站设计规范》(GB 51048)等技术标准的相关规定。

规定了锂离子电池设备间布置与构筑物方式。锂离子电池故障可能引发火灾甚至爆炸，故要求锂离子电池设备间不应设置在人员密集场所。锂离子电池设备间的布置还应符合《电化学储能电站设计规范》（GB 51048—2014）等技术标准的相关规定。

条文 2.12.4　储能单元直流回路、电池簇回路应配置直流开断设备，电池模块端子应具备结构性防反接功能。电池管理系统应具备过电压、欠电压、压差、过电流等电量保护功能和过温、温差等非电量保护功能，宜具备簇级隔离控制功能，能发出分级告警信号或跳闸指令，实现就地故障隔离。

为有效隔离故障电池，提出储能单元直流回路、电池簇回路配置直流开断设备的要求。基于国内外多起电池模块极性接反引发火灾事故的案例，要求电池模块端子应具备结构性防反接功能。从运行经验来看，电池管理系统的过电压、欠电压、压差、过温、温差、气体等保护功能非常重要，可提前预判电池内部故障，故提出明确要求。随着技术发展，推荐电池管理系统具备簇级隔离控制功能，实现更小范围的故障隔离，减少停电检修范围，提高储能系统可用率。

条文 2.12.5　磷酸铁锂电池设备间内应设置可燃气体探测装置，当 H_2 或 CO 浓度大于设定的阈值时，应联动断开设备间级和簇级直流开断设备，联动启动事故通风系统和报警装置。可燃气体探测装置阈值的设定应满足相关标准的要求。通风系统应采用防爆型，启动时每分钟排风量不小于设备间容积（可按照扣除电池等设备体积后的净空间计算），合理设置进风口、排风口位置，保证上下层不同密度可燃气体及时排出室外，严禁产生气流短路。正常运行时，通风系统应处于自动运行状态。

提出了磷酸铁锂电池防火防爆技术措施。磷酸铁锂电池热失控试验和储能电站运行经验证明，电池正常运行时舱内没有 H_2、CO 等可燃气体产生；当磷酸铁锂电池故障、压力释放阀打开后，有 H_2、CO、烷烃类等气体产生，若此时停止充放电，一般不会发展到燃烧阶段；如果此时检测到可燃气体联动执行跳闸和事故通风动作，可最大限度避免过充、过放引发火灾，甚至爆炸。

可燃气体探测装置的阈值设定，不同应用场景有所不同。以 H_2 为例，加氢站、燃料汽车正常运行或使用时可能有 H_2 轻微泄漏，《加氢站安全技术规范》（GB/T 34584—2017）规定泄漏量为0.4%时报警、1.6%时停用加氢机，《燃料电池电动汽车　安全要求》（GB/T 24549—2020）规定乘客舱 H_2 浓度应低于2%；铅酸电池正常运行时有 H_2 产生，《电力系统用固定型铅酸蓄电池安全运行使用技术规范》（NB/T 42083—2016）规定 H_2 浓度高于4%时启动通风；电动汽车电池包内的胶类物质或其辅材可能会析出 CO 等气体，可燃气体探测器阈值一般设定在190ppm、精度为±50ppm。储能电站磷酸铁锂电池室（舱）应用场景与加氢站、燃料汽车、电动汽车等均不同。目前，国内相关研究机构、电池企业对可燃气体探测器阈值的设定数值没有统一意见。课题组基于多次实体模拟试验认为可燃气体探测器阈值越小越好，能够躲过探测器精度值（误差）即可，建议选用小量程可燃气体探测器，CO 或 H_2 浓度阈值为 50ppm、精度控制在±20ppm 较为适宜。国内有消防研究机构、电池厂家认为探测器存在分辨率大、数据漂移或选用 voc（挥发性有机化合物）型探测器等问题，建议采用高阈值。因此，本节建议可燃气体探测器阈值由设计院或电池厂家根据电池特性、应用环境、探测器规格并结合相关技术标准确定。

为快速排出可燃气体，对事故通风系统提出要求，要求排风速度每分钟总排风量应不小于设备间（舱）容积；合理设置排风口位置，如采取设备间（舱）上下各设置 1 处排风口等措施，保证上下层不同密度可燃气体及时排出室外；合理设置进风口位置，严禁产生气流短路。排风口方向应避开人员密集场所和主要交通道路。

锂电池正常运行时没有 H_2、CO 等可燃气体产生，故舱内开关、空调等可不采用防爆型设备，仅要求事故通风系统采用防爆型。事故通风系统的启动由可燃气体探测器联动，平时不会启动，故正常运行时不会影响设备舱的温度。正常运行时，可燃气体探测、直流开断设备跳闸及事故通风系统的联动控制应处于自动运行状态。作为电池防爆措施的事故通风系统设计应注意避免与其他通风系统或者电化学储能系统有物理交叉或者热交换，避免发生火灾蔓延风险。

条文 2.12.6　铅酸/铅炭、液流电池室内应设置可燃气体探测装置，联动启动通风系统和报警装置。通风系统的设计应符合《电力系统用固定型铅酸蓄电池安全运行使用技术规范》(NB/T 42083)、《全钒液流电池　安全要求》(GB/T 34866)等技术标准的相关规定。

不同类型的电池其热失控特性、燃烧特性不同，铅酸/铅炭电池、全钒液流电池在正常运行或热失控时有 H_2 等气体产生，因此要求铅酸/铅炭电池、全钒液流电池设备间（舱）应设置可燃气体报警装置，并联动通风系统和报警装置。铅酸/铅炭电池、全钒液流电池的通风系统的工程设计较为成熟，符合《电力系统用固定型铅酸蓄电池安全运行使用技术规范》(NB/T 42083)、《全钒液流电池　安全要求》(GB/T 34866) 等技术标准即可。

条文 2.12.7　储能电站电气设备间应设置火灾自动报警系统。新（改、扩）建中大型锂离子电池储能电站电池设备间内应设置固定自动灭火系统；灭火系统应满足扑灭电池明火且不复燃的要求，系统类型、流量、压力、喷头布置方式等技术参数应经具有相应资质的机构实施模块级电池实体火灾模拟试验验证。

本条文根据《国务院安委会办公室关于印发〈电化学储能电站安全风险隐患专项整治工作方案〉的通知》(安委办〔2021〕9 号)、《电化学储能电站安全规程》

（GB/T 42288—2022）和《预制舱式磷酸铁锂电池消防技术规范》（T/CEC 373—2020）编写。安委办〔2021〕9号文件规定，电化学储能电站的安全设施应能满足事故处置需求，应根据储能电站的选址布局、装机容量、安装形式、燃烧特性、电池性能等因素，合理评估设置灭火冷却系统、事故通风排烟和自动报警、可燃气体探测报警等系统，保证持续控火、降温、排烟，防止电池复燃和易燃易爆气体聚集发生爆炸事故。锂电池火灾属于深层固体火灾，具有A、B、C、E类的特点，灭火的基本原则是扑灭明火并持续降温，通过降温抑制电池热失控，避免复燃。中大型储能电站单体电池数量多，单体电池小概率质量事件往往集成为储能电站的大概率事件。因此，根据应急有效的原则，本条文提出，中大型锂电池储能电站电池设备间设置的固定自动灭火系统，不管采用哪种灭火系统或其组合，如细水雾、七氟丙烷＋细水雾、水喷雾、水浸式、全氟己酮、七氟丙烷＋灭火抑制剂等，都应满足扑灭电池明火且不复燃的要求，系统类型、流量、压力、喷头布置、控制策略等技术参数应经具有相应资质的机构实施电力储能用模块级电池实体火灾模拟试验验证。在具体工程设计与建设中，应严格落实该规格型号电池模块的实体火灾模拟试验确定的相关技术参数。模块级电池实体火灾模拟试验方法可参照《预制舱式磷酸铁锂电池消防技术规范》（T/CEC 373—2020）执行。具有相应资质的机构是指国家质量技术监督部门授权许可的具有火灾实验能力的检验检测机构。

条文2.12.8　储能电站的设备间、隔墙、隔板等管线开孔部位和电缆进出口应采用防火封堵材料封堵严密。设备间（舱）的通风口、孔洞、门、电缆沟等与室外相通部位，应设置防止雨雪、风沙、小动物进入的设施。

北京丰台区“4·16”较大火灾事故中，北楼爆炸直接原因是南楼电池间内磷酸铁锂电池起火后产生的可燃气体通过电缆沟进入北楼并扩散，遇电气火花发生爆炸。事故说明，防火封堵是为防止可燃气体、火焰和烟气通过建构筑物缝隙和贯穿孔口蔓延，是防止火灾扩大的重要手段。防火封堵应执行《电力工程电缆防火封堵施工工艺导则》（DL/T 5707）等相关标准，防火封堵材料应符合《防火封堵材料》（GB 23864）等相关标准。

条文2.12.9　储能电站运维单位应制订消防设施运行操作规程，定期开展维护保养，每年至少进行一次全面检测，确保消防设施处于正常工作状态。投运前，运维单位应针对可能存在的电池热失控、火灾等紧急情况编制应急预案，与属地消防救援机构建立协同机制，定期开展演练。运维人员应经消防培训合格后方可上岗。

提出了储能电站消防设施运行维护、应急管理及运维人员消防培训的要求。

3

防止电气误操作事故的重点要求

总体情况说明：

本章阐述了防止发生电气误操作事故的重点要求。近年来，我国电力工业快速发展，电力体制改革持续深入，高电压、长距离输电线路和高参数、大容量机组不断投入运行，各级电网快速发展，风电、光伏等新能源比重进一步增加。随着新技术、新设备的不断应用、系统运行模式的变化，防止电气误操作工作面临一些新情况和新问题。

本次修订主要依据《中华人民共和国安全生产法》、《防止电气误操作装置管理规定》（能源安保〔1990〕1110 号）、国家能源局《电力安全生产“十四五”行动计划》（国能发安全〔2021〕62 号）、《电力安全工作规程 发电厂和变电站电气部分》（GB 26860—2011）、《电力安全工作规程 电力线路部分》（GB 26859—2011）、《微机型防止电气误操作系统通用技术条件》（DL/T 687—2010）、《变电站监控系统防止电气误操作技术规范》（DL/T 1404—2015）、《高压带电显示装置（VPIS）》（GB/T 25081—2010）、《电力物联网体系架构与功能》（DL/T 2459—2021）、《便携式接地和接地短路装置》（DL/T 879—2021）、《安全工器具柜技术条件》（DL/T 1692—2017）、《电力安全工器具配置与存放技术条件》（DL/T 1475—2015）、《无人值守变电站监控系统技术规范》（GB/T 37546—2019）等国家及行业文件和标准，结合 2014 年以来，防止电气误操作工作面临的新情况和新要求、电气误操作事故的分析与总结以及防止电气误操作技术的变化，充分吸纳近年来电力企业已实施的反事故措施及其应用经验，并综合各电网公司、电力集团、电科院等单位提出的修改意见和建议，在《防止电力生产事故的二十五项重点要求（2014 年版）》防止电气误操作事故章节 13 个条款内容的基础上，重新进行了修订、补充和完善。

本次修订对本章章节和结构进行了调整，修订后的条文，按照技术措施、管理措施进行归类，分别为“3.1 防误操作技术措施”和“3.2 防误操作管理措施”。本次修订、补充和完善的条款分别归入这两部分。此外，本修订说明在对本章条文说明的基础上，收录了部分公开发布的相关典型案例。

条文说明：

条文3.1　防误操作技术措施

条文3.1.1　防止电气误操作的“五防”功能除“防止误分、误合断路器”可采取提示性措施以外，其余“四防”功能必须采取强制性防止电气误操作措施。

强制性防止电气误操作是指在设备的电动操作控制回路中串联受闭锁回路控制的接点，在设备的手动操作控制部件上加装受闭锁回路控制的锁具，严禁出现走空程序。

“五防”是指①防止误分、误合断路器；②防止带负荷分、合隔离开关或手车触头；③防止带接地线（接地开关）送电；④防止带电挂接地线（合接地开关）；⑤防止误入带电间隔。

提示性措施是指必须经严格执行操作票模拟预演、唱票、审核无误后，方可操作断路器分合。

除“防止误分、误合断路器”外的其余“四防”，如不采取强制性闭锁措施，而同样采取提示性措施，一旦人为疏忽，发生误操作事故，将会对人身、设备、电网造成严重危害，因此，必须采取强制性防止电气误操作措施。在能源部发布的《防止电气误操作装置管理规定》（能源安保〔1990〕1110号）中第二十条也有明确要求：“‘五防’中除防止误分、误合断路器可采用提示性的装置外，其他‘四防’应采用强制性装置。”。

【案例】　2016年8月18日，按照某供电公司检修计划安排，开展某220kV变电站10kVⅠ段母线及相关断路器柜清扫等工作。14时5分，工作负责人完成对工作班人员的安全交代，并强调1号主变压器10kV侧的0113隔离开关柜、10kV分段0102隔离开关柜带电运行，明确分工后，工作班组人员开始进行清扫工作。14时22分，清扫工作结束，工作人员撤离10kV高压室。14时24分，工作负责人和1名工作人员去车上放工具，3名工作人员未经许可，擅自返回10kV高压室处理0102隔离开关小车问题（之前据运行人员反映有卡涩），工作人员使用摇柄将0102隔离开关推入至“运行”位置，发生了弧光短路；14时31分，2号主变压器后备保护动作跳开012断路器；2号站用变压器412断路器失压脱扣跳闸。事故直接原因是010断路器与0102隔离开关小车间接地线未拆除前，工作班人员擅自扩大工作范围，在检查0102隔离开关小车“卡涩”原因过程中，操作小车造成10kVⅡ母通过0102隔离开关三相弧光接地短路。事故暴露问题：0102隔离开关小车柜体未加装防误锁具，工作班人员可以不经值班员开锁便可操作0102隔离开关。

条文3.1.2　防误闭锁装置应简单、可靠，操作和维护方便。不得影响继电保护和自动化系统等设备正常运行。

装设防误闭锁装置的目的是防止发生电气误操作事故。为保证工作效率，防误闭锁装置的使用需符合现场工作流程及人员操作习惯，不增加现场工作量，因此，防误闭锁装置应操作简单，功能可靠，维护方便。此外，防误闭锁装置设计、选型、安装、调试时，需要考虑其使用及维护不得影响继电保护和自动化系统等设备正常运行。

条文 3.1.3 采用计算机监控系统时，远方、就地操作均应具备防止误操作闭锁功能。监控防误系统应具有完善的全站性防误闭锁功能，应满足相关标准的要求。

全站性防误闭锁功能是指覆盖全站所有电气设备（断路器、隔离开关、接地开头、接地线、网门等）、所有层级（站控层、间隔层、过程层、设备层等）、所有操作方式（远方/就地、电动/手动等）的防误闭锁功能。从运行实际来看，部分变电站监控防误系统未做到全覆盖，因此，有必要强调监控防误系统应满足全站性防误闭锁要求。

2014 年以来，电力行业出台了一些监控防误系统的标准、规范，如 2015 年能源局颁布的《变电站监控系统防止电气误操作技术规范》（DL/T 1404—2015），应强调监控防误系统满足这些标准、规范的要求。

条文 3.1.4 断路器、隔离开关和接地开关电气防误闭锁回路应直接用断路器、隔离开关和接地开关的辅助触点，不应经重动继电器类元器件重动后接入；操作断路器或隔离开关时，应确保操作断路器或隔离开关位置正确，并以现场实际状态为准。

随着一次设备自动化水平的提高，部分变电站的接地开关已采用电动操作，闭锁回路重动继电器在设备辅助触点不足时用来提供更多的触点，当重动继电器及其回路故障时，会造成重动继电器触点非正常返回，导致设备采集位置与实际不一致，存在误操作风险。凡参与电气闭锁的断路器和隔离开关（包括接地开关）均应采用其辅助触点，以构成电气闭锁逻辑回路，而不能使用重动继电器的触点，这样可保证即使在设备间隔停电检修时，其断路器或隔离开关（包括接地开关）送出的用于闭锁逻辑判断的辅助触点，能真实地反映设备的实际状态。考虑由于辅助开关出现故障，不能真实地反映设备实际状态的情况，在本条文后半部分特别强调了，操作断路器或隔离开关（包括接地开关）时，应以现场状态为准。

【案例 1】 1999 年 4 月 17 日，某电厂发生升压变电站带电合接地开关的事故。由于隔离开关送给微机防误装置的位置触点采用了其辅助触点的重动继电器的触点，而没有直接送隔离开关辅助触点，在该间隔进行停电检修时，因操作电源被断开，重动继电器返回，其触点不能真实反映隔离开关的实际状态，造成微机防误装置误判闭锁条件满足，运行人员操作接地开关时，又没有以隔离开关的实际状态为准，造成了带电合接地开关的恶性事故。

【案例 2】 2009 年 2 月 11 日，某 500kV 变电站在进行 500kV 4 号联络变压器

由检修转运行操作时，在操作拉开5021-17接地开关后，由于5021-17接地开关A相分闸未到位，操作人员未按规定逐相检查隔离开关和接地开关位置，当操作到第72项“合上5021-1”时，5021-1隔离开关A相发生弧光短路，引起500kV 1号母线A相对地放电，母差保护动作跳闸。事故暴露问题：操作人员没有对接地开关位置进行逐相检查，只是在远方用目光检查（操作按钮的端子箱距离5021-1隔离开关约40m），没有现场确认5021-17接地开关完全分开的情况下就继续操作。

条文3.1.5 敞开式隔离开关与其所配装的接地开关间应配有可靠的机械防误闭锁。

机械防误闭锁又称机械联锁，是利用电气设备的机械联动部件对相应电气设备操作构成的闭锁，一般用于电气设备间隔内部的防误闭锁。实践证明，一旦其他防误闭锁措施解除或失效，隔离开关与其所配装的接地开关间配有可靠的机械防误闭锁，可作为最后一道防线，有效防止误操作事故的发生。

【案例1】 2007年4月12日，某220kV变电站施工人员传动遥信时，误将遥控端子当作遥信端子依次进行传动，致使2246-4-5-6隔离开关控制回路分别接通，造成2246-4、2246-5、2246-6隔离开关带接地开关依次合入，引发220kV 4母线、5母线相继故障，母差保护动作跳闸，变电站全停。事故导致某电厂一台300MW机组解列，该变电站所带220kV某变电站2号变压器停运。负荷侧自投成功，未影响负荷。14时18分，恢复正常运行。事故暴露问题：本站敞开式隔离开关的机械闭锁，出厂时月牙板与传动轴焊接强度不够，没有起到强制闭锁的作用，在接地开关未拉开情况下，能够合上直连的隔离开关。

【案例2】 2007年4月4日16时，某330kV变电站1号主变压器及三侧断路器、1号站用变压器预试、检修、保护校验工作全部完工，具备投运条件。19时6分，1号主变压器检修转运行。21时57分，运行人员开始执行站调口令：“1号站用变压器由检修转运行”的操作，执行第10项操作任务“拉开151丁隔离开关”的操作时监护人代替操作人操作，且未操作到位；第11项操作任务“检查151丁隔离开关三相确已拉开”的操作中，操作人，监护人，第二、第三监护人员均只检查了接地开关位置指示灯绿灯亮（分闸指示灯），而接地开关实际未拉开。22时13分，运行人员远方操作合上151断路器时，造成三相短路，151断路器RCS-9621保护过电流Ⅰ段动作断路器跳闸，同时，1号主变压器差动保护动作，三侧断路器跳闸，致使变电站1号主变压器低压绕组损坏，抢修后于4月25日12时30分恢复正常运行。事故暴露问题：事故所在间隔内，隔离开关与其所配装的接地开关之间的机械闭锁装置不可靠，接地开关未拉开情况下，能够合上直连的隔离开关。

条文3.1.6 电磁锁、遥控闭锁装置、微机闭锁、智能防误终端等防误闭锁装置，电源应单独设置，并与继电保护及控制回路电源分开。防误闭锁系统主机应由

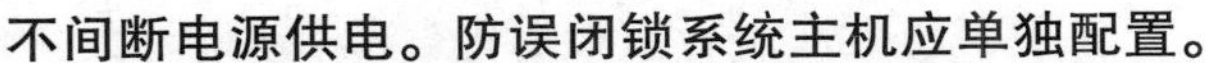

不间断电源供电。防误闭锁系统主机应单独配置。

本条文列举了电源应独立设置的几种常见的防误闭锁装置，便于现场执行；微机防误装置改为防误闭锁系统，覆盖面更广；增加了防误闭锁系统主机单独配置的要求。

防误闭锁装置电源与继电保护及控制回路电源独立，极大地提高了防误闭锁装置工作的可靠性，避免防误闭锁装置电源与继电保护及控制回路电源相互影响、相互制约。采用不间断电源，可有效保障防误闭锁装置工作的连续性和可靠性，实际工程应用非常必要。

防误闭锁系统主机承担着模拟操作和操作票管理、防误规则编辑及校核等作用，是防误闭锁系统的核心部件，根据《电力安全工作规程　电力线路部分》（GB 26859）要求，现场具有模拟图或接线图，正式操作前可进行模拟预演。目前变电站（升压站）一般没有配置单独的模拟预演系统（模拟屏），需要在防误闭锁系统主机上完成模拟操作。另外，全站防误规则的编辑和修改，也需要在防误闭锁系统主机完成，且在其他系统故障时，防误闭锁系统还能正常使用，以保障运维人员倒闸操作的安全。因此，单独配置主机极大地提高了防误闭锁系统的可靠性。

【案例】 2018年4月，某供电公司运维班值班长收到地调调度员发出的正式指令内容：某变电站110kV某线173线路由热备用转冷备用。操作时发现综合自动化后台A机画面切换不畅，无法正常开启“五防”模块，无法进行模拟操作，A机重启后无法进入正常程序。综合自动化后台B机程序运行正常，但由于未配置“五防”启用功能，也无法用于“五防”模拟。运维人员联系检修人员及厂家，待厂家人员赶往处理综合自动化A机缺陷，经厂家核实A机故障，其后通过对综合自动化B机配置参数进行修改，将综合自动化B机设置“五防”启用后，方可正常模拟操作。待厂家人员将A机处理正常后，将综合自动化B机配置恢复为不启用“五防”，将A机设置“五防”启用。本项操作因“五防”故障操作超时95min。事故暴露问题：综合自动化后台机异常或故障情况下，“五防”模拟无法正常开展，当操作时间紧迫时，需要使用解锁进行操作，存在误操作风险。

条文 3.1.7　成套高压开关柜、成套六氟化硫（SF_6）组合电器（GIS/PASS/HGIS）“五防”功能应齐全，性能良好。开关柜应装设具有自检功能的带电显示装置，并与接地开关（或临时接地装置）及柜门实现强制闭锁，带电显示装置传感器应三相分别设置。高压开关柜内手车开关拉出后，隔离带电部位的挡板应可靠闭锁。

在新建、改（扩）建变电工程或主设备技术改造，应选用防误功能齐全、性能良好的SF_6组合电器（如GIS/PASS/HGIS）、成套高压开关柜。由于目前选用的开关柜绝大部分为金属全封闭型，设备检修时无法进行直接验电，故要求新投运的开关柜装设具有自检功能的带电显示装置进行间接验电。为防止运检人员在带电情况下误打开柜门或带电合接地开关（临时接地装置），要求带电显示装置与柜门及接地开关（临时接地装置）实现强制闭锁。对带电显示装置带自检功能的要求，可让运检人员在验电之前，提前了解带电显示装置的工况，以保证验电结果的正确性，防止因带电显示装置故障给出错误的验电结果，进而发生误入带电间隔事故及带电接地事故。带电显示装置传感器三相分别设置，则是充分保证验电的准确性和可靠性。

部分高压开关柜虽安装了可以遮挡带电静触头的隔离挡板，并设置了标志牌等提示性措施，但没有设计安装防止触碰挡板联动结构的闭锁装置，只能依靠工作人员安全意识和人工监护。当手车开关拉出后，柜内隔离挡板联动机构直接暴露在柜体空间，可以轻易地将绝缘隔离挡板开启，使带电体暴露。为防止柜内静触头带电时，误打开开关柜触头隔板发生触电事故，在保证手车进出顺利和设备安全运行基础上，应对开关柜带电部位的隔离挡板采取可靠的闭锁措施。

【案例1】 2013年10月，某变电检修中心组织厂家对某220kV变电站35kV开关柜做大修前的尺寸测量等准备工作。在进行2号主变压器35kV三段开关柜内部尺寸测量工作时，厂家项目负责人陈×向工作负责人卢×提出需要打开开关柜内隔离挡板进行测量，卢×未予以制止，随后陈×将核相车（专用工具车）推入开关柜内打开了隔离挡板，要求厂家技术服务人员林×留在2号主变压器35kV三段开关柜内测量尺寸。10时18分，2号主变压器35kV三段开关柜内发生触电事故，林×在柜内进行尺寸测量时，触及2号主变压器35kV三段开关柜内变压器侧静触头。林×当场死亡，在柜外的卢×、刘×受电弧灼伤。事故暴露问题：在2号主变压器带电运行、进线开关变压器侧静触头带电的情况下，开关柜带电部位的隔离挡板未采取可靠的闭锁措施，导致现场工作人员误入带电间隔时，错误地打开35kV三段母线进线开关柜内隔离挡板进行测量，触及变压器侧静触头，引发触电事故。

【案例2】 2015年3月23日，按照某供电公司检修计划安排，某110kV变电站部分设备进行试验、检修等工作。8时12分开始，各班组分别组织进行班组级安全技术交底，张×带领刘×、陈×、孙×到10kV开关室，列队交代工作内容及安全措施，并到501柜后指明地线位置，指出“10kV 3号母线带电”，但未指明具体带电部位。9时40分，孙×在无人监护的情况下打开了501开关柜后柜上柜门内母线桥小室盖板（小室内部有带电的10kV 3号母线，横跨过垂直方向的主变压器进线母线桥，并处外侧），误触碰10kV带电母线（根据医院鉴定证明，判断为通过其双手、柜体形成放电通道），造成人身伤亡事故。事故暴露问题：工作人员在10kV母线带电的情况下，还能够打开开关柜后柜上柜门内母线桥小室盖板，误触碰带电母线，造成触电，说明开关柜本身防误措施不完善，是导致此次事故的主要原因之一。

条文3.1.8 新（扩）建的发电、变电工程或主设备经技术改造后，防误闭锁装置应与主设备同时设计、同时安装、同时验收投运。

设计阶段应根据选用防误闭锁装置的类型，配置完善的闭锁程序和闭锁部件；闭锁部件的装设应和主设备安装同时进行；验收阶段应有运行人员参与，验证闭锁程序的正确，检查“五防”闭锁功能是否齐全、完善，是否达到强制闭锁要求。闭锁部件安装应牢固、可靠，使用方便。

防误闭锁装置的管理要求应从全生命周期（包括设计、基建、运维等阶段）进行修订，由于防误闭锁装置管理涉及的专业较多，为便于实际执行，不宜在每个章节条款进行说明，统一在此条文补充修改完善。

实践证明，防误闭锁装置的使用能够有效地防止电气误操作事故的发生，因此新（扩）建变电站工程或主设备经技术改造后，防误闭锁装置应与主设备同时安装、同时投运，确保防误闭锁装置在主设备运行时发挥作用。

把好防误闭锁装置的设计、安装、验收关非常重要，运行人员参与到验收环节，能够有效保证闭锁逻辑和闭锁部件可靠性满足现场运行要求，避免投运后再进行反复修改、调试，影响电网、设备安全运行。

条文3.1.9 调度、集控、场站等各层级操作都应具备完善的防误闭锁功能，并确保操作权的唯一性。

防误系统应具有覆盖全站电气设备及各类操作的防误闭锁功能，且满足远方和就地（包括就地手动）操作均具备防误闭锁功能要求。电气设备操作控制功能可按远方操作、站控层、间隔层、设备层的分层操作原则考虑，无论设备处在哪一层操作控制，都应具备防误闭锁功能。调度、集控远方操作同样应具有完善的防误闭锁措施和可靠的设备状态确认方式。在调度、集控远方操作之前，应进行防误校核，只有在通过逻辑校验后，调度、集控监控后台才能对设备进行远方操作；没有防误校核或没有通过防误校核的设备应禁止其进行远方操作。

此外，应采取管理和技术措施确保设备操作权限的唯一性，即任何设备在任意时间只能接受来自某一个操作层的某一个操作人员的操作，该操作人员取得该设备的操作权之后，任何其他人员不能操作该设备，只有该操作人员工作结束释放操作权或主动将该操作权转移，其他人员才能对该设备进行操作，以确保被操作设备和电网的安全。如调控值班员甲遥控操作某断路器时，调控值班员乙无法遥控操作该断路器，同时现场运维值班人员也无法就地操作该断路器；现场运维值班员丙操作某断路器时，运维值班员丁无法操作该断路器，同时调控值班员也无法进行遥控操作。调控中心远方遥控操作失败时能转为现场就地操作。

调度、集控、场站等各层级操作如果没有完善的防误闭锁功能，或不能确保设备操作权的唯一性，都可能导致误操作事故的发生。因此，有必要增加上述条款，以保证调度、集控、场站等各层级操作安全。

【案例】 2021年1月，某供电公司执行《500kV某线5051和5053断路器保护及第五串端子箱改造更换工程启动方案》。3时52分，调控黄×接总调杨×令：执行启运方案第八大项第二中项第12项“某站：退出500kV某线5051断路器、500kV某线5053断路器保护的充电过电流保护（调整连接片和控制字确保退出），按正式定值单要求恢复5051、5053断路器正式定值，临时定值措施单作废。投入5053、5051断路器的重合闸。”3时53分，调控黄×转令至500kV某站张×，张×接令后，向监护人张×转达调度令执行启运方案第八大项第二中项第12项，后由监护人张×、操作人陈×完成此操作。监护人张×、操作人陈×执行完毕启运方案第八大项第二中项第12项后，4时7分，将未下令的第15项执行完成：合上500kV某线5053断路器。张×发现未按调度令执行步骤提前合上500kV某线5053断路器，第一时间安排监护人张×、操作人陈×将500kV某线5053断路器断开。事故暴露问题：由于调度受令系统未与防误闭锁系统自动衔接，未通过防误闭锁系统对调度命令进行解读、校核、关联、闭锁，缺乏有效的防误技术措施对上述事故中的无令操作、不按调令操作等违章行为进行管控。

条文3.1.10 采用新技术实现“五防”闭锁功能时，具备条件的应实现实时在线强制闭锁，以满足新型电力系统及智能（数字）电网发展的实际需要。有条件时应优先选用综合智能防误系统。

近年来，随着碳达峰、碳中和进程加快和能源转型深化，电力系统面临前所未有的变革压力。推进能源清洁低碳转型，亟待加快构建新型电力系统。新型电力系统是以新能源为供给主体，以坚强智能（数字）电网为枢纽平台，以源网荷储互动和多能互补为支撑，具有清洁低碳、安全可控、灵活高效、智能友好、开放互动基本特征的电力系统。

随着新型电力系统及智能（数字）电网的发展，电力设备智能化水平得到很大提升，一键顺控、智能巡视等新技术快速普及，运维管理新模式逐渐推广，原有的厂站运行方式、作业流程等都发生了变化，对防误操作管理和人员作业安全、设备安全防护能力提出了更高要求。此外，厂站内的综合业务、外委业务增多，电气误操作事故不仅发生在倒闸操作期间，在检修作业、巡维作业过程中也时有发生，出现了一些新类型的电气误操作事故。

为适应新形势下防止电气误操作的要求，需要研究防误新技术及研制新产品，提升现有防误操作技术的智能化水平，以满足新的防误要求。

随着新技术的发展，“大云物移智”等信息化新技术日趋成熟，在电力行业也得到了普及应用，为综合智能防误等智能化防误新技术提供了实用、可靠的技术基础与支撑。针对综合智能防误等不断出现的防误新技术，提出采用新技术实现“五防”闭锁功能时，具备条件的应实现实时在线强制闭锁，在保障倒闸操作安全的前提下，满足防误新需求，提升工作效率，以适应新型电力系统及智能（数字）电网发展的实际需要。

从目前这些技术的试点应用情况来看，可较好适应防误操作的新要求。因此，有条件时应选用综合智能防误系统等新产品。

【案例 1】 2016 年 9 月，500kV 某站 220kV 4 号母线、某线停电，开展某线间隔隔离开关大修及某线监控改造工作，220kV 3 号母线正常运行。9 月 4 日 15 时 40 分左右，监控改造工作负责人要求运行人员到现场进行验收及工作终结。运行人员在工作票尚未终结的情况下，提前变更现场安全措施——拆除 20664 隔离开关安全围栏、拉开 206637 接地开关后未及时恢复（配合监控改造）。随后，检修人员在运行人员未能到场、未认真核对设备名称编号的情况下，误走到 20663 隔离开关机构箱，用短接线解除该隔离开关的电气闭锁，拆除贴在该机构箱内操作电源开关上“禁止合闸，有人工作”的警示标签后合上操作电源，并通过就地“合闸”按钮合上了 20663 隔离开关，导致带接地线合 20663 隔离开关，造成 220kV 3 号母线带电挂地线的恶性电气误操作事件。事故原因：检修作业人员违章解锁，擅自拆除安全警示标签、违章合上带电运行母线上隔离开关的操作电源并进行合闸操作。运行人员在工作票尚未终结的情况下，提前变更现场安全措施。事故暴露问题：设备检修传动缺乏技防措施，检修人员走错间隔，使用短接线解锁传动，造成带接地合闸误操作事故。

【案例 2】 2021 年 11 月，220kV 某变电站因 220kV 某路 071 隔离开关靠 2 号母线侧 B 相引流线线夹断裂，导线落地造成 220kV 2 号母线接地，两套 220kV 母线差动保护动作跳开 2 号母线上的连接元件，但某路 07 断路器未跳闸，由对侧某 222 断路器的线路保护接地距离Ⅱ段动作跳闸切除故障。因 110kV 母线并列运行，未造成负荷损失。事故原因：220kV 某路送电操作中，由于操作票填写漏项，操作人员未将两套 220kV 母差保护屏内某路 07 跳闸出口压板加入，使得母差保护动作后无法启动某路 07 断路器线路保护操作箱 TJR 永跳继电器，造成某路 07 断路器未跳闸。事故暴露问题：二次设备操作过程中，缺少一、二次联合防误校验等技术措施，未及时发现二次设备漏投，导致事故扩大。

条文 3.1.11 防误闭锁系统或装置应具备应急硬件（解锁钥匙）快速解锁机制，在授权管理下，可临时停用、停运防误闭锁装置。

发生事故或紧急操作情况下，为快速切除故障，防误闭锁系统或装置应具备应急硬件（解锁钥匙）快速解锁机制，可在授权管理下，临时停用、停运防误闭锁装置。

条文 3.1.12 采用微机防误闭锁系统的场区及变电站内应预设固定接地桩，临时接地线的挂、拆状态应实时采集监控，并实施强制性闭锁。

近年来因误挂、漏挂、漏拆接地线而造成的误操作事故时有发生。虽然针对接地线的保管、使用都有详细的规定，但由于现场设备操作管理缺乏相应的技术措施，无法杜绝带电挂接地线、带接地线合断路器或隔离开关的事故。为防止与接地线相关的误操作事故，接地线应纳入防误操作管理，固定接地桩应预设并闭锁，接地线应专用，接地线的领取与回收应形成闭环管控。接地线挂、拆状态应实时采集，状态数据在防误主机中有相应显示，并参与防误逻辑判断，实现接地线操作强制闭锁功能。

【案例 1】 2011年5月，某供电公司220kV变电站某1线2051隔离开关、220kVⅠ母PT2514隔离开关检修。在2051隔离开关靠母线侧（由于该处无母线侧接地的接地桩，接地点用专用接地线夹固定在接地扁铁上）、开关侧各装设一组接地线。2051隔离开关检修工作结束后，由于220kVⅠ母PT2514隔离开关检修无法装设接地线，经中调同意，保留2051隔离开关靠母线侧接地线。17日某集控中心值班负责人文×接中调令：将某站220kV某2线207开关由220kV旁路270断路器代路运行恢复至本断路器运行。文××对黄××传达指令，黄××接令后立即下令姚×填写操作票。姚×通过“五防”系统按“220kV某2线207开关恢复至220kVⅠ母运行”的操作项目填写操作票后开始操作。在操作完拆除某2线2071刀闸靠开关侧1号接地线、合2071隔离开关、合2073隔离开关后，合某2线207开关时，由于某线2051靠220kVⅠ母侧装设有一组接地线，发生了带接地线合开关的误操作事故。事故暴露问题：装设的临时接地线未纳入“五防”逻辑，无法实现对母线隔离开关的“五防”闭锁，变电值班员在送电过程中未考虑到Ⅰ母上保留的接地线，错误地填写操作票并执行操作。

【案例 2】 2010年5月，某供电公司35kV变电站进行10kV某1线新增站用变压器接火工作，办理了1张变电站第一种工作票，安全措施是某1线和某2线转检修，实际共装设了3组接地线。11时17分，接火工作完毕后，值班负责人陈××向正值调度员朱××汇报工作任务完成，办理工作终结。正值调度员核实了某1线杆龙门架上的接地线已拆除，却没有继续核对某1线柜内线路隔离开关线路侧的1组接地线是否已拆除，也没有命令拆除相应变电工作票上的全部接地线，在询问了某1线是否具备送电条件并得到肯定的答复之后，正值调度员要求值班负责人派出巡操班人员合上联络开关、恢复某线送电的操作。而值班负责人亦没有提醒调度

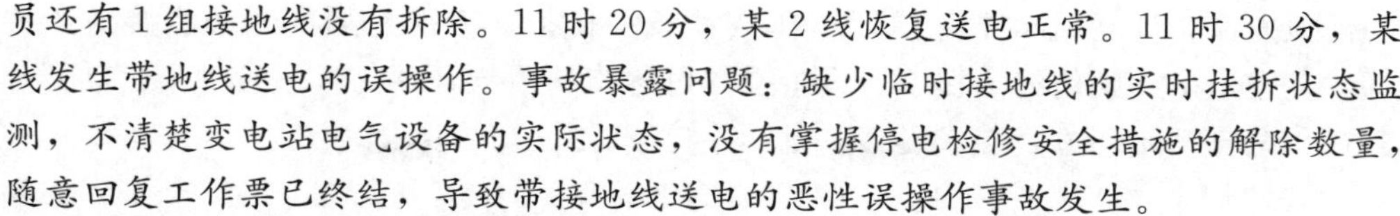
员还有1组接地线没有拆除。11时20分，某2线恢复送电正常。11时30分，某线发生带地线送电的误操作。事故暴露问题：缺少临时接地线的实时挂拆状态监测，不清楚变电站电气设备的实际状态，没有掌握停电检修安全措施的解除数量，随意回复工作票已终结，导致带接地线送电的恶性误操作事故发生。

条文3.2 防误操作管理措施

条文3.2.1 严格执行操作票、工作票制度，并使“两票”制度标准化，管理规范化。在满足网络安全防护的前提下，“两票”管理系统宜与防误系统形成业务贯通。

操作票是运行人员将电气设备由一种运行方式（状态）转化为另一种运行方式（状态）的操作依据。操作票中的操作步骤具体体现了设备转换过程中合理的先后顺序和需要注意的问题。正确填写操作票并严格按照操作票进行操作是防止电气误操作事故发生的重要措施和基础。

工作票是工作人员对电力设备进行检修维护、缺陷处理、调试试验等作业的依据。是保证电力生产安全的重要措施。工作票不仅对当前工作任务、人员组成、工作中的安全措施及注意事项等作出了明确规定，同时对检修设备的状态和安全措施提出了具体要求。正确填写和执行工作票是保证工作人员及设备安全的重要措施。

随着电力系统智能化水平的不断提升与发展，电力生产企业基本实现两票智能化管理，具备了实现两票系统与防误系统业务贯通的条件。

（1）调控中心和生产管理部门的两票系统应根据系统运行工况和作业操作要求生成操作票或工作票，并进行严格的防误逻辑校验，确保开票准确；

（2）在正式下达调度操作命令或操作票前，宜在调度控制系统或生产管理系统上采用当前电力系统实时工况进行模拟操作，以验证该操作不会导致安全风险；

（3）涉及就地人工操作的操作票或调度指令应经现场防止电气误操作系统校验正确后，方能执行；不涉及就地人工操作的应经防误判断（主站端或厂站端）正确后执行；

（4）站端使用的操作票宜与防误系统业务联动，操作票应经设备实时状态和防误逻辑判断正确后执行。

根据《电力监控系统安全防护规定》[国家发展和改革委员会令第14号（2014年）]要求，实时控制功能及其直接相关功能均应置于安全Ⅰ区；控制操作指令的生成、下达、执行等全程都应采用加密认证等相关安全措施。当两票管理系统位于管理信息大区时，所生成的两票须经反向安全隔离装置或安全移动介质（安全U盘等）导入生产控制大区，采用实时工况进行模拟操作验证之后再下达执行；或将生产控制大区的系统运行工况经正向安全隔离装置导出到管理信息大区，进行相应的模拟操作验证之后再下达执行。在技术条件具备（特别是隔离开关、接地开关等）且安全措施到位的前提下，设备操作可逐步从手工开环方式过渡到半自动开环方式、全自动闭环方式、多设备一键顺序控制方式。

【案例1】 2012年5月，在接到某地调将110kV某变电站1151开关由冷备用转为检修状态的指令后，操作人陈×、监护人周×和值班负责人王×没有填写操作票，就到110kV配电室检查1151开关确在冷备用状态，到11516隔离开关处，未经验电就合上1151617线路接地开关，导致发生了带电合线路接地开关的恶性误操作事件。事故暴露问题：人员违反“安规”，未落实操作票制度，导致误操作事故。

【案例2】 2017年8月，某热电公司除盐水泵变频柜设备供货商安排苏×等3人到现场进行设备消缺工作，在未通知现场负责人、未办理入厂手续、无工作监护人、未办理工作票的情况下，擅自打开带电变频柜电源侧柜门进行盘柜顶部风扇接线作业，触碰带电母线，造成触电死亡。事故暴露问题：未落实工作票制度，导致事故。

条文3.2.2　严格执行操作指令。当操作中发生疑问时，应立即停止操作并向发令人报告，并禁止单人滞留在操作现场，待发令人确认无误并再行许可后，方可进行操作。不准擅自更改操作票，不准随意解除防误闭锁装置，禁止擅自使用解锁工具（钥匙）或扩大解锁范围。

操作票作为倒闸操作的书面依据，一张正确的操作票，需经过开票人、审核人、复审人、操作人、监护人确认，并经过模拟预演证明不存在电气误操作隐患，操作票中每个操作项及前后顺序应符合相关规程，若在操作时任意改变将可能造成误操作事故。尤其是擅自使用解锁工具（钥匙）解锁操作或扩大解锁范围，从而脱离操作票的约束，极易发生误操作事故或人身伤害事件。

【案例】 2016年8月，某供电公司220kV变电站因检修工作需要，工作负责人申请试合220kV某线2731隔离开关，检查辅助触点接触情况。在经省调许可后，当事人何×取出“远方/就地”“联锁/解锁”钥匙（为同一把），和邓×一起到220kV某线间隔就地汇控柜处，准备对2731隔离开关进行就地试合操作。因273断路器两侧27327、27360接地开关在合闸位置，有电气联锁功能无法直接对2731隔离开关进行合闸，何×将“联锁/解锁”切换开关切换到“解锁”位置，合上隔离开关控制电源及电机电源空气开关。此时现场厂家人员建议先将与2731有电气闭锁的27327和27360接地开关拉开，再按规定合上2731隔离开关。何×按照厂家人员建议，临时改为先拉开27327接地开关。在操作过程中，操作人何×误将2732隔离开关认作27327接地开关，无视2732隔离开关操作把手已悬挂“禁止合闸，有人工作”标示牌，未核对设备名称及编号，未检查汇控柜内开关分合状态指示，直接取下“禁止合闸，有人工作”标示牌，误操作2732隔离开关合闸，由于电气联锁已失去作用，造成带27327接地开关合2732隔离开关的恶性电气误操作事件。事故暴露问题：操作人未认真核对设备名称及编号，未核实汇控柜内隔离开关分合状态指示，擅自扩大解锁范围，造成带接地开关合闸的恶性误操作事故。

条文3.2.3　建立完善的解锁工具（钥匙）及解锁密码使用和管理制度。防误闭锁装置不能随意退出运行，只有在应急处理事故时，才能停用、停运防误闭锁装置，此时应经本单位分管生产的行政副职或总工程师批准；确因防误闭锁装置本身故障短时间退出防误闭锁装置，应经变电站站长、运维班班长、操作或运维队长、发电厂当班值长批准，并实行双重监护后实施，应按程序尽快修复该防误闭锁装置并投入运行。

防误闭锁装置因缺陷不能及时消除，防误功能暂时不能恢复时，执行审批手续后，可以通过加挂机械锁作为临时措施，此时机械锁的钥匙也应纳入解锁工具（钥匙）管理，禁止随意取用。

以任何形式部分或全部解除防误装置功能的操作，均视作解锁操作。近年来发生的电气误操作事故，大部分都是由于随意使用解锁工具（钥匙）、擅自使用解锁密码以及监护不到位造成的，因此防误闭锁装置的解锁工具（钥匙）、解锁密码必须有专门、严格的保管和使用制度，内容包括倒闸操作、运维工作、检修工作、事故处理、特殊操作和装置异常等情况下的解锁申请、批准、监护、使用记录等解锁规定；防误装置的解锁工具（钥匙）、解锁密码应使用专用的装置封存，专用装置应具有信息化授权方式，有启封使用登记和批准制度，并需记录解锁原因以及对应工作的详细信息。如确需解锁，应按上述规定严格批准程序，短时间退出应按程序尽快恢复运行，解锁工具（钥匙）、解锁密码使用后应及时封存。

针对防误装置存在的隐患，在防误功能暂时不能恢复而对应设备仍需继续运行时，为防止出现电气误操作事故，应根据现场实际情况采取有效的临时性防误闭锁措施（如加挂机械锁具等）。现场操作时应重点对防误功能缺失的隔离开关手柄、阀厅大门和有电间隔网门加挂机械锁具。采取临时措施后，对应的解锁工具（钥匙）应纳入防误闭锁装置的解锁工具（钥匙）管理范围，任何人不得随意解除闭锁装置。

【案例1】　2018年11月，某检修公司500kV变电站运维人员在500kV 2号母线转检修的操作过程中，远程操作500kV 2号母线接地开关5227失败，变电站运维人员在现场查看接地开关位置时，误入500kV 1号母线接地开关5127间隔，擅自使用“五防”解锁钥匙调试密码功能进行解锁，误合500kV 1号母线接地开关，导致500kV 1号母线差动保护动作，造成500kV某Ⅱ回线及其所带的某电厂4号机停运。暴露问题：防误装置密码管理不严格，安装调试完成后未及时清除调试密码功能，变电站运维人员擅自使用“五防”解锁钥匙调试密码功能进行解锁。

【案例2】 2013年4月，调度员下令执行将某变电站10kV Ⅰ段母线电压互感器由检修转为运行，夏×接到调度命令后，监护变电副值胡×和方×执行操作。由于变电站微机防误操作系统故障（正在报修中），在操作过程中，经变电运维班班长方×口头许可，监护人夏×用万能钥匙解锁操作。运维人员在未拆除1015手车断路器后柜与Ⅰ段母线电压互感器之间一组接地线情况下，手合1015手车隔离开关，造成带地线合隔离开关，引起电压互感器柜弧光放电。事故暴露问题：在防误系统故障退出运行的情况下，未采取临时闭锁措施，防误专责未按照要求到现场进行解锁监护，未认真履行防误解锁管理规定。

条文3.2.4　应制订和完善防误闭锁装置的运行规程及检修规程，加强防误闭锁装置的运行、维护管理，确保防误闭锁装置正常运行。对已投产尚未装设防误闭锁装置的发电、变电设备，要制订切实可行的防范措施和整改计划，必须尽快装设防误闭锁装置。

除了从组织措施上通过实施“两票”等制度来防止电气误操作外，还应从技术上采取措施，以有效防止电气误操作事故。防误闭锁装置的应用是落实本质安全、防止电气误操作的重要技术措施。

实践证明，防误闭锁装置能够有效防止电气误操作事故的发生，目前已在发供电企业中广泛推广使用，并取得了各级单位的普遍重视。但在防误装置管理方面，仍存在一定的问题，主要反映为由于防误装置部分分散或依附在其他的主设备上，有些单位将防误装置作为辅助设备对待，未严格落实防误装置的维护和检修职责，对防误装置的管理及运行维护重视不够。防误装置维护频次不够，台账建档缺失，设备处于只用不修或无人管理的状态，导致室外防误锁具锈蚀卡涩、辅助触点接触不良、电脑钥匙电池老化亏电、锁具码片失效等问题；防误装置大修、技改费用投入不足或不及时，部分单位老旧防误装置数量较多。

因此，防误闭锁装置的管理工作有待进一步加强，要做好防误装置的设计、安装和运行维护，提高防误装置维护水平和维护质量，加大防误装置“硬件”设施投入，防误装置的检修应等同于主设备的检修。在新建、改（扩）建变电工程或主设备经技术改造后，要确保防误装置与相应主设备同时设计、同时安装、同时验收投运。

对于未安装防误装置或防误装置验收不合格的设备，运维单位或有关部门有权拒绝该设备投入运行，并要求施工单位立即整改，以切实防止运行过程中电气误操作事故的发生。

运维单位应制订防误闭锁装置的运行、检修规程，明确管理职责、解锁要求、日常巡视、定期维护、周期检修、大修技改等内容。

【案例】 2009年4月，某供电公司220kV变电站值班人员按照调令“110kV旁路540开关代某线545开关运行，545开关由运行转检修”执行倒闸操作。上午7时40分，545开关已转为冷备用，在执行“合上110kV某线54530接地开关”时，吴×走到5450接地开关操作把手前（5450接地开关与54530接地开关操作把手相邻但操作面相差90°），在未仔细核对设备双重名称的情况下，便左手握住5450接地开关的挂锁、右手拿电脑钥匙向挂锁插入，同时左手拉动挂锁，此时5450接地开关的挂锁锁环断落，程序钥匙未发出语音提示，吴×误以为开锁成功，只是挂锁损坏，之后操作合上了5450接地开关，造成接地开关合于正在运行的110kV旁路母线，旁路540开关保护动作跳闸。事故暴露问题：防误系统的日常维护工作不到位，检查、维护不够全面认真，对于5450接地开关闭锁锁具存在的缺陷没能及时发现并消缺，“五防”锁具损坏失去把关作用，是导致事故发生的重要原因。

条文3.2.5 应配备充足的经国家认证认可的质检机构检测合格的安全工作器具和安全防护用具。检修工作时，为防止误登室外带电设备，应在带电设备四周装设全封闭检修临时围栏。

总结过去所发生的电气误操作事故，存在因使用不合格的安全工器具和安全防护用具、未采用全封闭（包括网状等）的检修临时围栏，而导致的人员伤亡或设备烧损的事故发生。因此要吸取教训，配备充足的经国家认证认可的质检机构检测合格的安全工器具和安全防护用具，且采用全封闭的检修临时围栏。

根据国家能源局《电力安全生产“十四五”行动计划》（国能发安全〔2021〕62号）的文件精神，明确提出“推广基于物联网技术的智能安全工器具、实时在线防止电气误操作系统……”的要求，应实现对临时地线等工器具的技术升级，满足新型电力系统建设的需要，应符合《安全工器具柜技术条件》（DL/T 1692）的要求。基于物联网技术的智能工器具和智能管理型工器具柜的应用，将会减少误操作事故的发生，特别是对经常发生的带电挂地线和带地线送电的恶性误操作事故，可以起到有效的遏制。

【案例】 2020年10月，某发电公司办理了11号机组6kV 11A段母线检修电气第一种工作票停役检修，检修工作内容为6kV 11A段母线检修、母线试验、6kV 11A段下属辅机开关检修及试验等。10月15日下午，工作票上的工作负责人在6kV 11A、B段配电室召开了现场开工会，对工作班人员交代了系统隔绝和安全措施。10月16日8点20分，电气检修部高压班召开站班会，高压班班长严×布置了11号机组6kV 11A段开关仓封堵检查等当日工作任务，明确班长本人和班员黄×、陈×共三人进行6kV 11A段开关仓封堵检查工作，提醒6kV 11A段备用电源电压互感器仓连接排带电，并向黄×、陈×进行了每日安全交底。8点30分左右，班长严×和黄×、陈×进入6kV 11A、B段配电室进行工作，9点左右开关内发生异响，黄×上半身倒在6kV 11A段备用电源电压互感器仓后仓内（第3仓），送医院抢救无效死亡。事故暴露问题：6kV 11A段备用电源电压互感器仓等带电仓位后仓未装设遮拦（或红白带等）隔离并挂“止步，高压危险！”标示牌，黄×擅自扩大工作范围，强行打开带电的6kV 11A段备用电源电压互感器仓后盖板进行工作，是导致本起事故发生的直接原因。

4

防止系统稳定破坏事故的重点要求

总体情况说明：

本章针对当前我国电力系统的现状、存在的问题和发展趋势，在《防止电力生产事故的二十五项重点要求（2014 年版）》和近期一系列国家发展改革委、能源局文件的基础上，从规划设计、基建安装和运行等各个环节提出防止系统稳定破坏事故的措施。在本次编制过程中章节内容增加一节："加强大面积停电恢复能力"。

"防止系统稳定破坏事故的重点要求"修订版依据《电力系统安全稳定导则》（GB 38755—2019）、《电网运行准则》（GB/T 31464—2015）、《电力系统技术导则》（GB/T 38969—2020）、《风电场接入电力系统技术规定　第 1 部分：陆上风电》（GB/T 19963.1—2021）、《电力系统网源协调技术导则》（GB/T 40594—2021）、《电力系统安全稳定计算规范》（GB/T 40581—2021）、《电力系统电压和无功电力技术导则》（GB/T 40427—2021）、《电力系统大面积停电恢复技术导则》（GB/T 40613—2021）、《电力监控系统网络安全防护导则》（GB/T 36572—2018）、《信息安全技术 重要工业控制系统网络安全防护导则》（GB/Z 41288—2022）、《电力系统电压和无功电力技术导则》（DL/T 1773—2017）等相关技术标准中涉及系统稳定的技术准则而编制的。编制中还参考了各单位防止系统稳定破坏的行之有效的各种措施，汲取了各地区的先进经验。坚持"安全第一，预防为主，综合治理"的方针，贯彻落实国家安全生产有关法律法规和标准规范的相关要求；坚持如下基本原则：

一是突出了新能源的地位和要求，按照国家相关政策和新颁布的国家标准，增加了关于新能源的部分内容；二是针对今年来直流输电工程不断投产，交直流混合电网初步形成的现实情况，参考相关国家标准补充增加了有关交直流电力系统协调配合的内容；三是借鉴近期发布的与本章内容有关的国家标准和行业标准，将原有条款的部分提法与现行技术标准保持一致，避免了歧义；四是修改了原部分条款颗粒度不均的问题和部分条款前后重复的问题，注重从原则上提出要求，详细规定可参见相关国家标准。五是参照《电力系统安全稳定导则》（GB 38755—2019）规定的范围，本章条文定位于 220kV 及以上电力系统，其他电压等级系统参照执行。

需要说明的是：本反措仅仅是突出重点要求，并不覆盖全部技术标准和反事故技术措施。

截至2020年底，全国220kV及以上输电线路长度78.98万km，同比增长4.6%；220kV及以上变电设备容量为448680万kVA，同比增长为5.2%；已形成区域间交直流互联、覆盖全国各省市自治区的特大型电网。发电装机22亿kW，同比增长9.5%，其中火电12.45亿kW、水电3.7亿kW、核电0.50亿kW、风电2.82亿kW、太阳能发电2.53亿kW。我国电网规模和发电装机规模均居世界首位。未来高比例新能源和高比例电力电子设备的加入，我国电力系统发展将面临以下挑战：

（1）风电、太阳能发电等新能源发电的占比不断提高，电源结构发生深刻变化，对电网的运行提出了更高的要求。新能源供应与气象环境相关，具有随机、波动、间歇等特性，电源出力出现高度不确定性；电力保障和电力平衡将出现挑战。

（2）在未来相当长的时间内，电力系统仍将以交流同步技术为主导，而随着新能源发电等电力电子静止设备大量替代旋转同步电源，维持交流电网安全稳定的物理基础被不断削弱，功角、频率、电压等传统稳定问题呈恶化趋势。当前新能源机组抗扰动能力不够强，面对频率、电压波动容易脱网，使故障演变过程更加复杂，存在大面积停电风险。

（3）随着电网互联和大功率、长距离输电工程的陆续投产，受端电网外部受电比例不断提高，受端电网内部的电压支撑、电压稳定等问题凸显，对电网稳定控制提出了更高的要求。

（4）电力电子设备比例不断升高，更宽时间尺度的交互影响加强，出现宽频振荡等新形态稳定问题，电网呈现多失稳模式耦合的复杂特性。对电网安全稳定提出了更高的要求。

（5）未来新型电力系统中，控制原理将发生根本性变化，控制规模呈指数级增长，控制对象特性差异极大，运行监视与控制难度加大。

因此，随着大型新能源基地的建设、负荷需求的持续增长、电网结构的加强、电网复杂程度的增加、外部环境的恶化、经济发展对电力的依赖程度不断提高，电网的安全风险日益增大。所以有必要制订相关措施，以应对可能发生的风险。

条文说明：

条文4.1　加强电源支撑能力

电源是电力系统不可分割的重要组成部分，随着电网规模的日益扩大，发电机的性能及稳定性对电网的影响更为重要。因此本节从防止系统稳定破坏的角度提出对电源的要求。

条文4.1.1　合理规划电源接入点，并满足分层分区原则。发电厂宜根据布

局、装机容量以及所起的作用，接入相应电压等级，并综合考虑地区受电需求、地区电压及动态无功支撑需求、相关政策等影响。

本条文主要从规划的角度对电源的接入提出要求。在规划的层面上，电源接入系统需要考虑的因素是地区（分区）内的供需平衡、稳定需求、地区电源支撑、控制短路电流等。电源接入系统的电压等级，应根据发电厂的机组容量、发电厂在系统中的地位、负荷需求、发电厂供电范围内电网结构和电网内原有电压等级配置等因素来选定。电源接入系统的位置，应充分考虑资源等因素，因地制宜建设电源，同时要求合理控制各站点短路电流水平。在过去的电源接入系统设计中，一般按照600MW及以上容量机组接入地区最高一级电压等级的要求考虑。但在近几年规划和运行过程中，东部地区当地最高一级电压等级（一般是500kV）的短路电流比较大，且受端电网当地对电力的需求较大，电源接入500kV电网后仍需经过500kV变压器降压至220kV电网。实际在华东、山东等地已根据具体情况将600MW机组接入220kV电网，从电网运行情况看，具有其合理性。因此，根据各公司反馈的意见，在此突出了电网中电源的布局、装机容量应满足分层、分区建设的原则，并注意加强受端电网的电压支撑的原则，不再具体规定多大规模的机组接入最高电压等级电网。并要求电源布点时应综合考虑地区受电需求、动态无功支撑需求、相关政策等的影响。

条文 4.1.2　电源均应具备一次调频、快速调压、调峰能力，且应满足相关标准要求。新能源场站应根据电网需求，具备相应的惯量支撑能力。在新能源并网发电比重较高的地区，新能源场站应具备短路容量支撑能力。

《电力系统安全稳定导则》（GB 38755—2019）中3.3.1、3.5.6对电源（包括新能源）提出了应为系统提供必要的惯量、短路容量、有功和无功支撑；《风电场接入电力系统技术规定　第1部分：陆上风电》（GB/T 19963.1—2021）、《电力系统电压和无功电力技术导则》（GB/T 40427—2021）也对新能源的电压和频率耐受能力，一次调频、电压调节能力及短路电流支撑能力提出了要求。因此，本条文依据上述技术标准对电源（包括新能源）提出了要求。

根据国家能源局发布的《电力辅助服务管理办法》（国能发监管规〔2021〕61号）文件里给出的定义：转动惯量是指在系统经受扰动时，并网主体根据自身惯量特性提供响应系统频率变化率的快速正阻尼，阻止系统频率突变所提供的服务。

本条文中："电源均应具备一次调频、快速调压、调峰能力，且应满足相关标准要求。新能源场站应根据电网需求，具备相应的惯性支撑能力。"是通用要求。条文后半段是针对新能源并网发电比重较高的地区的特殊要求，至于"比重较高的地区”的具体划分，涉及所处电网的规模、发电装机及分布情况等，尚不能一概而论。

随着可再生能源并网比例的迅速增加，电网逐步呈现高度电力电子化趋势，原有的以同步机为基础的电网运行机理和安全稳定特性正在发生深刻的变化，系统的惯量和短路容量不断下降，电力系统暂态支撑与调节能力也随之逐步下降，系统安全面临巨大风险。新能源发展迅猛的地区往往处于互联电网的末端，如华北电网的张家口、锡盟、承德等地区，电网结构薄弱，近区缺乏支撑性电源，难以承受电网扰动的冲击。目前，大规模新能源汇集区域的暂态过电压、低电压和低惯量等问题是限制新能源弱送端系统送出能力的主要因素。因此，在新能源并网发电比重较高的地区，新能源场站应具备惯量和短路容量支撑能力。

条文 4.1.3　综合考虑电力系统安全稳定水平、电力市场空间、可再生能源比例、峰谷时段发用电平衡、系统总体调节能力等因素，统筹协调，合理布局抽水蓄能电站、储能、单循环燃气机组等灵活性电源。

本条文根据当前电力系统特点及发展趋势，对接入系统的电源灵活性提出了要求。

国家发展改革委和国家能源局2018年3月发布的《关于提升电力系统调节能力的指导意见》提出：“为实现我国提出的2020年、2030年非化石能源消费比重分别达到15%、20%的目标，保障电力安全供应和民生用热需求，需着力提高电力系统的调节能力及运行效率，从负荷侧、电源侧、电网侧多措并举，重点增强系统灵活性、适应性，破解新能源消纳难题，推进绿色发展”。

在碳达峰、碳中和的背景下新能源占比不断提高，构建以新能源为主体的新型电力系统对电源调节能力提出更高要求。抽水蓄能电站、储能、单循环燃气机组等灵活性电源由于动态调节能力强，可参与深度调峰等，能进一步提升新能源汇集地区系统输送能力。

在未来新型电力系统中，灵活性电源成为重要的组成部分，因此增加了关于灵活性电源规划方面内容，以适应大规模新能源接入电力系统的需要。

条文 4.1.4　发电厂的升压站不应作为系统枢纽站，也不应装设构成电磁环网的联络变压器。

电磁环网也称高低压电磁环网，是指两组不同电压等级的线路通过两端变压器磁回路的连接而并联运行。高低压电磁环网中高压线路断开引起的负荷转移很有可能造成事故扩大、系统稳定破坏。

本条文主要是针对规划设计阶段，考虑到体制改革后的诸多复杂问题，同时若电厂升压站作为枢纽站或者设立500kV/220kV联变，也会增加所在电网的短路电流，因此各地区在做电网规划时，应尽量避免将新建电厂再作为电网的枢纽站使用，即不宜从电厂直出负荷站，或将电厂升压站母线经过多条出线与现有电网紧密连接。对电网中已有的电厂，可结合电网改造或机组更新等机会，逐渐加以解决。

按照《电力系统安全稳定导则》（GB 38755—2019）的要求，在发电厂接入系统方案审查时，不应选择装设构成电磁环网的联络变压器方案。其主要目的是在规划阶段把关，不再出现新的电磁环网。发电厂现有的联络变压器，且以电磁环网方式运行，应从电网规划建设上尽快创造条件，分阶段逐步打开电磁环网。

条文 4.1.5　开展风电场和集中式光伏电站接入系统设计之前，应完成“系统接纳风电、光伏能力研究”和“大型风电场、光伏电站输电系统设计”等新能源相关研究。风电场、光伏电站接入系统方案应与电网总体规划相协调，并满足相关规程、规定的要求。

近年来，我国风电和光伏得到了迅猛发展，但也给电网的安全稳定运行带来一定的影响。为支持风电、光伏等可再生能源发展，加强风电和光伏建设及并网运行管理，促进电网与电源协调发展，保证电网安全稳定运行，满足新（扩）建风电项目的接网及可靠送出，按照《风电场接入电力系统技术规定　第 1 部分：陆上风电》（GB/T 19963.1—2021）、《光伏发电站接入电力系统技术规定》（GB/T 19964—2012）、《国家发展改革委办公厅关于落实风电发展政策有关要求的通知》（发改办能源〔2009〕224 号）、《国家能源局关于加强风电场并网运行管理的通知》（国能新能〔2011〕182 号）等相关技术规程和管理规定的要求，做好风电场、光伏规划的相关工作。结合电力负荷增长和电网发展规划，及时研究电网接纳风电和光伏的能力，促进风电和光伏的经济合理消纳；风电、光伏规划阶段，在满足电网调峰要求和安全稳定运行的前提下，提出受端电网逐年可消纳的新能源规模，对风电、光伏建设布局、开发时序提出意见和建议，确保风电、光伏的统筹规划和规范发展。

条文 4.1.6　对于点对网或经串补送出等大电源远距离交直流外送系统有特殊要求的情况，应开展励磁系统、调速系统对电网影响、直流孤岛、次同步振荡等专题研究，研究结果用于指导励磁、调速系统的选型。

本条文对点对网长距离输电、点对网经串补输电、交直流混合外送等特殊情况，应开展专题研究，其研究成果应用于设备选型。根据多年的运行经验，对于大型点对网电厂以及接入电网敏感点的大型发电机组并网时，其发电机励磁系统和调速系统的选型及部分参数选择对于送出系统的暂态稳定有较为明显的影响。因此，提出了针对点对网等特殊接线下机组的特殊要求。

例如：内蒙古中部某大型电厂安装了有 6 台 600MW 等级火电机组，经 3 条 500kV 带串补线路接入华北电网。为防止火电机组与串补装置之间的次同步谐振风险，该电厂在设计阶段充分考虑了机组及设备的特殊运行工况，通过在机组安装附加励磁阻尼控制装置（SEDC）和机端阻尼控制装置（GTSDC），起到提高系统抗扭振阻尼，抑制多模态的次同步谐振的作用。SEDC和GTSDC从投运至今取得了良好的抑制效果。后续该火力发电厂还将扩建百万千瓦级风电基地，在吸取以往经验的基础上，已经开展了风火打捆外送问题专题研究，取得了部分成果。

条文 4.1.7　严格做好风电场、光伏电站并网验收环节的工作，严禁不符合标准要求的设备并网运行。

在风电场和光伏电站开展前期工作的各阶段，严格规范风电场和光伏电站接入系统管理：严格落实国家能源局风电、光伏电站并网管理等相关文件规定，各单位要严格规范做好风电场和光伏电站并网管理工作；按照相关技术规定，在设计审查阶段对风机、光伏逆变器等主要设备提出技术要求；根据国家风电光伏并网检测与认证要求，对风电机组和光伏逆变器等设备运行特性进行并网检测。

条文 4.1.8　并网电厂机组投入运行时，相关继电保护、安全自动装置等稳定措施、一次调频、电力系统稳定器（PSS）、自动发电控制（AGC）、自动电压控制（AVC）等自动调整措施和电力专用通信配套设施等应同时投入运行。

继电保护、安全自动装置、稳定措施和电力专用通信等设施对于机组并网后安全稳定运行有着重要作用。因此，电网公司各部门应与电源企业密切协调，做好技术管理和技术措施，确保二次系统能够同时投入运行。

条文 4.1.9　新能源场站应加强运行监视与数据分析工作的管理，优化运行方式，制订防范机组大量脱网的技术及管理措施，保障系统安全稳定运行。

风电、光伏等新能源机组通过电力电子设备并网，与同步发电机等常规电源相比，耐频耐压能力相对较弱，系统发生交直流大扰动引起频率和电压大幅波动情况下，容易引发大规模风电、光伏脱网，导致后续频率、电压联锁故障。

针对当前风电、光伏等可再生能源蓬勃发展的现实，依据近期国家发布的技术标准和政府文件，如《风电场接入电力系统技术规定　第1部分：陆上风电》（GB/T 19963.1—2021）、《风电调度运行管理规范》（NB/T 31047—2013）、《电力并网运行管理规定》（国能发监管规〔2021〕60号）等，增加了对风电、光伏和分布式新能源的要求。要求加强风电、光伏集中地区的运行管理、运行监视与数据分析工作，优化电网运行方式采取限制直流输电能力或新能源并网容量、修订标准、提高新能源耐频耐压要求、建设系统保护应对新能源脱网后频率电压问题等防控措施，可以有效应对大规模新能源机组脱网的事故风险。

【案例】 2011年2月，甘肃某风电场升压站35kV设备故障，事故期间脱网风电机组共计598台，风电出力损失837.34MW，导致西北全网频率下降，最低至49.854Hz。

事故起始于该升压站的馈线开关柜电缆头被击穿，短路故障期间系统电压大幅跌落，该升压站连接的汇集站330kV母线电压最低跌至272kV，在此期间因机组不具备低电压穿越能力而发生脱网，共损失出力387.53MW。风电机组低压脱网后系统电压回升，而各风电场升压站的电容器组仍挂网运行，造成大量无功功率过剩涌入330kV电网，引起系统电压升高。当地最高电压等级——750kV变电站的330kV母线电压瞬间达到365kV，最高达到380kV；750kV母线电压瞬间达到800kV，最高达到808kV。由于系统电压升高，网内部分风电机组由于过电压保护动作（超过1.1p.u.）脱网。

事故表明：需要采取加强电缆等一、二次设备验收和维护，严格落实风电机组高、低电压穿越能力的技术要求，加强风电场无功补偿设备改造与管理，规范风电机组运行要求等措施，防止类似事故重复发生，保障电力系统的安全稳定运行。

条文4.1.10　电源侧的继电保护（涉网保护、线路保护）和自动装置（自动励磁调节器、电力系统稳定器、调速器、稳定控制装置、自动发电控制装置等）的配置和整定应与发电设备相互配合，并应与电力系统相协调，保证其性能满足电力系统稳定运行的要求。具体按照《电力系统网源协调技术导则》（GB/T 40594—2021）等相关标准执行。

电力系统网源协调涉及范围广，覆盖面大，对系统安全稳定有重大影响，本条从安全稳定出发提出网源协调的基本要求和管理措施。

【案例】　2005年9月，西部某电网发生一次较大范围的低频振荡，此次振荡虽然没有造成负荷损失，但对电网安全稳定运行造成一定的威胁。18时53分—21时12分，发生了三次该电网水电机组对主网的低频振荡。前两次振荡自行平息，第三次振荡有逐渐加大的趋势，随着该电网某电厂1号、3号机组相继掉闸，振荡平息。事故分析表明，采用典型的发电机励磁系统模型参数，不能仿真重现事故，而采用现场试验数据拟合出的励磁系统模型参数，则可以准确模拟并找到事故原因，是由于初始方式下电厂机组对系统振荡模式的阻尼已经较弱，随着摆动发生前电厂有功功率的增加或无功功率的减少，进一步降低了该振荡模式的阻尼，引发了机组对系统的低频同步振荡，由此激发了地区电网机组对主网的低频振荡。同时，该电厂机组的PSS未投入运行，不利于电网的动态稳定。

该案例说明发电设备配置的自动调节装置，包括自动励磁调节器、电力系统稳定器、调速器、稳定控制装置、自动发电控制装置等，其整定参数与发电设备相配合，与电力系统相协调，保证满足电力系统稳定运行要求。该案例同时也说明发电机实测参数的重要性，也反映出发电机励磁参数的设置在某些方式下对电网稳定运行具有较大影响以及PSS等功能的设置和投退必须统一协调控制。

条文4.2　加强系统网架结构

合理的电网结构是保证电力系统安全稳定运行的物质基础和根本措施。为实现此目标，电网应建设成网架坚强、结构合理、安全可靠、运行灵活、技术先进的现代化电网，不断提高电网输送能力和抵御事故能力。

条文 4.2.1　加强电网规划工作，制订完备的电网发展规划和实施计划，尽快消除电网薄弱环节，重点加强主干网架建设及配电网完善工作，对供电可靠性要求高的电网应适度提高设计标准，确保电网结构合理、运行灵活、坚强可靠和协调发展。

根据“十四五”发展目标，继续加强电网规划设计工作，制定完备的电网发展规划和实施计划，强化电网薄弱环节，重点确保电网结构合理、运行灵活、坚强可靠和协调发展。

为应对极端气候等灾害对城市供电的影响，国家能源局印发《坚强局部电网规划建设实施方案》（国能发电力〔2020〕40号），提出“十四五”初期，北京、上海等六座重点城市率先基本建设完成坚强局部电网。方案提出了“优化完善局部电网网架”“差异化设计建设电力设施”等六项重点任务。对供电可靠性要求高的电网应按照《方案》的要求，适度提高设计标准。

条文 4.2.2　电网规划应统筹考虑、合理布局，各电压等级电网协调发展。电网结构应按照电压等级和供电范围分层分区，控制短路电流，各电压等级及交直流系统之间应相互协调。

随着可再生能源并网比例的迅速增加，电网逐步呈现高度电力电子化趋势，原有的以同步机为基础的电网运行机理和安全稳定特性正在发生深刻的变化，系统的惯量和短路容量不断下降，电力系统暂态支撑与调节能力也随之逐步下降，系统安全面临巨大风险，因此需要保证各电压等级及交直流系统之间相互协调。

电磁环网中当高压输电回路故障时，可能引起联络变压器或低压线路过负荷。当故障前环网的输电功率较大时，往往会引起稳定破坏，需要采取相应的措施。根据对我国电网稳定破坏事故的统计分析，有相当比例的事故与电磁环网有关。

随着电网规模的不断扩大，发达地区电网500kV网架结构发展日趋完善，电网间的电气联系日趋紧密，短路电流问题将成为制约电网发展的因素，故迫切需要采取措施将短路电流水平限制在合理范围内。由于电网发展到一定规模时，再对短路电流进行控制就会有一定的局限性和实施难度，因此短路电流控制应落实到规划阶段，才能在电网的发展和完善过程中更好地控制短路电流。

条文 4.2.3　电网发展应适度超前，规划的输电通道及联络线输电能力应在满足运行需求的基础上留有一定裕度。

通过多年运行经验和国内外事故表明，电网和电源规划应统一考虑、协调配合。电网规划应适度超前，做到电源与电网、送端与受端、输电网与配电网的协调配合、和谐发展，这是保证电网安全的前提。

本条文考虑电网规划的重要性，提出了在系统可研设计阶段，应考虑所设计的

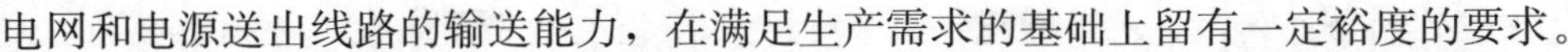

电网和电源送出线路的输送能力，在满足生产需求的基础上留有一定裕度的要求。

适度超前建设电网，就是要使其具有足够的输配电能力，保证电力送得出、落得下、用得上。尽量避免在电网某一环节出现薄弱点，所以在系统规划阶段应统筹考虑各个输电通道的送电能力，预留一定的裕度，使其具有较强的适应性。

条文 4.2.4　直流系统应优化落点选址，完善近区网架，提高系统对直流的支撑能力，直流输电的容量应与送受端系统的容量匹配，直流短路比、多馈入直流短路比应达到合理水平。

由于我国能源资源和需求地域差异，以及直流输电技术在远距离大容量输电方面特有的经济和技术优势，超高压/特高压直流输电在“西电东送，北电南送”战略中发挥了举足轻重的作用。然而，随着越来越多直流输电工程的投运，我国交直流电力系统的协调运行及稳定问题日益凸显。因此本条文以及 4.2.5、4.2.6 均根据相关技术标准针对这类问题提出了相关要求。

条文 4.2.5　受端系统应具有多个方向的多条受电通道，电源点应合理分散接入，每个独立输电通道的输送电力占受端系统最大负荷的比重不宜过大，并保证失去任一通道时不影响电网安全运行和受端系统可靠供电。

受端系统建设在《电力系统安全稳定导则》（GB 38755—2019）、《电力系统技术导则》（GB/T 38969—2020）中都有明确的规定，本条文从系统安全稳定出发，强调了受端系统任一通道或电源断开时不应影响受端系统安全稳定和正常供电。

关于受电比重，对电网规模较小、与主网联系比较弱的电网可按照每个独立输电通道的输送电力占受端系统最大负荷的比重不宜过大的要求；对电网联系紧密、装机容量较大的电网可按照失去任一通道时不影响电网安全运行和受端系统可靠供电的要求。

条文 4.2.6　在直流容量占比较大的受端系统，应关注由于直流闭锁或受端系统大容量电源脱网引起大功率缺额导致的电压稳定和频率稳定问题，并采取必要的控制措施。

【案例】　2015 年 9 月 19 日，某运行中的特高压直流发生双极闭锁。该直流落地所在的东部电网的直流输电功率总量约为 25.7GW，其中该直流落地功率约为 4.9GW，东部电网系统频率为 49.97Hz，电网负荷为 138GW，开机负荷为 168GW，旋转备用负荷约为 52GW。故障发生后，东部电网出现较大功率缺额，12s 后全网频率最低跌至 49.56Hz，经电网动态区域控制偏差（ACE）动作以及东部电网调度的紧急处理，约 240s 后频率恢复至 50Hz。

该事故说明，小负荷方式下，大量直流馈入功率替代了本地常规机组，导致受端系统转动惯量降低，机组的一次调频能力减弱，这是造成系统频率稳定特性弱化的主要原因。根据“十四五”规划，未来还将有多回直流接入东部电网，大容量功率缺额的风险增加，因此要着重关注由于直流闭锁或受端系统大容量电源脱网引起大功率缺额导致的电压稳定和频率稳定问题，并采取必要的控制措施。

条文4.2.7　受端电网330kV及以上变电站设计时应考虑一台变压器停运后对地区供电的影响，必要时一次投产两台或更多台变压器。

针对受端电网负荷密度高、负荷性质重要等因素，考虑万一发生事故影响可靠供电的情况，提出了受端电网330kV及以上变电站设计时应考虑一台变压器停运后对地区供电的影响，必要时一次投产两台或更多台变压器的要求。

条文4.2.8　在工程设计、建设、调试和启动阶段，电网、发电、设计、建设、调试等相关企业应相互协调配合，分别制订有效的组织、管理和技术措施，以保证一次设备投入运行时，相关配套设施等能同时投入运行。

本条文与4.1.10具有相同的含义。4.1.10侧重新建或扩建电源的接入时，电源的相关配套设施应同步投入运行。本条文侧重的是新建或改（扩）建输变电工程投入运行时，相关配套设施应同步投入运行。

条文4.2.9　电网应进行合理分区，分区电网应尽可能简化，有效限制短路电流；兼顾供电可靠性和经济性，分区之间要有备用联络线以满足一定程度的负荷互带能力。

分区是指某一电网最高电压等级网架逐步完善后，以一个或多个最高电压等级变电站（如500kV）作为电源，带动该地区数个次一级电压等级（如220kV）变电站为该区负荷供电的网络格局。即不同分区之间220kV电网间是解环运行的，500kV作为主网，承担各分区之间的功率传输。各分区内部220kV线路呈现放射状或局部环网的独立结构。正常运行时，分区之间的220kV联络线为断开状态，当该区出现严重故障时，通过这些220kV联络线可以提供部分负荷支援，加快事故恢复时间，防止出现分区全部停电的局面。

电网分区的主要驱动力，一是限制短路电流，二是防止事故的不断蔓延。随着电网规模的扩大，各电网均已开始分区供电。为保证安全要求，需要在谋划电网分区时充分关注供电可靠性问题，加强分区之间备用联络线的梳理和构建。

条文4.2.10　避免和消除严重影响系统安全稳定运行的电磁环网。在高一级电压网络建设初期，对于暂不能消除的影响系统安全稳定运行的电磁环网，应采取必要的稳定控制措施，同时应采取后备措施限制系统稳定破坏事故的影响范围。

电磁环网是电力系统发展过程中的产物，在高一级电压电网建设发展的初期，往往高压和低一级电压的电网形成电磁环网运行，应采取必要的稳定控制措施，同时应采取后备措施限制系统稳定破坏事故的影响范围，可按照《电力系统安全稳定导则》（GB 38755—2019）中4.2.1第一级安全稳定标准采取措施。随着高一级电压电网的建设，需要创造条件、有计划地及早打开电磁环网，简化和改造低压网络，使之分片、分区运行。

【案例】 1996年5月28日，某电厂事故导致局部电网振荡解列。某电厂共有4台300MW机组发电，同时来自西部电网的1回送电线路也接至该厂母线，电厂通过2回500kV线路将电力送至负荷中心，同时该厂联络变压器经过220kV线路也与负荷中心电网连接，输送部分电力，构成了典型的500kV/220kV电磁环网。事故发生的起因是检修人员误将交流混入直流控制系统，造成继电保护的误动作，导致该厂2回向负荷中心输电的500kV线路相继跳闸。大量潮流转移至220kV系统，引起220kV系统稳定破坏，地区小系统对主网振荡；继而引起该地区2座发电厂的全部机组跳闸，损失功率为1410MW。

该事故说明，一是继电保护的误动作导致该厂对外输电500kV主供线路3回中的2回断开；二是与之并联的220kV电磁环网不能承受潮流转移而发生振荡，导致事故扩大。因此，加强对二次系统的维护、管理和从电网结构上解决电磁环网问题，是防止系统稳定破坏的基本出发点。

条文4.2.11　联系较为薄弱的省级电网之间及区域电网之间宜采取自动解列等措施，防止一侧系统发生稳定破坏事故时扩展到另一侧系统。特别重要的系统（政治、经济或文化中心）应采取必要措施，防止相邻系统发生事故时直接影响到本系统的安全稳定运行。

电力系统稳定破坏后，其波及范围可能迅速扩大，需要依靠自动装置（如失步、低频、低压解列和联切线路等）控制其影响范围或平息振荡。

电网解列作为防止系统稳定破坏和事故扩大的最后一道防线，不同地点配置的解列装置动作应有选择性，且解列后的电网供需应尽可能平衡。电网应根据电网结构按层次布置解列措施，对于防止区域网间事故互相波及的自动解列装置应尽量双重化配置，省网之间应布置失步解列装置并尽量双重化配置（至少应双套配置装置），一般每条线路两侧各配一套失步解列装置。

条文4.2.12　加强开关设备、保护装置的运行维护和检修管理，确保能够快速、可靠地切除故障。

快速切除故障是提高系统稳定水平和输电线路输送功率极限的重要措施。需要做好两方面工作：一是加快保护动作时间，需要选用新型快速的保护，也可以按电压等级配置相应快速原理的保护。二是使开关设备保持良好状态，通过加强设备检修和运行监视，提高设备的健康水平，保证能够迅速切除故障。

【案例】 2018巴西电网当地时间3月21日15时48分许发生事故，事故造成中西部、南部以及东南部地区与东北部地区的联络断开，北部和东北部地区的电力系统崩溃，南部、东南部和中西部地区受到影响较小。在巴西北部和东北部，大部分电力负荷在事故发生3h后逐渐恢复，全国其他地区的停电时间不超过0.5h。

巴西北部、东北地区电网主网架较为薄弱，尤其是北部区域仅通过链式结构将区域水电站串联组成，而本次发生故障的欣古换流站接入系统位置正处于北部网架中间区域，因而该站发生故障对北部区域电网安全稳定性影响较大。

事故的起因是流过该换流站500kV分段断路器的电流超过整定值，导致分段断路器跳闸，造成直流双极停运，此时安全稳定控制装置没有动作切除机组，水电站机组继续运行，潮流转移引发系统振荡。

一、造成事故的主要原因

（1）事故发生时，该换流站仍在建设过程中，属于第二过渡阶段（单母线分段运行方式），相关部门对不同过渡阶段的运行风险以及保护配合的计算分析不够深入，未及时更新保护整定值。

（2）水电站配置的安全稳定控制装置存在缺陷，对可能出现的过渡期运行方式估计不足；另外，其他水电站机组保护也存在误动行为，导致系统频率进一步恶化。

（3）第三道防线解列、低频/低压减载、高频切机等措施的有效性有待提高，与机组保护的配合缺乏协调。

二、事故带来的启示

（1）对基建阶段可能出现的特殊运行方式及薄弱环节，应认真细致地进行安全稳定分析和保护、安全稳定控制装置定值校核，制订相关的控制措施和事故预案。

（2）持续加强第三道防线的建设，通过加强安全稳定分析，及时调整和加强第三道防线的建设。

（3）制订有效的故障应急处理与停电恢复预案，坚持“安全第一、预防为主”的原则。编制好事故应急预案，能够为事故处理及故障后恢复提供有效保障。

条文4.3　加强系统稳定分析及管理

电力系统安全稳定分析的目的是通过对电力系统进行详细的仿真计算和分析研究，确定系统稳定问题的主要特征和稳定水平，提出提高系统稳定水平的措施和保证系统安全稳定运行的控制策略，用以指导电网规划、设计、建设、生产运行以及科研、试验中的相关工作。

加强系统安全稳定分析和管理，是防止电网大面积停电事故，保证电网安全、优质、经济运行的基础。

条文4.3.1　重视和加强系统稳定计算分析工作。规划、设计、运行部门必须严格按照《电力系统安全稳定计算规范》（GB/T 40581—2021）等相关规定要求进行系统安全稳定计算分析，全面把握系统特性，优化电网规划设计方案，滚动调整建设时序，完善电网安全稳定控制措施，提高系统安全稳定水平。

本条文强调了稳定计算分析所需数学模型的重要性。要求严格按照《电力系统

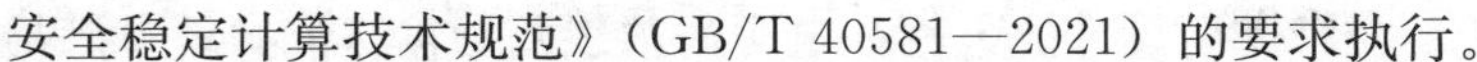

安全稳定计算技术规范》（GB/T 40581—2021）的要求执行。

系统计算中的各种元件、控制装置及负荷的模型、参数的详细和准确度对电力系统计算结果影响很大，需要通过开展模型、参数的研究和实测工作，建立系统计算中的各种元件、控制装置及负荷的详细模型和参数，以保证计算结果的准确度。各发电企业（电厂）应向调度部门提供符合要求的发电机组的相关实测参数，发电机励磁和调速系统参数测试和建模工作是电厂的责任和义务。

条文 4.3.2　在系统规划、设计有关稳定计算中，系统中各设备模型均应与生产运行相关稳定计算模型一致，以正确反映系统动态特性。

本条文强调了在电网规划阶段的计算分析工作应采取详细模型，以保证在规划阶段的模型、参数的详细和准确度，并与运行分析数据保持一致。防止到运行阶段出现问题。

条文 4.3.3　在规划、设计阶段，对尚未有具体参数的规划设备，宜采用同类型、同容量设备的典型模型和参数。

本条文主要针对规划阶段计算分析的特殊性，对于处于规划期、尚未有具体参数的机组等，可以采用同类型、同容量机组的典型模型和参数。

条文 4.3.4　对基建阶段的特殊运行方式，应进行认真细致的电网安全稳定分析，制订相关的控制措施和事故预案。

条文 4.3.5　严格执行相关规定，进行必要的计算分析，制订完善的基建投产启动方案。必要时应开展电网相关适应性专题分析。

在电网输变电工程的建设阶段，不可避免地要发生运行变电站局部停电转基建、线路切改、变电站内部分设备停运等非正常运行方式。这些非正常方式或多或少地削弱了电网结构，增加了电网故障的风险。因此，4.3.4 提出了避免非正常方式影响电网安全稳定运行的要求。4.3.5 主要对基建启动阶段提出了要求。一些重大的输变电工程启动，可能对电网的影响较大，在这种情况下需要同步开展工程启动的电网相关适应性专题分析。

条文 4.3.6　应做好电网运行控制极限管理，根据系统发展变化情况，及时计算和调整电网运行控制极限。电网调度部门确定的电网运行控制极限值，应按照相关规定在计算极限值的基础上留有一定的裕度。

电力系统大多数时间均运行在正常方式下，因此必须对正常方式的稳定极限和水平做详细计算和深入研究，由此掌握电网稳定特性，并以此为研究检修方式稳定以及事故后恢复的基础，是电网稳定的一个重要环节。

各级调度部门在制订电网运行控制极限值时，一般应考虑在计算极限值的基础上留有一定的功率稳定储备，制订省间联络线运行控制极限值时，还应适当考虑潮流的自然波动情况。

系统可研设计阶段，应考虑所设计的电网和电源送出线路的输送能力，在满足生产需求的基础上留有一定的裕度。

条文 4.3.7　加强计算模型、参数的研究和实测工作，并据此建立系统计算的各种元件、控制装置及负荷的模型和参数。

随着我国电力系统的快速发展，需要在《电力系统安全稳定导则》（GB 38755—2019）的基础上，规范电力系统在规划、设计、生产、运行和科研中的电力系统安全稳定计算分析所采用的计算方法、数学模型、稳定判据、计算分析和计算管理等。需要密切结合我国电力系统的实际情况，从电力系统的全局着眼，规定出我国电力系统安全稳定计算分析的基本技术条件的要求，用以协调各专业系统和各阶段有关的各项工作，以保证我国电力系统的安全稳定运行。2021年国家能源局发布《电力系统安全稳定计算技术规范》（GB/T 40581—2021）补充、细化和完善了相应的计算和判断标准，是电网稳定分析工作的指导准则。

系统计算中的各种元件、控制装置及负荷的模型、参数的详细和准确度，对电力系统计算结果影响很大，需要通过开展模型、参数的研究和实测工作，建立系统计算中的各种元件、控制装置及负荷的详细模型和参数，以保证计算结果的准确度。

条文 4.3.8　严格执行电网各项运行控制要求，严禁超过运行控制极限运行。电网一次设备故障后，应按照故障后电网运行控制的要求，尽快将相关设备的潮流（或发电机出力、电压等）控制在规定值以内。

多年来，我国电网建设取得了显著成果，电网结构不断加强、安全稳定水平不断提高。但是若电网主要一次设备发生故障停运后，系统结构就将受到削弱，稳定水平也将受影响。为指导生产运行，需要对正常方式和各种检修方式开展详细的稳定计算分析，并据此制定电网运行限额和控制策略。只有严格执行电网各项运行控制要求，严禁超运行控制极限值运行，才能保持电网安全稳定运行，避免发生稳定破坏事故。

国内外发生的一些重大停电事故给我们敲响了警钟，电网一次设备故障后，为了有效阻断联锁反应、防止大停电事故，应按照故障后电网运行控制的要求，尽快将相关设备的潮流（或发电机出力、电压等）控制在规定值以内。需要注意的是，这里的“应按照故障后电网运行控制的要求”指的是电网一次设备故障后的稳态方式应与正常方式一样满足 $N-1$ 标准等相应稳定运行控制要求，但是故障后尚未达到稳态的动态过程不要求满足 $N-1$ 标准。

【案例】 2003年8月14日16时10分，美国东北部和加拿大联合电网发生大面积停电事故。大停电事故主要殃及五大湖区，包括美国东北部的8个州以及加拿大的2个省，共损失61800MW负荷，100多座发电厂停机（包括22个核电站），受影响区域的人口达5000万人。

美加大停电事故发生过程：美国俄亥俄州的一条345kV输电线路（Camberlain-Harding）跳开，其输送的功率转移到相邻的345kV线路（Hanna-Juniper）上，引起该线路重载导致故障跳闸，使得克利夫兰失去第二回电源线，系统电压降低。此后，发生了一系列联锁反应，进一步引发电压崩溃及更多的发电机和输电线路跳开，造成大面积停电的发生。

美加大停电事故发生原因：在电网调度方面，由于没有统一调度的机制，无法做到对事故处理的统一指挥，导致了事故蔓延扩大；在系统计算分析方面，如果事先对这类运行方式做好充分的系统计算分析，采取相应的防范措施，可以防止事故扩大。

条文4.3.9　电网正常运行中，必须按照有关规定留有一定的旋转备用和事故备用容量。

备用是指为保证电力系统可靠供电，在调度需求指令下，并网主体通过预留调节能力，并在规定的时间内响应调度指令所提供的服务。在电网正常运行中，若旋转备用和事故备用容量不足，发生交直流故障后可能导致系统稳定破坏或频率电压超限。在有功方面，充足的旋转备用可以在系统大功率缺额情况下防止全网频率失稳或崩溃；在无功方面，充足的事故备用可以在系统无功支撑严重不足情况下避免局部电压失稳或崩溃。根据调度运行管理的有关规定，结合目前电网的管理模式和运行实际特点，对电网备用容量采取统一管理，分省配置，相互协调和支援，在电网正常运行中按照规定留有一定的旋转备用和事故备用容量，保证电网安全稳定运行。

参考4.2.6，事故表明，系统频率稳定特性弱于之前的经验认识，主要与小负荷方式下电网开机规模较小导致系统转动惯量降低、旋转备用和事故备用容量不足有关，且机组的一次调频情况不及预计。按照规划，电网还将建设投运多回特高压直流，电网面临大容量功率缺额风险加大，必须要按照有关规定留有一定的旋转备用和事故备用容量，提高电网频率失稳防御能力。

条文4.3.10　加强电网在线安全稳定分析与预警系统建设，提高电网运行决策时效性和预警预控能力。

电网安全演变趋势分析是指对未来短时期内电网运行状态进行稳定分析，并给出安全稳定变化趋势的技术。该技术基于在线运行参数，利用未来短时间内的计划数据和预测数据，形成未来短时间内的电网潮流，结合当前系统运行状态下的详细安全评估信息，快速评估系统未来状态的安全稳定性，并进一步分析电网安全稳定变化趋势特性。电网安全演变趋势分析技术使调度运行人员不仅能掌握当前电网的稳定情况，而且能预知即将发生的稳定状态变化，提高操作的预见性和针对性，提升调度运行的智能化水平。国内在线安全评估技术比较成熟，以我国自主研发的跨区电网动态稳定评估预警系统为代表。在此基础上，为将分析时段延伸到未来运行状态，2011 年我国开始研究电网安全演变趋势分析技术，目前已解决主要技术难题，并已应用在多个省市级调控中心。

安全预警和决策支持是保障电网安全运行的重要手段，是未来智能调度技术的必备要求。通过构建“电网实时监视—扰动识别及告警—稳定分析评估及辅助决策—实时紧急控制及安全自动装置离线策略校核—第三道防线校核”一体化监控平台，统一了电网全过程分析的仿真计算模型和参数，实现了电网在线安全稳定分析评估、调度操作前模拟潮流计算及暂态仿真，以及离线方式仿真计算，为电网调度、运行方式安排、网架建设提供了先进的监控及计算分析手段，实时自动跟踪系统当时的运行状态，发现电网中的各类安全隐患；给出不同的校正控制措施建议；旨在把潜在的安全问题和电网事故处理在孕育阶段。该系统掌握大规模互联电网运行控制技术，提高大电网安全稳定运行水平具有重大意义。

【案例】 2006 年 11 月 4 日，欧洲当地时间 22 时 10 分，欧洲大陆互联电网（UCTE）发生大面积停电事故，共造成 11 个国家的 1500 万用户停电。事故中整个欧洲互联电网解列成东部、西部和南部 3 块孤岛电网：西部电网短时内缺失功率将近 20GW，频率最低降到 49Hz；东部电网富余功率则超过 10GW，频率最高升到 50.6Hz；南部电网则供需大体平衡。事故发生后，UCTE 电网的安全防线，包括一次、二次、三次调频以及甩负荷机制，在关键时刻发挥重要作用，抑制了事故的进一步扩大，电网没有崩溃。在事故发生 40min 后，3 块孤岛逐步重新互联。大多数停电用户在 30min 之内恢复供电，最慢的也在 lh 之后恢复了供电。

该案例可以归纳出以下几个需要引以为鉴的问题：

(1) 此次事故表明，电网 $N-1$ 安全分析，特别是事故状态和检修状态下的 $N-1$ 分析，对预防重大事故的发生至关重要。在特大电网运行中，单纯依靠调度员的经验是危险的，必须依靠先进的调度自动化技术，开发电网的安全预警与监测系统，为调度员提供辅助决策支持。

(2) 此次事故暴露出，UCTE 电网中的个别电网运营商（TSO）在事故处理中缺乏协调。我国的统一调度、分级管理体系，是我国特有的，实践证明是行之有效的调度模式，必须坚持和强化。

(3) 此次事故中，风力发电对事故的起因、事故的发展以及恢复供电的过程都有着不可忽视的影响。当系统电压与频率变化趋于平稳后，许多与系统断开的小功率风电机组和热电联动机组自动并入电网。无论 TSO 还是配电网运营公司（DSO）对这些机组均没有监控手段，风电等小机组的并网随意性在一定程度上也影响了系统频率的正常恢复。如何在促进风力发电的同时保障电网的安全，也是要

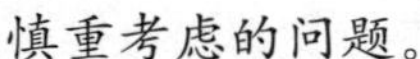

慎重考虑的问题。

（4）在此次事故中，UCTE 电网安全防线发挥了重要作用。事故没有扩大，停电用户在短时内重新恢复供电。此安全防护机制及其实际运用经验是值得学习研究的。

条文 4.4 增强电力监控系统（二次系统）可靠性

本条文所涉及的电力监控系统（二次系统），包括继电保护、调度自动化和电力通信及信息等。电力监控系统（二次系统）是保证电网安全、稳定运行的重要组成部分，各项反事故措施是电力监控系统（二次系统）安全运行方面的基础经验，也是事故教训的总结。因此按照继电保护、调度自动化和通信等部分的修编成果，对原文中所涉及的内容描述进行了调整。

条文 4.4.1 做好电力监控系统（二次系统）规划。结合电网发展规划，做好继电保护、安全自动装置、自动化系统、通信系统规划，提出合理配置方案，保证接入电网的二次相关设施安全水平与电网要求保持一致。电力监控系统（二次系统）网络安全水平应与国家和行业规定相一致。

条文 4.4.2 稳定控制措施设计应与系统设计同时完成。合理设计稳定控制措施和失步解列，高频高压切机、低频低压减载方案。

条文 4.4.3 加强 110kV 及以上电压等级母线、220kV 及以上电压等级主设备快速保护建设。

4.4.1～4.4.3 是从规划设计层面提出的要求。一是要根据电网规划做好电力监控系统（二次系统）规划；二是电网稳定控制措施设计应与系统设计同时完成；三是持续强化快速保护的建设。

在电网发生故障时。继电保护的正确和及时动作，安全自动装置正确对事故进行隔离，通信自动化系统准确地将信息反馈到调度部门，对于保证电网稳定运行，缩小事故影响范围具有重要作用。因此，4.4.1～4.4.3 三条强调了电力监控系统（二次系统）规划和设计的重要性，通过做好电力监控系统（二次规划），可提高电力监控系统（二次系统）的可靠性。

【案例】 当地时间 2019 年 6 月 16 日早 7 时左右，阿根廷与乌拉圭发生大规模停电事故。最终造成阿根廷（最南部火地岛除外）与乌拉圭全国停电，巴西、巴拉圭和智利等国也受到波及。阿根廷电网损失负荷约 13200MW，约有 4800 万人受到停电影响。到当地时间 21 时，约 90％的用户恢复供电。

事故起源于阿根廷互联电网的东北部，该地区拥有多个大型水电站，是典型的电力外送系统，但该区域内部及外送网架薄弱，因此配置了具备自动切机功能的安全稳定控制系统。4 月起，该地区向南送电的两条 500kV 线路中的一条检修，剩余一条线路潮流重载。线路检修引起的网架结构改变后，电网公司应按规定对安全稳定控制系统进行策略更新。然而该公司错误地认为全接线方式下的安全稳定控制策略可以适应检修方式，因此没有对安全稳定控制系统进行策略更新。

当前文中剩下的线路发生故障断开后，安全稳定控制系统未发出切机命令，导致潮流转移引起东北部电网和机组与主网解列。随后主网因部分电力供应商未按照要求配置足够的低频减载容量，部分发电机组在低频期间提前解列脱网，最终导致整个阿根廷及乌拉圭全国停电。

1. 造成事故的主要原因

事故的直接起因是检修方式下安全稳定控制系统的安控策略未及时更新，未能正确处置短路故障；在事故发展的过程中，低频减载装置未切除足量的负荷和部分发电机涉网性能不满足要求致使事故进一步扩大。以上三个原因共同导致了本次大停电。

2. 事故带来的启示

（1）加强对安全稳定控制系统的管理，认真排查隐患。安全稳定控制系统尤其是区域型安全稳定控制系统涉及范围广、控制点多，一旦出现逻辑错误，电网安全将面临较大威胁。需要切实加强对安全稳定控制系统管理，通过出厂试验、交接验收、现场传动测试等环节认真排查隐患，杜绝安全稳定控制策略错误、定值维护不当、接线错误等现象。

（2）加强源网协调。继续加强源网协调工作，保证并网电源的涉网保护等满足系统安全稳定要求。

（3）加强“第三道防线”建设。低频减载是电网“三道防线”的重要组成部分，是保障电网安全的最后一道防线，应密切跟踪负荷变化，细致分析低频减载实测容量，及时调整低频/低压减载方案并确保有效落实。

（4）规划设计合理的电网结构。合理布局送电或联络通道，避免一个通道失去后造成功率大范围转移。

条文 4.4.4　特高压直流及柔性直流的控制保护逻辑应根据不同工程及工程不同阶段接入电网的安全稳定特性进行差异化设计。

特高压直流和柔性直流的控制保护逻辑，与所接入交流电网的运行特性密切相关，应该考虑不同工程及工程所接入电网的安全稳定特性进行差异化设计。在深化交直流电网运行特性再认识的基础上，按照“直流适应系统”的原则，以电网需求为导向，优化完善直流控制保护系统策略，降低直流对大电网安全运行的不利影响，使得交直流保护控制协调配合。

条文 4.4.5　一次设备投入运行时，相关继电保护、安全自动装置、稳定措施、自动化系统、故障信息系统和电力专用通信配套设施等应同时投入运行。

条文 4.4.6　加强安全稳定控制装置入网管理。对新入网或软、硬件更改后的

安全稳定控制装置，应经装置所接入电网调度机构组织专业部门检测合格后，进行出厂测试（或验收试验）、现场联合调试和挂网试运行等工作。

条文 4.4.7　严把工程投产验收关，专业技术人员必须全程参与基建和技改工程验收工作。

4.4.5～4.4.7 对二次系统基建验收阶段提出了具体要求。一是要全面投产，不留尾巴；二是严格技术把关，避免将设备隐患带入运行中。

由于安全自动装置动作范围较大，逻辑复杂，判断条件多样，一旦出现缺陷将影响全局；因此特别强调了安全自动装置的验收环节，防止因局部软件或控制逻辑问题导致安全自动装置不正确动作。同时要求建设单位应重视零缺陷移交，运行单位应及早介入工作，熟悉设备，消除隐患，减少因二次系统的缺陷所造成的非计划停电。

对于软、硬件更改后的安全稳定控制装置应按照新入网标准执行，经装置所接入电网调度机构组织专业部门检测合格后，进行出厂测试（或验收试验）、现场联合调试和挂网试运行等工作。

条文 4.4.8　调度机构应根据电网的变化情况及时地分析、调整各种保护装置、安全自动装置的配置或整定值，并按照有关规程规定每年下达低频低压减载方案，及时跟踪负荷变化，细致分析低频减载实测容量，定期核查、统计、分析各种安全自动装置的运行情况。各运行维护单位应加强检修管理和运行维护工作，防止电网事故情况下装置出现拒动、误动。

4.4.8 是运行阶段的管理要求。调度机构应根据电网的变化情况，不定期地分析、调整各种继电保护和安全自动装置的配置或整定值，并定期核查、统计、分析各种继电保护、安全自动装置的运行情况，以保证电网第三道防线安全可靠。强调做好装置的定值管理、检修管理和运行维护工作，以保证装置的正确可靠动作，避免装置拒动、误动的发生。

电力系统稳定破坏后，其波及范围可能迅速扩展，需要依靠保护装置及安全自动装置（如失步、低频、低压解列和联解线路等）控制其影响范围或平息振荡。

电网解列作为防止系统稳定破坏和事故扩大的最后一道防线，不同地点配置的解列装置动作应有选择性，且解列后的电网供需应尽可能平衡。电网应根据电网结构按层次布置解列措施，对于防止区域网间事故互相波及的自动解列装置应尽量双重化配置，省网之间应布置失步解列装置并尽量双重化配置（至少应双套配置装置），一般每条线路两侧各配一套失步解列装置。

条文 4.4.9　加强继电保护运行维护，正常运行时，严禁 220kV 及以上电压等级线路、变压器等设备无快速保护运行。

条文 4.4.10　母差保护临时退出时，应尽量缩短无母差保护运行时间，并严

格限制母线及相关元件的倒闸操作。

条文 4.4.11　受端系统枢纽厂站继电保护定值整定困难时，应侧重防止保护拒动。

4.4.9～4.4.11 是对运行阶段继电保护特殊情况的要求。从防止系统稳定破坏的角度出发，提出防范因特殊情况下继电保护动作时间延长引发稳定问题的措施。再次强调了继电保护对系统安全稳定方面的重要性。

切除故障时间与稳定裕度成反比，切除时间越短，稳定裕度越大。切除时间长了，则稳定裕度降低，还可能超出稳定极限切除时间，造成系统失去暂态稳定。因此，加快故障切除时间是提高系统稳定水平和输电线路输送功率极限的重要措施。加快保护动作时间需要选用新型快速的保护，也可以按电压等级配置相应快速原理的保护。因此，严格执行电网调度管理规程有关规定，对无快速保护的设备必须停电，不允许继续运行。对于可能造成相关负荷停电或其他设备过负荷时，调度部门应立即采取倒方式等措施，尽快将设备停电。

在安排一次设备的计划检修工作时，原则上要求相应的二次设备的检修校验工作同步安排，尽量不单独安排设备主要保护的停电工作。

变电站或电厂升压站母线故障对电网的冲击更大，后果更严重，应快速切除故障。对于母线无母差保护时，严格限制母线相关元件的倒闸操作。

交直流混联电网中，由于直流换相失败的存在，如电网故障不能快速切除，严重情况下会导致直流送、受端电网安全稳定破坏，故障快速可靠切除意义尤其重大。因此，强调快速保护的独立配置、可靠运行是非常必要的。

特高压电网快速发展，多回特高压直流同送端、同受端，在故障情况下电网安全风险较大。特高压直流集中馈入近区交流系统故障，继电保护拒动，故障延时切除，会导致多回特高压直流同时连续换相失败，严重影响特高压交直流混联电网安全稳定运行，继电保护快速可靠切除故障对于隔离故障和遏制电网事故至关重要。

【案例】 2022 年 3 月 3 日 9 时许，台湾省高雄市兴达电厂由于工作人员误操作造成兴达电厂一段母线发生接地故障，因保护拒动导致事故扩大，造成台湾省南部电网垮网，中北部电网也受到波及，部分地区停电。事故处理约 12h 后全面恢复供电，此次停电波及用户数高达 549 万。

1. 造成事故的主要原因

由于工作人员的误操作，造成兴达电厂 1 号母线（额定电压为 345kV）发生接地故障，电厂母线差动保护装置被闭锁而拒动。因母线差动保护拒动，兴达电厂与相邻变电站连接的三回运行线路后备保护启动，其中两回线路的后备保护动作切除了线路，第三回线路后备保护因系统振荡闭锁而未出口动作，引起事故扩大。事故发生后约 9min 起，与电厂相连的变电站其他对外线路陆续跳闸，事故范围进一步

扩大到整个南部系统。

2. 事故带来的启示

从防止系统稳定破坏的角度出发，本次停电事故带来的教训和启示如下：

(1) 不断强化主保护、优化后备保护，是提升电力系统故障防御能力的有效措施。本章所列举的大面积停电事故案例以及此次台湾省停电事故均表明，继电保护、自动装置等二次系统的隐患和缺陷往往成为事故发生或扩大的重要原因。

(2) 合理的电网结构是提升电力系统故障防御能力的基础。对于因网架结构问题存在的关键断面潮流较重，个别枢纽变电站功能过于集中、$N-1$ 后发生较大潮流转移等应引起足够重视。根据电网发展不断强化网架结构；适当分散枢纽变电站功能作用，以避免该枢纽站全停对网架结构造成严重破坏。

(3) 预防为主是防止严重故障发生的有效手段。按照相关技术标准的要求，加强对多种运行方式下的安全稳定分析校验，做好提前防范；根据发电及负荷变化情况合理安排电网运行方式，确保留有一定安全裕度，避免出现局部停运故障逐步演化为系统崩溃的情况。

条文 4.5　防止系统无功电压稳定破坏

电力系统的无功补偿与无功平衡是维持系统稳定、保证电能质量的基本要素之一，并可以有效提高输送电能的经济效益。

随着电网互联和大容量输电通道的逐步形成，电力系统对无功潮流和电压水平的调整与控制要求越来越高。当系统无功储备不足时，有可能会发生电压崩溃使电网瓦解。若大容量直流馈入受端系统，替代本地常规电源，可能会引起受端电网“空心化”的趋势，带来直流近区潮流疏散、局部重载、电压支撑能力、功角稳定特性、动态稳定等问题。因此，有必要对系统无功电压提出新的要求。

本次修编时重点考虑了以下方面：

(1) 按照《电力系统安全稳定导则》(GB 38755—2019)、《电力系统电压和无功电力技术导则》(GB/T 40427—2021) 和《电力系统电压和无功电力技术导则》(DL/T 1773—2017) 的内容，修改了部分条文，并对原有条文结构进行适当调整。

(2) 强调了提高无功电压自动控制水平的必要性，条文中突出了推广应用电网无功电压优化集中自动控制系统（以下简称 AVC 系统）的作用。

条文 4.5.1　电力系统中无功电源的安排应有规划，并留有适当裕度，以保证系统各中枢点的电压在正常和事故后均能满足规定的要求。

条文 4.5.2　电力系统中的无功补偿应能保证系统在高峰和低谷运行方式下，分（电压）层和分（供电）区的无功平衡，并应避免经长距离线路或多级变压器传送无功功率。

条文 4.5.3　无功补偿设备的配置与选型，应进行技术经济比较，并应具有灵

活的无功电力调节能力及足够的事故和检修备用容量。

4.5.1 中的无功电源包括发电机实际可调无功出力、线路充电功率、电网企业、发电企业和电力用户安装的无功补偿设备，以及储能和电压源型换流器（VSC）在内的可提供全部容性无功容量的设备。重点强调无功电源的规划环节。

4.5.2 是无功补偿配置的基本原则。

4.5.3 是对无功补偿设备和配置方案的要求。这里提到的无功补偿设备包括电网企业、发电企业和电力用户安装的并联电容器、串联电容器、并联电抗器、同步调相机和静止型无功补偿设备等，按性质可分为容性无功补偿设备和感性无功补偿设备。

1978—1987年，世界上发生比较大的电压崩溃事故有5次之多。为防止我国电网发生电压崩溃事故，《电力系统安全稳定导则》（GB 38755—2019）和《电力系统电压和无功电力技术导则》（GB/T 40427—2021）及相关国家标准，对电压稳定问题及措施给予了足够的重视。因此在上述文件中对电网，特别是受端电网（系统）应有足够的无功备用容量，同时提出当受端系统存在电压稳定问题时，应通过技术经济比较，考虑在受端系统的枢纽变电站配置动态无功补偿装置。

条文 4.5.4　为保证受端系统发生突然失去一回线路、失去直流单级或失去一台大容量机组（包括发电机失磁）等故障时，保持电压稳定和正常供电，不致出现电压崩溃，受端系统中应有足够的动态无功补偿设备。对于大容量直流落点近区、新能源集中外送系统以及高比例受电地区，通过技术经济比较可选择调相机、静止同步补偿器（STATCOM）等。

条文 4.5.5　新能源场站应具备无功功率调节能力和自动电压控制功能，并保持其运行的稳定性。新能源场站无功功率调节能力原则上应与同步发电机保持一致。

4.5.4 是对 4.5.3 中“具有灵活的无功电力调节能力及足够的事故和检修备用容量”的进一步阐述。系统尤其是受端系统应有足够的动态无功补偿设备，以应对因元件故障发生较大扰动时，能够保持电压稳定和正常供电。另外，对于大容量直流落点近区、新能源集中外送系统以及高比例受电地区等特殊情况，也针对性地提出了要求。

4.5.5 根据《电力系统电压和无功电力技术导则》（GB/T 40427—2021）、《风电场接入电力系统技术规定　第1部分：陆上风电》（GB/T 19963.1—2021）等技术标准提出。要求新能源场站均应具备无功功率调节能力和自动电压控制功能，并保持其稳定运行。

【案例】 2011年4月17日，某风电场只有常规电容器可投入运行，SVC/SVG均未投入运行，AVC未投入使用，风电机组设置为恒功率因数为1，风电场群无快速电压调节能力。

事故起因为内接于35kV 4号母线的318号馈线的风电机组箱式变压器35kV送出架空B相引线与35kV主干架空线路C相搭接，引起B、C相间短路故障，持续时间82ms后故障切除。事故引起该风电场及周边多个风电场总共629台风电机组脱网，损失风电出力854MW，占事故前该地区风电出力的48.5%，造成主网频率由事故前的50.05Hz降低至最低49.95Hz。

事故的直接原因是某风电场35kV母线发生B、C相间短路故障。事故分为两个阶段，第一阶段：因该风电汇集地区各场站因处于电网末端，电压支撑能力较弱，加之风电机组在故障期间吸收大量无功，造成其他变电站及其所带风电场电压严重跌落，大部分风电机组因不具备低电压穿越能力而脱网。第二阶段：故障切除后风电机组进一步脱网导致事故扩大的原因是短路故障消除后，因风电场动态无功调节能力不足，系统无功出现过剩，系统电压在故障清除后100～200ms内升高至1.1倍标幺值以上，造成部分躲过故障低电压的风电机组因高电压过程脱网，加剧了事故损失。

该案例说明：需要加强风电机组并网特性管理，加强新能源场站无功补偿设备改造与管理，保证新能源场站的无功调节能力和自动电压控制能力稳定运行，防止新能源机组因不具备高、低电压穿越能力导致的大面积脱网事故。

条文4.5.6　110kV及以上电压等级发电厂（包括新能源场站）、变电站均应具备自动电压控制（AVC）功能，可对发电机组、有载调压变压器分接头、并联电容器、并联电抗器、调相机、静态无功补偿装置（SVC）、静态无功发生器（SVG）等设备进行自动控制。

条文4.5.7　变电站一次设备投入运行时，配套的无功补偿设备及自动投切装置等应同步投入运行。

条文4.5.8　在基建阶段应完成自动电压控制（AVC）系统的联调和传动工作。自动电压控制（AVC）系统应先投入半闭环控制模式运行48h，自动控制策略验证无误后再改为闭环控制模式。

4.5.6～4.5.8是针对目前电网运行中普遍使用的AVC系统提出要求，涵盖设计、建设和调试验收等环节。

AVC系统的优化目标是全网网损尽量小、各节点电压合格率尽量高；控制对象为各电厂发电机的无功出力和各变电站有载变压器分接挡位与电容器、电抗器等无功补偿设备；借助调度自动化主站系统的SCADA功能和集控中心自动化系统的“四遥”功能，利用计算机技术和网络技术对地区电网内备变电站的调压和无功补偿设备的集中监视、集中管理和集中控制，以连到地区电网无功电压优化运行的目的，实现对全网无功电压优化集中自动控制。

条文 4.5.9　电网局部电压超出允许偏差范围时，应根据分层分区、就地平衡的原则，调整该局部地区内无功电源的出力。若电压偏差仍不符合要求时，可调整相应的有载调压变压器分接头。当母线电压低于调度部门下达的电压曲线下限时，应闭锁接于该母线有载调压变压器分接头的调整。

4.5.9～4.5.11 是运行阶段的重点要求。其中 4.5.9 给出了电网正常运行下电压调整的原则：各电网间、各电压层间无功功率应各自基本平衡，通常不应考虑大容量、远距离无功功率的输送，尽量将系统间联络线输送的无功功率控制到最小。在需要调整电压时，应按照调节无功电源、调整变压器分接头的顺序进行。

自动调整变压器分接头的控制装置应具有系统电压闭锁功能，当母线电压低于调度部门下达的电压曲线下限时，应闭锁接于该母线上的变压器分接头。以免电压持续降低时，变压器分接头的调整造成下级供电系统从上一级系统吸收大量无功，进一步造成上一级电压的下降，甚至引起系统的电压崩溃。VQC、AVC 等系统的调整也须遵循该原则。

由无功功率物理特性可知，无功功率无法远距离传输，因此当局部地区出现电压偏差时，调整该局部地区的场站无功出力效果最好，调整其他较远地区的无功出力对电压的改善作用则很小。

变压器分接头自动调整应具有系统电压闭锁功能，当母线电压低于调度部门下达的电压曲线下限时，应闭锁接于该母线上的变压器分接头，以免电压持续降低时，变压器分接头的调整造成下级供电系统从上一级系统吸收大量无功，进一步造成上一级电压的下降，甚至引起系统的电压崩溃，VQC、AVC 等系统的调整也须遵循该原则。

【案例】 1987 年法国西部电压崩溃事故。1 月 12 日，受严寒天气影响，法国电力需求暴涨，当日 10 时 55 分—11 时 41 分，Cordemais 电厂的 3 台发电机因互不相关的原因相继跳闸。13s 后，该电厂第 4 台发电机由于最大励磁电流保护动作而跳闸。11 时 45 分—11 时 50 分，其他电厂 9 台发电机组（核电和火电机组）相继跳闸，导致系统发电功率损失 9000MW，400kV 西部电网电压降至 300kV 以下，并稳定在这个电压水平运行。

事故原因除了因为发电机组跳闸损失了无功电源以外，还因为事故过程中，超高压/高压/中压变压器各级变压器的有载分接头切换装置不断地动作，加快了超高压、高压和中压系统电压的跌落，并使电压跌落扩大到法国的整个西部。

条文 4.5.10　发电厂、变电站电压监测系统和调度自动化系统应保证有关测量数据的准确性。中枢点电压超出电压合格范围时，应及时向运行人员告警。

条文 4.5.11　在电网运行时，当系统电压持续降低并有进一步恶化的趋势时，必须及时采取拉路限电等果断措施，防止发生系统电压崩溃事故。

4.5.10 强调了电压采集量测的重要性，应尽力保证电压量测数据的准确性；4.5.11 强调了电网运行时中枢点电压发生较大波动或出现较大偏差时，应引起关注，并应在电压有进一步恶化的趋势时及时采取必要的措施。

电网运行的主要问题之一，就是按照分层、分区等基本原则配置一定的事故无功备用容量，以保证在事故后规定的最低要求电压水平。实时监视电网运行电压的变化，及时发现系统电压的问题，是电网运行的主要工作。在突然失去一回线路、一台最大容量无功补偿设备或本地区一台最大容量发电机（包括发电机失磁）等常见事故出现后，为保持事故后的电压水平不低于最低要求，应立即调出事故备用无功容量，同时也应安排相应的自动低压减载容量。

各级调度机构应具备详细的事故拉路序位，当因系统电压有进一步恶化的趋势，上级调度下达拉路限电命令时，必须快速执行，不得延误。

在系统动态无功供给及电压支撑严重不足时，从故障扰动发生到导致电压失稳或电压崩溃的过程可能非常快。因此，当各级调度人员发现系统电压持续降低并有进一步恶化的趋势时，必须及时下达命令，快速采取拉路限电等控制措施，防止发生系统电压崩溃事故。

【案例】 1987 年 7 月 23 日早晨，日本东京地区电力负荷需求约为 39100MW；从 13 点开始，电力负荷需求快速增加，增加速度达 400MW/min，比事先估计高得多。系统电压逐渐下降，发电机无功出力增加到极限，并联电容器不断投入。到 13 点 19 分左右，东部电压降至 0.74p.u.，系统负荷中心电压降至 0.78p.u.，持续低电压造成 3 个变电站及关联线路相继因保护动作跳闸，事故总共失去负荷 8168MW，影响到 280 万用户。

1. 事故原因

系统电压降低、线路电流增加导致后备保护动作。大量的空调设备在低电压时吸取更多的电流，这种负荷特性有加速电压崩溃的作用。即使并联电容器全部投入，电压仍持续下降。

2. 事故警示

当事故过程中，系统电压有进一步恶化的趋势，且采取其他措施无效情况下，必须及时采取拉路限电等果断措施。

条文 4.6　加强大面积停电恢复能力

从 20 世纪 60 年代开始，国际上一些大电网相继出现了大停电事故，这些事故给国民经济和电力系统本身都带来了空前的损失。除了系统自身问题导致的停电事故外，受到严重自然灾害及人为恶意攻击导致的大停电事故也屡次发生。

一、极端天气频发带来的停电风险

近年来，随着全球气候变暖，罕见的极端天气变得更加频繁出现。随着与天气高度耦合的可再生能源发电容量不断提高，电力系统将面临极端天气引起的负荷需求高涨、化石燃料供应受阻、可再生能源发电量降低、发输变电设备故障等风险。

2008年1—2月，我国南方多省遭遇了严重的冰雪低温灾害，给南方地区电力系统的安全稳定运行和电力供应带来极大的影响和威胁。冰冻雨雪灾害造成许多输电线路及其他设备损坏，从而导致部分电网解列，局部地区还出现了长时间、大面积的停电事故。据南方电网所属黔、桂、滇、粤4省（自治区）的统计：冰冻雨雪灾害累计造成10kV及以上线路7541条被迫停运；35kV及以上变电站859座被迫停运；10kV及以上线路倒杆倒塔及损坏126247基；受停电影响县市达90个。

2016年9月28日，澳大利亚南部南澳洲电网受暴风强降雨影响，多条输电线路故障跳闸，期间共发生大幅度电压扰动6次，引发9座风电场共计445MW的风力发电机组脱网。风电场发电出力大幅度的损失使得该州与维州相连的一条联络线严重过载跳闸，导致南澳洲电网崩溃。据统计全网损失负荷1830MW，约170万人受停电影响。

二、网络攻击带来的风险

随着数字化、信息化技术在电力系统控制中的大规模应用，以及风电、光伏等可再生能源发电多点分散接入的特点，使得电力调度控制系统受到人为外力破坏或通过网络攻击引发大面积停电事故的风险增加。近年来，黑客或某些组织通过网络攻击手段，入侵电、水、油、气等能源控制系统，并最终对目标进行破坏的事件频发：

2010年，伊朗的核电站遭受病毒攻击，核设备产生故障，造成了核发展计划的延缓；2015年12月，乌克兰电网遭遇网络攻击，导致包括首都基辅在内的140万人受停电影响3～6h。

如何使电力系统在遭遇大面积停电情况下尽快恢复供电，减少停电带来的损失，就成了各大电网所面临的问题之一。纽约、东京、台湾等地大停电事故的经验和教训表明，为在电网大面积停电或全部停电后能快速而有序地恢复，事先须制订有关的大面积停电系统恢复方案或黑启动方案，以最大可能加快恢复速度，从而最大限度地减少因停电而带来的经济损失。为突出其重要性，在这次修编过程中将原散布在本章各节中关于黑启动的条文汇集在一起，新增一节“4.6加强大面积停电恢复能力”，并依据《电力系统安全稳定导则》（GB 38755—2019）、《电力系统大面积停电恢复技术导则》（GB/T 40613—2021）等技术标准进行了补充。

本节所提到的黑启动是指电力系统故障全停或局部电网大面积停电的情况，通过该系统中具有自启动能力的机组启动，或通过外启动电源供给，带动系统内其他机组，逐步恢复系统运行的过程。

条文 4.6.1 根据电网结构特点合理划出分区，各分区应至少安排 1～2 台具备黑启动能力的机组，并保证机组容量、所处位置分布合理。

具备黑启动能力的机组又可称为黑启动电源：即不依靠外来电源能自行启动的机组，如抽水蓄能机组、具备此功能的燃气机组、柴油发电机组、储能电站等。广义上的黑启动电源还包括可用于黑启动的外部电源。

本条文是从规划的层面出发，在筹划电网布局和电源项目时，应重视黑启动电源的安排，并根据机组容量、电网特点、安装位置等因素合理划分作用区间。分区的目的一是简化预案编制难度；二是减少恢复过程中的外界影响因素，便于及时决策；三是在多个分区需要恢复时，可以实施并行操作，提高恢复速度。划分黑启动区域时，应考虑下列因素：区内黑启动能力、网架结构、区域规模、区内调频调压能力、区域间联络线承载能力及同期并列能力、各区可观测性等。

【案例】 这是一个成功的案例：2005 年 9 月 25 日 20 时 00 分起，强台风“达维”袭击海南岛，造成海南电网大批 35kV 及以下配电设备受损和主网 110kV、220kV 线路大量发生永久性故障跳闸，进而导致海南电网全网崩溃，随后海南电网紧急启用黑启动预案并获得成功，次日统调负荷恢复到 80%以上，至 2005 年 10 月 1 日，海南电网 35kV 变电站全部恢复供电。

该案例表明，电网发生大面积停电后，应当先将电网分割为多个启动子系统，同时启动各子系统中具有黑启动能力的机组，建立稳定的各子系统，并实现同步并列，是快速恢复电网运行的有效方法。启动子系统中恢复路径的选择原则应当是就近不就远，尽量选择近负荷区的机组或具备进相能力机组进行黑启动。各子系统间的并列点一般应当选在易调节的发电厂升压站内，并列方式尽可能采用手动准同期。同时，应尽可能考虑多个并列点。

条文 4.6.2 结合本系统的实际情况制订大面积停电后系统恢复方案（包括黑启动方案），以满足在保证系统设备安全的前提下快速有序地实现系统和用户供电的恢复。上述方案应根据系统运行方式的变化适时进行修订或调整，并落实到电网及各并网主体。

本条重点强调建立适应系统特点的差异化的大面积停电后系统恢复方案（包括黑启动方案），以实现从“临时应对”到“事前预案”的转变。为了使预案更有针对性、更有可操作性，上述方案应根据系统运行方式的变化适时进行修订或调整，并在电网及各并网主体中得到落实。

近年来，互联电网规模越来越大，结构日趋合理，网架日益坚强，安全稳定水平得到了很大提高。尽管如此，遇到严重故障时仍有可能引发系统的联锁反应，最终导致系统大面积停电。国际上接连发生了一系列的大面积停电事故，造成了灾难性的社会影响和经济损失。如何降低大停电给电网带来的危害，研究电网大面积停电后的紧急恢复措施，制订电网全停后的黑启动或区外受电启动方案是非常必要的。

自从美国、加拿大“8.14”大停电后，国内华北、华东、上海、深圳、湖北、云南等电网均加大了黑启动工作的力度，制订了相应的黑启动方案，并开展了黑启动试验工作。

【案例】 2021年2月8—20日，美国得克萨斯州经历了由极寒天气导致的严重缺电事件，事故期间，因得克萨斯电力供应严重不足，供需平衡难以维持，对用电负荷实施轮流停电，持续时间最长达到4天，限电负荷峰值达到20GW，超450万得克萨斯居民遭遇停电。事故造成的直接和间接经济损失高达800亿～1300亿美元。

1. 造成缺电事件的主要原因

(1) 此次得克萨斯轮流停电实践的直接原因是极端气候引发的电力供需失衡。一方面当地居民为了抵御寒冷增加电热取暖，电力负荷急剧上升；另一方面极低气温导致的油气采集装置和输送管道冻结，风电机组桨叶结冰等故障频繁发生，供电能力受限严重；得克萨斯特殊的电源结构在极端天气作用下供需失衡，得克萨斯发电主要依赖燃气机组和风电等发电电源，据统计得州燃气机组容量占总装机容量的52.2%，风电装机占总装机容量的25.5%，煤电占总装机容量约12%。

(2) 得克萨斯电网高度独立的结构特性使其无法通过跨区互济获取大量外部支援。得克萨斯与周边电网只有薄弱的互联能力，虽然得克萨斯充分独立自主的电网运营能力促进了绿色能源发展，但薄弱的互联互济能力也是得克萨斯缺电事件规模扩大、时间加长的重要原因之一。

(3) 得克萨斯电力系统应对极端天气的整改措施落实不到位也是不可忽视的内在原因。2011—2018年，得克萨斯曾经历过3次不同程度的寒冷天气引发的停电事故，美国联邦能源管制委员会（FERC）等机构也对每次寒冷天气引发的停电事故进行调查，并公布了调查报告，报告中包含有对电网主体、发电机组御寒准备、防冻措施的相关改进内容和建议。然而这些改进措施仅以建议的形式给出，并没有实际的约束力，很多企业并未得到落实。

2. 缺电事件带来的启示

(1) 合理的电源结构是保障安全可靠供电的基础之一。在“双碳”目标下快速发展新能源的同时，如何合理考虑常规电源及灵活性调节电源的发展规模和布局，确保极端情况下电网安全运行都是需要认真研究的课题。

(2) 合理规划电网，不断优化分区，强化联络支援。加强联络线建设，合理安排联络线支援能力，实现更大范围内的资源灵活调配，发挥大电网相互联络支援的优势。同时还应通过差异化规划保障重点区域、重点负荷的供电可靠性，对重要输电通道、极端气候区域的电力设施适当提高设计标准。

(3) 重视行业技术标准、规范的引领作用与重要性，并将标准、规范落实到位。

条文 4.6.3　发生电力系统大面积停电后应首先确定停电的地区、范围和负荷状况，然后依次确定本区内电源或外部系统帮助恢复供电的可能性。当不可能时，应尽快执行系统恢复方案。

条文 4.6.4　在恢复启动过程中系统电压和频率的波动可比正常运行方式允许范围有所增加，但不能超出设备能够承受的范围，应避免出现非同期合闸。

4.6.3 和 4.6.4 强调的是在运行阶段，一旦发生大面积停电事件，应迅速判断停电的区域、影响的范围以及受停电影响的电力负荷等情况，并根据停电区域内电源的状态、停电区域与外部联络线的状态，及时作出决策、实施系统恢复预案。

黑启动恢复涉及机组、网架、负荷多样恢复任务，一般情况下将整个恢复过程分为电源启动、网架重构和负荷恢复三个阶段，阶段之间有可能出现交叉。不同恢复阶段的恢复目标、操作任务、控制手段有所不同，恢复中的约束条件也各不相同。为了以最大可能加快恢复速度，从而最大限度地减少因停电而带来的经济损失，恢复过程中应根据设备的运行限制和系统的特点，及时对约束条件进行判断和调整。

【案例】 2018 年 3 月 21 日，巴西电网发生了大面积大停电，巴西电网解列为北部、东北部和南部三个独立运行的电网。其中北部区域大部分全停，东北部区域基本全停，南部区域主网架基本完整。

大停电后，巴西电网的恢复进程大致分为两大步骤，首先孤立电网内部各分区网架恢复及逐步向用户供电；其次是孤立运行的分区/电网间互联，加强相互支援。北方区域依靠仍然并网运行的 2 座水电站为核心设置了 4 个分区，历时约 2h 全面恢复供电。东北部区域通过内部 5 座具备黑启动功能的电厂，设置了 6 个分区同时黑启动，历时约 4.5h 基本恢复供电。南部区域电网基本完整，约 30min 后基本恢复供电。北部、东北部和南部 3 个孤立运行电网也在恢复过程中适时恢复了网间联络，最终在事故后约 9h 恢复了全网同步运行。

大停电后，巴西调度部门与发电、输电和配电企业等协调配合，快速恢复供电，电网恢复进程总体有序。恢复过程也遇到一些异常情况，包括现场操作与调度指令有差异；电网潮流大范围转移引起振荡，导致并网合环等操作困难或合环失败等；监控和通信系统故障；断路器、站用电及发电机等设备异常。

恢复过程带来的启示：

（1）重视电源的作用，规划和布置合理的黑启动电源，是黑启动成败的关键。同时在事故过程中也应尽量缩小事故波及范围，尽可能保留一些并网运行机组。

（2）编制合理的黑启动预案，并适时进行演练。作为电力系统安全措施的最后一条，必须制订适合本网情况的黑启动应急预案，在黑启动过程中，应按照负荷的重要等级，并考虑电网的稳定及恢复速度有序执行。

（3）电网恢复过程中，可能会出现电压和频率控制困难、部分地点合环操作失败、保护意外动作等突发情况，需要在电网恢复预案中相应增加一些备用方案或措施。执行过程中也应根据电网实际情况及时调整恢复策略。

5 防止机网协调及风电机组、光伏逆变器大面积脱网事故的重点要求

总体情况说明：

为防止机网协调及风电机组、光伏逆变器大面积脱网事故，应认真贯彻执行下列标准相关规定：

《电力系统安全稳定导则》（GB 38755—2019）

《电网运行准则》（GB/T 31464—2022）

《电力系统网源协调技术导则》（GB/T 40594—2021）

《电力系统网源协调技术规范》（DL/T 1870—2018）

《同步发电机励磁系统技术条件》（DL/T 843—2021）

《同步发电机励磁系统建模导则》（DL/T 1167—2019）

《电力系统稳定器整定试验导则》（DL/T 1231—2018）

《数字式自动电压调节器涉网性能检测导则》（DL/T 1391—2014）

《并网电源涉网保护技术要求》（GB/T 40586—2021）

《大型发电机组涉网保护技术规范》（DL/T 1309—2013）

《同步发电机进相试验导则》（DL/T 1523—2016）

《并网电源一次调频技术规定及试验导则》（GB/T 40595—2021）

《火力发电机组一次调频试验及性能验收导则》（GB/T 30370—2022）

《火力发电厂自动发电控制性能测试验收规程》（DL/T 1210—2013）

《同步发电机原动机及其调节系统参数实测与建模导则》（DL/T 1235—2019）

《风电场接入电力系统技术规定　第1部分：陆上风电》（GB/T 19963.1—2021）

《风电场动态无功补偿装置并网性能测试规范》（NB/T 10316—2019）

《并网风电场继电保护配置及整定技术规范》（DL/T 1631—2016）

《风电功率预测系统功能规范》（NB/T 31046—2022）

《光伏发电站接入电力系统技术规定》（GB/T 19964—2012）

《光伏发电并网逆变器技术要求》（GB/T 37408—2019）

《光伏发电站功率预测系统技术要求》（NB/T 32011—2013）。

并网电厂及新能源电站涉及电网安全稳定运行的励磁系统、调速系统、变流器

控制系统、继电保护和安全自动装置、升压站电气设备、调度自动化和通信等设备的技术性能和参数应达到国家及行业有关标准要求，其技术规范应满足所接入电网要求。

本章重点是防止机网协调及风电机组、光伏逆变器大面积脱网事故，在2014年版《防止电力生产事故的二十五项重点要求》的基础上，结合近年发布的标准和相关文件对并网电厂及新能源电站涉及电力系统安全稳定运行的励磁系统、调速系统、变流器控制系统、继电保护和安全自动装置、升压站电气设备、调度自动化和通信等设备的技术性能和参数提出新要求，对原文中已不适应当前电网实际情况或已写入新规范、新标准的条款进行了修改调整。

章节内容编排上，第一小节为“防止机网协调事故”，第二小节从原来的“防止风电机组大面积脱网事故”改为了“防止风电机组、光伏逆变器大面积脱网事故”，并补充了光伏发电站、光伏逆变器相关内容。从规划、设计、基建和运行等各个环节，提出了防止机网协调及风电机组、光伏逆变器大面积脱网事故的重点要求。

条文说明：

条文5.1　防止机网协调事故

“机网协调”或叫“厂网协调”“网源协调”，是指发电机组与电网的协调管理，通过对发电机、升压站等与电网密切相关的设备管理，保证发电机组和电网安全稳定运行的相互协调。“机网协调”的主要工作指电厂的发电机、主变压器、机组励磁系统（包括PSS）、调速系统、安全自动装置、电厂高压侧或升压站等电气设备的技术规范和参数，应达到国家及行业标准有关要求，应满足所接入电网的相关规定，还应达到技术监督及安全性评价的要求。

条文5.1.1　各发电企业（厂）应重视和完善与电网运行关系密切的励磁、调速、无功补偿装置和保护选型、配置，其涉网控制性能除了保证主设备安全，还必须满足电网安全运行的要求。

条文5.1.2　发电机励磁调节器［包括电力系统稳定器（PSS）］须经涉网性能检测合格，形成入网励磁调节器软件版本，才能进入电网运行。

建立励磁调节器包括电力系统稳定器（PSS）软件版本认证机制，完善逻辑设计、优化参数整定，确保发电机励磁控制系统特性满足国家、行业标准要求，进而达到消除事故隐患的目的。《数字式自动电压调节器涉网性能检测导则》（DL/T 1391—2014）规定了励磁调节器涉网性能检测方法以及性能要求。

【案例】 2010年7—10月，某电站机组发生多次有功功率波动，最大振荡幅值达到300MW，经历三次现场试验，初步确认发电机励磁的电力系统稳定器（PSS）环节在0.82Hz低频振荡模式附近特性存在问题，未能提供正阻尼。在实验室通过复现事故场景、理论模型与实际装置特性对比等，发现发电机组励磁调节器软件 PSS 转速测量内部参数 X_{PSS} 出厂缺省设置错误是导致发电机组动作异常的原因。某电站机组发生有功功率异常波动图如图 5-1 所示，发电机投入 PSS 有功功率小扰动响应曲线如图 5-2 所示。

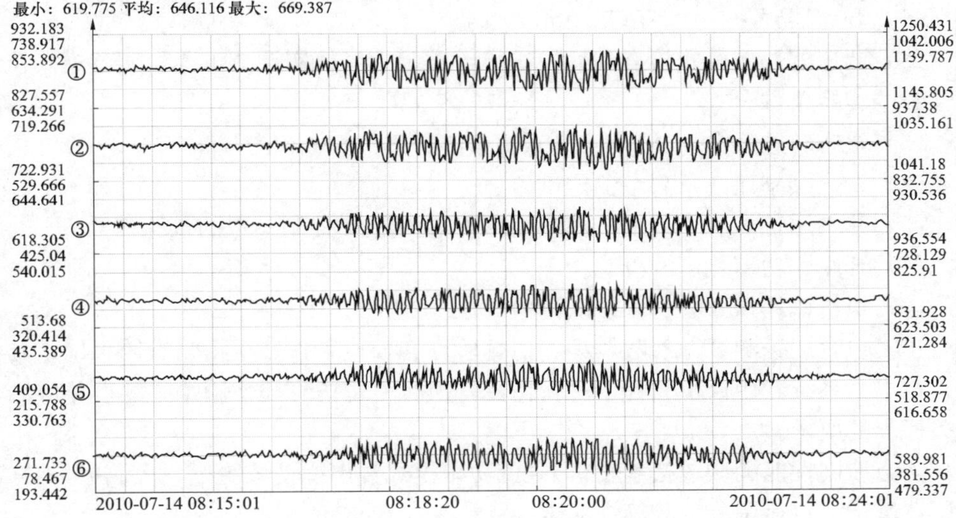

图 5-1 某电站机组发生有功功率异常波动图

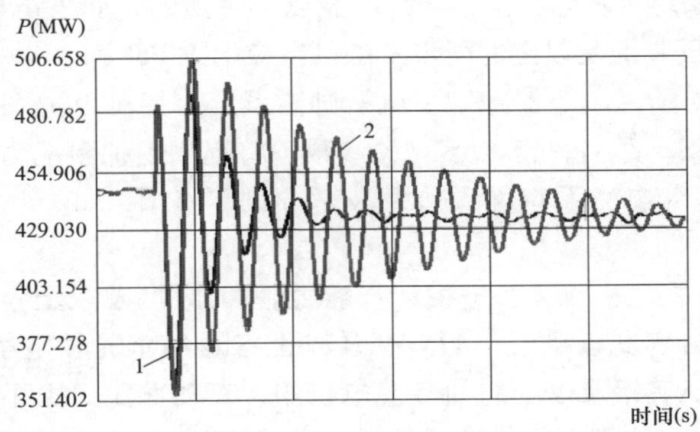

图 5-2 发电机投入 PSS 有功功率小扰动响应曲线

1—PSS（X_{PSS} 优化设置）；2—PSS（X_{PSS} 缺省设置）

条文 5.1.3 40MW 及以上水轮机调速器控制程序须经全面的静态模型测试和动态涉网性能测试合格，形成入网调速器软件版本，才能进入电网运行。

40MW 及以上水轮机调速器控制程序存在多个软件版本和多种控制模式，为了强化对水轮机调速软件的管理，要求 40MW 及以上水轮机调速器控制程序在投产前经过全面的静态模型测试和动态涉网性能测试合格，形成入网调速器软件版本，并报调度部门审查批准后才能进入电网运行。

静态模型测试即机组调速控制系统、执行机构、原动机和能量供给系统相关模型和参数的测试，目的是进行调节系统、执行机构的实测建模。一般应包括：

（1）调速器频率、功率测量单元的校验。

（2）调速器调节模式检查和切换试验，试验中应核实调节工况、调节模式及调节参数的转换条件。

（3）永态转差系数 b_p 校验。

（4）人工频率死区及限幅测定试验。

（5）并网运行工况下开度、功率闭环 PID 等主要控制参数的校验。

（6）开度、功率死区的校验。

（7）执行机构指令大、小阶跃试验等。

建模包含现场测试、参数辨识、仿真验证和校核工作。根据测试结果确定其参数，在电力系统专用计算软件中进行仿真，执行机构仿真与实测结果的误差应满足相关标准的要求。

动态涉网性能测试包括水轮机开度/功率模式频率扰动试验、一次调频与 AGC 协调性试验、负荷调节试验等性能试验。

条文 5.1.4　根据电网安全稳定运行的需要，100MW 及以上容量的火力发电机组、核电机组和燃气发电机组、40MW 及以上容量的水轮发电机组和光热机组，或接入 220kV 电压等级及以上的同步发电机组应配置 PSS。

PSS 主要借助励磁调节器控制发电机励磁系统，抑制电力系统功率振荡。在发电机组加装 PSS，适当整定 PSS 有关参数，将提供附加阻尼力矩，提高电力系统动态稳定水平。《电力系统网源协调技术导则》（GB/T 40594—2021）有相应规定。

条文 5.1.5　发电机应具备进相运行能力。100MW 及以上容量的火力发电机组、核电机组和燃气发电机组、40MW 及以上容量的水轮发电机组和光热机组，或接入 220kV 电压等级及以上的同步发电机组，有功额定工况下功率因数应能达到－0.95～－0.97，必要时可结合机组接入电网情况，由当地电力调度机构、试验单位以及电厂通过专题研究确定。励磁系统的低励限制定值应可在线调整。

发电机应具备进相运行能力，以按照电网要求随时进相运行，调节电网电压。100MW 及以上容量的火力发电机组、核电机组和燃气发电机组、40MW 及以上容量的水轮发电机组和光热机组，或接入 220kV 电压等级及以上的同步发电机组可以覆盖目前电网的主要机组，这些机组都应具备满足要求的进相运行能力。试验经验表明，有功额定工况下功率因数取超前 0.97 作为发电机进相能力的要求比较合理，此时发电机功角一般不超过 70°，保留的静态稳定裕度比较大。

《电网运行准则》（GB/T 31464—2022）中规定：发电机的有功功率、无功功率应能在设计的功率因数范围内进行调整，100MW 及以上机组满负荷下进相功率因数宜达到 0.95～0.97。若受系统条件限制无法满足上述要求，试验应达到机组允许的运行边界（如高压母线电压、定子电压/电流、功角、铁心温度、厂用电压等）。

在实际执行中应注意，发电机的进相运行能力应是在自带厂用电时的进相运行能力，采用启动备用变压器带厂用负荷进相运行不符合机组实际情况。发电厂应优化厂用变压器的分接头运行挡位，防止因厂用电压偏低限制发电机组的进相运行能力。

条文 5.1.6　新投产的大型汽轮发电机应具有一定的耐受带励磁失步振荡的能力。发电机失步保护应考虑既要防止发电机损坏又要减小失步对系统和用户造成的危害。为防止失步故障扩大为电网事故，应当为发电机解列设置一定的时间延迟，使电网和发电机具有重新恢复同步的可能性。

失步运行属于应避免而又不可能完全排除的发电机非正常运行状态。发电机失步往往起因于某种系统故障，故障点到发电机距离越近，故障时间越长，越易导致失步。在失步至恢复同步或解列发电机之前，发电机和系统都要经受短时间的失步运行状态。失步振荡对发电机组的危害主要是轴系扭振和短路电流冲击。为减轻失步对系统的影响，在一定条件下，应允许发电机组短暂失步运行，以便采取措施恢复同步运行或在适当地点解列。对于单机对系统的振荡而言，一般情况下，直接切除不会对电网产生太大影响。

条文 5.1.7　为防止频率异常时发生电网崩溃事故，发电机组应具有必要的频率异常运行能力。正常运行情况下，汽轮发电机组频率异常允许运行时间应满足表 5-1 的要求。水轮发电机频率异常运行能力应优于汽轮发电机组并满足当地电网运行控制要求。

表 5-1　汽轮发电机组频率异常允许运行时间

频率范围（Hz）	允许运行时间	
	累计（min）	每次（s）
51.0 以上～51.5	>30	>30
50.5 以上～51.0	>180	>180
48.5～50.5	连续运行	
48.5 以下～48.0	>300	>300
48.0 以下～47.5	>60	>60
47.5 以下～47.0	>10	>20
47.0 以下～46.5	>2	>5

频率异常属于应避免而又不可能完全排除的发电机组非正常运行状态。本条文是难于考核的项目，要依靠制造厂在设计和制造阶段有所措施和制造厂的承诺。

电力系统由于某种原因造成有功功率不平衡时，频率将偏离额定值。偏离的程度与系统有功功率不平衡情况及系统的负荷频率特性等因素有关。

限制系统频率降低，一般采用低频减负荷。但由于低频减负荷装置的动作时延和电力系统的惯性，在减负荷后系统频率的恢复有一定时延。所以，当系统由于某种原因突然出现功率严重短缺时，即使采用了低频减负荷，系统也不可避免地将出现短暂的频率降低。频率降低的程度和持续时间与电力系统的具体情况及低频减负荷的配置和整定有关。

如果系统频率下降时处理不当而将机组跳闸，则此时机组跳闸造成的系统功率短缺将进一步导致频率降低，因而形成联锁反应，严重时最终导致系统崩溃。因此，为防止电网频率异常时发生电网崩溃事故，发电机组应具有必要的频率异常运行能力。同时，机组低频保护整定必须与系统频率降低特性协调，即系统频率降低不应使机组保护动作而引起恶性联锁反应。

限制机组频率升高是由其调速器来实现。一般要求系统事故时限制机组的暂态最高转速不超过额定转速的107％～108％。

《继电保护和安全自动装置技术规程》（GB/T 14285—2006）中规定，发电机组应装设低频保护，保护动作于信号并有低频累计时间显示。特殊情况下当低频保护需要跳闸时，保护动作时间可按汽轮机和发电机制造厂的规定进行整定，但必须符合规定的每次允许时间。

条文 5.1.8　发电机励磁系统应具备一定过负荷能力。

条文 5.1.8.1　励磁系统应保证发电机励磁电流不超过其额定值的1.1倍时能够连续运行。

条文 5.1.8.2　发电机交流励磁机励磁系统顶值电压倍数不低于2倍，自并励静止励磁系统顶值电压倍数在发电机80％额定电压时，汽轮发电机不应低于1.8倍，水轮发电机不应低于2倍。强励电流倍数等于2倍时，允许持续强励时间不低于10s。

随着电网规模的扩大、电压等级的提升，应关注发挥发电机对电网电压的无功支撑及调节作用，对发电机励磁系统过负荷能力进行细化，其特性应满足国家、行业标准要求。《同步发电机励磁系统技术条件》（DL/T 843—2021）中有相关规定。

某发电机励磁系统强励与过励限制动作特性如图5-3所示。

【案例1】 美国、加拿大“8.14”大停电事故的发生、发展过程，就是由三条345kV线路相继掉闸的一个局部地区事故引发，事故范围逐渐扩大，经过约10min时间后，最终导致美国东部和加拿大电网解列为多个“孤岛”，损失61800MW负

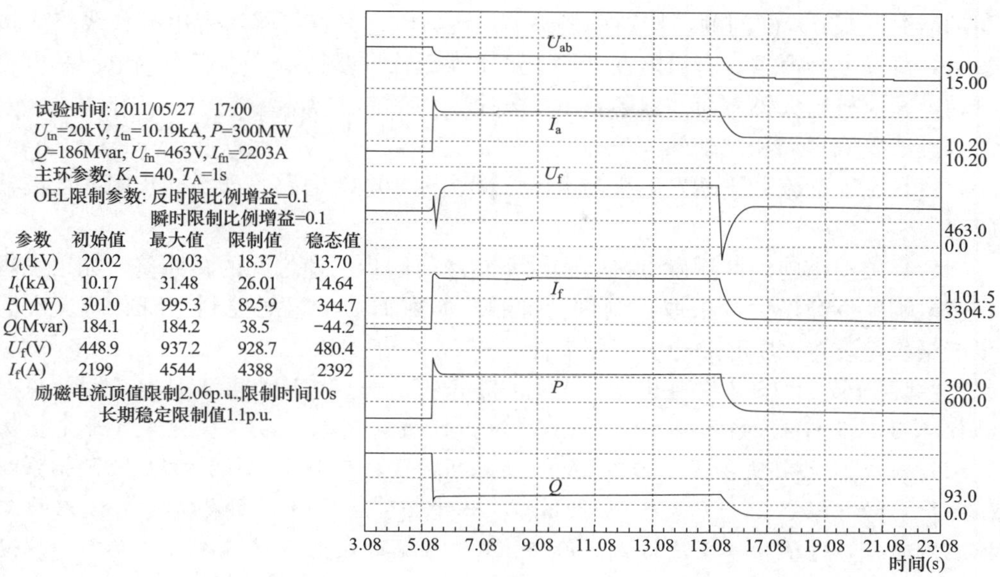

图 5-3 某发电机励磁系统强励与过励限制动作特性

荷。在事故发展过程中，至少有 531 台发电机组由于励磁系统或调速系统、发电厂内控制、保护系统等原因相继跳闸。事故分析表明，发电机励磁系统过负荷能力如转子过励，在确保设备安全的前提下，发挥其对系统的无功电压支撑，对避免发电机联锁跳闸从而引起“垮网”，具有重要意义。

【案例 2】 2016 年，某市南郊变电站发生事故，最终导致站内 6 回 330kV 出线陆续跳闸，整个过程超过 2min。受联锁故障冲击，周边共 5 台发电机组相继跳机停运，其中部分机组在故障过程后期仍并网运行，励磁系统持续提供强励支撑、辅助限制正确动作，对故障下的电网稳定意义重大。周边 A 电厂 1 号机组在联锁故障中提供强励，定子电流最高近 1.6p.u.，持续约 10s 后定子电流限制动作；周边 B 电厂 1 号、2 号机组均强励动作，维持强励后过励限制正确动作。发电机励磁系统可有效提升电网故障下的动态特性，有助于系统电压恢复，为电网提供无功支撑。

条文 5.1.9 发电厂应准确掌握接入大规模新能源汇集地区电网、有串联电容器补偿装置送出线路以及接入直流换流站近区的汽轮发电机组可能存在的次/超同步振荡风险情况，并做好抑制和预防机组次/超同步振荡措施，同时应装设次/超同步振荡监测及保护装置，协助电网管理部门共同防止次/超同步振荡。

近年来，随着经特高压直流或串补远距离送出机组日益增多，汽轮发电机组和风电机组次同步振荡问题日益突出。在超高压输电线路上采用串联补偿电容器，补偿电容与输电线路感抗形成串联谐振电路。对直接连接的大容量汽轮发电机存在次同步谐振（SSR）的问题，特别是当送端是坑口电厂，点对网经带串补长线路直接送出，情况尤为严重。有可能在某些工况下激起次同步谐振，引起电网电压和电流波动，影响机组大轴寿命，威胁发电机安全。

可以采取主动和被动两大类抑制措施。

（1）主动措施。隔断发电机与电网之间次同步电流通路，如次同步阻塞滤波器（SSR）。

（2）被动措施。监测发电机转子轴系转速与同步转速之间的转速差，如果发现转速差幅度逐渐增大，采取控制进行抑制，如附加励磁阻尼控制（SEDC）、次同步谐振稳定装置（SSR-DS）、可控串补（TCSC）等。

【案例1】 2015年7月1日，A电厂1号、2号、3号机组TSR轴系扭振保护动作跳闸（模态3，频率为30.76Hz），扭振幅值达到0.5rad/s（疲劳累计定值为0.188rad/s），共损失功率128万kW；此期间，B电厂1号、2号机组TSR轴系扭振保护启动（模态2，频率为31.25Hz），并于20s后复归。事故前T直流双极双换流器运行，输送功率首次达到450万kW。S站近区电网接线全方式运行，S站两台750kV联络变压器下网功率为218万kW。本次故障造成S站联络变压器下网功率波动至350万kW，电网频率波动至49.91Hz。

经事后分析，此次事件中A电厂发电机组扭振保护系统（TSR）应为正确动作。A电厂1号、2号、3号机组相继跳闸原因为TSR动作，具体为轴系固有次同步振荡模式3（对应频率30.76Hz）疲劳累积达到定值（0.188）跳闸。电网侧的电流、电压等电气量中同样存在19.4Hz左右谐波，与轴系次同步振荡模式3形成互补频率（加和为50Hz），表明轴系次同步振荡实际存在，且录波表明次同步振荡时间达到4min，TSR保护应根据其定值正确动作。

【案例2】 某电厂装有2台600MW和2台500MW机组，通过全长387km的双回500kV线路送出，分别在线路电网侧加装30%固定和15%可控串联补偿电容器。自2007年10月串联补偿电容器投运后，在某些运行工况下3号、4号机组扭振保护装置发出报警信号，2008年5月，机组开缸检查发现发电机对轮侧有3处裂纹。进行串联补偿电容器投入/退出试验，发现每投入一条线路的固定串补后系统的次同步谐振幅度会逐步增加（见图5-4），退出一条线路的固定串补后系统次同步谐振幅度减小（见图5-5），根据录波分析，发电机定子电流存在28.7Hz的信号，与机组模态2频率21.3Hz，相对50Hz互补。

条文5.1.10 机组并网调试前三个月，发电厂应向相应电力调度机构提供电网计算分析所需的主设备（发电机、变压器等）参数、二次设备［电流互感器（TA）、电压互感器（TV）］参数及保护装置技术资料以及励磁系统（包括PSS）、调速系统技术资料（包括原理及传递函数框图）等。

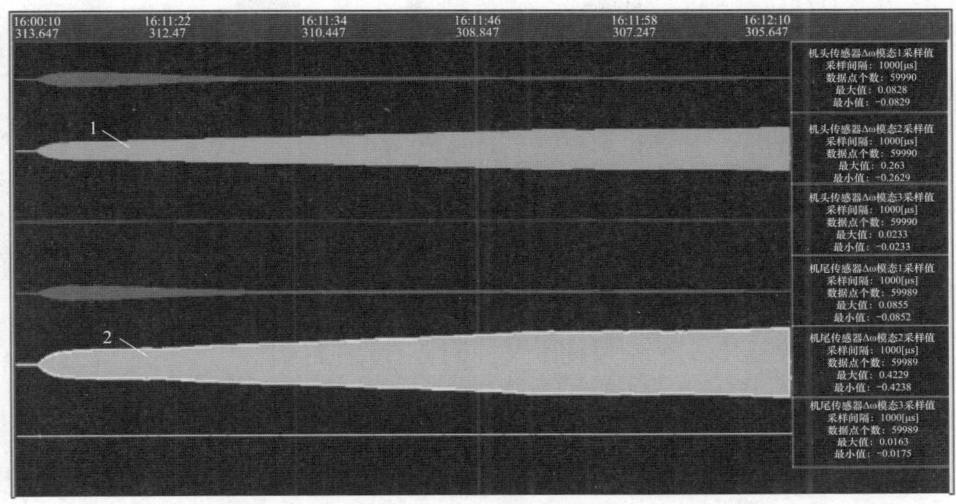

图 5-4　投入一条线路的固定串补后系统的次同步谐振幅度会逐步增加

1—机头传感器模态 2 转速差；2—机尾传感器模态 2 转速差

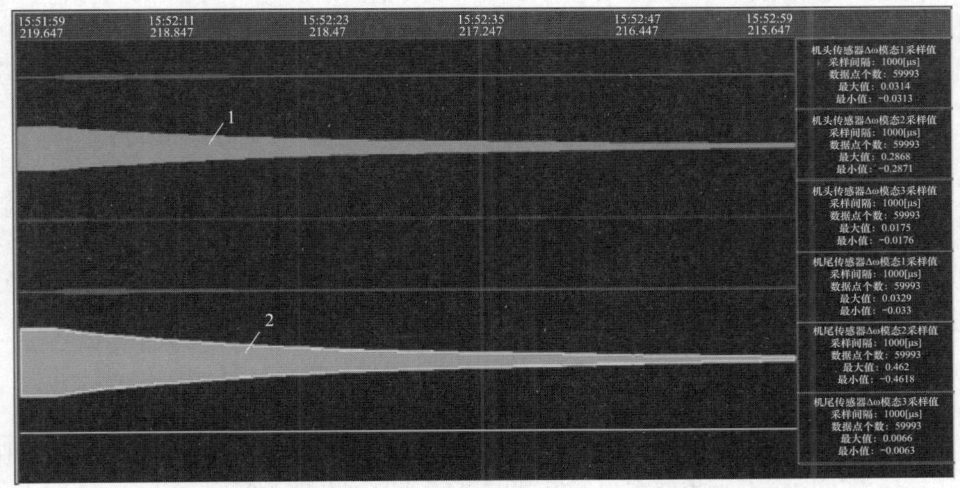

图 5-5　退出一条线路的固定串补后系统的次同步谐振幅度会逐步减小

1—机头传感器模态 2 转速差；2—机尾传感器模态 2 转速差

发电企业应在机组首次并网前 90d 向电力调度机构提供新建或改（扩）建发电机、励磁系统及调速系统的技术资料，主要包括：

（1）发电机本体设计参数，详细的机组轴系（含原动机）转动惯量，主变压器参数，发电机-变压器组一次主接线图。

（2）发电机设计进相能力及 P-Q 曲线图、定子电流过负荷能力、转子电流过负荷能力、发电机和主变压器的过激磁能力。

（3）励磁系统［包括励磁机、副励磁机、励磁变压器、励磁调节器、相关限制功能及电力系统稳定器（PSS）］技术说明书，包括励磁类型、主回路图、控制模型、传递函数框图及厂家建议参数。

（4）励磁调节器及电力系统稳定器涉网性能检测报告。

（5）发电机组正常运行的有功功率范围，涉及一次调频能力、调峰能力等。

（6）超速保护控制（OPC）、功率负荷不平衡保护（PLU）定值及控制逻辑，OPC、PLU控制运算周期，火电机组和核电机组快速减负荷能力设计资料。

（7）水电机组水锤时间常数设计值，设计运行振动区。

条文5.1.11　新建机组及增容改造机组，发电厂应根据有关电力调度机构要求，开展励磁系统、调速系统建模及参数实测试验、电力系统稳定器参数整定试验、发电机进相试验、一次调频试验、自动发电控制（AGC）试验、自动电压控制（AVC）试验工作，实测建模报告需通过电力调度机构认可的单位审核，并将试验报告报有关电力调度机构。

同步发电机组涉网试验主要包括励磁系统参数测试及建模试验、调速系统参数测试及建模试验、电力系统稳定器（PSS）整定试验、发电机进相试验、一次调频试验、自动发电控制（AGC）试验、自动电压控制（AVC）试验。《电力系统网源协调技术导则》（GB/T 40594—2021）有相应规定。

现场实测的模型与参数用于电力系统稳定分析计算，要求计算中采用准确反映实际发电机及其励磁、调速系统特性的详细模型参数。电网调度部门承担着维护电网安全稳定的责任，应慎重地选择和采用发电机及其调节系统模型与参数，要求对现场实际测量扰动后励磁、调速系统的响应特性并进行仿真对比分析，得到工程化计算模型参数。

因此，对发电机组励磁和调速系统模型参数的具体要求是：

（1）新建或改造的发电机组励磁系统、调速系统的有关逻辑、定值及参数设定、运行规定等均纳入电网调度管理的范畴，在投产前必须经过充分的技术论证，经相关检测部门检测合格，并报调度部门审查批准后方可实施。

（2）新建或改造的机组励磁系统、调速系统，在机组并网前应进行必要的静态调试和动态试验。

（3）新建机组的励磁系统、调速系统模型参数应在机组进入商业化运行前完成实测。

（4）发电厂应将实测的励磁系统、调速系统模型参数上报调度部门和技术监督部门审核。发电机组原动机及励磁系统、调速系统数学模型包括原动机数学模型结构及相关参数，励磁、调速系统类型及工作原理简图，各环节数学模型或传递函数方框图及相关参数的取值范围及换算关系等，一次调频死区的实现逻辑等。

（5）发电机组励磁系统、调速系统的模型及参数实测试验应列为电厂工程验收内容。

【案例】 2005年9月1日18时53分—21时12分发生了三次某电网机组对主网的低频振荡。前两次振荡自行平息，第三次振荡有逐渐加大的趋势，随着该电网某电厂1号、3号机组相继跳闸，振荡平息。事故分析表明，采用典型的发电机组励磁系统模型参数，不能仿真重现事故，而采用现场试验数据拟合出的励磁系统模型参数，则可以准确模拟并找到事故原因：由于初始方式下电厂机组对系统振荡模式的阻尼已经较弱，随着摆动发生前电厂有功出力的增加或无功出力的减少，进一步降低了该振荡模式的阻尼，引发了机组对系统的低频振荡，由此激发了地区电网机组对主网的低频振荡。联络线有功响应如图5-6所示。

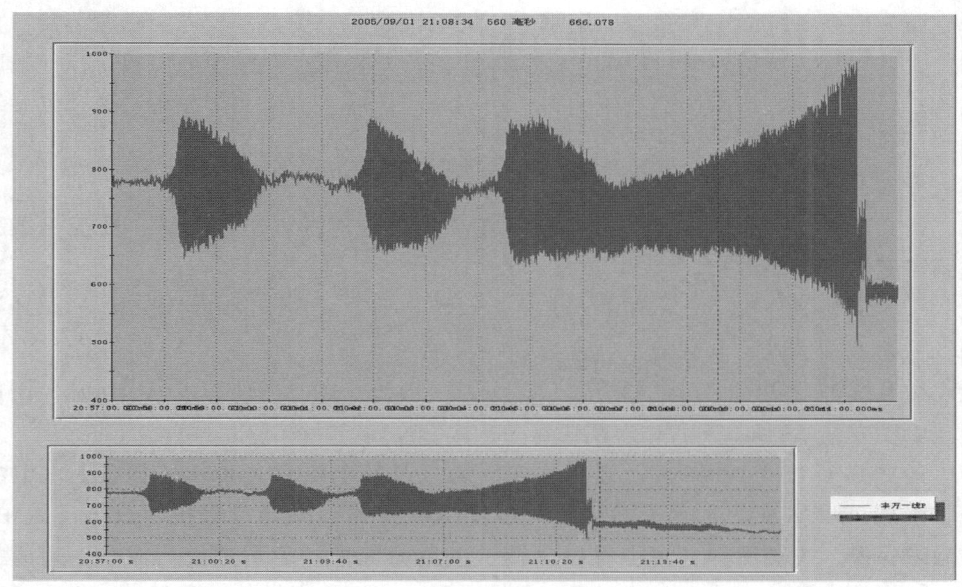

图5-6　联络线有功响应

条文5.1.12　并网电厂应根据《并网电源涉网保护技术要求》（GB/T 40586—2021）的规定、电网运行情况和主设备技术条件，认真校核涉网保护与电网保护的整定配合关系，并根据电力调度机构的要求，做好每年度对所辖设备的整定值进行全面复算和校核工作。当电网结构、线路参数和短路电流水平发生变化时，应及时校核相关涉网保护的配置与整定，避免保护发生不正确动作行为。

涉网保护在保护并网电厂安全的同时，应能有效预防由于外部系统干扰的误动。涉网保护定值应与发电设备配合，保证电源充分发挥其设计的过载能力。

对于新建并网电源的涉网保护评估应作为并网运行条件之一，涉网保护每年校核一次。当涉网保护相关设备改造、软件升级、定值与动作逻辑修改完成后均应开展保护的校核工作。

随着电网每年新增、变更设备及线路，电网的结构、线路参数和短路电流水平发生变化。对于电厂来说，电网阻抗发生变化，导致电网提供电厂故障点的短路电流发生了变化。因此要求电厂涉网部分的定值要与电网的定值相配合，根据电网阻抗变化重新校核变化定值。

条文 5.1.13　发电机励磁系统正常应投入自动方式运行，PSS 正常必须置入投运状态，励磁系统（包括 PSS）的整定参数应适应跨区交流互联电网不同联网方式运行要求，对 0.1～2.0Hz 系统振荡频率范围的低频振荡模式应能提供正阻尼。

励磁系统的主要任务是维持发电机电压在给定水平和提高电力系统的稳定性。一方面为提高系统静态和暂态稳定水平，发电机励磁系统正常投入励磁调节器（自动方式）运行，维持发电机机端电压为恒定值，并采用高强励顶值倍数、快速励磁系统；另一方面，特高压交直流线路长距离跨区传输，机组大量采用快速励磁系统均将导致电力系统阻尼特性变差，在某些运行方式下可能引发 0.1～2.0Hz 低频振荡，投入 PSS 以提供附加阻尼力矩，可有效改善系统动态稳定水平。

条文 5.1.14　利用自动电压控制（AVC）系统对发电机调压时，受控机组励磁系统应置于自动方式。

励磁调节器分自动方式和手动方式运行，自动方式是以发电机机端电压闭环控制，手动方式是以发电机励磁电流或励磁机励磁电流闭环控制。AVC 在通过发电机励磁系统进行调压时，要求励磁系统应处于自动方式，当励磁系统因特殊原因切换至手动方式运行时，AVC 应闭锁调节。

条文 5.1.15　100MW 及以上火电、燃气及核电机组，40MW 及以上水电机组，接入 220kV 及以上电压等级的同步发电机组的频率异常保护、过电压保护、过激磁保护、失磁保护、失步保护、转子过负荷保护、定子过负荷保护、超速保护、一类辅机保护、功率负荷不平衡保护、零功率切机保护等涉网保护、发电机励磁系统（包括 PSS）等设备（保护）定值必须报有关电力调度机构备案。

在机组的保护和控制装置中，动作行为和参数设置与电网运行方式相关，需要与电网侧继电保护和安全自动装置相协调。发电企业应落实网源协调相关技术要求，建立涉网设备技术台账，并及时向有关电力调度机构备案。

条文 5.1.15.1　励磁系统的过励限制（即过励磁电流反时限限制和强励电流瞬时限制）环节的特性应与发电机转子的过负荷能力相一致，并与发电机保护中转子过负荷保护定值相配合，在保护跳闸之前动作。

【案例】 某电厂 6 号机组正常运行时，自动电压控制系统（AVC）投入运行，发电机的无功负荷由上级省调端 AVC 主站发出的无功指令控制。某日，该电厂远动专业人员更换 6 号机组远动终端装置（RTU）在线监测采集模块时，发电机转子绕组过负荷保护动作。检查发现，发电机转子绕组过负荷保护动作时 AVC 在投入状态，AVC 装置向励磁调节器连续发出增磁指令，励磁电流升至 1.25 倍额定电流时，发电机转子绕组过负荷保护反时限延时 56s 动作，励磁调节器过励限制在 1.25 倍额定电流时整定为 58s 动作。

励磁调节器的过励限制及保护与发电机转子绕组过负荷保护延时整定配合不合理，造成转子绕组过负荷保护先于励磁调节器的过励限制动作。

条文 5.1.15.2　励磁变压器保护定值应与励磁系统强励能力相配合，防止机组强励时保护误动作。

条文 5.1.15.3　励磁系统如设有定子电流限制环节，则定子电流限制环节的特性应与发电机定子的过电流能力相一致，并与发电机保护中定子过负荷保护定值相配合，在保护跳闸之前动作。

条文 5.1.15.4　励磁系统的伏/赫兹限制（V/Hz 限制）环节特性应与发电机或变压器过激磁能力低者相匹配，应在发电机组对应继电保护装置跳闸动作前进行限制。V/Hz 限制环节在发电机空载和负载工况下都应正确工作。

条文 5.1.15.5　励磁系统如设有定子过电压限制环节，应与发电机过电压保护定值相配合，在保护跳闸之前动作。

“机网协调”技术管理分为两级，第一级为发电机组涉网保护与电网保护之间的协调；第二级为发电机组控制系统（如励磁、调速系统等）的特性与涉网保护之间的协调。其原则为“在保障发电机组安全的基础上，在机组能力的范围内，充分发挥机组对电网安全的支撑能力”。

应关注分别与发电机过负荷、强励、发电机及主变压器过励磁、发电机定子过电压等能力相关的励磁系统过励、V/Hz、过电压等限制与发电机组、励磁变压器保护的配合关系，应争取达到“既不超越机组的能力，使机组受到伤害；也不束缚机组的能力，对电网安全支撑受到削弱”。

其中，发电机过励限制环节通过计算励磁电流超出长期运行最大值（1.1p.u.）的发热量，达到某常数来限制励磁调节器输出以限制发电机转子电流，达到保护发电机转子的目的。V/Hz 限制的作用体现在两个方面：一是在额定频率下限制发电机端电压；二是避免发电机及主变压器过励磁。

【案例】 某电厂 2 号机组反时限过激磁保护启动值整定为 1.06 倍额定值，延时 10s 动作；该机组励磁调节器 V/Hz 限制整定为 1.06 倍额定值，延时 20s 动作。某日该机组运行在额定转速，通过自动准同期装置并网过程中发电机过激磁保护动作，造成机组跳闸停机。

电厂发电机组发生故障，由于其励磁调节器中V/Hz限制与发电机-变压器组过激磁保护启动值和延时整定不协调，导致机组跳闸停机。

条文5.1.16　电网低频减载装置的配置和整定，应保证系统频率动态特性的低频持续时间符合相关规定，并有一定裕度。发电机组低频保护定值可按汽轮发电机制造厂有关规定进行整定，低频保护应与电网低频减载装置配合，低频保护定值应低于电网低频减载装置最低一级定值。汽轮机超速保护控制（OPC）应与机组过频保护、电网高频切机装置协调配合，遵循高频切机先于OPC、OPC先于过频保护动作的原则，电网有特殊要求者除外。应考虑OPC动作特性与电网特性的配合，防止OPC反复动作对电网的扰动。机组低电压保护定值应低于系统（或所在地区）低压减载的最低一级定值。

频率是电力用户电能质量的重要指标，频率稳定又是电力系统安全运行的重要目标之一。自动低频减负荷措施是保障电力系统稳定运行的基石——“三道防线”的重要组成部分，对于防止系统发生大面积停电事故具有重要意义。当系统突然发生有功功率缺额导致系统频率严重下降时，应依靠自动低频减负荷装置的动作，使保留运行的负荷容量与运行中的发电容量相适应。应有计划地按频率下降情况自动减去足够数量的负荷，避免造成长时间大面积停电和对重要用户（包括厂用电）的灾害性停电，使负荷损失尽可能减少到最小。在系统频率下降过程中，保证系统低频值及持续时间与运行中机组的低频保护定值相配合，低频保护定值应低于电网低频减载装置最低一级定值。

频率偏高，反映发电量超出了用电需求，当频率升高到设备不能允许的范围时会导致设备损坏甚至电网崩溃，需及时足额切除过剩发电机组，维持系统频率稳定，从而保证电网安全稳定经济运行和用户安全生产。配置高频切机装置的电力系统发生频率异常升高情况时，应能及时切除相应容量的发电机组，使系统频率能迅速恢复，同时兼顾防止低频减负荷装置动作，避免机组的超速跳闸保护和低频减负荷装置动作。

发电机组作为电力系统的重要组成部分之一，其动态特性对电网稳定水平有显著的影响。当电力系统中发生故障时，一方面，电网要求并网运行的发电机组发挥一次调频、电压支撑能力，维持电网稳定；另一方面，为了防止发电机组相关设备损坏，发电机组继电保护将启动，导致机组掉闸。

发电机组超速保护控制（OPC）是发电厂汽轮机调速系统中一个重要的功能模块，它可以抑制汽轮发电机组超速，防止汽轮机危及保安器动作，切除汽轮机，从而缩短机组重新并网的时间。当汽轮机超速达到配置的定值时，OPC系统将按照既定的逻辑关闭调节对应的汽门，防止转速进一步升高。机组高频保护是为保护发电机组本身的安全，其动作应滞后于高频切机装置。水、火电机组的高频保护定值可设置为高于高频切机方案最后一轮的动作定值，若无法调整机组高频保护定值，则在整定高频切机方案时应计及机组的高频保护动作影响。若发电机组的高频保护和OPC措施仅从保护机组设备角度出发，未考虑电网整体频率控制需求相关保护特性与电网保护不协调，可能导致电网事故扩大。

高频切机整定方案配置宜对系统频率波动过程中最高频率进行限定，同时应协调OPC保护与高频切机分轮次动作方案，既要尽快抑制频率飞升，又要阻止因OPC保护反复动作引起的频率振荡问题，尽量避免和减少低频减载装置动作过切负荷，更要避免因为过切负荷导致OPC保护再次反复动作。若方案配置难以实现，应建议发电企业适当调整机组超速保护的定值，防止机组超速保护反复动作引发系统振荡。

【案例1】 某地区电网配有低频减载装置，其最后一轮定值为47.5Hz。该地区有A、B两个电厂，其中B电厂1号机组汽轮发电机低频保护定值为48.5Hz，延时60s，出口方式为全停。某日发生A电厂机组跳闸事故，电网频率降到48Hz，B电厂1号机组在电网频率降低后低频保护动作，1号机组跳闸。事故造成电网频率进一步降低，导致事故扩大。

【案例2】 某电网发生事故，由于220kV变电站值班人员误合隔离开关，导致一条220kV线路出口发生三相短路故障，继电保护拒动，造成后备保护动作，致使主网隔离故障点比较慢（长达0.58s），引起某电网各机群之间的激烈振荡。故障后13s，联络线振荡解列装置动作，电网解列，某电厂1号机组（350MW）因低频保护动作，被迫退出运行，某电网的功率大量缺额导致电网频率急剧下降，低频减载装置动作，切除负荷为490MW。

从上述电力系统事故可以看出，在电网解列后地区发生功率缺额，电厂发电机组的低频保护整定与电网低频减载装置特性缺乏协调，导致机组过早退出运行，对事故后的电网“雪上加霜”。

条文5.1.17 发电机组一次调频运行管理

所有并入电网运行的机组都必须具备并投入一次调频功能，达到有关的技术要求，并上报各台机组与一次调频有关的材料及数据。当电网频率波动时，机组在所有运行方式下都应自动参与一次调频。现场应随时记录并保存机组一次调频的投入及运行情况，以便有关部门进行技术分析与监督。

条文5.1.17.1 并网发电机组的一次调频功能参数应按照电网运行的要求进行整定，一次调频功能应按照电网有关规定投入运行。一次调频功能应与AGC功能协调配合，且优先级高于AGC功能。

并网发电机组应符合《电网运行准则》（GB/T 31464—2022）、《电力系统安全稳定导则》（GB 38755—2019）、《电力系统技术导则》（GB/T 38969—2020）相关规定，并应按照电网运行的要求配置一次调频功能，设计一次调频逻辑，整定一次调频运行参数，一次调频功能应按照电网有关规定自动投入运行，在核定的出力范围内应响应系统频率变化，且满足规定的一次调频性能。

一次调频功能应与AGC功能协调配合，且优先级高于AGC功能。一次调频功能应与AGC功能协调配合问题是长期以来同步发电机组频率控制的一个难点，常规的协调配合方式为“直接叠加”或“正向叠加，反向闭锁”，但两者之间受制于调节方向、调节速率、负荷闭环控制等因素影响，导致机组实际运行在一次调频和AGC同时动作时往往无法实现真正的一次调频优先。

【案例1】 2017年9月8日，某火力发电厂4号机组正常运行，机组控制状态为协调控制投入，AGC投入，阀控方式为顺序阀控制。18时48分19秒—49分19秒期间，当机组转速低于2998r/min时，一次调频动作，动作指令为增加有功3MW，同时4号机组正在执行AGC指令进行负荷下降，指令为出力由489MW降至475MW，由于一次调频指令未优先执行，而且动作量远小于AGC指令，最终结果是机组降出力速度降低、降低的出力量减小，未给系统提供一次调频的支撑，具体情况如图5-7所示。

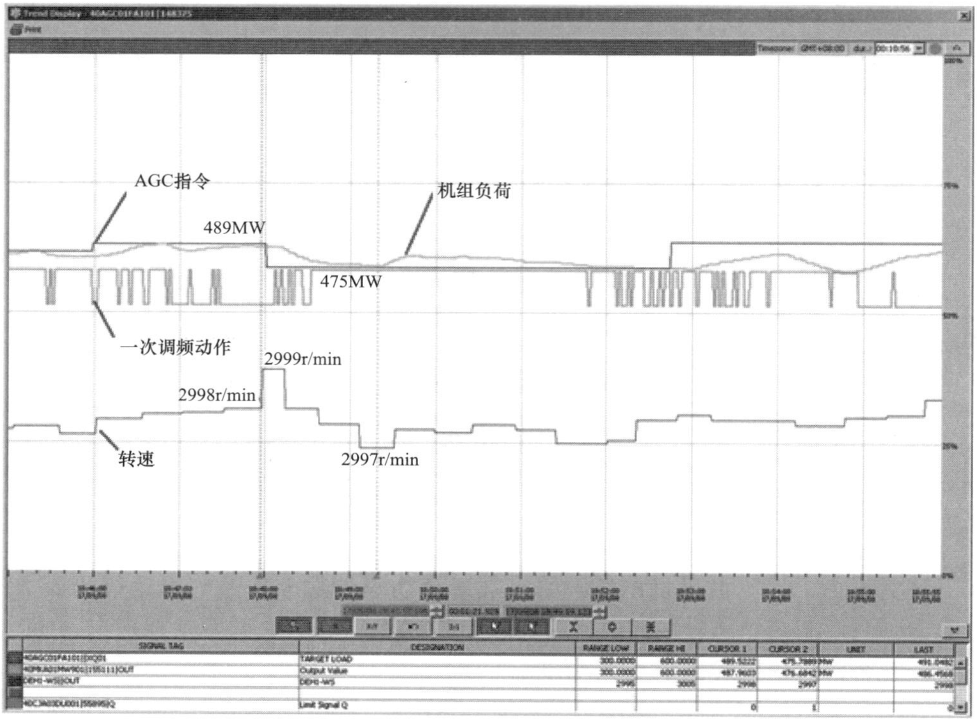

图5-7　某电厂4号机组一次调频、AGC动作趋势图

上述问题的直接原因是机组控制逻辑中设置一次调频指令与 AGC 指令的优先级一致，两者同时作用，导致机组一次调频性能参数不合格。

当机组一次调频动作方向与 AGC 指令方向相反时，机组应设置一次调频动作优先。具体为一次调频指令优先级高于 AGC 指令，当发生一次调频动作时，优先执行一次调频指令，若 AGC 指令与一次调频指令方向相同则继续执行且不接收反向指令，若 AGC 指令与一次调频指令方向相反则停止执行 AGC 指令。

【案例 2】 某额定功率为 150MW 水电机组开展一次调频试验，验证开度模式下一次调频和 AGC 协调性，试验过程中一次调频投入，电站监控系统功率闭环投入。试验过程录波图如图 5-8 和图 5-9 所示。

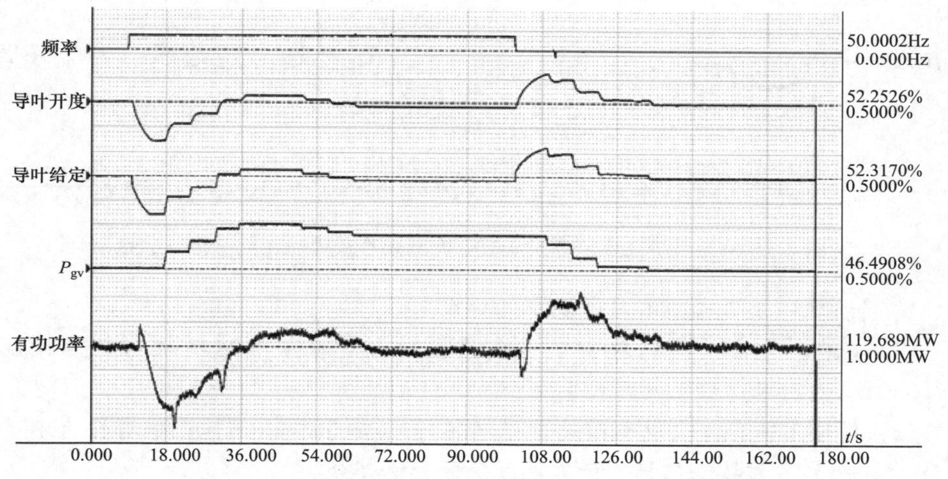

图 5-8 监控系统功率闭环投入时一次调频阶跃扰动试验

图 5-8 所示试验过程中，模拟机组频率从 50Hz 增加到 50.15Hz；待有功功率调节稳定后恢复机组频率为 50Hz；监控系统功率闭环自动运行，运行人员未操作。图 5-9 所示试验过程中，模拟机组频率从 50Hz 增加到 50.15Hz；待有功功率调节稳定后监控系统增加机组有功功率 10MW；待有功功率调节稳定后恢复机组频率为 50Hz；待有功功率调节稳定后监控系统减小机组有功功率 20MW；待有功功率调节稳定后监控系统增加机组有功功率 20MW；有功功率调节过程中模拟机组频率从 50Hz 增加到 50.15Hz，待有功功率调节稳定后恢复机组频率为 50Hz。

一次调频的优先级应高于 AGC 或功率闭环调节，当机组 AGC 投入运行或监控系统功率闭环调节方式下，机组一次调频功能应不受监控系统影响。因此，图 5-8 中一次调频动作后有功功率被监控系统功率闭环拉回，不满足上述要求；图 5-9 中一次调频与 AGC 协调性满足上述标准的相关要求。

对于不满足要求的机组，需对机组调节系统提出优化控制方案，并重新开展一次调频和AGC协调性试验，确保一次调频的优先级高于AGC或者功率闭环调节，保证机组一次调频功能始终能够正常发挥。

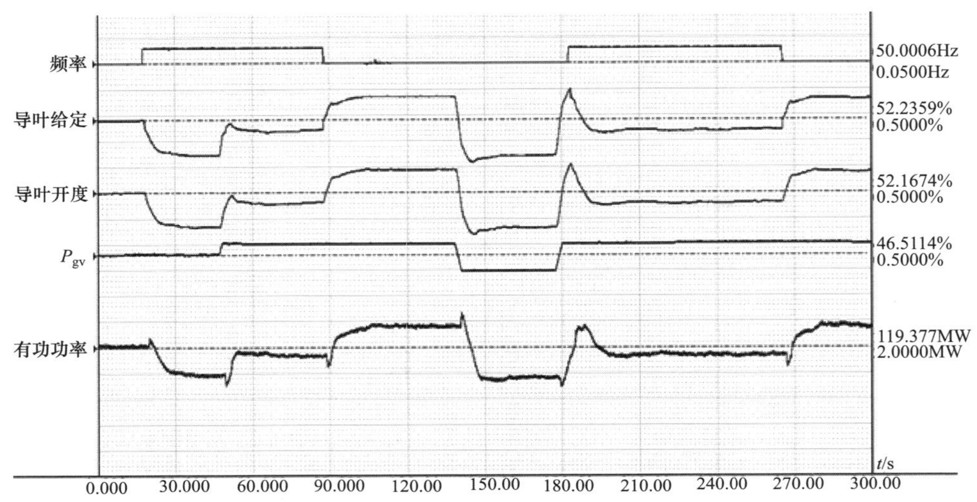

图5-9　监控系统功率闭环投入时一次调频阶跃扰动和负荷调节试验

1. 对机组一次调频基本性能指标的要求

（1）死区：电液型汽轮机调节控制系统的火电机组和燃气机组死区控制在±0.033Hz内；水电机组死区控制在±0.05Hz内。

（2）转速不等率：火电机组局部转速不等率应为3%～6%，平均转速不等率宜为4%～5%。该技术指标不计算调频死区影响部分。

（3）水电机组永态差值系数：开度调节模式下，永态差值系数b_p应不大于4%；功率调节模式下，永态功率差值系数（调差率）e_p应不大于3%。

（4）投用范围：机组核定的出力范围。

2. 动态指标

（1）火电机组和燃气轮机满足下列规定：

1）响应时间：机组参与一次调频的响应滞后时间应不大于2s。

2）稳定时间：机组参与一次调频的稳定时间应小于1min。

3）上升时间：机组一次调频的负荷响应速度应满足，燃煤机组达到75%目标负荷的时间应不大于15s，达到90%目标负荷的时间应不大于30s，燃气轮机机组达到90%目标负荷的时间应不大于15s。

（2）水电机组满足下列规定：

1）响应时间：自频差超出一次调频死区开始，至接力器变化开始变化的时间不大于2s，或至有功功率开始变化的时间不大于2s。

2）上升时间：一次调频有功功率上升时间应不大于15s。

3）调节时间：一次调频有功功率调节时间应不大于30s。

4）反调量：一次调频有功功率反调量应不大于发电机电气功率调节量的30％。

条文5.1.17.2 新投产机组和在役机组大修、通流改造、灵活性改造、原动机及其调节控制系统改造（升级）、控制逻辑和参数变更、运行方式改变后，发电厂应向相应电力调度机构交付由技术监督部门或有资质的试验单位完成的一次调频性能试验和调速系统参数测试及建模试验报告，以确保机组一次调频功能长期安全、稳定运行。在役机组应定期进行一次调频性能复核试验和调速系统参数测试及建模复核试验，复核周期不应超过5年。

一次调频试验要求：

并网机组应进行一次调频试验，且必须合格，新建机组基建调试期间可以只进行单阀工况下的一次调频试验。在役机组大修、通流改造、灵活性改造、原动机及其调节控制系统改造（升级）、控制逻辑和参数变更、运行方式改变后，会直接或间接导致机组燃烧特性，最大出力、控制方式、控制性能等方面的变化，进而影响机组原有一次调频性能，因此应重新进行一次调频试验，以保障一次调频性能和机组安全。

存在单阀、顺序阀运行方式的机组，一次调频试验包括单阀方式和顺序阀方式下的一次调频试验，其中新建机组根据汽轮机本体运行要求适时开展单阀、顺序阀方式下的一次调频试验。无单阀、顺序阀运行工况的机组应进行能表征该机组实际性能的一次调频试验。

一次调频试验选择的负荷工况点不应少于3个，宜在60％、75％、90％额定负荷工况附近选择。稳燃负荷小于50％额定负荷的机组，在稳燃负荷至50％额定负荷之间的负荷点进行一次调频试验。选择的工况点应能较准确反映机组变负荷运行范围内的一次调频特性。

在每个试验负荷工况点，应至少分别进行±0.067、±0.1Hz频差阶跃扰动试验；应至少选择一个负荷工况点进行机组调频上限试验和同调频上限具有同等调频负荷绝对值的降负荷调频试验，检验机组的安全性能。

国家能源局于2016年在全国范围内组织开展了并网电厂涉网安全专项检查，检查中发现："电厂普遍重视机组首次并网前的一次调频试验工作，但部分电厂在大修、控制系统变更后未按照相关规定重新开展一次调频试验；部分电厂一次调频性能试验的试验工况和响应时间、变化幅度不符合相关标准规程要求"。

因此，发电企业无论是新投产机组还是在役机组在上述改造及运行方式改变后，均需按照相关规定重新开展一次调频试验，以确保机组一次调频功能长期安全、稳定运行。

条文5.1.17.3　发电机组调速系统中的调门特性参数应与一次调频功能和AGC调度方式相匹配。在阀门大修后或发现两者不匹配时，应进行调门特性参数测试及优化整定，确保机组参与电网调峰调频的安全性。

火力发电机组调速系统中的汽轮机流量特性等与调门特性相关的参数，尤其是顺序阀工况的调门特性应与一次调频和AGC运行相适应。执行机构的合理线性度是保证有功调节和一次调频运行安全的基础，当调门特性线性度较差或存在影响正常调节的拐点时，应及时进行汽轮机调门特性参数测试及整定。

【案例1】　汽轮机流量特性曲线修改后导致机组调门频繁抖动。

2012年4月，某厂300MW发电机组进行了汽轮机调门流量特性优化，将新的汽轮机调门流量特性曲线投入运行后，在AGC变负荷过程中调门开始频繁抖动导致机组负荷反复波动（某厂2号机AGC降负荷试验趋势图如图5-10所示），AGC控制的鲁棒性变差，从而影响机组在AGC过程中的控制稳定性和调节指标。

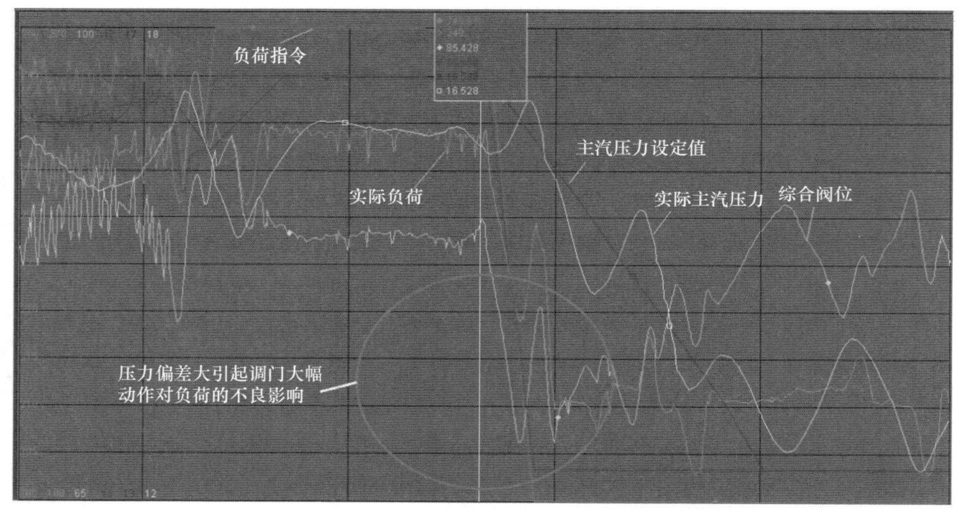

图5-10　某厂2号机AGC降负荷试验趋势图

机组调门流量特性修改前后对比图如图5-11所示，从图5-11中可以看出优化后的CV1、CV2、CV3、CV4流量特性曲线整体下移，导致各调门的有效开度下降且各个调门的单位调节行程的有效焓降减少，同时优化后的CV1、CV2、CV3、CV4流量特性的重叠度减少，导致在机组在250MW变负荷中调门频繁抖动。因此应重新开展汽轮机流量特性等与调门特性相关的参数的测试与优化工作，并满足一次调频功能和AGC调度方式协调配合需要。

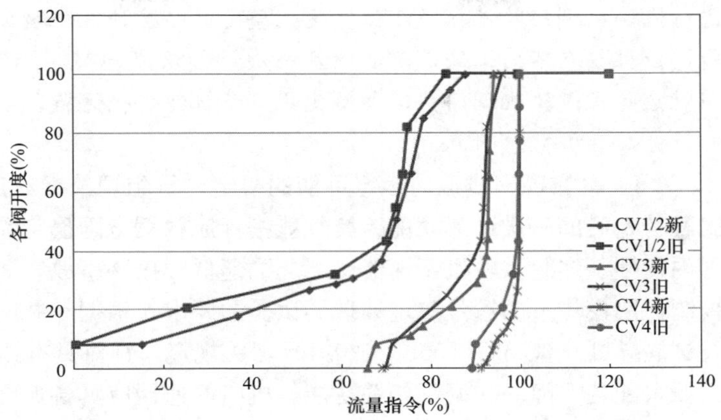

图 5-11　某厂 2 号机组调门流量特性修改前后对比图

【案例 2】　汽轮机流量特性曲线设置不合理导致机组跳机。

2021 年 5 月 5 日，某电厂 600MW 机组 23 时 3 分 20 秒左右在 AGC 降负荷过程中，发生功率振荡：23 时 6 分 10 秒时功率振荡幅值增大，持续到 23 时 7 分 10 秒，幅值在 400.1～365.2MW 之间变化，振荡频率为 0.942Hz，引起无功大幅波动，导致失磁保护动作跳机，如图 5-12 所示。本次事故，机组运行在汽轮机调门特性突变的拐点，恰巧该时刻一次调频动作，一次调频动作值直接叠加在汽轮机阀位总指令上，使有功瞬间又产生快速变化，加剧了调节的不稳定，超出了功率控制器的稳定调节范围，导致有功调节振荡。

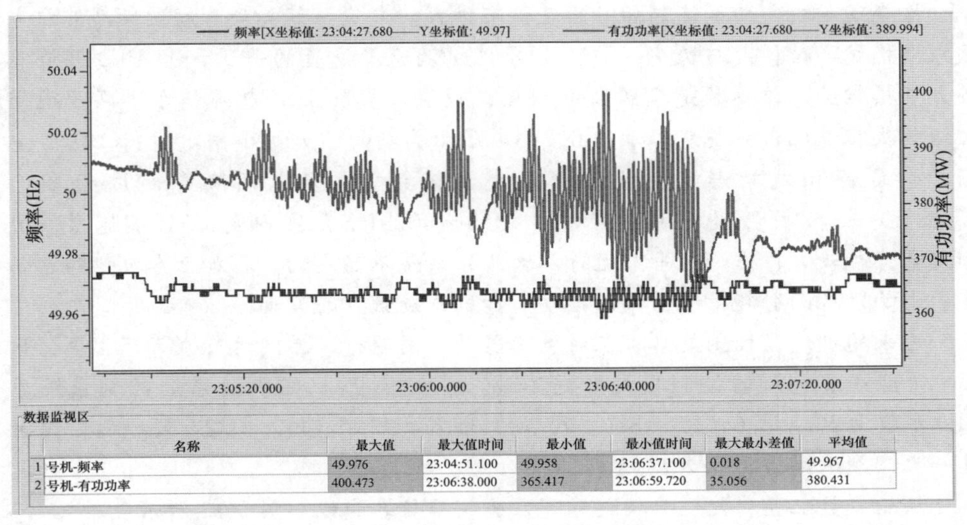

	名称	最大值	最大值时间	最小值	最小值时间	最大最小差值	平均值
1	号机-频率	49.976	23:04:51.100	49.958	23:06:37.100	0.018	49.967
2	号机-有功功率	400.473	23:06:38.000	365.417	23:06:59.720	35.056	380.431

图 5-12　某厂 AGC 降负荷过程中功率振荡图

因此，进行汽轮机调门特性参数测试及优化整定时，应使汽机调门有正确的修正和补偿功能，使机组在不同工况下都能满足一次调频功能和AGC调度方式协调配合需要，同时应防止汽轮机调门快速大幅变化危及机组安全运行，确保机组的安全性。

条文5.1.17.4　具有孤网或孤岛运行可能的机组，机组调节系统应针对孤岛、孤网运行方式配备专门的一次调频功能，其性能指标应根据电网稳定需求确定。

近年来国内发生了多起水轮机调速器所引起的超低频振荡事故，需要加强对水电机组调速控制孤网模式下的参数整定和现场试验的要求，根据《并网电源一次调频技术规定及试验导则》（GB/T 40595—2021）相关规定，针对具有孤网或孤岛运行可能的机组要求配备专门一次调频相关功能，机组调速器应具备孤网控制模式及切换开关，其控制参数应通过仿真计算和现场试验进行核算，并应根据电网稳定需求确定。

【案例】　某电厂孤网（小网）运行调速系统参数和控制策略不合理导致有功功率振荡。

2015年1月23日14时32分，Z电网系统频率发生波动，频率最高波动到52.24Hz，最低到47.63Hz，并网运行的某A厂1号、2号机组也随着出现导叶来回抽动、机组出力反复波动等情况，调速器不断调整造成油压持续下降，最终，14时36分，A厂1号、2号机组因事故低油压保护动作跳机。事故发生后，用户最长停电时间为53min，造成电网减出力220MW，切负荷210MW，给整个地区的安全供电造成一定影响。

检查跳闸机组的调速器的参数及调节方式，本次振荡类型为超低频率非机电机械振荡模式，该模式与A厂1号、2号机组调速器设置的一次调频PID调节参数较大直接相关，该参数是按照大电网模式设置，实际上Z电网属于小网，跳闸的机组单机容量已占系统总容量的6.7%，属于典型的“大机小网”运行工况。电网频率受负荷和发电影响变化范围较大且较频繁，当电网频率超过频率死区（0.3Hz）较多时（Z电网频率经常在49.5～50.5Hz范围内变化），调速器一次调频将会产生较大输出，在当前运行参数下系统是不稳定的。再加上水电机组水锤效应的影响，从而引起系统功率的摆动，加剧系统频率的波动。

原来的调速器控制策略存在对调速器并小网运行、孤网运行（带厂用电、区域用电等较小负荷）的控制模式考虑不足，修改A厂机组调速系统控制系统原始PID参数由$K_P=8.0$，$K_I=8.0$，$K_D=1$为$K_P=1.0$，$K_I=0.2$，$K_D=1$，同时设置一次调频限幅为10%额定功率。

原始参数配置和优化参数配置下系统频率仿真曲线如图5-13所示。

虽然修改后的调速器PID参数在相同扰动后系统频率波动能够有效得到抑制，

但不能适应机组并大网、小网及孤网运行的各种情况，因此需要通过对调速器控制结构的优化，使机组具备联网至孤网运行方式切换功能，当电网运行方式发生改变由联网转孤岛时，机组调速系统应能自动切换为孤岛方式运行。

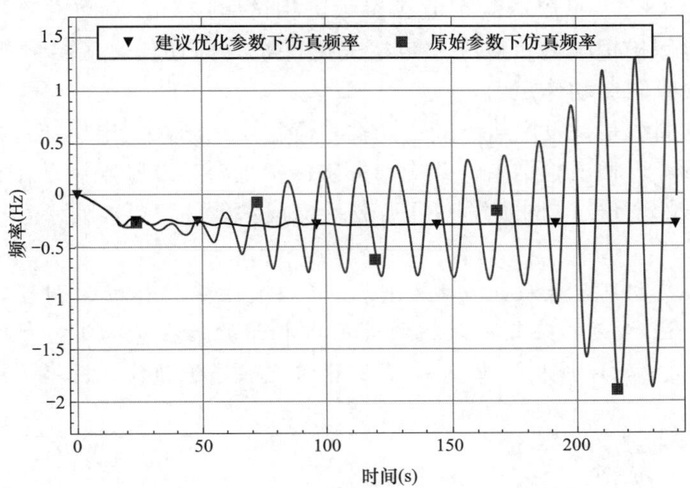

图 5-13　原始参数配置和优化参数配置下系统频率仿真曲线

条文 5.1.18　发电机组进相运行管理。

条文 5.1.18.1　发电厂应根据发电机进相试验结果绘制指导实际进相运行的 *P-Q* 图，编制相应的进相运行规程，并根据电力调度机构的要求进相运行。发电机应能监视双向无功功率和功率因数。

发电机进相试验给出了发电机不同有功负荷下的最大进相运行能力和相应的限制条件，对于发电机的进相运行具有指导意义。发电厂可以根据进相试验的结论，明确不同负荷下进相运行的风险点、重点监视的机组参数和采取的运行措施，形成相应的进相运行规程，保证机组进相期间的安全稳定。

发电机进相工况下，有些电厂的 DCS 中无功功率和功率因数显示缺失或者仍显示正值，对于运行人员监视发电机的进相运行状态不利，因此要求发电机应能监视双向无功功率和功率因数。

条文 5.1.18.2　并网发电机组的低励限制辅助环节功能参数应按照电网运行的要求进行整定和试验，与电压控制主环合理配合，确保在低励限制动作后发电机组稳定运行。

低励限制主要是防止机组进相过深引发的失稳问题以及定子铁心端部过热，并起到降低发电机失磁保护误动作风险，通过叠加方式或比较方式接入励磁调节器电压控制主环。实验室检测与现场试验均表明，低励限制控制策略和参数选择至关重要，参数选择不当时，会使发电机组进相运行中发生较大的不稳定扰动。因此，对低励限制参数定值应按照电网运行的要求进行整定和试验，确保在低励限制动作后发电机组稳定运行。

条文 5.1.18.3　低励限制定值应参考进相试验结果、考虑发电机电压影响并与发电机失磁保护相配合，应在发电机失磁保护之前动作。应结合机组 B 级及以上检修定期检查限制动作定值。

低励限制曲线是按发电机不同有功功率静稳定极限及发电机端部发热等条件确定；定值应参考进相试验结果，并应与失磁保护配合；低励限制动作特性应计及发电机机端电压的变化。《同步发电机励磁系统技术条件》（DL/T 843—2021）中有相关规定。

【案例】　某电厂 3 号机组发电机-变压器组失磁保护和励磁调节器低励限制定值曲线如图 5-14 所示。某日，该机组开展进相试验，在 10%P_N 有功工况下无功进相至−45%Q_N 时，该机组发电机-变压器组失磁保护动作，引起机组跳机。

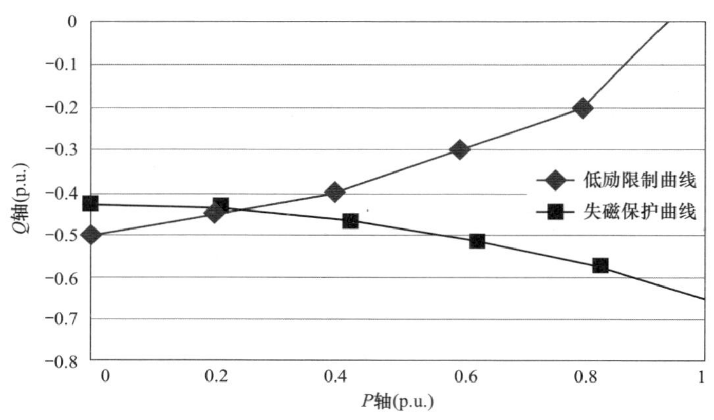

图 5-14　失磁保护和励磁调节器低励限制定值曲线

发电机新机投产和改造后需进行进相试验和低励限制环节静态、动态特性试验，并根据进相试验结果整定低励限制曲线。应合理选择失磁保护逻辑，合理设置失磁保护整定值，应充分考虑各种运行工况尤其是进相运行工况，动作区不应包含正常进相深度范围。合理设置低励限制定值，并应进行低励限制曲线与失磁保护的校核，确保低励限制定值应与失磁保护相配合，应在发电机失磁保护之前动作。

条文 5.1.19　发电机组自动发电控制（AGC）运行管理。

AGC 指发电机组工况调整、运行由控制系统自动完成，机组的出力也直接由调度中心遥调。其功能主要有三个：一是维持电力系统频率为额定值；二是控制区域电网之间联络线功率交换；三是优化经济运行。

条文 5.1.19.1 单机容量 100MW 及以上火电（不含背压式热电机组）和燃气机组，40MW 及以上非灯泡贯流式水电机组和抽水蓄能机组，根据所在电网要求，都应参加电网 AGC 运行。

条文 5.1.19.2 发电机组 AGC 的性能指标应满足接入电网的相关规定和要求。

条文 5.1.19.3 发电机组大修、增容改造、通流改造、脱硫脱硝改造、高背压改造、原动机及其调节控制系统改造（升级）、控制逻辑和参数变更、运行方式改变后，发电厂应向相应电力调度机构交付由技术监督部门或有资质的试验单位完成的 AGC 试验报告，以确保机组 AGC 功能长期安全、稳定运行。

发电机组大修、增容改造、通流改造、脱硫脱硝改造、高背压改造、原动机及其调节控制系统改造（升级）、控制逻辑和参数变更、运行方式改变后，可能对机组的燃烧特性、通流特性、负荷上限、重要辅机的运行上限、DCS 运行可靠性等有一定的影响，需要重新开展 AGC 试验，验证机组 AGC 性能，因此增加上述改造对 AGC 试验报告的要求。

【案例】 某 600MW 机组脱硫脱硝改造后 AGC 性能变差。

某厂 3 号机组为 600MW 亚临界机组，2014 年该机组增设了脱硝系统，同时进行了空气预热器改造、增引合并改造、低氮燃烧器改造，由于整体燃烧特性的变化导致原有的 AGC 变负荷的调整精度变差，AGC 负荷静态偏差最大为 11.5MW、动态偏差最大为 13MW（某 600MW 机组脱硝改造后 AGC 变负荷趋势图如图 5-15 所示）。无论是负荷变化速率、主汽压力和负荷的偏差均不满足相关国家标准和所属电网对 AGC 性能运行管理的要求。

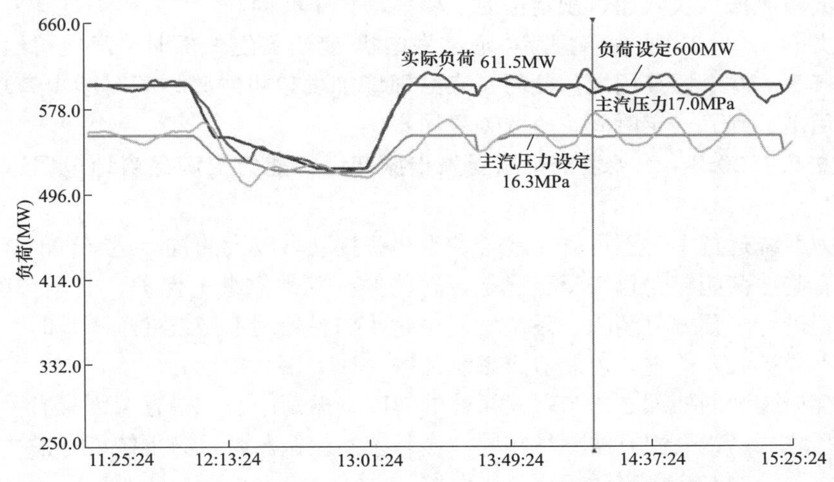

图 5-15 某 600MW 机组脱硝改造后 AGC 变负荷趋势图

因此，对机组开展了 AGC 及协调控制整体优化，并在优化完成后进行了 AGC

变负荷试验（某600MW机组脱硝改造后AGC优化后变负荷趋势图如图5-16所示）：机组以15MW/min（2.5%P_e/min）的负荷升/降速率进行600MW→300MW的多次变负荷，试验参数完全满足相关国家标准和所属电网对AGC性能运行管理的要求。

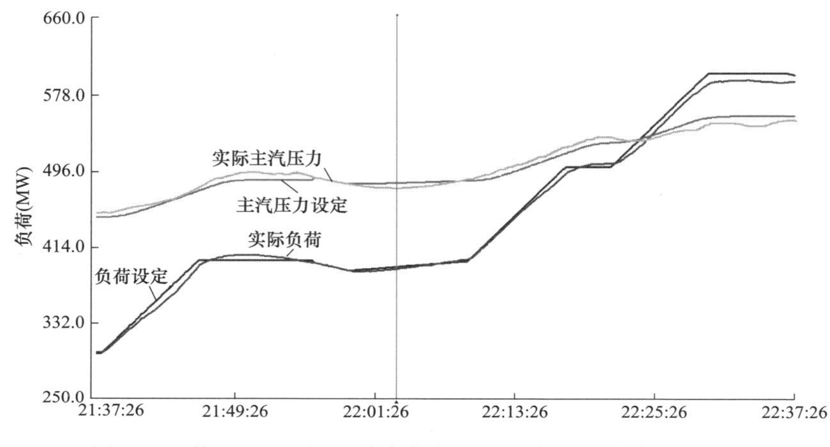

图5-16　某600MW机组脱硝改造后AGC优化后变负荷趋势图

条文5.1.20　发电厂应制订完备的发电机带励磁失步振荡故障的应急措施，并按有关规定做好保护定值整定，包括：

条文5.1.20.1　当失步振荡中心在发电机-变压器组内部、失步运行时间超过整定值或电流振荡次数超过规定值时，保护动作于解列。

条文5.1.20.2　当失步振荡中心在发电机-变压器组外部时，发电机组应允许失步运行5～20个振荡周期。此时，应立即增加发电机励磁，同时减少有功负荷，切换厂用电，延迟一定时间，争取恢复同步。

条文5.1.20.3　水轮发电机承受失步振荡运行能力应满足当地电网运行控制要求。

电力系统运行中，不可避免地会发生一些扰动，较大的扰动还有可能引发系统振荡。有些振荡能够自行恢复至稳态，有些振荡则须靠继电保护、安全自动装置，甚至人工进行干预方可消除。系统发生振荡，如果处理不当或处理不及时，则有可能导致事故扩大，严重时可能造成系统瓦解。

系统振荡后的处理方法与引发振荡的起因、振荡中心的位置等因素有关。不同情况的系统振荡，处理方法不尽相同；当系统发生振荡时，必须统筹考虑才能确保整个电力系统的安全稳定运行。

系统发生振荡，尤其是振荡中心位于发电机端或升压变范围内时，会造成机端电压周期性摆动，若不及时处理，则可能使机组或辅机系统严重受损。振荡若造成

机组与系统之间的功角大于90°，将会导致机组失步。失步振荡对发电机组的危害主要是轴系扭振和短路电流冲击。为减轻失步对系统的影响，在一定条件下，应允许发电机组短暂失步运行，以便采取措施恢复同步运行或在适当地点解列。对于单机对系统的振荡而言，一般情况下，直接切除不会对电网产生太大影响。

装设失步保护是机组和电力系统安全的重要保障。机组失步保护动作时，应考虑出口断路器的断弧能力；当同一母线多台机组对系统振荡时，机组宜顺序切除。

【案例】 某电厂1号机组和2号机组失步保护控制字和出口方式部分整定值如表5-2所示。

表5-2　某电厂失步保护整定值

定值名称	1号机组	2号机组
区外滑极数整定	5	5
区内滑极数整定	1	1
失步保护出口方式	全停	全停
区外失步动作于信号	1	1
区外失步动作于跳闸	1	1
区内失步动作于信号	1	1
区内失步动作于跳闸	1	2

定值整定为当振荡中心在区外时动作于解列灭磁，导致机组过早退出运行，不利于电力系统快速恢复稳定。

条文5.1.21　发电机失磁异步运行管理。

条文5.1.21.1　严格控制发电机组失磁异步运行的时间和运行条件。根据国家有关标准规定，不考虑对电网的影响时，汽轮发电机应具有一定的失磁异步运行能力，但只能维持发电机失磁后短时运行，此时必须快速降负荷。若在规定的短时运行时间内不能恢复励磁，则机组应与系统解列。水轮发电机不允许失磁异步运行，失磁保护宜带时限动作于解列。

条文5.1.21.2　发电机失磁保护阻抗圆元件宜按异步边界圆整定。

失磁异步运行属于应避免而又不可能完全排除的非正常运行状态。

因为发电机失磁瞬间可以从发送无功的正常运行状态，立即阶跃为吸收无功状态，造成对电网非常不利的大幅度无功负荷变化，故应严格限制失磁异步运行条件。运行实践表明，有限的短时异步运行对发电机组运行是有利的，可能因此恢复励磁，从而避免发电机组紧急跳闸对热动力设备的冲击。若不能恢复励磁，短时的异步运行也可以使机组负荷在解列前，以适当速度减少以至足以转至其他机组。失磁异步运行对电网的不利影响较大，无论是立即从电网解列还是允许快速减负荷后短时运行，都会对电网造成一定的冲击。

汽轮发电机失磁异步运行的能力及限值，与电网容量、机组容量、是否特殊设计等有关。如果在规定的短时运行时间内不能恢复励磁，则机组应与系统解列。具备如下条件时，可以短时异步运行：

（1）电网有足够的无功裕量去维持一个合理的电压水平。

（2）机组能迅速减少负荷（应自动进行）到允许水平。

（3）发电机组的厂用电系统可以自动切换到另一个电源。

对于水轮发电机，不允许失磁异步运行，失磁保护宜带时限动作于解列。

条文 5.1.22　为避免系统扰动引起全厂机组同时跳闸，同一电厂内各发电机的失磁、失步保护在跳闸策略上应协调配合。

失磁、失步保护整定应保证在机组进相运行、短路故障、系统振荡、电压回路断线等情况下均不误动。同一电厂内各发电机的失磁、失步保护在跳闸策略上应协调配合，避免系统扰动引起全厂机组同时跳闸。

条文 5.1.23　电网发生事故引起发电厂高压母线电压、频率等异常时，电厂一类辅机保护不应先于主机保护动作，以免切除辅机造成发电机组停运。

要求厂用高压和低压辅机变频器保护应能躲过瞬时高/低电压波动。当电厂高压母线电压跌至50%额定电压时，或升高到120%额定电压时，重要辅机变频器应能保证延时0.5s不切除变频器输出电源。

【案例】　2011年，某电网500kV线路发生单相故障，导致临近的A电厂、B电厂机组给煤机停止运行，导致发电机跳闸。事故暴露出火力发电厂辅机存在抗扰动差并引起机组跳闸的问题。

条文 5.1.24　发电机组附属设备变频器应具备在电网发生故障的瞬态过程中保持运行的能力。电厂应按照标准要求开展厂用一类辅机变频器高/低电压穿越能力的评估，必要时进行改造，并将评估、改造结果报有关电力调度机构。

近年来，由于发电厂节能改造，辅机大量采用变频器供电。而电网发生故障时厂用辅机变频器跳闸常引发停机事故，因此，对电网故障过程中辅机变频器的运行提出要求，并参考《发电厂及变电站辅机变频器高低电压穿越技术规范》（DL/T 1648—2016），增加了开展厂用一类辅机变频器高/低电压穿越能力评估相关要求。

【案例】　2019年，某电厂2号机组运行正常，负荷为415MW，每台锅炉配置7台给煤机，电动机全部采用变频器驱动。某时刻，电厂500kV系统电压U_{ab}由537kV突降至112kV，故障持续65ms后恢复正常，故障期间发电机出口最低电压降至额定电压的67%，厂用10kV最低段电压降至额定电压的69%；间隔631ms后，500kV系统电压U_{ab}再次突降至108kV，持续约50ms后，恢复正常，故障期间发电机出口最低电压降至额定电压的63%，厂用10kV最低段电压降至额定电压的63%；1.3s后，2号机组跳闸，DCS系统首出机组炉膛燃料全失；4s后，2号

发电机-变压器组逆功率保护动作出口，随即2号发电机-变压器组出口断路器跳闸，厂用电切换成功，2号发电机逆变灭磁停机。本次事故暴露出火力发电厂辅机存在抗扰动差并引起机组跳闸的问题。

条文5.1.25　新建及改（扩）建电厂应主动开展并网安全性评价工作，已投入运行的电厂应定期进行并网安全性评价，保证发电机组满足并网安全条件、评价标准以及电力监管机构和电力调度机构涉网安全规定的要求。

涉网安全管理是电厂及其上级单位以及调度机构的共同责任，并网把关不严是电厂发生安全事故的主要原因之一。因此，需要加强管理要求，严格落实并网安全性评价，对新建及改（扩）建电厂以及已投入运行的电厂要求进行并网安全性评价，满足并网安全条件、评价标准以及电力监管机构和电力调度机构涉网安全规定。

并网安全性评价主要内容包括：

（1）安全生产管理体系及绩效。

（2）电气主接线系统及厂、站用电系统。

（3）发电机组励磁、调速系统。

（4）发电机组自动发电控制、自动电压控制、一次调频功能。

（5）继电保护、安全自动装置、电力通信、直流系统。

（6）二次系统安全防护。

（7）对电网安全、稳定运行有直接影响的电厂其他设备及系统。

并网安全性评价具体评价内容按照《发电机组并网安全条件及评价》（GB/T 28566—2012）以及其他相关并网安全性评价规定执行。

条文5.2　防止风电机组、光伏逆变器大面积脱网事故

条文5.2.1　新建及改（扩）建风电场、光伏发电站设备选型时，性能指标必须满足《电力系统安全稳定导则》（GB 38755—2019）要求，并通过国家有关部门授权的有资质的检测机构的并网检测，不符合要求的不予并网。

条文5.2.2　风电机组、光伏逆变器除具备低电压穿越能力外，机端电压原则上应具有1.3倍额定电压持续500ms的高电压穿越能力。以电压耐受运行时间评价风电机组和光伏逆变器的高电压穿越能力，满足表5-3的要求。

表5-3　风电机组和光伏逆变器高电压耐受运行时间表

并网点工频电压值（标幺值）	风电机组	光伏逆变器
$U_T \leqslant 1.10$	连续运行	
$1.10 < U_T \leqslant 1.2$	具有每次运行10s的能力	
$1.2 < U_T \leqslant 1.25$	具有每次运行1s的能力	具有每次运行500ms的能力

续表

并网点工频电压值（标幺值）	风电机组	光伏逆变器
$1.25<U_T\leqslant1.30$	具有每次运行500ms的能力	
$U_T>1.30$	允许退出运行	

直流闭锁、换相失败、再启动及交流短路等故障引起系统频率、电压大幅波动，可能导致新能源机组因高频或过电压而大规模脱网，引发系统低频、稳态过电压、电网解列等次生性联锁故障，最终导致损失负荷、设备损坏、系统崩溃等安全稳定问题。

本条文与5.2.5、5.2.6强调了风电场、光伏发电站及其无功补偿设备的高电压穿越能力和频率穿越能力应参照同步发电机组的能力，这也是本次修订新增加的主要内容之一。

对于新建及改（扩）建的风电机组、光伏逆变器、无功补偿设备，其投运时就应具备表5-3中规定的高低电压、频率穿越能力要求；对于已经投运的风电机组、光伏逆变器、无功补偿设备，应具有一定的高低电压、频率穿越能力，满足所在电网的具体要求。

【案例1】 风电机组不具备低电压穿越能力导致规模脱网和电网频率下降。某地区风电场在3个月内发生3次风电机组大规模脱网事故，对电网造成冲击，大幅降低系统频率，影响电网安全稳定运行，具体情况如表5-4所示。

表5-4　某地区风电场不同故障下脱网风电机组台数、损失出力以及频率变化情况

序号	故障描述	脱网风电机组（台）	损失出力（MW）	频率变化（Hz）
1	开关柜C相电缆头击穿，引发三相短路	598	840.43	50.034～49.85
2	箱式变压器高压侧电缆头击穿	702	1006.223	50.036～49.815
3	箱式变压器B相引线松脱，B、C相间短路	629	854	50.050～49.95

表5-3中3起风电机组大规模脱网事故，直接原因都是由于风电场集电线路发生短路故障，因风电机组不具备低电压穿越能力，风电场无功补偿电容器不具备自动投切功能，引起系统电压跌落造成。

防范措施如下：

（1）加强风电场运行管理，开展设备隐患排查，落实缺陷闭环处理。

（2）变电站35kV系统改为经小电阻接地方式，实现风电场汇集线单相故障的快速切除。

（3）并网运行的风电机组应具备低电压穿越能力，使其符合电网运行要求。

【案例 2】 风电机组不具备高/低电压穿越能力导致规模脱网。某风电汇集区Z风电场35kV母线发生B、C相间短路故障，该汇集地区各场站因处于电网末端，电压支撑较弱，加之风电机组在故障期间吸收大量无功，造成C变电站及其所带风电场电压严重跌落，大部分风电机组低电压保护动作而脱网。（低电压故障持续时间82ms，220kV母线电压降至0.61p.u.，因部分风电机组未做低电压穿越改造，不具备低电压穿越能力。）

某风电汇集区Z风电场与C变电站拓扑图如图5-17所示，短路故障以及恢复阶段B相电压与有功功率录波图如图5-18所示。

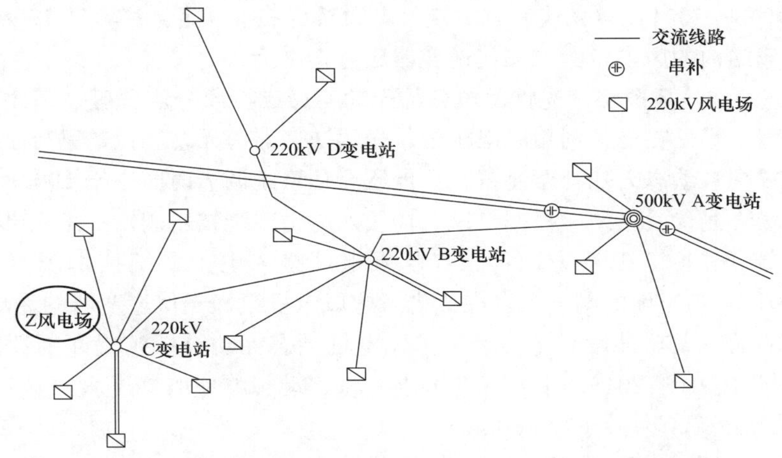

图 5-17　某风电汇集区Z风电场与C变电站拓扑图

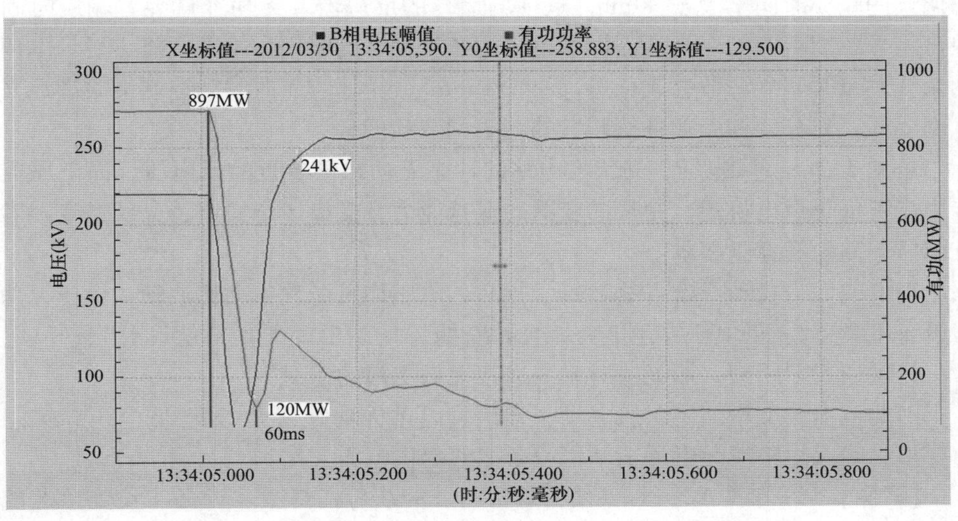

图 5-18　短路故障以及恢复阶段B相电压与有功功率录波图

短路故障消除后，电压很快恢复，但风电机组在低电压穿越后恢复阶段的有功输出不能跟随电压同步恢复，一般需要几秒钟才能恢复到故障前的值，风电有功功率减小，系统无功损耗减小，同时风电场动态无功调节能力不足，系统无功出现过剩，导致系统电压在故障清除后100～200ms内升高至1.1p.u.以上，造成部分具备低电压穿越能力的风电机组因不具备足够的高电压穿越能力而脱网，造成事故扩大。

条文5.2.3　风电场、光伏发电站并网点的电压偏差、频率偏差、闪变、谐波/间谐波、三相电压不平衡等电能质量指标满足《风电场接入电力系统技术规定》(GB/T 19963—2021)、《光伏发电站接入电力系统技术规定》(GB/T 19964—2012)要求时，场站内的风电机组、光伏逆变器应能正常运行。

条文5.2.4　风电场、光伏发电站的无功容量应按照分层分区、基本平衡的原则进行配置，场站在充分利用风电机组、光伏逆变器等无功容量的基础上，根据当地电网要求配置动态无功补偿装置，且电压无功系统调节时间小于100ms。

风电场、光伏发电站应根据《风电场接入电力系统技术规定　第1部分：陆上风电》(GB/T 19963.1—2021)、《光伏发电站接入电力系统技术规定》(GB/T 19964—2012) 和当地电网要求，在优先考虑风电机组和光伏逆变器的无功容量后，配置足够的动态无功补偿容量。参考《风电场动态无功补偿装置并网性能测试规范》(NB/T 10316—2019) 中6.5.3要求，将“动态响应时间不大于30ms”改为“电压无功系统调节时间小于100ms”。

《防止电力生产事故的二十五顶重点要求（2014年版）》要求无功补偿装置动态调节的响应时间不大于30ms，从现场运行的反应看，无功补偿装置响应时间过快可能导致超调等问题，从而影响整体调节至稳态的时间。本条文修订后，电压无功系统调节时间（调节进入稳态）小于100ms，具体响应时间和控制策略满足当地电网要求，充分发挥无功补偿装置的动态调节性能。

条文5.2.5　风电场、光伏发电站的动态无功补偿装置的低电压、高电压穿越能力应不低于风电机组、光伏逆变器的穿越能力，支撑风电机组、光伏逆变器满足低电压、高电压穿越要求。

当电网发生扰动或设备故障时，频率、电压均可能发生大幅波动，由于无功补偿设备不具备高/低电压穿越能力，导致新能源场站出现无功补偿设备先于风电机组、光伏逆变器闭锁，而无法对系统进行无功支撑的情况。

因此，本条文增加了对风电场、光伏发电站无功补偿设备高/低电压穿越能力的要求，确保故障情况下无功补偿设备能够提供电压支撑。

【案例】 2020年12月，某省电网公司在开展特高压直流近区及换流站近区人工短路试验测试工作时，部分新能源场站因风电机组、光伏逆变器、无功补偿装置设备高电压穿越能力不足，导致部分新能源场站风电机组、光伏逆变器、无功补偿装置脱网。

条文 5.2.6　风电场、光伏发电站的频率耐受能力应满足表 5-5 的要求。

表 5-5　　　　　　　　　　频率耐受能力表

<table>
<tr><th>频率范围 f(Hz)</th><th>风电机组（s）</th><th>光伏逆变器（s）</th></tr>
<tr><td>51.0＜f≤51.5</td><td colspan="2">＞30</td></tr>
<tr><td>50.5＜f≤51</td><td colspan="2">＞180</td></tr>
<tr><td>48.5≤f≤50.5</td><td colspan="2">连续运行</td></tr>
<tr><td>48.0≤f＜48.5</td><td>＞1800</td><td>＞300</td></tr>
<tr><td>47.5≤f＜48.0</td><td colspan="2">＞60</td></tr>
<tr><td>47.0≤f＜47.5</td><td colspan="2">＞20</td></tr>
<tr><td>46.5≤f＜47.0</td><td colspan="2">＞5</td></tr>
</table>

根据《风电场接入电力系统技术规定　第 1 部分：陆上风电》（GB/T 19963.1—2021）和《光伏发电并网逆变器技术要求》（GB/T 37408—2019）的要求，考虑目前大规模新能源并网，本条文相比原条文细化了对风电机组、光伏逆变器的频率耐受能力要求，新增了风电机组、光伏逆变器频率耐受能力表。

条文 5.2.7　风电场、光伏发电站应配置场站监控系统，实现风电机组、光伏逆变器的有功/无功功率和无功补偿装置的在线动态调节，并具备接受电力调度机构远程自动控制的功能。风电场、光伏发电站监控系统应按相关技术标准要求，采集并向电力调度机构上传所需的运行信息。

本条文是在《防止电力生产事故的二十五项重点要求（2014 年版）》的基础上，增加了光伏发电站应配置场站监控系统的相关要求。同时，参考《风力发电场无功配置及电压控制技术规定》（NB/T 31099—2016）和电网实际情况，对风电场、光伏发电站提出动态平滑调节要求。

实际执行中，应注意两点：一是场站的有功、无功功率控制功能必须能够接受调控机构远程下发的自动控制指令，实现闭环运行。二是有功、无功功率的调节必须实现动态平滑调节，满足相关标准规定的响应时间和调节连续性要求。

条文 5.2.8　风电场、光伏发电站一次调频功能应自动投入，技术指标满足《并网电源一次调频技术规定及试验导则》（GB/T 40595—2021）和当地电网的要求。当系统频率偏差超过一次调频死区值（风电场调频死区在±0.03～±0.1Hz 范围内，光伏发电站调频死区在±0.02～±0.06Hz 范围内，具体根据电网需要确定），风电场、光伏发电站应能调节有功输出，参与电网一次调频，在核定的出力范围内响应系统频率变化。

新能源出力占比不断增加，常规电源被大量替代，由于风电机组转动惯量小、光伏发电没有转动惯量，系统转动惯量和频率调节能力持续下降，交直流故障导致大功率缺额情况下，易诱发全网频率问题，严重情况下可能触发低频减载动作，损失大量负荷。

以西北电网6800万kW负荷水平下损失350万kW功率为例，经仿真计算，西北网内风电出力达到1200万kWh，全网频率下跌达到0.95Hz，比无风电时增加0.3Hz，如图5-19所示。

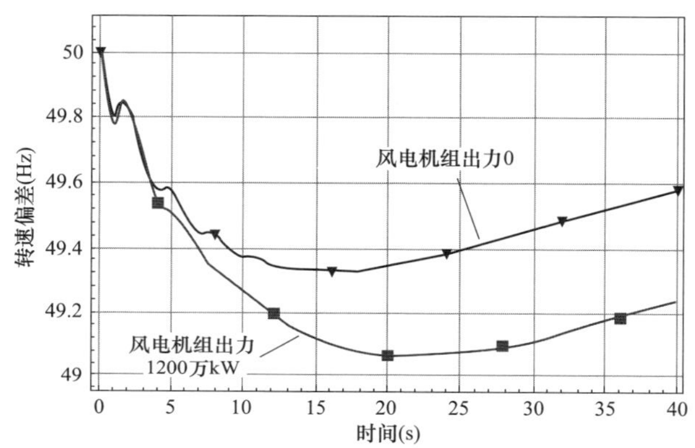

图5-19　西北电网风机不同出力下功率缺额系统频率曲线

因此，参考《并网电源一次调频技术规定及试验导则》(GB/T 40595—2021)，本次修订新增了对风电机组、光伏逆变器的一次调频功能和技术指标要求。

条文5.2.9　风电场、光伏发电站应根据电网安全稳定需求配置相应的安全稳定控制装置。

安全稳定控制装置是在电网发生故障时，确保安全稳定运行的重要防线。为了在电网发生事故时，及时切除风电机组和光伏逆变器，我国“三北”地区很多新能源基地的风电场、光伏发电站都配置了安全稳定控制装置。

例如，在冀北张家口沽源、万全等地区的新能源场站就配置了安全稳定控制系统，当发生外送线路故障时，切除500kV沽源和万全站下的全部或部分风电场和光伏发电站。

因此，本次修订新增了风电场、光伏发电站应根据电网安全稳定需求配置相应的安全稳定控制装置的相关要求。

条文5.2.10　风电场、光伏发电站应向相应电力调度机构提供电网计算分析所需的风电机组、光伏逆变器及其升压站内主要涉网设备参数、有功与无功控制系统技术资料、并网检测报告等。风电场、光伏发电站应完成风电机组、光伏逆变器及配套静止无功发生器(SVG)、静态无功补偿装置(SVC)的参数测试、一次调频、AGC投入、AVC投入等试验，并向电力调度机构提供相关的试验报告。

参考《电力系统网源协调技术导则》（GB/T 40594—2021）中 6.3.7，补充并完善风电场、光伏发电站需提供的涉网技术资料，供计算分析使用，包括涉网设备参数、有功与无功控制系统技术资料、并网性能检测报告等。

同时，特别强调了对于无功补偿装置，也必须进行相关试验，并提供试验报告。相比于《防止电力生产事故的二十五项重点要求（2014 年版）》，加强了对无功补偿装置的管理。

条文 5.2.11　风电场、光伏发电站应根据电力调度机构电网稳定计算分析要求，开展电磁暂态和机电暂态建模及参数实测工作，并将模型和试验报告报电力调度机构。

新能源发电机组的特性对于新能源发电占主导区域的电网特性有着显著的影响，精确的新能源发电机组模型是准确分析大规模新能源接入电力系统安全稳定特性的基础。根据《电力系统网源协调技术导则》（GB/T 40594—2021）中 6.3.7（b）明确了风电场、光伏电站开展电磁暂态和机电暂态建模及参数实测工作。

不同厂家、同一厂家不同型号的新能源发电机组模型特性差异很大，甚至同一厂家同一型号的新能源发电机组在变流器控制软件版本升级后，低电压穿越特性也会发生较大变化，有必要针对不同型号、不同版本的新能源发电机组开展精确仿真建模工作。

例如，不同厂家双馈风电机组实测低电压穿越特性曲线如图 5-20 所示，与理论曲线有较大不同，因此需要开展实验室半实物测试或者实测建模工作。

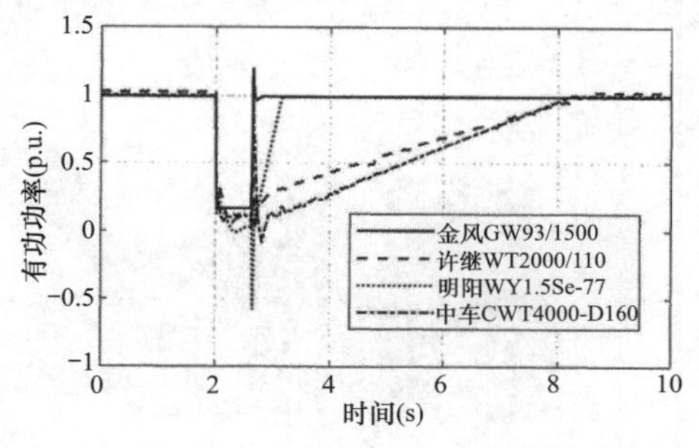

图 5-20　不同厂家实测低电压穿越特性曲线

条文 5.2.12　电力系统发生故障，并网点电压出现跌落或骤升时，风电场、光伏发电站应具备电压支撑能力，动态调整风电机组、光伏逆变器和场内无功补偿装置的无功功率，确保电容器、电抗器支路在紧急情况下能被快速正确投切，配合系统将并网点电压和机端电压快速恢复到正常范围内。

根据国标《风电场接入电力系统技术规定　第 1 部分：陆上风电》（GB/T 19963.1—2021），风电场要充分利用风电机组的无功容量及其调节能力，当风电机组的无功容量不能满足系统电压调节需要时，应在风电场中集中加装适当容量的无功补偿装置，必要时加装动态无功补偿装置；《光伏发电站接入电力系统技术规定》（GB/T 19964—2012）也有同样的要求。

实际运行中，一些原先建设的风电场、光伏发电站往往安装了电容器、电抗器等静止无功补偿设备，新建场站大部分一次性安装了动态无功补偿装置（SVG）。因此，本条文在执行时，应注意两点：一是确保无功补偿装置的动态部分能够自动调节。二是应优先利用风电机组和光伏逆变器自身的无功功率调节能力。

条文 5.2.13 风电场、光伏发电站 35kV 电缆终端头、中间接头应严格按照安装图纸规定的尺寸、工艺要求制作并经电气试验合格，电缆附件的安装应实行全过程验收。投运后应定期检查电缆终端头及接头温度、放电痕迹和机械损伤等情况。

电缆附件（电缆终端头、电缆中间头）应与电缆本体一样能长期安全运行，并具有与电缆相同的使用寿命，电缆头是电缆线路中最薄弱的部分，安装质量是电缆线路能否安全运行的关键。

【案例1】 某风电场二期投运一年时间后，35kV 杆塔和箱式变压器之间的连接电缆头频繁出现击穿现象，而且均在箱式变压器侧电缆头出现故障，线路侧电缆头均正常运行。剖开电缆附件看到：电缆终端附件的内置半导应力锥定位错误，发生了明显的位移。经测量与正确位置向下位移达 3cm。图 5-21（a）所示为应力锥定位错误，图 5-21（b）所示为正确安装位置。

(a) 应力锥定位错误

(b) 正确安装位置

图 5-21 安装错误位置与正确位置图

【案例2】 2018 年 11 月，某光储电站 35kV 储能 371 开关跳闸，零序Ⅰ段保护动作；2018 年 12 月，巡视发现高压开关柜柜内高压电缆头绝缘硅橡胶破裂，存在放电现象，将 361 开关转检修后检查。发现电缆绝缘和半导体层之间错误缠绕的绝缘胶带类物质是故障的主要原因，其影响了绝缘和半导体搭接处和冷缩管应力泥的接触，影响电场的均匀分布，最终导致击穿接地。三相附件击穿图与误缠胶带图如图 5-22 所示。

【案例3】 某风电场在风电大负荷期间，多次发生电缆中间接头的接地故障。2020 年 6 月，35kV 风电机组六线 317 开关零序过电流Ⅰ、Ⅱ段保护动作跳闸。检查发现 19 号转接箱至升压站的第一个电缆中间头 A 相击穿。原因为中间接头压接不够紧，导致接触电阻大，长时间大负荷运行过热导致击穿。电缆中间接头击穿故障如图5-23所示。

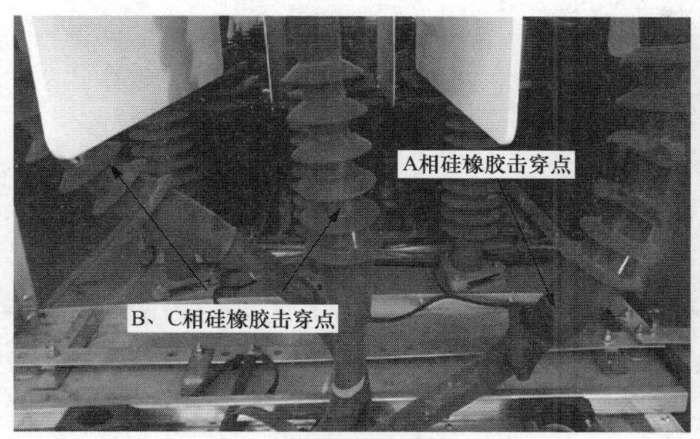

(a) 三相附件击穿图

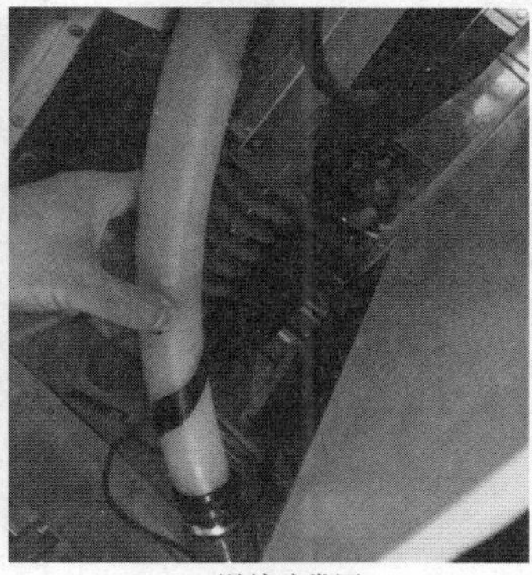

(b) 误缠胶带图

图5-22　三相附件击穿图与误缠胶带图

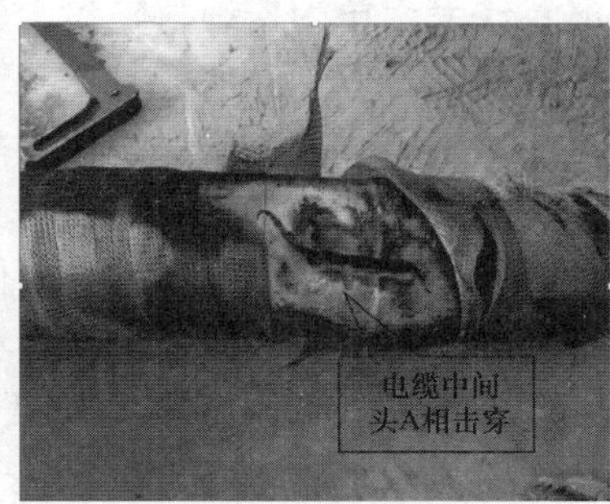

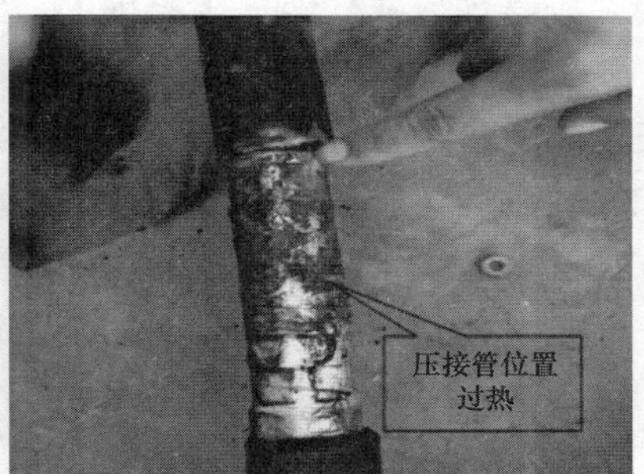

图5-23　电缆中间接头击穿故障

【案例4】 电缆出线端子紧固不良导致的电气火灾。某风电场35kV线路过电流Ⅰ段保护动作跳闸、1号主变压器低压侧开关跳闸、全场风电机组脱网并且35kV开关柜起火。调查确认主要原因为电缆出线端子处紧固不良，造成接触电阻升高，局部发热导致电缆终端绝缘受损，弧光接地短路，开关跳闸产生瞬间操作过电压，导致过电压保护器内部发热后绝缘损坏，引起短路着火。

【案例5】 电缆终端制作工艺不良导致对地击穿。2022年5月16日，某光伏电站子阵箱式变压器高压侧35kV电缆终端击穿，开关柜零序过电流Ⅰ段保护动作切除故障，通过现场检查，确定原因为电缆终端制作工艺不良、安装质量不高，C相电缆长期受弯曲应力作用，电缆绝缘强度降低，导致接线鼻子和电缆连接部位绝缘击穿放电。

C相电缆击穿以及故障录波图如图5-24所示。

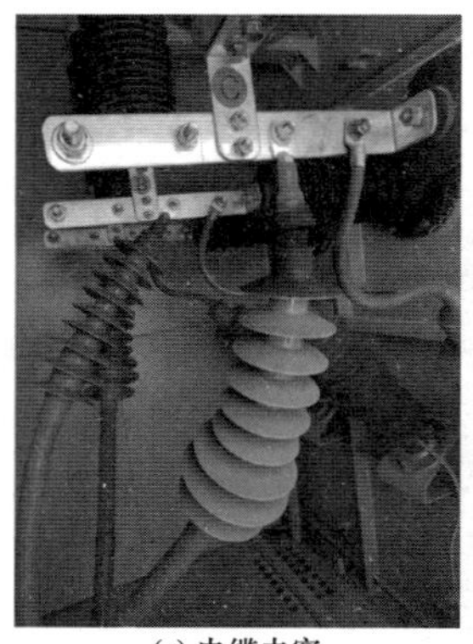

(a) 电缆击穿

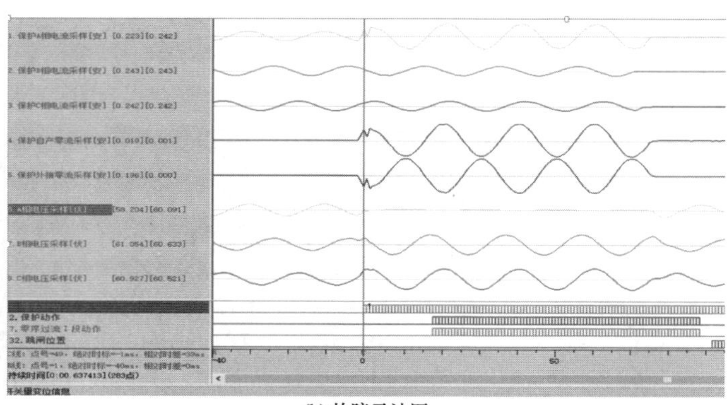

(b) 故障录波图

图 5-24　C 相电缆击穿以及故障录波图

条文 5.2.14　风电场、光伏发电站汇集线系统的单相故障应快速切除。汇集线系统应采用经电阻或消弧线圈接地方式，宜采用低电阻接地方式，不应采用不接地或经消弧柜接地方式。经电阻接地的汇集线系统发生单相接地故障时，应能通过相应保护快速切除，同时应兼顾机组运行电压适应性要求。经消弧线圈接地的汇集线系统发生单相接地故障时，应能可靠选线，快速切除。汇集线保护快速段定值应对线路末端故障有灵敏度，汇集线系统中的母线应配置母差保护。

场站内部汇集线系统单相故障快速切除是一直以来对新能源场站继电保护要求之一。在风电发展初期，部分风电场不具备单相故障快速切除功能，当汇集线系统发生单相接地故障时，由运行人员手动逐条切除汇集线，直至找到故障线路为止。《防止电力生产事故的二十五项重点要求（2014 年版）》发布实施后，运行风电场经过整改，均已具备了单相故障快速切除功能，目前这已经是风电场并网必须具备的条件之一。

经消弧线圈接地方式为高阻抗接地，单相接地时故障电流较小，保护选线灵敏度低；接地变为低阻抗接地方式，单相接地故障电流大，保护选线正确可靠，故推荐采用低电阻接地方式。

本次修订在《防止电力生产事故的二十五项重点要求（2014 年版）》的基础上，增加光伏发电站运行阶段单相故障保护快速切除的技术要求，即对于光伏发电站也要求具备单相故障快速切除的能力。

【案例 1】　汇集线保护配置不当导致箱式变压器烧毁、全场停运。某风电场 35kV 箱式变压器内部发生单相接地故障，因保护定值错误，所在汇集线断路器未能切除故障，长时间接地故障导致接地变压器与电阻柜损坏，最终单相接地故障发展为三相短路故障，35kV 母线差动保护动作跳闸。其后在未完全查明故障原因的情况下，不投接地变压器（35kV 电气系统按中性点不接地方式）恢复发电设备运行，箱式变压器单相接地故障依旧存在且无法快速切除该故障，最后导致母线 TV 损坏，失去电压信号，无法判别故障功率方向，线路保护装置闭锁、拒动，单相接地故障发展为三相短路故障，导致主变压器跳闸。事故造成箱式变压器、接地变压器、接地电阻柜损坏，全场停运。

【案例 2】 接地保护灵敏度不足导致事故扩大。某风电场新建线路按计划进行送电，断路器合闸后立即跳闸，保护装置显示过电流保护动作。检查发现，1 台风电机组箱式变压器高压侧三相避雷器上端烧黑，B 相电缆绝缘护套击穿。经分析，故障由箱式变压器高压侧 B 相避雷器与电缆之间发生弧光短路接地引起，由于零序保护定值设置过大，单相接地时零序保护未动作，进而发展为三相短路保护动作。此次事故具体原因是施工工艺不规范，箱式变压器高压侧避雷器与电缆间安全距离不足；保护定值计算错误，接地保护灵敏度不足。

条文 5.2.15　接入 220kV 及以上电压等级的风电场、光伏发电站的单元变压器高压侧宜采用断路器隔离故障。单元变压器配有速动电气量保护并可作用于其高压侧断路器时，汇集线系统过电流Ⅰ段或相间距离Ⅰ段保护应增加短延时以保证选择性。

新能源场站箱式变压器高压侧采用断路器或负荷开关＋熔断器的方式，熔断器容易受高温影响熔断性能发生变化，箱式变压器内部或低压侧出口发生故障时，如果汇集线过电流Ⅱ段保护与箱式变压器高压侧熔断器不能很好配合，汇集线路保护会越级跳闸，扩大停电范围和负荷损失。此外，有些箱式变压器熔断器的熔断时间高达数秒至数十秒，造成箱式变压器损坏扩大。

考虑接入 220kV 及以上系统新能源场站对电网稳定的影响较大，箱式变压器高压侧宜采用断路器，增设过电流保护快速切除箱式变压器故障。汇集线系统过电流Ⅰ段或相间距离Ⅰ段保护应增加短延时以保证选择性，确保箱式变压器侧故障时汇集线路保护不发生越级跳闸。

条文 5.2.16　风电机组、光伏逆变器控制系统参数和变流器参数设置应与电压、频率等保护协调一致。风电机组、光伏逆变器的电压、频率保护应与安全自动装置、防孤岛装置的电压、频率等保护协调一致。

条文 5.2.17　风电场、光伏发电站内保护定值应按照相关标准要求整定并经电站审核，其涉网保护定值应与电网保护定值相配合，报电力调度机构备案。

各级保护相互配合是对继电保护的基本要求之一，风电场、光伏发电站内设备，如汇集线、变压器等涉网保护定值应与电网保护定值相配合，当站内设备发生故障时，应由站内保护切除，电网保护不应越级动作。

修订后增加光伏发电站运行阶段对涉网保护定值配合的相关要求。执行中应注意，相关保护定值必须报调控机构审核合格后，才允许进行配置，不允许风电场、光伏发电站私自修改保护定值。

条文 5.2.18 风电机组、光伏逆变器因安全自动装置动作，电压、频率等电气保护动作，导致脱网后不得自行并网，故障脱网的风电机组、光伏逆变器须经电力调度机构许可后并网。

当电网或站内设备发生故障导致风电机组、光伏逆变器脱网后，电网的频率、电压往往会发生较大波动，在故障处理或故障后系统恢复的过程中，如果风电机组和光伏逆变器未经调控机构许可擅自并网，可能会再次导致频率、电压的异常波动，不利于电网恢复到正常状态，在未明确故障原因的情况下，甚至有可能导致额外的电网故障。

因此，在《防止电力生产事故的二十五项重点要求（2014年版）》的基础上新增光伏逆变器的要求，并且明确了因安全自动装置动作以及电压、频率等电气保护动作脱网后不得自动并网的管理要求。

条文 5.2.19 发生故障后，风电场、光伏发电站应及时向电力调度机构报告故障及相关保护动作情况，及时收集、整理、保存相关资料，积极配合调查。

早期部分新能源场站管理不规范，当发生故障后，未及时向调控机构报告故障及相关保护动作情况，或与故障相关的资料未予留存，导致故障处理不及时，不利于故障的分析和研判。本次修订在《防止电力生产事故的二十五项重点要求（2014年版）》的基础上，增加了光伏发电站的相关要求。

条文 5.2.20 风电场、光伏发电站应在升压站内配置故障录波装置，启动判据应至少包括电压越限和电压突变量，记录升压站内设备在故障前10s至故障后60s的电气量数据，波形记录应满足相关技术标准。

在《防止电力生产事故的二十五项重点要求（2014年版）》原条文基础上新增光伏发电站故障录波装置配置要求，参考《并网风电场继电保护配置及整定技术规范》（DL/T 1631—2016）中对故障录波器要求，将原条文中故障前200ms至故障后6s的电气量数据改为故障前10s至故障后60s的电气量数据。电气量数据应包含汇集系统母线、线路的电压、电流等信息，便于开展故障穿越失败、设备越级跳闸等异常事件的分析。

条文 5.2.21 风电场、光伏发电站应配备全站统一的卫星时钟（北斗和GPS），并具备双网络授时功能，对场站内各种系统和设备的时钟进行统一校正。

2015年前建设的风电场、光伏发电站往往只有一套GPS卫星时钟系统用于设备授时。根据《中华人民共和国网络安全法》和《电力监控系统安全防护规定》[国家发展和改革委员会令第14号（2014年）]要求，风电场、光伏发电站必须配备两套卫星对时系统，即北斗和GPS系统，确保其中一套是国产系统，这也是确保电力系统网络安全的客观要求。

条文 5.2.22　当风电机组、光伏逆变器各部件软件版本信息、涉网保护定值及关键控制技术参数更改后，需提供故障穿越能力等涉网性能一致性技术分析及说明资料。

风电机组、光伏逆变器主要部件软件版本信息、涉网保护定值更改后，其故障穿越能力在更改前后的一致性无法保障。实际运行中就发现，部分风电机组主控系统、变流器系统软件版本更新后，由于定值配置发生变化，导致之前具备低电压穿越能力的机组更改后不具备低电压穿越能力。

因此增加条文，在上述信息更改后，要求提供故障穿越能力一致性分析及说明资料的要求。

条文 5.2.23　风电场、光伏发电站应向电力调度机构定时上传可用发电功率的短期、超短期预测，实时上传理论发电功率和场站可用发电功率，上传率和准确率应满足电网电力电量平衡要求。

西北、东北等地区目前已经开展了弃风、弃光电量的现货交易，为科学确定能够参与现货市场交易的风电、光伏电力和电量，其中国家电网有限公司颁布了《风电理论发电功率及受阻电量统计评价管理办法（试行）》和《光伏理论发电功率及受阻电量统计评价管理办法（试行）》，规范了理论发电功率、可用发电功率的定义和受阻电量计算方法，实现电网实时平衡能力监视。

本条文增加了风电场、光伏发电站理论和可用发电功率数据上传要求，明确场站必须实时上传理论发电功率和场站可用发电功率。

执行中还需注意，该条文明确了场站上报的短期、超短期预测功率为场站可用发电功率，即计算时应去除场内故障、检修等停电设备后能够发出的功率。

条文 5.2.24　对于可能存在次同步振荡、超同步振荡风险的风电场、光伏发电站，应在场站投运前开展次/超同步振荡风险研究，向电力调度机构提供研究结论和相关技术资料，并根据评估研究结果采取抑制、保护和监测措施。

参考《电力系统网源协调技术规范》(DL/T 1870—2018) 中 6.7 规定，要求具有如下情况的风电场和光伏发电站，需要开展次/超同步振荡风险评估。

（1）正常或特殊运行方式下接入具有串联电容补偿的输电系统。

（2）接入系统中存在因新能源送出引发的次/超同步振荡风险，如并入交直流特高压、柔性直流输电系统的新能源场站。

【案例 1】　某地区电网是典型的大型风电基地经串补输电系统送出结构，风电机组多为双馈风电机组，风电场呈辐射状汇集后送入 500kV 变电站。该 500kV 变电站两侧 500kV 线路均加装串联补偿装置，串补度分别为 40%和 45%。12 月 25 日 8 时 45—56 分，该地区发生谐振，系统电流中出现幅值较大的次同步频率分量，变压器出现异常振动声响，大量风电机组脱网。故障前 500kV 主变压器上送功率约为144MW，故障后上送功率降低至80MW，共计损失出力64MW，谐振频率约为7.7Hz，随着风电机组的脱网逐渐降低至6.2Hz。退出一套串补后谐振现象消失。区域电网结构示意图如图5-25所示。

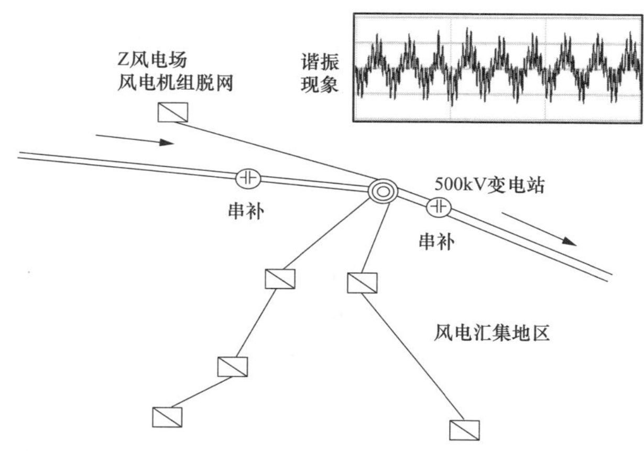

图5-25　区域电网结构示意图

500kV主变压器220kV侧A相的电压和电流有效值如图5-26所示。

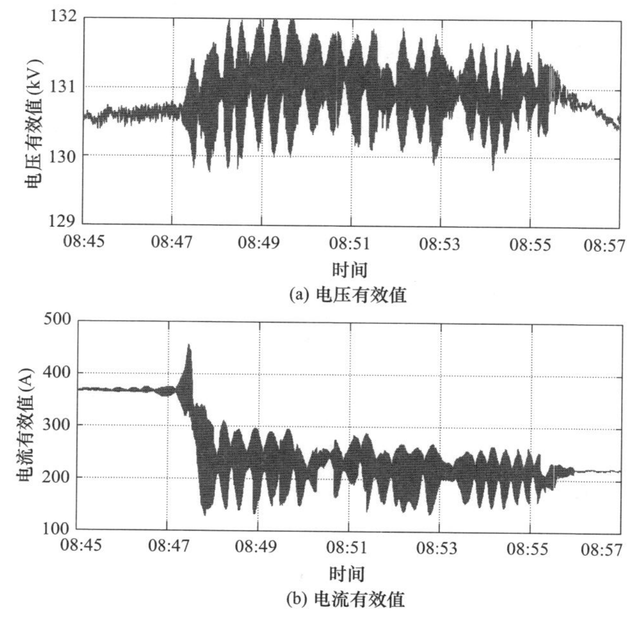

图5-26　500kV主变压器220kV侧A相的电压和电流有效值

【案例2】 某柔直A换流站下接5座风电场，装机为125万kW；光伏电站装机为 9 万 kW，总装机容量为 134 万 kW。1 月 30 日，换流站 A—换流站 B 对端双极运行，新能源出力约为 104 万 kW。15 时 28 分，新能源场站与换流站 A 发生振荡，交流电压、电流的扰动频率约为 44Hz，谐波含量约为 7%（如图 5-27 所示），1 分 30 秒后，系统恢复稳定。1 月 31 日 10 时 44 分，新能源与换流站 A 再次发生振荡，新能源出力约为 103 万 kW，振荡频率与幅值与 30 日情况相同，30s 后振荡平息。

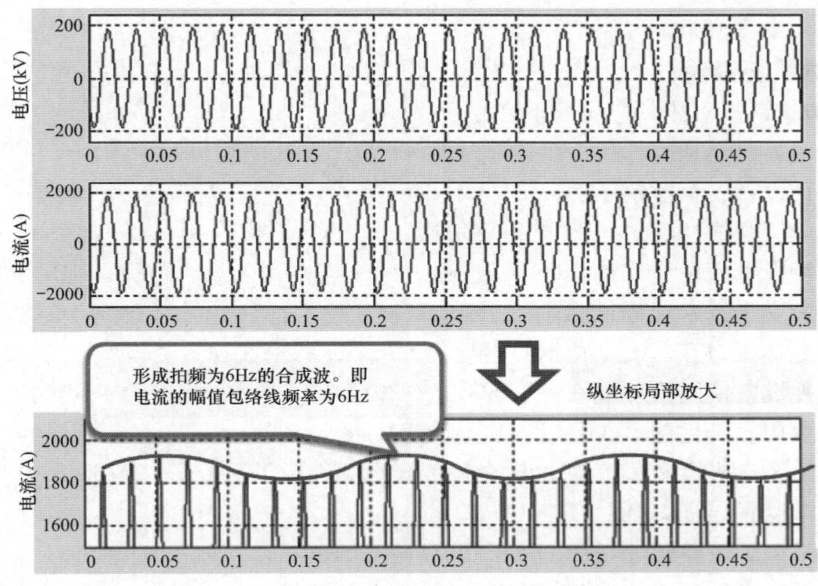

图 5-27　振荡期间某柔直站交流侧电压、电流

因此新增条文，要求在新能源场站投运前开展次/超同步振荡风险研究，并根据评估研究结果采取抑制、保护和监测措施。

6 防止锅炉事故的重点要求

总体情况说明：

为防止锅炉事故，应执行下列法规、标准：

《中华人民共和国特种设备安全法》

《特种设备安全监察条例》

《工业用合成盐酸》（GB 320—2006）

《秸秆发电厂设计规范》（GB 50762—2012）

《锅炉安全技术规程》（TSG 11—2020）

《固定式压力容器安全技术监察规程》（TSG 21—2016）

《特种设备使用管理规则》（TSG 08—2017）

《工业用氢氧化钠》（GB/T 209—2018）

《火力发电机组及蒸汽动力设备水汽质量》（GB/T 12145—2016）

《化学监督导则》（DL/T 246—2015）

《电站锅炉炉膛防爆规程》（DL/T 435—2018）

《火力发电厂金属技术监督规程》（DL/T 438—2016）

《火力发电厂水汽化学监督导则》（DL/T 561—2022）

《电力行业锅炉压力容器安全监督规程》（DL/T 612—2017）

《火力发电厂汽水管道与支吊架维修调整导则》（DL/T 616—2006）

《电站锅炉压力容器检验规程》（DL 647—2004）

《发电厂凝汽器及辅机冷却器管选材导则》（DL/T 712—2021）

《火力发电厂金属材料选用导则》（DL/T 715—2015）

《火力发电厂锅炉化学清洗导则》（DL/T 794—2012）

《火电厂汽水化学导则　第 4 部分：锅炉给水处理》（DL/T 805.4—2016）

《火力发电厂焊接热处理技术规程》（DL/T 819—2019）

《大容量煤粉燃烧锅炉炉膛选型导则》（DL/T 831—2015）

《火力发电厂焊接技术规程》（DL/T 869—2021）

《电力基本建设热力设备化学监督导则》（DL/T 889—2015）

《火力发电厂停（备）用热力设备防锈蚀导则》（DL/T 956—2017）

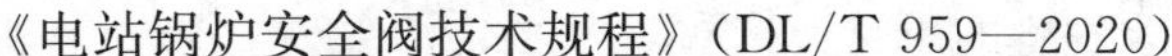
《电站锅炉安全阀技术规程》(DL/T 959—2020)
《火力发电厂锅炉炉膛安全监控系统技术规程》(DL/T 1091—2018)
《等离子体点火系统设计与运行导则》(DL/T 1127—2010)
《火力发电厂煤粉锅炉少油点火系统设计与运行导则》(DL/T 1316—2014)
《火力发电厂锅炉汽包水位测量系统技术规程》(DL/T 1393—2014)
《循环流化床锅炉燃料掺烧技术导则》(DL/T 2199—2020)
《火力发电厂烟风煤粉管道设计规范》(DL/T 5121—2020)
《火力发电厂制粉系统设计计算技术规定》(DL/T 5145—2012)

条文说明:

条文 6.1　防止锅炉尾部再次燃烧事故

锅炉尾部再次燃烧是指锅炉运行过程中、特别是基建调试的冷态点火、机组启动初期和长期低负荷的恶劣工况条件下，锅炉中未燃尽的油、煤及其混合物随烟气飘到锅炉尾部烟道或者沉降在锅炉底部的干除渣系统中，经一定时间的氧化升温后，再遇到合适的空气条件就转化为着火，开始燃烧，烧坏设备。尾部再燃的修复工期很长，后果非常严重，必须高度重视。

近年来，我国电力行业的生态发生了巨大的变化，主要体现为火电在电网中的定位发生了变化，从原来的电量主体变为调峰和安全保证主体，大量机组长期运行在极低的负荷下，对锅炉的安全性提出了新的挑战。本条文的修订对此进行了认真考虑，在保留《防止电力生产事故的二十五项重点要求（2014 年版）》精华的同时，有针对性地进行补充和调整，以适应当前条件下机组的安全稳定运行。

回转式空气预热器传热效果好、占地空间小，是大型火力发电机组的标准配置，但其工作条件较为恶劣，其传热元件为丰富的波纹、表面积巨大但通流缝隙狭小的薄钢片构成为密集填充物，非常容易积存杂物。堵塞、腐蚀、高温、冷却、漏风等诸多问题频发，使空气预热器成为机组的薄弱部位。实践证明，空气预热器是防止锅炉尾部再燃烧事故的重点。本次修订仍然以回转式空气预热器的防再燃为主要目标。同时，随着环保要求的提高，大型火电机组普遍增加了脱硝、脱硫、袋式除尘器、湿式除尘器、防腐烟囱等设备，低负荷下运行时会产生很多新的问题，因而，在本次修订除了空气预热器重点要求之外，也针对这些部位的防再燃工作进行兼顾。各电厂应当从整体协防的角度，全面提升防止锅炉尾部再次燃烧事故的认识和管理水平。

由于再次燃烧事故源于炉膛的燃料未燃尽混合物（可燃物）在某些部位的积存氧化和自燃而引起的着火，因而可燃物积存是导致事故发生的主要原因和防止事故的关键环节。从防止未燃尽混合物积存自燃的核心思路出发，依据电力生产的常识，可以从常理上理清防止事故发生的思路：

（1）尽可能保证燃料在炉膛内完全燃烧，提高燃烧效率和燃尽率，尽可能少产生可燃物。

（2）采取合理的手段，避免可燃物在空气预热器等关键部位积存，保证关键部位温度正常。针对近年来新出现的易积存设备要制订相应的防积存措施。

（3）一定要有可用手段并且可用，以尽快、彻底清除可燃物。

（4）万一发生了可燃物积存，一定要尽早知道。

（5）发生着火后，要能够及时隔绝空气，操作正确，防止着火延续和扩大。

（6）有消防手段，能够及时喷水灭火。

（7）有低速盘车手段，保证空气预热器转子回转，对处理灭火、保护设备有好处。

（8）要有齐全的监控手段和要求。

条文 6.1.1　防止锅炉尾部再次燃烧事故重点是防止回转式空气预热器转子蓄热元件、脱硝装置的催化元件、余热利用装置、除尘器及其干除灰系统、锅炉底部干除渣系统等部位的再次燃烧事故。

随着我国电力的快速发展和环保、节能、节水要求逐步提高，现在大型电站锅炉尾部越来越复杂，除了脱硝、脱硫、袋式除尘器成为普及性配置，大量机组增加余热利用系统。不少余热利用装置是有机管材和防腐内衬，耐火阻燃温度不高。所以，在本次修订中，锅炉尾部防再燃的范围扩大到脱硝装置的催化元件、锅炉底部的干除渣系统和除灰系统、余热利用装置等部位。

条文 6.1.2　锅炉机组的设计选型要保证回转式空气预热器本身及其辅助系统设计合理、配套齐全，必须保证预热器在运行中和热态停机状态均有完善的监控和防止再次燃烧事故的手段，包括：

（1）预热器应设独立的主辅电动机、盘车装置、火灾报警装置、入口烟气挡板、出入口风挡板及相应的联锁保护。

（2）预热器应设可靠的停转报警装置，停转报警信号应取自预热器的主轴，而不能取自预热器电动机。

（3）预热器应有相配套的水冲洗系统，设备性能必须满足冲洗工艺要求，电厂必须配套具体的水冲洗制度和水冲洗措施，并严格执行。

（4）预热器应设有完善的消防系统，空气侧和烟气侧均应装设消防水喷淋水管，喷淋面积应覆盖整个受热面。如采用蒸汽消防系统，其汽源必须与公共汽源相联，以保证启停、正常运行时均可随时投入，以隔绝空气。

（5）预热器应设计配套完善、合理的吹灰系统，冷热端均应设有吹灰器。如采用蒸汽吹灰，其汽源应合理选择，且必须与公共汽源相联，疏水设计合理，以满足机组启动和低负荷运行期间的吹灰需要。

本条文反映全过程反措的思路，从机组建设的设计选型就开始重视反措手段，以保证在锅炉现场设备设施条件与反措技术要求相匹配：回转式空气预热器本身及其辅助系统设计合理、配套齐全，使得回转式空气预热器在运行中有完善的监控和防止再次燃烧事故的手段，这些手段包括停转报警、着火报警、隔离手段、完善的吹灰手段、消防设备，以及必须考虑转子的清洗手段，这也是电力行业实施反措以来行之有效经验的总结。

本次修订针对空气预热器补充了“对热态停机状态时”的监控要求。机组热态停机时空气预热器的温度依然较高，容易产生事故，随机组调峰需求的不断增加，当前机组热态停机的概率远大于十年前，因而是重点要防备的问题，虽然目前还没有此类事故的报道，但要引起大家重视。

运行机组的空气预热器改造后，也应遵照这个要求，及时补充配置上的不足。

【案例】 在20世纪90年代初期，某电厂引进350MW燃煤机组基建调试期间，由于回转式空气预热器原设计只有引自主蒸汽集汽联箱的主汽汽源，在机组启动初期和低负荷下无法进行空气预热器的吹灰工作，加之冷态启动和低负荷情况下油燃烧效果问题，曾经引发预热器转子蓄热元件局部着火。后来及时进行了转子水冲洗，并利用增加的辅助蒸汽汽源加强机组启动初期和低负荷下空气预热器的吹灰工作，保证了机组调试的顺利进行，以及以后机组启动的安全。

条文 6.1.3　锅炉设计、改造时应加强油枪、小油枪、等离子燃烧器等锅炉点火/助燃系统的选型工作，保证其自身完备性及其与锅炉的适应性。

(1) 油燃烧器必须设置配风器，配风、雾化质量与出力要匹配，以保证油枪点火可靠、着火稳定、燃烧完全。

(2) 循环流化床锅炉油燃烧器出口必须设计足够的燃烧空间，保证油进入炉膛前能够完全燃烧。

(3) 锅炉采用少油/无油点火技术时必须充分把握燃用煤质特性，保证小油枪或等离子发生装置的点火热功率与燃用煤质匹配，确保少油/无油点火的可靠性、启动初期的燃尽率和整体性能。

(4) 所有燃烧器均应设计完善、可靠的火焰监测保护系统，并保证其可以真实反映实际着火情况。

本条文主要从减少未燃尽可燃物来源的角度入手，要引起对锅炉机组点火设备和系统的重视，提醒不论是锅炉设计或者改造，必须高度重视油枪、小油枪、等离子点火燃烧器等锅炉点火、助燃设备和系统的适应性与完善性。在本条文中，再次确认油枪配风器对点火、稳燃和燃尽的作用。

【案例1】 1994年发表于《锅炉制造》总第154期的《300MW机组锅炉空气预热器着火原因分析及防火措施》中，介绍一台国产300MW机组整体试运期间实发MFT后发生空气预热器蓄热元件着火事故，其着火原因总结为启动油枪雾化不好、油枪泄漏、喷嘴堵塞、缺角燃烧和投油时间太长5个方面，造成大量残油积存在回转式空气预热器蓄热元件中，由此引发着火事故。

【案例2】 2010年10月22日，某电厂6号锅炉按计划进行微油点火吹管，为改善燃烧情况，采取将磨煤机一次风量降低等若干措施，燃烧情况没有明显改善，投入微油点火系统的辅助油枪运行。12时45分，A磨煤机入口热一次风风门处发现火星，紧急停磨触发MFT。随后空气预热器跳闸就地盘不动车，进行隔离。21时24分发现A空气预热器着火，事故造成空气预热器转子、模数仓格、密封片、蓄热元件等构件烧损。该空气预热器烧损的主要原因为锅炉微油点火装置能量不足，不能满足锅炉冷态启动需求，炉膛煤粉燃烧条件燃尽程度存在重大缺陷，在微油点火装置能量不足时未及时投运大油枪提高煤粉燃尽率，导致大量煤粉积聚在空气预热器转子内，也没有连续投入空气预热器吹灰来保证空气预热器的清洁，最终导致着火。

针对低负荷条件下火焰检测越来越困难的问题，本次修订强调燃烧器火焰监测系统应真实反映火情况。

条文6.1.4　回转式空气预热器在制造等阶段应进行监造和正确保管：

（1）传热元件在出厂和安装保管期间不得采用浸油防腐方式。

（2）设备制造过程中应重视预热器着火报警系统测点元件的检查和验收。

本条文对于空气预热器的制造阶段提出要求，确保传热元件要正确保管，要按照制造厂家的规范方法进行防腐，不得采用油浸，保证传热元件清洁、干净，不得进入杂物，以免造成局部堵塞。同时监造工作应该规范完整，特别是回转式空气预热器着火报警系统测点元件的检查和验收是要点，必须配套齐全，检验合格。

条文6.1.5　必须充分重视回转式空气预热器辅助设备及系统的可靠性和可用性，按要求进行设备传动检查和试运工作，保证系统可用，联锁保护动作正确。

（1）机组基建、调试阶段和检修期间应重视空气预热器的全面检查和资料审查，重点包括空气预热器的热控逻辑、吹灰系统、水冲洗系统、消防系统、停转保护、报警系统及隔离挡板等。

（2）机组基建调试前期和启动前，必须做好吹灰系统、冲洗系统、消防系统的检查、调试、消缺和维护工作，确保吹灰、冲洗、消防行程、喷头等均无死角、无堵塞。锅炉点火前空气预热器相关的所有系统都必须达到投运状态。

（3）基建机组首次点火前或空气预热器检修后应逐项检查传动火灾报警测点和系统，确保火灾报警系统正常。

（4）基建调试或机组检修期间应进入烟道内部，就地检查、调试空气预热器各烟风挡板，确保DCS显示、就地刻度和挡板实际位置一致，且动作灵活，关闭严

密，能起到隔绝作用。

本条文强调了回转式空气预热器辅助设备及系统的可靠性和可用性对防治其再次燃烧的重要性，规定了调试期间必须进行的工作，明确要求有关空气预热器的所有系统都必须在锅炉点火前达到投运状态。

锅炉尾部再燃烧事故根本原因在于炉内燃烧不完全燃料积存在特殊的部位，尤其是回转式空气预热器蓄热元件中间。不重视吹灰手段和吹灰效果，或者吹灰效果不好，几乎与每个空气预热器着火事故如影随形。由于吹灰系统设备问题，或者工期过于紧张，在机组调试初期不重视，或者忽视回转式空气预热器的吹灰系统调试情况也是有的，这种情况就增加了空气预热器着火的风险。所以要从规范调试和反措角度，严格要求有关空气预热器的所有系统都必须在锅炉点火前达到投运状态，尤其是吹灰系统、水冲洗系统和消防系统。

基建调试或机组检修期间是可以进入烟道内部检查的，这样可确保空气预热器各烟风挡板的DCS显示、就地刻度显示和挡板实际位置三个方面都达到一致，且动作灵活，关闭严密，能起到隔绝作用，对于空气预热器的安全工作非常重要。

条文6.1.6　机组启动前要严格执行验收和检查工作，保证空气预热器和烟风系统干净无杂物、无堵塞。

（1）预热器首次投运前，应将杂物彻底清理干净，蓄热元件通过全面的通透性检查，并经制造、施工、建设、生产等各方验收合格后，方可投入运行。

（2）基建或检修期间，在炉膛或者烟风道内进行工作后，必须彻底检查清理炉膛、风道和烟道，并经过验收，防止风机启动后杂物积聚在空气预热器换热元件表面上或缝隙中。

本条文规定了机组启动前对烟风通道的检查和清理，提出了对蓄热元件必须进行全面的通透性检查，并对检查提出了监督和验收要求。

回转式空气预热器转子蓄热元件部位全面干净、均匀地通透，是保证合理换热、冷却，以及吹灰清理有效的重要基础。如果转子传热元件局部有杂物堵塞，该处工质流速就低，更容易造成可燃物积存和堵塞，并且换热冷却不好，增加着火的风险。

条文6.1.7　锅炉冷态点火前要重视系统准备和调试工作，保证锅炉启动后燃烧良好，特别要防止出现设备故障导致的燃烧不良。

（1）新建机组或锅炉改造后，燃油系统必须经过辅助蒸汽吹扫，并按要求进行油循环；首次投运前必须经过燃油泄漏试验，确保各油阀的严密性。

（2）油枪、少油/无油点火系统等新设备和新系统投运前必须进行正确整定和冷态调试。

（3）锅炉启动点火或锅炉灭火后重新点火前必须对炉膛及烟道进行充分吹扫，

防止未燃尽物质聚集在尾部烟道。

（4）火焰监测保护系统点火前应全部投用，严禁退出火焰监测保护系统和随意修改逻辑。

本条文强调了要提前对锅炉点火系统进行准备和冷态调试，尤其对于采用少油/无油点火系统的锅炉，反措要求必须保证设备安装正确，新设备和系统在投运前必须进行正确整定和冷态调试，完全达到实际的投用状态，以保证机组启动时锅炉点火可靠，着火稳定，燃烧完全，减少可燃物在锅炉尾部的积聚。

条文6.1.3的【案例】完全适用于本条文。

【案例1】 2005年6月发表于《黑龙江电力》的论文《DG-406/13.73-Ⅱ3空气预热器着火原因分析及预防》，介绍了一台国产循环流化床锅炉机组在基建调试蒸汽吹管期间发生的空气预热器再次燃烧事故。分析其事故原因为点火初期投煤方式不合理，启动初期一、二次风量偏大，以及燃料粒度不符合要求。空气预热器着火事故发生前，床温仅为500℃，在不符合投煤条件情况下，锅炉连续给煤几个小时，而且一、二次风量远大于锅炉需要的运行风量，并且入炉燃料偏细。这种情况下，造成大量没有燃烧的细小煤粒被风携带并积存在整个尾部烟道，发生着火事故。

【案例2】 2008年发表于《热力发电》第37卷，第7期的论文《循环流化床锅炉尾部烟道再燃烧的防范措施》中介绍：某发电公司2号锅炉为440t/h循环流化床锅炉，2006年某日，该机组完成冲转及空负荷调试后，进行50%甩负荷试验成功，13时15分，由于给水泵滤网堵塞，2号给水泵堵塞滤网尚未清洗，不能正常给锅炉上水。13时39分，汽包水位迅速下降并看不到水位，停止手动给煤。13时48分，停汽轮机，随后停给水泵。由于担心锅炉床料温度过高，停炉后蓄热过多，由此锅炉停止给煤后，采取了通风流化方式强制冷却。14时左右，床料温度降至300℃以下，停止引风机、一次风机、流化风机，随即关闭风机挡板。

13时52分，即停炉1h后，发现省煤器与空气预热器连接烟道处烟温接近1000℃，启动风机吹扫尾部烟道，引起省煤器至引风机烟道烟温迅速上升，随停风机，关闭所有风门挡板，自然冷却。事后检查已造成省煤器、空气预热器烧损。

从上述案例可以看出，造成该循环流化床锅炉尾部烟道发生再次燃烧事故的原因是：

（1）锅炉点火及长期低负荷运行和没有及时吹灰，造成尾部受热面积聚了一定量的未燃尽煤粉。

（2）锅炉干锅后，省煤器缺水，冷却效果减弱，锅炉蓄热向尾部转移，使烟温上升。

（3）通风冷却时违规启动风机，使事态扩大。

本次修订时又增加了第（4）款，原因是近年来发生过火检强制带来的灭火，且灵活性运行低负荷后，强制火检信号将成为普遍操作，是严重的危险源。火检也是锅炉燃烧好坏的关键信号，火检不投，就不能实时监测锅炉燃烧情况，对于锅炉的尾部安全有隐患。

条文 6.1.8 锅炉启动后应精心做好运行调整工作，保证燃烧系统参数合理，燃料燃烧完全。

（1）油燃烧器运行时，必须加强配风调整工作，从火焰根部给予足够的燃烧风量，以保证燃油燃烧稳定、完全。

（2）锅炉燃用渣油或重油时应保证燃油温度和油压在规定值内，雾化蒸汽参数在设计值内，以保证油枪雾化良好、燃烧完全。锅炉点火时应严格监视油枪雾化情况，油枪雾化不好应立即停用并进行清理检修。

（3）采用少油/无油点火方式启动锅炉机组，应保证入炉煤质满足点火要求，磨煤机出力、通风量和煤粉细度在合理范围内；应注意检查和分析燃烧情况和锅炉沿程温度、阻力变化情况。

（4）煤油混烧情况下应防止燃烧器超出力。

（5）点火后应加强飞灰可燃物含量的监控，并防止未完全燃烧可燃物在烟道内沉积。

本条文在于强调锅炉启动后加强运行燃烧调整的作用，重点强调了油燃烧所需要的油枪根部送风和油枪设备状态的重要性；更重要的是规定对于采用少油/无油点火方式启动锅炉机组，启动前应准备足够相应煤质的入炉煤，强调燃烧系统运行的一致性和合理性。不论在锅炉冷态点火，或者任何负荷下投入燃料时，都必须保证足够的点火能；点火能不足是安全问题，不能勉强。

去掉了对于风粉浓度的要求，原因为磨煤机出力、通风量满足要求时，风粉浓度基本满足要求，风粉浓度在现场测量的精确性有很大争议；增加了“应注意检查和分析燃烧情况和锅炉沿程温度、阻力变化情况。”的意项，对于分析锅炉正常运行非常有必要。

对飞灰可燃物监控的要求是防止尾部再燃烧的重要间接手段，当可燃物含量增加时尤其要重视。实际工作中对于该工作很多变为例行公事，因而提出要求。

未完全燃烧可燃物在烟道内的沉积是近年来机组可利用小时数严重下降、大量机组在低负荷区段长期运行条件下出现的新问题，需要加强监控，并采取必要的措施。

条文 6.1.9 要重视空气预热器的吹灰，必须精心组织机组冷态启动和低负荷运行情况下的吹灰工作，做到合理吹灰。

（1）投入蒸汽吹灰器前应进行充分疏水，确保吹灰要求的蒸汽过热度。

（2）采用少油/无油点火方式启动的机组，锅炉启动初期空气预热器必须连续吹灰。

（3）机组启动期间，锅炉负荷低于25%额定负荷时，空气预热器应连续吹灰；锅炉负荷大于25%额定负荷时，至少每8h吹灰一次；当回转式空气预热器烟气侧压差增加时，应增加吹灰次数；当低负荷煤、油混烧时，空气预热器应连续吹灰。

本条文强调了吹灰对防止空气预热器着火的重要性，强调投入蒸汽吹灰器前应进行充分疏水，确保吹灰要求的蒸汽参数，特别突出强调了要保证蒸汽过热度。

所有的空气预热器着火事故案例分析中，除了炉内燃烧效果不好外，吹灰效果不好都是非常重要的原因。机组在冷态启动期间，尤其是新建电厂首台机组基建调试初期，锅炉机组长期在启动状态运行，风温和炉膛温度都比较低，炉内燃烧效果比较差，而且空气预热器传热元件温度也比较低，所以来自炉膛的不完全燃烧产物就非常容易积聚在传热元件中间；同时，在最需要保证和加强空气预热器吹灰的这个阶段，由于机组负荷很低，不能保证正规汽源的使用，恰恰只能使用其辅助汽源。而且此时由于启动锅炉容量限制等原因，加之除氧器、暖风器、轴封加热，以及给水泵汽轮机运行等原因，造成辅助蒸汽的参数都比较低，往往与空气预热器吹灰要求参数有差距。这种情况下，首先要合理选择锅炉点火启动方式，合理组织锅炉初始负荷的燃烧调整优化工作，尽可能提高燃尽率，减少启动点火次数，防止未经着火燃烧的燃料，及其各种杂混性可燃物迁移并造成局部积聚。同时，要高度重视和有目的地精心组织锅炉尾部，尤其是空气预热器的吹灰工作，不能无视，或者放弃吹灰，应该根据实际情况，合理评估安全隐患，有目的地制定具体、完整的吹灰措施，精心组织吹灰工作。

近年来机组可利用小时数严重下降，大量机组在低负荷区段长期运行，必然出现燃烧条件差、可燃物在尾部积存的问题，因而类比启动阶段，连续吹灰可能是迫不得已的手段。

条文6.1.10　要加强对回转式空气预热器的检查，重视发挥水冲洗的作用，及时精心组织，对回转式空气预热器正确地进行水冲洗。

（1）机组每次大、小修或锅炉停炉1周以上时必须对预热器受热面进行检查。若锅炉较长时间低负荷燃油或煤油混烧，应根据具体情况安排停炉对预热器受热面进行检查。

（2）预热器停炉检查若发现有存挂油垢或积灰堵塞现象，应及时清理，必要时应及时组织进行水冲洗。

（3）机组运行中，如果预热器阻力超过对应工况设计阻力的150%，应及时安排全面清理。

（4）预热器水冲洗必须事先制订全面的技术措施并通过审批，冲洗工作必须严

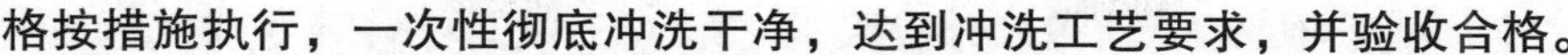

格按措施执行，一次性彻底冲洗干净，达到冲洗工艺要求，并验收合格。

（5）预热器冲洗后必须正确地进行干燥，并保证彻底干燥。不能立即启动引风机、送风机进行强制通风干燥，防止炉内积灰被空气预热器金属表面水膜吸附，造成二次污染。

本条文要求要加强对空气预热器的检查，重视发挥水冲洗的作用。本次修订对于内容和顺序进行了整合和调整，（1）集中描述检查要求，（2）集中为检查后的处理。对（4）进行了精练，使其更加有逻辑性。

对回转式空气预热器的水冲洗必须及时进行、精心组织，正确冲洗和干燥。水冲洗不只是防再着火，同时也是防止堵灰和降低阻力的重要手段。在实际生产中，由于水冲洗问题引发的不良后果的案例比较多，所以有必要上升到反措的高度，对水冲洗及其干燥作出全面规定。对于当前普遍采用移动设备进行高压水冲洗方式，应严禁以包代管。

另外，在机组实际调试和启动过程中，如果炉内燃烧状况不好，吹灰参数不足、效果不佳，就必须及早准备，规范组织、安排水冲洗。

条文 6.1.11　应重视并加强对锅炉尾部再次燃烧事故风险点的监控。

（1）运行规程应明确省煤器、脱硝装置、空气预热器等部位烟道在不同工况的烟气温度限制值。

（2）运行中应加强监视回转式空气预热器出口烟风温度变化情况，当烟气温度超过规定值、有再燃前兆时，应立即停炉并及时采取消防措施。

（3）机组停运后和温、热态启动时，是回转式空气预热器受热和冷却条件发生巨大变化的时候，容易产生热量积聚引发着火，应更重视运行监控和检查，如有再燃前兆，必须及早发现，及早处理。

（4）锅炉停炉后，严格按照运行规程和厂家要求停运空气预热器，应加强停炉后的回转式空气预热器运行监控，防止异常发生。

（5）应根据运行工况及时优化、调整脱硝装置喷氨量，保证氨逃逸量在合理区间，以减轻由于硫酸氢铵引起的空气预热器堵塞。

本条文强调了对风险点的监控，强调机组停运后和温、热态启动时，是回转式空气预热器受热和冷却条件发生巨大变化的时候，容易产生热量积聚引发着火，应更重视运行监控和现场巡视检查。

第（1）、（2）款要求由原条款拆分而来，第（1）款对运行规程应明确省煤器、脱硝装置、空气预热器等部位烟道在不同工况的烟气温度限制值的管理提出了要求，第（2）款对运行提出了要求；运行中应当加强监视回转式空气预热器出口烟风温度变化情况，当烟气温度超过规定值、有再燃前兆时，应立即停炉，并及时采取消防措施。第（3）款明确了机组停运后和温、热态启动时，空气预热器受热和冷却条件发生巨大变化的运行监控和检查要求。第（4）款对停转后的空气预热器提出监控要求。第（5）款是针对当前特有运行环境而提出的要求。由于我国环保要求的提高，大部分机组靠现有的脱硝装置不得不过分地提高喷氨量，造成空气预热器严重堵塞，已经成为行业通病，应当引起足够的重视。

空气预热器是空气加热装置，但同时在热态运行中也需要合理冷却。一定要重视回转式空气预热器的冷却，尤其在单侧风机运行时，风量和烟气量在空气预热器之间分配不一定是平衡的，所以要加强预热器的运行监控，避免锅炉机组超能力带负荷，防止出现两侧预热器加热和冷却出现偏差，增加事故风险。硫酸氢铵引起的空气预热器堵塞是SCR系统普遍推行以来锅炉侧最主要的问题。通过SCR优化以减少氨逃逸，是空气预热器可以维持正常运行的主要手段。

条文6.1.12　回转式空气预热器跳闸后应防止发生再燃及空气预热器故障。

（1）若发现预热器停转，立即将其隔绝，投入盘车装置，若挡板隔绝不严或转子盘不动，应立即停炉。

（2）若预热器未设出入口烟/风挡板，空气预热器停转应立即停炉。

本条文对空气预热器跳闸后应防止发生再燃及空气预热器故障的操作提出了要求。空气预热器跳闸后，如果锅炉还在运行，则空气预热器会失去冷却，烟气侧金属温度会和烟气温度一样高，而空气侧金属温度则和冷风一样低，从而发生变形。为避免出现这一现象，必须开动盘车让它转起来，同时不让冷风、热烟气进入，这是保证空气预热器不变形、未燃物不再燃的关键手段。

条文6.1.13　加强空气预热器外的其他特殊设备和部位防再次燃烧事故工作。

（1）在低负荷阶段有少油/无油助燃装置投运或煤油混烧期间，脱硝反应器内必须加强吹灰，监控反应器前后阻力及烟气温度，防止反应器内催化剂区域有未燃尽物质燃烧，反应器灰斗需要及时排灰，防止沉积。

（2）新建燃煤机组尾部烟道下部省煤器灰斗应设可靠输灰系统，以保证未燃物可以及时送出系统。

（3）如果低负荷燃油、微油点火、等离子点火或者煤油混烧电除尘器在投入运行，电除尘器应降低或者限二次电压、电流运行，防止在积尘极和放电极之间燃烧或者在电除尘器内部发生爆炸。期间除灰系统必须连续投入。

（4）布袋除尘器应设可靠的降温系统或保护逻辑，以防止除尘器入口烟气温度超限，损坏除尘器布袋。如降温系统无法控制烟温，应立即降负荷或停炉。在低负荷阶段有少油/无油助燃装置投运或煤油混烧期间，布袋除尘器宜停止清灰或减少清灰频次。

（5）对于安装在锅炉脱硝系统与除尘器间的烟气余热利用装置，在低负荷阶段有少油/无油助燃装置投运或煤油混烧期间，烟气余热利用装置必须加强吹灰，监控

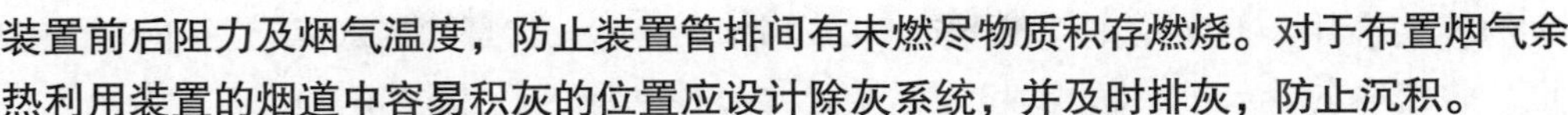

装置前后阻力及烟气温度，防止装置管排间有未燃尽物质积存燃烧。对于布置烟气余热利用装置的烟道中容易积灰的位置应设计除灰系统，并及时排灰，防止沉积。

（6）在低负荷阶段有少油/无油助燃装置投运或煤油混烧期间，要防止由于锅炉未燃尽的物质落入干排渣系统的钢带二次燃烧，损坏钢带。要加强就地巡检，必要时应派人就地监控。

（7）锅炉尾部有非金属防腐内衬的部位，检修时有动火操作，必须有相应的防火措施并严格执行。

本条文是针对近十余年来，在新建大型机组上由于采用新技术和新增加的节能、节水、环保设备而可能发生的锅炉尾部再次燃烧事故的防范，是对原版反措的重要补充。

第（1）款针对SCR系统提出。SCR系统的催化剂的流道也很小，类似于空气预热器，但是其温度高一些，因而工作条件较空气预热器稍好一些，但仍然是可燃物沉积的最佳部位之一，因而也是尾部再燃烧事故的重点风险区域，需加以关注。

第（2）款对于灰斗和输灰系统提出要求。该区域是人为设置的灰与可燃物集中处理部位，必须运行通畅，及时把沉积下来的灰与可燃物送出，以避免影响烟道的通流面积，并引发生产事故。

第（3）款针对除尘器的投入提出了要求，并且在《防止电力生产事故的二十五项重点要求（2014年版）》补充增加了“电除尘器加热、振打装置及除灰系统应连续运行”的要求，可以更全面保证低负荷时及时清理电除尘器更加有效。

第（4）款是本次修订针对布袋除尘器提出的新要求。《防止电力生产事故的二十五项重点要求（2014年版）》制订时电除尘器是主要除尘设备，布袋除尘器还少，所以没有布袋除尘器的要求。目前超低排放要求后，布袋除尘器成为主流，其过滤器为非金属材料，因而增加入口烟温控制的要求。

第（5）款是针对烟气余热利用装置的要求。烟气余热装置是我国近年来广泛应用的新设备、对于维持机组经济性有重要作用。有不少余热利用装置使用非金属材料，这些低压省煤器应重点监控，补足《防止电力生产事故的二十五项重点要求（2014年版）》没有涉及的设备。

第（6）款是针对干除渣系统提出的要求。在燃烧工况变差时，干除渣系统与热渣直接接触的部分是风险点，设计的风冷不包含可燃物再燃时产生的热量，如再燃发生这些部位必然超过设计条件而发生烧损，因而需要重点监控。

第（7）款是锅炉尾部有非金属防腐内衬的部位检修时的防火要求。正常运行时这些部分要么温度低，要么是水冷部位，不会有问题，但是在检修操作，特别是动火时要非常小心，做好措施，近年来出现不少脱硫烟道、脱硫塔、烟囱等部位发生的着火事件，据《中国能源报》2020-07-04报道，2017—2020年三年间脱硫烟道、脱硫塔的着火事故超40起，都是公共事件，原因、过程非常清楚，均因为检修动火时防火措施不当所导致。

条文6.2　防止锅炉炉膛爆炸事故

自《防止电力生产事故的二十五项重点要求（2014年版）》发布实施以来，国内大量火电机组开展节能环保改造、灵活性改造，改变了原有的锅炉运行边界条件，使得锅炉低于不投油最低稳燃负荷运行已趋于常态化，部分亚临界机组通过灵活性改造已实现20%甚至15%额定负荷下深度调峰常态化运行。

本次修订针对火力发电发展的新趋势、新特点，通过归纳总结，系统性梳理防止炉膛爆炸事故所面临的新问题。针对电站锅炉深度调峰运行和煤电“三改联动”的新要求，保证火电灵活性改造后常态化的安全可靠运行，重点对机组深度调峰运行可能引发的锅炉燃烧不稳、灭火等风险问题，进行了一系列有针对性的条款修订和新增，从改造方案比选、运行调整控制、设备维护治理、生产运行管理等角度，防止锅炉在深度调峰运行期间发生炉膛爆炸等恶性事故。

本条文内容修订覆盖电力建设、生产的全过程，从规划、设计、选型、制造、监造、安装、监理、调试、运行、检修、维护、改造等环节提出防止炉膛爆炸事故的措施，结合近年发布的国家、行业法规、标准和相关企业标准提出的新要求，修改、补充和完善相关条款，对原条文中已不适应当前电厂实际情况或已写入新规范、新标准的条款进行删除、调整。

条文6.2.1　防止锅炉灭火的重点要求

随着电站锅炉设备可靠性和自动控制水平的不断提升，运行中发生锅炉灭火等非停事故的频次已显著下降。但在调峰新形势下锅炉灭火事故仍时有发生，统计有入炉燃料特性复杂偏离设计值导致的燃烧失稳灭火，有设备维护和安全管理不到位引起的灭火事故，也有灵活性改造导致锅炉燃烧安全边界发生变化与运检维护不到位等引发的灭火。

因此加强入炉燃料管理、做好锅炉燃烧设备维护、合理制订灵活性改造稳燃方案和改造后的运行方式调整等，对当前复杂调峰运行背景下防止锅炉灭火仍具有十分重要的意义。

条文(1) 锅炉炉膛安全监控系统的设计、选型、安装、调试等各阶段都应严格执行《火力发电厂锅炉炉膛安全监控系统技术规程》(DL/T 1091—2018) 中的安全规定。

《火力发电厂锅炉炉膛安全监控系统技术规程》(DL/T 1091—2018) 是电力行业十分重要的行业标准，它规定了锅炉炉膛防内爆/外爆、燃烧管理、燃烧控制系统的逻辑设计以及对监控设备的要求，可用于指导安全监控系统设计、制造、安装、调试和运行维修等，必须严格执行。

本条文为原条文 6.2.1.1，主要是对《火力发电厂锅炉炉膛安全监控系统技术规程》（DL/T 1091—2018）进行更新，强调在设计、选型、安装、调试等各阶段都应严格遵守执行重要的行业规范和标准。

条文(2) 根据《电站锅炉炉膛防爆规程》（DL/T 435—2018）中有关防止炉膛灭火放炮的规定以及设备的实际状况，如煤质监督、混配煤、燃烧调整、深度调峰运行等内容，制订防止锅炉灭火放炮的措施并严格执行。

《电站锅炉炉膛防爆规程》（DL/T 435—2018）规定了防止电站煤粉锅炉炉膛外爆/内爆的重要技术规定和措施，在燃烧设备及控制系统设计等方面提出基本要求，给出了燃烧设备运行操作指南。对一些可能的引起炉膛爆炸的原因进行列举，为各厂制订防止锅炉灭火放炮的措施给出规程依据。

本条文为原条文 6.2.1.2，此次修订对条文中所涉及的标准进行了更新：由 DL/T 435—2004 更新为 DL/T 435—2018；将“低负荷稳燃”更新为“深度调峰运行”，以适应当前锅炉灵活调节的新形势和新要求。

条文(3) 加强燃煤的监督管理，制订配煤掺烧管理办法，完善混煤设施。加强负荷预测和煤质分析，根据负荷和煤质变化做好深度调峰用煤管理和调整燃烧的应变措施，防止煤质突变引发燃烧失稳和锅炉灭火事故。

煤炭市场维持高位运行，增加了各发电企业燃料采购和生产管理的难度。各厂需要结合自身锅炉设备的条件，尽可能选购与设计（校核）煤种接近的、适于本厂锅炉燃用的原煤。燃料管理过程中应尽可能对每一批次入厂燃料的来源地、煤种特性、主要指标准确把握，做好煤场分煤种堆放管理工作，燃料部门在上煤前应保持与运行人员的及时沟通和交流，上煤煤种发生较大变化，应及时告知运行人员，提前采取防范措施；运行人员发现由燃料问题引起的燃烧不稳故障，在做好相应燃烧调整工作的同时，及时联系调整入炉煤质，防止因燃料原因引起锅炉灭火。

本条文为原条文 6.2.1.3，对原条文表述进行了修改和完善。当前火电机组负荷率呈现下降趋势，深调峰运行已逐步成为常态工作。在入炉煤质日趋复杂的情况下，不仅应该完善混煤设施，更要制订相应的配煤掺烧管理办法；同时强调要做好负荷预测，主要是为了保证深调峰运行期间煤质稳定，减少煤质不稳对深调峰运行的影响。

【案例】 2009 年底煤炭供应最紧张时期，某厂 300MW 机组维持 190MW 负荷运行，AGC 正常投入，主要辅机运行正常。某日 2 号锅炉 C 磨煤机 4 号角火检闪动，之后运行人员发现煤质逐渐变差，多台磨煤机火检持续波动，主汽压力由 11.3MPa 持续降至 10.2MPa，总煤量由 159t/h 涨至 175t/h，每台磨煤量涨至 36t/h 左右；随后 A 磨煤机出现堵磨趋势，风量逐步下降至 46t/h，电流摆动明显。启 F

制粉系统带20t/h出力，其他制粉系统煤量相应降低。在F磨煤机启动之后，炉膛负压波动幅度由原来的－270～－50Pa扩大至－386～＋110Pa。12时51分58秒，炉膛负压由－138Pa开始突增；12时52分4秒，负压至－855Pa，B磨煤机失去火检跳闸；12时52分10秒，F磨煤机失去火检跳闸，随之炉膛压力高三值动作，锅炉灭火。

此次灭火事故表明，运行人员未预先获得煤质持续变差信息，机组降负荷后入炉燃料量仍不断增加（事后化验分析入炉燃料低位发热量已不足2700kJ/kg），炉内燃烧工况不断恶化，主汽压力仍持续下滑，无法跟踪AGC指令，被迫启动备用制粉系统后，炉内燃烧火焰更加分散，炉膛燃烧工况不稳定，部分磨煤机失去火检，最终锅炉灭火。

条文（4）锅炉新投产、改进性大修后或入炉燃料与设计燃料有较大差异时，应进行燃烧调整，以确定合理的配风方式、过量空气系数、煤粉细度、燃烧器倾角或旋流强度及不投油最低稳燃负荷等。

煤粉颗粒在炉膛内的燃烧，是一个复杂的物理化学过程。燃烧的稳定性及经济性与入炉燃料特性、锅炉燃烧方式、燃烧器性能、风煤比、配风方式、煤粉细度等有直接关系。新锅炉投产后，锅炉运行状态可能与设计存在差异；锅炉改造性大修后主要燃烧设备可能发生变化；入炉燃料与设计燃料差异过大或设备变化都将引起锅炉运行状态或控制方式，与设计工况或原有控制方式发生改变，如不做有针对性的燃烧调整，找出新的、最佳的锅炉运行方式，极有可能导致燃烧故障，甚至突发运行中的灭火事故。

本条文为原条文6.2.1.4，对原条文部分表述进行更新和完善。

【案例】 某厂670t/h超高压一次中间再热煤粉炉，设计燃用山西西山、潞安混贫煤，配中间仓储式制粉系统。2011年2—8月连续发生10次灭火事故，负荷区间介于165～220MW。多次灭火事故表明，锅炉燃烧存在较大问题，燃烧稳定性较差，高负荷运行中遇有较大扰动仍会突发灭火事故。分析原因主要有锅炉原设计假想切圆为800mm，2009年大修期间对燃烧器改造后，炉内实际切圆变小，且未做有针对性的燃烧调整试验，致使炉内火焰充满度不足，燃烧稳定性下降，抗干扰能力降低；2011年电厂采购一批南非煤、越南煤、贵州煤等与设计燃料有较大差异煤种进行掺烧，也未进行掺烧后的燃烧调整试验，致使燃烧稳定性进一步恶化，进而连续发生多次灭火事故。明确原因后，该厂加强燃料采购管理，并对锅炉进行燃烧调整试验，增加燃烧稳定性和煤种适用性，及时消除频繁灭火故障。

条文（5）当锅炉已经灭火或全部运行磨煤机的多个火焰检测保护信号闪烁失稳时，严禁投油枪、微油点火枪、等离子点火枪等引燃。当锅炉灭火后，要立即停止燃料（含煤、油、燃气、制粉乏气）供给，严禁用爆燃法恢复燃烧。重新点火前必

须对锅炉进行充分通风吹扫，以排除炉膛和烟道内的可燃物质。

将原条文“当炉膛已经灭火或已局部灭火并濒临全部灭火时，严禁投助燃油枪、等离子点火枪等稳燃枪……”，修订为“当锅炉已经灭火或全部运行磨煤机的多个火焰检测保护信号频繁闪烁失稳时，严禁投油枪、微油点火枪、等离子点火枪等引燃……”。

本条文为原条文 6.2.1.5。原条文“局部灭火并濒临全部灭火”的描述相对模糊，不同人可能会有不同的解读，运行人员在实际生产运行中难以清晰地操作执行。此条文提出的目的是在炉内燃烧恶化濒临灭火时，实现锅炉“应跳闸则跳”，防止运行人员盲目抢投油枪或其他点火系统，造成炉内积存的未燃尽煤粉被点燃爆炸，造成事故扩大。由于局部灭火、濒临灭火等词义难以量化界定，且有专家提出修订意见和建议，故本次修订予以删除并更新。

新的条文描述为“全部运行磨煤机的多个火焰检测保护信号频繁闪烁失稳时”，强调所有运行磨煤机的两个或多个火焰检测保护信号出现频繁闪烁时，应禁止运行人员投入油枪、小油枪或等离子等稳燃。通常在实际生产过程中，当运行人员发现锅炉燃烧不稳或个别磨煤机火焰检测信号闪烁时，一般会较早判断原因，并及时采取措施干预，如投入油枪、等离子等点火系统，不应等到所有磨煤机均出现两个或多个开关量火焰检测信号闪烁失去，才考虑投油枪或等离子等稳燃。因此从灭火可能性上分析，如果每一台运行磨煤机上的多个火焰检测保护信号均出现失稳波动，则表明炉内燃烧已经出现了重大故障和风险隐患，已不应再投入油枪、小油枪、等离子等稳燃系统，以避免炉内积存的未燃尽煤粉被引燃爆炸。新条文的描述相对量化并具有更好的可操作性。

【案例】 某厂 660MW 超超临界新建机组设计采用微油点火+油枪点火方式，燃用煤种为褐煤，配套风道燃烧器。

1. 跳闸前工况

汽轮机转速为 1500r/min，低速暖机。A 磨煤量为 60t/h，磨煤机出口风粉混合物温度为 49℃，A 磨煤机对应微油全部投入，火检摆动。炉膛压力在 100～300Pa 之间波动，引风机动叶平均值为 17.8%。

2. 跳闸过程

16 时 22 分 49 秒炉膛压力为－1463Pa（跳闸前最低），引风机动叶开度在 6%（动叶最小关至 0%）；16 时 22 分 56 秒炉膛压力为 1621Pa（炉膛压力最高）；16 时 23 分 5 秒引风机动叶 37%，引风机动叶自动切除；16 时 23 分 29 秒炉膛压力持续下降，锅炉 MFT（首出：炉膛压力低），炉膛压力最低－4372Pa，引风机跳闸，送风机跳闸。

3. 原因分析

（1）褐烧水分偏高，冷炉启动风道燃烧器出力不足。

（2）磨煤机出口风粉混合物温度过低，影响煤粉燃烧，是负压及火检摆动直接原因。

（3）引风机自动调节不佳，动叶解除自动且保持较大开度，直接导致锅炉MFT，送、引风机跳闸。

4. 应对措施

（1）燃用褐煤锅炉启动应避免采用冷炉启动方案；可设入大油枪烘炉，待炉膛温升高后，投入微油或等离子点火装置及制粉系统。

（2）风道燃烧器出力应与褐煤煤质相匹配。

（3）锅炉保护应正常投入，燃烧失稳时可正常动作。

条文(6) 100MW及以上等级机组的锅炉应装设锅炉灭火保护装置。该装置应包括但不限于以下功能：炉膛吹扫、锅炉点火、主燃料跳闸、全炉膛火焰监视、灭火保护和主燃料跳闸首出等。

随着热工自动控制水平不断提升，锅炉灭火保护装置（FSSS或BMS）已是机组普遍装设的重要装备。锅炉灭火保护装置设计、安装、调试要依据《火力发电厂锅炉炉膛安全监控系统技术规程》（DL/T 1091—2018）等相关规定执行，包含规程要求的各项功能，真正实现灭火保护功能。

本条文为原条文6.2.1.6项。

条文(7) 锅炉灭火保护装置和就地控制设备电源应可靠，电源应采用两路交流220V供电电源，其中一路应为交流不间断电源，另一路电源引自厂用事故保安电源。当设置冗余不间断电源系统时，也可两路均采用不间断电源，但两路进线应分别取自不同的供电母线，防止因瞬间失电造成失去锅炉灭火保护功能。

本条文为原条文6.2.1.7，主要强调要确保炉膛安全监控系统装置（FSSS）和就地控制设备电源供应可靠，防止因瞬间失电造成锅炉灭火保护误动或拒动。

在对FSSS等热控设备电源进行设计、改造、调试、受电等工作时，应关注以下环节：

（1）电源开关的容量、额定电流等符合使用设备和系统的设计要求。

（2）对UPS段和保安段电源回路确认检查，检查UPS段和保安段的电源品质，要符合设计要求。

（3）确认两路电源接线正确，有颜色区分并保证在整个系统内保持统一。

（4）进行电源冗余切换试验，当一路电源失电，切换开关迅速动作（响应时间为50ms），另一路电源供电，试验成功的标准为DCS逻辑未发生失灵、跳变现象，设备未出现失电状态。

通过对各环节的细致检查和试验的检测，确保FSSS系统安全可靠地投用，防止系统失电或失灵而致使锅炉失去灭火保护功能。

条文(8) 参与灭火保护的炉膛压力测点应单独设置并冗余配置，必须保证炉膛压力信号取样部位设计合理、安装正确，各压力信号的取样管相互独立，系统工作可靠。炉膛负压模拟量测点应冗余配备4套或以上，各套测量系统的取样点、取样管、压力变送器均单独设置：其中三个为调节用，量程应大于炉膛压力异常联跳风机定值，另一个作监视用，其量程应大于炉膛瞬态承压能力极限值。

将原条文“取样管相互独立，系统工作可靠。应配备4个炉膛压力变送器：其中三个为调节用，另一个作监视用，其量程应大于炉膛压力保护定值。”修订为“各压力信号的取样管相互独立，系统工作可靠。炉膛负压模拟量测点应冗余配备4套或以上，各套测量系统的取样点、取样管、压力变送器均单独设置：其中三个为调节用，量程应大于炉膛压力异常联跳风机定值，另一个作监视用，其量程应大于炉膛瞬态承压能力极限值。”

将“取样管相互独立”更改为“各压力信号的取样管相互独立”，表述更为清晰和规范。同时对炉膛压力变送器配置要求进行明确和细化，明确提出各套测量系统的取样点、取样管、压力变送器均要单独设置，四套测点的用途以更清晰的描述来表达，要求大量程压力定值应大于锅炉炉膛瞬态承压能力极限值。

本条文为原条文6.2.1.8，主要强调炉膛压力信号取样部位的设计、安装要求以及变送器的配置要求，防止由于炉膛压力信号不可靠造成的锅炉灭火保护误动或拒动。

从理论上讲，各压力信号的取样点应选于锅炉通风动力场的平衡点上，即压力为零处，避开吹灰器和受热面等烟气流动发生扰动处。为提高炉膛负压自动调节的精确性和炉膛压力保护的可靠性，炉膛压力自动和炉膛压力保护测点均单独设置；一般在不同位置设置四个模拟量压力测点供负压自动调节用，设置六个开关量压力测点供炉膛压力保护用。炉膛内部压力由于各种原因（如掉焦等），常会产生瞬时压力的波动，局部出现正负压力过大现象。因此，压力取样点的布置不能集中在炉膛的一侧，必须分开布置；以π形炉为例，通常将用于灭火保护的六个开关量压力测点设置在炉膛出口、折焰角上部水平烟道的左右侧墙上，压力高高及低低测点不能同时设置在同一侧，必须交叉设置；压力取样装置应采用不锈钢材料，防止炉膛燃烧中产生的水蒸气及腐蚀性气体腐蚀装置，造成泄漏，影响炉膛压力测量的准确性。压力测量表头标高必须大于取压点，防止烟气中水蒸气遇冷结露，致使粉尘黏附在管壁上，久而久之造成取样装置堵塞。

条文(9) 炉膛压力保护定值应综合考虑炉膛防爆能力、炉底密封承受能力和锅炉正常燃烧要求合理设置；新机启动或机组检修后启动时必须进行炉膛压力保护带工质传动试验。

电站锅炉炉膛设计、制造及安装基于一定承压能力。以600MW等级锅炉为例，锅炉燃烧室的设计承压能力均要大于±5800Pa；当燃烧室突发灭火内爆/外爆等事故时，瞬时不变形承载能力不低于±9800Pa。本条文主要强调炉膛压力保护定值的确定原则和保护传动规定，防止由于炉膛压力保护定值不合理，或保护传动不规范造成的锅炉灭火保护误动或拒动，进而发生水封破坏、炉膛水冷壁爆破变形等扩大事故。新机启动或机组检修后启动时，必须进行冷态通风状态下的保护传动试验，以实际检验炉膛压力保护系统工作状态，确保炉膛压力开关和压力变送器、信号传输、保护逻辑系统等工作正常。

本条文为原条文6.2.1.9，主要强调炉膛压力保护定值的确定原则和保护传动规定。防止由于炉膛压力保护定值不合理或保护传动不规范造成的锅炉灭火保护误动或拒动。

条文(10) 加强锅炉灭火保护装置的维护与管理，防止发生火焰探头烧毁和污染失灵、炉膛负压管堵塞等问题，确保锅炉灭火保护装置可靠投用。

锅炉灭火保护装置的工作状态和可靠性，直接影响安全运行。本条文主要强调对灭火保护装置的管理和维护，发电企业必须建立和完善相关制度，做好与灭火保护相关热工测试装置和系统的检查及维护，如火检探头装置、冷却风系统等。特别应加强对灭火保护等重要热工逻辑的检查和校验，合理设计和编制保护逻辑。

本条文为原条文6.2.1.10。

【案例1】 某厂2028t/h前后墙对冲燃烧一次中间再热自然循环汽包炉，2005年投产4年后进行了燃烧器启动系统节能改造，将最下层燃烧器改造为带微油点火助燃系统的燃烧器。2011年8月，该厂1号锅炉在70%负荷突发爆燃正压事故，锅炉灭火，部分设备受损。

事故后分析原因主要有：

(1) 锅炉入炉燃料长期与设计煤种存在较大偏差，一、二次风量偏大，部分燃烧器烧损，锅炉运行安全性和稳定性降低。

(2) 一定量的煤粉由破损燃烧器部位进入风道内逐渐积聚。

(3) 对FSSS系统进行改造，机组负荷在大于50%THA（热耗率验收工况）工况后，磨煤机失去火检不跳磨；逻辑设计不合理，即对磨煤机失去火检的保护降低。

(4) 爆燃前送风机、引风机、一次风机系统均处于手动控制模式，调节速率降低，无法做到燃料量和氧量的及时合理匹配，锅炉富氧燃烧。

(5) 爆燃前最下层燃烧器微油点火助燃系统投入，存在燃烧状态不佳的可能。

由于燃烧器存在烧损、燃烧工况不佳，当一台磨煤机对应火检失去达到跳磨条件后，机组负荷大于50%THA，磨煤机并未跳闸。大量未燃尽煤粉进入炉膛，且部分煤粉进入风道聚集；燃料量与风量不匹配，六大风机手动控制产生富氧燃烧；

由此爆炸三要素都已具备，高负荷下煤粉聚集达到一定浓度后突发爆燃。

这是一起典型的由于灭火保护逻辑设计不合理、燃烧设备检修不及时、燃烧调整不到位、运行控制不符合规程等多种因素综合导致的爆燃事故。

【案例2】 某厂660MW超超临界机组高负荷运行过程中，由于着火提前燃烧器喷口结渣，部分灰渣挡住火检探头直接导致火检摆动严重。通过对火检探头清理，调整对应磨煤机一次、二次风风量，火检摆动问题得到良好解决。

条文(11) 每个煤、油、气燃烧器都应单独设置火焰检测装置。火焰检测装置应精细调整，保证锅炉在全负荷段（含深度调峰工况）和全适用煤种条件下都能正确检测到火焰。火焰检测装置冷却用气源应稳定、可靠。

本条文主要强调火焰检测装置的配置要求和信号调试要求，防止由于火焰检测信号不可靠造成的锅炉灭火保护误动或拒动；如个别有条件电厂出于节能考虑，将燃用柴油的油枪点火系统更换为可燃气体的点火系统，相应火检探头必须更换为与检测该种可燃气体相匹配的火焰检测装置；火检冷却风系统应做好定期检查和维护，确保备用冷却风机状态良好，具备随时启动条件，确保工作电源和事故保安电源可靠，切换正常。

本条为原条文6.2.1.11，将“保证锅炉在高、低负荷以及适用煤种下都能正确检测到火焰”更新为“保证锅炉在全负荷段（含深度调峰工况）和全适用煤种条件下都能正确检测到火焰”。结合火电机组普遍参与深度调峰运行的现实情况，对原条文表述进行了修改完善。由于各地区机组的深度调峰最低负荷差异较大，部分机组低于35%额定负荷运行时火检存在闪烁、丢失等问题，故将“高、低负荷”的表述修改为“全负荷段”，并强调要重视深度调峰工况下火检的可靠性和可用性。

【案例】 某厂660MW超超临界机组火焰检测信号独立取样，通过就地控制柜传输至DCS系统。由于就地控制柜火检信号采用“二拖一”形式火焰分析单元，无法对火检进行独立分析。通过整改“一拖一”形式确保火检单独设置，独立传送。

条文(12) 锅炉运行中严禁随意退出锅炉灭火保护。因设备缺陷需部分退出锅炉灭火保护时，应严格履行审批手续，事先做好安全措施并及时恢复。严禁锅炉在灭火保护装置退出情况下启动。

本条为原条文6.2.1.12，主要针对锅炉灭火保护的投退管理，强调保护退出后的及时恢复，使条文的表述更加严谨。灭火保护装置不完备，严禁启动锅炉，避免人工无法及时发现的突发故障扩大为恶性炉膛灭火或爆炸事故。

条文(13) 加强设备检修管理和运行维护，防止出现炉膛严重漏风、一次风管不畅、送风不正常脉动、直吹式制粉系统磨煤机堵煤断煤和粉管堵粉、中储式制粉

系统给粉机下粉不均或煤粉自流、热控设备失灵等问题。

本条文为原条文6.2.1.13，强调加强与燃烧相关设备的检修管理和运行维护，避免因为设备故障而引起的燃烧失稳，甚至灭火事故。

【案例】 某厂350MW超临界燃煤发电机组，事故发生前，机组带负荷至350MW，四台磨煤机投入运行，两台引风机电流均在180A。

7时35分9秒，B引风机润滑油压低、液压油压低信号来，备用泵B泵联启；

7时38分12秒，停止B泵运行，随即油压低信号再来。此时风机电流开始降低，炉膛负压变正，并逐渐增大；

7时38分34秒，B引风机电流降至103.7A，炉膛压力为正1002Pa；

7时38分52秒，B引风机电流至97A，不再变化，炉膛压力最高至1591Pa；锅炉巡检汇报锅炉零米冒黑烟；

7时41分35秒，锅炉紧急降负荷，并逐渐降低送风机出力，炉膛正压逐渐缓解，零米黑烟逐渐消除。

事故原因分析：

（1）锅炉底部与干排渣机之间膨胀节损坏未及时发现并处理。

（2）B引风机A液压油泵联轴器断裂，油泵虽运行但无法正常提供液压油。

（3）引风机油站未设计润滑油、液压油压力的模拟量远传信号，造成运行人员不能远方有效监视油站运行状态。当现场发生引风机油压低、备用泵联启后，相关人员判断为常规油压短时调节作用引起降低，并未考虑可能为设备出现异常造成的油压快速降低，形成误判断，从而作出相对应的错误操作，停止了备用联启的油泵，造成实际上的无油泵工作状态，液压油失去，引风机动叶在22s后全关。

（4）引风机动叶在风机运行状态下失去液压油，引风机动叶不能保持其现在位置，造成引风机出力随动叶自动关小而迅速减小。

（5）锅炉热工报警信号未发出，热工光字不完善。出现异常后，相应的声光报警均未正常提示运行人员已发生异常。

条文(14) 加强点火油、气系统的维护管理，消除泄漏，防止燃油、燃气漏入炉膛发生爆燃。燃油、燃气速断阀要定期试验，确保动作正确、关闭严密。

本条文为原条文6.2.1.14。结合近年大量燃气电厂投产、部分锅炉开展微油燃烧器点火改造及部分有条件燃煤锅炉采用可燃气体点火助燃的情况，增加对燃油、燃气系统相关设备检查和维护的要求。

条文(15) 加强锅炉点火（稳燃）系统的检查和维护，定期对各型油枪进行清理和投入试验，确保油枪动作可靠，雾化良好；定期对等离子点火系统进行拉弧试验，确保点火（稳燃）系统可靠备用，能在锅炉深度调峰运行或燃烧不稳时及时投入。

本条文为原条文 6.2.1.15。此次修订将原条文“锅炉点火系统应能可靠备用。定期对油枪进行清理和投入试验，确保油枪动作可靠、雾化良好，能在锅炉低负荷或燃烧不稳时及时投油助燃”，更新为“加强锅炉点火（稳燃）系统的检查和维护，定期对各型油枪进行清理和投入试验，确保油枪动作可靠，雾化良好；定期对等离子点火系统进行拉弧试验，确保点火（稳燃）系统可靠备用，能在锅炉深度调峰运行或燃烧不稳时及时投入”。

原条文侧重于对传统油枪点火系统可靠性的要求。针对当前冷态投入等离子（小油枪）点火启动，以及深调峰运行投入等离子或者小油枪系统稳燃的实际情况，本条文扩充了锅炉点火系统的适用范围，强调加强对等离子、小油枪等普遍采用的点火系统的检查和维护；并以“深度调峰运行”替换对“低负荷”的表述，更符合当前变负荷调峰运行的实际。

条文(16) 在停炉检修或备用期间，必须检查确认燃油或燃气系统阀门关闭的严密性。锅炉点火前应进行燃油、燃气系统泄漏试验，合格后方可点火启动。

本条文为原条文 6.2.1.16。主要强调要规范运行操作和定期试验。锅炉点火前如果不执行燃料系统泄漏试验直接进行炉膛吹扫、点火启动或没有定期进行严密性试验，若燃油、燃气速断阀泄漏，燃油、燃气漏入炉膛并积聚到一定的浓度，满足爆炸条件时也会发生爆炸。本条文明确规定对燃油或燃气系统阀门检查时间，必须严格执行。同时提出在锅炉点火前应对燃油、燃气系统进行泄漏试验，保证系统严密不漏。

条文(17) 配置少油/无油点火系统煤粉锅炉的灭火保护应参照有关规范合理制订：采用中速磨煤机直吹式制粉系统时，180s 内未点燃时应立即停止相应磨煤机的运行；中储式制粉系统在 30s 内未点燃时，应立即停止相应给粉机的运行；启动点火期间严禁磨煤机出力超出等离子或小油枪最大允许范围运行。点火失败后必须经充分通风吹扫、查明原因后再重新投入。锅炉点火时严禁解除全炉膛灭火保护，严禁强制火焰检测信号。

本条文为原条文 6.2.1.17，将原条文“对于装有等离子无油点火装置或小油枪微油点火装置的锅炉点火时……”，修订为“配置少油/无油点火系统煤粉锅炉的灭火保护应参照有关规范合理制订：……启动点火期间严禁磨煤机出力超出等离子或小油枪最大允许范围运行。点火失败后必须经充分通风吹扫、查明原因后再重新投入。锅炉点火时严禁解除全炉膛灭火保护，严禁强制火焰检测信号。”

2010 年以来，等离子和少油点火系统均发布了新标准。本条文强调等离子和少油点火系统灭火保护制订应符合《等离子体点火系统设计与运行导则》（DL/T 1127—2010）、《火力发电厂煤粉锅炉少油点火系统设计与运行导则》（DL/T 1316—2014）和《火力发电厂锅炉炉膛安全监控系统技术规程》（DL/T 1091—

2018）的规范性要求；并且分析部分无油或少油冷炉点火启动的事故案例，本条文增加“启动点火期间严禁磨煤机出力超出等离子或小油枪最大允许范围运行”的明确要求，以防止因煤粉燃尽率不佳而导致的爆燃风险；同时增加“严禁强制火焰检测信号”的明确要求，明令禁止在火焰检测状态不佳的情况下“带病”冒险启动。

条文(18) 加强热工控制系统的维护与管理，防止因分散控制系统死机导致的锅炉炉膛灭火放炮事故。

本条文为原条文6.2.1.18。当前机组都已配备分散控制系统，本条文主要强调要加强热工控制系统的维护与管理，防止分散控制系统失灵，锅炉运行失去监视和控制手段，引发锅炉灭火、放炮等严重事故。

条文(19) 锅炉实施灵活性改造应全面考虑掉渣、塌灰、辅机跳闸、负荷突变等各类内扰或外扰对稳燃的影响，充分论证并制订可靠的燃烧器改造方案，消除燃烧器缺陷，确定深度调峰工况下的锅炉合理的燃烧方式和制粉系统组合方式。

本条文为原条文6.2.1.19，将原条文“锅炉低于最低稳燃负荷运行时应投入稳燃系统。煤质变差影响到燃烧稳定性时，应及时投入稳燃系统稳燃，并加强入炉煤煤质管理”，修订为“锅炉实施灵活性改造应全面考虑掉渣、塌灰、辅机跳闸、负荷突变等各类内扰或外扰对稳燃的影响，充分论证并制订可靠的燃烧器改造方案，消除燃烧器缺陷，确定深度调峰工况下的锅炉合理的燃烧方式和制粉系统组合方式”。

深度调峰需求使得大量燃煤火电机组实施灵活性改造，以满足新能源消纳要求。锅炉低于不投油最低稳燃负荷运行已趋于常态化，部分亚临界机组通过灵活性改造已实现20%甚至15%深度调峰常态化运行。本条文结合深调峰运行新形势进行优化，强调锅炉实施灵活性改造应全面考虑深度调峰运行可能发生的掉渣、塌灰、主要辅机跳闸、负荷突变等各类内扰或外扰对稳燃造成的影响，在开展改造技术路线制订时，应充分论证并制订可靠的燃烧器改造方案，对已有的燃烧器缺陷应予以消除，防止锅炉燃烧器“带病”参与深调峰运行；燃煤机组应确定深度调峰工况下的锅炉合理的燃烧方式和制粉系统组合方式，以满足常态化深度调峰运行的安全性和可靠性要求。

条文(20) 应通过试验确定锅炉深度调峰运行稳燃安全边界，并制订可靠的稳燃运行技术措施。当深度调峰运行出现燃烧不稳或达到稳燃安全边界时，应及时调整燃烧或投入稳燃系统。深度调峰工况不应采取煤质特性差异较大的煤种掺烧运行。

本条文为新增条款。

锅炉深度调峰运行可能会突破原设计的不投油最低稳燃负荷，进而改变了锅炉原设计的安全运行区间，因此开展了灵活性改造的机组，应通过深度调峰诊断试验评估并确认锅炉新的稳燃安全边界，并在运行规程中制订可靠的稳燃运行技术措施。本条文针对燃煤机组普遍参与深调峰运行的形势，强调当锅炉在深度调峰运行中出现燃烧稳定性变差或达到稳燃安全边界时，运行人员应及时调整锅炉燃烧，或投入等离子或小油枪稳燃系统。本条文提出深调峰运行应加强入炉燃料管理，深度调峰工况不应采取煤质特性差异较大的煤种掺烧运行。

条文(21) 完成灵活性改造的锅炉，应通过燃烧调整确认深度调峰工况下主辅机运行方式，并建立相应的风煤比、一次风压、二次风量、直流燃烧器摆角或旋流燃烧器旋流强度等参数的控制策略，完善深度调峰运行措施和应急预案。锅炉所有保护和自动投入率不应因深度调峰运行而降低。

本条文为新增条款，强调完成灵活性改造的锅炉，应进一步通过系统性燃烧诊断测试和优化调整工作确认深度调峰工况下磨煤机、风机等重要辅机的运行方式，并建立相应深调峰工况下的风煤比、一次风压、二次风量、直流燃烧器摆角或旋流燃烧器旋流强度等参数的控制策略，并进行相应调整，补充深调峰负荷区间的机组运行措施和应急预案。本条文明确提出深调峰运行区间锅炉所有主辅机系统保护和自动投入率，不应随调峰深度改变而降低，即必须保证锅炉主辅系统和设备能够全程自动投入，各项保护均能投入。

条文(22) 锅炉深度调峰运行应同步改进并完善吹灰系统和吹灰控制策略。

本条文为新增条款。深调峰运行逐步形成常态化，空气预热器、锅炉水平烟道易积灰，部分受热面也容易沾污，因此锅炉频繁参与深度调峰运行时，在制订改造策略和运行措施时，应同步改进并完善吹灰系统设计和吹灰控制策略，以满足深调峰运行期间锅炉部分受热面吹灰需求。

条文 6.2.2　防止锅炉严重结渣的重点要求

随着对神华煤、高水分褐煤，以及新疆准东煤等低熔点、易结渣煤种开发利用和认识的提升，发电企业和科研机构通过改进锅炉设计、优化炉内燃烧、混煤掺烧等，已显著缓解炉内结渣问题。但在当前煤炭市场复杂、火电机组调峰深度不断提升的背景下，强化对相关技术措施的理解和执行，仍是防止锅炉严重结渣的有效手段。

本条文内容与原条文基本一致，保留了原有的、已经过实践证明，且行之有效的条文，将“结焦”统一改为“结渣”，提升文字描述的规范性，对加强燃烧调整和运行培训等环节也作出规定。

条文(1) 锅炉炉膛的设计、选型应参照《大容量煤粉燃烧锅炉炉膛选型导则》(DL/T 831—2015) 的有关规定进行。

本条文为原条文 6.2.2.1，规定了锅炉炉膛设计选型要遵循的行业技术标准，《大容量煤粉燃烧锅炉炉膛选型导则》(DL/T 831—2015) 对煤粉锅炉燃烧方式选择、炉膛特征参数的主要准则和有关限值作出规定，并对炉膛及燃烧器的设计提出了若干建议。锅炉炉膛选型应与设计煤种匹配，避免因炉膛设计选型不当导致锅炉运行出现严重结渣问题。

条文(2) 重视锅炉燃烧器的安装、检修和维护，保留必要的安装记录，确保安装角度正确，避免一次风射流偏斜产生贴壁气流。燃烧器改造后的锅炉投运前应进行冷态炉膛空气动力场试验，以检查燃烧器安装角度是否正确，确定锅炉炉内空气动力场符合设计要求。

部分新建机组和改造机组在施工过程中过于强调工程进度，投产发电后暴露出较为严重结渣等燃烧故障，除煤质差异、设计缺陷外，还与忽视燃烧器安装质量，不重视炉内冷态动力工况等有很大关系。

冷态空气动力场试验是新建机组以及燃烧器改造后的重要试验，严格的、符合规范要求的冷态空气动力场试验能有效检查燃烧器安装情况。开展动力场试验应检查确保燃烧器角度安装正确，并对炉内空气动力场进行冷态模拟，找出炉内气流的混合、流动规律，为锅炉启动后的热态运行及燃烧调整打下基础，避免可能存在的一次风射流偏斜及刷壁等潜在问题隐患。

本条文为原条文6.2.2.2，主要强调对燃烧器的安装、检修和维护要求，防止发生因燃烧器安装偏差或炉内空气动力场不良，引起的锅炉严重结渣问题。

条文(3) 加强氧量计、一氧化碳测量装置、风量测量装置及二次风门等锅炉燃烧监视、调整相关设备的管理与维护，形成定期校验制度，确保其指示准确，动作正确，避免在炉内近壁区域形成还原性气氛，从而加剧炉膛结渣。

长期的运行实践以及针对燃用低灰熔点、易沾污、易结渣煤种的试验研究表明，炉内燃烧气氛与炉内结渣有直接关系。炉内空气动力场工况组织不合理，整体或局部存在还原性气氛将加剧燃用低灰熔点煤种的结渣问题。故氧量计、一氧化碳测量装置、二次风量测量等热工检测仪表对提高运行控制精确性，避免严重结渣至关重要。

本条文为原条文6.2.2.3，将原规定“避免在炉内形成整体或局部还原性气氛，从而加剧炉膛结焦”修订为“避免在炉内近壁区域形成还原性气氛，从而加剧炉膛结渣。”当前煤粉锅炉为了实现低氮燃烧运行，普遍采用分级送风的燃烧技术，一般在主燃烧区会形成局部还原区，并通过燃尽风补充送风，完成煤粉在炉内燃尽，以控制氮氧化物生成。强调“近壁区域”的描述，使得条文表意更加准确。

条文(4) 采用与锅炉相匹配的煤种，是防止炉膛结渣的重要措施，当煤种改变时，要进行变煤种燃烧调整试验。

以燃煤机组为主的电力行业大发展带动了煤炭市场的扩大，但也加剧了对优质

煤种资源的竞争，煤炭价格的不断上涨造成大量发电企业不得不选用与设计/校核煤种存在一定差异的“市场煤”。在实际燃用过程中，部分发电企业忽视入炉燃料与锅炉设计煤种匹配的重要性，也未进行有针对性的燃烧调整试验，带来较为严重的炉膛结渣问题。

本条文为原条文6.2.2.4。

【案例】 某自备电厂配备470t/h自然循环煤粉炉，设计燃用内蒙古地区褐煤。褐煤区别于烟煤等常规动力用煤，其形成年代较短，碳化程度不深，同一地区的不同矿井或是在同一煤矿不同开采深度，煤质特性都会存在巨大差异；褐煤多采用露天煤矿开采方式，随着内蒙古煤矿资源的不断开发利用，该自备电厂入炉燃料煤质与当初设计煤种发生较大变化，锅炉运行出力下降，结渣问题严重，并发生多次掉焦灭火，以及水平烟道受热面管排堵塞形成烟气走廊，引起磨损爆管事故。结合煤种变化，该厂通过一系列设备改造及燃烧调整试验，有效地解决了煤种改变后带来的多种燃烧问题。

条文(5) 加强运行培训，使运行人员了解防止炉膛和燃烧器结渣的要素，熟悉燃烧调整手段。

本条文为原条文6.2.2.6。考虑“考核”属于电厂自身管理和经济惩罚的内容，不应在《反措》中涉及，故删除原条文“加强运行培训和考核”中关于考核的要求；同时删除原条文中“避免锅炉高负荷工况下缺氧燃烧”此较具体的描述，增加燃烧调整内容的广度。

条文(6) 运行人员应监视和分析炉膛结渣情况，发现结渣，应及时处理。

本条文为原条文6.2.2.7。运行人员在进行日常巡视检查时，应注重对炉内着火及受热面沾污情况的巡检，特别在燃用低灰熔点、易结渣煤种时，要制订专门巡视检查制度，及时发现现场问题并处理，避免结渣问题扩大。运行人员应采用包括看火孔观火等多种手段监视炉内燃烧状态，此次修订删除“从看火孔”的表述。

条文(7) 应加强锅炉吹灰器维护、检修，设置合理的吹灰参数，严格执行定期吹灰制度，防止受热面结渣沾污造成超温。

吹灰器系统应设置合理，才能有效清除受热面积灰及结渣。部分发电企业在锅炉检修过程中都发现过吹灰器吹损受热面问题，甚至引发爆管事故。故对吹灰器系统进行运行优化，如更换吹灰器形式、改变喷嘴形式或吹扫面积、调整吹灰压力、减少吹灰频次等。这些调整手段在减少吹损受热面的同时，也在一定程度上改变甚至降低了吹灰效果。因此，在保证吹灰系统工作正常的同时，也要合理优化吹灰系统，避免因吹灰效果降低而带来严重结渣问题。

本条文为原条文6.2.2.8。将原规定“大容量锅炉吹灰器系统应正常投入运行，防止炉膛沾污结渣造成超温”，修订为“应加强锅炉吹灰器维护、检修，设置合理的吹灰参数，严格执行定期吹灰制度，防止受热面结渣沾污造成超温”。本条文细化对吹灰器的要求，强调锅炉应加强吹灰器维护、检修，设置合理的吹灰参数；删除“大容量”的表述，意在突出各型锅炉均应重视吹灰系统。

条文(8) 锅炉受热面及炉底等部位严重结渣，影响锅炉安全运行时，应立即停炉处理。

本条文为原条文6.2.2.9，本次未做修改。长期的运行经验表明，锅炉出现严重结渣后，常规的燃烧调整等手段非常有限，一般难以控制结渣发展趋势；当结渣问题不断发展，利用吹灰、变负荷调整等措施不能控制结渣加剧，且已影响锅炉安全运行时（如捞渣机、碎渣机卡涩停运，受热面大面积超温，引风机出力不足导致炉膛反正压等），应果断采取停炉处理措施，避免掉大渣砸坏水冷壁、炉膛反正压爆燃、烟气走廊形成后冲刷磨损受热面而引起的爆管等扩大事故。

条文6.2.3 循环流化床锅炉防爆的重点要求

循环流化床锅炉的燃烧方式与常规煤粉锅炉存在很大不同，其运行中燃烧系统存有大量床料和燃料，运行调整的特点使锅炉防爆的要求不同于常规煤粉锅炉，故单列一条进行阐述。

条文(1) 应严格按照制造厂规定的可燃物含量要求，筛选合适的启动床料，严禁使用可燃物含量超标的启动床料。

启动床料中可燃物聚集是导致炉膛爆炸的重要原因。现有标准仅《循环流化床锅炉冷态与燃烧调整试验技术导则》（DL/T 1322—2014）中4.5.2规定了试验床料的要求“冷态试验所用床料宜采用锅炉实际运行产生的粒径合格的底渣”。本次修订新增对启动床料中可燃物含量的要求。

【案例】 某440t/h自备电站锅炉在正常点火升温过程中发生炉膛爆炸。炉膛四周开裂，局部水冷壁管断裂，局部钢梁变形。一些附属设备、管件变形损坏。某240t/h循环流化床锅炉点火启动过程中发生爆炸。炉膛前墙水冷壁变形，顶棚过热器护板开裂，部分保温材料脱落，部分刚性梁变形等不同程度的损坏。原因均是投放在炉膛底部布风板上的床料中混入原煤，在投油点火过程中，床料受热后原煤中含有的可燃气体不断干馏挥发，聚集在炉膛内。当可燃物的浓度达到爆炸极限范围时，遇到明火引燃发生了爆炸。

条文(2) 锅炉启动前或主燃料跳闸（MFT）、锅炉跳闸（BT）后应根据床温情况严格执行炉膛冷态或热态吹扫程序，禁止采用降低一次风量至最小控制流化风量以下的方式点火。

本条文主要从规范运行操作方面强调要严格执行炉膛吹扫程序，防止因炉膛吹扫不彻底造成的可燃气体积存，发生炉膛爆炸事故。

【案例】 某热电公司130t/h循环流化床锅炉，热态启动过程中发生炉膛和水冷风室爆炸事故。原因是扬火失败后在点火过程中一次风机液力耦合器开度调至0，导致燃烧室吹扫未真正完成，多次强行点火后，风室内油雾浓度迅速达到爆炸极限，遇高温后爆炸。

通常在冷态条件下开展临界流化风量试验，再根据试验结果确定锅炉运行的最小控制流化风量略高于临界流化风量。临界流化风量是使床层流化的最小流化风量，床料粒径分布、温度和气体成分等都会影响临界流化风量的大小。一次风量高于最小控制流化风量是炉膛内充分吹扫的必要条件。为了防止床料没有完全流化而导致局部结渣，禁止采用降低一次风量至最小控制流化风量以下的方式点火。

条文(3) 确保床上、床下油枪雾化良好，燃烧完全。油枪投用时应严密监视油枪雾化和燃烧情况，发现油枪雾化不良应立即停用，并及时进行清理检修；油枪停用时应确保不发生燃油泄漏。

本条文主要强调要规范运行调整和加强油枪的检修维护，防止发生因油枪雾化不良或燃烧不完全，造成因未燃尽油滴或炭黑在风道或床料部位的大量积聚而造成的锅炉爆炸事故。

【案例】 某440t/h循环流化床锅炉在压火启动过程中发生风室爆炸事故，造成一次风道非金属膨胀节爆开，一次风门挡板严重变形。原因是进油阀不严密、油枪雾化片雾化不良、油枪配风不当使大量油烟聚集在燃烧风道及水冷风室中，遇到扬火启动时的空气供入后发生爆炸。

条文(4) 对于循环流化床锅炉，应根据实际燃用煤质着火点情况进行间断投煤操作，禁止床温未达到投煤允许条件连续大量投煤。锅炉运行中严禁退出床温低触发主燃料跳闸的保护。

本条文主要强调规范运行操作，床温未达到投煤允许条件连续大量投煤，煤并未完全燃烧，很容易引起可燃气体大量产生并积存，导致炉膛爆炸事故。

【案例】 某130t/h锅炉在扬火启动过程中发生炉膛爆炸。锅炉与刚性梁连接部分水冷壁管多处局部撕裂，七处刚性梁脱落，尾部受热面外部保温、烟道浇注料部分脱落，后包墙下集箱右侧疏水管座开裂、泄漏。原因是操作人员在扬火投煤时，已发现料层温度逐渐降低的情况下，仍然增大给煤量，造成炉膛内积聚大量可燃气体，当遇到高温时可燃气体发生爆炸。

条文(5) 循环流化床锅炉压火应先停止给煤机，切断所有燃料，并严格执行炉膛吹扫程序，待床温开始下降、氧量回升时再按正确顺序停风机；禁止通过锅炉跳闸（BT）直接跳闸风机联跳主燃料跳闸（MFT）的方式压火。压火后的热启动应严格执行热态吹扫程序，并根据床温情况进行投油升温或投煤启动。

本条文主要强调规范运行操作，防止因违规进行“压火”操作或“压火”后启动过程中发生炉膛爆炸事故。通过锅炉跳闸（BT）直接跳闸风机联跳主燃料跳闸

（MFT）的方式压火，炉膛内和床料内都会积存大量可燃气体，易引起炉膛爆炸事故；压火后的热启动过程中严格执行吹扫程序也是为了防止压火过程中产生和积存的可燃气体引发炉膛爆炸。

【案例1】 某300t/d的循环流化床垃圾焚烧锅炉吹管过程中发生炉膛爆炸。一次风空气预热器出口连通箱及非金属膨胀节炸裂。原因是吹管工作告一段落后，压火操作时，停止给煤后立即停运送风机、引风机。炉内未燃尽的燃料在高温缺氧状况下热解产生可燃气体。可燃气体透过床料和风帽小孔，向风室和热风道扩散。当混合气体的比例达到爆炸浓度极限，遇到风室的热渣发生爆炸。

【案例2】 某热源厂29MW循环流化床热水锅炉在安装调试期发生空气预热器爆炸。空气预热器前后连通箱全部炸开，侧箱体上部炸裂，锅炉房后墙和侧墙上的铝合金窗全部损毁，局部墙体震裂，锅炉排污管受连通箱的冲击而严重扭曲。原因是司炉工在停炉操作时，停鼓风机后马上关闭了引风机。锅炉布风板上留有较多的高挥发分燃煤且处于高温缺氧状态，燃煤被气化产生大量煤气。煤气向下通过布风板经由一次风箱进入空气预热器风室。排渣操作使锅炉底部的一次风箱内混合气体温度进一步提高，达到着火点后发生爆炸。

条文(6) 循环流化床锅炉水冷壁泄漏后，应尽快停炉，并保留一台引风机运行，禁止闷炉；冷渣器受热面泄漏后，应立即切断炉渣进料，并隔绝冷却水。

本条文主要强调规范水冷壁和冷渣器泄漏后的事故处理运行操作，防止发生因事故处理不当而造成的锅炉爆炸事故。水冷壁泄漏后，大量水汽与炙热的床料接触，会产生水煤气和大量水蒸气，体积瞬间膨胀，如果闷炉，很可能引发炉膛爆炸；冷渣器泄漏后与以上情况相似，因此需要切断进料，隔绝冷却水。

【案例】 某58MW循环流化床热水锅炉在运行中发生一起炉管爆破引发的静电除尘器爆炸事故，导致静电除尘器多处损坏、变形，空气预热器护板变形。原因是顶棚管堵塞过热爆破，锅水喷入炉膛，与炽热的床料发生化学反应，产生可燃的水煤气。司炉人员经验不足，对事故原因判断不清，紧急停炉时过早地停了引风机，使水煤气积聚在后部烟道和静电除尘器内。电除尘器放电点燃水煤气发生爆炸。

条文(7) 燃料掺烧应定期做好日常入炉煤质分析，确保投煤允许床温高于入炉煤着火点，新燃料首次掺烧应参照执行《循环流化床锅炉燃料掺烧技术导则》(DL/T 2199—2020）的规定。

本条文主要强调规范燃料管理与运行调整的联动机制。入炉燃料品质不稳定或开展燃料掺烧的锅炉，要注意针对燃料特点对系统设计和运行方式做相应调整，特别要注意防止用老办法来应付新燃料。《循环流化床锅炉燃料掺烧技术导则》（DL/T 2199—2020）规范了新燃料掺烧的全流程，可用于指导电力生产单位防止生产安全事故的具体实践。

【案例1】　某440t/h循环流化床锅炉在启动过程中发生一起炉膛爆炸事故。原因是锅炉燃用晋城无烟煤，原来设定的投煤允许床温低于入炉煤着火点，大量未引燃的煤在炉内积聚，直至床温升至其着火温度，引发爆炸。

【案例2】　某10t/h循环流化床锅炉在点火启动过程中发生一起炉膛爆炸事故，造成锅炉炉墙部分垮塌。原因是锅炉加装了黄磷尾气［热值为11710kJ/m^3（标准状态）的工业可燃废气］输送管道，供气系统隔离不严致使黄磷尾气泄漏进炉膛，与空气混合达到爆炸极限，在锅炉点火启动时被引燃发生爆炸。

条文6.2.4　防止锅炉内爆的重点要求

本条文为原条文6.2.3。随着机组容量增大以及环保要求不断提升，锅炉烟气量增大，锅炉尾部烟气系统、脱硫和脱硝装置阻力相应增加，与之匹配的引风机压头大大增加，锅炉炉膛面临越来越大的内爆隐患，其破坏性和炉膛外爆一样需要持续保持关注，对相关改造提出明确要求，制订措施严密防范。

条文(1)　新建机组引风机和脱硫增压风机的最大压头设计必须与炉膛及尾部烟道防内爆能力相匹配，设计炉膛及尾部烟道防内爆强度应大于引风机及脱硫增压风机压头之和。

本条文为原条文6.2.3.1，主要从新建机组设计选型方面对炉膛和尾部烟道防内爆能力作出相应规定，防止由于设计选型不合理，风机压头与尾部烟道抗爆能力不匹配造成锅炉内爆事故，破坏受热面、烟风道等。

条文(2)　机组改造增加烟气系统阻力时，应重新核算引风机出力裕度及锅炉尾部烟道的负压承受能力；引风机出力不足时应同步增容改造，对烟道强度不足部分应进行重新加固。检修时应对烟风道的壁面、内部支撑情况进行检查，腐蚀、磨损、变形严重的部分必须进行加固或更换。

在役机组通过增设脱硝系统，或在尾部增加环保、烟气提水、烟气余热利用等设施，增加了尾部烟道系统阻力，通常会相应改造引风机，增加出力，部分电厂已出现故障情况下导致的锅炉尾部烟道凹陷等内爆事故。本条文强调在进行可能增加烟气系统阻力的设备改造时，应核算“引风机出力裕度以及锅炉尾部烟道的负压承受能力”；增加“引风机出力不足时应同步增容改造”的要求，细化检修时应对烟风道的壁面、内部支撑情况进行检查的要求，对腐蚀、磨损、变形严重的部分必须进行加固或更换。

本条文为原条文6.2.3.2，对老机组脱硫、脱硝改造作出了相关规定，防止改造后由于尾部烟道抗内爆强度不足造成锅炉内爆事故。

条文(3)　应特别重视防止机组高负荷灭火或设备故障瞬间产生过大炉膛负压对锅炉炉膛及尾部烟道造成的内爆危害。锅炉主保护应设置炉膛负压低二值跳锅炉保

护；烟风系统联锁应设置炉膛负压低三值跳引风机的保护；机组辅机故障减负荷（RunBack，RB）功能应可靠投用。

新的环保要求以及节能改造，大大增加各型锅炉烟气系统阻力，故此次修订取消锅炉防内爆工作对机组容量的规定，要求电站锅炉无论容量大小均应采取有效措施防止内爆。细化“锅炉主保护和烟风系统联锁保护”功能设置上对防止内爆的技术要求。

本条文为原条文6.2.3.3。主要从机组控制逻辑设计和调试、运行方面提出了防止内爆的相关要求，避免由于机组联锁保护设计不合理或RB功能不完善造成机组高负荷灭火或设备故障瞬间发生锅炉内爆事故。

【案例】 某新建660MW超超临界直流锅炉，引风机系统设计采用引风机、脱硫增压风机二合一方案。机组带负荷调试试运期间，突发设备故障导致锅炉灭火事故。由于热工自动控制逻辑设计不合理，锅炉灭火后两台引风机设有超驰开展逻辑，且未设置炉膛压力低低跳引风机功能，导致锅炉灭火后炉膛负压短时间低于－6000Pa；由于除尘器入口烟道强度不足，部分烟道内陷坍塌。这起事故暴露了机组热控逻辑设计不合理，调试过程检查不到位，烟风道设计、安装强度与风机不匹配等多种问题。

条文(4) 加强引风机、脱硫增压风机等设备的检修维护工作，定期对入口调节装置进行检查和试验，确保动作灵活可靠和炉膛负压自动调节特性良好，防止机组运行中设备故障时或锅炉灭火后产生过大负压。

锅炉增设脱硫、脱硝系统后带来了引风机出力的提升，如百万等级超超临界锅炉所配置的两级动叶调节轴流引风机的全压升在9000Pa左右，已接近锅炉炉膛设计突然灭火内爆情况下瞬时不变形承载能力不低于±9800Pa的极限值。因此，必须加强对相关调节设备及锅炉炉膛安装、检查维护力度，避免故障情况下调节失灵，引起内爆破坏事故。

本条文为原条文6.2.3.4，主要从设备检修维护方面强调了设备可靠性要求，防止因设备故障或灭火后造成锅炉内爆事故。

条文(5) 运行规程中必须有防止炉膛内爆的条款和事故处理预案。

本条文为原条文6.2.3.5，主要从规范运行操作、完善企业标准方面作出了相关规定，防止因运行规程和事故处理预案不健全造成的锅炉内爆事故。如老机组在完成脱硫、脱硝、烟气余热利用改造后，要及时对运行规程进行修订和完善，增加防止内爆的内容，并对运行人员进行培训，转变旧有的运行习惯和观念，提升防内爆安全意识。

条文6.3 防止制粉系统爆炸和煤尘爆炸事故

2000年以来我国的电力事业得到了飞速发展，锅炉机组制粉系统发生了很大

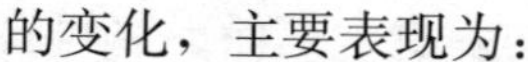

的变化，主要表现为：

（1）20世纪90年代以前，由于磨煤机技术的限制，我国电站锅炉，尤其200MW及以下燃煤机组普遍采用钢球磨煤机中间储仓式制粉系统，只有很少的进口机组或采用引进技术制造机组采用中速磨煤机直吹式制粉系统，还有少量进口褐煤机组采用风扇磨煤机制粉系统。随着我国磨煤机技术实现了突破，灵活可靠省电的MPS（ZGM）中速磨煤机和HP中速磨煤机得到了广泛的应用，此后服役的大量大容量机组多数采用了中速磨煤机直吹式制粉系统，运行控制技术与传统的球磨机有明显的不同。

（2）进入21世纪，我国能源需求的快速增长导致电力用煤复杂多变，以神华煤为代表的优质烟煤成为主力煤种，同时也增加了高水分褐煤和各种进口煤等新煤种。这些煤种多数都具有更为活泼的热力特性，对制粉系统防爆工作带来了更大的挑战。

（3）火电机组的运行控制方式由原来的专业控制为主演变为以DCS自动控制为主的集控运行方式，虽然自动化水平有了很大的提升，但是专业的能力往往有一定程度的下降。

对应于这些进步和变化，电力行业涉及制粉系统的各种标准、规程都进行了补充和更新，如《粉尘防爆安全规程》（GB 15577—2018）、《电站锅炉炉膛防爆规程》（DL/T 435—2018）、《电站磨煤机及制粉系统选型导则》（DL/T 466—2017）、《火力发电厂制粉系统设计计算技术规定》（DL/T 5145—2012）、《火力发电厂制粉系统设计规程》（DL/T 5581—2020）、《火力发电厂烟风煤粉管道设计技术规程》（DL/T 5121—2020）、《火力发电厂锅炉机组检修导则　第4部分：制粉系统检修》（DL/T 748.4—2016）等。

要讨论研究制粉系统防爆和粉尘防爆的技术措施，必须先了解其爆炸过程、产生的条件、爆炸强度等特性。

一、煤粉爆炸的过程和特点

国内外研究普遍认为煤粉爆炸是煤粉颗粒与助燃气体空气均匀混合情况下，煤粉挥发分析出后在颗粒表面与氧发生的爆炸反应，本质属于气相爆炸，其爆炸过程为：

（1）煤粉颗粒获得热能，表面温度上升。

（2）煤粉颗粒表面分子热解产生可燃气体析出。

（3）放出气体与空气混合，形成爆炸性混合气体，遇火发生爆炸。

由于煤粉爆炸的气体源是以固体形式存在于煤粉中，因而煤粉爆炸所释放的能量可达到相同体积气体的几倍。

二、煤粉爆炸三要素

要产生这样的剧烈化学反应过程，含粉混合物必须符合如下三个重要的要素。

（1）煤粉浓度。煤粉的浓度表示可燃物在含粉混合物中的多少，是保证空间内化学反应是否能够持续传播的条件。煤粉浓度太大混合物氧化剂不足，起始点的化学反应传播过程中会因为没有氧化剂而很快中断，就无法达到空间内所有可燃物同时反应产生爆炸；反之则混合物中以空气为主，起始点的化学反应传播过程中会因为没有可燃物而中断也达不到爆炸程度产生。因此，爆炸发生在煤粉或粉尘的爆炸浓度范围之内。

（2）氧气的浓度。与可燃物浓度相对应，氧气的浓度表示了含煤粉气固两相混合物中氧化剂所占的比例，影响方式与煤粉浓度类似。煤粉锅炉燃烧系统中含粉混合物中的氧气来源于制粉系统所采用的干燥剂（空气或炉烟/空气混合物）、输送煤粉的气体、烟气或漏风等，都不是纯的氧气，而是与氮气、二氧化碳等惰性气体的混合气体，因而含粉混合物中的氧气浓度不等于气相浓度。爆炸产生时必须保证含粉混合物中的氧气足够，如果煤粉混合物中氧气的含量不足，即使有很强的点燃源，可燃混合物的浓度在最佳爆炸浓度范围，也不会发生爆炸。所以，氧气的浓度只有满足具体煤质的爆炸条件才会发生爆炸。

（3）点燃源。煤粉爆炸所需点燃能量的大小称为点燃能。煤粉气流点燃能主要决定于煤的活化能大小，点燃源是爆炸反应的一个重要条件，是爆炸的导火索和始作俑者。当点燃源的能量超过点燃能，就会发生爆炸。煤粉混合物的点燃能主要决定于煤粉爆炸反应本身活化能的大小，温度、压力增加等因素都会使煤粉空气混合物点燃能降低；如果有可燃气体混入，则煤粉爆炸下限浓度和最小点火能量都会显著下降，使爆炸危险大大增加。

三、爆炸性与爆炸强度

煤的爆炸性与爆炸强度永远是制粉系统防爆工作的中心议题。爆炸性指发生爆炸的可能性或倾向性，爆炸强度是爆炸反应时产生的能量释放量，这两个指标与煤种特性和制粉系统的运行状态都有直接的关系，直接关系到爆炸产生的后果。两者均与煤种相关，呈同步性，爆炸性强时往往爆炸强度也大。

（1）煤种的热力特性越活泼，越容易产生爆炸。发生爆炸时，煤发热量越高，产生的后果也越大。煤的热力特性由干燥无灰基挥发分 V_{daf} 来表征，$V_{daf}<10\%$的无烟煤煤粉很难发生爆炸，但 $V_{daf}>20\%$的烟煤煤粉则由于挥发分析出温度和着火温度明显降低，爆炸性大为增加，所需要的浓度也明显下降，同时所需的氧量浓度也下降，如表6-1所示。因而，燃用 $V_{daf}>20\%$的烟煤和褐煤时，锅炉制粉系统防爆问题应特别予以注意。

（2）对应于爆炸反应三要素，影响制粉系统爆炸性和爆炸强度的运行参数有风粉气流中含氧量、煤粉浓度、煤粉细度和温度四个因素。

制粉系统风粉气流中的含氧量、煤粉浓度可用控制给煤量的风煤比来综合表

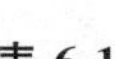

表 6-1　　　　　　　　　　动力煤爆炸特性

煤种	最低煤粉浓度（kg/m³）	最高煤粉浓度（kg/m³）	最易爆炸煤粉浓度（kg/m³）	爆炸产生的最大压力（MPa）	最低氧浓度（%）
烟煤	0.32～0.47	3～4	1.2～2	0.13～0.17	19
褐煤	0.215～0.25	5～6	1.7～2	0.31～0.33	18
泥煤	0.16～0.18	13～16	1～2	0.3～0.35	16

示。在制粉系统运行过程中，风煤比往往是按最有利于煤粉气流着火而设置的，因而除极少数采用炉烟作为干燥剂的制粉系统，由于氧气浓度低较难发生爆炸外，绝大多数机组制粉系统煤粉浓度和氧气浓度都非常接近最佳爆炸浓度，根本无法避开。

煤粉细度表示了煤粉反应的比表面积，煤粉越细，燃烧表面积越大，爆炸的危险性越大，而粗煤粉的爆炸性则往往很小。一般可以认为颗粒当量直径大于100μm 时就没有爆炸危险了，但小于 20μm 时具有很大的爆炸危险。为了保证着火和燃尽，煤越难燃烧，煤粉细度控制得越细。但总体上来讲，煤粉锅炉的煤粉细度较细，即使燃用最易燃烧的褐煤，煤粉细度 R_{90} 也不会超过 50%，还有一半以上的煤粉颗粒粒径小于 100μm，因而制粉系统正常运行时，煤粉细度也处于容易爆炸的范围之内。

另一个与制粉系统爆炸相关的参数是制粉系统的运行温度。风粉混合物温度越高，一旦发生爆炸，其集中反应的速度越快，范围越广，破坏性越强。因而对于易燃易爆煤种，保持制粉系统末端的气粉混合物温度不超过一定的范围是非常必要的。

（3）爆炸反应的物量。爆炸反应的总物量与爆炸性没有关系，但是对于爆炸的强度会有直接的关系。显然，参与爆炸反应的物量越多，爆炸强度越大，破坏效果越强，从这一点而言，中间储藏式制粉系统由于有煤粉仓这一巨大的中间储物空间，一旦发生粉仓的爆炸，后果不堪设想，破坏性会远远大于直吹式制粉系统。这就是为什么易燃煤种不建议选用中间储藏式制粉系统的原因。

（4）点燃源大小。理论上点燃源的能量释放远小于爆炸混合物反应的能量，可以忽略。但是对于制粉系统这样的流动爆炸源，爆炸反应其实并不容易产生，能量较小的火花、火星通常不能点燃可爆性煤粉与空气的混合物，除非有挥发分析出掺入到煤粉与空气混合物中。因而，点燃源能量的大小会影响到爆炸物的范围，也就从某种程度上决定爆炸时产生的压力等级和爆炸的强度。

（5）爆炸反应是否有一定的能量释放通道。释放通道包括正常与锅炉燃烧器相通的烟风道及防爆门等设备。通道越多、制粉系统的爆炸越接近开式爆炸，爆炸反应时产生的破坏力越弱，越接近有控制的爆炸。因而能量释放通道非常重要，从某种程度上决定了爆炸反应的危害程度。

四、制粉系统防爆思路

制粉系统正常运行时无法避开爆炸的风粉浓度条件，但没有点火源，可以保证安全稳定的影响。如果某些原因导致制粉系统内某一个局部存在积粉，则一定条件下势必会引发自燃，形成点燃源。制粉系统正常运行工况的风量和煤量较大，很小的积粉自燃能量会被风粉气流携带释放，不足以形成制粉系统爆炸的点燃能。如果工况发生变化，尤其是风量减少，会造成积粉自燃能量的聚集，形成制粉系统爆炸的点燃能。因而，对于制粉系统而言，消除积粉、点燃能的存在与否，实际上成为制粉防止爆炸的关键点。

基于爆炸防治理论和制粉系统设备和运行特点，制粉系统爆炸防、治、减工作集中在如下四个方向。

（1）通过正确选择匹配制粉系统型式、煤种煤质，以及干燥介质来降低制粉系统爆炸风险，防止制粉系统发生后果严重的大型爆炸。

（2）通过优化设计、安装，强化日常设备检修维护和消缺治理工作，尽可能消除制粉系统内部积粉的可能，消除爆炸风险根源。

（3）运行中通过规范平稳操作和精确协调控制，保证制粉系统内部尽可能不存粉、不自燃、不形成可燃性杂混物和出现风量突变引发小规模爆炸。

（4）通过设置合理的防爆门等手段降低爆炸产生的后果，通过必需的消防、保护手段，防止产生二次连带损伤。

本条文从制粉系统生命周期不同阶段、不同角度上来表述如何通过具体工作，达到如上4个目的。

在本次修订研究过程中，进一步坚持了从规划、设计/选型、制造、安装、调试、运行、检修/维护、改造的全部生命周期，为制粉系统的安全运行提供全面的指导。同时进一步强调了“保证制粉系统设计和磨煤机的选型，与燃用煤种特性和锅炉机组性能要求相匹配和相适应”，以及“锅炉机组进行跨煤种改烧时，应对制粉系统进行安全性评估，必要时进行配套改造，以保证炉膛和制粉系统全面达到安全要求”这两条基本原则。

根据近年来国内外发生的制粉系统爆炸案例，强调了正压制粉系统运行中应避免发生原煤仓烧空仓现象，对于采用风道燃烧器加热一次风进行冷炉制粉的机组，应防止风道燃烧器后膨胀节出现老化撕裂问题。根据“一带一路”上在印尼相关电厂工作经验，提出了对于采用直吹制粉系统的机组燃用经干燥提质后的褐煤，应合理优化褐煤干燥提质后的水分。根据征求意见反馈的重点建议，结合大量事故统计，增加了原煤仓加装疏松装置的相应要求。

条文 6.3.1　防止制粉系统爆炸的重点要求

条文(1)　在锅炉设计和制粉系统设计选型时期，应严格遵照相关规程要求，保

证制粉系统设计和磨煤机的选型，与燃用煤种特性和锅炉机组性能要求相匹配和适应，必须体现出制粉系统防爆设计。

条文(2) 不论是新建机组设计，还是由于改烧煤种等原因进行锅炉燃烧系统改造，都不应忽视制粉系统的防爆要求，当煤的干燥无灰基挥发分大于25%（或煤的爆炸性指数大于3.0）时，不宜采用中间储仓式制粉系统，如必要时宜抽取炉烟干燥或者加入惰性气体。

这两条是制粉系统选型的基础。强调必须根据煤种特性选择制粉系统的原则，是制粉系统防爆工作最重要的前提。

由于制粉系统的爆炸与煤质直接相关，因此条文6.3.1（1）强调锅炉和制粉系统在规划设计阶段就必须充分考虑煤质的影响因素，把制粉系统防爆提高到应有的水平，高度重视，严密防范。

条文6.3.1（2）以中间储仓式制粉系统应用于烟煤为例，由于中间储仓式制粉系统的煤粉仓有巨大的中间容积，积累着大量的煤粉混合物。同时，中间储仓式制粉系统所配球磨机的煤粉非常细，其煤粉细度 R_{90} 一般在10%左右，很难超过20%，且容积很大，系统复杂，容易培养爆炸条件和点火源，一旦发生爆炸后果严重。大量文献和公开报道都表明，中间储仓式制粉系统应用高挥发分优质煤种爆炸发生频繁，往往产生严重后果。早期使用这种方案是由于当时技术水平和中速磨煤机制造水平的限制，不得已而为之。但如果今天新设计还采用这种技术方案，就非常不合理了，且一旦投产会在整个生命周期带来无穷的后患。

本条文所提技术理念要求在机组生命周期内都应遵守。条文6.3.1（1）中不仅仅是制粉系统的总体选型方式，还包括各种配套措施。条文6.3.1（2）是条文6.3.1（1）中一个特例，重点强调高挥发分煤种的制粉系统选型与防护要求。

【案例1】 1989年，东北某电厂发生煤粉仓爆炸导致2人重伤事故。1989年6月1日19时35分，23号锅炉粉仓粉位到零，在锅炉点火时，锅炉分场主任违章指挥作业，在煤粉仓温度为83℃和火源没有消除的情况下，决定强行向煤粉仓送粉，并在送粉前开吸潮管通风送入氧气，促成了爆炸条件的成立，导致煤粉仓发生爆炸事故。爆炸时防爆门未破，人孔门鼓开，煤粉火焰喷出并充满44号段输煤间，气浪将南北隔墙冲倒、西墙移位，并将正在进行送粉操作的2人烧成重伤。

【案例2】 某石油化工厂热电厂两套储仓式制粉系统从1994—2000年，共发生6次爆炸事故，对安全生产带来了很大的威胁。所燃用的煤种挥发分高达45%～50%，属极易发生爆炸的煤种，是制粉系统应用的典型案例。

条文(3) 对于制粉系统，应设计可靠足够的温度、压力、流量等测点和完备的联锁保护逻辑，以保证对制粉系统状态测量指示准确、监控全面、动作合理。中间储仓制粉系统的粉仓和直吹制粉系统的磨煤机出口，应设置足够的温度测点和温度

报警装置，并定期进行校验。

中间储仓制粉系统的粉仓和直吹制粉系统的磨煤机出口，应设置足够的温度测点和温度报警装置，并定期进行校验。制粉系统在平稳运行期间，是不会发生爆炸事故的。而平稳运行的前提是高度的自动化控制水平，因而本条文中强调了“设计可靠足够的温度、压力、流量测点和完备的联锁保护逻辑，以保证对制粉系统状态测量指示准确、监控全面、动作合理”部分，对任何制粉系统都适用，这是满足整个煤粉锅炉机组安全、稳定、经济运行的基本要求。

条文(4) 制粉系统设计时，应尽量减少水平管段，整个系统要做到严密、内壁光滑、无积粉死角。

条文(5) 煤仓、粉仓、制粉和送粉管道、制粉系统阀门、制粉系统防爆压力和防爆门等的防爆设计符合《火力发电厂烟风煤粉管道设计规范》（DL/T 5121—2020）和《火力发电厂制粉系统设计计算技术规定》（DL/T 5145—2012）的相关要求。

制粉系统内一旦发生煤粉沉积，煤粉就开始氧化，放出热量促使温度升高，温度升高又加快氧化、放热、升温。经一定时间后温度就能达到自燃条件并发生自燃，难以避免爆炸事故发生。因而制粉系统的煤粉沉积是自燃和爆炸的发源地，防止制粉系统内部煤粉局部沉积是制粉系统防爆工作的重要内容之一。

本反措中多处内容都充分考虑煤粉沉积问题。本条强调设计时就应尽可能减少积粉处，包括水平管道。系统要做到严密、内壁光滑、无积粉死角后，对于减少积粉非常有利，是整个制粉系统防积粉的前提。

条文(6) 热风道与制粉系统连接部位，以及排粉机出入口风箱的连接部位，应达到防爆规程规定的抗爆强度。

制粉系统如果发生爆炸，爆炸气流可以通过一次风、燃烧器通道向炉膛内或者防爆门来泄压，其他部位的结构强度应能满足防爆规程规定的抗爆强度要求，来实现有控制的爆炸，以防止事故扩大。整个制粉系统中，热风道与制粉系统连接部位，以及排粉机出入口风箱的连接部位是除防爆门外最薄弱的地方，容易撕开。这些部位均与热风管道或是风粉管道相连，一旦撕裂，容易产生二次事故，故本条文作此要求。

条文(7) 制粉系统应设计配置齐全的磨煤机出口隔离门和热风隔绝门。

对于磨煤机而言，特别是直接与燃烧器相连的中速磨煤机直吹式制粉系统，如果设置了磨煤机出、入口隔离门，可以在磨煤机停用时与系统进行热隔离，防止引起制粉系统事故扩大。

不论是在制粉系统定期轮换制度中的停运状态，还是异常运行状态的磨煤机出口温度控制、内部气氛控制，都需要对磨煤机进行有效的隔离。尤其是磨煤机出口门动作要快、热风隔绝门要严密可靠。制粉系统运行条件复杂，各种情况层出不穷，入炉煤煤质突变、给煤机堵煤、断煤屡屡发生，甚至原煤仓烧空的事情都会发生，如果异常情况下磨煤机能够迅速有效隔离，及时减少、切断热风，并保证有效充惰，绝大部分磨煤机爆炸是能够避免的。

目前大部分制粉系统都设计有齐全的磨煤机出口隔离门和热风隔绝门，但部分电厂过分追求降低工程造价，减少了磨煤机出口隔离门和热风隔绝门配置，为生产活动增加了隐患。

条文(8) 对于爆炸特性较强煤种，制粉系统应配套设计相应的消防系统和充惰系统。该系统应汽（气）源稳定，疏水符合设计和运行要求，并定期进行维护和检查，确保能够随时按要求投用。

现在爆炸性较强的煤种着火特性也很好，一般采用中速磨煤机直吹式制粉系统，在磨煤机、煤仓位置有可能存在磨煤机着火的问题。因此，本条文强调制粉系统应配套设计合理的消防系统和充惰系统作为二次保护，目的是及时把磨煤机内的着火或煤仓的着火消灭在萌芽状态，防止事故的扩大。万一发生爆炸时也可以把事故降低到最小。

本条文强调了对制粉系统充惰系统设计的合理性和进行定期检查的要求。制粉系统的充惰系统是防止制粉系统着火和爆炸最后的保护手段，它的故障是隐性故障，平时用不着它的时候一般不知道它是否还可用，但万一磨煤机发生设备故障和运行异常需要立即进行充惰而充惰系统不可用时，就会导致异常扩大发生事故。对于这样边缘且比较小，但关键工况又非常重要的辅助系统及其设备，制度化地进行定期试验和检查是维持其可用性和可靠性的唯一手段。

机组运行中，制粉系统消防和充惰系统处于随时可投运状态。在给煤机中断给煤情况下，风量调节不平稳而突变，热风门关不下来、关不严，再加上充惰系统不可用，是事故发生概率非常高的工况。

按照有关意见，将《防止电力生产事故的二十五项重点要求（2014 年版）》“6.3.1.7 对于爆炸特性较强煤种，制粉系统应配套设计合理的消防系统和充惰系统。”和“6.3.1.24 制粉系统充惰系统定期进行维护和检查，确保充惰灭火系统能随时投入。”合并，修订为“6.3.1（8）对于爆炸特性较强煤种，制粉系统应配套设计相应的消防系统和充惰系统。该系统应汽（气）源稳定，疏水符合设计和运行要求，并定期进行维护和检查，确保能够随时按要求投用。”

对消防和充惰系统的相关内容进行合并统一，并考虑了基建、生产现场普遍存在的疏水问题，做到整体的完整性。

【案例 1】 2011 年 10 月 26 日，南亚某电厂 600MW 超临界燃煤机组调试过程中 HP1203 磨煤机直吹制粉系统爆炸事故。

有公开报道显示，该电厂7号机组在调试过程中，机组在530MW负荷稳定运行，机组协调控制投入。A、B、C、E、F磨煤机投入运行，给煤机煤量分别为在59.4t/h、57.4t/h、58.2t/h、56.8t/h、56t/h。17时5分21秒，F给煤机出口插板门关闭，联跳F给煤机。17时6分14秒，热风调门开始由30%关至0%，用时20s。在热风调门关闭，冷风调门全开时，17时6分39秒在集控室听到一声巨响，锅炉火焰电视显示炉膛内火焰猛烈抖动后恢复正常，运行人员手动关闭热风调节门，全开冷风调节门。17时7分36秒，F磨煤机出口温度高至95℃跳闸。运行人员将机组协调控制切至手动，调整风煤比，稳定机组负荷为320MW，派人去现场检查，发现F磨煤机爆燃。

1. 爆破后的现象

(1) F制粉系统爆燃，造成热一次风入口膨胀节破裂，风道防爆门爆开。

(2) 检查F磨煤机发现：F2、F3煤粉管道各一个弯头破裂，F2在锅炉2号角煤粉管水平段与垂直段转向弯头处破裂，F3在锅炉4号角煤粉管水平段转向弯头处破裂，两个弯头都掉落在17m平台上严重变形。

(3) F磨煤机入口热一次风关断门因气源管断裂，就地远方均无法操作，热一次风关断门无法关闭，漏出的热一次风吹到附近的电缆桥架上，威胁电缆安全，机组于20时4分解列停机。

2. 事故原因分析

该项目机组燃用印尼煤挥发分太高，磨煤机出口温度高，曾发生过制粉系统爆炸事故。

记录查取情况：17时5分21秒，F给煤机出口插板门关闭（F给煤机出口电动门经查看操作记录，没有DCS发出关闭指令，可能为就地操作关闭或继电器误动作。F给煤机出口挡板异常关闭引起整个系统扰动是本次事故的诱因。根据运行汇报情况来分析，热风调节门关闭不严密。

处理方式分析，给煤机跳闸以后，运行人员没有及时投入磨煤机消防蒸汽。

在磨煤机入口风道处，有杂物自燃，消防蒸汽管道进入磨煤机盲管处存在积粉自燃。

经过事故分析，制订了内容全面的《制粉系统防爆措施》，消除了设备缺陷，完善了充惰系统设备维护和热工联锁逻辑，加强运行监控，保证了调试工作的顺利开展和制粉系统的安全运行。

【案例2】 2012年8月13日，东南亚某电厂315MW燃煤机组调试过程中HP963磨煤机直吹制粉系统爆炸事故。

《电工研究》有文章报道，该机组在调试过程中，需要停运B磨煤机，但冷风门实际没有打开，热风门关不严，充惰蒸汽阀门故障打不开，现场操作来不及，导致制粉系统停运过程中发生爆炸事故。

条文(9) 原煤仓应安装性能适应的疏松装置，能够在机组运行中发挥作用，及时有效防止原煤仓发生堵塞、棚煤、板结和局部走空等问题。

在本条文修订研究征求意见过程中，有专家明确提出了在原煤仓安装疏松装置的重要性。按照事故统计分析，磨煤机爆炸，确实有相当一部分案例是运行中给煤中断导致的运行失调，而给煤中断直接的原因就是原煤斗堵煤、棚煤、局部走空等。这些情况一方面是系统及设备结构原因，另一方面是煤质原因，甚至还有雨水天气造成的影响，但针对具体的机组系统设备和煤质，为了及时有效防止原煤仓发生堵塞、棚煤、板结和局部走空等问题，应装设性能相适应的原煤仓疏松、疏通装置，并发挥好应有的作用。

采用中速磨煤机直吹制粉系统的燃煤机组，机组出力是由给煤机运行的平稳和连续性支撑的，原煤仓的堵煤、棚煤、断煤，还直接影响到机组负荷和运行的稳定性。所以原煤仓落煤疏松、疏通装置，除了是制粉系统运行安全的保障，也是机组运行平稳的一个保障。

条文(10) 加强防爆门的检查和管理工作，防爆薄膜应有足够的防爆面积和规定的强度。防爆门一旦动作喷出物的喷射方向和范围，不能直对通道和电缆桥架，以避免危及人身安全、损坏设备和烧损电缆。

设计防爆门的目的是为了给爆炸能量释放规定比较合理的通道，因此防爆门必须有一定的面积和强度，以保证其正常运行时可以起到密封作用，爆炸时对外开放，达到减灾控制。由于爆炸时，这些通道的外面是要喷出火焰来，因而其位置应合理，防爆门动作方向应避免危及人身和电缆安全，不能引起其他二次损失。日常应加强对防爆门的检查与管理，保持防爆门完整、严密，门上不得有异物妨碍其动作。

根据反馈意见，该条款是将《防止电力生产事故的二十五项重点要求（2014 年版）》6.3.1.9“加强防爆门的检查和管理工作，防爆薄膜应有足够的防爆面积和规定的强度。防爆门动作后喷出的火焰和高温气体，要改变排放方向或采取其他隔离措施。以避免危及人身安全、损坏设备和烧损电缆。”修订为“加强防爆门的检查和管理工作，防爆薄膜应有足够的防爆面积和规定的强度。防爆门一旦动作喷出物的喷射方向和范围，不能直对通道和电缆桥架，以避免危及人身安全、损坏设备和烧损电缆。”

表达更准确，更容易理解落实。

【案例 1】 1989 年华北某电厂发生 7 号锅炉制粉系统爆炸引起电缆着火事故。

1989 年 9 月 8 日 21 时 10 分，7 号锅炉制粉系统在停炉前有 5 个防爆门同时破裂，其中位于球磨机出口管上的防爆门破裂后，气粉混合物直接喷向电缆支架，引起电缆着火。由于扑救及时，并且电缆至锅炉控制室的孔洞早已被堵死，火情得到控制，没有进一步扩大。事故原因是由于大颗粒煤粉在旋风分离器进口管水平段沉积，产生自燃，引起风粉混合物的爆炸，使防爆门破裂泄压，而防爆门动作方向正对电缆，从而引起电缆着火。

【案例2】 山东某电厂4×300MW机组制粉系统采用单进单出低速球磨机，每台炉配备4台制粉系统。1992年5月26日，1号炉丁制粉系统爆炸，引燃给水电动门、制粉系统控制电缆，被迫停炉，少发电300万kWh；1993年5月10日，1号炉乙粉仓喷粉爆燃，烧坏部分热控电缆紧急停炉，迫使电网对外拉路限电。

条文(11) 保证系统安装质量，保证连接部位严密、光滑、无死角，避免出现局部积粉。

本条文是对安装工艺的要求，是针对大量爆炸事故系统整改的有效经验总结。强调基建时高质量施工的重要性，避免因施工环节的不合格工作产生局部积粉而产生积粉点火源。原理与条文6.3.1（4）相同。

定期对制粉系统中可能存在积粉的设备及管道进行检查，并及时处理及改进，消除制粉系统及粉仓漏风，保持其严密性，保持制粉系统及设备周围环境的清洁，防止积粉自燃现象的产生。

条文(12) 做好“三块分离”和入炉煤杂物清除工作，保证制粉系统运行正常。

“三块”是金属块、石块、木块。其中的金属物、石块会破坏皮带、堵塞管道、造成磨损，还会在运行中产生火花，引起磨煤机振动等问题。“三块”中的木块最终都会变成木屑，成为易燃物。这些故障都会使制粉系统的爆炸趋势增加，因而“三块分离”工作等煤质“纯化”工作对于制粉系统非常重要。

同时，实际运行中应严格规定并执行加强对锁气器的检查，保证锁气器动作正常。

条文(13) 应做好磨煤机风门挡板和石子煤排渣门的检修维护工作，保证磨煤机能够隔离严密。

本条文主要强调直吹式制粉系统风门挡板与石子煤系统的严密性要求，防止包括石子煤在内的自燃。

正常情况下石子煤斗完全密封，一次风在此不能流动。石子煤渣箱中受到外部环境空气冷却，越往石子煤斗下部，石子煤斗内部的温度越低。如果石子煤斗出口阀存在漏气现象，热一次风就容易到达石子煤斗下部，对石子煤慢慢预热，进而发生自燃。

在中速磨煤机制粉系统中，石子煤部分是易磨损件，经常发生事故，因而做好磨煤机风门挡板和石子煤系统的检修维护工作，保证磨煤机能够隔离严密、石子煤能够清理排放干净。

本条文是将《防止电力生产事故的二十五项重点要求（2014年版）》“6.3.1.14要做好磨煤机风门挡板和石子煤系统的检修维护工作，保证磨煤机能够隔离严密、石子煤能够清理排出干净。”，修订为“6.3.1（13）应做好磨煤机风门挡板和石子煤排渣门的检修维护工作，保证磨煤机能够隔离严密。”

对磨煤机隔离的相关要求表达更清楚。至于普遍造成磨煤机爆炸的设备缺陷和可用性管理要求，具体要求和细节放到修订说明中，在这里同样强调：中速磨煤机直吹制粉系统要高度重视并做好磨煤机所有风门挡板，以及石子煤系统的检查、检修、维护工作，保证调节挡板调节性能良好、指示准确，保证隔离挡板能够关严、全开、动作快速，保证石子煤刮板不存在严重磨损和变形。要重视设备缺陷登记管理和消缺工作。一旦发现问题立即登记上报、及时消缺，并加强监视检查，防止由于设备缺陷无法进行合理操控，影响到磨煤机的吹扫、冷却和隔离，从而严重增加磨煤机内部自燃着火和发生爆炸事故的风险。

条文(14) 中储式制粉系统粉仓、绞龙的吸潮管应完好，管内通畅无阻，运行中粉仓要保持适当负压。

粉仓、绞龙中的煤粉是煤粉和空气的混合物，应保证有足够的流动性，一旦结露板结就会发生缓慢的氧化自燃功能，因此防板结、保持流动性非常重要。吸潮管非常重要，可以防止其中煤粉板结。绞龙使用后应及时清理积粉，并定期检查试转，保证功能正常，不留后患。绞龙启动前应检查有无自燃现象，以防止外部点火源进入煤粉仓中，引起爆炸反应。本条文强调中储式制粉系统设计运行中应充分考虑防结露、板结和清除手段。

条文(15) 定期检查煤仓、粉仓仓壁内衬钢板，严防衬板磨漏、夹层积粉自燃。每次大修煤粉仓应清仓，并检查粉仓的严密性及有无死角，特别要注意仓顶板——大梁搁置部位有无积粉死角。

本条文还是强调消除制粉系统及设备可能积粉的部位，系统死角都得到充分清理。煤粉仓内壁光滑、严密，其锥角符合要求。

条文(16) 在锅炉机组进行跨煤种改烧时，在对燃烧器和配风方式进行改造的同时，应对制粉系统进行安全评估，必要时进行配套改造，以保证炉膛和制粉系统全面达到安全要求。

本次修订仍然强调了机组在进行跨煤种改烧时对制粉系统防爆工作的具体要求。改烧煤种、改造燃烧器时，容易忽略条文6.3.1（1）和6.3.1（2）要求燃用煤种的特性应与制粉系统、燃烧器相匹配的系统性要求，因而需要再次强调。

将《防止电力生产事故的二十五项重点要求（2014年版）》“6.3.1.11在锅炉机组进行跨煤种改烧时，在对燃烧器和配风方式进行改造的同时，应对制粉系统进行相应配套工作，包括对干燥介质系统的改造，以保证炉膛和制粉系统全面达到安全要求。”，修订为“6.3.1（16）在锅炉机组进行跨煤种改烧时，在对燃烧器和配风方式进行改造的同时，应对制粉系统进行安全性评估，必要时进行配套改造，以保证炉膛和制粉系统全面达到安全要求。”。原条文描述较笼统，将“应对制粉系统进行相应配套工作，包括对干燥介质系统的改造”，修订为“应对制粉系统进行安全性评估，必要时进行配套改造”，对原条文所指的“配套工作”给出更具体和可操作的工作内容，强调应先安全评估，再开展相应工作。

条文(17) 加强入厂煤和入炉煤的管理工作，建立煤质分析和配煤管理制度，掺烧和燃用易燃易爆煤种应进行可行性研究，分析评估设备、系统、运行以及管理等方面存在的不适应性，必要情况下应加以设备改造，提前制订完善的管理制度和技术措施并进行培训，具体掺烧和燃用时应及早通知运行人员，以便加强监视和检查，发现异常及时处理。

本条文强调了加强入厂煤和入炉煤的管理。煤质的相对稳定性对于锅炉的安全稳定经济环保运行非常重要，只有在相对稳定的煤质下，制粉系统的风粉参数才能按预想的控制方案运行。

煤质偏离时就意味风粉参数控制发生偏离，易产生故障，从而在处理过程中发生二次事故。因此，应按规程规定检查煤质，并及时通报有关部门，清除煤中自燃物，严防外来火源。

条文(18) 中储式制粉系统要坚持执行定期降粉制度和停炉前煤粉仓空仓制度。

条文(19) 根据煤种的自燃特性，建立停炉清理煤仓制度，防止因长期停运导致原煤仓自燃。

这两条在强调中间储仓式制粉系统的“停炉清仓”原则的同时，进一步强调对原煤仓清理要求，避免煤粉仓、煤仓的自燃。对于直吹式制粉系统而言，中速磨煤机机体中和其对应的煤仓长时间存煤，也可能发生自燃事故，因而也要坚持“停炉清仓”原则。

紧急停炉后，应严密监视粉仓温度，必要时应将粉仓内存粉放掉。燃用烟煤等爆炸性强的煤种，如计划停炉时间超过2天时，应将粉仓中的煤粉烧光；不能一直维持高粉仓，而应通过启停磨煤机间歇运行的方式，定期进行降粉仓运行可以使粉仓内的煤粉保持全部列新；当粉仓温度较高时应立即降粉，必要时投入消防系统。

大小修时应进行粉仓的清理工作，并检查粉仓的严密性及有无死角，消除粉仓的漏风及积粉死角。大修停炉前，应提早安排将煤仓的原煤磨空，防止煤仓中长时间积煤自燃，并进行清理工作。备用磨煤机应安排定期运转，避免原煤仓的原煤长期存放。

条文(20) 制粉系统的爆炸绝大部分发生在制粉设备的启动和停机阶段，因此不论是制粉系统的控制设计，还是运行规程中的操作规定和启停措施，特别是具体的运行操作，都必须遵守通风、吹扫、充惰、加减负荷等要求，保证各项操作规范，负荷、风量、温度等参数控制平稳，避免大幅扰动。

本条文强调制粉系统的“平稳运行”原则，尽量不要出现通风量的瞬时大幅度跳变，造成内部过于剧烈的扰动。制粉系统的平稳运行过程中一般不会出现很大的问题，特别是制粉系统启动或停止的过程中，煤粉浓度变化较大，容易发生磨煤机的故障，也容易在管道局部产生积粉，为事故埋下隐患。因而平衡运行是制粉系统防爆工作的重要原则，尽可能减少制粉系统因控制不当而发生的事故。

条文(21) 磨煤机运行及启停过程中应严格控制磨煤机出口温度不超过规定值。

本条文强调磨煤机运行及启停过程中应严格控制磨煤机出口温度不超过规定值，这是制粉系统防爆的基本原则之一，必须坚持。这个磨煤机出口温度是一个重要定值和运行控制参数，由制粉系统、磨煤机选型、煤种匹配设计计算而定，在运行中可根据实际煤质情况通过专门的优化调整试验而定。这个定值和参数影响着安全，同时也影响风量的调整和炉内燃烧，因而也影响到节能及炉内氮氧化物控制。总之，定值就是定值，定值的改变和确定，必须要有依据和支撑，不能顾此失彼。

本条文还强调磨煤机出口温度的控制包括启动、停止及运行的全过程，要做到平稳运行。

条文(22) 针对燃用煤质和制粉系统特点，制订合理的制粉系统定期轮换制度，防止备用制粉系统在原煤仓或磨煤机内部发生自燃。

本条文从防爆角度强调制粉系统“定期轮换”原则。实践证明，该原则对于防止因长时间停运导致原煤仓或磨煤机内部发生自燃有非常好的效果。

条文(23) 加强运行检查、监控，及时采取措施，避免制粉系统运行中出现断煤、满煤以及走空原煤仓等问题。一旦出现断煤、满煤问题，必须及时正确处理，防止出现严重超温和煤在磨煤机及系统内不正常存留。正压制粉系统磨煤机运行中应避免发生原煤仓空仓问题，杜绝热风通过磨煤机上窜至原煤仓，引发原煤仓内发生爆炸事故。

本条文强调了对制粉系统断煤、满煤等故障的重视。大部分直吹式制粉系统的爆炸事故都是在这种情况下，由于风煤比控制不当而产生的，因而需要早发现断煤、满煤等故障，并及时正确处理，以防止制粉系统故障进一步扩大。

6.3.1（23）是将《防止电力生产事故的二十五项重点要求（2014 年版）》“6.3.1.22 加强运行监控，及时采取措施，避免制粉系统运行中出现断煤、满煤问题。一旦出现断煤、满煤问题，必须及时正确处理，防止出现严重超温和煤在磨煤机及系统内不正常存留”修订为“加强运行检查、监控，及时采取措施，避免制粉系统运行中出现断煤、满煤以及走空原煤仓等问题。一旦出现断煤、满煤问题，必须及时正确处理，防止出现严重超温和煤在磨煤机及系统内不正常存留。正压制粉系统磨煤机运行中应避免发生原煤仓空仓问题，杜绝热风通过磨煤机上窜至原煤仓，引发原煤仓内发生爆炸事故。”

增加了防止运行中烧空原煤仓引发的原煤仓内爆炸事故，这是制粉系统爆炸事故近期新的动向。

【案例】 某电厂600MW机组，配置中速磨煤机正压直吹制粉系统，燃用正常烟煤。机组运行中发生原煤仓走空情况，正压热风通过给煤机入口原煤仓落煤管上窜到原煤仓。由于原煤仓残存大量挂壁原煤，遇热风产生挥发分，最终导致原煤斗内部发生爆燃。由于原煤斗不是完全封闭的，是相对受限空间，爆燃产生冲击只是震碎同层厂房玻璃，没有造成其他设备和人身伤亡。但作为事故，也要防范。

条文(24) 中速磨煤机定期对石子煤箱进行检查，及时排石子煤；正常运行中石子煤量较少时也要定期排石子煤，以防止石子煤箱自燃。

本条文强调了直吹式系统对排渣系统的运行要求。由于渣箱中的石子煤会带有一定的可燃物，运行中被磨煤机入口200～250℃一次风长期充满，符合着火的条件。磨煤机在运行过程中石子煤渣箱出现冒火星或者自燃现象是完全可能的，应高度重视。同时石子煤如果满了无法排出，还会引起磨煤机堵塞问题，因而定期排渣对中速磨煤机的运行至关重要，是防止辅助设备引起制粉系统故障的重要手段。

条文6.3.1（13）也是针对石子煤渣箱的问题，本条文强调定期排渣，条文6.3.1（13）要求设备状态。实践中，石子煤渣箱问题非常普遍，如果排渣不及时，着火、结渣等各种各样的事故都有可能出现，因而应当予以重视。

【案例】 某发电有限公司1A/2A磨煤机石子煤冒火星原因分析。该发电有限公司1号、2号机组是600MW超临界机组，锅炉采用中速磨煤机冷一次风机正压直吹式制粉系统，配有6台上海重型机器厂生产的HP1003中速磨煤机和上海发电设备成套所生产的CS2024的称重式皮带给煤机。2009年1号、2号机组的1A/2A磨煤机从5月开始陆续出现石子煤冒火星或者石子煤在一次风入口自燃现象。2009年8月17日技术人员检查发现，1A/2A/2B磨煤机石子煤都曾经发生自燃现象。图6-1显示了石子煤斗表面烧焦、油漆出现剥落现象。

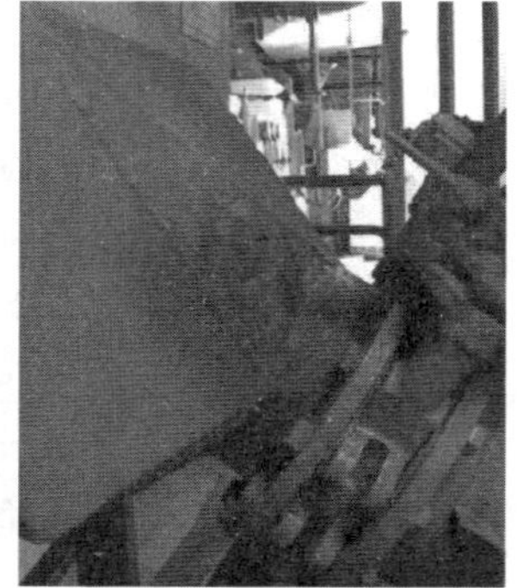

图6-1 石子煤斗表面烧焦、油漆剥落

条文(25) 对于中速磨煤机直吹制粉系统，如采用风道燃烧器加热一次风进行制粉，应重视风道燃烧器系统各设备、部件、测点，以及风道燃烧器后膨胀节等的检查维护，确保燃烧正常、燃烧器下游温度合理，防止膨胀节超温老化发生撕裂泄漏，引发附近设备、电缆着火，造成二次连带事故。

【案例】 2018年3月16日8时35分，华北发电厂1号机组由于制粉系统电缆着火紧急打闸停机。原因是用于锅炉机组等离子无油点火冷态启动的1号磨煤机入口风道上一次风风道油枪加热器出口膨胀节开裂，泄漏的高温热一次风造成附近电缆发生着火事故。风道油枪投停对一次风温度和流动影响巨大，对膨胀节会产生疲劳和老化影响，这要从风道加热器设计、设备维护、检查，以及检修工作中加以重视。像这种新的案例和新的风险点产生，应该是《防止电力生产事故的二十五项重点要求》修订研究、宣贯、培训的重点内容。

条文(26) 对于采用直吹制粉系统的机组燃用经过干燥提质的褐煤时，要合理优化干燥后褐煤的剩余水分以及磨煤机出口一次风温度限值；应配套完善的防爆措施，防止发生制粉系统爆炸事故。

【案例】 《中国电力》第49卷第二期文章《中速磨煤机锅炉燃用高水分褐煤燃烧调整》介绍，神华国华（印尼）南苏发电有限公司针对高水分（60%～63%）、高挥发分、低热值褐煤采用蒸汽干燥工艺，导致输煤系统发生粉尘难以控制、积粉自燃、蒸汽干燥机和制粉系统爆炸、原煤斗堵煤等一系列重大问题，通过逐步提高蒸汽干燥机出口原煤水分试验，发现当蒸汽干燥机出口原煤水分从40%提升至52%～55%时，上述问题得到彻底解决。但原煤水分提高也导致磨煤机出力不足和煤粉管道堵塞以及锅炉燃烧不稳等问题，通过磨煤机和燃烧优化等试验，成功实现中速磨煤机制粉系统燃用高水分（52%～55%）褐煤。

条文(27) 加强制粉系统运行状态管理，定期对煤粉细度、煤粉管道一次风流速测量和偏差调整，防止发生一次风管道堵管问题。

本条文是根据征求意见增订条款，对制粉系统的流动状态提出要求。管道任何部位的流速应保证不沉积煤粉（如直吹式制粉系统要求高于18.24m/s），一定要做到整个气粉流动合理。

条文(28) 当发现备用磨煤机内着火时，要立即关闭其所有的出入口风门挡板以隔绝空气，并用蒸汽消防进行灭火。

本条文强调了防止磨煤机着火时的处理原则，做到早发现、早处理、不扩大。

条文(29) 制粉系统煤粉爆炸事故发生后，应找到积粉着火点并分析清楚造成积粉的原因，采取针对性措施消除积粉。必要时应进行针对性改造。

该条文强调了对制粉系统爆炸问题的分析和处理，一定要重视寻找和评定积粉着火点，必须以彻底消除积粉和积粉点为原则，以根除事故隐患，切实提高制粉系统设备健康状况，保障和提高安全运行水平。

条文(30) 制粉系统检修动火前应将积粉清理干净，并正确办理动火工作票手续，规范作业。

本条文在原6.3.1.27内容基础上，增加了“规范作业”的要求。

将《防止电力生产事故的二十五项重点要求（2014年版）》“6.3.1.27 制粉系统检修动火前应将积粉清理干净，并正确办理动火工作票手续”修订为“制粉系统检修前应将积粉清理干净，并正确办理动火工作票手续，规范作业”，增加了检修工作“规范作业”的要求。因为制粉系统检修工作中，不止一次发生过这样那样的人身伤亡事故，究其原因，相当一部分是不规范作业造成的。

条文6.3.2 防止煤尘爆炸的重点要求

本条文强调了采用等离子、小油枪等无/少油点火技术给煤尘防爆及机组运行带来隐患的应对重点措施。

粉尘防爆工作与制粉系统防爆工作机理完全相同，但是由于粉尘防爆是对开阔空间的防爆，且大量扬尘并非生产过程中无法避免的，因而其工作方向与制粉系统有些不同。制粉系统防爆中以减少积粉为重点工作，目的在于消除点火源；粉尘防爆也是以减少积粉、扬尘为重点工作，但目的是避免产生适合爆炸的煤粉云。

条文(1) 消除制粉系统和输煤系统的粉尘泄漏点，降低煤粉浓度。大量放粉或清理煤粉时，应制订和落实相关安全措施，应尽可能避免扬尘，杜绝明火，防止煤尘爆炸。

制粉系统和输煤系统周边的粉尘爆炸必须是由于粉尘积累造成的，因而消除粉尘爆炸的根本方向是消除积粉。本条文在修正时增加了“应制订和落实相关安全措施，应尽可能避免扬尘”的要求，使内容更为完善。

条文(2) 煤粉仓、制粉系统和输煤系统附近应有消防设施，并备有专用的灭火器材，消防系统水源应充足，水压符合要求。消防灭火设施应保持完好，按期进行试验（试验时灭火剂不进入煤粉仓）。

本条文要求保证制粉系统消防设备的完好可用性，与制粉系统的要求完全相同。

条文(3) 煤粉仓投运前应做严密性试验。凡基建投产时未做过严密性试验的要补做漏风试验，如发现有漏风、漏粉现象应及时消除。

本条文是条文6.3.2（1）中“应制定和落实相关安全措施，应尽可能避免扬尘”要求的具体体现，保证制粉系统不漏风是消除制粉系统和输煤系统周边的粉尘最主要的手段。

条文(4) 在微油或等离子点火期间，除灰系统储仓需经常卸料，防止储仓未燃尽物质自燃爆炸。

少油点火装置运行时燃烧强度小，未燃尽物质易在尾部除灰系统部位聚集产生自燃爆炸。本条文强调通过除灰系统物料储仓经常卸料来使这些未燃尽物质尽可能地保持流动状态，减少局部集聚和停留非常重要。

将《防止电力生产事故的二十五项重点要求（2014 年版）》“6.1.13.4 如果在低负荷燃油、等离子点火或煤油混烧期间电除尘器在投入，电除尘器应降低二次电压电流运行，防止在集尘极和放电极之间燃烧，除灰系统在此期间连续输送。”和“6.3.2.5 在低负荷燃油、微油点火、等离子点火，或者煤油混烧期间，电除尘器应限二次电压、电流运行，期间除灰系统必须连续投入。”合并，修订为“6.1.13（3）如果低负荷燃油、微油点火、等离子点火，或者煤油混烧电除尘器在投入运行，电除尘器应降低，或者限二次电压、电流运行，防止在积尘极和放电极之间燃烧，或者在电除尘器内部发生爆炸。期间除灰系统必须连续投入。”

因为《防止电力生产事故的二十五项重点要求（2014 年版）》6.3.1.27 内容与 6.1.13.4 内容基本重复，故合并为 6.1.13（3）条款。

条文 6.4　防止锅炉满水和缺水事故

锅炉满水事故是指汽包水位严重高于正常运行水位的上限值，甚至淹没汽水旋风分离器的汽水混合物入口，致使汽水分离器工作状况恶化，锅炉蒸汽严重带水，蒸汽温度急剧下降，管道内发生水冲击，水分进入汽缸内，造成汽轮机设备严重损坏。

锅炉缺水事故是指汽包水位严重低于正常运行水位的下限值，甚至露出下降水管管口，不能维持正常炉水循环，蒸汽温度急剧上升，水冷壁超温爆管。为此，锅炉发生汽包满水和缺水事故，严重威胁机组安全运行，轻则机组非计划停运，重则机组设备严重损坏。

【案例 1】　1997 年 12 月 16 日，某电厂因高压加热器满水解列，入口三通旁路阀电动头键销脱落未能联动开启，锅炉断水；汽包水位计参比水柱温度补偿值设置不实，指示值虚高 108mm，低水位保护拒动；三台炉水循环泵中 A 泵因测量系统故障检修，替代措施不当，致使循环泵低差压保护拒动，虽然 B、C 炉水循环泵因差压低跳闸，但 MFT 未动作；在主汽温以 45℃/min 速率递增情况下，运行人员未按规程要求紧急停炉；最终造成水冷壁大面积爆破的恶性损坏事故。

【案例 2】　1990 年 1 月 25 日，某电厂锅炉灭火恢复过程中，因给水调节门漏流量大，运行人员未能有效控制汽包水位，水位直线上升，汽温急剧下降，造成汽轮机水冲击。低温蒸汽长期进入汽轮机，致使汽缸变形、大轴弯曲、动静部件径向严重碰摩，最终造成轴系断裂恶性损坏事故。

上述典型事故表明，汽包水位计失灵、指示不准确、保护拒动、给水系统故障、运行人员误判误操作、违反操作规程等均可造成锅炉满水、缺水事故。因此应从汽包水位计配置、安装、运行维护检修等方面，制订相应的反事故措施。

近年来随着我国装备制造技术的进步和节能减排政策的实施，超临界、超超临界机组占比越来越大，截止 2021 年底我国超临界和超超临界机组占比超过 50%。因此条文相应增加了超临界直流锅炉缺水及满水的反事故措施。

条文 6.4.1　汽包锅炉应至少配置 2 只彼此独立的就地汽包水位计和 3 只远传汽包水位计。水位计的配置应采用 2 种以上工作原理共存的配置方式，以保证各种运行工况下对锅炉汽包水位的正确监视。按《火力发电厂锅炉汽包水位测量系统技术规程》（DL/T 1393—2014）中汽包水位测量系统的量程相关要求，应配置大量程的差压式或电极式汽包水位测量装置。

由于国内锅炉汽包水位计早期缺乏配置标准，为满足大型机组对汽包水位测量、调节、报警、保护的不同配置要求（例：测量和调节测点取样要求三取中；保护测点取样要求三取二），通常汽包配置水位计数量过多，一般都在 6 套以上，如某台 600MW 机组锅炉的汽包水位计多达 12 套，而且形式多样，其目的本在于提高锅炉水位监视的可靠性、准确性。实际上，由于各种水位计的测量原理、安装位置、结构不同，它们之间的显示值存在较大的偏差，容易给运行人员的汽包水位监视造成混乱，同时，锅炉汽包开孔过多，也影响汽包的强度，不利于锅炉的安全运行。

因此本条明确提出了锅炉汽包水位计的配置：

水位监视至少有两种以上工作原理的水位计进行比照。就地水位表可采用玻璃板式、云母板式、牛眼式、电极式，考虑各地的习惯，2 套就地水位表中可以有一套采用电极式水位表。而远传汽包水位计一般由差压式水位计来实现汽包水位的监视、调节、越限报警、跳闸保护，从而避免了过多无效的配置方式对汽包水位监测和汽包本体的影响。

在汽包机械强度允许范围内，调节和保护测点取样宜各自分开、彼此独立，更有利于锅炉安全运行和维护检修。因此每个汽包水位取样装置，应具有独立的取样孔，不得在同一取样孔上并联多个水位取样装置，以免相互影响降低可靠性。

由于现在役锅炉的汽包水位取样开孔已确定，且开孔高度也不同，故可在不改变测点取样开孔情况下，进行相应的配置。水位调节和保护测点的信号，应采用具备温度补偿功能并能消除汽包压力影响的水位计信号。水位调节控制应取自 3 个独立的差压变送器进行逻辑判断后的信号，所取的差压变送器信号应分别通过 3 个独立的输入/输出（I/O）模件引入分散控制系统（DCS）中。

同时增加了对汽包水位测量系统的量程的明确要求：

锅炉汽包水位测量系统的表计和变送器的量程，以及正、负取压孔的高度应根据所选测量装置的作用、类型及可能产生的误差进行正确选择，并应留有足够裕量，避免运行人员对汽包实际水位值产生误判或导致保护拒动。除对大量程汽包水位测量装置另有规定外，汽包水位测量装置量程选择应符合下列规定：

（1）电极式汽包水位测量装置的正、负取压孔距离应大于测量筒的量程，测量筒的量程应确保跳闸保护动作值有30%的裕量。

（2）差压式汽包水位测量装置的变送器量程应确保跳闸保护动作值有20%～30%的裕量，正、负取压孔的距离应确保跳闸保护动作值间有30%～40%的裕量。采用参比水柱温度不确定的外置式单室平衡容器的系统应选裕量的上限值。

大量程汽包水位测量装置的正、负取压孔高度应根据汽包直径、内部部件的配置及运行需要确定，应保证电极式汽包水位测量装置的表计和差压式汽包水位测量装置的变送器的量程小于正、负取压孔的距离，并应留有10%的裕量。

条文6.4.2　汽包水位计的安装：

本条文建立了汽包水位计的现场安装指导原则，本条文的内容是对多年来汽包水位计现场安装存在的问题的总结。近年来本条文对新建机组的汽包水位计的安装起到重要的指导作用，对在役生产机组的汽包水位的整改也证明本条文非常合理有效。

条文(1) 取样管应穿过汽包内壁隔层，管口应尽量避开汽包内水汽工况不稳定区（如安全阀排汽口、汽包进水口、下降管口、汽水分离器水槽处等），若不能避开时，应在汽包内取样管口加装稳流装置。

水位测量装置在汽包上的开孔位置、取样管的管径一般是根据锅炉汽包内部结构、布置和锅炉运行方式，由锅炉制造厂负责确定和提供。由于汽包内有众多零部件，存在汽水取样测点部位选取不当无法真实反映汽包内水、汽工况的现象，因此制订本条文对汽包水位取样测点部位的选取提出要求。建议优先选用汽、水流稳定的汽包端头的测孔或将取样口从汽包内部引至汽包端头，同时注意电极式水位测量装置的取样孔应避开炉内加药影响较大的区域，作为锅炉运行中监视、控制和保护的水位测量装置的汽侧取样点不应在汽包蒸汽导管上设置。

条文(2) 汽包水位计水侧取样管孔的位置应低于锅炉汽包水位低停炉保护动作值，汽侧取样管孔的位置应高于锅炉汽包水位高停炉保护动作值，并应有足够的裕量。

本条文对汽包水位保护取样孔安装位置提出要求。汽包水位计水侧和汽侧取样管的位置应确保和测量系统的表计（或变送器的量程）匹配，汽包高/低水位保护动作后，水位计量程应有足够的裕量，以备监视和记录动作后水位变化值之用。为了防止一旦测量系统产生误差，汽包实际水位已经超出测孔位置，但水位计示值仍未达到动作值造成保护拒动。

条文(3) 水位计、水位平衡容器或变送器与汽包连接的取样管，应至少有1∶100

的斜度：就地联通管式水位计的汽侧取样管位置高于取样孔侧位置，水侧取样管位置低于取样孔侧位置；差压式水位计的汽侧取样管位置低于取样孔侧位置，水侧取样管位置高于取样孔侧位置。

本条文是结合现场存在的隐患和反馈意见，增加了对于就地联通式水位计和差压式水位计取样管的倾斜角度的差异性说明，这个是实际安装中一个重要且容易混淆的内容。

就地水位计、电极式水位计属于连通器原理，取样管的倾斜方向应遵循饱和汽冷凝成水后流入表计，表计内的水从水侧取样管顺利流回汽包。差压式水位计应遵循饱和汽进入平衡容器冷凝成水，多余的水沿汽侧取样管流回汽包内，使平衡容器内水柱高度维持恒定。具体而言，对于就地联通管式水位计（即玻璃板式、云母板式、牛眼式、电接点式），使汽侧取样管位置高于（水位计侧的）取样孔侧位置，水侧取样管位置低于（水位计侧的）取样孔侧位置，如图 6-2 所示。对于差压式水位计，使汽侧取样管位置低于（水位计侧的）取样孔侧位置，水侧取样管位置高于（水位计侧的）取样孔侧位置，如图 6-3 所示。取样管倾斜度过小不利于排水，过大则使表计有效量程缩小，还会增加测量误差，明确要求至少有 1∶100 的斜度。

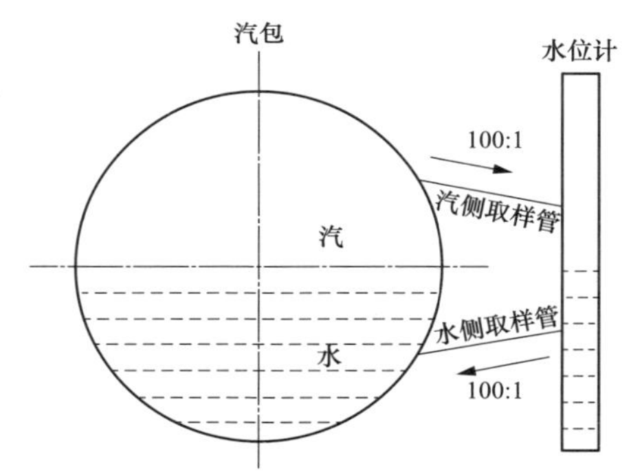

图 6-2　就地联通管式水位计取样管安装示意图

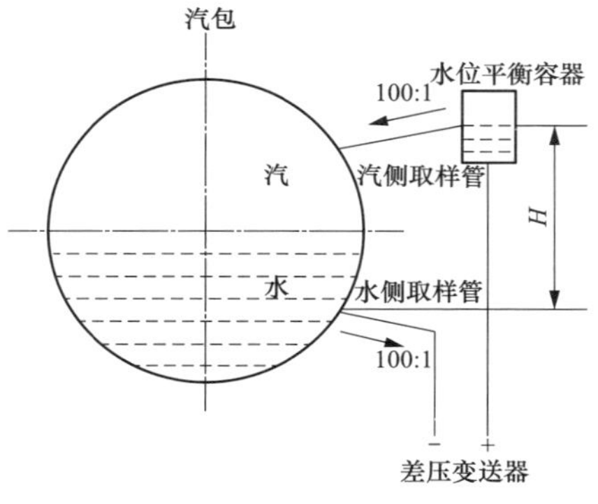

图 6-3　差压式水位计取样管安装示意图

条文(4)　新安装的机组必须核实汽包水位取样孔的位置、结构及水位计平衡容器安装尺寸，均符合要求。

对于新安装水位计的汽水取样管的取样位置、走向和倾斜度也应满足上述要求，并需建立相应的详细技术档案。水位测量装置安装和核实时，均应以汽包同一端的几何中心线为基准线，采用水准仪精确确定各水位测量装置的安装位置，不应以锅炉平台等物作为参比标准。

由于汽包水位测量系统使用的阀门多为高压截止阀，其阀门结构特点是低进高出，阀门进、出水口不在同一个水平面上，为防止仪表取样发生汽塞或水阻，要求安装水位测量装置取样阀门时，应使阀门阀杆处于水平位置。阀门门杆是否水平放置对差压式水位计的影响非常显著。当阀门阀杆处于垂直位置时，阀门低进高出将在阀门内形成一个U形弯曲而导致汽塞或水阻，影响测量稳定性和准确性。

对于新安装机组的差压式水位计，必须根据机组现场水位测量装置安装完成后实际测量的安装数据（包括汽水取样管孔的位置、平衡容器的安装尺寸等）对差压变送器的量程、水位计算公式和压力补偿计算公式进行逻辑组态，不可仅按制造厂提供的设计数据进行差压变送器的上述计算公式的逻辑组态工作。对在役机组的差压式水位计的汽水取样管进行改造后，必须根据改造后实际测量的安装数据（包括汽水取样管孔的位置、平衡容器的安装尺寸等）对差压变送器的量程、水位计算公式和压力补偿计算公式进行逻辑组态。水位计算逻辑组态完成后应认真核实和模拟试验，必要时可进行汽包真实水位试验。

条文(5) 差压式水位计严禁采用将汽水取样管引到一个连通容器（平衡容器），再在平衡容器中段或中高段引出差压水位计的汽水侧取样的方法。

目前在役锅炉差压式水位计的平衡容器，存在多种结构形式，但采用单室平衡容器的居多。单室平衡容器以直径为10cm或以上的球体（或球头圆柱体），容积为300～800cm^3为宜。为缓冲汽包内水位波动对测量造成的影响，有机组在汽包侧的汽、水取样管之间加装联通容器（平衡容器），但禁止平衡容器的汽、水取样管自联通容器（平衡容器）中段引出，以避免产生测量死区误导运行人员，造成误判断。

【案例】 某厂为上海锅炉厂生产的引进型锅炉，将差压水位计的汽水取样管引到平衡容器，再从平衡容器中段引出差压水位计的汽水侧取样管，由于其存在着较大的测量误差，若水位达到低水位跳闸值为－381mm时，其差压已超过其差压水位表量程860mm，所以低水位保护始终无法动作。

条文6.4.3 对于过热器出口压力为13.5MPa及以上的锅炉，其汽包水位计应以差压式（带压力修正回路）水位计为基准。汽包水位信号应采用三选中值的方式进行优选。

差压式水位计通过把水位高度的变化转换成差压的变化进行水位的测量。将对应于汽包液面水柱的压强与作为参比水柱的压强进行比较，根据其压差转换为汽包的水位。当汽压和环境温度不变时，差压只是水位的函数。当汽包压力上升时，汽包内锅水温度升高、密度减小，所对应的差压变化减小。此差压变化减小值，仅与汽包压力成函数关系，故在测量回路中引入汽包压力修正，即可校正。目前电厂广泛采用DCS分散控制系统，很容易将此压力修正回路通过逻辑组态予以实施。故对于过热器出口压力为13.5MPa及以上的锅炉，规定以差压式（带压力修正回路）水位计为基准。同时为防止汽包压力测点自身故障对汽包水位测量的影响，要求压力修正回路中引入的汽包压力信号应采用三选中值的方式进行优选。由于锅炉水位保护启动前应进行实际传动试验，所以在锅炉启动时差压式水位计已建立起参比水柱，差压式水位计可以满足各种工况下汽包水位监视的需要。

【案例】 某电厂DCS系统中由于汽包水位补偿模块内部设计缺陷，导致锅炉MFT，机组跳闸。2010年1月13日6时43分39秒，某发电厂1号机组负荷为217MW，DCS系统汽包水位1、2、3、4分别在+20mm左右运行稳定；6时43分43秒，四个汽包水位突然同时降至−300mm，导致MFT动作，锅炉停运。首出故障信号为“汽包水位低三值”。6时46分，再热蒸汽温度下降50℃，汽轮机跳闸，发电机解列。1号机组汽包水位模拟量信号，采用常规单室平衡容器测量方式。从历史趋势曲线上看，事件前汽包水位变送器输出量没有发生跳变，由于变送器零偏汽包压力测点1与其他2个测点的偏差增大，当偏差大于1MPa后汽包压力三取平均模块发报警信号，进入下一级，即4个汽包水位补偿计算模块，汽包水位补偿计算模块接到该信号后超驰4个模块输出，同时达到下限−300mm，最终使锅炉主保护动作。经上述分析，认为本次事件，是由于水位补偿模块、三取平均模块输出故障造成，但模块内部设计缺陷是事故发生的直接原因。

条文(1) 差压水位计（变送器）应采用压力补偿。汽包水位测量应充分考虑平衡容器的温度变化造成的影响，必要时采用补偿措施。

差压水位计（变送器）平衡容器的取样管参比水柱受环境温度波动影响，必要时应引入温度补偿予以校正。当前电厂的DCS（分散控制系统）在其对系统进行水位计算逻辑设计和组态时，通常都引入了压力校正回路和参比水柱的温度补偿回路，压力校正回路都较准确。但对参比水柱的温度大部分用设置50℃或80℃的固定值来处理，但通常只有当平衡容器散热面积足够大进汽量相对小时，参比水柱平均温度才能近似于室温，因此设置50℃或80℃的固定值作为参比水柱的温度的方式对实际水位测量存在一定的误差。实际测量超高压、亚临界锅炉的汽包水位正压侧参比水柱温度，当其单室平衡容器直径为10cm，容积为300～800cm^{3}时，测得温度值为130～150℃，远比固定设置值高，且此值随春夏秋冬季节变化及锅炉负荷的不同而不同，是一个随机变化量，为此参比水柱应引入温度补偿。由于正压侧参比水柱自单室平衡容器凝结水面到汽包水侧取样孔中心平行延伸线，存在着一个非线性温降的温度场，其平均温度不是代数平均值，需要在机组额定工况运行下，使用远红外测温仪，沿参比水柱全程实测其各点温度，选其平均温度代表点，作为参比水柱温度补偿的取样测点。因此必须要核实平衡容器实际温度与压力补偿计算公式中设定补偿温度的偏差情况，并且还要观察记录这个差值随时间和气候变化的情况，以便根据差值的变化定期对水位计算公式中设定的补偿温度进行调整。

【案例】 某电厂（1024t/h亚临界锅炉）运行时1号差压水位计和2号、3号差压水位计偏差最高为64mm，不符合规程要求。针对参比水柱平均温度对水位测量的影响进行了详细的计算，结果表明：以该厂DCS中设定参比水柱的温度为40℃为基准，当汽包压力为15.4MPa、参比水柱的温度实际达到60℃时，DCS显示的水位值偏高了20mm（误差为+20mm）；当参比水柱温度达到80℃，显示的水位值误差为+37.6mm。通过设备维护人员到汽包水位计安装现场仔细检查发现：该厂1号差压水位计正压侧取样管水平段由于安装时未满足1∶100的斜度导致正压侧平均段热膨胀不均匀，尤其是热态时由于热应力的变形导致平衡容器无法形成稳定的两相流，造成实际平衡容器内温度过低，从而造成了水位指示的偏差。通过在汽包上焊接T形支架固定1号差压水位计的平衡容器，确保正压侧水平段满足1∶100的斜度，并适当增加参比柱水平冷却段，最终使1号差压水位计和2号、3号差压水位计偏差减少为13mm以内。

条文(2) 汽包水位测量系统，应采取正确的保温、伴热及防冻措施，以保证汽包水位测量系统的正常运行及正确性。

差压式水位计测量系统必须采取严格的保温、伴热等防冻措施，具体包括：

(1) 汽水侧取样管、取样阀门均应良好保温。

(2) 引到差压变送器的两根管道应平行敷设、共同保温，并根据需要采取防冻措施。

(3) 平衡容器及容器下部形成参比水柱的管道不得保温。

(4) 三取二或三取中的三个汽包水位测量装置的取样管间应保持一定距离，且不应将它们保温在一起。

电厂常常因差压式水位计测量系统的保温、伴热及防冻措施不当，造成差压式水位计意外故障或示值严重失准。因此不能忽视差压式水位计测量系统的保温、伴热及防冻措施不当对水位测量的影响。

【案例1】 1998年4月，热控监督检查时发现某厂两个单室平衡容器参比水柱均作了保温处理，增大了测量误差，再则其倾斜角度过大，当高水位时会形成“水封”，增大水位测量误差。当水位上升时，汽包水位淹没汽侧取样口，(取样口过低约100mm)，在水位不变的情况下，会造成汽包水位从100mm左右飞升至满量程(300mm)，存在着高水位保护误动的隐患。

【案例2】 2001年1月15日，江苏某电厂1号机组给水流量变送器结冻，人工调节过程中汽包水位高保护跳机。停机事故发生前1号机组负荷180MW，A、D磨煤机组运行，A、B汽动给水泵并列供水，给水自动调节方式，运行正常。4时52分，BTG盘“给水主控跳手动”报警，同时发现给水流量指示不正常地下降直到零，汽包水位发生较大波动，经值班员手动调整，汽包水位基本稳定。因当时室外气温达零下7℃，判断可能是给水流量变送器结冻，即联系检修多方采取措施力图恢复给水流量测量。在此过程中，由于没有给水流量作参考，手动调节汽包水位比较困难，6时10分，终因汽包水位波动大，高水位跳机。

【案例3】 湖北某电厂4号机组汽包水位取样管路受冻结冰，机组跳闸。2003年1月5日1时36分，4号机组负荷为188MW，A、B给水泵转速突降至3000r/min，紧急加给水泵转速，手动启动电动给水泵，仍无法维持汽包水位；于1时38分，4号机组跳闸，首显“汽包水位低”。经检查是A、C点水位测量信号因取样管路结冰而故障，造成三个平衡容器水位计，一个跳变，两个无指示，从而引起给水自动在主站上跳到手动，而且输出给水控制指令始终跟踪零指令，因此运行人员无法干预，导致汽包水位低低，MFT动作。

条文6.4.4 汽包就地水位计的零位应以制造厂提供的数据为准，并进行核对、标定。随着锅炉压力的升高，就地水位计指示值越低于汽包真实水位，表6-2为不同压力下就地水位计的正常水位示值和汽包实际零水位的差值Δ*h*，仅供参考。

表6-2 不同压力下就地水位计的正常水位示值和汽包实际零水位的差值Δ*h*

汽包压力（MPa）	16.14～17.65	17.66～18.39	18.40～19.60
Δ*h*（mm）	−51	−102	−150

就地云母式（或牛眼式、双色式）水位计和电接点水位计，均是按连通管原理测量水位，当液体密度相同时，连通管各支管中的液位，处于同一高度。由于就地水位计安装在汽包外部，受外界环境温度影响，就地水位计内的水柱平均温度，永远低于汽包内饱和水温度。就地水位计内的水柱密度高于汽包内饱和水密度，故就地水位计的水位示值始终低于汽包内实际水位。随着锅炉额定压力的增高，就地水位计的水位示值越低于汽包内实际水位。

条文6.4.4给出不同压力下就地水位计的正常水位示值和汽包实际零水位的差值表。此参考差值不是一个固定值，随春夏秋冬季节变化及锅炉汽包压力的不同而不同，是一个随机变化量。因此汽包就地水位计的零位，应以制造厂提供的数据为准，并进行核对、标定。现场应明确标注三条汽包水位基准线，即汽包几何中心线、汽包实际零水位运行线和就地水位计零水位安装线。同时各电厂应针对具体的锅炉通过试验得出在不同压力、不同水位下，自身的各类汽包水位计示值与汽包内部实际水位的差值关系。

条文6.4.5 按规程要求定期或检修后对汽包水位计进行零位校验，核对各汽包水位测量装置间的示值偏差，当同一侧水位测量偏差大于30mm或不同侧水位在各自取中间测量值后的偏差大于50mm时，应立即汇报，并查明原因予以消除。

本条文对各水位计零位校准和示值偏差提出要求。汽包水位计的零位校验作为机组运行维护的一项重要工作，考虑造成机组水位偏差的多种原因的差异性，分别规定了同侧偏差和不同侧水位偏差的值，以及测量偏差大人工处理的条件。各单位应针对机组配置的汽包水位计类型制订相应的水位计及其测量系统的检查和维护制度，并严格执行。控制室内汽包水位电视图像要清晰，运行人员在监视汽包水位时应以差压水位计为基准，参考各类水位计示值，发现异常要立即通知有关人员处理。同类型水位计之间经过修正后，偏差仍大于 30mm 时，应立即汇报并查明原因予以消除。

【案例】 2004 年 2 月 19 日，山东某电厂 2 号机组 D 磨煤机润滑油泵跳闸，造成 D 磨煤机跳闸，汽包水位高保护动作，机组跳闸。事件发生前 2 号机组负荷为 350MW，A、C、D 三台磨煤机运行，总煤量为 149t/h，总风量为 357kg/s，主汽压为 16.6MPa，汽包水位为－4.7mm，机组协调方式；2 月 19 日 11 时 16 分 55 秒，因 2D 磨煤机润滑油泵跳闸，造成 D 磨煤机跳闸，机组 RB，煤量自动减至 104t/h；11 时 21 分 53 秒，汽包水位调节测点值 20 HAD10FL901 至 138mm 时，北侧汽包水位保护测点（20 HAD10FL012Y XQ01、20 HAD10FL013YXQ01）分别高至 220mm/203mm，造成汽包水位保护动作（汽包高水位保护定值 203mm），锅炉 MFT。事件暴露了该机组汽包水位两侧偏差大，运行人员监视、调整不力的问题。

条文 6.4.6 严格按照运行规程及各项制度，对水位计及其测量系统进行检查及维护。机组启动调试时应对汽包水位校正补偿方法进行校对、验证，并进行汽包水位计的热态调整及校核。新机组验收时应有汽包水位计安装、调试及试运专项报告，列入验收主要项目之一。

新建机组在带负荷试运阶段前应完成汽包水位计的冷态上水调试和热态调整及校核工作。锅炉启动前，应确保差压式水位测量装置参比水柱的形成。

（1）冷态上水调试的目的是检验机械安装尺寸和进行水位实际保护传动试验。首先，利用锅炉打水压前，汽包上水过程中给各平衡容器注水，并打开各水位计一次门和排污门进行排污，排污完毕后，关闭排污门投入各水位计。然后手动控制汽包水位，缓慢升降水位，以电触点通断瞬间为准，读取各水位计的示值，其偏差应在 10mm 以内，否则应查找原因给予消除。在升降水位的同时做实际水位保护传动试验。在做实际水位保护试验前应先完成各种逻辑关系试验。

（2）汽包上水调试完成后，应进行热态水位升降调试。热态水位升降调试的目的是检验各水位计在锅炉正常热态运行时的偏差应满足要求。锅炉点火前上水时，给平衡容器注水，锅炉点火升压带负荷的过程中应特别注意各水位计的显示变化情况，出现偏差应及时分析、查找原因，给予消除。若有必要在锅炉升压到 1MPa 左右时，对各水位计进行排污。热态水位升降调试在额定汽包压力情况下进行。机组负荷达到 80%以上时解除水位自动，手动控制汽包水位，缓慢升降水位，以电触点通断瞬间为准，读取各水位计的示值，其偏差应在30mm以内，否则应查找原因给予消除。水位控制升降幅度应控制在水位的高、低极值（±Ⅲ值）以内，其范围应尽可能大，一般可在+200～-200mm范围内进行。

新机组验收时，需要重视和规范汽包水位计安装、调试及试运专项报告的初始资料、文件、图纸等收集、归档、保存工作，否则将对以后汽包水位计的运行维护检修工作带来极大的不便，本条明确强调这方面的内容。

【案例】 2004年6月1日，河南某电厂改进原有单室平衡容器并取消连通管，参比水柱高度由原来的860mm扩大到1130mm，在修改DCS组态时，对水位测量和压力补偿参数修改不符合现场实际的数据，未进行汽包水位计的热态调整及校核。导致实际启机并网带负荷后差压水位计的测量误差随汽包压力升高而加大，当电极点水位计和云母水位计显示水位已达+300mm（实际还要高），汽包已满水，但三个差压水位计显示分别为-99.5mm，-82.4mm，-166mm，满水保护不动作，控制系统不断增大给水流量，幸亏运行人员监盘发现给水流量比蒸汽流量大260t/h，并看到电极式水位计和云母水位计均显示满水，手动打闸停机，造成汽包满水，主蒸汽带水和汽温急剧下降。

条文6.4.7　当一套水位测量装置因故障退出运行时，应填写处理故障的工作票，工作票应写明故障原因、处理方案、危险因素预告等注意事项，一般应在8h内恢复。若不能完成，应制订措施，经主管领导批准，允许延长工期，但最多不能超过24h，并报上级主管部门备案。

条文6.4.8　当不能保证两种类型水位计正常运行时，必须停炉处理。

考虑近年来机组运行工况的多样性和复杂性对不同类型汽包水位测量可靠性的影响，为强调不同类型水位计必须同时正常运行，明确了机组在各种运行工况下当不能保证两种类型水位计正常运行时，必须停炉处理。

条文6.4.9　锅炉高、低水位保护要求如下：

条文(1)锅炉汽包水位高、低保护应采用独立测量的三取二的逻辑判断方式。当有一点因某种原因须退出运行时，应自动转为二取一的逻辑判断方式，办理审批手续，限期（不宜超过8h）恢复；当有两点因某种原因须退出运行时，应自动转为一取一的逻辑判断方式，应制订必要的安全运行措施，严格执行审批手续，限期(8h以内）恢复，如逾期不能恢复，应立即停止锅炉运行。当自动转换逻辑采用品质判断等作为依据时，在逻辑正式投运前应进行详细试验确认，不可简单地采用超量程等手段作为品质判断。

锅炉汽包水位独立测量的概念是指从汽包水位取样孔、取样管道、测量容器、变送器，直至水位显示均完全独立。针对某些电厂汽包水位保护信号取样混乱的状况（有取自电触点水位计、取自差压式水位计，及电触点水位计和差压式水位计混合式的），强调采用三取二的逻辑判断方式（用差压式水位计来实施）。

对于锅炉汽包水位高、低保护已采用独立测量的三取二的逻辑判断方式的，在机组检修期间应对三取二的逻辑、故障时自动转为二取一和一取一的逻辑进行模拟试验，确保保护逻辑的正确。对于锅炉汽包水位高、低保护还未采用独立测量的三取二的逻辑判断方式的，应制订计划尽快进行改造，以实现独立测量的三取二逻辑判断的锅炉汽包水位高、低保护。

汽包水位自动转换逻辑作为汽包水位保护的重要组成部分，对水位保护的可靠动作至关重要，条文中强调两点：一是当锅炉汽包水位高、低保护有两点因某种原因须退出运行时，除了自动转为一取一的逻辑判断方式外，强调必须针对上述风险较大的运行情况制订必要的安全运行措施，包括制订相应的反事故预案等，加强对事故的预防工作。二是实际应用中不同 DCS 系统或不同类型机组对上述控制策略设计上的差异性，进一步明确了汽包水位自动转换逻辑投运前的试验确认要求，确保汽包水位自动转换逻辑正式投运前的正确性。

【案例】 2004 年 2 月 2 日，河南省某电厂一台炉的两台测量汽包水位的差压变送器排污门泄漏，消缺处理后，因单室平衡容器参比水柱形成和正、负压管温度平衡需要一段时间，故将该两变送器至控制器的信号强制在一个确定值（8mm），消缺处理期间没有办理当有两点因某种原因须退出运行时，水位保护自动转为一取一的逻辑判断方式，水位保护仍然采用三取二的判断方式。在此期间由于运行人员误把自动调节信号切为该两故障信号的“平均”模式，因水位设定值为 18mm，于是给水指令连续增加给水量，最终导致水位保护无法正确动作，汽包满水。幸亏运行人员及时发现，手动 MFT 停炉，事故未进一步扩大。如果严格按照条文 6.4.9（1）进行保护判断方式的审批手续，保护可正确动作保护锅炉。

条文(2) 锅炉汽包水位保护所用的三个独立的水位测量装置输出的信号均应分别通过三个独立的 I/O 模件引入 DCS 的冗余控制器。每个补偿用的汽包压力变送器也应分别独立配置，其输出信号引入相对应的汽包水位差压信号 I/O 模件。

本条文强调为确保锅炉可靠、安全运行，汽包水位保护从原始测量装置到 DCS 的 I/O 模件的配置都需要独立，确保不发生因某 DCS 模件故障导致所有汽包水位信号失去的事件。明确了进行水位补偿计算的汽包压力变送器也应独立配置，对三取中/三取二的差压变送器信号，要求各自独立自成系统，以防某一台差压变送器故障检修时，影响汽包水位正常监控运行。

【案例】 2004 年 8 月 15 日 15 时 8 分 57 秒，上海某电厂 4 号机组光字牌：汽包水位低报警，运行检查 CCS 汽包水位突降至 −381mm 以下（−381mm 是保护动作值），电触点汽包水位正常，汽包水位低跳闸信号出现；15 时 19 分，MFT 动作，汽轮机跳闸、发电机解列。停机后经热控维护人员检查后发现汽包水位数据采集卡故障，卡上带有汽包水位LT0904、LT0905两点信号。由于水位测量装置LT0904、LT0905输出的信号未经过两个独立的采集卡（I/O模件）引入DCS的冗余控制器，该采集卡故障，直接造成汽包水位三选二保护动作是此次MFT的主要原因。

条文(3) 锅炉汽包水位保护在锅炉启动前和停炉前应进行实际传动校检。用上水方法进行高水位保护试验，用排污门放水的方法进行低水位保护试验，严禁用信号短接方法进行模拟传动替代。

汽包水位保护在锅炉启动前必须进行实际传动校检，传动必须到位，禁止为图省事用信号触点短接线方法，进行模拟传动试验。

条文(4) 锅炉汽包水位保护的定值和延时值随炉型和汽包内部结构不同而异，延时值的设置还应符合防止瞬间虚假水位误动及防止事故时水位偏差进一步扩大导致重大事故的原则，汽包水位保护的定值和延时值的具体数值应由锅炉制造厂确定，不应自行设置上述数值。

锅炉汽包高、低水位保护整定值及延时时间的设置，随炉型和汽包内部设备不同而不同。具体规定由锅炉制造厂负责确定，各单位不得自行确定。尤其是汽包水位低保护跳闸延时值，应按锅炉断水而出力为额定值及水位处于低水位保护跳闸值时的工况进行核算，还应符合防止瞬间虚假水位误动及防止事故时水位偏差进一步扩大导致重大事故的原则，不得无根据地任意设置。有的厂为适应RB动作工况的需要，擅自加大汽包水位低保护跳闸延时值，这会给机组安全运行带来严重隐患。

条文(5) 锅炉水位保护的停退，必须严格执行审批制度。

本条文目的在于加强水位保护的停退管理制度的建设。

条文(6) 汽包锅炉水位保护是锅炉启动的必备条件之一，水位保护不完整严禁启动。

为了保证锅炉的安全运行，本条文明确规定锅炉无水位保护严禁投入启动、运行。

条文6.4.10 当在运行中无法判断汽包真实水位时，应紧急停炉。

本条文是对汽包水位监控操作的要求。为运行人员在紧急工况下，提供果断操作的依据，以免犹豫不决，造成事故扩大化。

条文6.4.11 对于控制循环锅炉，应设计炉水循环泵差压低低停炉保护。炉水循环泵差压信号应采用独立测量的元件，对于差压低停泵保护应采用二取二的逻辑判别方式，当有一点故障退出运行时，应自动转为二取一的逻辑判断方式，并办理审批手续，限期恢复（不宜超过8h）。当两点故障超过4h时，应立即停止该炉水循环泵运行。

本条文针对控制循环锅炉提出了炉水循环泵差压两级保护的设置原则。对于控制循环锅炉，炉水循环泵差压保护根据差压设定值的不同实际对炉水循环泵体和锅炉提供两个级别的保护，一是差压低停泵，另一是差压低低停炉，两级保护的设定值和保护对象是不一样的。在一定程度上，炉水循环泵差压保护可承担汽包水位保护的后备保护功能。原相关规定中炉水循环泵差压保护未对上述保护级别进行区别，导致保护设置界限模糊。同时，通过调研电厂发现，目前控制循环锅炉实际安装两个循环泵差压信号（进保护的测点）的占大多数，只有极少数配置了三个测点，因此本条文对锅炉炉水循环泵差压保护的装置原则及相应运行维护管理提出要求，制订本条文目的在于加强炉水循环泵差压保护运行维护管理制度的建设。

【案例】 某电厂 2003 年 7 月，一台炉水循环泵差压变送器故障检修，在 DCS 系统软件中，强制设置其为正常运行，不符合“炉水循环泵差压信号一点故障退出运行时，自动转为二取一的逻辑判断方式，并办理审批手续”的要求。当实际最终炉水循环泵差压低低发生时，致使炉水循环泵差压低和低低保护拒动，适逢汽包水位低跳闸保护拒动，从而失去三道保护屏障，造成锅炉烧干锅，水冷壁损坏事故。

条文 6.4.12 对于直流炉，应设计省煤器入口流量低保护，流量低保护应遵循三取二原则。主给水流量测量应分别取自 3 个独立的取样点、传压管路和差压变送器并进行三选中后的信号。

本条文为强调直流炉满水和缺水保护的设置。直流炉给水经加热、蒸发和变成过热蒸汽是一次性连续完成的，因此给水流量的保护包括省煤器入口流量低保护和失去所有给水泵保护就尤为重要。流量测点重要程度不亚于汽包水位测点，对其取样点、差压测量元件也做了详细说明。

【案例】 2006 年 11 月 7 日 17 时 28 分，某电厂 1 号机组（1000MW）已转干态运行，燃料手动控制，汽动给水泵 A 在自动，电动给水泵处于热备，机组负荷为 300MW。三个汽动给水泵 A 入口流量的取样管取自一路，非取自三个独立的采样点，由于变送器非正常排污导致三路流量变送器统一误动作，引起给水流量低，导致 MFT 动作。

条文 6.4.13 直流炉应严格控制燃水比，严防燃水比失调。湿态运行时应严密监视分离器水位，干态运行时应严密监视微过热点（中间点）温度，防止蒸汽带水或金属壁温超温。

为了防止直流炉在启动初期汽水分离器水位过高，或热态升负荷时分离器水位的突升突变，或在停炉、甩负荷、MFT 和深度调峰运行工况下，由干态转为湿态循环运行时汽水分离器水位的突然变化，在合理设置储水罐水位调节阀（361 阀）、储水罐溢流调节阀（360 阀）和再循环泵的控制逻辑的基本条件下，强调湿态运行时应严密监视分离器水位。

当直流炉干态运行时强调直流炉重点控制的内容是燃水比，严防燃水比失调。这是由于直流炉汽温的控制本质是靠控制燃水比进行的。直流炉不同于汽包炉，当燃水比失调导致汽温变化时，仅靠调节减温水流量来控制汽温不仅会使减温水流量大范围变化，而且会进一步加重燃水比的失调，直接影响锅炉安全运行。因此需要控制微过热点（中间点）温度调节燃水比最终达到控制汽温的目的。

【案例】 2011年12月21日21时23分，某厂1号机组在协调CCS方式干态运行，给水、燃料均自动方式。在AGC升负荷过程中，由于上仓燃煤较湿，水分较大，发生A磨煤机堵磨，运行人员采用高风量吹磨煤机，由于机组始终运行在燃料自动方式，升负荷过程一直在增加燃料，当磨煤机疏通来煤后导致入炉煤量大增，此时中间点温度和主汽温度开始上升，由于协调控制和给水控制响应较慢，运行人员解除协调和给水自动，采用手动增加减温水流量的方式控制主汽温度，7min后，水冷壁壁温高及一级过热入口汽温高，MFT动作。由于堵磨导致中间点温度和主汽温度开始上升（即燃水比失调）时，运行人员应该采用减少燃料或者增加主给水流量（即严格控制燃水比）来控制汽温的上升，同时加强各壁温监视，及时调整减温水量，防止受热面超温，而不应该仅靠调节减温水流量来控制汽温，这样会进一步加重燃水比的失调，直接导致锅炉MFT。

条文6.4.14　高压加热器保护装置及旁路系统应正常投入，并按规程进行试验，保证其动作可靠，避免给水中断。当因某种原因需退出高压加热器保护装置时，应制订措施，严格执行审批手续，并限期恢复。

【案例】 2005年10月28日19时55分，某厂4号机组在升负荷过程中，因1号高压加热器水位大幅度波动，高压加热器解列。高压加热器解列后需将给水切至高压加热器水侧旁路运行，即关3号高压加热器入口三通阀及1号高压加热器出口电动门。1号高压加热器出口电动门关闭正常，但3号高压加热器入口三通阀因门卡涩而导致电动头过力矩未动作，即由于高压加热器旁路系统动作不可靠而导致给水中断，汽包水位低至−360mm，锅炉MFT动作，机组跳闸。

条文6.4.15　给水系统中各备用设备应处于正常备用状态，按规程定期切换。当失去备用时，应制订安全运行措施，限期恢复投入备用。

本条文对锅炉给水系统各备用设备的运行维护管理提出要求，制订本条款目的在于加强给水系统运行维护管理制度的建设。

条文6.4.16　建立锅炉汽包水位、炉水循环泵差压及主给水流量测量系统的维修和设备缺陷档案，对各类设备缺陷进行定期分析，找出原因及处理对策，并实施消缺。

条文6.4.17　运行人员必须严格遵守值班纪律，监盘思想集中，经常分析各

运行参数的变化；调整要及时，准确判断及处理事故。不断加强运行人员的培训，提高其事故判断能力及操作技能。

【案例1】 某电厂2号机组因工况不稳定，省调通过AGC减负荷时，汽包水位低机组跳闸。2003年7月30日21时30分，2号机组负荷为350MW（满负荷），机组在AGC运行方式。锅炉风量控制系统波动，总风量超限（大于1250t/h），锅炉风量控制跳“手动”，造成机组控制方式由“协调”跳“手动”，经调整后逐级投炉风量自动、机组协调控制；于21时38分，投AGC运行方式。此时，省调AGC方式减负荷，因机组工况未完全稳定，减负荷指令发出后机组燃料量突增，运行调整不及；21时40分，因锅炉汽包压力高（达200kg/cm^2）给水压头不足而造成汽包低水位跳机组。

【案例2】 某电厂1号机组在进行锅炉汽包水位优化调整时，给水调节系统参数整定不当，汽包水位高跳闸。2005年3月25日事发前1号机组A、C、D三台磨煤机运行，机组负荷为338MW，协调方式，给水主控在自动。13时40分，值长签发“1号机组给水调节系统优化整定”试验申请单；14时00分，试验开始，在蒸汽流量平稳的情况下，给水流量调节出现了波动。第一波过后，运行人员发现水位调节不正常，要求恢复原调节参数。热控试验人员要求再观察一下。第二波出现时，给水调节呈现渐扩振荡，汽包水位迅速上升，值长果断下令改手动调节给水，但给水主控改手动后，操作控制输出键无效（经查为A、B给水泵汽轮机主控站任一个输出达100%时，给水主控即被强制跟踪）。此时再将A/B给水泵主控改手动调节，同时打闸C磨煤机组，汽包水位已达跳闸值，14时5分，因汽包水位高而跳机。

条文6.5 防止锅炉承压部件失效事故

锅炉承压部件的失效是指因某种原因使管壁的局部应力超过材料的屈服极限、持久强度，而使管壁发生变化，最终导致爆漏。通常包括材料使用不当、管壁磨损、腐蚀、侵蚀减薄使应力升高、管壁超温使材料组织发生劣化而导致材料强度下降，以及附加应力或交变应力等因素使管壁发生失效。

为了有效地预防大容量锅炉承压部件爆漏事故的发生，必须严格按照有关的规程和规定，对大容量锅炉承压部件实施从设计、制造、安装、调试、运行、检修和检验的全过程管理。

本条文内容主要增加了“未经监督检验合格的管道元件组合装置不得在电站锅炉范围内管道中使用”“加强锅炉水冷壁及集箱检查，以防止裂纹导致泄漏”等相关内容。

条文6.5.1 各单位应成立防止压力容器和锅炉爆漏工作小组，加强专业管理、技术监督管理和专业人员培训考核，健全各级责任制。

锅炉承压部件的失效问题及其对应的防磨防爆工作，具有多样性和复杂性。造成承压部件失效问题的成因和发展，具有相当的隐蔽性和滞后性，承压部件爆漏存在突发性。因此，不论从管理和思路、制度和措施、人员安排和学习培训、具体工作和技术档案建立、交流和协作，防止承压部件失效都需要有非常强的系统性和适应性，需要成立相应的工作小组，加强专业管理、技术监督管理和专业人员培训考核，健全各级责任制。

条文 6.5.2　新建锅炉产品的制造、安装过程应由特种设备监检单位实施制造、安装阶段监督检验。锅炉投入使用前或投入使用后30日内，使用单位应按照《特种设备使用管理规则》（TSG 08—2017）办理使用登记，申领使用登记证。不按规定检验、办理使用登记的锅炉，严禁投入使用。

《特种设备使用管理规则》（TSG 08—2017）对锅炉的使用登记做了新的要求，按新要求进行修订。另外，本条文属于宏观方面的要求，故将原条文位置进行了调整。

条文 6.5.3　电站锅炉范围内管道包括主给水管道、主蒸汽管道、再热蒸汽管道等应符合《锅炉安全技术规程》（TSG 11—2020）的要求。建设单位采购该范围内管道中使用的元件组合装置［减温减压装置、堵阀、流量计（壳体）、工厂化预制管段］时，应在采购合同中注明“要求按照锅炉部件实施制造过程监督检验”的要求。制造单位制造上述元件组合装置时，应向经国家市场监督管理总局核准的具备锅炉或压力管道监检资质的检验机构提出监检申请，由检验机构按照安全技术规范和相关标准实施制造过程监督检验，合格后出具监检报告和证书。未经监督检验合格的管道元件组合装置不得在电站锅炉范围内管道中使用。

本条文为本次修订新增内容，反事故措施前移，按《锅炉安全技术规程》（TSG 11—2020）要求，对管道等设备的监督检验提出了要求，并在该规程的基础上，结合现场事故，增加了堵阀的要求。

【案例1】 2016年8月11日14时49分，当阳市马店矸石发电有限责任公司热电联产项目在试生产过程中，2号锅炉高压主蒸汽管道上的“一体焊接式长径喷嘴”（企业命名的产品名称，是一种差压式流量计，简称事故喷嘴）裂爆，导致发生一起重大高压蒸汽管道裂爆事故，造成22人死亡，4人重伤，直接经济损失约2313万元。事故的直接原因为安装在2号锅炉高压主蒸汽管道上的事故喷嘴是质量严重不合格的劣质产品，其焊缝缺陷在高温高压作用下扩展，局部裂开出现蒸汽泄漏，形成事故隐患。相关人员未及时采取停炉措施消除隐患，焊缝裂开面积扩大，剩余焊缝无法承受工作压力造成管道断裂爆开，大量高温高压蒸汽骤然冲向仅用普通玻璃进行隔离的集中控制室以及其他区域，造成重大人员伤亡。本事故还有其他管理方面的原因。

【案例 2】 2021 年，某电厂再热器出口水压试验堵阀的密封件用错材质，该材质未经监督检验，机组启动运行中，密封件崩开再热蒸汽泄漏，被迫紧急停机。如果附近有人，极有可能导致人身伤亡事故。

条文 6.5.4　严格做好锅炉制造、安装和调试期间的监造和监理工作。新建锅炉承压部件在安装前必须进行安全性能检验，并将该项工作前移至制造厂，与设备监造工作结合进行。在役锅炉结合机组检修开展承压部件、锅炉定期检验。锅炉检验项目和程序按《中华人民共和国特种设备安全法》《特种设备安全监察条例》［国务院令　第 549 号（2009 年）］、《锅炉安全技术规程》（TSG 11—2020）、《电站锅炉压力容器检验规程》（DL 647—2004）、《固定式压力容器安全技术监察规程》（TSG 21—2016）和《火力发电厂金属技术监督规程》（DL/T 438—2016）等相关规定进行。

本条文强调锅炉安装前的安全性能检查，并将该项工作前移至制造厂，与设备监造工作结合进行；强调新建锅炉在安装阶段进行安全性能监督检验；强调在役锅炉定期按相关规定定期检验。随着超（超）临界机组的普及，安装前和安装阶段的安全性能检查越来越重要，直接影响锅炉的安全性能。

【案例】 某新建超临界锅炉安装阶段监督检查不到位，水冷壁管留有异物，造成调试期间水冷壁管壁超温，不得不临时停炉处理相应水冷壁管的堵塞问题。

条文 6.5.5　防止超压超温的重点要求：

条文(1) 严防锅炉缺水和超温超压运行，严禁在水位表数量不足（指能正确指示水位的水位表数量）、安全阀解列的状况下运行。

条文(2) 参加电网调峰的锅炉，运行规程中应制订相应的技术措施。按调峰设计的锅炉，其调峰性能应与汽轮机性能相匹配；非调峰设计的锅炉，其调峰负荷的下限应由水动力计算、水动力试验及燃烧稳定性试验确定，并在运行规程制订相应的反事故措施。

条文(3) 直流锅炉的蒸发段、分离器、过热器、再热器出口导汽管等应有完整的管壁温度测点，以便监视各导汽管间的温度，并结合直流锅炉蒸发受热面的水动力分配特性，做好直流锅炉燃烧调整工作，防止超温爆管。

锅炉的管壁在高温烟气中受热，如果得不到可靠的冷却，其运行温度超过设计值或超过运行时限发生损坏，称为超温（过热）。由于锅炉管道内部堵塞、缺水、水循环破坏或膜态沸腾等原因，造成管道短期超温爆破，大部分短期超温损坏处呈现明显的胀粗变形，在破裂处呈现刀刃状边缘。中、长期超温是因为钢材长期工作在蠕变温度以上，金相组织发生变化，包括珠光体球化、碳钢和钼钢的石墨化、奥氏体钢发生 σ 相沉淀等，从而降低了金属的晶间强度而损坏。这种损坏管壁没有明显减薄，厚唇状断口是高温蠕变的特征。锅炉管壁超温是导致锅炉承压部件爆漏的一个重要因素。

【案例】 1991年某电厂4号锅炉重复发生水冷壁爆管事故。1991年3月21日，该电厂4号锅炉小修结束，汽轮机超速试验完毕准备并网时，突然炉膛一声巨响，汽包水位直线下降无法控制，紧急停炉。检查发现前墙水冷壁爆管一根，爆口在卫燃带附近100cm处，爆口附近同一循环回路共有25根管产生不同程度的变形。经抢修更换爆破的和变形严重的水冷壁管14根。于24日18时再次点火，25日3时24分带负荷40MW、主蒸汽压力9.3MPa、主蒸汽温度490℃、电触点水位计指示+30mm，炉内又发生一声巨响，汽包水位直线下降无法维持，再次紧急停炉。检查发现后墙水冷壁管一根爆破，爆口在卫燃带上方约80cm处，爆口周围10多根水冷壁管不同程度变形。这两次爆管的情况基本相同，经检查外观爆口特征和金相分析，断定为短期超温爆管，事故是由于运行人员在锅炉启动过程中，两次未按规定清洗汽包就地水位计，而且未与电触点水位计核对，控制室内机械水位计和自动记录水位计不能正常投入运行，电触点水位计与就地水位计不符，而出现假水位工况未能及时发现，致使锅炉严重缺水爆管。

因此，要有效地防止锅炉超温爆管事故的发生，应根据不同的起因，采取不同的防范措施。对于短期过热引起的爆管，一般要求防止锅炉汽包低水位、过量使用减温水引起过热器内水塞和作业工具、焊渣等异物进入锅炉管道而造成堵塞等措施。对于长期超温引起的爆管，就要弄清由于锅炉热力偏差、水力偏差还是结构偏差所引起的超温，以便采取相应的对策。

条文(4) 锅炉超压水压试验和安全阀整定应严格按《电力行业锅炉压力容器安全监督规程》(DL/T 612—2017)、《电站锅炉压力容器检验规程》(DL 647—2004)、《电站锅炉安全阀技术规程》(DL/T 959—2020) 执行。

锅炉超压也是导致锅炉承压部件爆漏事故的一个重要因素，甚至可以造成设备的严重损坏。为防止大容量锅炉超压，锅炉均安装有安全阀。当锅炉压力达到一定值时，其安全阀能突然起跳至全开，自动对锅炉进行泄压，并且为了限制蒸汽排放损失，当锅炉压力恢复正常或稍低的压力后，安全阀将自动关闭。因此，锅炉安全阀是防止锅炉超压的重要安全附件，严禁锅炉在解列安全阀状况下运行。

为保证锅炉安全阀在一定值下能够准确动作，要求锅炉安全阀进行热态整定，也就是在锅炉压力实际达到安全阀的整定值时，调整安全阀使其能自动开启，以排除多余介质，保证锅炉在额定压力下正常工作。

锅炉超压水压试验是指锅炉进行1.25倍工作压力下的水压试验，以考核锅炉管系的强度。

由于在进行锅炉超压水压试验和安全阀热态整定时，锅炉压力均超过正常工作压力，因此，为保证人员和设备的安全，锅炉进行超压水压试验和热态安全阀校验时，应制订专项安全技术措施。运行人员要严格按安全技术措施的要求进行操作，以防止锅炉升压速度过快或压力、汽温失控而造成锅炉超压超温，并且严禁非试验人员进入试验现场。在进行超压水压试验时，在保持试验压力的时间内不准进行任何检查，应待压力降到工作压力后，才可进行检查。

【案例】 1996年某热电厂发生4号670t/h锅炉超温、超压事故。1996年3月13日0时29分，4号机组由于直流控制电源总熔断器熔断，造成直流操作电源消失，4号机组跳闸，汽轮机主汽门关闭。因“机跳炉”联锁未投入运行，机组甩负荷后燃料没有联动切断。运行人员在事故处理过程中，尤其当手动开启脉冲安全阀锅炉压力不降时（4个主蒸汽系统的安全阀拒动），没有按规程果断切断制粉系统，致使锅炉承压部件严重超温、超压（最高主蒸汽压力达21.3MPa、主蒸汽温度达576℃，而额定过热器出口压力为13.7MPa、汽包压力为15.88MPa、主蒸汽温度为540℃）。

条文(5) 装有一、二级或多级旁路系统的机组，机组启停时应投入旁路系统，旁路系统的减温水须正常可靠。

条文(6) 锅炉启停过程中，应严格控制汽温变化速率。在启动中应加强燃烧调整，防止炉膛出口烟温超过规定值。

条文(7) 加强直流锅炉的运行调整，严格按照规程规定的负荷点进行干湿态转换操作。

锅炉在湿态与干态转换区域运行时，在垂直水冷壁中有可能产生两相流，容易引起水力不均匀性而造成管壁温度超限，因此，此时要注意保持燃料量和启动分离器水位的稳定，注意调整燃烧运行方式，以改善管壁温度，并尽可能缩短在这个区域的运行时间。

条文(8) 锅炉承压部件使用的材料应符合《高压锅炉用无缝钢管》（GB/T 5310—2017）和《火力发电厂金属材料选用导则》（DL/T 715—2015）的规定，材料的允许使用温度应高于计算壁温并留有裕度。应配置必要的炉膛出口或高温受热面两侧烟气温度测点、高温受热面壁温测点，应加强对烟气温度偏差和受热面壁温的监视和调整。现有壁温测点无法满足需要时，及时增加超温管段的壁温测点。

原条款对材料合格规定过于笼统，新修订为符合《高压锅炉用无缝钢管》（GB/T 5310—2017）和《火力发电厂金属材料选用导则》（DL/T 715—2015）的规定，更加明确和可操作。增加了“现有壁温测点无法满足需要时，及时增加超温管段的壁温测点”，超温管段壁温测点缺失，无法有效监控超温，容易造成该管段超温爆管。

一般情况下，低温受热面壁温测点应满足屏间偏差监测的需要，高温受热面应满足屏间偏差和同屏偏差监测的需要，表征屏间偏差的测点应装设在每屏受热面壁温最高的管子上，表征同屏偏差的测点应装设在壁温较高的管屏上，及时增加超温管段的壁温测点。

如果具备条件，可定期进行热力偏差管分析，壁温测点布置、测量误差和报警值分析，及时进行修正并代表性割管送检，避免隐性超温。

合格合理地使用受热面材料是防止超温的重要手段，对于超（超）临界锅炉，材料需要充分考虑抗氧化温度限值。

条文 6.5.6　防止设备大面积腐蚀的重点要求：

条文(1) 严格执行《火力发电机组及蒸汽动力设备水汽质量》(GB/T 12145—2016)、《化学监督导则》(DL/T 246—2015)、《火力发电厂水汽化学监督导则》(DL/T 561—2022)、《电力基本建设热力设备化学监督导则》(DL/T 889—2015)、《发电厂凝汽器及辅机冷却器管选材导则》(DL/T 712—2021)、《火力发电厂停（备）用热力设备防锈蚀导则》(DL/T 956—2017)、《火力发电厂锅炉化学清洗导则》(DL/T 794—2012)、《火电厂凝汽器管防腐防垢导则》(DL/T 300—2022) 等有关规定，加强化学监督工作。

应保证预处理系统和锅炉补给水处理系统各级设备的正常运行，保证除盐水水质合格。

条文(2) 机组运行时凝结水精处理设备严禁全部退出。机组启动时应及时投入凝结水精处理设备，直流锅炉机组在启动冲洗达到规程规定铁、硅等指标时即应投入精处理设备，精处理运行设备应采取氢型运行方式，防止漏氯漏钠，以保证精处理出水质量。

条文(3) 凝结水精处理系统再生时要保证阴阳离子交换树脂的分离度和再生度，防止再生过程发生交叉污染，阴树脂的再生剂应满足《工业用氢氧化钠》(GB/T 209—2018) 中离子膜碱一等品要求，阳树脂的再生剂应满足《工业用合成盐酸》(GB 320—2006) 中优等品的要求。精处理树脂投运前应充分正洗，应控制阴树脂正洗出水电导率小于1μS/cm、阳树脂正洗出水电导率小于2μS/cm、混合树脂正洗出水电导率小于0.1μS/cm；串联阳床十阴床系统，控制阴、阳树脂在再生设备中单独正洗至电导率小于1μS/cm，投运前设备串联正洗至末级出水电导率小于0.1μS/cm，防止树脂中的残留再生酸液被带入水汽系统而造成锅水pH值大幅降低。

本次修订强调阴树脂的再生剂应满足《工业用氢氧化钠》(GB/T 209—2018) 中离子膜碱一等品要求，阳树脂的再生剂应满足《工业用合成盐酸》(GB 320—2006) 中优等品的要求。

条文(4) 应定期检查凝结水精处理混床和树脂捕捉器的完好性，防止凝结水精处理混床树脂在运行过程中漏入热力系统，其分解产物影响水汽品质，造成热力设

备腐蚀。

条文(5) 加强循环冷却水处理系统的监督和管理，严格按照动态模拟试验结果控制循环水的各项指标，防止凝汽器管材腐蚀、结垢及泄漏。当凝结器管材发生泄漏造成凝结水品质超标时，应及时查漏、堵漏。

条文(6) 当运行机组发生水汽质量劣化时，严格按《火力发电机组及蒸汽动力设备水汽质量》(GB/T 12145—2016) 中的第15条、《火力发电厂水汽化学监督导则》(DL/T 561—2022) 中的第8条、《火电厂汽水化学导则　第4部分：锅炉给水处理》(DL/T 805.4—2016) 中的第9条处理，严格执行“三级处理”制度。

条文(7) 按照《火力发电厂停(备)用热力设备防锈蚀导则》(DL/T 956—2017) 进行机组停用保护，防止锅炉、汽轮机、凝汽器(包括空冷岛)、热网换热器等热力设备发生停用腐蚀。

增加了“热网换热器”，因为热网换热器也容易发生停用腐蚀。

条文(8) 应按《发电厂凝汽器及辅机冷却器管选材导则》(DL/T 712—2021) 的规定选用凝汽器及辅机冷却器管材，安装或更新前应进行严格的质量检验和验收，并加强运行维护及检修检查评价。

条文(9) 加强锅炉燃烧调整，改善贴壁气氛，避免高温腐蚀。锅炉改燃非设计煤种时，应全面分析新煤种高温腐蚀特性，采取有针对性的措施。锅炉采用主燃区过量空气系数低于1.0的低氮燃烧技术时应加强贴壁气氛监视和大小修时对锅炉水冷壁管壁高温腐蚀趋势的检查工作。

条文(10) 在大修或大修前的最后一次检修时应割取水冷壁管并测定垢量，按《火力发电厂锅炉化学清洗导则》(DL/T 794—2012) 相关规定及时进行机组化学清洗。

条文(11) 热网疏水等各类温度较高的工质禁止直接进入给水系统，应降温后接入凝汽器，并经精处理设备处理后进入给水系统，以免造成给水水质劣化。

本次修订新增条文，近年来由于热网疏水等导致给水水质劣化事故时有发生，本次修订对热网疏水予以规范。

锅炉受热面腐蚀减薄损坏，因涉及范围大，一旦暴露，常导致重复爆漏事故，而且修复工作量大。因此，预防及保护设备不受腐蚀是防止锅炉爆管、提高设备可用率的重要措施。锅炉受热面腐蚀分汽、水侧腐蚀和烟气侧腐蚀。汽、水侧腐蚀按其机理包括苛性腐蚀、氢损害、氧腐蚀、垢下腐蚀及应力腐蚀。烟气侧腐蚀包括高温腐蚀和低温腐蚀。

水冷壁管垢下腐蚀是以紧贴管壁的垢下管壁为阳极、外围表面为阴极所构成的局部电池作用引起的电化学腐蚀，严重时可导致鼓包或腐蚀穿孔。其主要的预防措施为解决凝结器泄漏后防止给水硬度超标问题；加强给水含铁量的检测与控制；对已结垢的水冷壁进行化学清洗。总之，要加强化学监督工作。

水冷壁管氢损坏原因是受热面内壁结垢，加之锅水处于低 pH 值状态。当进入凝结水系统的酸性盐类在水冷壁管垢下浓缩时，氢原子进入管壁金属组织中与碳化铁作用生成甲烷，使钢材晶间强度下降，产生沿晶裂纹。其主要预防措施为严格控制锅水质量，不使管内壁腐蚀结垢；发现腐蚀时要采取措施，清洗管壁结垢；防止凝汽器管泄漏，特别要控制锅水中的酸性盐类，如 $MgCl_2$ 等盐类存在，要求机组运行时，凝结水精处理设备必须投入运行；监测饱和蒸汽中的含氢量。

水冷壁高温腐蚀是指水冷壁外壁在还原性气氛中，在挥发硫、氯化物及熔融灰渣的作用下，使管壁减薄，从而引起故障。其预防措施为控制水冷壁近壁面气氛，避免未燃煤粉与还原性气体冲刷水冷壁；采用渗铝管或火焰喷涂的方法提高水冷壁管的抗腐蚀能力；在降低烟气含氧量采用低氧燃烧或为降低 NO_x 而采用二次燃烧时，应注意可能出现的高温腐蚀。

低温腐蚀是烟气中的硫酸、亚硫酸在低于露点的受热面上凝结，使受热面腐蚀的一种现象。其主要预防措施为采用低硫煤、炉内脱硫；采用耐腐蚀材料、改变传热元件型线；加装暖风器提高冷端综合温度等。

【案例】 1992 年某电厂发生 3 号炉水冷壁爆管事故。3 月 12 日 18 时 10 分，3 号 320MW 机组带 200MW 负荷运行时，发现机组负荷由 200MW 下降到 160MW，蒸汽流量由 680t/h 下降到 500t/h，给水流量由 680t/h 上升到 730t/h，过热蒸汽压力由 15.2MPa 下降到 13.3MPa，过热蒸汽温度由 523℃上升到 552℃，炉膛负压大幅度摆动，火焰电视显示云雾状，运行人员现场检查锅炉 19m 标高燃烧器 B 角处响声较大，机组长判断为锅炉水冷壁爆管，随后机组停运。经检查发现炉膛为 B 角右侧墙标高 19.5m 处第 10 根水冷壁管出现 38mm×100mm 的开窗状脆性爆口，该管内壁有严重腐蚀，使内径 44.5mm、壁厚 5.1mm 的水冷壁管减薄到 3.1mm；并且还发现燃烧器高温区的大面积水冷壁管向火侧结有 2mm 以上的铁垢，垢下有溃疡腐蚀凹坑，管壁减薄，有的减薄 2mm 以上，腐蚀坑下有金属宏观裂纹和微裂纹，腐蚀产物是高价氧化铁。大面积水冷壁管失效的主要原因为 3 号机组因制造质量、设计和安装质量等原因，长期分部试运，锅炉虽在长期停运期间采取必要的保养，但机组大部分热力系统无法保养，发生腐蚀，而该厂又对水质恶化的处理不够重视，凝结水除盐设备未能投入运行，低压加热器频繁跳闸，投入不正常，致使进入除氧器的凝结水温度偏低，而除氧器又未全面调试，不能正常除氧，从而导致给水中含氧、含铁量长期超标。因此，铁就随给水进入锅炉，全部沉积在水冷壁管上，铁垢的存在引起其沉积物下的垢下腐蚀，而铁垢又将引起水冷壁管的过热，金属温度升高又促进了腐蚀，最终导致燃烧器高温区水冷壁管大面积鼓包。修复 3 号锅炉更换管总长约 2900m，总质量约为 17t，机组停运 3 个月。

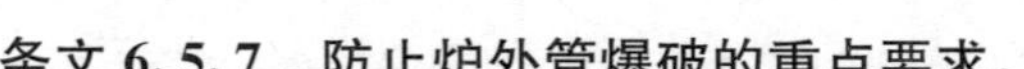

条文 6.5.7　防止炉外管爆破的重点要求。

条文(1) 加强炉外管巡视，对管系振动、水击、膨胀受阻、保温脱落等现象应认真分析原因，及时采取措施。炉外管发生漏汽、漏水现象，必须尽快查明原因并及时采取措施，如不能与系统隔离处理应立即停炉。

条文(2) 按照《火力发电厂金属技术监督规程》（DL/T 438—2016），对汽包、直流锅炉汽水分离器及储水罐、集中下降管、联箱、主蒸汽管道、再热蒸汽管道、弯管、弯头、阀门、三通等大口径部件及其焊缝进行检查，及时发现和消除设备缺陷。对于不能及时处理的缺陷，应对缺陷尺寸进行定量检测及监督，并做好相应技术措施。

条文(3) 定期对导汽管、汽水联络管、下降管等炉外管以及联箱封头、接管座等进行外观检查、壁厚测量、圆度测量及无损检测，发现裂纹、冲刷减薄或圆度异常复圆等问题应及时采取打磨、补焊、更换等处理措施。

条文(4) 加强对汽水系统中的高中压疏水、排污、减温水等小径管的管座焊缝、内壁冲刷和外表腐蚀现象的检查，发现问题及时更换。

条文(5) 按照《火力发电厂汽水管道与支吊架维修调整导则》（DL/T 616—2006）的要求，对支吊架进行定期检查和调整。

条文(6) 对于疏水管道、放空气管等存在汽水两相流的管道，应重点检查其与母管相连的角焊缝、母管开孔的内孔周围、弯头等部位的裂纹和冲刷，其管道、弯头、三通和阀门，运行 10 万 h 后，宜结合检修全部更换。

条文(7) 定期对喷水减温器进行检查，混合式减温器每隔 1.5 万～3 万 h 检查一次，应采用内窥镜进行内部检查，喷头应无脱落、喷管无开裂、喷孔无扩大，联箱内衬套应无裂纹、腐蚀和断裂。减温器内衬套长度小于 8m 时，除工艺要求的必须焊缝外，不宜增加拼接焊缝；若必须采用拼接时，焊缝应经 100%探伤合格后方可使用。防止减温器喷头及套筒断裂造成过热器联箱裂纹，面式减温器运行 2 万～3 万 h 后应抽芯检查管板变形，内壁裂纹、腐蚀情况及芯管水压检查泄漏情况，以后每次大修检查一次。

条文(8) 在检修中，应重点检查可能因膨胀和机械原因而引起的承压部件爆漏的缺陷。

条文(9) 机组投运的第一年内，应对主蒸汽和再热蒸汽管道的不锈钢温度套管角焊缝进行渗透和超声波检测，并结合每次 A 级检修进行检测。

条文(10) 锅炉水压试验结束后，应严格控制泄压速度，并将炉外蒸汽管道存水完全放净，防止发生水击。

条文(11) 焊接工艺、质量、热处理及焊接检验应符合《火力发电厂焊接技术规程》（DL/T 869—2021）和《火力发电厂焊接热处理技术规程》（DL/T 819—

2019）的有关规定。

炉外管的爆破具有杀伤力极大、后果难以预料和控制、严重威胁现场工作人员的生命安全的特点。炉外管爆破事故主要是由管道超温超压使材料机械强度下降、支吊架失效、管系膨胀受阻、管系振动、水冲刷、管材缺陷和焊接质量不良等因素造成的。因此，一是加强机组和锅炉运行调整，防止管道超温超压，减少易引起两相流的疏水、空气管道的冲刷；二是要加强金属监督，定期对炉外管道、主蒸汽管道、再热蒸汽等大口径管道、弯头、三通以及焊缝进行检查，发现问题及时更换；三是对支吊架要定期进行检查，防止由于管系负荷分布不均，造成管系膨胀受阻和失效；四是要改善停炉保护工作，认真控制化学清洗工作的质量。

严格控制机组启停过程中汽水系统升压（降压）、升温（降温）速率，及时开启疏水阀，确保主管道内不饱和凝结水及时排出，严防水击产生。

运行期间加强对高温高压管道上的流量孔板、流量计的巡查，检修期间开展流量孔板、流量计的监督检验。

定期开展高温高压管道、联箱、压力容器等设备上堵板、盲板的隐患排查工作。

【案例1】 1999年某电厂发生3号锅炉（670t/h）汽包联络管爆破事故。1999年7月9日，3号锅炉在安全阀热态整定过程中，高温段省煤器出口联箱至汽包联络管直管段发生爆破，造成5人死亡，3人严重烫伤。事故由于该段钢管外壁侧存在纵向裂纹，致使钢管的有效壁厚仅为1.7mm左右，从而导致在3号锅炉安全阀整定过程中，当主蒸汽压力达到16.66MPa时，钢管有效壁厚的实际工作应力达到材料的抗拉强度而发生瞬时过载断裂，发生爆破。

【案例2】 1995年7月5日，某电厂发生1号锅炉炉外导汽管爆破造成人员灼伤死亡事故。1号锅炉在启动过程中切分刚结束5min，乙侧前墙由西向东数第二屏出口联箱至1号混合器入口导汽管突然爆破，高温蒸汽使2名正在附近测温的热工人员严重灼伤，并导致其中1名人员死亡。其事故原因是由于每次启动切分中和切分后该管均发生短期的局部超温，从而引起管壁发生塑性变形，经过多次超强涨粗后，管道减薄，最终导致管道爆破。

条文6.5.8　防止锅炉四管爆漏的重点要求。

条文(1) 建立锅炉承压部件防磨防爆设备台账，制订和落实防磨防爆定期检查计划、防磨防爆预案，完善防磨防爆检查、考核制度。

条文(2) 在有条件的情况下，应采用漏泄监测装置。水冷壁、过热器、再热器、省煤器管发生爆漏时，应及时停运，防止扩大冲刷，损坏其他管段。

条文(3) 定期检查水冷壁刚性梁四角连接及燃烧器悬吊机构，发现问题及时处理。防止因水冷壁晃动或燃烧器与水冷壁鳍片处焊缝受力过载拉裂而造成水冷壁

泄漏。

条文(4) 加强蒸汽吹灰设备系统的维护及管理。在蒸汽吹灰系统投入正式运行前，应对各吹灰器蒸汽喷嘴伸入炉膛内的实际位置及角度进行测量、调整，并对吹灰器的吹灰压力进行逐个整定，避免吹灰压力过高。吹灰器投用前应对吹灰管路充分暖管疏水，严禁吹灰蒸汽带水。运行中遇有吹灰器卡涩、进汽门关闭不严等问题，应及时将吹灰器退出并关闭进汽门，避免受热面被吹损，并通知检修人员处理。

吹灰器投用前应对吹灰管路充分暖管疏水，严禁吹灰蒸汽带水。吹灰蒸汽带水，容易造成受热面吹损。

条文(5) 锅炉发生四管爆漏后，必须尽快停炉。在对锅炉运行数据和爆口位置、数量、宏观形貌、内外壁情况等信息作全面记录后方可进行割管和检修。应对爆漏原因进行分析，分析手段包括宏观分析、金相组织分析和力学性能试验，必要时对结垢和腐蚀产物进行化学成分分析，根据分析结果采取相应措施。

对四管爆漏的原因分析，可根据现场具体情况开展各项必要的分析工作，找出四管爆漏的原因。

条文(6) 运行时间接近设计寿命或发生频繁泄漏的锅炉过热器、再热器、省煤器，应对受热面管进行寿命评估，并根据评估结果及时安排更换。

条文(7) 达到设计使用年限的机组和设备，必须按规定对主设备特别是承压管路进行全面检查和试验，组织专家进行全面安全性评估，经主管部门审批后，方可继续投入使用。

条文(8) 对新更换的金属钢管必须进行光谱复核，焊缝100%探伤检查，并按《火力发电厂焊接技术规程》(DL/T 869—2021) 和《火力发电厂焊接热处理技术规程》(DL/T 819—2019) 要求进行热处理。

本次修订新增条文，电厂检修中，金属钢管材质错用现象时有发生，强调对新更换的金属钢管进行光谱复核，并按要求对焊缝进行100%探伤检查，避免造成事故。

条文(9) 加强锅炉水冷壁及集箱检查，以防止裂纹导致泄漏。

本次修订新增条文，近年来水冷壁及集箱裂纹事故频繁发生。对于频繁启停、深度调峰和快速变负荷的锅炉，应加强水冷壁及集箱检查，以防止裂纹导致泄漏。

根据不同炉型受热面布置结构特性，严格控制锅炉启停、变负荷时各受热面温度突变幅度不超标[特别是超(超)临界锅炉]，防止温变应力导致受热面爆损。

锅炉“四管”是指锅炉水冷壁、过热器、再热器和省煤器；传统意义上的防止锅炉四管泄漏，是指防止以上部位炉内金属管子的泄漏。锅炉四管，涵盖了锅炉的全部受热面，它们内部承受着工质的压力和一些化学成分的作用，外部承受着高温、侵蚀和磨损的环境，在水与火之间进行调和，是矛盾集中的所在，所以很容易发生失效和爆漏问题。

发生锅炉四管爆漏的原因主要有过热、磨损、应力撕裂、焊接问题、材质以及腐蚀等。

锅炉承压部件防磨防爆检查在防治锅炉四管泄漏中占有突出的地位，是专业性、规范性、经验性非常强的技术工作，因此，作为一项专门的工作，在相关标准和导则中都有详细的规定。锅炉检修中防磨防爆的检查项目及内容，应按照《火力发电厂锅炉机组检修导则　第2部分：锅炉本体检修》（DL/T 748.2—2016）等规定的项目和周期进行。根据各个电厂多年的防磨防爆检查经验以及对承压部件爆漏事故的统计，在检修中应重点检查以下几点：水冷壁的检查，过热器和再热器、省煤器的检查，此外还应重视对炉外承压部件的检修和定期检验工作。

生产过程中，需要做好机组设备特性的研究、总结、掌握和优化提高，加强燃料管理，不断提高运行管理水平，重视化学监督，加强吹灰管理，加强热工管理，加强锅炉四管泄漏后的处理等。坚决做好四管泄漏事故的分析工作，必须弄清楚造成爆管的本质原因，同时制订相应的措施并落实整改，防止同类事故反复发生。

机组运行期间，受热面管子如发生超温，应及时查明原因，做好运行调整，对经常超温的管屏（子）或超温幅度和累计时间有增加趋势的管屏（子），应加强监督和分析，同时加强对该区域管子的监督检查，防止超温爆管事故的发生。

受热面防磨防爆检查工作中，应增加对易产生应力集中位置，如锅炉集箱角焊缝、大包内水冷壁管子和鳍片焊接部位、水冷壁中间集箱及下集箱宽鳍片部位、水冷壁四角连接位置及其下部水封槽、包墙下集箱两端、鳍片焊缝、各让出管、吹灰器附近、穿顶棚、密封盒等位置的专项检验工作。

另外，承压部件焊接施工困难、隐蔽性强等后期较难检查、检修的部位，应结合实际情况提高监督验收标准，进行100%比例射线检测。承压部件的焊接作业应由高压焊工进行。

【案例1】 一台300MW进口机组，发生过热器爆管，简单认为是材质问题，快速处理后启动，几十小时后相同部位再次发生爆管，再次认真分析，确定为短期过热，可能是堵塞造成的，下决心割开联箱封头用内窥镜探查，在该管子入口发现了制造厂遗留，而安装期间也没有清除的水压试验堵头。

【案例2】 某个电厂，锅炉爆管后割取该管圈、保留炉外管并闷堵，下次检修更换管子，由于管子内部氧化皮等杂物没有清理，启动过程中携带至U形弯底部并堵死，新更换的T91管子，机组启动不到30h即爆管。

【案例3】 2022年8月某百万机组水冷壁发生泄漏，检查发现为横向裂纹，分析原因为热交变应力导致疲劳损伤产生横向裂纹（如图6-4所示）。

图 6-4 裂纹

条文 6.5.9 防止超（超）临界锅炉高温受热面管内氧化皮大面积脱落。

条文（1） 超（超）临界锅炉受热面设计必须尽可能减少热偏差，各段受热面必须布置足够的壁温测点，测点应定期检查校验，确保壁温测点的准确性。

条文（2） 高温受热面管材的选取应考虑合理的高温抗氧化裕度。

条文（3） 加强锅炉受热面和联箱监造、安装阶段的监督检查，必须确保用材正确，受热面内部清洁、无杂物。重点检查原材料质量证明书、入厂复检报告和进口材料的商检报告。

条文（4） 必须准确掌握各受热面多种材料拼接情况，合理制订壁温报警定值。

条文（5） 必须重视试运中酸洗、吹管工艺质量，吹管完成过热器高温受热面联箱和节流孔必须进行内部检查、清理工作，确保联箱及节流圈前清洁无异物。

条文（6） 不论是机组启动过程，还是运行中，都必须建立严格的超温管理制度，认真落实，严格执行规程，杜绝超温。

条文（7） 严格执行厂家设计的启动、停止方式和变负荷、变温速率。

条文（8） 机组运行中，尽可能通过燃烧调整，结合平稳使用减温水和吹灰，减少烟温、汽温和受热面壁温偏差，保证各段受热面吸热正常，防止超温和温度突变。

条文（9） 对于存在氧化皮问题的锅炉，不应停炉后强制通风快冷。

条文（10） 加强汽水监督，给水品质达到《火力发电机组及蒸汽动力设备水汽质量》（GB/T 12145—2016）。

条文（11） 新投产的超（超）临界锅炉，必须在第一次检修时进行高温段受热面的管内氧化情况检查。对于存在氧化皮问题的锅炉，必须利用检修机会对弯头及水平段进行氧化层检查，以及氧化皮分布和运行中壁温指示对应性检查。

条文（12） 加强对超（超）临界机组锅炉过热器的高温段联箱、管排下部弯管和节流圈的检查，以防止由于异物和氧化皮脱落造成的堵管爆破事故。对弯曲半径较小的弯管应进行重点检查。

条文（13） 加强新型高合金材质管道和锅炉蒸汽连接管的使用过程中的监督检

验，每次检修均应对焊口、弯头、三通、阀门等进行抽查，尤其应注重对焊接接头中危害性缺陷（如裂纹、未熔合等）的检查和处理，不允许存在超标缺陷的设备投入运行，以防止泄漏事故；对于记录缺陷也应加强监督，掌握缺陷在运行过程中的变化规律及发展趋势，对可能造成的隐患提前作出预判。

条文(14) 加强新型高合金材质管道和锅炉蒸汽连接管运行过程中材质变化规律的分析，定期对P91、P92、P122等材质的管道和管件进行硬度和微观金相组织定点跟踪抽查，积累试验数据并与国内外相关的研究成果进行对比，掌握材质老化的规律，一旦发现材质劣化严重应及时进行更换。对于应用于高温蒸汽管道的P91、P92、P122等材质的管道，如果发现硬度低于标准值，应及时分析原因，进行金相组织检验，必要时，进行强度计算与寿命评估，并根据评估结果采取相应措施。焊缝硬度超出控制范围，首先在原测点附近两处和原测点180°位置再次测量；其次在原测点可适当打磨较深位置，打磨后的管子壁厚不应小于管子的最小计算壁厚。

超（超）临界机组氧化皮问题，是具体管材在高温，特别是超温情况下，由水蒸气氧化生成氧化层。氧化层在达到一定厚度后，由于快冷等原因大面积集中脱落，大量堆积使管内蒸汽流量减少或者中断，管内蒸汽冷却效果变差，导致再超温或短期过热爆管。

锅炉汽温参数的提高和选择粗晶、不加表面处理的奥氏体不锈钢，是国内很多超（超）临界机组锅炉设计和运行的特点。在500℃以上，该材料单和水蒸气反应，就开始生成氧化层；在570℃以上，氧化层中增加FeO相，材料氧化的速度逐渐加快；在600～620℃之间，金属的氧化速度存在突变点，此时不锈钢的氧化层会迅速增厚。氧化层达到一定的厚度，就会在运行条件变化（导致管壁温度突然大幅变化）时剥落，成为脱落氧化皮。由于选用材料和超临界机组锅炉的汽温特性，因此在运行中过热器、再热器管内必然会产生氧化层。在控制不精确的情况下，达到570℃以上超温时，必然会生成多相超厚氧化层（易脱落氧化皮）。氧化皮的生成、生长速度，以及脱落和温度及其变化水平密切相关，蒸汽温度控制在材料的抗氧化需用温度以内，不会发生严重的氧化皮生成和脱落。

超温是氧化皮生成的直接原因，超（超）临界机组必须布置足够的壁温测点，测点应定期检查校验，确保壁温测点的准确性。壁温的报警温度必须合理，需要充分考虑合理的高温抗氧化裕度。

快冷是造成氧化皮大面积脱落的直接原因，由于受到负荷和参数控制的限制，因此升温的幅度和速率不容易飞跃，而在机组停运时，尤其高负荷非停后，特别发生过超温后非停，客观又由于快速消压和强制通风等原因造成锅炉快冷，则管内氧化皮会大面积集中脱落，就会发生局部堵管和再次启动发生短期超温爆管事故。因此需要制订合理的变负荷、变温速率和停炉方式，不应停炉后强制通风快冷，避免氧化皮大面积脱落。

氧化皮一般容易在降温过程中发生剥落，在350℃附近发生剧烈剥落。在较高温度下剥落的氧化皮为片状，在较低的温度下剥落的氧化皮为粉状。氧化皮在升温过程中，在200～300℃时也会发生氧化皮的剥落，但剥离量比降温过程少。局部少量氧化皮剥离，没有发生堆积堵塞，不产生后果的，是氧化皮现象；大面积氧化皮集中脱落，阻塞局部蒸汽流通，产生超温甚至过热爆管的，就是氧化皮问题。

超（超）临界机组锅炉应做到每次检修都要检查氧化皮。对于存在氧化皮问题的锅炉，必须利用检修机会对不锈钢管弯头及水平段进行氧化层检查，以及氧化皮分布和运行中壁温指示对应性检查。加强对超（超）临界机组锅炉过热器的高温段联箱、管排下部弯管和节流圈的检查，以防止由于异物和氧化皮脱落造成的堵管爆破事故。对弯曲半径较小的弯管应进行重点检查。

近年来，有些单位开展快冷的课题研究，采用强制通风快冷，进行检查处理脱落的氧化皮，机组启动后采用旁路吹扫等措施，其长期的效果有待进一步验证。基于此，本次将“对于存在氧化皮问题的锅炉，严禁停炉后强制通风快冷。”修订为“对于存在氧化皮问题的锅炉，不应停炉后强制通风快冷。”对于存在氧化皮大面积剥落风险的锅炉，不应停炉吹扫结束后继续强制通风快冷；若采取了强制通风快冷措施，则应进行全面的氧化皮堆积情况检查和清理等有效措施。

【案例】 某600MW超临界机组运行不到4000h，发生锅炉高温过热器氧化皮脱落爆管事故。锅炉停运冷却过程中发生氧化皮脱落，氧化皮聚积成核状，堵死了高温过热器流通截面。4号锅炉高温过热器SA213TP3476H材质主要成分符合国家标准，但国家标准中判断材质指标不全。国外对SA213TP3476H材质要求晶粒度等级在7级以上，而4号锅炉高温过热器材质晶粒度等级为4.5级，晶粒度等级达不到要求。此外对原有材质的报警温度设置没有考虑其抗氧化温度裕度，造成氧化皮的大量生成，条件具备即大量脱落，造成高温过热器氧化皮脱落并堵塞管子而引起爆管。

条文6.5.10　奥氏体不锈钢管子监督的重点要求。

条文(1) 奥氏体不锈钢管子蠕变应变大于4.5%，T91、T122类管子外径蠕变应变大于1.2%，应进行更换。

条文(2) 对于奥氏体不锈钢管子要结合大修检查钢管及焊缝是否存在沿晶、穿晶裂纹，一旦发现应及时换管。

条文(3) 锅炉运行5万h后，检修时应对与奥氏体耐热钢相连的异种钢焊缝按10%进行无损检测。

条文(4) 对于奥氏体不锈钢管与铁素体钢管的异种钢接头在5万h进行割管检

查，重点检查铁素体钢一侧的熔合线是否开裂。

奥氏体不锈钢是指在常温下具有奥氏体组织的不锈钢。钢中含Cr约18%、Ni8%～10%、C约0.1%时，具有稳定的奥氏体组织。奥氏体不锈钢无磁性而且具有高韧性和塑性，但强度较低，不可能通过相变使之强化，仅能通过冷加工进行强化，如加入S、Ca、Se、Te等元素，则具有良好的易切削性。奥氏体不锈钢的应力腐蚀、冷加工硬化后应力腐蚀敏感性升高和高温长期服役后的脆化是其失效的主要原因，应重视其技术监督，定期检验和更换。

条文6.6　防止农林生物质发电事故

本条文是本次修订过程中的新增内容，主要考虑国内已经投运了几百台农林生物质发电锅炉，在实际的运行中参照原来条文进行执行，但是没有体现农林生物质锅炉的特点，也没有将专门的条文进行针对性强制执行，对于防范农林生物质发电锅炉不能很好地发挥作用，杜绝发生同类的恶性事故，不能做到举一反三，因此，本次修订时将农林生物质发电单独列出一个章节，作为锅炉专业的一部分，从三个方面进行反事故措施制订：防止燃料储存区和上料皮带及炉前料仓着火、防止水冷壁和高温受热面的高温腐蚀、防止锅炉尾部再次燃烧。

条文6.6.1　防止农林生物质电厂燃料存储区、上料皮带及炉前料仓着火的重点要求：

由于生物质燃料热值低、形状不规则、燃点低等原因，在生产运行过程中，容易引发火灾事故，其主要原因有违章吸烟引起火灾；堆垛燃料水分过高或者淋雨造成霉变发热、阴燃火灾；人为纵火，外来火源引起火灾，雷电原因引起火灾；机械车辆引起火灾，料场内车辆车轮与地面摩擦发热引燃周围燃料；料场内车辆未佩戴防火帽或防火帽不合格以及防火帽积炭未定期清理，引燃周围的燃料；锅炉给料口返火引燃炉前料仓及上料皮带。

与燃煤电厂相比较，农林生物质电厂燃料在存储、输送和炉前料场等多个环节和区域容易发生火灾，造成设备和人员伤亡，国内已经发生了多起火灾事故，造成重大的经济损失，因此，需要制订专门反事故措施。

【案例1】 2011年2月23日，公主岭市某生物发电有限公司秸秆料场突然起火，整个秸秆料场燃起大火，1万多吨的秸秆被大火包围，所幸并没有造成人员伤亡。火灾发生以后，四平市和公主岭市消防部门共出动消防车17辆，95名消防官兵；生物质发电公司出动铲车5辆，抓草机4台；调用城管执法局铲车3辆，水车1辆，城管队员20人，全力以赴转移未燃秸秆压缩包3000多m^3到安全地点，打开料场到厂区以及高压电网的防火隔离带，消防车控制料场起火点，确保厂区和附近居民生活财产安全。

料场内的秸秆料既有玉米秸秆也有树根、草帘子等燃料，秸秆料场里的秸秆料在1万t以上，价值几百万元。整个秸秆料场都是禁烟禁火的，火是从秸秆料场的中间区域燃烧起来的，当时有人在作业，利用传送机将散落的秸秆传送到堆垛上面，传送机的电线突然起火，冒出一个大火球，直接将旁边的秸秆引燃。

【案例2】 2018年5月10日，某生物发电公司发生一起因堆垛用挖掘机自燃引起的料场失火事件，烧损燃料约300t，直接经济损失约8万余元。由于当日风力较大，火势蔓延很快，事发挖掘机两侧的两垛燃料迅速大面积过火，现场火情无法控制。13时16分，全××拨打119报警电话；13时40分，市消防大队六辆消防车抵达失火现场组织开展扑救工作；17时，料场火势基本得到控制；19时15分，现场明火全部扑灭。

火灾发生的原因在于外包堆垛作业用挖掘机工况不佳，车辆漏油、积油，蓄电池接线不良，作业中蓄电池短路打火，引燃积油，与蓄电池室相邻的柴油箱由于高温烘烤导致内部压力剧增，油箱盖突然向上崩开，向周围料垛喷出大量柴油，并引燃周围料垛。

上述典型事故表明，农林生物质发电的燃料堆场容易发生火灾，并且火灾发生后容易扩大，影响输送皮带、炉前料斗以及锅炉正常生产，因此应从料场设计、布局、用电安全、车辆管理、消防管理等方面，制订相应的反事故措施。

条文(1) 应做好料场整体规划，预防外来火源、火灾，防火间距满足相关规程要求；堆垛位置选择排水比较好的区域，确保雨水可以及时排出；消防通道保持通畅。

本条文主要考虑农林生物质电厂不同于燃煤电厂，燃料存储空间大，容易引发火灾，很多项目为了节省占地，料场规划设计不合理，或者投运后修改了储运场地，造成防火间距不能满足要求，且要防止外部的火源引发料场火灾；另外，露天料场要考虑排水，防止发生霉变和缓慢氧化而着火。生物质燃料存储不当，特别是受到雨淋后，内部容易发生霉变发热，超过燃点极易发生火灾。

条文(2) 规范燃料存储区的用电设备，严格用电安全。加强料场内用电管理，杜绝雷电火灾。

本条文是要求做好燃料储存区的用电设备安全，夜晚作业时设置照明，临时用电时不规范，容易发生漏电或者因电气打火所导致的火灾；防止料场发生雷电灾害，也应该高度重视，设置必要的避雷和防雷接地设施。

条文(3) 上料系统及炉前料仓必须采取防火措施，设置消防水喷淋系统，杜绝外来火源，并在炉前料仓与皮带之间设置防火挡板。螺旋给料机头部宜装有感温探测器，当温度异常时，应能向控制室报警。

本条文是考虑生物质锅炉在振动炉排时，容易发生正压，炉膛内的火焰容易通过给料口反窜，造成炉前料仓和输送系统着火；对于CFB锅炉，炉膛内为正压，也容易发生类似事故。

条文(4) 加强料场内部消防安全管理，从严控制火灾隐患。严格料场门禁管理，对入厂车辆和人员进行检查登记，设立火种留置柜，进入料场必须留下火种。

本条文从最基本的消防管理着手，要求对入场人员和车辆加强登记、火种留置等，严控火源带入料场引发火灾。

条文(5) 加强车辆安全管理，杜绝车辆自燃火灾。

本条文是考虑生物质料场中存在很多种类的作业车辆，由于车辆管理不规范，没有设置防火帽、积炭清理不及时等造成车辆引发着火，或者是车辆长期运行，发生了自燃，引发生物质着火。

条文(6) 料场内严禁吸烟；料场内岗楼、值班室、计量室应采用无明火方式取暖，禁止使用大功率电热取暖设备（如电炉、热得快、小太阳等），料场内燃料卸车过程中，必须严格检查卸料现场是否有遗留火种，卸车完成后应检查卸车现场，及时清理散落燃料，确保安全。

本条文是坚决杜绝抽烟，防止办公值班室内引发火灾，对采暖方式要求严格，对车辆进入进行严格管理，防止遗留火种，引发火灾隐患，已经发生的多次事故均因为本条文没有得以执行而发生，因此要引起重视。

条文 6.6.2　防止水冷壁和高温受热面高温腐蚀的重点要求：

对于生物质锅炉，高温腐蚀的部位主要在于炉膛水冷壁、炉膛上部的高温过热器等，如三级过热器焊缝金属的Cr、Ni含量明显低于管子母材，是造成焊缝腐蚀速率快于母材的主要原因，造成三级过热器和水冷壁外壁腐蚀的主要腐蚀介质是生物质燃炉中的Cl元素，腐蚀速率与炉膛气氛和管子温度有关，燃料中的硫也会造成腐蚀，腐蚀层中S含量较低，一般认为生物质锅炉中S的腐蚀性低于Cl。生物质燃料中的碱金属（K、Na）烧灼后与管子表面金属或金属氧化物反应形成低熔点共晶化合物，由于这种共晶体熔点很低，熔融状态的腐蚀层会对管子造成更严重的腐蚀。高温腐蚀的发生还有一个重要条件就是管子金属温度，只要能将管壁温度控制得比较低就很少发生高温腐蚀。有的生物质锅炉的炉膛水冷壁水循环设计得不太好，使得某些水冷壁局部区域没有得到很好冷却导致管壁温度较高，同时燃料中的氯含量较高，在这种条件下水冷壁管子就产生了高温腐蚀。

总之，碱金属氯化物的高温熔融腐蚀机理：碱金属氯化物的生成、碱金属氯化物的硫酸盐化、氯气扩散，与铁反应生成氯化铁、氯化铁氧化生成氯气。该腐蚀具有高温性、持续性和普遍性的特点。

针对发生高温腐蚀的原因分析及腐蚀机理，主要从锅炉制造、燃料管理、锅炉运行和维护等方面着手，制订防止农林生物质锅炉发生高温腐蚀的事故措施。

【案例1】 某生物质电厂容量为30MW，水冷振动炉排，水冷壁发生了高温腐蚀，如图6-5所示。

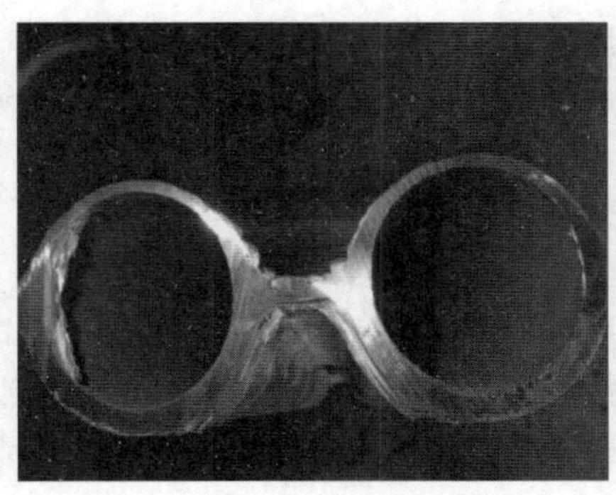
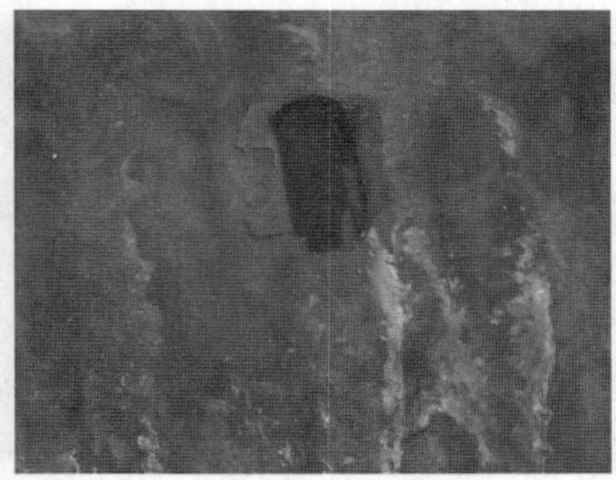

图 6-5 水冷壁高温腐蚀

【案例 2】 某生物质电厂容量为 30MW，引进丹麦技术制造，三级高温过热器，位于炉膛上部，发生了高温腐蚀，如图 6-6 所示。

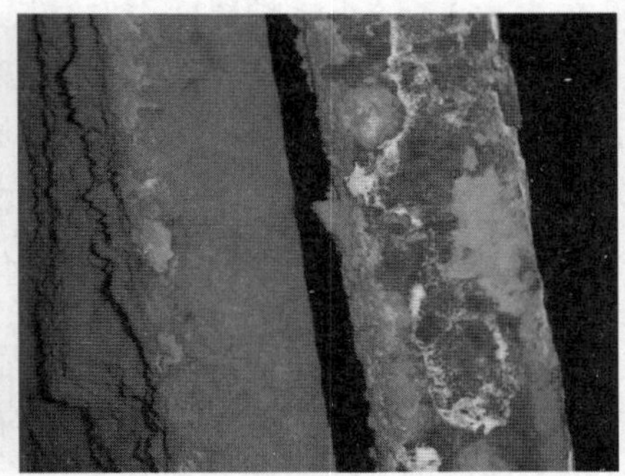

图 6-6 过热器高温腐蚀

由于小容量的生物质炉膛，燃烧时配风分布不均匀，在炉膛内产生了局部还原性气氛，特别是对于炉排锅炉的炉拱部位和进料口区域，容易发生高温腐蚀；对于炉膛上部的高温受热面，受到碱金属腐蚀，容易在受热面表面玷污，碱金属沉积后，在高温条件下发生高温腐蚀；入炉燃料中含有少量的 Cl 离子，燃烧后造成水冷壁和高温受热面发生高温腐蚀。

条文(1) 在锅炉设计时，必须合理控制炉膛温度；必须采用合适的材料与合理的受热面结构，以避免结渣造成的碱金属和氯离子腐蚀。

条文(2) 锅炉设计方案中应充分考虑优化锅炉蒸汽流程和烟气流程，考虑对炉膛拱形结构和向火侧水冷壁的材质进行升级优化，做好防止高温腐蚀措施。

以上两条文要从锅炉设计时采取措施，降低炉膛温度，采取耐高温腐蚀的材质，采取熔覆或者喷涂等措施，对薄弱部位进行加强。

条文(3) 加强入厂燃料和入炉燃料的管理工作，严格控制入炉燃料质量，主要

控制燃料氯含量、钠含量和硫含量不超锅炉设计燃料范围要求。

本条文是从源头上进行治理，控制入炉燃料质量，严防碱金属和氯离子含量高的燃料进入锅炉。

条文(4) 禁止掺烧、改烧煤等高污染燃料，以及垃圾、塑料等废弃物。

本条文是杜绝非生物质燃料入炉，特别是高污染燃料及垃圾、塑料等废弃物，含有大量的氯离子和硫离子，燃烧后形成烟气具有强腐蚀性。

条文(5) 应在每次停炉检修时对水冷壁、高温过热器等向火侧开展高温腐蚀检查，做好记录、形成台账，并根据历史记录和台账判断管子强度，必要时采取喷涂等措施加强或者更换管子。

本条文是考虑高温腐蚀不可避免，只能减缓，在检修维护中对薄弱环节进行重点检查和记录，并根据变化规律进行必要的更换或者加强措施，可以延长管子的使用寿命。

条文 6.6.3　防止锅炉尾部再次燃烧的重点要求。

生物质锅炉由于入炉燃料呈现颗粒状或者粉末状，且密度较小，在燃烧过程中容易形成未燃尽的漂浮物，随着烟气流动进入锅炉尾部对流受热面及其后续的设备中，沉积而成的飞灰中含有大量未燃尽碳和其他活性成分，特别是在锅炉尾部的省煤器、烟冷器和空气预热器部位，容易发生再次燃烧，形成板结灰，阻塞烟道，引发事故。生物质锅炉配置的布袋除尘器，经常性发生烧损，主要与飞灰中含有大量未燃尽碳有关，一般地在布袋除尘器前面布置一级旋风除尘器，将飞灰中的大颗粒及未燃尽的可燃物分离下来，以免引发布袋除尘器发生烧损。

针对上述原因分析，将从锅炉设计、运行中进行事故防范，制订反事故措施。

【案例】 2020年12月5日，河南某75t/h的循环流化床尾部布袋除尘器发生了布袋烧损事件，造成锅炉停运，无法正常运行及对外供暖。本次停炉造成布袋除尘器设备直接损失预估约150万元。

条文(1) 在炉膛出口烟道转向部位应设置分离灰斗，并应及时清除沉积分离下来的大颗粒及未燃尽火星，减少逃逸出锅炉的未燃尽大颗粒及火星。

本条文结合国内投运生物质电厂的设备配置和运行情况，炉膛低矮，大量的未燃尽的颗粒容易随着烟气到尾部，因此设置必要惯性分离装置，将大颗粒及未燃尽火星分离，减少尾部的压力和降低风险。

条文(2) 必须在锅炉烟气出口设置火花捕集器或者旋风除尘器，运行中预分离大颗粒及未燃尽火星，避免火星直接撞击布袋。

本条文从控制粉尘排放的角度考虑，生物质锅炉一般配置了布袋除尘器，为了防止发生烧损，应配置火花捕集器或者旋风除尘器，再次分离大颗粒及未燃尽火星，提高布袋的寿命。

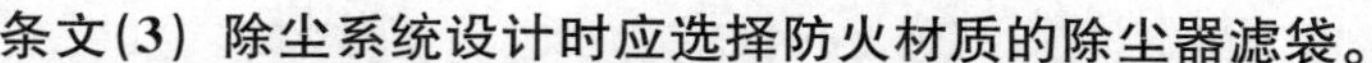

条文(3) 除尘系统设计时应选择防火材质的除尘器滤袋。

本条文是从生物质锅炉排烟温度高、燃烧不完全，飞灰中含有大量未燃尽的火星，很多电厂由于布袋选择不合理，很快失效角度考虑，因此必须考虑生物质燃烧后飞灰的特性，采用防火滤袋，延长其使用寿命。

条文(4) 应定期清理除尘器底部灰斗积灰，防止发生再次燃烧烧损滤袋。

本条文是从生物质燃料中的灰分变化大角度考虑，除尘和除灰系统的设计容量要适当放大，并且要及时地进行清灰，防止发生飞灰浸没布袋，二次再燃烧损。

7

防止压力容器等承压设备爆破事故的重点要求

总体情况说明：

为防止压力容器等承压设备爆破事故，应严格执行下列法规、标准：

《中华人民共和国特种设备安全法》

《特种设备使用管理规则》（TSG 08—2017）

《固定式压力容器安全技术监察规程》（TSG 21—2016）

以及下列标准的相关规定：

《电力行业锅炉压力容器安全监督规程》（DL/T 612—2017）

《电站锅炉压力容器检验规程》（DL 647—2004）

《电站压力式除氧器安全技术规定》（能源安保〔1991〕709 号）

《中华人民共和国特种设备安全法》自 2014 年 1 月 1 日施行以来，特种设备相关的法规、标准，均有了较大变化和修订。本章根据《中华人民共和国特种设备安全法》的基本精神，本着“安全第一，预防为主，节能环保，综合治理”的原则，在《防止电力生产事故的二十五项重点要求（2014 年版）》的基础上，参考并引用了近几年新颁布国家、行业和企业标准的内容。对原条文中已不适应当前实际情况的条款进行修改和补充。增加了超设计使用年限压力容器管理、易燃易爆介质压力容器维护检验、简单压力容器使用管理等方面的规定。

《中华人民共和国特种设备安全法》所称特种设备是指“对人身和财产安全有较大危险性的锅炉、压力容器（含气瓶）、压力管道……”等。在电力行业，氢罐、高压加热器、除氧器等压力容器发生开裂、泄漏甚至爆破事故也曾有发生。为了有效地防止压力容器等承压设备的爆破事故，必须严格按照国家和行业的要求，对其实施从设计、制造、安装、运行、检修和检验的全过程管理。

条文说明：

条文 7.1　防止承压设备超压事故

条文 7.1.1　根据设备特点和系统的实际情况，制订每台压力容器的操作规

程。操作规程中应明确异常工况的紧急处理方法，确保在任何工况下压力容器不超压、超温运行。

压力容器作为特种设备，其依据不但有国家的法律、法规、技术规范和行业的技术标准等，而且必须要满足《中华人民共和国特种设备安全法》的要求。严格在设计温度和压力下运行是保证压力容器安全运行的基础。同时制订应急预案以确保一旦出现事故，处理措施必须得当，避免后果扩大。

条文 7.1.2　各种压力容器安全阀应定期进行校验。

压力容器安全阀的有效排放动作是防止压力容器爆破的有力保障，应根据有关标准对安全阀进行定期校验，确保安全阀处于准确有效的工作状态。

条文 7.1.3　运行中的压力容器及其安全附件（如安全阀、排污阀、监视表计、连锁、自动装置等）应处于正常工作状态。设有自动调整和保护装置的压力容器，其保护装置的退出应经单位技术总负责人批准，保护装置退出后，实行远控操作并加强监视，且应限期恢复。

强调压力容器安全附件的管理和运行要求。技术总负责人一般是指总工程师，也有的电厂是行政副职兼任。对于保护装置必须退出的情况必须由技术总负责人批准才可实施，这里强调的是技术总负责人。

条文 7.1.4　除氧器的运行操作规程应符合《电站压力式除氧器安全技术规定》（能源安保〔1991〕709 号）的要求。除氧器两段抽汽之间的切换点，应根据《电站压力式除氧器安全技术规定》进行核算后在运行规程中明确规定，并在运行中严格执行，严禁高压汽源直接进入除氧器。

强调除氧器的特殊运行要求。除氧器在历史上曾发生过爆破事故，为禁止错误操作，提出除氧器两段抽汽之间的切换点，应根据《电站压力式除氧器安全技术规定》（能源安保〔1991〕709 号）进行核算后在运行规程中明确规定，并在运行中严格执行，严禁高压汽源直接进入除氧器。

条文 7.1.5　使用中的各种气瓶严禁改变涂色，严防错装、错用；气瓶立放时应采取防止倾倒的措施；液氯钢瓶必须水平放置；放置液氯、液氨钢瓶、溶解乙炔气瓶场所的温度要符合要求。使用溶解乙炔气瓶者必须配置防止回火装置。

对属于压力容器范畴的各种气瓶的使用、管理提出要求。

条文 7.1.6　压力容器内部有压力时，严禁进行任何修理或紧固工作。

压力容器存在缺陷时，应在停止运行后，分析缺陷安全隐患，进行修理和维护。如果带压修理，在不掌握具体缺陷原因的情况下，极易造成缺陷扩展，发生事故扩大。该行为极具危险性，且复杂程度高，失败率高，事故案例多。曾有人提出，对于特殊紧急情况，需要进行带压密封或带压紧固螺栓时，应采取有效的防护措施，带压作业人员须经过专业培训考核并持证上岗。但从安全角度考虑，为避免爆破事故，本条文禁止进行任何带压修理或紧固工作。

条文7.1.7　压力容器上使用的压力表，应列为计量强制检定表计，按规定周期进行强检。

条文7.1.8　压力容器的耐压试验应参考《固定式压力容器安全技术监察规程》（TSG 21—2016）进行。

《固定式压力容器安全技术监察规程》（TSG 21—2016）对压力容器设计、制造、在役等各阶段的耐压试验作出了具体规定。明确了定期检验中进行耐压试验的条件和实施原则。

条文7.1.9　检查进入除氧器、扩容器的汽源压力，应采取措施消除除氧器、扩容器超压的可能。应采取滑压运行，取消二段抽汽进入除氧器。

条文7.1.10　单元制的给水系统，除氧器上应配备不少于两只全启式安全门，并完善除氧器的自动调压和报警装置。

条文7.1.11　除氧器和其他压力容器安全阀的总排放能力，应能满足其在最大进汽工况下不超压。

条文7.1.12　高压加热器等换热容器，应防止因水侧换热管泄漏导致的汽侧容器筒体的冲刷减薄。定期检验时应增加对水位附近的筒体减薄的检查内容。

换热容器水侧换热管泄漏直接威胁着机组的安全运行，为了防止因水侧换热管泄漏导致的汽侧容器筒体的冲刷减薄，本条文提出对高压加热器、低压加热器、热网加热器、蒸汽冷却器等换热容器定期检验时应对水位附近筒体减薄情况的检查内容。

【案例】 某厂曾因换热管泄漏，将高压加热器筒体冲刷减薄，当减薄至一定程度时导致容器爆破，故适时对筒体的减薄进行检查，会避免爆破的发生。

条文7.1.13　氧气瓶、乙炔气瓶等气瓶在户外使用必须竖直放置并固定，不得放置阳光下暴晒，必须放在阴凉处。

本条文对氧气瓶、乙炔气瓶等在户外使用时的存放提出要求。

条文7.1.14　氧气瓶、乙炔气瓶等气瓶不得混放，不得在一起搬运。

本条文对氧气瓶、乙炔气瓶的存放及运输提出要求。

条文7.2　防止氢罐等压力容器爆炸事故

条文7.2.1　制氢站应采用性能可靠的压力调整器，并加装液位差越限联锁保护装置和氢侧氢气纯度表、在线氢中氧量、在线氧中氢量监测仪表，防止制氢设备系统爆炸。

条文7.2.2　对制氢系统及氢罐的检修应进行可靠的隔离。

条文7.2.3　氢罐应按照《固定式压力容器安全技术监察规程》（TSG 21—2016）的要求进行定期检验。

条文7.2.4　运行10年及以上的氢罐，应该重点检查氢罐的外形，尤其是上

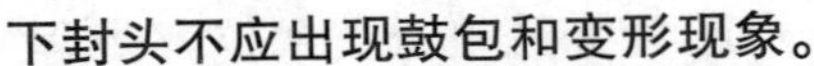

下封头不应出现鼓包和变形现象。

压力容器定期检验的检验依据《压力容器定期检验规则》（TSGR 7001—2013）已经更新为《固定式压力容器安全技术监察规程》（TSG 21—2016）。由于氢气特殊的物理化学性质，运行10年以上的氢罐，曾有在容器封头出现鼓包和变形的现象。材质劣化会严重影响氢罐的安全运行。定期检验中要特别关注氢罐的外形检查要求，尤其是上下封头不应出现鼓包和变形的现象，不能因为检验位置困难而放弃。

【案例】 某厂氢罐罐体壁厚为12mm，容积为10m^3，封头为标准椭圆封头。设计压力为1.1MPa，平时工作压力约为0.6MPa。在运行10年后，发现氢罐封头出现鼓包，鼓包高度约为30mm。为防止氢罐失稳爆破，随后进行了更换。

条文7.2.5 压力容器工作介质为易燃易爆气体的，应根据设计要求，在维护和检验中安排泄漏试验。

针对近年发生多起易燃易爆气体介质设备爆炸事故，而使用单位在运行检修中容易忽视此类介质压力容器不同于普通热力系统压力容器安全要求的问题，明确了应根据设计要求，在维护和检验中安排泄漏试验。《固定式压力容器安全技术监察规程》（TSG 21—2016）对设计上不允许有微量泄漏的压力容器，有进行泄漏试验的要求。除氢罐外，近年燃气发电机组数量增加，燃气辅助系统压力容器数量多，需采取针对性安全防范措施。泄漏试验方法按照设计图样要求进行，由使用单位负责实施，做好方案编制和过程记录，检验机构负责检验。

条文7.3 防止压力容器脱检漏检

在役压力容器应结合设备、系统检修，按照特种设备和电力行业相关规范实行定期检验。压力容器定期检验属于法定检验，不按法律和技术规范实施检验要承担相应法律责任。

条文7.3.1 火力发电厂热力系统压力容器定期检验时，应按照《电站锅炉压力容器检验规程》（DL 647—2004）要求，对与压力容器相连的管系进行检查，特别是对蒸汽进口附近的内表面热疲劳和加热器疏水管段冲刷、腐蚀情况的检查。防止爆破汽水喷出伤人。

虽然与压力容器相连的管系不属于压力容器本体，但支吊架的故障会导致与压力容器相连的管座的失效。由于蒸汽进出口管热源的作用，可能会使压力容器的管座和管系出现内表面热疲劳和加热器疏水管段冲刷、腐蚀等情况，容易发生早期泄漏甚至爆破，故要进行定期检查。

【案例】 某厂在对压力容器进行定期检验时，发现进汽管管座开裂，经分析认为是由于进汽管的支吊架失效，造成管座根部应力过大，导致开裂。

条文7.3.2 禁止在压力容器上随意开孔和焊接其他构件。若涉及在压力容器

筒壁上开孔或修理等修理改造时，应按照《固定式压力容器安全技术监察规程》（TSG 21—2016）5.2“改造与重大修理”进行。

【案例】 某厂曾在扩容器筒体因冲刷减薄在筒体进行修理改造时，贴补了一块矩形钢板，不符合《固定式压力容器安全技术监察规程》（TSG 21—2016）的规定。贴补焊接区域残余应力大，拘束度高，容易引起裂纹缺陷，破坏压力容器筒体完整性，引起开裂泄漏或爆破风险。

条文 7.3.3　停用超过一年以上的压力容器重新启用时，应当进行自行检查。超过定期检验有效期的，应当按照定期检验的有关要求进行检验。

依据《特种设备使用管理规则》（TSG 08—2017）中3.9“特种设备拟停用1年以上的，使用单位应当采取有效的保护措施，并且设置停用标志，在停用后30日内填写《特种设备停用报废注销登记表》告知登记机关。重新启用时，使用单位应当进行自行检查，到使用登记机关办理启用手续；超过定期检验有效期的，应当按照定期检验的有关要求进行检验”。

条文 7.3.4　在订购压力容器前，应对设计单位和制造厂商的资格进行审核，其供货产品必须附有“压力容器产品质量证明书”和制造厂所在地锅炉压力容器监检机构签发的“监检证书”。要加强对所购容器的质量验收，特别应参加容器水压试验等重要项目的验收见证。

原条款，此次未进行修订。订购压力容器时，要特别关注供货方对压力容器的设计使用年限是否符合订购方的实际要求。曾经发生过供货方以缩短设计使用年限来换取制造成本降低的情况，影响订货方的后续安全使用管理。

条文 7.4　防止压力容器违规使用

条文 7.4.1　压力容器投入使用必须按照《特种设备使用管理规则》（TSG 08—2017）办理使用登记手续，申领使用登记证。未进行建设期检验、办理使用登记手续的压力容器，严禁投入运行使用。

依法合规使用管理压力容器是防止压力容器爆破事故的根本。本条文对2014年版原文中“不按规定检验、申报注册的压力容器，严禁投入使用”的表述，根据现行规范、技术标准进一步明确为“未进行建设期检验、办理使用登记手续的压力容器，严禁投入运行使用”。关于使用登记的要求来自现行《中华人民共和国特种设备安全法》《特种设备安全监察条例》，必须要办理使用登记的压力容器，其办理时间应当在投入使用前或者投入使用后30日内。不依法规办理使用登记，要承担明确的法律责任。《固定式压力容器安全技术监察规程》（TSG 21—2016）对压力容器制造监督检验、《电站锅炉压力容器检验规程》（DL 647—2004）对压力容器建设期检验有具体要求。

条文 7.4.2　对已经投入运行的压力容器中设计资料不全、材质不明及经检验

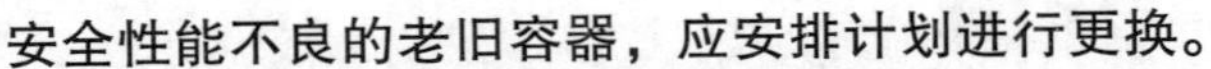

安全性能不良的老旧容器，应安排计划进行更换。

针对因各种历史原因设计资料不全、材质不明及经检验安全性能不良的老旧容器，难于保证长周期安全运行。缩短检验周期又容易与生产运营冲突且关联成本高昂，应安排计划进行更换。

条文 7.4.3　使用单位对压力容器的管理，不仅要满足特种设备的法律法规技术性条款的要求，还要满足有关特种设备在法律法规程序上的要求。定期检验有效期届满 1 个月以前，应向压力容器检验机构提出定期检验要求。

在压力容器的使用管理上，强调对压力容器的使用管理要符合国家法律、法规以及工作程序上的具体要求。向法定检验机构及时报检约检，是使用单位的管理责任。使用单位要保证压力容器处于定期检验的有效期内依法合规使用。

条文 7.4.4　达到设计使用年限（未规定设计使用年限但使用超过 20 年）的压力容器，应安排计划进行更换。如确需继续使用，应当依据《特种设备使用管理规则》（TSG 08—2017）和《固定式压力容器安全技术监察规程》（TSG 21—2016）要求，在到期时进行检验或安全评估，办理使用登记变更。

为新增条款，针对长期运行电厂压力容器陆续出现达到设计使用年限情况，没有及时按照法规办理报废或继续使用手续，出现违规运行和安全风险的问题，明确了这类压力容器应及时更换或办理使用登记变更手续。《固定式压力容器安全技术监察规程》（TSG 21—2016）对达到设计使用年限（未规定设计使用年限，但是使用超过 20 年的压力容器视为达到设计使用年限）的压力容器，作出了明确的使用管理规定。应提前依据法规作出安排，避免程序违规和安全风险。

条文 7.4.5　使用单位应参照固定式压力容器做好简单压力容器使用安全管理，达到使用年限时应当报废。

为新增条款，针对近年来一些燃气、生物质电厂批量使用的简单压力容器未能有效纳入监管，甚至超期使用存在安全隐患的问题，明确了使用单位的管理要求和到期处置原则。《固定式压力容器安全技术监察规程》（TSG 21—2016）对简单压力容器作出了明确的使用管理规定。该类设备一般不考虑检验检测和长期运行的强度裕量，虽然无需按照固定式压力容器要求进行管理和检验，但需要到期更换。使用单位应参照固定式压力容器做好其使用安全管理，达到使用年限时应当报废，避免超期使用带来安全风险。简单压力容器是指结构简单、危险性较小的压力容器，在《固定式压力容器安全技术监察规程》（TSG 21—2016）颁布实施之前，依据《简单压力容器安全技术监察规程》（TSG R0003—2007）实施监管，该规程于 2016 年 10 月 1 日起已经废止。为避免衔接漏洞，这类简单压力容器应到期更换，并按照《固定式压力容器安全技术监察规程》（TSG 21—2016）进行使用管理。

8

防止汽轮机、燃气轮机事故的重点要求

总体情况说明：

为防止本章内容汽轮机、燃气轮机事故，应严格执行下列法规、标准：

《中华人民共和国安全生产法》

《电业安全工作规程　第1部分：热力和机械》（GB 26164.1—2010）

《电力建设安全工作规程　第1部分：火力发电》（DL 5009.1—2014）

以及下列标准的相关规定：

《电厂用矿物涡轮机油维护管理导则》（GB/T 14541—2017）

《火力发电厂金属技术监督规程》（DL/T 438—2016）

《电厂用磷酸酯抗燃油运行维护导则》（DL/T 571—2014）

《汽轮机调节保安系统试验导则》（DL/T 711—2019）

《火力发电建设工程机组甩负荷试验导则》（DL/T 1270—2013）

在8.7中，为防止燃气轮机燃气系统泄漏爆炸事故，还应严格执行下列法规、标准：

《城镇燃气设计规范（2020年版）》（GB 50028—2006）

《爆炸危险环境电力装置设计规范》（GB 50058—2014）

《火灾自动报警系统施工及验收标准》（GB 50166—2019）

《石油天然气工程设计防火规范》（GB 50183—2004）

《电力设备典型消防规程》（DL 5027—2015）

《燃气电站天然气系统安全管理规定》（国能安全〔2015〕450号）

以及下列标准的相关规定：

《燃气电站天然气系统安全生产管理规范》（GB/T 36039—2018）

《城镇燃气设施运行、维护和抢修安全技术规程》（CJJ 51—2016）

《城镇燃气埋地钢质管道腐蚀控制技术规程》（CJJ 95—2013）

《燃气一蒸汽联合循环电厂设计规定》（DL/T 5174—2020）

本章重点为防止汽轮机、燃气轮机发生重大事故，在《防止电力生产事故的二十五项重点要求（2014年版）》的基础上，随着新技术、新型式、大容量汽轮机、燃气轮机广泛并网发电，以及近年来以新能源为主体的新型电力系统构建对火电机组运行提出的新要求，针对近年来电力生产中暴露出的新问题，从设备制造、设计、基建、运行和维护等环节补充提出了一些新的措施。

在编排上，保持《防止电力生产事故的二十五项重点要求（2014年版）》第8章各节划分不变，但将修订后的条文，按照设计、基建、运行（包含检修、改造）等阶段原则，重新作了条文次序的调整，因此本版的条目排序与上版相比有较大变化。

修订过程中坚持"安全第一、预防为主、综合治理"的方针，一是突出以防范重、特大及频发的发电、电网、设备、人身事故为重点；二是强化设备全过程管理，从规划、设计、制造、安装、调试、运行维护、技改大修等各环节提出反事故措施和要求；三是增强反事故措施在新形势下的针对性、有效性和可执行性；四是确保反事故措施与现行法律法规及标准规范的一致性。

本章条文慎重对待不针对推荐性标准中的具体条文而全篇执行某个推荐性标准，较少出现推荐性标准文号。同时，本章慎重处理"宜、可、建议"等约束力弱化用语，条文中尽可能避免出现。

条文说明：

条文 8.1　防止汽轮机超速事故

机组的最高转速在汽轮机调节系统动态特性允许范围内，称为正常转速飞升，超过危急保安器（或电超速）动作转速至3600 r/min，称为事故超速；大于3600 r/min，称为严重超速。严重超速可以导致汽轮发电机组严重损坏，是汽轮发电机组破坏性最大的事故。

因此，为了杜绝此类事故的发生，消除事故的隐患，要求严格执行运行、检修操作规程，加强运行、检修管理，提高人员素质。提高运行人员对事故的判断、处理和应变能力，是防止机组严重超速的最有效措施。

条文 8.1.1　在额定蒸汽参数下，调节系统应能维持汽轮机在额定转速下稳定运行，甩负荷后能将机组转速控制在超速保护动作值转速以下。

机组甩负荷后不使超速保护（包含危急保安器和电超速）动作，并在额定转速下稳定运行，是汽轮机调节系统动态特性的重要指标。调节系统具有良好的动态品质是保障机组不发生超速事故的先决条件。因此，要求机组的控制系统必须保证在甩负荷时，能将转速控制在超速保护动作转速以下，并能维持转速稳定。这一要求从制造厂设计阶段即应加以考虑。

【案例】 2013年6月某自备热电厂1号汽轮机发生飞车严重事故。机组容量为60MW，CFB锅炉，DCS系统是福克斯波罗公司制造。3号机组先甩负荷，然后是2号机组甩负荷。厂用电全停，锅炉超压，1号机组转速先降到2500r/min，后升至3700r/min，保护未动作。汽轮机转子断成3截，有一截将汽轮机主厂房顶打穿飞出至输煤栈桥，飞得最远的有100多米远，汽轮机、发电机完全报废。

条文8.1.2　数字式电液控制系统（DEH）应设有完善的机组启动与保护逻辑和严格的限制启动条件；对机械液压调节系统的机组，也应有明确的限制启动条件。

DEH不仅有启动调速功能，也包括部分汽轮机保护功能，这要为相关技术人员熟知。

汽轮机电液调节系统已被广泛应用于新建大型机组和老机组现代化改造，虽未出现由于其自身故障而造成的重大事故案例，但也存在有不安全的因素。为防患于未然，根据汽轮机电液调节系统的现状，提出了原则性的预防措施。汽轮机电液调节系统应根据机组的具体情况，设有完善的机组启动逻辑和严格的启动限制条件。尤其是将调节系统改造为电液并存的机组更为重要，如有的电液并存调节系统仅以一只高压主汽门开启、主汽压大于1.6MPa，作为允许机组启动的条件，但当在其他任一只油动机卡涩等故障情况下，机组仍然能够启动，使机组存在严重的事故隐患，这已有了事故教训。因此，要根据机组的具体情况，完善已有的启动限制控制逻辑，特别要注意对转速测量和控制系统故障的判断和处理功能，以防止超速事故的发生。

条文8.1.3　汽轮发电机组轴系应至少安装两套转速监测装置在不同的转子上。两套装置转速值相差超过30r/min后分散控制系统（DCS）应发报警。技术人员应分析原因，确认转速测量系统故障时，应立即处理。

为保证对汽轮发电机组转速的有效监控，转速测量系统必须采用冗余配置，不论何种形式的调节系统，均要求至少应安装两套转速监测装置，分别装设在不同的转子上，并应有在转速测量系统故障情况下的判断和限制功能。不应以在相同位置装设的两套转速监视装置代替。

安装两套转速表已较普遍，出于本质安全考虑，要求两表计误差超限后应主动报警，及时排除故障。避免主监视表计一旦故障，备用表计不能起到监视作用。具体处理手法，应视故障原因而定。如果是监视用的转速监测装置故障，不需停机即可处理。如果是带有调节、联锁、保护功能的转速监测装置故障，需要停机处理时，应果断执行。明确提出了偏差定值30r/min，参考的是《转速表检定规程》（JJG 105—2019）。

【案例】　某电厂1000MW机组转速探头全部安装在相同位置，由于轴封漏汽量较大，高温导致该位置转速探头全部损坏，机组维持运行，没有备用转速监控信号，风险极大。

条文8.1.4　抽汽供热机组的抽汽止回阀关闭应迅速、严密，联锁动作应可靠，布置应靠近抽汽口，并必须设置有能快速关闭的抽汽关断阀，以防止抽汽倒流

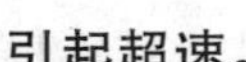

引起超速。

在已发生超速事故的机组中有几台为抽汽供热机组，究其事故原因，均为供热抽汽止回阀未能及时关闭，使热网蒸汽倒流，而引起机组严重超速，造成了轴系断裂事故。

【案例 1】 1991 年某电厂一台 50MW 机组在正常停机的过程中，未预先关闭工业抽汽热网电动隔离阀，止回阀联锁保护也未投入。因而，在机组打闸后止回阀未能关闭，致使热网蒸汽倒流进入汽轮机，引起机组严重超速，造成了轴系断裂事故。

【案例 2】 1999 年某地方电厂一台 50MW 机组超速事故。其事故原因是由于在机组甩负荷的过程中，抽汽止回阀故障而未能关闭，致使热网蒸汽倒流，从而造成了机组严重超速损坏。

随着供热机组容量的不断增大，供热抽汽管道的直径也越来越大，因此，要求供热系统的抽汽止回阀应关闭迅速、严密，动作可靠，联锁保护必须投入，并在设计时尽可能靠近抽汽口布置。一般电动截止阀的关闭速度较慢，在异常事故工况下，为确保机组的安全，对于一些容量小的供热机组，有必要设置能快速关闭的抽汽截止阀或调节阀。对于容量大的供热机组，应选择能快速关闭的供热抽汽调节阀，以防止在抽汽止回阀失效的情况下，热网蒸汽倒流引起机组超速事故。关于快速关闭的动作过程时间（包括动作延迟时间和关闭时间），应根据抽汽参数和有害容积进行实际计算来确定。另外，对于新建抽汽供热机组或凝汽机组改造为供热机组，其热网加热器的布置应尽可能靠近汽轮机本体。

条文 8.1.5 透平油和抗燃油的油质应合格。油质不合格的情况下，严禁机组启动。

机组启动前，透平油和抗燃油油质必须合格，已成为最基本的安全规范，不应违反。即使在运行当中，出现油质劣化也应立即进行处理，如无有效措施应停机处理。

【案例】 当前部分电厂因汽轮机门杆漏汽大、抗燃油箱电加热投入不当等原因导致抗燃油因高温劣化，进而导致油缸活塞杆与轴套卡涩，阀门拒动。

条文 8.1.6 各种超速保护均应正常投入。超速保护不能可靠动作时，禁止机组运行（超速试验所必要的启动、并网运行除外）。

超速保护是保障汽轮机安全运行必需的、重要的保护，机组运行时应确保其正常投入；在机组带负荷运行前，应保证电超速保护能够正常投入；在机械超速或电超速保护试验不合格的情况下，禁止机组运行。

有部分意见认为需要增加禁止启动的规定。但《防止电力生产事故的二十五项重点要求（2014 年版）》修订即已取消禁止启动的规定，因为机组不启动、不并网、不暖机就无法进行超速保护试验，也就不能最终认定保护是否可靠动作。因此，修订为“禁止机组运行（超速试验所必要的启动、并网运行除外）”，且不使用“禁止长期运行”等模糊规定，明确保留并网做超速试验的需求。这样修订后条文表述更明确。

【案例1】 1984年某电厂50MW机组超速事故。事故前在危急保安器拒动缺陷尚未消除、调速汽门严重漏汽的情况下，还是强行机组运行，使机组在发电机甩负荷的过程中严重超速，造成了毁机事故。

【案例2】 2011年2月南非某电厂6×600MW机组，其中一台机组做超速试验，10s内汽轮机转速由3000r/min上升到4250r/min，3套电超速保护及机械超速保护均未动，造成整台机组报废。

条文8.1.7　机组重要运行监视表计，尤其是转速表，显示不正确或失效，严禁机组启动。运行中的机组，在无任何有效监视手段的情况下，必须停止运行。

机组重要运行监视表计，尤其是转速表是保障汽轮机安全运行必需的监视表计，主要仪表（如转速表、轴向位移表）不能正常投入的情况下，禁止机组启动。机组运行中失去这些有效监视手段时，必须停止运行。而在实际工作中，往往由于不能严格执行规程、规定而造成了严重的后果。

【案例】 1999年某电厂200MW机组轴系断裂事故。运行人员在主油泵轴与汽轮机主轴间齿型联轴器失效、机组转速失去监视和控制，在无任何转速监视手段的情况下再次启动，从而引发了轴系断裂事故。

条文8.1.8　新建或机组大修后，必须按规程要求进行汽轮机调节系统静止试验或仿真试验，确认调节系统工作正常。在调节部套有卡涩、调节系统工作不正常的情况下，严禁机组启动。

透平油或抗燃油颗粒度不合格是造成汽门卡涩的最主要原因之一，因此，运行规程明确规定：在透平油和抗燃油油质不合格时，严禁机组启动。

对于新建或大修后的机组，在油质化验合格前，不允许向调节系统部套和轴承内通油，特别是对于调节油和润滑油为同一油源的机组，应提高透平油颗粒度的合格标准，在检验合格后方能向调节部套和轴承内通油。

对正在运行的机组，要定期化验油质，建立油质监督档案，防止调节系统和保安系统部件锈蚀和卡涩。油净化装置、滤油装置应保持运行状态，连续或定期对油质进行处理。

在机组大修或调节系统检修后，机械（液压）调速系统的机组一定要进行静止、静态试验；电液调节系统的机组要进行仿真试验。以确保调节系统、保安系统工作正常，调节部套、汽门无任何卡涩现象。

目前，由于油质不合格造成汽门卡涩的现象还时有发生，如不及时治理，将会造成严重后果。因此，要加强油质监督和管理工作，确保油质合格。同条文8.1.5

规定。

【案例1】 1992年11月，某电厂6MW机组严重超速损坏事故。该厂1号机组在准备并网时，发生严重超速事故。其事故原因是由于油中含有杂质，造成调速汽门卡涩，危急保安器未能在规定的转速下动作，从而引起了机组严重超速事故。

【案例2】 2018年，某电厂1000MW机组汽轮机停机时阀门拒关，检查故障发现停机时遮断电磁阀和机械遮断装置动作后均未能正确跳汽轮机。机组启动前没有全面地进行调节系统静态试验、仿真试验。

条文8.1.9　在任何情况下绝不可强行挂闸。

机组在保护动作跳闸后，应立即查明跳闸原因，禁止在跳闸原因不清的情况下，人为解除保护而强行启动，否则将可能导致重大设备事故或使事故扩大。

【案例】 1987年9月，某电厂200MW汽轮机严重损坏事故。某电厂1号机组在运行时出现轴向位移突然增大，保护动作使机组跳闸。在未查明原因的情况下，解除了轴向位移保护，强行启动了两次，结果导致设备严重损坏和事故扩大。

条文8.1.10　机组正常启动或停机过程中，应严格按运行规程要求投入汽轮机旁路系统，尤其是低压旁路。在机组甩负荷或事故状态下，应开启旁路系统。机组再次启动时，再热蒸汽压力不得大于制造商规定的压力值。

汽轮机旁路系统的功能：在机组启停过程中用于调节和控制主汽和再热汽压、汽温并回收工质，在机组甩负荷时还可用于防止锅炉超压。但是如果使用不当，将给机组的安全带来极大的威胁。

【案例1】 1993年9月24日，某电厂300MW机组超速事故。某电厂2号汽轮发电机组在甩负荷的过程中，联动开启高压旁路，但低压旁路未投联锁而未能联动开启。而中压主汽门和调节汽门卡涩，未能关闭，使机组在17s后转速达到4207r/min。最后，在手动开启低压旁路后，转速才得以控制。

【案例2】 1999年8月19日，某电厂200MW机组轴系断裂事故。该机组在甩负荷后的热态启动恢复过程中，由于旁路系统未能开启，而中压汽门又滞后于高压汽门开启，使再热蒸汽压力高达2.8MPa。导致了在中压汽门开启后产生了压力波冲击，低压隔板损坏，最终造成了轴系断裂的重大事故。

【案例3】 1997年某电厂300MW机组旁路系统故障引发的事故。该机组投产前旁路系统各功能试验正常，投产后旁路系统投入自动。在一次机组甩负荷时，旁路自动打开，但此时厂用电自动切换失败。厂用电失去，动力设备全停，旁路系统失去冷却水，但旁路系统阀门因失去电源不能关闭，导致高温、高压蒸汽通过旁路直接进入凝汽器，低压缸防爆膜全部爆破，低压缸超温。而且低温蒸汽通过中低压缸连通管进入中压缸，中压缸被急剧冷却。该事故暴露了旁路系统设计上存在的缺陷，具备保护功能的旁路系统，其阀门必须具有可靠的控制电源。

【案例4】 2011年5月19日，某电厂6号机组（150MW）因旁路使用不当导致超速事故。该机组在一次非紧急停机过程中，负荷减到零，汽轮机手动打闸，手动解列发电机。解列后运行人员发现汽轮机转速达3200r/min并继续上升，立即在主控室再次按“手动停机”和在机头拍危急遮断器，转速升至3480r/min时开启真空破坏门，转速最高升至3654r/min后开始下降。在降速过程中，转速反复波动。至1500r/min时，各轴承振动增大，其中2号轴承轴振和瓦振最大均超出测量范围（500μm和200μm）。在检查机组各供汽阀门是否关严时，发现中压主汽门和调节门均没有关闭。汽轮机转速降至1360r/min，关闭高压旁路后汽轮机转速才逐渐下降。转速到零后，经揭缸检查，高、中压转子发生永久性弯曲，弯曲最大位置在高、中压过桥汽封处，弯曲值为0.23mm，高、中压转子弯曲值为0.125mm。因此，一定要根据旁路系统的设计功能，正确使用，才能发挥好旁路的作用，保证机组的安全。

【案例5】 2016年，某厂1000MW汽轮机在RB试验过程中，因2号高压调节阀卡涩，主汽压力维持不住，综合阀位指令输出持续减小，导致中压调节汽阀关小到25%以下，再热蒸汽压力快速上升到5MPa，接近再热器安全阀动作值5.5MPa，高压缸闷缸。过程持续近4min，期间对旁路无任何紧急操作以控制再热蒸汽压力。随后该机发生高压缸外缸两侧中分面漏汽，被迫停机检修。

条文8.1.11　坚持按规程要求进行主汽阀、调节汽阀、低压补汽阀关闭时间测试，汽阀严密性试验，超速保护试验，阀门活动试验。

汽轮机主汽阀、调节汽阀、低压补汽阀关闭时间过长，以及汽阀严密性试验不合格会造成机组跳闸后转速飞升过高。定期进行阀门活动试验可以检验机组调节系统是否存在卡涩。当阀门存在卡涩时，应及时处理，防止事故后果扩大。其中低压补汽阀是某些新型汽轮机上配置的新设备，易被忽视，要予以重视。

【案例1】 2015年6月，某电厂2号机组带21MW左右负荷运行时，2号循环水泵发生断电，备用的循环水泵没有自动联锁启动，造成2号机组凝汽器循环冷却水中断，凝汽器压力从−80kPa开始上升到−64.63kPa触发停机信号。停机信号同时送2号汽轮机遮断主汽门和发电机出口主开关跳闸。3秒后转速飞升到3300r/min电超速保护动作信号送出，但保安油压仍没有释放，汽轮机主汽门和调节汽门没有关闭。转速最高飞升至4490r/min（超出转速表量程）以上，期间机械超速保护及120%机械超速保护装置都没有起作用，保安油压始终没有释放，造成主汽门和调节汽门不能关闭切断汽轮机进汽，发生严重超速事故，汽轮机转子叶片断裂，发电机定子、转子碰撞扫膛，轴承金属摩擦产生火花，造成轴承箱内润滑油燃烧爆炸。该机既没有保护装置大、小修记录和定期试验记录，也没有进行定期的主汽门门杆活动试验和危急遮断器注油在线动作试验，还存在润滑油油质长期不合格问题。

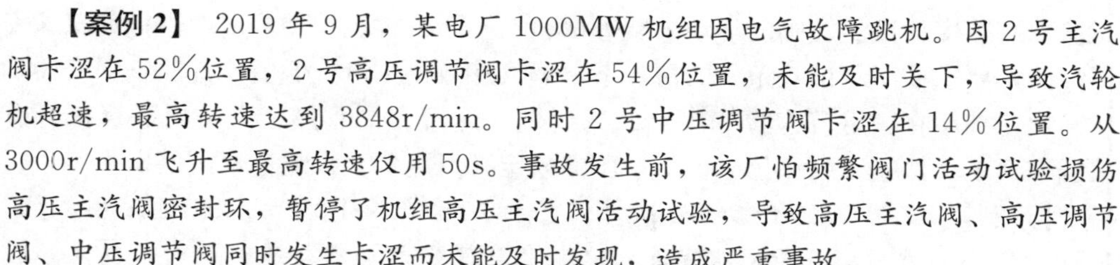

【案例 2】 2019 年 9 月，某电厂 1000MW 机组因电气故障跳机。因 2 号主汽阀卡涩在 52%位置，2 号高压调节阀卡涩在 54%位置，未能及时关下，导致汽轮机超速，最高转速达到 3848r/min。同时 2 号中压调节阀卡涩在 14%位置。从 3000r/min 飞升至最高转速仅用 50s。事故发生前，该厂怕频繁阀门活动试验损伤高压主汽阀密封环，暂停了机组高压主汽阀活动试验，导致高压主汽阀、高压调节阀、中压调节阀同时发生卡涩而未能及时发现，造成严重事故。

【案例 3】 某电厂汽门操纵座弹簧性能不合格，导致汽门关闭时间、汽门严密性试验、阀门活动试验等无法正常开展或试验结果不合格，严重影响汽轮机安全。

【案例 4】 某电厂 660MW 超超临界机组汽轮机因汽门密封面产生氧化皮引起汽门卡涩，返厂进行密封面喷涂司太立合金提高抗氧化性。处理后阀门卡涩情况得到缓解，逐步恢复定期阀门活动试验。

条文 8.1.12　坚持按相关规程要求进行抽汽止回阀关闭时间测试、机组运行中止回阀活动试验，止回阀应动作灵活、不卡涩。

将抽汽止回阀单独列出成新增条文，明确规定了抽汽止回阀运行中要进行活动试验，这也是现行各机组运行规程中的必需项目。本文中结合实践中汽轮机抽汽止回阀实际条件，进一步提出了试验怎样判断是否合格。灵活、不卡涩是基本动作状态要求，是动作状态，而不是时间上的要求。这里的“止回阀动作”包括了执行机构。止回阀阀芯是随介质的逆向流动自动关闭。不论是运行状态还是停机状态，关闭时间实际测试的都是强制关闭执行机构的动作。要避免机组运行中高温下阀门长期不动作造成机构与阀芯转轴的卡涩，因此强调运行中应定期进行活动试验。运行中的试验，由于汽流的冲击力，执行机构可能无法将阀芯压到位，甚至阀芯动作幅度很小，但这并不是本条文的要求。本条文要求的是试验过程中“止回阀（包括执行机构）动作”满足灵活、不卡涩。实践报道表明，抽汽管道向汽轮机返流进水多是因为止回阀阀芯卡涩或不严，未见有因为关闭时间慢而返水的。

条文 8.1.13　危急保安器动作转速一般为额定转速的 110%±1%。

条文 8.1.14　进行超速试验实际升速时，在满足试验条件下，主蒸汽和再热蒸汽压力尽量取低值。

机组在运行中突然甩负荷必然引起汽轮机组转速飞升。机组甩负荷后能否将转速控制在危急保安器动作转速之下，是考核汽轮机调节系统动态品质的重要指标。近年来，随着大容量机组投产数量的增加，甩负荷试验对保证机组安全运行的作用越来越重要。因此，要求新投产机组或汽轮机调节系统经过重大改造后的机组必须进行甩负荷试验。甩负荷试验应按照《火力发电建设工程机组甩负荷试验导则》（DL/T 1270）进行。为确保机组在运行中或甩负荷试验时不发生危险，要求必须按照规程要求进行机组汽门关闭时间测试、抽汽止回阀关闭时间测试、汽门严密性试验、超速保护试验、阀门活动试验等试验。要严格按规程要求定期进行危急保安器试验，要求在满足试验条件的情况下，蒸汽参数要尽量选低值，且危急保安器动作转速应控制在额定转速的110%±1%以内。运行人员及热工人员要认真执行有关调节系统、保安系统和热工保护试验的规定，以避免重大超速事故的发生。

【案例】 某电厂5号机组为东方汽轮机厂生产的D05向D09过渡型机组，1988年2月，在进行5号机组提升转速的危急保安器动作转速试验时，发生了轴系断裂的特大事故，轴系7处对轮螺栓、轴体5处发生断裂，转子共断为13截，汽轮机基本报废。这次提升转速的危急保安器动作试验是在机组与电网解列后，用超速试验滑阀在接近额定主蒸汽参数及一级旁路开启的情况下进行的。由于高转速、高升速率，轴系稳定性裕度偏低，转速飞升过程中形成突发性油膜振荡，机组产生强烈振动，使某些紧固件（如联轴器、轴瓦把合螺钉）松脱，引起轴系失衡或部分油楔失效或干摩擦自激；某些静动部件摩擦、碰撞和某些转动件松动，造成部分部件损坏。同时，中低压转子接长轴一阶和发电机二阶临界转速又落在或接近这次飞升转速的范围内。

条文8.1.15　对新投产机组或汽轮机调节系统经重大改造后的机组，应进行甩负荷试验。《火力发电建设工程机组甩负荷试验导则》（DL/T 1270）所列不宜进行甩负荷试验的机组除外，包括：

条文(1)　未设置旁路系统。

条文(2)　仅设置5%串级启动疏水系统。

条文(3)　配置不具备热备用功能的启动旁路系统。

本条慎重引用DL/T 1270具体条款判据，以列项形式给出，使该条在执行中可与DL/T 1270更加符合，也增加该条文在实践中的可执行性。

条文8.1.16　机组正常停机时，严禁带负荷解列。应先将发电机有功、无功功率减至零，检查确认有功功率到零，电能表停转或逆转以后，再将发电机与系统解列；或采用汽轮机手动打闸或锅炉手动主燃料跳闸联跳汽轮机，发电机逆功率保护动作解列。

《防止电力生产事故的二十五项重点要求（2014年版）》中“机组停机”修订为正常停机，表意更符合运行实践。紧急停机一般是手动打闸汽轮机。

正常停机时，可在确认发电机有功、无功功率减至零后再将发电机与系统解列，或采用汽轮机手动打闸，发电机逆功率保护动作解列。

紧急情况停机时，应尽可能降低机组负荷，以减小对电网造成的干扰，应视主蒸汽参数情况采用汽轮机手动打闸或锅炉手动主燃料跳闸（MFT）联跳汽轮机，发电机逆功率保护动作解列，同样严禁带负荷先解列发电机，是为了既防止汽轮机超速，又防止锅炉超压。

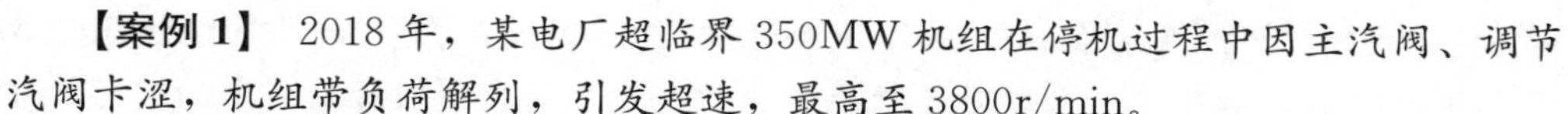

【案例 1】 2018 年，某电厂超临界 350MW 机组在停机过程中因主汽阀、调节汽阀卡涩，机组带负荷解列，引发超速，最高至 3800r/min。

【案例 2】 2018 年，某电厂 1 号汽轮机负荷为 270MW 时跳闸，触发机跳电大联锁保护，机组带负荷解列，因汽门卡涩，未触发逆功率保护。汽轮机转速最高飞升至 3376r/min。

条文 8.1.17 电液伺服阀（包括各类型电液转换器）的性能必须符合要求，否则不得投入运行。油系统冲洗时，电液伺服阀必须按规定使用专用盖板替代，不合格的油严禁进入电液伺服阀。运行中要严密监视其运行状态，不卡涩、不泄漏和动作稳定。大修中要进行清洗、检测等维护工作。发现问题应及时处理或更换。备用伺服阀应按制造商的要求条件妥善保管。

国内当前大型汽轮机组，均采用纯电液型调节系统，其中电液伺服阀是电液调节系统的重要部件，其工作状态直接关系到机组的安全、稳定运行。迄今，电液伺服阀的故障仍不断出现，如性能降低、失效、卡涩等故障。因此，应加强控制油油质（特别是颗粒度）的定期监测以及电液伺服阀的运行监视、维护管理，以消除隐患和避免重大事故的发生。新购电液伺服阀（包括各类型电液转换器）的性能必须符合要求，并按制造商的要求进行妥善保管，否则不得投入运行。在大修中，要进行清洗、检测等维护工作，发现问题应及时处理或更换。

增加了油系统冲洗电液伺服阀必须按规定使用专用盖板替代的要求，这实际上已被多数电厂执行，这里明确作为要求提出，有助于避免少数忽视油系统冲洗中对伺服阀的控制要求的现象。

【案例】 2016 年，某电厂 10 号机组更换 3 号高压调节阀伺服阀。由于伺服阀备品本身存在缺陷，在没有开启指令的情况下，3 号高压调节阀突然异常开启到 100%，关闭 3 号高压调节阀进油隔离阀后，又造成 3 号高压调节阀快速关闭，引起主蒸汽压力急剧上升，造成给水泵打不上水，最终导致给水流量过低，触发锅炉 MFT。

条文 8.1.18 主油泵轴与汽轮机主轴间具有齿型联轴器或类似联轴器的机组，应定期检查联轴器的润滑和磨损情况，其两轴中心标高、左右偏差应严格按制造商的规定安装。

主油泵轴与汽轮机主轴间的齿型联轴器在运行中，由于润滑不良或安装工艺等问题，造成齿型联轴器磨损时有发生，如果检查处理不及时，极易发生重大事故。主油泵与汽轮机主轴间联轴器失效而造成转速失控的事故，在 50、125、200、300MW 机组上发生过数次，有的由于判断准确、处理及时，避免了事故的扩大；有的已造成了严重后果。

【案例】 1999 年 9 月，某电厂发生的 200MW 机组轴系断裂事故的主要起因是齿型联轴器失效。齿型联轴器的失效主要是因为内、外齿材料不匹配，左、右内齿和左外齿材料为38CrMoAl，右外齿错用材料为$32Cr_3MoV$，而结构设计又造成了其润滑不良，加速了齿型联轴器低寿命失效。此外，齿型联轴器装配的实际尺寸与图纸有偏差，也使内外齿更易磨损。因此，对主油泵与汽轮机主轴间的齿型联轴器的检查应作为大、小修中的重点项目进行，以防止因为齿型联轴器的失效而发生重大事故。

条文 8.1.19　汽轮机在深调峰运行方式下，进入中压调节阀动作区间后，调节系统应设置中压调节阀阀位限制或增加蓄能器等防止控制油压大幅摆动的措施。

本条文是新增条文。这是针对当前构建新型电力系统形势下，火电机组正在实施常态化深度调峰运行，在超低负荷下中压调节阀势必要参与负荷调节而提出的预防性措施。中压调节阀在高负荷时正常处于全开位置，参与调节后，行程变化远较高调阀大，如果在一次调频功能的反复催动下，极易导致控制油压大幅波动，触发跳机保护。目前多数汽轮机控制油系统采用的是抗燃油，在灵活性改造工作中要提前重视维持中压调节阀参调后的控制油系统油压稳定工作。

本条中列举的“阀位限制”和“蓄能器”，只是提供建议供发电厂参考，并非发电厂必须采取的措施。具体防止控制油压大幅摆动的措施应由各发电厂根据实际条件和行业技术发展自行制定。

条文 8.2　防止汽轮机轴系断裂及损坏事故

条文 8.2.1　机组主、辅设备的保护装置必须正常投入，已有振动监测保护装置的机组，振动超限跳机保护应投入运行；机组正常运行瓦振、轴振应满足相关标准，并注意监视变化趋势。

振动是反映机组运行状况的重要指标，许多重大设备事故的征兆都会在振动上表现出来，因此，明确要求振动超限跳机保护必须投入运行，充分发挥该保护的作用，以确保机组的安全、稳定运行。

【案例1】 1988年2月，某电厂5号机组（200MW）在做超速试验时，由于发生了超速而导致了轴系断裂事故。该事故的一个主要原因就是由于在结构设计上存在着某些轴承易于油膜失稳和轴系稳定性裕度不足的问题，因而，在出现不大范围的超速时，轴系发生了由油膜振荡引起的“突发性”复合大振动，从而造成了轴系的严重破坏事故。

【案例2】 2015年3月，某电厂1000MW机组运行中各瓦轴振、瓦振均出现突发性突增、突降，其中3瓦轴振X、Y向分别突增至208μm、272μm，4瓦轴振X、Y向分别突增至168μm、292μm，之后又迅速回落至正常，汽轮机轴振保护未动作（保护动作延时时间为3s，经热工检查振动大于175μm持续时间未到）。汽轮机本体附近无检修、无关人员在现场作业，但就地人员回话现场中压缸附近有一闷响，之后立即恢复正常。初步判断中压缸内部异常，申请停机。1h后汽轮机打闸，发电机解列。汽轮机惰走时间 31min（低于正常惰走时间）。投入三次盘车后均跳闸，就地手动盘车无法盘动，大轴抱死。后经揭缸检查发现中压缸电端第 2 级隔板脱落，多级动叶、静叶严重磨损。此案例中，振动保护虽然投入，但附加条件过多，没有在严重事故发生瞬间有效动作，未能起到保护作用。

条文 8.2.2　新机组投产前、已投产机组每次大修中，应进行转子表面和中心孔探伤检查。按《火力发电厂金属技术监督规程》（DL/T 438）相关规定，对高温段应力集中部位应进行表面检验，有疑问时进行表面探伤。选取不影响转子安全的部位进行硬度检验，若硬度相对前次检验有较明显变化时应进行金相组织检验。

应按规定期限对转子进行检查，并根据转子的实际情况制订具体的检查计划。通过对广东、河南地方电厂两台 50MW 机组和某电厂 200MW 机组轴系断裂事故的分析，发现事故前均未进行过转子表面、中心孔探伤和材质检查。其中两台机组的转子存在着严重的材质缺陷，一台机组的转子存在着严重的表面缺陷，虽不是其事故的直接原因，但已构成了事故的隐患。因此，为了及早发现转子的缺陷，并及时采取相应措施，要求新机组投产前、已投产机组每次大修中，必须进行转子表面和中心孔探伤检查。按本章慎重引用推荐性标准原则，此项条文在修订时参照《火力发电厂金属技术监督规程》（DL/T 438—2016），直接引用了其中相关条文，保持了一致性，保证《防止电力生产事故的二十五项重点要求（2014 年版）》的可执行性。

承担启停调峰的机组，应加强运行管理，注意启动、运行参数的控制，避免对转子寿命产生不良影响，并适当缩短对转子的检查周期。

条文 8.2.3　新机组投产前和机组大修中，必须检查平衡块固定螺栓、风扇叶片固定螺栓、定子铁心支架螺栓、各轴承和轴承座螺栓的紧固情况，保证各联轴器螺栓的紧固和配合间隙完好，并有完善的防松措施。

对于机组在运行中可能产生松脱的零件，如平衡块的固定螺栓、风扇叶的固定螺栓、定子铁心的支架螺栓、各轴承和轴承座螺栓、各联轴器螺栓等，在机组安装和大修时必须认真检查，确保其有安全的防松措施，以防止这些零部件在运行中脱落，而造成设备损坏事故。

【案例 1】　1987 年 9 月，某电厂 1 号机组严重损坏事故。其事故原因是由于第 13 级叶片铆钉头成组变形松脱，在运行时第 13 级动叶片的一组复环甩出而造成的；又由于运行人员违章强行启动，扩大了事故的损失。

【案例 2】　1990 年 7 月，某电厂 200MW 汽轮机断叶片事故。该电厂 3 号机组第 6 级动叶复环其中一段的铆钉头松脱，在大修中未发现异常。经过大修后的数次启动，振动又促使原来的复环缺陷有所发展，以致复环脱落，从而造成了汽轮机叶片断裂事故。

条文 8.2.4　新机组投产前应对焊接隔板的主焊缝进行检查。大修中应检查隔

板变形情况，最大变形量不得超过轴向间隙的1/3。对于600MW以上机组或超临界及以上机组，高中压隔板累计变形超过1mm，按《火力发电厂金属技术监督规程》（DL/T 438）相关规定，应对静叶与外环的焊接部位进行相控阵检查，结构条件允许时静叶与内环的焊接部位也应进行相控阵检查。

对于新投产的机组，安装时要认真检查各级隔板的主焊缝，并且逐级做好标记，以防止装反。在大修中拆装隔板时，也要做好标记，严禁不做标记无序摆放。大修时，应检查隔板的变形情况，变形超过要求时，要对隔板进行修复和补强。根据行业发展，本条文在修订时突出了600MW以上机组或超临界及以上机组的高中压隔板累计变形限值及检查规定，明确了执行《火力发电厂金属技术监督规程》（DL/T 438—2016）规定，并引用了具体条文。

【案例1】 1980年12月和1990年4月，分别有两个电厂发生在汽轮机大修时将隔板装反，结果造成设备严重损坏事故。

【案例2】 近几年，在超超临界空冷机组中发生了中压第一级隔板叶片脱落、汽轮机大轴和叶片严重损坏事故，应引起高度重视。

【案例3】 2011年，某电厂2号机组检修中发现中压一、二级隔板主焊缝多处裂纹缺陷，高中压内缸变形量大，最大间隙为2.9mm，内缸中分面发现靠近再热蒸汽进汽处有内外壁穿透性漏汽痕迹，中压隔板变形量大，中压静叶出汽边及叶顶裂纹等问题。全部返制造厂进行了返修处理，但返厂处理方案措施不彻底，处理过程跟踪不详细，记录不清，没有制订彻底解决的方案和时间。2013年，机组运行中，各段抽汽压力突然迅速升高，各瓦振动均出现突增至260μm以上，立即破坏真空紧急停机。揭缸检查发现：中压第一级隔板上半静叶脱落2/3，板体严重倾斜；下半静叶全部脱落；中压第一级动叶全部从根部断裂脱落。高中压转子损坏严重，决定更换新转子，将中压隔板全部更换，高压隔板部分修复、部分更换。

条文8.2.5 为防止由于发电机非同期并网造成的汽轮机轴系断裂及损坏事故，应严格落实10.10.1条规定的各项措施。

发电机非同期并网，使转子的扭矩剧增，对机组尤其是对转子产生的损害非常大，轻则缩短转子的寿命，重则将导致机组轴系的严重毁坏事故。

【案例】 一台50MW机组由于发电机非同期并网，结果导致发电机与汽轮机间对轮螺栓全部剪断事故。因此，应严格落实10.10.1条规定的各项措施，严防发电机非同期并网。

条文8.2.6 严格按超速试验规程的要求，机组冷态启动带10%～25%额定负荷、运行3～4h（或按制造商要求），解列后立即进行超速试验。

机组在下列情况下应做危急保安器动作试验：新安装机组、机组大修后、危急保安器解体或调整后、机组做甩负荷试验前和停机一个月以上再次启动时。在进行危急保安器动作试验时，应满足制造商对转子温度的规定。根据机组转子的直径大小，对于冷态启动的机组，一般要求其带10%～25%额定负荷运行3～4h后方可进行试验（或按制造商要求）。进行超速试验时，要求锅炉运行稳定，严禁在锅炉灭火状态下利用锅炉蓄热蒸汽进行超速试验。本版本修订，增加了“解列后立即”，是强调暖机完成、发电机解列后即进行超速试验，不应再插入其他试验，确保暖机效果。

【案例】 某电厂一台200MW机组，在机组一次检修后，没有按规程在启动过程中完成超速试验，而是利用停机的机会，在发电机解列后进行。汽轮机打闸后，由于没有退出大联锁保护致使锅炉灭火，运行人员没有再次点火，而是利用汽包蓄热，继续进行超速试验。汽轮机升速过程中高压转子振动急剧增大，被迫停机。投入盘车时，盘车电流及晃度值均严重超标。后经揭缸检查，冷态下测量高压缸前轴封第1挡内段处最大晃度超过0.4mm，转子已塑性弯曲。

条文8.2.7 加强汽水品质的监督和管理。大修时应检查汽轮机转子叶片、隔板上沉积物，并取样分析，针对分析结果制订有效的防范措施，防止转子及叶片表面及间隙积盐、腐蚀。

本条文是新增条文。根据行业汽轮机现状及安全措施规定，针对超临界机组蒸汽带盐沉积风险增加该条款。可依据《火力发电厂水汽化学监督导则》（DL/T 561—2013）、《电力基本建设热力设备化学监督导则》（DL/T 889—2015）等行业标准以及据此制订的《运行规程》执行。对于新建机组，铁、硅等离子是重点监督指标，应严格执行洗硅试运操作。

【案例1】 2017年10月10日，某电厂6号机组振动大保护动作停机。经检查发现1号轴瓦油挡处存在积炭，积炭颗粒与轴颈碰摩，造成机组1号、2号轴瓦轴振急剧上涨，机组跳闸。

【案例2】 某电厂2022年5月采购一批尿素杂质严重超标，运行约10天发现问题后虽立即更换，但系统内仍有少量杂质，腐蚀尿素水解器导致泄漏，杂质溶液通过疏水进入凝汽器，当晚锅炉爆管。电厂未能意识到爆管与尿素有关。处理爆管后机组再次启动，在带100MW负荷运行，因屏式过热器壁温异常，限制负荷运行，第二日发现汽轮机带负荷能力明显下降，判断汽轮机严重积盐。第二日晚机组停机转大修处理。停机后凝汽器换水，检测凝结水中Na^{+}严重超标。对于脱硝系统采用尿素的机组，在疏水回收利用时必须加强水质的监督，因为目前对尿素的检验标准不严，一旦掺假尿素进入系统，后果非常严重。

条文8.2.8 对于送出线路加装串联补偿装置的机组，应采取措施预防因次同步谐振造成发电机组转子损伤。

针对串联补偿线路的新情况，结合行业安全管理现状，增加该条文。

条文 8.2.9　运行 100000h 以上的机组，每隔 3～5 年应对转子进行一次检查（制造商有返厂检查等特殊要求的，可参照制造商要求执行）。运行时间超过 15 年、转子寿命超过设计使用寿命、低压焊接转子、承担调峰、启停频繁或深度调峰运行的转子，应适当缩短检查周期。重点对高中压转子调速级叶轮根部的变截面 *R* 处和前汽封槽，叶轮、轮缘小角及叶轮平衡孔部位，以及高、中、低压转子套装叶轮键槽，焊接转子焊缝等部位进行检查。

增加了适应某些制造商有汽缸返厂解体检查的特殊要求。

增加了对深度调峰运行转子的要求，在当前推广深度调峰改造形势中对转子安全性的检查要提前重视。同时增加了重点部位重点检查的要求。

条文 8.2.10　严禁使用不合格的转子。已经过本企业上级单位主管部门批准并拟投入运行的有缺陷转子应进行技术评定，根据机组的具体情况、缺陷性质制订运行安全措施，并报主管部门审批后执行。

不合格的转子不能投入使用，已投运的不合格转子建议进行更换。对于已经过主管部门批准并拟投入运行的有缺陷转子，应进行技术评定，并制订出运行安全措施，一般可采取下列措施：

（1）在机组启、停过程中适当降低汽轮机金属温度变化率，以减少热应力。

（2）对于蠕变损伤部件，在更换之前可适当降低运行蒸汽参数。

（3）机组冷态启动前，注意预暖措施，使汽缸、转子均匀地加热到一定温度。

（4）严格按超速试验规程的要求，在带 10%～25%额定负荷运行 3～4h 后方可进行超速试验。

（5）监视轴和轴承座的振动，特别要注意与轴温度场有明显关系的强烈振动。

（6）防止机组严重超速，采用机、炉、电大联锁保护运行方式。

（7）一般不作为两班制调峰机组使用，并尽可能减少机组的启、停次数。

条文 8.2.11　建立机组试验档案，包括投产前的安装调试试验、大小修后的调整试验、常规试验和定期试验。

条文 8.2.12　建立机组事故档案，无论大小事故均应建立档案，包括事故名称、性质、原因和防范措施。

条文 8.2.13　建立转子技术档案，包括制造商提供的转子原始缺陷和材料特性等转子原始资料；历次转子检修检查资料；机组主要运行数据、运行累计时间、主要运行方式、冷热态启停次数、启停过程中的汽温汽压负荷变化率、超温超压运行累计时间、主要事故情况及原因和处理。

建立、健全机组和转子完整的技术档案，对于机组运行管理、生产试验、技术改造、缺陷处理以及事故原因分析等都具有非常重要的作用。同时，对于防止机组发生重大设备损坏事故，也具有极其重要的指导意义。

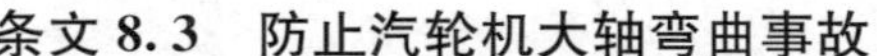

条文 8.3　防止汽轮机大轴弯曲事故

条文 8.3.1　疏水系统应保证疏水畅通。疏水联箱的标高应高于凝汽器热水井最高点标高。高、低压疏水联箱应分开，疏水管应按压力顺序接入联箱，并向低压侧倾斜 45°。疏水联箱或扩容器应保证在各疏水阀全开的情况下，其内部压力仍低于各疏水管内的最低压力。再热冷段蒸汽管的最低点应设有疏水点。防腐蚀汽管直径应不小于 76mm。

当前及未来，火电机组预期将常态化低负荷运行。低负荷时一个或两个高压调节汽阀处于关闭状态，主汽阀到该调节汽阀之间的导汽管中可能积存不流动蒸汽，在机组升负荷开启调节汽阀时，低温冷蒸汽甚至凝结的水会被带入高压缸中，易损伤缸体及转动部件。因此，低负荷运行应定期开启机组疏水。

【案例 1】 2017 年，某电厂 2 号机组由低负荷升负荷时发生高压缸进水。2 号机组 2 号高压调节阀低负荷长时间不开，2 号导汽管中蒸汽凝结积水，机组升负荷 2 号高压调节阀开启，积水进入高压缸。之后电厂每日定时对 2 号高压调节阀开启暖管一次。

【案例 2】 2019 年，某电厂超临界 350MW 机组长期低负荷运行，最后开启的高压调节阀始终关闭，阀前导汽管中蒸汽凝结积水。在快速升负荷过程中，该高压调节阀快速开启，低温含水蒸气进入高压缸，机组负荷瞬时下降，短时间后再次上升，造成协调控制系统（CCS）退出。

条文 8.3.2　减温水管路阀门应关闭严密，自动装置可靠，并应设有截止阀。

疏水系统的设计必须合理，疏水系统的阀门、联箱标高、联箱水位自动控制装置应能保证蒸汽管道和汽缸的疏水畅通。疏水系统、减温水系统的阀门必须保证关闭严密，其自动装置应安全可靠。

条文 8.3.3　轴封及门杆漏汽至除氧器或抽汽管路，应设置止回阀和截止阀。

部分机组门杆漏汽接到三抽或四抽，轴封漏汽接到四抽（除氧器），防止加热器满水倒入轴封和汽缸。

为了防止从除氧器通过门杆漏汽往回返冷汽，要求门杆漏汽至除氧器上应设止回阀和截止阀，并应保证该止回阀和截止阀严密。

条文 8.3.4　高、低压加热器应装设紧急疏水阀，可远方操作和根据疏水水位自动开启。

高、低压加热器应装有紧急疏水阀，该紧急疏水阀应有水位高联动开启和远方操作的功能。

条文 8.3.5　高、低压轴封应分别供汽。特别注意高压轴封段或合缸机组的高中压轴封段，其供汽管路应有良好的疏水措施。低压轴封供汽温度测点应与喷水装置保持充足距离以避免温度测量不准，定期检查喷水减温装置的雾化效果，防止水

进入低压轴封。

增加低压轴封段供汽相关要求。实践中，受设计空间制约，低压轴封供汽温度测量不准的问题屡见不鲜，给运行控制造成了很大困扰。对新机组，减温水喷头的方向、低压轴封管道坡度等都需要关注。新增文字重点防止由于低压轴封段蒸汽带水影响主机安全。

近年来，汽轮机进水和进冷汽造成转子弯曲事故仍时有发生，特别是300MW合缸机组较为突出，多发生在高中压轴封段处，应引起重视。除应加强运行管理外，还应深入分析疏水系统存在的问题，并加以改造和消除隐患，以防止进水事故的继续发生。

【案例】 2018年4月，某电厂号1机组低压转子两端汽封处动静碰摩，触发低压转子两端轴承振动大保护动作停机。低压缸轴封为背弧可调整型式的汽封块，采用点焊防松的措施，存在螺钉松脱、汽封碰摩的安全隐患。低压轴封减温水喷头雾化效果差且轴封供汽管道疏水不畅，导致轴封蒸汽带水，轴封套积水变形，轴封间隙变小，引起动静碰摩，触发振动保护。

条文8.3.6 凝汽器应设计有高水位报警并在停机后仍能正常投入。除氧器应有水位报警和高水位自动放水装置。

监测仪表对于运行人员了解和掌握机组运行状态至关重要，如果没有完好、准确地监测仪表就等于失去了有效监督机组运行状态的眼睛。因此，要求监测仪表必须完好、准确，尤其是重要仪表更应定期校验、100%投入运行。机组报警装置必须保证完好、投入。凝汽器的水位报警装置，要求在停机后也能正常投入，以防止停机后凝汽器满水进入汽缸。除氧器的高水位报警必须投入，高水位自动放水系统必须处于可用状态。

【案例1】 1994年2月，某电厂4号汽轮机停机后汽缸进水造成转子弯曲事故。其中汽轮机进水的主要原因就是由于凝汽器远方电子水位计失灵，就地水位计的玻璃管锈渍严重，很难看清水位。另外，运行人员对待工作责任心不强，也是这次事故发生的重要原因。

【案例2】 2010年12月，某电厂1号300MW机组在168h满负荷试运中，因发电机顶轴油管路泄漏申请降负荷停机消缺，在降负荷过程中，由于调整不当发生除氧器水位高报警。虽然高水位自动放水阀门已经打开，但水位仍然未见下降，原因是放水管道上的手动门被人关闭，机组100MW负荷紧急手动打闸，停机后发现四段抽汽电动门法兰向外大量喷水。经查四段抽汽管道温度测点未见下降，未造成汽轮机进水，说明汽轮机打闸还是及时的；否则，后果不堪设想。

【案例3】 某电厂6号机组除氧器水位控制没有设置水位高联锁关闭除氧器上水调节阀逻辑，也未设置水位高高联锁开启除氧器溢流阀逻辑。2018年1月，在机组大幅度变工况时，造成除氧器水位高Ⅲ值联关四段抽汽电动门和止回阀，汽动给水泵上水中断，锅炉 MFT 动作，机组跳闸。

条文 8.3.7　汽轮机启动前必须符合以下条件，否则禁止启动：

条文(1) 大轴晃动（偏心）、串轴（轴向位移）、胀差、低油压和振动保护等表计显示正确，并正常投入。

条文(2) 大轴晃动值不超过制造商的规定值或原始值的±0.02mm。

条文(3) 高压外缸上、下缸温差不超过 50℃，高压内缸上、下缸温差不超过 35℃。若制造厂有更严格的规定，应从严执行。

条文(4) 启动蒸汽参数应符合制造厂规定。一般情况下主汽阀前蒸汽温度应高于汽缸最高金属温度 50℃，但不超过额定蒸汽温度，且蒸汽过热度不低于 50℃。

根据多起汽轮机转子弯曲事故的发生情况来看，多数重大事故的先兆都能通过机组的一些重要仪表显示出来。例如：轴向位移突然增大、振动突然增大、晃动突然增大、胀差值突然变化、油压突然降低、上下缸温差增大、主蒸汽温度突然降低等。因此，机组的重要表计和保护必须投入运行，以防止重大事故的发生。对于转子晃动的监视，要高度重视转子晃动值的相位测量。由于转子晃动值是一个向量，只有对其绝对值和相位同时进行比较，才能真正地评定其是否发生变化。目前，大多数电厂运行人员对启动前转子晃动值的相位不重视、不了解，在转子上不做标识。仅凭转子晃动的绝对值作为启动前的判据是错误的，并容易造成误判断而酿成事故的发生。因此，在转子晃动测量时，除了测量出转子晃动的绝对值外，还应测量其相位。机组启动前应将转子晃动的绝对值和相位变化作为机组能否启动的判据。运行中机组的汽缸上、下缸温度测点必须齐全、准确，汽缸上、下缸温差必须在规定要求的范围内，以防止过大的缸体热变形。为防止进入汽轮机中的蒸汽带水，要求蒸汽过热度最低不能低于 50℃，其温度必须高于汽缸最高金属温度 50℃，但不能超过额定蒸汽温度。

条文 8.3.7（3）中对高压内、外缸上下缸温差要求，如已有制造厂有新的规定，如外缸上、下缸温差 42℃等，对这种情况，应从严执行。

条文 8.3.7（4）修订后，明确了蒸汽温度是汽轮机高、中压主汽阀前的温度，不得以锅炉过热器和再热器出口蒸汽温度替代。这是借鉴了业内已发生过的事故。同时加入前提：

（1）符合制造厂规定是前提；

（2）“一般情况下”是考虑当前机组极热态启动等特殊工况，该工况下可能满足不了主汽温度高于缸温 50℃的要求，但必须符合制造厂规定，如果在热态及以下，应满足主汽温度高于缸温 50℃的要求；

（3）原文“必须”改为“应”是适应增加“一般情况下”后的语气调整。

【案例1】 1995年6月，某电厂2号机组（200MW）高压转子弯曲事故。其事故原因为：

（1）高压内缸上、下壁温度测点损坏，启动中无法监视高压内缸上、下壁温度变化。

（2）冲转前，暖管时间不够，机侧主蒸汽温度只有200℃/220℃，而在主蒸汽压力1.6MPa下对应的饱和温度为204℃，过热度只有16℃，导致汽轮机进水，高压内缸上、下缸温差增大，从而造成了高压转子弯曲事故。

【案例2】 某电厂300MW机组在一次启动过程中，未能充分进行机前管道暖管，仅凭过热器出口温度已超饱和温度50℃，便认为参数已满足冲车条件，结果冲车过程中振动急剧增大，紧急停机。经连续盘车后，转子晃度为0.02～0.03mm，与启动前相比变化不大，但转子晃度高点与原始记录相反，因此转子的晃度实际已变化0.05～0.06mm，转子实际已发生塑性变形。经揭缸检查，高中压转子中间部位最大晃度超过1mm。

【案例2】同时说明条文8.3.7（2）解释中关于重视晃动值相位的重要性。

条文8.3.8　机组启、停过程操作措施：

条文（1）机组启动前连续盘车时间应执行制造商的有关规定，至少不得少于2～4h，热态启动不少于4h。若盘车中断应重新计时。

条文（2）机组启动过程中因振动异常停机必须回到盘车状态，应全面检查、认真分析、查明原因。当机组已符合启动条件时，连续盘车不少于4h才能再次启动，严禁盲目启动。

在机组正常启动、停机和事故工况下，正确投入盘车，是避免转子发生永久性弯曲事故的重要措施之一。为了避免出现转子发生永久性弯曲，要求在机组启动前至少连续盘车2～4h，热态启动时至少连续盘车4h。如果盘车过程中发生盘车跳闸或由于其他原因引起的盘车中断，都应重新计时。振动是转子发生弯曲最明显的标志，如果机组在启动过程中因为振动异常而停机时，必须回到盘车状态，并应进行认真检查，分析引起振动的原因。在没有明确结论时，严禁盲目启动。如果具备了启动条件，则还应连续盘车4h后方可启动。

【案例1】 1995年3月，某电厂4号200MW汽轮机高压转子弯曲事故。其事故原因是机组在停机处理缺陷后，再次启动升速时2号轴承发生振动，在没有查明振动原因的情况下，93min内连续启动4次，使高压转子与前汽封发生摩擦，从而导致了转子弯曲事故的发生。

【案例2】 2012年5月，某电厂在汽轮机启动过程中多次违反规定进行汽轮机冲转。1时50分，第一次冲转，因DEH转速消失打闸停机。之后4h内连续12次冲车，无论何种原因跳闸，都没有深入检查，确定原因，更未能进行充分盘车。最终停机翻瓦检查发现3瓦、4瓦下部乌金磨损，磨损原因为射油器未正常工作，润滑油压过低，油膜未能建立。从第二次冲转开始机组振动大，电厂未按要求打闸停机查找原因，另外盘车未满4h就再次冲转。中间还有几次降速暖机，这都违反了相关规定。所幸最终只是轴瓦磨损，未造成大轴弯曲。

条文（3）机组热态启动前应检查停机记录，并与正常停机曲线进行比较，若有异常应认真分析，查明原因，采取措施及时处理。

条文(4) 机组热态启动投轴封供汽时，应确认盘车装置运行正常，先向轴封供汽，后抽真空。停机后，凝汽器真空到零，方可停止轴封供汽。轴封供汽停止后，应关闭轴封减温水截止阀。应根据缸温选择供汽汽源，以使供汽温度与金属温度相匹配。

机组热态启动时，选择正确的轴封供汽和抽真空方式，是防止汽轮机转子弯曲的重要措施。为了防止抽真空时抽入冷空气，要求抽真空前必须投入盘车和先向轴封供汽。在向轴封供汽时，必须根据不同的汽缸金属温度选择合适的轴封汽源，以降低该处热应力。停机后，为了防止冷空气漏入汽缸内，要求必须先破坏真空，并确认真空已经到零后，方可停止轴封供汽。

增加了“轴封供汽停止后，应关闭轴封减温水截止阀”的要求，因减温水截止阀多为手动阀，不具备联锁关闭功能。调节阀严密性不佳，避免轴封供汽停止后轴封进水。

【案例1】 1994年2月，某电厂2号汽轮机高压转子弯曲事故。事故发生在机组停运后，当时高压缸金属温度为406℃，由于轴封供汽门不严，锅炉的低温蒸汽经轴封供汽门漏入汽缸，转子局部受到急剧冷却，使高压转子发生永久性弯曲事故。

【案例2】 某联合循环机组因未配备启动锅炉，每次启动时只能是先抽真空，后送轴封。由于南方燃气轮机启动频繁，很多情况下是在热态启动，后送轴封导致汽轮机转子产生弯曲。2019年机组搬迁时揭缸检查，发现轴径处磨损严重，无法测量原始数据。

【案例3】 某电厂2号机组修后启动，主蒸汽压力为2.36MPa，主蒸汽温度为281℃，高压轴封供汽母管温度只有188℃。在低负荷暖机过程中1号轴承振动爬升，打闸并破坏真空停机。揭缸检查发现端部汽封存在明显碰摩现象。因启动过程中高压轴封供汽母管温度过低，与高压缸金属温度不匹配，汽封局部变形引发动静碰摩。

条文(5) 疏水系统投入时，严格控制疏水系统各容器水位，注意保持凝汽器（排汽装置）水位低于疏水联箱标高。供汽管道应充分暖管、疏水，严防水或冷汽进入汽轮机。

条文(6) 机组启动时从锅炉点火至机组并网带极低负荷运行期间，不得投入再

热蒸汽减温器喷水。机组深度调峰运行必须投入再热蒸汽减温器喷水时，应加强对再热蒸汽温度监视。在锅炉熄火或机组甩负荷时，应及时切断主蒸汽、再热蒸汽减温水。

传统上在启动和锅炉低负荷期间，不允许投入再热汽减温水，这也是《防止电力生产事故的二十五项重点要求（2014年版）》的规定。但随着超临界直流锅炉的普及以及火电机组低负荷调峰常态化，机组运行出现了新的状况。2023年版仍要求在启动、并网初期不投再热蒸汽减温水，避免汽轮机进水风险，但根据机组深度调峰现状，调整了常态化低负荷运行时的相应规定。

条文（7）电动盘车在转子惰走到零后应立即投入。当盘车电流较正常值大、摆动或有异声时，应查明原因及时处理。当汽缸内动静部分摩擦严重时，将转子高点置于最高位置，关闭与汽缸相连通的所有疏水（闷缸措施），以保持上下缸温差，监视转子弯曲度；当确认转子弯曲度正常后，进行试投盘车，盘车投入后应连续盘车。当盘车盘不动时，严禁用起重机等设备强行盘车。

根据盘车技术发展及应用，本条文开头一句作了更具体的修订。另外，对于部分意见认为8.3.8（7）及8.3.8（8）中增加手动盘车180°的建议，这是在2014年版反措修订时即对2000年版反措条文作出删除修订的，并作了具体说明。本次修订保留《防止电力生产事故的二十五项重点要求（2014年版）》意见，不采纳恢复手动盘车建议。

将汽封摩擦严重改为动静部分摩擦严重，包含面更加全面。

《防止电力生产事故的二十五项重点要求（2014年版）》条文可能被理解为“保持上下缸温差”不变，实际当然不可能。修订加个“以”字，是强调“保持上下缸温差”是前句操作的目的，并不是提出了新操作要求，缸温差在正常范围内变化是允许的。

条文（8）停机后因盘车装置故障或其他原因需要暂时停止盘车时，应采取闷缸措施，监视上下缸温差、转子弯曲度的变化，待盘车装置正常或暂停盘车的因素消除后及时投入连续盘车。

重点强调并重申，当盘车盘不动时，决不能采用起重机（吊车）等机械设备强行盘车，以免造成通流部分进一步损坏。同时可采取以下闷缸措施：

（1）开启顶轴油泵、润滑油泵保持轴瓦供油。

（2）若转子能盘动，则可投入连续盘车。若转子盘不动，则禁止强行盘车，待汽缸温度降低后可试投盘车，盘车投入后应连续盘车。

（3）关闭进入汽轮机的所有汽门以及与汽缸连通的所有疏水门。

（4）迅速破坏真空，停止向轴封送汽，停止快冷。

（5）严密监视和记录汽缸各部位的温度、温差和转子晃动随时间的变化情况。

【案例1】 1996年某电厂一台200MW机组，汽轮机进水、振动超标。紧急停机后盘车投不上，随后果断采用闷缸措施，机组再次启动后，一切正常，证明转子未产生永久弯曲。

【案例2】 1997年某电厂一台300MW机组在试运期间，因两台汽动给水泵汽轮机故障而跳闸。再启动时，因高压旁路减温水止回阀不严，使汽轮机进水，振动超标，被迫打闸停机。停机后，电动盘车投不上，采用吊车强行盘车，钢丝绳被拉断，此时高、中压缸内缸上、下温差已大于180℃。之后采用闷缸措施，机组再次启动后，一切正常，也证明转子未产生永久弯曲。

【案例3】 2000年12月，某电厂1号进口600MW机组试运期间，在带满负荷运行0.5h后，维持400MW运行。因发现低温再热器泄漏停机处理，汽轮机投入盘车（液力盘车）2h后，突然停止。当时汽缸温度为470～480℃，及时采取闷缸措施，经过四天半的时间，缸温下降到250℃时，盘车盘动转子，连续盘车至转子温度低于150℃，停止盘车检查，未见异常。机组再次启动，一切正常，转子未发生弯曲。

【案例4】 2014年1月，某电厂300MW机组满负荷运行时因锅炉故障跳闸，投入盘车后半小时盘车出现故障，待盘车抢修4h后，准备盘车时发现盘不动。由于该厂机组安装时轴封间隙调整为制造厂要求下限，电厂没有强行盘车。采取闷缸措施等待机组冷却。经过近20天时间，机组缸温降到150℃以下，盘车正常，转子未发生弯曲。

通过上述实例可以看出，只要汽轮机上下缸温差不大，不论汽轮机缸温多高，正确采取闷缸措施，不进行盘车（包括连续和间断盘车）不会造成大轴永久弯曲。

条文（9）停机后应监视凝汽器（排汽装置）、高/低压加热器、除氧器水位和主蒸汽、再热冷段及再热热段管道集水罐处及各段抽汽管道管壁温度变化，防止汽轮机进水。

防止汽轮机进水、进冷汽是防止汽轮机转子弯曲的重要措施之一。因此，在机组启动、运行中和停机后，应严密监视高低压加热器、凝汽器、除氧器、各疏水联箱的水位变化，以及主蒸汽、再热冷段管道集水罐处温度及各段抽汽管道管壁温度变化。在机组启动前，主、再热蒸汽管道必须充分暖管、疏水，并确保疏水畅通。否则，一旦汽轮机进水或进冷汽，转子将局部受到急剧冷却，并将导致转子永久性弯曲事故的发生。

修订条文增加了监视范围，强调了监视温度的变化，发生温度突变汽轮机有返水的可能。

【案例1】 1990年10月，某电厂200MW汽轮机中压转子弯曲事故。其事故原因是由于机组在运行中4号低压加热器满水进入中压缸，中压缸上、下缸温差达

264℃，造成了中压转子发生永久性弯曲事故。

【案例2】 1994年2月，某电厂4号机组转子弯曲事故。其事故原因是在4号机组停机盘车后，由于凝汽器远方电子水位计失灵，使凝汽器满水进入汽缸，上、下缸温差大于200℃，导致了汽轮机转子发生永久性弯曲事故。

【案例3】 某电厂两台进口600MW机组先后在小修停机几十小时后，锅炉还未具备带压放水条件之前，发生主蒸汽管道汽轮机侧因蒸汽凝结导致满水，通过门杆泄汽进入汽缸的问题。因运行人员及时发现，并采取正确措施，未发生转子弯曲事故。之后，电厂对系统进行了改进。

条文8.3.9　汽轮机发生下列情况之一，应立即打闸停机：

条文(1) 机组启动过程中，在中速暖机之前，轴承振动超过0.03mm；或严格按照制造商标准执行。

条文(2) 机组启动过程中，通过临界转速时，轴承振动超过0.1mm或相对轴振动值超过0.25mm，应立即打闸停机；或严格按照制造商的标准执行；严禁强行通过临界转速或降速暖机。

条文(3) 机组运行中要求轴承振动不超过0.03mm或相对轴振动不超过0.09mm，超过时应设法消除，当相对轴振动大于0.25mm应立即打闸停机；当轴承振动或相对轴振动变化量超过报警值的25%，应查明原因设法消除，当轴承振动或相对轴振动突然增加报警值的100%，应立即打闸停机；或严格按照制造商的标准执行。

条文(4) 高压外缸上、下缸温差超过50℃，高压内缸上、下缸温差超过35℃。若制造厂有更严格的规定，应从严执行。

条文(5) 机组正常运行时，主、再热蒸汽温度在10min内下降50℃。调峰型单层汽缸机组可根据制造商相关规定执行。

重申并规定了机组在启动和运行中，轴承和轴振动的要求值和极限值，强调了在机组启动或运行中振动超标的打闸停机条件。特别强调要高度重视振动相对变化值，依据和参考《机械振动　在旋转轴上测量评价机器的振动　第2部分：功率大于50MW，额定工作转速1500r/min、1800r/min、3000r/min、3600r/min陆地安装的汽轮机和发电机》（GB/T 11348.2—2012），规定了相对轴振动变化量的报警值和打闸停机值，同时也规定了轴承振动变化量的报警值和打闸值，对于真实测量轴承振动的机组可参考此规定。

在8.3.9（1）、8.3.9（2）中作出修订：振动超限打闸停机，增加“或严格按照制造商的标准执行”的规定，适应某些进口机组要求。将轴振动限值按GB/T 11348.2—2012拟修订为0.09mm和0.24mm。结合生产实践，经多方研究讨论，确定采用0.09mm和0.25mm两个限值。条文8.3.9（4）中对高压内外缸上下温差强调若制造厂有更严格的规定，应从严执行。理由同 8.3.7（3）。同样修订执行于 8.3.10 条。

【案例 1】 某电厂 4 号 125MW 机组转子弯曲事故。其事故原因是由于转子存在较大的原始动不平衡量，使转子产生较大的不平衡振动，而暖机转速又过于接近高、中压转子的临界转速，使转子产生共振。同时动静间隙又过小，使转子发生动静部分碰摩，最终导致了汽轮机转子发生永久性弯曲事故。

在机组运行中，要经常注意监视缸温和主蒸汽温度的变化，特别要注意的是上、下缸温差增大和主蒸汽温度的急剧下降。如果发现上、下缸温差增大或主蒸汽温度下降的趋势，应及时调整。主蒸汽温度下降太快是过水的征兆，不但增加热应力，而且也可能引起剧烈的热变形，将导致动、静部分摩擦与转子永久性弯曲。

"主、再热蒸汽温度在 10min 内下降 50℃"，删除原标准中的"突然"二字。主蒸汽温度下降太快是过水的征兆。但对于燃气-蒸汽联合循环机组，如果燃气轮机在 30%基本负荷之下还继续执行深度调峰，可能出现汽温下降较快的情况。这种工况还比较少见，未见有详细的报道，可以进一步关注。

【案例 2】 1986 年 1 月，某电厂 1 号 200MW 汽轮机转子弯曲事故。其事故原因是由于在机组滑停时，主蒸汽温度降得太快，使转子受到急剧冷却，动、静发生摩擦，而造成了转子发生永久性弯曲事故。

因此，要求在机组滑停时，要严格控制降温速度，保证各参数在规定范围内。在停机过程中，如发现有异常情况，应立即打闸停机。

条文 8.3.10　应采用良好的保温材料和施工工艺，保证机组正常停机后的上下缸温差不超过 35℃，最大不超过 50℃。若制造厂有更严格的规定，应从严执行。

汽缸两侧及上下缸保温应完整，应使用保温性能良好的保温材料，保温层的厚度应达到设计规程要求。经常检查汽缸的保温情况，发现保温层有脱空、脱落现象时，要及时处理。汽缸保温的施工工艺和材料，必须保证在停机后的上、下缸最大温差不超过 50℃。由于石棉材料是致癌物，因此要求禁止使用。已有的石棉保温，也应结合检修更换为硅酸铝纤维毡等保温材料。

条文 8.3.11　汽轮机在热状态下，锅炉不得进行打水压试验。

条文 8.3.12　机组监测仪表必须完好、准确，并定期进行校验。尤其是大轴晃度、振动和汽缸金属温度表计，应按热工监督条例进行统计考核。

条文 8.3.13　严格执行运行、检修操作规程，严防汽轮机进水、进冷汽。

总结汽轮机以往所发生的转子弯曲事故，发现大多数的事故在发生、发展过程中都有运行人员违章操作、领导违章指挥的成分。违章操作和操作不当往往是事故的直接原因或者是事故扩大的原因。因此，要求运行人员必须遵守运行规程，一切操作要按规程的规定操作，不得因为某个领导的违章指挥而违背规程。检修人员在大修时，要严格按照规程规定的项目进行，确保检修质量，消除设备隐患。

【案例】 2018年，某电厂135MW机组由于锅炉泄漏，降负荷到5MW，由于主蒸汽温度下降到330℃，导致碰摩，振动大跳机。

条文8.3.14　应具备和熟悉掌握的资料：

条文(1) 转子安装原始弯曲的最大晃动值（双振幅）、最大弯曲点的轴向位置及在圆周方向的位置。

条文(2) 大轴晃度表测点安装位置转子的原始晃动值（双振幅）、最高点在圆周方向的位置。

条文(3) 机组正常启动过程中的波德图（Bode）和实测轴系临界转速。

条文(4) 正常情况下盘车电流和电流摆动值（针对液压盘车装置为油压），以及相应的油温和顶轴油压。

条文(5) 正常停机过程的惰走曲线，以及相应的真空值和顶轴油泵的开启转速和紧急破坏真空停机过程的惰走曲线。

条文(6) 停机后，机组正常状态下的汽缸主要金属温度的下降曲线。

条文(7) 通流部分的轴向间隙和径向间隙。

条文(8) 机组在各种状态下的典型启动曲线和停机曲线，并应全部纳入运行规程。

条文(9) 记录机组启停全过程中的主要参数和状态。停机后定时记录汽缸金属温度、大轴弯曲、盘车电流、汽缸膨胀、胀差等重要参数，直到机组下次热态启动或汽缸金属温度低于150℃为止。

条文(10) 系统进行改造，运行规程中尚未作具体规定的重要运行操作或试验，必须预先制订安全技术措施，经总工程师或厂级分管生产领导批准后再执行。

所有现场工作人员都应该熟悉掌握机组的重要设计、制造和运行的数据资料，尤其是运行人员，更应该熟悉机组运行规程。通过比对一些技术数据，就能了解机组的运行状态；通过定时记录重要数据的变化，就能发现机组存在的问题和即将发生的事故，以便于及时处理和防止重大事故的发生。

条文8.3.14（4）的修改，补充了针对液压盘车系统的相关说明。

条文8.3.14（10）根据企业改革的现状，对安全技术措施的批准人作出调整。

条文8.4　防止汽轮机、燃气轮机轴瓦损坏事故

条文8.4.1　润滑油冷油器制造时，冷油器切换阀应有可靠的防止阀芯脱落的措施，避免阀芯脱落堵塞润滑油通道导致断油、烧瓦。

近年连续在300MW和600MW机组发生由于冷油器切换阀阀芯脱落堵塞润滑油通道，造成机组断油烧瓦事故。对于冷油器切换阀这样十分重要的装置，制造商在设计和制造时，应有可靠的防止阀芯脱落的措施，避免阀芯脱落堵塞润滑油通道导致润滑油系统断油、烧瓦。

【案例】 2010年7月，某电厂600MW机组断油烧瓦事故。该厂3号机组由于锅炉爆管而准备停机，停机前运行人员分别做了交流、直流润滑油泵启停试验，试验情况正常。不久，润滑油母管压力突然开始急剧下降，机组因润滑油压低保护动作跳机、发电机解列、锅炉灭火。虽然交流润滑油泵、直流润滑油泵联启成功，但母管油压继续下降，运行人员破坏真空紧急停机，从跳机到转子静止历时仅6min左右。对油系统进行外观检查，没有发现明显漏油点。发生事故后，对现场设备进行全面仔细检查，发现冷油器进口就地油压表正常，出口就地油压表没有压力。通过对冷油器切换阀解体检查，发现切换六通阀阀芯的连接螺纹松脱，阀芯脱落堵住了润滑油通道。

条文8.4.2 油系统严禁使用铸铁阀门，各阀门门杆应与地面水平安装。主要阀门应挂有“禁止操作”警示牌。主油箱事故放油阀应串联设置两个钢制截止阀，操作手轮应设在距油箱5m以外，有两个以上通道且能保证漏油着火时人员可到达并便于操作、便于撤离的地方，手轮应挂有明显的“禁止操作”标志牌，手轮不应加锁。润滑油供油管道中不宜装设滤网，若装设滤网，必须采用激光打孔滤网，并有防止滤网堵塞和破损的措施。

实践中安全检查时发现，有将事故放油阀设置在距离主油箱超过5米以外的汽机房零米地上，但如果主油箱大量漏油着火，根本无法过去操作。因此提出了空间上的底线要求，强调了着火工况下，事故放油阀位置要可到达、便于操作、便于撤离，要求更为明确具体，还体现了对人身的保护。具体实施则可根据现场具体布置确定。

将“门芯”替换为“门杆”，用词更准确严谨。

汽轮机油系统的管材要符合要求，变径管应采用锻制式，大管径可采用钢板焊制。油系统的法兰应尽可能使用对焊短管法兰，使法兰焊接时不变形。为了防止由于阀门损坏造成断油事故，要求油系统严禁使用铸铁阀门。油系统阀门不得在水平管道上立式安装，各阀门门杆应与地面水平安装，以防止由于门芯脱落导致油管道堵塞。为了防止误操作和在紧急情况下能迅速找到阀门，要求主要阀门应有明显的标志牌和挂有“禁止操作”警告牌。为防止由于滤网堵塞而造成断油事故，明确润滑油供油管道中不宜装设滤网。如果要装设滤网，则须采用激光打孔滤网，并有可靠的防止滤网堵塞和破损的安全措施。

【案例1】 2011年6月某电厂在进行润滑油输送泵更换时，操作员误将主油箱至润滑油输送泵阀门打开，造成主油箱油自流到净油箱，导致主油箱油位低，汽轮机断油，机组跳闸。经检查，润滑油系统主要阀门未悬挂“禁止操作”警示牌，不能起到警示作用，造成运行误操作。

【案例2】 2015年5月，某电厂350MW机组发生断油烧瓦事故，检查原因为1号机组主油箱回油滤网堵塞，大量润滑油汇集到回油滤网上部的回油母管内，造成主油箱油位下降，油位低于主油泵射油器、辅助油泵等装置吸入口，油泵无法正常供油，润滑油压力低机组跳闸，导致汽轮发电机组各轴瓦出现不同程度损伤。该事故中同时暴露出违反条文8.4.6问题。

条文8.4.3 润滑油系统油泵出口止回阀前应设置可靠的排气措施，防止油泵启动后泵出口堆积空气不能快速建立油压，导致轴瓦损坏。

本条文是新增条文。实践表明，即使是浸没在润滑油面之下的润滑油泵，长期备用状态下出口也可能堆积空气。业内曾有机组因没有采取预防措施而发生断油烧瓦事故。

【案例】 2011年6月，某电厂600MW机组检修试运中由于锅炉给水旁路门盘根泄漏需停机处理，值长下令紧急停机。打闸后，交流润滑油泵联启正常，但电流偏低，转速2265r/min时，润滑油压降至0.164MPa，直流润滑油泵联启，但电流只有15A，偏低。转速降至2255r/min，润滑油压跌至0.09MPa，瓦温升高，振动增大，机组断油烧瓦。检查确认交、直流油泵蜗壳积气、气塞不能供油是本次事故的直接原因。从2台泵的电流判断事故过程中打的是空气。针对的处理方案是在泵的出口最高点打孔，增加放气管道。

条文8.4.4 直流润滑油泵的直流电源系统应有足够的容量，其各级熔断器应合理配置，防止故障时熔断器熔断使直流润滑油泵失去电源。

条文8.4.5 交流润滑油泵电源的接触器，应采取低电压延时释放措施，同时要保证自投装置动作可靠。

由于交流、直流润滑油泵电源不可靠或联动逻辑设计不合理，而造成了数起300MW机组轴承烧损事故。

【案例1】 1990年8月，某电厂14号机组（200MW）轴承烧损事故。其事故起因是由于6kV厂用电差动保护误动作，造成了正在运行的硅整流电源中断，而蓄电池又断电，致使14号机组单元室直流系统电源中断。高压油泵和交流、直流油泵无法启动，造成了轴承烧损事故的发生。

【案例2】 1999年某电厂一台300MW机组，由于送风机事故按钮触点绝缘低跳闸，造成机组跳闸、解列，保安段电源低电压保护动作。由于供电方式设计不合理使交流润滑油泵失电，而直流润滑油泵因开关合闸回路故障又未能成功开启，从而造成了轴承烧损事故的发生。

【案例3】 2012年11月，某电厂600MW机组断油烧瓦事故。该电厂两台600MW机组，事故前，1号机组负荷为450MW，2号机组负荷为460MW，厂用电由本厂机组供给1号、2号机组柴油发电机联动备用。事故起因是送出线路因覆冰造成电流差动保护动作，线路跳闸，两台机组发电机零功率切机保护动作，机组跳闸，全厂停电，失去厂用电。1号机组柴油发电机联启成功，但出口开关因柴油发电机接线方式及控制模块设置与厂家要求不符未合闸，机组跳闸后，运行人员立即手动启动直流润滑油泵，4s后跳闸，再次启动，3s后又跳闸。值班员到就地直流控制柜手动强合直流润滑油泵成功，但6min后又跳闸，随后又合闸两次，跳闸两次。直流润滑油泵再未成功启动，1号机组惰走14min转速到零。2号机组柴油发电机因蓄电池亏电导致无法启动，但直流润滑油泵联启成功，2号机组惰走36min转速到零。事故导致1号机1～9号轴瓦全部烧毁。1号机组直流润滑油泵不能成功联启的原因是直流润滑油泵控制柜在大修期间进行了传统控制柜升级到智能控制柜的技术改造，由于质量控制不严，运行不稳定，事后对智能柜的测试，25次启动13次不成功。因此，要求交流、直流润滑油泵应有可靠的电源，直流润滑油泵的直流电源系统应有足够的容量，各级熔断器应合理配置，以防止故障时因熔断器熔断而使直流润滑油泵失去电源。

条文 8.4.6　应设置主油箱油位低跳机保护，必须采用测量可靠、稳定性好的液位测量方法，并采取“三取二”的保护方式，保护动作值应考虑机组跳闸后的惰走时间。机组运行中发生油系统渗漏时，应申请停机处理，避免处理不当造成大量漏油，导致烧瓦。如已发生大量漏油，应立即打闸停机。

“三取二”保护方式是业内通行的热控保护原则，具体应执行本版《反措》9.5.2的规定。

【案例1】　2010年某电厂新投产不到半年的2号300MW机组，由于润滑油冷油器六通阀质量原因，运行中突然发生大量漏油，导致润滑油压迅速下降而联锁启动了交流、直流润滑油泵，暂时稳定住了油压。而按照制造商设计值整定的润滑油压低，汽轮机跳闸保护定值低于直流润滑油泵联启定值，因此，这时汽轮机并未联跳，52s后，在运行人员尚未查明故障原因时，主油箱油位从－39mm下降到－310mm，已经到了油泵不能正常工作油位，由于没有设计油位低跳机保护，进一步延误了停机时间。汽轮发电机组瞬间断油，轴系损伤严重。3～5号轴颈有不同程度的磨损，发电机底座因振动大发生了错位，发电机端部冷却风扇叶片受到了磨损，转子接近报废。修复后的轴系按制造商的计算，最高只能带到260MW负荷。该案例中同样暴露出违反条文8.4.12的问题。

【案例2】　2011年4月，某电厂1000MW机组汽轮机冲车过程中，转速为1360r/min时，“发电机密封油膨胀箱液位高”报警，运行进行了放油处理，报警消失。汽轮机定速后报警再次发出。机组负荷为618MW时，“汽轮机润滑油压力低”发出，机组跳闸。转速到零后，因盘车电流大跳闸无法投入盘车，闷缸处理。轴瓦解体后发现，各轴瓦乌金、轴径均有不同程度磨损。

分析认为密封油回油膨胀箱下部系统回油不畅，导致膨胀箱油位升高，并进入发电机内部，引起润滑油主油箱油位下降，低于BOP油泵吸入口，导致主油泵不出力，虽联启交、直流油泵，但由于油位低，也不出力，最终轴瓦烧毁。主油箱油位计指示不稳定，油位低报警不可靠。运行人员无法及时发现主油箱油位下降，导致事故发生。

【案例3】 2015年5月，某电厂350MW机组润滑油压力低导致机组跳闸，发生断油烧瓦事故。原因为1号机组主油箱回油滤网堵塞，大量润滑油汇集到回油滤网上部的回油母管内，造成主油箱油位下降，主油箱油位低于主油泵射油器、辅助油泵、盘车油泵吸入口，油泵无法正常供油。本案例同样出现在条文8.4.2中，电厂未设置主油箱油位低跳机保护，油位计报警未定期校验，导致在主油箱油位异常时，无报警、无保护。

条文8.4.7　润滑油系统不宜在轴瓦进油管道装设调压阀。已装设的机组，调压阀应有可靠的防松脱措施，并定期进行检查。避免运行中阀芯移位或脱落造成断油烧瓦。

本条文是新增条文，针对部分机组，在汽轮机轴瓦进口润滑油管道上装有调整油量的可调节流装置而增加该条款。实践中发生过调节入瓦油量时，阀芯脱落造成轴瓦断油事故。设置进油调压阀的机组，建议在阀后设有油压测量接口，但要做好防止跑油、漏油的措施。

条文8.4.8　电厂应与制造厂核实新建或改造机组的汽轮机轴向推力计算值或实测值，防止调速汽阀动作异常或补汽阀开启时轴向推力过大，造成推力轴承损伤。

本条文是新增条文，尤其适用某些机型，如设置补汽阀的汽轮机。

条文8.4.9　安装和检修时要彻底清理油系统杂物，严防遗留杂物堵塞油泵入口或管道。

【案例1】 2011年，某电厂9号机组检修时，封堵7号、8号轴承回油管口的杂物被遗留在油系统管路中，并随7号、8号、9号轴承回油进入主油箱回油锥形滤网，主油箱回油受阻。由于机组轴承回油不畅，轴承箱内油位逐步上升，润滑油首先从1号轴承箱热工信号引出线孔及手动盘车轴孔溢出，大量漏油滴在1号轴承箱下部再热蒸汽管道上，引发火灾事故。

【案例2】 2013年7月，某电厂1号机组主油泵入口管中的纸质垫片未被清理，被吸入主油泵，被主油泵打碎后进入了高压射油器，堵塞高压射油器喷油嘴，引起主油泵瞬时失压，触发“高压油压力低”保护，机组跳闸。检查、分析发现此纸质垫片是多年前某次机组A级检修时遗留在主油泵入口管中的。

【案例3】 2017年6月，某电厂1号机组试运高压启动油泵时，高压启动油泵

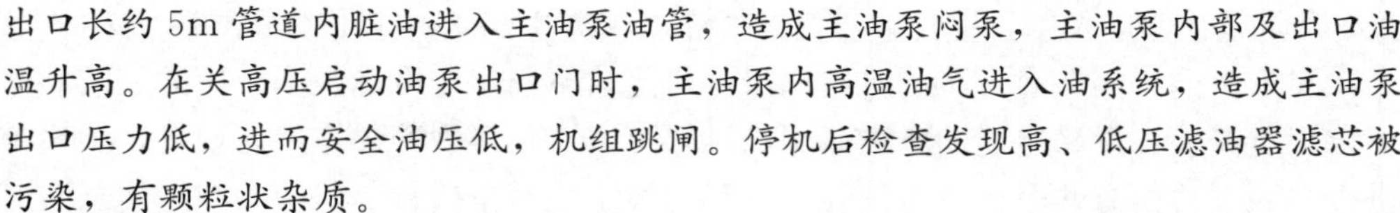

出口长约 5m 管道内脏油进入主油泵油管，造成主油泵闷泵，主油泵内部及出口油温升高。在关高压启动油泵出口门时，主油泵内高温油气进入油系统，造成主油泵出口压力低，进而安全油压低，机组跳闸。停机后检查发现高、低压滤油器滤芯被污染，有颗粒状杂质。

条文 8.4.10　润滑油系统油质应按规程要求定期进行化验，油质劣化应及时处理。在油质不合格的情况下，严禁机组启动。

机组启动前，油质必须合格。油品指标不合格（包括油中含有杂质和含水量超标）时，禁止向各轴承、密封油系统充油，并且应连续投入油过滤设备直至油质合格。油净化装置必须伴随机组连续运行。在油质不合格时启动机组，将导致重大设备事故的发生。

【案例】 1991 年 1 月，某电厂 300MW 机组轴承损坏事故。在机组试运行过程中，4～7 号轴承轴颈、轴承发生严重磨损，其原因是油质太脏所致。事故后，将冷油器解体检查中清理出很多焊渣，调节部套和轴承箱中发现有残留杂物。因此，为了防止由于油质不合格引起的轴承损坏事故，要求安装和检修时要彻底清理油系统，确保油系统清洁和无杂物，加强系统滤油。

条文 8.4.11　润滑油压低报警、联启油泵、跳闸保护、停止盘车定值及测点安装位置应按照制造商要求安装和整定，低油压联锁启动直流油泵整定值与汽轮机油压低跳闸整定值应相同，直流油泵联启的同时必须跳闸停机。对各压力开关应采用现场试验系统进行校验，润滑油压低时应能正确、可靠地联动交流、直流润滑油泵。

增加了“低油压联锁启动直流油泵整定值与汽轮机油压低跳闸整定值应相同”描述。《防止电力生产事故的二十五项重点要求（2014 年版）》条文在以往的执行中易产生误解，认为是直油润滑油泵联启触发汽轮机跳闸。实际应如 2023 年版条文所述，联锁启动直流油泵的油压整定值与汽轮机油压低跳闸整定值是相同的，因此两者同时动作。

联锁保护可靠的关键在于压力测点应准确反映取样处真实压力。润滑油系统有效油压应是轴承进油处压力，有很多机组的润滑油压力测点设计、安装位置并不在汽轮机运行层，因此测点处实际压力与轴承进油处存在因标高差造成的压力差，在 DAS 系统中应对上传的压力信号做准确的压力迁移。

在这里要强调的是，有些制造商设计的润滑油压低汽轮机跳闸保护定值低于直流润滑油泵联锁启动定值，作为用户的发电厂，必须认识到：汽轮机断油烧瓦的后果是极其严重的，作为用户的发电厂必须抛弃侥幸心理，即使汽轮机运行在制造商给定的低润滑油压下是安全的，但当直流润滑油泵联锁启动时，汽轮机润滑油系统已经没有了备用的油泵，因此，这种工况本身就是本质不安全，一旦系统油压进一步下降或直流润滑油泵故障，后果不堪设想。而对于那些直流润滑油泵出口越过冷油器直接接到了冷油器出口的机组，更要坚持直流润滑油泵联启的同时必须跳闸停机。

因为不同的制造商、不同机组润滑油压定值不同，难以确定为统一的数值，但要求测点安装位置和定值的整定必须满足要求。对各压力开关应采用现场试验系统进行校验，目的有两个：一是检验压力开关设定是否正确；二是检验辅助油泵联启的过程中润滑油压力是否满足要求。

200MW机组曾发生过数起在润滑油压低联动交流、直流润滑油泵的过程中，轴承温度升高、机组强烈振动的事故，在其他类型的机组上也发生过类似现象。通过对事故过程分析和模拟试验的结果表明，在润滑油泵联动的过程中，轴瓦确实存在有瞬时断油或少油的时间段。为了确保在各种工况下轴承都能正常工作，要求必须对各压力开关采用现场试验系统进行校验，并检验按照设计的润滑油系统运行方式下，润滑油压力在机组各种转速下是否满足要求，否则，机组不得启动。

【案例1】 1994年3月，某电厂2号300MW机组轴承烧损事故。其事故原因就是由于联锁保护系统存在问题，在发电机解列并出现润滑油压低之后，润滑油泵没有自动联动，BTG盘也没有发出低油压的声光报警信号来提醒运行人员，因而导致轴承烧损事故的发生。

【案例2】 1994年某厂一台引进型300MW机组，在事故紧急停机的过程中，由于设计变更有误（在调试过程中未能发现设计失误的隐患），当润滑油压下降到0.084～0.077MPa时，交流、直流油泵未能自动联启，运行人员又未能严密监视润滑油压，从而导致了轴承烧损事故的发生。

条文8.4.12 新机组或润滑油系统检修、改造后，应进行交流润滑油泵跳闸联锁启动备用交流润滑油泵和直流润滑油泵试验，在联锁启动过程中，系统润滑油压不得低于汽轮机运行最低安全油压（或润滑油压低跳汽轮机值）。

本条文是新增条文。当前出现了新型的无同轴主油泵的润滑油系统，对于配置这种润滑油系统的汽轮机，本条文是必须的。因为当机组运行中交流润滑油泵事故跳泵时，备用油泵必须立即启动并立即供给润滑油，油压的波动不应影响汽轮机转子与轴承的安全。安全低限油压可由制造厂确定，或取润滑油压低跳汽轮机值，确保运行中不因此而跳机。

由此推出，传统的有主油泵的润滑油系统也要考虑：在汽轮机冲车升速过程中且主油泵投入工作之前的系统安全性。当前实践中不断发现，新配置或改造后的直流润滑油泵启动过程太慢（可长达5s），起不到紧急状态下及时提供润滑油、保障汽轮机安全的作用，因此更应强调执行本条文的要求。

【案例1】 某电厂联合循环汽轮机在基建期间试验得出常规联锁方式，交流润滑油跳闸时油压波动低于汽轮机安全运行润滑油泵。通过增加硬线联锁、更换新的直流控制柜并重新整定直流输出等措施，实现了交流润滑油泵跳闸只联锁直流润滑油泵，油压波动最低也高于汽轮机跳闸油压。该机首次并网运行即发生因启动备用变压器跳闸，全厂失电事故，只有直流润滑油泵启动。但调整后的润滑油系统油压波动满足汽轮机安全运行条件，保障了汽轮机安全惰走并投入盘车，保障了整个汽轮机本体的安全。

【案例 2】 某电厂 350MW 燃煤汽轮机机，调试中发现单纯依靠热工卡件联锁，备用泵联锁启动反应太慢，从跳泵到联启，润滑油压最低可降到零，而油压恢复最长纪录可达 5s。一旦运行发生油泵跳闸，轴瓦安全没有保证。经采取增加电气硬联锁、重新整定直流控制柜输出等优化措施，才实现了联锁启动过程中，系统润滑油压不得低于汽轮机运行最低安全油压的要求，保障了汽轮机安全。

条文 8.4.13 辅助油泵（包括交流润滑油泵、直流润滑油泵）及其自启动装置，应按要求定期进行启动试验，保证油泵处于良好的备用状态。机组启动前辅助油泵必须处于联动状态。机组正常停机前，应先启动交流润滑油泵，确认油泵工作正常后再打闸停机。

将《防止电力生产事故的二十五项重点要求（2014 年版）》条文的“全容量启动”，明确表述为“先启动交流润滑油泵，确认油泵工作正常后”，更便于执行。汽轮机、燃气轮机的调速油泵、启动油泵、交流润滑油泵、直流润滑油泵等辅助油泵应定期进行试验，以确保停机或发生异常情况时能及时联动，保证机组不发生断油烧瓦事故。没有同轴主油泵的机组，作为主油泵的润滑油泵和作为备用的润滑油泵要定期轮换运行，联锁开关必须在投入状态，并且直流油泵严禁设置任何保护。机组正常停机前，应进行交流润滑油泵启动试验，并确认油泵工作正常、油压正常。为进一步确保安全，还应进行直流润滑油泵启动试验，并确认油泵工作正常、油压正常。为防止辅助油泵因窝气导致出力不足，建议采取以下措施：

（1）保持油泵排空气管路安装合理、畅通。

（2）维持润滑油箱较高油位运行，特别是不能在低油位运行。

（3）保持润滑油箱负压在合理范围。

（4）正常停机前，进行辅助油泵启动试验，并保持油泵运行直至油泵电流、润滑油压达到正常值后再停运油泵，投入备用。

【案例 1】 1994 年 3 月，某电厂 2 号 300MW 机组轴承烧损事故。其事故原因是由于保护误动作，使发电机解列，主汽门关闭，润滑油压随转速下降而降低。当油压降至 0.07MPa 和 0.06MPa 时，交流、直流润滑油泵没有联启，而运行人员也没有严密监视润滑油压，手动启动交流、直流润滑油泵不及时，导致了机组轴承严重烧损事故的发生。

【案例 2】 某电厂 300MW 机组断油烧瓦事故。该电厂的直流润滑油泵，在系统设计时未设任何保护。但在制造商出厂时自带有保护电动机过热的热电偶保护。

在紧急状态下直流润滑油泵在运行中热电偶保护动作，直流油泵跳闸，造成了机组轴承烧损事故的发生。

【案例3】 某电厂600MW机组断油烧瓦事故。该机组在大修后启动，因各种原因，汽轮机冲车、定速、停机多次，每一次润滑油泵均工作正常。但就在烧瓦的这一次停机过程中，汽轮机打闸降速后，虽然交流、直流润滑油泵先后联启，但润滑油压仍然很低，造成汽轮发电机组断油烧瓦。事故发生的汽轮机停机前没有提前启动交流润滑油泵；停机后，交流、直流润滑油泵虽先后均联启，但都不能出力，就是因为两台泵都发生了窝空气的故障，而系统也没有良好的防窝空气措施。本案例说明了在机组正常停机前，应进行辅助油泵的正常启动试验的必要性。

条文8.4.14　润滑油系统冷油器、辅助油泵、滤网等进行切换时，应在指定人员的监护下按操作票顺序缓慢进行操作，操作中严密监视润滑油压的变化，严防切换操作过程中断油。

为了防止在油系统切换过程中发生断油，要求在进行切换操作时，应严格按照运行规程规定的操作顺序缓慢进行操作。严密监视润滑油压是否发生变化，并且操作应在指定监护人的监护下进行，严防由于误操作而引起机组轴承烧损事故。

【案例1】 1986年4月，某电厂7号机组启动并网后，在投入1号冷油器时，由于运行人员误操作，将冷油器出口门关死，造成了机组断油烧瓦事故。

【案例2】 2012年5月，某电厂汽轮机定速后进行油泵切换试验，停交流油泵后，润滑油压由0.126MPa降至0.08MPa，交直流油泵联启，切换不成功。运行未深究其原因。交接班后，机组再次启动，下班运行人员未投交直流油泵联锁，又一次进行油泵切换试验，由于润滑油压低跳闸，3瓦、4瓦振动突增，运行手动启动直流油泵。其后几次启动，均因振动大机组打闸。翻瓦检查发现3瓦、4瓦下部乌金磨损，磨损原因为射油器未正常工作，润滑油压过低，油膜未能建立。

【案例3】 印度某电厂2012年7月因锅炉保护误动引发汽轮机跳闸。惰走过程中，转速为580r/min时，运行人员发现润滑油压低，去就地调整冷油器冷却水阀门，结果误将冷油器油侧阀门关闭，造成汽轮机断油3min，1号、2号轴瓦烧毁。3号、4号、5号、6号瓦因有顶轴油加上转速不高，未烧毁。

条文8.4.15　油位计、油压表、油温表及相关的信号装置，必须按要求装设齐全、指示正确，表计值DCS显示应与就地显示一致，并定期进行校验。

修订中加入了“表计值DCS显示应与就地显示一致”的要求，管理更加规范。

【案例1】 前面所述的某电厂1000MW机组断油烧瓦事故。该机组启动过程中润滑油漏入发电机，导致润滑油箱油位低，但汽轮机不能及时跳闸。等到润滑油压低跳闸后，虽然交流、直流润滑油泵先后联启，但因润滑油箱油位低，油泵均不能正常工作，造成汽轮发电机组断油烧瓦。

【案例 2】 条文 8.4.11 的［案例 3］所提到的机组事故，在润滑油系统漏油过程中，主油箱油位从－39mm 下降到－310mm。由于没有设计油位低跳机保护，进一步延误了停机时间，直至系统断油，扩大了事故。

【案例 3】 2006 年 12 月，某电厂 600MW 机组试运期间带 320MW 负荷运行，因润滑油压偏低且波动，怀疑是润滑油滤网的影响（试运期间增加的临时滤网），就地进行滤网切换时，造成润滑油压低汽轮机跳闸。在汽轮发电机组惰走过程中，施工人员就松开了滤网上盖法兰螺栓（事实上此滤网并没有隔离），结果造成润滑油大量喷出，幸好这时汽轮机转速只有 30r/min，通过打开真空破坏门，紧急降速，并在汽轮机转速到零后，立即停运润滑油泵。恢复润滑油滤网法兰后，启动润滑油泵及顶轴油泵，投入盘车，避免了一次汽轮发电机组断油烧瓦事故。

【案例 4】 2006 年 10 月，某电厂 4 号 600MW 机组满负荷运行时，主机冷油器切换阀阀杆出现渗油缺陷。该厂设备专责在仅办理了一张风险预控票而未办理工作票，也没有隔离系统的情况下，就允许检修工作人员进行检修作业。检修人员在处理 4 号机主机冷油器切换阀阀杆渗油缺陷过程中，拆掉切换阀转动手轮，松开阀杆小端盖 6 个螺栓，然后取出其中两个，在取出其他螺栓时，小端盖突然被顶开，阀杆套飞出，大量润滑油喷出。虽然设备专责立即通知集控室紧急停机，但主油箱油位还是从 1670mm 很快就下降到直流润滑油泵吸入口以下，润滑油系统供油很快中断，各轴瓦温度急剧飙升，最高到 222℃，造成机组断油烧瓦。类似事故或未遂事故还有很多，为了避免此类事故，有必要设置主油箱油位低跳机保护，并严格执行机组运行中发生油系统泄漏时，应申请停机处理。避免处理不当造成大量跑油，导致烧瓦。油位、油压、油温是运行人员需要监视的重要表计，并且油位、油压、油温的报警、联锁和保护装置必须安装齐全，指示正确，并定期进行校验。如发现缺陷应立即处理好，以免留下事故隐患。

【案例 5】 2016 年 3 月，某电厂超临界 350MW 机组主油箱射油器入口管道焊口开裂，导致系统润滑油失去，汽轮机断油烧瓦，就地有润滑油母管压力表，却未远传至 DCS 画面，导致运行人员未及时发现隐患。

条文 8.4.16 机组启动、停机和运行中要严密监视推力瓦、轴瓦乌金温度和回油温度。当温度超过标准要求时，应按规程规定果断处理。

条文 8.4.17 在机组启、停过程中，应按制造商规定的转速停止、启动顶轴油泵。

为了远程监视各瓦顶轴油压力，可设置各瓦顶轴油压力变送器并引至 DCS 画面，正常运行时此压力即为各瓦油膜压力。取样管位置应在止回阀后。机组启停过程中密切监视各瓦油膜压力，可以及早发现并分析处理顶轴油系统的缺陷。

【案例】 2017 年 2 月，某电厂 5 号机停机过程中，4 号瓦温度急剧升高且油膜压力大幅波动。调取5号机停机曲线，发现停机过程中瓦温最高值为147℃，且惰走时间偏短，分析4号瓦乌金已有损伤。翻出4号瓦，发现轴瓦乌金严重磨损，顶轴油孔部分堵塞，油囊破坏。进一步调查确认相关人员未严密监视各瓦顶轴油压力，导致轴瓦磨损事故扩大。

条文8.4.18　在运行中发生了可能引起轴瓦损坏的异常情况（如水冲击、瞬时断油、轴瓦温度急升超过120℃等），应在确认轴瓦未损坏之后，方可重新启动。

机组运行中，各支持轴承、推力轴承和密封瓦的金属温度，均不应高于制造商规定值。一般应在90℃以下，主轴承温度测点紧贴乌金面的允许金属温度到95℃。引进型机组一般为107℃报警，112℃时应紧急停机。回油温度不宜超过65℃，超过75℃时应立即打闸停机。在机组启停过程中，要严格按照制造商的规定启停顶轴油泵。如果出现可能引起轴承损坏的异常情况时，必须查明原因，并确认轴承没有损坏后，方可重新启动。

【案例】　2012年12月，某燃气-蒸汽联合循环机组汽轮机在冲转升速至2100r/min时，9号瓦金属温度突然升高至148℃，汽轮机立即手动打闸，瓦温也随之立即下降。此次冲车瓦温升高的原因为该汽轮机润滑油系统无同轴主油泵，设置两台交流润滑油泵（一运一备）、一台直流润滑油泵，在汽轮机每次冲车启动时，当转速升至2100r/min左右，都会因润滑油母管压力低联启备用交流润滑油泵。为了解决这一问题，制造商在现场对各瓦进油量进行了调节，以提高润滑油母管压力，然而减小了发电机后瓦的进油量，而9号瓦进油是取自发电机后瓦节流调节阀后，因此，导致9号瓦供油不足，瓦温升高。是揭瓦检查还是继续冲车试验？制造商意见继续冲车，专家意见必须揭瓦检查。最终揭瓦检查，9号瓦严重磨损，制造商更换了此瓦，并重新调整了润滑油量分配。

条文8.4.19　检修中应检查主油泵、交流润滑油泵和直流润滑油泵出口止回阀的状态是否正常，防止启停机过程中断油。

主油泵出口止回阀不严或卡住，是造成停机过程中断油的常见原因。在运行中如果出现主油泵出口止回阀不严或卡住现象，则会造成高压油经主油泵出口止回阀回流，使油压大幅度下降而导致断油事故的发生。因此，为了防止停机过程中断油，特别强调检修中要认真检查主油泵出口止回阀的状态，以确保其灵活、关闭严密，防止停机过程中断油事故的发生。同时交、直流油泵的出口止回阀一并检查。

【案例】　2017年1月，某电厂5号机进行交流润滑油泵硬手操及直流油泵联动试验过程中，运行人员过于相信直流油泵出口止回阀动作可靠性，操作票中未规定关闭直流油泵出口手动门，直流润滑油泵停运后，由于其出口止回阀卡涩导致润滑油压低，机组跳闸。

条文8.4.20　机组蓄电池在按22.2.6.17或运行规程规定进行核对性放电试

验后，应带上直流润滑油泵、直流密封油泵进行实际带负载试验。

本条文是新增条文。直流润滑油泵带载试验，只在新机组启动试运规程中有明确规定，而在生产机组中没有统一规定。《防止电力生产事故的二十五项重点要求(2014 年版)》等规程规定了要定期进行蓄电池核对性放电试验。实践证明两者不完全等价。仍有必要对生产机组的直流油泵进行蓄电池带载试验。

本次修订后 22.2.6.17 即给出了相关规定，电厂应根据相关行业标准在《运行规程》中制定具体规定。本条文是对 22.1.5 和 22.2.6.17 条的补充。

【案例】 2021 年 6 月，某电厂 350MW 机组运行中因线路故障全厂失电，机组跳闸，柴油发电机合闸不成功。由于蓄电池故障，直流润滑油泵也无法供油，导致汽轮机严重断油烧瓦。经检查，蓄电池有常规放电试验记录，但在直流润滑油泵联锁启动时仍然出现了个别蓄电池故障，导致蓄电池组出力故障。此故障反映出，蓄电池运行年限过长后，常规放电试验已不能保障带载能力，应进行直流润滑油泵的实际带负载试验，保障蓄电池的性能可靠。

条文 8.4.21　严格执行运行、检修操作规程，严防轴瓦断油。

严格执行运行、检修规程，是防止机组轴承烧损事故的重要措施之一。因为机组在运行中出现异常情况时，如果采取的措施得当，就可能会避免一次重大事故的发生；反之，就会造成一次重大事故。而且事故时，如果采取的措施不当，往往还会扩大事故的发展。因此，要求生产指挥和运行人员一定要严格遵守运行规程，按运行规程规定的程序进行操作，以避免重大事故的发生。

【案例 1】 1986 年 2 月，某电厂 3 号 200MW 机组轴承烧损事故。其事故原因是由于在事故状态下，润滑油泵未能联启，而运行人员慌忙中又忘记了启动润滑油泵，以致造成了轴承烧损事故的发生。润滑油泵未能联启的原因是热工人员严重违反检修规程，在没有办理工作票的情况下，在热控盘上工作，并把热工保护总电源开关断开，工作结束后又忘记合上，致使润滑油泵未能联启。

【案例 2】 2009 年 12 月，某电厂 2 号机组断油事故。该机组启动带到 368MW 负荷后，运行值班员发现汽轮机润滑油系统启动油泵、交流润滑油泵仍然保持运行，值班员将交流润滑油泵停运。再将启动油泵停运。但交流润滑油泵立即联启，同时汽轮机因润滑油压低跳闸，锅炉 MFT 动作，发电机跳闸，甩负荷 368MW。之后，机组重新点火启动，汽轮机转速升至 3000r/min，并网前进行了两次润滑油系统各油泵切换试验，两次试验均发现主油泵入口、出口油压不正常，值班员将直流润滑油泵“备用”退出后，停运交流润滑油泵，汽轮机因润滑油压力低跳闸，值班员手动紧急投运直流润滑油泵，汽轮发电机组润滑油压降低至 0.02MPa，持续时间 8s，导致机组轴瓦温度升高，其中 7 号、8 号瓦出现冒烟，汽轮机破坏真空按紧急停机处理。对于轴承烧损事故后的处理，除修复轴承外，还应注意对轴颈可能产生硬化带和裂纹进行检查，以消除事故隐患。

【案例3】 2018年，某电厂2号机组在670MW负荷下因右侧中联门法兰漏汽烧损润滑油压低保护热工电缆，误发跳闸信号跳机。组织故障消除时，退出了“润滑油压低停机”保护。在汽轮机重新启动、定速后，运行人员为投入主油泵，擅自退出了直流润滑油泵、交流辅助油泵联锁。在停止交流润滑油泵、高压启动油泵，交流启动油泵因主油泵入口油压低联启后，更是强行退出了交流启动油泵联锁并停油泵。在“润滑油压低停机”信号发出后又误以为现场消缺导致的误报，因保护已退出，汽轮机未及时跳机，直到润滑油压降至0MPa，各瓦温度过高后才跳机，汽轮机断油烧瓦。

条文8.5 防止燃气轮机超速事故

条文8.5.1 在设计燃气参数范围内，调节系统应能维持燃气轮机在额定转速下稳定运行，甩负荷后能将燃气轮机组转速飞升控制在超速保护动作值以下并迅速稳定到额定转速。

机组甩负荷后不使超速保护动作并在额定转速下稳定运行，是燃气轮机调节系统动态特性的重要指标。调节系统具有良好的动态品质是保障机组不发生超速事故的先决条件。因此，要求机组的控制系统必须保证在甩负荷时能将转速控制在超速保护动作转速以下，并能维持转速稳定。

增加了“迅速稳定到额定转速”，更有力保障调节系统防止燃气轮机发生超速事故，同时体现了甩负荷后燃烧器不能灭火的要求。

将“天然气”变更为“燃气”，是因为现实中有部分燃气轮机采用天然气混合氢气或煤制气的燃料，也有运行高炉煤气的。用“燃气”更通用。

条文8.5.2 燃气关断阀和燃气控制阀（包括燃气压力和燃气流量调节阀）应能关闭严密。新投产机组及大修后机组应进行调节系统静态试验及关闭时间测试，阀门开关动作过程迅速且无卡涩现象。自检试验不合格，燃气轮机组严禁启动。

燃气关断阀和燃气控制阀（包括燃气压力和燃气流量调节阀）是燃气轮机停机和跳闸后，停止向燃气轮机进气的隔断阀，保证其关闭严密、动作迅速、无卡涩，是防止燃气轮机组超速和爆燃的唯一手段，因此，其自检试验不合格时，严禁燃气轮机组启动。

部分燃气轮机电厂仍坚持以防汽轮机的措施（如阀门关闭时间）防止燃气轮机超速。实际上，燃气轮机发生超速的最大风险来自运行中甩负荷。此时燃料调节阀并不会“快速关闭”，那就熄火了，而是在伺服指令的控制下关回到全速空载阀位，维持燃气轮机在额定转速运行。当然，调节阀的快速关闭，在因发电机-变压器组故障，发电机解列而燃气轮机跳闸时，仍能起到防止超速的作用。一般而言，燃料调节阀在伺服指令下的关闭速度要慢于打闸后的“快速关闭”速度。因此大修后不但要测关闭时间，观察调节系统静态试验时调节阀开启/关闭是否快速灵活更加重要。

条文 8.5.3　燃气轮机组轴系应至少安装两套转速监测装置在不同的转子上。两套装置转速值相差超过 30r/min 后 DCS 应发报警。技术人员应分析原因，确认转速测量系统故障时，应立即处理。

为保证对燃气轮机组转速的有效监控，转速测量系统必须采用冗余配置，要求至少应安装两套转速监测装置，并分别装设在不同的转子上，并应有在转速测量系统故障情况下的判断和限制功能。两套装置转速值相差超限发报警的目的见上文所述。偏差定值 30r/min 参考的是《转速表检定规程》(JJG 105—2019)。

条文 8.5.4　燃气轮机组重要运行监视表计，尤其是转速表，显示不正确或失效，严禁机组启动。运行中的机组，在无任何有效监视手段的情况下，必须停止运行。

机组重要运行监视表计，尤其是转速表是保障燃气轮机安全运行必需的监视表计，主要仪表（如转速表、轴向位移表）不能正常投入的情况下，禁止机组启动。机组运行中失去这些有效监视手段时，必须停止运行。

条文 8.5.5　透平油和液压油品质应按规程要求定期化验。燃气轮机组投产初期，燃气轮机本体和油系统检修后，以及燃气轮机组油质劣化时，应缩短化验周期。

条文 8.5.6　透平油和液压油的油质应合格，在油质不合格的情况下，严禁燃气轮机组启动。

透平油和液压油颗粒度不合格是造成机组轴瓦损坏和燃气关断阀、燃气控制阀卡涩的最主要原因，因此，对于新建或大修后的机组，在油质化验合格前，不允许向轴承内和调节系统部套通油，机组启动初期应缩短检查化验周期。对正在运行的机组，要定期化验油质，建立油质监督档案，防止调节系统和保安系统部件锈蚀和卡涩。油净化装置、滤油装置应保持运行状态，连续或定期对油质进行处理。在透平油和液压油的油质不合格时，严禁燃气轮机组启动。

对于透平油与液压油为同一油源的油系统，油质的考核标准应按液压油标准执行。如制造厂有考核标准，应在厂标与行业标准间执行更严格的标准。

条文 8.5.7　燃气轮机组电超速保护动作转速一般为额定转速的 108%～110%。运行期间电超速保护必须正常投入。超速保护不能可靠动作时，禁止燃气轮机组运行（超速试验所必要的启动、并网运行除外）。燃气轮机组电超速保护应进行实际升速动作试验，保证其动作转速符合有关技术要求。

超速保护是保障燃气轮机组安全运行必需的、重要的保护，机组运行时应确保其正常投入；在机组带负荷运行前，应保证电超速保护能够正常投入；在电超速保护试验不合格的情况下，禁止机组运行。燃气轮机组电超速保护动作转速一般设定为额定转速的108%～110%，为了确保测量系统和保护系统的准确性，待机组具备试验条件时，应进行实际升速动作试验。

条文8.5.8　对新投产的燃气轮机组或调节系统进行重大改造后的燃气轮机组应进行甩负荷试验。

燃气轮机组大修或调节系统检修后，必须要进行静止或仿真试验，以确保调节系统、保安系统工作正常，调节部套、阀门无任何卡涩现象，否则严禁机组启动。

条文8.5.9　机组正常停机时，严禁违反制造商规定带负荷解列。联合循环单轴机组应先停运汽轮机，检查发电机有功、无功功率到制造商规定值，再与系统解列；分轴机组应先检查发电机有功、无功功率到制造商规定值，再与系统解列。

本条文修订要求与8.1.16表述有差别，不再是零功率解列，而是制造厂规定的负荷点解列发电机。这是由于燃气轮机特殊的条件造成的，如有些燃气轮机制造商规定到5%基本负荷即解列，而且大多是程序控制。因此本条文按实际情况修订。

条文8.5.10　电液伺服阀（包括各类型电液转换器）的性能必须符合要求，否则不得投入运行。油系统冲洗时，电液伺服阀必须按规定使用专用盖板替代，不合格的油严禁进入电液伺服阀。运行中要严密监视其运行状态，不卡涩、不泄漏和系统稳定。大修中要进行清洗、检测等维护工作。备用伺服阀应按照制造商的要求条件妥善保管。

电液伺服阀是电液调节系统的重要部件，其工作状态直接关系到机组的安全、稳定运行。因此，应加强液压油油质（特别是颗粒度）的定期监测以及电液伺服阀的运行监视、维护管理，以消除隐患和避免重大事故的发生。新购电液伺服阀（包括各类型电液转换器）的性能必须符合要求，并按制造商的要求进行妥善保管，否则不得投入运行。在大修中，要进行清洗、检测等维护工作，发现问题应及时处理或更换。

条文8.5.11　燃气轮机组大修后，必须按规程要求进行燃气轮机调节系统的静止试验或仿真试验，确认调节系统工作正常。否则严禁机组启动。

燃气轮机组大修或调节系统检修后，必须要进行静止或仿真试验，以确保调节系统、保安系统工作正常，调节部套、阀门无任何卡涩现象，否则严禁机组启动。

条文8.6　防止燃气轮机轴系断裂及损坏事故

条文8.6.1　燃气轮机组主、辅设备的保护装置必须正常投入，振动监测保护应投入运行；燃气轮机组正常运行时瓦振、轴振应达到相关标准的优良范围，并注意监视变化趋势。

振动是反映机组运行状况的重要指标，许多重大设备事故的先兆都会在振动上表现出来。因此，明确要求振动超限跳机保护必须投入运行，充分发挥该保护的作

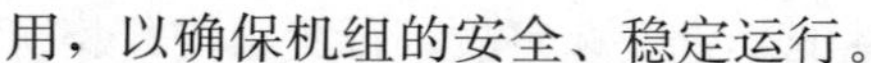

用，以确保机组的安全、稳定运行。

条文 8.6.2 发生下列情况之一，严禁机组启动：

条文(1) 在盘车状态听到有明显的刮缸声。

条文(2) 压气机进口滤网破损或压气机进气道可能存在残留物。

条文(3) 机组转动部分有明显的摩擦声。

条文(4) 任一火焰探测器或点火装置故障。

条文(5) 燃气辅助关断阀、燃气关断阀、燃气控制阀任一阀门或其执行机构故障。

条文(6) 燃气辅助关断阀、燃气关断阀、燃气控制阀任一阀门严密性试验不合格。

条文(7) 具有压气机进口导流叶片和压气机防喘阀活动试验功能的机组，压气机进口导流叶片和压气机防喘阀活动试验不合格。

条文(8) 任一燃气轮机排气温度测点故障。

条文(9) 燃气轮机主保护故障。

在这里规定了几种严禁机组启动的重大异常情况，如果机组在存在这些异常的情况下启动，很可能会发生严重的事故。除此之外，还应按照制造商关于禁止机组启动的条件执行。其中 8.6.2（6）是新增条文。

条文 8.6.3 燃气轮机组应避免在燃烧模式切换负荷区域长时间运行。

某些类型的燃气轮机在变负荷过程中会经历多次的燃烧模式切换，以达到降低 NO_x 排放且稳定燃烧的目的。在燃烧模式点下，燃烧火焰会产生高频脉动，燃烧稳定性降低，且可能影响轴系的振动值。因此，燃气轮机发电机组负荷调整时应快速通过切换点，避免停留。

如果切换点在电网 AGC 调度区间内，应提前与网调充分沟通，避免 AGC 调度时负荷在切换点停留。

条文 8.6.4 严格按照超速试验规程进行超速试验。

机组在下列情况下应做超速试验：新安装机组、机组大修后、转速测量及保护系统工作后、机组做甩负荷试验前和停机一个月以上再次启动时。在进行超速保护动作试验时，应满足制造商对转子温度的规定。

条文 8.6.5 加强燃气轮机排气温度、排气分散度、轮间温度、火焰强度等运行数据的综合分析，及时找出设备异常的原因，防止局部过热燃烧引起的设备裂纹、涂层脱落、燃烧区位移等损坏。

条文 8.6.6 为防止发电机非同期并网造成的燃气轮机轴系断裂及损坏事故，应严格落实 10.10.1 规定的各项措施。

发电机非同期并网，使转子的扭矩剧增，对机组尤其是对转子产生的损害非常大，轻则缩短转子的寿命，重则将导致机组轴系的严重毁坏事故。因此，应严格落实10.10.1规定的各项措施，严防发电机非同期并网。

条文8.6.7　发生下列情况之一，应立即打闸停机：

条文(1)　运行参数超过保护值而保护拒动。

条文(2)　机组内部有金属摩擦声或轴承端部有摩擦产生火花。

条文(3)　压气机失速，发生喘振。

条文(4)　机组冒出大量黑烟。

条文(5)　机组运行中，要求轴承振动不超过0.03mm或相对轴振动不超过0.09mm，超过时应设法消除，当相对轴振动大于0.25mm应立即打闸停机；当轴承振动或相对轴振动变化量超过报警值的25%时应查明原因设法消除，当轴承振动或相对轴振动突然增加报警值的100%时应立即打闸停机；或严格按照制造商的标准执行。

条文(6)　运行中发现燃气泄漏探测器动作或检测到燃气浓度有突升，达到停机条件，立即打闸停机；尚未达到停机条件，应立即申请检查处理。

在8.6.7（5）中，振动超限打闸停机，增加“或严格按照制造商的标准执行”的规定；将轴振动限值按《机械振动　在旋转轴上测量评价机器的振动　第4部分：具有润滑轴承的燃气轮机组》（GB/T 11348.4—2015）拟修订为0.09mm和0.24mm。结合生产实践，经多方研究讨论，采用0.09mm和0.25mm两个限值。

在8.6.7（6）中，原条款制定时间较早，各燃气轮机电厂保护制订还不统一，因此执行了较严的规定。目前各燃气轮机电厂关于燃气轮机运行中燃气泄漏的保护已比较统一，基本上是分区域、满足一定泄漏探测器动作就要跳闸或打闸。如不满足打闸条件，如单点动作报警，则检查处理。本条文根据当前燃气轮机运行现状做了修订。但是这里用了“申请”二字，某些区域的检查处理，如罩壳间，需要执行切断气体灭火保护等较大的措施后才能执行，因此需要完成申请流程并做好措施。

在这里规定了几种机组应立即打闸停机的重大异常情况，除此之外，还应按照制造商关于立即打闸停机条件的要求执行。

条文8.6.8　机组发生紧急停机时，应严格按照制造商要求连续盘车若干小时以上，才允许重新启动点火，以防止冷热不均发生转子振动大或残余燃气引起爆燃而损坏部件。

机组发生紧急停机时，在机组重新启动点火前，不同的制造商要求的连续盘车时间不同，但均是为了防止冷热不均发生转子振动大或残余燃气引起爆燃。因此，应严格按照制造商的要求进行足够时间的连续盘车后，才允许重新启动点火。

条文8.6.9　燃气轮机停止运行投盘车时，严禁随意开启罩壳各处大门和随意增开燃气轮机间冷却风机，以防止因温差大引起缸体收缩而使压气机刮缸。在发生

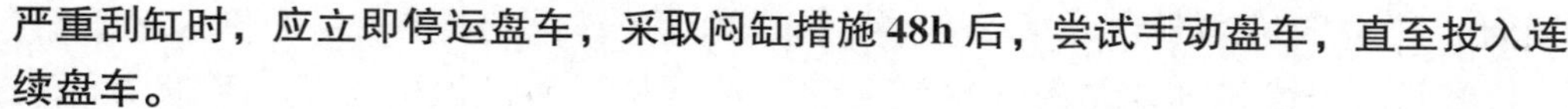

严重刮缸时，应立即停运盘车，采取闷缸措施48h后，尝试手动盘车，直至投入连续盘车。

燃气轮机运行时温度很高，停止运行投入盘车的一段时间内，不当的操作极易造成燃气轮机间的温度不平衡，从而导致燃气轮机缸体不均匀收缩变形，引起动静摩擦。因此，在这段时间内，严禁随意开启罩壳各处大门和随意增开燃气轮机间冷却风机。一旦发生动静摩擦时，应立即停运盘车，采取闷缸措施48h后，尝试手动盘车，直至投入连续盘车。

条文8.6.10　调峰机组应按照制造商要求控制两次启动间隔时间，防止出现通流部分刮缸等异常情况。

条文8.6.11　应定期检查燃气轮机、压气机气缸周围的冷却水、水洗等管道、接头、泵体，防止运行中断裂造成冷水喷在高温气缸上，发生气缸变形、动静摩擦设备损坏事故。

条文8.6.12　定期对压气机进行孔窥检查，防止空气悬浮物或滤后不洁物对叶片的冲刷磨损，或压气机静叶调整垫片受疲劳而脱落。定期对压气机进行离线水洗或在线水洗。定期对压气机前级叶片进行无损探伤等检查。周期应按制造商要求或严于厂商要求的相关规范执行。

尽管在压气机进气系统安装有空气过滤装置，但仍会有一些极细杂质进入压气机，附着于叶片上。为防止这些杂质造成的机组性能下降，甚至对高速旋转的压气机叶片造成损坏或引起异常振动，应按照制造商规范定期对压气机进行孔窥检查，定期对压气机进行离线水洗或在线水洗。

检查周期可以是制造商规定时间或是一个标准时间，哪个标准时间间隔比较短就依据哪个时间进行检查。避免部分制造厂对孔探要求过低，造成发电企业错过对故障确认的时机。

条文8.6.13　严格按照燃气轮机制造商的要求，定期对燃气轮机进行孔窥检查，定期对转子进行表面检查或无损探伤。按《火力发电厂金属技术监督规程》(DL/T 438) 相关规定，对高温段应力集中部位应进行表面检验，有疑问时进行表面探伤。若需要，可选取不影响转子安全的部位进行硬度检验，若硬度相对前次检验有较明显变化时应进行金相组织检验。

为及早发现转子的缺陷，并及时采取相应的措施，要求应严格按照燃气轮机制造商的要求，定期对燃气轮机进行孔探检查；新机组投产前、已投产机组每次大修中，应对转子表面和中心孔进行探伤检查，按照《火力发电厂金属技术监督规程》(DL/T 438—2016) 相关规定，对高温段应力集中部位可进行金相检查，选取不影响转子安全的部位进行硬度检查。承担启停调峰的机组，应加强运行管理，注意启动、运行参数的控制，避免对转子寿命产生不良影响，并适当缩短对转子的检查周期。

修订后表述与8.2.2条汽轮机部分基本保持一致。但由于燃气轮机并未在DL/T 438—2016中有专门规定，因此在这里表明了先按制造厂要求进行检查。具体检查手段与方法，可参照DL/T 438—2016相关规定执行。

条文 8.6.14　离线水洗完成后应按设备厂家要求进行甩干、烘干或机组启动，不得在离线水洗后直接停机闲置。

本条文是新增条文。强调离线水洗后应进行甩干（通过冷拖或高速盘车）或烘干，保证离线水洗效果。不得直接闲置，避免水对叶片的锈蚀。具备条件时，宜尽快启动，这对防锈蚀效果最好。

条文 8.6.15　定期检查燃气轮机进气系统，防止空气未经过滤或过滤不充分而进入压气机。

本条文是新增条文。避免空气杂物未经充分过滤甚至直接漏入压气机，造成转子或叶片损伤，甚至热部件烧蚀。

条文 8.6.16　新机组投产前和机组大修中，应重点检查：

条文(1) 轮盘拉杆螺栓紧固情况、轮盘之间错位、通流间隙、转子及各级叶片的冷却风道。

条文(2) 平衡块固定螺栓、风扇叶固定螺栓、定子铁心支架螺栓，并应有完善的防松措施。绘制平衡块分布图。

条文(3) 各联轴器轴孔、轴销及间隙配合满足标准要求，联轴器螺栓外观及金属探伤检验、紧固防松措施完好。

条文(4) 燃气轮机热通道内部紧固件与锁定片的装复工艺良好，防止因气流冲刷引起部件脱落进入喷嘴而损坏通道内的动静部件。

对于燃气轮发电机组在运行中可能产生应力变形和松脱的零部件，在机组安装和大修时必须认真检查，确保其有安全的防松措施，以防止这些零部件在运行中脱落，而造成设备损坏事故。

【案例】 2014年，某电厂1号燃气发电机组发生跳闸事故。事故前机组在负荷及供热参数稳定工况下运行。事故发生瞬间，燃气轮机透平轴承振动从4.8mm/s突然增加至23.9mm/s，压气机侧轴承振动从3.5mm/s增加至6.5mm/s。透平轴振从32μm增加至230μm，压气机轴振从85μm增加至210μm。燃气轮机因1号瓦振动大保护动作停机，发电机出口开关联跳。燃气轮机解体后，发现燃烧室内一片隔热瓦脱落，脱落的隔热瓦呈碎块分布于燃烧室出口的一级透平静叶处。经事故鉴定，燃烧室内的隔热瓦脱落是本次事故的主要原因。

条文 8.6.17　燃气轮机热通道主要部件更换返修时，应对主要部件焊缝、受力部位进行无损探伤，检查返修质量，防止运行中发生裂纹断裂等异常事故。

对于承担调峰运行的燃气轮发电机组，发电厂应与电网调度部门充分沟通，合理安排机组启停时间，保证机组启动间隔时间满足制造商的要求。对于容易造成高温气缸急剧冷却、发生变形的周围设备和系统，应加强检查和监视，防止事故发生。要重视燃气轮机热通道主要部件更换返修质量，防止事故重复发生。

条文 8.6.18　严禁使用不合格的转子，已经过制造商确认可以在一定时期内投入运行的有缺陷转子应对其进行技术评定，根据燃气轮机组的具体情况、缺陷性质制订运行安全措施，并报上级主管部门备案。

不合格的转子绝不能投入使用，已投运的不合格转子建议进行更换。对于已经过主管部门批准并投入运行的有缺陷转子，应进行技术评定，并制订出运行安全措施，一般可采取下列措施：

（1）在机组启、停过程中适当降低燃气轮机金属温度变化率，以减少热应力。

（2）对于蠕变损伤部件，在更换之前可适当降低运行参数。

（3）适当降低超速保护动作定值。

（4）监视轴和轴承座的振动，特别要注意与轴温度场有明显关系的强烈振动。

（5）一般不作为两班制调峰机组使用，并尽可能减少机组的启、停次数。

条文 8.6.19　建立燃气轮机组试验档案，包括投产前的安装调试试验、计划检修的调整试验、常规试验和定期试验。

条文 8.6.20　建立燃气轮机组事故档案，记录事故名称、性质、原因和防范措施。

条文 8.6.21　建立转子技术档案，包括制造商提供的转子原始缺陷和材料特性等原始资料，历次转子检修检查资料；燃气轮机组主要运行数据、运行累计时间、主要运行方式、冷热态启停次数、启停过程中的负荷的变化率、主要事故情况的原因和处理；转子金属监督技术资料。根据转子档案记录，定期对转子进行分析评估，把握转子寿命状态；建立燃气轮机热通道部件返修使用记录台账。

建立、健全机组和转子完整的技术档案，对于机组运行管理、生产试验、技术改造、缺陷处理以及事故原因分析等都具有非常重要的作用。同时，对于防止机组发生重大设备损坏事故，也具有极其重要的指导意义。

条文 8.7　防止燃气轮机燃气系统泄漏爆炸事故

按照使用天然气的相关安全规程和规定、制造商的相关要求，以及运行中发生的事故原因分析，对防止燃气轮机燃气系统泄漏爆炸事故提出了如下重点要求。

条文 8.7.1　天然气管道放散塔或放空管的设计和安装，应满足现行《石油天然气工程设计防火规范》（GB 50183）中对高度和周围环境相关规定。

本条文是新增条文，在基建阶段对天然气管道放散或放空管道布置作出规定。本条文保留“天然气”而没有使用“燃气”，是与 GB 50183 条文保持一致。

条文 8.7.2　严禁燃气管道从管沟内敷设。对于从房内穿越的架空管道，必须做好穿墙套管的严密封堵，合理设置现场燃气泄漏检测器，防止燃气泄漏引起意外事故。

条文 8.7.3　对于与燃气系统相邻的，自身不含燃气运行设备，但可通过地下排污管道等通道相连通的封闭区域，也应装设燃气泄漏探测器。

【案例】 某燃气电厂采用氮气瓶间集中供气对天然气管道进行置换，每路支管上均设计有一、二次手动隔离阀及止回阀。在一次检修过程中，系统恢复时遗忘了关闭氮气置换一、二次手动隔离阀，仅有的止回阀又由于质量问题失去防止逆流作用，造成天然气大量泄漏到氮气瓶间，引发一次天然气爆炸造成人身伤亡的重大事故。

条文 8.7.4　按燃气管理制度要求，做好燃气系统日常巡检、维护与检修工作。新安装或检修后的管道或设备应进行系统打压试验，确保燃气系统的严密性。

条文 8.7.5　新安装的燃气管道应在 24h 之内检查一次，并应在通气后的第一周进行一次复查，确保管道系统燃气输送稳定、安全、可靠。

条文 8.7.6　燃气泄漏量达到测量爆炸下限的 20%时，不允许启动燃气轮机。

20%的具体要求，可参照《城镇燃气设施运行、维护和抢修安全技术规程》（CJJ 51—2016）、《国家电网公司电力安全工作规程（火电厂动力部分）》等各标准、规程均保持一致。

条文 8.7.7　点火失败后，重新点火前必须进行足够时间的清吹，防止燃气轮机和余热锅炉通道内的燃气浓度达到爆炸极限而产生爆燃事故。

条文 8.7.8　加强对燃气泄漏探测器的定期维护，每季度进行一次校验，确保测量可靠，防止发生因测量偏差、拒报而发生火灾爆炸。

现行各类标准对于可燃气体探测器校验周期可能不一致，发电企业应在各标准中确定严格的、符合当地管理规定且符合企业实际状态的周期执行。

条文 8.7.9　严禁在运行中的燃气轮机周围进行燃气管道燃气排放与置换作业。

条文 8.7.10　严禁在燃气泄漏现场违规操作。消缺时必须使用铜制专用工具，防止处理事故中产生静电火花引起爆炸。

条文 8.7.11　运行点检人员巡检燃气系统时，必须使用防爆型的照明工具、对讲机、气体检漏仪等必要电子设备，操作阀门尽量用手操作，必要时应用铜制工具进行。严禁使用非防爆型工器具作业。

条文 8.7.12　进入燃气系统区域（如调压站、燃气轮机间、前置模块等）的人员必须穿防静电工作服。不得穿易产生静电的服装、带铁掌的鞋，不得携带移动电话及其他易燃、易爆品进入燃气系统区域。燃气区域禁止用非防爆设备照相、摄影。

本条文中删除了原条文中的“外来参观人员”，而对所有人员提出了要求。

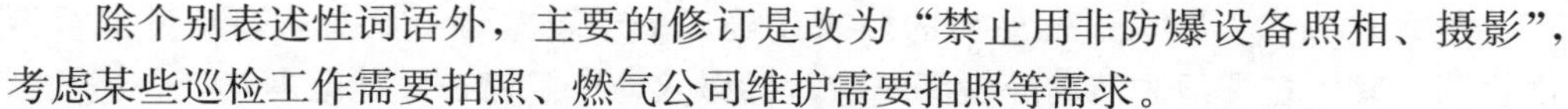

除个别表述性词语外，主要的修订是改为“禁止用非防爆设备照相、摄影”，考虑某些巡检工作需要拍照、燃气公司维护需要拍照等需求。

条文 8.7.13　进入燃气系统区域前应先通过消静电装置消除静电。

原条文中使用的是“防静电球”，但“防静电球”已不是唯一消静电装置，现改用通用的名称。

条文 8.7.14　在燃气系统附近进行明火作业时，应有严格的管理制度。明火作业的地点测量空气所含燃气浓度不得超过爆炸下限的 20%，其中甲烷浓度不得超过 1%，并经批准后才能进行明火作业，同时按规定间隔时间做好动火区域危险气体含量检测。

本条文中“天然气”替换为“燃气”，鉴于实际燃气成分不一，此处首先采用通用表述：“爆炸浓度下限的 20%”。燃气中使用最广泛的是天然气，但严格来说天然气也不是单一化合物，此处采用严谨表述，保留天然气中占绝对多占比的甲烷，规定了其爆炸下限的 20%，即 1%，数据限值参考《爆炸危险环境电力装置设计规范》（GB 50058—2014）。此处的 1%，是体积百分比或体积浓度，有些文件中将该单位简写为%VOL。

条文 8.7.15　燃气调压站、前置模块等燃气系统应按规定配备足够的消防器材，并按时检查和试验。

条文 8.7.16　严格执行燃气轮机点火系统的管理制度，定期加强维护管理，防止点火器、高压点火电缆等设备因高温老化损坏而引起点火失败。

条文 8.7.17　严禁未装设阻火器的汽车、摩托车、电瓶车等车辆在燃气轮机的警示范围或调压站内行驶。

条文 8.7.18　应结合机组检修，对燃气轮机仓及燃料阀组间燃气系统进行气密性试验，对燃气管道进行全面检查。

条文 8.7.19　机组停运时，禁止采用向燃料关断阀后通入燃气的方式对燃气透平及其他管道设备进行法兰找漏等试验、检修工作。

燃机轮机间内各种燃气管路众多，部分电厂在受到工期等影响时，可能会采取停机状态下通入天然气方法找漏，这是危险的。新修订后的文字表述更加严谨。

条文 8.7.20　在燃气管道系统部分投入燃气运行的情况下，与充入燃气相邻的、以阀门相隔断的管道部分必须充入氮气，且要进行常规的巡检查漏工作。

条文 8.7.21　做好在役地下燃气管道防腐涂层的检查与维护工作。正常情况下高压、次高压管道（0.4MPa$<p\leqslant$4.0MPa）应每 3 年一次。10 年以上的管道每 2 年一次。

本条文具体指标，与《城镇燃气设计规范（2020 年版）》（GB 50028）、《城镇燃气埋地钢质管道腐蚀控制技术规程》（CJJ 95）现行版本保持一致。

条文 8.7.22 燃气调压站内的防雷设施应处于正常运行状态。每年应进行两次检测，其中在雷雨季节前应检测一次，确保接地电阻值在设计范围内。

修订后的条文更准确，与《电力设备典型消防规程》（DL 5027）、《燃气电站天然气系统安全生产管理规范》（GB/T 36039）现行版本，《燃气电站天然气系统安全管理规定》（国能安全〔2015〕450号）等规范性文件规定保持一致。

条文 8.7.23 露天布置的调压站、前置模块等燃气系统，应建立并严格执行管道、阀门等设备的定期保养制度，避免设备产生严重锈蚀。

本条文是新增条文。部分电厂的天然气调压站和前置模块露天无顶棚设置，常年风吹日晒雨淋，缺乏有效保养，管道阀门锈蚀严重，应对此作出相应的维护要求。

9

防止分散控制系统失灵事故的重点要求

总体情况说明：

分散控制系统（DCS）是机组运行控制的神经中枢，其运行安全可靠与否，直接决定机组运行安全。当前，DCS 对机组的监控覆盖日趋完善，主辅机一体化控制、全厂 DCS 控制成为常规设计模式。因此，防止 DCS 失灵事故具有重要意义。

本次反措修订是在国家能源局《防止电力生产事故的二十五项重点要求（2014 年版）》的基础上，结合多年来各大发电集团 DCS 典型事故案例，并参考最新标准编制而成。为充分体现反措中对防止各类事故的预防手段，本次修订系统归纳了各类事故防范措施，本部分条文共划分为 11 节，81 条款。

为防止分散控制系统失灵事故，应认真贯彻执行以下国家、行业相关标准和规定：

《火力发电厂分散控制系统技术条件》（GB/T 36293—2018）

《大中型火力发电厂设计规范》（GB 50660—2017）

《水轮发电机组自动化元件（装置）及其系统基本技术条件》（GB/T 11805—2019）

《火力发电机组快速减负荷控制技术导则》（GB/T 31461—2015）

《火力发电厂分散控制系统验收导则》（GB/T 30372—2013）

《电力监控系统网络安全防护导则》（GB/T 36572—2018）

《电站锅炉炉膛防爆规程》（DL/T 435—2018）

《水电厂计算机监控系统基本技术条件》（DL/T 578—2008）

《水电厂自动化元件（装置）及其系统运行维护与检修试验规程》（DL/T 619—2012）

《火力发电厂锅炉炉膛安全监控系统验收测试规程》（DL/T 655—2017）

《火力发电厂汽轮机控制及保护系统验收测试规程》（DL/T 656—2016）

《火力发电厂模拟量控制系统验收测试规程》（DL/T 657—2015）

《火力发电厂开关量控制系统验收测试规程》（DL/T 658—2017）

《火力发电厂分散控制系统验收测试规程》（DL/T 659—2016）

《火力发电厂热工自动化系统检修运行维护规程》（DL/T 774—2015）

《水电厂计算机监控系统试验验收规程》（DL/T 822—2012）
《火力发电厂厂级监控信息系统技术条件》（DL/T 924—2016）
《水电厂计算机监控系统运行及维护规程》（DL/T 1009—2016）
《发电厂热工仪表及控制系统技术监督导则》（DL/T 1056—2019）
《火力发电厂锅炉炉膛安全监控系统技术规程》（DL/T 1091—2018）
《火力发电机组辅机故障减负荷技术规程》（DL/T 1213—2013）
《循环流化床锅炉测点布置导则》（DL/T 1319—2014）
《火力发电厂热工开关量和模拟量控制系统设计规程》（DL/T 5175—2021）
《火力发电厂仪表与控制就地设备安装、管路、电缆设计规程》（DL/T 5182—2021）
《电力建设施工技术规范　第4部分：热工仪表及控制装置》（DL 5190.4—2019）
《火力发电厂辅助车间系统仪表与控制设计规程》（DL/T 5227—2020）
《火力发电厂热工保护系统设计技术规定》（DL/T 5428—2009）

条文说明：

条文9.1　防止分散控制系统供电系统事故

条文9.1.1　分散控制系统电源应设计有可靠的后备手段，电源的切换时间应保证控制器、服务器不被初始化；操作员站如无双路电源切换装置，则必须将两路供电电源分别连接于不同的操作员站；系统电源故障应设置最高级别的报警；严禁非分散控制系统用电设备接到分散控制系统的电源装置上；公用分散控制系统电源，应分别取自不同机组的不间断电源系统，且具备无扰切换功能。分散控制系统电源的各级电源开关容量和熔断器熔丝应匹配，防止故障越级。

DCS电源可靠性是DCS安全、可靠运行的基础，应给予高度重视，应实现设计、运行和维护等方面的全过程标准化。电源应设计两路及以上，备用电源的切换时间应保证控制器不能初始化，系统电源故障应设有最高等级报警。每个DCS机柜中都应保证电源有足够的设计裕量。服务器、控制器、通信网络的电源均应采用冗余配置。

应保证控制器中所有控制单元、模件、驱动器件的工作电源为冗余供电，任何一路电源失去或故障，应能够保证控制器在最大负荷下运行。

操作员站、工程师站、实时数据服务器、SIS接口服务器和通信网络设备的电源，应采用两路电源供电并通过双电源模块接入，否则操作员站和通信网络设备的电源应合理分配在两路电源上。

独立配置的重要控制子系统（如ETS、TSI、METS、DEH、MEH、火检、

FSSS、远程控制站等），应有两路互为冗余的电源供电，当一路电源失去时仍可保证系统连续正常工作，并设置电源故障报警。

DCS任一路电源应保证设计裕量满足要求；单元机组DCS电源应取自两路独立的供电电源，公用DCS电源，应分别取自两台机组，在正常运行中保证无扰切换；

【案例】 某电厂300MW机组操作员站供电电源为一路，且全部操作员站均由该路电源供电。某年8月6日，操作员站供电电源故障，导致所有操作员站无法使用，机组运行失控，根据相应应急预案，实施了紧急停机停炉操作。

条文9.1.2　交、直流电源开关和接线端子应分开布置，交、直流电源开关和接线端子应有明显的标示。

本条文是为防止因交流系统与直流系统之间混接而造成事故。电力系统中交流系统和直流系统是两个独立系统，一旦两个系统互联，交流电源的交变电压会导致直流系统继电器频繁动作和复位，造成直流保护系统动作，引发全厂停电的严重事故。

【案例】 某电厂检修人员在处理已停机组的缺陷时，误将交流电源串入直流端子排，导致3台600MW燃煤机组跳闸，直接甩负荷1630MW，电网频率由50.02Hz最低降至49.84Hz，造成全厂停电和电网事故。

条文9.1.3　分散控制系统（DCS）使用的不间断电源（UPS）装置应做定期维护，蓄电池应定期进行充放电试验，应对UPS装置及电源冗余切换装置出口电源进行录波试验，确保供电质量。如有条件，宜对所有不间断电源进行远程实时监控，并作相应UPS故障报警。

控制系统电源是保证控制系统安全运行的基础，UPS可有效保证控制电源安全可靠。UPS系统随运行时间和环境的影响，性能有下降趋势，甚至失去基本功能。因此，UPS运行维护至关重要。当前，UPS存在“重使用、轻维护”的现象，因此，要定期开展蓄电池充放电试验，并对UPS装置及电源冗余切换装置出口电源进行录波，确保UPS供电质量。

【案例】 某发电厂2号机组满负荷运行，12月25日23时41分，运行人员发现锅炉壁温测点大面积坏点，该类测点是由IDAS从炉顶采集通过双绞线接入DCS。同时出现UPS馈电柜频率在42～52Hz之间波动，B侧氢冷器调节阀反馈波动，B汽动给水泵调节油压力突升，2号机定子冷却水流量突降，7号、8号低压加热器疏水温度大幅波动等现象。12月26日0时57分，DCS发“优化控制器电源2故障”报警，经检查电源空气开关烧毁。

经事故分析发现，UPS 2A与厂用同时供电合格，UPS 2B由于电容损坏，供电输出含有高次谐波，供电质量较差，导致DCS系统模拟量大幅波动，引发事故发生。导致本次事故根本原因是长期未对两路UPS电源开展必要的切换实验和检查维护，并未设置必要的UPS故障报警功能。

条文9.1.4 热控设备需要两路直流电源互备时，严禁采用大功率二极管将厂用直流两段电源进行耦合。

采用二极管将两路直流并联运行的模式无法做到两段直流电源完全物理隔离，失去了两段直流的独立性，一旦一点接地，两段直流都会接地，导致由直流电源供电的热控设备存在运行风险。

【案例1】 某330MW机组MFT保护动作，机组跳闸，热控人员检查发现MFT 4个220V直流跳闸继电器线圈全部烧毁，继电器失磁动作。事故分析发现，事故发生时直流电源系统有数次电压显示达455V。进一步分析发现电气两段直流供电系统通过二极管并联方式冗余供电运行，两套供电系统均有接地，一套为正极接地，另一套为负极接地，220V直流系统将电压拉到455V，额定电压为220V直流的继电器线圈直接烧毁，造成停机。

【案例2】 某电厂三号机组为600MW燃煤机组，某年7月25日，机组110V一段、二段直流母线发生断续接地，两段直流绝缘监察装置均发出了直流接地报警信号，电气专业会同热工专业人员采用分别停送电方式进行接地点排查，均未找到直流接地点。最终在锅炉燃油速断阀处发现厂房漏雨，雨水直接溅落在电磁阀接线盒内导致直流接地。检查发现电磁阀由二极管并联的两路直流系统供电，后将MFT机柜电源断开，直流接地报警消失，直流系统恢复正常。

条文9.1.5 DCS各等级电压电源应按照“专电专用”原则，严禁接入其他非核心负载，例如机柜风扇、指示灯、操作面板、检修用电源、伴热电源、照明电源等。

本条文目的在于强调所有热控保护电源应根据供电对象的重要性进行分类供电，核心控制设备不应与非核心辅助设备同源供电，以提高冗余配置电源的供电可靠性，避免因非核心辅助设备故障导致核心设备供电风险。

【案例1】 某年11月30日9时13分，某电厂4号机组检修后，启动过程中因为紧急跳闸系统触摸屏内部故障，导致触摸屏供电回路熔断器烧断，紧急跳闸系统电源电压迅速被拉低到7V，紧急跳闸系统配置的PLC供电电压低保护动作，触发机组润滑油压低（动断触点）保护动作，机组跳闸。事后查明，触摸屏与保护回路共用同一电源，且给触摸屏供电熔丝容量选择偏大，是导致此次故障的主要原因。

【案例2】 某燃气-蒸汽联合循环机组正常运行时突发故障，控制系统13号控制器无法工作，被控设备失去控制。经热工专业人员检查，发现控制系统13号控制器所在DCS系统盘柜风扇接线瞬间接地，由于风扇电源是由控制器盘柜内电源供电，造成整个控制器盘柜电源失去，柜内控制器无法工作。

条文9.1.6 DCS应具有可靠的电源失电报警功能。当外部供电或内部供电任

一路电源故障时，均能在人机界面显示故障信息，触发报警。

根据《发电厂热工仪表及控制系统技术监督导则》（DL/T 1056）要求，DCS应具有可靠的电源失电报警功能，以确保电源故障发生时能及时快速处理，确保DCS电源安全可靠。实际运行中经常发生DCS两路冗余供电系统中，一路供电回路失电未被发现，系统长期运行在单路供电状态，一旦另一路供电不稳定，则DCS随时面临完全失电的风险，因此发生任一路电源故障时，必须及时报警，提醒运行人员注意，防止事态扩大。

条文 9.1.7　DCS网络通信设备电源应双路配置，电源的切换时间应保证网络通信设备不被初始化，且应有失电报警功能。

网络通信设备是分散控制系统的核心，一旦网络通信功能失去，机组监视和控制功能无法实现，存在DCS失控风险。网络通信设备应采用双路冗余供电，同时应开展电源切换试验检验网络通信设备的运行性能，并配置任一路电源失去报警功能，多措并举提高供电可靠性。但在系统设计和实际运行过程中，仍存在对网络通信设备的供电重要性认识不足的问题。譬如某电厂曾发生网络通信设备单路电源跳闸后，系统没有相应报警，维护人员没有及时发现，致使网络通信设备长期处在单电源供电的危险工况，给机组运行带来安全风险。

条文 9.1.8　分散控制系统设计阶段时，用于重要联锁保护的输入输出信号，应避免多个信号通过短接线或母线共用直流正极或负极，或应根据控制设备的重要等级进行分组，各组电源分别配以熔丝或空气开关做电气隔离，尽可能降低集中供电风险。

现实环境中，为扩展电源供电输出端口，一般采取通过一连串短接线或短接片将电源正极或负极引导到不同接线端子，此类配置相对简洁、操作性强，但面临各种风险。其一，短接线或短接片接触不良，导致部分端子失电；其二，一旦电源某一极接地或短路，则所有电源用户供电都会受到影响。前一个问题可以采取将短接线组做环形连接，即被称作“菊花链”连接，后一个问题则只能采用将重要用户的供电回路与次要用户的供电回路分开，单设空气开关或熔丝。

【案例1】　某机组正常运行时，突发汽轮机1号、2号高压主汽阀，1号、2号高压调节阀，1号、2号中压主汽阀和冷端再热止回阀关闭，机组负荷2s内由644MW降至0MW，发电机保护动作，汽轮机跳闸。事故分析发现，以上阀门关闭指令同时共用24V直流供电，由于负端供电端子松动，导致涉事故阀门直流电压失去，驱动各阀门关闭。

【案例2】　某燃气联合循环机组背压运行，机组总负荷为340MW，事故发生时，DCS报警“3号凝结水泵故障”“汽轮机顶轴油泵B故障”“1号、2号开式水泵故障”“汽轮机2号定子冷却水泵故障”“汽轮机高压排汽止回门故障”等大量报警。DCS画面上多个电机、电动门状态反馈消失，汽轮机跳闸首出“汽轮机中压缸排汽温度高”。事后查明，多个DI模件和SOE模件的正24V直流通过短接条连接在一起，形成电源并联供电，电气专业在检修1号中压并汽电动门时，裸露的备用线芯与电动头的金属外壳接触短路，连带电动头反馈信号电缆接地放电，接地电流将并联在一起的18枚DI供电熔丝及4枚SOE供电熔丝熔断，对应所有反馈信号消失。

【案例3】 某电厂2号机组正常运行时，左右两侧中压主气门均同时发出关闭信号，锅炉再热器保护MFT动作停机。现场检查发现右侧中压主汽门阀位反馈电缆被高温烫毁短路，造成反馈装置的供电电源开关跳开。由于该电源开关同时为左右两侧中压主汽门阀位反馈供电，电源开关跳开使左右两侧中压主汽门关闭信号发出，导致机组跳闸。

条文9.1.9　热控设备进行改造后，应针对电源回路复核空气开关或熔丝的额定参数，确保设备的用电容量不超过空气开关或熔丝的额定容量，同时核算上下级电源匹配功耗，防止因空气开关或熔丝越级跳闸或熔断导致失电事故范围扩大。

空气开关及熔丝容量核定是DCS硬件选型和配置设计阶段的重要内容之一。机组热工设备改造时，易于忽视控制系统供电容量与实际热控设备用电负荷是否匹配的问题，给热控设备运行带来安全隐患。应根据设计图纸，复核用电容量等配置参数，核算上下级电源匹配功耗，防止因空气开关或熔丝越级跳闸或熔断导致失电事故范围扩大。

【案例】 某年3月19日，某电厂3号机组正常运行，机组负荷为240MW。23时17分，汽轮机DEH控制系统发MSV1、ICV、CV伺服板故障报警，高压主汽门和高压、中压调门关闭，发电机负荷降低至0MW，机组跳闸。事故分析发现，DEH伺服卡24V供电电源熔断器容量设计不合理，一路电源电流长期运行在熔断器熔丝额定电流处，引发过热熔断；另一路因过电流熔断，造成电液伺服控制器失去所有24V工作电源。

条文9.1.10　独立于DCS外的重要控制系统［如主燃料跳闸（MFT）控制柜、紧急跳闸系统（ETS）电源柜、汽轮机监控仪表系统（TSI）等］电源应冗余配置，并设置电源故障声光报警。

主燃料跳闸（MFT）控制柜、紧急跳闸系统（ETS）电源柜、汽轮机监控仪表系统（TSI）是机组保护系统的重要组成部分。其对电源的要求也应与DCS保护控制系统保持一致。

【案例】 某年9月25日18时49分，某电厂3号机组负荷为305MW；18时49分4秒，ETS系统发出“220V交流电源报警”“110V直流报警”“24V直流报警”；18时49分5秒，汽轮机主汽门关闭，ETS发出“ETS电源失去”。锅炉

MFT 首出“汽轮机跳闸”。现场检查，发现 ETS 24V 直流电源模块故障。经过事故原因排查及分析，确认 24V 直流电源模块质量不可靠，制造工艺粗糙，变压器电感线圈存在焊点虚焊，致使模块带载能力下降，PLC 无法工作，引发 AST 电磁阀失电，汽轮机跳闸。该电厂近年来有同类电源装置多次发生模块损坏，但专业人员防范意识不强，对 ETS 的供电安全不够重视。

条文 9.1.11　DCS 冗余电源应每年至少进行一次切换试验，如机组连续运行超过一年，则下次启动前应开展电源切换试验。

DCS 电源的冗余配置是保证供电可靠的先决条件，对冗余电源的切换试验是对供电可靠性的实际验证，能够真实反映实际供电效果，因此定期开展电源切换试验是热工专业的一项重点工作。本条文对试验周期设置了必要的时间限定，同时根据机组实际运行工况做了相应的规定。

条文 9.2　防止分散控制系统硬件事故

条文 9.2.1　分散控制系统配置应能满足机组任何工况下的监控要求（包括紧急故障处理），控制站及人机接口站的中央处理器（CPU）负荷率、系统网络负荷率、分散控制系统与其他相关系统的通信负荷率、控制处理器扫描周期、系统响应时间、事故顺序记录（SOE）分辨率、抗干扰性能、控制电源质量、定位系统时钟等指标应满足相关标准的要求，控制系统升级或改造后应开展全功能性能测试，机组大修后应开展必要功能性能测试。

合理配置 DCS 硬件，使硬件各项性能满足要求，同时开展必要的性能测试是确保 DCS 安全稳定运行的基础。DCS 所发生的典型故障，如恶性的系统瘫痪、操作员站部分或全部死机以及局部系统失灵等，分析原因多与硬件配置不合理、性能指标达不到规定要求、未定期开展必要的性能测试等相关。DCS 硬件配置不合理主要表现在 DCS 资源（如控制器、网络、接口等）配置过低，导致系统在某一特定的工况下负荷过高、不同类型硬件系统间通信不畅、冗余度不够或系统电源配置不合理等。在 DCS 设计或改造过程中，经常存在设计与投资的矛盾，为节省投资而降低硬件设计性能指标，为后期 DCS 运行埋下安全隐患。因此，要慎重、科学、合理地配置 DCS 系统。

DCS 控制处理器处理模拟量控制的扫描周期宜不大于 250ms，对于要求快速处理的控制回路不大于 125ms，对于温度等慢过程控制对象，扫描周期不大于 500ms。应用于汽轮机、电气等控制系统的扫描周期满足相关的标准、规程或设备制造厂的要求。

DCS 控制处理器处理开关量控制的扫描周期不大于 100ms。当汽轮机保护功能纳入 DCS 时，汽轮机保护（ETS）不大于 50ms。执行汽轮机超速限制（OPC）和超速保护（OPT）部分的逻辑，扫描周期不大于 20ms。

DCS过程控制站所配置的控制处理器应有足够的运算和I/O处理能力，在满足上述要求的控制扫描速率的基础上，在最大负荷运行时，负荷率不超过60%。平均负荷率不超过40%，对于特殊系统的负荷率要求，可根据相关标准或规程确定。

DCS中通信网络应保证足够的通信余量。主控通信网络的数据通信负荷在最繁忙的情况下，令牌网平均通信负荷率不超过40%，以太网平均通信负荷率不超过20%；同时主系统及与主系统连接的所用相关系统（包括专用装置）的通信负荷率设计必须控制在合理的范围（保证在高负荷运行中不出现“瓶颈”现象）之内，其接口设备（板件）应稳定可靠，并结合机组停运进行电源、网络、控制器切换试验。

操作员站任何显示器画面刷新时间应不超过2s，所有显示的数据每1s更新一次；调用任一画面的击键次数，不多于3次；运行人员通过键盘、鼠标等手段发出的任何操作指令应在不大于1s的时间内被执行。从运行人员发出操作指令到被执行完毕的确认信息在显示器上反映出来的时间不超过2s（不包括执行机构的动作时间）。

DCS应设计必要的SOE测点，分辨力应不低于1ms。所有输入通道都有4ms防抖动滤波处理，但不影响1ms的分辨力。安装在不同DPU中的模件有可靠的时间同步措施，保证系统SOE的分辨力不低于1ms；机组检修后应开展SOE试验，验证SOE系统的可靠性。

DCS应具备定位系统时钟接入功能，各种类型的历史数据必须具有统一时标，与全厂时钟系统保持同步。时钟同步装置输出信号误差不大于±1μs。时钟同步装置与DCS之间宜每1～5min进行一次时钟同步；时钟同步装置还应配置后备电池，至少维持时钟同步接收器模件中时钟和存储器（RAM）正常工作一个月。系统时钟的不同步不仅导致历史数据信息时间标记不一致，给事后故障事件分析造成困难，同时会使控制器通信异常，进而使控制器脱离网络，严重时可能使控制器站点、操作员站等重启，机组失去控制乃至跳闸。

控制系统升级或改造后，为验证分散控制系统各项指标是否满足规定要求，应进行所有功能及性能测试。在机组大修后按照相关规程要求进行必要的功能性能测试。应注意的是，控制系统出厂时的出厂验收测试（FAT）结果无法代替在现场进行的控制系统功能及性能测试结果，因为现场条件下进行的测试是系统在实际使用环境下的真实表现，没有因某类模拟条件的引入而造成的效果失真。

【案例1】 某电厂发生分散控制系统频繁故障和死机造成机组停运事故。两台机组投产以来共发生22次DCS系统故障和死机，其中造成机组不正常跳闸8次。之后又发生多次操作画面故障（其中两次发生全部6台操作员站“黑屏”），其中

1次造成机组跳闸，严重威胁机组安全。经过DCS系统事故分析专家评审会专家评审组的分析，认为其DCS系统存在以下几方面问题：

（1）DCS工程设计在性能计算软件、开关量冗余配置上存在问题；

（2）硬件配置不匹配；

（3）个别硬件设计不完善；

（4）系统上、下位通信负荷率不匹配。

【案例2】　某电厂在600MW机组的DCS改造时为节省投资，CPU负荷率接近允许极限，运行过程中多次发生运行人员操作指令严重延时问题，影响正常控制操作。后通过增加控制器数量解决问题。

【案例3】　某发电公司7号机组1～34号站所有控制器发生了自动重启，进而引发机组跳闸。

某年10月4日21时48分20秒，7号机组负荷为530MW。21时48分23秒机组DCS所有画面参数离线，大约6s后恢复正常。21时48分31秒汽轮机跳闸，主汽门关闭，汽轮机转速下降，交流辅助油泵联启，交流启动油泵联启。21时49分4秒主机交流辅助油泵、主机交流启动油泵跳闸，主机直流事故油泵联启，7A、7B汽动给水泵前置泵跳闸，7A、7B给水泵汽轮机跳闸，7B凝结水泵跳闸，7A、7B真空泵跳闸，1号辅助冷却水泵跳闸，7A定子冷却水泵跳闸，7A交流密封油泵跳闸，7A密封油排氢风机跳闸，密封油再循环泵跳闸，手动启动事故直流密封油泵，1号EH油泵、1号EH油循环泵跳闸，7A、7B给水泵汽轮机1号主油泵跳闸，给水泵汽轮机直流油泵联启。21时49分4秒双侧一次风机、双侧送风机、双侧引风机跳闸，油站均跳闸；双侧空气预热器主辅电动机跳闸，空气马达均联动正常；所有磨煤机跳闸，油站均跳闸；7A火检冷却风机、7B微油火检冷却风机跳闸；干排渣系统跳闸；7号锅炉燃料全部切断，锅炉安全停运。

通过检查DCS供电电源、检查接地系统、检查DCS控制器及交换机系统日志、断网测试、交换机更换等故障排查，确定电子间8号机DCS根交换机与330kV变电站33号控制器之间通信链路故障使得局部网络形成环路，网络风暴冲击导致7号机组34对控制器全部离线重启，其中主备DEH控制器同时重启触发DEH跳闸停机信号，并通过ETS触发汽轮机跳闸。

条文9.2.2　分散控制系统的控制器、系统电源、为信号输入/输出（I/O）模件供电的直流电源、通信网络（含现场总线形式）等均应采用完全独立的冗余配置，且具备无扰切换功能。冗余的通信网络应具有互通功能。

DCS核心部件冗余设计是确保DCS硬件可靠的重要手段之一。冗余和无扰切换技术可大幅降低DCS硬件故障对整体功能的影响。因此，冗余技术和无扰切换技术是确保DCS安全性的重要支撑技术。

控制器的冗余配置应为热备用方式，即后备控制器应与主控制器同步更新数据，保证后备控制器切换为主控制器时不对输出产生影响扰动，实现无扰切换效果。

现场总线的应用提高了机组整体控制系统的先进性和灵活性，但现场总线通信网络的高可靠性要求决定了其通信网络必须采用独立的冗余配置，尽最大可能降低系统故障风险。

条文 9.2.3　分散控制系统控制器应严格遵循机组重要功能分开的独立性配置原则，各控制功能应遵循任一组控制器或其他部件故障对机组影响最小的原则。

DCS系统的可靠性一般分为两类，一类是硬件可靠性，一类是控制功能可靠性。硬件可靠性主要通过冗余技术和无扰切换技术来实现。功能可靠性主要通过独立性原则来实现，即涉及机组的重要控制功能应采取功能分开的独立性配置原则，譬如，实现过程控制的燃料控制、风量控制、汽水控制不宜配置在同一个控制器，应独立分开配置，以最大限度地降低部分功能故障对整体控制的影响。

重要功能分开的独立性原则配置要求不应以控制器能力提高为理由，减少控制器的配置数量，从而降低系统配置的分散度；同时为防止一对控制器故障导致机组被迫停运事件的发生，重要的并列或主/备运行的辅机（辅助）设备控制，应按下列原则配置控制器：

（1）送风机、引风机、一次风机、凝结水泵和非母管制的循环水泵等两台并列运行的重要辅机，以及A、B段厂用电，应分别配置在不同的控制器中，但允许送风机和引风机等按介质流程组合在一个控制器中。

（2）多台给水泵控制宜分别配置在不同的控制器中，但允许给水泵控制与其配合的给水泵汽轮机控制（MEH）和给水泵汽轮机紧急跳闸系统（METS）合用控制器。

（3）磨煤机、给煤机、风门和燃烧器等多台组合运行的重要设备应按工艺流程要求组合，配置至少三个控制站。

（4）其他系统若涉及类似配置问题，应采用以上原则。

【案例】 某电厂在600MW机组的DCS设计过程中，采用减少控制器配置数量的设计方式以降低硬件成本进行，最终将协调及燃料和风量控制放在同一对控制器内，造成该控制器负荷率较高。后发生控制器故障，负压控制失控，最终导致锅炉灭火。分析认为，功能配置不当致使危险点过于集中是导致此次事故的主要原因。

条文 9.2.4　重要参数测点、参与机组或设备保护的测点应冗余配置，冗余I/O测点应分配在不同模件上，任一测点采集故障不应影响其他冗余测点采集。

DCS冗余配置和独立性配置体现的另一重点就是DCS重要参数测点的配置。

DCS控制系统中每个机柜每种类型的测点的设计裕量、各类测点所需的卡件（或者卡槽）、接线端子、电缆通道的裕量应符合要求。重要参数、参与机组或设备保护点及重要I/O点的检测元件应为三取二或三取中，同时应考虑采用非同一板件的独立性配置原则。测点的冗余应实现全程冗余，即从测点取样、传输、进入板卡、运算等全过程环节都应独立完成，实现真正冗余配置。

输入/输出模件（I/O模件）的冗余配置，根据不同厂商的分散控制系统结构特点和被控对象的重要性来确定，推荐（但不限于）下列配置原则：

（1）应三重冗余（或同等冗余功能）配置的模拟量输入信号：机组负荷、汽轮机转速、轴向位移、给水泵汽轮机转速、凝汽器真空、汽轮机润滑油压力、热井水位、EH油压、主蒸汽压力、主蒸汽温度、主蒸汽流量、调节级压力、汽包水位、汽包压力、主给水流量、除氧器水位、送风流量、炉膛压力、增压风机入口压力、一次风母管压力、再热蒸汽压力、再热蒸汽温度、常压流化床床温及流化风量、中间点温度（作为保护信号时）、脱硫吸收塔出口温度、发电机定子冷却水流量、燃气轮机转速等。

（2）应双重冗余配置的模拟量输入信号：加热器水位、凝结水流量、汽轮机润滑油温、发电机氢温、汽轮机调节汽门开度、分离器水箱水位、给水温度、磨煤机一次风量、磨煤机出口温度、磨煤机入口负压、单侧烟气含氧量、除氧器压力、中间点温度等。当本项信号作为保护信号时，则应三重冗余（或同等冗余）配置。

（3）应具有三重冗余配置的重要热工开关量输入信号：主保护动作跳闸（MFT、ETS、GTS）信号；联锁主保护动作的重要辅机动作跳闸信号。

（4）至少应采用双重冗余配置的次重要开关量输入信号：风箱与炉膛差压、一次风与炉膛差压等。

（5）冗余配置的I/O信号、多台同类设备的各自控制回路的I/O信号，必须分别配置在不同的I/O模件上。

（6）所有的I/O模件的通道，应具有信号隔离功能。

（7）电气负荷信号应通过硬接线直接接入DCS。

（8）取自不同变送器用于机组和主要辅机跳闸的保护输入信号，应直接接入相对应的保护控制器的输入模件。

【案例】 某600MW机组的一组真空低测点为3个，但均由一个取样管采集而来，只是变送器配置3个，然后完成三取二逻辑运算。某次取样管堵塞，导致3个变送器同时动作，直接跳机。本次事故是由于测点配置不符合要求引起的典型事故，测点应从取样管开始全程独立配置，实现真正的三取二功能。

条文9.2.5 分散控制系统接地必须严格遵守相关技术要求，接地电阻满足标准要求，并保证分散控制系统一点接地；所有进入分散控制系统的控制信号电缆必须采用质量合格的屏蔽电缆，且可靠单端接地；分散控制系统与电气系统共用一个接地网时，分散控制系统接地线与电气接地网只允许有一个连接点。不同类型的控

制系统应严格按照接地要求接地，不应混用接地汇流排。

DCS接地是保证DCS电气安全的重要技术措施，应根据电气设计要求，保证接地电阻这一重要指标符合标准要求。

DCS应不要求单独的接地网。DCS单点接入接地电阻小于4Ω的电厂电气接地网后，能够可靠地运行。各电子机柜中应设有独立的安全地、屏蔽地及相应接地铜排。每套DCS可采用中心接地汇流排的方式，实现系统的单点接地。电缆屏蔽层在机柜侧单端接地。

采用过程现场总线PROFIBUS DP协议的总线网段及支路通信电缆，其屏蔽层在电缆两端就近接入现场的等电位体；采用过程现场总线PROFIBUS PA或FF协议的总线网段和支路通信电缆，其屏蔽层在就地总线设备侧浮空，在支路接线盒中将屏蔽层连接在一起并与网段通信电缆屏蔽层相连，最终在总线电源分配器或PROFIBUS DP/PA转换器处，将屏蔽层汇入机柜的屏蔽接地条，实现单点接地。

DCS大修后应做DCS抗射频试验，试验结果应满足相关规程要求。

【案例】 某电厂运行中的3号机组因雷击报警，发“3号机4号轴承温度＞120℃”。后续检查发现多处控制系统出现问题：机前压力C测点故障，DEH跳至手动控制，4号轴承温度故障，DD层小风门全部故障，EF层1号、2号角风门故障，1号一次风机变频器温度显示异常，2号、3号补给水提升泵电流显示异常，3号脱硫增压风机动叶反馈故障，增压风机入口压力和GGH出口压力显示故障，DCS系统多台显示器显示异常。

雷击时，3号、4号机组烟囱周围区域有较强雷电活动，雷电流虽通过烟囱引入了大地，但同时产生极大的感应电动势，造成设备的地电位发生很大变化，接地线与电源、信号等接线之间产生过电压，导致DCS系统卡件电源、通信电缆等产生瞬间脉冲电压，从而导致I/O卡件、执行器、变送器、显示器等损坏。分析认为：

（1）DCS系统保护接地、屏蔽接地和电气防雷接地采用全厂共用的接地网，当遭受雷击时，接地线与信号线、电源线等线路会产生电位差，使电子设备被反向击穿。

（2）据观察，脱硫系统的电源电缆距离烟囱接地引下线距离较近，当遭受雷击时，强大的接地电流会使电缆沟中的信号线、电源线等感应带电。

（3）雷电产生后，通过I/O电缆的走线桥架和建筑物接地引下线产生电感性耦合，会在附近的I/O金属线缆上感应出数以千伏的浪涌电压，而电缆走线桥架未完全采取金属屏蔽，I/O线中可能产生较大感应电动势。

（4）电厂DCS系统部分接地线与电源线共用一个桥架，当接地线有强脉冲电流通过时，会产生强烈的电磁感应，使电源产生脉冲电流。

(5) 通过对现场损坏的控制系统装置的检查，发现主要是装置的输入/输出接口元器件有损坏，原因可能是雷击时信号线上感应了数以千伏计的浪涌电压，并通过卡件形成电流回路击穿相应的卡件通道或公共电路。

条文 9.2.6　机组应配备必要的、可靠的、独立于分散控制系统的硬手操设备(如紧急停机、紧急停炉按钮等，按钮应有防护措施)，以确保安全停机停炉。

紧急停机停炉按钮是确保机组安全停运的最后手段。DCS 发展至今，已经十分成熟和可靠，但仍然存在 DCS 失灵的可能。DCS 失灵后的首要、唯一任务就是确保机组安全停运，为此，设置独立于 DCS 的、不受 DCS 影响的紧急停机停炉按钮十分关键，同时要确保紧急停机停炉按钮的可靠性。

条文 9.2.7　分散控制系统电子间环境满足相关标准要求，不应有 380V 及以上动力电缆及产生较大电磁干扰的设备。分散控制系统电子间存在产生电磁干扰设备且不具备改造条件的应进行安全评估，确保 DCS 运行稳定。机组运行时，禁止在电子间使用无线通信工具。

DCS 是典型的电子设备，电磁环境直接影响其运行稳定性。因此，应尽最大可能保证电子间的环境，确保满足标准要求。380V 以上动力电缆和大电磁干扰设备以及无线通信设备都是电磁干扰源，对 DCS 运行影响较大，应避免在电子间安装干扰源。DCS 机柜间的空气质量、温度、湿度应符合《火力发电厂热工自动化系统检修运行维护规程》(DL/T 774) 的要求，保证热工控制设备在良好的环境条件下运行。

考虑某些已投产机组中存在 380V 电动门配电箱布置在 DCS 电子间情况，且短期内不具备改造条件，为保证控制系统电子间的电磁环境满足规定要求，应对布置在电子间的产生电磁干扰的设备进行安全评估，确保该类设备不会对 DCS 系统造成实质性电磁干扰。

【案例】　某年 7 月 18 日，某电厂 600MW 的 1 号机组运行在 540MW 工况，电气人员在 DCS 电子间例行巡查维护时，通过大功率对讲机与现场人员进行通信，导致机组负荷瞬间由 540MW 降至 248MW，机组运行出现严重异常，汽包水位控制异常导致跳机。分析得知，通信工具严重干扰了功率测点测量和传输，引起控制系统控制异常。

条文 9.2.8　远程控制柜与主系统的两路通信电（光）缆要分层敷设。

远程控制柜一般完成汽轮机、锅炉主体设备的重要监视功能，其与主系统主要通过两路互为冗余的通信电（光）缆来完成，为了达到真正的功能冗余、风险分散的目的，体现分散控制系统的设计宗旨，通信介质不应在同层敷设，而应分层敷设。

条文 9.2.9　对于多台机组分散控制系统网络互联的情况，以及当公用分散控

制系统的网络独立配置并与两台单元机组的分散控制系统进行通信时，应采取可靠隔离及闭锁措施，只能有一台机组有权限对公用分散控制系统进行操作。

目前，全厂DCS配置方式已成为单元机组的主流控制方式。对于多台机组，除各自的DCS网络外，还存在有公用系统的DCS网络。同时，为了方便操作员操作，单元机组DCS网络内一般设计有控制公用系统的方式或操作手段，这就形成了两台或多台机组同时可以操作公用系统设备的情况。依据《火力发电厂分散控制系统验收导则》（GB/T 30372—2013）“5.8.17 公用系统监控闭锁”规定，任意时刻只能有一台机组有权限对公用分散控制系统进行操作。因此，为了防止误操作，公用系统DCS网络应分别于每一单元机组DCS网络进行有效的操作隔离措施，防止交叉误操作的发生。

【案例】 某厂2台600MW机组为亚临界汽包炉，两台机组各自为单独DCS环形控制网络，公用系统同为环形网络并跨接在两台机组之间。某年4月13日，1号机组正常运行，带560MW负荷，2号机组检修。14时30分，维护人员由于工作需要修改逻辑后，传动2号机组A侧引风机静叶，导致1号机组A侧引风机突然增大，负压迅速低至－3250Pa，MFT保护动作，机组跳闸。

事后分析，由于1号、2号机组之间没有进行必要的隔离，维护人员修改逻辑过程中误将2号机组A侧引风机静叶指令改为1号机组A侧引风机静叶指令。传动过程中，导致2号机组引风机指令误发到1号机组引风机上，1号机组引风机误动。

条文9.2.10　汽轮机紧急跳闸系统和汽轮机监视仪表应加强定期巡视检查，所配电源应取自可靠的两路独立电源，电压波动值不得大于±5%，且不应含有高次谐波。汽轮机监视仪表的中央处理器及重要跳机保护信号和通道必须冗余配置，输出继电器必须可靠。

汽轮机紧急跳闸系统（ETS）和汽轮机监视仪表（TSI）是保证汽轮机安全运行、防止破坏性事故发生的重要控制装置。设备供电电源应保证取自不同可靠来源的双路独立电源，确保在任何工况下汽轮机重要保护装置发挥安全防护功能。上述控制装置应符合《火力发电厂热工保护系统设计技术规定》（DL/T 5428）中的要求。汽轮机紧急跳闸系统（ETS）和汽轮机监视仪表（TSI）的功能测试应按照《火力发电厂汽轮机控制及保护系统验收测试规程》（DL/T 656）中的规定执行。

条文9.3　防止就地热工设备异常引发事故

条文9.3.1　按照单元机组配置的重要设备（如循环水泵、空冷系统的辅机）应纳入各自单元控制网，避免由于公用系统中设备事故扩大为两台或全厂机组的重大事故。

循环水泵以及空冷系统辅机等重要设备，直接影响机组运行安全。为避免循环水泵及空冷系统辅机在一个控制网所带来的风险，应将循环水泵及空冷系统辅机分别布置在不同的控制单元，避免一个控制网络发生故障造成全部同类重要设备停运。

【案例】 某电厂两台600MW机组共用一套公用系统，其中循环水泵由公用系统控制。发生公用系统控制器主控制器故障，备用控制器切换不成功，导致循环水系统跳闸，引发两台机组非停。

条文9.3.2　在高温环境下使用的重要控制、保护信号电缆应使用耐高温阻燃电缆，敷设时应避免直接接触高温热源，敷设在油系统附近处电缆应采用阻油性电缆，电缆敷设处易受机械性外力损伤时，还应选择带铠装层电缆。就地电缆接线端子或预制插头环境防护等级应保证与电缆防护等级匹配，确保电缆连接的可靠性。

应按照《火力发电厂仪表与控制就地设备安装、管路、电缆设计规程》（DL/T 5182）进行电缆选择和敷设，规程中详细规定了不同环境下电缆的选择要求。电厂应根据就地安装环境的变化适当调整电缆防护等级。未按照设计要求敷设及安装电缆易于导致事故发生。例如，将采用保护套管做隔热材料使用，代替敷设耐高温性能的电缆；对高温环境下的接线盒、插头、端子排未做耐高温防护措施。

【案例1】 某发电厂联合循环机组运行，AGC投入，机组负荷为280MW。就地值班员报告“压气机进口温度故障”报警，机组辅机间冒烟。值长派人至就地检查确认辅机间冷却风机出风口及辅机间与轮机间进气蜗壳处冒烟。跳闸首出“控制转速信号丢失”“超速故障-控制输出故障”“IGV控制故障跳闸”“转速信号丢失机组跳闸”，TCS转速信号显示为零。经分析，因未敷设耐高温性能的电缆，高温烟气使机组转速测点电缆过热损坏，导致转速信号失效，转速故障保护动作。

【案例2】 某发电厂11号燃气-蒸汽联合循环机组“二拖一”模式正常运行，总负荷为190MW。8月12日17时20分，汽轮机1号轴瓦振动出现瞬间波动，最高至199μm，时长约2s，导致机组ETS“轴瓦振动大保护”动作，汽轮机跳闸。就地检查瓦振探头，发现其引出线与高压外缸保温接触，安装环境温度较高，实测测量元件外壳温度为80℃。拆下瓦振探头就地信号电缆检查，发现电缆因高温已经变形，信号电缆已经失效。事故经验为电缆敷设时应避免直接接触高温热源。

条文9.3.3　就地执行器的安装应考虑环境因素（例如：高温、高湿、结露、腐蚀性气体、盐雾、振动及雷击等）对设备运行的影响。如果现场环境极为恶劣，可采取移位、分体式改造、热绝缘处理、防水密封等措施改善就地执行器运行环境，提高执行器运行的可靠性。

就地执行器的安装应严格遵守《电力建设施工技术规范　第4部分：热工仪表及控制装置》（DL 5190.4）中关于执行器的安装规范及技术要求。

执行器是热工控制系统的指令执行者。如果执行器发生异常，控制指令将无法有效执行，引发机组参数异常波动，严重时导致机组跳闸。近些年来，因就地设备异常引发机组故障明显增加，而执行器故障是就地设备异常的重要原因。因此应当提高执行器运行的可靠性，以确保机组安全运行。

【案例】 某发电厂2号机组正常运行，某年3月28日11时45分，A侧一次风机动叶反馈突升到100%开度，现场检查确认就地执行机构已经全开。查看历史曲线，2号锅炉A侧一次风机动叶在故障前后均为手动调节状态，从4时起，动叶执行机构反馈比指令大3%，且偏差逐渐增大至10%。11时36分，动叶指令为42%，反馈指示突然升至100%，A侧一次风机电流信号也迅速增大到221A。事故分析认定，动叶执行机构控制板内部损坏导致执行机构全开。主要原因除产品质量问题外，就地执行机构安装底座处振动频率较高，运行环境恶劣也是事故发生的重要原因。

条文9.3.4 气源装置宜选用无油空气压缩机，仪表与控制气源应有除油、除水、除尘、干燥等空气净化处理措施。气源总容量应能满足仪表与控制气动仪表和设备的最大耗气量。当气源装置停用时，仪表与控制用压缩空气系统的贮气罐的容量，应能维持不小于5min的耗气量。供气母管上应配置空气露点检测装置。

本条文主要对厂用仪用压缩空气气源的供应、气源品质要求、备用气源的容量、气源品质监测提出了具体的要求，确保对全厂气动执行器、基地调节器、气动仪表等设备提供稳定可靠的气源。

【案例】 某年11月29日，某发电厂5号机组运行人员发现5号机组2号、3号高压加热器正常疏水门开关动作不灵，两台阀门反馈均为0%。现场检查气动门全关，调节器液晶屏无显示且内部进水严重，气源压缩空气过滤瓶内积水。进一步检查发现精处理系统有一水管与仪用压缩空气管道联通，精处理管道上的气动阀门内漏导致大量凝结水进入仪用压缩空气系统，涉及3台气动调节门和多台气动门，严重影响机组安全运行。

条文9.3.5 独立配置的锅炉灭火保护装置应符合《电站锅炉炉膛防爆规程》（DL/T 435）、《火力发电厂锅炉炉膛安全监控系统技术规程》（DL/T 1091）中的技术规范要求，并配置可靠的电源。系统涉及的炉膛压力取样装置、压力开关、传感器、火焰检测器及冷却风系统等设备应符合《电站锅炉炉膛防爆规程》（DL/T 435）的规定。

条文9.3.6 重要控制回路的执行机构应具有三断保护（断气、断电、断信号）功能，特别重要的执行机构，还应设有可靠的机械闭锁措施。

断气、断电、断信号或执行机构内部故障有可能导致执行机构全开或全关。重要执行机构发生全开或全关事故将影响机组正常运行，严重时可导致停机停炉，因此重要执行机构应配备三断保护装置。特别重要的执行机构还应加装机械闭锁，防止误动。

【案例】 某年5月21日16时25分，某厂3号机组实发功率为570MW，3号发电机-变压器组跳闸，汽轮机跳闸，锅炉MFT。检查汽轮机ETS首出“定子冷却水流量低”，发电机-变压器组保护C屏首出“发电机断水保护”动作。分析历史曲线，发现3号机组定子冷却水压力调节阀全关，定子冷却水流量降为0，导致“发电机断水”保护动作。就地检查发现定子冷却水压力调节阀无三断保护功能，定位器故障导致调节阀全关。

条文9.3.7　重要控制、保护信号的取样装置应根据所处位置和环境有防堵、防震、防漏、防冻、防雨、防抖动等措施。触发机组跳闸的保护信号的开关量仪表和变送器应单独设置。

控制、保护信号安装位置不同，所处环境也千差万别。保护信号装置、取样装置经常面临粉尘、振动、高温、潮湿、雨雪、冰冻、电磁干扰等恶劣环境，因此应改善重要装置所处环境，采取防范恶劣环境影响的有效措施。同时，触发机组跳闸的保护信号的开关量仪表和变送器应单独设置。

【案例】 某年6月28日15时36分，某厂4号机组跳闸，汽轮机ETS首出“凝汽器真空低”。经仔细检查，发现为旁路用真空压力开关锁母松动所致，该真空压力开关与主保护用的真空压力开关安装于同一测量管路上。事后确认，检修人员在安装压力开关时，空气由锁母垫片处被抽入处于真空状态的测量管路中，使得测量管路真空急剧下降，“真空低二值”四取二开关均动作，致使汽轮机跳闸。

条文9.3.8　应定期检查汽轮机高（中）压调节阀、汽动给水泵调节阀油动机位置反馈变送器（LVDT），及时发现变送器连杆松动、变形、磨损、不对中等问题。每个调节阀油动机宜安装不少于两只LVDT变送器，冗余配置的LVDT开度必须在操作员站同时显示。

本条文要求重点关注对汽轮机高、中、调节阀、汽动给水泵进气阀油动机位置反馈LVDT变送器的定期巡检和维护工作。实际工作中，经常发生LVDT连杆松动、变形、磨损、不对中等问题，长期运行后导致连杆脱落，导致汽轮机或汽动给水泵跳闸。同时，调节阀LVDT双重冗余配置时，应在机组控制画面上全部显示。若只显示“二选一”或“二选大”后的调节阀开度，运行人员将不能监测两只LVDT的实时开度，导致发生单只LVDT故障时不能及时消除，增加机组控制风险。

【案例1】 某发电厂2号机组在300MW负荷下运行，运行人员发现主机轴向位移从0.53mm突降至0.43mm，DEH系统报警“伺服系统故障”“阀门位置偏差大”，检查汽轮机3号高压调节阀反馈全关，就地确认3号高压调节阀已关闭。现场检查发现3号高压调节阀LVDT安装在弹簧筒上的竖连杆已断裂，分析认为竖连杆安装位置偏移，调节门开关时受到交变应力，发生断裂，导致LVDT不能反映调节阀的真实开度，在伺服调节回路的控制下调节阀缓慢关闭。

【案例2】 某厂7号机组投入协调控制后负荷波动较大。分析发现DEH调节系统存在问题，经改变控制参数，虽然能够缓解负荷波动程度，但负荷响应速度无法满足控制要求。后现场检查发现单只配置的LVDT反馈导杆有松动现象。

【案例3】 某厂600MW超临界机组，机组当时负荷为424MW，两台汽动给水泵运行，1时30分21秒，A汽动给水泵转速突升至5803r/min，炉主给水流量由1066t/h上升至1567t/h；1时31分34秒，A汽动给水泵转速突降至4510r/min，又迅速回升至5787r/min，给水流量突降至709t/h；1时31分55秒，B汽动给水泵跳闸，首出原因“汽动给水泵入口流量低保护动作”，机组电动给水泵联锁启动成功，立即解除协调控制，手动加大电动给水泵出力。1时36分，A汽动给水泵转速又突降至3998.9r/min，给水流量突降至546t/h，随即转速又回升至5800r/min；1时36分起，共六次出现给水流量大幅度波动，波动越来越剧烈，A汽动给水泵进回油温度、轴承和推力瓦温、轴向位移均有较大波动；2时17分，给水流量升至1800t/h，水煤比失调，汽温失控，手动打闸A汽动给水泵。检查发现A汽动给水泵调节阀配置的单只LVDT连杆滑丝，连接件脱开，LVDT信号不能真实反映调节阀阀位。

条文9.3.9 严禁涉及重要保护的变送器、开关与其他测量元件共用取样口及取样管路。

测量元件共用取样口及取样管路严重违反了重要保护回路独立性原则，使冗余配置的保护回路形同虚设。

条文9.3.10 循环流化床机组锅炉重要保护回路涉及的温度测点，其布置位置在高温、高浓度物料区时，该类温度测量元件保护套管材质应使用耐高温耐磨材料或对保护套管做耐磨喷涂处理，防止由于长期磨损造成温度测点失效，导致机组热工保护失灵事故发生。

条文9.3.11 所有就地涉及热控重要保护的启停或开关操作按钮、就地远方切换按钮、就地操作显示面板均应有防护措施，防止因无意磕碰、踩踏造成重要设备停机，从而导致机组跳闸。

【案例】 某年4月10日，某发电厂3号燃气轮机在365MW负荷运行中，9时0分45秒，机组氢温控制阀故障报警；9时1分58秒，发电机冷氢温度高一值大于50℃报警，发电机氢温快速上升；9时3分8秒，发电机冷氢温度高于54℃保护动作，发电机开关跳闸。事发前发电机氢冷器冷却水出水电动调节阀在“自动”模式，冷氢温度正常，事发后运行人员发现该阀门在手动模式，开度显示为零，且远方无法操作。就地检查发现该阀门指令开关在“关”位置，远方就地切换开关在

“就地”位置。调取现场监控录像，因执行机构表面未设置防误碰装置，导致保洁人员在进行作业时误碰改变了阀门控制方式。

条文 9.3.12　所有热工保护冗余配置的测量信号应分别使用不同电缆进行信号传输。

严格执行保护回路的全程独立性原则。

条文 9.3.13　所有热工电源及信号电缆必须具有相应的绝缘强度、阻燃强度和机械强度，严禁使用绝缘老化或失去绝缘性能的电气线路，严禁在热工电源及信号电缆上悬挂无关异物，严禁热工电源及信号电缆超负荷运行或带故障使用。

条文 9.3.14　主控室、电子间机柜、工程师站等通往电缆夹层、隧道、穿越楼板、墙壁、柜、盘等处的所有电缆孔洞和盘面之间的缝隙（含电缆穿墙套管与电缆之间缝隙）必须采用合格的不燃或阻燃材料封堵。电缆竖井和电缆沟必须分段做防火隔离，对敷设在主控室或厂房内构架上的电缆要采取分段阻燃措施。

条文 9.4　防止因检修、维护不当引发事故

条文 9.4.1　各项热工保护功能在机组运行中严禁退出。若发生热工保护装置（系统，包括一次检测设备）故障被迫退出运行时，应制订可靠的安全措施，并开具工作票，经批准后方可处理。当锅炉炉膛压力、全炉膛灭火、汽包水位（直流炉断水）和汽轮机超速、轴向位移、机组振动、低油压等重要保护装置故障被迫退出运行时，应在 8h 内恢复；其他保护装置被迫退出运行时，应在 24h 内恢复。

按照《发电厂热工仪表及控制系统技术监督导则》（DL/T 1056）有关规定，应及时正确地处理热工保护装置故障，重要保护项目严禁退出运行。保护装置因故障暂时退出运行时，必须及时完成审批手续，故障处理前做好安全措施，在规定时间内消除故障。如果未能在规定时间内消除故障，应立即执行停机、停炉预案。

条文 9.4.2　检修机组启动前或机组停运 15 天以上，应对机、炉主保护及其他重要热工保护装置进行静态模拟试验，检查跳闸逻辑、报警及保护定值。热工保护联锁试验中，应采用现场信号源处模拟试验或物理方法进行实际传动，但禁止在控制柜内通过开路或短路输入端子的方法进行试验。

机组长期停用期间，主、辅机保护装置有可能进行设备投退、电源停送、元器件更换、机柜清扫、电缆接线检查、信号取样回路吹扫、控制逻辑修改等操作，易发生保护系统恢复不彻底等问题。机组停用或检修期间，保护系统局部或个别元件有可能发生故障，保护装置存在设备隐患。为保证热工保护功能正常，在机组重新启动前，必须对所有主、辅机保护项目进行传动实验。

由于机组检修、设备改造等原因，保护定值会有临时或永久性修改。为确认保护定值的一致性，必须依据保护定值正式审批版对所有保护项目逐一核查。根据检修规程，必须对所有保护项目完成静态试验。

机炉主保护是保证机组安全运行的基础。在机组启动前，由于种种原因，机炉保护功能有失效的可能，为杜绝此类隐患，应采取模拟试验、检查保护定值等方式再次验证保护功能的可靠性，便于在最后时间节点发现问题，解决问题。同时，联锁试验中，优先采用物理方法来实际验证保护回路的功能。当不具备上述条件时，可采用现场信号源模拟，来验证保护回路的功能。由于采用控制柜内开路或短路的方法无法验证整个保护回路，因此应禁止该种方式验证所带来的误判。

条文 9.4.3　所有热工保护或联锁有关的测量元件、取样管路、变送器、信号电缆均应使用文字标识或醒目颜色明示与其他测点的区别，严防对其进行异常操作。

对热工设备进行分级分类管理十分必要，应依据重要性对热控设备加贴不同颜色标签，便于检修维护人员正确识别，避免人为误操作。

【案例】　某电厂4号机组为600MW机组，汽轮机安全监测保护装置采用VM600系统，某年1月10日，4号机组因4号瓦瓦振两点信号同时到达跳闸值，热工保护动作，汽轮机跳闸。检查现场发现，事故发生时电建公司在4号瓦轴承盖上粉刷油漆，油漆工为粉刷方便，移动了4号瓦瓦振的延长电缆，导致振动信号跳变，汽轮机跳闸。VM600的瓦振探头为电容式加速度传感器，延长电缆安装后不能再去改变，电缆弯曲半径有一定要求，不允许大幅移动电缆，否则会引起测量值的变化。事故经验说明现场重要热控设备应有文字或醒目颜色标识，防止误操作。

条文 9.4.4　多台机组共用一个工程师站时，应在不同机组工程师站操作区域之间做物理隔离，明确标识设备归属的机组编号，严格进入及退出操作区域的管理，防止热工人员因走错间隔造成设备误操作。

条文 9.4.5　加强对分散控制系统的监视检查，当发现中央处理器、网络、电源等故障时，应及时通知运行人员并启动相应应急预案。

条文 9.4.6　规范分散控制系统软件和应用软件的管理，软件的修改、更新、升级必须履行审批授权及责任人制度。在修改、更新、升级软件前，应对软件进行备份。拟安装到分散控制系统中使用的软件必须严格履行测试和审批程序，必须建立有针对性的分散控制系统防病毒措施。

一些电厂疏于对DCS的系统操作软件和用户应用组态软件的原始文件备份保存管理工作，以至在DCS系统的软件出现故障或数据丢失时，不能及时恢复原有软件，造成机组无法正常运行。安装到DCS的软件必须使用正版授权并经病毒检验通过的软件，如果病毒侵入DCS系统将影响网络安全、操作员站失去监控功能等重大事故。

采取有针对性的反病毒措施可极大增强系统的安全性，例如：制订严禁在分散控制系统的工程师站、历史站、操作员站等站点使用U盘的管理制度，应使用安全可靠的管理方式从分散控制系统的工程师站、历史站、操作员站等站点拷贝历史数据等文件，防止可移动存储介质传播计算机病毒或网络病毒。

【案例1】 某年8月28日凌晨，某电厂4号机组运行人员发现操作员站对操作指令有数秒钟反应滞后。在经过仔细检查后，发现4号机组所有操作员站和工程师站均感染了同一种计算机病毒。该病毒挤占计算机内存空间，造成操作员站反应迟缓。4号机组设有一台与全厂MIS系统相连的专用通信站，计算机病毒由此通道进入DCS系统。对所有操作员站进行杀毒后，各操作员站运行速度恢复正常。

【案例2】 某年11月6日，某电厂运行人员发现机组负荷从480MW迅速下降，主汽压力突升，汽轮机调节门开度由原来的25%关闭到10%并继续关闭，高压调节门继续迅速关闭至0%，机组负荷降低至5MW，运行人员被迫手动紧急停炉，汽轮机跳闸，发电机解列。进行事故分析发现DCS在线下装时，没有严格执行下载软件检查程序，下载后汽轮机阀位限制由正常运行中的120%修改为0.25%，造成汽轮机调节门由25%关闭至0%，机组负荷由480MW迅速降至5MW。

条文9.4.7 加强分散控制系统网络通信管理，运行期间严禁在控制器、人机接口网络上进行不符合相关规定许可的较大数据包的存取，防止通信阻塞。

根据《火力发电厂分散控制系统验收测试规程》（DL/T 659—2016）中的规定，“在繁忙工况（快速减负荷、跳磨工况等）下数据通信总线的负荷率不应超过30%。对以太网，则不应超过20%。”其主要目的是为防止因通信阻塞造成DCS控制失灵。机组运行期间在控制器、人机接口网络上进行的较大数据包的存取将增加DCS网络通信负担，机组一旦发生异常情况，极有可能造成网络通信阻塞，严重影响运行人员的应急操作。

条文9.5 防止保护系统失灵事故

条文9.5.1 除特殊要求的设备外（如紧急停机电磁阀等），其他所有设备都应采用脉冲信号控制，防止分散控制系统失电导致停机停炉时，引起该类设备误停运，造成重要主设备或辅机的损坏。

DCS失电后所有输出指令将归零，如在逻辑设计中采用长指令信号控制方式，则DCS失电后长指令信号将会消失，导致相关设备停止运行。采用脉冲指令后，受控设备将采用自保持回路来接收DCS发出的控制信号，避免了因DCS控制指令消失而引起的设备误停（关）。

条文9.5.2 所有重要的主、辅机保护都应采用“三取二”“四取二”等可靠的逻辑判断方式，保护信号应遵循从取样点到输入模件全程相对独立的原则，确因系统原因测点数量不够，应有防保护误动及拒动措施，保护信号供电也应采用分路独立供电回路。

主、辅机保护采取三取二、四取二等逻辑设计是提高保护动作可靠性的有效手段。保护信号的“独立性”原则是正确实现三取二、四取二等逻辑判断功能的先决条件。取样装置、传感器、信号电缆、输入输出模件及通道均应按照“独立性”原则进行设计，确保冗余配置的测量回路独立地作出客观判断。根据《火力发电厂热工保护系统设计技术规定》（DL/T 5428）对重要的主、辅机保护做三取二、四取二等保护配置。

确因系统原因测点数量不够，应有防保护误动及拒动措施，同时，各保护回路应采用独立供电方式。

因工艺或控制需要分别布置在不同监测位置而采用四取二保护配置的，应遵循“两或一与”型四取二原则。譬如汽轮机轴位移保护中，4个轴位移测量探头分左右侧各安装两个。同侧任一个探头测量数值达到保护动作值，同时另一侧两个探头中任一个测量值达到保护动作值时，轴位移保护动作，即四取二保护（两或一与）。

条文9.5.3　热工保护系统输出的指令应优先于其他任何类型指令。控制系统的控制器发出的机、炉跳闸信号及相应的动作回路应冗余配置，且应设计机组硬接线跳闸回路。机、炉主保护回路中不应设置供运行人员切（投）保护的任何操作手段。

热工保护是保证人身和机组设备安全的最重要功能，热工保护指令与其他指令相比具有最高优先级。应按照冗余配置原则、独立性原则设计机、炉保护输出回路。按照要求，不应设置供运行人员切、投保护的任何手段。

条文9.5.4　汽轮机紧急跳闸系统应设计为失电动作，硬手操设备本身要有防止误操作、动作不可靠的措施。手动停炉、停机保护应具有独立于分散控制系统［或可编程逻辑控制器（PLC）］装置的硬跳闸控制回路，配置有双通道四跳闸线圈汽轮机紧急跳闸系统的机组，应定期进行汽轮机紧急跳闸系统在线试验。

条文9.5.5　机组主保护及主要辅机保护逻辑设计合理，符合工艺及控制要求，逻辑执行时序、相关保护的配合时间配置合理，防止由于取样延迟等时间参数设置不当而导致的保护失灵。

机组主保护及主要辅机保护逻辑设计合理，相关逻辑页面应合理布置，按照最优方案确定逻辑执行时序。在控制软件出厂或机组逻辑重大修改后，应对所有保护逻辑进行静态传动，核查相关保护的配合时间，确认保护逻辑功能正常。

【案例】 某年11月16日18时21分，某电厂3号机组锅炉因炉膛负压低引起MFT动作，汽动给水泵跳闸联锁启动电动给水泵。3min后，电动给水泵由于工作油温高保护动作跳闸。

事后分析，工作油温高的直接原因是电动给水泵冷却水电动门没有联锁开启，根本原因是电动门控制逻辑中功能块执行时序设置不合理，导致冷却水电动门无法联锁开启。

条文 9.5.6 重要辅机的“已启动”和“已停机”信号应真实反映辅机的启停状态，防止由于虚假信号造成机组跳闸。

重要辅机的启停反馈信号对保护逻辑的运行判断至关重要，因此其信号应能真实反映辅机及阀门的启停状态。

用于主保护的重要辅机状态反馈信号宜采用多类判断方式，譬如“已停止”可以增加“已运行”取非信号或辅机电流不为零等信号进行综合判断，但应对综合判断信号的可靠性进行评估，防止由于虚假信号造成机组跳闸。

条文 9.5.7 对于重要被调量或主要保护、联锁有关的模拟量，如果需做温度、压力修正，引入修正计算的测点应做冗余配置，防止修正测点单点故障导致测量异常事故。如果冗余配置的修正测点发生故障，应做相应报警，模拟量调节系统应切手动。

本条文重点关注需要进行温度、压力修正的机组重要参数，如给水流量、汽包水位、风量等。如果参与修正的测点测量不准确或失效，则机组重要参数的准确性会受到影响，严重时会引起重要参数失真，导致机组非停。本条文要求修正测点需要冗余配置，修正测点故障应连带机组重要参数报警，保护系统禁止投入，模拟量调节系统强切手动且不能投入自动。如果冗余配置的修正测点单点发生故障，应做相应报警，如冗余测点均故障则调节系统应切手动。

【案例】 某发电厂 2 号机组磨煤机润滑油泵跳闸，造成磨煤机跳闸，汽包水位高保护动作，机组跳闸。

2004 年 2 月 19 日，某发电企业 2 号机组负荷为 350MW，A、C、D 3 台磨煤机运行，总煤量为 149t/h，总风量为 357kg/s，主蒸汽压力为 16.6MPa，汽包水位为—4.7mm，机组协调方式；2 月 19 日 11 时 16 分 55 秒，因 2D 磨煤机润滑油泵跳闸，造成 D 磨煤机跳闸，机组 RB，煤量自动减至 104t/h；11 时 21 分 53 秒，汽包水位调节测点值（20 HAD10FL901）至 138mm 时，北侧汽包水位保护测点（20 HAD10FL012Y、20 HAD10FL013Y）分别高至 203～220mm，造成汽包水位保护动作（汽包高水位保护定值为 203mm），锅炉 MFT。

经事故分析，确认主要原因为 2D 磨煤机跳闸后，造成锅炉工况波动。同时，汽包水位两侧偏差大，造成运行人员误判，未及时人工控制汽包水位。

条文 9.5.8 送风机、引风机、一次风机、空气预热器、给水泵、凝结水泵、真空泵、重要冷却水泵等，以及非母管制的循环水泵等多台组合或主/备运行重要辅机（辅助）设备的保护及控制功能，应分别配置在不同的控制器中。

【案例】 某年 8 月 21 日 4 时，某电厂 1 号机组在 245MW 负荷正常运行，突然 2 台汽动给水泵跳闸，首出原因为汽动给水泵转速大于 6100r/min，机组跳闸。

经事故分析发现：两台汽轮机给水泵的控制逻辑均在2号机组4号DPU控制器运行，两台汽动给水泵的四块MCP转速卡都安装在4号DPU的1号站中，风险相对集中。由于4号DPU的总线通信短时间中断，造成上传DPU的测点坏质量，汽动给水泵转速信号发生跳变，DCS误判汽轮机超速，两台汽动给水泵跳闸。

条文9.5.9　重要辅机采用单台配置方式的机组（如单台给水泵、单台送风机、单台引风机、单台一次风机等），其入口门（挡板）、出口门（挡板）设备的全开、全关信号判断逻辑应增加工质特性信号判断（如流量、压力等信号），并对全开、全关状态进行光字报警，避免出现阀门全开、全关信号同时触发或阀门全开信号瞬间消失、全关信号同时出现等故障导致跳机。

采用单台辅机配置的机组，因辅机故障而发生机组停运的风险更高。因此，在辅机热工保护、辅机运行信号反馈等方面的逻辑设计，不应只考虑单台辅机的安全，还要考虑机组整体的运行安全。因此对重要辅机及其相关阀门运行状态反馈应采用综合判断方式，以提高辅机系统保护可靠性。

【案例】　2019年4月1日20时1分，某热电公司发生因汽动给水泵前置泵入口电动门运行中开、关反馈状态均翻转最终导致机组非计划停运事件。

通过现场排查及技术分析，确定故障原因有以下几点：

（1）该电动执行机构位置转换模块供电变压器长期工作于密闭的保护壳体内，积聚的热量无法散出，最终导致位置转换模块供电变压器发生匝间短路，输出电压降低，使得阀门位置输出反馈信号发生翻转。

（2）汽动给水泵前置泵入口门升级换代使用智能型电动执行机构后，前置泵入口门关闭跳泵逻辑未及时进行修改，仍采用进口电动门非开与进口电动门关信号延时跳汽动给水泵前置泵的逻辑设计。

条文9.5.10　机组和主要辅机跳闸的输入信号，通过硬接线直接接入对应保护单元的输入通道。不同系统间的重要联锁与控制信号，除通信连接外还应硬接线连接并冗余配置硬接线信号。

应按照《火力发电厂热工保护系统设计技术规定》（DL/T 5428）的要求，涉及重要跳闸系统的信号应使用硬接线连接。在实际应用中，不同系统之间传输的某些实时性要求不高或只做显示的信号可以做通信传输，但对于重要联锁与控制信号，首先应考虑采用硬接线连接，如果原设计中只配置有通信传输连接，还应补充硬接线配置设计。

条文9.5.11　涉及机组安全的重要设备（如汽轮机交流润滑油泵、汽动给水泵润滑油泵）应有独立于分散控制系统的硬接线操作回路。润滑油压力低信号应直接送入电气启动回路，确保在没有分散控制系统控制的情况下能够自动启动，保证汽轮机的安全。

为防止发生机组汽轮机断油烧瓦等严重事故，提高系统本质安全水平，对于涉及机组安全的重要设备，如汽轮机直流油泵、汽轮机交流润滑油泵、汽动给水泵润滑油泵等应有独立于分散控制系统的硬接线操作回路。同时，润滑油压力低信号应直接送入事故油泵电气启动回路，确保汽轮机运行安全。

条文 9.5.12 涉及机组保护的压力开关安装位置与取样点位置存在明显影响测量准确性的标高差时，应按照机组保护定值对压力开关动作值进行相应修正。

对压力开关动作值的修正应考虑现场使用场景。实际工作中，应综合考虑压力开关的保护动作值与压力开关的测量精度等级等因素，如果标高差带来的压力误差高于压力开关的允许误差，则应对压力开关动作值进行修正。

【案例】 某发电厂1号机组为300MW燃烧褐煤机组，某年11月27日13分30秒，机组实时负荷为134MW，供热系统正常投入。14时13分30秒，运行人员按照要求关闭抽汽供热调节阀，阀门关至32%，抽汽供热调节门后压力降至0.12MPa，此时供热系统跳闸，抽汽供热电动门、抽汽快关门联锁关闭正常。检查历史曲线，抽汽蝶阀后压力低保护动作时，抽汽蝶阀后压力变送器显示为0.12MPa，与保护定值0.07MPa明显不符。就地检查压力开关和压力变送器安装位置，均在汽轮机一号主汽门附近，均低于取样点位置约4m，检查压力开关动作定值为0.11MPa（保护定值为0.07MPa，加高度差修正值0.04MPa），压力变送器量程0至1.6MPa，没有进行高度差修正，导致变送器显示数值比实际数值虚高，给运行人员造成错觉，在进行压力调整时保护动作。

条文 9.5.13 冗余控制器（包括电源）故障和故障后复位时，应采取必要措施，确认保护和控制信号的输出处于安全位置。

控制器及电源故障后复位操作存在较大风险，应尽可能在机组停机状态下，与运行人员做好充分交底，采取完备的预防措施后进行操作。如果必须在机组运行工况下处理，应将该控制器所控设备均切至就地控制位，模拟量调节均切至手动，所有通信点全部隔离，将受影响系统及设备向运行人员交底完整清晰。

条文 9.6 防止模拟量调节事故

条文 9.6.1 模拟量调节系统功能设计合理，满足相关标准要求。重要模拟量控制系统（如协调系统、汽水系统、风烟系统、燃烧系统等）应定期开展试验。

应根据《火力发电厂热工自动化系统检修运行维护规程》（DL/T 774）中规定的试验周期，对模拟量控制系统做现场扰动试验，试验结果应符合《火力发电厂模拟量控制系统验收测试规程》（DL/T 657）中规定的指标。

条文 9.6.2 模拟量调节系统测量信号、执行机构应可靠，综合信号故障、指令与反馈偏差大、设定值与被调量偏差大、被调量坏质量等调节失效时应报警，并切手动。

模拟量调节系统在调节过程中，由于受到内、外扰动的影响，控制系统易发生调节振荡。模拟量调节系统异常时的及时报警和干预是避免事故的重要手段。随着机组运行工况的变化及模拟量调节系统的长期运行，对系统的日常维护日益重要，应按照《火力发电厂热工自动化系统检修运行维护规程》（DL/T 774）的内容，定期对调节系统进行功能实验，避免因调节系统故障导致机组事故风险。

【案例】 某年8月23日10时38分，某燃气-蒸汽联合循环机组采用“二拖一”运行模式，两台余热锅炉低压汽包采用凝结水母管制供水，凝结水泵A、B泵两台运行，机组总负荷为480MW。11时，凝结水泵A、B跳闸。11时1分，1号燃气轮机、2号燃气轮机和汽轮机组跳闸，ETS保护首出原因为锅炉MFT。

事故分析发现：由于水位设定与实际水位偏差大，凝汽器热井补水阀调节系统由“自动调节”模式强制切为“手动调节”模式并一直保持关位，因未设计自动切手动报警信息，热井水位持续下降，导致凝结水泵全停，进而引发机组跳闸。

条文9.6.3 模拟量调节系统应具备全工况全过程的无扰切换功能，调节品质应满足相关标准要求。

条文9.7 防止RB系统事故

条文9.7.1 机组应设计有满足相关标准要求的辅机故障减负荷（RB）功能，且大修后或重要辅机改造后应开展相应的RB试验。

辅机故障减负荷（RB）是主要辅机故障停运时，机组快速降至合适负荷水平，避免机组非停的自动控制功能。应根据《火力发电机组快速减负荷控制技术导则》（GB/T 31461）及《火力发电机组辅机故障减负荷技术规程》（DL/T 1213）中的要求，检查系统设计是否满足规程要求，并按照规定要求定期开展RB功能实验。

RB控制功能是火电机组难度最大的控制功能，其试验工况恶劣，涉及汽轮机、锅炉及各控制子系统协调联动，若RB功能未进行有效验证则大大增加机组非计划停运风险，因此所有火电机组都应设计RB功能，且大修后或重要辅机改造后应开展相应的RB试验。

【案例1】 某年8月27日，某电厂进行一次风机RB试验，炉膛负压初始为−114Pa，两台引风机动叶开度为65%。试验开始后11s，炉膛负压最低到−2064Pa，随后开始回升，引风机动叶此时开度为37%。试验开始28s后，炉膛负压触发保护值开关动作2500Pa，锅炉MFT动作。此次RB动作过程中，单侧一次风机跳闸后炉膛负压下降较多，后炉膛负压快速升高，导致炉膛压力高触发MFT，RB试验失败。分析原因：一是负压惯性时间设置不合理，导致负压调节惯性过大，二是RB工况下引风机动叶超驰量设置不合理，炉膛负压调节不可控，造成负压大幅波动机组跳闸。

【案例2】 某年10月28日，16时10分40秒，某660MW机组进行了送风机的 RB 试验。机组协调控制方式由炉跟机协调自动切至机跟随方式，滑压运行，滑压速率为 1MPa/min，锅炉指令按照 330MW/min 的速率减煤减水；16 时 15 分 25 秒，总煤量降为 159.08t/h，给水流量降至 837.57t/h，主汽温度降至 550℃，负荷降至 330.04MW，RB 试验成功。但由于滑压速率设置过快、给水流量惯性时间设置不合理等原因，导致 RB 试验过程中主蒸汽温度下降过多，不利于 RB 后机组快速恢复。RB 试验虽然成功，但仍有优化空间。

【案例 3】 某 660MW 电厂在进行一次风机 RB 试验时，初始阶段热一次风母管压力为 11.8kPa，试验过程中最低降至 4.03kPa，随后开始回升。试验过程中由于一次风压过低导致煤粉输送不畅，后期一次风压升高后煤粉集中送入炉膛，造成负压大幅波动。经过对设备的检查，发现当 RB 动作后磨煤机跳闸时，磨煤机出口门同时关闭，气源压力显著降低，磨煤机出口门关闭时间变长，造成一次风压降低过多，最终 RB 失败。

条文 9.7.2 应按照《火力发电机组快速减负荷控制技术导则》(GB/T 31461)、《火力发电机组辅机故障减负荷技术规程》(DL/T 1213) 的要求，进行 RB 静态和动态试验，试验结果应满足相关标准要求。

RB 试验应遵循先静态模拟试验、再动态验证试验的原则。静态试验应检查相关系统逻辑组态，并完成模拟仿真，以确认各子系统功能正常。动态试验前应完成单侧辅机最大出力试验，且各主要自动系统、保护系统正常投入。同时，应与机组运行人员做好技术交底及事故预想，确保试验安全。

【案例 1】 某 600MW 机组在送风机 RB 试验开展过程中，静态试验时，手动停 A 送风机，逻辑功能动作正确。但在动态试验时，运行人员手动停 B 送风机，因 B 引风机 RB 联跳信号误采用 A 送风机已停信号，故当手停 B 送风机触发 RB 时，B 引风机未正常联跳，RB 试验失败。事故原因分析：静态试验不完整，只进行了 A 侧风机 RB 静态试验，未开展 B 侧风机 RB 静态试验。

【案例 2】 某 660MW 机组一次风机 RB 的逻辑中，对风机动叶的上限限制设置在 M/A 手操站之前。在进行 RB 试验时，偏置块的输出未受到上限限制，出现叠加偏置作用后，造成 RB 动态过程中单侧运行风机超电流运行。事故分析发现本次 RB 动态试验前，虽开展静态试验，但未检查 RB 控制回路和参数设置的合理性。

条文 9.7.3 RB 控制系统滑压速率、降负荷速率、给水泵转速速率、磨煤机跳闸间隔时间等参数应设置合理，且通过动态试验验证。

RB 控制逻辑参数设置与实际机组工况和辅机性能的匹配程度是 RB 试验成功的重要因素。

【案例 1】 某年 5 月 17 日，12 时 30 分 6 秒，某 1000MW 机组触发 A 送风机 RB，汽轮机综合阀位为 94%，高压调节门开度为 60%，中压调节门开度为 100%，给水泵汽轮机高压进汽压力为0.994MPa。12时34分44秒，综合阀位降至50%，高压调节门开度关至15%，中压调节门关至16%，给水泵汽轮机进汽压力降至0.425MPa。分离器出口温度从12时32分48秒为414.3℃，至12时37分18秒最高为467.8℃，由于给水指令升高时转速上升困难，导致后期温度升高过多。中间点温度升高导致后期主汽温升高过多。RB失败主要原因是滑压速率设置过小，给水泵汽轮机调节门关闭过多，出力不足，无法对给水进行有效控制，造成给水流量下降过快。

【案例2】 某600MW机组一次风机RB试验时，因锅炉给水流量低引起锅炉MFT，RB试验失败。试验失败原因为协调侧给水最大转速设置为800r/min，而MEH侧最大转速设置为1200r/min，因汽动给水泵未接收到足够的给水指令，造成给水不足，导致试验失败。RB静态试验未能发现给水重要配置参数设置不一致是导致失败的主要原因。

条文9.8　防止分散控制系统网络事故

条文9.8.1　分散控制系统与管理信息大区之间必须设置经国家指定部门检测认证的电力专用横向单向安全隔离装置。分散控制系统与其他生产大区之间应当采用具有访问控制功能的设备、防火墙或者相当功能的设施，实现逻辑隔离。分散控制系统与广域网的纵向交接处应当设置经过国家指定部门检测认证的电力专用纵向加密认证装置或者加密认证网关及相应设施。分散控制系统禁止采用安全风险高的通用网络服务功能。分散控制系统的重要业务系统应当采用认证加密机制。

随着网络技术的发展和广泛应用，网络安全成为备受关注的重要课题。电厂为了生产和管理需要，建设了除DCS生产控制网之外的若干网络，用于支持全厂的信息化建设。发电企业管理系统一般需要DCS的实时过程数据，这就必须进行网络间数据交换，也就产生了广域网、管理网、生产网间的安全控制问题。2004年，国家电力监管委员会发布了《电力二次系统安全防护规定》（国家电力监管委员会令第5号），来规范指导电力二次系统的安全，并明确了电力二次系统安全防护工作应当坚持“安全分区、网络专用、横向隔离、纵向认证”的原则。《电力监控系统安全防护规定》［国家发展改革委员会令第14号（2014年）］（以下简称14号令），取代了原国家电力监管委员会发布的《电力二次系统安全防护规定》。2015年，国家能源局下发《关于印发电力监控系统安全防护总体方案等安全防护方案和评估规范的通知》（以下简称36号文）。针对不同的业务场景，36号文都给出较为细致的建设要求，如《发电厂监控系统安全防护方案》中提出电厂的电力监控系统除了满足上述十六字方针外，还应满足2.5综合防护的要求。14号令与36号文共同构成了当前电力监控系统的安全防护指导方案。2018年国家能源局牵头各大电网公司和发电集团，根据14号令、36号文和国家网络安全等级保护等相关规定制定了国家标准《电力监控系统网络安全防护导则》（GB/T 36572—2018）。因此，发电企业应严格按照上述规定和相关标准的要求做好网络安全防护措施。

条文 9.8.2 分散控制系统在与其终端的纵向连接中使用无线通信网、电力企业其他数据网（非电力调度数据网）或者外部公用数据网的虚拟专用网络方式（VPN）等进行通信的，应当设立安全接入区。

条文 9.8.3 安全接入区与分散控制系统中其他部分的连接处必须设置经国家指定部门检测认证的电力专用横向单向安全隔离装置。

条文 9.8.4 安全区边界应当采取必要的安全防护措施，禁止任何穿越分散控制系统和管理信息大区之间边界的通用网络服务。

条文 9.8.5 分散控制系统在设备选型及配置时，应当禁止选用经国家相关管理部门检测认定并经监管机构通报存在漏洞和风险的系统及设备；对于已经投入运行的系统及设备，应当按照监管机构的要求及时进行整改，同时应当加强相关系统及设备的运行管理和安全防护。

条文 9.8.6 分散控制系统中除安全接入区外，应当禁止选用具有无线通信功能的设备。

条文 9.9 防止水电厂（站）计算机监控系统事故

条文 9.9.1 监控系统配置基本要求

条文(1) 监控系统的主要设备应采用冗余配置，服务器的存储容量和中央处理器负荷率、系统响应时间、事件顺序记录分辨率、抗干扰性能等指标应满足要求。

监控系统是直接监视、控制全厂所有重要设备运行工况的中枢系统，也是电厂日常生产运行使用频率最高的基本系统，可以说是水电厂最核心、最重要的生产系统，其安全性、可靠性、实时性对于保证电厂的安全、稳定运行至关重要。

监控系统的常见故障，如系统崩溃瘫痪、局部系统功能失灵、操作员站部分或全部“死机”等典型故障，大多与监控系统的配置不当、存在“瓶颈”有关，主要表现在监控系统“资源（如控制器、存储、内存、网络、接口等）”配置过“紧”，导致系统或局部系统在某一特定的情况下负荷过高、与外系统接口通信不畅、冗余度不够、后期改造扩展困难等。因此，监控系统在设计时就应当考虑将电源、网络设备，上位机的操作员站、数据服务器、调度通信服务器等以及下位机的主 PLC、同期装置等主要设备进行冗余配置，同时硬件配置需在满足系统功能要求的基础上留有一定裕度，如网络接口、主板插槽、PLC 底板、I/O 模块等，以便于今后扩容改造。系统和控制器的配置要重点考虑可靠性和负荷率（包括冗余度）指标。通信总线负荷率设计必须控制在合理的范围内，控制器的负荷率要尽可能均衡，要避免因设计框架大而资金不足所带来的、影响系统安全运行的“高负荷”问题的发生。系统在出厂验收时就应当通过长时间的“烤机”、模拟极端工况的“风暴测试”

等方式，及时发现系统硬件的“瓶颈”，确保系统能够长期稳定可靠运行。除了冗余配置的热备用方式外，还应按照冷备用方式定额储备一些易坏的重要设备和配件，以防止设备出现故障后因设备停产或采购不及时而影响系统正常运行。SOE（事件顺序记录），当反映事件的开关量信号变态时，自动将开关量变态的时间记录下来，按顺序排列，并可按时间先后顺序打印出来。主要用于在事故发生时记录多个开关量信号变位的准确时间和先后顺序，便于分析事故之间的因果关系。假设多个SOE通道接入多个间隔为T的不同的变位信号时，对应产生的多个SOE事件所记录的时间标记能够区分事件发生的先后顺序，T即为SOE分辨率。测试SOE分辨率的时候，一般使用SOE信号发生器，产生不同间隔T的多个信号，将这多个信号接入多个SOE通道。如果所有的SOE通道能记录的SOE事件的时间标记能够区分多个信号产生的先后顺序，则需要调整T的大小，直到找到最小间隔T为止。目前，水电厂的SOE分辨率一般定义为SOE模块中时标计数器的最小单位，即1ms。

由于水电厂现场运行环境恶劣，如设备的抗干扰能力不合格，将有可能造成设备异常甚至误动，对系统的安全稳定运行造成较大的威胁。因此，投入运行的监控系统设备必须符合有关规程对抗干扰的规定要求，所有设备及机柜均应通过电厂公用接地网可靠接地，进出监控系统的电缆必须采用质量合格的屏蔽电缆，并尽可能选择在监控系统接收设备端一点接地，避免两点接地。模拟量输入应采用对绞屏蔽加总屏蔽电缆，对绞的组合应是同一信号的两条信号线；开关量输入应采用多芯总屏蔽电缆，芯线截面不小于0.75mm²；开关量输出采用普通控制电缆；系统所有的网络连接应使用光缆或是质量合格的屏蔽电缆及屏蔽水晶头；同一电缆的各芯线应传送电平等级相同的信号；计算机信号电缆应单独敷设在一层电缆架上，除了可与通信用的弱电电缆混合敷设外，不与其他电缆混合敷设，并应排列在最下层；同时还应要求任何人员不得在中控室、计算机室内使用移动电话、对讲机等无线通信工具。

条文(2) 并网机组投入运行时，相关电力专用通信配套设施应同时投入运行。

并网机组投运时，应保证调度行政通信系统及录音设备、RTU远动或调度数据网等电力专用通信配套设施完好，并注意通信方式的多样互补，确保电厂内部及与调度通信畅通。调度行政通信系统应能随时召唤在厂内巡视、工作或厂外待命的值守人员。

条文(3) 监控系统网络建设应满足电力监控系统安全防护、电力行业信息系统安全等级保护、关键信息基础设施安全保护等相关要求。

电厂计算机监控系统及调度数据网系统作为实时生产控制系统，其网络建设应严格按照《电力监控系统安全防护规定》[国家发展和改革委员会令第14号（2014

年)〕以及《电力监控系统网络安全防护导则》(GB/T 36572—2018)的要求进行，规范电厂计算机监控系统及调度数据网络安全防护，以防范对电网和电厂计算机监控系统及调度数据网络的攻击侵害及由此引起的电力系统事故。

电力监控系统安全防护的重点是抵御黑客、病毒等通过各种形式对系统发起的恶意破坏和攻击，能够抵御集团式攻击，重点保护电力实时闭环监控系统及调度数据网络的安全，防止由此引起电力系统故障。安全防护的目标是防止通过外部边界发起的攻击和侵入，尤其是防止由攻击导致的一次系统的事故以及二次系统的崩溃；防止未授权用户访问系统或非法获取信息和侵入以及重大的非法操作。

1. 电力监控系统安全防护的基本原则

(1) 系统性原则(木桶原理)。

(2) 简单性原则。

(3) 实时、连续、安全相统一的原则。

(4) 需求、风险、代价相平衡的原则。

(5) 实用与先进相结合的原则。

(6) 方便与安全相统一的原则。

(7) 全面防护、突出重点(实时闭环控制部分)的原则。

(8) 分层分区、强化边界的原则。

(9) 整体规划、分步实施的原则。

(10) 责任到人，分级管理，联合防护的原则。

2. 电力监控系统安全防护的总体策略

(1) 分区防护、突出重点。根据系统中业务的重要性和对一次系统的影响程度进行分区，重点保护实时控制系统以及生产业务系统。

(2) 所有系统都必须置于相应的安全区内，纳入统一的安全防护方案；不符合总体安全防护方案要求的系统必须整改。

(3) 安全区隔离。采用各类强度的隔离装置使核心系统得到有效保护。

(4) 网络隔离。在专用通道上建立电力调度专用数据网络，实现与其他数据网络物理隔离。并通过采用 MPLS-VPN 或 IPSEC-VPN 在专网上形成多个相互逻辑隔离的 VPN，实现多层次的保护。

(5) 纵向防护。采用认证、加密等手段实现数据的远方安全传输。

条文(4) 严格遵循机组重要功能相对独立的原则，即监控系统上位机网络故障不应影响现地控制单元功能，监控系统控制系统故障不应影响单机油系统、调速系统、励磁系统等功能，各控制功能应遵循任一组控制器或其他部件故障对机组影响最小、继电保护独立于监控系统的原则。

水电厂监控系统一般按控制层次和对象设置分为主控级和现地控制级，主控级根据要求可配置成单机、双机或多机系统，现地控制级按被控对象（如水轮发电机组、开关站、公用设备、闸门等）由多套现地控制单元（LCU）组成。每台LCU均是一套完整的计算机控制系统，可独立于主控级运行，以可编程序控制器（PLC）及触摸显示屏等为基础，具有部分设备状态现地显示及必要的常规操作功能，可确保LCU在脱离电站主控级的情况下机组的安全运行。同时当LCU出现故障无法实现其接入设备的远控操作时，应不影响设备的现地控制功能。

继电保护的事故信号应全部可靠接入监控系统LCU，经LCU顺控流程处理后送上位机报警或出口事故停机流程，同时继电保护装置应具有独立的报警展示界面及事故信号跳闸回路，以确保设备事故时能可靠隔离，防止事故扩大和设备损坏。同时机组LCU应配置安全可靠并独立于监控系统的用于紧急事故停机的水机保护设备，并在中控室控制台上配置硬接线的水机保护紧急停机按钮，以确保及时安全停机，避免事故扩大化。

条文(5) 监控系统上位机应采用专用的、冗余配置的不间断电源供电，不应与其他设备合用电源，且应具备无扰自动切换功能。交流供电电源应采用两路独立电源供电。

条文(6) 现地控制单元及其自动化设备应采用冗余配置的不间断电源或站内直流电源供电。具备双电源模块的装置，两个电源模块应由不同电源供电且应具备无扰自动切换功能。

水电厂厂用电因倒闸短时失电甚至全厂停电是较为常见的，而稳定可靠的电源供应对监控系统至关重要，突然失电极易对运行中的主控级服务器和工作站等设备造成损坏，更会严重影响事故隔离和处理。因此，监控系统上位机和现地控制单元均应配置冗余可靠的不间断电源，具体要求如下：

（1）上位机应配置两组独立的不间断电源并分别采用两回独立电源进线，以并联或热备方式工作，以增强可靠性和满足检修维护的需要，现地控制单元及其自动化设备应采用冗余配置的不间断电源或由厂内直流蓄电池及厂用交流电源供电，并配备交直流双输入电源装置。

（2）冗余双路电源应可无扰动自动切换，切换时间应小于5ms（应保证控制器不能初始化）。具备双电源模块的装置，两个电源模块应由不同电源供电且应具备无扰自动切换功能，操作员站等如无双电源模块，则必须将两路供电电源分别连接于不同的操作员站。

（3）系统不间断电源装置等应能在下列外电源电压范围内正常工作和不遭损坏：

1）厂内交流电源：220/380V±10%单相或三相50Hz±2%。

2）厂内蓄电池直流电源：176～253V（220V额定值）、88～127V（110V额

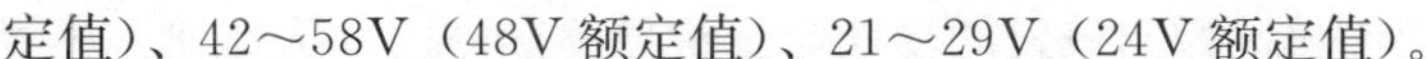

定值)、42～58V（48V额定值)、21～29V（24V额定值)。

（4）系统不间断电源的额定容量应按1.5～2倍正常负载容量考虑，不间断供电时间应不少于30min，输出电压应为AC 220V±2%，输出电压波形应为正弦波50Hz±1%，波形失真应小于5%，电压超调量应小于10%额定电压（当负载突变50%时）。

（5）系统不间断电源装置应有过电压、过电流保护及电源故障报警信号，并接入计算机监控系统实时监视，同时系统电源故障应在控制室内设有独立于监控系统之外的声光报警。

（6）系统设备的电源输入端应有隔离变压器和抑制噪声的滤波器。当输入电压下降到下限以下或正负极性颠倒时，本系统设备不应遭到破坏。

（7）在外电源内阻小于0.1Ω时，由本系统设备所产生的电噪声（1～100kHz）在电源输入端上的峰-峰值电压应小于外部电源电压的1.5%。

（8）系统不间断电源严禁接入非监控系统用电设备，定期对蓄电池进行充放电检查试验，定期检查电源回路端子排、配线、电缆接线螺栓有无松动和过热现象，电源熔丝是否完好，容量是否符合要求。

条文(7) 监控系统相关设备应加装防雷（强）电击装置，相关机柜及柜间电缆屏蔽层应通过等电位网可靠接地。

雷电是一种自然灾害，一般年雷暴日在25天以上地区的电子设备都应采取防雷措施。建筑物的避雷针或避雷网只能保护建筑物本身，而不能保护建筑物内的电子设备。雷击产生的强烈雷电电磁脉冲，会沿着电力线、信号线传到建筑物内的电子设备，可能对防雷措施不当的电子设备直接造成损坏。由于计算机、通信等设备普遍存在绝缘强度低、耐过电压能力差的致命弱点，一旦遭受雷电过电压的冲击，轻者造成系统运行失灵，重者造成设备永久性损坏，因此，重要监控系统相关设备都应按照有关标准采取相适应的防雷措施。具体要求如下：

（1）水电厂厂房（包括开关站）的防雷装置是建筑物内控制设备及系统防雷的第一道屏障，厂房本身的防雷性能直接影响到监控系统的防雷，要按照我国强制性建筑物防雷标准《建筑物防雷设计规范》（GB 50057—2010）的要求进行厂房的设计、施工和管理。同时监控系统防雷工作须满足《雷电电磁脉冲防护标准》（IEC-1312-1）的相关要求。

（2）一个建筑物内只允许有一个接地系统，即建筑物同所有电子设备及系统都应纳入等电位连接范围而形成一个公用接地系统，防止因存在多个分开的接地系统造成建筑物内各金属导体间出现电位差而导致电气事故。

（3）计算机系统内电气相连的各设备的各种性质的接地应用绝缘导体引至总接地板，由总接地板以电缆或绝缘导体与接地网连接，以保证一点接地的原则。与电厂级系统电气不直接相连的现地控制单元的接地应按单独的计算机系统处理。总接地板与接地点连接的接地线截面应大于或等于 $35mm^2$，系统地与总接地板连接的接地线截面应大于或等于 $16mm^2$，机柜间链式接地连接线截面应大于或等于 $2.5mm^2$。

（4）为了彻底消除雷电引起的破坏性电位差，需要把建筑物内的各类金属结构部件，不论水平的、垂直的都将它互连，并以最短线路连到最近的等电位连接带，对不能用导线直接连接的电源线、信号线等都要通过过电压保护器进行等电位连接。

（5）为防止雷击对系统造成的电磁干扰，所有通信线路都必须有屏蔽，架空电力线在进入机房前必须改为屏蔽电缆或穿铁管，屏蔽电缆的铠装外皮和铁管的两端都要就近接地。进机房前的屏蔽电缆和穿线铁管埋地长度一般要10m以上，埋地深度为0.6～1m，才能达到安全。电力和信号电缆的屏蔽层应通过两端相接设备的金属外壳可靠接地。

（6）为防止雷波入侵和反击，保护灵敏的电子设备免遭浪涌的损害，应采用多级保护方案，在建筑物的入口处安装高能量的避雷器，以泄放浪涌能量的主要部分，在靠近被保护设备处安装低能量的抑制器，同时要保证防雷所采用的元器件不能造成信号的衰减和畸变。

条文(8) 监控系统及其测控单元、变送器等自动化设备（子站）必须是通过具有国家级检测资质的质量检验机构检验合格的产品。

监控系统设备是保障电厂正常生产运行的重要设备，为了提高监控系统设备的健康水平，减少后期维护工作量，保证系统的安全稳定运行，应加强从设备选型、招标、制造、安装、验收到运行的全过程管理。设备选型采购时应保证系统设备必须是通过具有国家级检测资质的质量检验机构检验合格且在有效期内以及有运行经验的设备，并且还要对厂家的制造能力、设备质量、设备在电力系统的运行业绩等诸多方面进行考查，以保证质量好的产品进入系统。应严格按照国家标准、行业标准和合同中规定的技术条件对采购的设备和系统进行完整的型式试验、工厂试验和检验、出厂验收、现场试验和验收。设备投运后发现缺陷应及时消除，并定期检修校验。

条文(9) 监控设备通信模块应冗余配置，优先采用国内专用装置，采用专用操作系统；支持调控一体化的厂站间隔层应具备双通道组成的双网，至调度主站（含主调和备调）应具有两路不同路由的通信通道（主/备双通道）。

为提高监控系统网络的牢固度，确保系统运行的可靠性，避免因个别设备损坏导致监控系统功能停运或整个系统瘫痪，系统应具备双通道组成的冗余双网结构，并针对中心交换机、服务器及工作站网卡、调度通信机、PLC以太网模块、内部

I/O 网络模块等通信模块冗余配置双网，优先采用国内专用装置，采用专用操作系统。应按照国调中心调度数据网双平面建设的有关要求，保证至调度主站（含主调和备调）具有两路不同物理路由的通信通道，并互为冗余备用，可无扰切换。

条文(10) 水电厂基（改、扩）建工程中监控设备的设计、选型应符合自动化专业有关规程规定。现场监控设备的接口和传输规约必须满足调度自动化主站系统的要求。

水电厂基（改、扩）建工程中监控系统设备的设计、选型应符合自动化专业有关规程规定的要求，并充分考虑现场实际需求，确保系统运行稳定，达到建设预期目的。与调度自动化主站系统的接口和传输规约等必须符合调度要求，并与调度端调试对点合格，经调度批准通过方可投运。

条文(11) 自动发电控制（AGC）和自动电压控制（AVC）子站应具有可靠的技术措施，对调度自动化主站下发的自动发电控制指令和自动电压控制指令进行安全校核，确保发电运行安全。

发电厂计算机监控系统应按照电网相关规定要求配备 AGC（自动发电控制）/AVC（自动电压控制）功能。AGC 投运后应能正确接收调度自动化主站下发的有功指令，在保证机组安全的基础上，考虑避开机组的振动区，对指令进行合理有效的分配，从而调节各机组的出力，使全厂总有功与调度的指令相一致。AVC 投运后应能正确接收调度自动化主站下发的电压指令，在保证机组安全的基础上，对机组无功进行调节，从而调节电厂母线电压，使之与调度的指令相一致，如机组无功已调至机组无功出力的上、下限，则机组无功出力维持在上、下限，同时自动向现场运行人员和调度自动化主站发出告警信息。同时发电厂 AGC/AVC 子站应具有可靠的技术措施，对调度自动化主站下发的 AGC/AVC 指令进行安全校核，满足电厂在参加电网 AGC/AVC 控制过程中的安全性要求，确保发电运行安全。

1. AGC 具体要求

（1）当电厂运行人员通过监控系统将机组从当地控制方式切换至电网 AGC 远方控制方式时，监控系统应能保证机组的平稳切换。当机组从当地控制方式切至电网 AGC 远方控制方式时，应满足电网 AGC 的远方遥调指令和机组的实际出力相一致，否则监控系统拒绝切换，同时自动向现场运行人员和调度自动化系统发出告警信息。当电厂运行人员通过监控系统将机组从电网 AGC 远方控制方式切换至当地控制方式时，监控系统应无条件将机组切至当地控制方式，但切至当地控制方式的机组应保持切换前的出力不变。

（2）对于接收到的超过机组调节上、下限或超过机组最大调节幅度等指令，监控系统应拒绝执行，并保持原指令不变，同时自动向现场运行人员和调度自动化主站发出告警信息。

（3）当电网周波小于49.9Hz（可通过画面修改）时，监控系统不应执行AGC减负荷指令；当电网周波大于50.1Hz（可通过画面修改）时，监控系统不应执行AGC增负荷指令，而应保持机组的出力不变，同时自动向现场运行人员和调度自动化主站发出告警信息。

（4）调度自动化主站掉电/复位时，监控系统应保持机组出力不变而且退出电网AGC，并发出告警信息。

（5）监控系统掉电/复位时，监控系统应自动退出电网AGC并保持机组出力不变，并发出告警信息。

（6）监控系统的机组LCU离线、机组量测为坏质量数据、机组遥信为坏质量数据等情况时，监控系统应保持全厂实际出力不变而且退出AGC，并发出告警信息。

（7）监控系统与水情等与AGC有关的其他系统通信中断，例如：所采集到的水位为0时，监控系统应保持机组出力不变而且不退出AGC，并发出告警信息。

2. AVC具体要求

（1）对于接收到的超过机组无功调节上、下限或者母线电压上、下限等指令，应拒绝执行，并保持原指令不变，同时自动向现场运行人员和调度自动化主站发出告警信息。

（2）当电厂运行人员通过监控系统将机组从当地控制方式切换至电网AVC远方控制方式时，应能保证机组无功的平稳切换，同时应满足电网AVC的远方遥调指令和实际母线电压相一致，否则系统拒绝切换，同时自动向现场运行人员和调度自动化主站发出告警信息。当电厂运行人员通过监控系统将机组从电网AVC远方控制方切换至当地控制方式时，应无条件将机组切至当地控制方式，并保持切换前的无功不变。

条文(12) 监控机房应配备专用空调，环境条件应满足有关规定要求。

由于计算机系统会因高温、潮湿、粉尘、有害气体、振动冲击、电磁干扰等的影响导致宕机、运算差错、误动作、机械部件磨损、缩短计算机使用寿命等，因此监控机房对环境条件有严格的规定。具体要求如下：

（1）应配备专用空调，必要时还应配备除湿机，确保机房温度维持在20～24℃，相对湿度维持在45%～65%。

（2）机房应远离粉尘源，产生尘埃及废物的设备应集中布置在靠近机房的回风口处。机房空气含尘浓度应满足粒度大于或等于0.5μm，个数小于或等于10000粒/dm^3。

（3）设备在正常工作时，距离设备1m处所产生的噪声应小于70dB。

（4）机房应尽量避开强电磁场干扰，不应有380V及以上动力电缆及产生较大电磁干扰的设备，并采用金属网或钢筋网格实现电磁屏蔽，所有设备均应可靠等电位接地，同时禁止在机房使用无线通信工具。机房内无线电干扰场强，在频率范围为0.15～1000MHz时不大于120dB。磁场干扰场强不大于800A/m。

(5) 机房内的振动加速度值在振动频率为5～200Hz范围内不大于5m/s^2。

(6) 机房应采用可导静电的活动地板，地板下部空间的高度不小于30cm，严禁暴露金属部分，且活动地板、工作台面必须进行静电接地，同时为保证工作人员的安全，接地系统必须串连一个1.0MΩ的限流电阻。

(7) 进出机房电缆桥架及机柜的孔洞应做好防火、防小动物封堵，并应配备二氧化碳灭火和声光报警装置。

(8) 监控机房宜与中央控制室处于同一层，且尽可能相互临近。

条文9.9.2　防止监控系统误操作措施

条文(1) 严格执行操作指令。当操作发生疑问时，应立即停止工作，并向发令人汇报，待发令人再行许可，确认无误后，方可进行操作。

监控系统应作为水电厂自动控制的主要设备进行管理，监控系统投运后，应编制详细可行的系统维护手册、操作手册，以及检修作业标准，以规范系统检修维护工作。维护人员对监控系统做任何工作均必须办理工作票，厂家技术人员在监控系统工作时也应由水电厂维护人员办理工作票，同时还应视工作内容制订详细完备的安全预控措施和切实可行的技术实施方案，经厂内审批通过后严格执行。工作完成后必须及时做好设备台账记录，并对运行值班人员进行检修交代，涉及设备异动的须及时填写异动记录表。工作中应严格执行审批通过的工作票和操作票，不得改变工作范围、变更安全措施，不得改变操作顺序、变更操作内容，当工作发生疑问时，应立即停止，并报告有关部门、领导，待确认无误后方可进行。

条文(2) 计算机监控系统控制流程应具备闭锁功能，远方、就地操作均应具备防止误操作闭锁功能。

为防止因人员误操作和信号抖动等原因造成设备误动，监控系统必须配置合理可靠的闭锁功能。监控系统闭锁功能可分为三层，即主控级人机接口的远方操作闭锁、现地控制单元人机接口的就地操作闭锁，以及PLC顺控流程的程序闭锁。监控系统闭锁功能又称"软闭锁"，与现地设备的硬接线闭锁配合使用，软硬结合、相辅相成，共同筑起了设备防误的安全防线。具体要求如下：

(1) 闭锁条件应严格遵照设计院图纸编制，不得随意删减，同时须注重闭锁的可靠性和合理性，在实际运行过程中不断补充完善。

(2) 加强系统用户及权限管理，为不同职责的运维人员分配不同安全等级操作权限的用户，一般可分为4级，即系统管理员级、维护管理员级、运行人员级和一般级别，一般级别只可进行监视不可进行任何的控制操作。

（3）任何在主控级和现地控制单元人机接口上下达的不符合闭锁条件的操作指令，系统均应能拒绝执行并明确提示出未满足的闭锁条件项。

（4）任何在主控级和现地控制单元人机接口上进行的操作（包括参数和配置修改）均应记入系统操作记录，操作指令执行完毕或需终止执行时，系统应能自动或人工删除。

（5）主控级人机接口应具备机组挂牌功能，在人机接口上无法对已挂牌机组下达任何操作指令。

（6）主控级各操作员站之间应具有对同一操作对象的选择闭锁，即同一时间同一设备只允许一台操作员站进行操作。

（7）系统应具有远方和就地控制方式的切换功能，并遵循现地优先原则。在现地控制方式下，闭锁远方操作，但不影响数据采集和传送，在远方控制方式下，则现地人机接口只能进行监视，不能进行除机组紧急停机和快速落进水口闸门等紧急操作外的其他控制操作。

（8）在PLC顺控流程程序中应针对停机点等重要的信号增加延时出口、多个近义点“相与”等处理，以增强可靠性，防止因信号抖动等原因造成设备误动。

条文(3) 非监控系统工作人员未经批准，不得进入机房进行工作（运行人员巡回检查除外）。

监控机房须严格实行准入制度，任何人均须通过监控专业管理人员的批准和陪同方可进入机房（运行人员巡回检查、火灾、紧急事故处理等除外），任何人进出机房均须登记。机房须安装摄像头，能全天候工作并录像。机房应人离锁落，钥匙由监控专业管理人员保管并在运行办公室放置一片应急钥匙，任何人借用均须审批签字。

条文9.9.3 防止网络瘫痪要求

条文(1) 计算机监控系统的网络设计和改造计划应与技术发展相适应，充分满足各类业务应用需求，强化监控系统网络薄弱环节的改造力度，力求网络结构合理、运行灵活、坚强可靠和协调发展。同时，设备选型应与现有网络使用的设备类型一致，保持网络完整性。

监控系统的网络设计和改造计划应委托专业设计单位及监控系统原厂家进行设计，并编制详细的可行性分析报告及技术实施方案，经论证审批通过后方可进行。应选用成熟可靠的主流技术和产品，具有良好的兼容性和可扩展性，无明显薄弱环节和瓶颈，并充分考虑厂家售后支持力度及备品备件的采购难度。

条文(2) 电站监控系统与上级调度机构、集控中心（站）之间应具有两个及以上独立通信路由。

电站监控系统与上级调度机构之间应按照国调中心调度数据网双平面建设的有

关要求，保证至调度主站（含主调和备调）具有两路不同物理路由的通信通道，与集控中心之间可采用自建网络或租用电力、电信运营商专用网络及卫星通道等方式构建两个及以上不同物理路由的通信通道，各通道之间应互为冗余备用，并可无扰切换。

条文(3) 通信光缆或电缆应采用不同路径的电缆沟（竖井）进入监控机房和主控室；避免与一次动力电缆同沟（架）布放，并完善防火阻燃和阻火分隔等安全措施，绑扎醒目的识别标志；如不具备条件，应采取电缆沟（竖井）内部分隔离等措施进行有效隔离。

监控系统敷设有大量的控制电缆、通信电缆、动力电缆等，这些电缆分布在电缆隧道、排架、竖井、控制室夹层，分别连接着各个电气设备，并连接到监控机房和主控室，而电缆着火后具有沿电缆继续燃烧的特点，如果不采取可靠的阻燃防火措施，电缆着火后就会燃烧到主隧道、竖井、夹层以及机房、主控室，扩大火灾的范围和火灾损失，甚至造成监控系统瘫痪。因此，落实电缆防火的各项措施是预防电缆火灾事故和防止监控系统瘫痪的重要手段。具体要求如下：

（1）若电力电缆过于靠近高温热体又缺乏有效隔热措施，将加速电缆绝缘的老化，容易发生电缆绝缘击穿，造成电缆短路着火。高温管道泄漏、油系统着火及油泄漏到高温管路起火等也将会引起附近电缆着火。因此，要求架空电缆与热体管路要保持一定距离，不得在密集敷设电缆的电缆夹层和电缆沟内布置热力管道、油气管以及其他可能引起着火的管道和设备。对于高温热体附近敷设的电缆，应采取隔热槽盒和密封电缆沟盖板等措施，防止高温烘烤或油系统泄漏起火，引起电缆着火。

（2）电缆敷设时应避免一次动力电缆与二次信号电缆同沟（架）敷设，防止出现电磁干扰，同时应尽量减少电缆中间接头的数量，并严格按照电缆接头的工艺要求制作中间接头，用高强度的防爆耐火槽盒进行封闭，防止中间接头接地短路和爆破，损伤和引燃周围其他电缆，造成电缆着火事故。

（3）电缆竖井、电缆沟要采取分区、分段隔离封堵措施，对敷设在隧道和厂房内构架上的电缆要采取分段阻燃措施，防止电缆燃烧，扩大火灾范围。

（4）主控室、开关室、监控机房等通往电缆夹层、隧道，穿越楼板、墙壁、柜、盘等处的所有电缆孔洞和盘面之间的缝隙（含电缆穿墙套管与电缆之间缝隙）必须采用合格的不燃或阻燃材料封堵严密，确保电缆着火后不燃烧到主控室、监控机房、开关室等处，并减少电缆火灾的二次危害。

（5）可在电缆沟道、桥架上装设感烟报警及自动灭火系统，防止电缆火灾事故扩大。可在电缆中间接头处装设温度在线监测系统，根据温度变化来判定接头是否存在爆破的可能性，起到对电缆接头爆破早期预警的作用。

（6）加强电缆异动管理，电缆负荷增加一定要进行校核，防止因电缆长期过负荷，而导致寿命缩短和事故率上升。

（7）按期对电缆进行测试，发现问题及时处理，对于电缆沟内非生产单位的电缆也应纳入生产管理，并按规程进行预防性试验。

（8）保持电缆沟、隧道内干燥、清洁，避免电缆泡在水中，致使绝缘强度下降。

（9）加强电缆运行管理和监视，控制电缆载流不要超额定数值运行，尤其是夏季特别要注意散热条件差的部位电缆的发热情况。

条文(4) 监控设备（含电源设备）的防雷和过电压防护能力应满足电力系统通信站防雷和过电压防护要求。

监控设备（含电源设备）的防雷和过电压防护能力应满足电力系统通信站防雷和过电压防护的要求，防止因雷击造成设备损坏引起系统网络瘫痪。

条文(5) 在基建或技改工程中，若改变原有监控系统的网络结构、设备配置、技术参数时，工程建设单位应委托设计单位对监控系统进行设计，深度应达到初步设计要求，并按照基建和技改工程建设程序开展相关工作。

在基建或技改工程中，若需改变原有监控系统的网络结构、设备配置、技术参数时，工程建设单位应委托专业设计单位及监控系统原厂家对监控系统进行重新设计，并编制详细的可行性分析报告及技术实施方案，经论证审批通过后方可进行，确保改造后系统运行稳定，各项功能达到预期目标。

条文(6) 监控网络设备应采用独立的自动空气开关供电，禁止多台设备共用一个分路开关。各级开关保护范围应逐级配合，避免出现分路开关与总开关同时跳开，导致故障范围扩大的情况发生。

为保证监控系统网络设备供电可靠，中心交换机、光端机等网络设备应配置冗余电源，并分别通过独立的空气开关接入监控系统UPS供电，禁止多台设备共用一个分路开关，防止因多台设备同时断电导致监控系统网络瘫痪。同时各级开关应充分考虑供电容量，保护范围应逐级配合，避免出现因分路开关故障联跳总开关，导致故障范围扩大的情况发生。

条文(7) 实时监视及控制所辖范围内的监控网络的运行情况，及时发现并处理网络故障。

应能通过监控系统上位机人机接口对系统上、下位机各个网络节点的运行状况进行实时监视和控制切换，并能在出现故障时及时给出报警信号。各网络设备应有明确的指示灯来表明设备的运行状态，系统管理人员应加强日常巡视，及时发现并处理网络故障。有条件的也可通过装设网络管理软件来加强监控系统网络的管理。系统运行期间严禁在现地控制单元、人机接口网络上进行不符合相关规定许可的大

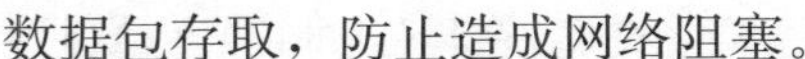
数据包存取，防止造成网络阻塞。

条文(8)　机房内温度、湿度应满足设计要求。

为保证网络设备的稳定运行，机房内的温度、湿度等环境条件应满足设备标注的设计要求。

条文 9.9.4　监控系统管理要求

条文(1)　建立健全各项管理办法和规章制度，必须制订和完善监控系统运行管理规程、监控系统运行管理考核办法、机房安全管理制度、系统运行值班与交接班制度、系统运行维护制度、运行与维护岗位职责和工作标准等。

要防止监控系统生产事故，不但要在设计、安装及运维过程中落实好各项技术措施，还要加强系统的生产管理，建立健全各项管理办法和规章制度，必须制订和完善监控系统运行管理规程、监控系统运行管理考核办法、机房安全管理制度、系统运行值班与交接班制度、系统运行维护制度、运行与维护岗位职责和工作标准等，并加强监督考核，确保执行落实到位。

条文(2)　建立完善的密码权限使用和管理制度。

为防止未授权人员随意登陆监控系统进行恶意破坏或导致误操作事故，应建立完善的密码权限使用和管理制度，并严格执行落实。系统各服务器、工作站、触摸屏及交换机、防火墙等网络设备均应设置满足强度要求的管理员密码，并定期修改，密码应由系统管理人员妥善保管，严禁外泄。系统管理人员应定期查看设备日志，检查有无异常及未授权登录情况。操作员站等须多人使用的设备应根据使用者用途需要设置不同权限等级的用户。监控系统的运行和维护应进行授权管理，明确各级人员的权限和范围，被授权人员应由技术主管部门进行考核，并经考试合格后持证上岗。

条文(3)　制订监控系统应急预案和故障恢复措施，落实数据备份、病毒防范和安全防护工作。

为规范监控系统故障处置流程，避免故障扩大和减少损失，提高故障恢复速度和效率，应制订监控系统网络瘫痪、操作员站死机、电源中断、机房火灾等应急预案和相应的故障恢复措施，保证切实可行并定期组织演练和总结完善。系统应具备完善的自动监测预警机制，并加强日常巡视检查，一旦发现异常情况，立即启动相应应急预案。应定期做好系统上下位机程序、数据等的备份，并通过刻录光盘、移动硬盘等方式单独保存归档，每次对系统进行维护修改之前也应做好相应备份，发现异常及时恢复。严格按照电力二次系统安全防护的有关规定要求，做好病毒防范和系统安全防护工作。

条文(4)　按调度要求对调度范围内厂站远动信息进行测试。遥信传动试验应具有传动试验记录，遥测精度应满足相关规定并按要求开展周期检验。

为确保调度远动信息的实时准确，应按照调度部门的统一安排与调度自动化主站侧进行传动对点试验，确保远动信息的实时性和精度满足相关规定要求，并做好试验记录。调度远动信息不得随意修改，确需修改必须先经调度批准，并按要求履行工作票手续，改完后须与调度自动化主站侧完成对点试验确定无误后方可投运。

条文(5) 规范监控系统软件和应用软件的管理，软件的修改、更新、升级必须履行审批授权及责任人制度。在修改、更新、升级软件前，应对软件进行备份。未经监控系统厂家测试确认的任何软件严禁在监控系统中使用，必须建立有针对性的监控系统防病毒、防黑客攻击措施。

应规范监控系统软件和应用软件的管理，软件的修改、更新、升级必须先视工作内容制订详细完备的安全预控措施和切实可行的技术实施方案，履行审批授权及责任人制度并模拟测试通过后方可进行，工作完成后必须及时做好设备台账记录，并对运行值班人员进行检修交代，涉及设备异动的须及时填写异动记录表。同时要特别注意保持系统各个节点软件的一致性，尤其是LCU主、备控制器。在修改、更新、升级软件前，应对软件进行备份，发现问题及时恢复。未经监控系统厂家测试确认的各种软件严禁在监控系统中使用，以免发生互相冲突、与系统不兼容等意想不到的问题。要严格按照《电力监控系统安全防护规定》［国家发展和改革委员会令第14号（2014年）］的规定要求，建立有针对性的监控系统防病毒、防黑客攻击措施，具体要求如下：

（1）安全分区。应根据电厂各网络系统的实时性、使用者、功能、场所、与各业务系统的相互关系、广域网通信的方式以及受到攻击之后所产生的影响，将其分置于四个安全区之中，即安全区Ⅰ实时控制区、安全区Ⅱ非控制生产区、安全区Ⅲ生产管理区、安全区Ⅳ管理信息区。不同的安全区确定了不同的安全防护要求，从而决定了不同的安全等级和防护水平。计算机监控系统涉及实时控制业务的部分应放置在安全区Ⅰ，其他的报表数据及WEB功能等子系统可视情况分置于各安全区中，各子系统经过安全区之间的通信来构成整个业务系统。

（2）安全区之间的隔离。在各安全区之间均需选择适当安全强度的隔离装置。具体隔离装置的选择不仅需要考虑网络安全的要求，还需要考虑带宽及实时性的要求。隔离装置必须是国产并经过国家或电力系统有关部门认证。安全区Ⅰ与安全区Ⅱ、安全区Ⅲ与安全区Ⅳ之间的隔离要求采用经有关部门认定核准的硬件防火墙（禁止E-mail、Web、Telnet、Rlogin等访问）；安全区Ⅰ、Ⅱ不得与安全区Ⅳ直接联系，安全区Ⅰ、Ⅱ与安全区Ⅲ之间必须采用经有关部门认定核准的单bit专用隔离装置。专用隔离装置分为正向隔离装置和反向隔离装置。从安全区Ⅰ、Ⅱ往安全区Ⅲ单向传输信息须采用正向隔离装置，由安全区Ⅲ往安全区Ⅱ甚至安全区Ⅰ的单向数据传输必须采用反向隔离装置。反向隔离装置采取签名认证和数据过滤措施

（禁止 E-mail、Web、TELnet、Rlogin 等访问）。

（3）安全区与远方通信的安全防护要求。安全区Ⅰ、Ⅱ所连接的广域网为国家电力调度数据网 SPDnet。对采用 MPLS-VPN 技术的 SPDnet 为安全区Ⅰ、Ⅱ分别提供两个逻辑隔离的 MPLS-VPN。对不具备 MPLS-VPN 的某些省、地区调度数据网络，可通过 IPSec 构造 VPN 子网。SPDnet 的 VPN 子网和一般子网可为安全区Ⅰ、Ⅱ分别提供两个逻辑隔离的子网。安全区Ⅲ所连接的广域网为国家电力数据通信网（SPTnet），SPDnet 与 SPTnet 物理隔离。安全区Ⅰ、Ⅱ接入 SPDnet 及远方集控中心时，应配置 IP 认证加密装置，实现网络层双向身份认证、数据加密和访问控制。安全区Ⅲ接入 SPTnet 应配置硬件防火墙。

（4）各安全区内部安全防护的基本要求。禁止安全区Ⅰ和安全区Ⅱ内部的 E-MAIL 服务。禁止安全区Ⅰ内部和纵向的 Web 服务。禁止跨安全区的 E-MAIL、WEB 服务。

1）对安全区Ⅰ及安全区Ⅱ的要求：

a. 允许安全区Ⅱ内部 Web 服务，但 Web 浏览工作站与Ⅱ区业务系统工作站不得共用；

b. 允许安全区Ⅱ纵向（即上、下级间）Web 服务，但必须安全区内的业务系统向 Web 服务器单向主动传送数据；

c. 安全区Ⅰ/安全区Ⅱ的重要业务（如 SCADA、电力交易）应该采用认证加密机制；

d. 安全区Ⅰ/安全区Ⅱ内的相关系统间必须采取访问控制等安全措施；

e. 安全区Ⅰ/安全区Ⅱ的拨号访问服务必须采取认证、加密、访问控制等安全防护措施；

f. 安全区Ⅰ/安全区Ⅱ的系统应该部署安全审计措施，如 IDS 等；

g. 安全区Ⅰ/安全区Ⅱ的系统必须采取防恶意代码措施。

2）对安全区Ⅲ要求：

a. 安全区Ⅲ允许开通 E-mail、Web 服务。

b. 安全区Ⅲ的拨号访问服务必须采取访问控制等安全防护措施；

c. 安全区Ⅲ的系统应该部署安全审计措施，如 IDS 等；

d. 安全区Ⅲ的系统必须采取防恶意代码措施。

（5）备份与恢复。对关键应用的数据与应用系统进行备份，确保数据损坏、系统崩溃情况下快速恢复数据与系统的可用性；对关键主机设备、网络的设备与部件进行相应的热备份与冷备份，避免单点故障影响系统可靠性；在具备条件的前提下进行异地的数据与系统备份，提供系统级容灾功能，保证在规模灾难情况下，保持系统业务的连续性。

（6）防病毒措施。系统所有安全区Ⅰ、Ⅱ、Ⅲ的主机与工作站均必须安装国产正版防病毒软件，并以离线的方式及时更新病毒库。

（7）主机防护。主机安全防护主要的方式包括安全配置、安全补丁、安全主机加固。通过合理地设置系统配置、服务、权限，减少安全弱点。禁止不必要的应用，严格管理系统及应用软件的安装与使用；通过以离线的方式及时更新系统安全补丁，消除系统内核漏洞与后门；针对操作员站、数据库服务器等关键应用主机，以及通信服务器、Web服务器等网络边界主机安装主机加固软件，强制进行权限分配，保证对系统的资源（包括数据与进程）的访问符合定义的主机安全策略，防止主机权限被滥用。

（8）计算机系统本地访问控制。严格密码权限管理，结合用户数字证书，对用户登录本地操作系统，访问操作系统资源等操作进行身份认证，根据身份与权限进行访问控制，并且对操作行为进行安全审计；当用户需要登录系统时，系统通过相应接口（如USB、读卡器）连接用户的证书介质，读取证书，进行身份认证，通过认证后，进入常规的系统登录程序；规范USB接口及光驱管理。正常情况下应禁用无用的USB接口及光驱，如需使用应填用相应审批单并经相应流程执行完毕后，再由专业人员启用，所使用的USB接口硬盘、U盘应为监控系统专用，并且经专业杀毒软件扫描为安全后方能使用，严禁挪做他用。

条文(6) 定期对监控设备的滤网、防尘罩进行清洗，做好设备防尘、防虫工作。

监控设备一般是采用风冷方式散热，会吸入灰尘、飞虫等，电子元件工作时产生的电磁波也会吸引空气中的尘埃，同时水分和腐蚀物质会随着灰尘进入机器内，吸附在电子元件上，导致电子元件散热能力下降，变得潮湿甚至发生腐蚀。灰尘吸附在电路板表面，会使相邻印制线间的绝缘电阻下降，影响电路的正常工作，严重的还会引起短路故障，造成设备损坏。因此监控系统设备机柜应根据不同的使用场地充分考虑防尘措施，一般应采用密闭机柜和带过滤器的通风孔，防护等级一般应不低于IP41，同时定期对防尘罩和滤网进行清扫。

条文 9.10 防止水机保护失灵

水轮机是水电厂最重要的动力设备之一，主要作用是将水流的能量转换为旋转的机械能，按工作原理可分为冲击式水轮机和反击式水轮机两大类。冲击式水轮机的转轮受到水流的冲击而旋转，工作过程中水流的压力不变，主要是动能的转换；反击式水轮机的转轮在水中受到水流的反作用力而旋转，工作过程中水流的压力能和动能均有改变，但主要是压力能的转换。反击式水轮机按其水流流经转轮的方向不同，又分为混流式水轮机、轴流式水轮机、斜流式水轮机和贯流式水轮机。水轮机既然是能量转换的旋转设备，因此就有发生各种故障的可能，故障的出现将直接影响水轮机的安全可靠运行和水能向机械能的正常转换，从而影响发电机发出的电能。因此，水轮机需要配置完备的水机保护，以在水轮机出现上述故障时，能够迅速可靠地关闭或终止水轮机的运行，以保证水轮机及发电机设备安全。

混流式水轮机是水力发电行业应用最广泛的一种水轮机，常见的水机事故种类有机组过速、调速系统事故低油压、导叶剪断销剪断、轴承（上导轴承、推力轴承、下导轴承和水导轴承）温度过高、轴电流升高等，各种故障产生的原因虽然不尽相同，但都可能会导致严重的水轮机事故发生。

（1）机组过速。并网运行中的水轮发电机突然甩掉所带负荷，由于调速器导叶关闭时间限制和机组转动惯性的作用，进入水轮机流道中的水流无法在短时间内被全部关闭，水流会引起水轮机转速的升高，当超过额定转速并达到飞逸值时，将会导致水轮发电机部件的严重损坏。

（2）调速系统事故低油压。由于机组调速系统油泵故障或管路漏油甚至跑油，导致调速系统油压急剧下降，一旦此时发生机组事故，调速器因油压不足而不能及时快速关闭水轮机导叶，就会引起机组过速甚至发生飞逸，将会导致水轮发电机部件的严重损坏。

（3）导叶剪断销剪断。导叶传动机构卡涩或者导叶之间夹杂异物，将引起导叶在调整过程中剪断销剪断，导致水轮机活动导叶开度不一致，流过水轮机转轮的水力不平衡，使机组振动加大。尤其是机组事故中发生导叶剪断销剪断，使机组停机时间过长，影响机组事故的正常处理。

（4）轴承温度过高。通常是由于冷却效果不良（或冷却水压低、冷却水中断、润滑油油位过低或油质劣化等）引起，机组运行工况较差、振动摆度超值也会引起轴承温度过高情况的发生。机组如不及时安排停机检查，将会造成烧瓦事故的发生。

（5）轴电流升高。通常是由于轴承绝缘降低或主轴接地电刷接地效果不好、接触电阻大等原因引起，如不及时处理，不但因轴电流放电引起润滑油质的劣化，润滑效果大幅降低，并且上千安的轴电流可击穿轴瓦表层油膜，严重灼伤轴瓦和对轴瓦造成电腐蚀。

条文 9.10.1　水机保护设置

条文(1) 水轮发电机组应设置电气、机械过速保护，调速系统事故低油压保护，导叶剪断销剪断保护（导叶破断、连杆破断保护），机组振动和摆度保护，轴承温度过高保护，轴承冷却水中断、轴承外循环油流中断、主轴密封水中断、灯泡头水位过高、快速闸门（或主阀）、真空破坏阀等水机保护功能或装置。

条文(2) 在机组 C 级及以上停机检修期间，应对水机保护装置报警及出口回路等进行检查及联动试验，合格后在机组开机前按照相关规定投入。

条文(3) 所有水机保护模拟量信息、开关量信息应接入电站计算机监控系统，实现远方监视。

条文(4) 设置的紧急事故停机按钮应能在现地控制单元失效情况下完成事故停机功能，必要时可在远方设置紧急事故停机按钮。

条文(5) 水机保护连接片应与其他保护连接片分开布置，并粘贴标示。

条文(6) 水轮机保护装置应配置独立于机组 LCU 电源。

条文 9.10.2　防止机组过速保护失效

机组过速保护是保护机组不受重大损坏的最后一道屏障，保护功能的正确可靠应用能有效避免机组过速事故的发生。机组过速保护按照保护原理实现的不同、信号源的不同等，过速保护装置分为机械过速保护和电气过速保护。在了解过速保护前应了解机组是如何测速的。

（1）机械测速：机械测速即齿盘测速，其原理是在水轮发电机组转轴端部上安装环形齿状设备（齿盘），齿盘测速装置由齿盘测速传感器和相应的转速信号处理器回路构成，当机组旋转时通过接近式或光电式传感器感应产生反映机组转速的脉冲信号，由处理器测量脉冲宽度，并计算获取机组转速。

（2）电气测速：电气测速即残压测速，是将发电机机端电压互感器的二次电压经隔离/降压、滤波、整形、换算完成测频。但因机组在低转速时残压信号严重失真，并且信号易受干扰等原因，根本无法通过残压信号正确测量出机组频率，因此在低转速情况下残压测速信号不如齿盘测速信号稳定。

条文(1) 机组电气和机械过速出口回路应单独设置，装置应定期检验，检查各输出触点动作情况。

（1）水轮发电机电气测速、机械测速的测速原理不同，测速信号源不同，回路独立，并分别设置有不同的过速等级保护（如过速 115%、过速 140%）。当测速装置测到机组过速信号时，由测速装置发出过速动作信号，水机保护回路事故停机出口，启动水机事故流程，动作于调速器。当测到过速 140%信号时，由测速装置发出过速动作信号，水机保护回路事故停机出口，启动水机事故流程，动作于调速器紧急停机和关闭机组快速闸门（或进水口主阀），减小或切断水流，以降低机组过速运行时间。另外，一般在大型水轮发电机组转轴上端部还安装有一套机械飞摆装置。当机组发生过速，机组顶部的飞摆受离心力作用，将发生径向位置的变动，到过速 140%时，从而带动安装在飞摆上的水银接点导通，将机组过速 140%信号送到水机保护回路，启动机组事故流程，动作于调速器紧急停机和关闭机组快速闸门（或进水口主阀）。随着技术的发展，瑞典图拉博（TURAB）公司生产的纯机械液压保护装置被很多大型水电厂所采用。该装置主要由安装在水轮机主轴上的柱塞摆和液压阀（带电气限位开关）等重要部件组成。柱塞摆安装在两个半圆法兰紧固圈之间。柱塞摆内的柱塞由不锈钢制成并安装在黄铜腔室内，由带预紧力的弹簧来完成过速保护动作的触发。当机组转速增加到预设过速保护动作值时，柱塞摆中的不锈钢柱塞在离心力的作用下，会从黄铜腔室中压缩弹簧而伸出来触动液压阀的触动臂，从而切断过速限制装置与主配压阀之间的压力油路（小流量），使得过速限制装置动作，直接把大流量的压力油引入导叶接力器的关闭腔，使导叶迅速关闭，起到对水轮机过速保护的作用，防止转速过度升高引起的机组设备损坏。

（2）测速装置按照检修规程要求，随机组检修定期校验，以检查测速装置工作情况及设置的输出接点动作情况。

条文(2) 装置校验过程中应检查装置测速显示连续性，不得有跳变及突变现象，如有应检查原因或更换装置。

测速装置在检验过程中，输入信号要求是连续的测量齿盘信号或电压信号，因此通过装置处理，输出的测速信号也必须是连续性的，不得有跳变或阶跃现象，如果输入的信号是连续的，而经过装置处理后输出显示有跳变或阶跃现象，则说明测速装置工作不可靠，应对装置做进一步检查或及时更换测速装置。

条文(3) 电气过速装置、输入信号源电缆应采取可靠的抗干扰措施，防止对输入信号源及装置造成干扰。

电气测速装置测的信号源是机组机端电压互感器信号。在机组励磁机关机后，机端残压信号很低，极易受强电信号的干扰，造成装置误动，从而引起水机事故停机流程的非正常启动。因此电气测速装置和输入信号源必须采取可靠的抗干扰措施，如输入信号电缆采用屏蔽电缆、电气测速装置壳体接地、装置设置滤波模块等。

条文 9.10.3 防止调速系统低油压保护失效

水轮发电机调速系统油压装置的作用是为调速系统提供安全、可靠、稳定的操作动力，以实现水轮发电机开停机、频率和负荷调节操作。如果由于调速系统油泵故障或系统出现泄漏，导致系统油压急剧下降，将可能导致水轮发电机组在事故时不能可靠停机或造成导叶失控，这对水轮发电机组的危害极大。低油压保护的目的就是在现有油系统储能的情况下将机组可靠停机。如果低油压保护未动作，油压又持续下降，则系统无法向接力器提供足够的操作能量，不能控制或快速关闭水轮机导叶，就会引起机组过速甚至发生飞逸，将会导致水轮发电机部件的严重损坏。

调速系统低油压保护由调速系统储油罐上安装的压力控制器实现。一般情况下，低油压保护有低油压报警和事故低油压两个动作定值。低油压报警定值低于备用油泵启动定值。事故低油压动作定值对应的压油系统油压应能保证机组导水机构全行程可靠关闭。当系统油压下降并达到报警值时，压力控制器动作，向监控系统输出报警信号。当系统油压下降并达到事故低油压动作值时，压力控制器动作，水机保护回路事故停机出口，启动水机事故流程，调速器关机。

条文(1) 调速系统油压监视变送器或油压开关应定期进行检验，检查定值动作正确性。

调速系统油压监视变送器或油压开关（压力控制器）须纳入技术监督电测仪表和热工仪表监督范围，随机组检修对油压变送器每年校验一次，对油压开关每半年校验一次，以检验变送器或油压开关动作正确性。

条文(2) 在无水情况下模拟事故低油压保护动作，导叶应能从最大开度可靠全关。

机组在大修后开机前须完成事故低油压联动试验，在机组钢管无水条件下，将导水叶开到当前水头最大开度，并将油压降到事故低油压动作值，检查水机保护回路事故停机出口正确性，检查事故低油压情况下导水叶能否可靠关闭。

条文(3) 油压变送器或油压开关信号电源不得接反，并检查变送器或油压开关供油手阀在全开位置。

油压变送器或油压开关信号电源不得接反，如果电源接反将导致输出接点在油压正常情况下报出低油压信号，误启动水机保护回路事故停机出口。同时在检查变送器或油压开关接点接线正确时，必须对变送器或油压开关供油手阀的状态进行检查，供油手阀必须在全开状态，否则在机组运行过程中，如果打开供油手阀，将导致误启动水机保护回路事故停机出口。

【案例】 某电站曾发生一起机组在正常运行过程中由事故低油压误动作导致的机组非停故障。当时电站1号机组正常运行，有功负荷为300MW，调速系统油压正常。运行人员在巡回检查过程中发现压油罐压力控制器手阀在全关状态。于是该运行人员在未仔细核对图纸、未向值班人员汇报情况下，将该手阀打开。当手阀打开后，机组事故低油压信号动作，启动水机保护回路事故停机出口，调速器关机，机组停机。停机后对压油罐压力控制器检查发现，压力控制器输出接点信号电缆接反，当压力控制器供油手阀关闭、压力控制器未检测到低油压情况下，未报出事故低油压信号。但是当运行人员将该手阀打开后，压力控制器检测到事故低油压信号(此时因低油压输出接点接反，误报出事故低油压信号)，误启动水机保护回路事故停机出口，调速器关机，机组停机。

条文 9.10.4　防止导叶剪断销剪断保护（导叶破断、连杆破断保护）失效

剪断销一般由圆钢制成，圆柱状结构，剪断截面直径是根据剪切力计算和做试验确定的。在接力器带动控制环关闭水轮机导水构时，可能会有异物卡在两导叶之间，使得导水机构无法关闭，为了保证除有异物的导叶之外的其他导叶都能够关闭，不至于破坏传动机构，在导叶臂上设置了容易剪断的剪断销装置。当导叶间有异物卡住时，导叶轴和导叶臂不能动，而连接板在控制环带动下转动，因此对剪断销产生剪切力，当该剪切力大于正常操作应力的一定倍数时，剪断销剪断，该导叶脱离连接板控制，但其他导叶仍可正常转动关闭，同时由装在剪断销上的信号器发出剪断销剪断报警信号，避免事故扩大。

当有剪断销剪断，报出剪断销报警信号，并且此时有事故低油压或轴承温度过高或机组电气事故信号，启动紧急事故停机流程，调速器关机、落机组快速闸门或关闭进水口主阀。

条文(1) 定期检查剪断销剪断保护装置（导叶破断、连杆破断保护装置），在发现有装置报警时，应立即安排机组停机，检查导叶剪断销及剪断销保护装置（导叶破断、连杆破断保护装置）。

从水机保护回路图中可以看出，当有一个导叶剪断销剪断时，只报出剪断销剪断报警信号，但是如果此时恰好发生事故低油压或轴承温度过高或机组电气事故，则启动紧急事故停机流程，动作于调速器关机、落快速闸门或关闭进口球阀。因此，在发现剪断销报警信号后，应立即到现场进行检查、确认，并安排机组停机。

条文(2) 剪断销（破断连杆）信号电缆应绑扎牢固，防止电缆意外损伤。

剪断销剪断报警信号是由剪断销信号电缆上送监控系统，并通过语音、声光等提示监盘人员，如果信号电缆意外损伤，剪断销剪断信号将无法上送监控系统，恰遇剪断销剪断，运行人员无法及时掌握剪断销运行情况，在接力器操作过程中该导叶处于失控状态，极易造成设备损坏；反之，如误报“剪断销剪断”信号，又遇机组事故，可能造成机组快速闸门误落门（进水口主阀误关闭）。

条文(3) 应定期对机组顺序控制流程进行检查，检查机组剪断销剪断（破断连杆破断）与机组事故停机信号判断逻辑，并在无水情况下进行联动试验。

在水机保护回路中剪断销剪断报出报警信号，提示运行人员及时检查和安排机组停机。如果在剪断销剪断过程中发生事故低油压或轴承温度过高或机组电气事故，则启动紧急事故停机流程，紧急事故停机流程不同于事故停机流程，部分设备动作情况不同。在机组检修中需对剪断销剪断并有机组事故停机信号流程逻辑进行检查，并通过无水联动试验检查流程逻辑动作正确性。

【案例】 某电站4号机组剪断销剪断，导叶失控，导叶拐臂撞烂顶盖减压排水管，导致水淹顶盖。

4号发电机带100MW有功运行。在按照调度要求4号机组增加有功负荷从100MW单步增加调节命令时，监控信息报出“4F剪断销剪断信号动作/复归”信息，机组剧烈振动，立即固定机组有功110MW，同时监控信息报出“4号机组顶盖排水泵运行动作”“4号机组顶盖积水水位过高动作”信息。运行巡回人员立即到水车室检查，4号水轮机在$+Y$、$-X$方向两导叶（12号导叶和18号导叶）拐臂处漏水量水大，11号导叶、12号导叶主副拐臂错位，剪断销剪断。剪断销报警信号装置显示：15号点、18号点报警。随即安排4号机组停机。4号机组停机过程中，转速下降至37%时，转速不再下降，检查导叶开度为4%，机组过机流量显示18m^3/s，执行远方落快速闸门操作，机组停机。在机组停机，尾水闸门全落后检查发现4号机组11～22号导叶剪断销剪断，导叶限位块掉落，14号、16号、18号、19号导叶副拐掉头。+Y方向18号导叶端盖后顶盖减压排水管（ϕ273mm×8mm）被导叶拐臂撞击后破裂，形成一长约30cm、宽约20cm的裂口，排水管伸缩节及法兰面受力变形。−X方向12号导叶端盖后顶盖减压排水管被导叶拐臂撞击后形成一直径20cm的凹坑，并有约5cm长裂缝。进入蜗壳检查：14号、16号、18号、19号导叶反向180°。

4号机组在执行单步增加有功命令过程中，由于导叶剪断销剪断，加之摩擦装置摩擦力矩不够，导叶失去控制，在强大的水推力作用下，导叶副拐受力反向旋转，撞掉导叶线限位块，并撞破减压排水管。运行人员在发现剪断销剪断的报警信号后，立即安排停机，并在机组转速不再下降的情况下关闭机组进水口快速闸门、尾水闸门，避免了机组水导轴承被淹。

条文9.10.5　防止轴承温度过高保护失效

水轮发电机导轴承的主要作用有两方面：一是，承受机组在各种工况下运行时由主轴传来的径向力；二是，维持机组轴线位置，提高机组运行稳定性。推力轴承的主要作用是承受发电机转子和水轮机转动部分的全部重量以及水流产生的全部轴向推动力。轴承的主要润滑剂是透平油，经常发生的问题是轴承过热，严重时烧瓦。

条文(1) 应定期检查机组轴承温度过高保护逻辑及定值的正确性，并在无水情况下进行联动试验。运行机组发现轴承温度有异常升高，应根据具体情况立即安排机组减出力运行或停机，查明原因。

在水机保护回路中设置了瓦温过高水机保护出口回路，启动事故停机流程。为避免单块瓦因温度跳变等引起的保护回路误出口，在温度过高保护逻辑回路中设置了判断相邻两块瓦温定值逻辑，如果相邻两块瓦温均超过温度过高定值，则启动水机保护出口回路，启动事故停机流程。因此，在机组检修中需对瓦温判断逻辑进行检查，并在无水情况下，检查轴承温度过高水机保护出口回路动作的正确性。如果有单块瓦温异常升高现象，应及时检查测温回路，以判断轴承温度显示的正确性。

【案例】 某电站1号机组上导轴承瓦温跳变事故停机。

1号机带有功负荷296MW、无功负荷59MVar运行。8号上导轴承瓦温由−3242.0℃至238.0℃开始跳变，计算机监控系统上位机打出信息“1号机组事故停机动作”“1号机组上导轴承温度过高停机动作”“1号机组水机动作保护回路事故停机动作”，发电机出口开关跳闸，监控上位机显示1号机有功、无功负荷到零，

8号上导轴承瓦温频繁由－3227.0至3276.0℃跳变。

机组事故停机后对8号上导轴瓦测温回路进行检查，测点阻值无穷大，判断为上导轴承油箱内部测温电缆线断开所致。后打开油箱盖检查，发现8号上导轴承测温电缆线从电阻插头根部断开。

事后分析认为：原因一是油箱内测温引线固定不牢，机组运行中油流冲击测温电缆线来回摆动，久而久之电缆线从测温电阻插头根部断开，出现阻值跳变；原因二是轴瓦温度过高判断逻辑存在缺陷，温度测量及过高出口判断逻辑没有根据轴瓦的运行工况进行设计，而采用梯度测量方式测量轴瓦温度，单个轴瓦跳变后稳定10s时间将直接导致瓦温过高跳闸。将跳闸逻辑改进为相邻两块瓦温同时出现温度过高条件时，启动水机保护回路出口和事故停机流程。

条文(2) 机组轴承测温电阻输出信号电缆应采取可靠的抗干扰措施。

轴承测温电阻电缆传送信号为低电压信号，如果电缆不采取抗干扰措施，在强电场作用下，会造成测温信号跳变，易导致轴承温度过高，水机保护回路误出口。

条文(3) 测温电阻线缆在油槽内需绑扎牢固。

机组在运行过程中油槽内部会产生一定流速的油流，如果测温电阻线缆不采取加固措施，容易随油流晃动而造成金属疲劳，导致断线或接头松脱，无法正常监视瓦温。此时如遇瓦温升高，将会导致烧瓦事故发生。另外，轴承测温线缆外皮破损，在导致绝缘下降的同时，还可能触碰到转动部件，形成轴电流回路，对轴承瓦面造成电腐蚀，并加速油质劣化。

条文(4) 机组B级及以上检修过程中应对轴承测温电阻进行校验，对不合格的测温电阻应检查原因或进行更换。

轴测测温电阻应纳入技术监督工作范围，定期随机组检修对测温电阻进行校验，以检查电阻线性度。不合格的电阻（包括精度、线性度不良等）易在运行中发生温度跳变现象，不能真实反映轴瓦温度，可能会导致瓦温过高水机保护回路误出口或拒动，因此需将校验发现的线性度不好的或测量精度不良的测温电阻予以更换。

条文(5) 所有瓦（每块或每瓣）均应安装测温电阻，所有瓦均应具备报警、停机功能。

目前，部分机组只在部分瓦块或瓦瓣安装了测温电阻，且不具备报警、停机功能，在机组瓦块的安全检测方面存在缺陷，不利于机组的安全运行。对所有瓦块增加测温电阻，能够对机组瓦温做到全面监控，提高了机组运行的安全性。同时需要注意应设计可靠的机组跳闸逻辑，防止单点保护误动的发生。

条文 9.10.6 防止轴电流保护失效

发电机在转动过程中，只要有不平衡的磁通交链在发电机主轴上，则在发电机主轴的两端就会产生感应电动势，这个感应电动势称为轴电压。当轴电压达到一定值时，通过轴承座及其底座等形成闭合回路产生电流，这个电流称为轴电流。机组正常运行时，转轴与轴承间有润滑油膜的存在，并且轴承座底部都采取了绝缘措施，不会产生轴电流。但当轴承底座绝缘垫因油污损坏或老化等原因失去绝缘性能，且当轴电压达到一定数值时，则轴电压足以击穿轴与轴承间的油膜而发生放电，轴电流将从转轴、油膜、轴承座及基础等外部回路通过，由于该闭合回路阻抗极小，故电流值很大，特别当轴与轴瓦形成金属性接触的瞬间，轴电流可达上千安，将严重灼伤轴瓦，对轴瓦造成电腐蚀，同时因轴电流的电解作用使润滑油碳化，加速了油质的劣化，有的润滑性能大幅降低，从而引起严重的设备事故。

条文(1) 机组检修过程中应对轴电流保护装置定值进行检验，检查定值动作正确性，并在无水情况下进行联动试验。

轴电流保护按照报警和跳闸设定不同的定值，低定值为报警定值，高定值为跳闸定值。当轴电流值达到报警定值时，发出报警信号；当电流值达到跳闸定值时，启动发电机保护跳闸出口，跳开发电机开关、灭磁开关等，并启动事故停机流程。因此，轴电流保护装置应随机组检修定期对装置进行校验，对定值进行检查，并在无水情况下验证轴电流保护出口跳闸回路动作正确性和启动事故停机流程正确性。

条文(2) 机组大修过程中应对各导轴承进行绝缘检查，发现轴承绝缘下降时应进行检查、处理。

因轴承绝缘的好坏将直接影响轴电流产生的大小，因此利用机组大修，须对导轴承的轴承绝缘进行检查，绝缘不合格的轴承须进行检查和处理，合格后方可再次使用。

条文(3) 定期对导轴承润滑油质进行化验，检查有无劣化现象。如有劣化现象应查明原因，并及时进行更换处理。

机组在运行过程中因不平衡磁通及漏磁通的存在，在端轴上会产生轴电压，并且因导轴承绝缘下降和接地电刷接地性能的降低，会产生一定量值的轴电流，润滑油如果有杂质将产生放电现象，加速油质的碳化，油的润滑性能不断降低，影响轴承的润滑效果，导致烧瓦事故发生。

条文(4) 轴电流输出信号电缆应采取可靠的抗干扰措施。

轴电流输出电流信号经二次电缆送入轴电流保护装置，二次电缆通道为强磁场区，电缆如果没有采取抗干扰措施，强磁场所产生的感应电进入保护装置，将引起轴电流保护误动作，从而导致机组非停事件发生。

条文(5) 轴电流互感器应安装可靠、牢固。

轴电流互感器一般安装在发电机转子上平面主轴端部相邻的上机架处，一旦轴电流互感器安装不牢固，在机组运行中脱落，将与主轴和发电机转子发生碰撞，导致严重的设备事故发生，因此，轴电流互感器与发电机上机架要可靠牢固安装，并在每次检修中对固定部位、二次电缆进行检查，固定螺栓有没有采取防松动措施，二次电缆是否绑扎牢固，有无与主轴发生摩擦接触的可能。

条文 9.11　主控系统失灵的紧急处理措施

条文 9.11.1　已配备分散控制系统的电厂，应根据机组的具体情况，建立分散控制系统故障时的应急处理机制，制定在各种情况下切实可操作的分散控制系统故障应急处理预案，并定期进行反事故演习。

DCS 是一种大型综合控制系统，故障类型主要有控制电源失电、网络通信设备失电、操作员站失电或死机、控制电源冗余切换故障、控制器冗余切换故障、网络通信故障等。各类故障现象不同、原因各异，对 DCS 控制功能的影响程度也不同，因此必须针对 DCS 各种故障类型，分析引起故障的各种原因，辨识故障危害性，制定科学的分散控制系统故障应急处理预案，并定期进行反事故演习，达到防患未然目的，保证人身和设备安全。

条文 9.11.2　当全部操作员站出现故障时（所有上位机“黑屏”或“死机”），应立即执行停机、停炉预案。

所有操作员站故障意味着机组处于失去控制的危险工况，因此在预先进行的反事故演习中，应认真检验现有后备硬手操及监视仪表功能是否满足维持机组正常运行需求。如现有后备手段无法满足维持机组运行要求，应立即执行停机、停炉预案。

【案例】　某年 1 月 20 日 7 时 30 分，某电厂 600MW 机组 DCS 两路电源同时失电，所有 DCS 操作员站和工程师站全部失电关机，监控画面消失，无法对设备进行监控。DCS 电源失电后，跳闸 AST 电磁阀失电，汽轮机解列。操作人员通过盘前操作按钮，并就地确认启动交流润滑油泵和顶轴油泵。汽轮机旁路系统因采用独立控制系统且独立供电，汽轮机跳闸后旁路自动开启，后由操作人员手动正常关闭。操作人员手动 MFT，联跳一次风机、磨煤机、给煤机及减温水总门。由于采用后备手操应对及时，未发生重大设备损坏事故。

条文 9.11.3　当部分操作员站出现故障时，应由可用操作员站继续承担机组监控任务，停止重大操作，同时迅速排除故障，若故障无法排除，则应根据具体情况启动相应应急预案。

一般单元机组配置 4～6 台操作员站，一台或部分操作员站故障不会影响机组正常操作。如果面临机组启停等特殊工况时，操作人员的工作量会大幅增加，操作员站数量的减少将直接降低操作人员对设备的控制能力，有可能对机组的安全运行造成重大影响。在部分操作员站发生故障时，DCS 系统应被视为丧失部分功能，应暂时停止重大操作，及时进行故障检修工作，若故障无法排除，应启动 DCS 故障处理应急预案。

条文 9.11.4　当系统中的控制器或相应电源故障时，应采取以下对策：

条文(1) 辅机控制器或相应电源故障时，可切至后备手动方式运行并迅速处理系统故障，若条件不允许则应将该辅机退出运行。

辅机控制器相关故障将导致相应辅机失去控制，危及辅机设备安全。如果发生此类故障，应及时确认后备手动方式是否可行，各项辅机保护测点能否得到监测，受控辅机运行是否正常。若不具备后备手动操作条件，绝对不能冒险维持运行。

条文(2) 调节回路控制器或相应电源故障时，应将执行器切至就地或本机运行方式，保持机组运行稳定，根据处理情况采取相应措施，同时应立即更换或修复控制器模件。

当调节回路控制器失电时，应立即将调节回路执行器切至就地方式，并将调节开度维持在故障前位置。为防止控制指令在该故障工况下回零导致就地调节阀全开或全关，调节阀应具有“三断”保护功能。

条文(3) 涉及控制器故障时应立即更换或修复控制器模件，涉及机炉保护电源故障时则应采用强送措施，此时应做好防止控制器初始化的措施。若恢复失败则应紧急停机停炉。

汽轮机、锅炉主保护控制器出现故障应视为机组丧失主要保护，应限时恢复控制器功能，若超时仍不能恢复必须立即停机停炉。在进行控制器功能恢复操作期间，机组运行人员应严密监视锅炉炉膛压力、汽包水位、汽轮机转速、汽轮机振动等主保护参数，如果任一主保护参数越限，应立即停机停炉。按照控制器失电跳闸设计的机组，机炉保护电源故障将导致主保护继电器失电，主保护将动作，机组进入紧急停机停炉程序。按照继电器带电跳闸设计的机组，锅炉保护电源故障将导致锅炉主保护继电器失电，主保护无法动作，机组丧失主要保护功能，应限时对继电器恢复供电，恢复供电期间机组运行人员应严密监视主保护参数。